NOUVEAU

DICTIONNAIRE

D'HISTOIRE NATURELLE.

MU—NIL.

Liste alphabétique des noms des Auteurs, avec l'indication des matières qu'ils ont traitées.

MM.

BIOT........... *Membre de l'Institut.* — La Physique.

BOSC........... *Membre de l'Institut.* — L'Histoire des Reptiles, des Poissons, des Vers, des Coquilles, et la partie Botanique proprement dite.

CHAPTAL....... *Membre de l'Institut.* — La Chimie et son application aux Arts.

DE BLAINVILLE, *Professeur adjoint à la Faculté des Sciences de Paris, Membre de la Société philomathique, etc.* (BV.) — Articles d'Anatomie comparée.

DE BONNARD.... *Ing. en chef des Mines, Secr. du Conseil gén. etc.* (BN.) — Art. de Géologie.

DESMAREST ... *Professeur de Zoologie à l'École vétérinaire d'Alfort, Membre de la Société Philomathique, etc.* — Les Quadrupèdes, les Cétacés et les Animaux fossiles.

DU TOUR....... — L'Application de la Botanique à l'Agriculture et aux Arts.

HUZARD......... *Membre de l'Institut.* — La partie Vétérinaire. Les Animaux domestiques.

Le Chev. DE LAMARCK, *Membre de l'Institut.* — Conchyliologie, Coquilles, Météorologie, et plusieurs autres articles généraux.

LATREILLE..... *Membre de l'Institut.* — L'Hist. des Crustacés, des Arachnides, des Insectes.

LEMAN......... *Membre de la Société Philomathique, etc.* — Des articles de Minéralogie et de botanique. (LN.)

LUCAS (fils)... *Professeur de Minéralogie, Auteur du Tableau Méthodique des Espèces minérales.* — La Minéralogie, son application aux Arts, aux Manufact.

OLIVIER........ *Membre de l'Institut.* — Particulièrement les Insectes coléoptères.

PALISOT DE BEAUVOIS, *Membre de l'Institut.* — Divers articles de Botanique et de Physiologie végétale.

PARMENTIER... *Membre de l'Institut.* — L'Application de l'Économie rurale et domestique à l'Histoire naturelle des Animaux et des Végétaux.

PATRIN......... *Membre associé de l'Institut.* — La Géologie et la Minéralogie en général.

SONNINI........ — Partie de l'histoire des Mammifères, des Oiseaux; les diverses chasses.

TESSIER .... *Membre de l'Institut.* — L'article Moutons (Économie rurale.)

THOUIN........ *Membre de l'Institut.* — L'Application de la Botanique à la culture, au jardinage et à l'Économie rurale; l'Hist. des différ. espèces de Greffes.

TOLLARD aîné... *Professeur de Botanique et de Physiologie végétale.* — Des articles de Physiologie végétale et de grande culture.

VIEILLOT....... *Auteur de divers ouvrages d'Ornithologie.* — L'Histoire générale et particulière des Oiseaux, leurs mœurs, habitudes, etc.

VIREY,......... *Docteur en Médecine, Prof. d'Hist. Nat., Auteur de plusieurs ouvrages.* — Les articles généraux de l'Hist. nat., particulièrement de l'Homme, des Animaux, de leur structure, de leur physiologie et de leurs facultés.

YVART......... *Membre de l'Institut.* — L'Économie rurale et domestique.

CET OUVRAGE SE TROUVE AUSSI:

A Paris, chez C.-F.-L. Panckoucke, Imp. et Édit. du Dict. des Sc. Méd., rue Serpente, n.° 16.

A Angers, chez Fouanne-Mame, Libraire.

A Bruges, chez Bogaert-Dumortier, Imprimeur-libraire.

A Bruxelles, chez Lecharlier, De May et Restiaux, Imprimeurs-libraires.

A Dôle, chez Joly, Imprimeur-Libraire.

A Gand, chez H. Dessauer et De Busscher, Imprimeurs-libraires.

A Genève, chez Paschoud, Imprimeur-libraire.

A Liège, chez Desoer, Imprimeur-libraire.

A Lille, chez Vanackère et Lefaux, Imprimeurs-libraires.

A Lyon, chez Bohaire et Mame, Libraires.

A Manheim, chez Fontaine, Libraire.

A Marseille, chez Masvert et Mossy, Libraires.

A Mons, chez Le Roux, Libraire.

A Rouen, chez Frère aîné, et Renault, Libraires.

A Toulouse, chez Senac aîné, Libraire.

A Turin, chez Pic et Bocca, Libraires.

A Verdun, chez Desrijeune, Libraire.

NOUVEAU DICTIONNAIRE

D'HISTOIRE NATURELLE,

APPLIQUÉE AUX ARTS,

A l'Agriculture, à l'Économie rurale et domestique,
à la Médecine, etc.

**PAR UNE SOCIÉTÉ DE NATURALISTES
ET D'AGRICULTEURS.**

Nouvelle Édition presqu'entièrement refondue et considérablement augmentée ;

AVEC DES FIGURES TIRÉES DES TROIS RÈGNES DE LA NATURE.

TOME XXII.

DE L'IMPRIMERIE D'ABEL LANOE, RUE DE LA HARPE.

A PARIS,

Chez DETERVILLE, LIBRAIRE, RUE HAUTEFEUILLE, N° 8.

M. DCCC XVIII.

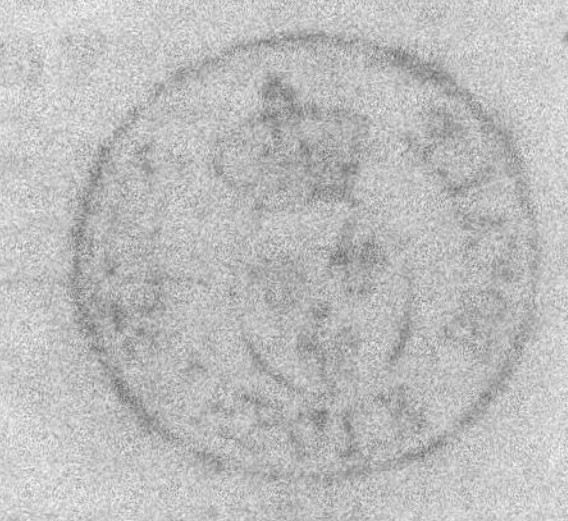

NOUVEAU

DICTIONNAIRE

D'HISTOIRE NATURELLE.

MUC

Mu. En portugais, c'est le *mulet* mâle ; la femelle porte le nom de *mula*. (DESM.)

MU-CAO-CAO. C'est, sur la côte orientale d'Afrique, un petit arbre que Loureiro nomme *heptaca africana*. (LN.)

MUCHA. Nom géorgien du CHÊNE ROURE. (LN.)

MUCHEN STECHER. Nom autrichien de l'ENGOULE-VENT. (V.)

MUCHOMORE. L'un des noms russes de l'ASPERGE. (LN.)

MUCILAGE. Substance végétale de nature visqueuse et nourrissante, très-miscible à l'eau, et qui, en étant privée, se transforme le plus souvent en une autre substance sèche et concrète, appelée GOMME (*V.* ce mot). Le mucilage, qu'on nomme aussi le *muqueux*, est répandu dans presque tous les végétaux. Il est communément plus abondant dans les racines et les semences, que dans les autres parties. *V.* au mot PLANTE. (D.)

MUCILAGO, *Mucilago*. Genre de plantes cryptogames de la famille des CHAMPIGNONS, qui forme le dernier chaînon du règne végétal. Il est composé de plantes des plus simples ; ce sont des filets fugaces colorés. Quelques botanistes les ont pris pour des commencemens de MOISISSURES ; mais d'autres, et principalement Haller, ont pensé que, ne prenant jamais de tête, elles devoient en être distinguées.

Les *mucilago* se trouvent sur les plantes pourries, sur les fruits en état de décomposition.

On en compte quatre espèces, le MUCILAGO PLUMEUX, qui est blanc et plumeux ; le MUCILAGO CESPITEUX, qui est plumeux et jaune ; le Mucilago cendré , qui est simple ou rameux et gris , et le Mucilago miniate , qui est velu et très-rouge. (b.)

MUCIPETA. Nom d'une division des *gobe-mouches*, dans le *Règne animal.* (v.)

MUCKAOUISS. Nom que les aborigènes de l'Amérique septentrionale donnent à l'Engoulevent wip-poor-wil. Il est tiré du cri de cet oiseau. (v.)

MUCKEN BAUM. L'un des noms allemands du Peuplier noir. (ln.)

MUCKEN-PULVER ou MICHEN-PULVER, *Poudre à mouches.* Nom que les Allemands donnent à l'*arsenic natif* ou *arsenic testacé* réduit en poudre , qu'on mêle avec de l'eau pour tuer les mouches. L'arsenic sulfuré et les autres substances arsenicales produisent le même effet. *V.* Arsenic. (pat.)

MUCOR. Nom latin des Moisissures. *V.* ce mot (desm.)

MUCU. Poisson du genre Trichure , *Trichurus lepturus* , Linn. (b.)

MUCUNA et MACUNA. Noms brasiliens du *dolichos urens.* Les graines de cette légumineuse sont grosses , noires , orbiculaires et entourées , en grande partie , par un ombilic circulaire blanc. Ce caractère remarquable a porté Pierre Brown à faire de cette plante son genre *zoophthalmum* , qu'Adanson nomme *mucuna* en y rapportant le *kaku-valli* des Malabares (*Dolichos giganteus* , Willd.). Les auteurs de la *Flore du Pérou* ayant reconnu le même caractère sur les graines du *dolichos altissimus* et sur celles de deux autres espèces nouvelles , les ramenèrent au même genre qu'ils nommèrent *negretia.* Enfin Persoon considère le *stizolobium* (*D. pruriens*) de Pierre Brown, comme devant appartenir au même genre *negretia*, ou *mucuna*, ou *zoophthalmum* , qu'il présente avec le même nom de *stizolobium.* Il pense en outre que le *citta* de Loureiro pourroit y être ramené. On ne pourroit même pas en douter si le *dolichos urens* , L. , étoit vraiment le *citta nigricans* de Loureiro, comme il l'a avancé. *V.* Dolic et Stizolobium. (ln.)

MUCUS. On nomme ainsi une sécrétion d'humeur gluante à la surface de plusieurs organes du corps des animaux , soit pour les garantir des contacts trop rudes et trop immédiats , soit pour faire glisser, pour lubréfier et faciliter les mouvemens des parties. Aussi le *mucus* abonde soit au nez , soit dans les bronches ou les conduits de la respiration, soit dans les voies urinaires et génitales, pour diminuer l'impression des liquides âcres et stimulans comme l'urine , le sperme , soit dans le canal intestinal jusqu'à l'anus , pour faciliter le passage des matières solides. *V.* Membranes muqueuses.

Mais ce sont surtout les animaux à peau molle et sans écailles ni défenses qui sécrètent le plus abondamment des mucosités ; tels sont les batraciens, grenouilles, crapauds, salamandres, les poissons, surtout ceux sans écailles, comme les anguilles et la plupart des chondroptérygiens, les lamproies ; enfin, ce sont principalement les mollusques, ces êtres gluans, à peau nue et toujours baveuse ou visqueuse. Les limaces peuvent même sécréter une quantité étonnante de mucosité, lorsqu'on les pique et qu'on les force à des contractions répétées ; il en est de même des vers, des sangsues, et en général de toutes les races nues et comme écorchées, auxquelles la nature n'a donné pour défense que de s'envelopper ainsi dans ces humeurs glutineuses. Cela n'est point extraordinaire chez des espèces aquatiques, toujours imprégnées de liquides et dont toute la contexture du corps semble n'être que de la mucosité plus ou moins concrétée.

Néanmoins, le *mucus* proprement dit n'est point la même chose que l'albumine ou la gélatine composant le tissu propre des organes avec la fibre musculaire ; mais ce gluten visride est le produit d'une excrétion ; il est hors du corps même, et rejeté à l'extérieur. Aussi remarquez qu'il n'est guère susceptible de nourrir, et répugne au contraire, comme matière excrémentitielle. En effet, s'il est desséché, il devient une substance dure, cornée, absolument comme la corne des bœufs, le sabot du cheval, etc. Il est fort analogue à l'épiderme ; car l'épiderme, avant son desséchement en écailles, étoit un mucus. Il n'y a donc d'autre différence entre un lézard qui se dépouille de son épiderme et une salamandre qui se nettoie de sa mucosité, que celle du plus ou moins d'humidité ; car le lézard vit en lieu sec, et la salamandre dans l'eau.

Le *mucus* animal, une fois desséché, devient indissoluble à l'eau. Il ne ressemble point à la gélatine à cet égard et à plusieurs autres humeurs ; ainsi il ne fait point gelée comme elle ; ni la noix de galle ne le concrète comme elle, ni le sublimé corrosif ne le précipite comme l'albumine ; il est au contraire précipité par l'acétate de plomb qui n'agit pas sur la gélatine ; il n'est point concrété par la chaleur comme le blanc de l'œuf. Le *mucus* se rencontre aussi en dissolution dans plusieurs humeurs, telles que les larmes, l'urine ; il paroît être le lieu de plusieurs concrétions, comme des pierres de la vessie. Il suinte des pores de la peau avec la sueur. Les animaux muqueux ont des pores ou des cryptes mucipares ; les poissons portent surtout ces glandules à mucus, sur la tête et le front, de sorte que par l'action même de la natation, cette mucosité se répand sur leur corps ou enduit leurs écailles, pour les rendre plus glissantes et inattaquables à l'eau. Telle est la précaution de la nature. *V.* POISSON. (VIREY.)

MUDE, *Amia.* Genre de poissons de la division des ABDOMINAUX, dont le caractère consiste à avoir la tête osseuse, nue, rude au toucher, avec les sutures peu visibles ; des dents aiguës et nombreuses aux mâchoires et au palais ; deux barbillons auprès des narines ; le corps couvert d'écailles.

Ce genre est fort voisin des SILURES, et ne contient qu'une espèce, le MUDE CHAUVE, qui a la tête aplatie, l'opercule des branchies osseux et obtus ; deux osselets striés à la gorge ; le corps presque cylindrique ; la ligne latérale droite ; les nageoires pectorales plus courtes que les ventrales, qui sont situées au milieu de l'abdomen ; la dorsale allongée ; la caudale arrondie et précédée d'une tache noire.

On trouve ce poisson dans les eaux douces de la Caroline, où on le mange rarement. Il porte le nom de *mude* ou de *mudfisch.* (B.)

MUDUAN. Nom arabe du *bubon macédonien.* (LN.)

MUE (*Mutatio*). C'est un changement qu'éprouvent la plupart des animaux, comme la défloraison et l'effeuillaison des végétaux. Ce sujet se rattachant à l'histoire très-curieuse des MÉTAMORPHOSES des corps organisés, et surtout des insectes, nous y renvoyons. (VIREY.)

MUE. On met des oiseaux en mue pour deux motifs et de deux manières : l'une pour les faire chanter dans la saison où ils se taisent ordinairement (*Voyez* PINSON, article FRINGILLE) ; l'autre pour les engraisser (*Voyez* ORTOLAN, article BRUANT). (V.)

MUE. Nom du PAVOT en Norwége. (LN.)

MUE (*vénerie*). Changement du bois de la tête des *cerfs*, qui a lieu au commencement du printemps. Une mue est le bois d'un seul côté de la tête que l'animal a mis bas : lorsque les deux côtés en sont dégarnis, on les nomme alors les deux *mues.*

Dans un autre sens, le mot de *mue* s'applique aussi aux chiens courans. Les mettre à la *mue*, c'est les empêcher de chasser. (S.)

MUEI-XU. C'est, en Chine, le nom du PRUNIER. *Voy.* CAY-MOI. (LN.)

MUELA. Nom espagnol de la PIERRE MEULIÈRE. (LN.)

MUEL-SCHAVI. C'est, dans Rhéede, la CACALIE A FEUILLES DE LAITRON. (B.)

MUELLE ou MOLLE et MOLY de Fragosa. C'est le MOLLE ou POIVRIER D'AMÉRIQUE (*Schinus molle*). (LN.)

MUERDAGO. Nom du Gui, en Espagne. (LN.)

MUERMERA. C'est, en Espagne, la Clématite commune (*Clematis vitalba*). (LN.)

MUET. Serpent qui avoit été placé parmi les *crotales*, quoiqu'il n'eût pas de sonnettes à la queue. C'est le Scytale a chaîne de Latreille. (B.)

MUFELN. L'un des noms allemands de la rose canine (*Cynorhodon*). (LN.)

MUFFOLI des Italiens. C'est le mouflon, type originaire de l'espèce du Mouton domestique. (DESM.)

MUFIONE. Nom du même animal en Sardaigne et en Corse. *V.* l'article Mouton. (S.)

MUFLAUDE, *mufle de chien, mufle de bœuf ou de veau, mouron violet, œil de chat, gueule de lion, gueule de loup*, etc. Ce sont les noms vulgaires du Muflier des jardins (*Antirrhinum majus*, Linn.). A Montpellier on l'appelle *Cacalaca*. *V.* Muflier. (LN.)

MUFLE. On donne ce nom à la partie antérieure et nue de la tête de quelques quadrupèdes et notamment des *ruminans*. Parmi ces derniers, ceux qui n'ont pas de mufle *sont*: l'ovibos, le renne, l'élan, les chameaux, les chèvres et la girafe ; tous les autres, c'est-à-dire, les bœufs, les antilopes, les cerfs, daims, chevreuils, les muscs ou chevrotains, etc., en ont un. (DESM.)

L'on donne encore le nom de *mufle* à l'extrémité de certaines corolles de fleurs personnées, qui semblent imiter des mufles d'animaux. *Voyez* Mufle de veau (*Antirrhinum*). (VIREY.)

MUFLE DE BOEUF. *Voyez* Muflaude.

MUFLE DE CHIEN. *V.* Muflaude (LN).

MUFLE DE VEAU. *V.* Muflaude et Muflier. (B.)

MUFLIER, MUFLE DE VEAU, *Antirrhinum*, Linn. (*Didynamie angiospermie*). Genre de plante de la famille des personnées, auquel Linnæus a réuni la *linaire* et l'*asarina* de Tournefort. Il présente pour caractères : un calice persistant à cinq divisions ovales ou oblongues ; une corolle monopétale, irrégulière, dont l'entrée est fermée par une espèce de palais, le limbe partagé en deux lèvres, la supérieure bifide, l'inférieure trilobée, le tube ventru, terminé par un éperon ou une bosse ; quatre étamines, dont deux plus courtes, quelquefois le rudiment d'une cinquième ; un ovaire supérieur presque rond, surmonté d'un style à stigmate obtus.

Le fruit est une capsule ovale – oblongue ou arrondie, à deux loges et polysperme ; dans plusieurs espèces, elle se fend en découpures réfléchies ; dans d'autres, elle s'ouvre par deux ou trois trous placés à son sommet. Les semences sont attachées à un réceptacle central, et ont souvent leurs bords membraneux.

Les *mufliers* ont des rapports avec les DIGITALES et la CYMBAIRE. Mais dans les *digitales*, le limbe de la corolle n'est point à deux lèvres ; et dans la *cymbaire*, le calice est profondément découpé en six dents.

Ce genre, qui diffère à peine de celui appelé NÉMÉSIE, comprend environ cent espèces qui sont des herbes et des arbustes à feuilles ordinairement alternes ou éparses, quelquefois opposées ou verticillées inférieurement, et à fleurs axillaires, ou plus souvent disposées en épis terminaux, et munies de bractées. L'éperon et la bosse, qui terminent ces fleurs divisent naturellement le genre en deux sections. Dans la première, sont les *mufliers linaires*, dans la seconde, les *mufliers* proprement dits.

Desfontaines a séparé de ce genre cinq espèces pour en former celui qu'il a appelé ANARRHINE, et dont il fonde le caractère sur le défaut de lèvre supérieure saillante et concave.

Parmi les mufliers dont les corolles sont prolongées en éperon, on distingue:

Le MUFLIER CYMBALIER, *Antirrhinum cymbalaria*, Linn., plante annuelle de l'Europe, qui se trouve ordinairement dans les fentes des vieux murs. Elle a une tige rampante, des feuilles alternes en cœur à cinq lobes.

Le MUFLIER AURICULÉ, *Antirrhinum elatine*, Linn., vulgairement l'*elatine*, la *linaire oreillée*, la *velvote mâle*. Sa tige est couchée ; ses feuilles varient dans leur forme et leur position; elles sont tantôt ovales, tantôt en fer de flèche ou avec des oreillettes à leur base, communément opposées inférieurement, et alternes sur le reste de la tige. Cette espèce est annuelle, et croît aux environs de Paris dans les endroits cultivés. On la distingue de la suivante à ses feuilles moins grandes, à ses tiges moins velues, et surtout à ses rameaux qui s'ouvrent à angles droits.

Le MUFLIER BATARD ou VIOLETTE FEMELLE, *Antirrhinum spurium*, Linn. Il est annuel, et vient à peu près dans les mêmes lieux que le précédent, auquel il ressemble beaucoup. On lui suppose les mêmes vertus.

Le MUFLIER TRIORNITOPHORE, *Antirrhinum triornitophorum*, Linn., originaire d'Amérique et de Portugal. C'est une des plus belles espèces du genre. Ses feuilles, de forme lancéolée, sont disposées quatre à quatre par verticilles; ses fleurs sont de couleur pourpre et pédonculées.

Le MUFLIER POURPRE, *Antirrhinum purpureum*, Linn. Il a

un port qui lui est particulier. Ses tiges sont droites, et quand elles sont garnies de fleurs, elles représentent une pyramide. Ses feuilles sont linéaires, lancéolées et sessiles. On trouve ce muflier au pied du mont Vésuve.

Le MUFLIER RÉTICULÉ, *Antirrhinum reticulatum*, Smith, ainsi nommé à cause des stries ou lignes croisées qu'on remarque sur sa corolle, lesquelles imitent assez bien les mailles d'un réseau. Il croît en Barbarie, d'où il a été rapporté par Desfontaines. C'est un des plus beaux.

Le MUFLIER DES ALPES, *Antirrhinum alpinum*, Linn., est annuel, croît en Suisse, en Autriche, dans les Pyrénées ; a des feuilles verticillées, une tige diffuse, presque tombante, et des fleurs disposées en épis courts et serrés.

Le MUFLIER LINAIRE, *Antirrhinum linaria*, Linn., vulgairement la *linaire*, le *lin sauvage*. Cette espèce, dont la racine est vivace et la tige droite, se distingue des autres à ses feuilles linéaires, lancéolées, éparses et serrées contre la tige, et à ses fleurs comme imbriquées et formant des épis sessiles et terminaux. Elle est très-commune en Europe, et se plaît dans les terrains incultes, parmi les décombres et jusque sur les murailles.

On peut encore citer dans cette section, le MUFLIER INCARNAT ou *à fleurs rouges*, rapporté d'Espagne par Antoine de Jussieu. Le MUFLIER JAUNE de Barbarie. Le MUFLIER PYRAMIDAL qui croît en Arménie. Le MUFLIER DALMATIEN, originaire de Crète, et dont les fleurs, d'une belle couleur jaune, sont plus grandes que celles de l'*antirrhinum majus*. Le MUFLIER BIGARRÉ du Mont-d'Or, à corolle jaune, à palais safrané, à éperon violet. Le MUFLIER A TROIS FEUILLES, qu'on trouve dans les montagnes de la Sicile. Ses fleurs sont jaunes, avec les lèvres couleur de safran. Il offre une variété fort belle, à fleurs pourpres. Le MUFLIER DE MONTPELLIER, à fleurs bleues et odorantes, *Antirrhinum monspessulanum*, Linn. Le MUFLIER D'ALEP, à fleurs petites et blanches, munies de très-longs éperons. Il croît en Sicile et aux environs de Montpellier.

La section qui renferme les mufliers dont les corolles sont terminées par une protubérance obtuse, est beaucoup moins nombreuse que la précédente. Les espèces remarquables qu'elle offre, sont :

Le MUFLIER DES JARDINS ou MUFLE DE VEAU, *Antirrhinum majus*, Linn. C'est celui qu'on cultive le plus communément dans les parterres, à cause de la grandeur de ses fleurs et des variétés de couleurs qu'elles offrent. Ce muflier a des tiges droites, des feuilles entières, pétiolées, lancéolées, un peu obtuses, d'un vert foncé, alternes sur la tige, opposées sur les rameaux; des fleurs disposées en épi, droites, grosses, pédonculées, communément d'une couleur purpurine, avec un palais jaune et des capsules oblongues, presque cylindriques, percées à leur sommet de trois trous, et imitant à peu près la tête d'un veau; de petites semences noires et anguleuses : tels sont les caractères spécifiques de cette plante qui aime les lieux pierreux, qui vient facilement de graines, et qui subsiste plusieurs années dans les jardins, lorsqu'elle se trouve placée dans un sol médiocre, et qu'on a soin d'en couper souvent les fleurs. Ces fleurs ont beaucoup d'apparence, et se succèdent pendant tout l'été. Il y a une variété de ce muflier à feuilles plus longues, et une autre à feuilles panachées ; celle-ci se multiplie par boutures.

Le Muflier tortueux, *Antirrhinum tortuosum*, Bosc. Il ressemble beaucoup au précédent par la grandeur, la forme et la beauté de ses fleurs, communément de couleur pourpre; mais ses tiges sont tortueuses et entièrement lisses ; ses rameaux penchés et comme sarmenteux ; ses feuilles très-étroites et canaliculées. Ce muflier, dont Bosc a donné la description en 1788, dans une des séances de la Société Linnéenne, croît naturellement en Italie, et se cultive dans nos jardins.

Le Muflier rubicond, *Antirrhinum orontium*, Linn ; *Antirrhinum arvense majus*, Tourn. On le distingue du *muflier des jardins*, à ses feuilles linéaires, lancéolées, opposées dans le bas des tiges, alternes partout ailleurs ; à ses fleurs presque sessiles, éparses et axillaires ; à la corolle pourpre et plus petite ; aux folioles du calice, plus longues que la corolle, et à la capsule représentant assez bien la tête d'un singe, lorsqu'elle a versé ses semences. Cette plante est annuelle, croît en France, et passe pour vénéneuse.

Le Muflier asarin, *Antirrhinum asarina*, Linn. C'est une plante vivace qui n'a point de beauté, et que je ne cite que parce qu'elle appartient au genre *asarina* de Tournefort. Elle est basse, a des tiges tombantes et des feuilles semblables à celles du lierre terrestre. Elle croît sur les rochers, en Italie, et dans le midi de la France.

Les mufliers de nos climats, tels que celui des *jardins*, la *linaire*, etc., se multiplient de boutures ou de graines. Ils se sèment d'eux-mêmes, croissent à peu près dans tout terrain, à toute exposition, et demandent à être peu arrosés. (D.)

MUGAN. Le Ciste blanchâtre, *Cistus albidus*, reçoit ce nom dans le Midi de la France. (LN.)

MUGE. Poisson du genre Mugil, *Mugil cephalus*, Linn. Lacépède a donné le même nom au genre entier. (B.)

MUGE VOLANT. C'est l'Exocet volant. (B.)

MUGEL. *V*. Mugil. (DESM.)

MUGERA. Nom du *Palma–Christi*, en Espagne. (LN.)

MUGGENKRUID. C'est un des noms hollandais de la Persicaire. (LN.)

MUGGERT. Nom allemand de l'Armoise. (LN.)

MUGGI et MUGURA GUSSOW. Noms japonais d'un Gaillet, *Galium uliginosum*, Thunb. (LN.)

MUGHÈ. Les Languedociens donnent ce nom à la Jacinthe, et non pas à notre Muguet, lequel est fort rare en Languedoc. (LN.)

MUGHETTUS. *V*. Muguet. (LN.)

MUGHO ou MUGO. Espèce de Pin, *Pinus mughus*, qui croît dans les Alpes et en Tyrol. Il ne faut pas le confondre avec le Pin nain (*pinus pumilio*), beaucoup plus commun, et que, dans quelques ouvrages, on trouve décrit sous le nom de Mugho. (LN.)

MUGIL, *Mugil*. Genre de poissons de la division des Abdominaux, dont les caractères consistent à avoir deux nageoires dorsales, la mâchoire inférieure carinée en dedans, point de dents, la membrane des branchies composée de sept rayons, les écailles striées.

Ce genre renferme sept espèces, dont une est très-connue. C'est

Le Mugil mulet, *Mugil cephalus*, Linn., qui a cinq rayons aiguillonnés à la première nageoire dorsale, et des lignes noires, longitudinales et parallèles, de chaque côté du corps. Il se trouve dans toutes les mers; il est surtout très-abondant dans la Méditerranée et sur les côtes d'Espagne. Il remonte par milliers à l'embouchure de la Garonne et de la Loire, pendant le printemps et l'été. Il peut vivre constamment dans l'eau douce, et n'en devient que meilleur. On le prend avec de grands filets d'enceinte, auxquels on adapte supérieurement un prolongement extérieur et assez large, en forme de sac, parce que, lorsque ce poisson se voit entouré, il saute par–dessus la corde. Il a été connu des anciens, qui estimoient beaucoup sa chair, et il n'a pas perdu de sa réputation à cet égard. On en fait une grande consommation dans toutes les parties méridionales de l'Europe. *V*. pl. G 1, où il est figuré.

La pêche de ce poisson est quelquefois si abondante, qu'on ne peut le consommer frais; alors on le sale et on le fume comme les harengs. Il perd, par ces opérations, une partie de ses bonnes qualités; mais il en conserve assez pour être encore recherché par la classe peu fortunée, dans les pays catholiques, pendant le carême. Presque toujours on lui a enlevé les œufs, avec lesquels on fait une espèce de *caviar* appelé *poutargue* ou *boutargue*, qui forme un très-bon manger, et qui est le lot des gens riches des mêmes pays.

Pour faire la poutargue, on ôte les œufs, appelés *resure* par les pêcheurs, aussitôt que le poisson est pris. On les met pendant cinq à six heures dans une forte saumure; ensuite on les presse pour en faire sortir l'eau, et après les avoir lavés dans une nouvelle saumure, on les fait sécher au soleil. Comme ces opérations se font pendant l'été, il ne faut que dix à douze jours pour les terminer. Une précaution importante à prendre, c'est de mettre les œufs en dessiccation à l'abri de la pluie et de la rosée de la nuit. Ils peuvent se conserver plusieurs années dans un lieu sec; mais, en général, on n'en fournit au commerce que ce qui est nécessaire à la consommation de la saison.

La tête du mugil mulet, qu'on appelle aussi *meuille*, *mugeo* et *mujou*, est large par en haut, comprimée des deux côtés, et toute couverte d'écailles; l'ouverture de la bouche est petite; les mâchoires sont égales et garnies de très-petites dents; la langue est rude, et deux os, rudes au toucher, se voient à l'entrée du gosier; l'ouverture des ouïes est large, et leur membrane est libre; l'anus est une fois plus éloigné de la tête que de la nageoire de la queue. Sa longueur ordinaire est d'un pied.

Le MUGIL ALBULE a quatre rayons aiguillonnés à la première nageoire dorsale. Il est figuré dans Catesby, vol. 2, pl. 6. Il se trouve dans la mer qui baigne les côtes de la Caroline, et remonte les rivières à chaque marée pendant tout l'été. Il diffère fort peu du précédent; mais il ne constitue pas moins une espèce, ainsi que je m'en suis assuré. On le prend au filet et à la ligne, en aussi grande quantité que l'on veut, car quelquefois il couvre la surface de l'eau. Sa chair est aussi bonne et a le même goût à peu près que celle du précédent; on l'accommode de même. C'étoit ma ressource pendant les grandes chaleurs de l'été, lorsqu'il n'étoit pas possible de garder la viande une journée entière; il ne me falloit souvent que jeter deux à trois fois la ligne pour avoir mon dîner.

Le MUGIL A LÈVRES CRÉNELÉES a quatre rayons flexibles à la première nageoire dorsale, les lèvres crénelées, et l'inférieure bicrénelée. Il se trouve dans la mer Rouge, et fournit trois variétés qui portent les noms arabes de *scheï*, *our* et *tud*, au rapport de Forskaël.

Le MUGIL TANG a quatre rayons aiguillonnés à la première nageoire dorsale, la bouche petite et les opercules dénués d'écailles. Il est figuré dans Bloch et dans le *Buffon* de Deterville, vol. 6, p. 186. On le trouve sur les côtes d'Afrique et de l'Inde.

Le Mugil plumier a quatre rayons aiguillonnés à la première nageoire dorsale, et une bouche très-fendue. Il est figuré dans Bloch et dans le *Buffon* de Deterville, vol. 6, p. 186. On le trouve dans les rivières des Antilles, où il porte le nom de *mulet doré*.

Le Mugil chanos a une seule nageoire sur le dos et deux ailes de chaque côté de la queue. Il habite la mer Rouge, et sert de type au genre Chanus de Lacépède.

Le Mugil chilien a une seule nageoire sur le dos, et la queue simple. Il se trouve au Chili; c'est le Mugiloïde de Lacépède.

Les Mugils dorés, sauteur et provençal sont des espèces nouvelles que Risso nous a fait connoître dans son *Ichtyologie* de Nice. (b.)

MUGILOÏDE, *Mugiloïdes*. Genre de poissons introduit par Lacépède, pour placer le Mugil du Chili. Ses caractères sont: mâchoire inférieure carénée en dedans; tête revêtue de petites écailles; écailles striées, une seule nageoire dorsale. (b.)

MUGILOMORE, *Mugilomorus*. Genre établi par Lacépède, pour placer un poisson que j'ai rapporté des côtes de la Caroline, et que j'avois nommé *mugil appendiculé*. Il offre pour caractères: mâchoire inférieure carénée en dedans, ainsi que la supérieure, dénuée de dents, mais garnie de petites protubérances; plus de trente rayons à la membrane des branchies; une seule nageoire du dos, avec un appendice à chacun de ses rayons.

Le *mugilomore* atteint près de trois pieds de long. Sa chair est très-agréable, et sa couleur très-brillante. Lacépède lui a donné pour nom spécifique celui de son estimable épouse, *Anne Caroline*. (b.)

MUGNAJO. Nom italien des Mouettes. (s.)

MUGO et MOUJHES. Le Ciste ladanifère est ainsi nommé en Languedoc. (ln.)

MUGOU. C'est, à Nice, le nom général des poissons du genre Muge. Le *mugou carido* est le muge provençal de Risso; le *mugou daurin*, le muge doré; le *mugou flaveloun*, le muge sauteur; le *mugou labru*, le muge céphale; le *mugou ramado*, une variété de ce même muge céphale; et le *mugou sabounié*, une variété du muge provençal. (desm.)

MUGUET, *Convallaria*, Linn. (*Hexandrie monogynie*). Genre de plantes à un seul cotylédon, de la famille des asparagoïdes, et qui comprend des herbes indigènes et exotiques, dont les fleurs sont axillaires ou en épi terminal. Ces fleurs n'ont point de calice. La corolle est monopétale, en cloche ou en grelot, avec les bords découpés plus ou moins profondément en six parties; elle renferme six étamines, dont les filets en alène portent des anthères oblongues et érigées; dans le centre est placé un germe globulaire qui soutient un style mince plus long que les étamines, et couronné par un stigmate obtus et à trois côtés. Le fruit est une baie ronde, tachetée avant sa maturité, et à trois loges, renfermant chacune une semence: souvent une de ces semences avorte par le renflement des deux autres.

Desfontaines, *Annales du Muséum*, a divisé ce genre en quatre; savoir: MUGUET, SMILACINA et MAIANTHÈME. Depuis on a encore établi à ses dépens celui appelé OPHIOPOGON, FLUGÉE, SLATERIE et ÉVATERIE.

La plupart des muguets ont leurs feuilles sessiles et alternes; une espèce les a verticillées; dans une autre, les feuilles embrassent la tige en forme de spathe; elles sont assez souvent unilatérales, ainsi que les fleurs. Les espèces les plus remarquables sont:

Le MUGUET DE MAI, LIS DE MAI, LIS DES VALLÉES, *Convallaria majalis*, Linn. Cette jolie petite plante, qui ne s'élève qu'à cinq à six pouces, croît naturellement en Europe, dans les bois, dans les vallées, et à l'ombre des buissons. Ses fleurs paroissent au mois de mai, quand les violettes commencent à se flétrir. Les bergères et les villageoises s'empressent alors de les cueillir pour en parer leur sein; l'odeur suave qu'elles exhalent approche de celle de la fleur d'orange; et leur blancheur jointe à leur petitesse contraste agréablement avec le vert luisant des larges feuilles qui les accompagnent. C'est du milieu de ces feuilles que s'élève la tige qui les porte; cette tige est grêle, anguleuse, nue et courbée sous le poids des fleurs qui sont disposées par intervalles vers son sommet, et tournées du même côté. Leur forme est celle d'un petit grelot: les bords de la corolle sont légèrement découpés en six segmens obtus et réfléchis: chaque fleur est inclinée et portée par un pédicelle. Les feuilles, ordinairement au nombre de deux, partent immédiatement de la racine: elles sont ovales, pointues et marquées de veines longitudinales; elles s'embrassent l'une et l'autre à leur base, en enveloppent la tige. Les baies qui succèdent aux fleurs mûrissent lentement: elles sont rouges, remplies de pulpe, et contiennent trois semences amères, presque aussi dures que la corne.

Cette espèce est vivace, et offre deux variétés, l'une à fleur double, l'autre à fleur rouge. Elle se multiplie elle-même abondamment par ses racines fibreuses qui rampent sous terre, et s'y étendent à de grandes distances. Elle aime l'ombre, se plaît dans une terre légère, et ne demande aucune culture ; il suffit de l'arroser dans les sécheresses, pour empêcher ses racines de périr.

L'odeur des fleurs du *muguet* est pénétrante ; son action se porte violemment sur les nerfs, et peut occasioner des syncopes aux personnes délicates. On retire une belle couleur verte des feuilles de *muguet* macérées avec la chaux.

Le MUGUET ANGULEUX, SCEAU DE SALOMON, *Convallaria polygonatum.*, Linn. Cette espèce est vivace, ainsi que la précédente, et croît spontanément dans les bois de l'Europe. Son nom vulgaire lui vient des empreintes de cachet que sa racine offre sur ses nœuds. Cette racine est grosse comme le doigt, longue, fibreuse, blanche, et située transversalement à fleur de terre. La tige est anguleuse, courbée, et garnie dans toute sa moitié supérieure de feuilles alternes qui l'embrassent à demi, et qui sont toutes rangées du même côté. Les fleurs sont opposées aux feuilles et unilatérales, tantôt solitaires, tantôt réunies deux à deux sur un pédoncule bifurqué et axillaire. Les jeunes pousses de cette plante sont tendres et nourrissantes ; on les mange apprêtées comme les asperges.

Le MUGUET A PLUSIEURS FLEURS, *Convallaria multiflora*, Linn. Il vient sur les Alpes, et au milieu des bois sur les rochers.

On distingue encore parmi les autres espèces :

Le MUGUET VERTICILLÉ, *Convallaria verticillata*, Linn. Cette plante est vivace et croît dans le Midi de l'Europe.

Le MUGUET A GRAPPES a les feuilles ovales, aiguës, sessiles, et la panicule terminale et nue. Il est originaire du Canada, et se cultive dans nos jardins.

Le MUGUET QUADRIFIDE, *Convallaria bifolia*, Linn., dont la corolle est à quatre divisions, et ne renferme que quatre étamines. Il est vivace, et on le trouve dans les bois montagneux, surtout du côté des Alpes. (B.)

MUGUET DES BOIS ou PETIT MUGUET. C'est l'ASPÉRULE ODORANTE. (B.)

MUGWORT. Nom de l'ABSINTHE, dans le Yorskhire ; c'est aussi le nom anglais de l'armoise. (LN.)

MUHLENBERGIE, *Muhlenbergia*. Genre de plantes de la triandrie digynie et de la famille des graminées, qui a été établi par Schreber, et qui offre pour caractères : une balle calicinale d'une seule valve très-petite et latérale ; une balle florale de deux valves ; trois étamines ; un ovaire supérieur, surmonté de styles plumeux ; une semence ovale.

Ce genre renferme trois espèces propres à l'Amérique septentrionale, dont une est le DILEPYRE de Michaux, et l'autre le Brachyélitre de Palisot de Beauvois. Elles ne présentent rien de remarquable. (B.)

MUHLENSANDSTEIN. Nom allemand du grès ou quarz arénacé agglutiné. (LN.)

MUHLENSTEIN (pierre à meules, en allemand). *V.* Pierre meulière. Ce nom désigne en général toute pierre à faire des meules de moulin. (LN.)

MUHLSTEIN. *V.* Muhlenstein. (LN.)

MU-HOAN-XU. C'est, en Chine, le nom d'une espèce de Savonier, *Sapindus abruptus*, Lour., dont les fruits servent à décrasser le linge et à le blanchir. (LN.)

MUI-HON. Nom donné, en Chine, à la Rose cannelle, *Rosa cinnamomea*, qui y est très-cultivée ainsi qu'à la Cochinchine. *Ta-mui-hoa*, est le nom de la Rose à cent feuilles. (LN.)

MUIRE. Nom qu'on donne dans les salines à l'eau salée des sources, lorsqu'après avoir passé par les bâtimens de graduation, elle est parvenue au point de pouvoir être mise en évaporation dans les chaudières. (PAT.)

MUIVA. Nom que les Portugais du Brésil donnent à une espèce de Melastome (*M. holosericea*, L.). (LN.)

MUCAGO-NISEN. Nom japonais du Chervi (*Sium sisarum*). (LN.)

MUKEICA et METHECA. Noms arabes du Sebestier, *Cordia mixa*, Linn. (LN.)

MU-KELEGU. C'est l'Ingname cultivée, figurée dans Rhéede, tab. 71. (B.)

MUKÈSE et MUKNÈZE. *V.* Morusel. (LN.)

MU-NO-KI. Nom qu'on donne, au Japon, à une espèce de Prunier, *Prunus aspera*, Thunb. (LN.)

MUKSON. Synonyme de Mouksoun. (B.)

MUKUNGE. Au Japon, c'est le nom d'une espèce de Ketmie que Thunberg dit être la même que celle de Syrie, *Hibiscus syriacus*, que nos jardiniers nomment *althea frutex*. (LN.)

MULACCHIA, MUNACCHIA, MOUNACCHIA. Noms italiens de la Corneille mantelée. (V.)

MULALE. Nom donné, sur la côte orientale d'Afrique, à un *palmier* qui paroît être une espèce de Coryphe, *Corypha Africana*, Loureiro. (LN.)

MULAMBEIRA. Nom donné, sur la côte orientale d'Afrique, à un grand arbre dont Loureiro fait un genre qu'il appelle *ophelus sitularius*, L. C'est peut-être une espèce de Baobab. Les fruits de cet arbre, longs d'un pied et plus, sont employés, par les naturels, en guise de seau et de bouteille, et de plus servent de pot pour conserver des liqueurs, des graines, des légumes. *V.* Ophèle. (LN.)

MULAR. *Cétacé* du genre physetère de M. Lacépède. *V.* ce mot. (DESM.)

MULAT. Poisson du genre HOLACANTHE. (B.)

MULATRE. On a coutume d'appliquer ce nom, analogue à celui de mulet, aux individus de l'espèce humaine engendrés d'une race blanche et d'une noire. Ces mélanges sont fréquens dans les pays qui réunissent ces deux sortes d'hommes. Les blancs se font rarement scrupule d'abuser de leurs négresses esclaves, et celles-ci succombent d'autant plus tôt à la séduction, qu'elles en espèrent quelque avantage ou quelque adoucissement dans leur esclavage. Il seroit digne de la sagesse des lois de réprimer cet abus, d'autant plus nuisible, qu'il est la source d'une foule de désordres civils, que les individus qui en sortent n'ont ni l'intelligence perfectionnée des blancs, ni la soumission laborieuse des nègres, et qu'étant mal élevés, pour l'ordinaire ils sont plus dangereux qu'utiles aux colonies européennes. On les y distingue sous le nom d'hommes de couleur.

Dans les différens mélanges des races et des espèces humaines, on peut établir quatre degrés ou générations. La première est celle des mélanges simples : par exemple, un blanc européen avec une négresse produisent un véritable *mulâtre*, qui tient également des deux espèces par la couleur, la conformation, la figure, les habitudes, le caractère, etc. Si ces *mulâtres* se marient entre eux, ils engendrent des individus semblables à eux, qu'on nomme *casques*.

Les blancs, avec les Indiens asiatiques, donnent des individus mixtes, qu'on appelle plus particulièrement *métis* ; avec les Américains originaires, ils produisent des *mestices* ou *mest-indiens*. Le nègre avec l'Américain caraïbe engendre un *zambi* ou *lobos*, et ces mélanges simples peuvent tous se perpétuer entre eux ou avec d'autres races, et former une caste.

La seconde génération comprend les produits des métis précédens, mélangés avec une race primitive. Dans ces lignées, une tige forme les deux tiers, et l'autre tige n'y tient plus que pour un tiers, ce qui fait varier les individus suivant cette proportion. Ainsi, un blanc uni à un *mulâtre* donne des *tercerons* ou *morisques* ; si c'est à un métis, l'individu est un *castisse indien* ; si c'est à un mestice, on obtient un *quatralvi* ou *castisse*. Si un nègre engendre avec une mulâtresse, on a des *griffes* ou *cabres*. Si un caraïbe se marie à un zambi, le produit est un *zambaigi* ; à un mestice, on obtient un *trésalve* ; à un mulâtre, on a un *mulâtre foncé*. Les *carterons* (mélanges du *mulâtre* ou *mulâtresse* avec la blanche ou le blanc) ont une légère teinte basanée de peau ; les femmes ont les lèvres de la bouche et celles du vagin violettes ; les hommes carterons ont le scrotum noir. En général, cette teinture noire se conserve davantage dans les organes sexuels et nutritifs que dans les autres parties.

Dans la troisième lignée ou génération, le blanc avec le terceron donnent un *quarteron* ou *albinos*; avec le castisse indien, un *postisse*; avec le quatralvi, un *octavon*. Dans ce cas, il n'y a plus qu'une partie d'un sang sur quatre d'un autre sang; mais les mélanges se compliquent encore davantage quand les castes mélangées s'unissent entre elles. Ainsi, un terceron avec un mulâtre engendrent un *saltatras*; un mestice avec un quarteron forment un *coyote*; un griffe avec un zambi donnent un *givceros*; un mulâtre avec un zambaigi produisent un *cambujos*. Dans cette seconde division de la troisième lignée, tous les produits sont au moins de sept à huit sangs différens. A mesure que ces complications se multiplient, toutes les grandes différences de chaque sang s'effacent et se modifient les unes par les autres, de telle manière que ces produits n'ont aucun caractère bien marqué.

Nous avons encore une quatrième génération. La race blanche unie au quarteron forme un *quinteron*; avec un octavon caraïbe, c'est un *puchuelas*; avec un coyote, on a un *harnizos*. Un mulâtre avec un cambujo donne un *albarassados*; avec un albarassados, on obtient un *barzinos*. On n'a pas décrit tous les mélanges qui peuvent se faire, soit qu'ils n'aient pas été remarqués, soit qu'on ait négligé de les tenter. Mais on sent bien que ces variétés peuvent se multiplier en progression géométrique et former une multitude de modifications; chacune d'entre elles conservera plus ou moins ses traits originaires, en raison des différentes affinités qu'elle aura avec sa tige primitive. (*Voy. l'Hist. natur. du Genre hum.*, tom. 1.er)

Tous ces termes donnés aux divers mélanges des races, si souvent confondues ensemble et sans ordre dans les auteurs et les voyageurs; presque tous ces termes, dis-je, appartiennent aux langues portugaise et espagnole, parce qu'on a d'abord observé ces castes dans les colonies de ces nations. Suivant quelques observateurs, et surtout Ulloa, Twiss, ces mélanges se perpétuant chacun dans leur propre caste, retournent, à la troisième génération, à leur race primitive, les sangs étrangers disparoissant et s'épurant successivement d'eux-mêmes. Si ce fait est constant, c'est une preuve que la nature tend à ses formes originelles, qu'elle ne transige point avec nos unions adultères qui semblent contrarier ses fins, et qu'elle revendique toujours ses droits lorsque nous cessons de lui faire violence. Ce seroit aussi une preuve que chaque race primitive d'homme est essentiellement différente d'une autre race, ou plutôt qu'elle forme des *espèces* véritables, outre

les modifications des climats , des nourritures , des habitudes, etc. *V.* HOMME.

Les diverses castes mélangées qu'on remarque dans presque toutes les colonies , sont regardées comme la lie du genre
humain par la plupart des blancs ; car ce sont ordinairement
des bâtards , des produits d'une union furtive et repoussée par
la société policée et les lois. Cependant, comme les mariages
réguliers sont possibles entre les diverses castes , les individus
qui en proviennent ayant reçu une éducation soignée , deviennent en général robustes et bien conformés ; ce qui jus-
tifie l'opinion que le croisement des races perfectionne les individus. Pour ce perfectionnement, il n'est pas besoin toutefois de recourir à des unions de races différentes et éloignées ,
mais seulement à celles des familles diverses de la même race.
Par exemple , il n'est pas nécessaire , pour avoir des enfans
robustes et d'une bonne complexion , de marier un blanc avec
une négresse , mais seulement d'unir un Européen avec une
Européenne d'une autre famille ou d'un pays voisin. Par ces
mélanges depuis long-temps usités , les caractères nationaux
se sont preque entièrement effacés ; les migrations des peuples du Nord, les conquêtes , les colonies, les révolutions des
empires ont multiplié le croisement des familles sans utilité
réelle pour l'espèce humaine , puisque les nations modernes ,
si confondues entre elles , ne sont pas plus robustes et plus
vigoureuses que leurs ancêtres. Au contraire , c'est une observation générale , que les mœurs se pervertissent en proportion des mélanges. Les lumières deviennent, à la vérité ,
plus générales ; mais les maladies se répandent au loin par la
même raison , comme nous l'avons vu pour la petite-vérole ,
la lepre et la maladie vénérienne. (VIREY.)

MULBERRY-TREE. Nom anglais du MURIER. (LN.)

MULDVARP. Nom danois de la TAUPE ; MULLVADEN
en est le nom suédois. (DESM.)

MULE. C'est la femelle du MULET. (DESM.)

MULET. *Voyez* MULLE. (S.)

MULET ou MULE. Quadrupède produit par l'union
des espèces de l'âne et du cheval.

Le mulet qui provient de l'accouplement de l'âne et de la
jument, est le mulet proprement dit (*mulus*) ; il a la tête plus
grosse et plus courte que le cheval ; ses oreilles sont presque
aussi longues que celles de l'âne. Comme ce dernier, il a les
jambes sèches et la queue presque nue ; mais il tient davantage de la jument par la grandeur et la grosseur du corps ,
par l'avant-main, par l'encolure , par l'arrondissement des
côtes, par la croupe , la hanche , etc.

Le mulet qui est le résultat de l'union du cheval avec l'ânesse, porte le nom de bardeau (*hinnus*); sa tête est plus longue et plus petite, proportions gardées, que celle de l'âne; ses oreilles sont aussi plus courtes, ses jambes plus fournies, sa queue plus garnie de crins que celle de l'âne. Il est plus petit que le mulet proprement dit; son encolure est plus mince, son dos plus tranchant, sa croupe plus pointue et plus avalée.

C'est à tort que l'on a prétendu que les mulets étoient absolument inféconds. Ils ont, comme les autres animaux, tous les organes propres à la génération, et l'on a des exemples qui prouvent que le mulet peut engendrer et que la mule peut produire: cependant, « ils n'ont jamais produit, dit Buffon, dans les climats froids; ce n'est que rarement qu'ils produisent dans les climats chauds, et plus rarement encore dans les climats tempérés: aussi leur infécondité, sans être totale, peut néanmoins être regardée comme positive, et cette infécondité est beaucoup plus grande dans le bardeau que dans le mulet proprement dit; car celui-ci tient de son père l'ardeur du tempérament à un très-haut degré, tandis que le bardeau provenant du cheval et de l'ânesse, est moins puissant en amour et moins habile à engendrer ».

Le mulet proprement dit est fort estimé; presque aussi fort que le cheval, il est aussi adroit que l'âne; il bronche rarement; aussi il est employé avec beaucoup d'avantages dans les pays montueux. En Espagne, en Italie, et en général dans presque tous les pays méridionaux de l'Europe, on s'en sert comme de bête de somme, et il remplace très-bien le cheval dans le service des routes.

Les Espagnols ont multiplié les mulets au Paraguay: ils y sont très-petits et ne sont pas employés au labourage. Ils forment une branche importante de commerce de cette province avec le Pérou; chaque année, soixante mille mulets sont exportés pour ce dernier pays, où ils sont très-estimés; les Indiens des Cordilières les préfèrent même aux chevaux.

Dans cette partie de l'Amérique, on ne connoît pas du tout le bardeau.

Aristote a donné le nom de *mulet fécond* à l'ONAGRE ou l'ÂNE SAUVAGE.

On appelle *jumart* le prétendu produit du cheval avec la vache, ou du taureau avec la jument. Voyez CHEVAL et JUMART. (DESM.)

MULET. Ce mot se prend aussi pour le *métis* des animaux. *Voyez* ce mot. (VIREY.)

MULET BARBET. C'est le MULLE ROUGET. (B.)

MULET FÉCOND DE DAOURIE. Dénomination sous laquelle Messerchmidt a parlé du *dzigithaï*, espèce de *cheval* des déserts de la Daourie , vers les frontières de la Tartarie chinoise. *Voyez* l'article Cheval. (desm.)

MULET-HINNUS ou GINNUS. C'est ainsi que les anciens distinguoient le Bardeau ou le Mulet engendré par le cheval et l'ânesse (s.)

MULETS. On donne ce nom aux individus neutres de certaines espèces d'insectes hyménoptères ou névroptères, comme les *abeilles*, les *fourmis*, et les *termes*. On les appelle aussi *soldats*, tels que ceux des termes et des fourmis ; ou bien *ouvrières*, tels que ceux des abeilles. Il paroît que ces derniers ne sont que des femelles , dont les larves ont été nourries avec une pâtée différente de celle qui est employée pour les reines ou vraies femelles , et qui ont été placées dans des alvéoles plus étroits. (desm.)

MULETTE (*fauconnerie*). C'est le gésier ou estomac des oiseaux de vol. Lorsqu'un de ces animaux a le gésier embarrassé et malade, les fauconniers disent qu'il a la *mulette*. (s.)

MULETTE. *Unio.* Genre de testacés de la famille des Bivalves, qui offre pour caractères : une coquille transverse, ayant trois impressions musculaires ; une demi-dent cardinale, irrégulière , calleuse , se prolongeant d'un côté sous le corselet, et s'articulant avec celle de la valve opposée.

Les coquilles de ce genre étoient des Myes dans Linnæus. Elles ont été confondues avec les anodontes qui faisoient partie des moules du même auteur ; on les appelle vulgairement *moules d'eau douce*. C'est à Bruguières qu'on doit de les avoir distinguées.

Léach , dans ses Mélanges de Zoologie , a établi le genre Dipsas intermédiaire entre celui-ci et les *anodontes*.

Les animaux qui habitent les *mulettes* ne font saillir aucun tube. Ils ont un pied musculeux qu'ils font sortir en forme de lame transversale , et qui leur sert à se transporter d'un lieu dans un autre , et à s'enfoncer dans la boue ou dans le sable pendant l'hiver pour échapper au froid , et pendant l'été, pour se soustraire à l'effet du desséchement des eaux. J'ai observé , en Amérique , qu'ils restoient en vie dans des vases assez durcies pour ne pouvoir être entamées avec la bêche , et ce , pendant trois ou quatre mois de l'été où ils n'avoient que des pluies momentanées pour se rafraîchir.

Beudant est parvenu, en procédant graduellement , à accoutumer les espèces de ce genre à vivre dans l'eau salée.

Poli , dans son ouvrage sur les testacés des deux Siciles , a donné l'histoire et l'anatomie d'une espèce de ce genre , accompagnée d'excellentes figures. Il en résulte que l'animal qui l'habite forme parmi les mollusques un genre nouveau , et qu'il est vivipare à la manière des *anodontes* dont il est congénère. *V.* ANODONTE et COQUILLAGE.

Une espèce de ce genre, la MULETTE MARGARITIFÈRE, est célèbre à raison des perles qu'elle produit, et dont on tire un certain parti sous ce rapport, dans le nord de l'Europe et de l'Asie.

Les perles n'étant qu'une extravasation de la matière qui sert à former l'intérieur de la coquille, toute coquille qui est nacrée en dedans, peut en donner, soit qu'elle habite la mer ou les fleuves. Or, la *mulette* en question est dans ce cas, mais encore plus souvent que l'AVICULE PERLIÈRE : au lieu de perles rondes et détachées du test, on n'y trouve que des tubercules nacrés adhérens, et rarement d'une certaine valeur.

Linnæus, qui avoit remarqué que l'animal formoit à volonté de ces tubercules, pour mettre obstacle au percement de sa coquille par les vers qui vivent à ses dépens, avoit proposé d'en faire produire artificiellement en la perçant avec une tarière. Ce moyen, dont le gouvernement de Suède a fait un secret, a réussi jusqu'à un certain point ; mais le nombre des perles marchandes qu'il fournissoit étoit si peu considérable à proportion des tubercules nacrés, dont la vente n'étoit pas avantageuse, que la dépense l'emportoit sur la recette, et le projet a été abandonné.

Une autre espèce de mulette est très-connue, parce qu'elle est très-commune dans les rivières, et qu'elle sert aux peintres à mettre les couleurs préparées.

Les coquilles des mulettes sont, en général, épaisses, d'une couleur brune, presque uniforme en dehors, et plus ou moins nacrée en dedans. Elles sont assez difficiles à distinguer par la description, parce que leurs différences résident presque uniquement dans leur forme.

Il y a seize espèces de mulettes gravées pl. 247 et suivantes de l'*Encyclopédie*, dont les plus importantes à connoître sont :

La MULETTE MARGARITIFÈRE, qui est ovale, avec le devant plus large, et le sommet rongé. Elle se trouve dans les lacs et les étangs boueux de l'Europe ; c'est elle qui fournit des perles.

La MULETTE CAROLINIENNE est ovale, allongée, et a les sommets rongés. Elle est représentée au quart de sa grandeur naturelle, pl. 23, n.º 2 de l'histoire naturelle des coquilles, faisant suite au Buffon de Déterville. Elle se trouve dans les eaux dormantes de la Caroline, où je l'ai observée, décrite et dessinée.

La MULETTE DES PEINTRES est ovale, et a les sommets entiers. Elle se trouve dans les rivières, elle est très-com-

mune dans la Seine. On la mange à Naples, au rapport de
Poli. *Voyez*, pl. G 14 où elle est figurée. (B.)

MULIN, *Mulinum*. Genre établi dans la pentandrie digynie et dans la famille des ombellifères, pour placer quatre
plantes d'Amérique qui diffèrent extrêmement peu des SÉLINS.
Il a pour caractères : ombelle simple à involucre polyphylle ;
calice dentelé ; pétales jaunes ; fruit très-renflé, ovale, profondément sillonné, à angles arrondis. (B.)

MULINUM. *V.* MULIN. (LN.)

MULION, *Mulio.* Genre d'insectes de l'ordre des diptères, famille des tanystomes, tribu des anthraciens, distingués
de ceux de *némestrine* et d'*anthraxe*, appartenant à la même
tribu, par les caractères suivans : palpes retirés dans la cavité buccale ; trompe pas plus longue que la tête, saillante ;
les deux premiers articles des antennes presque de la même
longueur ; le dernier allongé, d'abord cylindrique, puis terminé en forme d'alène courte ; stylet du sommet peu distinct.

Fabricius a établi ce genre ; mais l'ayant appelé *cytherea*,
nom qui ne diffère que par une lettre de celui de *cythere*, désignant dans Muller un genre d'*entomostracés*, nous avons été
obligés de rejeter cette dénomination, et de lui substituer
celle de *mulion*. L'illustre entomologiste de Kiell a donné ensuite ce dernier nom à un genre qu'il a formé de plusieurs
syrphes. Il en résultera qu'à la fin on ne pourra plus s'entendre.

Les *mulions* ont le corps court ; la tête assez grosse, presque globuleuse ; le corselet un peu bossu ; les ailes grandes,
horizontales, écartées ; les balanciers petits ; l'abdomen plus
long que le corselet, conique ; les pattes longues, menues, les
tarses sans pelotes distinctes. Leur antennes sont très-écartées
l'une de l'autre, caractère qui distingue ce genre de ceux
de la tribu des bombyliers ; elles sont de moitié au moins plus
courtes que la tête, de trois pièces, dont les deux premières
presque également longues, et dont la dernière se termine en
alène, avec un stylet très-petit au bout. Les petits yeux lisses
sont écartés.

Ce genre est peu nombreux ; la seule espèce connue que
l'on trouve en France, est le MULION OBSCUR. Il a environ
cinq à six lignes de longueur. Tout le corps est noir, mais
couvert d'un duvet cendré : la trompe, les antennes et les
pattes sont d'un brun noirâtre à la base. Cette espèce est la
cythérée obscure de M. Fabricius. Elle a été figurée par M. Coquebert, dans la seconde décade de ses Illustrations iconographiques des insectes, pl. 20, fig. 6.

On ne la trouve que dans les départemens les plus méridio-

naux. *Voyez*, quant aux *mulions* de M. Fabricius , les genres
CHRYSOSTOXE et APHRITE. (L.)

MULLA. Dans Rhéede ce nom se trouve à la suite de ceux
qu'on donne au Malabar à diverses espèces de jasminées ,
et paroît être , en conséquence , synonyme de notre mot jas-
min. Ainsi le *catu pitsjegam-mulla* désigne le *mogorium triflo-
rum*, LK , et le *catu-tsjiregam mulla* , le *mogorium multiflorum* ,
LK. (LN.)

MULLE ou MULET , *Mullus*. Genre de poissons de la
division des THORACIQUES, dont les caractères consistent à
avoir le corps couvert de grandes écailles, qui se détachent
facilement; deux nageoires dorsales , plus d'un barbillon à
la mâchoire inférieure.

Ce genre , qu'il faut bien se garder de confondre avec celui
du MUGIL comme le font beaucoup de personnes , à cause de
la similitude des noms , renferme quatorze espèces , dont
plusieurs sont célèbres à raison de la bonté de leur chair.

Le MULLE ROUGET , *Mullus barbatus* , Linn. , a le corps et
la queue rouges , point de raie longitudinale , les deux mâchoires également avancées. (*V*. pl. G. 1 , où il est figuré.)
Il se trouve dans toutes les mers d'Europe , où il parvient à
huit à dix pouces de long. C'est le *barbet* et le *surmulet* de quelques auteurs. Il ne faut pas le confondre avec le TRIGLE
ROUGET , *Trigla cuculus*.

La tête de ce poisson est tronquée , large , comprimée et
couverte d'écailles qui se détachent facilement , et qui sont
transparentes. Les mâchoires sont d'égale longueur et armées
d'une grande quantité de petites dents ; le palais est rude , la
langue lisse et le gosier garni de quatre os en forme de lime.
Le menton est orné de deux longs barbillons. Les narines
n'ont qu'une ouverture. Les yeux sont pourvus d'une membrane. Les opercules sont unis , et les ouïes grandes. La ligne
latérale est près du dos. Tous les rayons de la première dorsale sont aiguillonnés , ainsi que le premier dans la seconde,
dans la ventrale et dans l'anale. Le ventre est argentin et les
nageoires jaunes.

C'est de crustacés et de petits poissons que vit le mulle
rouget. On le prend au filet et à la ligne. Il a la chair blanche , ferme et de très-bon goût. Il a été connu des Grecs et
des Romains , qui en font souvent mention dans leurs ouvrages. Ces derniers , dans le temps où les vertus républi-
caines avoient cédé la place aux vices de toute espèce , où le
luxe le plus effréné et la gourmandise la plus grossière étoient
les seuls moyens de se distinguer parmi les esclaves rampans à la cour du despote , ont payé ce poisson des sommes
énormes ; Suétone en cite trois qui furent vendus 30,000

sesterces , c'est-à-dire , 6000 francs. Ce n'étoit pas seulement comme manger qu'on les recherchoit avec tant d'ardeur , ce n'étoit pas seulement pour les nourrir dans des bassins où l'on pouvoit admirer l'éclat de leur robe , c'étoit encore pour s'y donner le barbare plaisir de les faire expirer entre les mains , pour jouir de la variété des nuances pourpres , violettes ou bleues qui se succédoient depuis le rouge du cinabre jusqu'au blanc le plus pâle , à mesure que passant par tous les degrés de la diminution de la vie, et perdant leurs forces , le sang de ces poissons se concentroit dans les gros vaisseaux. L'âme se révolte à l'idée d'une barbarie aussi futile , qui heureusement n'est plus dans nos mœurs.

Le Mulle surmulet a le corps et la queue rouges ; des raies longitudinales jaunes ; la mâchoire supérieure un peu plus avancée que l'inférieure. Il se trouve dans les mers d'Europe, et dans celles d'Asie et d'Amérique ; il a été assez généralement confondu avec le précédent, dont il diffère fort peu. On le connoît, sur les côtes de France , sous le nom de *barbarin* , de *rouget barbé* et de *mulet barbé*. Les anciens, qui l'estimoient autant que le mulle rouget, l'avoient consacré à Diane, et faisoient beaucoup de contes à son sujet. Sa grandeur est ordinairement d'un pied. Il va par troupes faire au printemps sa ponte sur les rivages de la mer , à l'embouchure des rivières , où on le prend au filet ou à l'hameçon.

Le Mulle japonais a le corps et la queue jaunes , et point de raies longitudinales. On le trouve dans les eaux du Japon où il a été observé par Houttuyn.

Le Mulle oriflamme a le dos bronzé ; une raie longitudinale , large et rousse, de chaque côté du corps ; une tache noire vers l'extrémité de la ligne latérale ; la nageoire de la queue jaune et sans taches ; les barbillons blancs ; les dents petites et nombreuses. Il est figuré dans Lacépède, vol. 3 , pl. 13. On le voit dans la mer Rouge et dans celle des Indes.

Le Mulle rayé est blanchâtre, a cinq raies longitudinales de chaque côté, deux brunes et trois jaunes , les nageoires de la queue rayées obliquement de brun ; les barbillons de la longueur des opercules ; les écailles légèrement dentées. Il est figuré dans Lacépède, vol. 3 , pl. 14. Il habite la mer Rouge.

Le Mulle tacheté a la tête, le corps, la queue et les nageoires rouges; trois taches grandes, presque rondes et noires de chaque côté du corps ; huit rayons à la première nageoire du dos; dix à celle de l'anus. Il est figuré dans Bloch , pl. 348, et dans le Buffon de Deterville, vol. 5 , pag. 37. Il se pêche sur les côtes du Brésil.

Le Mulle deux bandes a une bande très-foncée, transversale et terminée en pointe à l'origine de la première nageoire du dos; une bande presque semblable vers l'origine de la nageoire caudale, divisée en deux lobes très-distincts; la tête couverte d'écailles semblables à celles du dos; les barbillons épais à leur base et déliés à leur extrémité. Il est figuré dans Lacépède, vol. 3, pl. 14. Commerson l'a observé, décrit et dessiné dans la mer des Indes.

Le Mulle cyclostome n'a point de raies, de bandes ni de taches; l'extrémité de ses barbillons atteint à l'origine des nageoires thoracines; l'ouverture de sa bouche représente une très-grande portion de cercle; sa ligne latérale est parallèle au dos; il a huit rayons à la première dorsale. Il est figuré dans Lacépède, vol. 3, pl. 14, et se trouve avec le précédent.

Le Mulle trois bandes a trois bandes transversales, larges, très-foncées et finissant en pointe; la tête couverte d'écailles semblables à celles du dos; l'extrémité des barbillons atteignant à l'extrémité des nageoires thoracines. Il est figuré dans Lacépède, vol. 3, pl. 15. On le pêche avec les précédens.

Le Mulle macronème a une raie longitudinale de chaque côté du corps; une tache noire vers l'extrémité de la ligne latérale; sept rayons à la première dorsale; l'extrémité des barbillons atteignant l'extrémité des nageoires thoracines. Il est figuré dans Lacépède, vol. 3, pl. 13. On le trouve avec les précédens.

Le Mulle barberin a une raie longitudinale de chaque côté du corps; une tache noire vers l'extrémité de la ligne latérale; huit rayons à la première dorsale; l'extrémité des barbillons n'atteignant que jusqu'à la seconde pièce des opercules; cette seconde pièce garnie d'un piquant recourbé. Il est figuré dans Lacépède, vol. 3, pl. 13, et habite les mêmes mers que les précédens.

Le Mulle rougeâtre a le corps et la queue rougeâtres; une tache noire vers l'extrémité de la ligne latérale; la seconde nageoire dorsale parsemée, ainsi que la nageoire de l'anus et celle de la queue, de taches brunes en forme de lentilles. Il habite les mers des Moluques.

Le Mulle rougeor, *Mullus chryserythros*, a le corps et la queue rouges; une grande tache dorée entre les nageoires dorsales et celles de la queue; des rayons dorés aboutissant à l'œil; les opercules dénués de piquans, mais non d'écailles; les barbillons atteignant jusqu'à la base des nageoires thoracines, et se recourbant ensuite; quatre rayons à la membrane des branchies. Il se trouve avec le précédent.

Le Mulle cordon jaune a le dos bleuâtre; une raie latérale et longitudinale dorée ; la nageoire de la queue et le sommet de celle du dos, jaunâtres ; trois pièces à chaque opercule ; un petit piquant à la seconde pièce operculaire ; les opercules dénués d'écailles semblables à celles du dos ; quatre rayons à la membrane des branchies ; les barbillons recourbés et n'atteignant pas tout-à-fait jusqu'à la base des nageoires thoracines. Il se trouve avec les précédens ; et c'est encore à Commerson qu'on en doit la connoissance. (B.)

MULLE. Nom de la plus mauvaise qualité de GARANCE. (B.)

MULLEIN. Synonyme anglais de MOLLÈNE. (LN.)

MULLER. *Mullera*. Genre de plantes établi par Linnæus. C'est le COUBLANDIE d'Aublet. (B.)

MULLER-GLAS et MULLERISCHES-GLAS. Nom allemand du *quarz hyalin concrétionné*. (*Voy.* cet article et HYALITE.) (LN.)

MULLET. Nom du *macareux*, dans la province d'Yorck. (V.)

MULLEYH. Nom arabe d'une espèce de SOUDE, *salsola fœtida*, Delil. (LN.)

MULLEYH et A'DBEH. Noms arabes du *reaumuria vermiculata*, L. (LN.)

MULLI de Garcillaso. *V.* MUELLE. (LN.)

MULLI ou MOULLI. Nom péruvien du POIVRIER du Pérou, *schinus molle*, L. (LN.)

MULM. Les mineurs allemands nomment ainsi un minerai quelconque effleuri, décomposé, friable ou en poudre. (LN.)

MULOT, *Mus sylvaticus*, Linn. Mammifère rongeur du genre des RATS proprement dits. *V.* ce mot. (DESM.)

MULOT (GRAND). *V.* RAT SURMULOT. (DESM.)

MULOT BLEU DU CHILI. C'est un animal fort peu connu, qui a été décrit imparfaitement par Molina, sous le nom de GUANGUE, *Mus cyaneus*. (DESM.)

MULOT A COURTE QUEUE. Dénomination appliquée au CAMPAGNOL. *V.* ce mot. (S.)

MULOT VOLANT. *Voyez* MYOPTÈRE RAT-VOLANT. (DESM.)

MULOTTER (*terme de chasse*). C'est l'action du *sanglier* qui fouille les caveaux du *mulot*, pour se repaître du grain qu'il y trouve amassé. (DESM.)

MULTINERVIA. L'on a nommé ainsi autrefois le *plantain*, à cause de ses feuilles marquées de plusieurs nervures longitudinales. (LN.)

MULTIPLIANT. Les Français de Pondichéri appellent ainsi le FIGUIER DES PAGODES (B.)

MULTIVALVES. On appelle ainsi tous les coquillages qui ont plus de deux valves. Quoique cette classe semble être bien caractérisée, on n'est pas d'accord jusqu'à présent sur les coquilles qui doivent en faire partie. Lamarck, par exemple, pense que les *pholades*, les *tarets* et les *fistulanes*, doivent être regardés comme des bivalves qui ont des pièces accessoires, et que les *oscabrions* sont des mollusques nus, dans le dos desquels sont encaissées de petites lames testacées. En adoptant cette opinion, qui est très-certainement fondée sur des bases solides, il faudroit supprimer la classe entière des multivalves: car les deux seuls genres qui y resteroient, les *anatifs* et les *balanites*, sont formés par des animaux étrangers aux mollusques, et qui pourroient faire seuls une classe voisine des *radiaires* de ce naturaliste, classe qu'on dit que Lamarck a en effet établie dans son dernier cours.

On compte huit genres dans les *multivalves*, dont les caractères se tirent tantôt de la position des valves, tantôt de leur nombre, tantôt de leurs rapports; savoir: OSCABRION, ANATIF, BALANITE, PHOLADE, TARET, FISTULANE, ANOMIE et CALCÉOLE. (B.)

MULTUNGULA (*plusieurs sabots*). Nom donné par Illiger aux mammifères *pachydermes*. Il est en opposition avec celui de *solidungula*, appliqué à l'ordre qui renferme le genre du cheval, et qui forme notre famille des SOLIPÈDES. (DESM.)

MULU. Suivant d'anciennes relations, les Chinois donnent le nom de *mulu* à une race de *cerfs*, qui paroît être l'*hippelaphe* ou *cerf des Ardennes*. *V.* au mot CERF. (S.)

MULUS. Nom latin du *mulet*. (DESM.)

MUMIE. *V.* MOMIE. (V.)

MUMINAHI. Nom qu'on donne en Perse au NAPHTE. *V.* BITUME. (LN.)

MU-MIN-FO. C'est, à Canton, en Chine, le nom d'une espèce de SARRÈTE, *Serratula multiflora*, LOUR. (LN.)

MUNACCHIA. Nom de la *corneille mantelée* en Italie. (S.)

MUNCHAUSIER, *Munchausia*. Très-bel arbrisseau de l'Inde, dont Linnæus avoit fait un genre particulier, mais que Lamarck a réuni au LAGERSTROME dont il ne diffère que parce qu'il a les étamines inégales. (B.)

MUNCHUSIA de Heister. Ce genre de plante est rentré dans celui des KETMIES, *Hibiscus*. (LN.)

MUNCOS. Dans Rumphius, c'est la MANGOUSTE DE L'INDE. *V.* ce mot. (DESM.)

MUNDA-VALLI. Nom malabare d'une espèce de LISE-
RON, *Convolvulus grandiflorus*, L. C'est aussi le nom de l'*ipo-
mea bona nox*, espèce de QUAMOCLIT. (LN.)

MUNDHOLZ. L'un des noms du TROÈNE en Allemagne. (LN.)

MUNDIC. Nom que l'on donne, en Allemagne, au FER
ARSÉNICAL. (LN.)

MUNDICK des Anglais. *V.* PYRITE. (LN.)

MUNDOURE. Nom du SPARE MENDOLE. (B.)

MUNDUBI. Nom brasilien de l'*arachis hypogæa*, selon
Marcgrave et Pison; le MUNDUBI d'ANGOLA ou pois d'Angole,
est le *glycine subterranea*; enfin, le MUNDUBI GUAÇU, est le
jatropha curcas. Quelques auteurs écrivent *mandubi* au lieu de
mandubi. (LN.)

MUNDUI-GUAÇU de Pison. *V.* MUNDUBI-GUAÇU, à l'article MUNDUBI. (LN.)

MUNGO. Dans le *Systema naturæ* de Linnæus, la *mangouste* porte le nom de *viverra mungo. V.* MANGOUSTE. (DESM.)

MUNGO. Nom indien d'une espèce de HARICOT, *pha-
seolus mungo.* (LN.)

MUNGOS. C'est sous cette dénomination indienne que
l'on connoît depuis long-temps les graines de l'*ophiorrhiza
mungos*, L., que Garcias nomme *mungo*, et Avicenne *messe.*
(LN.)

MUNGUL. *V.* GROS-BEC MUNGUL. (V.)

MUNIS et **NESCHASCH.** Noms arabes de l'*inule odorante*, suivant Forskaël. Elle est cultivée dans les jardins de
l'Arabie-Heureuse, à cause de son parfum. On mange ses
feuilles crues, et les femmes les mêlent dans leurs cheveux.
Les Arabes l'appellent également CHAA. (LN.)

MUNISTER ou **MUNISTIER.** Jonston et Gesner rapportent ces noms au *bonasus*, race de BŒUFS de Paonie,
dont parle Aristote, et qui paroît se rapporter à l'espèce de
l'*aurochs. Voyez* ce mot. (DESM.)

MUNNOZE, *Munnozia.* Genre de plantes de la syngénésie polygamie superflue, et de la famille des corymbifères,
fort voisin des COLUMELLIES, qui offre pour caractères : un calice commun campanulé, imbriqué d'écailles membraneuses,
dont les extérieures sont plus larges, et les intérieures trifides ;
un réceptacle convexe creusé de cellules ciliées en leurs bords,
et garni de fleurons hermaphrodites dans son disque, et de
demi-fleurons tridentés, femelles fertiles, à sa circonférence ;
des semences ovales, tronquées, striées, et surmontées d'une
aigrette velue.

Ce genre renferme quatre espèces. Ce sont des arbrisseaux du Pérou, à feuilles opposées et velues. (B.)

MUNSTER-PLUMBS. L'un des noms anglais de la BATATE. (LN.)

MUNTINGIA. Genre de plantes établi par le Père Plumier, et consacré à la mémoire d'Abrah. Munting, médecin-botaniste hollandais, qui vivoit vers la fin du dix-septième siècle. Plumier rapportoit à ce genre plusieurs plantes, qui rentrent dans le genre *celtis* (MICOCOULIER). Le genre *muntingia* de Linnæus ne contient qu'une espèce ; c'est le *calabura alba* de Plumier. *V.* CALABURE. (LN.)

MUNTJAC. C'est le nom d'un quadrupède ruminant du genre des CERFS. (DESM.)

MUOLLO. Nom niçéen du *poisson-lune* ou *céphale*. (DESM.)

MUONG-CHUONG-CHUM. C'est en Cochinchine le *coccoloba cymosa*, Lour., espèce de RAISINIER. (LN.)

MUOP-DANG. Nom donné en Cochinchine au *momordica charantia*, Lour., plante de la famille des *cucurbitacées*. (LN.)

MUOP-KHEN. Une espèce de CONCOMBRE, *Cucumis acutangulus*, L., est cultivée sous ce nom en Cochinchine. (LN.)

MUOP-NGOT. En Cochinchine, on nomme ainsi le SUQUA des Chinois. *V.* ce mot. (LN.)

MUOP SAOC. C'est en Cochinchine le nom du *trichosanthes anguina*, L., qu'on y mange et qu'on y cultive à cet effet, comme en Chine. (LN.)

MUOU. Le MULET des Provençaux.

MUOU. C'est l'URANOSCOPE RAT à Nice. (DESM.)

MUQUA. *V.* MUEM XU. (LN.)

MUQUEUSE. Nom spécifique d'une COULEUVRE. (B).

MUR d'un filon. *V.* FILON et SALBANDE. (PAT.)

MURADA. Nom du SPARE à bec pointu, *Sp. acutirostris*, de Laroche, aux îles Baléares. (DESM.)

MURÆNA. *Voy.* MURÈNE. (DESM.)

MURAJES et MURUGES. *V.* MORUJES. (LN.)

MURALTA. Genre de plantes établi par Adanson pour placer quelques espèces de *clematis*, tel que le *clematis cirrhosa*, que Sibthorpe regarde comme le *clematitis* de Dioscoride, et qui diffère des autres espèces. Ce genre est le même que le *viorna* de Persoon. M. Decandolle, qui en fait une section du genre *clematis*, l'appelle *cheiropsis*; ce qui le caractérise est un involucre caliciforme, composé de deux bractées soudées, situé immédiatement sous la fleur. (LN.)

MURA-NURA. Nom de l'AIL au Japon. (LN.)

MURAPA. Nom d'une plante de la famille des Aroïdes et du genre Carludovicea, *C. tetragona*, Kunth., qui croît proche de la Cuesta-de-Folima, à la hauteur de sept cents toises. (ln.)

MURARIA. Nom du Violier jaune ou Giroflée jaune (*Cheiranthus cheiri*) chez les Romains. (ln).

MURASAKI. C'est au Japon le nom du Gremil des champs, suivant Thunberg et de la Baselle rouge ou Gandole, *Basella rubra*, L. (ln.)

MURBERSANDSTEIN (*metaxite*, Haüy). Nom qu'on donne en Allemagne au Grès des houillères ou Psammite (ln.)

MURCIELAGO, MORCIELAGO, MURCIEGALO, MURCEGUILLO. Divers noms espagnols des Chauve-souris. (desm.)

MURDADSCHA. Nom du Cornouiller sanguin en Turquie. (ln.)

MURE. C'est le Buccin ouvert. (b.)

MURE. C'est le *murex mancinella*, Linn.; la Mure ailée est le *murex neritoïdeus*, L. Ces coquilles ne font plus partie du genre Rocher (*murex*). *V.* ces mots. (ln.)

MURE. Dans l'acception vulgaire du mot, il désigne les fruits du Murier et ceux des Ronces. Les derniers s'appellent *mures sauvages*. (ln.)

MURE AILÉE. C'est le nom marchand d'un Rocher. (b.)

MURE, MUREGRAESS. Noms de l'Argentine (*Potentilla anserina*, L.) en Norwége. En Islande, on lui donne les noms de *mura* et de *murusolry*. (ln.)

MURE. *V.* Murie. (pat.)

MURÈNE, *Murœna*. Genre de poissons de la division des Apodes, dont les caractères consistent à avoir des nageoires pectorale, dorsale, caudale et anale ; les narines tubulées ; les yeux voilés par une membrane ; le corps serpentiforme et visqueux.

Ce genre renfermoit, dans le *Systema naturæ*, édition de Gmelin, plusieurs espèces qui ne lui appartenoient réellement pas, et qui en ont été séparées par Bloch et Lacépède pour former les genres Gymnothorax, Ophisure et Sirène. L'espèce surtout qui portoit particulièrement le nom de *murène* chez les anciens, et qui le porte encore dans une partie de l'Europe, le *murena helena* de Linnæus, n'en fait plus partie. Elle entre dans le genre Gymnothorax de Bloch, qui appartient au vingt-neuvième ordre de Lacépède, c'est-à-dire des poissons osseux qui n'ont ni opercules ni membranes des branchies. Depuis, Cuvier a formé trois sous-genres; savoir: ANGUILLE, CONGRE et ALABÉS.

Les espèces qui restent dans le genre MURÈNE, selon Lacépède, sont au nombre de quatre.

La MURÈNE ANGUILLE, qui a la mâchoire inférieure plus avancée que la supérieure; cent rayons ou environ à la nageoire de l'anus; le dessus du corps et de la queue sans taches. On la trouve dans les eaux douces et salées des quatre parties du monde. *V.* au mot ANGUILLE.

La MURÈNE TACHETÉE, *Muræna ophis*, Linn., qui a la mâchoire inférieure plus avancée que la supérieure; trente-six rayons ou environ à la nageoire de l'anus; la couleur verdâtre; de petites taches noires; une grande tache de chaque côté et auprès de la tête. Elle habite la mer du Sud. Elle devient fort grande. Sa chair est de mauvais goût.

La MURÈNE MYRE a le museau un peu pointu, deux petits appendices un peu cylindriques à la lèvre supérieure; la nageoire du dos toute cendrée ou blanche, et liserée de noir. Elle se trouve dans la Méditerranée.

La MURÈNE CONGRE a deux appendices un peu cylindriques à la lèvre supérieure, et la ligne latérale blanche. *V.* pl. G. 1, où elle est figurée. On la trouve dans les mers d'Europe et d'Amérique. Elle parvient à une grandeur considérable, et a plus de dix pieds de long. *V.* au mot CONGRE.

Les MURÈNES DES ÎLES BALÉARES ET A LARGES LÈVRES ont été observées, décrites et dessinées par Delaroche, dans son Mémoire sur les poissons de ces îles, inséré dans les Annales du Muséum.

Les MURÈNES CASSINI et NONE ont été découvertes par M. Risso dans la mer de Nice.

Lesueur, compagnon de Péron dans le voyage aux Terres Australes, dirigé par le capitaine Baudin, a décrit, dans le Journal de l'Académie des sciences naturelles de Philadelphie, de septembre 1817, cinq espèces nouvelles de *murènes* propres aux eaux douces et salées de l'Amérique septentrionale. Il les a appelées MURÈNE ROSTRALE, MURÈNE DE BOSTON, MURÈNE SERPENTINE, MURÈNE ARGENTÉE et MURÈNE MICROCÉPHALE. (B.)

MURÉNOBLENNE, *Murænoblenna*. Poisson observé par Commerson dans le détroit de Magellan, et qui fournit, par ses pores, une matière gluante, très-analogue à celle des GASTROBRANCHES, et si abondante que le corps en est presque entièrement composé.

Ce poisson forme un genre dans la division des APODES, qui offre pour caractères: point d'apparence de nageoires; le corps et la queue presque cylindriques. Il parvient à un ou deux pieds de long, sur deux à trois pouces de diamètre. (B.)

MURÉNOÏDE, *Murænoides*. Genre de poissons de la division des JUGULAIRES, établi par Lacépède pour placer une espèce qui avoit mal à propos été rapportée aux BLENNIES.

Cuvier a fait un sous-genre des BLENNIES, et a changé ce nom en celui de GONNELLE. Ce genre offre pour caractères : un seul rayon à chacune des nageoires jugulaires; trois rayons à la membrane des branchies; le corps allongé, comprimé, en forme de lame.

L'espèce qui compose ce genre a été appelée MURÉNOÏDE SUJEF, du nom du naturaliste russe qui l'a fait connoître. On ignore sa patrie. (B).

MURÉNOPHIS, *Murænophis*. Genre de poisson, de la division des apodes, établi par Lacépède, pour placer douze espèces de MURÈNES qui n'ont point de nageoires pectorales. C'est le même que le GYMNOTHORAX de Bloch, augmenté de trois espèces nouvelles.

Le MURÉNOPHIS D'UNE SEULE COULEUR est une espèce nouvelle, observée par Delaroche aux îles Baléares, et qu'il a figurée dans son Mémoire sur les poissons de cette île, imprimé dans les *Annales du Muséum*. Il y a encore les MURÉNOPHIS FAUVE, DE CRISTINI et SOURCIÈRE, observés par Risso dans la mer de Nice. (B.)

MURENOT. Nom donné, aux îles Baléares, à une nouvelle espèce de MURÉNOPHIS, décrite par Delaroche (*Annales du Muséum*) sous le nom de *Murenophis unicolor*. (DESM.)

MURER. Le GIROFLIER JAUNE porte ce nom. (B.)

MUREX. Nom sous lequel Burmann a figuré (Ind., tab. 45, fig. 2) le *pedalium murex*, plante dont la fleur sent fortement le musc, et dont le fruit est tétragone, et garni sur les angles d'épines, comme cela est fréquent dans les coquilles du genre MUREX. (LN.)

MUREX. Nom latin des coquilles du genre ROCHER. *V.* ce mot. (B.)

MURFAÏN. Nom de l'HYÈNE dans le royaume de Dar-Four, en Afrique, au midi de l'Egypte, au rapport de W. Q. Browne. (DESM.)

MURIACIT. Werner donne ce nom à l'espèce minérale que les minéralogistes français nomment CHAUX ANHYDRO-SULFATÉE MURIATIFÈRE. (LN.)

MURIATES. Combinaisons du chlore (acide muriatique-oxygéné) ou de l'acide hydrochlorique (acide muriatique) avec une base.

Les minéralogistes ne connoissent qu'un très-petit nombre

de *muriates* dans la nature , et à l'exception de la soude muriatée ou *sel marin* , ils sont très-peu répandus.

Les uns sont solubles dans l'eau (*hydrochlorates*) tels que la
chaux muriatée, la *magnésie muriatée*, l'*ammoniaque muriaté*, les
autres sont insolubles (*chlorures*) comme l'*argent muriaté*; le
mercure muriaté, le *cuivre muriaté*, le *plomb muriaté* et le *fer
muriaté. V.* ces mots. (LN.)

MURICAIRE , *Muricaria.* Genre de plantes établi par
Desvaux pour placer la BUNIADE COUCHÉE de Desfontaines.
Il ne paroît pas suffisamment distinct de celui appelé LÆLIA
par Persoon. (B.)

MURICALCITE de Kirwan. C'est une variété de la
CHAUX CARBONATÉE MAGNÉSIFÈRE, dite *Bitterspath. V.* vol. VI,
pag. 180. (LN.)

MURICIER. Animal des ROCHERS. Il a un opercule ;
deux tentacules pointus portant des yeux à leur base ; un pied
sessile , allongé , et pourvu d'appendices. (B)

MURICIER, *Muricia.* Grand arbrisseau grimpant, à vrilles
solitaires, à feuilles alternes, pétiolées, veinées, glabres, divisées en cinq lobes, dont les trois du milieu sont aigus, et
les deux latéraux obtus et courts; à fleurs jaunâtres, latérales,
solitaires et longuement pédonculées, qui forme, selon Loureiro, un genre dans la monoécie syngénésie.

Ce genre offre pour caractères: une spathe renflée, obtuse,
uniflore et très-grande ; un calice divisé en cinq parties subulées, striées, colorées, égales ; une corolle de cinq pétales
ovales, lancéolés et nervés ; dans les fleurs mâles trois étamines à filamens courts, épais, trigones, réunis par leur
base; à anthères bilobées et divariquées dans deux seulement,
la troisième n'ayant qu'une fossette longitudinale farinifère,
dans les fleurs femelles, un germe ovale-oblong, velu, intermédiaire entre la spathe et le calice, à style épais et à trois
stigmates sagittés ; une grande baie ovale , épineuse, uniloculaire et polysperme.

Le *muricier* se trouve dans la Chine et dans la Cochinchine.
Ses baies sont d'un rouge pourpre et d'une saveur fade. On
les emploie pour teindre les boissons et les alimens en rouge
Ses feuilles et ses semences sont apéritives et astringentes,
bonnes dans les obstructions du foie et de la rate, dans les
ulcères et les tumeurs malignes. (B.)

MURIE, MURE. Nom que quelques naturalistes donnent aux eaux et aux terres naturellement imprégnées de sel
marin. Dans les salines , on donne à l'eau qui est saturée de
sel, après qu'on lui a fait subir l'évaporation convenable, le
nom de *muire*, qui est sa véritable dénomination. (PAT.)

MURIER. C'est en Lorraine le nom des GOBE-MOUCHES NOIRS dans leur plumage d'automne, et connus ailleurs sous celui de *bec-figue*. On donne la même dénomination, dans le midi de la France, aux *fauvettes*, *rossignols*, *traquets*, *tariers*, *motteux*, *pipis*, et généralement à tous les petits oiseaux à bec fin qui, lors de leur passage aux mois d'août et de septembre, ont la chair succulente. (v.)

MURIER, *Morus*, Linn. (*Monoécie tétrandrie*). Genre de plantes de la famille des urticées, qui a de grands rapports avec le JAQUIER. Le mûrier a les fleurs unisexuelles et monoïques, rarement dioïques. Les fleurs mâles et les femelles viennent communément sur le même individu. Elles sont portées sur des chatons oblongs ou ovoïdes, mais séparés. Les unes et les autres, privées de corolle, ont un calice découpé en quatre segmens, ovales-concaves dans les mâles, arrondis au sommet et persistans dans les femelles; les premières renferment quatre étamines, dont les filets en alène et courbés avant le développement de la fleur, se redressent ensuite et dépassent le calice. Les secondes contiennent un ovaire en cœur, surmonté de deux longs styles un peu rudes, réfléchis et à stigmates simples. Le calice de celles-ci, après leur fécondation, devient une petite baie charnue, succulente et monosperme; et c'est la réunion, en assez grand nombre, de ces baies groupées, qui forme le fruit connu sous le nom de mûre, lequel est globuleux ou ovale, plus ou moins gros, et assez semblable à celui de la RONCE.

Tels sont les caractères génériques des mûriers. Ces arbres lactescens, à feuilles simples, alternes, quelquefois opposées et toujours accompagnées de stipules. Leurs chatons sont solitaires et axillaires, et leurs fruits communément bons à manger.

On en compte quinze à seize espèces, dont quelques-unes sont mal déterminées et d'autres peu connues. Toutes ont une origine étrangère; plusieurs ont été depuis long-temps naturalisées en Europe. Celles-ci ont donné naissance à beaucoup de variétés, qui portent différens noms, suivant les pays, ce qui en rend la connoissance un peu embarrassante.

I. *Espèces et Variétés.*

Le MURIER BLANC, *Morus alba*, Linn. Arbre monoïque, devenant plus grand que les cerisiers. Il a l'écorce épaisse et gercée, le bois jaune, les branches éparses et confuses, les feuilles pétiolées, dentées, lisses, un peu rudes, tantôt entières et obliquement taillées en cœur, tantôt à deux ou trois lobes; les fleurs vertes, et les fruits blancs, fades et à peu près ronds. Il offre beaucoup de variétés que je ferai connoître tout à l'heure, avec celles des espèces suivantes. C'est le mûrier qui est le plus généralement cultivé en Europe pour la nourriture des vers-à-soie.

Le MURIER NOIR, *Morus nigra*, Linn., plus élevé que le précédent, lui ressemble beaucoup; mais il est souvent dioïque et porte un fruit beaucoup plus gros, d'une forme plus allongée, constamment noir, et rempli d'un suc vineux et abondant. Ses branches longues, forment une forte tête; ses feuilles sont luisantes, communément découpées en cinq lobes, quelquefois entières, en général grandes, plus fermes et plus nerveuses que celles du *mûrier blanc*.

Le MURIER ROUGE, *Morus rubra*, Linn. Arbre dioïque plus fort et plus élevé que les autres mûriers. Une écorce noire; des chatons pendans et cylindriques; des fleurs lâches et écartées; des feuilles ovales, en cœur, grandes, larges, entières et quelquefois palmées, très-rudes, dentées à leur circonférence, terminées en pointe allongée, et velues en dessous dans leur jeunesse: tels sont les caractères qui distinguent cette espèce, originaire de Virginie, et recherchée pour les bosquets à cause de son feuillage.

Le MURIER DU CANADA, *Morus canadensis*, Lam. Il est dioïque comme le précédent et s'en rapproche beaucoup; mais sa taille est médiocre; son écorce d'un brun jaunâtre; ses chatons sont plus gros; ses fleurs très-rapprochées; ses fruits comme réunis en faisceaux; ses feuilles divisées en trois ou cinq lobes. On le croit originaire du Canada.

Le MURIER DES INDES, *Morus indica*, Linn.; MURIER DE TARTARIE, *Morus tatarica*, Linn. Poiret soupçonne que ces deux mûriers cités par Linnæus comme formant chacun une espèce distincte, ne sont que deux variétés de la même espèce; il n'y trouve aucun caractère spécifique qui puisse les distinguer. En effet, le premier livré à lui-même, conserve à la vérité la forme d'un buisson; mais étant émondé, il acquiert une hauteur assez considérable, ainsi que le second. L'écorce du premier est d'un noir cendré, celle du second est jaunâtre. Celui-ci a ses pédoncules et ses pétioles plus longs, et les découpures de ses feuilles plus distinctes; mais, pour tout le reste, ces deux prétendues espèces se ressemblent. Il découle, par incision, de l'un et de l'autre arbre, un suc lymphatique et visqueux. L'un et l'autre ont des feuilles inégalement dentées , et des fruits d'un rouge noirâtre qui se mangent ; enfin leurs feuilles sont également estimées dans l'Inde pour la nourriture des vers-à-soie. On les regarde comme plus délicates , et plus propres à fournir à ces insectes une plus grande quantité de substance soyeuse. Quand elles sont jeunes, on les emploie aussi dans les cuisines comme plantes potagères. *Voyez* dans Rumphius et dans Rhéede la description du *mûrier des Indes*, et dans Miller celle du *mûrier de Tartarie*, dont il dit avoir reçu les semences de Bombay.

Le MURIER DES TEINTURIERS, *Morus tinctoria*, Linn.; MURIER A RAMEAUX ÉPINEUX, *Morus zanthoxylum*, Mill. Ces deux espèces semblent encore n'en devoir constituer qu'une seule. Voici comment Miller a décrit l'un et l'autre de ces *mûriers*.

Le bois du premier, dit-il, sert aux teinturiers. Il est plus connu sous le nom de *fustique* appliqué au bois, que par son fruit qui n'est pas fort estimé. Il croît naturellement dans presque toutes les îles de l'Amérique, et en plus grande abondance à Campêche que partout ailleurs. On exporte ce bois de la Jamaïque , où on le trouve plus communément que dans aucune autre des îles britanniques. Cet arbre , dans son pays natal , s'élève au-dessus de soixante pieds de hauteur. Son écorce est d'un brun clair, et quelquefois sillonnée; son bois est ferme , solide , et d'un jaune brillant. Il pousse de tous côtés plusieurs branches couvertes d'une écorce blanche, et garnies de quatre feuilles de quatre pouces de longueur, larges et arrondies à leur base, et plus larges d'un côté que de l'autre, de manière qu'elles paroissent placées obliquement sur les pétioles; leur largeur diminue par degrés vers l'extrémité, qui se termine en pointe aiguë. Elles sont rudes comme celles du *mûrier noir*, d'un vert foncé , et supportées par de courts pétioles. Vers l'extrémité des jeunes branches sortent les chatons courts , et de couleur pâle herbacée ; le fruit qui sort sur de courts pédoncules dans d'autres parties des mêmes branches, est de la grosseur d'une grosse noix-muscade, d'une forme ronde , couvert de protubérances , vert en dedans et en dehors, d'une saveur douce et sucrée lorsqu'il est mûr.

Le second mûrier , *morus zanthoxylum* (c'est toujours Miller qui parle), se trouve à la Jamaïque et dans les îles de Bahama , d'où ses semences m'ont été envoyées. On vend son bois, et on l'emploie aux mêmes usages que celui du *morus tinctoria* , duquel les botanistes ne l'ont pas trop bien distingué. Cette espèce ne parvient pas à une grosseur aussi considérable. Ses branches sont plus minces; ses feuilles sont plus étroites, plus rondes à leur base , dentées en scie sur leurs bords et terminées en pointes aiguës. Du pétiole de chaque feuille sortent deux épines aiguës qui, dans les plus vieilles branches, ont jusqu'à deux pouces de longueur. Le fruit a la même forme que celui du *morus tinctoria*; mais il est plus petit.

MURIER AUSTRAL, *Morus australis*, Lam., soupçonné dioïque. Il a ses feuilles portées sur de longs pétioles et de très-petits fruits barbus, moins pulpeux que dans les autres espèces, et plutôt secs que charnus. On le cultive à l'Ile-de-Bourbon. Ses feuilles varient et sont souvent laciniées.

MURIER RÂPE, *Morus radula*, Lam., à feuilles très-entières, ovales et coriaces, et à fruits cylindriques, verts et succulens. Son nom lui vient des tubercules petits et nombreux qui recouvrent ses rameaux et ses feuilles. Ils sont très-apparens sur les rameaux, mais à peine visibles sur les feuilles. Ce sont des aspérités semblables à celles des râpes, si rudes au toucher, qu'on ne peut faire glisser ces feuilles entre les doigts. On s'en sert à l'île de Madagascar pour donner un beau poli aux ouvrages en bois.

Il y a encore le MURIER DE L'ILE MAURICE, *Morus mauritia*, Jacq.; le MURIER A LARGES FEUILLES, *Morus latifolia*, Lam.; le MURIER A FEUILLES LACINIÉES, *Morus laciniata*, Lam. Le premier est un arbre grand et fort qui croît à l'Ile-de-France; les deux autres ont été peu observés.

Le *Morus laciniata* de Miller et celui qu'on cultive au Jardin des Plantes de Paris sous le même nom, sont vraisemblablement des variétés du *mûrier blanc* ou *noir*.

L'arbre connu sous le nom de *mûrier à papier* n'appartient point à ce genre; il en constitue un particulier qu'on trouvera décrit au mot BROUSSONETIE.

Les mûriers cultivés varient beaucoup, non-seulement par les feuilles qui offrent des formes et des découpures différentes, mais aussi par les fruits plus ou moins gros, plus ou moins ovales ou ronds, et diversement colorés. De toutes les espèces que je viens de décrire, les deux premières sont celles qu'on cultive le plus en France et dans le reste de l'Europe, l'une pour sa feuille, l'autre pour son fruit. Ces deux mûriers, assez mal nommés *mûrier blanc* et *mûrier noir*, ont produit par la culture un grand nombre de variétés. Mais rien de plus confus que la nomenclature de ces variétés; chaque pays a la sienne; et parmi le grand nombre de cultivateurs, même éclairés, qui s'occupent de ces arbres, à peine en est-il un qui puisse vous dire quel est le véritable type de ceux qui sont l'objet de ses soins. Selon Rozier, le *mûrier sauvageon* est le type de tous les mûriers cultivés en France. Mais qu'est-ce que le *mûrier sauvageon ?* d'où vient-il ? quel est son pays natal ?

En général, dans la culture des végétaux utiles et agréables, on cherche moins l'avancement de la science qu'à satisfaire son intérêt ou son goût, et quelquefois son amour-propre. La plupart des grands jardiniers et des amateurs recueillent beaucoup d'espèces d'un même genre, élèvent grand nombre de variétés et sous-variétés, et enrichissent leur collection d'une foule de plantes plus ou moins rares, sans s'inquiéter de les bien classer et coordonner, et sans chercher surtout à connoître la souche primitive à laquelle chacune d'elles doit être rapportée ; ce qu'il seroit essentiel néanmoins de savoir pour éviter toute confusion dans les livres, et pour prévenir les fausses applications de caractères et de propriétés d'une plante à une autre.

Rozier établit deux races de *mûriers blancs*, l'une qu'il appelle *mûriers sauvageons*, dont les feuilles sont découpées, minces et de couleur claire ; l'autre qu'il nomme *mûriers-roses*, parce qu'ils ont des feuilles entières, épaisses, d'un vert foncé, et les fruits rouge-pâle. Les fruits de ces deux sortes de mûrier varient, dit-il, également par leurs couleurs, tant dans le *sauvageon* que dans le *mûrier-rose*. Ils sont tantôt blancs, tantôt d'une teinte jaunâtre, et d'autres fois il approchent de la couleur noire. En lisant dans Rozier même les principes sur lesquels il appuie cette distinction et les développemens qu'il leur donne, on trouvera que ce qu'il dit à ce sujet n'est ni clair, ni suffisamment prouvé.

Le Mûrier d'Italie, *Morus italica*, Lam. Le rédacteur de l'article Mûrier dans Lamarck (*Nouv. Encycl.*), a détaché celui-ci du grand nombre des variétés du *mûrier blanc* pour former une espèce, parce qu'il se montre constamment le même, et parce que ses fruits sont de couleur rose et très-petits, sa hauteur médiocre, ses rameaux courts et diffus, ses feuilles presque toujours divisées en deux ou trois lobes, avec la surface supérieure d'un vert plus clair que dans le *mûrier noir*, et l'inférieure plus obscure et garnie de quelques poils. Cet arbre se cultive en Italie. Il ne faut pas le confondre avec la variété du *mûrier blanc*, nommée *mûrier rose*, dont nous parlerons bientôt.

Le Mûrier de Constantinople, *Morus constantinopolitanus*, Jard. des Plantes. Espèce monoïque reconnoissable à son tronc rabougri, élevé au plus de dix à douze pieds ; à ses grosses branches ; à ses rameaux très-courts et gros ; à ses feuilles en cœur, toujours entières, crénelées, luisantes aux

deux surfaces, et formant, quoique éparses, de grosses touf-
fes par leur rapprochement; à ses chatons mâles réunis cinq
ou six au même point, et garnis de fleurs pédonculées; enfin à ses fleurs femelles, solitaires aux aisselles des feuilles,
presque sessiles, et offrant un pistil très-blanc. Cet arbre,
se cultive au Jardin des Plantes de Paris. Il est vraisemblablement originaire des environs de Constantinople.

Constant du Castelet, dans un traité sur les *mûriers blancs*,
publié en 1760, distingue ainsi les variétés cultivées en Provence.

« *Mûriers sauvages.*—Il y en a quatre espèces : la première
est celle qu'on appelle *feuille rose*. Ce mûrier porte un petit
fruit blanc, insipide ; sa feuille est rondelette, semblable à
celle du rosier, mais plus grande. La seconde est la *feuille
dorée*; elle est luisante et s'allonge vers son milieu; le fruit en
est de couleur purpurine et petit. La troisième, le *reine-bâ-
tarde*; fruit noir, feuille deux fois plus grande que celle de
la feuille-rose, dentée à sa circonférence ; la dent de l'extrémité supérieure s'allonge plus que les autres. La quatrième
est appelée *femelle* ; l'arbre est épineux ; il pousse son fruit
avant sa feuille qui a la forme d'un trèfle.

« *Mûriers greffés.* — La première est la *reine à feuilles luisantes*, et plus grande qu'aucune des sauvages ; son fruit est
de couleur cendrée. La seconde, la *grosse reine*, à feuilles
d'un vert foncé et à fruit noir. La troisième, la *feuille d'Espagne*; cette espèce est extrêmement mate et grossière, a les
feuilles fort grandes, le fruit blanc et très-allongé. La quatrième, la *feuille de flots*, est d'un vert foncé : à peu près
semblable à la feuille d'Espagne, mais moins allongée : elle
est à bouquet sur ses tiges. Son fruit est très-multiplié, et
ne vient jamais au point de maturité. »

« Ces définitions sont aussi exactes qu'elles peuvent l'être,
« dit Rozier : mais ces espèces jardinières sont-elles inva-
« riables ? C'est autre chose. J'ai vu ce que l'auteur appelle
« *mûrier sauvage à feuilles roses*, donner des fruits noirs et
« assez gros : et la même singularité a lieu sur celui qu'il
« nomme *feuille d'Espagne*. Les mûriers du Languedoc ap-
« prochent beaucoup des espèces des environs d'Aix. J'ai
« comparé les uns aux autres, et cette comparaison m'a
« fait reconnoître beaucoup de variétés secondaires de ces
« espèces qui sont déjà elles-mêmes des variétés. »

A ces observations de Rozier on peut ajouter : 1.º que la division de Constant du Castelet est imparfaite, en ce qu'elle
semble ne pas comprendre les mûriers cultivés venus de graine
et non greffés ; 2.º que ses définitions sont trop courtes, n'é-

tant surtout ni précédées, ni accompagnées de caractères indi-
catifs de l'espèce dont il s'agit; 3.° qu'enfin les noms qu'il
donne aux variétés qu'il décrit, quoique reçus en Provence,
n'en sont pas moins mauvais, parce qu'on ne les a point adoptés ailleurs. Chaque auteur ou cultivateur s'entend fort bien
sans doute, lorsqu'en parlant d'une plante il la désigne par
le nom trivial qu'elle porte dans le pays où il se trouve; mais
cela ne suffit pas; il faut qu'il soit aussi entendu par tous ceux
qui le lisent ou qui cultivent la même plante que lui. Autrement on est exposé à confondre tous les objets. C'est à prévenir cette confusion que servent les noms scientifiques, quand
toutefois la jalousie des botanistes ne s'en mêle pas. Car il est
quelquefois arrivé que l'un d'eux a changé le nom d'une espèce ou d'un genre de plantes, uniquement par caprice, ou
par humeur contre celui de ses rivaux dans la science, qui
avoit nommé cette plante avant lui.

Il me semble que dans la science de la botanique, comme
dans toutes les autres, au lieu de chercher à connoître super-
ficiellement un très grand nombre d'objets, il vaudroit mieux
s'attacher à bien connoître ceux qui peuvent frapper chaque
jour nos sens et notre attention. Combien, par exemple, en
cultivant chaque végétal, ne seroit-il pas agréable et avantageux d'en savoir parfaitement l'histoire naturelle, et de pouvoir, en le décrivant, remonter de génération en génération
jusqu'à la souche originaire dont il descend! Cette partie de
la science ne seroit ni la plus frivole ni la moins curieuse. Les
Anglais et les Arabes ont et conservent la généalogie de leurs
chevaux de belle race. Pourquoi les botanistes de tous les
pays n'auroient-ils pas la généalogie des plantes (j'entends
les plus intéressantes)? Ce seroit, à mon avis, le meilleur
moyen d'assurer la connoissance des véritables espèces,
et de s'entendre un peu mieux sur les variétés.

Voici les noms donnés par Lindet aux mûriers de Syrie,
avec les différences qui les caractérisent.

« L'on ne connoît, dit-il, dans la Syrie que quatre variétés
de mûriers, qui sont le *calmouny*, le *barutin*, le *merselly*, le
sultani, le *sauvage* non compris.

« Ces quatre variétés sont distinguées chacune dans son
espèce. Chez nous on les distingue en blancs et en noirs.
Ici, cette distinction est plus commune ou plus naturelle;
elle est de mâle à femelle. Le fruit du mâle, en mûris-
sant, rougit un peu; le fruit de la femelle est toujours
blanc. La feuille du mâle est plus arrondie; celle de la femelle vient un peu en pointe, ou en forme de pyramide.

« Le *calmouny*, ainsi nommé dans ce pays, est la qualité la plus précoce.

« Le *barutin* vient immédiatement après, quelquefois en même temps que l'autre ; mais ordinairement il ne pousse qu'après. Ces deux qualités sont les plus estimées, parce qu'elles produisent le plus de feuilles, et qu'elles conviennent mieux aux vers que toutes les autres.

« Le *merselly* est plus tardif que les deux précédens. L'arbre est à peu près de la même grosseur que les autres, mais il pousse beaucoup plus de branches et donne moins de feuilles ; comme celles-ci ont beaucoup de lait, il faut les laisser sécher à l'ombre plus de douze heures avant que d'en nourrir les vers.

« Le *sultany* est celui de tous les mûriers qui parvient à une plus grande hauteur et grosseur ; il ne pousse qu'après tous les autres. Sa feuille ne vaut pas grand' chose ; on ne l'emploie que faute d'autres. Il ne sert guère que pour le fruit, que les gens du pays mangent volontiers, quoiqu'il soit très-fade : ils prétendent qu'il est rafraîchissant.

« La feuille du *mûrier sauvage* convient assez aux vers dans le temps seulement de la bâfre ; mais on a l'attention de ne jamais leur en donner pendant le jeûne : on a aussi cette attention pour les jeunes arbres encore sauvages et destinés à être entés, de ne pas en ôter la feuille, autant que l'on peut, afin de leur laisser prendre plus de force. »

En parlant tout à l'heure de la culture en général du mûrier, je citerai la partie du mémoire de Lindet qui traite de celle des mûriers de Syrie.

« En réunissant, dit Duvaure (*Mémoires divers d'Agriculture*), tout ce que les auteurs anciens et modernes ont transmis sur l'origine du mûrier, il paroît incontestable que les Chinois sont le premier peuple qui ait cultivé ce beau végétal, et élevé les vers-à-soie. De chez eux, la culture de cet arbre a passé en Perse, et de là dans les îles de l'Archipel, sous l'empereur Justinien. Des moines portèrent dans la Grèce les semences du mûrier, et successivement les œufs de l'insecte qu'il nourrit. Environ vers l'an 1440, on commença à cultiver cet arbre en Sicile et en Italie ; et sous Charles VII, quelques pieds seulement en furent apportés en France. Plusieurs seigneurs qui avoient suivi Charles VIII dans les guerres d'Italie, en 1494, transportèrent de Sicile plusieurs pieds en Provence, et surtout dans le voisinage de Montelimart. Charles VIII créa des pépinières, il en fit distribuer les arbres dans les provinces, et accorda une faveur et une protection distinguée aux manufactures de soieries de Lyon et de Tours. Henri IV s'occupa

également à multiplier les mûriers ; il établit aussi des pépinières. »

Sous Louis XIII, continue Duvaure, cette partie d'agriculture fut négligée : sous Louis XIV, Colbert qui pensoit que
la prospérité d'un état étoit dans le commerce, comprit tout
l'avantage qu'on pouvoit retirer du mûrier ; il rétablit les pépinières, il distribua les pieds qu'on en retiroit, ou les fit planter
aux frais de l'état sur les berges des chemins. Ce procédé, aussi
généreux que violent, ne plut pas aux habitans de la campagne,
parce qu'il alloit contre les lois de la propriété : de sorte que ces
plantations périssoient annuellement. On fut donc forcé d'avoir
recours à un moyen plus efficace, et surtout moins arbitraire :
on promit et on paya exactement 24 sous par pied d'arbre qui
subsisteroit trois ans après la plantation : et ce moyen réussit.
Ce fut ainsi que le Languedoc, la Provence, le Dauphiné,
le Vivarais, le Lyonnais, la Gascogne, la Saintonge et la
Touraine, furent plantés de mûriers. Enfin, Colbert, après
avoir porté la culture du mûrier au plus haut degré, tourna
ses soins du côté de la fabrication des soies ; il fit venir le
sieur Benais, de Bologne, pour établir un tirage de soie
et des moulins. Benais remplit parfaitement les vues du
ministre ; les soies de son tirage furent bientôt au pair avec
celles de sa patrie. Le roi lui accorda des gratifications considérables avec un titre de noblesse ; il accorda également,
par un arrêt du conseil, du 30 septembre 1670, des privilé-
ges considérables aux entrepreneurs de la fabrique des soies
et organsins, façon de Bologne.

Louis XV ne perdit point de vue l'objet important qui avoit
occupé son prédécesseur ; il rendit plusieurs arrêts pour favoriser l'établissement des manufactures de soie. Des pépinières furent également établies dans plusieurs provinces,
particulièrement en 1745, sous M. le Nain, intendant du
Poitou : en 1756, en Gascogne, sous M. de Liguy, intendant. Ceux de Tours, de Montauban et de Grenoble imitè-
rent les premiers : les arbres de ces pépinières furent gratui-
tement distribués. Telle a été en général la progression de
la culture du mûrier.

Les feuilles de mûrier servent, comme on sait, à nourrir les
vers-à-soie ; il est donc bien intéressant de connoître la culture de cet arbre. Le point essentiel dans cette culture est de
faire produire au mûrier beaucoup de feuilles et de bonnes
feuilles. Par bonnes feuilles on n'entend pas les plus larges
ni les plus succulentes, mais celles dont les sucs nourriciers
ont les qualités convenables à l'éducation du ver et à la beauté
de la soie. Ces sucs doivent être en général et sont en effet
plus raffinés et plus abondans dans les climats chauds que dans

les pays tempérés ou froids. Ainsi, qu'on puisse en Europe élever le mûrier depuis les bords de la Méditerranée jusqu'en Prusse, la feuille des mûriers du Nord n'égalera jamais celle des mûriers du Midi, et par conséquent la soie qu'on en retirera sera toujours inférieure en qualité relativement à l'autre.

Les mûriers doivent être plantés de préférence dans des endroits élevés et bien abrités, à l'exposition du midi ou du soleil levant. Si on n'a pour but que la vigueur de la végétation de l'arbre, la grande abondance de belles et larges feuilles, on peut choisir les meilleurs fonds. Mais ces feuilles ont peu de sucs et sont peu nourrissantes ; elles le sont beaucoup moins encore, lorsque l'arbre qui les donne a crû sur un sol aquatique, marécageux ou humide. Par cette raison les sols crayeux et argileux qui retiennent l'eau ne conviennent point aux mûriers. Les terrains âpres, ferrugineux et tous ceux qui s'opposent à l'extension des racines, ne leur sont pas propres non plus ; cependant la feuille en seroit très bonne, mais en trop petite quantité. Si le sol est graveleux, sablonneux et mêlé d'une certaine quantité de bonne terre, le mûrier y prospérera, et sa feuille sera excellente. Dans un pareil terrain, les racines s'étendront au loin, au grand avantage de l'arbre. Il seroit pourtant plus convenable que le sol eût beaucoup de fond, et que les racines s'étendissent moins en surface, et plus en profondeur, parce qu'elles ne dévoreroient pas les récoltes voisines qu'on doit compter pour quelque chose, puisque celle du mûrier ne doit être qu'une récolte accessoire, à moins que la nature du terrain se refuse à toute autre production, ce qui est rare.

Quand on veut faire un bon semis de mûriers, on doit choisir avec attention les graines. La mauvaise graine donne de mauvaise *pourrette* (1), et une pourrette défectueuse produit rarement de beaux arbres. On doit rejeter la graine des mûriers trop jeunes ou trop vieux, des arbres cariés, des arbres plantés en terrains gras ou humides, et rigoureusement celle des arbres à feuilles découpées, petites ou chiffonnées. Il ne faut point effeuiller le mûrier sur lequel on se proposera de récolter la graine. L'époque où on doit la cueillir est indiquée par la nature ; c'est celle où le fruit tombe de lui-même. Les caractères d'une bonne graine sont d'être grosse, pesante, blonde, de répandre beaucoup d'huile quand on l'écrase, et de pétiller lorsqu'on la jette sur une pelle rouge.

Le moment des semailles dépend de la saison et du climat. Dans les parties de la France où l'on cultive les oliviers, on peut et on doit semer les graines de mûrier aussitôt que la baie est

---

(1) On appelle *pourrette* les jeunes plantes du mûrier.

bien mûre et desséchée ; on gagne ainsi une année , parce
que la pourrette sera en état d'être mise en pépinière après
l'hiver. Dans les provinces du centre et du Nord , il convient
de semer dès qu'on ne craint plus les fortes gelées. En général , la fin de février , les mois de mars et d'avril , sont à peu
près les époques des semis , suivant les quatre climats de la
France, qu'on peut distinguer par climats à oliviers, climats
à grenadiers , à vignes et sans vignes.

Chacun sème à sa manière ; la meilleure de toutes est de
tracer , avec un bâton , de petites rigoles de deux pouces de
profondeur , de les aligner au cordeau , et de les recouvrir
après le semis. La distance entre chaque raie doit être de six
pouces au moins, et il faut semer épais.

Lorsque les jeunes plants ont acquis une certaine hauteur,
il y a deux sortes de sarclages essentiels , celui des plants
surnuméraires , et celui des mauvaises herbes. Le premier
demande à être fait à plusieurs reprises ; on commence par
les endroits les plus fourrés , on éclaircit successivement
jusqu'à ce que le meilleur pied reste , et soit éloigné d'un
pouce de son voisin. Il convient d'arroser après chaque sar-
clage , afin de serrer la terre contre les racines.

Quand l'époque de la transplantation arrive , on fait la
levée des jeunes plants , pour les placer à demeure ou en
pépinière. Si le cultivateur veut former une pépinière , il en
défoncera le sol à deux pieds de profondeur , ouvrira de petites fosses de douze à quinze pouces sur toute la longueur ,
et y plantera la pourrette avec soin , traçant les rangs au
cordeau, et laissant quatre ou cinq pieds de distance en tous
sens entre chaque plant. Dans les pays méridionaux où le
printemps est sec , il est prudent de planter la pépinière à la
fin de novembre , si toutefois les feuilles sont déjà tombées. Les arbres plantés alors , supportent très-bien
l'hiver dans ces climats , et commencent à végéter quinze
jours ou même un mois plus tôt que des arbres semblables ,
c'est-à-dire, en février ou en mars. Au centre de la France,
il seroit possible de suivre la même méthode , mais en prenant des précautions contre les gelées. Au Nord , on ne peut
prescrire d'époque fixe pour cette transplantation ; elle doit
se faire lorsque les grands froids sont passés. Quand, dans les
hivers rigoureux, la gelée détruit la tige des jeunes mûriers ,
surtout le premier hiver, on n'a qu'à les couper rez terre,
et ils repoussent des tiges aussi belles et aussi vigoureuses que
les premières.

Le jeune plant mis en pépinière , ne demande plus que
quelques labours faits de temps à autre. Si , après la première année de pépinière , il se trouve des tiges qui ne soient

pas assez fortes pour recevoir la greffe, on doit les receper près de terre. Cette opération augmente le nombre et la force des racines; et il est rare qu'à la seconde année on n'ait pas des tiges d'une belle venue. Ce retranchement doit avoir lieu en février ou mars, lorsqu'il ne gèle plus.

Le mûrier est susceptible de toutes les espèces de *greffe*. Celle à écusson est aujourd'hui la seule employée dans les pépinières. On greffe ainsi au bas de la tige de l'année, à six pouces au-dessus du sol, pourvu que dans cet endroit la tige ait au moins six lignes de diamètre; sans quoi elle est trop foible pour recevoir l'écusson. On ne doit greffer que lorsque la séve commence à être en mouvement. On peut également faire cette opération à la seconde séve.

Si quelque circonstance a empêché de greffer dans la pépinière, on laisse l'arbre s'y fortifier, et, quand il a acquis une grosseur raisonnable, on le transplante à demeure; on arrête son tronc à cinq ou six pieds de hauteur; on lui laisse pousser, pendant l'année suivante, un certain nombre de branches; dans le cours de l'été, on supprime les surnuméraires; les trois, quatre ou cinq que l'on conserve comme les mieux disposées et les mieux venantes, sont greffées en flûte.

Dans le Midi de la France, on transplante le mûrier en tout temps, et principalement au renouvellement des deux séves. Je ne crois pas que cette transplantation fût avantageuse dans les provinces du Nord. En général, c'est quinze jours ou trois semaines après la chute entière des feuilles qu'elle doit avoir lieu. On gagne beaucoup à transplanter de bonne heure. Le mûrier, dit-on, est le plus prudent des arbres, parce qu'il pousse fort tard: c'est que sa végétation ne peut avoir lieu que lorsque la chaleur de l'atmosphère est à un certain point. Dans la Provence et le Bas-Languedoc, ses feuilles paroissent un mois plus tôt que dans le Nord, et cependant elles tombent presque en même temps dans l'un et l'autre climat. Ainsi on peut choisir partout la même époque, c'est-à-dire, le commencement de l'hiver pour le transplanter.

La profondeur et l'ouverture des fosses doivent être proportionnées à l'étendue et au volume des racines. La distance de l'une à l'autre fosse ne sauroit être fixée; elle dépend de la qualité du sol, du climat et de la destination de l'arbre. Le mûrier (à plein vent) est destiné à border les champs et les grands chemins, ou à couvrir un champ. Le sol est bon, médiocre ou mauvais, sec ou humide. Six toises sont à peine suffisantes dans un bon fond, où les arbres sont placés en lisières; quatre dans le médiocre et trois dans le mauvais.

Le mûrier est un des arbres qui souffrent le moins de la re-
plantation, quoique son tronc ait déjà acquis une certaine
grosseur. Rozier a fait replanter des mûriers âgés de plus de
vingt-cinq ans, qui ont très-bien repris.

Durant la première année, cet arbre n'exige aucun travail
particulier, sinon quelques labours donnés tous les trois mois,
et plus souvent si l'on peut. À l'entrée de l'hiver, ou après
qu'il sera passé, on le taillera; les branches gourmandes et
surnuméraires seront supprimées; on n'en laissera que trois
ou quatre au plus, et on recouvrira les plaies. Le point essentiel, d'où dépendent par la suite la beauté et la prospérité de la
tête du mûrier, est de conserver dans ses branches un équilibre tel, que la séve ne se porte pas plus à l'une qu'à l'autre.
Si une branche est trop forte et sa voisine trop foible, la première demande une taille longue, et la seconde une taille
courte, à un, deux ou trois yeux, suivant sa vigueur. En rava-
lant celles qui sont trop vigoureuses, on les oblige à pousser
des bourgeons, qui se mettront ensuite en équilibre avec les
autres branches; et jusqu'à ce moment, les branches foibles
acquerront une bonne consistance. La taille du mûrier doit se
faire depuis la chute des feuilles jusqu'à la fin de l'hiver.

La récolte des feuilles force la séve à refluer dans le corps
et les branches de l'arbre; s'il ne se hâtoit d'en pousser de
nouvelles, ses canaux seroient bientôt engorgés, la séve s'y
putréfieroit, et la mort seroit la suite de cette stagnation contre nature. N'est-il pas évident qu'en taillant à cette époque
on diminue le nombre des couloirs, dont la séve a alors le
plus grand besoin? Le même raisonnement peut être appliqué à la taille faite avant le renouvellement de la seconde
séve. Cette taille a des suites aussi fâcheuses que la première.
Toutes deux produisent ces chancres, ces gouttières et la
carie qu'on remarque sur beaucoup de mûriers. Si l'on suit,
au contraire, l'indication de la nature, et qu'on taille le mûrier huit ou quinze jours après la chute des feuilles, lorsque
toute végétation a cessé, quand tous les boutons qui doivent
former les bourgeons au printemps suivant ont acquis leur perfection, alors l'arbre n'est exposé à aucun accident, et son
tronc reste sain, sans cavité ni gouttière.

Les arbres qui ne sont point contrariés par la main de
l'homme, poussent leurs branches suivant des angles réguliers; et ces angles varient selon les différens âges de l'individu, depuis dix degrés jusqu'à quatre-vingts. Lorsque l'arbre
est dans toute sa force, ses branches font communément,
avec la tige, un angle de quarante à quarante-cinq degrés.
On doit donc tailler le mûrier de manière à conserver ou à

faire prendre à ses branches cette direction, qui est reconnue la plus avantageuse, et qui perpétue et ménage sa force.

Si on laisse subsister la branche verticale au sommet de la tige, la séve y afflue; et cette branche enrichie d'une séve surabondante, appauvrit et dessèche les inférieures. Si la taille est parallèle, suivant la coutume d'une grande partie du Bas-Languedoc, on a, pendant quelques années, beaucoup de jeune bois, et par conséquent des feuilles larges et bien nourries; mais l'arbre s'épuise, et on est obligé de revenir souvent à de fortes tailles.

Je ne vois aucun avantage dans la taille parallèle ou horizontale, pas même pour la facilité de la récolte, puisqu'il faut que l'échelle de celui qui cueille la feuille, soit promenée sur toute la longueur des branches, qui sont très-allongées et parallèlement étendues. D'ailleurs cette taille amène plus promptement l'arbre vers sa décrépitude, nuit au trone, et occasione une perte considérable au sol recouvert par les branches, qui forment des espèces de parasols. Au contraire, l'arbre dont la taille a été dirigée vers l'angle de quarante-cinq degrés, étant maintenu dans sa position naturelle, n'intercepte point l'air et le soleil aux grains semés dessous; il ne perd pas chaque année autant de bois, et il se garnit d'un plus grand nombre de branches du premier et du second ordre, qui sont autant d'échelons ou de points d'appui, à l'aide desquels, une fois monté sur l'arbre, on peut en cueillir très-facilement les feuilles jusqu'au sommet. Enfin il fournit une grande quantité de feuilles, ainsi que feroit le mûrier qui auroit été livré à lui-même depuis le moment de sa plantation; et ces feuilles recevant toutes à peu près les regards du soleil, leur suc se trouve plus également et mieux élaboré. Les habitans du royaume de Grenade ne taillent jamais leurs mûriers, et leur soie est la plus fine de l'Espagne; ce qui prouve que dans la taille de ces arbres il faut se rapprocher le plus qu'il est possible de la nature.

Du Mûrier nain. — La culture du *mûrier nain*, préférée à celle du *mûrier à haute tige*, a été soutenue et contredite par des auteurs respectables et des cultivateurs instruits. Parmi les uns et les autres, on peut citer M. Sauvages qui l'improuve, et M. Payan qui l'adopte. Ce dernier, dans une lettre adressée à M. Faujas de Saint-Fond, insérée dans son *Histoire naturelle du Dauphiné*, développe les principes qui l'ont guidé dans cette culture, qu'il a suivie pendant plus de trente ans, et en présente les avantages qu'on peut réduire aux suivans: 1.º Les *mûriers nains* réussissent où ceux à haute tige ne végetent qu'avec peine. 2.º Ils donnent des feuilles plus précoces, ressource précieuse au moment où le ver-à soie vient d'éclore, surtout dans les pays chauds, où l'éducation de ces vers ne réussit qu'autant qu'elle est avancée. 3.º Des femmes, des enfans en ramassent la feuille sans peine, sans risque, et plus promptement que les hommes les plus adroits ne le feroient sur des grands arbres. 4.º Leur feuille est aussi bonne que celle des autres mûriers; mais il faut observer que les feuilles des plantations nouvelles doivent être données dans les premiers temps de l'éducation; qu'il faut réserver celles des vieux pieds pour l'époque de la *frèze*. (*V.* le mot VER-A-SOIE). 5.º Dans la culture des *mûriers nains*, tout le terrain est mis à profit. 6.º Le propriétaire est plus tôt remboursé de ses avances.

M. de Sauvages, auteur d'un excellent traité sur l'éducation des *vers-à-soie* et sur le *mûrier*, n'est pas du même avis que M. Payan sur le produit du *mûrier nain*, comparé à celui que donne le *mûrier à haute tige*. Voici comment il s'explique.

« Il n'est pas douteux que dans les premières années de la plantation, le champ de *mûriers nains* ne rende beaucoup plus de feuilles que celui des *mûriers de tige*; mais celui-ci en revanche en donnera beaucoup plus que l'autre, lorsque les mûriers des deux champs auront pris leur entier accroissement. » La raison de cette dernière assertion est évidente. Les *mûriers nains* doivent toujours laisser de grands vides entre eux; si leurs branches qui s'étendent de côté se touchoient, le peu de hauteur qu'elles ont au-dessus de terre ne permettroit pas aux ouvriers d'y aborder pour les cultures. D'ailleurs leur tête d'une taille déterminée, n'est jamais plus haute que de cinq à six pieds, et ne peut donner de feuilles qu'à proportion de cette masse; au lieu que celle des *mûriers de tige* s'élève le plus souvent au-dessus de deux toises; et les branches de deux mûriers voisins venant à se toucher dans quelques années, remplissent les grands vides qu'elles laissoient d'abord entre elles, sans gêner cependant les ouvriers dans les labours qu'ils font par-dessous.

Des Haies de mûriers. Les haies de *mûriers* donnent une clôture impénétrable, et procurent une feuille précoce. Pour les former, on ouvre sur toute la longueur proposée, une tranchée de trois pieds et demi de largeur sur deux pieds et demi de profondeur, et avec les précautions indiquées ci-dessus, pour la plantation, on dispose les pourrettes sur l'un des bords de la tranchée, en leur conservant quatre pieds d'intervalle; l'autre bord est garni pareillement de sujets, mais disposés de manière que les pourrettes de l'un des bords se trouvent vis-à-vis le milieu de l'intervalle qui sépare celles du bord opposé. On les recèpe à deux pouces au-dessus du terrain, et on n'y touche plus jusqu'à la fin de la seconde année. A cette époque, on ravale les plants à quatre pouces de hauteur ; les branches latérales sont alors conservées ; on les incline vers l'horizon ; de ces branches inclinées s'élancent de nouveaux bourgeons qu'on incline encore, en les forçant de former les uns avec les autres des losanges très-allongées par les deux bouts, et même en les greffant par approche au point de leur réunion. On ne doit permettre à aucune branche de croître en ligne droite, parce qu'elle absorberoit la sève des branches inférieures.

Les soins annuels que cette haie exige, sont d'être taillée au ciseau, ou au croissant, ou à la serpette, après la chute des feuilles et avant la seconde sève. Quand sa hauteur aura été conduite de cette manière jusqu'à cinq ou six pieds d'élévation, on pourra l'y assujettir, et arrêter en même temps son épaisseur.

Après la haie plantée en sureau, celle de mûrier est la plus tôt venue. Elle ne laisse pas que de donner un assez bon nombre de fagots pour le four. Ceux qui veulent en cueillir la feuille pour la première, et même pour la seconde éducation du ver-à-soie, peuvent conserver les pousses de la seconde sève, et les tailler aussitôt après que la feuille a été recueillie.

Dans le Tonquin, les *mûriers* sont plantés en palissades, à hauteur d'homme, très-peu éloignées les unes des autres, et par conséquent privées de l'influence du soleil. Si on les disposoit de même dans les parties moyennes de la France, les feuilles seroient trop aqueuses, et par conséquent influeroient d'une manière nuisible sur la santé des vers et la qualité de la soie.

Des taillis de mûriers. On peut considérer le *mûrier en taillis* sans sa feuille, quoiqu'elle soit presque aussi abondante et aussi aisée à cueillir que celle du *mûrier nain* ; envisagés ainsi, les taillis de mûrier présentent plusieurs avantages. Ils sont propres à garnir les terrains montueux et rocailleux, dont on ne sauroit tirer presque aucun parti ; ils peuvent couvrir ceux que leur éloignement ou leur pente trop rapide ne permet pas de cultiver en grain ; par le moyen de ces taillis, on peut mettre en valeur d'immenses bruyères, dont l'utilité se borne à un simple parcours de troupeaux ; ils fournissent du bois de chauffage et des échalas ; enfin leurs vastes souches et leurs racines superficielles soutiennent et arrêtent les terres contre les efforts des pluies d'orage.

Tous les arbres de pépinières, qui ne pourront servir aux plantations de *mûriers à plein vent* ou *nains*, seront utiles dans les taillis. On doit les planter dans des fosses espacées en tout sens de six ou neuf pieds.

On laissera chaque touffe s'étendre à droite et à gauche, de

manière pourtant à ne pas gêner la culture : il en résultera
un plus grand produit de rameaux et de feuilles. Les jets qui
s'élèveront en pyramides seront taillés tous les deux ans.
M. de la Gardette propose de planter les mûriers taillis à
intervalle de six à sept pieds, sur la même file, et en séparant les files de trois toises.

« L'entrée de ces taillis, dit Rozier, doit être interdite
aux troupeaux, excepté pendant l'hiver ; encore faut-il que la
feuille tombée ait eu le temps de se dessécher, parce qu'elle
sert d'engrais. Ce n'est donc que depuis le mois de janvier
jusqu'au commencement de mars ou d'avril, suivant le climat,
que le parcours sera permis. Après les premières années, les
brebis y trouveront une herbe fine et abondante. Il n'existe
point de taillis d'un produit égal, et dont l'accroissement soit
aussi prompt. »

Je ne parlerai point de la propagation des mûriers par
boutures ou marcottes ; ces sortes de productions ne donnent
jamais que des arbres dégénérés. D'ailleurs, il est si aisé de se
procurer des sujets par la voie du semis, et il est si avantageux, que les autres moyens de multiplication peuvent être
négligés.

Il est difficile d'assigner l'âge fixe auquel un jeune mûrier
peut être effeuillé. La première cueillette dépend de la force
du sujet ; elle a ordinairement lieu la troisième ou la quatrième année après la plantation. Comme ces jeunes arbres
seront les premiers garnis, c'est par eux que doit commencer
la récolte, afin qu'ils aient le temps de pousser des jets longs,
bien nourris et devenus ligneux avant la chute des feuilles. La
feuille des jeunes mûriers est en général trop aqueuse et peu
nourrissante ; elle ressemble en ce point à celle des mûriers
plantés dans des fonds bas et humides.

De la manière de la cueillir dépend la prospérité de l'arbre.
On doit prendre la petite branche d'une main, et glisser l'autre de bas en haut. Si, au contraire, on prend de haut en bas,
l'effort de la main fait sauter les yeux ou boutons, et leur
rupture entraînant souvent une partie de l'écorce, forme des
plaies sur l'arbre. Si, pour avoir plus tôt fait, on arrache le
petit bouquet de feuilles qui se présente, on détruit les bourgeons à venir ; la sève se porte alors entièrement vers ceux
du sommet ; il n'en pousse plus dans la partie inférieure des
branches : ce qui oblige à les ravaler souvent, d'où résulte
l'épuisement de l'arbre. On doit donc cueillir feuille à feuille,
et laisser les deux plus élevées du bouquet, afin qu'elles facilitent le prolongement de l'œil en bourgeon.

À mesure qu'on effeuille un arbre, on doit séparer les
mûres, et ne pas les mêler avec les feuilles dans les sacs. C'est

augmenter le fardeau en pure perte ; d'ailleurs l'odeur ou l'air qui s'exhale des fruits, se communiquant à la feuille, l'altère et la rend nuisible au ver-à-soie. Aussitôt que les charges de feuilles sont arrivées au lieu de leur destination, il faut les ôter des sacs, les étendre dans un lieu bien aéré, et achever d'en séparer les fruits, qu'on jette à la volaille. Elles ne doivent jamais rester amoncelées, pressées ou serrées, elles s'échaufferoient alors, fermenteroient et donneroient des maladie aux vers.

Un point essentiel dans la récolte des feuilles, est d'en dépouiller complétement l'arbre, une fois qu'on a commencé à cueillir. Si on en laisse sur quelques branches, la séve suivra son cours ordinaire, et ne nourrira qu'imparfaitement la partie effeuillée. Mais c'est une erreur de croire qu'il faille effeuiller l'arbre chaque année ; quand sa feuille est attaquée par la rouille, quand elle est jaune et languissante, c'est une preuve qu'il souffre, et on augmenteroit alors son mal-être ; au lieu de le dépouiller, il faut chercher à le rétablir par des labours, par des engrais, ou par tout autre moyen.

Aussitôt après avoir cueilli les feuilles du mûrier, on l'émonde. Emonder n'est pas tailler, mais c'est supprimer tous les bois morts, les chicots, les ergots, le bout des branches cassées, réparer les déchirures, et tout au plus enlever quelques petites branches chiffonnées qui nuiroient à l'accroissement des bourgeons, ou qui leur feroient prendre une nouvelle direction. La taille, différente de l'émondage, n'a lieu qu'après la chute naturelle des feuilles, c'est-à-dire, lorsque l'arbre n'est plus en séve.

Toutes choses égales d'ailleurs, la feuille du mûrier doit varier en qualité selon le sol et le climat, et donner par conséquent des qualités de soie différentes. Les mûriers plantés dans un sol léger, substantiel et naturellement sec, ou dans un sol rocailleux, pierreux, et qui a du fond, fournissent une feuille moins abondante en sucs, moins noyée d'eau, mais dont les principes sont mieux assimilés entre eux, et les parties nutritives plus élaborées.

Les mûriers, au contraire, qui croissent dans un sol riche en terre végétale, et formant un excellent champ à blé, à lin ou à chanvre, ont une feuille plus large, plus épaisse et plus aqueuse. Le ver y trouve une ample nourriture, mais plus grossière. Il est rare, dans les années pluvieuses, de voir la soie de belle qualité. Quelle peut donc être celle qui aura été filée par des vers nourris avec la feuille de l'arbre planté dans un bas-fond, dans un terrain aquatique, ou dont la couche inférieure est de l'argile ? elle sera à coup sûr médio-

cre, et rarement les vers seront exempts de ces maladies qui
en détruisent la moitié.

II. *Propriétés économiques et d'agrément des Mûriers.*

La feuille du mûrier employée à la nourriture et à l'éducation des vers-à-soie, fait sans doute la plus grande richesse
de cet arbre. Mais il présente en même temps aux arts, à la
médecine et à l'amateur des jardins, d'autres avantages. Son
écorce préparée comme le lin, donne de la filasse. Cette propriété étoit connue très-anciennement, et cependant les
journaux l'ont annoncée il y a quelques années, comme une
découverte nouvelle. Écoutons ce qu'en dit Olivier de Serres,
dans son *Théâtre d'agriculture.* Ce fragment de son ouvrage ne
peut être omis dans cet article. Afin qu'il fût entendu de tous
les lecteurs, je me suis permis d'en rajeunir un peu le style.

« Le revenu du *mûrier blanc*, dit Olivier de Serres, ne
consiste pas seulement dans la feuille pour en avoir la soie,
mais aussi dans l'écorce pour en faire des cordages, des toiles
grosses, moyennes, fines, déliées comme l'on voudra ; en
quoi il paroît être la plante la plus riche dont nous ayons eu
connoissance. J'ai déjà parlé de la feuille du *mûrier*, de son
utilité, de son emploi, et de la manière d'en retirer la soie,
je vais maintenant faire connoître les propriétés de son
écorce, et, comme il a plu au roi me l'ordonner, publier les
moyens de la convertir en cordages, toiles, etc.

» Voici comment j'ai acquis la connoissance de ces propriétés. L'écorce du *mûrier blanc* se séparant facilement de son
bois, quand l'arbre est en sève, j'en fis faire des cordes, à
l'imitation de celles d'écorce de tilleul qu'on façonne en
France. Ces cordes ayant été mises à sécher au haut de ma
maison, furent jetées par le vent dans un fossé. Après y avoir
séjourné quelques jours, elles furent retirées de l'eau boueuse,
et lavées en eau claire. Quand elles furent tordues et séchées,
je vis paroître la teille ou poil, matière de la toile comme
soie ou fin lin. Je fis battre ces écorces à coups de massue pour
en séparer le dessus, qui, s'en allant en poussière, laissa la
matière douce et molle, laquelle broyée, sérancée, peignée,
devint propre à être filée, et ensuite à être tissue et réduite
en toile. Plus de trente ans auparavant j'avois employé l'écorce des tendres rejetons de *mûriers blancs*, à lier des *entes*
à écusson, au lieu de chanvre dont on se sert communément.

» Voilà la première preuve de la valeur de l'écorce du
mûrier blanc. On peut tirer un grand parti de cet essai réduit
en art. Plusieurs plantes et arbres rendent aussi du poil, mais
en petite quantité, ou de foible qualité. Il n'en est pas ainsi

du *mûrier blanc*. L'abondance de son branchage, la facilité de
l'écorcement, la bonté du poil qui en procède, rendent le
profit très-assuré ; avec peu de dépense le père de famille
retirera des avantages infinis de ce riche arbre, dont la valeur,
inconnue à nos ancêtres, a demeuré comme enterrée jusqu'à
présent.

« Mais pour rendre ces avantages durables, c'est-à-dire,
pour écorcer le *mûrier* sans l'offenser, ceci soit noté que, pour
le bien de la soie, il est nécessaire d'émonder, d'élaguer,
d'étêter ces arbres aussitôt après en avoir cueilli la feuille
pour la nourriture des vers, selon toutefois les distinctions
requises. Les branches provenant de ces coupes serviront à
notre invention, parce qu'étant alors en sève (car dans tout
autre cas il ne faut jamais mettre la serpe aux arbres), elles
s'écorceront facilement, et l'on tirera ainsi parti d'une chose
perdue, car aussi bien faudroit-il jeter ces branches au feu ;
et même dépouillées de leur écorce, elles pourront également-
ment être brûlées, si on n'aime mieux les employer auparavant en cloisons de jardins, vignes, etc., à quoi ce branchage
est très-propre étant sec, parce qu'il est dur et ne pourrit pas
de long-temps.

« Comme les diverses qualités des branches diversifient la
valeur des écorces, dont les plus fines procèdent des tendres
sommités des arbres, les grossières des grosses branches déjà
endurcies, les moyennes de celles qui tiennent l'entre-deux,
lorsqu'on taillera les *mûriers*, soit en les émondant, élaguant
ou étêtant, le branchage en sera assorti, et l'on en mettra
chaque sorte à part et en faisceaux, afin de pouvoir retirer
et manier, sans confusion, toutes les écorces selon leurs propriétés particulières. On les séparera sans délai de leurs
branches, profitant pour cela de la fleur de la sève qui passe
vite, sans laquelle on ne peut faire cette opération ; ensuite
les ayant bottelées, chacune des trois sortes à part, on les
tiendra dans l'eau claire ou trouble, trois ou quatre jours,
plus ou moins selon les qualités et les lieux où l'on est ; c'est
à l'expérience à limiter le terme. Mais en quelque endroit
qu'on se trouve, on ne doit pas laisser tremper les écorces
minces et tendres aussi long-temps que les grosses et fortes.
Retirées de l'eau à l'approche du soir, elles seront étendues
sur l'herbe de la prairie, pour y demeurer toute la nuit, et
pour y boire les rosées du matin. Puis, dès que le soleil
commencera à s'élever, elles seront amoncelées jusqu'à
l'heure de son coucher, remises alors au serein, le lendemain
retirées du soleil comme il a été dit, et ainsi de suite pendant
dix à douze jours, à la manière des lins, et jusqu'à ce que la
matière paroisse suffisamment rouie, ce qu'on reconnoîtra

en séchant et battant une poignée de chacune de ces trois
écorces.

« Le bois des taillis de *mûriers* est employé utilement
comme perches à soutenir des treillages, comme tuteurs pour
les arbres. Celui du tronc et des grosses branches fendu et
scié en planches d'un à deux pouces d'épaisseur, sert à la
fabrication des vaisseaux vinaires. Ce bois est particulièrement
avantageux pour les vins blancs ; il leur communique un petit
goût agréable et approchant de celui qu'on appelle *violette*.
Dans les pays de vignobles, on apprécie le bois de *mûrier*
pour les échalas. Il dure infiniment plus que les autres bois
blancs, moins que le *chêne* à la vérité, mais autant que celui
des taillis de *châtaigniers*, surtout si on a la précaution de
l'écorcer. Le bois du *mûrier blanc* pèse, selon Varennes de
Fenille, 43 liv. 13 onces 3 gros par pied cube ; et celui du
mûrier noir, 41 liv. 14 onces 7 gros.

« La culture des *mûriers* ne nuit point à celle des blés dans
nos provinces méridionales, où la chaleur du climat permet
des plantations en plein de ces arbres à six toises de distance
les uns des autres, sans que leur ombrage fasse tort aux blés :
l'on en garnit les bords des chemins, l'on en fait des haies,
des bois taillis dans les mauvais terrains où les grains ni les
prés artificiels ne sauroient végéter avec succès.

« Le *mûrier*, dans ces contrées, devient encore un arbre
très-précieux pour les décorations des jardins, puisque la
charmille, le hêtre, ne sauroient y croître sans être largement
arrosés, et que l'eau y est trop rare pour être consommée en
objets de pur agrément. Le *mûrier* craint peu la sécheresse ;
ses branches se prêtent volontiers à la forme qu'on veut leur
donner ; et si on sait les conduire, les incliner à propos, et
supprimer le canal direct de la séve, on peut en faire des
berceaux agréables et des palissades semblables à celles des
charmilles, et dont les feuilles seront d'un vert plus gai.

« La culture de cet arbre est avantageuse aux troupeaux,
parce qu'on en ramasse avec soin la seconde feuille, qu'on
fait sécher pour nourrir les moutons en hiver. La litière des
vers-à-soie sert aussi à la nourriture du bétail, surtout des
cochons ; ou bien elle est convertie en un excellent engrais,
très-actif, propre à la vigne, aux blés et aux jardins. »

Le fruit du *mûrier noir* est nourrissant et rafraîchissant. On
en fait un sirop simple ou composé, propre à calmer la toux
et à diminuer l'inflammation des amygdales dans les maux de
gorge.

On retire des mûres, après qu'elles ont fermenté, un
vinaigre très-fort et très-agréable. Le procédé consiste à traiter ces fruits, pour en avoir du vinaigre, comme on traite

les raisins pour en obtenir du vin. Lorsqu'ils sont parvenus à leur degré de maturité, on les récolte soit sur l'arbre, soit à mesure qu'ils tombent, ce qui est plus économique. On en remplit un tonneau qu'on foule le plus possible, ainsi qu'on fait des raisins lorsqu'ils sont mis dans la cuve ; la fermentation vineuse s'établit. Quand elle est arrivée à son plus haut degré, on tire la liqueur du tonneau, on la mêle avec celle que contiennent encore les mûres qu'on exprime. Cette liqueur est mise dans une barrique ; quoique douce dans son principe, elle s'aigrit au point que, dans l'espace de deux années, elle est convertie en un excellent vinaigre. C'est sur des *mûriers blancs* qu'il convient de récolter des mûres pour faire du vinaigre ; mais il faut avoir soin de n'en pas récolter la feuille. *Voy.* les mots Soie et Bombyx. (D.)

MURIER DES HAIES. C'est une Ronce, *Rubus fruticosus.* (LN.)

MURIER DE RENARD. C'est la Ronce a fruits bleus, *Rubus cæsius.* (LN.)

MURINGUI-RINGUE. Nom donné, sur la côte orientale d'Afrique, à un grand arbre qui constitue un genre particulier ; c'est l'*attasia payos* de Loureiro. Ce naturaliste trouve qu'il a des rapports avec le *juracatia* de Pison. (Bras., pag. 160. *V.* Allasie. (LN.)

MURINS, *Murini.* Famille de rongeurs que nous avions établie d'après Vicq-d'Azyr dans les tableaux du 24.ᵉ volume de la 1.ʳᵉ édition de cet ouvrage. Elle ne renfermoit que le genre des rats dont la queue est longue, nue et écailleuse. Illiger (*Prodr. syst. mam. et æ.*) forme aussi une famille de murins, *murina*, caractérisée ainsi : pieds de devant pentadactyles ou tétradactyles, avec un pouce court en forme de verrue ; molaires tuberculeuses, au nombre de 10, 8, 6 à la mâchoire d'en haut, et de 8 ou 6 en bas ; queue allongée, poilue ou nue et annelée, ou courte. Elle renferme les genres *arctomys* (marmotte) ; *cricetus* (hamster) ; *mus* (rat) ; *spalax* (rat-taupe, Cuv.) ; et *bathyergus* (marmotte du Cap). (DESM.)

MURIO - CARBONATE de plomb de Thompson. *Voy.* Plomb muriaté. (LN.)

MURMÉCOPHAGE ou MYRMÉCOPHAGE. *Voyez* Fourmilier. (DESM.)

MURMENTLE, MURMELTHIER ou MISTBELLERLE. Gesner rapporte ces noms à la Marmotte. *V.* ce mot. (DESM.)

MUROK. Nom de la Carotte, en Hongrie. (LN.)

MURRA, MORRHA, Murrina, Myrrhina. Ce sont

les diverses dénominations qu'on a données aux vases murrhins. *V.* MURRHIN. (LN.)

MURRAI, *Murraya.* Arbrisseau à feuilles ailées avec impaire, à folioles alternes, presque ovales, légèrement crénelées, à fleurs disposées en panicules terminales, qui constitue seul un genre dans la décandrie monogynie, et dans la famille des hespéridées.

Chaque fleur consiste en un calice très-petit, persistant et à cinq divisions pointues ; en cinq pétales oblongs, onguiculés, beaucoup plus grands que le calice, et disposés en manière de cloche ; en dix étamines inégales ; en un ovaire supérieur, entouré d'un anneau urcéolé, et chargé d'un style dont le stigmate est en tête verruqueuse.

Le fruit est une baie ovale-oblongue, rouge dans sa maturité, et qui contient une ou deux semences jointes ensemble et un peu cartilagineuses extérieurement.

Le *murrai* croît dans les Moluques. On le cultive pour la bonne odeur de ses fleurs. Son bois est propre aux ouvrages d'ébénisterie. Il se voit au jardin du Muséum de Paris. Il a été reconnu que c'est la même plante que le CALCHAS PANICULÉ du *mantissa* de Linnæus, la MARSANE ou BOIS DE LA CUISSE de Sonnerat. Il se rapproche infiniment de l'AGLAIA de Loureiro. (B.)

MURREYR. Nom arabe de la PICRIDE ÉLEVÉE, *Picris altissima*, Delille. ægypt., pl. 41, fig. 2. (LN.)

MURRHIN (*vases-murrhins*). Les anciens donnoient ce nom à des vases dont ils faisoient un très-grand cas, et qu'ils tiroient de diverses contrées de l'Orient, de la Carmanie (contrée d'Asie au nord-ouest du Golfe persique), du pays des Parthes (aujourd'hui la Perse), et particulièrement de l'Égypte. Ces vases étoient de deux sortes : les uns se fabriquoient avec une matière naturelle, et les autres avec une matière artificielle. Ceux-ci s'apportoient d'Égypte, ils étoient les moins estimés.

La matière *murrhine* naturelle se trouvoit en masses assez volumineuses, pour pouvoir en faire de petites tables et des vases qui continssent trois setiers. Ce n'étoit même que la très-petite partie des morceaux de *murrhin* qui pouvoit servir à faire des vases à boire, d'où il faut croire que le *murrhin* n'étoit pas rare ni d'un grand prix, mais seulement les blocs d'un grand volume : aussi, observe M. Rozière, n'a-t-on jamais cité un seul objet d'un petit volume ayant quelque valeur.

La matière *murrhine* étoit assez fragile, médiocrement dure et même susceptible d'être attaquée par l'action des dents. Elle avoit l'aspect vitreux ; son éclat, quoique brillant, n'étoit pas celui des gemmes. Elle en offroit cependant la variété, la richesse et la vivacité des couleurs. C'est de la beauté de ces couleurs que les vases murrhins tiroient tout leur prix. Les couleurs dominantes étoient le pourpre (ou le violet foncé) et le blanc disposé par bandes ondulées ou contournées de diverses manières, et presque toujours séparées par une troisième bande qui, participant des deux autres, imitoit aux yeux la couleur de la flamme. On admiroit encore certains reflets irisés qui ajoutoient à la beauté de la matière murrhine. Celle-ci n'étoit cependant pas toujours pure, et Pline lui reproche d'être souvent salie à l'intérieur par des matières étrangères. La transparence parfaite étoit un défaut plutôt qu'une qualité dans les vases *murrhins*.

En réfléchissant sur l'ensemble des caractères et des qualités attribuées à la matière *murrhine*, on est surpris de leur similitude avec les caractères et les qualités de la chaux fluatée ; et nous ne doutons pas, avec M. Rozière, que la chaux fluatée en masse, qu'on nomme vulgairement *spath fluor*, *spath vitreux*, *albâtre vitreux*, ne soit la matière des vases *murrhins* naturels. M. Rozière, dans un excellent Mémoire (inséré dans le *Journal des mines*, vol. 36, pag. 193), d'où nous avons extrait ces lignes, fait voir qu'on a cru, mais à tort, que la matière *murrhine* étoit une sorte d'albâtre calcaire ou gypseux, ou une sorte de gomme, ou même une coquille, soit encore de la porcelaine ou même la *sardonyx*, ou l'agathe, l'obsidienne, et la pierre de lard de la Chine. En comparant les caractères de ces substances avec ceux de la matière des vases *murrhins*, on voit aussitôt que tous ces rapprochemens sont inexacts.

La fragilité du spath fluor, son altérabilité au feu, et plusieurs autres circonstances qui tiennent à sa nature expliqueroient pourquoi aucun vase *murrhin* naturel n'est parvenu jusqu'à nous. M. Gillet - Laumont, inspecteur général des mines, possède un vase de spath fluor que, à sa forme et à ses caractères de vétusté on n'a pu méconnoître pour un vase antique, c'est, sans doute, ajoute M. Rozière, un des anciens vases *murrhins*. Nous ajouterons aussi que ce vase fit soupçonner à M. Gillet-Laumont que le spath fluor pouvoit bien être la matière des vases *murrhins*. Mais Deborn a indiqué le premier le rapprochement de ces deux substances. L'on sait qu'en Angleterre on travaille le spath fluor, et qu'on en fabrique des vases et d'autres objets d'agrément. Cet usage pouvoit donc bien exister chez les anciens. (*V*. CHAUX FLUATÉE.)

Quant à la matière des vases *murrhins* artificiels ou du *faux murrhin* qui se fabriquoit dans les anciennes manufactures de Thèbes, ce devoit être une matière vitreuse, colorée par

bandes et par nuances. On sait que les Egyptiens ont ex-
cellé de tout temps dans l'art de colorer le verre et dans la
fabrication des émaux. (LN.)

MURRINA. *V.* MURRA. (LN.)

MURTA et MURTERA. Noms du MYRTE, en Espagne;
myrtinos et *murtones* sont ceux des fruits de ce même arbuste.
(LN.)

MURTE et MURTRE ou MEURTE. *V.* MYRTE. (LN.)

MURTIA de Pline. *V.* MYRTUS. (LN.)

MURTILLE. C'est la même chose que l'AIRELLE. (B.)

MURTRO. C'est le MYRTE, en Languedoc. Cet arbrisseau, consacré à Vénus, étoit le symbole de l'amour et du
mariage, suivi le plus souvent de chagrins, et toujours de
soucis. C'est ce que signifie le nom *herbe des chagrins* que l'on
donne encore au MYRTE, en Languedoc. (LN.)

MURTUS. *V.* MYRTUS. (LN.)

MURUCUIA, *Murucuia.* Genre de plantes établi par Jussieu. Il ne diffère des GRENADILLES que par l'absence de la
couronne frangée, à la place de laquelle on trouve un tube
conique et tronqué. (B.)

MURUGUTI. Nom malabare de l'*hedyotis auricularia*, L.
(LN.)

MURUME. Sur la côte orientale d'Afrique, on cultive,
sous ce nom, le *borassus flabelliformis.* Ce grand et magnifique
palmier s'y trouve également sauvage. Il est aussi répandu
dans toute l'Asie; c'est le *ampana* ou *carim pana* des Malabares, et le *tal* ou *talghala* de Ceylan. Les Indiens nomment
sura la liqueur vineuse qu'ils en retirent, et *jagara* le sucre
qu'il produit. *V.* RONDIER. (LN.)

MURUO. Nom du LEPTOCÉPHALE SPALLANZANI de Risso,
à Nice. (DESM.)

MUS. Nom latin des mammifères du genre des RATS. Sous
cette désignation collective, Linnæus a décrit une foule de petits rongeurs qui sont divisés en un assez grand nombre de genres dont les caractères sont tirés de la forme et du nombre des
dents molaires, du défaut ou de l'existence d'abajoues ou sacs
propres à contenir les alimens, de la longueur relative, ou du
manque absolu de la queue, de la quantité de poils qui couvrent
cette partie lorsqu'elle existe, etc. *V.* les articles RAT, *Mus;*
LOIR, *Myoxus;* GERBOISE, *Dipus;* GERBILLE; CAMPAGNOL,
Lemmus; HAMSTER, *Cricetus;* MARMOTTE, *Arctomys;* ON-
DATRA, *Fiber;* RAT-TAUPE, *Aspalax,* HYDROMYS, ECHIMYS,
BATAYERGUS et PEDETES.

Quelques animaux assez éloignés des rats par leur
organisation, mais leur ressemblant par leur petite taille et

leurs formes extérieures, ont aussi été appelés du nom de *mus*, par certains auteurs. Ce sont notamment les MUSARAIGNES. *V.* ce mot. (DESM.)

MUS ALPINUS. Nom latin de la MARMOTTE. *V.* ce mot. (S.)

MUSA. Nom arabe qui désigne les *bananiers*, ainsi que *muz*, *mauz*, *mauze*, *maum* et *musa*. *Musa*, latinisé par les botanistes, indique le genre BANANIER. *V.* ce mot. (I.N.)

MUSANGERE. Nom vulgaire des *mésanges*. (V.)

MUSARAIGNE, *Sorex*, Linn., Erxl., Schreb., Cuv., Lacép., Illig.; *Musaraneus*, Brisson. Genre de mammifères carnassiers de la famille des insectivores, présentant les caractères suivans : Deux incisives supérieures à double crochet, au moyen d'un éperon situé à leur talon; deux incisives inférieures allongées sortant droites de l'alvéole et ne se courbant que vers l'extrémité; canines, surtout les supérieures, beaucoup plus petites que les incisives, au nombre de six ou huit à la mâchoire d'en haut et de quatre seulement à celle d'en bas; huit molaires supérieures et six inférieures, toutes à couronne large, hérissée de pointes, les supérieures étant les plus grandes et ayant leur tranchant oblique; tête très-allongée; nez prolongé et mobile; oreilles courtes, arrondies; yeux petits, mais visibles; corps couvert de poils fins et courts; queue plus ou moins longue, tantôt tétragone, tantôt comprimée dans une partie de sa longueur, tantôt térétile, etc.; mamelles situées sur la poitrine et le ventre au nombre de six à dix; pieds pentadactyles courts, à doigts foibles, munis d'ongles crochus mais également foibles; tarse postérieur appliqué sur le sol.

Ce genre renferme les plus petites espèces connues de la classe des mammifères. Elles sont assez nombreuses et plusieurs sont de nos climats. C'est principalement à Daubenton, au docteur Gall, à feu Hermann de Strasbourg et à M. Geoffroy Saint-Hilaire, qu'on en doit la distinction précise.

Plusieurs mammifères placés avec les musaraignes par Linnæus et Pallas, ont dû en être retirés pour former des genres nouveaux, ou rentrer dans des genres connus; tels sont : 1.º le *sorex aquaticus*, qui est le SCALOPE, différant des musaraignes par ses mains semblables à celles de la taupe, et ses incisives inférieures qui sont séparées par deux autres dents plus petites; 2.º le *sorex cristatus*, que tous ses caractères rapprochent des TAUPES; 3.º le *sorex brasiliensis*, dont la taille et les organes extérieurs de la génération du mâle, se rapportent plutôt au DIDELPHE TRICOLOR ou touan, qu'à tout autre; 4.º le *sorex auratus*, dont M. Lacépède a formé son genre

CHRYSOCHLORE, et qui a les dents conformées comme les scalopes et les mains comme les taupes, à cela près qu'elles n'ont que trois doigts seulement au lieu de cinq ; 5.º le *sorex moschatus*, qui a servi de type au genre DESMAN, *mygale*, particulièrement distingué par son nez prolongé en trompe, ses pieds palmés, sa queue comprimée et ses dents incisives semblables à celles des scalopes et des chrysochlores.

Tous ces animaux mis à part, il reste encore dans le genre musaraigne onze espèces bien caractérisées et qui offrent toutes les caractères que nous avons reconnus à ce genre. A celles-ci, il faudra peut-être, lorsqu'on les connoîtra mieux, en joindre six autres sur lesquelles on n'a que des descriptions trop abrégées ou trop vagues pour qu'il soit possible de se décider à cet égard, dès à présent. Ces espèces sont : 1.º le *sorex minimus*, Pallas, Voyag., tom. 2, pag. 664 ; brune, à queue ronde et étranglée à la base : 2.º le *sorex cæcutiens*, Laxmann, Act. petrop. 1785, p. 285 ; très-voisine de la musaraigne de Daubenton ; 3.º le *sorex exilis* de Sibérie, qui a la queue ronde, très-épaisse, et qui passe pour la plus petite de toutes les musaraignes : 4.º le *sorex pusillus*, Gmelin, *Voy.* tom. 3, pag. 499, qui habite le nord de la Perse et qui se rapproche surtout des desmans par la forme de ses dents ; 5.º le *sorex pygmæus* de Laxmann, qui, ainsi que le remarque M. Geoffroy, s'éloigne des musaraignes à cause de son manque de queue et de ses narines très-petites et extrêmement allongées : 6.º le *sorex indicus*, indiqué comme étant de Java, sans détails suffisans sur ses caractères pour le faire distinguer de la musaraigne de l'Inde.

Il paroît qu'il existoit autrefois en Egypte une espèce de musaraigne que les naturalistes français n'ont point retrouvée pendant leur séjour dans cette contrée avec l'armée. Olivier en avoit découvert des momies, préparées à la manière de celles des ibis, et placées avec celles de ces oiseaux, dans les catacombes de Sakkara, où elles étoient réunies en assez grand nombre dans un même pot : car on en retira six têtes entières, indépendamment de quelques autres qui se brisèrent. La taille de cette musaraigne étoit beaucoup plus considérable que celle de nos espèces d'Europe, puisque la tête avoit seulement un pouce à quinze lignes de long, sur six lignes à peu près de large à sa partie postérieure ; la queue paroissoit à peu près aussi longue que le corps ; le poil qui s'étoit conservé étoit roux et très-fin, etc. Oliv., Voyage en Egypte, tome 3, page 164, planc. 33, fig. 1, A, B, C, D, E.

Les musaraignes de nos pays se nourrissent d'insectes, de chair pourrie, et, dit-on, de grains ; elles creusent rarement la terre comme les taupes, mais elles se cachent le plus souvent dans les trous abandonnés par celles-ci ; ordinairement on les rencontre dans les herbes, sous la mousse, etc. Elles sont peu actives, se laissent prendre aisément, mais pullulent beaucoup. Elles exhalent une odeur très-forte qui tient de celle du musc. Cette odeur est celle d'une humeur sécrétée par des glandes dont M. Geoffroy, a reconnu l'existence, et qu'il a décrites dans le premier volume des Mémoires du Muséum. « Elles sont situées, dit-il, sur les flancs, un peu plus près des jambes de devant que de celles de derrière ; leur forme est ovalaire. Elles se manifestent extérieurement par un bourrelet en biseau, qui se compose de deux rangées de poils courts et roides. Chaque rangée en cherchant à se renverser sur l'autre y est retenue et adossée. Ces poils, constamment enduits de la viscosité fournie par l'appareil intérieur ont un aspect gras et huileux ; une auréole autour, produite par le nu des parties, contribue à rendre encore plus distincte cette singulière disposition des poils. Toute fois cet arrangement n'est bien visible que dans les individus revêtus de leur robe d'été ; alors le poil est assez court pour que le cercle nu et la saillie du milieu puissent être aperçus ; mais en hiver, ces parties sont masquées, le poil ayant à cette époque la longueur nécessaire pour les recouvrir entièrement ».

M. Geoffroy, présume que les glandes sont plus tuméfiées dans les mâles que dans les femelles, et encore plus dans ceux-là aux approches du rut, c'est-à-dire vers la fin de février ou le commencement de mars.

On attribue à l'odeur des musaraignes de notre pays, la répugnance que les chats manifestent pour manger leur chair ; mais cette odeur n'est presque pas à comparer pour sa force avec celle des espèces des pays chauds. On assure même qu'au Cap de Bonne-Espérance, où les caves sont fréquentées par ces animaux, elle empêche de conserver le vin.

Première Espèce. — MUSARAIGNE VULGAIRE, *Sorex araneus*, Linn., Gmel. — Daubenton, *Mem. de l'Acad. des Sciences de Paris*, année 1756, pag. 212, pl. 5 — Buff. tome VIII, pl. 10, fig. 1 — Geoffr. *Ann. du Mus.*, tom. 17, pag. 174, pl. 2, fig. 2 ; Schreber, *Saeugth.* tab. 160. *V.* pl. G 27 de ce Dictionnaire.

La musaraigne vulgaire, bien décrite par Daubenton, est, dit ce naturaliste, à peu près aussi grosse que la souris : elle a environ deux pouces et demi de longueur depuis le bout du museau jusqu'à l'origine de la queue ; elle pèse pour l'ordinaire trois gros ; elle a le poil plus fin, plus doux et plus court que celui de la souris, et d'une couleur approchante, mais un peu plus brune sur la tête et sur le corps, et d'un gris plus foncé sur la face inférieure dé l'animal ; tous ses poils sont de couleur cendrée sur la plus grande partie de leur longueur, et leur pointe est de couleur brune mêlée d'une légère teinte de fauve sur le dessus et sur les côtés de la tête et du corps, et de couleur grise mêlée d'une légère teinte de jaunâtre sur le dessous du corps, depuis le bout de la mâchoire inférieure jusqu'à l'extrémité de la queue, qui n'est guère plus longue que celle du campagnol et qui n'a pas plus de poil ; sa longueur est d'un pouce quatre lignes.

A ces caractères M. Geoffroy joint celui qu'offre la forme de l'oreille externe, qui ne se retrouve dans aucune des autres musaraignes d'Europe. La conque est ample, nue, et l'on remarque en dedans deux replis ou lobes placés l'un au-dessous de l'autre, dont l'inférieur correspond à l'entrée du méat auditif, et a sans doute pour usage de le fermer entièrement à la volonté de l'animal. Le même naturaliste fait remarquer aussi que la queue est assez renflée, demi-arrondie ou plutôt légèrement carrée ; les quatre faces en sont bombées, et l'on aperçoit très-bien les lignes en angle qui les séparent. Les lèvres, les pieds et la queue sont couleur de chair ; quelquefois la dernière de ces parties est d'une teinte brune.

Il existe quelques variétés dépendantes des couleurs plus ou moins foncées du pelage, de la longueur plus ou moins considérable de la queue qui peut varier d'un quart ; de la taille, qui est quelquefois moindre d'un douzième, etc. On a trouvé aussi des musaraignes atteintes de la maladie albine, et d'autres qui avoient seulement sur les côtés du corps des taches blanches de forme elliptique.

On rencontre la musaraigne assez communément, surtout pendant l'hiver, dans les greniers à foin, dans les écuries, dans les granges, dans les cours à fumier ; elle se nourrit d'insectes, de matières animales en décomposition, on dit même de grain. Elle est aussi très-commune dans les bois où elle se tient cachée sous les troncs d'arbres, sous la mousse, sous les feuilles, etc, et quelquefois dans les trous abandonnés par les taupes, ou dans d'autres trous plus petits qu'elle se creuse elle-même en fouillant avec les ongles et le museau. C'est elle particulièrement qu'un préjugé accuse de causer aux chevaux une enflure subite par ses morsures ; mais outre que cet animal n'est point venimeux, la trop petite ouverture de sa gueule ne lui permettroit pas de saisir la dou-

ble épaisseur de la peau d'un animal quelconque, et à plus
forte raison, celle des chevaux qui l'ont fort épaisse.

La musaraigne habite dans toute l'Europe.

Seconde Espèce. — MUSARAIGNE DE DAUBENTON, *Sorex
Daubentonii*, Erxleb., Blumenb., Boddaert., Geoffr. *Ann. du
Mus.*, tom. 17, pag. 176; — MUSARAIGNE D'EAU, Dauben-
ton, *Mémoires de l'Acad. roy. des Sc.*, 1756, pl. 5, fig. 2 —
Buff., tom. VIII, pl. 10; — *Sorex fodiens*, Pallas, Gmel. —
Sorex carinatus, Hermann, *Observationes zoologicæ*, pag. 46.

Cette espèce, confondue pendant long-temps avec la précédente, en a été distinguée par le célèbre Daubenton. Elle
est plus grande que la musaraigne, puisque sa taille est intermédiaire à celle de la souris et à celle du mulot. Elle a trois
pouces un quart de longueur depuis le bout du museau jusqu'à l'origine de la queue, qui a deux pouces deux lignes de
long. Elle pèse pour l'ordinaire une demi-once ; elle a le
museau un peu plus gros, la queue et les jambes plus
longues et garnies de poil, et les pieds, principalement
ceux de derrière, plus grands que ceux de la musaraigne
vulgaire. Les couleurs de la *musaraigne d'eau* sont aussi
différentes de celles de la musaraigne ; car la partie supérieure du corps, depuis le bout du museau jusqu'à la
queue, est d'un noirâtre, mêlé d'une teinte de brun ; et
la partie inférieure est d'un blanc pur. La queue a une couleur
grise ; elle est presque nue, à l'exception du côté intérieur,
qui a d'un bout à l'autre un poil court et blanchâtre ; les
doigts ont aussi sur leurs côtés des poils disposés en forme de
nageoires, qui ne sont pas sur ceux de la musaraigne vulgaire.

Daubenton n'attribue pas à sa *musaraigne d'eau* la couleur
blanche pure que M. Geoffroy assigne aux parties inférieures
de la *musaraigne de Daubenton*, qu'il considère néanmoins
comme ne différant pas de la *musaraigne d'eau*. Selon Daubenton, cet animal auroit sur le dessous du corps des teintes
de fauve, de gris et de cendré, parceque l'extrémité des
poils seroit fauve ou grise, et le reste de couleur cendrée jusqu'à la racine.

Outre les caractères rapportés ci-dessus pour distinguer
cette espèce de la précédente, il en est encore d'autres reconnus par M. Geoffroy. Ainsi, le blanc des parties inférieures du corps s'étend sur les flancs en s'élevant presque
par-dessus les cuisses ; derrière chaque œil est une petite tache blanche ; l'extrémité des dents incisives est ferrugineuse ;
les oreilles ont une conformation particulière (commune d'ailleurs à toutes les espèces de musaraignes aquatiques) ; c'est
qu'elles sont couvertes de longs poils et qu'elles peuvent se

fermer au besoin, au moyen de l'antitragus, ici très-grand, et qui vient se placer au-devant du conduit auditif.

Cette espèce habite le bord des eaux ; on la prend à la source des fontaines, au lever et au coucher du soleil ; dans le jour elle reste cachée dans des fentes de rochers ou dans des trous sous terre, le long des petits ruisseaux ; elle met bas au printemps, et ordinairement elle produit neuf petits.

Troisième Espèce. — MUSARAIGNE CARRELET, *Sorex tetragonurus*, Hermann, *Obs. zool.*, p. 48 — Boddaert *Elench. animalium*, pag. 123, n.º 3 — Geoffroy, *Ann. du Mus.*, tom. 17, pag. 177, n.º 3, pl. 2, fig. 3 ; Schreber, pl. CLIX. B.

Cette espèce, que le docteur Gall trouva aux environs de Strasbourg, en 1778, fut communiquée par ce savant à Hermann, qui la décrivit sous le nom de *sorex tetragonurus*. Depuis, Boddaert, Zimmerman et Pennant en parlèrent : et Daubenton, en lui appliquant le nom français de *carrelet*, en donna une très-courte description dans le Tableau méthodique des quadrupèdes qui précède le *Système anatomique des animaux* de Vicq-d'Azyr.

Cette musaraigne est fort voisine de l'espèce vulgaire ; cependant elle est un peu plus petite. Son corps et sa tête réunis ont deux pouces trois lignes de longueur, et la queue seulement un pouce et demi. Cette dernière partie est surtout remarquable en ce qu'elle est tout-à-fait carrée et terminée subitement en pointe arrondie comme le sont les aiguilles appelées *carrelets ;* sa base est nue et le restant est couvert de poils verticillés ; à sa face inférieure on observe un léger sillon.

Son pelage est d'un brun noir en-dessus, plus pâle en dessous.

On trouve cette espèce en France, et notamment dans la ci-devant province d'Alsace, dans les mêmes lieux que la musaraigne vulgaire. M. Risso l'a aussi rencontré dans les environs de Nice.

Quatrième Espèce. — MUSARAIGNE PLARON, *Sorex constrictus*, Hermann, *Observ. zoolog.*, pag. 47 — Boddaert, *Elench. animalium*, pag. 123, sp. 4 — Geoffroy, *Ann. du Mus. d'Hist. nat.*, tom. 17, pag. 178, sp. 4, pl. 3, fig. 1 — *Sorex cunicularius*, Bechstein *Zoologie* — *Musaraigne plaron*, Vicq-d'Azyr, *Syst. anat. des animaux*, *Tabl. méthod.*

Cette musaraigne a deux pouces sept lignes de longueur, et sa queue seulement un pouce et demi. Le museau est plus fort que celui de l'espèce ordinaire, la tête est plus large et le chanfrein plus arqué, le boutoir semble plus gros et plus court, ce qui est dû à des poils roides qui garnissent les narines ; les oreilles sont couvertes en entier par le poil : la mâchoire supérieure a deux petites canines de plus que dans les autres espèces. La queue, dit M. Geoffroy, est, à l'origine, plate, étroite et comme étranglée, tandis que dans le reste, spécialement au milieu, elle est épaisse, comme renflée, et ronde, excepté à son extrémité, où on la retrouve aplatie et où les poils se réunissent en pointe comme ceux d'un pinceau. Le poil, ajoute ce naturaliste, est très-fourni, assez long et fort doux au toucher ; noirâtre dans sa plus grande longueur et roux à sa pointe. Le ventre est gris brun et la gorge cendrée. Les pieds sont velus.

Cette espèce a été trouvée par le docteur Gall, dans une prairie qu'on venoit de faucher, aux environs de Strasbourg. MM. Marchand et Baillon l'ont aussi observée, l'un dans le département de l'Eure, l'autre dans celui de la Somme auprès d'Abbeville.

Cinquième Espèce. — MUSARAIGNE LEUCODE, *Sorex leucodon*, Hermann, *Observ. zoolog.*, pag. 49 — Boddaert, *Elench. animalium*, pag. 123, sp. 2 — Geoffroy, *Ann. du Mus. d'Hist. nat.*, tom. 17, page 181, n.° 5 — *Musaraigne leucode*, Vicq-d'Azyr, *Syst. anat. des anim.*, *Tabl. meth.*

La musaraigne leucode est de la taille de la musaraigne de Daubenton, c'est-à-dire qu'elle a deux pouces dix lignes de longueur mais sa queue est plus courte proportionnellement puisqu'elle n'a qu'un pouce quatre lignes. Son pelage est brun en dessus et blanc en dessous ainsi que sur les flancs. Sa queue, qui n'est pas exactement arrondie, ressemble en cela à celle de la musaraigne vulgaire ; en dessus elle est brune et en dessous elle est blanche. Tous les poils sont gris à leur base.

Le nom de Leucode (qui signifie *dents blanches*), a été donné à cette espèce par Hermann, qui n'avoit observé que de jeunes individus, lesquels avoient leurs dents incisives toutes blanches. Mais, ainsi que le remarque M. Geoffroy, ce nom est fort mal appliqué, attendu que dans les individus adultes la pointe de ces dents se colore en brun.

Elle a été trouvée dans un jardin de Strasbourg.

Sixième Espèce. — MUSARAIGNE RAYÉE, *Sorex lineatus*, Geoffroy, *Ann. du Mus. d'Hist. nat.*, tome 17, page 181, sp. 6.

Cette nouvelle espèce, décrite pour la première fois par M. Geoffroy Saint-Hilaire, existe dans la collection publique du Muséum d'Histoire naturelle de Paris.

Elle a deux pouces dix lignes de longueur, et sa queue dix

huit lignes. Sa forme est plus élancée, et son museau plus long et plus fin que celui des espèces précédentes. Tout son pelage est d'un brun noirâtre, à l'exception du ventre, qui est plus pâle, et de la gorge qui est cendrée. Une ligne étroite, blanche, s'étend sur le chanfrein depuis le front jusqu'aux narines. Les oreilles sont marquées d'une tache blanche formée par les poils qui recouvrent les deux lobes intérieurs de la conque. La queue est ronde et fortement carénée en dessous, ce qui fait soupçonner à M. Geoffroy que cette espèce est aquatique. Les dents incisives sont brunes à leur pointe.

Septième Espèce. — MUSARAIGNE PORTE-RAME, *Sorex remifer*, Geoffr., *Ann. du Mus.*, tom. 17, page 182, pl. 2, fig. 1.

La connoissance de cette espèce, la plus grande qui ait été observée en France, est encore due à M. Geoffroy. Deux individus lui ont été adressés, l'un de Chartres, par M. Marchand, l'autre d'Abbeville, par M. Baillon. Tous les deux avoient été pris sur le bord des eaux.

La musaraigne porte-rame est particulièrement caractérisée par sa queue carrée dans sa première moitié, ayant chaque face parfaitement plane, hors celle de dessous qui est marquée d'un sillon de la fin duquel naît dans l'autre moitié une carène qui se prolonge d'autant plus en dessous, que la queue s'amincit davantage. Cette queue finit par être comprimée et tout-à-fait plate, de manière à figurer une espèce de rame. Le corps de cette musaraigne a quatre pouces de longueur, et sa queue a deux pouces sept lignes. Comparée à la précédente, elle en diffère par ses proportions plus trapues, et par son museau plus gros et plus court. Les couleurs de son pelage sont à peu près les mêmes, si ce n'est qu'elles paroissent un peu plus foncées en dessus. Le ventre est brun cendré, la gorge cendré clair; le chanfrein n'a pas de rayure blanche longitudinale.

Huitième Espèce. — MUSARAIGNE A COLLIER BLANC, *Sorex collaris*, Geoffr., *Mémoires du Muséum*, tom. 1, p. 309.

Cette espèce n'est qu'indiquée par M. Geoffroy dans son *Mémoire sur les glandes odoriférantes des musaraignes.* Il faut, dit-il, ajouter aux espèces que j'ai fait connoître, tom. 17 des *Ann. du Mus.*, une musaraigne noire à collier blanc. Il tient ce fait d'un naturaliste, M. l'abbé Manesse, qui a eu souvent l'occasion de la voir en Hollande, où elle est très-abondante, dans les îles comprises entre l'embouchure de l'Escaut et la rivière de Meuse.

XXII.   5

Neuvième Espèce. — MUSARAIGNE DE L'INDE, *Sorex indicus,*
Geoffroy, *Ann. du Mus. d'Hist. nat.*, tom. 17, page 183,
sp. 8; Ejusd., *Mém. du Mus.*, tom. 1, pag. 309, pl. 15, fig. 1.
Buff., suppl., tom. VII, pag. 281, pl. 71.; *Sorex murinus,*
Boddaert, Gmelin, Erxleb.;

Cette musaraigne, la plus grande de toutes, a six pouces de
long, et sa queue en a trois. Ses formes générales sont
absolument semblables à celles des espèces de notre pays.
Ses oreilles sont apparentes, nues et aussi grandes compara-
rativement que celles de l'espèce vulgaire. Ses dents sont
blanches; son pelage est d'un gris brun assez clair, ondulé
de légères teintes roussâtres; sa queue est ronde, ce qui la
rapproche des espèces qui vivent éloignées de l'eau. Aussi
Buffon rapporte-t-il, d'après Sonnerat, qu'elle habite dans
les champs, et qu'elle vient aussi dans les maisons de Pon-
dichéry, où elle se rend fort incommode à cause de son
odeur extrêmement forte.

C'est particulièrement sur un individu de cette espèce,
envoyé de Tranquebar au Muséum d'Histoire naturelle, que
M. Geoffroy Saint-Hilaire a observé les glandes odoriférantes des musaraignes. Depuis il les a retrouvées dans les espèces de nos pays.

Dixième Espèce. — MUSARAIGNE DU CAP, *Sorex capensis,*
Geoffr., *Ann. du Mus. d'Hist. nat.*, tom. 17, pag. 184, sp. 9,
pl. 4, fig. 2 : *Sorex araneus maximus capensis,* Petiver, pl. 23,
fig. 9; Valentin, *Musée des musées,* tom. 2, pag. 27, fig. 2,
(d'après Petiver); Burmann, *Animaux du Cap.*

Un individu rapporté du Cap de Bonne-Espérance, par
Péron et Lesueur, a fourni à M. Geoffroy, le moyen de
donner une description de cette espèce jusqu'alors imparfaitement connue.

C'est la plus grande après celle de l'Inde. Sa longueur
est de trois pouces huit lignes, mesurée depuis le bout du
nez jusqu'à l'origine de la queue; et cette partie a un
pouce trois quarts environ. Son museau est très-long et très-
effilé; ses oreilles sont grandes et nues comme celles de l'espèce de l'Inde, et sa queue est proportionnellement aussi
longue que la sienne, et également ronde. Son pelage est cendré; il est sur le dos lavé d'une légère teinte de fauve, les
côtés de la bouche sont roussâtres, et la queue est d'un roux
qui tranche avec la couleur du dos.

Cette musaraigne est fort commune au Cap de Bonne-
Espérance; elle habite les caves et y répand une odeur extrêmement forte. Les habitans lui font une guerre très-active.

Onzième Espèce. — MUSARAIGNE A QUEUE DE RAT, *Sorex myosurus*, Pallas, *Acta Petropol.*, 1781, tom. 2, pag. 337, pl. 4, fig. 1; Geoffroy, *Ann. du Mus. d'Hist. nat.*, tom. 17, pag. 185, sp. 10, pl. 3, fig. 2 et 3.

Cette espèce, qui n'est connue que par ce qu'en a dit Pallas, et par la figure qu'il en a donnée, est fort rapprochée, ainsi que le remarque M. Geoffroy, de la musaraigne du Cap, surtout par sa taille et par la forme et la grandeur de ses oreilles. Cependant sa queue est plus longue d'un tiers, et surtout beaucoup plus épaisse ; son museau paroît plus court et plus renflé sur les côtés, ses pieds sont plus épais, les poils de sa queue plus rares, ce qui la fait ressembler à celle d'un rat, etc.

L'un des individus décrits par Pallas étoit tout blanc et paroissoit atteint de la maladie albine ; un autre, figuré par ce naturaliste sur la même planche, comme en étant le mâle présentoit dans ses formes et surtout dans la couleur de son poil, d'un brun noirâtre, des différences assez considérables, pour paroître à M. Geoffroy ne devoir pas être considéré comme appartenant à la même espèce.

Le squelette du *sorex myosurus* diffère de celui de la musaraigne vulgaire, en ce qu'il a deux vertèbres dorsales et deux côtes de plus.

On ignore quelle est la patrie de cette espèce. (DESM.)

MUSARAIGNE CUNICULAIRE de Bechstein. C'est la MUSARAIGNE PLARON. *V.* cet article. (DESM.)

MUSARAIGNE DORÉE. *V.* CHRYSOCHORE, (DESM.)

MUSARAIGNE DE PERSE, *Sorex pusillus. V.* les généralités des MUSARAIGNES. (DESM.)

MUSARAIGNE DU BRESIL, *Sorex brasiliensis. V.* les généralités de l'article MUSARAIGNE. (DESM.)

MUSARAIGNE D'EAU. *Voy.* MUSARAIGNE DE DAUBENTON. (DESM.)

MUSARAIGNE DE VIRGINIE, *Sorex aquaticus. Voy.* l'article SCALOPE. (DESM.)

MUSARAIGNE (petite), *Sorex minutus. V.* les généralités de l'article MUSARAIGNE. (DESM.)

MUSARAIGNE SOURIS, *Sorex murinus. V.* MUSARAIGNE DE L'INDE, et les généralités de l'article MUSARAIGNE. (DESM.)

MUSARAIGNE MUSQUÉE. *Voy.* DESMAN DE MOSCOVIE. (DESM.)

MUSARAIGNE A QUEUE EN CARÉNE, *Sorex carinatus*, Hermann, (*the carinated tail shrew*, Penn.). *Voy.* MUSARAIGNE DE DAUBENTON. (DESM.)

MUSARAIGNE À QUEUE À REBOURS (*the rever-sed tail shrew*). Nom donné par Pennant à la Musaraigne plaron, *Sorex constrictus*, Linn. (desm.)

MUSARAIGNE A QUEUE CARRÉE (*square tail shrew*), Pennant, Quadr., p. 482. C'est notre Musaraigne carrelet, ou *Sorex tetragonurus* d'Hermann. (desm.)

MUSARAIGNE DE TERRE. *Voy.* Musaraigne vulgaire. (desm.)

MUSARAIGNE À DENTS BLANCHES (*the whit theeth shrew*). *V.* Musaraigne leucode. (desm.)

MUSARANEUS. Nom latin des Musaraignes. Brisson l'a employé pour désigner le genre qui renferme ces petits animaux ; mais celui de *sorex* que lui a imposé Linnæus a prévalu. *V.* Musaraigne. (desm.)

MUSARANHO, MURGANHO. Noms portugais des Musaraignes. (desm.)

MUSC ou **PORTE-MUSC**, *Moschus, moschiferus*, Linn. Mammifère ruminant du genre Chevrotain, figuré pl. G 29 de ce Dictionnaire. *V.* l'art. Chevrotain. (desm.)

MUSCA. Nom latin des Mouches. (desm.)

MUSCADE. Fruit du Muscadier. *V.* ce mot. (desm.)

MUSCADE (la). C'est la *bulla ampulla* de Linnæus. *Voy.* Bulle. (b.)

MUSCADE DU PARA. On appelle de ce nom la semence d'un arbre de Cayenne dont on ne connoît pas le genre. (b.)

MUSCADIER, *Myristica*, Linn. (*Polyandrie monogynie*, Linn., *Dioécie monadelphie*, Lam.). Genre de plantes de la famille des laurinées, qui renferme des arbres ou arbrisseaux étrangers toujours verts, dont les feuilles sont entières et alternes, et dont les fleurs petites et axillaires sont réunies plusieurs ensemble sur des pédoncules divisés, et plus longs que les feuilles.

Lamarck est le premier botaniste qui ait bien décrit ce genre, dont voici les principaux caractères.

Les fleurs sont dioïques, c'est-à-dire, toutes mâles sur certains pieds, et toutes femelles sur d'autres. Les unes et les autres manquent de corolle, et sont pourvues d'un calice en grelot et à trois divisions. Les fleurs mâles ont de six à douze étamines, rarement neuf, avec des filets réunis en un faisceau et couronnés par de longues anthères droites et à deux loges. Les fleurs femelles sont sans styles ; elles contiennent un ovaire libre, supérieur, ovale ou oblong, terminé par deux stigmates.

Le fruit est un drupe arrondi, ovale ; il renferme une

seule semence, grosse, solide, huileuse, quelquefois aromatique, et toujours parsemée à l'intérieur de veines rameuses
et diversement colorées. Cette semence est défendue et recouverte par trois enveloppes distinctes, qu'on nomme le
brou, le *macis* et la *coque*.

Le *brou* ou l'enveloppe extérieure est ordinairement charnu,
quelquefois desséché et coriace.

Le *macis* placé entre le brou et la coque, est une membrane colorée, très-découpée, comme réticulaire et appliquée fortement contre la coque.

La *coque* ou l'enveloppe immédiate de la semence est
mince, dure, fragile, sillonnée extérieurement par les impressions des ramifications du *macis*.

Ce genre, dont celui appelé KNEMA par Loureiro se rapproche beaucoup, comprend environ vingt espèces. Les plus
intéressantes sont : le MUSCADIER AROMATIQUE et le MUSCA-
DIER PORTE-SUIF.

Le MUSCADIER AROMATIQUE, *Myristica aromatica*, Lam.,
figuré pl. G 26 de ce Dictionnaire, est un bel arbre, élevé de
trente pieds, remarquable par le beau vert de son feuillage
et par la disposition de ses branches. Quand il jouit d'une forte
végétation, il s'orne alors d'une grande quantité de rameaux
grêles, qui lui forment une tête arrondie et si touffue, qu'il
est impossible de voir au travers. Dans cet état, il ressemble
beaucoup à nos plus beaux orangers, lorsqu'ils viennent de
de se couvrir de nouvelles feuilles.

Le tronc de cet arbre est droit, garni circulairement, selon M. Céré, de branches disposées quatre et cinq ensemble
par étages ou verticilles, écartés les uns des autres de deux
ou trois pieds : ces branches s'étendent beaucoup et presque
horizontalement ; elles ont des ramifications alternes. L'é-
corce qui revêt le tronc est d'un brun jaunâtre au dehors,
blanche et pleine de suc intérieurement, assez unie, peu
épaisse ; celle des jeunes rameaux est luisante et d'un beau
vert. Les feuilles sont ovales, lancéolées, très-entières, fort
lisses, et soutenues par des pétioles ; leur surface est marquée
de nervures latérales, obliques, simples et presque parallèles, qui partent à droite et à gauche de la côte moyenne ; la
surface supérieure est d'un beau vert, l'inférieure d'un vert
blanchâtre : ces feuilles varient sur le même arbre dans leur
forme, et surtout dans leur grandeur : elles ont, en général,
depuis deux pouces et demi jusqu'à six ou sept pouces de longueur, sur une largeur d'un pouce et demi à trois pouces ;
leur pétiole est long de cinq à six lignes.

Les fleurs naissent en petits corymbes aux aisselles des
feuilles, le long des petits rameaux ; elles sont petites, jau-

nâtres, pédonculées et pendantes. Dans les individus mâles
les pédoncules communs soutiennent deux à sept fleurs, qui
ont chacune leur pédoncule propre, long de six à sept lignes,
avec une bractée à son sommet. Dans les individus femelles
il y a quelques pédoncules simples et uniflores; mais la plupart portent deux ou trois fleurs, un peu plus courtes que les
fleurs mâles, et attachées à des pédoncules propres, moins
grêles, de trois à cinq lignes de longueur, et munis aussi
d'une bractée placée à la base du calice.

Le muscadier aromatique croît naturellement aux Moluques, et particulièrement dans les îles de Banda. Il est continuellement en fleurs et en fruits de tout âge, et n'éprouve
qu'une effeuillaison si foible, qu'elle est comme insensible.
Il est impossible, suivant M. Céré, de distinguer l'individu
mâle de l'individu femelle, à l'inspection de la feuille et même
au port de l'arbre; il faut, pour les reconnoître, les voir l'un
et l'autre en fleurs. Il y a des muscadiers qui donnent des noix
rondes et longues, et d'autres qui les donnent toutes rondes.
Cet arbre commence à rapporter à l'âge de sept ou huit ans.
Il est plus avantageux de planter la noix muscade nue ou dépouillée de sa coque, qu'avec elle, parce qu'elle germe beaucoup plus vite, comme en trente ou quarante jours, et que
les vers n'ont pas le temps de la dévorer.

Lorsque cette noix germe, la radicule sort du bout le plus
gros, c'est-à-dire, de celui auquel étoit attaché le pédoncule;
elle se développe à la manière de celle du gland, et pointe
en terre. Quand cet individu naissant a sept ou huit pouces
d'accroissement et de longueur, sa tige alors sort immédiatement au-dessus de la radicule; elle se montre d'abord sous
la forme de deux petites feuilles séminales, et son sommet
est d'un rouge de sang. Bientôt cette tige a atteint cinq ou six
pouces de hauteur; alors elle a l'air d'une asperge naissante,
excepté qu'elle est d'un brun foncé et luisant. La noix reste à
nourrir l'une et l'autre (la radicule et la jeune tige), quelquefois une année entière.

On cultive depuis cinquante ans le muscadier à l'île
de la Réunion. Dans les semis qu'on en fait, il lève toujours beaucoup plus de mâles que de femelles; et comme,
ainsi que je l'ai dit, ou ne peut distinguer les uns des autres
qu'à l'époque de leur fleuraison, il en résulte l'impossibilité
absolue d'en faire un triage dans leur enfance, pour supprimer l'excédant des mâles et ne conserver que les femelles.
C'est un inconvénient dans cette culture; car quel moyen employer pour ne pas se trouver surchargé, au bout de quelques
années, d'arbres superflus? Un habitant de cette île, M. J.
Hubert, en a trouvé un. Ne pouvant deviner le secret de la

nature, il a imaginé de la faire dévier de sa marche, et a pris le parti de greffer le muscadier femelle sur tous les jeunes muscadiers dont le sexe ne pouvoit lui être connu, conservant à chacun deux branches, l'une pour recevoir la greffe, et l'autre qu'il abandonnoit à la nature. Il s'est ainsi procuré d'une manière certaine plus de 3o mille pieds de muscadiers femelles, dont plusieurs se sont trouvés réunir les deux sexes.

Il y a une variété de muscade qui est allongée, et que par cela seul on estime moins dans le commerce. On doit au même M. J. Hubert, un très-bon mémoire par lequel il prouve que cette variété ne diffère pas de l'autre en qualité. Ce mémoire est imprimé dans les Annales d'agriculture, année 1818.

En incisant l'écorce du muscadier, en tranchant une branche, ou en détachant une feuille, il en sort un suc visqueux assez abondant, d'un rouge pâle, et qui teint le linge d'une manière durable.

Le bois du muscadier est blanc, poreux, filandreux, d'une extrême légéreté. On peut en faire de petits meubles. Il n'a aucune odeur.

Les feuilles vertes répandent une légère odeur de muscade lorsqu'on les froisse; mais sèches et écrasées dans le creux de la main, elles ont l'odeur de celles du RAVENSARA, à s'y tromper.

Le fruit, comme l'observent Valentini, Rumphe et M. Céré, ne parvient à l'état de maturité qu'environ neuf mois après l'épanouissement de la fleur qui le produit. Il ressemble alors à une gouyave blanche, ou à une pêche-brugnon de grosseur moyenne. Son brou a la chair d'une saveur si âcre et si astringente, qu'on ne sauroit le manger cru et sans apprêt. On le confit, on en fait des compotes et de la marmelade. L'emploi de la muscade est suffisamment connu, ainsi que ses qualités. On en fait un plus grand usage dans les cuisines qu'en médecine. Cependant l'huile essentielle qu'on en retire est très-utile, lorsqu'on veut faire des onctions sur les membres paralysés.

Le MUSCADIER PORTE-SUIF, *Myristica sebifera*, Lam. Quoique Aublet, et après lui Jussieu, aient fait un genre particulier de cette plante sous le nom de VIROLE, elle n'en a pas moins, soit dans la fleur, soit dans le fruit, tous les caractères essentiels d'un muscadier. On en jugera par la description suivante qu'Aublet en donne lui-même, et qui est très-exacte.

« Le tronc de cet arbre, dit-il, s'élève à trente, quarante, cinquante et jusqu'à soixante pieds, sur deux pieds et plus de diamètre. Son écorce est épaisse, roussâtre, gercée, ridée. Son bois est blanchâtre, peu compacte : il pousse à son sommet un grand nombre de branches tortueuses et rameuses,

qui s'étendent en tout sens ; les unes droites, d'autres inclinées, et d'autres presque horizontales. Les rameaux sont garnis de feuilles alternes, entières, oblongues, aiguës, échancrées à leur naissance, terminées par une pointe ; elles sont
vertes en dessus, et couvertes en dessous d'un duvet court et
roussâtre. Les plus grandes ont huit pouces de longueur sur
trois et demi de largeur ; la nervure longitudinale qui les partage est fort saillante, ainsi que les nervures latérales qui en
partent.

« Les fleurs sont de deux sortes, les unes mâles, les autres
femelles, naissant sur des individus séparés. Les fleurs mâles
sont ramassées par petits bouquets de cinq à six fleurs sessiles, sur de grosses grappes qui naissent de l'aisselle des feuilles et à l'extrémité des rameaux. Le pédoncule de la grappe,
ses branches et ses fleurs sont couverts d'un duvet roussâtre.

« Le calice est d'une seule pièce en forme de coupe, à
trois dents. Il n'y a point de corolle. Les étamines sont au
nombre de six, attachées au fond de la fleur sur un disque ;
leur filet est court ; l'anthère est très-petite, et a deux bour-
ses ; le centre du disque est couvert de plusieurs petites éminences arrondies, et que l'on découvre à l'aide d'un verre lenticulaire.

« L'arbre qui porte la fleur femelle ne diffère que par ses
fleurs qui sont plus petites, à trois dents, dont le centre est
occupé par un ovaire sphérique, surmonté d'un stigmate
charnu et obtus.

« L'ovaire devient une capsule sphérique, pointue, verdâtre, coriace, marquée de sa base à sa pointe, de chaque
côté, d'un arête saillante. C'est par-là qu'elle s'ouvre en
deux valves, et laisse voir une coque couverte d'un réseau
de fibres rouges, aplaties (le macis). La coque est très-mince,
fragile et noirâtre ; elle contient une graine couverte d'une
membrane grisâtre. Cette graine coupée en travers, est parsemée de veines roussâtres et blanches. Elle est fort huileuse.

« Lorsqu'on entaille l'écorce du muscadier porte-suif, il
en sort un suc rouge qui est plus ou moins abondant, selon
la saison. Ce suc est âcre. On s'en sert dans le pays pour
guérir les aphthes, et apaiser la douleur des dents cariées,
en les couvrant d'un peu de coton imbibé de ce suc.

« On tire des graines un suif jaunâtre avec lequel on fait
des chandelles dans le pays. Pour cet effet, l'on sépare les
graines de leur coque, en passant un rouleau dessus, après
les avoir fait sécher au soleil ; ensuite on les vanne, et étant
nettoyées, on les pile et réduit en pâte, que l'on jette dans
de l'eau bouillante pour en séparer le suif, qui se ramasse à
la surface, et s'y durcit lorsque l'eau est refroidie. Enfin on

le fond encore séparément, et on le passe à travers d'un tamis. L'on en forme des chandelles, dont on fait usage à la ville et dans les habitations. Ce suif est âcre, et ne convient pas pour être appliqué extérieurement sur les plaies et les ulcères, parce qu'il y cause de l'inflammation. »

Les autres muscadiers sont peu connus. Ce sont ceux qui suivent:

Le Muscadier des Philippines, *Myristica philippensis*, Lam., Act. Acad. Par., à feuilles ovales-oblongues, très-grandes; à fruit rond et cotonneux.

Le Muscadier de Malabar, *Myristica malabarica* Lam.; très-ressemblant au précédent, mais dont les feuilles sont simplement ovales, et le fruit oblong.

Le Muscadier globulaire, *Myristica globularia*, Lam., à feuilles étroites et lancéolées; à anthères libres, et au nombre de neuf.

Le Muscadier de Madagascar, *Myristica madagascariensis*, Lam., dont les feuilles sont ovales, les bourgeons des feuilles d'une blancheur éclatante avant leur développement, les pédoncules et les fleurs roussâtres et cotonneuses, et les fruits revêtus d'un duvet ferrugineux. Il est cultivé au Jardin de Botanique de l'Ile-de-France.

Le Muscadier acuminé, *Myristica acuminata*, Lam., à feuilles ovales, blanches en dessous, sans être cotonneuses, et terminées par une pointe.

Le Muscadier uviforme, *Myristica uviformis*. Lam., des Moluques, espèce douteuse, rapportée à ce genre par Lam., d'après les caractères de ses fruits. Ils sont très-petits, de la grosseur d'un grain de raisin, et réunis en grappes latérales fort courtes. (D.)

MUSCADINE. Nom qu'on donne, au Canada, à une vigne sauvage, décrite je ne sais par qui, sous le nom de *vitis verrucosa*. (B.)

MUSCADINS. *V.* Muscardins. (DESM.)

MUSCARDIN, *Myoxus muscardinus*, Linn. Mammifère rongeur du genre des Loirs. *V.* ce mot. (DESM.)

MUSCARDIN VOLANT de Daubenton. C'est un chéiroptère qui appartient au genre nommé Vespertilion, par M. Geoffroy. *V.* ce mot. (DESM.)

MUSCARDINS. *Vers-à-soie* morts des suites de la maladie appelée Muscardine, qui les dessèche et les rend blancs. *V.* Bombyx. (DESM.)

MUSCARI. Nom d'une espèce de Jacinthe qui formoit genre dans Tournefort.

Desfontaines a rétabli ce genre dans sa *Flore atlantique*, et lui a donné pour caractères: corolle ovoïde, enflée, à six dents; six étamines; ovaire supérieur à style simple; capsule triangulaire, trivalve, triloculaire et polysperme. Il suffit en effet de regarder le muscari à côté d'une *jacinthe*, pour s'apercevoir que ces deux plantes ne sont pas dans le cas d'être réunies; mais lorsqu'on considère en détail toutes leurs parties, et qu'on les compare à plusieurs autres plantes du même genre, on trouve des difficultés pour les séparer. (B.)

MUSCAT. Six sortes de POIRES portent ce nom à cause de leur saveur agréable. Ce sont: le *petit muscat*, petite poire hâtive; le *muscat fleuri*, très-petite poire d'été ronde-comprimée, lisse, mi-partie vert jaunâtre et roussâtre; le *muscat royal*, poire d'été moyenne, turbinée, à peau rude, et d'un gris-fauve; le *muscat robert*, poire d'été moyenne, pyriforme, lisse et d'un vert-jaunâtre; le *muscat d'Allemagne*, grosse poire d'automne et tardive, conique et mi-partie cendrée et rouge; le *muscat vert* ou la *cassolette*, petite poire d'été pyriforme, mi-partie verte, un peu jaunâtre et d'un rouge terne. (LN.)

MUSCAT (*Vitis apiana*). Plusieurs sortes de raisins d'un goût exquis portent ce nom. Les plus remarquables sont: le muscat blanc, le muscat rouge, le muscat violet et le muscat d'Alexandrie, dont le grain est fort gros et ovale. On fait d'excellens vins avec les raisins muscats. *V.* au mot VIGNE. (LN.)

MUSCATELLA et MUSCATELLINA de C. Bauhin. *V.* MOSCHATELLINA. (LN.)

MUSCET. Un des noms anglais de l'ÉPERVIER. (V.)

MUSCHELBRUCH. Nom allemand qui désigne une couche composée de débris de coquilles; il répond à notre mot *Falun. V.* ce mot. (LN.)

MUSCHELKALK. Nom allemand de la CHAUX CARBONATÉE compacte et coquillère. (LN.)

MUSCHI RUMI. Nom oriental du MUSCARI, qui joue, dans la Turquie d'Europe et d'Asie, un rôle important dans le langage symbolique des fleurs. (B.)

MUSCICAPA. C'est, dans Linnæus, le nom générique des GOBE-MOUCHES ou MOUCHEROLLES. *V.* ce dernier mot. (V.)

MUSCIDES, *Muscides*. Tribu d'insectes de l'ordre des diptères, famille des athéricères, et qui a pour caractères: antennes de deux ou trois articles, mais ordinairement de trois; le dernier en forme de palette, inarticulé, avec une soie simple ou plumeuse sur son dos, près de sa base; une trompe membraneuse, bilabiée, coudée, retirée entièrement, lorsqu'elle est en repos, dans la cavité buccale, et renfermant dans une gouttière supérieure un suçoir de deux soies.

De ce que j'ai donné à cette tribu d'insectes le nom de muscides, dérivé de celui de *musca*, il ne faut pas conclure qu'elle embrasse tout le genre ainsi désigné par Linnæus. Elle n'en comprend qu'une partie, et qui correspond, à peu de différence près, au genre *musca* de Fabricius, tel qu'il l'avoit d'abord limité.

Les muscides ont en général le port de l'insecte connu sous le nom de *mouche domestique*. Leur tête est hémisphérique, avec les yeux grands et à réseau, et trois petits yeux lisses distincts; le front est communément plus membraneux que le derrière de la tête, et d'une couleur différente, avec un sillon longitudinal de chaque côté, ou une fossette pour recevoir les antennes, qui le plus souvent sont inclinées et plus courtes que la tête; leur dernier article presque toujours beaucoup plus grand que les deux autres, a la forme d'une palette de figure variée, avec une soie ou une aigrette dorsale, et située près de la jointure de cet article. Le corselet est cylindrique, et d'un seul segment apparent; les ailes sont grandes, horizontales; les balanciers sont courts; les cuillerons sont fort grands dans plusieurs; l'abdomen est triangulaire, ou ovalaire, ou oblong, quelquefois presque cylindrique; les pattes ont deux crochets et deux pelotes; les jambes de plusieurs sont épineuses.

Les larves des muscides sont apodes ou sans pattes allongées, et ordinairement cylindriques; elles sont molles et flexibles; le devant de leur corps est pointu et conique; leur derrière est gros, arrondi; leur tête, qui est molle et charnue, est garnie d'un ou de deux crochets écailleux, qui leur servent à hacher les substances dont elles se nourrissent; ces crochets, par leur rétraction ou leur saillie, rendent la forme de la tête variable. Ils sont accompagnés, du moins quelquefois, de mamelons, et probablement dans tous, d'une sorte de langue propre à recevoir les sucs nutritifs. On n'aperçoit point d'yeux; les parties qu'on pourroit prendre pour ces organes, ne sont que des stigmates ou des ouvertures pour l'entrée de l'air dans les trachées. Le nombre de ces stigmates est ordinairement de quatre, dont deux situés sur le premier anneau, et qui sont ceux dont je viens de parler, et les deux autres placés au milieu d'une plaque circulaire, souvent écailleuse, terminant le dernier anneau; les chairs de son contour peuvent envelopper comme une bourse ces organes, et empêcher l'introduction des humeurs ou des matières nuisibles. Quelquefois chaque stigmate est composé de trois petites fentes rapprochées.

Ces larves se nourrissent de différentes matières, tant animales que végétales; les unes dévorent la chair des animaux morts, dont elles accélèrent la corruption; d'autres vivent dans les excrémens, dans le fumier et la terre grasse; quelques espèces mangent le fromage; quelques autres habitent dans le corps des chenilles et de différentes larves, qu'elles rongent et consument. Parmi celles qui se nourrissent de substances végétales, les unes vivent dans les feuilles, qu'elles minent intérieurement; les autres vivent dans des galles, dans des champignons, dans les graines des plantes, dans les fruits. Les larves à queue de rat, qui habitent les eaux bourbeuses et marécageuses, et qui se nourrissent de fragmens de feuilles pourries et de beaucoup d'autres matières, appartiennent aux insectes d'une tribu voisine, celle des *syphies*. L'utilité des larves carnassières du genre des mouches, paroît donc être de consumer les cadavres des animaux qui se trouvent dispersés dans les bois et les campagnes, et que les bêtes féroces ont épargnés; par leur nombre, elles sont capables de manger un cadavre en fort peu de temps. Celles qui vivent d'excrémens, semblent être faites pour purger la terre de ces immondices.

Les larves des muscides ne quittent point leur peau pour se métamorphoser; cette peau extérieure se durcit, devient écailleuse, et forme comme une coque oblongue, d'un brun-rougeâtre ou marron, qui renferme toutes les parties de l'insecte. Dans cette espèce de coque, la larve y prend d'abord la figure d'une boule allongée, à laquelle on ne voit aucune partie distincte; elle n'est que comme une simple masse de chair molle: ensuite cette boule se développe et prend la figure d'une nymphe, à laquelle on voit toutes les parties extérieures de l'insecte parfait. Dans la larve, l'extrémité antérieure de son corps étoit la partie la plus menue, tandis que l'autre étoit la plus grosse. C'est ordinairement l'inverse dans la nymphe.

Parmi les diptères de cette tribu, il y en a une espèce qui dépose ses œufs sur le fromage; il en sort des larves dont l'extérieur n'a rien de bien remarquable; mais elles offrent un phénomène qui surprend, ce sont les sauts qu'elles exécutent en s'élevant et s'élançant en l'air quelquefois à plus de six pouces. Ces sauts étonnent d'autant plus dans un insecte aussi petit, qu'il paroît n'avoir aucun organe qui puisse l'aider à les faire. Pour découvrir sa manœuvre, on peut regarder attentivement une larve qui se dispose à sauter; on la verra se dresser sur sa partie postérieure, et se tenir dans cette position au moyen de quelques tubercules qui sont au dernier anneau de son corps: ensuite elle se courbe, forme une espèce de cercle en amenant sa tête vers sa queue, enfonce les deux crochets de sa bouche dans deux sinuosités qui sont à la peau du dernier anneau, et les tient aussi fortement accrochés : toute cette opération est l'affaire d'un instant. Alors elle se contracte et se redresse si promptement, que les deux crochets, en sortant des deux enfoncemens dans lesquels ils étoient retenus, font entendre un petit bruit ; par ce mouvement vif, le corps frappe avec force la terre, et rebondit en même temps très-haut. C'est à Swammerdam qu'on doit les premières observations sur la manœuvre de ces larves ; on les trouve souvent en grande quantité sur les vieux fromages à demi-pourris.

Après avoir resté plus ou moins de temps sous la forme de nymphe, selon que la saison est favorable à leur développement, ces diptères sortent de leurs coques : pour cette fin, ils brisent et font sauter une portion avec leur tête, qui se gonfle dans cette opération : à la sortie, leurs ailes sont plissées, chiffonnées, et si courtes, qu'elles paroissent être des moignons ; mais bientôt elles se développent, s'étendent, deviennent planes et unies, comme cela arrive aux autres insectes.

Ces insectes, pour être féconds, ont besoin de s'accoupler ; leur accouplement n'offre rien de singulier, à l'exception de celui de la mouche domestique. La femelle de cette espèce, au lieu de recevoir l'organe du mâle, introduit au contraire, dans le corps du sien, un long tube charnu, par une fente qu'il a au derrière. Assez ordinairement on voit les mâles monter et s'élancer sur le corps des femelles, les solliciter à l'accouplement ; mais il n'a lieu que quand celles-ci y sont disposées. Alors on les voit voler joints ensemble, la femelle emportant le mâle sur son dos.

Cette espèce de mouche et quelques autres sont sujettes à une maladie assez singulière, et dont la cause est inconnue : leur ventre enfle extraordinairement, ses anneaux se déboîtent, et les pièces d'ailleurs qui les couvrent s'éloignent les unes des autres ; la peau est très-tendue et parfaitement blanche ; si on leur ouvre le ventre, on le trouve rempli d'une matière grasse, onctueuse, de couleur blanche, qui pénètre la peau et s'accumule sur la surface du corps. Dans cet état, ces mouches s'accrochent avec leurs pattes sur les murailles, sur les fenêtres et sur les plantes, dans les prairies, où on les trouve mortes.

Les fleurs du laurier rose (*nerium oleander*) et quelques autres nous offrent aussi souvent les cadavres de plusieurs petites mouches et d'anthomyies, qui sont suspendus aux filets de leurs étamines. Mais, dans cette circonstance, ces in-

sectes n'ont point été empoisonnés. Une liqueur très-vis-
queuse a collé l'extrémité de leurs trompes contre ces parties,
de manière qu'ils n'ont pu se débarrasser et qu'ils y ont péri.
Ce fait ayant eu lieu plusieurs fois sous mes yeux, je suis certain de cette explication. D'autres diptères peuvent encore
périr dans les corolles de quelques fleurs (*dionæa muscipula*),
par la suite de l'irritation qu'éprouvent alors les corolles, et
qui les oblige à se fermer et retenir captifs ces mêmes insectes.

Peu de temps, et souvent même peu d'heures après leur
fécondation, les femelles ne tardent pas à faire leur ponte et
à placer leurs œufs dans les lieux où leurs larves doivent vivre.

L'odorat, dans un choix aussi important pour la prospérité de leurs générations, est leur guide. Il les trompe quelquefois : c'est ainsi qu'on a vu le gouet serpentaire (*arum
dracunculus*), plante exhalant une odeur cadavéreuse, recevoir, bien inutilement, les œufs de la mouche à viande. Fé-
lix d'Azara rapporte, dans son Voyage au Paraguay, qu'un
essaim de mouches, et d'une espèce probablement analogue
à la précédente, l'assaillit, ainsi que son cheval, dans une
de ses courses, et l'accabloit d'une multitude innombrable
d'œufs. L'autre espèce de mouche que j'ai citée précédemment
place aussi quelquefois les siens sur le corps de l'homme,
puisqu'on en a quelquefois retiré des larves.

Certaines mouches, mais en petit nombre, nous offrent
cela de singulier, qu'elles donnent naissance à des larves
vivantes ; mais elles sont moins fécondes que celles qui pondent des œufs, puisque ces larves occupent plus de volume
dans l'intérieur du ventre ; elles ne font que deux petits à la
fois. Nous invitons nos lecteurs à recourir pour ces faits et
plusieurs autres, aux beaux mémoires de Réaumur et de
Degéer.

J'ai esquissé à grands traits, à l'article MOUCHE, le tableau des progrès qu'a faits, à cet égard, depuis quelques
années, l'entomologie. Je me bornerai donc ici à présenter
la distribution méthodique que j'ai adoptée pour cette division de l'ordre des diptères. Les personnes qui voudront se
livrer à une étude particulière de ces insectes, jouiront bientôt de l'ouvrage de M. Meigen, et peut-être de celui que
M. Jurine nous avoit annoncé sur le même sujet.

1. *Cuillerons grands, recouvrant entièrement ou en majeure partie
les balanciers. (Port toujours semblable à celui de la mouche
domestique.)*

A. Palpes filiformes ou grossissant vers le bout, mais point dilatés
en manière de spatule, à leur extrémité.

* Longueur des antennes égalant presque celle de la face antérieure de la tête, depuis leur insertion jusqu'au bord supérieur de la cavité buccale.

Les genres : Échinomye, Ocyptère, Mouche, Achias.

** Antennes très-courtes ; leur longueur n'égalant guère que la moitié de celle de la face antérieure de la tête.

Les genres : Phasie, Métopie, Mélanophore.

B. Palpes dilatés en spatule à leur extrémité.

Le genre : Lispe.

II. *Cuillerons petits ou de grandeur moyenne ; balanciers nus ou découverts en majeure partie. (Corps et pattes allongés dans plusieurs.)*

A. Yeux situés aux extrémités de deux prolongemens en forme de cornes ou de pédicules, des côtés de la tête.

Le genre : Diopsis.

B. Tête point prolongée de chaque côté ; yeux sessiles.

* Antennes de la longueur de la tête ou plus longues.

Les genres : Loxocère, Lauxanie, Sépedon, Tétanocère.

** Antennes sensiblement plus courtes que la tête.

† Corps long, étroit, presque cylindrique ou filiforme.

Les genres : Calobate, Micropèze.

†† Corps court ou simplement oblong, et dont le port est presque semblable à celui de la mouche domestique.

⌐⌐ Ailes écartées l'une de l'autre dans le repos, vibratiles ; extrémité postérieure de l'abdomen prolongée en une queue (*oviducte*) écailleuse, dans les femelles.

Les genres : Platystome, Téphrite.

⌐⌐⌐⌐ Ailes couchées l'une sur l'autre dans le repos ; extrémité postérieure de l'abdomen sans prolongement en forme de queue.

Les genres : Scénopine, Pipuncule, Oscine, Anthomyie, Ochthère, Scathophage, Thyréophore, Sphærocère, Phore. *V.* ces articles. (L.)

MUSCIPULA. On a donné ce nom à plusieurs espèces de Silène, de *cucubalus*, dont les calices glanduleux et velus retiennent les mouches et autres insectes qui se sont reposés dessus ; l'une de ces plantes a conservé le nom de *muscipula*, c'est un *silène.* Dans la singulière plante nommée *dionæa muscipula*, si un insecte vient se reposer sur une de ses feuilles, elle se ferme aussitôt, les cils qui la garnissent se croisent, et l'insecte demeure prisonnier. *V*. DIONÉE. (L.)

MUSCLE. Nom languedocien des MOULES. (DESM.)

MUSCLES, *Musculi*. Ce sont les parties charnues et fibreuses du corps des animaux, ou ce qu'on nomme particulièrement *la chair*. Chaque *muscle* est un faisceau de fibres, dont la direction est communément droite, et qui se contractent en même temps. Chacune des fibres est entourée d'une gaîne de tissu cellulaire ou nourricier, aussi bien que chaque *muscle* et chaque *organe*. Prochaska et d'autres anatomistes ont observé que les fibres musculaires avoient plus ou moins de grosseur, selon les espèces des animaux ; elles sont fort grosses en de petits animaux à sang froid, comme les reptiles. Presque tous les muscles s'attachent aux os qu'ils sont destinés à faire mouvoir, excepté le cœur, les sphincters, et les fibres musculaires de la vessie, des intestins, des artères, etc. La disposition des muscles est symétrique dans la plupart des animaux. Leur nombre, leur forme, sont variables suivant chaque espèce ; mais leur destination a toujours pour but le mouvement. (*Voyez* l'article MOUVEMENS DES ANIMAUX.)

Tout muscle ou faisceau de fibres peut être considéré comme une corde qui, ayant son attache à un point, et son insertion à un autre point, les rapproche en se contractant. Cette contraction est un froncement, une crispation, un raccourcissement du muscle dont le ventre ou le milieu se grossit et se durcit. Les attaches des muscles aux os sont toutes désavantageuses pour la production du mouvement ; d'où il suit que l'emploi des forces est proportionnellement plus considérable que les effets qu'elles produisent. Cette remarque a surtout été faite par Alphonse Borelli, dans son Traité *de Motu Animalium*. Les muscles sont pour l'ordinaire antagonistes entre eux ; c'est-à-dire, que deux muscles ont une action opposée, et qu'ils tirent également chacun de leur côté, afin que l'organe demeure en équilibre et en repos ; mais si l'un d'eux tire plus fortement que l'autre, il y a production de mouvement. Cette partie de l'économie animale est presque la seule qui soit soumise aux lois de la mécanique et de la physique ordinaire ; on peut la soumettre aux mêmes calculs.

La contraction musculaire est produite par l'action immédiate des nerfs qui reçoivent l'impulsion du cerveau. Si l'on coupe le nerf qui se rend à un muscle, on paralyse sur-le-champ ce dernier. En irritant un nerf, on détermine des convulsions dans le domaine des muscles auxquels il se rend. La source des mouvemens musculaires émane donc des nerfs qui la prennent au cerveau, principalement à la moelle allongée. Celui-ci agit de trois manières principales sur les nerfs des muscles : 1.º par la volonté, comme dans toutes nos actions volontaires ; 2.º sans la participation de la volonté, comme dans l'acte de la respiration, dans la contraction du cœur, et dans les passions telles que la colère, le désespoir, etc. ; 3.º par quelque cause d'irritation contre nature. Telle est la manie, le délire furieux des fièvres inflammatoires, ou le déchirement des fibres du cerveau, des nerfs, etc. L'état de spasme des muscles indique ainsi l'état des nerfs et du cerveau. La présence du sang artériel est nécessaire à la contraction musculaire ; le sang veineux la suspend. Aussi les animaux qui respirent beaucoup, et qui ont un sang très-chargé d'oxygène, comme les oiseaux, ont des contractions musculaires très-fortes. Quelle vigueur ne faut-il pas, en effet, à l'oiseau pour mouvoir ses ailes pendant un grand nombre d'heures, sans la moindre lassitude et sans interruption ? On rencontre quelquefois des oiseaux *frégates* à cinq cents lieues au large au milieu des mers, sans qu'ils aient le moindre rocher pour se reposer. Les *grues* et les *cigognes* qui traversent les mers et les continens au milieu de l'atmosphère, n'ont - elles pas besoin d'une extrême vigueur musculaire ? Il en est de même des insectes qui sont tous très-robustes à proportion de leur taille. Un gros *scarabée*, un *hanneton*, sont, en égard à leur grosseur, six fois plus forts que le cheval, et Linnæus dit que si l'*éléphant* étoit aussi fort à proportion qu'un *cerf-volant*, il seroit capable de déraciner les rochers, et de culbuter les montagnes. Cette grande force des insectes vient sans doute de la disposition de leurs muscles, mais surtout de leur contractilité excitée par l'étendue de leur respiration ; car on sait que l'intérieur du corps des insectes est tout rempli des ramifications de leurs trachées aériennes, de sorte que l'air les pénètre partout comme des éponges. Les animaux qui respirent peu n'ont presque pas de contractilité musculaire ; tel est le fœtus dans le sein de sa mère, le poulet dans l'œuf ; tels sont les animaux qui s'engourdissent pendant l'hiver, et qui respirent très-peu dans cet état. On peut juger du degré de l'activité musculaire d'un animal par la couleur de ses muscles : pâles et décolorés dans les espèces et les individus foibles et peu actifs, ils sont rouges et foncés dans ceux qui sont forts et agiles ; mais la cuisson dénature ces couleurs. D'ailleurs les tempéramens influent sur la vigueur des muscles et leur coloration. Ainsi, les tempéramens flegmatiques dans l'homme et les animaux, présentent des muscles mous, distendus, blanchâtres ; ces êtres sont lents, pesans et foibles, le moindre travail les accable ; au contraire, les constitutions bilieuses et athlétiques montrent des muscles tendus, roides, prononcés, de couleur brune, des formes carrées, des mouvemens brusques et vigoureux. Le tempérament sanguin est remarquable par la vivacité de ses mouvemens musculaires, par leur légèreté, et surtout par la facilité avec laquelle ils sont excités ; mais en même temps ils sont très-inconstans et très-variables. On trouve un semblable caractère dans le système musculaire des femmes et des enfans, parce que la constitution sanguine prédomine chez eux : mais la complexion bilieuse est surtout appropriée à l'homme et aux animaux mâles. Il est encore un autre tempérament qui communique aux muscles des mouvemens circonspects, mais assurés, une contractilité tenace, opiniâtre : c'est le tempérament mélancolique dont le système musculaire est sec, fibreux, rigide, et profondément irritable.

Ainsi, le système musculaire du flegmatique a pour caractères : un état spongieux, humide, pâle ; ses contractions, difficiles à mouvoir, sont molles, impuissantes, et promptement épuisées. Celui du sanguin est remarquable par son état d'embonpoint agréable, sa résistance élastique, sa couleur rosée, par ses contractions extrêmement faciles à exciter, promptes, légères, mais inconstantes. Le système musculaire de l'individu bilieux et athlétique, est le plus robuste de tous : ses contours sont rudes et anguleux, sa coloration vive et foncée, et son activité rapide, violente, infatigable. Celui de la complexion mélancolique est caractérisé par un état d'aridité, de tension, de roideur, par des formes âpres, tranchantes, par une excitabilité explosive, soudaine, et surtout permanente, immuable.

Ces quatre constitutions, considérées dans le système musculaire des individus de chaque espèce, se remarquent aussi aux diverses époques de la vie du même être, quel que soit d'ailleurs le tempérament fondamental ; ainsi dans la tendre enfance, le caractère des muscles est analogue à celui de la complexion flegmatique ; dans la jeunesse, au tempérament sanguin ; dans l'âge fait, à l'athlétique et au bilieux ; enfin, dans la vieillesse, au mélancolique. Les âges sont pour ainsi dire des tempéramens passagers qui influent sur l'état des muscles, et qui sont en rapport avec les caractères des êtres. Les tempéramens se compliquent presque tous en se mélangeant entre eux ; ils sont rarement dans leur pureté, et une foule de circonstances les modifient ; à mesure qu'on avance en âge les fibres se durcissent, et les formes des muscles se prononcent davantage.

Il est une complexion différente des quatre précédentes,

et qui est plutôt maladive que naturelle ; on la nomme *constitution nerveuse*. Elle tient des tempéramens mélancolique et sanguin, sans toutefois leur appartenir. Les personnes de cette complexion sont maigres, sveltes, délicates ; leurs fibres musculaires sont grêles, minces, et excessivement susceptibles d'irritation par les plus foibles causes. Tous leurs mouvemens semblent être spasmodiques, impétueux, mais bientôt énervés. Ainsi leur inégalité est extrême ; tantôt ils surpassent l'activité humaine, tantôt ils sont dans un affaissement incapable de la moindre action. Leur excitabilité s'épuise d'un premier effort. Personne n'est plus sensible ou plus susceptible d'émotions physiques et morales que ceux de ce tempérament nerveux, qui est particulier aux peuples de la zone-Torride ; mais personne n'est plus facilement épuisé.

On trouve un tempérament tout contraire chez d'autres individus. Une complexion épaisse, massive, grossière ; des muscles robustes, renflés, de grosses fibres détendues et pâteuses, presque incapables de se mouvoir et de sentir, caractérisent ce tempérament qui tient du flegmatique et de l'athlétique : *Temperamentum musculoso-torosum*, de Haller. Il entre difficilement en action ; ses mouvemens sont lents, mais durables, forts, et presque inépuisables. Ce caractère du système musculaire est approprié aux habitans des zones froides de la terre, excepté les régions glaciales.

Il paroît ainsi que la chaleur et la froidure donnent une disposition particulière aux muscles. La grande chaleur les affoiblit, les dessèche, les énerve, comme nous l'éprouvons dans l'ardeur de la canicule ; mais un froid modéré tel que celui de nos hivers, mais non excessif comme en Laponie, nous donne plus de vigueur et de force. Il en est de même des peuples du Nord, robustes, grands, actifs, comparés à ceux du Midi, foibles, minces, et énervés. Les septentrionaux ont aussi plus de courage que les méridionaux, par cette même raison ; car le courage n'est que le sentiment de ses forces, et la lâcheté, une conscience de sa foiblesse. On reconnoît ici la cause qui a rendu le Nord conquérant et le Midi esclave, qui a fait sortir tant d'essaims de guerriers des froides régions, pour vaincre et asservir les ardentes contrées de l'Asie et de l'Inde. Mais le séjour des conquérans dans les pays chauds les affoiblit à leur tour, et les abaisse au niveau de ceux qu'ils ont opprimés par la force.

Une autre cause contribue d'ailleurs, avec la chaleur et la froidure, à énerver ou à fortifier le système musculaire dans l'homme et les animaux ; c'est le repos et l'exercice. Tout le monde sait combien le travail modéré et continuel des muscles augmente leur vigueur, en y appelant plus de nourriture,

de chaleur et de vie ; et combien la paresse, l'inaction, les
énerve par une disposition contraire. Comme les hommes
sont actifs et laborieux au Nord, ils deviennent aussi plus
robustes ; et comme les habitans du Midi sont contemplatifs
et fainéans, ils perdent leurs forces de plus en plus ; car le
travail est pénible à la chaleur, tandis que le mouvement est
nécessaire dans la froidure.

Cependant, l'excès du froid produit un affoiblissement
très-considérable dans la puissance contractive des muscles.
On sait qu'il engourdit et rend incapable d'agir. Autant une
froidure modérée favorise le développement des forces musculaires, autant son excès leur est contraire ; ainsi les mains
s'engourdissent souvent pendant l'hiver. Plusieurs espèces
d'animaux restent à cette époque dans une entière immobilité, sans cesser de vivre ; ils n'existent plus qu'à l'intérieur,
tous leurs muscles sont dans un état de sommeil (car l'en-
gourdissement n'est qu'un sommeil musculaire) ; leur vie
extérieure est toute suspendue. Tels sont les animaux à sang
froid, les reptiles, les serpens, les poissons, les mollusques, les
insectes et les zoophytes. (*V.* HIVERNATION et l'art. SOMMEIL.)
Tels sont encore quelques quadrupèdes de la famille des
rongeurs et des *carnivores.* Les habitans des régions polaires de
la terre, comme les Lapons, les Samoïèdes, les Jakutes,
les Kamtschadales, etc., ont par cette raison le système
musculaire affoibli et les fibres mobiles, comme les peuples
des régions ardentes. Ainsi, les extrêmes se rencontrent.

Mais cet affoiblissement de la puissance musculaire par le
froid vif, dépend d'une cause particulière au système nerveux, source première du mouvement des muscles. Le froid
n'agit pas autant sur la fibre charnue, que sur la sensibilité
nerveuse qu'il suspend ou éteint ; il en est de même des substances narcotiques, telles que l'opium, le vin, les spiritueux.
En ôtant la cause du mouvement, le muscle cesse d'agir ;
cet effet s'opère par deux moyens.

Premièrement, chaque individu a une quantité déterminée
de contractilité musculaire, ainsi que de sensibilité ; il peut la
dépenser plus ou moins promptement, mais non pas en surpasser la somme. Or, quand un muscle a épuisé toute sa faculté contractile, par quelque effort, il est fatigué, il se repose
nécessairement jusqu'à ce qu'il ait repris de nouvelles forces.
Son action est donc perpétuellement intermittente ; il ne peut
agir que suivant la dose de sa faculté contractile ; au-delà, il
demeure immobile malgré les sollicitations extérieures pour le
faire mouvoir. Or, l'opium, le vin, les spiritueux, engour-
dissant la faculté excitable que les nerfs apportent aux muscles,
usant cette portion d'influence du cerveau ou de la moelle

épinière qui est destinée à les faire agir ; les muscles tombent
dans l'affaissement, comme une fontaine se tarit lorsqu'on
emploie toute l'eau à sa source. Ainsi, les narcotiques et les
spiritueux, qui sont des excitans, usent toute l'excitabilité
des muscles lorsqu'on en prend trop, mais l'augmentent quand
on en prend modérément ; de même trop de travail accable,
mais un ouvrage modéré fortifie.

En second lieu, la force musculaire peut être suspendue,
changée et reportée sur une autre fonction. Par exemple, un
repas copieux affaisse la vigueur musculaire ; on est lourd,
porté au sommeil, parce que la portion de vie qui anime les
muscles est rappelée dans l'estomac pour concourir à la
digestion ; la vie du cerveau est aussi ramenée dans la région
abdominale ; on ne peut plus réfléchir et méditer ; on diroit
que toutes les facultés se rassemblent dans l'estomac, et abandonnent les autres organes pour parvenir à digérer une
grande masse d'alimens. Il y a aux Indes et en Amérique de
gros serpens qui, ayant avalé une proie considérable, demeurent quelques semaines à moitié endormis et gisans immobiles dans leur trou, jusqu'à ce que la digestion de leurs
alimens soit entièrement achevée ; on peut, dans ce cas, les
approcher impunément ; ils ne peuvent ni attaquer, ni même
se défendre, et se laissent souvent prendre et assommer.
Pendant le sommeil toute la vie des muscles et du cerveau est
ramassée dans l'intérieur du corps ; dans la veille, elle est
au contraire épanouie au-dehors, et moins forte au-dedans.
Or, le froid extrême a la propriété de causer le sommeil,
c'est-à-dire, de repousser la vie au-dedans du corps, et de la
chasser des muscles. Ce que nous appelons un engourdisse-
ment, n'est donc que le sommeil des parties dont le froid a
chassé la puissance contractile et la sensibilité.

D'ailleurs, plus un organe musculaire emploie de forces,
plus les autres organes s'affoiblissent ; ainsi les singes exerçant
beaucoup leurs bras, ont les jambes foibles, etc. En outre,
la vie des autres parties du corps peut se reporter sur le système musculaire. On en voit des exemples dans les passions.
La colère augmente extrèmement les forces, parce que les
facultés vitales du cœur et des parties précordiales se répandent dans les muscles, et affoiblissent momentanément ces
parties, pour fortifier celles destinées à repousser l'insulte,
ou qui servent à la défense. Ainsi la vie se transporte principalement où le besoin l'exige, comme feroit une garnison
vigilante dans une ville assiégée. Ce transport de forces est
aussi remarquable dans la manie ; les muscles prennent une
vigueur extraordinaire aux dépens des facultés du cerveau, qui
servent à l'intelligence ; car il est nécessaire qu'une partie

reçoive ce qu'une autre perd. Ainsi les reptiles, les poissons, les insectes qui ont peu de sensibilité, ont, en revanche, une grande irritabilité ou faculté contractile musculaire. Plusieurs heures après la mort de ces animaux, leurs muscles sont encore susceptibles de se mouvoir. Quand on coupe la queue à un lézard, elle frétille encore long-temps. Un *ver* coupé en morceaux s'agite beaucoup; mais dans les espèces les plus sensibles, comme les quadrupèdes, les oiseaux et toutes les espèces à sang chaud, l'irritabilité s'éteint assez promptement. On avoit prétendu que dans le supplice de la guillotine, les contractions des différens muscles de la tête annonçoient encore la souffrance; mais il est plus vraisemblable que la sensibilité est éteinte, et qu'on n'aperçoit plus que les dernières traces de la faculté contractile qu'on peut exciter encore par des moyens galvaniques, tant que la chaleur vitale se conserve.

Plus la vie se porte aux muscles et aux autres parties extérieures, plus les organes internes sont affoiblis; c'est ce qu'on observe dans les animaux carnivores comparés aux herbivores. Les premiers ont des muscles très-robustes pour atteindre, vaincre ou déchirer leur proie; ils sont rapides à la course, indomptables au combat, ardens à la curée; mais autant leurs muscles sont vigoureux, autant leur estomac est mince, membraneux, et leur digestion laborieuse. Au contraire, les herbivores ont des muscles foibles, une ardeur moindre, un courage moins élevé. Quelle différence entre un lion et un âne, un aigle et une dinde, quoique ces animaux aient des tailles correspondantes! Mais si les premiers sont robustes à l'extérieur, les seconds le sont à l'intérieur et dans leurs organes digestifs. Les quadrupèdes herbivores et ruminans ont des estomacs et des intestins grands et forts pour digérer des alimens grossiers; les oiseaux granivores ont des jabots, des gésiers musculeux, pour attendrir et broyer ensuite les graines les plus dures, tandis que les quadrupèdes et les oiseaux carnivores ont de petits estomacs membraneux et des intestins courts. Le développement des muscles est en raison inverse de celui des parties intérieures, et réciproquement; ainsi le moyen de fortifier les uns, est d'affoiblir les autres. *V.* HERBIVORE.

La nature a bien sagement combiné tous ces rapports, car nous voyons que si une grande force musculaire étoit nécessaire aux carnivores, la nourriture de chair ne leur étoit pas moins nécessaire pour conserver cette force. Les herbivores sont plus foibles, par une raison contraire. Il est certain que la nature des alimens influe extrêmement sur la force des muscles. En effet, puisque le travail use beaucoup les organes et

les affoiblit, il faut donc les réparer par des alimens; et plus
cette réparation sera complète ou même supérieure à l'état
antérieur, plus l'organe reprendra de vigueur. Si le *cheva*
vivoit de chair, sa force seroit presque double, et il deviendroit presque infatigable, tandis qu'il ne peut pas travailler
continuellement au-delà de huit jours sans quelque repos;
mais l'homme, qui vit de nourritures plus substantielles, peut
se livrer à de grands travaux et sans interruption, pendant
des mois entiers. Il est inconcevable jusqu'à quel point la vigueur des animaux carnivores peut être portée; aussi la nature n'a pas voulu rendre carnivores les éléphans, les rhinocéros, les hippopotames, ni tous les vastes quadrupèdes, de
peur qu'ils n'envahissent et ne dépeuplassent la terre. On a
vu un *tigre* se défendre contre trois éléphans plastronnés, quoiqu'il fût lié et circonscrit dans une enceinte, et l'on jugea
que s'il eût été libre et ses adversaires sans plastron, il les
auroit très-maltraités. Les *loups*, les *hyènes*, les *chacals*, sont
aussi des animaux très-robustes, infatigables à la course,
indomptables au combat; mais la vigueur des herbivores est
bientôt éteinte; on fatigue aisément un *lièvre*, un *cerf* dans un
jour; on les abat promptement, lorsque leur feu est passé;
il leur faut ensuite plusieurs jours de repos pour se rétablir:
il faut qu'ils mangent chaque jour, mais un seul repas peut
suffire pendant cinq à six jours à un carnivore; sans être ac-
cablé par ce défaut de nourriture, il en devient même plus
terrible, rien n'égale la rage et la fureur d'un *lion* ou même
d'un *loup* affamés. Les frugivores, quoique moins robustes que
les carnassiers, le sont cependant davantage que les herbivores, parce que les semences et les fruits sont plus substantiels
que l'herbe. Les peuples du Nord, qui ont besoin d'une
grande vigueur de muscles, se nourrissent principalement de
chair, tandis que les habitans du Midi ne vivent que de
fruits et d'autres substances végétales. La nourriture de chair
est même contraire à la santé, dans les pays chauds, et le
régime pythagoricien est trop affoiblissant dans les climats
du Nord.

Une autre cause contribue au développement de l'action
musculaire: c'est le rut chez les animaux, ou la sécrétion de
la semence. C'est à l'époque des amours que les quadrupèdes, les oiseaux, etc. sont les plus robustes et les plus bel-
liqueux. Il en est de même dans l'espèce humaine. La semence
est un grand stimulant de la force des muscles; elle communique même à la chair une odeur et une saveur vireuse,
désagréables. On ne peut manger du taureau, du bouc, du belier, du verrat, au temps du rut; leur chair soulève le cœur,
et ne peut se digérer, comme si la nature avoit voulu empê-

cher la destruction des êtres, dans le temps qu'elle choisit pour leur multiplication. Il en est de même de la chair des poissons, des huîtres, des moules qui fraient; et en général, les carnivores font plus rarement la guerre aux animaux en rut qu'à ceux qui n'y sont pas.

Voyez quelle distance prodigieuse met l'amputation des parties sexuelles, entre un chapon et un coq, un bœuf et un taureau, un mouton et un belier, et entre un eunuque et un homme! Quelle différence de force ne se remarque-t-elle pas entre les mâles et les femelles des animaux. Il semble que toute la vigueur des animaux soit située dans les organes du mâle. La force du *rhinocéros* ou *béhémoth* (dans le livre de Job, c. 40, v. 12), est caractérisée par l'entortillement des nerfs et des vaisseaux de ses testicules : *nervi testiculorum ejus perplexi sunt.* Il est dit encore que sa vigueur est dans ses lombes et sa verge, ce qui est vrai pour tous les animaux ; leurs fatigues, leurs combats leurs forces, sont incalculables à l'époque du rut, les plus timides deviennent même audacieux alors ; et les plus vigoureux sont toujours les plus aimés des femelles, par un instinct de la nature qui cherche, dans toutes ses œuvres, la plus grande perfection unie à la vigueur et à l'énergie. En effet, les combats que se livrent les animaux en rut sont institués par la nature pour écarter les foibles et pour favoriser la race des vainqueurs. Cet instinct n'est pas même étranger aux femmes; l'homme robuste et le guerrier sont plus aimés que les hommes foibles et délicats. On sait que Vénus préféroit Mars à son Vulcain, et Hercule n'étoit pas moins vigoureux en amour qu'au combat. Pour conserver la force des athlètes, on les empêchoit d'approcher des femmes, en les infibulant, etc. *V.* Infibulation.

Le système musculaire est placé à l'extérieur des animaux comme une enveloppe de la vie intérieure, une écorce capable de sentiment, de mouvement, et pour connoître et écarter tout ce qui pourroit nuire aux organes internes. Aussi les parties musculaires sont moins importantes que celles de l'intérieur du corps, et leurs blessures moins dangereuses. En outre, les organes extérieurs sont soumis à la volonté ; leur activité, à des intermittences de sommeil et de veille, de mouvement et de repos ; mais les parties internes, comme le cœur, les poumons, l'estomac, les intestins et leurs fonctions, sont indépendantes de la volonté de l'animal ; elles sont permanentes dans leur action pendant toute la vie ; lorsqu'elles cessent, l'animal meurt. L'homme et les animaux sont donc doublés, et formés d'une écorce ou d'une enveloppe extérieure, et d'une partie intérieure et vitale ; plus l'une a de forces, plus l'autre est affoiblie. La partie corticale est composée des systèmes osseux et musculaires, des sens, des membres, etc.; toutes ses formes sont doubles ou symétriques. La partie interne est toute différente ou même opposée.

Nous traitons de la LOCOMOTION ou du MOUVEMENT DES ANIMAUX, à ces deux articles. (VIREY.)

MUSCULITE. On donne fréquemment ce nom, dans les ouvrages des oryctographes, aux MOULES FOSSILES. (B.)

MUSCULUS. Nom latin de la souris, petit quadrupède du genre des RATS proprement dits. (DESM.)

MUSCUS, *Musci*. Nom latin des mousses. Les corallines et certains varecs sont désignés par les auteurs sous le nom de *musci marini*. (DESM.)

MUSCUS SCHWEIN ou COCHON MUSQUÉ. Quelques auteurs donnent ce nom au PÉCARI. *Voyez* ce mot. (DESM.)

MUSE (*vénerie*). Le rut des *cerfs* dans son commencement; c'est l'époque à laquelle ils recherchent les *biches*. (S.)

MUSEAU. C'est le prolongement des mâchoires des animaux, et qui donne une plus grande étendue aux dents, aux moyens de mastication, tandis que l'homme, qui n'est point destiné à paître les herbes comme les quadrupèdes, quoi qu'en aient dit quelques philosophes, n'a point un *museau*. Chez tous les animaux, les lèvres et le nez formant cette extrémité, sont douées, pour l'ordinaire, d'un tact plus délicat, plus sensible, et quelquefois servent de moyens d'appréhension, comme les trompes de l'éléphant, du tapir, la lèvre du rhinocéros, etc. Bien des animaux n'ont de tact très-marqué que par leur museau et leurs organes génitaux; aussi ces deux sens les entraînent fortement à la nutrition et à la génération.

Les rapports de l'étendue du museau avec l'étendue du cerveau sont exposés au mot FACE. (VIREY.)

MUSEAU LONG. Poisson du genre GYMNOTE. (B.)

MUSEAU-POINTU. Nom d'une RAIE. (DESM.)

MUSEHGUSCH. Nom persan de la BUGLOSSE, *anchusa officinalis*. (LN.)

MUSERAIN, MUZERAIGNE. En vieux français, c'est la MUSARAIGNE. *Voy.* ce mot. (DESM.)

MUSET ou MUSETTE. En Savoie et en vieux français, c'est la MUSARAIGNE. *V.* ce mot. (DESM.)

MUSETTE. C'est, en Pologne, l'ALOUETTE LULU. (V.)

MUSGANO , MUSGANA , RATON PEQUENO.
Noms espagnols des Musaraignes. (desm.)

MUSICIEN DE CAYENNE. C'est l'*arada. V.* Troglodyte. (s.)

MUSICIEN DE SAINT-DOMINGUE. *Voyez* Organiste. (s.)

MUSIMON. L'un des noms donnés au Mouflon. (s.)

MUSIQUE. Les marchands appellent ainsi plusieurs coquilles qui, par la disposition de leurs taches, ressemblent à du papier de musique. Ainsi la Volute musique, la Volute chauve-souris, portent ce nom. (b.)

MUSIQUE DES SAUVAGES. Coquille univalve du genre des Volutes, *voluta hebrœa*, dont la robe est marquée de lignes que l'on a comparées à des notes de musique ou à des caractères hébreux. (ln.)

MUSKLEWER. L'un des noms allemands du Trèfle des champs. (ln.)

MUSMON , MUSIMON. Les anciens naturalistes donnent ces noms au *mouflon. V.* l'art. Mouton. (desm.)

MUSOPHAGE , *Musophaga ,* Lath. Genre de l'ordre des oiseaux Sylvains , de la tribu des Zygodactyles et de la famille des Frugivores (*V.* ces mots). *Caractères :* bec fort , à base un peu triangulaire et glabre , comprimé latéralement vers le bout , caréné en dessus, dentelé sur ses bords , incliné à sa pointe ; mandibule supérieure quelquefois prolongée sur le front en forme de disque ; narines ovales , ouvertes , situées à la base du bec ou vers le milieu ; langue charnue, un peu épaisse , courte , entière ; quatre doigts , les antérieurs réunis à leur base par une petite membrane ; l'externe versatile ; les première et deuxième rémiges les plus courtes , les cinquième et sixième les plus longues ; rectrices dix. Ce genre est composé de trois espèces qui ne se trouvent qu'en Afrique où elles se nourrissent de fruits et se tiennent ordinairement sur les arbres.

A. *Base de mandibule supérieure prolongée sur le front ; narines situées vers le milieu du bec.*

Le Musophage violet , *Musophaga violacea* , Lath. , pl. G 31 , fig. 3 de ce Dict. Cette belle espèce, décrite pour la première fois par Latham , a près de dix-huit pouces de longueur, dont la queue en prend six ; la base de la mandibule supérieure s'avance au-dessus du front , et s'élève sur le sommet de la tête , de manière qu'elle cache sa liaison avec le crâne.

1. Motteux mâle.   2. Moqueur (Merle).
3. Musophage violet.

(Cette forme n'est point apparente sur l'individu mort , il
semble qu'alors la mandibule supérieure adhère tellement au
sommet de la tête , que l'on croiroit qu'elle en fait partie ;
sans doute que Latham l'a vue caractérisée comme je l'ai dit
ci-dessus , puisqu'il l'a décrite et fait figurer ainsi , 2.e *Suppl.
to gen. synop.* , pl. 125.) Cette partie du bec est terminée par
un petit crochet et une dentelure plus grande et plus profonde
que les autres , dans laquelle s'emboîte l'extrémité de l'inférieure ; toutes les deux sont d'un beau jaune. Une peau nue ,
rouge , qui s'avance sur le côté de la mandibule inférieure ,
de quatre lignes environ , couvre l'espace entre le bec et les
yeux , entoure ceux-ci , et s'étend un peu au-delà. Latham
ne fait pas mention de ce caractère , et dans la figure qu'il a
donnée , cette partie de la tête est couverte de plumes ; l'iris
est brun et les paupières sont pourpres ; des plumes courtes ,
fines et déliées couvrent la tête et la nuque ; elles sont , ainsi
que tout le plumage , d'un beau violet à reflets pourpres , verts
sur les ailes , et moins apparens en dessous du corps ; une
bande blanche part des yeux et passe au-dessus des oreilles ;
la queue est cunéiforme et assez longue ; les pieds sont noirâtres et très-forts. Cette rare espèce se trouve en Afrique ,
à la côte de Guinée ; elle fréquente les plaines et les bords
des rivières de la province d'Acra , où elle se nourrit principalement des fruits du plantain , *musa paradisiaca et sapientum.*

B. *Base de la mandibule supérieure ne dépassant pas l'origine du
front ; narines situées près du capistrum.*

Le Musophage géant , *Musophaga gigantea* , Vieill. , pl. 19
des *promerops, guêpiers,* etc., de Levaillant. Cette belle et rare
espèce , que l'on trouve en Afrique , a vingt-cinq pouces de
longueur ; le bec d'un jaune orangé ; la tête parée d'une huppe
assez longue d'un noir lustré et qui prend naissance sur le front ;
les plumes de la base du bec , celles des jambes près du genou
et des paupières sont blanches ; cette couleur prend un ton clair
sur la gorge, le cou et les ailes, elle devient très-foncée sur les
pennes intermédiaires de la queue dont la pointe est noire ;
les latérales sont de cette couleur à l'origine et vers le bout ;
d'un jaune citron dans le milieu , et d'un bleu foncé à leur
extrémité ; toutes sont en dessous noirâtres et d'un jaune très-
pâle. La teinte d'un vert-jaune, qui couvre la poitrine et le ventre , se change en roux sur les parties postérieures ; les ailes
en repos ne dépassent pas l'origine de la queue qui est très-
longue et très-large ; les pieds sont noirs.

Le Musophage varié , *Musophaga variegata* , Vieill. Cette
espèce n'a point de parties dénuées de plumes sur les côtés

de la tête ; les plumes de l'occiput et de la partie supérieure du cou sont longues et étroites, et font l'effet d'une huppe tombante sur la nuque ; le dessus de la tête, le cou, le dos et le croupion sont bruns ; les plumes du bas du cou bordées de gris blanc, et celles du dos, de gris cendré ; les pennes ont le même fond de couleur, et leur bordure extérieure est ardoisée ; les couvertures sont de cette dernière teinte ; la gorge, la poitrine, le ventre, les jambes et les couvertures inférieures de la queue de couleur blanche ; chaque plume a dans son milieu un trait longitudinal brun, et ses bords d'un gris cendré ; la queue est pareille aux ailes ; le tarse brun ; taille du *musophage violet*. On le trouve au Sénégal.

Le *phasianus africanus* de Latham, décrit dans l'édition de Buffon par Sonnini, sous la dénomination de *faisan d'Afrique*, me paroît être un individu de cette espèce. Il a le bec jaune ; les plumes de la huppe brunes dans le milieu et blanches sur les côtés ; le dessus de la tête noirâtre ; les plumes du dos d'un cendré bleuâtre, avec un trait noirâtre près de leur tige ; le menton et le devant du cou d'une couleur de rouille rembrunie ; les côtés du cou blanchâtres et un peu bigarrés de brun ; la poitrine et le ventre blancs, avec des traits noirs le long de leur tige ; les ailes d'un cendré bleuâtre et noirâtres à leur extrémité ; l'aile bâtarde noire ; les huit premières pennes caudales blanches sur leur côté interne du milieu à la pointe ; ensuite d'une couleur de plomb rembrunie, et noires à l'extérieur ; les deux intermédiaires de cette couleur à leur extrémité et brunes dans le reste ; la queue longue de neuf pouces un quart ; les pieds noirs, et dix-huit pouces de longueur totale. (V.)

MUSSENDE, *Mussænda*. Genre de plantes de la pentandrie monogynie et de la famille des rubiacées, sur les caractères duquel les botanistes ont beaucoup varié. Il a beaucoup de rapports avec les GRATGALS, les GARDÈNES, les MACROCNÈMES et les QUINQUINAS, parmi lesquels on a pris ou ôté les espèces qu'on lui attribuoit ou qu'on lui enlevoit. Ce genre seroit sans doute supprimé, si Gærtner n'avoit remarqué que la capsule, d'abord divisée longitudinalement en deux, l'étoit ensuite transversalement en quatre par un appendice en forme de T, appendice auquel sont attachées les semences.

Linnæus avoit donné pour principal caractère à ce genre, d'avoir pour fruit une baie ; mais le passage des baies aux capsules est si insensible, qu'on ne sait où fixer la limite. C'est cependant le caractère que conserve Willdenow, et en conséquence son genre mussenda n'est composé que de deux espèces. Lamarck donne toute autorité au caractère de Gærtner, et son genre contient dix espèces. C'est aussi l'avis de Ventenat.

Aujourd'hui, quelques botanistes pensent qu'on ne doit appeler *mussende* que les espèces dont une des divisions du calice grandit et prend la forme d'une feuille, les MACROCNÈMES en font partie. *V.* ce mot.

Quoique toutes les espèces de mussendes autres que celle sur laquelle Linnæus a établi son genre, soient dignes d'attention, il n'y en a pas de remarquables par quelques qualités économiques importantes. Ainsi, on peut se dispenser de les citer.

On s'en tiendra donc sévèrement à l'expression du genre tel que Linnæus l'a publié, et on ne parlera que de la MUSSENDE APPENDICULÉE, *Mussaenda frondosa*, Linn., qui a pour caractères : un calice à cinq découpures étroites et en alène, dont une s'accroît et se change en une grande feuille pétiolée, ovale, de couleur différente des autres ; une corolle monopétale infundibuliforme à tube long, grêle et velu, et à limbe divisé en cinq petites lanières, également velues, cinq étamines à anthères linéaires ; un ovaire inférieur ovale ; surmonté d'un style à stigmate bifide et épais ; une baie couronnée par le calice, et dans laquelle les semences sont disposées sur quatre rangs.

La *mussende appendiculée* forme un arbrisseau de six à neuf pieds, à rameaux remplis de moelle et velus, à feuilles opposées, pétiolées, ovales et velues, et à fleurs rougeâtres disposées en cime à l'extrémité des rameaux. Elle croît dans les Indes et à l'Ile-de-France. Ses fleurs passent pour atténuantes et diurétiques. Elles conviennent dans la toux, l'asthme, les fièvres périodiques, les duretés du ventre. Extérieurement, ses feuilles sont employées dans les ulcères et les maladies de la peau.

Le genre LANDIE n'en diffère que parce que les divisions du calice sont égales dans ce dernier. (B.)

MUSSINIE, *Mussinia.* Genre de plantes établi par Willdenow, pour placer quelques espèces de GORTÈRES, qui diffèrent des autres. Il offre pour caractères : un calice monophylle, cylindrique et denté ; un réceptacle velu ; deux demifleurons linéaires ; des semences à aigrette velue. Il renferme six espèces, toutes du Cap de Bonne-Espérance, et toutes figurées par Thunberg, dans les Actes de la société des Scrutateurs de la nature. La gortère uniflore de Linnæus peut être regardée comme lui servant de type. (*V.* aux mots GORTÈRE, AGRIPHYLLE, GAZANIE CUPIDIE et BERKHEYE. (B.)

MUSSITE, de Bonvoisin. Variété de pyroxène d'un blanc verdâtre, en prismes grêles et fasciculés, découvert dans la vallée de Mussa en Piémont. *V.* au mot PYROXÈNE.

(LN.)

MUSSOLA. Selon Delaroche, c'est le nom du SQUALE MUS-TÈLE, *Squalus mustelus*, à Iviça, l'une des îles Baléares. (DESM.)

MUSSOLE. Adanson appelle ainsi l'ARCHE DE NOÉ, *Arca Noe.* (B.)

MUSSONI. Nom du COUSIN dans les îles ioniennes. (B.)

MOUSTAX ou **MYSTAX.** Variété de LAURIER mentionnée par Pline. *V.* LAURUS. (LN.)

MUSTELA. Nom latin de la BELETTE, appliqué par Linnæus au genre qui renferme cet animal, et tous les mammifères carnassiers vermiformes appelés *marte*, *fouine*, *putois*, *furet*, *hermine*, etc. *V.* MARTE.

Quelques espèces de *mustela* de Linnæus sont aussi placées dans le genre des GLOUTONS. *V.* aussi ce mot. (DESM.)

MUSTÉLIE, *Mustelia*. Genre de plantes établi par Sprengel, dans la syngénésie égale, et dans la famille des corymbifères, sur une plante fort voisine des EUPATOIRES, des AGÉRATES, et encore plus des STÉVIES, dont le pays natal est inconnu. Ses caractères sont : calice commun, simple, de cinq folioles égales, renfermant constamment cinq fleurs à cinq divisions; réceptacle nu; aigrette double, l'une écailleuse et l'autre soyeuse. (B.)

MUSTELINS, *Mustelini*. Famille de mammifères carnassiers, comprenant les *suricates*, les *mangoustes*, les *martes*, les *mouffettes* et les *loutres*, que nous avions formée dans le Tableau systématique inséré dans le 24.ᵉ volume de la première édition de cet ouvrage.

Tous ces animaux ont une manière de vivre analogue, et beaucoup de ressemblance dans la forme de leurs molaires. Ils ont particulièrement cela de commun, que leur seconde incisive de chaque côté, à la mâchoire d'en bas, est rentrée en dedans. Leur corps est généralement allongé, vermiforme ; leurs ongles sont à demi-rétractiles, etc. (DESM.)

MUSTELLE, *Mustella*. Sous-genre proposé par Cuvier, pour placer le GADE de ce nom, dont la nageoire dorsale antérieure est si peu élevée, qu'on a peine à la voir. *V.* LOTTE. (B.)

MUSTELUS. Nom latin donné par M. Cuvier à un sous-genre de SQUALES, celui des EMISSOLES. *V.* ces mots. (DESM.)

MUSTERON. Nom donné par les anciens à l'une des plantes qu'ils appeloient CONYZA. (LN.)

MUTAO PINIMA. C'est, selon M. Temminck, le nom brésilien du HOCCO MITUPORANGA. *V.* ce mot. (V.)

MUTEL. Coquille placée parmi les MOULES, sous le nom de *mytilus dubius*. (B.)

MUTELLINA. Nom qu'on donne dans les Alpes au *phellandrium mutellina.* (LN.)

MUTER , MUTERICH et **MUTTER KAMILLE.** Deux noms allemands de la MATRICAIRE DES JARDINS. (LN.)

MUTIJUSUSA. Les sauvages de quelques contrées du nord de l'Amérique appellent ainsi le BISON. *Voyez* l'article BŒUF. (S.)

MUTILATION. *V.* CASTRATION et EUNUQUE. (VIREY.)

MUTILLAIRES , *Mutillariæ ,* Lat. Parmi les insectes de l'ordre des hyménoptères , et dont les femelles , ainsi que les neutres , sont armés d'un aiguillon , les formicaires et les mutillaires , composant la famille des hétérogynes , sont les seuls où l'on trouve des individus constamment aptères ou sans ailes. Les formicaires vivent en société , et offrent trois sortes d'individus: savoir , des mâles et des femelles ailés et des neutres aptères. Leurs antennes , du moins dans les deux dernières sortes d'individus , sont fortement coudées , et ordinairement plus grosses vers leur extrémité ; la longueur de leur premier article égale au moins le tiers de leur longueur totale , et le suivant , dont la forme est celle d'un cône renversé , est presque aussi long que le troisième. Ces hyménoptères ont un labre corné , grand et vertical ; les ailes caduques , et le premier anneau de l'abdomen tantôt en forme d'écaille , tantôt en forme de nœud , et suivi même d'un second , l'anneau suivant ayant la même figure. Les mutillaires vivent solitaires , et ne nous présentent , comme la plupart des autres insectes , que deux sortes d'individus. Les femelles sont dépourvues d'ailes , et celles des mâles sont persistantes. Les antennes sont filiformes ou sétacées , vibratiles , avec le premier et le troisième articles allongés ; mais la longueur du premier n'égale jamais le tiers de celle de l'antenne. Le premier anneau de l'abdomen n'a jamais la forme d'une écaille , ou n'est que noduleux.

J'ai observé un très-grand nombre de mutillaires , et même dans leurs lieux d'habitation. Je les ai très-souvent suivies des yeux , sans les inquiéter , afin de découvrir quelques-unes de leurs habitudes. Elles m'ont paru occupées à chercher les petites cavités des terrains chauds et sablonneux où on les rencontre ; je les ai vues y entrer et y demeurer quelque temps ; mais je n'ai jamais aperçu qu'elles y portassent des provisions pour leurs petits ; et d'après cela , je suis porté à croire que ce sont des insectes parasites. M. Jurine m'a assuré que M. Faure–Biguet , très-bon observateur , avoit surpris les deux sexes dans l'accouplement , et qu'il étoit certain que les individus aptères étoient des femelles , tandis que les mâles seuls étoient ailés. Un examen anatomique m'avoit , depuis long-temps, convaincu de cette vérité, sur laquelle des naturalistes qui ont plus étudié les insectes dans les cabinets que sur le vivant, avoient élevé des doutes.

Quelques mutillaires, toutes exotiques, et dont nous ne connoissons encore que les mâles, ont les antennes insérées très-près de la bouche ou du bord antérieur du chaperon; les palpes labiaux composés seulement de deux articles, dont le premier fort long: l'abdomen étroit et allongé, presque cylindrique, avec le premier anneau tantôt en forme de selle de cheval, tantôt arrondi en dessus et séparé du suivant par une incision; leurs jambes sont grêles et sans épines; leurs ailes supérieures ont moins d'aréoles que celles des autres mutillaires. Les espèces qui offrent ces caractères se rapprochent des formicaires et constituent les genres: Labidé et Doryle.

Dans les autres mutillaires, les antennes sont insérées à une distance assez notable de la bouche; les palpes labiaux ont de trois à quatre articles; l'abdomen est tantôt ovalaire ou ovoïde, tantôt presque conique, et son premier anneau, lorsqu'il a une forme particulière, ressemble à un nœud ou à une poire tronquée; les jambes sont épaisses et épineuses. Ces mutillaires composent les genres: Apterogyne, Mutille, Myrmose, Méthoque, Scleroderme et Myrmécode. *V*. ces articles. (L.)

MUTILLE, *Mutilla*, Linn., Fab., Oliv. Genre d'insectes, de l'ordre des hyménoptères, section des porte-aiguillons, famille des hétérogynes, tribu des mutillaires, et distingué des autres genres qui y sont compris, aux caractères suivans: abdomen des deux sexes, ovoïde et convexe; le premier anneau plus étroit, en forme de nœud ou de poire; le second grand, presque en cloche; corselet des femelles cubiques, point noueux et sans divisions.

Les mutilles femelles ressemblent, au premier coup-d'œil, aux fourmis ouvrières; elles sont aptères ainsi qu'elles; la forme générale de leurs corps et leurs couleurs sont presque identiques; de même encore que la plupart des fourmis, elles se tiennent à terre, et c'est dans son intérieur qu'elles habitent. Mais des caractères particuliers et des différences de mœurs, dont on trouvera l'exposition aux articles Formicaires et Mutillaires, établissent entre ces insectes une ligne de démarcation très-prononcée.

Les mutilles femelles ont le corps allongé, souvent velu, ordinairement varié de noir et de fauve, ou noir et tacheté de blanc; ces taches sont presque toujours formées par un duvet soyeux. La tête est arrondie, épaisse, convexe, obtuse en devant, avec les yeux ronds ou ovales et entiers; les petits yeux lisses manquent ; les antennes sont filiformes, vibratiles, presque de la longueur de la moitié de celle du corps, avec le premier article allongé, cylindrique et courbe ; le second article est petit, mais découvert. Le labre est presque membraneux et transversal. Les mandibules ont des formes très-variées, selon les espèces ; mais, en général elles sont fortes, arquées, pointues, plus ou moins dentées, et quelquefois éperonnées. Les palpes maxillaires sont plus longs que les labiaux, filiformes et composés de six articles inégaux ; les labiaux en ont quatre. Le corselet a la forme d'un cube, et ne présente ni nœuds, ni sutures transverses. L'abdomen a une forme assez analogue à celle qu'offre la même partie dans plusieurs guêpiaires, celles notamment du genre EUMÈNE. L'aiguillon est ordinairement fort long ou très-fort.

Les mutilles mâles diffèrent des femelles non-seulement parce qu'ils sont ailés, mais encore en ce qu'ils sont pourvus de trois petits yeux lisses ; que les yeux ordinaires sont échancrés ; que leur corselet est conformé de la même manière que celui de la plupart des autres hyménoptères ; que son segment antérieur est distinct et arqué. Ces individus, enfin, sont souvent autrement colorés que ceux de l'autre sexe. Les ailes supérieures offrent une cellule radiale, petite, arrondie, et trois cellules cubitales presque de la même grandeur, et dont les deux dernières reçoivent chacune une nervure récurrente ; la troisième, ainsi que l'a observé M. Jurine, est presque hexagonale, et donne naissance, postérieurement, à deux petites nervures, mais qui ne vont pas jusqu'au bas de l'aile. Les individus mâles sont encore remarquables par la grandeur de ces petites pièces en forme d'écailles ou de coquilles, que l'on voit à l'origine de leurs ailes supérieures. M. Jurine les désigne sous le nom d'*épaulettes*. Dans l'ordre naturel, ces insectes avoisinent les *tiphies* et les *scolies*. Leurs habitudes sont peu connues. On les trouve dans les sablonnières, où ils courent avec vitesse, ou cachés sous des pierres, et même sur des fleurs. Les femelles ont un aiguillon caché dans l'abdomen, avec lequel elles piquent très-fort quand on les saisit.

Olivier a décrit, dans l'Encyclopédie méthodique, soixante-neuf espèces de mutilles. On en trouve une partie en Europe, et quatre seulement aux environs de Paris. J'ai donné un Mémoire sur celles de France, dans les *Actes de la Société d'histoire naturelle de Paris*. Mon ami Antoine Coquebert en a figuré un grand nombre dans la seconde décade de ses *Illustrations iconographiques des insectes*. Nous renvoyons à ces ouvrages, ainsi qu'à celui de M. Jurine, sur les hyménoptères.

MUTILLE EUROPÉENNE, *Mutilla europæa*, Linn., Fab. Elle a la tête noire; le corselet roux, un peu noir à sa partie antérieure; l'abdomen noir, avec la base et le bord des anneaux d'un blanc brillant un peu doré.

MUTILLE ITALIQUE, *Mutilla italica*, Fab. Elle a le corps velu, noir peu brillant; le second segment de l'abdomen ferrugineux; les ailes obscures. On la trouve en Italie.

MUTILLE MAURE, *Mutilla maura*, Linn., pl. G. 53, 13 de cet ouvrage. Elle est noire, avec le corselet fauve, et quatre taches blanches, soyeuses, sur l'abdomen.

MUTILLE RUFIPÈDE, *Mutilla rufipes*, Fab. Elle est noire, et velue; l'abdomen a un point à sa base, et deux bandes très-rapprochées, presque contiguës, blancs; les pattes sont fauves. On la trouve quelquefois aux environs de Paris.

L'Amérique septentrionale en a une superbe espèce. Elle est fort grande, couverte d'un duvet soyeux d'un beau rouge écarlate, avec une bande noire transverse sur l'abdomen. C'est la MUTILLE ÉCARLATE, *Mutilla coccinea*. (L.)

MUTISIE, *Mutisia*. Genre de plantes de la syngénésie superflue, et de la famille des corymbifères, qui réunit une douzaine d'espèces toutes originaires du Pérou et du Chili. Ce sont des arbustes ou des arbrisseaux à feuilles simples ou ailées, terminées par une vrille, et à fleurs solitaires d'un très-bel aspect. Aucun ne se cultive dans les jardins d'Europe.

Les caractères de ce genre sont : calice cylindrique, imbriqué de larges écailles; corolle du disque trifide; réceptacle nu; aigrette plumeuse.

Le genre TRICHLOCLINE de H. Cassini s'en rapproche beaucoup. (B.)

MUTONDO. Grand arbre de la côte orientale d'Afrique, dont Loureiro fait un genre dans la monadelphie polyandrie. *Voy.* CORDYLE. (LN.)

MUTONHA. Sur la côte orientale d'Afrique, vers Mozambique, on appèle un grand arbre que Loureiro a nommé *triphaca africana*. (LN.)

MUTOU ou MOYTOU de Jean-de-Laet et de Lery. C'est le HOCCO NOIR. (S.)

MUTTERBLUME. L'ANÉMONE PULSATILLE et le POLYGALA COMMUN portent ce nom en Allemagne. (LN.)

MUTTERHARZ. C'est, en Allemagne, le *Bubon galbanum*. (LN.)

MUTTERHOLZ. C'est un des noms que les Allemands donnent au CAMERISIER, *Lonicera xylosteum*. (LN.)

MUTTERKRAUT. Ce nom s'applique à la fois en Allemagne , à la *matricaire* des jardins , à la *mélisse* officinale , au *calament*, au *marrube* commun , au *lède* des marais , à l'*agripaume* et à l'*alchimille* commune. (LN.)

MUTTERNAGELEIN. C'est , en Allemagne , le GÉROFLE. (LN.)

MUTTERWURZ. C'est , en Allemagne, ou l'*Arnique de montagne* , ou l'*Athamante Meon*. (LN.)

MUTUCHI de Gmelin. *V.* MOUTOUCHI. (LN.)

MU-TUM. Trois espèces de plantes sarmenteuses sont décrites sous ce nom dans les livres de botanique chinois. L'une d'elles est le *clematis sinensis* de Loureiro , appelé MOUC-THUONG en Cochinchine. (LN.)

MUTZCHEN. *V.* MUSKLEWER. (LN.)

MUURBLOEM. Nom vulgaire hollandais de la GIROFLÉE JAUNE. (LN.)

MUWAKITYA. Nom ceylanais d'une espèce d'EUPHORBE (*Euph. tiru-calli* , L.). (LN.)

MUXOEIRA. Les naturels de la côte orientale d'Afrique, vers Mozambique , appellent ainsi une espèce de *graminée* dont les graines leur servent de nourriture. La description que Loureiro donne de cette plante, qu'il nomme *phleum africanum*, peut faire soupçonner que ce n'est point celle d'un *phleum* , mais sans doute celle d'un *panicum*. Ce n'est point le TEF des Abyssins , ni le DORA des Arabes. (LN.)

MUYS-HOND. C'est le nom que les Hollandais du Cap de Bonne-Espérance donnent généralement à tous les petits quadrupèdes carnassiers. Les Hottentots l'appliquent principalement à un animal dont le genre ne sauroit être déterminé, attendu qu'on n'a aucun renseignement sur le nombre et la forme de ses dents. Il y a tout lieu de croire, cependant, qu'il appartient à celui des *mangoustes* ou à celui des *suricates* , si l'on en juge par la disposition des couleurs du pelage. Cependant le nombre de ses doigts ne convient ni aux unes ni aux autres , les mangoustes en ayant cinq , et les suricates , quatre seulement , à tous les pieds.

Il a la taille d'un *chat* de six mois , le museau fort allongé , la mâchoire supérieure débordant l'inférieure de près de huit lignes , et formant une espèce de groin mobile absolument semblable à celui du *couti* de la Guyane. Les pieds de devant ont quatre grands ongles arqués et très-pointus; ceux de derrière en ont cinq , courts et émoussés : des bandes transversales d'un brun foncé rayent le dessus du corps , sur un fond brun clair , mêlé de blanc : le dessous du corps et le dedans des jambes sont d'un blanc roussâtre ; la queue , très-charnue et plus longue que les deux tiers du corps , est noire à son extrémité, et d'un brun mêlé de blanc sur tout le reste.

Le *muys-hond* se creuse des terriers très-profonds, dans lesquels il demeure pendant tout le jour ; il n'en sort qu'au soleil couchant, pour chercher sa nourriture.

Cet animal, décrit par Levaillant, est, au dire des Hottentots, très-commun dans plusieurs quartiers de la colonie du Cap de Bonne-Espérance. (DESM.)

MUZ. *V.* MUSA. (LN.)

MUZERAIGNE. *V.* MUSARAIGNE. (DESM.)

MUZARRUBA. Les naturels de la côte de Zanguebar, en Afrique, désignent par ce nom un arbrisseau que les portugais nomment *Parreira brava*, mais qui n'est pas le *Cissampelos pareira* que les portuguais d'Amérique appellent *Parreira-brava*. La plante d'Afrique appartient à un genre très-différent ; c'est le *botria-africana*, Lour. (LN.)

MWYR-COK. Nom écossais du LAGOPÈDE D'ECOSSE. (V.)

MYACANTHA. Chez les Grecs ce nom s'appliquoit à plusieurs plantes épineuses. Le *ruscus* est dans ce cas. Le *myacanthos* de Théophraste seroit, selon Dalechamp, notre chausse-trape (*centaurea calcitrapa*, L.) ; et le *myacantha* de Dioscoride, l'*asparagus acutifolius*, L., etc. D'après Pline, il paroît que les Grecs nommoient *orminon* et *myacanthon* les asperges sauvages que les Latins appeloient *corruda*. (LN.)

MYAGRE, *Myagrum*. Genre de plantes, de la tétradynamie siliculeuse et de la famille des crucifères, qui a pour caractères : un calice de quatre folioles concaves et caduques ; une corolle de quatre pétales à onglet étroit et à sommet arrondi ; six étamines, dont deux plus courtes ; un ovaire supérieur ovale, chargé d'un style à stigmate obtus ; une silicule terminée par le style qui persiste, et contenant plusieurs loges à une seule semence.

Ce genre, aux dépens duquel on a établi les genres NÉSLIE, VOGELIE, DIDESME, EUCLIDIE, CALEPINE, MOENCHIE et RAPISTRE, renferme douze à quinze espèces, dont les plus communes sont :

Le MYAGRE VIVACE, qui a les silicules de deux articles, les feuilles sinuées et denticulées. Il est vivace, et se trouve dans les parties méridionales de la France, le long des champs.

Le MYAGRE RIDÉ, qui a les silicules sillonnées, velues et rugueuses, et les feuilles oblongues et obtusément dentées. Il est annuel, et se trouve dans les mêmes contrées que le précédent.

Le MYAGRE PERFOLIÉ, qui a les silicules presque sessiles,

presque en cœur, et les feuilles amplexicaules. Il est annuel, et se trouve à peu près par toute la France, dans les champs et les jardins.

Le MYAGRE AQUATIQUE, qui a les silicules ovales, et les feuilles oblongues, dentées, quelquefois pinnatifides. Il se trouve par toute la France, sur le bord des eaux, dans les marais. Il est vivace. C'est le SISIMBRE AQUATIQUE de Linn., et de la plupart des botanistes. On l'emploie en médecine comme antiscorbutique.

Le MYAGRE ORIENTAL donne ses graines à la teinture sous le nom de *faux chouan*. (D.)

MYAGROIDES. Barrelier figure (dans ses *Icones*, pl. 816) sous ce nom la DRAVE des murailles (*draba muralis*, L.).

(LN.)

MYAGRON ou MYAGRUM. Il n'est pas complétement démontré que cette plante des anciens soit notre CAMELINE (*Myagrum sativum*). Ce que Pline et Dioscoride en disent, prouve qu'il est très - douteux qu'ils aient voulu parler de la cameline. Suivant eux, le *myagrum* étoit une herbe haute de deux coudées, garnie de feuilles semblables à celles de la garance, et qui produisoit des graines huileuses et pareilles à celles du fenugrec. L'huile servoit pour les lampes, et pour amollir et lisser les peaux. Il est plus probable qu'ils ont voulu indiquer la *navette*, dont les graines sont oléifères, comme celles de la cameline, et contenues dans des siliques allongées, comme les légumes du fenugrec. Quelques auteurs ont cru qu'il s'agissoit du sésame, mais ce n'est pas probable. Dioscoride nomme aussi le *myagron*, *melampyron*; mais il paroît que ce nom a été mal copié, et qu'il falloit *melampycnon*. Quelques plantes se trouvent décrites sous le nom de *myagrum*, dans le *Pinax* de C. Bauhin, ou dans les autres auteurs de la même époque. Par exemple : les *myagrum sativum*, L.; *myagr. dentatum*, W.; *myagr. perfoliatum*, L.; *myagr. paniculatum*, Linn.; *bunias cochlearioïdes*, Willd.; *erysimum cheiranthoïdes*, L.; *saponaria vaccaria*, L., etc.

Le genre MYAGRUM de Tournefort ou BRICOUR d'Adanson, a pour type le *myagr. perfoliatum*, L.; le *myagrum* d'Adanson répond au *camelina*, Mœnch., et comprend les *myagr. sativum et paniculatum*, L.; le *myagrum* Linn. est composé de toutes ces plantes et de plusieurs autres, qui sont très-voisines des *crambe* et des *bunias*, deux genres dont les espèces, comme celles du *myagrum* Linn., peuvent, à cause de la variabilité de leurs caractères, former presqu'autant de genres qu'on n'a pas manqué d'établir. Il en résulte une grande confusion dans cette partie de la famille des crucifères. Il seroit même très-difficile de faire connoître en peu de lignes tous les

changemens qu'ont subis les genres *myagrum* et *bunias*, et
tous les genres qu'on a faits à leurs dépens. On peut consulter à cet égard l'article crucifère de la nouvelle classification
proposée par Desvaux, pour les *crucifères siliculeuses*; et les
articles MYAGRE, CAMELINE, RAPISTRUM, SCHRANKIA,
KERNERA, MŒNCHIA, CRAMBE, BUNIADE, CALEPINE,
SORIE, DIDESME, NESLIE, VOGELIE et EUCLIDE. (LN.)

MYAGRUM. *V.* MYAGRON. (LN.)

MYASPHON. Nom que les Mages donnoient à l'herbe
que les Grecs et les Latins nommoient CYCLAMINOS et CY-
CLAMEN. *Voyez* ces mots (LN).

MYCASTRE, *Mycastrum*. Genre de champignons, fort
voisin des VESSELOUPS établi par M. Rafinesque. Ses caractères sont: champignon sessile à enveloppe s'ouvrant en étoile,
et à corps se déchirant dans sa partie supérieure pour l'é-
mission des bourgeons séminiformes.

Ce genre, qui se rapproche infiniment de l'ASTRIQUE, ne
contient qu'une espèce qu'on trouve en Sicile, dans les
terrains siliceux. (B.)

MYCENE, *Mycena*. Genre de champignons établi aux
dépens des AGARICS de Linnæus, auquel on peut donner
pour type l'AGARIC FISTULEUX, figuré par Bulliard.

Son caractère est: point de coiffe ni d'anneau; pédicule
central ordinairement fistuleux; chapeau non ombiliqué;
lames qui ne noircissent pas en vieillissant. (B.)

MYCES. Théophraste donne ce nom aux CHAMPIGNONS à
tige et à chapiteaux. (B.)

MYCETES. Nom tiré du grec μυχητης (*Mugiens*), appliqué
par Illiger aux singes d'Amérique du genre des ALOUATTES,
et que M. Geoffroy appelle HURLEURS (Stentor). Le premier
de ces noms étant reçu depuis long-temps, nous avons cru
devoir le conserver. (DESM.)

MYCETOBIES. Famille d'insectes de l'ordre des coléoptères, de la section des hétéromères. *Voyez* FONGIVORES.
(O.)

MYCÉTOPHAGE, *Mycetophagus*. Fab., Oliv.; *Tritoma*,
Geoff. Genre d'insectes de l'ordre des coléoptères, section
des tétramères, famille des xylophages, tribu des trogossi-
taires, ayant pour caractères: quatre articles à tous les tarses,
entiers, et dont le premier beaucoup plus long que le suivant; antennes de onze articles, plus ou moins perfoliées,
grossissant insensiblement vers leur extrémité, ou terminées
en massue de trois à quatre articles; mandibules bifides à
leur extrémité; palpes maxillaires, beaucoup plus grands que
les labiaux, plus gros vers leur pointe; ceux-ci petits,
presque filiformes; mâchoires à deux lobes; languette cu-

tière ; corps ovale , déprimé , avec le corselet transversal , plus large postérieurement , et les jambes allongées , grêles , presque cylindriques , sans épines au côté extérieur.

Une des espèces principales et des plus connues de ce genre, le *mycétophage quadrimaculé* , fut décrite , pour la première fois , par Linnæus , dans la seconde édition de sa Faune suédoise, et placée avec les chrysomèles (*4-pustulata*), et avec les carabes (*4-pustulatus*). Geoffroy fit de cet insecte un genre particulier qu'il nomma *tritome* , qui signifie trois pièces , ses tarses lui ayant paru n'avoir que ce nombre d'articles. Ne connoissant point cette édition de la Faune suédoise, il ne cita point Linnæus. Fabricius , dans son premier ouvrage général sur l'entomologie (*Systema entom.* 1775), ayant pris par erreur une autre espèce , et formant même un genre propre, pour l'insecte de Geoffroy, fit une fausse application du nom de tritome. Une adoption presque générale l'ayant , en quelque sorte , légitimée , ce naturaliste a depuis distingué le genre tritome de Geoffroy par la dénomination de mycétophage. Les mêmes insectes sont des *silphoïdes* pour Herbst , et des *bolétaires* pour Marsham. Dans les plus grandes espèces , les antennes vont en grossissant dès le troisième ou quatrième article ; mais dans les petites , les trois ou quatre derniers seuls sont plus gros et forment une massue. Quelques-unes de ces dernières ont été rangées , soit avec les *cryptophages* d'Herbst , soit avec les *dermestes* et les *ips*.

Les mycétophages se trouvent au printemps et en été dans les bolets et sous les écorces des vieux arbres. Nous ne connoissons point la larve de ces insectes ; mais il est probable qu'elle vit dans les bolets et dans les troncs pourris des arbres.

Parmi les mycétophages des environs de Paris , la plus grande espèce est le MYCÉTOPHAGE QUADRIMACULÉ, *Mycetophagus quadrimaculatus* , Fab. : pl. G, 17, 9 de cet ouvrage, la TRITOME de Geoffroy. Elle a deux lignes et demie de long ; le dessous du corps et la tête sont fauves ; les antennes sont noires dans leur milieu, fauves à la base et à l'extrémité ; le corselet est noir , avec deux enfoncemens postérieurs : les élytres sont striées , noires , avec deux taches rouges , presque carrées , sur chacune , l'une vers la base , et l'autre à l'extrémité ; les pattes sont fauves.

Voyez , pour les autres espèces , l'article MYCÉTOPHAGE de l'Encyclopédie méthodique. Celles qu'on a nommées *bifasciatus, atomarius, multipunctatus* , appartiennent à la division dont les antennes se terminent en massue. (O. L.)

MYCÉTOPHILE, *Mycetophila* , Meig. ; *Sciara* , Fab. Genre d'insectes de l'ordre des diptères, famille des némocères , tribu des tipulaires , ayant pour caractères : trompe très-courte; trois petits yeux lisses, écartés; ailes couchées l'une sur l'autre; antennes de seize articles, simples, filiformes, arquées, courtes; yeux ovales, entiers; hanches grandes; jambes postérieures épineuses; tête basse; corselet élevé, comme bossu.

Ce genre, établi par M. Meigen, et que Fabricius avoit confondu avec celui des Rhagions, est très-naturel. Le premier met au nombre des caractères qu'il lui assigne, l'absence des yeux lisses; mais il m'a paru que ces insectes en avoient, et qu'ils étoient seulement plus petits et plus écartés que dans les *sciares* et les *macrocères* de cet auteur. Il les refuse aussi à ces derniers tipulaires, quoiqu'ils y soient très-distincts, et qu'il les ait même exprimés dans une de ses figures de détails.

Réaumur nous avoit appris (*Mém.*, tom. 5, p. 23 et suiv.) que la larve d'une tipulaire, formant aujourd'hui le genre céroplate, très-voisin de celui de mycétophile, vivoit sur des champignons parasites du chêne. L'on pouvoit dès-lors présumer que les larves des mycétophiles avoient une manière de vivre analogue, et c'est ce que les observations de Degéer ont confirmé, par rapport aux deux espèces suivantes.

MYCÉTOPHILE OBSCURE, *Mycetophila fusca*, Meig., Oliv.; *Tipula fungorum*, Deg. *Mém. insect.*, tom. 6, pl. 22, fig. 1-13. Son corps est long de deux lignes, d'un brun un peu jaunâtre, garni de quelques poils, avec des ailes sans taches et teintes uniformément de brun: le dessus de l'abdomen de la femelle a des taches plus foncées; l'extrémité postérieure de celui du mâle est aussi plus obscure. Elle est plus grosse que dans l'autre individu; si on la presse, on en fait sortir deux espèces de tenailles, ayant quelque ressemblance avec les mandibules des aranéides, et composées chacune de deux pièces écailleuses, mobiles; l'inférieure est grosse, ovale, et sert de manche à la supérieure, qui est allongée, un peu courbée en crochet, et terminée en pointe obtuse. Elle est appliquée, dans l'inaction, contre la pièce précédente; à la base du crochet sont deux éminences arrondies. Ses deux serres sont velues; l'on voit entre elles deux lames écailleuses, velues, courbées en haut, et se rencontrant avec les crochets des serres; l'organe sexuel présumé est situé dans leur entre-deux, d'une forme conique et blanchâtre. En pressant aussi le bout de l'abdomen de la femelle, l'on voit paroître deux parties allongées, écailleuses, placées l'une sur l'autre, formant une sorte d'étui, dont le dessus est fortifié par une lame écailleuse, ayant la forme d'une coquille; la pièce supérieure se compose de deux, qui se terminent en pointe mousse, tandis que l'inférieure a un crochet au bout; celle-ci est concave et un peu courbée; elles sont toutes garnies de poils. Une plus forte compression fait sortir d'entre elles une autre partie qui est longue, blanchâtre, terminée en pointe mousse, et au bout de laquelle est l'ouverture de l'anus. Les œufs renfermés dans le corps de la femelle sont blancs et oblongs.

Degéer a trouvé les larves de cette espèce dans le champignon nommé par Linnæus (*Flor. suec.*) *boletus luteus.* Elles y vivent en très-grand nombre, mangent sa substance intérieure et le criblent de petits trous; leur corps est long d'un peu plus de trois lignes, blanc, cylindrique, un peu aminci aux deux bouts, toujours couvert d'une matière humide et gluante, avec la peau transparente, de sorte que les trachées et les intestins paroissent à travers. La tête est noire, écailleuse, arrondie et pourvue de deux petites antennes coniques. Ces larves n'ayant point de pattes, marchent ou glissent dans l'intérieur du champignon, en contractant et allongeant alternativement les anneaux de leur corps. Sur chacun d'eux, les second, troisième, onzième et douzième exceptés, on voit, de chaque côté, un petit point noir, élevé en forme de tubercule, et qui est un stigmate, communiquant, par des conduits ou des branches, avec deux trachées principales très-déliées, parcourant latéralement, en zigzag, la longueur du corps et même toute son étendue, au moyen de leurs ramifications. Le nombre des stigmates est de seize, huit de chaque côté.

Degéer a eu beaucoup de peine à obtenir l'insecte parfait, les champignons qu'il renfermoit avec ces larves dans des vases, se corrompant très-vite, et les faisant périr. Comme ces animaux entrent d'ailleurs en terre pour subir leurs métamorphoses, il faut qu'elle ait un degré d'humidité convenable, et souvent elle se dessèche trop vite. L'insecte parfait éclôt huit jours après que la larve s'est établie dans ce nouveau domicile, pour passer à l'état de nymphe. Il donne plusieurs générations par année.

Mycetophile de l'agaric, *Mycetophila agarici*, Oliv.; *Tipula agarici seticornis*, Deg. (*Ibid.* pl. 21, fig. 6—13). Cette espèce est très vive et très-agile; elle est noire ou d'un brun noirâtre, avec le corselet d'un jaune brun, les cuisses et les jambes d'un jaune d'ocre, les balanciers d'un jaune citron, et les ailes légèrement teintes de noir. Degéer trouva sa larve, vers la fin du mois de mai, sur un agaric du bouleau; son corps est long, cylindrique, un peu noirâtre aux deux bouts, sans pattes, composé de douze anneaux d'un blanc sale et grisâtre, avec la peau humide et gluante comme celle des limaces; sa tête est écailleuse.

Ces larves se placent sur le dessous ou la surface blanche de l'agaric ; elles s'établissent et se réunissent au nombre de quatre à cinq, dans l'endroit concave ou inégal de cette surface, tapissent le fond de cette cavité d'une couche de matière blanche, semblable à de la soie, et se font, en outre, une couverture ou une espèce de tente, en construisant, d'une élévation à l'autre, au-dessus d'elles, une autre toile. Degéer s'est convaincu, par plusieurs observations, que cette toile, ainsi que la couche du fond de l'habitation, sont ourdies de fils soyeux très-déliés, et entièrement semblables à la toile de l'*araignée domestique*. Ils ne sont nullement le produit d'une liqueur gluante semblable à la bave visqueuse que les limaces laissent sur leur passage, quoique ces toiles en aient l'éclat dans quelques endroits où la soie est plus épaisse. Degéer a reconnu que ces larves avoient deux filières semblables à celles de la chenille, et d'où il a vu sortir à la fois deux fils de soie. Lorsqu'elles furent sur le point de se transformer, elles s'établirent dans un enfoncement de l'agaric, à côté de leur nid, et tapissèrent cette retraite d'une toile blanche, si épaisse et si serrée, qu'elle les déroboit à la vue. Elles se filèrent ensuite, sous cette toile, une coque entièrement dégagée, ovale et si mince, qu'on pouvoit y distinguer l'insecte. Elles se convertirent en nymphes avant la fin du mois de mai. Ces nymphes sont de moitié plus courtes que les larves, d'un blanc sale grisâtre, avec les yeux d'un brun jaunâtre, le corselet bossu, et les antennes placées sur les deux côtés. L'insecte parfait parut le 3 juin.

Mycétophile lunulée, *Mycetophila lunata*, Meig. (*Dipt.*, 1.re part., tab. 5, fig. 2—3.) ; *Sciara lunata*, Fab. Elle est jaune, avec une rangée de points noirs de chaque côté de l'abdomen ; les ailes ont un point et une tache en croissant noirâtres. On la trouve en Allemagne, sur les fleurs du lierre en arbre. Sa larve vit dans les bolets. *Voyez* Olivier, *Encycl. méth.*, article Mycétophile. (L.)

MYCOGONE, *Mycogone*. Genre de plantes de la classe des anandres, deuxième ordre, ou section des moisissures, proposé par Link. Il ne diffère du Sépédonion que par ses sporidies globuleuses, et portées sur un court pédoncule. Une seule espèce, la Mycogone rose, est décrite. (B.)

MYCONIE, *Myconia*. Genre de plantes établi par Ruiz et Pavon pour placer trois arbres du Pérou. Il est de la décandrie monogynie et de la famille des mélastomes ; ses caractères sont : calice à cinq dents ; cinq pétales ; cinq écailles ; dix étamines inclinées, à anthères plissées, éperonnées ; une capsule à cinq loges, renfermant un grand nombre de petites semences.

Le même nom a été donné à un genre établi sur la Mo-LÈNE A TIGE NUE; genre qui a été aussi appelé CHAIXIE et RAMONDIE. (B.)

MYCTÈRE, *Mycterus*. M. Clairville, dans le premier volume de son *Entomologie helvétique*, ayant voulu conserver le nom de *rhinomacer* à un genre de coléoptères, formé d'un démembrement de celui que Geoffroy désignoit ainsi, nomme *myctère* le genre que Fabricius avoit appelé *rhinomacer*, et très-différent du précédent.

Il le place, par erreur, avec les pentamères. Olivier, dans son entomologie des coléoptères, a adopté la dénomination de myctère et son application; mais il a fait un genre particulier, sous le nom de *rhinomacer*, de quelques espèces que Fabricius avoit placées dans sa coupe générique, ainsi désignée. Ces variations perpétuelles dans la nomenclature nuisent singulièrement à la science. *V.* RHINOMACER. (L.)

MYCTÉRIA. C'est, dans Linnæus, le nom générique du JABIRU. (V.)

MYITIS des anciens. *V.* THLASPI. (LN.)

MYDAS. Nom latin de la TORTUE FRANCHE. (B.)

MYDAS, *Mydas*, Fab. Genre d'insectes de l'ordre des diptères, famille des tanystomes, tribu des mydasiens.

Fabricius, en instituant le genre mydas, l'a composé de quelques diptères exotiques, rangés par Degéer avec ses *némotèles*, par Linnæus, avec les *mouches*, et remarquables à raison de leurs antennes allongées, rapprochées et terminées en une masse ovoïde et comprimée. Mais toutes ces espèces, quoique analogues, sous le rapport de la forme des antennes, ne se ressemblent point quant au nombre des pièces du suçoir de leur trompe. Les mydas qu'il nomme *illucens* et *bilineata*, appartiennent, sous ce rapport et quelques autres, à la famille des *notacanthes*, tandis que le *mydas effilé* est voisin, sous les mêmes considérations, des *thérèves*, des *rhagions*, etc.

C'est à cette espèce que j'ai conservé le nom générique de mydas; les précédentes ont formé un nouveau genre, celui d'HERMÉTIE, que Fabricius a ensuite adopté. Les mydas diffèrent des *thérèves* et des *rhagions* par leurs antennes plus longues que la tête, et dont le troisième et dernier est ovoïde, fort allongé et terminé en masse, avec un stylet peu distinct, renfermé dans un ombilic de son extrémité. Les habitudes de ces insectes sont inconnues; mais je présume qu'elles sont carnassières.

MYDAS EFFILÉ, *Midas filatus*. Fab.; pl. G. 17. 7, de cet ouvrage. Il a le corps noir, avec les côtés du second anneau de l'abdomen transparens ; les ailes d'un bleu obscur : les cuisses postérieures dentées en scie. On le trouve dans l'Amérique septentrionale , d'où il a été rapporté par M. Bosc.

On trouve en Portugal , dans l'île de Corse et en Egypte , une espèce de ce genre , décrite par Olivier (*Enc. méth.*), sous le nom de RAYÉ , *lineatus*. Elle est noire , avec quatre raies cendrées sur le corselet, et les bords des anneaux de l'abdomen blancs. (L.)

MYDASIENS , *Mydasii*. Tribu (auparavant famille) d'insectes de l'ordre des diptères , famille des tanystomes , ayant pour caractères : suçoir de quatre soies ; trompe courte , rétractée et terminée par deux lèvres saillantes , grandes , relevées , et faisant un angle avec elle ; palpes point saillans ; ailes écartées ; dernier article des antennes, soit en massue ovoïde , et paroissant divisée transversalement en deux , soit ovoïdo-conique ; un stylet au bout.

Cette tribu comprend les genres MYDAS et THÉRÈVE. (L.)

MYDION de Théophraste. *V*. QUERCUS. (LN.)

MYDUZA , de Dioscoride. C'est la même plante que l'ANCHUSA du même auteur, c'est-à-dire, la BUGLOSSE. (LN.)

MYE , *Mya*. Genre de testacés de la classe des BIVALVES, qui offre pour caractères : une coquille transverse , bâillante aux deux bouts , dont le ligament est intérieur , et dont la valve gauche est munie d'une dent cardinale comprimée , arrondie , perpendiculaire à la valve , donnant attache au ligament.

Ce genre est de Linnæus ; mais Bruguières et Lamarck l'ont considérablement restreint , en en tirant la plus grande partie des espèces pour former les genres VULSELLE , MULETTE , PANOPE et GLYCIMÈRE.

Ainsi donc les *myes* ne comprennent plus que des coquilles marines qui ont les caractères ci-dessus , et leur nombre est peu considérable.

Les *Myes* sont habitées par un *acéphale* , dont le manteau est fermé par-devant , et qui fait sortir , par une des extrémités de sa coquille , un pied court suborbiculaire ; et par l'autre extrémité , un tube double très-grand , qu'il forme avec son manteau. Il s'enfonce dans le sable , d'où on le tire aux basses-marées pour le manger.

Les deux espèces de *myes* les plus importantes à connoître, sont :

La MYE DES SABLES , qui est ovale , arrondie postérieurement , et qui a des stries transverses se changeant en rides. (*Voy*. pl. G. 14 , où elle est figurée). Elle se trouve dans la mer du Nord , et se mange.

La MYE TRONQUÉE , qui est ovale , tronquée postérieurement, avec des stries transverses, irrégulières. On la trouve dans les mers d'Europe.

Les Myes d'Espagne et de Nicobar, de Chemnitz, servent aujourd'hui de type au sous-genre Lavignon, établi par Cuvier dans celui de Mactres. (b.)

MYER. Animal des Myes. Il a le devant du manteau fermé ; un tube respiratoire unique, mais à deux tuyaux ; un pied cylindrique. (b).

MYGALE. (μυγάλη d'Ælien.) C'est la Musaraigne. Ce nom a été imposé par M. Cuvier au Desman, animal très-remarquable par l'allongement de son nez en une petite trompe très-mobile, et qui avoit été placé précédemment avec les musaraignes, sous le nom de *Sorex moschatus.* (desm.)

MYGALE, *Mygala*, Walck, Latr., Lam. ; *Aranea*, Lin., Fab. Genre d'arachnides, de l'ordre des pulmonaires, famille des fileuses ou des aranéïdes, tribu des territèles, ayant pour caractères : mandibules horizontales, ayant leur crochet terminal fléchi en dessous ; deux des filières beaucoup plus grandes, saillantes, presque cylindriques, à quatre articles, les autres très-petites ; yeux au nombre de huit, presque égaux, groupés sur une élévation, et disposés ainsi : trois de chaque côté, formant, réunis, un triangle renversé et dont la pointe est en devant ; les deux autres situés sur une ligne transverse, entre les précédens ; deux pieds-palpes grands, avancés, insérés chacun à l'extrémité d'une mâchoire sciatique ou formée par leur premier article ; lèvre sternale très-petite, carrée.

Dorthes, dans un bon Mémoire sur l'*araignée aviculaire* de Linnæus et sur l'*araignée maçonne* de Montpellier, inséré dans les Actes de la Société Linnéenne de Londres, avoit aperçu le premier l'organisation particulière de leur bouche, et en avoit pris occasion de faire observer l'éloignement des caractères qu'elle fournit de ceux que Fabricius assigne aux araignées. Dans un Mémoire sur les *araignées mineuses*, que j'ai publié il y a quelques années, et sans avoir connoissance du travail de Dorthes, puisqu'il avoit été adressé à une société de savans étrangers, et qu'il n'étoit pas encore imprimé, je remarquai aussi des différences entre les palpes, les mandibules, la situation des yeux de ces aranéïdes, et les mêmes parties considérées dans les autres espèces de cette famille.

Je m'attachai surtout à faire connoître cette sorte de râteau ou de carde que la nature a donnée aux aranéïdes mineuses, pour la confection de leurs travaux, instrument que ces naturalistes n'avoient point remarqué. M. Walckenaër, qui avoit conçu le projet de publier une histoire générale des

animaux de cette famille, et qui les étudioit avec cette sagacité et ce zèle persévérant qui nous ont valu un si beau travail sur cette partie de la science, revit et confirma quelque
temps après ces observations, et forma un genre particulier,
sous le nom de MYGALE, de l'araignée aviculaire de Linnæus,
des autres espèces analogues, et des araignées mineuses d'O-
livier.

Les Grecs ayant, à ce qu'il paroît, désigné nos musaraignes sous la dénomination de *mygale*, une critique sévère
condamneroit l'application qu'en a faite M. Walckenaër;
mais un abus semblable et presque général, que l'on pourroit même reprocher aux plus grands maîtres de la science,
commande l'oubli pour le passé, et la réforme, à cet égard,
seroit pire que le mal.

Dans un Mémoire sur une nouvelle distribution méthodique des araignées, que je communiquai à la Société philomathique, et qui fut imprimé en 1802, à la suite de mon
Histoire des fourmis, je partageai les mygales en deux sections : les *mygales à brosses* et les *mygales mineuses*. Les premières ont sous l'extrémité de leurs pieds-palpes et de leurs
pattes une brosse épaisse ; leurs mandibules n'offrent point,
au-dessus de l'origine de leurs crochets, de râteau ou de
dents parallèles. Les secondes ou les mineuses en sont pourvues ; mais elles n'ont point, comme les premières, de brosse
au bout de leurs pieds-palpes et de leurs pattes. Dans les tables qui composent la majeure partie du dernier volume de
la première édition de ce Dictionnaire d'Histoire naturelle,
je fis une troisième section avec une espèce de mygale
de la Nouvelle-Hollande ; ici les crochets des tarses sont
dentelés en dessous ; le tubercule portant les yeux est beaucoup moins élevé que dans les précédentes. Ce genre et celui
d'ATYPE, que j'établis alors, composèrent une première division générale, celle que M. Walckenaër a nommée depuis
théraphose, ou ma tribu des *territèles*, de ce Dictionnaire. J'a-
vois d'ailleurs présenté dans la première édition du même
ouvrage, l'histoire des mygales.

Ces aranéides, les atypes et les criodons nous offrent dans
la forme de leurs mandibules et la direction de leurs griffes
ou de leurs crochets, un caractère commun, qui les distingue
des autres fileuses. La pièce principale de ces organes, celle
qui porte les griffes, a la figure d'une pyramide tronquée à
son sommet, composée de trois faces, dont la supérieure
convexe et arquée, et dont les deux autres presque planes,
et formant au-dessous, au point de leur réunion, un angle
aigu ou une vive arête.

Appliquées exactement l'une contre l'autre par leurs faces

internes et perpendiculaires , les deux mandibules s'avancent
horizontalement et parallèlement. Les griffes se replient en
dessous et sont couchées le long de chaque arête inférieure et
respective , en se rapprochant un peu du côté interne ; de
cette manière , elles se dirigent en arrière , dans le sens de
la longueur du corps, et non transversalement comme celles
des mandibules des autres araneïdes. Le nombre des filières
ne paroît être que de quatre , dont deux inférieures très-
petites , et quelquefois à peine sensibles , et dont les deux
supérieures longues, souvent très-saillantes , cylindriques et
de quatre articles. Cette caroncule charnue et velue , qui
forme une sorte de langue , au lieu d'être située immédiatement derrière la lèvre , ainsi que dans les autres araneïdes ,
s'étend longitudinalement entre les mandibules. Enfin , le
nombre des yeux et leur disposition, indiqués ci-dessus, présentent un dernier caractère , qui fortifie les précédens. De
toutes les araneïdes territèles , les mygales sont maintenant
les seules où le premier article des pieds-palpes , quoiqu'en
faisant l'office de mâchoire , ait néanmoins la forme d'une
hanche , et s'articule avec le suivant , à la manière ordinaire ,
ou par son extrémité supérieure ; aussi ces araneïdes sem-
blent-elles avoir dix pieds , dont les deux premiers sont
seulement un peu plus petits que les autres. Leur organisation extérieure générale est d'ailleurs semblable à celle des
autres fileuses. Le dernier article des pieds-palpes des mâles
est cependant plus court que le précédent , le plus souvent
en forme de bouton , avec les organes de son sexe toujours
à nu , écailleux , très-simples en apparence , ordinairement
ovoïdes ou pyriformes , et terminés en pointe , caractère que
l'on observe rarement dans les mâles des autres fileuses. Le
corselet des mygales offre encore dans son milieu un enfoncement ou une espèce d'ombilic, que l'on ne retrouve guère
que dans les lycoses et quelques autres araneïdes.

  Les mygales ont de grands rapports , quant à leur forme,
avec les araignées-loups et les araignées tapissières des auteurs ; corselet grand ; abdomen ovale , et pourvu de filières
saillantes ; des pattes moins allongées que dans les filandières
et les tendeuses, mais beaucoup plus grosses, plus robustes,
en un mot plus propres à la course , et retenant avec plus de
force les petits animaux dont ces insectes se saisissent pour
leur nourriture ; des yeux ayant des différences de grandeur
très-remarquables , tout nous constate ces degrés d'affinité.
Je pense néanmoins que dans une série naturelle, les mygales , auxquelles la nature paroît avoir accordé la préémi-
nence sur les autres animaux de la même famille , se lient
plutôt avec les araignés tapissières, qu'avec les araignées-

loups. Les atypes m'avoient paru conduire par les filastres et les drasses, aux autres espèces qu'on avoit rangées parmi les araignées tapissières ; mais , suivant une observation très-importante de M. Léon Dufour , les dysdères ont , ainsi que les mygales , quatre poumons ; et l'on devroit passer des atypes et des ériodons aux dysdères.

M. Walckenaër divise le genre mygale en trois familles : 1.ª les *plantigrades* ; leurs pattes sont obtuses à leur extrémité, charnues et veloutées en dessous , à ongles non pectinés, insérés en dessus et cachés dans les poils. Leurs mandibules sont dépourvues de râteaux. 2.ª Les *digitigrades inermes* ; elles ressemblent aux précédentes quant aux mandibules ; mais leurs pattes sont minces à leur extrémité , avec des ongles terminaux, apparens et pectinés. 3.ª Les *digitigrades mineuses* ; leurs pattes ont les ongles terminaux, apparens , non pectinés. Leurs mandibules ont à l'extrémité de leur pièce des pointes cornées, droites , formant un râteau. Ces trois familles répondent à mes trois divisions , avec cette différen... que la troisième devient la seconde , dans la méthode de ce naturaliste. Je me suis peu écarté , soit dans mon Histoire générale des crustacés et des insectes , soit dans mon *Genera* des mêmes animaux , de la méthode que j'avois adoptée précédemment ; mais j'ai donné , dans le dernier , quelques nouveaux détails sur les caractères distinctifs des espèces. Olivier a , depuis, traité le même genre dans l'Encyclopédie méthodique. Il voudroit que l'on détachât des mygales celles qu'on nomme *mineuses* , et dont il avoit déjà lui-même indiqué la coupe , à l'article ARAIGNÉE du même livre. Mais l'introduction de ce nouveau genre est d'autant moins nécessaire, que l'on n'a encore observé qu'un petit nombre de mygales ; que l'on pourroit , d'après le même motif , transformer en une nouvelle coupe générique une des deux autres divisions des mygales , et que les divisions se nuancent tellement que je connois aujourd'hui deux espèces, formant autant de nouvelles coupes , et dont l'une unit les mygales plantigrades de M. Walckenaër à ses digitigrades mineuses , et dont l'autre fait le passage de celles-ci à ses digitigrades inermes.

Les mygales paroissent être des animaux nocturnes ; leurs couleurs sombres et peu variées , et quelques observations autorisent cette conjecture. Elles établissent leur domicile dans des cavités, ordinairement souterraines, qu'elles se préparent ou que le hasard leur fournit , et dont elles tapissent l'ouverture à la manière des aranéides tubicoles , également nocturnes.

J'exposerai, en traitant des espèces, leurs habitudes particulières.

1. *Extrémité supérieure de la première pièce des mandibules dépourue de pointes cornées, droites et avancées.*

A. *Extrémités inférieures des pattes garnies d'une brosse épaisse et serrée, cachant en majeure partie les crochets.*

Nota. L'extrémité des tarses est large et obtuse; la brosse inférieure est ordinairement divisée en deux par un sillon longitudinal; les onglets du bout n'ont, au plus, que deux ou trois dentelures, situées à leur base et peu distinctes.

Cette division comprend ces araneïdes monstrueuses, qui peuvent occuper un espace circulaire de sept à huit pouces de diamètre, et qui saisissent quelquefois de petits oiseaux. Ces espèces, que j'avois nommées collectivement *mygales à brosses*, sont généralement propres aux contrées équatoriales et à celles qui avoisinent les tropiques. Elles sont très-redoutées aux Antilles et dans l'Amérique méridionale, et on les y appelle *araignées-crabes*.

Mygale aviculaire, *Mygale avicularia*; *Aranea avicularia*, Linn. La grandeur et la couleur de cette espèce varient. Les individus les plus grands ont environ deux pouces de longueur depuis le bord antérieur du corselet jusqu'à l'extrémité de l'abdomen; on en trouve qui n'ont que seize lignes de longueur; la couleur est ordinairement d'un brun très-foncé ou noirâtre. Tout le corps est très-velu, particulièrement dans les jeunes individus; le corselet est grand, ovale, tronqué postérieurement, déprimé, marqué vers le milieu d'une petite cavité transversale, et ayant tout autour des enfoncemens disposés en rayons; l'abdomen est ovale et à deux filières longues et cylindriques; les pattes ont des poils plus longs, et en dessus quelques raies longitudinales plus claires; celles de la première et de la dernière paire sont les plus longues; les jointures sont en dessous d'un rouge pâle; les deux derniers articles ont inférieurement une brosse, formée par des poils très-courts et très-pressés; celle de l'article terminal est arrondie au bout, et cache deux crochets petits et simples. Linnæus n'en avoit vu qu'un; les poils qui bordent intérieurement les mâchoires, ceux qui sont à la base des griffes des mandibules et les brosses de l'extrémité des pieds-palpes et des pieds, sont rougeâtres. Les griffes sont fortes, coniques et très-noires; elles ont évidemment une petite ouverture longitudinale sur le côté extérieur, près de leur extrémité. Le mâle de cette espèce a ses palpes terminés par un bouton écailleux, replié en dessous, et finissant en un crochet fort, long, arqué et très-pointu.

La meilleure de toutes les figures de cette espèce est celle que Klééman a publiée dans son supplément à Roesel , tom. 5 , pl. 11 et 12 ; il donne plusieurs détails qui font bien connoître les yeux , les parties de la bouche et les organes de la génération des mâles de cette espèce. Mademoiselle Mérian a représenté un individu du même sexe , comme on le voit par la figure du bouton terminé en crochet , qui est au bout des palpes. Plusieurs des autres figures citées par Linnæus et Olivier , doivent probablement se rapporter à la même espèce ; mais il est impossible de dire lesquelles , parce qu'on a confondu avec cette mygale quelques autres des mêmes contrées , très-analogues , mais distinctes spécifiquement , à raison des organes sexuels masculins , et de quelques autres caractères.

Mais comme les habitudes de ces mygales sont probablement les mêmes , ou ne diffèrent que très-peu , je présenterai ici les faits les plus importans que les naturalistes et les voyageurs ont recueillis sur ces aranéides du nouveau Monde.

Celle que Pison , dans son Histoire naturelle du Brésil , nomme *nhamdu* 1 , ou *nhamdu-guaçu* (grande araignée) , est une espèce très-voisine de *l'aviculaire*. Suivant lui , elle nidifie , à la manière des oiseaux , dans les décombres et les cavités des vieux arbres. Elle vit très - long - temps et supporte de grandes abstinences. Des individus que l'auteur avoit renfermés dans des boîtes y ont vécu quelques mois sans prendre de nourriture. Cette espèce construit , quoique rarement , avec les deux filières saillantes qu'elle porte à l'anus , des toiles semblables , par leur disposition , à celles que font , dit-il , toutes les autres araignées. Mais la généralité de cette assertion et la description que cet auteur donne de la toile de ces mygales , semblent nous prouver qu'il ne parle point *ex visu*, mais qu'il s'abandonne à des raisonnemens ou à des conjectures. Telle est encore sa conduite , lorsqu'au sujet de l'accouplement de ces animaux , il avance que leurs corps sont alors opposés l'un à l'autre (*aversis clunibus*). Les femelles portent leurs œufs sous le ventre. On enchâsse dans de l'or les griffes de leurs mandibules , pour s'en servir en guise de cure-dents , et même comme d'un très-bon odontalgique. Non seulement la piqûre de ces animaux , mais la liqueur qui distille de leur bouche , et même , dit-on , leurs poils , sont réputés venimeux. La partie du corps que l'animal a piquée s'engourdit , devient livide et noirâtre , s'enfle considérablement , et le mal augmente quelquefois à un tel point qu'il est , suivant Pison , incurable. On cicatrise la plaie ; mais le meilleur antidote , au rapport de cet auteur , est fourni par la préparation du crabe qu'il nomme *arulu* (*grapsus pictus*). On le pile, et on en fait un breuvage ou une potion avec du vin. Il agit comme vomitif.

Les anciens ont également vanté les vertus antivénéneuses des crustacés, et leur emploi peut, en effet, être salutaire dans les circonstances qui nécessitent l'usage des alkalis. M. Arthaud a donné la mort à des poulets, en les faisant piquer par la grosse araignée-crabe du Cap, ou notre mygale crabe. Cette espèce fréquente, suivant lui, les lieux humides, tue et suce de gros insectes, des kakerlaques, et souvent ses semblables. Il prétend qu'une sorte de taon la fait périr, en la piquant sous le ventre, probablement aux organes de la respiration. L'attouchement de cette dernière aranéïde, ou plutôt ses poils, produisent des démangeaisons urticaires, et semblables à celles qui résultent de l'introduction des poils de certaines chenilles dans l'épiderme.

Si une saine critique nous autorise à révoquer en doute ou à soupçonner d'exagération et de partialité les témoignages de quelques voyageurs ou de quelques historiens au sujet des effets du venin de ces aranéïdes, une prudence éclairée par l'observation nous défend de nier l'existence de ce venin, et nous tiendra en garde contre les périls d'une fausse sécurité. Ici, comme dans bien d'autres incertitudes, elle attendra que de nouvelles expériences assurent son jugement.

Les poils de ces mygales font aussi, dit-on, sur la peau la même impression que ceux de quelques chenilles. « Un matin, comme je me levois, un des voyageurs espagnols fit une exclamation, en voyant sur mes habillemens, depuis les pieds jusque vers les épaules, une trace brune, occasionée par le passage d'une de ces araignées-crabes, et d'une liqueur âcre et caustique qui distille sans cesse de sa bouche et de ses pattes. Heureusement elle étoit passée innocemment pendant que je dormois profondément, et s'étoit contentée de me laisser ce billet de visite. » (Lescallier, Notes sur la traduct. franç. du Voyage du capitaine Stedman, tom. 3, p. 240.)

Pison rapporte que la mygale, dont nous avons parlé plus haut d'après lui, se dépile avec l'âge, et que la peau de son ventre est alors d'un rouge incarnat pâle.

Mademoiselle Mérian nous dit avoir trouvé plusieurs individus de la mygale aviculaire sur l'arbre nommé *guajave*, y faisant leur domicile et se tenant à l'affût dans le cocon que forme, pour se changer en chrysalide, une chenille du même arbre; elle assure formellement que cette mygale ne file point de cocons longs, comme quelques voyageurs ont voulu, suivant elle, nous le faire accroire. La plupart des autres témoignages que nous pourrions alléguer ici, ne nous semblen pas d'une grande autorité, soit parce qu'ils ne sont pas ex

visu, soit parce qu'il est difficile de savoir à quelle sorte
d'aranéïdes il faut les appliquer. L'auteur de l'Histoire naturelle de la France équinoxiale place l'habitation de la mygale aviculaire, ou celle de l'espèce suivante, dans les fentes
des rochers. Dans le Voyage à la Guyane, du capitaine
Stedman, cet insecte y est appelé *araignée de buisson*, et sa
toile, y est-il dit, est de peu d'étendue, mais forte. La mygale aviculaire est pourvue de deux longues filières; ainsi point
de doute qu'elle ne puisse filer; mais lorsqu'on examine la
forme des crochets de ses tarses, lorsqu'on les voit si petits
et presque sans dentelures, et si différens ainsi de ceux des
aranéïdes industrieuses, on est tenté de refuser à cette mygale les facultés qu'ont la plupart des autres aranéïdes et de
supposer que sa force lui suffit. Elle vit, suivant mademoiselle Mérian, de fourmis, qui échappent difficilement à sa
vigilance et à ses poursuites; à leur défaut, elle tâche de
surprendre dans leur nid de petits oiseaux, dont elle suce
le sang avec avidité. Ce changement de nourriture est un peu
différent, mais n'importe. Les fourmis se vengent quelquefois
des maux qu'elles éprouvent de la part de leur ennemi, et
tombent sur lui en si grande quantité, qu'il est hors d'état
de se défendre, et finit par être dévoré.

M. Moreau de Jonnès, chevalier de l'ordre de la légion
d'honneur, correspondant de l'académie des sciences,
et qui a fait une étude spéciale des productions naturelles de la Martinique, où il a fait un séjour de plusieurs
années, a bien voulu, sur mon invitation, rédiger les observations qu'il avoit recueillies au sujet d'une espèce de mygale
commune dans cette île. Mes lecteurs me sauront, j'espère,
gré de leur offrir ici le Mémoire où il a réuni ces faits inté-
ressans, et qu'il a eu l'amitié de me donner, après en avoir
fait la lecture à la même académie.

« La mygale aviculaire (1) porte aux Antilles le nom d'*a-
raignée crabe*. Elle garde encore celui de *matoutou*, que lui
donnoient autrefois les Caraïbes. Cette espèce est la plus
grande des deux cents, qui sont connues des naturalistes. Sa
longueur est d'un pouce et demi; lorsque ses pattes sont
étendues, elle couvre une surface de six à sept pouces. Elle
fuit les lieux habités, et je ne l'ai jamais trouvée dans les
villes où l'*araignée chasseuse* de Linnæus et six autres espèces
du même genre se sont, au contraire, très-multipliées.

Ainsi que M. de Latreille l'a reconnu par la seule inspection de l'organisation de cet animal, il ne file point de toile

______

(1) Cette mygale dont M. Moreau de Jonnès m'a donné un individu, n'est point l'*aviculaire*, mais celle que j'ai nommée *crabe*
(*cancerides*).

qui lui serve de demeure ; il se terre et s'embusque dans les fentes de la paroi dépouillée des ravins creusés, dans les tufs volcaniques, ou dans les laves décomposées. Il chasse souvent au loin, et se tapit sous des feuilles pour surprendre sa proie, ou il grimpe sur les rameaux des arbres pour dévorer les petits du colibri et du sucrier (*certhia flaveola*, L.). Il profite ordinairement de la nuit pour attaquer ses ennemis, et c'est communément à son retour, vers son terrier, qu'on peut le rencontrer le matin, et l'enlever quand la rosée, dont les plantes sont chargées, ralentit sa marche. »

« La force musculaire de la mygale est très-grande, et l'on a beaucoup de peine à la faire lâcher les objets qu'elle a saisis, même lorsque leur surface ne donne prise ni aux crochets dont ses tarses sont armés, ni aux fortes tenailles qui lui servent à tuer les oiseaux et les anolis. L'opiniâtreté, l'acharnement qu'elle montre en combattant ne cessent qu'avec sa vie ; j'en ai vu qui, percées vingt fois d'outre en outre à travers le corselet, continuoient d'assaillir leurs adversaires, sans montrer la moindre envie de leur échapper par la fuite. Au moment du danger, cette arachnide cherche ordinairement un appui contre lequel elle puisse se dresser et épier l'occasion de se jeter sur son ennemi. Ses quatre pattes postérieures sont alors fixées sur la terre ; mais les autres, à demi étendues, sont prêtes à saisir l'animal qu'elle va attaquer. Quand elle s'élance sur lui, elle se cramponne sur son corps avec tous les doubles crochets qui terminent ses pattes, et elle s'efforce d'atteindre la base supérieure de sa tête pour enfoncer ses tenailles entre le crâne et la première vertèbre ; j'ai reconnu, dans d'autres insectes américains, le même instinct de destruction.

« Lorsque la mygale applique ses tenailles sur un corps dur et poli, on y voit aussitôt les traces d'un liquide qui doit être le venin qu'elle injecte, et qui rend sa piqûre dangereuse ; cependant je n'ai pu découvrir l'issue par laquelle se fait l'émission de cette liqueur, dont les effets passent pour redoutables dans les Antilles ; je n'ai point vu non plus la mygale se servir, comme on l'assure, d'une autre liqueur sécrétée par des glandes situées à l'extrémité de l'abdomen, et qu'on prétend être lancée par elle contre ses adversaires pour les aveugler par sa puissance corrosive. Les individus de cette espèce que j'ai conservés long-temps, et en grand nombre, n'ont jamais eu recours à ce moyen dans les combats qu'ils se livroient pour s'emparer de leur proie ; mais j'ai reconnu l'existence de cette liqueur qui est lactescente, et d'une singulière abondance pour le volume de l'animal. »

« La mygale porte ses œufs renfermés dans une coque de

soie blanche , d'un tissu très-serré , formée de deux pièces arrondies, unies par leur limbe. Elle maintient cette coque sous son corselet au moyen de ses antennules, et elle la transporte avec elle ; quand elle est très-pressée par ses ennemis , elle l'abandonne un instant ; mais elle revient la prendre aussitôt que le combat a cessé.

« Les petits éclosent par une succession rapide ; ils sont entièrement blancs ; le premier changement qu'ils éprouvent est l'apparition d'une tache noire triangulaire et velue qui se forme sur le centre de la partie supérieure de l'abdomen.

« J'en ai conservé , de 1800 à 2000 , qui provenoient de la même coque ; ils furent tous dévorés dans une seule nuit par des fourmis rouges , qui , guidées par un instinct dont la finesse mit en défaut tous mes soins, découvrirent la boîte où je les avois renfermés, et s'y introduisirent au moyen d'une ouverture presque imperceptible , par laquelle des myriades passèrent une à une dans l'espace de quelques heures. C'est très-vraisemblablement à la guerre destructive que ce genre d'insecte fait aux araignées aviculaires qu'on doit les bornes étroites dans lesquelles est renfermé le nombre de ces arachnides, qui ne répond point à leur prodigieuse puissance de reproduction. »

Mon ami et mon confrère à l'Académie des sciences, M. le baron Palisot de Beauvois, m'a dit que la *mygale aviculaire* , représentée dans son bel ouvrage sur les insectes recueillis par lui dans ses voyages en Amérique et en Afrique, *aptères* , pl. 3 , fig. 1 , habite les campagnes et s'établit dans les cavités que le sol lui présente. Elle revêt les bords de l'ouverture de son domicile d'une toile , ainsi que le font les *ségestries* et autres aranéïdes tubitèles.

MYGALE JAMBES-ÉPINEUSES , *Mygale spinicrus.* Cette espèce , dont je n'ai vu que le mâle , et qui a été rapportée du Brésil par M. Delalande fils , ressemble beaucoup à l'*aviculaire.* Son corps est long d'environ un pouce et trois quarts , d'un noir mat et tout couvert de poils assez longs , d'un brun fauve foncé. L'organe sexuel a la forme d'une larme batavique , se terminant en une pointe assez longue et assez forte, se dirigeant d'abord en bas, et faisant ensuite un crochet en dehors ; l'extrémité de cette partie est ainsi contournée : les deux jambes antérieures sont terminées en dessous par deux pointes cornées , aiguës, fortes , recourbées , et dont l'interne plus grande.

Cette espèce est peut-être le *nhamdu* de Pison , dont j'ai parlé ci-devant.

MYGALE DE LE BLOND , *Mygale Blondii* , Lat. , *Gener.* , *Crust. et Insect.* , tom. 1 , tab. 5 , fig. 1 ; Palis.-de-Beauv. , *insect. d'Afriq.* et *d'Am.* ; *aptères* , pl. 3 , fig. 2 ; *Aranea spini-mobilis?* Linn. Son corps est long de deux pouces et demi , tout garni d'un duvet d'un brun minime ou roussâtre , avec quelques raies plus foncées sur les cuisses , et des poils plus longs sur les pattes et sur l'abdomen. Le premier article des tarses est parsemé de piquans noirs et mobiles , les deux ongles du bout sont un peu dentelés à leur base. Les organes sexuels du mâle sont presque coniques , courts , épais et creusés à leur extrémité supérieure en façon de cure-oreille.

Elle m'a été donnée par feu le Blond , médecin et correspondant de l'Institut , qui l'avoit trouvée à Cayenne.

Mygale crabe, *Mygale cancerides* , Latr. Elle est un peu plus petite que la précédente , d'un brun foncé et un peu roussâtre , avec la poitrine et le dessous de l'abdomen noirs. L'organe sexuel du mâle finit en une pointe arquée , comprimée au bout , un peu plus longue seulement que sa base.

On la trouve à Saint-Domingue , à la Martinique , etc. Elle est connue sous le nom d'*araignée crabe.*

Mygale fasciée , *Mygale fasciata.* Cette belle espèce est figurée dans *Seba* , tom. 1 , pl. 67 , fig. 7. M. Walckenaër l'a aussi représentée dans son histoire des aranéides , fasc. 4 , tab. 1. (la femelle). Elle est de la taille de l'*aviculaire* , mais bien distincte par une bande grise , large et festonnée , qui occupe le milieu de la longueur de l'abdomen ; le fond de sa couleur est d'un brun rougeâtre. Elle est de l'île de Ceylan.

Mygale très-noire , *Mygale atra.* Elle ressemble beaucoup à la *mygale aviculaire* , mais elle est un peu plus petite , d'un noir plus foncé , avec les poils moins longs ; ceux du dessous des mandibules et des bords des mâchoires sont d'un roux assez vif. L'organe sexuel du mâle est presque globuleux , avec une pointe très-fine et arquée à son extrémité ; l'extrémité des premières jambes offre en dessous , dans le même sexe , une épine fort avancée , courbée , et accompagnée de poils.

Cette espèce a été trouvée , par M. Cattoire , dans les environs du Cap de Bonne-Espérance. Elle y fait son domicile sous les pierres et les saillies des rochers.

M. Dumont a observé , dans l'île-de-France , une mygale de la même division , mais dont la taille ne surpasse pas celle de la *lycose tarentule.* Son corps est d'un brun ferrugineux , et légèrement couvert d'un duvet cendré.

Cette espèce sera désignée sous le nom spécifique de Brunne , *brunnea.* M. La Billardière en a apporté une autre et assez grande de son voyage en Syrie.

B. Extrémités inférieures des pattes sans brosses et simplement velues ; crochets terminaux découverts, saillans (très-distinctement pectinés en dessous).

- MYGALE CALPÉIÈNE , *Mygale calpeiana* , Walck., *Hist. des
aran.* , Fasc. 1 , pl. 8 et 9 ; le mâle. Elle est d'un brun rougeâtre uniforme , très-velue, avec deux éminences carrées
sous le ventre , au-dessus des organes de la respiration. Les
mandibules sont plus allongées et plus comprimées latéralement que dans l'aviculaire ; l'extrémité de l'abdomen offre
deux filières quadriarticulées , dont la longueur surpasse sensiblement celle de la moitié de cette partie du corps ; les
pattes sont garnies de piquans ; les palpes du mâle sont allongés et terminés par un article en massue ovale , ayant
en dessous un appendice ovale , rouge , et qui se prolonge en
un filet très-grêle , et guère plus court que le palpe.

Cette espèce a un peu plus de deux centimètres de longueur. Elle est très-commune aux environs de Gibraltar , où
on la confond avec la *tarentule*. Elle y a été observée par
M. Durand, de Montpellier.

MYGALE NOTASIÈNE , *Mygale notasiana* , Walck. ; tab. *des
Aran.* , pl. 1 , fig. 5 (pour le dessin des yeux). Elle n'a guère
plus de sept à huit lignes de longueur ; son corps est d'un brun
clair , luisant, peu velu , si ce n'est sur les pattes ; les deux
premières paroissent être aussi grandes que les deux dernières ; le tubercule sur lequel les yeux sont placés est peu
élevé.

Elle a été rapportée de la Nouvelle-Hollande par feu
Péron et M. Lesueur.

11. *Extrémité supérieure de la première pièce des mandibules ,
armée de pointes cornées , droites , avancées , et dont quelques-
unes forment ordinairement une sorte de râteau.* (ARAIGNÉES
MINEUSES d'Olivier.)

A. Bout des tarses garni en dessous d'une brosse épaisse et serrée ,
cachant, en majeure partie, les crochets.

MYGALE HERSEUSE , *Mygale cratiens.* Je n'ai qu'un individu
mutilé de cette espèce. Son corps est de la taille de la précédente , et noir ; mais il conserve des restes d'un duvet cendré,
qui forme deux ou trois raies longitudinales sur chaque mandibule ; l'extrémité supérieure de la première offre un assez
grand nombre de pointes avancées et parallèles, plus petites
que celles des espèces suivantes ; j'en ai cependant distingué
de plus fortes.

Cette aranéide a des rapports avec la MYGALE RÉCLUSE ,

Mygale nidulans de M. Walckenaër, décrite et figurée avec son nid, par Brown, dans son *Histoire Naturelle de la Jamaïque*, tab. 44, fig. 3. Fabricius l'avoit d'abord distinguée de l'*araignée venatoria* de Linnæus, sous le nom de *nidulans*; il l'a ensuite mal-à-propos confondue avec celle-ci, qui est du genre des thomises.

La *mygale recluse* construit son nid de la même manière que la *mygale maçonne*. Elle l'établit dans les lieux pierreux; sa piqûre, suivant Brown, cause une douleur très-vive, qui continue pendant plusieurs heures, et qui est même quelquefois accompagnée de fièvre et de délire. Les sudorifiques ordinaires, des liqueurs spiritueuses, telles que le tafia, le rhum, dissipent bientôt, en provoquant les sueurs et le sommeil, ces accidens. Badier a souvent vu, dans l'île de la Guadeloupe, la même espèce; mais il l'a toujours rencontrée dans les sols argileux, et en pente douce. Retiré de son nid, l'animal, ainsi que la mygale maçonne, ne donnoit presque aucun signe de vie.

B. Bout des tarses sans brosse, et simplement velu en dessous; crochets découverts et saillans.

* Crochets des tarses très-distinctement pectinés en dessous.

Mygale cardeuse, *mygale carminans*, Latr. Elle m'a été envoyée d'Espagne par mon ami M. Léon Dufour; et des environs d'Aix, par M. Boyer de Fon-Colombe.

Le corselet est plus aplati que dans les précédentes. Le corps est d'un brun fauve, pâle, mêlé de cendré; les mandibules sont noires ou noirâtres, garnies de duvet cendré et paroissant avoir chacune deux raies noires, formées par l'absence du duvet. Le râteau est de quatre dents; les pointes du côté interne, si elles existent, ne sont pas au premier coup d'œil apparentes. Les mâles ont une forte épine à l'extrémité postérieure du cinquième article de la première paire de pattes. L'organe sexuel est arrondi inférieurement et se prolonge à son extrémité en forme d'alène très-aiguë et bifide.

Olivier a observé aux environs de Saint-Tropès et aux îles d'Hyères, le nid d'une mygale qui, par sa position et sa construction, seroit très-distinct des autres, et annonceroit dans l'animal qui le fait, des mœurs particulières. Ce nid étoit situé dans un terrain horizontal. Sa porte, quoique de terre, et se fermant d'elle-même par une espèce de ressort, ressembloit à un cercle dont on auroit retranché une petite portion. Elle étoit attachée à un des côtés de l'ouverture, et l'entrée étoit libre. L'habitant étoit absent, et ce naturaliste conjectura qu'il ne la ferme que dans les momens où il l'oc-

eupe. Je suis porté à croire que ce nid est celui de la mygale que je viens de décrire.

M. Boyer de Fon-Colombe ne l'a jamais surprise dans
sa demeure ; mais il a observé avec un peu plus de détails
le nid dont j'ai parlé d'après Olivier. Il est formé d'un tuyau
de soie, enfoncé verticalement en terre, et recouvert à son
orifice par deux battans placés d'une manière horizontale, à
la surface du terrain ; une cloison solide coupe cette porte
extérieure, un peu au-dessus d'elle. Des personnes ont dit à
ce naturaliste, avoir vu l'animal en sortir, et y rentrer en
fermant sa porte.

** *Crochets des tarses sans dentelures sensibles à leur partie inférieure.*

Mygale maçonne, *Mygale cementaria*, Latr., *Mém. de la
Soc. d'Hist. Nat. de Paris*, an 7, pag. 121, pl. 6, fig. 1, A—
F; Walck., *Hist. des aran.*, fasc. 3, tab. 10. Le mâle ;—Dor-
thès, *Trans. the linn. societ.*, tom. 2, pl. 17, fig. 6.

Elle a environ dix-sept millimètres de longueur ; son corps
est d'un brun fauve, avec la carène du tronc, ses bords et
les pattes plus pâles. Les mandibules sont noires ; leur première pièce est armée, vers l'extrémité de son bord interne,
et au-dessus de l'origine du crochet, de petites épines cornées,
droites, avancées et aiguës, les terminales ou celles qui sont
situées au-dessus de la base du crochet, forment un râteau
composé de cinq dents presque égales et toutes pointues.
L'abdomen a, au milieu du dos, une suite de taches triangulaires, brunes, et des points plus foncés sur les côtés. Les
deux filières inférieures sont à peine apparentes ; les deux
autres ou les grandes, ne dépassent point, ou dépassent de
très-peu, l'extrémité de l'abdomen.

Elle se trouve aux environs de Montpellier.

Presque toutes les aranéides ayant les deux crochets supérieurs de leurs tarses pectinés ou en forme de cardes, l'on
conçoit qu'elles trouvent dans la disposition de ces parties,
des moyens propres à l'exécution de leurs travaux. Mais les
crochets de la mygale maçonne, par leur simplicité, n'y
sont guère propres, quoique son industrie ne le cède en rien
à celle des autres aranéides et qu'elle la surpasse même. Il
faut donc que la nature y supplée par d'autres instrumens.
Ces réflexions me conduisirent à un examen très attentif de
leurs organes, et je découvris, au-dessus de leurs mandibules, des pointes dures, cornées, dont les antérieures rangées
sur une série transverse, imitent une sorte de râteau. Sans
avoir vu ces animaux dans le moment de leurs manœuvres,

je ne puis guère douter que cet instrument particulier ne leur soit très-utile pour la confection de leur nid. J'ai exposé le fruit de mes observations sur les mygales *mineuses*, dans le nouveau recueil des Mémoires de la Société d'Histoire naturelle de Paris (an 7); et par extrait, dans le Bulletin de la Société Philomathique.

En cachant si soigneusement leur retraite, en la préparant et la construisant avec tant d'art, ces araignées ont moins en vue leur propre conservation que celle de leur postérité. Rossi a trouvé dans le nid de l'espèce qu'il a fait connoître sous le nom d'*araignée de Sauvages*, sa nombreuse famille. Ces deux espèces se creusent dans les sols argileux un terrier ou boyau cylindrique, ayant partout le même diamètre. Ses dimensions relatives peuvent varier suivant l'espèce et l'âge de l'animal. Celui de la mygale maçonne, espèce dont les mœurs ont été le mieux observées, a de deux à sept décimètres de longueur. Son ouverture a un peu plus d'un centimètre à la superficie, et environ deux millimètres de moins au-dessous de l'évasement. Elle choisit ordinairement les terrains en pente ou coupés verticalement, afin que les eaux pluviales ne puissent s'y arrêter, et qui, en outre, sont arides et composés d'une terre forte, sans mélange de rocaille ni de petites pierres. Elle a soin d'unir les parois intérieures de son habitation, et de les tapisser d'une pellicule soyeuse, afin de les consolider ou d'éviter ainsi les éboulemens. Cette toile peut encore contribuer à la facilité de ses mouvemens et à l'avertir, par les commotions qu'elle éprouve, de ce qui se passe à l'entrée. Une porte ou espèce de trappe plate, mais assez épaisse, circulaire, composée de différentes couches de terres détrempées et liées ensemble avec de la soie, unie, un peu convexe, et recouverte de fils très-forts, et formant un tissu serré en-dessous, raboteuse et inégale, concave même en-dessus, ferme l'ouverture de ce terrier. Les fils dont est tapissé le plan intérieur de ce couvercle, se prolongent du côté du bord le plus élevé ou supérieur de l'entrée, y fixent et attachent le couvercle, en formant une penture ou charnière, de sorte qu'étant incliné, à raison de la direction du terrain, il retombe par sa propre pesanteur, et que l'entrée de l'habitation est toujours naturellement fermée. Le contour de la porte correspond si bien à celui de l'ouverture, qu'il ne la déborde en aucun endroit, qu'il n'y a pas le moindre vide dans les joints, et que les proportions n'auroient pas été mieux observées, quand elles auroient été prises au compas. L'entrée, par son évasement, forme une sorte de feuillure, contre laquelle la porte vient battre, et n'a que le jeu nécessaire pour y entrer et s'y appliquer hermétiquement. La convexité postérieure de la porte favorise encore la justesse de la fermeture.

L'abbé Sauvages, auquel nous sommes redevables de ces observations sur la *M. maçonne*, n'a pu découvrir la manière dont elle construit sa demeure, dont elle se nourrit et propage son espèce. Les individus qu'il a pris vivans ont tous péri malgré les soins qu'il a employés pour les conserver dans cet état.

La mygale maçonne emploie une force et une adresse singulières, lorsqu'on essaye d'ouvrir la porte de son domicile. L'observateur que je viens de citer ayant voulu la soulever, par le moyen d'une épingle, éprouva une résistance à laquelle il ne s'attendoit pas. Il vit l'animal dans une attitude renversée, accroché par les jambes, d'un côté aux parois de l'entrée du trou, de l'autre à la toile qui revêt le derrière de la porte, tirer à lui cette porte, de sorte que dans cette lutte, elle s'ouvroit et se fermoit alternativement. La mygale ne céda que lorsque la trappe fut entièrement soulevée ; elle se précipita alors au fond du trou. Toutes les fois qu'on répète les même tentatives, au moindre mouvement même l'animal accourt sur-le-champ, afin d'empêcher qu'on n'ouvre sa porte, et ne cesse d'y faire la garde. Si elle est fermée, on peut travailler aux environs, cerner la terre pour enlever l'habitation, sans que le péril dont elle est menacée lui fasse abandonner son poste ; mais dès qu'on l'a expulsée de ses foyers, on croiroit qu'elle a perdu toute sa vigueur. Elle paroît languissante, engourdie, et si elle fait quelques pas, ce n'est qu'en chancelant. On ne l'a jamais vue sortir d'elle-même de son habitation, et la clarté du jour semble lui être contraire. On a conclu de ces faits que cet animal pourroit bien être nocturne. Olivier dit, en effet, que la mygale *ariane* qu'il a trouvée dans l'île de Naxos, se tient constamment dans son nid pendant le jour, et qu'elle n'en sort que la nuit.

L'abbé Sauvages avoit découvert la mygale maçonne aux environs de Montpellier, sur les bords des chemins et les berges de la petite rivière de Lez. Mais la description qu'il en avoit donnée étoit très-insuffisante. Dorthès y a suppléé par un mémoire qui fait partie du second volume des Transactions de la Société Linnéenne.

Rossi a trouvé, en Toscane, dans les terrains formés de débris de couches schisteuses, humides, également en pente ou coupés à pic, dépourvus aussi de végétation et de pierres, une autre mygale qu'il avoit confondue avec la précédente. Son industrie et ses habitudes sont d'ailleurs les mêmes. Rossi dit seulement que lorsqu'on la force à reconstruire son opercule, ce qu'elle fait dans un peu plus d'un jour, cet opercule n'est plus mobile. Il est possible que cette expérience ait eu lieu aux approches de l'hiver, et qu'à cette époque la mygale fixe sa porte.

Dorthès a ajouté quelques observations à celles de Sauvages: Si on fixe avec une épingle l'opercule qui ferme l'entrée, ou si on l'enlève, on en trouve un nouveau le lendemain à l'ouverture. Il paroît constant que ce n'est que de nuit qu'elle butine et qu'elle travaille à la construction de son habitation. Son fond contient souvent des débris de divers insectes et même de coléoptères assez gros. C'est en août que cette aranéïde a atteint toute sa grosseur, qu'elle est provoquée à l'amour et qu'elle est plus timide. La fécondité semble changer le caractère de la femelle. Mère en septembre, elle ne fuit plus, devient méchante et plus vorace. Les filets qu'elle étend sur les inégalités des terres voisines de sa demeure lui procurent pour nourriture différens insectes, particulièrement des diptères. Elle vit alors en société avec son mâle, et Dorthès a trouvé une trentaine de petits avec eux.

On voit, dans la collection du Muséum d'Histoire naturelle de Paris, un petit bloc de terre, taillé en forme de parallélipipède, et dont un des côtés offre, à chacun de ses quatre angles, un nid de mygale de l'espèce suivante, à ce que je crois. On peut en conclure que ces animaux ne craignent point la société ou le voisinage de leurs semblables, et qu'ils ne se nuisent point mutuellement.

MYGALE DE SAUVAGES, *Mygale Sauvagesii*, Latr., *Mém. de la soc. d'Hist. nat. de Paris*, an *VII*, pag. 125, pl. 6, fig. 2, A—D; *Mygale fodiens*, Walck.; *Aranea Sauvagesii*, Ross.; *Faun. etrusc.*, tom. 2, tab. 9, fig. 11; ejusd. *Act. soc. ital.*, tom. 4, p. 122—134, fig. 7, 10.

Elle est d'environ un tiers plus grande que la précédente; d'un brun foncé et luisant. Son corselet est plus large, plus carré et élevé en devant, ce qui rapproche cette espèce de mes *ériodons*, ou des *missulènes* de M. Walckenaër. La première pièce des mandibules est forte et très-obtuse; son extrémité supérieure offre, au bord interne, quatre pointes cornées, aiguës et disposées sur une série longitudinale; le bout interne en a deux autres plus fortes et obtuses; on en voit une troisième, plus extérieure, isolée et pointue. Les yeux sont plus espacés que dans aucune autre espèce du même genre; les deux latéraux postérieurs sont surtout beaucoup plus éloignés des deux latéraux antérieurs. Les extrémités inférieures des pieds-palpes de la femelle et le dessous des quatre tarses antérieurs sont très-épineux; les deux filières supérieures, ou les plus apparentes, sont beaucoup plus longues que dans la mygale maçonne, et se prolongent notablement au-delà de l'anus. Elle se trouve dans l'île de Corse (*Voyez* l'espèce précédente). La femelle se loge quelquefois au pied des murs, et porte ses petits sur son dos. Son nid a jusqu'à deux décimètres de long.

M. Olivier a rapporté de l'île de Naxos une autre mygale de cette section (ARIANE, *ariana*), et qu'il a décrite dans l'Encyclopédie méthodique.

J'avois déjà mentionné dans mon mémoire sur les araignées mineuses, la découverte qu'on avoit faite, dans l'île de Candie, d'un nid de mygale; c'est peut-être la même espèce. Mouffet représente (*Theat. insect.*, pag. 219) une grosse aranéide du même pays. Il lui attribue des habitudes inconciliables, comme celles des épeïres ou *araignées tendeuses*, des lycoses ou des *araignées loups*, et même des mygales. Elle creuse, suivant lui, des trous en terre, qui ont jusqu'à deux pieds de profondeur, et dont elle ferme l'entrée avec de la paille ou du chaume. (L.)

MYGINDE, *Myginda*. Genre de plantes de la tétrandrie tétragynie, dont les caractères offrent un calice très-petit, persistant, partagé en quatre parties; une corolle composée de quatre pétales arrondis, très-ouverts; quatre étamines à anthères arrondies; un ovaire supérieur arrondi, surmonté d'un style si court qu'il est regardé comme nul, et qu'on croit qu'il y en a deux ou quatre; un drupe globuleux à une seule loge, renfermant un noyau ovale et monosperme.

Ce genre se rapproche beaucoup des HARTOGES. Il renferme des arbrisseaux et sous-arbrisseaux à feuilles opposées et à pédoncules axillaires. On en compte six espèces, toutes de l'Amérique méridionale et des Antilles, dont la plus importante est :

La MYGINDE DIURÉTIQUE, qui a les feuilles ovales, aiguës, dentelées, presque sessiles. C'est un arbrisseau de moyenne grandeur, qui croît très-abondamment aux environs de Carthagène et dans d'autres lieux de l'Amérique. On emploie la décoction de ses racines comme diurétique, et ses feuilles jouissent de la même propriété, mais à un degré inférieur.

Il faut encore citer la MYGINDE RHACOME, dont on a fait un genre particulier. Elle a les feuilles lancéolées, dentées, et les fleurs monogynes. (B.)

MYGRAINE. Vieux nom français du GRENADIER. (LN.)

MYIOTHÈRES, *Myiotheres*. Famille de l'ordre des oiseaux SYLVAINS et de la tribu des ANISODACTYLES. *Voyez* ces mots. Caractères : pieds médiocres, grêles; quatre doigts, trois devant, un derrière; les extérieurs ou soudés jusqu'au milieu, ou seulement à leur base; le postérieur mince; bec très-fendu, dilaté horizontalement, garni de soies à son origine, courbé vers le bout, échancré à sa pointe chez les uns; mandibules glabres à la base, entières, aplaties dessus et dessous, droites et obtuses chez les autres. Cette famille contient les genres PLATYRHYNQUE, TODIER, CONOPOPHAGE, GALLITE, MOUCHEROLLE, TYRAN, BÉCARDE, PITHYS, RAMPHOCÈNE. *Voyez* ces mots. (V.)

MYITIS de Dioscoride. C'est une espèce de CAUCA-LIDE. (LN.)

MYLABRE, *Mylabris*, Fab. Genre d'insectes, de l'ordre des coléoptères, section des hétéromères, famille des tra-chélides, tribu des cantharides.

Ces insectes avoient été réunis aux *meloës* par Linnæus, et aux *cantharides* par Degéer. Fabricius les en a séparés, pour former le genre mylabre, dénomination que Geoffroy avoit déjà donnée à un autre genre de coléoptères très-différent, celui qu'on appelle généralement aujourd'hui BRUCHE.

Les *cérocomes*, les *tétraonyx*, les *hyclées* et les *mylabres* sont les seuls de cette tribu dont les antennes se terminent en massue ou par un renflement bien marqué. Celles des myla-bres sont régulières et composées de 11 articles dans les deux sexes, ce qui distingue ces insectes des *cérocomes* et des *hyclées*. Dans le *tétraonyx*, le pénultième article des tarses est bilobé, tandis qu'il est entier, ainsi que tous les autres, dans les my-labres. Les organes de la manducation de ces derniers hété-romères ressemblent d'ailleurs beaucoup à ceux des *meloës* proprement dits et des *cantharides*. Leurs jambes sont termi-nées par deux épines étroites et allongées; mais dans les deux genres précédens, ainsi que dans les *cérocomes*, les jambes postérieures ont une de ces épines creusée à son extrémité, en manière d'un demi-entonnoir.

Les mylabres ont le corps oblong, la tête plus large que le corselet et inclinée, les antennes plus courtes que le corps, terminées en une massue arquée, et finissant plus ou moins en pointe; les yeux ovales et presque entiers; les man-dibules cornées, sans dentelures; les palpes terminés par un article un peu plus grand, en forme de cône renversé et com-primé; le corselet petit, plus étroit que l'abdomen, presque carré, assez convexe et arrondi aux angles; l'écusson très-petit; les élytres oblongues, un peu flexibles, un peu incli-nées latéralement et formant un toît arrondi; l'abdomen mou, et les tarses terminés par deux crochets bifides à leur extrémité. Leur corps est noir, velu, avec ses élytres, soit jaunes ou jaunâtres, et plus ou moins tachées de noir, soit mélangées de ces deux couleurs. Ils sont particuliers aux contrées chaudes et sablonneuses de l'ancien monde; ils abon-dent surtout en Afrique et au Levant. On les trouve sur les fleurs ou les feuilles de divers végétaux, et particulièrement sur ceux dont les fleurs sont composées. Dès qu'on les saisit, ils replient leurs antennes et leurs pattes contre le corps, à la manière des *dermestes*, des *lycus*, et de plusieurs autres insectes peu agiles, qui cherchent à tromper les regards de leurs ennemis en feignant d'être morts. Leurs larves sont inconnues.

Il paroît, d'après des passages de Pline et de Dioscoride, que les anciens désignoient ces insectes sous le nom de *cantharides*; car ils disent que les meilleures *cantharides* sont celles dont les étuis sont marqués de bandes jaunes transverses, caractère qui convient très-bien au *mylabre de la chicorée*, très-abondant dans le midi de l'Europe et dans l'Orient.

On l'emploie encore aujourd'hui dans les pharmacies de l'Italie, et particulièrement à Naples, à la place de notre cantharide, ou du moins mêlé avec elle. Les Chinois font aussi le même usage médical du *mylabre pustulé* d'Olivier, qui se trouve dans leur pays.

Il est difficile d'établir des limites bien précises entre les espèces, parce que les taches des élytres varient beaucoup. Olivier (*Encyclop. méthod.*) en a décrit soixante. On trouve communément dans les départemens méridionaux de la France les suivantes :

Mylabre de la chicorée, *Mylabris cichorii*, Fab., Oliv.; pl. G. 23, 14 de cet ouvrage. Le corps et les antennes sont noirs; les élytres ont, vers la base, près de la suture, une tache jaune, presque ronde, et plus bas, deux bandes de la même couleur, transverses et ondées, ou dentées irrégulièrement sur les bords.

J'ai trouvé quelquefois cette espèce dans des plaines sablonneuses et exposées au soleil des environs de Paris, sur les chardons; mais elle se tient plus particulièrement sur les chicoracées.

Le *mylabre variable*, que Rossi a pris pour celui de la *chicorée*, en diffère, en ce que les élytres ont de plus une tache jaune et ovale à leur extrémité, ainsi qu'une autre de la même couleur, mais plus petite, près de l'angle extérieur de leur base.

Mylabre huit-points, *Mylabris octopunctata*, Oliv.; *Col.* tome III, n.° 47, pl. 1, fig. 4, et pl. 2, fig. 18. Il est noir, avec les élytres rouges ou d'un jaune fauve, et marquées chacune de quatre points noirs, rangés deux par deux, sur deux lignes transverses.

Mylabre dix-points, *Mylabris decempunctata*, Fab., Oliv. Il diffère du précédent en ce que les élytres sont d'un jaune testacé, et qu'elles ont un point noir de plus ; il est situé à quelque distance de leur extrémité. (c.)

MYLASIS, *Mylasis.* Pallas, dans ses *Icones*, donne ce nom à un nouveau genre d'insectes de l'ordre des COLÉOPTÈRES, dans lequel il fait entrer le *tenebrio gigas* de Fabricius. *V.* TÉNÉBRION. (o.)

MYLÈTE, *Myletes.* Sous-genre de poissons établi par Cuvier aux dépens des SAUMONS. Les espèces qui le composent, dont une est figurée pl. 10 de l'important ouvrage du naturaliste précité, et dont une propre au Nil est appelée RAII, se font remarquer par leurs dents très angulaires et creuses au sommet. Ces dents sont sur deux rangs à la mâchoire supérieure et sur un seul à l'inférieure, qui en offre cependant deux isolées en arrière.

Ce sous-genre renferme trois espèces, outre les deux précitées. Ce sont des poissons d'une assez forte taille, dont la chair est très-recherchée. (B.)

MYLIOBATIS. Nom proposé par M. Duméril et adopté par M. Cuvier, pour désigner les espèces de *raies* appelées vulgairement MOURINES et AIGLES, et celles qui en approchent par leur tête saillante hors des nageoires pectorales, celles-ci étant plus larges transversalement que dans les autres raies. *V.* MOURINES. (DESM.)

MYLLOPHYLLON, Dioscor. *V.* MYRIOPHYLLON. (LN.)

MYLOCARION, *Mylocarium.* Arbrisseau de l'Amérique septentrionale, à feuilles éparses, réunies au sommet des rameaux, à fleurs disposées en grappes terminales, qui seul constitue, selon Pursh, Flore de l'Amérique septentrionale, un genre dans la décandrie monogynie.

Les caractères de ce genre sont : calice à cinq dents ; cinq pétales ; style persistant à trois divisions ; capsule à trois ou quatre ailes, à trois loges.

Le MYLOCARION A FEUILLES DE TROËNE est figuré pl. 1625 du *Botanical magazine* de Curtis. C'est la WALTÉRIE de Fraser. (B.)

MYLOCARPE, *Mylocarpum.* Arbrisseau de l'Amérique septentrionale, à feuilles alternes, simples, et à fleurs blanches disposées en grappes terminales, qui seul, selon Willdenow, constitue un genre dans la décandrie monogynie et dans la famille des BICORNES, fort voisin du CLETHRA.

Les caractères de ce genre sont : calice à cinq découpures profondes ; cinq pétales ; dix étamines à filamens dilatés et anguleux ; un ovaire supérieur à stigmate sessile et en tête ; une noix à quatre ailes et à trois loges. (B.)

MYLOÈQUE, *Mylæchus*, Latr., Oliv. Genre d'insectes de l'ordre des coléoptères, section des pentamères, très-voisin des *cholèves* (*catops* , Fab.), et n'en différant génériquement qu'en ce que leurs antennes ont leurs premiers articles sensiblement plus grands que les suivans, et que les quatre avant-derniers, qui, avec le onzième, forment la massue, sont presque égaux, tandis que le huitième est plus petit que les contigus dans les *cholèves*. Le port et les organes de la manducation sont d'ailleurs identiques dans ces deux genres.

Le Mylœque brun, *Mylœchus brunneus*, Latr., *Gener. Crust. et Insect.*, tome I, tab. 8, fig. 11, et tome II, pag. 30, est long d'une ligne, ovoïde, d'un brun châtain, pubescent, finement et vaguement pointillé, avec une dent peu distincte aux cuisses postérieures. Il paroît avoir de grands rapports avec le *catops brevicorne* de Paykull, le *catops agile* de Panzer. J'ai trouvé cet insecte dans le bois de Vincennes, aux environs de Paris. (L.)

MYLOICOPHORON de Pluknet (*Alm.*, tabl. 32, fig. 6) de Catesby (*Can. c.* 19, t. 32). C'est une graminée du genre Paturin (*Poa*), suivant Adanson. (LN.)

MYRMECITIS. C'étoit, chez les anciens, une pierre qui présentoit la figure d'une fourmi rampante. Il se peut que ce fût du succin, substance dans laquelle on trouve fréquemment des insectes, ou bien une pierre figurée. Pline ne donne aucun détail au sujet du *myrmecitis*. (LN.)

MYRMECIUM. Nom que les Grecs donnoient à l'*ortie*, parce que cette plante fait naître, lorsqu'on la touche, des ampoules sur la peau; *myrmecium* signifiant en général tous boutons ou pustules qui démangent. (LN.)

MYODE, *Myodes* (forme de *mouche*), Latr; *Ripiphorus*, Fab. Genre d'insectes, de l'ordre des coléoptères, section des hétéromères, famille des trachélides, tribu des mordellones.

Olivier et Fabricius placent avec les *ripiphores* (*V.* ce mot.) un insecte qui, par la forme des antennes, celle des palpes et la physionomie générale, présente, en effet, les caractères de ce genre, mais qui s'éloigne cependant des autres espèces par la brièveté de ses élytres, de sorte que ses ailes sont presque entierement découvertes; de là l'origine de sa dénomination spécifique *subdipterus*. Dorthes (*Voyez* son éloge par Dumas), qui découvrit le premier cette espèce, en donna la description ainsi que la figure, et fut d'avis qu'elle devoit former un nouveau genre à côté des *nécydales* de Linnæus. Les naturalistes anglais nommèrent ce genre *dorthesia*, dénomination que M. Bosc a depuis appliquée à un nouveau genre d'hémiptères, ayant pour objet le *coccus caraccias* découvert et décrit encore par Dorthes. Il paroît que le premier de ces genres répondoit à celui que l'on appelle maintenant *ripiphore*. Mais l'espèce décrite par Dorthes, comme type de cette coupe, offre plusieurs différences essentielles qui me semblent devoir l'en faire détacher : 1.º Les antennes, quoique semblables à celles des ripiphores par leur forme en éventail, sont insérées de chaque côté du sommet de la tête, près de l'extrémité supérieure et interne des yeux, et dans une fossette ; les trois premiers articles sont si courts et si serrés, qu'ils paroissent former ensemble un tubercule radical ; les huit derniers articles jettent chacun une (*femelle*) ou deux (*mâle*) branches, longues et linéaires, formant un peigne ou un grand panache, ainsi que le sont les mêmes articles des antennes du *ripiphore paradoxal*. Le labre est grand, fortement échancré ou bifide, et s'attache par sa base inférieure à celle de la lèvre qu'elle recouvre. Les mâchoires se terminent par un seul lobe et très-petit. La languette s'avance, entre ses palpes, en forme d'une petite pièce presque conique, entière et obtuse : il m'a paru qu'elle se plaçoit dans l'échancrure du labre, ou du moins immédiatement au-dessous. Les palpes ont d'ailleurs la forme et les proportions de ceux des ripiphores ; il en est de même des mandibules. Mais les autres parties de la bouche, ou celles que je viens de décrire, ont une autre forme dans les ripiphores. Les crochets des tarses présentent des dissemblances ; ici, leur extrémité est bifide ou bidentée, et sans dentelures le long de leur côté inférieur. Dans les myodes, ces crochets sont garnis, en dessous, d'une rangée de dentelures très-fines et se terminant en une pointe simple. Enfin, les élytres de ces insectes sont très-courtes et ont la figure d'une écaille triangulaire et voûtée. Elles sont étroites, un peu courbes et pointues dans le mâle : celles de la femelle sont plus courtes, plus larges, obtuses ou tronquées au bout, et se rapprochent de la forme carrée. Les ailes sont étendues dans toute leur longueur.

Myode de Dorthes, *Myodes Dorthesii ; Ripiphorus subdipterus*, Fab. ; Oliv., *Coléopt.*, tom. 3, n.º 65, pl. 1, fig. 1. Cet insecte n'a guère plus de trois à quatre lignes de long. Le mâle a le corps d'un noir luisant, avec les antennes, les pattes et une grande partie de l'abdomen jaunâtres ; les antennes forment un beau panache, qui s'épanouit en manière de gerbe ; les élytres sont d'un jaunâtre pâle, presque testacées ; le milieu des ailes a une teinte brune ou roussâtre, en forme de tache. Les antennes de la femelle n'ont qu'un seul rang de lames ou de feuillets, ceux du côté interne ; elles sont tantôt jaunes, tantôt noires ; les pattes sont entièrement jaunes ou entremêlées de noir.

Dans l'un et l'autre sexe, les antennes sont courtes. Cette espèce se trouve au midi de la France et en Espagne. (L.)

MYODOQUE, *Myodocha*, Latr., Oliv. Genre d'insectes, de l'ordre des hémiptères, section des hétéroptères, famille des géocorises, tribu des longilabres, très-rapprochés des *lygées* et des *miris*, mais en étant distingués par la forme ovoïde et allongée de leur tête, qui se rétrecit postérieurement en manière de col, comme dans les *reduves*. Leurs antennes vont un peu en grossissant vers leur extrémité, et sont composées de quatre articles, dont le dernier ovale. Le corps est oblong, avec le corselet presque conique, plus étroit en devant, et comme divisé transversalement en deux par une impression linéaire. Les cuisses antérieures sont renflées et épineuses en dessous. J'ai établi ce genre sur l'espèce suivante.

MYODOQUE SERRIPÈDE, *Myodocha serripes*. Corps long d'environ quatre lignes, noir; élytres d'un brun clair, bordées extérieurement de blanchâtre; pattes pâles, avec l'extrémité antérieure des cuisses obscure.

Dans l'Amérique septentrionale. Deux punaises de Degeer (*tipuloides*, *trispinosus*) paroissent former deux autres espèces du même genre. *Voyez* Olivier, *Encyclopédie méthodique*. (L.)

MYOKTONON et MYOCTYNON. Synonymes d'Aconitum, chez les anciens. *V.* ce mot, suppl. (LN.)

MYON. L'un des noms des Asperges, chez les anciens. (LN.)

MYONIME, *Myonima*. Genre de plantes de la tétrandrie monogynie et de la famille des rubiacées, dont les caractères consistent: en un calice très-petit et presque entier; en une corolle monopétale à tube très-court et à limbe à quatre divisions obtuses; en quatre étamines à anthères saillantes; en un ovaire inférieur arrondi, supportant un style simple à stigmate un peu épais; en une baie sèche, globuleuse, déprimée, à quatre loges, dont les semences, renfermées dans un noyau, sont solitaires, concaves d'un côté et convexes de l'autre.

Ce genre, établi par Lamarck, comprend deux arbrisseaux à feuilles entières et opposées, et à fleurs axillaires ou terminales, et presque solitaires.

Le MYONIME OVOÏDE, dont les feuilles sont presque ovales et obtuses, et les baies obtusément tétragones, est un bel arbrisseau, qui se fait distinguer par le luisant de son feuillage. Il se trouve à l'Ile-de-France, et y est connu sous le nom de *bois de rat*, parce que les rats sont très-friands de son fruit.

Le MYONIME A FEUILLES DE MYRTE a les feuilles ovales, lancéolées, aignës, et les baies sphériques. Il se trouve dans le même pays. (B.)

MYOPE, *Myopa*. Genre d'insectes de l'ordre des diptères, famille des athéricères, tribu des conopsaires. Ses
caractères sont: suçoir de deux soies au plus, reçu dans une
trompe saillante, cylindrique, coudée à sa base et au milieu;
antennes à palette; soie latérale.

Les myopes ont la tête plus large que le corselet, grande;
la face revêtue d'une membrane molle, blanche, comparée
à un masque; les yeux grands; trois petits yeux lisses; le corselet presque cylindrique, un peu convexe; deux points élevés aux angles huméraux; les ailes couchées; l'abdomen
sessile, presque cylindrique, un peu renflé à l'extrémité,
arqué; les pattes fortes, avec les cuisses un peu renflées, et
les tarses à deux crochets et deux pelotes.

Les myopes ont beaucoup de rapports avec les *conops* et
les *asiles*, dont ils diffèrent par la forme des antennes et par
les parties de la bouche; on les trouve sur les fleurs; leurs
larves ne sont point encore connues. Ils forment un genre
peu nombreux, dont la plus grande partie habite l'Europe;
les plus remarquables sont les espèces suivantes:

MYOPE FERRUGINEUX, *Myopa ferruginea*, Fab., *Conops
ferruginea*, Linn.; *Asile*, Geoff.; pl. G 17, 10, de cet ouvrage. Il a environ quatre lignes de long; les antennes ferrugineuses; le devant de la tête d'un jaune citron; les yeux
bruns; le corselet varié de noirâtre et de ferrugineux; l'abdomen d'un brun ferrugineux; les ailes noirâtres; les pattes
ferrugineuses; les balanciers jaunâtres. On le trouve en Europe, aux environs de Paris.

MYOPE TESTACÉ, *Myopa testacea*, Fabric. Il est fauve,
avec l'anus cendré, et un point noirâtre au milieu des ailes.
M. Meigen y rapporte le *conops buccata* de Linnæus, et le
MYOPE JOUFFLU (*myopa buccata*) de Panzer, *Faun. insect.,
Germ.*, *fasc.* 12, tab. 24.

On trouve quelquefois, aux environs de Paris, sur les chardons, le MYOPE DORSAL, *Myopa dorsata* de Fabricius, figuré
par Schæffer, *Icon. Insect. ratisb*, tab. 49, fig. 23. Cette espèce
est une des plus grandes du genre, d'un fauve rouge, très-
vif, lorsqu'elle est vivante, avec le devant de la tête blanc
et le dessus du corselet noirâtre; on voit du blanc sur les
bords des anneaux de l'abdomen. (L.)

MYOPORE, *Myoporum*. Genre de plantes de la didynamie angiospermie et de la famille des primulacées, ou mieux
de son nom, établi par Forster. Il a pour caractères: un
calice divisé en cinq parties; une corolle campanulée, dont
le limbe est ouvert et divisé en cinq parties presque égales;
quatre étamines, dont deux plus petites; un ovaire supérieur

surmonté d'un style simple; un drupe à une ou deux noix à deux loges et à deux semences.

Ce genre, qui ne paroît pas suffisamment différer de l'ANDREUSIE de Ventenat, et de la POGONIE d'Andrew, renferme huit espèces, qui sont des arbres extrêmement voisins des CUTILETS, et qu'on trouve à la Nouvelle Zélande et autres îles de la mer du Sud.

Le *myopore débile* est figuré, n.º 1830 du *Botanical magazine* de Curtis (B.)

MYOPORIMÉES. Famille de plantes établie par Rob. Brown. Elle a pour type le genre de ce nom. (B.)

MYOPOTAME, *Myopotamus* ou *rat des fleuves*. Nom donné par Commerson à un rongeur à pieds palmés de l'Amérique méridionale, qui fait partie du genre *hydromys* de M. Geoffroy. C'est l'HYDROMYS COYPOU ou le QUOUIXIA de d'Azara. *Voy.* ces mots. (DESM.)

MYOPTÈRE, *Myopterus*, Geoffr.; *Vespertilio*, Gmel. Genre de mammifères carnassiers, de la famille des chéïroptères, fondé par M. Geoffroy Saint-Hilaire, et ainsi caractérisé:

Deux incisives et deux canines à chaque mâchoire; quatre molaires de chaque côté à celle d'en haut, et cinq à celle d'en bas, toutes à couronne garnie de tubercules aigus; nez simple; chanfrein méplat, sans fenilles, membranes ou sillons; oreilles larges, isolées et latérales, avec l'oreillon intérieur; membrane interfémorale moyenne; queue longue, à demi enveloppée à sa base, et libre à son extrémité.

On ne connoît qu'une seule espèce de ce genre de chauvesouris, particulièrement voisin de celui des MOLOSSES, et qui n'en diffère guère qu'en ce que les oreilles de ces derniers animaux sont réunies et couchées sur la face avec leur oreillon extérieur, et en ce que leur chanfrein est convexe. Les TAPHIENS qui se rapprochent encore beaucoup du myoptère, offrent cependant une autre combinaison dans le nombre des incisives et des molaires; une forme de tête différente, et une membrane interfémorale plus développée.

Espèce unique. — MYOPTÈRE RAT-VOLANT, Geoffroy, *Mém. d'Egypte*, *Hist. Nat.*, tom. 2, page 113. — RAT VOLANT, Daubenton, *Mém. de l'Académie des Sciences de Paris*, 1759, page 386.

Le rat volant de Daubenton n'est connu que par la courte description qu'en donne ce naturaliste, et dont les principaux traits ont servi à l'établissement des caractères du genre dans lequel M. Geoffroy a jugé à propos de le placer. Ce chéïroptère a trois pouces un quart de longueur, depuis le bout des lèvres jusqu'à l'origine de la queue; ainsi il n'est guère plus grand que le Vespertilion noctule de notre pays, qui est long de trois pouces. Le museau est court et gros; les oreilles sont larges et ont un oreillon très-petit. Le dessus de la tête et du corps a une couleur brune, et le dessous est d'un blanc sale avec une légère teinte de fauve; la membrane des ailes et de la queue a des teintes de brun et de gris. Les deux incisives supérieures sont pointues et rapprochées l'une contre l'autre; celles de la mâchoire inférieure ont chacune deux lobes, et occupent tout l'espace qui est entre les deux canines. *V. Daubenton*, *loc. cit.* (DESM.)

MYOPTEROS des anciens. *V.* Thlaspi. (LN.)

MYORTOCHON. Ce nom se donnoit, chez les anciens, au Myosotis et à l'*alsine* ou Morgeline. (LN.)

MYOSOTA. *V.* Myosotis. (LN.)

MYOSCHILE, *Myoschilos*. Arbrisseau du Pérou, qui forme un genre dans la pentandrie monogynie et dans la famille des éléagnoïdes. Il offre pour caractères: un calice de cinq folioles colorées et persistantes; point de corolle; un ovaire inférieur, à style et stigmate trigones; un drupe oblong, couronné par le calice et contenant une noix uniloculaire. (B.)

MYOSOTE, *Myosotis*. Genre de plantes de la pentandrie monogynie et de la famille des borraginées, dont les caractères consistent en un calice à cinq découpures profondes et persistantes; une corolle monopétale, hypocratériforme, à tube court, fermé par cinq écailles convexes, à limbe plane, partagé par cinq lobes échancrés; cinq étamines cachées dans le tube; quatre ovaires surmontés d'un style filiforme, terminé par un stigmate obtus; quatre semences ou noix renfermées au fond du calice qui s'est agrandi.

Ce genre, aux dépens duquel R. Brown a établi celui qu'il a appelé Hexarrhène, renferme des plantes à feuilles alternes, souvent calleuses à leur sommet, et à fleurs disposées en épis terminaux et unilatéraux. On en compte une trentaine, dont un tiers appartient à l'Europe.

Ces espèces sont:

La Myosote des marais, *Myosotis scorpioïdes*, Linn., qui a les semences lisses: le tube de la longueur de la corolle, et les feuilles lancéolées, est annuelle, se trouve dans les marais et les champs humides, varie beaucoup, et se fait remarquer par l'élégance de sa corolle bleuâtre à fond jaune. Lamarck, dans sa *Flore française*, l'appelle la *scorpionne*.

La Myosote des champs a les semences lisses; le calice aigu, hérissé, de la longueur du tube de la corolle; les feuilles ovales, oblongues et velues. Elle est extrêmement commune dans les champs, et est en fleur tout l'été. Ses fleurs sont moins grandes et moins belles que celles de la précédente.

La MYOSOTE A FLEURS JAUNES, *Myosotis apula*, a les semences nues; les feuilles linéaires, lancéolées, hispides, et les grappes feuillées. Elle est annuelle, et se trouve dans le midi de la France.

La MYOSOTE LAPULLE a les semences hérissées d'épines doublement crochues, et les feuilles lancéolées. Elle se trouve en France, sur les vieux murs, parmi les décombres, dans les lieux incultes et stériles. (n.)

MYOSOTIS ou MYOSOTA. Plusieurs plantes portoient, chez les anciens, ce nom, qui signifie en grec *oreille de souris ou de rat*. Elles le devoient à leurs feuilles que l'on avoit comparées aux oreilles de ces petits quadrupèdes.

Pline décrit ainsi l'une de ces plantes. C'est une herbe lisse, dont la racine produit plusieurs tiges, qui ne sont point rougeâtres et creuses; dont les feuilles qui avoisinent la racine sont longues, étroites, noires, et à dos tranchant et aigu, tandis que les autres feuilles sont espacées deux à deux sur les tiges. Celles-ci se ramifient en petites branches qui sortent des aisselles et portent des fleurs bleues. La racine de la grosseur du doigt et filamenteuse, est âcre et corrosive. Aussi s'en sert-on dans le traitement des fistules qui viennent entre l'œil et le nez. Les Égyptiens croyoient qu'en se frottant les yeux avec le jus de cette herbe le 27 de leur mois *Thiatin* (août), on n'avoit point de chassie aux yeux pendant le restant de l'année.

Une seconde herbe *myosotis* ou *myosota*, est celle que les Grecs nommoient aussi *alsine* (du mot grec *alsos*, qui signifie *bois, forêt*), parce que cette plante croissoit à l'ombre et au pied des buissons, des arbres, dans les bois touffus et dans les jardins. Ce *myosotis* poussoit dès le milieu de l'hiver, sa tige traînoit à terre et ses feuilles rappeloient par leur forme les oreilles des souris. Pline s'étend encore sur un *myosotis* qui ressembloit à la pariétaire (*helxine*).

Le premier *myosotis* ne seroit-il pas une espèce de VÉRONIQUE (*veronica pardo*); le second, la MORGELINE (*alsine media*, L.); et le troisième une espèce de CÉRAISTE ou notre *myosotis des champs*? C'est ce qui est probable et l'opinion de beaucoup de botanistes.

Le nom de *myosotis* a été traduit en latin par *auricula muris* et c'est sous ce nom latin que Brunsfelsius, Dodonée, Tragus, Joach. Camérarius, Columna, Lonicerus, Césalpin, Lobel, ont décrit quelques espèces d'*hieracium* (notamment le *hieracium pilosella*), les *myosotis arvensis* et *palustris*, le *medicago circinata*, L., le *gnaphalium dioicum*, diverses espèces de *veronica* (*officinalis*, *spuria*, *chamœdrys*, etc.) ; les *cerastium* et le *draba verna*, toutes plantes qui ont été considérées comme pouvant être les anciens *myosotis*.

Tournefort et Vaillant ont donné le nom de *myosotis* au genre que Linnæus désigne par *cerastium*. Adanson en l'adoptant y ramenoit quelques espèces de *stellaria*, et le nommoit *centunculus*. Le genre *myosotis* de Linnæus est tout différent, appartient à la famille des borraginées et rentre dans le *lithospermum* de Tournefort et dans le *buglossum* d'Adanson.

C'est aux dépens du genre *myosotis* de Linnæus, que sont formés les genres *echioides* et *lappula* de Mœnch. L'*exarrhena* de Robert Brown paroît devoir être réuni au *myosotis*, n'en différant essentiellement que par les étamines saillantes, caractère regardé comme ayant peu de valeur et avec raison, ainsi que le prouvent les espèces du genre *mentha*. Le genre *myosotis*, Linn., est mentionné dans ce Dictionnaire au mot MYOSOTE. Quant au *myosotis*, Tournefort. *Voyez* CÉRAISTE. (LN.)

MYOSOTON. Ce genre, établi par Mœnch, a pour type le *cerastium aquaticum*, Linn. Il ne diffère des *cerastium* que par sa capsule presque ronde, aussi longue que le calice et s'ouvrant au sommet en cinq parties ; dans le *cerastium*, la capsule est plus longue que le calice, cylindrique, et se divise au sommet en dix parties. *V.* CÉRAISTE. (LN.)

MYOSUROS, de Galien. Cette plante est, selon Adanson, la même que celle que nous nommons *queue de souris* et *ratoncule*. Dodonée est le premier des botanistes modernes qui lui ait donné le nom de *myosurus*, et il est resté au genre qu'elle forme. Ce genre a été établi par Dillen et adopté par Linnæus. Ce naturaliste y avoit d'abord rapporté le *ranunculus falcatus*, que depuis il en ôta, et qui, suivant Mœnch, doit faire un genre particulier ; c'est son *ceratocephala*. Le *ranunculus reptans* a été rangé aussi dans le genre *myosurus*. Ray et Tournefort plaçoient le *myosurus* dans le genre *ranunculus*, et Petiver dans celui des *adonis*. *V.* RATONCULE. (LN.)

MYOTERA. C'est dans le *Prodomus* d'Illiger et dans le *Règne animal* de M. Cuvier le nom générique de FOURMILIERS. (V.)

MYOTON et **MORTOCHON.** Synonymes de *Myosotis* chez les anciens. (LN.)

MYOXOCEPHALE, *Myoxocephalus.* Genre de poisson

établi par Steller, mais qui ne diffère pas suffisamment des
COTTES. (B.)

MYOXUS. Nom latin tiré du grec, employé d'abord par
Gmelin, pour désigner le genre qui comprend les animaux
rongeurs du genre des LOIRS. Il a été adopté par la plupart des zoologistes qui ont écrit sur l'histoire naturelle des
mammifères. *V.* ce mot. (DESM.)

MYRABALANUM. *V.* MYROBALANUM. (LN.)

MYRABOLUS. C'est le nom que l'on donne à la *myrrhe*
qui vient d'Arabie, mais que les Européens tirent souvent
de Surate. *V.* MYRRHE. (B.)

MYRACANTHUS. Bontius, dans son histoire naturelle
des Indes orientales (6, p. 55), nomme *Myracanthus indicus*, L'A-
CANTHE à feuilles de houx, que Rheede figure sous le nom
de *Païnaschylli* (Hort. malab.), et que Cammeli appelle *Deli-
caria*, qui dérive d'un des noms que l'on donne aussi dans
l'Inde à cette même plante, maintenant séparée des ACAN-
THES. *Voy.* ce mot. (LN.)

MYRACANTON. Chez les Grecs, c'étoit l'un des noms
de la plante que Dioscoride nomme ERYNGION. (LN.)

MYRCINES. *V.* MYRSINE. (LN.)

MYRE. Nom spécifique d'une MURÈNE. (B.)

MYREPSICA. *V.* MYROBOLAN MYREPSIQUE. (LN.)

MYRHE. *V.* MYRRHE. (B.)

MYRIADÈNE, *Myriadenus.* Genre de plantes établi par H.
Cassini dans sa famille des synanthérées, pour placer la VEN-
GEROLLE GLUTINEUSE et autres. Il diffère de celui appelé PU-
LICAIRE par Gærtner, en ce qu'il n'appartient pas aux ra-
diées ; ses caractères sont : calice commun composé d'é-
cailles imbriquées, linéaires, terminées par un appendice
bractiforme ; point de rayons ; réceptacle commun, plane,
fovéolé ; semences hispides, inférieures et à aigrette double,
l'intérieure squamiforme, l'extérieure filiforme barbulée.
(B.)

MYRIADÈNE, *Myriadenus.* Genre de plantes établi par
Desvaux, pour placer l'ORNITHOPE TÉTRAPHYLLE, que la
forme de son fruit écarte des autres. (B.)

MYRIANTHE, *Myrianthus.* Arbre d'Afrique à feuilles
alternes, digitées, et à fleurs disposées en corymbe, qui,
selon Palisot de Beauvois, qui l'a figurée dans sa Flore d'O-
ware et de Benin, forme seul un genre dans la monoécie
monadelphie.

Les caractères de ce genre sont : calice à quatre divisions
concaves ; point de corolle ; un tube trifide portant une étamine à chaque division ; un péricarpe charnu à douze ou
quatorze loges, contenant des semences ailées. (B.)

MYRIANTHEIE, *Myriantheia*. Arbrisseaux de Madagascar, à feuilles alternes, épaisses, et à fleurs en grappes axillaires, qui constituent, selon du Petit-Thouars, un genre dans la polyadelphie polyandrie, et dans la famille des Rosacées. Les caractères de ce genre sont : calice à cinq découpures conniventes; cinq pétales onguiculés, insérés sur le calice ; cinq paquets de quatre à cinq étamines ; cinq écailles ; un ovaire à demi inférieur, contenant quatre ovules, et surmonté de quatre stylets courts. Le fruit n'est pas connu.

(B.)

MYRIAPODES, *Myriapoda*, Latr. Ordre d'insectes ayant pour caractères: point d'ailes ; un très-grand nombre de pieds, situés dans presque toute la longueur du corps, une paire par chaque anneau; mâchoires et les deux ou quatre pieds antérieurs réunis à leur base, au-dessous des mandibules.

J'avois, depuis long-temps (*Prée. des Caractères géner. des insect.*), formé avec ces insectes un ordre particulier, et sous la même dénomination, mais en lui donnant plus d'étendue par l'adjonction du genre *oniscus* de Linnæus. M. de Lamarck les a mis dans son ordre de *arachnides antennistes*.

Les myriapodes ressemblent à de petits serpens ou à des néréides, ayant des pieds très-rapprochés les uns des autres, dans toute la longueur de leur corps; de là le nom de *mille-pieds*, sous lequel on les désigne communément. Leur corps, dépourvu d'ailes, est composé d'une série, ordinairement considérable, d'anneaux, le plus souvent égaux, et portant chacun généralement une ou deux paires de pieds, terminés par un seul onglet. Il semble n'être formé que d'une tête et d'un tronc continu et très-prolongé, sans distinction d'abdomen ; mais les premiers anneaux, d'après les motifs que nous avons exposés aux articles CHILOGNATHE et CHILOPODES, représentent le tronc et le corselet proprement dit des autres insectes.

Ils ont, 1.º deux antennes courtes, et soit filiformes ou un peu plus grosses au bout, et composées de sept articles, soit sétacées avec un grand nombre d'articulations; 2.º deux yeux formés d'une réunion d'yeux lisses, et quelquefois, comme dans les *scutigères*, très-nombreux et presque à facettes, mais dont les lentilles sont néanmoins proportionnellement plus grandes, plus rondes, plus distinctes que celles des yeux composés des insectes ailés; 3.º deux mandibules dentées, propres à broyer ou à inciser les matières alimentaires, divisées transversalement par une suture, ou comme emmanchées, et même accompagnées, dans plusieurs, d'un petit appendice palpiforme ; 4.º une sorte de lèvre, sans palpes, divisée et formée de pièces soudées, que M. Savigny considère comme les analogues des quatre mâchoires supérieures des crustacés, mais réunies ; les deux ou quatre pieds antérieurs se joignent à leur base, s'appliquent ou se couchent sur la lèvre, et concourent, presque exclusivement, à la manducation, tantôt sans changer de forme, comme dans les *chilognathes*, tantôt convertis les uns en deux palpes, et les autres en une sorte de lèvre, avec deux crochets articulés, mobiles, analogues même par leur destination aux griffes des mandibules des aranéides ; c'est ce que l'on voit dans les *chilopodes* ; ces parties semblent répondre aux pieds-mâchoires des crustacés.

Les stigmates sont souvent très-petits, imperceptibles même dans quelques-uns (*glomeris*), et leur nombre surpasse ordinairement celui des stigmates des autres insectes qui en ont le plus, c'est-à-dire dix-huit.

Les myriapodes vivent et croissent plus long-temps que les autres animaux de cette classe, et donnent, à ce que je présume, plusieurs générations. Ils naissent avec six pieds, ou n'ont pas, du moins, dans les premiers jours de leur vie, tous ceux qu'ils offriront dans leur état adulte. Les autres pieds, ainsi que les anneaux qui les portent, et dont la quantité varie selon l'espèce, se développent avec l'âge, sorte de métamorphose que j'ai nommée *ébauchée*, et qui leur est propre ; car les autres insectes n'acquièrent plus de nouveaux segmens, et les pieds à crochets, dont le nombre est invariablement de six, ou existent dans la larve, ou se montrent tous à la fois dans la nymphe. Ainsi les myriapodes font réellement un passage des insectes aux crustacés. Leurs formes extérieures les rapprochent de ceux-ci ; mais leur organisation intérieure, seule base essentielle de nos coupes classiques, les associe à ceux-là ; c'est ainsi encore que les *arachnides trachéennes* ressemblent à l'extérieur aux *arachnides pulmonaires*, et sont néanmoins plus près des insectes sous les rapports de l'organisation interne.

Les myriapodes font leur habitation dans la terre, sous les différens corps placés à sa surface, sous les écorces des arbres, la mousse, entre les feuilles de quelques végétaux cultivés dans nos jardins, et beaucoup aiment l'obscurité.

Des animaux fossiles et très-singuliers, dont on n'a pas encore découvert les analogues, et dont plusieurs, à raison de la constitution minéralogique des terrains où on les a trouvés, paroissent appartenir à des races totalement anéanties dans les antiques révolutions du globe, les *trilobites*, m'ont semblé remplir le vide qui sépare les myriapodes des crustacés. Du moins, s'ils paroissent avoir de l'affinité avec quelques grands branchiopodes, ils en ont aussi et de plus grandes, soit par le nombre des anneaux de leur corps, soit par leur division en trois parties, avec les *gloméris*, premier genre de notre famille des *chilognathes*. Les *trilobites*, qu'on avoit confondus jusqu'à ce jour, sous la dénomination générale d'*entomolithe paradoxal*, ont été, pour l'un de nos confrères à l'Académie des Sciences, M. Brongniart, un sujet de recherches curieuses et d'un beau travail. L'un de nos collaborateurs, M. Desmarest, en a présenté ici l'analyse, et il y a joint plusieurs observations qui lui sont propres. *V*. TRILOBITES et CRUSTACÉS FOSSILES.

Les myriapodes forment deux familles, les CHILOGNATHES et les CHILOPODES. (L.)

MYRICA et MYRICE des Grecs. *Voyez* TAMARISCUS. Le genre *myrica*, Linn., ne comprend point les *myrica* des anciens, qui sont nos *tamarix*, mais des plantes très-différentes. Tournefort avoit nommé *Gale* le genre *myrica* de Linnæus. *Voyez* GALE. (LN.)

MYRICITE ou TRILOBITE, ou *Enthomolithus paradoxus*, Linn. *Voyez* TRILOBITE et PARADOXITE. (LN.)

MYRIOMORPHON. Synonyme d'*Achillea* chez les anciens. *Voyez* MILLEFOLLIUM. (LN.)

MYRIOPHYLLUM (*mille feuilles*, en grec). Selon Pline, la plante connue des Grecs sous le nom de *myriophyllon*, et des Latins, sous celui de *millefolium*, avoit une tige tendre, semblable à celle des fenouils, et qui étoit revêtue d'une grande quantité de feuilles, d'où lui venoient ces noms. Elle croissoit dans les lieux marécageux, et étoit très-propre à guérir les plaies. Infusée dans du vinaigre, on la recommandoit comme utile dans les maux de la vessie. Suivant Dioscoride, les feuilles du *myriophyllum* sont semblables à celles du fenouil. Pline et Dioscoride ont-ils voulu parler de la même, ou de deux plantes différentes ? On a indiqué pour elles le *ranunculus fluviatilis*, l'*hottonia palustris*, le *phellandrium aquaticum* et même le *volant-d'eau* (*Voyez* ce mot), dont il y a deux espèces dans nos marécages.

C'est au volant-d'eau que Vaillant a fixé le premier le nom de *myriophyllon*. Adanson y ramène le *myriophyllon* des Grecs et des Latins, qui étoit une plante connue des Celtes, si toutefois il est vrai que ce soit leur *belioucandas*. *Voyez* MILLEFOLIUM, STRATIOTES et VOLANT-D'EAU. (LN.)

MYRIOSTOME, *Myriostoma*. Genre de champignons établi par Desvaux, pour placer le VESSELOUP figuré par Dickson dans le premier fascicule de sa *Cryptogamie britannique*, sous le nom de *Lycoperdon coliforme*. Ses caractères sont : chapeau presque sphérique, à double écorce, l'extérieure volviforme, fendue en rayons inégaux, tachetés à leur extrémité; l'intérieure mince, percée au sommet de plusieurs trous ronds, ciliés, légèrement élevés; plusieurs pédicules courts, rapprochés, comprimés, presque ligneux. (B.)

MYRIOTHÈQUE, *Myriotheca*. Genre de plantes cryptogames, de la famille des fougères, dont la fructification est formée de capsules nombreuses, nues, ovales, s'ouvrant longitudinalement au sommet en deux valves percées chacune intérieurement de deux trous, et éparses sur le dos des feuilles.

Ce genre a été appelé *marattie* par Swartz et Smith. Il renferme trois espèces; savoir:

La MYRIOTHÈQUE AILÉE, qui a le pétiole commun écailleux, les partiels ailés, et les folioles dentelées. Elle se trouve à la Jamaïque.

La MYRIOTHÈQUE LISSE, qui a le pétiole commun lisse; les partiels ailés; les folioles obtusément dentelées. Elle se trouve à Saint-Domingue.

La MYRIOTHÈQUE A FEUILLES DE FRÊNE, qui a le pétiole commun lisse et simple; les folioles lancéolées et dentelées, et toutes distinctes. Elle se trouve à l'île de la Réunion. (B.)

MYRISTICA. Nom latin du genre MUSCADIER. Ce genre est le *komacon* d'Adanson. Robert Brown pense qu'on doit y réunir le genre *horsfieldia* de Willdenow et de Lamarck, et le *virola*, d'Aublet. Peut-être le *knema*, de Loureiro, en doit-il aussi faire partie. (LN.)

MYRISTICÉES. Famille de plantes proposée par R. Brown, et dont le type est le genre MUSCADIER. (B.)

MYRLE. *Voyez* MERLIN. (S.)

MYRMECOPHAGA. Nom tiré du grec, et appliqué aux mammifères, du genre des FOURMILIERS. Employé d'abord par Linnœus pour désigner des animaux assez différens, il a depuis été réservé pour les fourmiliers d'Amérique, c'est-à-dire, les *myrmecophaga jubata*, *tetradactyla* et *didactyla*. Le *myrmecophaga capensis* en a été séparé pour former le genre ORYCTÉROPE. L'ÉCHIDNÉ, quadrupède de la Nouvelle-Hollande, a reçu des auteurs anglais, qui les premiers en ont parlé, le nom de *myrmecophaga aculeata*. (DESM.)

MYRMÉCOPHAGES, *Myrmecophaga*. Sous ce nom, nous avons désigné (*Tabl. meth. des mammif.*, *prem. édit. de ce Dict.*) une famille de quadrupèdes édentés, renfermant ceux qui sont absolument dépourvus de toutes sortes de dents, et qui ne présentent pas d'ailleurs les caractères particuliers aux MONOTRÈMES. Ces genres sont ceux des PANGOLINS et des FOURMILIERS. (DESM.)

MYRMÉCIE, *Myrmecia.* Nom donné, par Schreber, au genre établi par Aublet, sous celui de TACHIE. (B.)

MYRMÉCIE, *Myrmecia.* Fabricius nomme ainsi un genre d'insectes hyménoptères, de notre tribu des formicaires, et distingué plus spécialement des autres genres de cette division, par la forme et la grandeur des mandibules. Celles des neutres sont avancées, grêles, dentelées au côté interne, parallèles et pointues à leur extrémité.

Ce naturaliste n'ayant pas égard à la forme du corps, dans le caractère essentiel du genre, le compose d'espèces qui ont le pédicule de leur abdomen composé tantôt d'une écaille, tantôt d'un ou de deux nœuds. Ces caractères, l'absence ou la présence d'un aiguillon, m'ont paru devoir servir de première base aux coupes génériques que j'ai établies dans cette tribu. *Voyez* les articles FORMICAIRES et MYRMICE. (L.)

MYRMÉCODE. *Myrmecodes*, Latr. Genre d'insectes de l'ordre des hyménoptères, section des porte-aiguillons, famille des hétérogynes, tribu des mutillaires.

Les myrmécodes diffèrent des autres insectes de cette tribu, et particulièrement des *mutilles* et des *myrmoses*, dont elles se rapprochent davantage, à raison de leurs palpes, qui sont très-courts. Les maxillaires sont à peine distincts, presque coniques; les labiaux ont une forme cylindrique; on n'aperçoit aux uns et aux autres que trois à quatre articles. Les antennes ne sont guère plus longues que la tête, et leur second article est reçu dans le premier; caractère qui rapproche ces insectes des *myzines*, particulièrement des femelles, auxquelles ils ressemblent beaucoup quant au port. Les mandibules sont avancées, arquées, étroites et sans dents. Le tronc a la forme d'un cube allongé, un peu rétréci en avant; il est divisé en trois segmens, dont l'antérieur beaucoup plus grand.

Ce genre est composé d'espèces propres à la Nouvelle-Hollande et aux îles voisines. Olivier le réunit à celui des myzines; mais ici les femelles sont ailées, et les palpes, ainsi que la languette, sont différens.

Le *tiphie pédestre* de Fabricius est probablement une myr-mécode, et qui semble très-voisine de la suivante.

MYRMÉCODE A TACHES JAUNES, *Myrmecoda flavo-guttata.* Grande, d'un fauve marron, avec des taches jaunes et rondes sur l'abdomen.

La *myzine aptère*, d'Olivier, *Encycl. méth.*, paroît n'en être qu'une variété très-petite, et à taches moins nombreuses : de la Nouvelle-Hollande. (L.)

MYRMÉLÉON, *Myrmeleon*, Fab. Genre d'insectes de l'o-

dre des névroptères, famille des planipennes, tribu des four-
milions, ayant pour caractères : des mandibules; six palpes;
tarses à cinq articles; antennes courtes, grossissant et courbées
en crochet vers le bout. Leur corps est fort allongé, cylindrique, glabre, ou peu fourni de poils. Leur tête est courte,
de la largeur du corselet au plus ; leurs yeux sont gros ; les
petits yeux lisses ne sont pas apparens ; le corselet est rond
ou ovalaire ; le premier segment est court ; les ailes sont
allongées, transparentes, très-réticulées, en toit ; l'abdomen est fort long, cylindrique ; les pattes sont courtes, avec
deux forts crochets au bout des tarses.

Les myrméléons offrent beaucoup plus d'intérêt sous leur
première forme que lorsqu'ils sont insectes parfaits. On a
donné à la larve de l'espèce la plus commune en Europe,
le nom de *formica-leo*, *fourmi-lion*, par la même raison qui
a fait donner aux larves d'hémérobes celui de *lion des pucerons*. Cette larve, qui est de couleur grisâtre, a six pattes
et une forme très-remarquable, en ce qu'elle a le ventre
extraordinairement gros, par rapport au corselet et à la
tête. Cette tête est très-petite, aplatie, étroite, et armée de
deux cornes assez longues, mobiles, dentées intérieurement
dans presque toute leur longueur, recourbées près de leur
extrémité et terminées en pointe. Ces deux cornes lui servent
de pinces et de suçoirs.

Cette larve est carnassière, marche très-lentement et à reculons. Comme elle ne pourroit attraper à la course des insectes beaucoup plus agiles qu'elle, et dont elle a cependant
le plus grand besoin pour pouvoir se nourrir, la nature lui a
enseigné les moyens de leur tendre des piéges. Elle sait disposer le lieu où elle se fixe, de manière qu'ils viennent tomber dans ses cornes qui les attendent. Elle se loge dans le
sable, où elle se tient tranquille au fond d'un trou fait en entonnoir ; elle y est cachée entièrement, à l'exception de ses
cornes qu'elle tient élevées au-dessus et écartées l'une de
l'autre. Malheur alors à tout insecte imprudent, à la fourmi
qui, en cheminant, ose en approcher! Si un de ces insectes
est assez éloigné pour que la larve ne puisse le saisir, elle fait
pleuvoir sur lui une si grande quantité de sable, avec sa tête,
dont elle se sert comme d'une pelle, qu'il en est étourdi : il
achève de perdre l'équilibre qu'il avoit peine à conserver en
marchant sur un terrain en pente, et vient tomber au fond
du trou, entre les pinces meurtrières de la larve, qui le
serrent aussitôt, et le percent en se fermant.

Quand la larve est maîtresse de sa proie, elle l'entraîne
sous le sable pour la sucer à son aise, et après avoir tiré de

l'insecte ce qu'il a de succulent, elle jette au-delà des bords
de son trou le cadavre desséché, qui lui devient inutile.

On ne trouve ces larves que dans les terrains sablonneux
et composés de grains fins. C'est au pied des vieux murs, dans
les endroits les plus dégradés et exposés au midi, qu'elles
s'établissent le plus ordinairement. Une larve n'habite pas
toute sa vie le même trou ; elle en change quand celui qu'elle
s'est fait a été dérangé, ou quand elle n'y fait pas assez de
capture. Lorsqu'elle se détermine à l'abandonner, elle se
met en marche, parcourt les environs ; le chemin qu'elle
fait est marqué par une espèce de petit fossé d'une ligne ou
deux de profondeur ; arrivée à l'endroit qui lui convient, elle
se creuse une nouvelle habitation avec une ardeur infatigable. Pour donner de justes proportions à son entonnoir,
elle en trace l'enceinte en faisant un fossé semblable à celui
qu'elle forme en marchant. Ce fossé entoure un espace circulaire plus ou moins grand. Les larves qui sont près d'avoir
tout leur accroissement, habitent quelquefois dans des trous
dont le diamètre de l'entrée a plus de trois pouces : la profondeur de l'entonnoir nouvellement fait, égale les trois quarts
environ du diamètre de la grande ouverture. Dès que la larve
a fini son trou, qu'elle commence et achève quelquefois en
une demi-heure, elle se cache au fond pour y attendre sa
proie, et l'attend souvent très-long-temps ; mais comme elle
est capable de supporter un long jeûne, elle peut rester plusieurs mois privée d'alimens, sans mourir ; elle n'est cependant pas difficile sur le choix : tous les insectes lui conviennent, même ceux de son espèce.

Toute la nourriture que prend cette larve est employée
utilement pour la faire croître ; ou s'il reste quelque résidu,
il ne s'échappe du corps que par l'insensible transpiration,
car elle ne rejette aucun grain sensible d'excrémens ; aussi
n'a-t-elle point, à ce que l'on croit, d'ouverture analogue
à l'anus.

Les larves de ces insectes sortent des œufs en été ou en automne, et ne se changent en nymphes que l'année suivante.
Elles subissent leurs métamorphoses dans leur trou, ou
cherchent dans le sable un endroit commode pour y faire
la coque dans laquelle elles se renferment. Cette coque est
ronde ; l'extérieur est composé de grains de sable qui tiennent
ensemble par des fils de soie que la larve tire des filières qu'elle
a à l'extrémité du corps ; l'intérieur est tapissé d'une soie d'un
blanc satiné. On trouve de ces coques qui ont quatre ou cinq
lignes de diamètre ; celles-ci renferment les femelles. Quinze
ou vingt jours après que la larve a subi sa métamorphose,

l'insecte parfait sort de sa coque par une ouverture qu'il y fait, et laisse l'enveloppe de nymphe à l'entrée.

On peut facilement élever de ces larves dans du sablon, en ayant soin de leur donner des fourmis, des mouches ou autres insectes.

Bonnet a trouvé, aux environs de Genève, une larve de *myrméléon*, qui différoit de celles qui sont connues, en ce qu'elle ne marchoit pas à reculons, ne faisoit point d'entonnoir, et se cachoit seulement afin de saisir les insectes qui passoient auprès d'elle. C'est peut-être une larve d'*ascalaphe*. (Voyez ce mot.)

Ces insectes volent peu. Olivier (*Encycl. méth.*) en a décrit trente-huit espèces, parmi lesquelles je citerai:

MYRMÉLÉON LIBELLULOÏDE, *Myrmeleon libelluloïdes*, Linn., Fab.; Drur. *Illust. of. ins.*, tom. 1, tab. 46. Cette espèce, la plus grande de celles qui sont connues, a un peu plus de quatre pouces d'envergure; son corps est long d'environ un pouce et demi, jaune, rayé de noir; les antennes sont noires; les ailes sont transparentes, avec un très-grand nombre de taches et de points noirâtres; deux de ces taches sont plus grandes, et presque en forme de bandes près du milieu des ailes inférieures.

Cette espèce se trouve dans l'Europe méridionale, dans l'Asie mineure et au nord de l'Afrique.

On confond avec elle une espèce du Cap de Bonne-Espérance, qui lui ressemble beaucoup pour la taille et les couleurs; celle-ci a le sommet de la tête noirâtre; le segment antérieur de son corselet a une tache noire transverse; la partie supérieure de l'abdomen est entièrement jaune. Dans la précédente, le dessus de la tête et du corselet est jaune, avec une raie noire et longitudinale au milieu; elle se prolonge tout le long de l'abdomen. Les ailes présentent aussi quelques différence dans la grandeur de leurs taches.

MYRMÉLÉON FORMICAIRE, *Myrmeleon formicarium*, Linn., Fab.; pl. G. 17, 12 de cet ouvrage; *Fourmilion*, Geoff. Il a tout le corps de couleur grise, avec des lignes jaunes sur la tête et le corselet; les ailes transparentes, et quelques petites taches brunes; les pattes grises, avec des taches jaunes. Sa larve est très-commune aux environs de Paris; on la trouve plus fréquemment que l'insecte parfait. Nous renvoyons aux généralités pour les habitudes et la manière dont cette larve se nourrit. *Voy.*, pour les autres espèces, l'article MYRMÉLÉON de l'Encyclopédie méthodique. (L.)

MYRMICE, *Myrmica*, Latr.; *Formica*; Linn., *Manica*,

Jur. Genre d'insectes de l'ordre des hyménoptères, section des porte-aiguillons, famille des hétérogynes, tribu des formicaires, ayant pour caractères distinctifs dans cette division : un aiguillon; pédicule de l'abdomen, formé de deux nœuds ; antennes entièrement découvertes ; palpes maxillaires longs, de six articles distincts.

Jusqu'à l'époque où je publiai mon Histoire naturelle des fourmis, et la nouvelle distribution que je fis de ces hyménoptères, soit dans mon histoire générale des crustacés et des insectes, soit dans les tables du vingt-quatrième volume de la première édition de ce Dictionnaire, les entomologistes avoient conservé le genre *formica* de Linnæus dans toute l'étendue que Linnæus lui avoit donnée. Fabricius, dans son Système des piézates, démembra ce genre en quatre: savoir : *lasius, cryptocerus, atta* et *myrmecia*. Leurs caractères distinctifs posent sur les antennes et les parties de la bouche, mais plus particulièrement sur la forme et la direction des mandibules. Sans examiner la valeur et l'exactitude de ces caractères, il n'en est pas moins vrai que ces groupes, à l'exception de celui des cryptocères que j'avois établi avant lui, sont très disparates sous la considération du port des espèces qui les composent, et souvent même quant à leurs habitudes ; c'est ainsi que nos myrmices dont les neutres et les femelles sont armés d'un aiguillon, dont tous les individus ont le pédicule de l'abdomen formé de deux nœuds, dont les nymphes sont nues, etc., se trouvent associées dans un même genre, celui des fourmis, à des espèces privées d'aiguillon, ayant le premier anneau de l'abdomen en forme d'écaille, et dont les nymphes sont renfermées dans une coque. Mais si nous prenons pour première base de notre distribution méthodique de ces insectes, les moyens de défense que la nature leur a donnés, les différences les plus importantes et les plus générales qu'ils nous présentent dans la forme de leur corps, de leurs ailes, et si nous recourons ensuite aux organes, d'après lesquels Fabricius a établi son système, tous les contrastes auxquels il a été conduit par une suite de l'emploi de ces caractères exclusifs, disparoîtront, et nos groupes seront en harmonie avec les mœurs de ces petits animaux. Je pense néanmoins qu'il seroit arrivé aux mêmes résultats que les nôtres, s'il avoit observé avec plus de soins et de détails les parties dont il fait usage pour signaler ses genres.

Nos myrmices se trouvent ainsi dispersées dans les genres *formica, atta* et *myrmecia* de ce naturaliste. Si l'on en excepte quelques espèces que j'ai rapportées au second de ces genres (*Voyez* OECONOME), elles répondent à celui des *muniques* de M. Jurine. Les ailes supérieures n'ont, suivant lui, que

deux cellules cubitales , dont la première grande , en forme
d'hexagone irrégulier, reçoit la première nervure récurrente,
et dont la seconde , pareillement grande , atteint presque le
bout de l'aile ; la seconde nervure manque. Sous ces rapports , les maniques s'éloignent peu des fourmis de ce naturaliste composant sa seconde famille , et si on n'avoit pas
égard au caractère tiré de l'absence ou de la présence d'un
aiguillon , l'on pourroit aisément se méprendre dans la détermination des deux genres. J'ajouterai cependant , avec
M. Jurine , que les antennes des maniques sont un peu plus
grosses vers le bout que celles des fourmis, et presque grainées.

Il me paroît que cet auteur n'a vu qu'un petit nombre de
maniques ailées ; quelques espèces , comme celles que j'a-
vois nommées, dans mon Histoire des fourmis , *capitata* ,
structor , *subterranea*, etc. , ont trois cellules cubitales; les deux
premières que j'ai placées, dans mon *Genera*, avec les attes de
Fabricius , en sont distinguées à cet égard , puisque ces derniers hyménoptères n'ont que deux cellules cubitales et sans
nervures récurrentes, la cellule ordinaire du milieu du disque
manquant. D'après les principes de M. Jurine , les espèces
que je viens de citer formeroient un genre propre. Il faudroit
aussi séparer des myrmices ou des maniques , les myrmécies ,
gulosa , *forficata* et quelques autres espèces analogues ; celles-
ci ont aussi trois cellules cubitales ; mais la seconde , et non
la première , reçoit la nervure récurrente ; ces formicaires
ont en outre les mandibules fort longues , très-étroites , et
les antennes filiformes ; le pédicule de leur abdomen offre
aussi des différences ; le second anneau est plus grand que le
premier , un peu en cloche , de sorte que le pédicule a une
forme intermédiaire entre celui de l'abdomen des *ponéres* et
celui des autres *myrmices*. Peut-être faudra - t - il rétablir le
genre *éciton*, dans lequel j'avois d'abord compris ces espèces
particulières.

Les myrmices ont la tête grande , le corselet long , étroit ,
noueux ou gibbeux en dessus , et souvent armé de dents ou
d'épines. Elles couchent leur abdomen en dessous , et donnent à leur corps la forme d'un arc. Les neutres et les femelles sont munis d'un aiguillon , dont la piqûre est assez
vive et même un peu venimeuse. Ces insectes font leur habitation dans la terre , sous les pierres , et s'y creusent des
galeries plus ou moins profondes et soutenues par des
piliers. La *myrmice rouge* se loge aussi , mais moins souvent,
dans les vieux arbres , et y pratique de petites loges , disposées sur plusieurs étages , et qu'étayent de petites co-
lonnes ; les parois de ces cases sont très-minces. Ainsi cette
myrmice , suivant M. Huber fils , qui nous fournit ces obser-

vations, est sculpteuse et maçonne ; elle montre une adresse particulière à saisir les gouttelettes sucrées ou mielleuses que les pucerons laissent échapper de l'extrémité postérieure de leur corps. Elle emploie alternativement les bouts un peu renflés de ses antennes, et lorsqu'ils sont humectés de la liqueur, elle les porte à sa bouche, les y fait entrer et les presse entre ses parties. Ses antennes sont donc pour elle des sortes de doigts. Elle a eu pour historiens Leuwenhoeck et Swammerdam, et leurs observations sont même les premières qu'on ait recueillies à l'égard des insectes de cette famille.

Les myrmices nous présentent dans l'économie et le régime de leurs sociétés, dans leurs métamorphoses, les mêmes faits essentiels que les autres formicaires. On remarquera seulement que leurs larves ne se filent point, pour passer à l'état de nymphe, une coque comme le font celles des formicaires dépourvues d'aiguillon. Quelle est la cause de cette anomalie ? C'est ce que l'observation ne nous a pas encore appris. Ces insectes ne subissent guère leur dernière métamorphose que vers la fin de l'été et en automne.

L'espèce la plus commune et la plus grande, parmi les indigènes, est la MYRMICE ROUGE, *Myrmica rubra; Formica rubra*, Fab.; Latr. *Hist. nat. des fourmis*, pl. 10, fig. 62. L'ouvrière est noirâtre, finement chagrinée, pubescente, avec deux épines à l'extrémité postérieure du corselet, et une, plus petite, sous le premier nœud du pédicule de l'abdomen ; cet abdomen est luisant, lisse, avec le premier anneau brun. La femelle a les mêmes couleurs ; ses ailes sont d'un jaune-brun obscur, avec le stigmate d'un brun jaunâtre. Le mâle est d'un brun noirâtre, avec les antennes et une grande partie des pattes d'un brun jaunâtre ou roussâtre.

La MYRMICE DES GAZONS, *Myrmica cæspitum ; formica cæspitum*, Fab.; Latr., *ibid.*, pl. 10, fig. 63. L'ouvrière n'a guère que deux lignes de long ; son corps est d'un noir-brun, avec les antennes et les mandibules d'un rouge-brun, et les pieds d'un brun rougeâtre ; la tête et le corselet sont striés ; cette dernière partie est terminée par deux épines courtes. La femelle est noire et luisante, avec les ailes blanches ; leur stigmate est d'un brun jaunâtre clair. Le mâle est d'un noir-brun et luisant, avec les antennes d'un brun jaunâtre.

Cette espèce fait son nid dans la terre, entre les racines du gazon. De petits monticules ou de petites traînées de terre réduites en particules très-fines, indiquent leurs fourmilières. Souvent aussi l'habitation est recouverte d'une pierre, avec de la terre autour. (L.)

MYRMOSE, *Myrmosa*, Latr., Jur. Genre d'insectes, de

l'ordre des hyménoptères , section des porte-aiguillons , famille des hétérogènes , tribu des mutillaires.

Comparés aux mutilles sous les rapports des antennes et des organes de la manducation, ces insectes ne paroissent pas en différer génériquement ; mais il n'en est pas ainsi , si on étend ce parallèle aux autres parties du corps. Les mâles ont le segment antérieur du corselet en forme de carré transversal , l'abdomen ovale ou elliptique , déprimé , et dont le second anneau n'est guère plus grand que les autres ; leurs ailes supérieures offrent quatre cellules cubitales , dont la quatrième atteint le bout de l'aile ; la précédente est carrée , et la cellule radiale est plus grande que celle des mutilles. Les femelles ont bien le corselet cubique ; mais son segment antérieur est distinct ; l'abdomen a la forme d'un cône allongé , avec le premier anneau tronqué en devant.

On trouve les myrmoses dans les mêmes lieux que les mutilles.

Nous en connoissons deux espèces : l'une est la MYRMOSE NOIRE , *Myrmosa atra* , pl. G 17 , 11 de cet ouvrage ; Panz. , *Faun. insect. Germ.* , fasc. 85 , tab. 14 , le mâle. Il est tout noir ; la femelle est la *mutille tête-noire* (*melanocephala*) de Fabricius. Elle est fauve , avec la tête et les derniers anneaux de l'abdomen noirs ; on la trouve auprès de Paris et dans le midi de la France. La seconde espèce est la MYRMOSE DOS ROUGE , *Myrmosa ephippium* , Jur. , *Hym.* , pl. 9. Le mâle est noir avec la partie supérieure du corselet rouge. La femelle est inconnue. Cette espèce se rencontre dans les départemens méridionaux de la France , en Italie et en Espagne. (L.)

MYRMOTHERA. Nom générique des FOURMILLIERS. *V.* ce mot. (V.)

MYROBALANOS. De deux mots grecs qui signifient *gland parfumé.* Les Grecs donnoient ce nom , suivant Pline , à des fruits qu'on faisoit entrer dans la composition des onguens. Le plus utile de ces fruits étoit le *ben* ou noix de *behen* (*V.* BEN) qui est le *balanos myrepsicè* de Dioscoride , et le *myrobalanos* de Pline. Le meilleur se tiroit de l'Arabie , où on le cultive encore , ainsi qu'en Egypte. Suivant Bellonius , les habitans du mont Sinaï nomment ce *myrobalanos* , *pharagon* , et Rauwolfius l'appelle *macalep blanc.*

Ce nom de *myrobalanos* a été étendu par les Grecs modernes à divers fruits , propres au même usage , ou qui sont purgatifs. *V.* au mot MYROBOLAN , manière vicieuse d'écrire ce nom , mais consacrée par l'usage , car il faut *myrobalan.*

Césalpin est dans l'erreur , lorsqu'il avance que notre

Marronier d'Inde peut être le *myrobalanus* à feuilles d'héliotrope, cité par Pline, qui est peut-être un Badamier.
(ln.)

MYROBATINDUM. Ce genre de plantes établi par Vaillant, est le même que le *lantana* de Linn. *V.* Camara. (ln.)

MYROBOLAN MYREPSYQUE. *V.* Ben. (ln.)

MYROBOLANS. On donne ce nom à plusieurs fruits desséchés qui viennent des Indes orientales et de l'Amérique. On les vend chez les droguistes comme purgatifs, astringens. Ils étoient autrefois très-célèbres, mais on les emploie beaucoup moins aujourd'hui.

Les *myrobolans chebules, citrins* et *indiens*, ne sont que différens âges du même fruit, et appartiennent au Badamier chébule.

Les *myrobolans bellirics* sont les fruits du Badamier de ce nom. Ces deux arbres sont figurés, pl. 197 et 198 de l'ouvrage sur les plantes du Coromandel, par Roxburg.

Les *myrobolans* d'Amérique sont ceux de la Trichilie spondioïde et de l'Hernandier sonore.

Les *myrobolans emblics* sont les fruits du Phyllanthe de ce nom.

Il paroît qu'on appelle souvent, en général, *myrobolans*, tous les fruits qui viennent des pays étrangers et qui purgent.
(b.)

MYROBOLANS A FEUILLES DE FRÊNE (*Myrobalanus folio fraxini*). C'est le nom sous lequel Sloane figure, dans son ouvrage sur les plantes de la Jamaïque, deux espèces de mombin (*spondias mombin* et *myrobalanus*). (ln.)

MYROBROME, *Myrobroma.* Genre de plantes établi par Salisbury, *Paradisus londinensis*, tab. 82, pour placer l'Epidendre rouge de Lamarck. Ses caractères sont : six pétales, dont cinq ouverts; lèvre inférieure formant un tube qui embrasse le style; anthère insérée sur le dos du style : fruit à deux loges et à quatre valves. (e.)

MYRODENDRUM. C'est ainsi que Schreber, Willdenow, Persoon, etc., nomment le genre *houmiri* d'Aublet. (*V.* ce mot) qui est le *houmiria* de Jussieu, et le *wernisckia* de Scopoli. Ce genre a quelques rapports avec les Tiliacées.
(ln.)

MYRODIE, *Myrodia.* Nom donné par Swartz, à un genre de plantes établi par Aublet sous le nom de Quararibea. *V.* ce mot. (b.)

MYROSME, *Myrosma.* Genre de plantes de la monandrie monogynie, et de la famille des drymyrrhisées, qui a pour caractères : un calice double ; l'extérieur de trois folioles membraneuses, égales et entières ; l'intérieur partagé en trois découpures égales et oblongues ; une corolle monopétale inégale, à tube très-court, à limbe partagé en cinq parties, dont les deux supérieures plus courtes, oblongues, inégalement échancrées ; les trois inférieures plus longues, trilobées ; le lobe du milieu plus court ; une seule étamine insérée sur le bord de la découpure intermédiaire inférieure ; un ovaire inférieur à trois côtés, surmonté d'un style épais, courbé, fendu longitudinalement, hérissé à sa partie antérieure, à stigmate en forme de vulve, dont les lèvres sont dilatées ; une capsule à trois loges, à trois valves, à trois côtés, qui renferme des semences nombreuses et anguleuses.

Ce genre ne contient qu'une espèce originaire de Surinam. C'est une plante à racine charnue, rampante, divisée en anneaux, à feuilles ovales, glabres, veinées ; les inférieures à pétioles allongés partant de la racine, à hampe cylindrique, presque velue, terminée par une articulation d'où sort une feuille et un pédoncule solitaire, cylindrique, terminé par un chaton formé par des bractées ou des écailles imbriquées, dont chacune porte deux fleurs et deux folioles. (B.)

MYROSPERMUM (*graine parfumée*, en grec). Ce genre de plantes créé par Jacquin, est le même que celui nommé *myroxylon* par Willdenow et Persoon. *Voyez* LINGOUM et MIROSPERME. (LN.)

MYROXYLON. *V.* MYROSPERMUM. (LN.)

MYROTHÉCIE, *Myrothecium*. Genre de *champignons* établi par Tode. Il est composé de champignons sessiles, en forme de coupe, couvert d'un volva, et contenant des semences un peu visqueuses. On en compte cinq espèces, dont aucune n'est connue en France. Ces espèces font partie du genre PÉZIZE de Linnæus, ou mieux du genre NIDULAIRE de Bulliard. (B.)

MYRRHA. Mitchell (*Gen.* 18) donne ce nom à un genre de plantes qui ne diffère pas du *cicuta*, Linn., et qui a pour type le *cicuta maculata*, plante vivace, aquatique, et de Virginie. (LN.)

MYRRHA. *V. myrrhe* et *myrrhis*. (LN.)

MYRRHE. Gomme-résine qu'on emploie fréquemment en médecine, et qui a été célèbre chez les anciens, mais dont on ne connoît cependant pas encore l'origine. Bruce, qui, dans son *Voyage en Abyssinie*, lui a consacré un chapitre, assure que l'arbre qui la produit, ne vient que dans la partie

de l'Afrique qui est au sud du détroit de Babel – Mandel,
d'où elle est envoyée en Abyssinie et en Arabie, et de là
dans le reste du monde. Ce voyageur a fait plusieurs tentatives inutiles pour se procurer des échantillons de l'arbre dont
elle provient.

On trouve dans les boutiques plusieurs sortes de *myrrhes*,
dont la différence peut être considérée comme le fruit de la
falsification; cependant Bruce assure, d'après le rapport des
Abyssins, que sa qualité dépend de l'âge de l'arbre, de sa
santé, de la manière de faire l'incision, du temps où on la
recueille, etc. En général elle contient, selon Cartheuser, sept
parties de gomme contre une de résine. La plus belle est en
larmes ou morceaux plus ou moins gros, de couleur jaune ou
rousse, veinée de blanc, un peu transparente. Son goût est
amer, un peu âcre. Son odeur est aromatique, forte et nauséabonde. Quand on la pile ou qu'on la brûle, cette odeur
est bien plus agréable.

La *myrrhe* s'emploie principalement dans les obstructions de la matrice, pour exciter les règles, les lochies, contre
l'asthme, la toux, la jaunisse et les affections scorbutiques. On
la donne en substance depuis un demi - gros jusqu'à un gros.
On l'emploie aussi extérieurement dissoute dans l'eau-de-
vie, pour les ulcères et la gangrène. Elle entre dans plusieurs
préparations pharmaceutiques, telles que la thériaque, la confection d'hyacinthe, etc. Son usage demande à être dirigé par
une main exercée, car il est sujet à plusieurs inconvéniens,
surtout à augmenter la disposition à l'avortement, au pisse-
ment de sang, etc.

Il est très-possible que la myrrhe provienne d'un BALSA-
MIER ; mais il n'est pas probable que ce soit, comme l'a
avancé Loureiro, l'espèce de LAURIER qu'il a décrite sous le
nom de *laurus myrrha*, qui fournisse celle du commerce. (B.)

MYRRHE ou MYRRHIDE, *Myrrhis*. Genre de plantes
établi par Tournefort, et rappelé par Ventenat. Il comprend
plusieurs espèces du genre CERFEUIL de Linnæus, celles dont
le fruit est oblong, aminci au sommet, en une pointe
courte, striée ou sillonnée, glabre ou hérissée. On doit lui
rapporter les *cerfeuils odorant, bulbeux, à fruits jaunes, à fleurs
jaunes, penché et aquatique*. (B.)

MYRRHIDA. Herbe citée par Pline, et que Lobel croit
être le *geranium moschatum*, Linn.; mais il n'est pas probable que cela soit. (LN.)

MYRRHINE et MYRRHINON. Les Grecs donnoient ce
nom au MYRTE, qu'ils nommoient aussi *Myrtos*, *myrsine* et *myrsinos*. (LN.)

MYRRIN. *V.* MURRHIN. (LN.)

MYRRHIS, MYRRHA ou SMYRRHIZA. (*Racine parfumée*, en grec), *et conilè*, plante mentionnée par les anciens. Le *Myrrhis*, selon Dioscoride, ressemble au *cicuta* par sa tige et par ses feuilles; sa racine est oblongue, tendre, odorante, et nullement désagréable à manger. On trouvoit le *myrrhis* dans les jardins et les lieux cultivés. Sa racine, d'une douceur et d'une odeur agréables, passoit pour échauffante. L'usage de son infusion dans du vin, étoit utile pour se garantir des maladies contagieuses; pour guérir les morsures des araignées et autres animaux venimeux de cette classe. Pline donne au *myrrhis* le nom de *cicutaria*, le dit entièrement semblable au *cicuta*, excepté qu'il est plus bas et plus menu; il ajoute qu'il excite l'appétit.

Le *Scandix odorata* ou CERFEUIL MUSQUÉ, est le *myrrhis* des anciens.

Ce même *scandix odorata* est le type du genre *myrrhis* de Tournefort, supprimé par Linnæus, et rétabli par Adanson, Haller, Gærtner, Moench et Persoon. *V.* MYRRHE. Dans les ouvrages de botanique, antérieurs à ceux de Linn., on trouve plusieurs plantes ombellifères indiquées et décrites sous le nom de *myrrhis*. Ces plantes appartiennent aux genres *sison*, *athamanta*, *caucalis*, et surtout *scandix* et *chærophyllum*. (L.N.)

MYRRHITES. Cette pierre, selon Pline, a la couleur de la *myrrhe*; lorsqu'on la frotte, elle exhale une odeur parfumée analogue à celle du *nard*. Ce naturaliste la compare à une petite pierre précieuse, ce qui suppose que le *myrrhites* ne se trouvoit pas en gros morceaux. Il est probable que c'étoit une variété de succin, de couleur noirâtre, ou une résine fossile. (L.N.)

MYRRHOÏDES d'Heister. Ce genre rentre dans le *Chærophyllum* de Linnæus. Il n'a pas été adopté. (L.N.)

MYRSEN, de Kirwan. C'est la *magnésie carbonatée*, dite ECUME DE MER ou MEERSCHAUM. *V.* ces mots. (L.N.)

MYRSIDRUM. En 1810, Rafinesque Smaltz a établi sous ce nom un genre de *végétaux acotylédons marins*, dont le type est l'*alcyonium bursa*, rangé jusqu'ici et même tout récemment, auprès des éponges, c'est-à-dire, dans le règne animal, par les naturalistes qui se sont le plus occupés de décrire les productions de la mer.

Avant M. Rafinesque, néanmoins, Cavolini et Olivi avoient soupçonné que cet alcyon étoit un végétal. Voici les caractères qu'ils lui assignent: corps solide, composé d'une base centrale, fibreuse, à laquelle est attachée une grande quantité de petites vessies allongées qui forment très-souvent, par leur réunion, une masse solide dont la surface est granulée, le reste étant, comme dans un genre voisin, formé par

l'auteur, sous le nom de PUYSIDRUM. *V.* ce mot. Le genre
myrsidrum en diffère encore, ainsi que de celui appelé PUYO-
TRIS par M. Rafinesque, par ses petites vessies allongées et
attachées à une base fibreuse. Le MYRSIDRUM BOURSE (*myrsidrum bursa*), alcyon bursa, Linn.; *lamarckia bursa,* Olivi,
est simple, arrondi, déprimé, voûté, et présente dans son
intérieur des filamens fibreux. Le MYRSIDRUM VERMIFORME
(*lamarckia vermilara,* Olivi; *fucus tomentosus,* Stackh.; *fucus
fungosus,* Desf., Fl. atlant.; *ulva tomentosa,* Lam. et Decandolle, Fl. fr., est rameux, dichotome avec les rameaux cylindriques obtus, et les ramifications obtuses. Le MYRSIDRUM
DILATÉ (*myrsidrum dilatatum*) est rameux, dichotome ; les
rameaux sont un peu comprimés, obtus, avec les bifurcations
larges, dilatées, comprimées, arquées. Il est beaucoup plus
grand que le précédent. Le MYRSIDRUM EN MASSUE est composé de lobes ovales, inégaux, simples, groupés entre eux. Le
MYRSIDRUM REPANDU (*myrsidrum effusum*), est simple, lobé,
difforme, étalé. Le MYRSIDRUM RAMEUX (*myrsidrum ramosum*)
est rameux, avec des branches éparses, cylindriques, obtuses, entières ou bifurquées. Il diffère du *myrsidrum bursa,*
parce qu'il est plus petit et que ses rameaux sont épars.

Ce genre, appelé Lamarckia par Olivi, a été adopté par
Stackhouse (*Néréide britannique*), sous le nom de *codium*; et
par M. Lamouroux (*Essai sur les thalassiophites*), qui le place
dans son ordre des alcyonidées, sous celui de *Spongodium.*
V. ALCYON. (DESM.)

MYRSINE. Nom que les Athéniens donnoient au MYRTE.
V. myrtus. Linnæus a transporté ce nom à un autre arbrisseau
dont il a fait un genre particulier. Adanson, pour éviter cette
fausse application du mot myrsine, appelle *ageria* le genre de
Linnæus. (LN.)

MYRSINÉES. Nouvelle famille proposée par R. Brown,
et qui rentre dans celle appelée OPHIOSPERME par Ventenat.
V. MYRSINE et ARDISIACÉES. (B.)

MYRSINÉON des Grecs et MYRSINEUM des Latins.
Noms du fenouil sauvage appelé aussi HIPPOMARATHRUM,
dénomination qui s'étendoit à plusieurs plantes ombellifères. (LN.)

MYRSINITE. Pierre qui a la couleur du miel et l'odeur
du myrte. Cette pierre, mentionnée par Pline, pourroit bien
être de l'AMBRE ou SUCCIN. (LN.)

MYRSINITES, qui ressemble au MYRTE. C'est la seconde espèce de *tithymale* citée par Pline, et que les com-
mentateurs rapportent à notre *Euphorbia myrsinites.* Ce nom
de *myrsinites* ou de *myrtifolius* a été étendu à plusieurs autres es-

pèces d'euphorbes. *Myrsinites*, étoit aussi, chez les anciens, synonyme de Myrtites. (L.N.)

MYRSINOS. L'un des noms grecs du Myrte. Galien le donne encore au chèvrefeuille. Il y avoit encore le *myrsine sauvage* ou l'*oxymirsine* qui est notre Fragon épineux, *ruscus aculeatus*. *V.* Myrtus, Periclymenon, et Ruscus. (L.N.)

MYRSIPHYLLE, *Myrsiphyllum.* Genre établi par Willdenow, pour placer la Médéole asparagoïde, qui diffère en effet beaucoup des autres. Ses caractères consistent : en une corolle à six divisions recourbées; en trois styles rapprochés; en un ovaire pédicellé; en une baie à trois loges, contenant chacune deux semences. (B.)

MYRSIPHYLLUM. Arbrisseau de quatre à cinq pieds de hauteur, qui croît à la Jamaïque, et dont les feuilles ont quelque ressemblance avec celles du myrte; car elles sont opposées, ovales, pointues, dures et brillantes. Cet arbrisseau doit, selon Pierre Brown, constituer un genre particulier; mais ce genre diffère très-peu du *psychotrophum* du même botaniste, et les deux ont été réunis par Swartz, au Psychotria. Linn. *V.* ce mot. (L.N.)

MYRSIPHYLLUM de Willdenow. *V.* Médéola et Myrsiphylle. (L.N.)

MYRTAKANTHA (*Myrte épineux*, en grec). C'est l'un des anciens noms du Fragon (*ruscus aculeatus*). *V.* Ruscus. (L.N.)

MYRTAKIA et MYRTARIUS. Plante citée par Théophraste et par Pline, au nombre de celles qu'on regardoit comme des espèces de *tithymalus*. (*V.* ce mot.) Elle se distinguoit par ses feuilles semblables à celles du myrte. Plusieurs Euphorbes sont dans ce cas. (L.N.)

MYRTE, *Myrtus*, Linn., *Icosandrie monogynie.* Genre de plantes de la famille des myrtoïdes. Un calice d'une seule pièce, partagé en quatre ou cinq découpures persistantes; une corolle composée de quatre ou cinq pétales entiers, insérés au calice; des étamines nombreuses, dont les filets capillaires, et de la longueur de la corolle, portent de petites anthères arrondies; un ovaire inférieur; un style mince; un stigmate obtus; une baie sphérique ou ovale, couronnée par le calice, et à deux ou trois loges, renfermant chacune une semence réniforme et presque osseuse : tels sont les caractères de ce joli genre qui a beaucoup de rapports avec les Jambosiers et les Gouyaviers; mais dans ces derniers, la baie est polysperme, et dans les jambosiers, elle est à une seule loge.

Les genres Calyptranthe, Sisygie et Chyatraculie ont été formés aux dépens de celui-ci. Les *myrtes* sont des arbrisseaux ou des arbres de moyenne grandeur, la plupart étrangers, à feuilles simples, presque toujours opposées, perforées comme celles des millepertuis, et munies, ainsi que dans les gouyaviers, de deux pointes en forme de stipules; à fleurs tantôt solitaires, garnies de deux écailles à leur base et axillaires, tantôt disposées en corymbe ou en panicule, et alors axillaires ou terminales.

Les botanistes comptent aujourd'hui plus de cinquante espèces de myrtes, dont les plus intéressantes à connoître sont:

Le MYRTE COMMUN, *Myrtus communis*, Linn., jadis consacré à Vénus, et chanté par tous les poëtes. C'est un charmant arbrisseau, d'un port agréable, plus ou moins élevé, selon le climat, et dont le feuillage toujours vert et touffu, procure un ombrage épais dans les pays où il croît naturellement. Il a des rameaux nombreux et flexibles, chargés de feuilles lisses et luisantes, formant avec ses fleurs blanches un joli contraste. Lorsqu'on froisse ces feuilles, elles exhalent une odeur suave qui fait une impression vive sur le cerveau. Elles sont entières, opposées, très-rapprochées et portées par un court pétiole; leur forme est ovale-lancéolée, leur consistance ferme, et leur surface également verte des deux côtés: elles diffèrent de grandeur, suivant les variétés. Les fleurs naissent aux aisselles des feuilles, solitaires et opposées, soutenues par de longs pédoncules cylindriques; leur calice est à cinq divisions avec deux bractées au-dessous, leur corolle a cinq pétales. Elles donnent naissance à des baies ovales et à trois loges, d'un pourpre foncé, couronnées par les bords du calice.

Cet arbrisseau croît en France, dans les provinces méridionales, en Italie, en Espagne, sur les côtes de Barbarie, et dans les contrées chaudes de l'Asie et de l'Afrique. La culture lui a fait produire un assez grand nombre de variétés, qui ne diffèrent entre elles que par la forme des feuilles, et par quelques légers changemens dans le port. Le fruit d'une de ses variétés, qui se cultive dans l'Asie mineure, est blanc, gros comme une prune moyenne, et se mange.

Le myrte commun se multiplie très-facilement par marcottes et par boutures. La marcotte n'a rien de particulier. Pour la bouture, on choisit les jeunes pousses de l'année précédente, on les effeuille jusqu'à la moitié, ensuite tordant la partie inférieure sans détacher l'écorce, on la plante. Le nombre des boutures doit être proportionné à la grandeur du pot, qu'on place à l'ombre dans un lieu découvert, et qu'on arrose au besoin. C'est lorsque l'arbre est en séve qu'on doit faire cette opération. La bouture reste en terre jusqu'à la fin de l'hiver. A cette époque on l'enlève avec toutes ses racines pour la planter, soit dans un pot, soit en pleine terre, suivant le climat. Si dans les pays chauds on la place contre un mur pour en former des palissades, on doit faire en sorte que pendant six semaines ou un mois, elle ne soit point frappée directement par les rayons du soleil; mais il ne faut pas le lui ôter entièrement, et encore moins la priver d'air. Quelques labours légers, et des arrosemens donnés au besoin, sont dans la suite les seuls soins qu'elle exige. En semant la graine de myrte, on jouit beaucoup plus tard, mais on peut obtenir de nouvelles variétés.

Les myrtes placés dans des pots ou des caisses doivent être traités comme les *orangers*; on doit les garantir des premières petites gelées blanches, dans une bonne orangerie. Pendant l'hiver il faut les arroser un peu, car s'ils n'étoient pas entretenus dans une médiocre humidité, ils perdroient leurs feuilles et périroient même. On doit leur donner de l'air autant qu'il est possible.

Toutes les variétés du myrte commun se multiplient et se cultivent de la même manière. On conserve par la greffe celles à feuilles panachées qui, a raison de la foiblesse de leur constitution, réussissent rarement de boutures.

Le bois de cet arbrisseau est dur; son écorce, ses feuilles et ses baies sont propres à tanner les cuirs; dans le royaume de Naples on emploie les feuilles à cet usage. Les baies servent dans la teinture. Les *merles* en sont très-friands; cette nourriture leur donne un goût délicat; les anciens mettoient ces baies dans leurs ragoûts. Elles sont astringentes. Les feuilles et les fleurs de myrte ont une odeur très-douce. On en retire, par la distillation, une huile essentielle aromatique, qui entre dans les parfums.

Les autres espèces intéressantes de myrte sont celles qui suivent.

Myrte piment ou toute-épice, *Myrtus pimenta*, Linn.; *Cariophyllus pimenta*, Mill. n.° 2. C'est un arbre d'une très-belle apparence, qui s'élève à plus de trente pieds avec une tige droite, revêtue d'une écorce unie et brune, et divisée en plusieurs branches opposées, garnies de feuilles oblongues, semblables par leur forme, leur couleur et leur texture à celles du *laurier*, mais plus longues. Ces feuilles, lorsqu'elles sont froissées, répandent, ainsi que le fruit, une odeur forte et aromatique. Les fleurs, suivant Miller, sont dioïques. Les mâles, dont les pétales sont très-petits, renferment un grand nombre d'étamines de la même couleur que la corolle, avec des anthères ovales et divisées en deux parties. Les femelles, dépourvues d'étamines, ont un germe ovale, surmonté d'un style mince à stigmate obtus. Ce germe, après avoir été fécondé, devient une baie globulaire et charnue, dans laquelle sont contenues deux semences réniformes.

Cet arbre, dont on voit la figure pl. G 26 de ce Dictionnaire, est originaire de la Jamaïque et se trouve plus abondamment dans le nord de cette île que partout ailleurs. Il fleurit ordinairement en juin, juillet et août. Comme il conserve ses feuilles pendant toute l'année, les habitans en abritent et en ornent leurs possessions. D'ailleurs, il forme pour cette colonie une branche considérable de commerce par son fruit, qui, desséché avant sa maturité, fournit la *toute-épice*, si connue en Europe ; et comme il croît sur des terres remplies de rochers, où la canne à sucre ne réussiroit point, il est cultivé avec avantage par les planteurs qui tirent ainsi parti des mauvais terrains.

Dans son pays natal, ce myrte se multiplie de graines transportées au loin par les oiseaux. En Europe, la serre chaude est nécessaire à l'éducation et à la conservation de cet arbre ; mais il n'exige qu'une chaleur modérée. Pour le propager, on sème sa graine dans une terre douce et légère, ou on marcotte ses jeunes branches, en les fendant à un nœud, comme on le pratique pour les *œillets*. Si cette derniere opération est faite avec soin, et que les marcottes soient légèrement et régulièrement arrosées, elles pourront, au bout d'un an, être séparées des vieilles plantes. La disposition des feuilles de cette espèce indique qu'elle s'écarte du genre.

MYRTE BIFLORE, *Myrtus biflora*, Linn. Arbrisseau d'un aspect très-agréable, qui croît naturellement à la Jamaïque, et qui mérite d'être élevé dans nos serres pour la beauté de son feuillage. Ses feuilles n'ont point d'odeur, mais elles sont d'un vert brillant durant toute l'année, et produisent un bel effet. Leur forme est lancéolée, et leur tissu plus ferme que dans les espèces précédentes. De l'aisselle de chacune d'elles sort un pédoncule lisse et cylindrique qui se divise en deux, et soutient deux fleurs auxquelles succèdent des baies rondes couronnées par le calice, et d'une couleur très-brillante.

On multiplie ce myrte par ses semences, et on le traite comme le myrte piment.

MYRTE À FEUILLES RONDES ou de FUSTET, *Myrtus colinifolia*, Lam., Plum. On le trouve à Saint-Domingue et à Carthagene dans l'Amérique méridionale. C'est un arbre haut de douze à quatorze pieds, qui a des tiges irrégulières, des feuilles fermes, ovales et opposées, des fleurs blanches placées aux côtés des rameaux, au nombre de deux, de quatre ou de cinq ensemble, et des baies rondes, dont la plupart ne contiennent qu'une semence en forme de rein. Cette espèce n'a point de goût aromatique, mais elle conserve ses

feuilles toute l'année. On la multiplie comme la dernière ;
et elle exige le même traitement.

MYRTE MUSQUÉ, *Myrtillus ugni*, Molin. ; *Myrtus buxi folio ,
fructu rubro, vulgò murtilla*, Feuill. 3, tom. 31. Petit arbrisseau
du Chili, de trois à quatre pieds de hauteur, dont les rameaux sont opposés deux à deux, et garnis de feuilles assez
semblables, pour la grandeur et la forme, à celles du buis ou
du petit *myrte* commun. Ses baies rouges, grosses comme une
petite prune, et couronnées par le calice, ont une odeur aromatique très-douce qui se répand au loin. Les naturels du
Chili en font un vin agréable, stomacal, qui excite l'appétit,
et que les étrangers préfèrent aux meilleurs vins muscats.

MYRTE LUMA, *Myrtus luma*, Molin. ; *Myrtus floribus solitariis,
foliis suborbiculatis*, Molin., Hist. nat. Chil., p. 173. Ce *myrte*,
dit Molina, diffère du *myrte* ordinaire par ses feuilles presque
rondes, et par sa hauteur, s'élevant à plus de quarante pieds.
Ses fleurs sont solitaires dans l'aisselle des feuilles ; son bois
est le plus propre que l'on connoisse pour la fabrication des
voitures ; aussi tous les ans on en embarque une très-grande
quantité pour le Pérou. Les Indiens font avec les baies un vin
savoureux et stomacal.

Molina cite encore une autre espèce de *myrte*, sur lequel
il nous donne peu de détails ; il l'appelle *myrtus maxima pe-
dunculis multifloris, foliis alternis subovalibus*. C'est un arbre qui
s'élève à plus de soixante pieds, et dont le bois est également
très-estimé. (D.)

MYRTE BATARD. Nom du GALÉ ODORANT. (B.)

MYRTE DES BOIS ou **DES MARAIS.** C'est le GALÉ
(*Myrica gale*, Linn.). (LN.)

MYRTE ÉPINEUX. C'est le HOUX FRELON (*Ruscus
aculeatus*, Linn.). (LN.)

MYRTE JUIF. Variété du myrte ordinaire, dont les
feuilles sont verticillées trois par trois, circonstance très-rare
qui faisoit rechercher cette variété par les Juifs, principalement pour leurs cérémonies religieuses. (LN.)

MYRTE DE MARAIS. C'est le GALÉ. (*Myrica gale*).
(LN.)

MYRTE PIMENT. *V.* MANIGUETTE et MYRTE. (LN.)

MYRTE SAUVAGE. C'est le FRAGON. (B.)

MYRTICOCCUS. Espèce de galle-insecte, observée en
Orient par Belon, sur les petites branches du MYRTE. (LN.)

MYRTIDANUM. Hippocrate donne ce nom au poivre,
ou plutôt aux baies du myrte, qui servirent long-temps chez
les Grecs en guise de poivre, avant que celui-ci fût connu. C'est
avec les graines du myrte que l'on composoit cette sauce
exquise, appelée *myrtatum*. Hippocrate nomme aussi *myrti-*

danum les rejets et les pousses du myrte. C'est dans le même
sens que Galien fait usage de ce mot ; mais Dioscoride l'applique à une excroissance qui naît sur le tronc du myrte, et
qui l'enveloppe comme feroit une main. Pline dit que le *myr-*
tidanum est un vin dans lequel on avoit fait infuser des graines
de myrte sauvage. On l'obtenoit aussi par l'infusion, dans le
vin, des fruits, des fleurs et des feuilles à la fois, ou en les
pilant et les arrosant petit à petit avec du vin ou de l'eau de
pluie. Le liquide clarifié donnoit un *myrtidanum* qu'on employoit pour teindre les cheveux en noir, nétoyer la peau de
ses taches et rousseurs, et pour la guérison des ulcères à la
bouche, au fondement, etc. Il paroît que Pline a entendu
par *myrte sauvage* le vrai myrte, et non pas le *fragon*, qu'il
appelle aussi *myrte sauvage* et *oxymyrsine*, dont on faisoit également, et par les mêmes procédés, une liqueur vineuse et
médicinale, utile pour guérir de la jaunisse, etc. (LN.)

MYRTILLE. Espèce d'AIRELLE. (B.)

MYRTILLUS. Nom que les Latins donnoient au fruit du
MYRTE et à celui du FRAGON ÉPINEUX (*ruscus aculeatus*) : il est
resté au MYRTILLE, espèce du genre AIRELLE (*vaccinium*
myrtillus). Tragus appeloit *grand myrtille* (*myrtillus grandis*),
l'ARBOUSIER ALPIN (*arbutus alpina*) ; et *Myrtille nain* (*myr-*
tillus exiguus) ; l'AIRELLE PONCTUÉE (*vaccinium vitis idæa*). (LN.)

MYRTITES des anciens. *V.* MYRTIDANUM. Sorte de vin
fait avec le *myrte*. (LN.)

MYRTOCISTUS. Thomas Pennæus, médecin de Londres, qui vivoit en 1580, paroît être le premier botaniste qui
ait découvert l'*hypericum balearicum*. Les fleurs de cette plante
sont d'un jaune d'or, et analogues, pour la grandeur, à celles
de quelques cistes ; ses feuilles ont la disposition et à peu près
la forme de celles du myrte, et offrent de même des glandes.
C'est d'après ces considérations que Pennæus et Clusius ont
nommé *myrtocistus* cette espèce de MILLEPERTUIS. (LN.)

MYRTOGENISTA. Jac. Breyn (Cent. tab. 29) donne
ce nom à un arbrisseau du Cap de Bonne-Espérance, dont
les fleurs sont papilionacées comme celles du GENÊT, et les
feuilles semblables à celles du myrte. Cet arbrisseau paroît
être le même que celui figuré par Plukenet (*Alm.* tab. 185,
fig. 2), et représenté par Hermann (Lugdb. tab. 271) ; c'est-
à-dire le *sophora biflora*, Linn., qui fait maintenant partie du
genre *podalyria* : c'est le *podalyria myrtifolia*, Willd. (LN.)

MYRTOÏDES, *Myrtoïdæ*, Jussieu. Famille de plantes
qui présente pour caractères : un calice monophylle, urcéolé
ou tubuleux, tantôt nu, tantôt muni à sa base de deux écailles,
et persistant ; une corolle formée de pétales, dont le nombre

déterminé égale celui des divisions du calice , attachées au sommet de cet organe et alternes avec ses divisions; des étamines en nombre indéterminé , insérées sur le calice au-dessous des pétales , le plus souvent libres , quelquefois polyadelphes; un ovaire simple, inférieur ou sémi-inférieur à style unique , à stigmate simple ou très-rarement divisé; une baie ou drupe , ou quelquefois une capsule à une ou plusieurs loges , et à loges contenant une ou plusieurs semences; périsperme nul; embryon droit ou courbé presque en demi-cercle ; cotylédons ordinairement planes , radicule supérieure ou inférieure.

Les *myrtoïdes* sont presque toutes exotiques, et remarquables par la beauté de leur feuillage. Elles ont une tige frutescente ou arborescente ; des feuilles simples , le plus souvent opposées , rarement alternes , ponctuées dans plusieurs genres , ainsi que dans la famille des *hespéridées* , c'est-àdire , qu'on y observe des points qui , regardés en face de la lumière , paroissent transparens. Les fleurs sont hermaphrodites et complètes, exhalent une odeur agréable et varient dans leur disposition. Elles sont tantôt axillaires et solitaires , tantôt disposées en grappes et alternes sur l'axe qui leur est commun.

Ventenat , de qui on a emprunté ces expressions, rapporte à cette famille , qui est la neuvième de la quatorzième classe de son *Tableau du Règne végétal* , et dont les caractères sont figurés pl. 20 , n.º 1 du même ouvrage, treize genres sous deux divisions , savoir :

Les *myrtoïdes* à fleurs solitaires , axillaires , ou opposées sur des pédoncules multiflores, et à feuilles ordinairement opposées et ponctuées : ANGOLAN , DODECAS , MÉLALEUQUE , GUAPURÉ , CATINGUE, EUCALYPTE , MÉTROSIDEROS , LEPTOSPERME , FABRICIE, SERINGA , GOYAVIER , MYRTE , CALYPTRANTHE , JAMBOSIER, GIROFLIER , DÉCUMAIRE , SONNERATIE , GRENADIER , et

Les *Myrtoïdes* à fleurs disposées en grappes et alternes sur commun , à feuilles presque toujours alternes et non ponctuées : LAGERSTROME , STRAVADIE , PIRIGARA , COUROUPITE , QUATELIER et BUTONIC.

Smith , dans le troisième volume des *Actes de la Société Linnéenne de Londres* , a fait une dissertation sur cette famille. Jussieu en a également séparé quelques genres pour les réunir aux ÉPILOBIENNES. (B.)

MYRTOÏDES de Linnæus (*Hort. Cliff.*). C'est le MYRTE de Ceylan du même auteur, *myrtus zeylanica*. (LN.)

MYRTOMELIS. Selon C. Bauhin , Gesner proposoit ce nom pour l'AMELANCHIER (*mespilus amelanchier*, Linn.). (LN.)

MYRTOPETALON. L'un des noms du *polygonon* mâle de Dioscoride, qui, suivant Matthiole, Fuchsius, etc., est notre Renouée (*polygonum aviculare*). (LN.)

MYRTOSIMILIS et **MYRTIFOLIA.** Noms sous lesquels C. Bauhin et autres auteurs indiquent quelques arbres ou arbrisseaux. Dans leur nombre se trouvent le *coca* des Péruviens, le *nyctanthes arbor tristis*, quelques *jasmins*, probablement le *champac*, des espèces de *tulipiers*, le *gale*, des *sumacs*, etc. (LN.)

MYRTOSPLENON. Chez les anciens, ce nom désigne la plante que les Grecs nommoient Alsine, et qui est notre Morgeline (*alsine media*). *V.* Myosotis. (LN.)

MYRTUS et **MURTUS** des Latins. C'est le *myrte* des modernes. Les arbres furent les premiers temples consacrés à la Divinité. Le chêne fut dédié à Jupiter, le laurier à Apollon, l'olivier à Minerve, et le myrte à Vénus. Un feuillage parfumé, des fleurs élégantes et nombreuses, une verdure perpétuelle, ont sans doute fait consacrer le myrte à la mère des Amours. Chez les Athéniens, le myrte étoit connu sous le nom de *myrsinè*, du nom d'une jeune fille aussi célèbre par sa beauté que par sa force, brillantes qualités qui excitèrent la jalousie de Pallas. Cette déesse, dans une course de chars, fit périr l'infortunée Myrsinè. Mais elle fut changée en l'arbrisseau qui porte son nom, et qui dès-lors devint aussi cher à la déesse que l'olivier. Au reste, chez les Grecs, le myrte s'appeloit aussi *myrrinè* et *myrrhinon* (Theoph., Hipp.), et *myrtos* (Plat., Aristoph.). Ces noms rappellent l'odeur agréable de cet arbrisseau, et dérivent d'un mot grec qui signifie *parfum*.

L'Orient paroît avoir été le berceau du myrte. Chez les Hébreux, il s'appeloit *hdas*. On avoit l'opinion, du temps de Pline, qu'il étoit originaire des monts Cérauniens, dans l'Europe occidentale. Les premiers myrtes qui furent vus en Italie ombrageoient le tombeau d'Elphénor, au promontoire de Circé. Cette circonstance et les noms du myrte, qui, chez les Latins, étoient les noms grecs, faisoient croire à l'origine étrangère de cet arbrisseau.

Cependant Pline fait observer que, lors de la fondation de Rome, il existoit un petit bois de myrte dans l'emplacement où l'on voyoit de son temps le temple de Vénus Purgatrice, ainsi nommé parce que ce fut sur ce lieu même que les Sabins, venus pour combattre les Romains, et après l'enlèvement des Sabines, se purifièrent avec du myrte et de la verveine, en signe de réconciliation. L'on plantoit le myrte au-devant des temples des dieux; l'on en voyoit à Rome deux pieds devant le temple de Quirinus. On leur supposoit le pouvoir de présager l'avenir. L'un de ces pieds s'appeloit le myrte des sénateurs, et l'autre le myrte plébéien. Le premier conserva sa verdure autant de temps que les sénateurs surent maintenir leur autorité; mais il perdit sa fraîcheur lorsqu'elle déclina, tandis que le myrte du peuple, jusque-là desséché, reprit toute sa vigueur.

Le myrte ceignit le front des héros romains bien avant que le laurier eût conquis cet honneur.

Théophraste nomme le myrte plusieurs fois, mais n'en donne aucune description. Pline s'étend beaucoup sur cet arbrisseau, sur ses variétés, dont il en compte onze, sur ses usages et sur ses propriétés. L'on employoit de préférence en médecine les myrtes cultivés. On en tiroit une huile essentielle odorante; on en confectionnoit une sorte de vin, qu'on nommoit *myrtidanum.* (*V.* ce mot). On faisoit usage des baies (*myrtilli*) pour les sauces, en guise de poivre et de gérofle, bien avant l'introduction de ces épices en Europe. Le bois de myrte servoit à faire des cannes. Caton admet trois sortes de myrtes : celles à baies blanches, celles à baies noires, et le myrte conjugal. Pline distingue les myrtes, en myrtes cultivés et en myrtes sauvages, qui offrent chacun des variétés caractérisées par les dimensions de leurs feuilles. Quant à son myrte sauvage épineux, ou *oxymyrsine*, c'est le FRAGON (*ruscus aculeatus*).

Le myrte a conservé son nom jusque chez les modernes; et c'est du mot *myrtus* que dérivent presque toutes les appellations européennes de cette plante. Tous les botanistes lui ont conservé ce nom, jusqu'à ce qu'il soit devenu celui du genre qui le renferme, et dans lequel on compte plus de quarante espèces, toutes, hormis le myrte, étrangères à l'Europe. Ces espèces établissent des rapports entre le genre *myrtus* et les genres *leptospermum*, *metrosideros*, *eugenia*; et quelques-unes même y ont été placées, tandis que d'autres sont regardées comme type de genres distincts, qui sont : *calyptranthes*, Jus., ou *syzygium* et *chitraculia*, Brown, *Jam.* Quelques botanistes, Adanson par exemple, rapportent le gérofflier au genre myrte. *V.* MYRTE. (LN.)

MYSADENDRE, *Mysadendron.* Genre de plantes établi aux dépens de celui du GUY. Il n'a pas été adopté. (B.)

MYSCOLE, *Myscolus.* Genre de plantes établi par H. Cassini pour placer le SCOLYME D'ESPAGNE, qui n'offre pas les caractères des autres scolymes.

Ceux de ce nouveau genre sont : calice commun, composé d'écailles coriacées, épineuses, dont les intérieures offrent, en dedans, une cavité fermée par deux lèvres, et contenant un ovaire; fleurs radiatiformes, hermaphrodites; réceptacle

conique, chargé d'écailles munies à leur face interne d'une
cavité semblable à celle des écailles du calice, et contenant
de même un ovaire comprimé, muni de cinq côtes; anthères
hérissées et appendiculées; graine pourvue d'une aigrette
coroniforme. (B.)

MYSI ou MISY. Le *mysi* est, suivant Pline, une substance corrosive qui se présentoit en efflorescences de couleur
jaune sur le *chalcitis*, sorte de minerai cuivreux, après son
grillage. Les fonderies de l'île de Chypre fournissoient le
mysi de meilleure qualité. L'on admet assez généralement
que le *mysi* est du fer sulfaté ou vitriol vert efflorescent, semblable à celui produit par les pyrites en décomposition. Dioscoride fait observer que le *mysi* de Chypre ressemble à l'or,
qu'il est dur, et qu'en le rompant il brille en manière d'une
étoile. N'a-t-il pas voulu désigner la pyrite ou le fer sulfuré
radié au lieu du sulfate de *fer?*. Il ajoute que le *mysi* qu'on
tiroit d'Egypte valoit mieux pour les maux d'yeux, usage
auquel le fer sulfaté ne paroît pas propre. (LN.)

MYSIS, *Mysis*, Latr., Léach, Oliv. Genre de crustacés,
de l'ordre des décapodes, famille des macroures, tribu des
schizopodes, qui a pour caractères: tous les pieds divisés,
jusqu'à leur base, en deux tiges filiformes et très-grêles.

Trompé par la figure d'une espèce de ce genre, donnée
par Othon Fabricius, dans sa Faune du Groënland, figure
où le test semble être partagé en deux pièces, j'avois placé
ces crustacés dans ma famille des *Squillares*. M. Léach m'en
ayant envoyé une espèce, j'ai rectifié cette erreur dans le troisième volume du Règne animal de M. Cuvier.

Les mysis ont de grands rapports avec les salicoques; ce
sont des crustacés dont le corps est très-petit, allongé, étroit
et mollasse. Les antennes latérales sont situées plus bas que
les mitoyennes, sétacées, très-longues, et recouvertes à leur
base d'une grande écaille. Celles-ci se terminent par trois
filets, ou soies, dont deux forts longs. Les deux yeux sont
rapprochés à l'extrémité antérieure du test, à côté d'une saillie triangulaire, déprimée, plus ou moins avancée en forme
de bec.

Les palpes des mandibules sont longs et saillans. Les pieds-
mâchoires, ou du moins leurs divisions extérieures (*le palpe
en forme de fouet*) paroissent, à raison de leur forme et de leur
allongement, servir, ainsi que les pieds proprement dits, à la
locomotion; ceux-ci sont formés de deux tiges, partant d'un
support commun, en forme de tubercule ou d'article arrondi,
offrant ensuite chacune un pédoncule de deux articles; et
terminées immédiatement après par un filet articulé, très-
grêle, flexible, garni de quelques soies courtes et pointues

au bout ; la branche extérieure est plus forte ; le second article de son pédoncule est grand et triangulaire ; le même de la division interne surpasse aussi le premier en grandeur ; mais il est moins dilaté et en carre long. D'après cette forme particulière des organes de la locomotion, il semble qu'il y en ait quatre rangs longitudinaux, en y comprenant les pieds-mâchoires, le nombre apparent de ces pieds paroît être de 24 à 26, ou même un peu plus. La queue est terminée par une nageoire de quatre à cinq feuillets. Les œufs sont rassemblés à l'extrémité postérieure de la poitrine, près des dernières pattes, et renfermés entre deux valvules en forme de coquilles, dont le dessus m'a paru être appuyé par quelques appendices ou fausses pattes. Cet ovaire forme une proéminence en manière de bosse.

M. Léach avoit d'abord désigné ce genre sous le nom de *Praunus* (*Encycl. d'Edimb.*) ; mais il a ensuite adopté celui que je lui ai donné. Il en décrit trois espèces : le MYSIS SPINOSULE, *Mysis spinosulus*. La lame intermédiaire de la nageoire caudale a une échancrure aiguë ; elle est garnie extérieurement de petites épines ; les feuillets extérieurs sont pointus, avec une frange très-large de cils. Il se trouve dans les mers d'Ecosse. Le MYSIS DE FABRICIUS, *Mysis Fabricii*, propre aux mers du Groënland, a ses feuillets extérieurs arrondis à leur extrémité, et celui du milieu obtusément échancré. Il n'y a pas d'échancrure dans le MYSIS ENTIER, *Mysis integer*, qui se trouve sur les côtes de l'île Aran. La première espèce a de grands rapports avec le *cancer flexuosus* de Müller, qui est bien un mysis, ainsi que le *cancer oculatus* d'Othon Fabricius, *Faun. Groenl.*, tab. 1, fig. A, B. Son *cancer pedatus* forme peut-être un autre genre voisin du précédent.

J'ai reçu de M. Edouard Richer un autre mysis, distinct des précédens par la saillie beaucoup plus forte de son museau. Il l'avoit pris sur les côtes de Noirmoutiers. *V.* l'*Astacus harengum* de Fabricius.

Le MYSIS BIPÈDE d'Olivier, dont la description est tirée d'Othon Fabricius, est une espèce de NÉBALIE. *V.* cet article. Je ne connois point le MYSIS PLUMEUX, décrit par M. Risso dans son Hist. nat. des Crustacés de Nice. Je doute qu'il soit de ce genre. (L.)

MYSOPATHOS. Plante des anciens, qui est la même que l'*ocymoïdes* de Dioscoride. *V.* OCYMASTRUM. (L.N.)

MYSSUR. Nom tartare et arménien du SORGHO (*holcus sorghum*, L.). (L.N.)

MYSTAX (*moustache*, en français). Nom spécifique de l'HUGONE, plante de l'Inde. *V.* ce mot et MODIRA. (L.N.)

MYSTE, *Mystus*. Genre de poissons établi par Lacépède

aux dépens des Clupées. Il offre pour caractères : plus de trois rayons à la membrane des branchies ; le ventre caréné ; la carène du ventre dentelée ou très-aiguë ; la nageoire de l'anus très-longue et réunie à celle de la queue ; une seule nageoire sur le dos.

La seule espèce que renferme ce genre, le Myste clupéoïde, se trouve dans la mer des Indes. Elle ressemble à une lame d'épée. Sa couleur est blanchâtre.

On donne le même nom au Cyprin barbeau et au Pimelode cous. (b.)

MYSTICETUS. Nom latin de la *baleine*, formé du grec *mystiketos*. *V.* Baleine. (s.)

MYSTIKETOS. *V.* Baleine. (s.)

MYSTUS. Ce nom a été donné par Artédi et Linnæus, dans ses premières éditions, à la division des Silures que M. Lacépède désigne par le nom de Machoirans. Il l'a été aussi, par M. Lacépède, pour d'autres poissons que M. Cuvier regarde comme devant former un sous-genre dans le genre des Harengs ou Clupées. *V.* Myste. (desm.)

MYTE. On donne ce nom, au Tonquin, à un fruit qui ne paroît par différer du Jacca. *V.* Jacquier. (b.)

MYTHRIDATION ou MYTHRIDATES. Plante mentionnée par Pline, d'après Cratevas, et dont on devoit la connoissance au roi Mithridate. Cette plante consistoit en deux feuilles radicales, d'entre lesquelles naissoit une hampe portant une seule fleur incarnate. On lui attribuoit de grandes vertus contre les enchantemens et les poisons ; mais elle n'occupoit que le second rang, le *moly* étant l'antidote par excellence. Anguillara et Césalpin pensent que cette plante est notre Vioulte (*erythronium dens canis*).

Quelques auteurs (C. B. *Pin.* 247) prétendent que le *mythridation* est notre *scordium*, espèce de germandrée ; mais la description de Pline ne lui convient en rien. Peut-être le naturaliste romain et Cratevas, qu'il cite, ont-ils parlé de deux plantes différentes.

L'on trouve quelquefois ce nom de *mythridation* écrit *mytridanum* ou *mytridantum*, noms qui sont également ceux du fameux contre-poison que Mithridate avoit découvert, et qui, d'après la recette que C. Pompée trouva dans les papiers de ce roi, se composoit de deux noix sèches, de deux figues et de vingt feuilles de rue, le tout broyé avec un grain de sel. En mangeant de ce contre-poison le matin, on n'avoit rien à craindre pendant vingt-quatre heures. (ln.)

MYTILÈNE. *V.* Bruant mitilène. (v.)

MYTILACES. Famille de mollusques acéphales pourvus de coquille. Toutes les espèces qui y entrent ont le manteau fendu par-devant, mais avec une ouverture séparée pour les excrémens; un pied servant à ramper, ou au moins à tirer, diriger et fixer le BYSSUS. Le genre moule lui sert de type. *V.* ce mot, ainsi que ceux de MOLLUSQUES, BIVALVE et COQUILLE. (B.)

MYTILIER. Animal des MOULES. Il a le devant du manteau ouvert; un pied; point de tube propre à la respiration. (B.)

MYTILUS. Nom latin des coquillages du genre MOULE. (DESM.)

MYTULITE. On a donné ce nom aux MOULES FOSSILES. (B.)

MYTYMYT. Nom de la FUMETERRE BULBEUSE, au Kamtschatka, selon Gmelin. (LN.)

MYURON. Les anciens Arméniens donnent ce nom à la MARJOLAINE. (LN.)

MYUROS d'Ætius. Selon Anguillara, ce seroit la SAPONAIRE OCYMOÏDE (*sap. ocymoïdes*, Linn.). Ce même nom de *myuros*, qui signifie queue de rat en grec, est celui d'une espèce de FÉTUQUE (*festuca myuros*, Linn.). (LN.)

MYXA, MYXARIA, MYXAI et **MYXON.** Noms d'un fruit juteux comme la prune, et que produit l'arbre nommé *myxos* ou *myxus*. La pulpe de ce fruit a la consistance muqueuse et gélatineuse du mucus nasal, d'où lui viennent ces noms. D'après ce que dit Pline, l'on voit que cet arbre croissoit sur les collines de Damas, en Syrie et en Egypte; qu'on étoit parvenu à l'acclimater en Italie, où il se propageoit par la greffe sur le CORMIER (*Sorbus*); et que quoique le *myxa* fût commun en Italie, on en apportoit de Syrie. Les Egyptiens en tiroient du vin. Dioscoride et Galien ne mentionnent pas le *myxa*; il en est souvent question dans les ouvrages de Paul d'Ægyne, d'Ætius et d'Actuarius. L'on est généralement d'accord pour regarder le *myxa* comme le sebesten actuel des Arabes qui croît encore en Egypte, en Syrie, etc.: cependant, si l'on réfléchit que Pline prétend qu'on le greffoit sur le cormier et qu'il n'étoit pas rare à Rome, on doit croire qu'il a confondu plusieurs plantes. La greffe sur arbre de la même famille réussit; mais lorsqu'il s'agit de deux arbres de familles aussi différentes que celle du sebesten et celle du cormier (borraginées et rosacées), il n'en est pas de même, et il est permis de croire que le *myxus* d'Italie est une autre plante que le *myxus* d'Orient. Plusieurs auteurs pensent que Pline a voulu parler d'un prunier.

Le SEBESTEN, ou plutôt les fruits auxquels on donne ce nom en Egypte ou en Orient, sont produits par deux petits arbres du genre CORDIA (*Voy.* SEBESTIER). L'un est le *cordia myxa* ou l'ancien *myxa*, qu'on nomme aussi PRUNE SEBES-

TÈNE : c'est le *vidi maram* du Malabar ; l'autre est le *cordia sebestena* ou le *wanzey* des Abyssins , qui le cultivent en grande quantité pour leur agrément , à cause de la multitude de fleurs blanches dont il se couvre. Bruce fait observer que lorsqu'il est en pleine floraison la ville de Gondar et ses environs semblent cachées sous un voile de mousseline , ou plutôt sous un voile de neige nouvellement tombée. Cet arbre s'élève de dix-huit ou vingt pieds. Les Gallas, nation puissante voisine des Abyssins , lui rendent les honneurs divins. C'est sous le wanzey qu'ils élisent leur roi , et que ce prince tient son premier conseil, nomme les ennemis qu'il faut combattre, et indique le temps et la manière d'aller envahir leur pays. Son sceptre est un bâton de wanzey , qu'on a toujours soin de lui enduire de beurre.

On fait de la glu avec les fruits des deux *cordia* dont nous venons de parler. *V.* à l'article SEBESTIER.

Le *Myxa pyriformis* de Rai , se rapporte au *tsiem-tani* des Malabares, c'est-à-dire au *rumphia amboinensis* , Linn. (LN.)

MYXINE , *Myxine.* Linnæus a ainsi nommé un animal qu'on trouve dans la mer, et qu'il avoit placé parmi les vers intestinaux. Bloch a prouvé , par des détails anatomiques , qu'il appartenoit à la classe des poissons. Il l'a , en consé-quence, rangé parmi eux sous le nom de GASTROBRANCHE. (B).

MYXON , MYXOS et MYXUM. *V.* MYXA. (LN.)

MYXTAX de Rai. *V.* HUGONE. (LN.)

MYXUS BLANC, de Gesner. C'est l'AZEDARACH (*Melia azedarach* , Linn.), que Gesner croit être le LAURIER grec de Pline, tandis que Césalpin soupçonne que c'est le *zizypha* du même naturaliste. *V.* MYXA. (LN.)

MYZINE, *Myzine* , Latr. , Oliv. ; *Elis, Tiphia* , Fab. ; *Plesia* , Jur. Genre d'insectes de l'ordre des hyménoptères , section des porte-aiguillons , famille de fouisseurs , tribu des scoliètes , distingué des autres genres qu'elle renferme aux caractères suivans : mandibules étroites , très-arquées , bi-dentées ; languette à trois divisions , dont la mitoyenne plus grande , arrondie et en capuchon ; antennes insérées au-dessous du milieu de la face antérieure de la tête , leur second article retiré dans le premier.

Si l'on compare les myzines avec les scolies , les tiphies et les méries, quant aux formes générales du corps , quant aux organes de la mastication et du vol , et surtout quant aux différences sexuelles , l'on découvrira entre ces insectes des traits frappans de parenté , et qui nous rappellent , quoique d'une manière moins sensible , ceux qui caractérisent les mutillaires.

Fabricius a placé dans le genre des tiphies les myzines femelles, et les individus que je prends pour des mâles avec ses élis. Ils s'éloignent tellement des femelles par les yeux, la forme du corps, celle des antennes, et même par les ailes, qu'Illiger voit une erreur manifeste dans ces rapprochemens. S'il avoit suivi les différences sexuelles dans les genres mentionnés plus haut, il auroit vu des anomalies semblables. L'analogie, et le tact que j'ai acquis par une multitude d'observations faites sur le vivant, ont été mes guides.

Les myzines ont les antennes filiformes, composées de douze ou treize articles serrés, et insérées un peu au-dessous du milieu de la face antérieure de la tête ; leur second article est presque entièrement caché dans le premier, ainsi que dans les méries et les myrmécodes. Les mandibules sont arquées, étroites et bidentées ; les palpes sont filiformes et courts ; les maxillaires sont plus longs que les labiaux, et ont six articles : il y en a deux de moins aux labiaux ; la languette est divisée en trois, avec le lobe du milieu plus grand et voûté en manière de coqueluchon ; le segment antérieur du corselet forme un carré transversal, ainsi que dans les tiphies et les méries ; les ailes supérieures ont une cellule radiale, quatre cellules cubitales, dont la dernière incomplète ; la seconde et la troisième reçoivent chacune une nervure récurrente. Tels sont les caractères généraux propres aux individus des deux sexes.

Les femelles ressemblent beaucoup à celles des tiphies et des scolies ; leur tête est forte et arrondie postérieurement ; les antennes sont courtes, épaisses et contournées, avec le premier article beaucoup plus grand, épais, presque obconique ; elles sont insérées chacune sous une petite éminence ; les yeux sont entiers ; le corselet est presque cubique ; l'abdomen est en forme d'ovoïde déprimé, tronqué en devant à sa base, avec le dessus du dernier anneau chargé de stries fines et très-serrées ; les cuisses et les jambes sont courtes et comprimées ; les quatre jambes postérieures ont le côté extérieur épais, et sont garnies de petites épines ; les tarses sont longs, comparativement aux parties précédentes, velus, avec des épines allongées, et dont plusieurs sont verticillées. La cellule radiale est détachée postérieurement du bout de l'aile, et se couche dans toute sa longueur sur la troisième cellule cubitale ; celle-ci s'avance au-delà et vers le bord postérieur de l'aile. Dans le mâle, la cellule radiale est jointe, dans toute la longueur, au bord externe. On voit entre elle et la troisième cellule cubitale, un angle rentrant très-marqué. Le mâle diffère encore de sa femelle par plusieurs autres caractères ; son corps est presque linéaire ;

ses antennes sont plus allongées , plus menues , presque droites ; ses yeux sont échancrés ; son abdomen est presque en forme de fuseau ; le dernier anneau se termine par deux dents , et offre en-dessous une épine forte et recourbée ; enfin ses pieds sont plus grêles , avec les jambes peu épineuses.

Les myzines femelles composent le genre PLÉSIE , *plesia* , de M. Jurine ; il trouve aussi que ces insectes ont les plus grands rapports avec les tiphies , mais qu'ils s'en distinguent en ce que leur corselet n'est pas sillonné postérieurement ; que leur abdomen n'est pas épineux , et surtout par le nombre des cellules radiales. Il ajoute que les ailes supérieures des plésies offrent un caractère qui , parmi les insectes tétraptères , n'est propre qu'à eux ; le contour antérieur de la cellule radiale est entièrement formé par une nervure particulière , indépendante de celle qui fait le bord de l'aile. Ce naturaliste rapporte au genre sapyge les hyménoptères que je regarde comme les mâles des myzines ; mais il dit qu'ils pourroient former une division particulière.

Olivier , article MYZINE de l'*Encycl. méth.* , adopte , du moins provisoirement , l'opinion d'Illiger , qui , avec Fabricius , distingue génériquement les élis. Les motifs qu'il allègue sont les mêmes.

Panzer , dans un ouvrage où il traite des méthodes de M. Jurine , de Linnæus et de Fabricius , relativement aux hyménoptères , a représenté avec détails , deux myzines femelles , dont il fait des tiphies , et range avec les sapyges le mâle d'une de ces espèces , qu'il a pareillement figuré.

M. Bosc a recueilli dans la Caroline plusieurs espèces de myzines femelles , qui ont été décrites par Fabricius et Olivier , mais dont les caractères ne sont pas bien tranchés , n'étant fondés que sur de légères différences dans les couleurs de quelques parties et sur le nombre des taches.

MYZINE MACULÉE , *Myzine maculata* , Latr. , Oliv. ; *Tiphia maculata* , Fabric. ; Coqueb. *Illust. icon.* . dec. 2 , tab. 13 , fig. 2 , femelle. Son corps est long de sept à neuf lignes , noir , luisant , fortement ponctué sur la tête et le corselet , et légèrement pubescent ; les antennes sont fauves , avec le premier article jaune ; la tête a le bord antérieur du chaperon , une ligne transverse au milieu de sa face , et deux autres de chaque côté , dont une derrière les yeux , et l'autre le long de leur bord interne , jaunes ; le corselet offre plusieurs lignes , et des taches de cette couleur ; deux transverses sur son premier segment , savoir : l'une à son bord antérieur et interrompue au milieu , et l'autre au bord opposé ; deux pareillement transverses et courtes , à l'écusson ; deux autres postérieures, une de chaque côté, le long des angles ; on voit de chaque côté, au-dessus de l'origine de la seconde paire de pattes, une tache oblongue ; il y en a aussi deux sur le dos, une de chaque côté de la naissance des ailes. Les cinq premiers anneaux de l'abdomen ont, en devant, une bande jaune transverse : la première est échancrée au milieu de son bord postérieur ; la seconde est divisée en deux, les trois suivantes sont resserrées ou plus étroites dans leur milieu ; les pattes sont roussâtres, avec les hanches, la majeure partie des quatre cuisses antérieures et la face postérieure des deux dernières, noires ; cette face offre une tache jaune. Les ailes ainsi que leurs veines sont roussâtres.

Elle habite l'Amérique septentrionale. On y trouve aussi : 1.º la MYZINE FLAVIPÈDE, d'Olivier, figurée par Panzer, *Entom. hymen.*, pl. 1, fig. *a*, *b*, *c*, sous le nom de *Tiphia caroliniana*, et dont le mâle pourroit bien être la *Sapyga maiorta* du même auteur, *ibid.*, tab. 2, *d*, *e* ; 2.º la MYZINE SEREINE d'Olivier, *Tiphia serena*, Fab. ; *Tiphia namea*, Panz. *ibid.*, pl. 1, fig. *d*, *e*, *f* ; 3.º les MYZINES OBSCURE et NAMÉE, d'Olivier. La tiphie *quinquecincta* de Fabricius est encore une myzine très-voisine des précédentes, mais qu'il dit, par erreur, habiter l'Angleterre. Son élis *sexcincta* est probablement le mâle de la myzine *namée*, ou de quelque autre espèce très-voisine.

On trouve, dans les départemens méridionaux de la France et en Italie, son élis *cylindricus*. Son corps est noir, avec une ligne d'un jaune pâle et dilatée de chaque côté en forme de point, sur le bord postérieur et supérieur des anneaux de l'abdomen. L'élis *volvulus* n'en est, je présume, qu'une variété à taches plus nombreuses. Ce sont, à mon avis, des myzines mâles, dont les femelles nous sont inconnues. Les élis *interrupta*, *senilis* et *septemcincta*, du même auteur, sont des scolies mâles. (L.)

N.

NA. Nom languedocien du NAVET. (LN.)

NA et NAGI. L'arbre auquel les Japonais donnent ces noms, suivant Kœmpfer, a la grandeur et le port du *cerisier*. Ses fruits ressemblent aussi aux cerises, par leur grandeur, leur forme globuleuse et leur couleur d'un rouge pourpre. Thunberg en a fait une espèce de *myrica* (*V.* GALÉ) ; mais Gærtner et Willdenow, sur la considération que les fleurs offrent un calice de quatre feuilles et un style fourchu, en ont fait le type de leur genre *nageia*. Dans le myrica, une simple écaille ovale forme le calice, et il y a deux styles. Adanson avoit fait un genre de cet arbre, avant les botanistes précités. C'est son NAGI. (LN.)

NAAHVAL. C'est le nom islandais du NARWHAL. *V.* ce mot. (DESM.)

NAANKTA. Nom que les Tartares Tungouses donnent au SAPIN. (LN.)

NAATIME. Nom du JUJUBIER COMMUN, *Rhamnus zizyphus*, Linn., au Japon. (LN.)

NAATSJONI. C'est, dans les Indes orientales, le nom du CORACAN, *Cynosurus coracanus*, Linn. Rumphius figure sous ce nom cette espèce de CRETELLE (Amb. 5, tab. 76, f. 2). Rhéede lui donne le nom malabare de *Tsitti-Pullu*, et Vesling (Ægypt., tab. 53), les noms de *noem* et *sabil*. Cette belle graminée, haute de quatre pieds, est une plante céréale très-cultivée dans toute l'Inde. (LN.)

NABA et NABO. Ces deux noms désignent, en Espagne et en Portugal, le CHOU-RAVE et le NAVET. (LN.)

NABACH. *V.* NABQAH. (LN.)

NABATI. Nom que les Maures donnent à l'AIL DES VIGNES, *Allium vineale.* (LN.)

NABBA ou TUABBA. Les Hottentots donnent ces noms au RHINOCÉROS. *V.* ce mot. (DESM.)

NABBMUS. Nom suédois de la MUSARAIGNE COMMUNE. (DESM.)

NABELSAMEN. Le GRATERON, *Galium aparine*, reçoit ce nom en Allemagne. (LN.)

NABIROP. *V.* l'article du MERLE VIOLET DU ROYAUME DE JUIDA. (V.)

NABIS des Ethiopiens du temps de Pline. C'est la GIRAFE. *V.* ce mot. (DESM.)

NABIS, *Nabis*, Latr., Oliv. Genre d'insectes de l'ordre des hémiptères, section des hétéroptères, famille des géocorises, tribu des nudicolles.

Les nabis ont été confondus par Fabricius avec les *réduves*, dont ils se rapprochent en effet beaucoup, à raison de leur tête rétrécie postérieurement, en manière de cou; de leurs antennes sétacées; de leur bec arqué et très-aigu à sa pointe; de leurs formes générales et de leurs habitudes carnassières. Mais on les en distingue aux caractères suivans: les antennes des nabis sont insérées plus bas que celles des *réduves*, ou au-dessus d'une ligne idéale tirée des yeux à l'origine du labre; l'extrémité postérieure de la tête n'offre point d'impression transverse; le dessus du corselet forme un plan continu qui n'est pas divisé en deux parties ou lobes, comme celui des réduves.

Le NABIS GUTTULE, *Nabis guttula*, pl. G 33, 1; *Reduvius guttula*, Fab., est très-noir, luisant, avec les élytres et les pattes d'un rouge de sang; les appendices membraneux des élytres sont noirs, avec un point blanc; les cuisses antérieures sont renflées et unidentées. On trouve cet insecte en France et en Allemagne, sous les pierres et sous la mousse.

Les habitans de l'Ile-de-France redoutent la piqûre d'une grande espèce de ce genre, qu'ils appellent *morpain*, et qui est le *reduvius gigas* de Fabricius.

On trouve encore dans nos environs, deux autres espèces, le NABIS APTÈRE (*reduvius apterus*, Fab.), et le NABIS CENDRÉ d'Olivier (*Encycl. méth.*). (L.)

NABKA. *V.* NABQAH. (LN.)

NABLAGRAS. C'est le nom du *kœnigia islandica*, en Islande. (LN.)

NABQAH. Selon M. Delile, ce nom arabe est, en Ægypte, celui du fruit d'une espèce de JUJUBIER, *Rhamnus spina christi*, Linn. L'arbre qui porte ce fruit s'appelle *Sidr* ou *Nabq*. Prosper Alpin écrit *nabca*, et d'autres botanistes, *nabach*. Browne, voyageur anglais qui parcourut l'Égypte et le Dar-Four, prétend qu'à Alexandrie on nomme ce fruit *nebka*, et lui attribue le parfum de la pomme. Il ajoute que, dans le Dar-Four, on appelle *nebbek* deux espèces de nerprun; l'une est le nebka d'Alexandrie, l'autre, plus petite dans toutes ses parties, donne un fruit d'un goût différent. Les fruits de ces deux espèces, desséchés et réduits en pâte, ne sont pas désagréables, et servent de provision dans les voyages. Quelques auteurs ont écrit vicieusement *napeca* pour *nabqah*. *Voy.* JUJUBIER et PALIURUS. (LN.)

NACARONES. Nom que l'on donne, en Espagne, à toute coquille nacrée. (LN.)

NACELLE. C'est la *patella fornicata* de Linnæus. *V.* aux mots PATELLE et CRÉPIDULE.

On appelle aussi quelquefois de ce nom les OSCABRIOSS. (B.)

NACHANI. Selon Garcias, c'est, dans l'Inde, le nom d'une très-petite graine noire qui a le goût du seigle, et dont la farine sert à faire du pain et entre dans la composition du cachou. Clusius la compare à la graine de moutarde, mais la dit plus noire. Il prétend que dans l'Inde on fait, avec sa farine, des pains orbiculaires, qui servent de nourriture sur toute la côte d'Ethiopie. Cette graine est très-probablement celle d'une graminée. (LN.)

NACHBERG. Selon M. Beurard , c'est une sorte d'argile calcarifère , schisteuse et bitumineuse , et spécialement celle qui forme le sol du schiste cuivreux dans le comté de Mansfeld , à Bottendorf. (LN.)

NACHL. Nom arabe du DATTIER. (LN.)

NACHTIGAL. Nom allemand du ROSSIGNOL. (V.)

NACHTLIEBSTE , *Amica nocturna*. Nom allemand de la TUBÉREUSE , dont les fleurs exhalent leur parfum, principalement le soir. (LN.)

NACHTMANTEL. L'un des noms allemands du PIED-DE-LION , *Alchemilla vulgaris* , Linn. (LN.)

NACHT-RABL. Nom autrichien de l'ENGOULEVENT.(V.)

NACHTSCHATTEN. Ce nom allemand est celui de plusieurs plantes différentes qui aiment l'ombrage , par exemple , la BELLADONE , *Atropa belladona* ; la SCROPHULAIRE AQUATIQUE , la VIGNE BLANCHE , *Clematis vitalba* , L. , et la DOUCE-AMÈRE. (LN.)

NACHTVIOLE. L'ORCHIDE à deux feuilles porte ce nom en Allemagne, parce que sa fleur exhale le soir une odeur douce , voisine de celle de la violette , mais plus agréable. (LN.)

NACHTSCHWALBE. C'est , dans Frisch , l'ENGOULEVENT. (V.)

NACHUT. Nom arménien du POIS CULTIVÉ , *Pisum sativum* , L. (LN.)

NACIBE , *Nanettia*. Genre de plantes de la tétrandrie monogynie , et de la famille des rubiacées , qui offre pour caractères : un calice de quatre à huit folioles ; une corolle monopétale à quatre divisions velues en dedans ; quatre étamines ; un ovaire inférieur surmonté d'un style simple à stigmate quelquefois bifide ; une capsule à une seule ou à deux loges , à deux valves renfermant beaucoup de semences imbriquées , orbiculaires et ailées.

Ce genre a été établi par Aublet, et on y a réuni une espèce du genre PETESIE de Linnæus, et l'*ophiorrhiza lanceolata* de Forskaël, plante dont Lamarck a fait un MUSSENDE. Il a été de plus augmenté de trois nouvelles espèces figurées dans la *Flore du Pérou*. Ainsi il est aujourd'hui composé de huit espèces , dont les plus remarquables , sont :

Le NACIBE LYGISTE , qui a les feuilles ovales , aiguës , veinées ; la tige sarmenteuse et presque frutiqueuse. Il se trouve à la Jamaïque.

Le Nacibe rouge, qui a les feuilles ovales, aiguës; les grappes multiflores, et la tige sarmenteuse et frutiqueuse. Il se trouve à la Guyane, où il a été observé par Aublet.

Le Nacibe blanc a été réuni au genre Cocipsile.

Le Nacibe récliné a les feuilles ovales, aiguës, velues; les tiges recourbées et herbacées. Il est annuel, et se trouve au Mexique. (b.)

NACOURY. Nom arabe et égyptien du Balbuzard. (v.)

NACRE. C'est une matière blanche et brillante qui constitue l'intérieur de beaucoup de coquilles. Mais l'*avicule perlière* dont, à raison de son épaisseur, on peut faire un grand nombre de petits meubles brillans, porte spécialement ce nom. Les *perles* elles mêmes ne sont qu'une *nacre* isolée et plus pure. *V.* aux mots Coquille, Avicule et Perle. (b.)

NACRÉS. Nom donné à plusieurs espèces de *papillons* de Linnæus, à raison des taches argentées de leurs ailes. *Voyez* Argynne. (l.)

NACRITE (*Talcite*, Kirw.; *Erdiger talk*, Wern.; *Talc granuleux*, Haüy. — *Nacrite*, Brong. Jam. — *Schuppiger-Thon*, Karst., vulgairement, *chlorite blanche*). Minéral long-temps confondu avec le talc et avec la chlorite, mais qui s'en distingue par des caractères assez importans. On le reconnoît aisément à son vif éclat perlé ou nacré; ses couleurs sont le blanc de lait passant au jaunâtre ou au gris, et le vert blanchâtre; il est léger, friable, et composé d'une multitude de petites écailles lâchement entrelacées, quelquefois curvilignes, mais le plus souvent agglomérées en petites granulosités; frotté sur la peau, il y laisse une trace blanche et brillante; il est très-onctueux au toucher, et ce toucher est plutôt gras que savonneux; il donne une légère odeur argileuse à l'insufflation, et il se fond aisément à la flamme produite par le chalumeau. M. Vauquelin a fait la remarque que l'eau dans laquelle on fait macérer le *nacrite*, devient alcaline et verdit fortement le sirop de violette. Ce savant trouve dans cette pierre les principes suivans:

Silice, 50; alumine, 26; potasse, 17; fer, chaux et une petite quantité d'acide muriatique. M. John a reconnu, dans le *nacrite* de Mérowitz, silice, 60,20; alumine, 30,83; oxyde de fer, 3,55; eau, 5. Il n'y trouve point de potasse, ce qui peut fort bien faire croire que le *nacrite* de Mérowitz ne doit pas être rapporté à la pierre analysée par M. Vauquelin.

Le *nacrite* se trouve dans les cavités et les fentes des roches primitives, et principalement dans celles où le quarz domine. Il est en paillettes disséminées ou bien en petites masses. Il y en a auprès de Freyberg, en Saxe; à Mérowitz et Gieren, en Silésie ; en Bohême ; à Sylva , en Piémont; dans les montagnes de l'Oisan, en Dauphiné , d'où Dolomieu en a rapporté de fort beaux échantillons ; au Brésil , dans les montagnes qui avoisinent Canta-Gallo et Las Tocayès : on trouve aussi dans ces montagnes des quarz amorphes , limpides , dont l'intérieur renferme des nuages de *nacrite* blanc du plus bel effet. On est dans l'usage de tailler ces morceaux en cabochon comme objet de curiosité. Au Chili , près de Saint-Félix , on trouve une variété de nacrite très-remarquable , en ce qu'elle est mélangée d'*eisenrham* , sorte de fer oxydé rouge , ayant la légèreté et la structure écailleuse du *nacrite*.

L'on a rapproché le *nacrite* de la *lépidolithe*. Nous avons fait voir que la lépidolithe est un mica. Ajoutons que M. Patrin a trouvé , en Sibérie , un mica jaunâtre , écailleux , semblable à de l'écume (*V.* à l'article MICA, *mica spumiforme*), ce qui rapprocheroit encore le mica du *nacrite* , etc. (LN.)

NACUNDA. Nom d'un ENGOULEVENT du Paraguay.
(V.)

NACUTUTU. Nom sous lequel d'Azara a décrit plusieurs oiseaux de nuit du Paraguay. (V.)

NAD. Nom hongrois des ROSEAUX , *Arundo*. (LN.)

NADAOUEH (*Roscida*). Nom arabe de la CRESSE DE CRÈTE, *Cressa cretica* , Linn , petite plante de la famille des liserons ou convolvulacées (LN.)

NADELERS (mine en aiguilles , en allemand). C'est le nom adopté par Werner et ses disciples, pour désigner le BISMUTH SULFURÉ PLUMBO-CUPRIFÈRE. *Voyez* vol. 3, pag. 443. Le *nadelers* de la mine d'Eberhard , près d'Altpirsbach , dans la forêt Noire , est un cuivre sulfuré gris, bismuthifère et argentifère. Il paroît que le *nadelers* d'Allemont, en Dauphiné , est un cuivre gris analogue ; on l'a comparé au tellure natif, et même on l'a pris pour tel. (LN.)

NADELHAFER. Nom vulgaire allemand de l'EPIETTE joncée , *Stipa juncea*. (LN.)

NADELKOPFSPATH et NADELSPATH. Noms donnés , par les Allemands, à la CHAUX CARBONATEE SPICULAIRE OU ACICULAIRE. (LN.)

NADELLE. Dans quelques cantons maritimes , on appelle ainsi la MELETTE , petit poisson du genre ATHÉRINE.
(DESM.)

NADELO. Sur les côtes de la Méditerranée , on donne ce nom à la SARDINE FRAÎCHE. (DESM.)

NADEL-STEIN , c'est-à-dire , pierre en aiguille. C'est le nom que les minéralogistes allemands donnent à la substance qu'on appelle vulgairement *schorl rouge*, et que Werner a nommée depuis *rhutile* ; c'est le *titane oxydé*, *V*. ce mot. Werner avoit transporté le nom de *nadelstein* à la MÉSOTYPE en masses, composées de cristaux fasciculaires et radiés. *V*. MÉSOTYPE. (LN.)

NADELZINNERZ. Klaproth a donné ce nom à l'étain oxydé, en cristaux très-déliés, comme on en trouve en Cornouailles. (LN.)

NADIR. C'est le point de la voûte céleste qui répond directement au-dessous de nos pieds. Une ligne droite qui, étant perpendiculaire à notre horizon, seroit prolongée, en passant par le centre de la terre, jusqu'à la concavité de l'hémisphère inférieur du ciel, iroit aboutir à notre *nadir*.

Le *nadir* est diamétralement opposé au *zénith*. (*Voy*. ZÉNITH). Le *zénith* et le *nadir* sont les pôles de l'horizon. Chaque individu sur la terre a un *nadir* différent, et conséquemment un horizon particulier. Toutes les fois que nous changeons de place sur la surface de la terre, nous changeons de *nadir* et d'horizon. Si la terre avoit une figure exactement sphérique, le *nadir* seroit le *zénith* de nos antipodes. Mais la sphéricité de la terre n'étant pas parfaite, il n'y a que les lieux situés sous l'équateur ou sous les pôles, dont le *nadir* soit le *zénith* de leurs antipodes. (LIB.)

NADIUEL. C'est l'ANGUIS ORVET, dans le Languedoc. (DESM.)

NÆAJM. Suivant Forskaël, on connoît sous ce nom, au Caire, en Égypte, une plante qu'il rapporte à l'*achyranthes decumbens*. Les Arabes l'appellent aussi *mahot*, *uokkes* et *hoellem*. (LN.)

NÆGEISI. Selon Forskaël, les Arabes nomment ainsi et *schudjara*, une espèce de GIROFLÉE, qu'il rapporte au *cheiranthus tristis*, Linn. (LN.)

NAEGHE. Les Éthiopiens appellent ainsi l'ÉLÉPHANT D'AFRIQUE. (DESM.)

NÆMASPORE. Genre établi par Willdenow, aux dépens des SPHÉRIES de Batsch. (B.)

NÆMATOTHÈQUES, *Nœmatothecii*. Nom du sixième ordre de la deuxième classe de la méthode des champignons, par M. le docteur Persoon. Il comprend dix genres, ASCOPHORE, PÉRICONIE, ISAIRE, MONILIE, DÉMATION, ÉRINÉE, RACODION, HIMANTIE, MÉSENTERIE, SCHIZOMORPHE. (P. B.)

NÆPFCHENCOBALT et NÆPFELKOBALT. Noms qu'on donne, dans les mines du Hartz, à l'ARSÉNIC NATIF. (LN.)

NÆSE, *Næsa*, Léach. Genre de crustacés. *Voy.* Sphæ-
rome. (l.)

NAETTE. Les Lapons donnent ce nom à la Marte ordinaire, *Mustela martes*, Linn. (desm.)

NAF, NARF et ALCHEF. Noms que les Maures don-
nent aux Cressons. Avicenne écrit *alharf*, *alrased*, etc., et
Averrhoés, *alcherf*. (l.n.)

NAFAH. Nom arabe d'une espèce de Luzerne (*medicago
intertexta*, L.). (l.n.)

NAFAL et REQRAQ. Noms arabes du Mélilot des
Indes (*melilotus indica*, Desf.). (l.n.)

NAFVER. Nom suédois de l'Érable champêtre (*acer
campestre*). (l.n.)

NAGA-DANTI des Malabares. J. Burmann rapporte
cette plante au Croton a feuilles de Morelle (*croton sola-
nifolium*). (l.n.)

NAGA-MUSADIE. Arbre des Indes orientales. Les
Talingas emploient son écorce et ses racines contre les morsures du *naga* ou serpent à lunette. Selon Roxburg, cet arbre
a les feuilles réunies par une gaîne stipulaire, et pourroit
appartenir à la famille des rubiacées. Sa fructification n'est
pas connue. (l.n.)

NAGA-MU-VALLI. Nom malabare d'un arbre figuré
dans Rhéede (Malab. 8, tab. 29), et qu'on rapporte au
bauhinia scandens, Linn. (l.n.)

NAGA-SASAGI. L'un des noms japonais d'une espèce
de Dolic (*dolichos unguiculatus*). (l.n.)

NAGA-WALLI. Nom de pays de l'Ophiorrhize. (b.)

NAGAM. Arbre de la côte du Malabar, figuré dans l'ouvrage de Rhéede (Mal. 6, tab. 21). C'est le Mollavi (*heritiera littoralis*, L.). *V.* Mollavi. (l.n.)

NAGAS, *Mesua*. Arbre de l'Inde, dont le bois porte le
nom de *bois de fer*, à raison de son extrême dureté. Ses
feuilles sont opposées, très-longues et argentées en-dessous.
Ses fleurs naissent dans l'aisselle des feuilles, vers l'extrémité des rameaux. Elles sont presque solitaires, et répandent au loin une odeur fort agréable qui approche de celle
du musc.

Cet arbre forme, dans la monadelphie polyandrie,
et dans la famille des Guttifères, un genre qui a pour
caractères : un calice simple, de quatre folioles ovales,
concaves, obtuses et persistantes, deux opposées plus
courtes que les autres; quatre pétales ondulés et comme
tronqués à leur sommet; un très-grand nombre d'étamines
réunies en godet à leur base; un ovaire supérieur arrondi,

surmonté d'un style épais à stigmate concave; une noix presque ronde, remarquable par quatre sutures saillantes et longitudinales. Elle ne renferme qu'une seule semence.

Le *nagas* croît dans les Indes orientales, et sa fleur est employée dans la confection des sachets odorans. Il découle de son fruit, avant sa maturité, une liqueur glutineuse très-tenace. (B.)

NAGAS. Espèce de BALEINE qui se pêche sur les côtes du Japon. (B.)

NAGASSARI (*Nagassarium*, Rumph., Amb. vol. 7, tab. 2). Grand arbre qui croît dans les Indes orientales. Ses feuilles sont alternes; ses fleurs en épis terminaux sont munies chacune d'un calice à quatre folioles persistantes; de quatre pétales; d'étamines nombreuses; d'un style à un stigmate; d'un fruit uniloculaire à deux ou trois valves, à une seule amande. Adanson en fait un genre distinct du *naghas*, dont il diffère essentiellement par la structure du fruit. Néanmoins Linnæus, Willdenow, Lamarck, etc., attribuent au *naghas* le même fruit; alors le *nagassari* pourroit être une seconde espèce du même genre. (LN.)

NAGATAMPO. Nom brame du *naghas*, adopté par Adanson pour désigner ce genre de plantes. *Voyez* NAGHAS. (LN.)

NAGEI, *Nageia*. Genre de plantes établi par Gærtner, pour séparer des GALÉS une espèce représentée, fig. 874 des *Aménités* de Kœmpfer, qui a deux styles, tandis que les autres en ont un bifide. Cette espèce croît au Japon, et a ses fruits de la grosseur d'une cerise. *V*. au mot GALÉ. (B.)

NAGEIA. *V*. NAGI. (LN.)

NAGELEIN et NAGELKEN. Noms des ŒILLETS, en Allemagne. (LN.)

NAGELEINBAUM. L'un des noms allemands du LILAS. (LN.)

NAGELEIN-GRASS. Plusieurs plantes portent ce nom en Allemagne. Ce sont principalement quelques LAICHES (*carex*); le STATICE COMMUN (*statice armeria*); une espèce de CANCHE (*aira caryophyllea*); l'HOLOSTEUM PRINTANNIER (*holosteum umbellatum*). (LN.)

NAGELERZ des Allemands. C'est le FER OXYDÉ rouge argilifère bacillaire. *V*. vol. XI, p. 384. (LN.)

NAGELFELS. *V*. NAGELFLUHE. (LN.)

NAGELFLUHE ou NAGELFELS. On donne ces noms, en Suisse, à un poudingue formé de fragmens de toutes sortes de formations, de grandeur et de forme variables; de quarz, de granite, de calcaire compacte ou coquillier, unis par un ciment argilo-ferrugineux. Le *nagelfluhe* abonde dans les parties méridionales et occidentales de la Suisse ; tantôt il y forme des bancs , ou des masses qui s'élèvent en rochers et en collines. On y a observé des glossopètres.

Le *nagelfluhe* est une roche très-récente, qui avoisine et accompagne les chaînes de montagnes primitives. On ne connoît pas très-bien la nature et les espèces de roches sur lesquelles il repose. Cependant, la montagne dite le Rigiberg, qui, il y a quelques années, engloutit tout un village et fit périr plus de 1800 personnes, est une masse de *nagelfluhe* placée sur un terrain d'argile dont la mollesse permit à la montagne de glisser et de s'ébouler. Dans plusieurs points de la Suisse et du Tyrol, on peut soupçonner que le *nagelfluhe* repose sur le calcaire alpin. Les géologistes placent le nagelfluhe avec les roches de formation très-récente, avec les poudingues ; mais c'est un poudingue qui, par la grande hauteur où il se trouve , doit être d'une formation très-ancienne. Cette roche est le *poudingue polygénique* de M. Brongniart (*nagelfluhe* du Rigiberg). Le *poudingue calcaire* du même, est le *nagelfluhe* de Salzbourg. M. Tondi étend le nom de *nagelfluhe* à tous les bancs d'alluvion des parties élevées du globe , qu'il nomme terrains de lavage et qui sont composés de sables , de cailloux roulés , de limon , etc., avec des pierres précieuses et de grains de substances métalliques que l'on obtient par un lavage particulier. Il se sert du nom de *brèche* pour désigner spécialement le *nagelfluhe* qu'il divise en trois, savoir : la *brèche polygène* , composée de fragmens de roches de toutes formations ; la *brèche* calcaire ; la *brèche* quarzeuse. D'après cela, on voit qu'un très-grand nombre de brèches et de poudingues sont des *nagelfluhe*. Toutefois il y a des brèches de terrains de transitions qui avoisinent les bancs de *nagelfluhe* et qui n'en sont pas. Le *nagelfluhe* n'est pas susceptible de prendre le poli , tandis que les brèches de transition en peuvent prendre un très-vif. *V.* ROCHES, TERRAINS. (LN.)

NAGELKRAUT. La BENOITE , la PIMPRENELLE SAUVAGE, la DRAVE PRINTANIÈRE et la PILOSELLE portent ce même nom en Allemagne. (LN.)

NAGEOIRE , *Pinna.* Sorte de rame que la nature donne aux poissons, aux cétacés, et même à quelques mollusques, pour s'avancer au milieu des ondes.

Les nageoires des vrais poissons à branchies sont des membranes soutenues par des rayons ou tiges osseuses, pouvant se resserrer et s'épanouir plus ou moins comme un éventail. Ces rayons des nageoires , articulés avec quelques arêtes , mais adhérant rarement au squelette, ou à la colonne vertébrale (excepté ceux de la queue), sont parfois durs et roides comme des épines, ou osseux et à tige simple, piquante, chez les poissons *acanthoptérygiens*, c'est-à-dire à nageoires épineuses; telle est la perche, la vive, *trachinus*, le rasoir, etc., qui piquent fortement.

Chez les poissons *malacoptérygiens*, ou à nageoires molles, comme les carpes, les merlans, les harengs, ces rayons des nageoires ne sont point épineux, mais flexibles et formés de cartilages mous, souvent à tige fourchue ou dichotome.

Les nageoires des poissons, si l'on excepte celles qui couvrent les branchies, sous les opercules (ou les *branchiostéges*, une de chaque côté, se pliant à volonté, et que Artédi regarde comme la première paire de nageoires); les autres sont au nombre de cinq vraies, et une fausse.

Les *nageoires pectorales* placées aux deux côtés du thorax du poisson, tiennent lieu de bras; elles sont toujours paires et manquent rarement; quelquefois elles deviennent si longues que le poisson s'en sert pour voltiger quelque temps hors de l'eau *V.* POISSON, où nous traitons des poissons volans.

Les *ventrales*, situées sous l'abdomen, ou entre la tête et l'anus, sont toujours paires et représentent les pieds; elles manquent chez les *apodes*; mais leur diverse situation chez les autres donne les ordres des jugulaires, des thoraciques, des abdominaux.

La *caudale*, nageoire terminale, perpendiculaire, toujours impaire, est la plus puissante pour la progression de l'animal; elle est tantôt échancrée, tantôt entière, ou arrondie, ou bifurquée, ou en forme de coin, ou de croissant, etc.

L'*anale*, qui manque assez souvent, est toujours impaire, placée en dessous de la queue, derrière l'anus, est longitudinale et s'écarte peu du corps.

La *dorsale*, qui ne se trouve pas non plus en toutes les espèces, est toujours impaire, mais a quelquefois deux ou même trois divisions, surtout chez les poissons bons nageurs, pélagiens ou de haute mer. Elle est placée longitudinalement sur la carène dorsale, pour fendre les ondes.

Enfin une fausse nageoire est l'*adipeuse*, ou d'un tissu épais et graisseux qu'on remarque sur le dos de quelques poissons, tels que les saumons. Elle manque de rayons osseux propres à la soutenir.

Les poissons cartilagineux, comme les raies et squales, ont des nageoires à rayons également cartilagineux, articulés; on les a nommés *chondroptérygiens*.

Les cétacés ont leurs pattes antérieures pourvues de tous les os propres aux mammifères, mais tellement raccourcies et disposées, sous une peau épaisse, que ces membres imitent des nageoires. Quelques-uns portent sur le dos une fausse nageoire ou adipeuse; mais celle qui termine leur queue est soutenue par des ossemens, restes en quelque sorte des jambes qui leur manquent; cette nageoire caudale est toujours placée horizontalement, tandis que les vrais poissons portent la leur verticalement. (*V.* Cétacés.)

Les mollusques pourvus d'espèces de nageoires, sont les *ptéropodes*, comme les clio, les hyales, etc.; leurs bras ou ailes aplatis en forme de nageoires sont placés de chaque côté de leur bouche, et servent à la natation.

Beaucoup de crustacés et quelques insectes aquatiques ont des pattes en forme de rames ou de nageoires, pour s'avancer avec rapidité au milieu des ondes; on connoît la vivacité avec laquelle le gyrin ou tourniquet décrit ses cercles à la surface des eaux; toutefois ces moyens de natation diffèrent de ceux que la nature a distribués au Poisson. *Voy.* cet article.

(VIREY.)

NAGER (*fauconnerie*). Les fauconniers disent qu'un oiseau de vol *nage*, lorsqu'il s'élève beaucoup et qu'il plane.

(S.)

NAGEURS, *Natatores.* Cinquième ordre des oiseaux. *Caractères* : pieds trei-tétradactyles, courts, posés à l'équilibre ou à l'arrière du corps; bas des jambes nu, quelquefois couvert de plumes : tarses plus ou moins comprimés latéralement, réticulés, glabres, très-rarement à demi emplumés; doigts palmés ou lobés, 3-1, 3-0, 4-0; pouce allongé et portant à terre sur toute sa longueur chez les uns, court ou élevé de terre ou ne posant que sur son bout chez les autres, simple ou pinné, le plus souvent libre, quelquefois réuni au doigt interne, seulement à la base, ou totalement engagé dans la même membrane et tourné presque en devant; ongles ordinairement courts, ou comprimés et un peu pointus ou aplatis, larges et arrondis; l'intermédiaire pectiné sur le bord interne chez quelques-uns; bec de diverses formes.

Cet ordre se compose des oiseaux qui sont dans la deuxième section des Palmipèdes de Latham, de toutes les espèces qu'Illiger a réunies dans ses Natatores, de même que de celles qui sont comprises dans l'ordre des Palmipèdes de M. Cuvier. Les oiseaux d'eau que renferme cet ordre, se distinguent de tous les autres en ce qu'ils ont les tarses courts et des doigts lobés ou palmés; leur corps est arqué et bombé comme la carène d'un vaisseau; leur plumage serré, lustré est imbibé d'huile, et garni d'un duvet épais qui les garantit de l'humidité et les fait flotter plus légèrement sur l'eau, que la nature leur a assignée pour leur demeure la plus habituelle. » Ce sont aussi, dit M. Cuvier, les seuls oiseaux où le cou dépasse, et quelquefois de beaucoup, la longueur des pieds, parce qu'en nageant à la surface de l'eau, ils ont souvent à chercher dans la profondeur. Leur sternum est très-long, garantissant bien la plus grande partie de leurs viscères, et n'ayant de chaque côté qu'une échancrure ou un trou ovale, garni de membranes. Ils ont généralement le gésier musculeux, les cœcum longs et le larynx inférieur simple. »

Cet ordre est composé de trois tribus, sous les noms de *téléopodes*, *atéléopodes* et *ptiloptères*. *V.* ces mots. (v.)

NAGEUR. Serpent de Sardaigne, qui ne paroît autre que la COULEUVRE A COLLIER. (B.)

NAGG-NADALY. Nom de la CONSOUDE (*symphytum officinale*, Linn.), en Hongrie. (LN.)

NAGHAS. A Ceylan, c'est le nom du même arbre que, sur la côte Malabare, on nomme *belinda-tsiamparam*, décrit dans ce Dictionnaire, au mot *nagas*. Cet arbre est le *naga-tampo* des Brames et le type du genre *mesua*, Linn.; selon Adanson, il ne doit pas être confondu avec le *nagassari* de Rumphius, comme on le fait, parce qu'il en diffère essentiellement par son fruit qui est une capsule à quatre loges, à quatre valves, munies chacune d'une cloison et de quatre amandes. (LN.)

NAGI et NA. *V.* GALÉ DU JAPON (B.)

NAGIAGERZ des minéralogistes allemands. C'est le TELLURE NATIF AURO-PLOMBIFÈRE. *V.* cet article. (LN.)

NAGI-BUROK. Nom de la grande CIGUE (*conium maculatum*, Linn.), en Hongrie. (LN.)

NAGIL. Nom arabe du LABRE BOSSU. (B.)

NAGMAUL. On donne ce nom au CENTROPOME SANDAT. (B.)

NAGOR, *Antilope redunca*, Linn., Gmel. Quadrupède d'Afrique du genre des ANTILOPES, figuré pl. G 3a de ce Dictionnaire. (DESM.)

NAGY-FU. En Hongrie, c'est la BELLADONE (*atropa belladona*, Linn.). (LN.)

NAGY-FULAK. Nom du LISERON DES HAIES (*convolvulus sepium*) en Hongrie. (LN.)

NAGY-NYAR-FA. Nom du PEUPLIER BLANC en Hongrie. (LN.)

NAHANAHA. Selon Matthiole, les Arabes appellent ainsi la MENTHE. (LN.)

NAHWAL. *V.* NARHWAL. (DESM.)

NAIA, *Naia*. Serpent de l'Inde; du genre des VIPÈRES,

dont on a fait un genre parce qu'il a la faculté d'enfler son col. On l'appelle aussi *serpent à lunette*. (B.)

NAIADE, *Naïs*. Genre de vers aquatiques, dont l'expression caractéristique est : corps linéaire ou grêle, un peu aplati, transparent et garni latéralement de soies simples, rares, isolées ou fasciculées ; aucun tentacule près de la bouche.

Cuvier réunit à ce genre la CRISTATELLE de Lamarck.

Les espèces de ce genre vivent les unes dans la mer, et les autres dans les eaux douces. Elles se rapprochent beaucoup des *néréides* par l'aspect ; mais elles en diffèrent essentiellement par le défaut de branchies externes, et parce qu'elles sont privées de la faculté de filer des tuyaux. La plupart vivent sous les pierres, dans la vase, dans des trous qu'elles se creusent, ou qu'elles trouvent faits dans la terre des rivages. Elles nagent à la manière des serpens, c'est-à-dire, en inclinant alternativement leur corps en sens contraire aux deux bouts. Les poils, dont la plupart sont garnis, peuvent bien encore les aider dans cette opération ; mais leur principal objet paroît être d'arrêter les efforts que peuvent faire les courans ou leurs ennemis, pour les tirer de leur retraite. Ce dernier fait est prouvé par la disposition de ces poils et par l'expérience ; car on casse plutôt les articulations des naïades que de les faire sortir par violence de leurs trous.

Les naïades d'eau douce ne sont point rares dans les lacs, les étangs d'eau vive, et même dans les rivières ; mais elles ne multiplient pas autant dans les eaux vaseuses et altérées par la décomposition d'une trop grande quantité de végétaux.

La bouche des naïades est tantôt une simple fente, tantôt un trou accompagné de deux levres, une supérieure et une inférieure ; tantôt une trompe plus ou moins longue. Les unes ont deux yeux placés sur la tête, d'autres n'en ont point. Leur intestin se voit presque toujours en entier sous une couleur différente, à travers du corps ; leur anus est en général terminal ; cependant, il est quelquefois un peu en avant de la pointe. Les soies dont leur corps est garni, sont plus ou moins nombreuses, plus ou moins longues, tantôt solitaires, tantôt géminées, tantôt fasciculées, suivant les espèces. Elles n'ont ni pieds ni tentacules.

Ces vers vivent d'autres vers plus petits, de *daphnies* et autres *entromostracés* de Muller, d'animalcules infusoires, etc. toujours très-abondans dans les eaux. Ils sont ovipares, et il y a tout lieu de croire qu'ils sont hermaphrodites. On trouve vers le mois d'avril, une masse allongée en dessous de leur corps, vers les deux tiers de sa longueur, d'une couleur dif-

férente de l'intestin, laquelle, regardée au microscope, paroît contenir une immense quantité d'œufs. Cette masse se
fait voir plus ou moins long-temps, suivant la chaleur de
la saison; mais, en général, on n'en trouve plus aux individus
qu'on observe en juin. Ce moyen de reproduction n'est pas
le seul dont jouissent les naïades; elles peuvent être coupées
en plusieurs morceaux, et chaque morceau devient un animal parfait. Il est vrai de dire que cette expérience ne réussit
pas toujours, comme je l'ai observé; mais sa réussite tient
sans doute à des circonstances que je n'ai pas prévues, et en
conséquence je ne nie pas, pour cela, les faits que rapportent Trembley, Roësel, et autres observateurs dignes
de foi.

Ce genre seroit peut-être susceptible d'être divisé en deux et
même plus; mais on ne connoît pas encore assez bien les caractères de la bouche des espèces, même les plus communes,
pour entreprendre de faire de nouveaux genres en ce moment.
Il n'y a encore que huit espèces de bien caractérisées dans
les auteurs, parmi lesquelles les plus communes sont:

La Naïade vermiculaire, qui n'a point de soies latérales, mais qui a de longs poils au-dessous de la bouche. *Voy*.
pl. G 18 où elle est figurée. Elle se trouve dans les eaux stagnantes, parmi les lenticules.

La Naïade serpentine qui n'a point de soies latérales,
mais trois fascies noires sur le cou. Elle se trouve dans les
mêmes endroits que la précédente.

La Naïade proboscidale qui a les soies latérales solitaires,
une longue trompe pour bouche. Elle se trouve dans les eaux
stagnantes. Le genre Stylaire la reconnoît pour type.

La Naïade auriculaire qui a une protubérance allongée de
chaque côté des yeux, et point de soies latérales. Je l'ai observée, décrite et dessinée dans la baie de Charleston, en Caroline. *V*. sa figure pl. G 18. Sa description complète se
trouve dans l'Histoire des vers, faisant suite au Buffon de
l'édition de Deterville.

Les genres Branchiarie et Diplote de Montagu se rapprochent de celui-ci. (R.)

NAIADE, *Nais*. Plante qui croît dans l'eau. Elle pousse
une tige longue, flexible, herbacée, garnie de quelques dents
épineuses, et qui se divise en rameaux nombreux et flexibles,
garnis de feuilles opposées, verticillées, souvent au nombre
de trois à chaque nœud. Elles sont engaînantes, luisantes,
transparentes, ondulées, anguleuses et même épineuses par
leurs angles. Ses fleurs sont très-petites, placées dans l'aisselle de feuilles. Cette plante forme dans la monoécie monandrie, et dans la famille de son nom, un genre qui a pour

caractères, dans les fleurs mâles : un calice cylindracé, tronqué à sa base, divisé en son limbe en deux découpures ; une étamine à filament long, à anthère quadrivalve, que Linnæus appelle la corolle. Dans les fleurs femelles, seulement un ovaire ovoïde, terminé par un style à deux stigmates ; une noix ovoïde à une ou quatre semences.

Cette plante fleurit pendant les grandes chaleurs de l'été, est cassante, d'un vert obscur, et d'une odeur marécageuse. On l'arrache avec des râteaux, dans quelques endroits, pour en fumer les terres, ce à quoi elle est très-propre.

Bloch a publié quelques faits qui tendent à faire croire que plusieurs poissons, et surtout les *carpes*, mangent volontiers les feuilles et les graines de cette plante, et qu'il est par conséquent très-utile de la multiplier dans les étangs.

Deux autres espèces, dont l'une a été établie en titre de genre sous le nom de CAULINIE, se réunissent à celle dont il vient d'être question.

Gmelin a appelé ce genre ITTNÈRE et en a donné une bonne figure dans sa Flore de Bade.

Jussieu a donné le nom de cette plante à la famille que Ventenat a depuis appelée des FLUVIALES, dont elle fait partie. (B.)

NAIAS. Nom donné par Linnæus, au genre *fluvialis* de Vaillant, Micheli, etc. Willdenow a fait aux dépens du *naïas*, Linn., le *caulinia*, mais comme il existoit déjà un genre de ce nom, M. Persoon l'a changé en celui de *fluvialis. V.* NAÏADE et CAULINIE. Ce genre paroît avoir quelques affinités avec les HYDROCHARIDES. (LN.)

NAI-CORANA. C'est, dans Rhéede, le nom du DOLIC À POILS CUISANS. *V.* DOLIC. (B.)

NAIDES. Famille de plantes autrement appelées FLUVIALES. (B.)

NAIN, *Nanus.* L'accroissement de tous les corps vivans est susceptible d'éprouver des altérations qui l'empêchent de parvenir à son point naturel de perfection. C'est en quelque sorte un marasme, un défaut d'assimilation dans les alimens, une diminution de la faculté nutritive et une foiblesse du principe vital. Tantôt elle peut dépendre d'un vice, tel que celui du rachitisme ou des scrofules, tantôt aussi de l'étroitesse de l'utérus chez les femmes, ce qui ne permet point au fœtus de prendre un accroissement suffisant. Enfin, certains climats trop froids empêchent les végétaux, les grands arbres et les animaux d'acquérir une stature aussi développée que sous des cieux plus tempérés. C'est à cette débilitation de la vie qu'on doit rapporter la cause de la petite taille des nations polaires,

telles que les Groënlandais, les Lapons, les Ostiaques, Ju-
kagres, Jakutes, Koriaques, Samoïèdes, Esquimaux, et les
habitans des îles Kuriles. Leur stature ne surpasse guère quatre pieds et demi ; car le froid excessif de leurs rigoureuses
contrées resserre et contracte tous les muscles de telle sorte,
qu'ils ne peuvent s'étendre autant que dans les pays tempérés.
La grande chaleur affaisse aussi les corps et les empêche de
prendre un entier accroissement. Aussi les Suédois, les Danois, les Russes, les habitans de l'ancienne Samogitie ou les
Lithuaniens, sont-ils en général plus grands que les Italiens,
les Espagnols, les Maures, les Arabes, les Indiens, etc.
D'ailleurs, la puberté trop précoce de ces derniers prévient
le développement complet de leur taille.

Chez les animaux, la stature semble dépendre surtout de
l'abondance des alimens. On connoît la petitesse des vaches
qui habitent les pays secs, arides et peu riches en pâturages,
tandis que les chevaux, les vaches de la Frise, des Pays-
Bas, de l'Ukraine, parviennent quelquefois à une taille énorme.
Les bestiaux de la Lusace, du Holstein, qui se cachent dans
les herbes succulentes et très-hautes des prairies de ces pays,
acquièrent de grandes dimensions. Les peuples de la Suède,
du Danemarck, de la Pologne, de l'Allemagne, mangent
plus que les nations du Midi ; c'est encore pour cela qu'ils
sont plus gros, plus grands, plus forts et plus courageux.

Il n'y a point, au reste, de peuples entiers de nains. Les anciens Troglodytes, dont les auteurs grecs ont fait mention
(Aristote, *Hist. Anim.*, l. VIII, c. 12), sont fabuleux ; car
le pays qu'on disoit habité par ces nains, est peuplé d'hommes de taille ordinaire ; c'est la contrée des Habeschs ou
l'Abyssinie (Ludolf, *Comment. Æthiop.*, p. 72.), d'où les
Turcs tirent des recrues pour faire des soldats robustes et de
bonne taille. Les prétendus pygmées des anciens paroissent
avoir été des singes. *V.* PYGMÉE.

L'usage des liqueurs fermentées arrête l'accroissement de
l'homme et des animaux ; aussi pour obtenir ces petits chiens
carlins d'abord connus à Bologne, on leur fait boire dès l'enfance de l'eau-de-vie, et on les lave dans de l'alcool afin de
crisper leurs fibres. La fréquence prématurée des plaisirs de
l'amour le suspend aussi. C'est pourquoi, en prenant successivement les chiens nés des premières portées et les faisant
accoupler de bonne heure, on obtient de petits chiens qui
sont d'une puberté précoce et d'une vie courte. (*V.* DÉGÉNÉ-
RATION.) Les peuples montagnards, ceux des pays secs et arides sont beaucoup plus petits que ceux des contrées humides
et basses. Cette observation est applicable aux animaux
et aux plantes des mêmes lieux ; car c'est une loi générale.

En effet, les fibres sont plus molles, les mailles du tissu organisé sont plus lâches et se prêtent davantage à l'extension dans les individus qui habitent un terrain mou, humide, gras et tempéré, qui dilate tous les organes; tandis qu'on observe le contraire dans les climats très-froids, les terres élevées et privées d'eau.

Les nains qui se voient assez fréquemment chez toutes les nations, ne forment aucune race distincte. Leur conformation est fort irrégulière dans la plupart, car ils ont une grosse tête, l'esprit stupide, et le corps mal fait. Ils sont ordinairement impuissans, soit entre eux (Louis Guyon, *Leçons diverses*, t. I, liv. 15, c. 6, p. 799; et *Journ. de méd.*, t. 12, p. 169), soit avec des individus d'une taille ordinaire. La nature repousse les monstruosités de son sein, et ne les laisse pas vivre long-temps; le coït énerve et tue bientôt les nains.

Fabricius de Hilden a vu un nain de quarante pouces; les *Transactions philosophiques*, n.° 495, en citent un de trente-huit pouces, pesant quarante-trois livres. C. Bauhin parle d'un nain de trois pieds; on en a vu de trente pouces. (*Voy. Philos. trans.*, n.° 261). Le *Journal de médecine* en cite de vingt-huit pouces (t. 12, p. 167). Cardan rapporte l'exemple d'un nain de deux pieds. De Maillet en a observé un de dix-huit pouces (Telliamed, t. 2, p. 194); et Birch (Coll., tom. 4, p. 500.) en offre un de seize pouces, âgé de trente-sept ans : c'est un des plus petits qu'on ait pu voir. Bébé, ce nain si connu du roi de Pologne, Stanislas, duc de Lorraine, étoit plus grand; il avoit 33 pouces. La plupart de ces petites tailles sont causées par quelque maladie du fœtus qui diminue l'accroissement ultérieur.

En général, les nains restent toujours analogues aux enfans dans tout leur caractère; comme eux, ils dorment beaucoup, ont des mouvemens vifs, et l'esprit inconstant : comme le sang se porte avec force au cerveau, qui est volumineux, ils sont exposés au carus, à l'apoplexie.

Nous avons en ce moment (1818) sous les yeux une naine âgée de huit à neuf ans, qui n'a guère plus de dix-huit pouces de hauteur, ou la taille et le poids d'un enfant naissant. Elle est vive et gaie cependant, et son intelligence est à peu près celle d'un enfant de trois à quatre ans. Son pouls bat environ quatre vingt-dix fois par minute; elle n'a commencé à marcher et à parler que vers l'âge de quatre ans; la dentition première ne s'est faite qu'à deux ans. La mère, qui a cinq pieds de haut (et le père cinq pieds cinq pouces), avoit eu déjà un petit nain long de quelques pouces à sa naissance, mais qui mourut à un mois; il étoit venu à terme, ainsi que cette jeune naine. Ceci semble annoncer que la cause productrice de ces individus à petite taille, est l'étroitesse de l'utérus. En effet, il y a des femmes qui avortent parce que leur matrice est trop serrée naturellement, ou parce qu'elle est trop irritable et se crispe ; de là viennent ces constrictions spasmodiques qui expulsent avant terme le fœtus. Si pourtant l'avortement n'a pas lieu, l'embryon peut rester petit, émacié, appauvri de nourriture, enfin nain dans toutes ses dimensions. On voit, au reste, des fœtus nés à terme, fort petits, mais se développer à une taille assez grande par une bonne alimentation, et surtout à l'époque de la puberté ; ainsi, un nain de deux pieds est parvenu presque tout à coup à trois pieds et demi de hauteur à l'âge de quinze ans.

Tous les hommes d'une taille plus courte que de coutume, comparés à ceux de haute stature (*V.* GÉANT), sont plus prompts, plus irascibles, plus turbulens que ceux-ci. Bonaparte, qui étoit de petite taille, faisoit la remarque, en Égypte, au sujet du général Kléber, dont la stature étoit très-élevée, que ces grands et gros corps étoient toujours menés par des hommes plus petits qu'eux. La force vitale agit avec plus de ressort, et le caractère montre plus de résolution dans des corps ramassés : la tête étant plus voisine du cœur, elle en reçoit plus promptement du sang ; aussi ces individus ayant le cou court et gros, sont menacés fréquemment d'apoplexie, surtout dans leur irascibilité (quoique, chez les nains, la force vitale soit trop énervée ou affoiblie). Toutefois, les corps allongés, détendus comme un ressort trop lâche, ont plus de peine à recueillir leurs forces et à faire des mouvemens rapides. Une souris fera mille tours avant qu'une baleine ou qu'un éléphant se remuent avec leurs chairs énormes ; et les gros arbres à bois fongueux, comme le baobab, le ceiba, se coupent ou se brisent plus aisément que les petits arbustes d'un bois dur, comme les petits chênes. Au reste, les petits individus vivent moins long-temps que les grands et s'usent plutôt par la rapidité de leurs fonctions.

Si l'on désire de plus amples éclaircissemens au sujet des nains, on en trouvera aux articles DÉGÉNÉRATION, GÉANT, HOMME, et dans les auteurs suivans :

Sauveur Morand, Obs. sur les nains, mém. acad. sc., Paris, 1764, Hist., p. 62.

Friedrich Wilhelm Clauderus, *Nanorum generatio*, Misc. acad. nat. cur., déc. 2, an 8, 1689, p. 543.

Claud. Jos. Geoffroy, Descript. d'un petit nain nommé Nicolas Ferry, Mém. acad. sc., Paris, 1746, Hist., p. 44. C'est Bébé.

William Arderon, Extract of a letter concerning an account of a dwarf ; together with a comparison of his dimensions with those of a child under four years old. *Phil. trans.*, 1750, p. 467.

John Browning, Extract of a letter concerning a dwarf, *Phil. trans.*, 1751, p. 278.

Friderich V. Wurmb, Beschryving van kitip, een klein en simeetrisch wanschaapen mensch, en dwerg.

Verhandel van het bataviaasch, genootsch. Deel. 3, bl. 339.

August. Christian Kuhn, Kurze geschichte einer zwerg-familie. Schriften der berliner ges. naturf. freunde, B. 1, S. 367.

(VIREY.)

NAIS. Nom latin des NAÏADES. (DESM.)

NAISES. Nom qu'on donne aux DIAMANS bruts, en Espagne. (LN.)

NAISSANCE DES ANIMAUX DOMESTIQUÉS (*Économie rurale*). Ce résultat du part ou de l'accouchement de ces animaux, exige des soins particuliers, soit à l'égard des petits, soit pour la mere, afin d'en retirer tous les avantages qu'on doit en espérer.

Les principaux de ces soins se bornent : 1.º à quelques attentions essentielles, qu'il faut avoir pour les mammifères surtout, immédiatement après la naissance, et dont nous allons nous occuper ici ; 2.º à l'allaitement ; 3.º au sevrage ; 4.º à la nourriture solide et liquide qui succède ; 5.º à l'exercice ; 6.º au logement, et 7.º à la castration, dans quelques cas, ainsi qu'à la marque et à l'attache. (*V.* ces mots.)

Une des premières attentions à avoir, après la naissance, dans les grandes espèces d'animaux domestiques, particulièrement pour les races précieuses, consiste à consigner sur un registre destiné à cet objet, toutes les circonstances importantes qui y ont rapport, telles que l'époque de la monte, le nom, le numéro, et le signalement exact et détaillé du mâle et de la femelle qui y ont concouru, leur extraction, leur généalogie, la date de la naissance, le sexe des productions, leur signalement, et toutes les particularités qui peuvent servir à les distinguer et à les caractériser par la suite. C'est en suivant et en observant attentivement ainsi la filiation des générations dans les animaux distingués, qu'on parvient à se procurer des renseignemens fort importans sur la valeur réelle des races, sur les qualités et les défauts qui les distinguent, et sur les principaux avantages ou inconvéniens des croisemens qu'on a cru devoir opérer. On peut encore en obtenir des résultats fort utiles aux progrès de la science ; tandis que l'oubli ou la négligence, à cet égard, peut entraîner dans des méprises fâcheuses, et contrarier ou retarder beaucoup les améliorations qu'on a en vue.

Il n'est pas moins avantageux de noter exactement toutes

les circonstances heureuses ou malheureuses qui ont précédé, accompagné et suivi le part ; et l'on peut souvent en tirer des inductions fort utiles pour l'avenir.

Il est des attentions d'un autre genre, qui doivent concourir avec celles-ci à rendre la naissance de ces animaux profitable ; voici les plus importantes.

Il existe plusieurs espèces d'animaux domestiques carnivores et voraces, telles que le cochon, le chat et le chien, dont les femelles, les plus jeunes surtout, dévorent quelquefois leurs petits, lorsqu'elles sont réduites à l'état de domesticité. Cette action contre nature est souvent déterminée par le défaut de nourriture nécessaire, ou même par la crainte qu'on ne leur enlève leur progéniture, ou par quelque autre contrariété. Il est essentiel de prévenir un pareil accident, par une nourriture suffisante, avant et après le part, par une surveillance rigoureuse, et par toutes les précautions propres à tranquilliser les femelles, qui ne se livrent souvent à cette extrémité que lorsqu'on touche à leurs petits, ou qui les abandonnent au moins dans ce cas, comme nous en avons vu plus d'un exemple.

Ces actes d'une barbarie atroce, quelque étranges qu'ils puissent être, ne sont néanmoins, comme l'observe, avec raison Buffon, que le résultat d'un trop grand attachement, d'une affection excessive, ou plutôt d'une tendresse physique qui tient du délire ; car la nature, en chargeant les mères du soin d'élever leur famille et de la nourrir de leur lait, les a douées en même temps d'affection et de tendresse ; sans cela elle eût manqué son vrai but, qui est la conservation et la propagation des êtres, puisqu'en supposant les mères absolument dénuées d'affection pour leurs petits, ces derniers périroient, faute de soins, presque aussitôt qu'ils seroient nés. On peut donc croire, avec quelque fondement, que ces jeunes mères ne font périr leur famille naissante que dans la crainte qu'on la leur ravisse, ou bien qu'elles veulent que ce dépôt précieux que la nature leur a confié, ne doive son bien-être qu'à leur propre soin.

Il est encore des femelles qui se couchent quelquefois sur leurs petits et les étouffent. Cela arrive surtout aux animaux qui sont très-gras, pesans et peu sensibles, comme la laie ; et l'on prévient ordinairement cet accident en leur enlevant toute la litière, avant ou immédiatement après le part.

Il est aussi des mâles qui profitent de l'absence des femelles pour détruire leurs petits. Cette disposition s'observe encore quelquefois dans les espèces que nous venons de mentionner ; et on la remarque aussi dans celle du lapin et dans quelques autres.

On en prévient les fâcheux effets en isolant les femelles
avec leur progéniture, et en les mettant ainsi hors des atteintes des mâles, ou en les surveillant et les nourrissant
bien; car la privation d'alimens suffisans est généralement la
grande cause de cet acte dénaturé, lorsqu'il n'est pas dû au
désir immodéré qui tourmente le mâle pour jouir de sa femelle; et, dans l'un ou l'autre cas, il est toujours prudent
de les séquestrer.

Dans les espèces multipares très-fécondes, c'est-à-dire,
celles dont les femelles font habituellement un grand nombre
de petits, et lorsque cela arrive extraordinairement dans d'autres, on ne doit jamais les laisser élever tous par la mère,
quand elle n'a pas les moyens nécessaires pour le faire convenablement. Dans ce cas, on doit lui enlever les plus foibles
et les moins bien conformés, en ne lui laissant absolument
que ceux qu'elle peut bien élever sans se fatiguer.

Lorsque ces petits sont très-nombreux, il arrive souvent
que quelques-uns, ayant été pressés et gênés par leurs voisins dans l'utérus, y ont pris peu de développement et sont
chétifs; souvent aussi les derniers qui sortent des cornes de
la matrice sont les plus foibles, et on les désigne vulgairement sous la dénomination triviale de *culots*, comme les anciens les distinguoient sous le nom de *chordes*; ce sont ceux-là
surtout qu'on doit réformer et détruire, ou faire élever par
tout autre moyen, car ils deviennent rarement propres à soutenir la race, encore moins à l'améliorer.

Nous devons dire ici cependant que, quelque motif légitime qu'on puisse avoir souvent pour retrancher ainsi à la
mère la portion surnuméraire de ses productions, et quelque assuré que soit le moyen de se procurer de jeunes sujets
vigoureux, en en réduisant le nombre de cette manière,
cette réduction se trouve quelquefois basée sur la fausse supposition que la mère, en quelque bon état qu'elle soit, ne
peut jamais bien nourrir et soigner tous ses petits, lorsqu'ils
sont nombreux. Cela ne peut être vrai qu'à défaut de vigueur,
d'embonpoint et d'alimens suffisans; et toutes les fois que ces
moyens existent, quel que puisse être le nombre des petits,
l'homme ne doit pas accuser la nature d'une erreur qu'elle
ne commet pas, et il doit s'en rapporter à elle sur ce point,
comme sur beaucoup d'autres, au lieu de détruire impitoyablement ses productions, lorsque rien ne l'autorise à le faire.

Les préliminaires que nous venons d'indiquer doivent être
suivis immédiatement de quelques autres attentions.

Il convient d'examiner si toutes les ouvertures naturelles
des jeunes sujets, telles que celles des yeux, de la bouche,
des narines, des oreilles, de l'anus, de la vulve, et de l'u-

rèthre, existent et sont assez étendues, et, dans le cas contraire, ou celui de l'existence de toute autre monstruosité
peu prononcée, par excès ou par défaut, il devient ordinairement facile d'y remédier à cette époque, en ne perdant pas
de temps pour le faire.

La plupart des femelles des quadrupèdes lèchent ordinairement leurs petits dès qu'ils sont nés, et les débarrassent
ainsi d'une sorte de crasse, souvent épaisse, qui les encroûte
pour ainsi dire, et qui provient de la mucosité que les eaux
de l'amnios ont déposée sur leur peau. Non-seulement on ne
doit pas contrarier cette action naturelle et fort utile, comme
nous l'avons vu faire plusieurs fois, sous le prétexte ridicule
qu'elle peut incommoder la mère ; mais on doit, au contraire,
la faciliter et la déterminer même, lorsqu'elle n'a pas lieu
sur-le-champ, ainsi que nous l'avons fait souvent avec succès, en saupoudrant les jeunes sujets d'un peu de sel égrugé,
ou de son menuisé, ou de pain émietté, ce qui allèche la
mère et rend plus prompte et plus complète une opération
qui fortifie ceux qui l'éprouvent et les dispose plus tôt à se
lever et à téter. Il paroît même que cette action, produisant
une légère irritation sur leur peau, détermine, par sympathie, l'excrétion des premières matières contenues dans leurs
intestins, car on les voit souvent se vider à mesure que la
mère les lèche.

On voit aussi, fréquemment, la mère manger, peu de
temps après la naissance, le placenta et les membranes de
la cavité utérine et du vagin, qu'on désigne communément
sous le nom d'arrière-faix ou de délivre. Quoique la nature
de ces enveloppes du fœtus n'en fasse pas une substance qu'on
doive regarder comme très-favorable pour aliment aux animaux herbivores, il n'en est cependant jamais résulté, que
nous sachions, le plus léger inconvénient, malgré qu'on ait
avancé à tort, selon nous, que rien ne feroit autant dépérir
les vaches, et qu'elles en mourroient de consomption, ce que
nos propres observations contredisent complétement. On a
même remarqué, depuis long-temps, d'après un passage
d'Aristote, que la biche, dans l'état de nature, dévoroit les
enveloppes de ses petits, aussitôt après les avoir mis bas, ce
qui annonce évidemment un goût naturel qu'il est au moins
inutile de contrarier. (Arist., 1. 965).

Quelquefois encore, les mères mangent entièrement la
queue de leurs petits, comme nous l'avons vu arriver plusieurs fois dans les bêtes à laine ; et l'on doit s'attacher à
prévenir cet inconvénient, en les observant attentivement
dans les premiers momens.

Lorsque, par quelque circonstance qu'on n'a pu prévoir

ni prévenir, les jeunes animaux ont souffert du froid en naissant, il ne faut pas perdre de temps pour les réchauffer artificiellement, par tous les moyens le plus à la portée et le
plus expéditifs, comme en les couvrant de drap ou de linge
chaud, en les exposant, s'il est possible, à une douce chaleur, en les enfermant dans des étables, écuries ou berge-
ries bien closes, en les enveloppant de foin bien fin, ou en
employant quelque autre moyen équivalent.

Les mères doivent également être préservées, dans les
temps rigoureux, de l'excès du froid et de l'humidité, et être
tenues dans un endroit commode, dont l'air renouvelé soit
suffisamment sec et chaud. *V.* Part et Avortement. (YVART.)

NAKED-LADIES. C'est, en Angleterre, le COLCHIQUE
d'automne. (LN.)

NAKEN-HUND. Les Suédois donnent ce nom au CHIEN
TURC et au CHIEN TURC MÉTIS de Buffon. (S.)

NAKHLEH. Nom arabe du DATTIER (*phœnix dactyli-
fera*, L.). *El-dakar* est celui du pied mâle ; *el-entaych*, est celui du pied femelle ; *zaaf*, le nom des frondes ; *geryd* désigne
la côte de la fronde ; *khous*, les folioles ; *lif*, le filet ou réseau
qui est à la base des frondes ; *zebatah* et *a'rgoun*, le spadix ;
chamroukh, ses rameaux ; *balah* et *tamr*, la datte ; *rotab*, les
dattes mûres ; *a'gouch*, les dattes qu'on conserve réunies en
masse. Suivant M. Dellile, on compte en Egypte vingt-quatre variétés de dattes. En Nubie, le dattier se nomme *fentigy*,
et la datte. *benty* ou *betty*. (LN.)

NAKKEBAER. Une variété du FRAISIER, *Fragaria vesca*,
porte ce nom en Danemarck. (LN.)

NAKROT. Nom de la CIGUE AQUATIQUE, *cicuta virosa*, L.,
en Westro-Gothlande, province de Suède. (LN.)

NALABI. Nom que les Brames donnent à l'arbrisseau
que les Malabares appellent NELI-TALI, qui est l'AGATI des
Indes, *eschynomene indica*, Linn. (LN.)

NALAGU. Arbrisseau figuré dans l'*Hortus malabaricus* de
Rhéede, vol. 2, tab. 26, et dont Adanson a fait son genre
NALAGU qu'il caractérise ainsi : calice à cinq folioles caduques ; corolle à cinq pétales ; dix étamines touchant l'ovaire ;
un style à un stigmate cilié ; baie à dix loges monospermes ;
fleurs en corymbe axillaire ; feuilles simples et opposées.
Linnæus a rapporté d'abord cette plante à son genre *phytolacca* (*phytolacca asiatica*, L.); puis il l'a considérée comme la
même que son *aralia chinensis*; rapprochement que Willdenow a laissé subsister, bien que les caractères énoncés ci-
dessus ne soient pas ceux du *phytolacca* ou ceux de l'*aralia*.
Doit-on la rapporter au genre *aquilicia* et même à l'*aquilicia
sambucina*, Linn. ? c'est ce qui ne peut pas être par les mêmes

raisons. On doit donc considérer le Nalagu comme un genre distinct, jusqu'à ce qu'un nouvel examen vienne nous éclairer. (L.N.)

NALA-TIRTAVA des Malabares. Selon J. Burmann, cette plante seroit une espèce de BASILIC qu'il nomme *ocymum inodorum*. (L.N.)

NALIM. On donne ce nom au GADE LOTE. (B.)

NALIMÉ. Poisson des rivières de Sibérie, qui ressemble à la MORUE pour la forme et le goût. (B.)

NALLA-APPELLA. Rhéede figure, vol. 1, pl. 53 de l'*Hortus malabaricus*, un arbrisseau que les habitans de la côte Malabare nomment *appel, appella*, et *nalla-appella*. C'est le *Karonervolæ* des Brames. Adanson en fait le type de son genre *appella* qu'il place dans sa famille des ONAGRES, en lui assignant les caractères qui suivent : calice de quatre folioles ; corolle à quatre pétales ; quatre étamines ; un ovaire inférieur ; une baie monosperme ; fleurs en corymbes terminaux ; feuilles opposées. Ce genre n'a pas été adopté. (L.N.)

NALLA-MULLA. C'est, sur la côte du Malabar, le nom d'un joli arbrisseau qui paroît appartenir à la famille des jasminées et même au genre MOGORI ou NYCTANTHES. Burmann le désigne par *nyctanthes multiflora*. (L.N.)

NAMA, *Nama*. Plante à tiges herbacées, inclinées ou couchées, un peu velues, garnies de feuilles alternes, ovales, plus étroites à leur base, élargies et arrondies à leur sommet, décurrentes sur leur pétiole, ou paroissant sessiles, et à fleurs solitaires ou géminées et axillaires, qui forme un genre dans la pentandrie digynie.

Ce genre, que quelques botanistes ont réuni aux COUTARDES, a pour caractères : un calice de cinq folioles aiguës, lancéolées, ciliées sur leurs bords ; une corolle monopétale, tubulée, cylindrique, à cinq dents aiguës à son limbe ; cinq étamines ; un ovaire supérieur ovale, surmonté de deux styles filiformes, de la longueur des étamines ; une capsule oblongue, sillonnée latéralement, bivalve, biloculaire, et contenant un grand nombre de petites semences attachées à un réceptacle plane, au milieu de la cloison attachée aux valves.

Le *nama* croît à la Jamaïque, et est annuel.

Une autre espèce de ce genre croît à Ceylan, et a servi à établir le genre STÉRIS ; mais Vahl le rapporte aux COUTARDES. (B.)

NAMAK. Nom persan du SEL. (L.N.)

NAMBOK et NAMBOKU. Deux noms qui désignent le CAMPHRIER, *laurus camphora*, au Japon. (L.N.)

NAMDIKTA. Nom que les Tartares Tongouses donnent à une espèce de ROSAGE , *rhododendrum dauricum* , Linn. (LN.)

NAMETARA. Nom de pays du MOMBIN. (B.)

NAMIDOU. C'est le nom que les Brames donnent au *Kara-angolam* des Malabares. *V.* ce mot. (LN.)

NAMIERSTENSTEIN. Roche composée de très-petites parties de feldspath, de quarz et de mica, dans laquelle sont dispersés des grenats. Cette roche, qui se trouve en Moravie, rentre dans le *Weisstein* des Allemands. *Voy.* ce mot. (LN.)

NAMIESTERSTEIN. Les minéralogistes allemands ont donné ce nom à un grès (?) mélangé de *grenat*, et à une variété de *calcédoine grise*, tachée de jaunâtre, contenant aussi des grenats. (LN.)

NAMNAM. On a donné ce nom à l'*iripa* des Malabares, qui est le *cynometra ramiflora*, Linn. (LN.)

NAM-SIE-LAC. Nom de la BONDUCELLE , *guilandina bonducella* , Linn. , en Cochinchine. (LN.)

NAM-TINH. Nom du GOUET TRILOBÉ, *arum trilobatum*, Linn. , en Cochinchine, suivant Loureiro. (LN.)

NAM-TINH-TAU. Une autre espèce de GOUET , *arum pentaphyllum* , Linn. , porte ce nom à la Cochinchine , au dire de Loureiro. (LN.)

NANA et **NANAS.** Noms brasiliens de l'ANANAS , et sous lesquels les voyageurs Thevet et Garcias ont fait connoître des premiers cette plante américaine. (LN.)

NANALSURI des Brames. C'est le MALA PŒNNA des Malabares. *V.* ce mot. (LN.)

NANARI-MINJAC. Nom que les Malais donnent à un arbre que Rumphius figure dans l'*Herbier d'Amboine*, fig. 2 , tab. 54 , sous le nom de *canarium oleosum*, seu *minimum*. Loureiro le rapporte à son *pimela oleosa*. Lamarck et Persoon le regardent comme une espèce de balsamier (*amyris oleosa*) ; mais ce *nanari* ainsi que plusieurs autres figurés par Rumphius , même volume , planche 47 à 54 , sous les noms de *nanarium* , *canarium* et *camakaan* , rentrent tous dans le genre *nanari* d'Adanson ou *canarium* , Linn., ou *pimela* , Loureiro. *V.* CANARI. (LN.)

NANARIUM. *V.* NANARI-MINJAC. (LN.)

NANAS. *V.* NANA. (LN.)

NAMBOU. Nom japonais de l'AMBRE JAUNE. (B.)

NANCA. Il paroît que Cameli a indiqué sous ce nom une espèce de JAQUIER. *V.* NANKO. (B.)

NANCOUL. Synonyme de NOUNA. (B.)

NANDAPOA. *V.* le genre Ibis. (v.)

NANDI-ERVALA. Willdenow écrit ainsi, mais fautivement, le nom du NANDI-ERVATAM. *V.* ce mot. (LN.)

NANDI-ERVATAN. Sous ce nom malabare, on voit figurés, planches 54 et 55 de l'*Hortus* de Rhéede, deux arbres de la presqu'île de l'Inde, qui, selon Willdenow, doivent être rapportés au *nerium coronarium*. Adanson et plusieurs botanistes ont cru y reconnoître le *gardenia florida*, Linn., ou *cotsjopiri* des Malais; ce qui ne peut pas être exact, si, comme le remarque Willdenow, ces plantes diffèrent des *gardenia*, par leurs étamines, par leur pistil et par la forme de leur calice. J. Burmann les rapportoit à l'arbrisseau qu'il a figuré, *Zeyl.*, tab. 129, qu'il place dans les jasmins, et qui se distingue par ses feuilles oblongues et ses fleurs blanches, et doubles, de l'odeur la plus suave; circonstances qui ont pu le faire prendre aussi pour le *gardenia florida*. Burmann a cru ensuite que ce pouvoit être une espèce de nyctanthe qu'il nomme *nyctanthes acuminata*, et qui est le *mogorium acuminatum*, Lk; mais Vahl ne rapporte pas à son *jasminum trinerve*, le synonyme de Burmann ni celui de *nandi ervatam*, quoiqu'il indique celui de Lamarck. Enfin Loureiro, *Flore cochinch.*, ne cite pas le *nandi-ervatam* à l'article du *gardenia florida*. Il faut donc croire que ces deux plantes qui font l'ornement des jardins du Malabar, ne sont pas assez connues pour qu'on puisse reconnoître leur genre. L'une, le *nandi-ervatam* major, qui est un petit arbre, est le *vallo-mandita* des Brames. L'autre, qui est un arbrisseau, est nommée *dacolo-mandita* par les mêmes Brames. (LN.)

NANDINE, *Nandina*. Arbrisseau dont les feuilles sont alternes, deux fois ailées, leurs folioles opposées et lancéolées, et dont les fleurs sont disposées en panicule terminale.

Il forme un genre dans l'hexandrie monogynie et dans la famille des berbéridées, qui a pour caractères : un calice de plusieurs folioles imbriquées; une corolle de six pétales; six étamines; un ovaire supérieur surmonté d'un style à stigmate en tête et persistant; une baie sèche, à deux loges.

Cet arbrisseau croît au Japon, où on le cultive dans l'enceinte et autour des villes, à raison de l'odeur suave de ses fleurs.

La NANDINE DOMESTIQUE est figurée pl. 1109 du *Botanical magazine* de Curtis, et pl. G 40 de ce Dictionnaire. (B.)

NANDIROBE, *Feuillea*. Genre de plantes de la dioécie décandrie et de la famille des cucurbitacées, qui a pour caractères : un calice campanulé divisé en cinq parties; une

1. Nandu.   2. Francolin perlé.   3. Podargue.

corolle monopétale en roue , divisée en cinq lobes arrondis, et fermée par des écailles; dix étamines dans les fleurs mâles , dont cinq sont stériles ; un ovaire inférieur chargé de cinq styles à stigmates en cœur , dans les fleurs femelles ; une grosse baie ovale , obtuse , à trois loges , couronnée par le calice , et contenant plusieurs semences comprimées et orbiculaires.

Ce genre comprend trois espèces. Ce sont des plantes grimpantes, à feuilles lobées ou en cœur, et à fleurs axillaires, qui sont originaires des îles de l'Amérique. On les appelle *lianes contre-poison* ou *lianes à boîte à savonnette*, à Saint-Domingue , et leurs graines, qui sont fort amères , *noix de serpent*, parce que pilées et appliquées sur les morsures des serpens, elles diminuent leur danger. Elles passent aussi pour alexitères et fébrifuges. (B.)

NANDSJOKF. Selon Kæmpfer , c'est le nom qu'on donne, au Japon , à un arbrisseau qu'on cultive pour l'agrément , à cause de la douce et agréable odeur qu'exhalent ses fleurs. C'est le *nandina domestica* de Thunberg. *Voy.* NANDINE. (LN.)

NANDU , *Rhea*, Lath. Genre de l'ordre des OISEAUX ÉCHASSIERS et de la tribu des TRIDACTYLES. *V.* ces mots. *Caractères* : Bec garni à la base d'une membrane oblitérée , déprimée , robuste , médiocre , à pointe arrondie ; mandibule supérieure à arête distincte et un peu élevée, plus longue que l'inférieure, onguiculée , échancrée et fléchie vers le bout ; narines ovales, ouvertes , situées sur les côtés vers le milieu du bec ; langue courte, grosse, charnue et formant une demi-ellipse allongée ; yeux recouverts par un os saillant; pieds robustes , très-longs ; jambes charnues et couvertes de plumes seulement sur leur partie supérieure ; trois doigts dirigés en avant , point derrière; ongles presque égaux, un peu comprimés latéralement, arrondis , obtus ; tête parfaitement emplumée ; ailes armées d'un éperon très-court, sans véritables rémiges et impropres au vol ; queue nulle. Ce genre n'est composé que d'une seule espèce qui se trouve dans l'Amérique australe.

Le NANDU ou L'AUTRUCHE DE MAGELLAN , *Rhea americana*, Lath., pl. G 37 de ce Dictionnaire. La plupart des naturalistes ont placé le *Nandus* dans le même genre que l'*autruche*. M. Latham en a fait , avec raison , un genre particulier, auquel il a donné , d'après Brisson et Moehring , le nom latin de RHEA. Barrère, Brisson et Guenaud-de-Montbeillard ont confondu cet oiseau avec le TOUYOU ; j'avois fait , dans l'hist. nat. de Buffon, une erreur de nom et de faits que je n'ai pas manqué de rectifier, pag. 29 du tom. 40 de mon édition , en substituant au nom mal appliqué de *touyou*, celui d'*autruche de Magellan*, plus convenable et moins susceptible d'équivoque, et en séparant ce qui devoit appartenir à l'une et l'autre espèce. En effet, le *touyou* ou *touyou you* de la Guyane ou le *jabiru* du Brésil, est un oiseau de rivage qui vole aussi bien que le *héron*, et qui n'a d'autre rapport avec celui dont il est question dans cet article que par sa grande taille. Brisson, avant Guenaud-de-Montbeillard, avoit déjà confondu le tonyou ou le jabiru avec l'*autruche de Magellan*. L'on en prendroit donc une fausse idée, si l'on s'en rapportoit aux ouvrages du plus grand nombre des ornithologistes, et particulièrement à celui de Buffon, dans lequel ne se trouveroient pas les notes indispensables que j'y ai ajoutées à ce sujet.

Au reste, la dénomination d'*autruche de Magellan*, que j'ai substituée à celle de touyou, n'est point nouvelle, et en l'adoptant, je n'ai fait que conserver celle que quelques auteurs avoient déjà imposée à cet oiseau. On l'a nommé aussi *autruche d'occident*, *autruche de la Guyane*, *autruche bâtarde*, etc.; et ces noms, quoique composés, ont été appliqués avec beaucoup de justesse, parce qu'ils indiquent en même temps, du moins pour la plupart, et la nature de l'oiseau et les contrées où il existe.

De même que parmi les quadrupèdes du même continent, le *luma* paroît y remplacer le *chameau*, ainsi l'oiseau de cet article y représente l'autruche qui ne se trouve que dans l'Afrique et dans quelques cantons de l'Asie. Aussi les naturalistes l'ont-ils désigné par la même dénomination d'*oiseau chameau*. Il n'a pas, plus que l'autruche de notre hémisphère, la faculté de voler; ses ailes sont également courtes et formées de plumes flexibles, à barbes désunies, qui les rendent inutiles pour le vol. Voilà, sans doute, de nombreux rapports avec l'autruche proprement dite, et qui sont suffisans pour justifier la parité des noms, surtout lorsqu'on retrouve la même conformité dans les habitudes. L'*autruche de Magellan* compense en effet l'impossibilité de voler, par la légèreté de sa course, pendant laquelle on la voit déployer ses ailes; les chiens les plus vites ne peuvent l'atteindre, et les naturels de l'Amérique, qui font des parasols, des panaches et d'autres ornemens avec ses grandes plumes, sont réduits à user de ruse et à lui tendre des pièges pour la prendre. Elle avale aussi tout ce qu'on lui présente, même le fer, ce qui prouve que son organisation intérieure doit être à peu près la même. Les grains et les herbes composent le fond de sa subsistance, mais sa nourriture favorite sont les insectes qu'elle prend avec beaucoup d'adresse. Son naturel est simple et innocent; elle n'attaque point les autres animaux; et si elle est forcée de se défendre, elle ne le fait qu'avec ses pieds, dont elle se sert pour se débarrasser de tout ce qui l'incommode. Cependant à tant de traits de ressemblance avec l'autruche, se joignent quelques disparités remarquables. L'*autruche de Magellan* a trois doigts en avant et un rudiment d'un quatrième doigt, c'est-à-dire, un tubercule calleux et arrondi en arrière. Il existe encore une autre disparité dans le cri; celui de l'*autruche de Magellan*, lorsqu'elle appelle ses petits, est un sifflement qui ressemble à celui de l'homme. On verra ci-après que le mâle en a un autre à l'époque des amours.

Les *autruches de Magellan* se trouvent au Pérou, mais seulement dans les régions froides des Cordilières; au Chili, dans les vallées qui séparent les hautes montagnes des Andes; au Brésil et principalement aux Terres magellaniques; mais on ne les voit point à la Guyane, pays qui ne leur convient point, puisqu'elles ne se plaisent que dans les contrées les moins chaudes de l'Amérique. Barrère ne les range parmi les oiseaux de la France équinoxiale ou de la Guyane française, qu'à cause de la méprise qu'il a faite en les confondant avec les touyous ou les jabirus (*Hist. nat. de la France equinox.*, pag. 33); et Fermin, qui en parle comme devant se trouver à la Guyane hollandaise, convient qu'il n'en a jamais vu (*Description de Surinam*, p. 142); ce dont on ne peut douter à la description fautive qu'il en fait, et qu'il emprunte de celle de l'autruche de l'ancien continent. Un autre voyageur dans la Guyane hollandaise, le capitaine Stedman, en donne une notice beaucoup plus juste; il dit qu'on les appelle à Surinam *toyou* ou *émou*, et qu'on les trouve principalement en remontant le Maroni et la Saramna. Mais, quoiqu'il ait voyagé fort avant dans l'intérieur des terres, il ajoute qu'il n'a jamais rencontré un seul de ces oiseaux (*Voyage à la Guyane*); d'où il résulte qu'on ne les connoît à Surinam que par les relations. (s.)

Nous devons à M. de Azara de nouvelles observations sur cette autruche, qui n'étoient pas connues de Sonnini, et qui compléteront la description et l'histoire de cet oiseau. Les noms de *nandu* et de *churi* sont ceux que lui ont imposés les naturels du pays; mais les Espagnols l'appellent *avestruz* (autruche), et les Portugais du Brésil le nomment *ema*, dénomination qui est consacrée au *casoar*. Cette espèce est présentement rare au Paraguay, mais elle est plus commune dans les plaines de Montevidéo, dans les Missions et dans les campagnes de Buenos-Ayres. Elle ne pénètre jamais dans les bois, elle reste toujours dans les plaines découvertes, soit par paires, soit par troupes qui excèdent quelquefois trente individus; dans les contrées où l'on ne fait point la chasse à

ces autruches, elles s'approchent des habitations champêtres,
et elles ne se dérangent pas à la vue des hommes de pied.
Mais dans les pays où l'on a coutume de les poursuivre, elles
fuient de loin, et elles sont toujours en défiance; si elles s'a-
perçoivent qu'on cherche à les surprendre, elles se mettent
à courir de très-loin et avec tant de vitesse, qu'il n'y a que
d'excellens chevaux, montés par de bons cavaliers, qui puissent
les atteindre; les chasseurs, pour les prendre, leur lancent
au cou une espèce de collet, formé de trois pierres, grosses
comme le poing, et attachées par des cordes à un centre commun. Quand les *nandus* se trouvent arrêtés dans leur course
par ce collet, on ne doit les approcher qu'avec précaution,
car ils détachent des ruades capables de briser une pierre.
Lorsqu'ils courent de toute leur force, ils étendent les ailes
en arrière, ce qui est sans doute l'effet du vent; et pour
tourner et faire de fréquens crochets, ils ouvrent une aile,
et le vent les aide à exécuter très-rapidement ces voltes, qui
mettent le chasseur en défaut. S'ils sont tranquilles, leur démarche est grave et majestueuse; ils tiennent la tête et le cou
élevés et leur dos arrondi : pour paître, ils baissent le cou
et la tête, et ils coupent l'herbe dont ils se nourrissent.

Les jeunes que l'on nourrit dans les maisons deviennent
familiers dès le premier jour, et ils entrent dans tous les appartemens, se promènent dans les rues et vont dans les campagnes, quelquefois jusqu'à une lieue de distance, et retournent à leur logis. Ils sont très-curieux, et ils s'arrêtent aux
fenêtres et aux portes pour regarder ce qui se passe dans
l'intérieur. On les nourrit de grain, de pain et d'autres alimens; comme l'*autruche* d'Afrique, ils avalent des pièces de
monnaie, des morceaux de métal, et quelquefois les petites
pierres qu'ils rencontrent. Ce sont d'excellens nageurs, et ils
traversent les rivières et les lagunes, même sans être poursuivis. La chair des jeunes est tendre et de bon goût, mais
on ne fait point de cas de celle des adultes. Le mois de juillet
est l'époque des amours du *nandu;* on entend alors les mâles
pousser des mugissemens assez semblables à ceux d'une vache.
Les femelles commencent à pondre à la fin d'août, et les
premiers petits paroissent en novembre. Les œufs ont leur
surface très-lisse, d'un blanc mêlé de jaune, et également
gros aux deux bouts. Ils sont fort bons, et on les emploie
principalement pour faire des biscuits. Le nid ne consiste
qu'en un creux large, mais peu profond, fait naturellement
dans la terre; quelquefois les *nandus* le façonnent avec de la
paille. Ils ne cherchent point à le cacher; de sorte que l'on
aperçoit de loin les œufs et l'oiseau.

Le nombre des œufs de chaque ponte n'est pas connu.

Cependant M. de Azara a vu une femelle nandu qui vivoit en domesticité, et privée de mâle, pondre dix-sept œufs à trois jours d'intervalle l'un de l'autre, et les laisser tomber en différens endroits. C'est ainsi qu'agissoit une femelle que j'ai vue vivante dans un parc près de Rouen ; mais sous notre climat, la ponte avoit lieu au mois de janvier, époque de l'été dans l'Amérique australe. Elle a vécu pendant dix-huit mois ; l'hiver elle couchoit de préférence sur la neige, et en tout temps elle se refusoit constamment aux soins qu'on vouloit prendre pour l'enfermer pendant les nuits. Le mâle avoit péri dans la traversée de Buénos-Ayres à Cadix, et l'on regrette que l'occasion de multiplier chez nous une espèce qui peut devenir utile, ait été perdue et ne se soit pas retrouvée depuis. Dans l'état de nature, on voit quelquefois soixante-dix à quatre-vingts œufs dans un seul nid, et c'est sans doute le produit de la ponte de plusieurs femelles. En effet, on dit dans le pays que toutes les femelles du canton déposent leurs œufs dans le même nid, et qu'un seul mâle se charge de les couver. Il est certain, d'après les observations de M. de Azara, qu'un seul individu fait éclore les œufs, conduit et protège les petits, sans l'aide d'aucun autre. L'on assure aussi que si quelqu'un vient à toucher les œufs, l'oiseau les abandonne ; et s'il s'aperçoit qu'on le regarde pendant l'incubation, il les prend en horreur et les brise à coups de pied. C'est une opinion générale que le mâle sépare avec soin quelques œufs, qu'il casse quand les petits éclosent, afin qu'ils trouvent à leur naissance de la pâture dans la multitude de mouches qui s'y rassemblent. Les *nandus* paroissent ne pas connoître la jalousie, puisqu'ils se réunissent par bandes pour faire un nid où toutes les femelles font en même temps leur couvée ; mais cette espèce a cela de singulier, qu'un seul mâle se charge de couver les œufs et de conduire les petits.

Toute la dissemblance entre le mâle et la femelle consiste en ce que celle-ci est un peu plus petite, et qu'elle a moins de noir à l'origine du cou ; distinction qu'on ne peut saisir si on les voit ensemble.

Les *nandus*, dit M. de Azara, ont la jambe fort grosse en devant ; le tarse très-robuste et revêtu de grandes écailles ; l'œil arrondi ; le croupion conique et pointu ; les plumes du corps longues, foibles et décomposées ; celles de la tête serrées et rudes comme des crins ; le fouet de l'aile terminé par un éperon long de six lignes et qui ne sert point à l'oiseau ; cinquante-sept pouces et demi de longueur totale ; vingt-sept de la distance du bout du bec à la clavicule, et quarante et demi de l'extrémité de l'ongle au haut des épaules, les plumes du corps blanches, à l'exception de celles du dos, qui ont la couleur de plomb ; celles du dessus et du derrière de la tête sont noirâtres ; une bande noire commence à la nuque, descend sur la partie postérieure du cou, et s'élargit jusqu'à entourer le cou entier à son insertion dans le corps : le reste du cou et de la tête est blanchâtre ; les épaules et les plumes scapulaires sont cendrées ; les plumes des ailes ont à peu près la même teinte, mais les grandes ont du blanc vers leur origine et du noirâtre dans leur milieu ; parmi celles du dessous de l'aile, quelques-unes sont entièrement blanches, et les autres n'ont cette couleur que jusqu'au tiers de leur longueur ; le reste est noirâtre. (V.)

NANG-HAI-LOUNG. Nom cochinchinois d'une herbe que Loureiro nomme *urtica pilosa*, mais que sa capsule triloculaire éloigne du genre des ORTIES, de même que l'*urtica gemina* et l'*urtica interrupta*, aussi de Loureiro. Peut-être doivent-elles former un genre à part. (LN.)

NANG-HAI-TLON-LA. Selon Loureiro, c'est en Cochinchine le nom d'une espèce d'ORTIE (*urtica gemina*). (LN.)

NANGUER ou NANGUEUR, *Antilope dama*, Linn., Gmel. Espèce de mammifère ruminant du genre des ANTILOPES. *V.* ce mot. (DESM.)

NANGUEUR. *V.* ANTILOPE NANGUER. (DESM.)

NANI. Arbre figuré table 7 de l'*Herbier d'Amboine*, par Rumphius. Il est bien remarquable par la nature de son bois, qui est si dur lorsqu'il est sec, qu'il ne peut être entamé par les outils. On est obligé de le mouiller pour le travailler. Il est presque indestructible, et se conserve dans l'eau aussi bien que sur terre. On en fabrique particulièrement des gouvernails et des ancres.

Il paroît, par la figure citée, qu'il a un calice à quatre divisions ; une corolle de quatre pétales ; un grand nombre d'étamines à filamens très-longs et inégaux ; un ovaire supérieur, surmonté d'un style filiforme ; une baie ronde, divisée en quatre parties, et contenant une petite semence membraneuse.

Cet arbre a les feuilles opposées, ovales, entières, et les fleurs disposées en corymbe à l'extrémité des rameaux. (B.)

NANI DES BRAMES. *Voy.* à l'article MALNAREGAM, où par erreur typographique on a mis *nain*. (LN.)

NANI-FINANGO. Nom qu'on donne au Japon à la CALEBASSE (*cucurbita lagenaria*, L.). (LN.)

NANI-HUA. Nom malais d'un arbre figuré par Rumphius (*Amb.* vol. III, pag. 21, tab. 9), et qui est le *baccaurea ramiflora* de Loureiro. C'est, d'après Loureiro, un petit arbre de la polygamie dioécie, à feuilles ovales, oblongues, pointues, entières, éparses et pétiolées ; ses fleurs,

d'un jaune verdâtre, naissent sur les rameaux mêmes en petites grappes simples et pendantes : on en voit aussi aux extrémités des branches. Les fruits sont des baies de la grosseur
du pouce, couleur d'orange, inodores, aigre-douces, glabres
et triloculaires : on les mange. Rumphius les dit lanugineuses,
couronnées par le calice et à un seul noyau. Cet arbre, que
Loureiro n'a vu que dans les jardins de Cochinchine, y est
appelé *gidu-tien*, et varie dans le nombre des loges de son
fruit. D'après ce qui précède, on voit qu'on ne peut pas prendre le *nani-hua* pour une espèce de CARAMBOLIER (*averrhoa*),
ni pour un JAMBOSIER (*eugenia*). (LN.)

NANISTERSTEIN. Suivant Trebra, les Allemands
donnent ce nom au *porphyre* lorsqu'il a la structure feuille-
tée. (LN.)

NANK et NIIG. Ce sont des noms du MÉLÈZE (*pinus
larix*, Linn.) chez les Woguls et chez quelques autres hordes
Tartares. (LN)

NANKA. *V.* NANKO. (LN.)

NANKAN. Arbre des Philippines, dont le fruit se mange.
C'est un JAQUIER. (B.)

NANKIN-MAME. Espèce japonaise de DOLIC (*Dolichos
lineatus*, Thunb.). (LN.)

NANKO et NANKA. Espèce de JAQUIER ou arbre à
pain (*artocarpus*) qui croît à Sumatra, de même que plusieurs autres espèces du même genre, que les habitans de
cette île nomment *sookoon*, *calavée* et *oolan*. Cette dernière
espèce est la plus estimée. L'on mange leurs graines rôties
comme des châtaignes. L'arbre fournit une glu blanche, et
ses racines une teinture jaune. L'écorce du calavée sert à
faire des vêtemens. Ces espèces rentrent dans l'*artocarpus
incisa* et l'*artoc. integrifolia*. Voyez JAQUIER. (LN.)

NAN-QUA et SAN-QUA. Noms chinois du *pepon* (*Cucurbita melopepo*, L.). Cette plante est très-cultivée en Chine,
et en général dans toute l'Asie. Les marins emportent quantité de ces fruits dans les voyages de long cours. (LN.)

NANSCHERA-CANSCHABU. Rhéede (Mal. 10. pl.
5o) donne ce nom malabare, à une herbe que les botanistes ne peuvent rapporter à aucun genre. Elle a quelques
ressemblances avec une VÉRONIQUE. (LN.)

NANSJERA-PATSIA. Nom d'une espèce d'asclépiade
(*asclepias alexicaca*, Jacq.), qui croît sur la côte Malabare
et à Ceylan. (LN.)

NANSOO. Selon Kæmpfer, c'est, au Japon, le nom
d'une espèce de GOUET, que Thunberg avoit d'abord prise
pour l'*arum triphyllum*, et qu'il en a distinguée ensuite sous le

nom de *arum ringens*. Cleyer avoit observé cette plante au Japon avant les botanistes ci-dessus ; et, selon lui, elle y est appelée *din-nan-scho*. (L.N.)

NANTI. Nom que les Egyptiens donnoient anciennement au Pavot. (L.N.)

NANTILLE et NENTILLE. *V.* Lentille. (L.N.)

NAO-HIEN-HOA. Nom chinois du Metel (*Datura metel*, L.) , selon Loureiro. (L.N.)

NAOURKOU. Nom donné, en Nubie, à une espèce de Buchnère (*Buchnera hermontica*, Delil. *Ægypt.*, pl. 34, fig. 3.). (L.N.)

NAP-FUVE et NAPRA-NEZO-FU. Noms de l'Héliotrope d'Europe, en Hongrie. (L.N.)

NAP-KASA. L'un des noms du Grémil (*Lithospermum officinale*, Linn.) , en Hongrie. (L.N.)

NAP, NAPCA et NAPECA. C'est sous ces noms arabes que le Vicentin Honoré Bellus a connu le Nabqah. *V.* ce mot. (L.N.)

NAPAUL. *V.* Faisan napaul. (V.)

NAPECA et NAPEKA. *V.* Nabqah (L.N.)

NAPÉE, *Napæa*. Genre de plantes de la famille des malvacées, qui ne diffère des *abutilons* que par des caractères extrêmement peu importans, et qui, en conséquence, leur a été réuni par Cavanilles et Willdenow. Ces caractères, selon Jussieu, sont de n'avoir point les pétales obliques et le pédicule articulé. *V.* au mot Abutilon.

On compte deux espèces de *napées*, dont une, la Napée glabre, a les pédoncules nus, unis, les feuilles lobées et glabres. L'autre, la Napée velue, a les pédoncules anguleux, accompagnés de bractées; les feuilles palmées et hérissées. Toutes deux croissent dans la Virginie, et se cultivent dans les jardins de Paris. Les fleurs sont souvent dioïques dans la dernière, et la première pourroit être employée pour aliment, ses feuilles étant beaucoup plus nourrissantes et plus agréables que les épinards. Elles ne craignent le froid ni l'une ni l'autre. (B.)

NAPEL. Nom d'une espèce du genre Aconite. C'est celle dont les fleurs sont les plus belles, et dont le poison est le plus dangereux. (B.)

NAPELLUS. Diminutif du mot latin *napus, navet*. On l'a donné anciennement à plusieurs espèces d'Aconites, parce que leur racine a la forme d'un navet et la grosseur du doigt. Clusius est le premier qui ait bien distingué les *napellus* d'Europe, plantes remarquables par leurs qualités délétères. L'*aconitum napellus*, Linn., ou *napel* des jardins, est la plus commune. *Voyez* à l'article ACONITE. L'*actæa spicata* a été considérée par Daléchamp, comme une espèce de NAPELLUS. C. Bauhin en faisoit une espèce d'*aconitum*. (LN.)

NAPHTE. Bitume très-léger, très-fluide, limpide et d'une couleur légèrement ambrée, qu'on trouve dans différentes contrées de la Perse. *V.* BITUME LIQUIDE, vol. 3, pag. 447. (PAT.)

NAPI et NAPOU des Grecs. *V.* SINAPIS et NAPUS. (LN.)

NAPIK. Nom de la CHICORÉE en Hongrie. (LN.)

NAPIMOGA, *Napimoga.* Arbre de la Guyane, à feuilles alternes, ovales, dentelées, à pétiole accompagné de deux petites stipules caduques, à fleurs sessiles sur un pédicule axillaire garni de bractées squamiformes, qui forme un genre dans la polyandrie trigynie, mais dont le fruit n'est pas encore connu.

Ce genre offre pour caractères: un calice d'une seule pièce, divisée en six parties; une corolle de six pétales verdâtres, ovales, velus en dessous, et attachés par un onglet à un disque à six angles, qui couvre l'ovaire; environ dix-huit étamines, dont les filamens sont insérés sur le disque; un ovaire inférieur, surmonté de trois styles, terminés chacun par un stigmate. (B.)

NAPIUM des Romains. *V.* NAPUS. (LN.)

NAPO-BRASSICA. C'est le nom sous lequel C. Bauhin indique le CHOU-NAVET (*Brassica oleracea napo-brassica*, L.).
                                             (LN.)

NAPOLÉONE, *Napoleonia.* Arbrisseau d'Afrique, à feuilles alternes, à fleurs bleues axillaires, qui seul constitue, suivant Palisot de Beauvois, qui l'a figuré pl. 78 de sa Flore d'Oware et de Benin, un genre dans la pentandrie monogynie et dans la famille de son nom.

Les caractères de ce genre sont: calice d'une seule pièce à cinq divisions coriaces, persistantes, accompagné de petites écailles à sa base; corolle double, insérée sur le calice; l'extérieure d'une seule pièce, plissée, membraneuse, colorée, chaque pli formé par un rayon subulé; l'intérieure aussi membraneuse, découpée jusqu'au milieu en un grand nombre de rayons; cinq étamines à filamens pétaliformes, insérées sur la corolle intérieure, rapprochées par leur sommet et portant chacune deux anthères biloculaires; un ovaire inférieur, à style court, à stigmate perlé, à cinq angles et sillonné, couvrant les anthères; baie molle, couronnée par les divisions du calice, monoloculaire et polysperme.

Ce genre est voisin des Passiflores, mais en est si distingué, qu'il faut le placer dans une famille particulière.

Desvaux a appelé ce genre Belvisie. (B.)

NAPOLIER. L'un des noms vulgaires de la Bardane. (LN.)

NAPPE (*vénerie*). Peau du *cerf* que l'on étend pour donner la curée aux chiens. (S.)

NAPPE VERTE. Espèce de Ricin des Indes (*ricinus mappa.*) (LN.)

NAPPES (*chasse*). Sous cette dénomination on entend assez généralement un ouvrage fait de mailles de fil, qui porte ce nom, jusqu'à ce qu'on y ajoute quelques autres machines caractéristiques qui en déterminent la nomenclature. Par exemple, les *nappes d'un tramail* ne se nomment plus *nappes* quand leurs piquets y sont attachés ; elles prennent le nom d'*halliers* ou *tramail*. Il n'y a qu'un filet qu'on nomme *nappe à alouettes*. On appelle *nappiste* celui qui fait la chasse avec ces *nappes*. (V.)

NAPUS. Pline, liv. xix, chap. 5, dans lequel il traite des espèces d'herbes des jardins, dit que les médecins admettent cinq sortes de *napus*, et les cite d'après Théophraste qu'il copie, et chez lequel ce sont des Raphanidon. *V.* aux mots Raphanus et Sinapis. Mais, liv. xx, chap. 4, Pline oubliant ce qu'il a dit précédemment, revient sur les *napus*. Selon lui, il y en a de deux sortes ; l'une est le *bunion*, et l'autre le *bunias* ou *buniada* des Grecs ; il attribue à la première des tiges anguleuses, et compare la seconde au radis et à la rave. Les propriétés qu'il leur assigne conviennent assez à notre Navette ; aussi, la plupart des botanistes pensent qu'il a voulu parler de cette plante (*brassica napus*), de même que Dioscoride sous celui de *bunias*, et Théophraste sous celui de *napos*. Au reste, cette dénomination de *napus* fut appliquée à des crucifères à racines fusiformes ou en toupie, qui croissoient sur les coteaux, et dont la racine était souvent creuse. C'est ce qu'exprime le mot grec *napos*. Le genre *napus* de Tournefort a pour type le *brassica napus* ; il est caractérisé par la forme de sa racine, par ses fleurs en panicules ou en épis, et par le calice de même couleur que la corolle ; il n'a pas été adopté par les botanistes, et demeure réuni au genre *brassica*. *V.* Chou. (LN.)

NAR. Nom que les Égyptiens donnoient anciennement à l'Iris. (LN.)

NARAK. *V.* Narassun. (LN.)

NARANZARO. Un des noms italiens de l'Oranger. (LN.)

NARASSUN et NARHUN. Noms du Pin sauvage chez les Tartares-burates. Les Mongols appellent cet arbre

narassu; à Casan on le nomme *narak*. Les Kirguis le désignent par NURAT. (LN.)

NARAT. Les Africains appeloient ainsi anciennement une
plante que l'on croit être une espèce de CHRYSANTHÈME ou
de CAMOMILLE (*Anthemis.*) (LN.)

NARAVELIA. Genre de plantes de la famille des re-
nonculées et de la polyandrie polygynie, établi par
Adanson, sous le nom de *naravael*, et reconnu par Decandolle. Ses caractères sont : involucre nul; calice à quatre ou
cinq folioles; pétales six ou douze, linéaires, plus longs que
le calice ; capsules nombreuses, oblongues, surmontées d'une
queue plumeuse.

Une seule espèce rentre dans ce genre, c'est le *naravael*
des naturels de l'île de Ceylan, arbrisseau grimpant qui a
tout le port des clématites, et dont Linnæus avoit fait une
espèce d'atragène (*at. zeylanica*). Elle rappelle jusqu'à un
certain point les *gesses* (*lathyrus*). Ses feuilles opposées, velues et tomenteuses en dessous, sont composées d'un pétiole
terminé par une vrille rameuse, et de deux folioles entières,
marquées de plusieurs nervures. Ses fleurs sont jaunâtres et
en petites panicules terminales trichotomes. Cette plante
croît dans les bois et les haies à Ceylan, et au Coromandel
près de *Samutcoath*. (LN.)

NARAWAEL. *V.* NARAVELIA. (LN.)

NARCAPHTE. Nom donné à l'écorce de l'arbre qui
fournit l'*oliban*, et qu'on emploie comme parfum dans les
maladies des poumons. *Voyez* à l'article BALSAMIER KAFAL,
qu'on croit être cet arbre. (B.)

NARCAPHTON. *V.* NASCAPHTON. (LN.)

NARCE de Dioscoride, est rapporté à la GENTIANE par
Adanson, et au *centaurion majus* par les botanistes qui l'ont
précédé. *V.* ce mot. (LN.)

NARCISO-LEUCOIUM. Swertz, botaniste hollandais, auteur d'un ouvrage publié en 1612, intitulé FLORI-
LEGIUM, figure sous ce nom quelques liliacées, et principalement les *leucoium* et *galanthus*, Linn., dont les fleurs ont
la blancheur de la fleur du NARCISSE, et la grandeur de celles
de quelques VIOLIERS ou GIROFLÉES (*leucoium* des anciens).
Tournefort a conservé cette dénomination pour les mêmes genres qu'il laisse réunis, ainsi qu'Adanson, sous le nom
d'*acrocorion*, et Haller sous celui de *galanthus*. (LN.)

NARCISSE, *Narcissus*, Linn. (*Hexandrie monogynie*).
Genre de plantes bulbeuses, à un seul cotylédon, à fleurs in-
complètes, appartenant à la famille des narcissoïdes. Ses caractères sont : une corolle ou calice cylindrique, en entonnoir

et à limbe double; l'extérieur à six divisions profondes, ouvertes; l'intérieur en cloche ou en roue, crénelé ou denté au sommet, représentant un godet ou une couronne; six étamines insérées à la base du limbe intérieur, et plus courtes; un ovaire inférieur, arrondi, à trois côtés, portant un style mince, plus long que les étamines et couronné par un stigmate divisé en trois; une capsule obtuse, presque ronde, à trois angles et à trois loges remplies de semences globulaires. Avant leur développement, les fleurs sont renfermées dans une spathe ou gaîne membraneuse d'une seule feuille pliée en deux, qui s'ouvre latéralement et donne passage à une ou plusieurs fleurs.

Les fleurs de tous les narcisses sont grandes, belles, très-odorantes, paroissent de fort bonne heure au printemps, et doublent facilement; ils sont par ces raisons cultivés dans tous les jardins d'agrément.

Les botanistes comptent environ trente espèces de narcisses indigènes ou exotiques, dont chacune, ou du moins plusieurs, ont produit par la culture beaucoup de variétés. Le nombre de ces variétés, qui toutes ont des noms différens, augmente chaque jour. Les catalogues des Hollandais en présentent plus de cent vingt, dont la description seroit étrangère à ce Dictionnaire, et trop minutieuse. Il suffit au lecteur de connoître les véritables espèces auxquelles il pourra rapporter les variétés qui s'offriront à lui, ou qu'il sera bien aise de cultiver.

En général, les narcisses aiment une terre légère et substantielle, et craignent l'humidité, comme toutes les plantes bulbeuses. Leur ognon demande à être enterré peu profondément, parce qu'il s'enfonce beaucoup, et alors il ne fleurit pas; la profondeur de trois pouces est suffisante; on fera bien de l'incliner sur le côté, afin qu'il ne s'enfonce pas. L'époque à laquelle on doit le planter est indiquée dans tous les pays par l'ognon lui-même; c'est lorsqu'il commence à pousser. Il est inutile de l'arroser après la plantation, pour peu que la terre soit humide. Mais quand les narcisses s'apprêtent à fleurir, on doit leur donner de l'eau assez souvent, et un peu moins lorsqu'ils sont en fleurs.

On peut ou lever les ognons des narcisses après le dessèchement des tiges, ou les laisser en terre, suivant les espèces et les variétés, et aussi selon le climat.

Les narcisses végètent et fleurissent lorsqu'on les place à l'ouverture d'une carafe remplie d'eau. Si, dès que la fleur est passée, on met aussitôt les ognons en terre, ils se conserveront, ne fleuriront point l'année d'après, mais s'y multiplieront par leurs caïeux.

Dans la courte description que je vais donner des espèces les plus intéressantes de narcisses, je ferai mention du traitement particulier que chacune d'elles exige.

NARCISSE DES POÈTES, *Narcissus poeticus*, Linn. Cette espèce a été, dit-on, la plus connue dans l'antiquité ; les poètes en ont fait mention, et c'est sans doute à elle qu'il faut rapporter la fable du *beau Narcisse*, qui, épris de ses charmes, et s'étant laissé consumer de langueur, fut, après sa mort, changé par les dieux en une fleur qui porte son nom. On la trouve dans nos provinces méridionales, où elle croît dans les prairies. Elle fleurit en mai ; sa racine est plus petite et plus ronde que celle du *faux-narcisse* ; ses feuilles sont plus longues, plus étroites et plus plates ; elles sont radicales, faites en épée, et de la hauteur à peu près de la tige, qui s'élève à un pied. Ses fleurs, blanches et à couronne pourpre, exhalent une odeur forte, mais agréable ; elles sont simples ou doubles, et solitaires dans leur spathe.

Ce narcisse ne craint point la gelée. On en fait ordinairement des bordures. Son ognon a la grosseur de celui d'une tulipe. Une terre commune lui suffit ; on doit l'arroser, si le printemps est sec ; sans cette précaution, il fleuriroit difficilement. On peut le laisser plusieurs années en terre. Quand on veut le relever, on profite d'un temps sec en juillet, et on le met sécher à l'ombre. On le replante au mois d'octobre.

NARCISSE DES BOIS OU FAUX NARCISSE, *Narcissus-pseudonarcissus*, Linn., vulgairement *aïault*, *porion*. Il croît en Angleterre, en France, en Italie, etc., dans les bois ; il a une grosse racine bulbeuse d'où sortent cinq à six feuilles plates, faites en lames d'épée, et une tige portant à son sommet une fleur solitaire, couleur de soufre et à couronne jaune, laquelle est fort grande, faite en cloche, crépue, frangée, et aussi longue que les divisions de la corolle.

Ce narcisse n'a point d'odeur. Son ognon fleurit au mois d'avril, peu de temps après le SAFRAN PRINTANIER. Réduit en poudre, on l'emploie dans quelques lieux comme émétique. On le cultive comme le précédent. Parmi les variétés qu'il produit, on en distingue principalement quatre : l'une à pétales blancs, avec un godet d'un jaune pâle ; l'autre à pétales jaunes, avec un godet doré ; la troisième double et jaune ; la quatrième à fleurs doubles, avec trois ou quatre godets l'un dans l'autre. Il donne aussi une variété à fleurs beaucoup plus fortes. M. Caventou, à la suite d'une très-belle analyse de la fleur de cette plante, imprimée dans le Journal de pharmacie, année 1816, a établi qu'on pouvoit, au moyen de procédés ordinaires, fixer sa couleur, avec économie, sur les tissus, et en fabriquer une laque propre à servir à la peinture.

NARCISSE D'ORIENT, *Narcissus orientalis*, Linn. Il se rapproche beaucoup du suivant, dont il est pourtant aisé de le distinguer, puisque sa spathe ne renferme tout au plus que deux fleurs, tandis que dans le *narcisse tazette* la spathe en contient jusqu'à douze. Cette espèce, à cause de son odeur très-agréable, a été recherchée par les fleuristes, qui en ont un grand nombre de variétés, au milieu desquelles son caractère propre n'est pas aisé à reconnoître. Dans son état naturel, ses feuilles sont larges, et sa corolle est d'un blanc neige avec une couronne intérieure trois fois plus courte qu'elle, échancrée, de couleur jaune et divisée en trois. Cette plante vient naturellement dans les campagnes de l'Orient.

NARCISSE TAZETTE OU A BOUQUETS, *Narcissus tazetta*, Linn. Il est aussi appelé *narcisse d'hiver*, parce qu'il fleurit dans cette saison et au premier printemps. Poiret dit en avoir rencontré sur les côtes de Barbarie, des plaines couvertes dès la fin de février. On le trouve également en Espagne, en Portugal, en Chypre, aux environs de Constantinople et dans nos provinces méridionales. Dans le temps des frimas, il orne et parfume nos appartemens. C'est enfin celui de tous qu'on cultive le plus dans les jardins de l'Europe, et qui donne un plus grand nombre de variétés.

Son caractère spécifique est d'avoir des feuilles planes, un peu moins longues que la tige, et larges de trois lignes ou environ; une tige à deux angles, lisse, épaisse, s'élevant rarement au-delà d'un pied, une spathe enveloppant plusieurs fleurs (de six à douze), dont les pédoncules inégaux et presque triangulaires, partent d'un même point; une corolle à tube ouvert, dont le limbe extérieur est blanc ou jaune et à six découpures, et l'intérieur fait en cloche, tronqué, trois fois plus court, et de diverses couleurs, tantôt blanc, tantôt jaune, tantôt soufre ou orangé.

Les variétés les plus distinguées de cette espèce, sont: 1.º le *narcisse de Constantinople*; 2.º le *narcisse de Chypre*; 3.º le *grand soleil d'or*; 4.º le *tout blanc*.

Ces quatre variétés ne se cultivent point en pleine terre, parce qu'elles sont sensibles à la gelée, et qu'elles fleurissent dans la plus rigoureuse saison. Il faudroit les tenir continuellement couvertes; elles se gâteroient, et l'on ne jouiroit pas de leurs fleurs. On les élève donc dans des carafes pleines d'eau ou dans des pots. Si l'on se sert de ce dernier moyen, on peut mettre trois ognons dans un pot de neuf pouces de diamètre, qu'on aura rempli de bonne terre ordinaire sans

mélange de fumier. Il suffit que chaque ognon soit couvert de
deux bons doigts de terre ; on les arrose , et on les laisse à
l'air jusqu'à ce qu'il gèle. Alors on les retire dans une chambre
exposée au midi , et on leur donne de l'air pendant une partie de la journée , si la gelée n'est pas encore assez forte
pour entrer dans les maisons. L'air qu'on procure à la plante
l'empêche de trop s'allonger, les tiges à fleurs se fortifient et
donnent un bouquet plus agréable. Il n'est pas nécessaire qu'il
y ait du feu dans la chambre où l'on mettra les pots , pourvu
que la gelée n'y pénètre pas. Dans un lieu échauffé par un
poêle ou de toute autre manière, les fleurs paroîtront plus tôt.

On peut jouir pendant trois mois de la fleur du *narcisse de
Constantinople*, en plantant une partie des ognons en octobre ,
une autre en novembre, et une autre en décembre. Si on les
plante plus tard , ils sont fatigués , et les fleurs qu'ils veulent
donner avortent entièrement. Le *narcisse de Chypre* , le *soleil
d'or* et le *tout-blanc* étant plus lents à fleurir , on doit les planter en novembre au plus tard.

Le Narcisse douteux croît dans le midi de la France. Il
ressemble au précédent avec lequel il a été long-temps confondu ; mais il est plus grand dans toutes ses parties et moins
odorant. On le cultive fréquemment en pleine terre, dans les
jardins de Paris.

Narcisse jonquille, *Narcissus jonquilla* , Linn. Tout le
monde connoît et aime la *jonquille*. Cette fleur plaît surtout
aux dames, à cause de son parfum. On a donné son nom à une
couleur brillante et tranchée , et ce nom lui vient de la forme
de ses feuilles , qui approchent de celles du jonc. Cette plante
croît naturellement en Espagne et dans l'Orient; on la trouve
aussi dans le Bas-Languedoc. Son ognon est étroit , allongé
et recouvert d'une pellicule brune. De son centre s'élève une
tige tendre et sillonnée , au sommet de laquelle sont les fleurs
réunies , depuis deux jusqu'à sept ou huit, dans une gaîne
membraneuse , et soutenues par des pédoncules inégaux qui
naissent d'un même point. Ces fleurs , plus ou moins grandes,
deviennent doubles par la culture ; mais elles conservent toujours leur couleur jaune particulière à cette espèce.

Il n'y a que deux variétés de *jonquille*, l'une simple et l'autre double ; toutes deux se cultivent de la même manière.
Leur ognon se plante en septembre , et se relève au mois de
juin ou juillet. Pendant qu'il est hors de terre , il doit être
tenu dans un lieu sec et aéré ; c'est le moment d'en séparer
les caïeux.

Lorsqu'on veut avoir de nouvelles variétés de *narcisses*, il
faut semer les graines de semi-doubles dans des caisses de
terre de bruyère mêlée avec du terreau de couche, et les ar-

roser convenablement. Les caisses se rentrent dans l'orangerie aux approches des gelées. Au printemps de la troisième année, on reléve les ognons et on les repique à trois pouces de distance dans d'autres caisses qu'on dispose de même. Ce n'est ordinairement qu'à la cinquième année que ces ognons commencent à fleurir. (D.)

NARCISSE D'AUTOMNE. C'est l'Amaryllis jaune et le Colchique d'automne. (B.)

NARCISSE INDIEN. *V.* Hémanthe. (LN.)

NARCISSE ou LIS DE MER. C'est ordinairement le Pancrais d'Illyrie, et quelquefois la Scille maritime. (B.)

NARCISSITIS. Pline cite cette pierre au nombre de celles qui ont reçu leur nom par suite de leur ressemblance avec des parties des animaux ou des végétaux. Il se borne à dire que le *narcissitis* a des veines comme le lierre. Dans quelques éditions de l'ouvrage du naturaliste romain, on lit que le Narcissitis avoit l'odeur du narcisse. Cette pierre nous est entièrement inconnue. (LN.)

NARCISSOÏDES, *Narcissi*, Jussieu. Famille de plantes qui présente pour caractères: une corolle (calice, Juss.) ordinairement tubuleuse à sa base, et partagée à son limbe en cinq découpures presque toujours égales, quelquefois doublée intérieurement d'un second tube entier, que Linnæus a appelé *nectaire*, et qu'on ne doit pas prendre pour une corolle, puisqu'il est persistant; six étamines, le plus souvent attachées au tube, rarement à la corolle, ou portées sur une glande qui accompagne l'ovaire, à filamens distincts, quelquefois réunis à leur base, à anthéres vacillantes; un ovaire simple, adhérent, à style unique, à stigmate simple ou trifide; un fruit ordinairement capsulaire, triloculaire, trivalve, polysperme, à semences attachées à l'angle interne des loges; quelquefois une baie triloculaire, évalve, à une ou plusieurs semences contenues dans chaque loge; périsperme presque toujours charnu; embryon droit.

Les plantes de cette famille ont des racines fibreuses ou bulbeuses, des tiges souvent herbacées, quelquefois frutescentes, caudiciformes, toujours munies à leur base de feuilles alternes, engaînantes, ordinairement succulentes, rarement fermes et coriaces. Ces feuilles présentent dans plusieurs genres, lorsqu'on les casse, une prodigieuse quantité de filamens en spirale, qui sont autant de trachées. Les fleurs, toujours hermaphrodites et spathacées, affectent différentes dispositions. Tantôt elles sont solitaires et terminales, tantôt elles forment un épi, une panicule, un corymbe; tantôt, munies à leur base d'une spathe commune, simple ou divisée, elles représentent une ombelle.

Ventenat, de qui on a emprunté ces expressions, rapporte à cette famille, qui est la septième de la troisième classe de son *Tableau du règne végétal*, et dont les caractères sont figurés pl. 13, n.º 4 du même ouvrage, dix-sept genres sous trois divisions; savoir:

Les narcissoïdes qui ont les racines fibreuses, ANANAS, PITCAIRNE, FURCRÉE et AGAVE.

Les narcissoïdes qui ont la racine bulbeuse, NIVÉOLE, GALANTHE, HÆMANTHE, EUSTEPHIE, AMARYLLIS, CRINOLE, NARCISSE, PANCRAIS, BULBOCODE, HÉMÉROCALLE, TULBAGE et GETHYLIS.

Les narcissoïdes qui n'ont pas complétement les caractères de la famille, HYPOXIS, PONTEDÈRE, TUBÉREUSE, TACCA et ALSTROÉMÈRE. *V.* ces différens mots.

Jussieu a séparé depuis la première division de cette famille, pour en faire une nouvelle sous le nom de BROMÉLOÏDES. *V.* ce mot. (B.)

NARCISSOLILIUM ou NARCISSOLIRION. Nom que quelques auteurs ont donné à la TULIPE DES BOIS (*tulipa sylvestris*, Linn.). (LN.)

NARCISSUS des Latins, *Narcissos* des Grecs. Ces noms dérivent du grec *narce* et *narcosin*, qui signifient *stupidité*, *torpeur*, qualités qui, au témoignage de Pline, de Dioscoride, de Plutarque, etc., appartiennent à la plante *narcissos*. Théophraste n'en indique qu'une espèce, de même que Dioscoride et que Pline. Le premier de ces deux derniers naturalistes attribue au *narcissos* : des feuilles semblables à celles du poreau, mais beaucoup plus petites et plus étroites; une tige nue, creuse, haute de plus de six pouces, portant une fleur d'une odeur suave, blanche, dont le milieu est tantôt jaune safran (*narcissos crocodes*), tantôt rouge (*n. porphyrodes*); une racine bulbeuse, ronde, blanche en dedans, et des graines dans une longue tunique noire (capsule). Pline reconnoissoit les mêmes différences dans la fleur, et il nomme calice ce que les botanistes ont nommé depuis, couronne, frange et nectaire. Il cite de plus un narcisse tout jaune. Le *narcissos* étoit cultivé dans les jardins et croissoit naturellement sur les coteaux. Ses bulbes avoient la douceur du miel, leur décoction étoit vomitive, appesantissoit la tête et causoit une sorte de stupéfaction. Ces mêmes bulbes brûlés et mêlés avec un peu de miel, servoient pour la guérison des brûlures, des écorchures et de différentes sortes de plaies. L'huile de fleur de *narcissos* servoit à rendre leur souplesse aux parties du corps affectées par la gelée.

L'on ne sauroit douter que plusieurs de nos Narcisses des Jardins ne soient les anciens *narcissus*, et surtout le *narcisse des poëtes*, ainsi nommé parce que les poëtes grecs feignirent que le jeune Narcisse avoit été changé en cette plante dont la couleur blanche de la fleur étoit sans doute l'emblême de la langueur dont il fut consumé.

Ce nom de *narcissus* a été étendu à un grand nombre de plantes qui ne rentrent pas toutes dans le genre *narcissus*. Ainsi l'on voit des *amaryllis*, des *pancratium*, les *tulipa*, les *leucoïum*, le *galanthus*, quelques *ornithogallum*, l'*hæmanthus puniceus*, l'*anthericum serotinum*, L., le *ferraria undulata*, L., et plusieurs autres plantes non encore déterminées et des mêmes familles, décrites et appelées *narcissus* dans les ouvrages des botanistes antérieurs à Tournefort, fondateur du genre *narcissus* actuel. On doit à M. Loiseleur des Longchamps la connoissance d'un grand nombre d'espèces nouvelles de ce beau genre. *V.* Narcisse. (LN.)

NARCKE. Nom de la Torpille vulgaire, à Nice. (DESM.)

NARCOBATE, *Narcobates*. Sous-genre établi par Blainville aux dépens des Raies. La Raie torpille lui sert de type. (B.)

NARD, *Nardus*. Genre de plantes de la triandrie monogynie, et de la famille des graminées, qui offre pour caractères: une balle de deux valves, dont l'extérieure est lancéolée, linéaire, longue, mucronée, et embrasse l'intérieure, qui est plus petite; trois étamines; un ovaire supérieur, oblong, surmonté d'un style filiforme, long, pubescent, terminé par un stigmate simple: une semence nue dans quelques espèces, et enveloppée, dans une balle, qui fait corps avec elle, dans quelques autres.

Ce genre renferme cinq à six plantes, dont les plus communes ou les plus importantes, sont:

Le Nard serré, *Nardus stricta*, qui a l'épi sétacé, droit et unilatéral; il est vivace et se trouve très-abondamment sur les montagnes des parties méridionales de l'Europe.

Le Nard des Indes, qui a l'épi sétacé, unilatéral et un peu recourbé. Il est vivace, et croît dans les Indes. Palisot de Beauvois le fait servir de type à son genre Microchloa. S'il en faut croire Loureiro, cette plante seroit le vrai *nard des Indiens*, appelé par eux *lavande*, mais Roxburg assure que c'est la Valériane jatamansi, fort peu différente de la Valériane officinale. C'est le collet de la racine qui fournit le meilleur. On estime le *nard*, alexitère, céphalique, stomachique, néphrétique et hystérique. On s'en sert dans les Indes pour assaisonner les poissons et les viandes , pour faire des pastilles et des sachets odorans.

On cultive au jardin du Muséum d'Histoire naturelle de Paris , une plante qui n'a pas encore fleuri , mais qui est différente du *nard indien* et du *barbon nard ;* ses feuilles sont longues de deux pieds et larges d'un demi-pouce: elles ont une saveur acide et une odeur approchant de celle des citrons. Elle vient également de l'Inde , et pourroit être mise au rang des *nards.* (B.)

NARD CELTIQUE ou **NARD DE MONTAGNE.** C'est la racine de la VALÉRIANE CELTIQUE. (B.)

NARD COMMUN. On donne ce nom à la LAVANDE ASPIC , et à la racine de l'ASARET D'EUROPE. (B.)

NARD FAUX. Ognon de l'AIL VICTORIAL. (B.)

NARD INDIEN ou **DE LA MADELEINE.** C'est le BARBON NARD , *And. nardus ,* L. (LN.)

NARD DE MONTAGNE. C'est la racine de la VALÉRIANE CELTIQUE. *V.* ce mot. (LN.)

NARD DE NARBONNE ou **FAUX NARD.** C'est la racine d'une espèce de FÉTUQUE , *Festuca spadicea ,* Linn. (LN.)

NARD SAUVAGE. C'est la racine du CABARET , *Asarum europæum.* (LN.)

NARD , NARON et **VARD.** Noms arabes de la ROSE , selon Matthiole. (LN.)

NARDUS. Plusieurs racines différentes , mais toutes très-odorantes et qu'on employoit dans la parfumerie et en médecine , ont été nommées *nardos* par les Grecs et *nardus* par les Latins. L'on donne à ces noms plusieurs étymologies. Suivant Pline , ils dérivent de Naarda , ville de Syrie , voisine de l'Euphrate, d'où les anciens tiroient le nard qu'ils estimoient le plus. Suivant une autre étymologie, ces noms sont des altérations d'un mot hébreu ou arabe , qui signifieroit *odorant* ou *épi.* L'on peut distinguer les *nardus* en plusieurs sortes :

1.º Le *nardus indica.* Pline dit que c'est un arbrisseau à racine massive , pesante , courte , noire et facile à rompre ; qu'il est garni d'un grand nombre de petites feuilles et produit des épis à sa cime. Mais il paroît que Pline confond ici la lavande aspic et le vrai *nardus indica* dont les anciens ne connoissoient que les racines. Hippocrate, Théophraste et Dioscoride le nomment *nardos* et *nardon stachys* (*spica nardi*). Dioscoride reconnoît deux sortes de *nardos* , l'un qu'il nomme indien et l'autre syrien (*spica nardi,* Pl.), qui croissoient tous les deux sur une montagne de Syrie: l'un sur le versant qui regardoit l'Inde , et l'autre sur le versant qui regardoit la Syrie. Le *nardus* syrien est le meilleur, surtout quand il est frais ; le *nardos gangitique*, dit aussi *Ozenitis*, étoit moins estimé ,; croissoit plus haut, et produisoit de sa racine quantité d'épis son odeur approchoit de celle du souchet. Le *nardos* de sampharis étoit le moins estimé, fort petit, produisant de grands épis, et sentoit le bouc, etc. Tous ces nards essentiellement échauffans, provoquoient l'urine et étoient très en usage dans la médecine ancienne. Pline donne le prix que plusieurs d'entre eux se vendoient, et s'étend sur leurs qualités. Nous ne saurions dire quelles sont les plantes qui donnoient aux anciens ces diverses espèces de *nardus indica.* De nos jours, plusieurs BARBONS et VALÉRIANES fournissent des racines appelées *nard indien;* tels sont l'*andropogon nardus* et l'*and. schœnanthus.* L'on sait que les Asiatiques emploient encore plusieurs espèces de racines du même genre ; mais il ne paroît pas que ces plantes soient les mêmes que celles dont ont parlé les anciens, et qui étoient si précieuses qu'on les falsifioit avec un *nardus* qui croissoit partout, et que l'on croît être le *festuca spadicea.* Voy. l'article NARD.

2.º Le *nardus celtica* ou *gallica.* Il croissoit, selon Dioscoride, sur les montagnes de la Ligurie, et portoit dans le pays le nom d'*aliunga.* On en trouvoit en Istrie, mais qui étoit moins estimé. Le nard celtique se falsifioit avec une herbe semblable, mais qui sentoit le bouc; d'où lui venoit le nom de *tragos* (*hircatus* en latin). Pline se borne à rapporter les vertus du nard gallique, sur quoi Dioscoride est plus étendu. Diverses variétés de ces *nardus* ont été très-certainement les racines de quelques espèces de valérianes, et très-probablement celles des *valeriana celtica, tuberosa, saxatilis* et *saliunca, All.* Pline distingue l'*aliunga* ou *saliunca* du *nardus gallica.*

3.º Le *nardus montana.* Dioscoride le distingue du précédent, et dit que quelques personnes le nomment *thylacites.* Il croissoit en Syrie et en Cilicie. Ses branches et ses feuilles étoient un peu plus grandes que celles de l'*eryngium*, mais moins âpres et moins épineuses. Ses racines étoient noires et odorantes, plus petites que celles de l'asphodèle. On l'appeloit aussi *pyritis*, parce qu'on en mettoit sur les brasiers pour parfumer et donner bonne odeur. Ce nard est inconnu.

4.º Le *nardus rustica*, que Pline dit être le même que l'asarum des Grecs. On donnoit aussi le même nom au *baccharis.*

5.º Le *nardus cretica* ou *sylvestris*, qu'on rapporte à la valériane grecque (*Val. phu*).

Voilà quelles étoient les diverses espèces de *nardus* des anciens, et, par leur nombre, on doit voir qu'ils étoient en très grande faveur. Chez les modernes, ce nombre a diminué. Le *nardus indica* est pour nous la racine d'une plante encore à peu près indéterminée. Le nard celtique est une valériane, ainsi que plusieurs autres racines employées dans les mêmes circonstances.

Les botanistes, avant Linnæus, ont divisé les plantes nommées *nardus*, en

1.º *Nardus* proprement dit, qui comprend sans doute la racine qui nous vient de l'Inde, ou notre nard indien et le *festuca spadicea*, Linn.

2.º *Nardus montana* et *celtica* et *cretica*, où se rangent plusieurs espèces de valérianes et l'*arnica montana*.

3.º *Nardus italica*, qui est la lavande commune et ses variétés.

Linnæus a depuis transporté ce nom à un genre de graminées, qui ne renferme aucune des plantes nommées jusque-là *nardus*: l'application toute différente de ce nom vient de ce que l'on a cru que le *nardus indica*, Linn., étoit la plante qui produisoit le nard indien; ce qui est bien loin d'être prouvé. Cette application sera encore plus inexacte, si, avec M. Palisot de Beauvois, on place le *nardus indica* dans le genre *microchloa* de R. Brown.

Quelques autres espèces de *nardus*, Linn., sont maintenant des espèces de *rattboella*.

Le NARD AMÉRICAIN, *Nardus americana*, Pluk. Alm., tab. 101, fig 2, est la CACALIE A FEULLES D'ARROCHE, *Cacalia atriplicifolia*, Linn. (LN.)

NARDUSKRUYD des Belges. C'est la *nigelle*. (LN.)

NAREGAN. Plante qu'on ne connoît que par la figure qu'en a donnée Rhéede dans son *Hortus Malabaricus*, vol. 10, tab. 22, et par l'imparfaite description qui y est jointe: ses feuilles sont alternes, ternées, portées sur des pétioles ailés et en forme de cœur. Les folioles sont sessiles, ovales, entières, épaisses et glabres. Les fleurs paroissent avoir cinq pétales de couleur blanche, et un ovaire pédiculé; ses fruits sont petits, ont trois côtés, trois loges et trois valves, et contiennent trois semences oblongues un peu courbées.

Les racines de cette plante sont amères, âcres et aromatiques, ainsi que ses feuilles. On en fait une infusion, qui est bonne dans la fièvre des épileptiques, et on en tire un suc qui, mêlé avec l'huile de noix d'Inde, guérit la teigne. (B.)

NAREGIL et NARGEL. Le premier de ces noms est celui que les Arabes donnent au COCOTIER, et le second désigne le même PALMIER chez les Persans. (LN.)

NAREL. Nom donné à la VOLUTE FEVE. (B.)

NARF, NARFGRAES, NARVE et NATÉ. Noms suédois de la MORGELINE, *Alsine media*, L. (LN.)

NARGEL. *V.* NAREGIL. (LN.)

NARGIS. Nom arabe du TAZETTA ou JONQUILLE BLAN-

CHE, espéce de NARCISSE (*Narcissus tazetta*, L.). Elle croît spontanément dans les jardins à Damiette en Égypte. (LN.)

NARHUN. *V.* NARASSUN. (LN.)

NARHWAL. *V.* NARWHAL. (S.)

NARI. Au Maduré, c'est le CHACAL. *V.* l'histoire de cet animal à l'article CHIEN. (DESM.)

NARI, *Nari.* Espèce de RAIE du Brésil, peu connue. (B.)

NARINAM-POULLI. Nom que les habitans de la côte Malabare donnent à une herbe annuelle, haute de deux pieds, et figurée pl. 44 du sixième volume de l'ouvrage de Rhéede. Cette plante est la KETMIE de Surate (*Hibiscus suratensis*, Linn.), qui croît dans toute l'Inde, et dont les feuilles d'une saveur aigrelette et agréable, servent d'assaisonnement dans différens mets. (LN.)

NARINES, *Nares* (*Ornithologie*). La position des narines est à la base, dans le milieu, sur la cime, sur les côtés et vers le bout du bec. Elles sont ovales, orbiculées, oblongues, arrondies, linéaires, triangulaires, tubuleuses, glabres, planes, ouvertes, perforées, coniques, saillantes, cylindriques, obliques, oblitérées, lunulées, elliptiques, voûtées, concaves, bordées, jumelles, épatées, totalement ou à demi couvertes par une membrane, tuberculées dans le milieu. Parmi ces diverses formes, il en est qu'on ne peut bien saisir que chez l'oiseau vivant ou immédiatement après sa mort; car autrement, les narines se déforment tellement par la dessiccation, ou sont tellement endommagées par les épingles que les empailleurs passent à travers pour tenir le bec fermé, qu'il en résulte souvent des méprises dont je ne suis pas plus à l'abri que les méthodistes qui s'en servent comme caractères génériques. (V.)

NARINES. *V.* NEZ et ODORAT. (VIREY.)

NA RING. Un des noms arabes de l'ORANGER (*Citrus aurantium*, Linn.); *naring helou* est celui de l'ORANGE DOUCE; *naring meleh*, celui de l'ORANGE AMÈRE, et *naryng yousef effendy*, celui d'une petite ORANGE AMÈRE. (LN.)

NARINGI des Brames. *V.* TSIERU-KATU-NAREGAM. (LN.)

NARINSCH. Nom persan et russe de l'ORANGER, appelé *narants* par les Hongrois, et *narendj* par les Arabes, et *naranjo* ou *naranja* par les Espagnols. Tous ces noms dérivent du nom latin *aurantium* donné à l'orange à cause de sa couleur, lors de l'introduction en Europe de ce bel arbre originaire de l'Inde. (LN.)

NARIS LEGROES et MARIS LEGROES. Noms qu'on donne, en Norwége, à la LINNÉE BORÉALE. (LN.)

NARKA. Nom d'un poisson rouge de la côte de Kamtschatka. On ignore à quel genre il appartient. (B.)

NARNETH. Nom arabe du Mercure sulfuré rouge ou Réalgar, selon Sérapion. (l.n.)

NARON. Spathe bivalve; corolle à six pétales; trois étamines conniventes à la base; un style trigone, à trois stigmates pétaloïdes, échancré par le haut; capsule ovale-oblongue, trigone, à loges polyspermes; graines comprimées, trigones.

Ce genre de plantes, établi par Médicus et adopté par Moënch a pour type la Morée iridiforme (*Moræa iridioïdes*, Linn.), que Thunberg rapporte au genre Iris. C'est son *iris orientalis*. *V*. Morée. (l.n.)

NARPHTE de Théophraste. *V*. Nascaphthon. (l.n.)

NARRA. Nom que porte aux Philippines l'Ébène rouge veinée. (b.)

NARRENHEIL. L'un des noms allemands du Mouron à fleurs rouges (*anagallis arvensis*, L.). (l.n.)

NARRIETJES. Nom japonais d'une variété de l'Oranger. (l.n.)

NARTHÈCE, *Narthecium*. Ce nom a été donné, dans les temps modernes, à l'*ornithogallum ossifragum*, Linn., établi en genre. Adanson, en l'adoptant, lui donne le nom d'*abama*, qui l'a été depuis par Decandolle; mais M. Persoon conserve le premier nom donné. MM. de Jussieu, Lamarck, appellent *narthecium* un autre genre, fondé sur l'*anthericum caliculatum*, Linn. Mais ce genre existoit déjà sous le nom de *toffieldia*, imposé par Hudson, et adopté par Smith et Persoon. C'est aussi le même que l'*heritiera* de Schranck, et l'*iridro-galvia* de Ruiz et Pavon, selon Persoon. La plante qui lui sert de type est rapportée au *scheuchzeria* par Scopoli, au *helonias* par Willdenow, et au *phalangium* par Tournefort.

Ces deux genres *narthecium*, faits aux dépens des *anthericum*, sont très-distincts, quoiqu'on les ait confondus. *V*. Anthéric et Toffieldie. (l.n.)

NARTHEX, NARTHECA et **NARTHECION.** Ces noms, qui signifient *bâton* en grec, sont donnés par Théophraste et par Dioscoride à des plantes que Pline nomme *ferula*, et dont les tiges s'élevoient droites et servoient de cannes.

Le *narthex*, selon Théophraste, n'a qu'une seule tige géniculée, garnie de très-petits rameaux et de feuilles grandes, molles, et tellement découpées, qu'elles semblent des cheveux, surtout les feuilles radicales. Cette tige se divise à l'extrémité en un certain nombre de divisions qui portent les fleurs. Les fleurs ont la couleur jaunâtre du coing, et les graines ressemblent à celles du fenouil. Suivant Dioscoride, le *narthex* a trois coudées de hauteur; les feuilles plus âpres et plus étendues que celles du fenouil. La plante distille une liqueur nommée *sagapenon*. La moelle fraîche de la tige est utile dans les crachemens de sang, et pour arrêter les hémorragies nasales. La décoction de ses graines calme les douleurs d'entrailles, et mêlée avec de l'huile, elle provoque la sueur lorsqu'on s'en frotte le corps.

Pline traite du *ferula* parmi les plantes étrangères à l'Italie. Le *ferula* croissoit dans les pays chauds et d'outre-mer (l'Orient). Ses tiges étoient coupées par des nœuds d'où partoient de grandes feuilles.

Pline en distingue de deux sortes. Dans l'une, les tiges sont fort grandes : c'est le *narthex* des Grecs : l'autre a les tiges basses ; c'est le *narthechia* (*ferulago*). Il n'y a pas de plante plus légère que le *ferula* ; aussi, dit Pline, les vieilles gens en font des bâtons pour s'appuyer à leur aise. Les vertus de cette plante sont les mêmes que celles de l'*anethum*. Ses graines, semblables à celles de la même plante, étoient appelées, par quelques personnes, *thapsia* ; et ici Pline assure que le *thapsia* est une plante différente, bien qu'elle ait le port du *ferula*.

La description qu'il donne du *thapsia* et de la manière dont on s'y prenoit pour arracher ses racines (*V.* Thapsia), convient parfaitement à ce qui se pratique encore en Perse pour retirer l'*assa fœtida*, suc gommo-résineux produit par le *ferula assa fœtida*, Linn.

De ce qui précède, on ne sauroit douter que les *narthex* des Grecs ne soient nos Férules, de même que le *ferula* et le *thapsia* de Pline ; et il est probable que ce sont les *ferula orientalis, communis, ferulago, tingitana, glauca,* etc., tous confondus par les anciens, puisque leurs propriétés et leurs usages actuels sont en grande partie ceux attribués par les Grecs et les Latins à leurs plantes *narthex* et *ferula*. Cette confusion est d'autant plus probable, que Pline parle du *ferula* dans plusieurs endroits de son Histoire naturelle, et qu'il semble avoir confondu plusieurs plantes différentes. Ainsi, liv. XXIV, c. 1, qui traite des vertus des arbres sauvages, il dit du *ferula* que les ânes en mangent avec *délice*, et s'en trouvent bien (ce qui avoit fait consacrer le *ferula* à Bacchus), tandis que c'étoit un poison pour toutes les autres bêtes chevalines. C'étoit donc une plante commune. Au livre XX, chapitre 22, Pline dit que le *ferula* a les graines de l'*anethum* ; qu'on donnoit le nom de *ferula femelle* à un *ferula* dont la tige se divisoit au sommet ; que les tiges du *ferula* se mangeoient, et leur meilleure sauce se faisoit avec du miel et du moût de raisin. Cet aliment étoit stomachique ; mais lorsqu'on en mangeoit trop, il occasionoit des maux de tête. La racine et les jeunes branches fraiches étoient employées à petites doses comme laxatives, et pour réprimer les sueurs immodérées; ce qui ne s'accorde pas avec ce que Pline dit ailleurs du *ferula*, et que nous avons rapporté plus haut. Nous sommes donc fondés à croire que plusieurs espèces de plantes sont, chez les Latins, confondues sous le nom de *ferula*.

Nous devons rappeler ici que les mythologues rapportent que ce fut dans de la moelle de la tige du *narthex* ou *ferula*, que Prométhée transporta le feu qu'il avoit dérobé au soleil. Rappelons aussi qu'encore en Sicile on se sert de la moelle du *ferula communis*, qui brûle très-lentement, pour conserver le feu et pour faire des mèches à canon. (LN.)

NARTHICOÏDES. Thalius donne ce nom au SESELI ANNUEL (*seseli annuum*, Linn.), dont il distingue une grande et une petite variété. (LN.)

NARU-CILA. C'est sur la côte du Malabar une plante liliacée que Linnæus avoit prise pour une espèce de PONTEDÈRE (*pontederia ovata*, L.); mais Loureiro, qui l'a observée en Cochinchine et en Chine, a fait voir qu'elle devoit constituer un genre nouveau, qu'il nomme *phyllodes*. Willdenow, en l'adoptant, change ce nom en celui de PHRYNIUM. *V.* PHRYNION. Adanson, qui pensoit comme Linnæus, a donné le nom de *naru-kila* au genre *pontederia* même. (LN.)

NARU-FATSI-KAML. Selon Thunberg, c'est un des noms qui désignent au Japon le FAGARIER DU JAPON (*fagara piperita*), qu'on nomme aussi *poivrier du Japon*. (LN.)

NARU-NINDI. Le COULEQUIN A FEUILLES ÉTROITES porte ce nom dans l'Inde. (B.)

NARUM. Ce nom est celui qu'Adanson donne au genre *uvaria* de Linnæus. Il y rapportoit, comme Linnæus, le NARUM PANEL des Malabares (Rhéed. Mal. 2, tab. 9), qu'on avoit confondu avec l'*uvaria zeylanica*, Linn.), mais qui, selon Decandolle, est une espèce différente, et du genre *unona* (*unona narum*, Dec.).

Le *narum panel* est un arbrisseau sarmenteux, qui s'entortille autour des arbres. Ses feuilles sont lancéolées, pointues, et ses pédoncules latéraux solitaires et uniflores; les pétales sont ovales, arrondis, et les capsules stipitées. L'on retire de sa racine, par distillation, une huile odorante verdâtre, dont les Malabares font usage dans certaines maladies, ainsi que de la racine. (LN.)

NARVAL. *V.* NARWHAL. (DESM.)

NARVOLE. Arbre figuré sans fleurs ni fruits dans Rhéede et dans Rumphius. Il a les feuilles opposées, grandes, ovales, toujours vertes et odorantes. On fait cuire ces feuilles avec la viande, non-seulement comme aromate, mais même comme plante potagère, pourvu qu'on les ait fait bouillir un moment pour leur faire perdre l'amertume dont elles sont pourvues.

Poiret pense que cet arbre se rapproche des MYRTES. (B).

NARWHAL, *Narwhalus*, Lacép., Duméril, Tiedm., Cuv.; *Ceratodon*, Briss., Illig.; *Monodon*, Linn., Schreb.; *Diodon*, Storr.

Genre de mammifères de l'ordre des cétacés et de la famille des cétacés proprement dits, ainsi caractérisé : tête proportionnée au corps; formes générales des marsouins; une ou deux défenses implantées dans l'os incisif, droites, longues et pointues, dirigées dans le sens de l'axe du corps; point de dents proprement dites; orifices des évents réunis et situés au plus haut de la partie postérieure de la tête; point de nageoire dorsale.

On ne connoît encore bien qu'une seule espèce de ce genre, laquelle habite les mers du Nord. M. de Lacépède, dans son *Histoire naturelle des Cétacés*, en signale deux autres, qui nous paroissoient devoir être observées de nouveau, avant d'être regardées comme bien certaines.

Les *narwhals* sont des cétacés très-voraces, dont la natation est très-rapide, et qui, sous ces deux rapports, se rapprochent particulièrement de ceux qui appartiennent au genre des DAUPHINS. *V.* ce mot.

Première Espèce. — NARWHAL VULGAIRE, *Narwhalus vulgaris*, Lacépède, *Hist. nat. des Cétacés*, p. 142, pl. 4, fig. 3; *Monodon monoceros*, Linn.; vulgairement *licorne de mer* ou *unicorne*.

Selon M. de Lacépède, les caractères distinctifs propres à cette espèce consistent dans la forme ovoïde du corps, dans la longueur de la tête, égale au quart, ou à peu près, de la longueur totale de l'animal, et dans les défenses sillonnées en spirale. (DESM.)

Les Allemands nomment ce cétacé *einhorn*, les Groënlandais *towack* ou *kernektok*, etc. Le nom de *monodon* signifie *unidenté*, animal à une seule dent, et celui de *monoceros*, unicorne; mais ces expressions ne sont pas exactes pour l'animal dont il s'agit, puisqu'il a naturellement deux longues dents à la mâchoire supérieure, et qu'il n'a point de corne. Cependant on ne trouve guère que des *narwhals* à une seule dent, ce qui a donné lieu à toutes ces dénominations.

Le *narwhal* est un cétacé dont le corps est de figure ovale, arrondie, dont la peau est une et marbrée. Sa queue est placée horizontalement, comme dans toutes les autres espèces de cette famille d'animaux. Sa tête est ronde, assez petite, et paroît confondue avec le corps, tandis que celle des *baleines* et des *cachalots* forme une masse très-considérable. Le *narwhal* n'a qu'une ouverture ou évent sur la tête pour respirer l'air ; une sorte de plaque frangée ou découpée en lamelles comme un peigne, ferme cet évent à la volonté de l'animal. Les yeux sont petits, placés fort bas aux angles de la gueule ; celle-ci est assez étroite, les mâchoires n'ont aucune autre dent que les deux longues incisives qui sortent de la mâchoire supérieure. Ces deux dents sont coniques, très-dures, blanches, très-droites, et sillonnées de lignes spirales. Leur grandeur varie, et s'élève jusqu'à douze pieds ; leur grosseur est de trois à quatre pouces de diamètre à leur base ; elles finissent en pointe. Il faut remarquer que ces deux dents ne se trouvent guère que dans les jeunes individus, car dans ceux qui sont plus âgés on n'observe presque jamais que l'une d'elles, l'autre étant ou cassée ou tombée par quelque accident.

Les trous des oreilles, placés derrière les yeux, sont fort petits ; les lèvres sont minces ; le museau est arrondi, et la longue défense de cet animal passe au travers de la lèvre de dessus. Les nageoires des côtes sont les seules qu'ait cet animal avec celle de la queue ; il n'en porte point sur le dos, comme plusieurs autres espèces de *cétacés* ; mais on remarque seulement une saillie ou crête qui semble en tenir la place. A mesure qu'on s'approche de la queue, la grosseur du corps est moindre. Les nageoires des flancs sont longues de plus d'un pied et de forme ovale. La queue est échancrée en demi-lune ; la peau du corps est épaisse d'un pouce environ. Au-dessus on trouve un tissu cellulaire dont les mailles sont remplies d'une huile abondante, surtout sur le dos. La peau du ventre, qui est fort blanche et luisante, est molle et douce comme le velours. Cet animal est communément long de vingt à vingt-deux pieds ; mais on prétend en avoir vu de la taille de quarante à soixante pieds. Des auteurs assurent aussi que quelques *narwhals* ont des dents lisses et non sillonnées en spirale (*V*. la *troisième espèce* de ce genre.) ; selon d'autres témoignages, on trouve dans certains individus des bosses sur le dos.

Comme les autres *cétacés*, le *narwhal* est vivipare ; sa femelle porte deux mamelles vers sa vulve, qui est placée auprès de l'anus. La verge du mâle est renfermée dans une gaîne.

Il paroît que ces animaux ne produisent qu'un petit à la fois ;
il n'a pas encore de dents visibles lorsqu'on le tire du sein de
sa mére ; sa peau est grisâtre ; mais dans les vieux individus,
elle devient noirâtre et marbrée en dessus du corps, et reste
blanche en dessous. On ne tire pas beaucoup d'huile de ce
cétacé, mais elle est plus claire et d'une meilleure qualité que
celle de la *baleine franche*. Un de ces animaux, long de
quarante pieds, et dont la dent avoit sept pieds, ne donna
qu'un tonneau et demi de graisse. Wormius a reçu, d'un
évêque d'Islande, la description d'un cétacé de cette espéce,
qui avoit soixante pieds de longueur ; sa dent en avoit quatorze. Un capitaine de Hambourg en prit un en 1684, qui
avoit ses deux dents ; c'étoit une femelle. Ses dents entroient
de plus d'un pied dans sa tête, dont les os avoient deux pieds
de longueur sur dix-huit pouces de largeur. Zorgdrager
(*Pêche de Groënl.*, p. 9) cite un autre exemple semblable.

Ces cétacés sont d'excellens nageurs, et se servent de leur
queue comme d'une forte rame, pour les faire glisser sur
l'eau avec une étonnante rapidité. Ils nagent toujours en
troupes, et lorsqu'on les attaque ils se serrent comme un
bataillon carré, en plaçant leurs dents sur le dos les uns des
autres. « Ils s'empêchent de cette maniére, dit Anderson, de
« plonger et de s'évader, ce qui fait qu'on en prend ordinai-
« rement quelques-uns des derniers. » (*Hist. du Groënl.*,
p. 110.) Ces animaux vivent de poissons du genre des *soles*,
et surtout de coquillages univalves, rapportés, mais à tort,
au genre des *planorbes*, qui sont très-nombreux dans les mers
du Nord. La demeure des *narwhals* est vers le 80.ᵉ degré de
latitude boréale, et principalement sur les côtes d'Islande,
vers le détroit de Davis et les rivages de l'Amérique septentrionale et du Groënland. Les *narwhals* sont les avant-cou-
reurs des *baleines*, si l'on en croit les pêcheurs groënlandais ;
et aussitôt qu'ils les aperçoivent, ils préparent tous leurs instrumens pour harponner et tuer la *baleine ;* mais il paroît
plus vraisemblable que ces deux espéces d'animaux vivant des
mêmes nourritures, suivent les mêmes bancs et se rencontrent
dans les mêmes parages. Comme le *narwhal* n'a point de dents
mâchelières, il est très-probable qu'il ne se nourrit guère que
de mollusques et de coquillages tendres et friables dont nous
avons parlé. *Cherchez* les mots BALEINE et CÉTACÉS.

On prétend que les rois de Danemarck possédent un trône
fait de dents de *narwhal*, qui, comme on sait, ressemblent
à de très-bel ivoire, qui est plus dur et ne jaunit pas. Cet
ouvrage doit être remarquable. On montroit jadis, dans le
trésor de l'abbaye de Saint-Denis, une dent de *narwhal*,

qu'on regardoit comme la corne de l'animal fabuleux appelé *licorne*. (VIREY.)

Seconde Espèce. — NARWHAL MICROCÉPHALE, *Narwhalus microcephalus*, Lacép., *Hist. natur. des Cétacés*, page 159, pl. 5, fig. 2.

Cette espèce, distinguée par M. le comte de Lacépède, diffère surtout de la précédente par l'allongement assez considérable de son corps et de sa queue, par sa forme presque conique, par sa tête fort petite, puisqu'elle n'égale guère que le dixième ou à peu près de la longueur totale. Du reste, elle a, comme le *narwhal vulgaire*, les défenses sillonnées en spirale. Sa longueur moyenne n'est que de vingt-un à vingt-quatre pieds. Ses défenses ont une longueur quelquefois égale à celle du tiers de l'animal. Sa peau est d'un blanc varié par des taches, petites, moyennes, bleuâtres, plus nombreuses et plus foncées sur la tête, au bout du museau, sur la partie la plus élevée du dos, sur les nageoires et sur la nageoire de la queue. Le museau est très-arrondi; la tête, vue par-devant, ressemble à une boule; l'ouverture de la bouche est assez petite; l'œil est très-petit et un peu éloigné de l'angle que forme la réunion des deux mâchoires, et à peu près aussi bas que cet angle. Les nageoires pectorales sont à une distance du bout du museau égale à trois fois ou environ la longueur de la tête. La saillie longitudinale, que l'on remarque sur le dos, et qui s'étend jusqu'à la nageoire de la queue, relève assez vers le milieu de la longueur totale et auprès de la caudale, pour imiter, dans ces deux endroits, un commencement de fausse nageoire. La caudale se divise en deux lobes arrondis, et recourbés vers le corps de manière à représenter une ancre. L'ouverture des évents est un croissant dont les pointes sont tournées vers la tête.

Telle est en entier la description que donne de ce *narwhal* le célèbre naturaliste que nous venons de citer; il l'a composée sur un dessin qui lui a été communiqué par M. Banks, et qui a été fait dans la mer de Boston (par 40° de latitude nord) par M. Brand.

M. de Lacépède pense qu'on doit rapporter à cette espèce les *narwhals* vus dans le détroit de Davis, et desquels Anderson avoit appris, par des capitaines de vaisseaux, qu'ils avoient le corps très-allongé, qu'ils ressembloient, par leurs formes, à l'acipensère-esturgeon, mais qu'ils n'avoient pas la tête aussi pointue que ce poisson cartilagineux.

Troisième Espèce. — NARWHAL ANDERSON, *Narwhalus andersonianus*, Lacép., *Hist. natur. des Cétacés*, page 163.

M. le comte de Lacépède fonde cette espèce sur la différence que présentent ses défenses avec celles des deux précédentes. Dans ces dernières, elles sont striées en spirale; dans celle-ci, elles sont absolument lisses. Du reste, l'animal est inconnu. Anderson n'en a vu que des défenses à Hambourg; mais, avant lui, Willughby (*Ichthyol.* liv. II, pag. 43, pl. A. 2) avoit figuré des défenses de *narwhals* sans spirales ni stries, qu'il dit plus rares que les autres. (DESM.)

NARYSCHNIK. Nom russe de la grande SCROPHULAIRE des bois (*Scrophularia nodosa*, Linn.). (LN.)

NAS. Nom arménien de la SAUETTE (*Serratula tinctoria*, Linn.). (LN.)

NASALIS. Nom latin du genre de singe appelé en français NASIQUE par M. Geoffroy. *Voyez* GUENON NASIQUE.

(DESM.)

NASCAPHTHON ou NARCAPHTHON de Dioscoride. Selon ce naturaliste, le *nascaphthon* étoit une écorce semblable à celle du mûrier, et qui venoit de l'Inde. On la bruloit pour la bonne odeur qu'elle exhaloit; on la faisoit entrer dans la composition des parfums. Césalpin présume que c'est l'écorce extérieure de la noix muscade; Amatus, que c'est le bois d'aigle; d'autres auteurs, que ce peut être l'écorce d'un BALSAMIER, ce qui est probable. Le peu que Dioscoride rapporte de cette écorce, ne suffit pas pour la faire reconnoître; mais l'on ne peut douter que ce ne soit une de celles que l'on emploie encore dans l'Inde aux mêmes usages, tels que le bois d'aloès, d'aigle, etc. L'on a cru cependant que le STORAX rouge, petite écorce fragile, encore en usage en Grèce, où on la nomme *maurocapno*, est le *nascaphthon* de Dioscoride, et peut-être le NARPUTE de Théophraste. Cette écorce est, dit-on, celle de l'arbre qui fournit l'oliban, espèce de BALSAMIER. *Voyez* ce mot. (LN.)

NASE. Poisson du genre CYPRIN. (B.)

NASEAUX. Se dit des narines des quadrupèdes. *V.* NEZ et ODORAT. (VIREY.)

NASENHORN ou NASHORN. Nom allemand du RHINOCÉROS. (DESM.)

NASEUS. Nom latin des poissons du genre NASON. (DESM.)

NASHORN. *V.* NASENHORN. (DESM.)

NASICORNE. Nom spécifique d'une TORTUE DE MER. (B.)

NASICORNE. Nom d'un coléoptère du genre SCARABÉ, aussi désigné sous celui de MOINE (*Scarabæus nasicornis*, Fabr.)

(DESM.)

NASICORNES, *Nasicornia*. Illiger établit sous ce nom une famille de mammifères qui ne renferme que le seul genre RHINOCÉROS. (DESM).

NASIQUE. Espèce de singe des îles de l'Archipel des Indes, remarquable par la longueur démesurée de son nez. Placée d'abord par les naturalistes parmi les GUENONS, elle en a été retirée par M. Geoffroy, pour former un genre particulier sous le nom de NASIQUE, *nasicus*, auquel il attribue les caractères suivans: Singes de l'ancien Continent, ayant le nez d'une longueur plus qu'humaine; des callosités aux fesses; une queue plus longue que le corps. Nous avons cru ne devoir considérer ce genre que comme une subdivision de celui des GUENONS. *V.* ce mot. (DESM.)

NASIQUE. Nom spécifique d'une COULEUVRE. (B.)

NASITOR. Nom qu'on donne, dans quelques cantons, au *cresson alénois*, ou PASSERAGE CULTIVÉE. (B.)

NASMYTHIA d'Hudson. Ce genre est le même que l'*eriocaulon* de Linnæus. (LN.)

NASON, *Naso*. Genre de poissons établi par Lacépède, dans la division des THORACIQUES, aux dépens des *chætodons* de Linnæus. Il offre pour caractères: une protubérance en forme de corne ou de grosse loupe sur le nez; deux plaques ou boucliers de chaque côté de l'extrémité de la queue; le corps et la queue recouverts d'une peau rude et comme chagrinée.

Ce genre renferme deux espèces qui vivent dans la mer des Indes, et qui ne présentent rien d'important à connoître. *V.* la figure du NASON LICORNE, pl. M. 4 de ce Dictionnaire. (B.)

NASPERSEGE. Nom du PÊCHER à Venise. (LN.)

NASSA. Nom latin des coquilles du genre NASSE. (DESM.)

NASSARIUS. *V.* NASSIER. (DESM.)

NASSAUVE, *Nassauvia*. Genre de plantes de la syngénésie agrégée, qui a pour caractères: un calice double, l'intérieur composé de cinq, et l'extérieur, plus petit, de trois folioles. Un réceptacle nu, portant quatre à cinq fleurons hermaphrodites, chacun composé d'un tube partagé en deux lèvres, l'une à deux et l'autre à trois divisions; cinq étamines réunies par leurs anthères; deux stigmates. Le fruit est une semence couronnée par une aigrette caduque et simple.

La *nassauve* a une odeur très-agréable. Ses feuilles sont alternes, presque imbriquées, et ses fleurs disposées en épi simple et terminal, accompagné d'un grand nombre de bractées. Elle a été trouvée, par Commerson, dans les îles du détroit de Magellan. (B.)

NASSE, *Nassa*. Genre de testacés de la classe des UNIVALVES, qui a pour caractères: une coquille ovale se terminant inférieurement par une échancrure oblique un peu canaliculée, et dont la base de la columelle cache en partie l'échancrure, et paroît tronquée obliquement.

Ce genre faisoit partie de celui des *buccins* de Linnæus, dont il a été tiré par Lamarck. Il est habité par un *gastéropode* à disque ventral élargi, tronqué intérieurement, et se terminant au-delà de la tête, qui a deux tentacules portant les yeux dans leur partie moyenne, et un tube au-dessus de la tête formé par le manteau. Il a pour type le BUCCIN CASQUILLON (*buccinum arcularia*, Linn.), et le BUCCIN BOMBÉ (*buccinum gibbum*, Linn.). (B.)

NASSI. Arbrisseau à feuilles alternes, ovales, pétiolées, très-entières, légèrement lanugineuses, et à fleurs axillaires ou placées le long des branches, et disposées en ombelle sur un pédoncule commun.

La corolle de cet arbre est blanche, composée de quatre pétales, et son fruit est une petite baie un peu fade, mais bonne à manger. (B.)

NASSIER. Animal des NASSES. Il n'a point d'opercule; ses deux tentacules portent les yeux dans leur milieu; la base du pied a une saillie lisse. (B.)

NASSO. L'un des noms italiens de l'IF. (LN.)

NASTE, *Nastus*. Nom donné, par Jussieu, à une plante graminée, fort voisine des BAMBOUS. *V.* ce mot.

Cette plante forme, dans l'hexandrie digynie, un genre qui offre pour caractères: des épillets de sept à huit balles uniflores, placées des deux côtés opposés, et se recouvrant mutuellement; les extérieures plus petites que les autres; chaque balle calicinale composée de deux folioles accompagnées d'un filet velu; chaque balle florale de deux valves, contenant six étamines et deux styles.

Le *naste* se trouve à l'île Bourbon, où il s'élève en arbre et jette de ses nœuds des rameaux en verticilles chargés de fleurs à leur sommet. Il y est appelé *bambou*. C'est un superbe arbre qui entoure la montagne du volcan d'une ceinture brillante, au rapport de Bory Saint-Vincent.

D'autres espèces ont été depuis réunies à celle-ci, et l'une d'elles a servi à établir le genre STEMMATOSPERME. (B.)

NASTOS. Nom de l'une des cinq espèces de CALAMOS ou ROSEAUX INODORES, mentionnées par Dioscoride. Ce roseau servoit à faire des flèches. On présume que ce peut être une espèce de *rotang*, semblable à celui dont on fait des cannes. Peut-être est-ce une variété du bambou. Ce nom de *nastos* ou *nastus* est donné à deux autres plantes de ces genres par Lobel, Chabrée, etc. M. de Jussieu a nommé *nastus* une plante confondue avec l'*arundo bambusa*, Linn., dont il a fait un genre distinct adopté par les botanistes, qui le nomment aussi BAMBOS et BAMBUSA. (LN.)

NASTURTIE, *Nasturtium*. Genre de plantes de la tétradynamie siliculeuse, et de la famille des crucifères, établi par Tournefort, supprimé par Linnæus, et renouvelé par Jussieu. Il a pour caractères : un calice de quatre folioles ouvertes ; une corolle de quatre pétales égaux ; quatre étamines, dont deux plus courtes ; un ovaire supérieur surmonté d'un style simple ; une silicule presque orbiculaire, comprimée, entourée d'un rebord échancré au sommet, dont les valves sont faites en forme de nacelle et monospermes.

Ce genre est principalement formé aux dépens des *passerages* (*lepidium*, Linn.), dont il ne ne diffère que par la silicule munie d'un petit rebord, échancré et monosperme. Il renferme les espèces appelées PASSERAGE D'ALEP, MÉDICANTE, CARDAMINE, CULTIVÉE, de VIRGINIE et autres. *V.* au mot PASSERAGE. (B.)

NASTURTIOÏDES. Calice de quatre pièces ouvertes ; point de pétales ; deux étamines ; point de glandules à la base de l'ovaire ; un style à un stigmate obtus ; silicule monosperme, orbiculaire, émarginée et à bord aigu. Le *passerage des décombres* (*lepidium ruderale*) est la plante qui rentre dans ce genre établi par Medicus et adopté par Moench. *V.* PASSERAGE. C'est sous ce nom que l'on a cultivé autrefois, au Muséum d'Histoire naturelle, le *vella annua*, Linn., dont Adanson fit son genre *carrietera*. (LN.)

NASTURTIOLUM. Medicus et Moench donnent ce nom à un genre de crucifères, appelé depuis *Senneblera* par M. Décandolle.

NASTURTIOLUM de Gesner. C'est le PASSERAGE des Alpes (*lepidium alpinum*, Linn.) (LN.)

NASTURTIUM des Latins, *Cardamon* des Grecs. Plusieurs plantes ont été nommées ainsi par les anciens, à cause de l'odeur et de l'acrimonie de leurs graines, qui portent à la tête ou fortifient le cœur, comme le signifie le nom grec, et qui excitent l'éternuement, comme l'exprime le nom latin (*a naribus torquendis*). Théophraste dit qu'il y a plusieurs espèces de *cardamon*. Pline dit que le *nasturtium* le plus grand, vient en Arabie. Il en décrit un cultivé et un sauvage ; celui-ci, appelé noir, sans doute à cause de la couleur de ses graines, l'autre blanc, par une raison opposée. Dioscoride ne cite que le *cardamon* babylonien, et le donne pour le meilleur, ainsi que Pline. La vertu échauffante et l'acrimonie des *nasturtium* conviennent très-bien au cresson de fontaine (*sisymbrium nasturtium*), et au cresson alénois ou *nasitort* (*lepidium sativum*, Linn.), et il n'y a pas de doute que ce dernier ne soit le *nasturtium* cultivé, mentionné par Pline. Les naturalistes ignorent le pays natal de cette plante ; il est très-probable que nous la devons à l'Orient.

C'est dans la famille des crucifères que les autres espèces de *nasturtium*, des Grecs et des Latins doivent être placées. Lobel pense que le *cochlearia draba* est le *nasturtium* de Babylone ; mais on ne sauroit reconnoître ces plantes, les anciens ne nous ayant laissé de détails que sur leurs vertus et leurs propriétés. Du temps de C. Bauhin, le nom de *nasturtium* étoit étendu à un grand nombre de plantes ; C. Bauhin divisoit les *nasturtium* en :

1.° NASTURTIUM HORTENSE, où se rangent le cresson alénois (*lepidium sativum*) et ses variétés ;

2.° NASTURTIUM PRATENSE ; les *cardamine pratensis*, *parviflora* et *granulosa*, de Linnæus, rentrent dans cette division.

3.° NASTURTIUM AQUATICUM ; le cresson de fontaine (*sisymbrium nasturtium*) et les *cardamine amara* et *hirsuta*, sont classés dans celle-ci ;

4.° NASTURTIUM MONTANUM. Plusieurs plantes de genres différens rentrent dans cette division, par exemple, les *cardamine trifolia*, *resedifolia* et *alpina*, les *lepidium alpinum* et *petræum*, l'*arabis bellidifolia*, etc.

5.° NASTURTIUM SYLVESTRE, le *lepidium ruderale*, le *sisymbrium sophia* et le *vella annua*, constituent cette cinquième division ;

6.° NASTURTIUM INDICUM, que C. Bauhin distingue des précédens, et qui ne renferme que la PETITE CAPUCINE (*tropæolum minus*, Linn.)

Dans cette classification, C. Bauhin ne comprend pas l'*iberis nudicaulis*, qui est un *nasturtium* pour Tabernæmontanus ; le *cochlearia draba* ou *nasturtium babylonicum*, de Lobel ; la barbarée ou *nasturtium palustre* de Gesner ; le *bunias kakile* ou *nasturtium maritimum*, de Daléchamps, etc.

Les botanistes qui suivirent C. Bauhin jusqu'à Tournefort, ont fait connoître, sous le nom de *nasturtium*, diverses espèces de *cardamine* et de *lepidium*. L'*heliophylla integrifolia*, dont la première connoissance est due à Plukenet, est un de ses *nasturtium*.

Tournefort fixa le nom de *nasturtium* à un genre qui avoit pour type le cresson alénois (*lepidium sativum*), et il y rapportoit quelques espèces de *cochlearia*. Le genre *nasturtium*, d'Haller, comprend une partie des *lepidium*, Linn. ; *thlaspi*, Linn., et *cochlearia*. Linnæus a abandonné, avec raison, le nom de *nasturtium*, et la plus grande partie des plantes décrites sous ce nom se retrouvent dans ses genres *lepidium*, Voy. PASSERAGE ; et *cardamine*, Voy. CRESSON. (LN.)

NASTURTIUM INDICUM. Dodonée , Lobel et C. Bauhin ont donné ce nom à la petite capucine (*tropœolum minus*) , à cause de son acrimonie , et parce qu'elle est originaire des Indes occidentales; c'est ainsi qu'on désignoit alors l'Amérique méridionale. C'est pour la première raison que Boerhaave avoit appelé *acriciola* notre capucine ordinaire (*t. majus*). La première espèce fut introduite en Europe en 1580, par Dodonée, et la seconde en 1684, par Bewerning.
(LN.)

NASUA. C'est le nom spécifique donné par Linnæus au COATI ; son *ursus nasua*. Il a été employé, par Storr, comme désignation générique. (DESM.)

NASUTA. Illiger forme une petite famille de mammifères ongulés sous ce nom , et qui comprend seulement le genre des TAPIRS. *V.* ce mot. (DESM.)

NA-TANNE. Nom du COLSA , au Japon (B.)

NATANTIA. Illiger donne ce nom à un ordre de mammifères , qui comprend les cétacés proprement dits, et de plus les lamantins , les dugongs et les rytina ou stellères; en un mot tous les mammifères qui manquent d'extrémités postérieures, et qui sont éminemment organisés pour la natation. M. Cuvier , dans son *Règne animal* , adopte cet ordre et lui conserve la dénomination de CÉTACÉS. (DESM.)

NATATORES. C'est , dans le *Prodromus* d'Illiger , la dénomination de son septième ordre des oiseaux , lequel correspond aux *ansères* de Linnæus , et à notre cinquième ordre. *V.* NAGEURS. (V.)

NATEN. La podagraire (*œgopodium podagraria*) porte ce nom en Allemagne. (LN.)

NAT-GAAL. Nom hollandais du ROSSIGNOL. (V.)

NATICARIUS. *V.* NATICIER. (DESM.)

NATICE, *Natica.* Genre de testacés de la classe des UNIVALVES, qui offrent pour caractères: une coquille presque globuleuse , ombiliquée , à lèvre gauche calleuse vers l'ombilic, à ouverture demi-ronde , et à columelle oblique et non dentée.

Linnæus avoit confondu ce genre avec celui des nérites , quoiqu'Adanson eût bien caractérisé leurs différences. Il a été rétabli par Lamarck et comprend les coquilles de la division des nérites ombiliquées de Linnæus.

Les natices ont généralement la forme et la contexture des nérites, mais elles sont cependant moins globuleuses, les tours de leur spire allant fréquemment jusqu'à sept. C'est dans la columelle que la différence des deux genres se fait le plus sentir. Dans les natices, ce n'est qu'une cloison mince qui se développe longitudinalement; dans les nérites, c'est une colonne creuse qui soutient, comme dans la plupart des autres univalves, les spires de la coquille, et qui ensuite s'étend plus ou moins longitudinalement à l'ouverture de la bouche. Cette columelle est extrêmement épaisse et luisante, comme dans les nérites, et le devient d'autant plus qu'elle est plus voisine des pas de la spire. Elle varie dans sa forme et dans sa position. L'ombilic varie également sous les mêmes rapports, selon les espèces, et il est quelquefois en partie, et même en totalité, rempli par une espèce d'apophyse ou d'appendice, qu'on nomme *cordon ombilical*, et qui est tantôt lisse et tantôt ridé, tantôt étroit et tantôt large, quelquefois aplati à son extrémité, quelquefois contourné, etc.

Les lèvres sont les mêmes que dans les nérites, mais toujours calleuses du côté gauche.

Les natices ont toutes l'ouverture exactement fermée par un opercule testacé, de forme approchant assez généralement de celle d'une demi-lune, mais qui n'a jamais les entaillures ou les crans qu'on voit quelquefois à ceux des nérites. Cet opercule est ordinairement aplati; sa surface supérieure est garnie de lames ou feuillets demi-circulaires très-serrés, et sa surface inférieure offre un sillon qui décrit trois tours de spire fort petits. Cette dernière est plus finement striée, et couverte d'un périoste mince.

L'animal des natices est aussi voisin de celui des nérites que les coquilles mêmes. Sa tête est petite, cylindrique, de moitié plus longue que large, et légèrement échancrée à son extrémité, d'où part un petit sillon qui n'a pas toute sa longueur en dessus. La bouche est un petit sillon situé dans la partie opposée.

Les cornes sont deux fois plus longues que la tête, et coniques; elles portent chacune, à leur racine, un appendice charnu et carré, qui flotte librement sur la tête, et derrière lequel sont placés les yeux.

Le manteau consiste en une simple membrane fort mince, qui tapisse les parois inférieures de la coquille.

Le pied est fort petit, presque rond, aplati en dessous, et assez épais.

Les natices sont, comme les nérites, répandues sur toutes les côtes de l'ancien et du nouveau continent. Comme ces dernières, elles s'attachent aux rochers, et restent volontiers à l'air lors des basses-marées.

On compte une trentaine d'espèces de natices connues, parmi lesquelles les plus communes ou les plus remarquables sont :

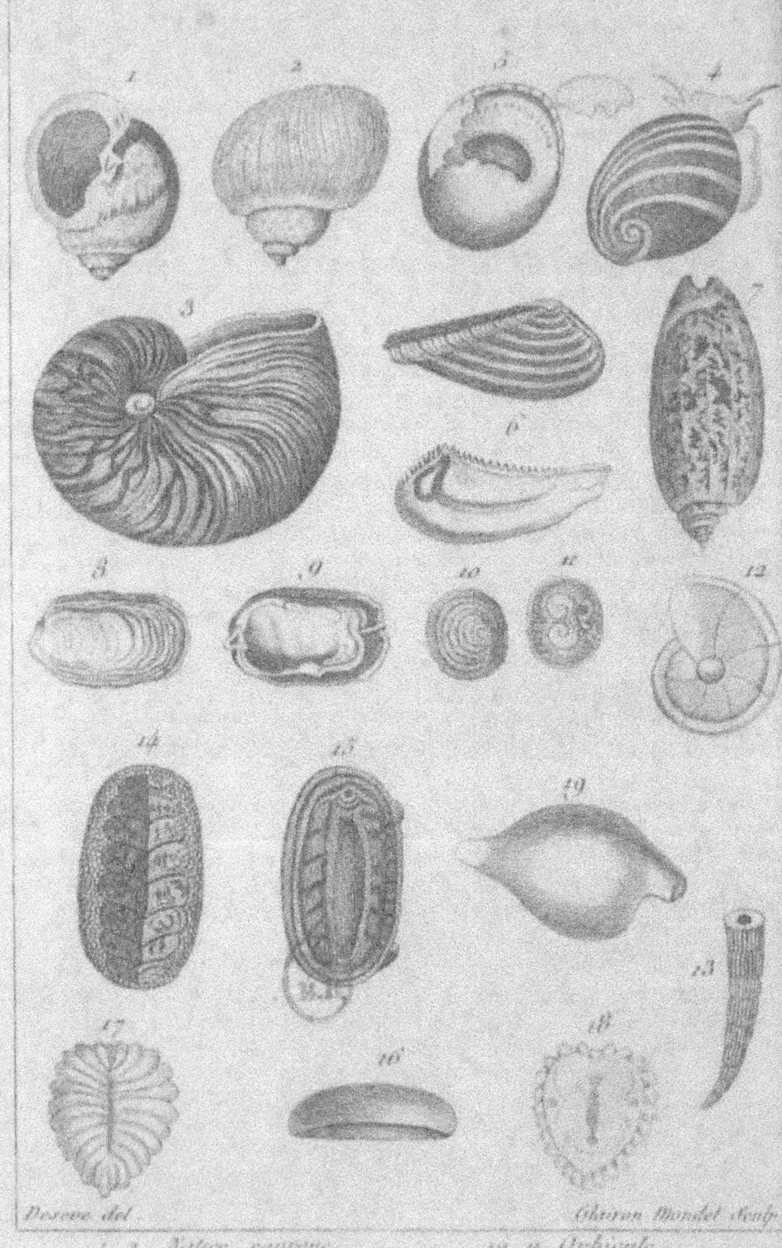

1, 2. Natice cavorne
3.   Nautile flambé
4, 5. Nerite itunar
6.   Nucule alongée
7.   Olive marbrée
8, 9. Ongulne laque
10, 11. Orbicule
12.   Orbulite
13.   Orthocère oblique
14, 15. Oscabrion auricane
16, 17, 18. Oscane néricane
19.   Ovule œuf

La Natice caurène , qui est unie , dont la spire est un peu pointue , et l'ombilic à apophyse bossue et bifide. Elle se trouve dans presque toutes les mers. *V.* pl. G. 3o , où elle est figurée. Sa grosseur n'excède guère un pouce de diamètre, et elle varie depuis le blanc jusqu'au bleu , avec des taches et des lignes de toutes les couleurs. On ne voit pas deux individus semblables. On la mange ; mais la difficulté de tirer l'animal de sa coquille est cause qu'on n'en fait que rarement usage.

La Natice crotte de mouche est unie , blanche , maculée , et ponctuée finement de roux. L'apophyse de son ombilic est bossue et bifide. Elle se trouve dans la Méditerranée et sur les côtes de l'Amérique.

La Natice grolet est unie ; a la spire obtuse , l'ombilic à demi-fermé , et la lèvre bossue et à deux couleurs. Elle se trouve dans la Méditerranée et la mer des Indes.

La Natice blanc d'œuf est convexe ; a l'ombilic presque en cœur, et le sommet de l'apophyse aplati. Elle se trouve dans la mer des Indes.

La Natice barrée est ovale , comprimée , ondulée transversalement , striée longitudinalement ; elle a les côtes planes, obliques, semilunaires, et la spire en mamelon. On la trouve fossile à Courtagnon et ailleurs. (b.)

NATICIER , animal des Natices. Il a deux tentacules portant les yeux à leur base externe ; son disque ventral est très-court. (b.)

NATIF (MÉTAL), ou MÉTAL VIERGE. C'est celui qui se trouve naturellement dans son état parfait. Les métaux qui se rencontrent le plus ordinairement dans cet état, sont : l'or , l'argent , le mercure , le platine , le cuivre , le tellure et le bismuth. Il est fort rare de trouver du *fer natif* , et l'on doute qu'on ait véritablement rencontré du plomb et de l'étain à l'état de métal vierge. *V.* MÉTAUX. (pat.)

NATI SCHAMBU. Nom malabare du JAMBOSIER DE MALACCA (*Eugenia malaccacensis*, L.) Il ne faut pas le confondre avec le *Malacca schambu*, qui est le JAMBOSIER proprement dit (*eugenia jambos*, Linn.). (LN.)

NATOMISSE. Nom tiré de NATOWOKEY OMISSEW , que les naturels de la baie d'Hudson ont imposé au HIBOU DES PINS. *V.* ce mot à l'article CHOUETTE. (v.)

NATOWOKEY OMISSEW. Nom que les naturels de la baie d'Hudson donnent au HIBOU DES PINS. (v.)

NATPEL. Nom allemand , de la NÈFLE. (LN.)

NATRAGULYA et NADRAGULA. Noms hongrois de la MANDRAGORE. (LN.)

NATRIX de Pline. Herbe dont la racine fraîche sentoit

le bouc ; on s'en servoit pour dissiper les visions du cerveau. Lobel et Rivin pensent que c'est une espèce de BUGRANE (*ononis natrix*). Anguillara prend pour elle la FRAXINELLE (*Dictamnus albus*, Linn.) (I.N.)

NATRNJK. Nom de la TORMENTILLE droite, en Bohême.
(I.N.)

NATROLITE et NATROLITHE. Cette pierre, que Klaproth nomme ainsi, parce qu'il y découvrit une assez grande quantité de soude, est *l'hargauite* de Selb, et une variété de *mésotype*. *V.* ce mot à l'article MÉSOTYPE NATROLITHE.
(I.N.)

NATROLITE DE SUÈDE. *V.* FETTSTEIN. (I.N.)

NATROLITHE DE HESSELKULLA. *V.* EKEBER-CITE, suppl. (I.N.)

NATRON (*soude carbonatée native*). Matière saline qui se forme journellement à la surface des terrains sablonneux, surtout dans les contrées méridionales, telles que l'Egypte, la Perse, le Bengale, la Chine, etc. Il est tantôt sous une forme pulvérulente, et tantôt en masses solides et compactes, comme la pierre. Sa couleur est d'un blanc grisâtre, et communément il est mêlé de parties terreuses et de sel marin.

La contrée qui produit le plus de *natron*, et d'où l'on en tire annuellement une immense quantité, c'est l'Egypte. A vingt lieues au nord-ouest du Caire, est la vallée des lacs de natron. Ces lacs occupent, dans le milieu de cette vallée, un espace de six lieues en longueur sur une largeur de trois à quatre cents toises ; la vallée elle-même a deux lieues de large.

Elle est séparée du Nil par un plateau de dix lieues d'étendue, dont le sol est en général une pierre calcaire coquillière, qui souvent se montre à découvert.

Pendant trois mois de l'année, de nombreuses sources d'eau *douce* coulent dans la vallée des lacs par sa pente orientale, qui est du côté du Nil. La pente opposée n'en fournit point du tout, et il est probable que celle qui coule de la pente orientale vient du Nil à travers le sol du plateau. Cette eau s'évapore ensuite, et plusieurs de ces lacs demeurent entièrement à sec. Ils n'ont, en général, que très-peu de profondeur : celui qui a été le plus spécialement observé n'avoit qu'environ un pied et demi d'eau vers son milieu.

Ces lacs contiennent trois espèces de sels, du carbonate de soude (ou *natron*), du muriate de soude (ou *sel marin*), et du sulfate de soude (ou *sel de Glauber*); et il est remarquable que quelquefois le même lac contient ces sels séparement. Sa partie orientale fournit du *natron*, sa partie occidentale n'a que du sel marin.

Et lorsque ces deux sels se trouvent dissous dans les mêmes eaux, c'est le sel marin qui cristallise le premier, ensuite le *natron*; de sorte qu'au bout de quelques années, il devroit y en avoir plusieurs couches alternatives.

J'ai observé précisément les mêmes phénomènes dans les lacs salés de Sibérie; mais comme chaque année les sels étoient complétement dissous, il ne pouvoit se former plusieurs couches du même sel; et soit qu'on enlevât ces sels ou qu'on n'y touchât pas, la quantité n'en étoit jamais ni moindre ni plus considérable.

Quoique le carbonate de soude soit très-sujet à tomber en efflorescence, ce qu'on attribue à la perte de son eau de cristallisation, néanmoins en Egypte, où l'extrême sécheresse devroit enlever plus qu'ailleurs l'eau de cristallisation de ce sel, on voit, au contraire, qu'il forme des masses tellement solides, qu'on en bâtit les maisons du pays, comme si c'étoit de la pierre. Il existe même un ancien fort dont l'enceinte, flanquée de tours, est construite avec ces singuliers matériaux. (*Journ. de Phys.*, prairial et messidor an 7.) *Voyez* LACS et SOUDE. (PAT.)

NATRON. C'est par ce nom et par celui d'alcali minéral, que les Allemands, les Anglais, etc., désignent la SOUDE, parce que cet ancien alcali, considéré maintenant comme un oxyde métallique, est la base du *natron* des anciens, c'est-à-dire de la SOUDE CARBONATÉE. *V.* ci-dessus NATRON, et ci-après NATRUM. (LN.)

NATRUM. Avant que la chimie eût une nomenclature régulière, et qu'éclairée par l'expérience elle fût parvenue à distinguer exactement les substances, on voit que la même dénomination avoit été donnée à plusieurs substances très-différentes; ainsi, le nom de *natrum*, particulier à la SOUDE *carbonatée*, a été appliqué à beaucoup de variétés de *chaux carbonatée cristallisée*, de *baryte sulfatée*, de *chaux sulfatée*, et de *magnésie sulfatée*. C'est principalement Linnæus qui a contribué à augmenter la confusion. Il nommoit *natrum terrestre*, la soude carbonatée, et *natrum de fontaines* la magnésie sulfatée. Son *natrum suillum* est la *pierre de porc*. *V.* ce mot. (LN.)

NATSIATUM. Il est probable que c'est le MENISPERME COQUE LEVANT, qui est figuré sous ce nom dans Rhéede.(B.)

NATTBLACKA. En Smolande on appelle ainsi les CHAUVE-SOURIS. (DESM.)

NATTE D'ITALIE. L'un des noms marchands d'une coquille du genre CÔNE, *Conus tessulatus.* (DESM.)

NATTE DE JONC. Coquille du genre TELLINE, la *telline verge.* (B.)

NATTER BLÜME (fleur de couleuvre). Nom allemand du LAITIER (*polygala vulgaris*) (LN.)

NATTERKRAUT. (Herbe à vipère). L'ORPIN (*sedum telephium*), une SCORZONÈRE (*scorzonera humilis*), la NUMULAIRE (*lysimachia nummularia*), et la VIPÉRINE (*echium vulgare*) portent ce nom en Allemagne. (LN.)

NATTER WURZ. Nom allemand, commun à la BISTORTE, au GOUET commun et à d'autres plantes dont les racines ont été comparées à des serpens pour leurs formes. (LN.)

NATTIER. C'est le nom des BARBOTTIERS (*imbricaria*, Linn.), réunis aux MIMUSOPS par quelques botanistes. (B.)

NATURALISTE. L'on a long-temps considéré le *naturaliste* comme un de ces hommes futiles, toujours courbé sur une mousse, ou examinant un insecte au microscope, empaillant un oiseau, et remplissant ses poches de cailloux. On s'est imaginé qu'il suffisoit, pour acquérir ce titre, d'entasser une foule de pierres, de coquilles, de plantes et de peaux rembourrées sur des rayons, de débiter quelques mots grecs et latins sur chaque objet, d'avoir beaucoup de mémoire sans jugement, de savoir exactement la forme des pattes d'une mouche ou la longueur des pennes d'un oiseau, et rien de plus. Le vulgaire des hommes, et même la populace des savans, ne voit rien au-delà, parce qu'elle n'iroit jamais plus loin elle-même dans l'étude de la nature. Ce n'étoit pas ainsi que la considéroient jadis les Aristote, les Théophraste et les Pline ; ces hommes de génie ne bornoient pas uniquement leurs regards à des objets d'un aussi foible intérêt. Ce n'étoit pas aussi sous ce point de vue que Jean Rai, Charles de Linnæus, et le sublime Buffon, contemploient l'Histoire naturelle ; ils sentoient trop combien il étoit nécessaire de s'élever à la hauteur de la nature, de pénétrer ses grandes et profondes lois, d'envisager son ensemble, et de borner l'extrême multiplicité des détails lorsqu'ils ne conduisent à aucun résultat utile. Il ne faut accorder à chaque objet que l'importance qu'il a dans le système du monde, le voir tel qu'il est, et ne point l'apprécier au-dessus de sa véritable valeur.

L'homme lui-même, sacrifiant sa raison à son orgueil, se regarde comme le rival de la nature. Dans l'intempérance de son amour-propre, il se met hors de rang, et distribue arbitrairement les places à tous les êtres ; il s'arroge le droit de classer leur mérite, et prétend tout dominer avant de se connoître lui-même. Mais l'homme n'est, dans le vrai, que le premier, et peut-être le plus malheureux des animaux. Est-ce d'une foible lueur de raison, qui s'éteint au vent des passions, que nous pouvons nous enorgueillir ? A quels titres

oserions-nous donner à la nature toute-puissante les entraves
de nos méthodes , et borner , dans nos étroites combinaisons , son immensité ? Sachons donc reconnoître toute notre
foiblesse , avant d'apprécier le rang de chaque être ; appre-
nons à régler nos vues d'après notre propre position ; car ,
si nous sommes presque anéantis devant la majesté de la
nature , que seront pour elle les êtres moins parfaits que
nous ?

Suspendus entre l'abîme de l'immensité et du néant , et
épouvantés de notre foiblesse , qu'est l'homme , en effet ,
être microscopique jeté au milieu des soleils qui peuplent
l'empyrée ? Que sont les sociétés humaines , leurs humbles
grandeurs , la fortune , ou même cette rumeur qu'on appelle
renommée , en comparaison des mondes , des cieux et de ce
fleuve intarissable de générations qui renouvelle tout sur la
terre ? Nous ne voyons pas que nous ne sommes rien dans cet
univers ; qu'un instant nous crée , un instant nous détruit
pour l'éternité.

Quand , du haut d'une montagne , on contemple nos habitations , nos villes , nos palais , et toutes ces fourmilières humaines , auprès des vastes campagnes , des rochers gigan-
tesques , de l'étendue des mers , de l'immensité des cieux , que
nous sommes nuls en présence de la nature ! Nos plus hauts
édifices ne sont que des taupinières à côté des Alpes , des Pyrénées ; nos domaines , nos provinces , nos empires , sont de
bien petits espaces en comparaison du globe. Nous cultivons
à grands frais dans des serres les plantes étrangères les plus
curieuses , nos ménageries possèdent à peine quelques animaux , et nos viviers quelques poissons ; mais les serres , les
ménageries , les viviers de la nature sont bien autres : la zone
torride est une vaste serre pleine de végétaux rares , et ré-
chauffée par le soleil au lieu de nos foibles fourneaux ; les
quatre parties du monde sont une assez grande ménagerie
d'animaux de toute espèce ; et l'Océan est le vivier immense
dans lequel la nature se plaît à nourrir des millions de poissons et de coquillages. En place de nos cabinets de minéralogie , où de minces cristaux sont rangés , étiquetés , placés
sur des rayons , la terre nous ouvre ses larges entrailles où
se forment l'or et le diamant , où les chaînes de montagnes
nous offrent d'assez beaux groupes de cristaux , où les volcans , les rochers , les couches terrestres , les profondes mines
nous présentent d'assez riches échantillons , où tout n'est pas
mis sous verre et hors de la portée de la main comme dans les
musées , mais où chaque homme peut choisir à son gré. Voilà
la nature ; elle ne s'emprisonne point dans la boutique d'un
savant ; elle ne se cache point dans les livres , les journaux ,

les dictionnaires : mais elle est en tous lieux , elle se dévoile
aux yeux de quiconque la cherche dans ses demeures éternelles , dans les solitudes profondes et ignorées où elle aime
à conserver ses secrets et à enfouir ses mystères. Ce n'est point
en examinant les animaux empaillés , les plantes collées dans
un herbier, les poissons plongés dans de l'esprit-de-vin, qu'on
pourra reconnoître tous les êtres animés , qu'on pourra s'instruire de leur vie , de leurs mœurs, de leurs amours , de leurs
charmantes harmonies entre eux. C'est ainsi qu'on éteindroit
au contraire dans les cœurs l'amour de la nature , en ne
nous montrant que des cadavres.

Si l'on veut approfondir la puissance et la grandeur de cette
nature , il faut donc connoître combien nous sommes foibles et petits devant elle, combien nos œuvres sont mesquines
et misérables devant les siennes , combien nous sommes passagers , et combien elle est durable. Que pouvons-nous lui
opposer ? Quel homme organisera jamais un seul ciron vivant
avec tous ses membres, ses veines, ses jointures, ses yeux, ses
viscères ? Qui de nous fera lui même croître , engendrer le
moindre brin d'herbe que nous foulons aux pieds ? Malgré
tant de recherches et d'efforts pour prolonger notre existence, de combien de jours pouvons-nous accroître notre vie?
Les rois meurent et pourrissent aussi bien que les plus imparfaits des animaux. Combien de millions d'hommes , jadis
si puissans dans ce monde , sont ensevelis aujourd'hui dans la
terre , et foulés aux pieds sans être connus ! Tous les hommes de notre âge, toute la multitude qui peuple actuellement
nos cités , nos campagnes , et les diverses régions du globe,
seront , dans peu d'années , couverts de terre , sans que les
générations futures s'inquiètent d'eux ; et cependant la nature subsiste toujours ; elle nous voit couler sur la terre comme
l'eau d'un fleuve qui va s'engloutir dans l'Océan. Mais on ne
jette pas l'ancre dans ce fleuve de vie ; les générations ne
sont rien , les espèces seules sont intarissables : l'individu
s'évapore comme la goutte d'eau ; ses élémens rentrent dans
le commun réservoir de la matière vivante , pour former
d'autres êtres ; notre vie ne nous appartient pas , nous n'en
sommes que les usufruitiers; nous la léguons à nos descendans , comme nous l'avons reçue de nos pères.

C'est donc en se plaçant sous ce vrai point de vue qu'il
faut considérer la nature , toujours immense , majestueuse,
souveraine de tout , gouvernant tout , donnant la vie et le
mouvement à la matière, brillant sans cesse de jeunesse et de
fécondité , également intelligente et sage dans ses œuvres , et
régnant moins par la contrainte de la violence que par l'attrait du plaisir.

Cependant, cet aspect de grandeur et d'infinité qui ter-
rasse si puissamment l'orgueil humain, sera-t-il une source
éternelle d'humiliation et de découragement pour le naturaliste, le véritable philosophe? Tout au contraire. S'il fut
donné, sur ce globe, une destination haute, ou, pour mieux
dire, héroïque et céleste à la première des créatures, on
n'en trouvera nulle autre plus fortunée et plus glorieuse que la
contemplation de la nature, que l'élévation de l'intelligence
vers son sublime auteur. Quel noble spectacle, en effet, de
voir l'homme relevant de la poussière de la terre, ce front
rayonnant de génie, parcourant de ses regards l'immensité
de l'horizon? C'est un être passager, sans doute, au milieu
de tant de splendeur et de jouissance, sous le soleil; mais
un être capable d'élancer sa pensée jusqu'aux abîmes, jusqu'à l'Être incompréhensible! Quelle magnanimité à cette
créature si foible, si nulle, de percer les voiles éclatans
des cieux, et de dérober dans ses profonds calculs, les secrets
de l'avenir! Quel triomphe, pour un être si borné, de se
voir un instant de sa vie le brillant miroir où vient se réfléchir l'univers; le roi couronné, devant lequel tous les êtres
de la création doivent s'abaisser et fléchir? Qu'il seroit indigne de notre rang, de méconnoître notre empire et les
augustes devoirs que la nature nous propose! Oui, s'il
est dans ce monde et pendant cette courte vie, une occupation vraiment haute et glorieuse pour l'homme, c'est
celle de connoître et nous-même et ce vaste univers qui
nous environne; c'est de sortir de cette bassesse originelle
et purement animale où nous fûmes placés à notre naissance; c'est de nous élever sur le trône où nous appelle la
nature, en nous offrant pour sujets tous les êtres qu'elle
prodigue avec tant de magnificence, sur ce globe, notre
antique conquête et notre perpétuel héritage.

Et que seroient, auprès de ces ravissantes contemplations,
les misérables intérêts de la société, dans laquelle chaque
homme se trouve empilé, froissé, contraint en tous sens, et
souvent avec tant d'injustice? Si une âme un peu élevée ne
dédaigne pas l'estime de ses contemporains; si elle aspire
aux suffrages désintéressés et équitables de l'avenir, elle ne
place pas son bonheur dans les dons de l'opulence; elle ne
s'abaisse point à mendier lâchement les décorations futiles
de la vanité. On peut croire sans orgueil que le génie de
Linnæus étoit supérieur à ces titres honorifiques trop souvent avilis sur la poitrine des hommes médiocres. La vraie
science, comme la vertu, au défaut des récompenses extérieures, en trouve d'immanquables dans sa propre conscience; elle n'a pas besoin de trône; mille rois obscurs sont

ensevelis dans la poussière de l'oubli, et des noms éternels de simples amis de la nature traversent les âges, par la seule puissance qui ne soit pas empruntée. La nature, à la longue, détruit et renverse les pyramides et les palais, monumens d'un pouvoir qui ne vient pas d'elle; mais chaque printemps, elle renouvelle ses fleurs parfumées, fidèles au nom de quelques anciens admirateurs de ses ouvrages; sans cesse on verra fleurir avec gloire la plante de Tournefort ou de Césalpin; les frères Bauhin vivront unis d'une éternelle amitié dans le feuillage de l'arbre qui leur fut consacré; tandis que les arcs de triomphe des conquérans écroulant de vétusté, vont cacher sous la fange la honte de leurs fureurs guerrières, et le sang des peuples massacrés qui les cimente à regret.

Les sciences naturelles demandent à quiconque veut embrasser leur étude avec un heureux succès, *l'esprit de patience et d'observation*, *l'amour ardent et infatigable de la vérité*. Bientôt le sincère ami de la nature se verra récompensé de son zèle; ses idées s'agrandiront; de nouvelles vues s'ouvrant devant lui, dévoileront à ses regards enchantés une carrière infinie de merveilles, comme s'il entroit dans les sanctuaires célestes où resplendit le trône même de la Divinité. Heureux à l'aspect de tant de prodiges, marchant sur la terre comme dans cet Eden délicieux, où l'on dit que vécurent nos premiers pères, il retrouve dans chaque fleur un agréable souvenir et un doux tribut; en chaque animal, une créature qui lui rappelle ses instincts curieux, son utilité, ses harmonies avec d'autres êtres; en chaque minéral, soit un bienfait, soit une combinaison précieuse, soit un objet intéressant pour la société humaine. Le naturaliste ne sauroit faire un pas sur ce globe, sans recevoir en quelque sorte l'hommage de toute la création; il s'avance comme en triomphe au milieu de ses heureuses conquêtes, et de son immense empire. Connoissant tout, il ne redoute plus rien, puisqu'il sait éviter ou prévoir le danger. Il semble que Virgile ait tracé, d'après le philosophe naturaliste, le plus beau des portraits:

> Felix qui potuit rerum cognoscere causas,
> Atque metus omnes et inexorabile fatum
> Subjecit pedibus, strepitumque Acherontis avari!
> Illum non populi fasces aut purpura regum
> Flexit. . . . .

Qu'un tel génie me paroît au-dessus des grands du monde, dans sa modeste destinée! Comme il s'élève au faîte, en se dégageant des intérêts qui tourmentent les malheureux humains !

> Sed nil dulcius est quàm benè munita tenere
> Edita doctrinâ sapientum templa serena :
> Despicere undè queas alios, passimque videre
> Errare, atque viam palantes quærere vitæ :
> Certare ingenio, contendere nobilitate ;
> Noctes atque dies niti præstante labore
> Ad summas emergere opes rerumque potiri.
>
> LUCRET. *Rer. nat. lib.* 2.

Que les autres hommes se prosternent devant la puissance et la fortune ; que dans des chars dorés ils se disputent à la course les honneurs et les rangs, comme dans la carrière olympique ; l'ami de la nature leur envie-t-il quelqu'une de ces faveurs ? Non, sans doute ; il préféra toujours de cultiver les biens de l'âme et les dons de l'intelligence ; ils peuvent seuls relever cette condition mortelle, en elle même foible et basse jusque sous la pourpre et les couronnes, quand elle n'est point ornée de vertus ou d'une raison épurée. Toujours l'étude de la nature eut l'heureux privilége de favoriser le développement du génie, parce qu'elle est la source de tout ce qu'il y a de grand et de vrai dans le monde. L'on a toujours vu la sagacité ou l'art de découvrir les rapports éloignés, s'accroître nécessairement par les recherches d'histoire naturelle ; l'esprit de méthode indispensable pour conserver dans la mémoire une infinité d'objets, acquiert une facilité merveilleuse par cette étude ; aussi la plupart des naturalistes deviennent les plus savans entre les hommes qui s'occupent des sciences, pour l'ordinaire. Ils passent de bien loin ceux-ci, lorsqu'il s'agit d'apprendre, à cause de l'art des classifications qu'ils possèdent. De plus, l'esprit du naturaliste étant sans cesse occupé de contemplations d'objets variés, extrêmement curieux et agréables par eux-mêmes, il s'élève, non moins que l'astronome, à des vues qui l'enchantent, qui l'écartent de toute action ou passion ignoble. Aussi, trouve-t-on rarement le naturaliste mêlé dans les tempêtes de la société et du monde ; son caractère, fût-il né difficile et âpre, s'adouciroit en se remplissant d'une noble fierté dans de si pacifiques recherches ; tandis que l'histoire civile, au contraire, fouillant l'impur cloaque des vices et des crimes de l'humanité, aigrit, indigne notre âme par le spectacle continuel de l'injustice, de la scélératesse, et par l'infortune de la vertu sur la terre. On deviendroit méchant et machiavélique par l'étude approfondie de l'histoire politique ; on ne peut que se rendre meilleur dans le sein de l'histoire naturelle, au milieu des amours des animaux et des fleurs. Qu'il est doux de se tresser d'immortelles couronnes en récompense des découvertes que nous promet cette merveilleuse science !

> Juvatque novos decerpere flores
> Insignemque meo capiti petere inde coronam,
> Unde prius nulli velarint tempora musæ.

Dans l'histoire naturelle, comme dans toutes les sciences de faits, il y a deux ordres de connoissances : le premier ordre est celui qui se borne à la simple description des objets physiques, qui fait l'exacte énumération de toutes leurs parties, qui détaille leurs formes, leur couleur, l'arrangement de leurs pièces, etc. ; il est d'abord indispensable, puisqu'il faut connoître les objets avant tout. Le second ordre est celui qui cherche à expliquer les effets de tout ce qui existe, à remonter aux causes des mouvemens et de la formation des différens êtres de l'univers. Ces deux genres de connoissances ne peuvent point être séparés sans que la science soit détruite ; car le simple descripteur ou nomenclateur, ne s'occupant point des principes des êtres, manque le but de la science, comme celui qui établit des systèmes d'explication, sans les fonder sur des faits. Celui qui se contente d'accumuler les observations, de décrire les objets, d'en donner un catalogue exact et détaillé, d'après une méthode quelconque, ressemble à un homme qui consumeroit sa vie à rassembler une multitude de pierres, de bois de charpente et d'autres matériaux propres à construire un édifice, mais qui ne le bâtiroit point, faute de se reconnoître au milieu de tant de choses, et faute de temps pour ordonner son édifice. Au contraire, celui qui voudroit créer des hypothèses pour expliquer la nature, sans l'avoir observée, ressembleroit à ces architectes qui proposent de beaux plans, mais qui, manquant de matériaux pour l'exécution, élèvent leurs édifices avec du plâtre et d'autres substances incapables de soutenir l'effort des temps. Enfin, le seul moyen d'établir un monument durable, c'est de rassembler d'abord une quantité suffisante d'observations solides ; de rejeter celles qui, étant trop minutieuses, ne sont propres qu'à faire perdre du temps, et fonder un vaste édifice, sur une base inébranlable. Mais il faut avouer qu'il n'est donné qu'à peu d'hommes de réussir dans ces deux genres, la plupart des autres tombant dans l'un de ces extrêmes, sans s'inquiéter de ceux qui pensent autrement. Ainsi, les nomenclateurs regardent ceux qui veulent expliquer les effets, comme des visionnaires, et les esprits philosophiques méprisent pour

la plupart ceux qui se bornent aux simples faits. Tous les
deux s'écartent également du but qui se trouve dans la réunion de ces deux genres de connoissances.

En effet, la nature agissant pour une fin *déterminée*, si le
naturaliste perd de vue ce but, il méconnoît le principe d'ordre, d'équilibre et d'harmonie qui anime cet univers, pour
ne s'intéresser qu'aux apparences passagères et périssables
des formes des créatures : il s'attache donc à l'ombre plutôt
qu'à la lumière. Sans doute il est agréable d'arrêter ses
yeux sur la brillante peinture des papillons ou des fleurs ;
sans doute on peut se délecter dans la variété des formes de
tant de créatures qui peuplent la terre, les airs et l'océan ;
mais seroit-ce donc la décoration d'un vain spectacle, pour
le seul charme de nos regards ? Nous bornerons-nous à l'aspect des surfaces, et n'essaierons-nous jamais de soulever
ces voiles qui nous dérobent tant de mystérieuses magnificen-
ces ? Serions-nous enfin placés sur ce globe un jour, afin de
végéter tristement à la manière des animaux, pour consumer
les fruits de la terre et nous reproduire, puis périr dans une
ignoble destinée, sans avoir relevé nos pensées vers la source
éclatante de toutes les merveilles qui nous entourent ? S'il
n'est pas donné à notre condition mortelle de s'élancer, de
notre séjour terrestre, à la pure essence de toute lumière et
de toute vérité, ne négligeons pas du moins ces rayons épars
qui viennent frapper et comme éblouir nos yeux. Cherchons
au sein de la fleur, cette force qui l'épanouit et qui l'anime
dans ses amours ; interrogeons les cieux et la terre ; ils reten-
tiront partout d'un commun écho de la Divinité qui remplit
ce vaste univers.

Ainsi le naturaliste est l'homme méditatif et simple, qui
cherche à découvrir et admirer les lois de la nature et de son
auteur ; qui, s'élevant par de sublimes pensées à la cause
première de tous les êtres, adore la main puissante qui peu-
pla le monde, qui fit naître le blé et le raisin, qui créa les espèces vivantes et détermina les règles de leur *reproduction*, de
leur *conservation* et de leur *destruction* ; il va cherchant par toute
la terre, les rapports, les harmonies des êtres, la grande
chaîne qui les unit, les facultés qui les distinguent, leurs étonnantes propriétés et leur admirable organisation ; il examine
leur utilité par rapport à ses besoins, à ses misères, à ses
maladies, pour embellir sa vie, pour lui servir d'alimens, de
vêtemens, pour accomplir enfin sa félicité. Sans l'histoire naturelle, point d'économie domestique et rurale, point de véritable utilité dans le monde. Les champs ne seroient, sans
elle, qu'un vain appareil de gloire et de magnificence, un
spectacle bientôt fatigant, s'il ne nous intéressoit aussi par

notre propre utilité, et qui flatteroit seulement l'âme, sans la remplir d'une douce satisfaction. Le commerce lui-même ne peut subsister sans les productions de la nature ; ce sont elles qui font vivre une foule d'infortunés qui périroient exténués de faim, sans les jouissances du luxe, qui font circuler l'argent, qui le tirent de la bourse de l'opulent, pour acheter le pain du pauvre. C'est la nature qui nourrit le genre humain, c'est sa première mamelle, et s'il savoit profiter de tous ses dons, s'il étudioit toute sa fécondité, s'il approfondissoit toutes ses intentions bienfaisantes, et sa sagesse, et sa douceur, et sa simplicité, il vivroit content et vertueux, au sein de l'abondance et d'une heureuse sécurité. *Voyez* l'article CABINET D'HISTOIRE NATURELLE, et les mots MÉTHODE NATURELLE, NATURE, HISTOIRE NATURELLE. (VIREY.)

NATURE (1). Le spectacle des cieux et de la terre ne peut pas être long-temps indifférent aux regards de l'homme. La parure des continens, la profondeur des mers, les explosions des volcans, l'aspect de la voûte azurée, et ces astres innombrables parsemés dans son étendue, ont commandé à l'esprit humain l'admiration et le respect ; il a dû se demander les causes de cet univers qui l'entoure, et dont il est partie ; il a voulu remonter à l'origine de tous les êtres, et ses premiers pas l'ont précipité dans l'abîme où se perd l'esprit humain.

Que suis-je en effet sur ce globe imperceptible à l'égard de tant de mondes, et perdu dans l'immensité ? Si j'interroge la profondeur des cieux, qu'est-ce que notre système planétaire, quelque vaste qu'il soit, auprès de ces milliards de systèmes tout aussi vastes, et que rien ne borne dans l'espace ? Toutes les étoiles fixes que vous découvrez dans une belle nuit d'été, sont autant de soleils entourés peut-être de planètes qui circulent comme dans notre système solaire ; ajoutez à ces mondes innombrables, tous les millions qu'on découvre au télescope, et jugez de notre vraie place dans l'univers. Considérez encore que si nous étions dans *syrius*, ou toute autre étoile éloignée, notre vue soulagée par la soustraction de quelques milliards de lieues, nous offriroit encore des multitudes de mondes nouveaux, par-delà l'infini qui s'étend sans cesse et nous accable de son immensité ; car la foiblesse

---

(1) *Natura* qui vient de *nasci*, naître, comme φυσις de φυω (*fio*), je suis produit. La NATURE étant l'universalité absolue de toutes choses visibles ou invisibles, dans laquelle la Divinité même doit être considérée, il ne peut rien y avoir de surnaturel ; il n'y a point de *métaphysique*, à proprement parler, puisque la nature embrasse tout le possible, et que l'impossible n'existe pas. Mais on nomme métaphysique, le monde intellectuel, ou ce qui échappe aux sens matériels, quoiqu'il soit réellement dans la nature, ou son produit.

de nos organes et l'imperfection de nos instrumens nous empêchent d'apercevoir ces lointains univers, de cet atome de
boue sur lequel nous rampons un instant, pour nous perdre
à jamais dans l'océan de la mort.

Et cependant, orgueilleux de nos destinées, nous nous
promenons en dominateurs à la surface de la terre, nous
nous proclamons les rois du monde et le centre de l'univers,
comme si les astres et ces abîmes de l'espace dont nous
avons à peine l'idée, étoient formés pour nous! Un atome
qui brille un jour pour se dissiper éternellement dans le commun réservoir des élémens, peut-il se persuader que le soleil qui dispense sa chaleur et sa lumière à tant de globes,
soit exprès formé pour embellir son séjour? Cependant les
générations s'écoulent comme l'eau à l'aspect de l'astre du
jour, et il voit, dans son existence démesurée, les siècles
comme des points imperceptibles au sein de l'éternité. A
l'aspect de tant de prodiges qui nous environnent, l'homme
frappé d'étonnement, tel qu'un ange précipité des cieux,
qui aspire à reconquérir son héritage, demande ce qu'il est,
d'où vient tout ce qui existe, pourquoi et comment il se
trouve lancé dans cet épouvantable abîme de l'infini, à cette
époque de l'éternelle durée et à ce lieu de l'immensité des
espaces. Ce monde est-il éternel? Est-il donc nécessaire,
l'ouvrage fortuit du hasard ou de la fatalité? Mais par quelle
bizarrerie étrange, le même homme, honteux d'affirmer que
l'aile d'un papillon soit formée sans dessein, pourroit-il soutenir que le monde soit le résultat des chances d'un aveugle
mouvement? Si l'absurdité de méconnoître un but devient
palpable dans les plus petits objets, ne seroit-ce pas immen-
sément déraisonner, que de clore les yeux à tant de merveilles qui remplissent l'univers? Combien l'homme s'agrandit, au contraire, dans leur contemplation!

Ainsi la grandeur de l'esprit humain a racheté cette étonnante foiblesse du corps par les conceptions de la pensée.
Le corps n'est rien, mais l'esprit est devenu en effet le roi de
l'univers, et comme s'il étoit une portion de la divine intelligence, il a su démêler bientôt plusieurs rapports des lois de
tout ce qui existe.

En jetant un coup d'œil sur les objets qui nous environnent, au travers de ce désordre apparent qui semble tout
confondre, il est facile d'apercevoir l'ordre, l'harmonie, le
concert ineffable des êtres qui se prêtent une mutuelle assis-
tance, qui suivent des lois invariables, éternelles, et qui,
placés chacun dans le lieu qui leur convient, exercent perpétuellement les mêmes actes et concourent sans relâche au
même but. Bien que nous n'apercevions pas toujours la fin

pour laquelle ils existent et ils agissent, nous reconnoissons un plan raisonné et profondément sage dans tout ce qu'il nous est permis de connoître.

C'est ainsi que nous remontons à une cause première infiniment intelligente, qui a dû tout coordonner et arranger dans cet univers; car le hasard peut-il offrir jamais des exemples constans de prévoyance et de sagesse semblables à ceux que je découvre dans les animaux et les végétaux, dans les organes de la vie, de la reproduction, de la sensation, du mouvement, etc.? S'il étoit besoin de démontrer l'existence d'une suprême intelligence, la face de la terre et le dôme céleste l'annoncent à tous les peuples et dans tous les âges. Si l'on ne se rend pas à l'aspect du grand spectacle du monde et de l'organisation de ses êtres vivans, l'on n'est point capable de céder à la voix de la vérité.

ARTICLE Ier — *Que l'ordre merveilleux de l'univers manifeste partout son sublime* AUTEUR.

Toutefois dans cet accablement profond où nous plongent tant de ténèbres sur l'origine de toutes choses, qui ne s'est pas quelquefois interrogé avec un secret effroi sur ces étonnans mystères? Le monde a-t-il toujours subsisté, soit tel que nous le voyons, soit autrement? Doit-il durer éternellement, ou bien a-t-il pris naissance à une époque quelconque et doit-il disparoître un jour, tel qu'un grand spectacle dont toutes les scènes seront terminées, ou telle que s'éteint la vie des créatures? Il ne nous fut pas accordé de pénétrer dans ces gouffres de la pensée avec le seul flambeau de notre raison. Une fourmi mesureroit-elle la durée des pyramides égyptiennes?

Nous oserions croire néanmoins que l'existence de l'univers, soit infinie comme la divinité, soit temporaire et passagère, par la volonté d'un créateur, a eu pour but la manifestation de sa bonté suprême, ainsi que de sa toute-puissance. Seroit-il trop téméraire de penser que l'auteur de toute existence a dû faire participer tous les êtres possibles à la félicité que chacun d'eux comportoit, et former nécessairement tout ce qui étoit parfait, dans l'espace et dans la durée qui sont ses attributs indestructibles? L'être universel n'a rien pu produire sans raison et rien omettre jamais de ce qui étoit faisable et non contradictoire. Ce n'est pas limiter son pouvoir que de le croire exempt de l'absurde; ce n'est pas l'accuser d'injustice que de reconnoître qu'il dut coordonner toutes les créatures les unes par rapport aux autres, les faire succéder de la vie à la mort, et de celle-ci à de nouvelles vies, à d'autres métamorphoses, pour que chaque être profitât à son tour des bienfaits de la reproduction et de l'existence.

On représentera peut-être que si la puissance suprême agit toujours nécessairement, si son activité est éternelle et immuable, ainsi que l'annonce l'uniformité des grandes lois par lesquelles se meuvent les astres et se perpétuent les générations, cette première force de l'univers, même en opérant tout ce qui est parfait, n'est donc que la *nécessité*, qu'une *fatalité* à laquelle tout obéit, comme la pierre qui tombe ou l'homme qui meurt irrévocablement. Or, n'étoit-ce pas, ajoutera-t-on, une condition forcée, que les divers élémens matériels se coordonnassent dans le monde, suivant l'ordre que nous y découvrons, par leur pondération, tout de même que des particules de fragmens de diverses sortes, agités dans un vase, s'entassent de telle ou telle manière suivant leur conformation? Donc le hasard auroit pu constituer aussi nécessairement qu'un Dieu, un système universel quelconque.

A cette objection ancienne des atomistes tels que les épicuriens, les stratoniciens, et d'autres philosophes plus modernes qui n'admettent pas une intelligence ordonnatrice de l'univers, la réponse devient de jour en jour moins embarrassante, à mesure qu'on approfondit davantage l'étude de la nature. Soutenir qu'il n'y a point de divinité formatrice du monde et de ses créatures, c'est affirmer, comme faisoient les anciens, que des animaux pouvoient s'organiser *spontanément* dans la fange ou la corruption; c'est prétendre aujourd'hui, malgré l'anatomie et le progrès des sciences, que l'œil n'est pas construit exprès pour voir; c'est croire qu'en fondant par exemple tous les rouages d'une horloge dans un creuset, il en sortira naturellement des montres étonnamment travaillées et indiquant les heures et les minutes, par quelque force plastique inconnue et spontanée.

Notre intelligence est surtout une démonstration évidente d'un être intelligent : car, ou l'univers est créé par le hasard, et d'où vient alors que nous ne raisonnons pas au hasard, que nous ne sommes pas formés, en toutes nos parties, avec le désordre du hasard? ou le monde est créé avec sagesse et raison, et par cela même qu'on raisonneroit pour prouver qu'une intelligence suprême n'existe pas, ce pouvoir de raisonner seroit la preuve la plus victorieuse du contraire : s'il n'y avoit point d'intelligence comment raisonneroit-on? Une fleur se peut-elle former sans germe, et l'homme avoir un esprit sans Dieu?

Il est de l'essence d'un souverain architecte de n'agir que par des principes uniformes et universels; il seroit contraire à ses attributs de démentir ses propres lois, de ne pas faire nécessairement ce qui est le meilleur ou le plus parfait , de n'opérer pour aucune fin , quoique notre foible entendement ne puisse pas connoître toutes celles que s'est proposées le grand Être. Il n'y a donc nulle dérogation possible à ces lois éternelles, ni miracles réels (1). Les monstruosités, les anoma-

---

(1) Beaucoup de gens du commun, qui voient certains effets dont ils n'aperçoivent point les causes, crient *au miracle*, et calomnient du nom d'athée, ceux qui, moins crédules, veulent examiner de près les choses, avec doute.

Mais d'abord, pour décider qu'un événement est miraculeux, il faut approfondir les lois et les puissances de la nature ; il faudroit être parfaitement instruit de la physique, de la chimie, de l'histoire naturelle, de la médecine ou physiologie, pour soutenir, avec quelque apparence de vérité, que *cela surpasse les lois ordinaires de la nature* ; autrement c'est témérité ridicule ; c'est se donner l'air de connoître que certainement la nature ne peut pas opérer telle chose : langage impertinent, dans quelque bouche que ce soit, d'oser borner la nature, dont nous connoissons si peu la puissance.

Quels sont, en effet, ces crieurs de miracles ? Les plus ignares des hommes, de pauvres vieilles, ou des bigots crédules, qui, n'ayant jamais rien étudié que leur chapelet, prétendent décider, de leur autorité privée, que la nature est incapable de guérir telle maladie, de produire tel phénomène, ou tout autre pareil effet. Il n'y a jamais de miracle devant une académie des sciences ; mais il y en a beaucoup dans les taudis de la sottise et les huttes des Lapons ; les pays de sorciers et les temps miraculeux sont proportionnés à la stupidité qui y regne, car on n'admet du surnaturel que par ignorance de ce qui est naturel.

Sans doute, beaucoup d'effets nous sont inexplicables dans leurs principes, et il est une infinité de causes occultes ; mais les traiter de miracles seroit une marque d'imbécillité pareille à celle de ces Américains, qui, voyant les Espagnols se communiquer des nouvelles au loin, par des lettres, s'imaginoient que ces carrés de papier étoient ensorcelés par quelque prodigieux art de nécromancie, pour annoncer ainsi, à plusieurs centaines de lieues, ce qui s'étoit passé ailleurs. Les anciens ne savoient pas pourquoi le succin frotté attiroit des pailles ; aujourd'hui, par cette science de l'électricité, nous faisons tomber le tonnerre, ou nous le conjurons de dessus nos édifices. Combien d'expériences surprenantes de chimie, maintenant vulgaires pour le moindre élève apothicaire, étaient jadis des merveilles qui étonnoient les Aristote et les Démocrite, ou les plus vastes génies de l'antiquité ! Qu'auroient-ils dit des ballons aérostatiques ?

Mais en thèse générale, peut-il exister des effets *miraculeux* dans le monde ? S'il ne s'agit que de phénomènes, nouvellement observés, ou d'événemens singuliers, qui paroissent prodigieux, tout le monde pourra rencontrer des millions de miracles, à proportion de son ignorance ; le savant sera peut-être encore plus frappé que le vulgaire, des sublimes merveilles que lui présente toute la nature, parce qu'il saura mieux admirer et mieux voir. Loin cependant de se laisser éblouir, il reconnoîtra dans ces faits, de nouvelles ressour-

lies de forme, ou toute autre déviation de la nature, se rattachént encore à d'autres lois générales qui rentrent nécessairement dans la composition de l'harmonie de l'univers, ainsi que la mort, les maladies, les poisons et tout ce que nous jugeons, par rapport à nous, mal et désordre de la nature.

Nous reconnoissons donc un principe d'intelligence et de prévoyance dans l'univers; nous le reconnoissons à ses inef-

---

ces de la nature, d'admirables propriétés dans les corps; il élargira le domaine des sciences par des découvertes, ou ramènera ses observations à des faits analogues, antérieurement connus. Ainsi, les prestiges du *Magnétisme animal* sont, pour tout médecin philosophe et instruit, des effets évidens de l'influence de la sensibilité sur l'imagination, et de l'empire de l'autorité morale.

Pour qu'il y eût de vrais miracles, il faudroit que la nature interrompît ses lois, ou que leur cours pût se déranger, soit au gré d'un homme puissant, soit spontanément. Mais n'est-ce pas un délire que de croire, avec des paroles, ou la simple volonté, transporter des montagnes, et faire tomber la lune sur la terre? Il faut beaucoup de foi pour admettre de tels prodiges, et ce n'est pas sans raison, je l'avoue, que l'on peint cette vertu théologale avec un épais bandeau sur les yeux. On n'en pouvoit pas faire une plus vive satire.

Si l'on comprenoit toute la grandeur et la majesté de cette nature, si haute et si magnifique, qui, sortie du trône éternel de Dieu, dirige la course des astres et des soleils, dans l'immensité de l'empyrée, selon les lois immuables calculées pendant tant de siècles, on seroit un peu moins prompt à s'imaginer que des patenôtres puissent faire crever dans les champs, des chenilles et des hannetons. La marche éternelle de l'univers se dérangera-t-elle pour que Mahomet grimpe au ciel sur la jument Borak? Il ne seroit pas permis en chaque pays, de douter publiquement des miracles qu'on y admet comme fondement des plus puissantes institutions; c'est l'unique moyen qu'on ait cru pouvoir employer pour soumettre les esprits, comme si le spectacle sublime de l'univers ne manifestoit pas lui-même un témoignage de la divinité, bien au-dessus de tous les prestiges imaginables! Qu'arrive-t-il de cette fausse route? Si le dévot, pour peu qu'il étudie la physique, vient à douter de la réalité d'un prodige, il se précipite, de dépit, dans l'athéisme; car toute sa religion, uniquement fondée sur une base si mouvante qu'est la foi, croule avec elle: au contraire, l'homme qui ne voit point de miracles, mais partout l'ordre magnifique du monde, est pénétré sans cesse de la présence d'un être suprême et créateur, dont il adore les décrets éternels, dans une profonde soumission d'esprit et de cœur. Aussi, la superstition calomnie et repousse les sciences; mais la véritable religion avec les sciences, dans les Newton et les Linnæus, prosternoit ces sublimes génies devant les œuvres de la divinité.

Ce seroit trop imiter la lâche philosophie de nos jours, que de ne pas oser déclarer un Dieu et des causes finales manifestes, devant les athées, comme il y auroit une pareille foiblesse à méconnaître la puissance de la nature et ses lois inviolables, devant les bigots superstitieux.

...ables ouvrages, à sa toute-puissance, à cette éternelle volonté qui gouverne l'univers dans le calme, qui, du sein de l'invisibilité, préside à toutes les existences, règne partout, est présente en tous lieux, et à laquelle rien ne peut échapper dans l'immensité de ses lois. Cette première cause, nous l'appelons DIEU en la considérant comme *principe d'intelligence*; nous l'appelons NATURE, lorsque nous l'examinons sous les rapports de la *production*, de *l'existence* et du *mouvement* de tous les corps de l'univers.

La nature est donc une émanation de la divinité par laquelle elle gouverne le monde; c'est en quelque sorte la main de Dieu, le ministre de ses volontés immortelles. Obéissant aux lois qui lui sont prescrites, elle les suit sans contrainte et sans relâche, ne fait rien en vain, prend toujours la voie la plus simple et la plus courte, travaille sans cesse sur le même plan qu'elle diversifie à l'infini, comme pour faire preuve de sa prodigieuse fécondité; elle commence toujours par les plus petites masses et successivement, ne se presse jamais pour parvenir au but qu'elle est bien sûre d'atteindre, puisque le temps ne lui coûte rien; enfin elle ne détruit rien que pour créer de nouveau, elle ne perd aucun de ses avantages et aucun des objets qui lui sont confiés. Toujours simple, toujours variée, toujours féconde, sa marche est constante et uniforme; elle cherche la vie, l'union, la concorde et le plaisir, et cependant elle a besoin de destruction pour alimenter son activité; elle change et bouleverse tout, elle construit pour abattre, elle anime pour tuer, elle alimente pour faire périr; principe de concorde et d'amitié dans les mondes, elle se repaît de haine et de discordes; elle modifie perpétuellement pour rester toujours la même; elle fuit sans cesse pour recommencer sans cesse : le mouvement est sa vie, le repos est sa mort.

Ce principe de vie anime toute la matière et la gouverne avec une sorte de nécessité ordonnée par le maître des mondes. Soit qu'on s'élance par la pensée dans le domaine des cieux, soit qu'on se promène sur la terre, ou qu'on descende dans les profondeurs du globe et les abîmes de l'Océan, on y rencontrera la main de la nature, souveraine de tous les êtres.

Toutefois nous n'avons connoissance de ce pouvoir universel qui anime tout, que par ses seuls effets, ses attributs et sa profonde sagesse suivant lesquels il régit l'univers. C'est un centre unique où tout se rapporte, dit Pascal; c'est un cercle dont la circonférence étant infinie, a son centre en tous lieux; c'est par la foiblesse de l'esprit humain que nous ne pouvons embrasser toute son immensité. Atomes placés entre le néant et le *grand tout*, nous ne pouvons apercevoir que le milieu des choses, tous les extrêmes fuient et échappent à notre vue. L'univers ne nous présente qu'une portion extérieure de sa circonférence ; tout le reste se dérobe à la foible lueur de l'intelligence. Nous appelons *discorde* l'harmonie des êtres dont les liens imperceptibles de concorde nous sont inconnus ; nous nommons *hasard* la direction inaperçue des choses ; nous prenons pour bornes de la nature, les étroites limites de nos conceptions. Les diverses modifications des mêmes lois nous paroissent autant de lois différentes ; une vue dérobée à la nature nous semble expliquer toutes ses opérations. Cependant nous devrions comprendre que le système de l'univers forme un tout unique dont chacune des branches a des rapports mutuels, de telle sorte que, pour connoître un seul être, il faut les étudier tous, et pour connoître l'ensemble, il faut savoir tous les détails, ce qui est impossible à l'esprit humain.

En effet, dans le monde visible, il existe un ordre, une gradation non interrompue de perfections, une subordination hiérarchique, entre toutes les créatures ; elles se lient entre elles par des équilibres multipliés ; elles forment une chaîne dont chaque anneau tient à tout, de telle sorte que le moindre dérangement dans une partie de l'univers entraîne une foule d'altérations successives, car les effets deviennent causes à leur tour, et les causes ne sont souvent que des effets primitifs qui s'engrènent réciproquement comme les rouages d'une horloge. Rien ne sauroit s'anéantir ni suspendre sa marche sans que le total en souffre. C'est pourquoi tout est nécessaire, tout se concerte et s'appuie ; la partie sert à l'ensemble, et l'ensemble à la partie. La foiblesse particulière fait la force générale, et le mal de l'un est le bien de l'autre.

Ainsi, toutes les natures particulières, comme celles des animaux et des plantes de notre globe, celles des matières brutes ou minérales, ne peuvent être que des systèmes de lois coordonnés d'après l'équilibre plus général de notre système planétaire, lequel à son tour doit tenir son rang, d'après sa pondération, dans le grand ensemble de l'univers. Il faut comprendre ainsi, que toutes choses se proportionnent avec harmonie, soit entre les sphères célestes, soit parmi les productions terrestres qui en reçoivent l'existence ; celles-ci ressentiroient, par les variations des températures, par le choc des élémens et des saisons, les moindres contre-coups des perturbations de notre système planétaire. L'univers représente donc un corps immense dont les astres constituent des parties ou des membres et dont nous composons les moindres particules. On peut donc concevoir qu'il règne dans leurs correspondances une sorte de solidarité, de nécessité fatale, et en même temps une providence réglée dans toute la chaîne des générations et des autres événemens dont le concours maintient la vie de l'univers.

La nature ne peut avoir qu'une seule fin, mais elle y arrive par différens moyens. Chaque membre de l'univers est formé pour cette fin ; il n'existe pas pour lui-même, mais pour le tout ; la nature ne voit que son but, elle n'agit que par des lois toutes générales, et jamais par des principes détournés ou particuliers, comme nous nous l'imaginons par rapport à nous. C'est une illusion mensongère de notre amour-propre de nous donner de l'importance dans l'univers ; nous devrions considérer au contraire que nous ne sommes qu'un foible instrument dont la nature dispose à son gré pour des fins inconnues à notre foiblesse. Comme elle opère avec uniformité et constance ; nous pensons qu'elle agit par une nécessité inévitable, sans connoissance, sans volonté, et par l'effet de la fatalité, sans songer que ses bornes sont assignées par la toute-puissance, et qu'elle n'est que l'instrument de ses volontés et de sa haute sagesse.

On peut donc dire avec raison qu'une puissance animée et parfaitement intelligente a pénétré dans tous les membres de l'univers. Toutes les portions de ce corps universel, du grand tout, n'ont d'existence, de mouvement et de vie que par cet esprit général qui anime l'ensemble. Si quelque partie pouvoit se séparer, elle seroit privée de cette force générale, de cette âme céleste et intérieure, de même qu'un membre qu'on sépare du corps humain se putréfie et se décompose.

On peut même comprendre que s'il se trouvoit dans l'univers un seul atome privé absolument de cette force de vie, il seroit éternellement inactif, incommunicable ; il ne se prêteroit à rien, ne se combineroit à rien, et porteroit obstacle à toute la nature. Sans rapport avec quoi que ce soit, on ne pourroit ni le voir, ni le toucher, ni le sentir ; il serait isolé, indépendant, incompréhensible ; il n'appartiendroit qu'à Dieu seul de l'animer. Mais puisque rien de mort ne peut émaner de la source de vie, tout étant émané de Dieu, doit participer de ce principe.

En effet, la matière, c'est-à-dire cet assemblage de tous les corps qui composent la masse du monde, nous semble par elle seule dépourvue d'activité et privée d'énergie. Si nous supposons un espace vide au-delà de l'univers, et que nous y placions de la matière, à l'abri de toutes les lois de la nature ; il nous semble qu'elle restera éternellement dans le même état, sans action, sans vie, sans ressort. Le repos est de son essence, tout mouvement lui vient des choses extérieurs, ou de l'âme du monde ; elle n'a d'autres propriétés essentielles, indestructibles, que l'étendue, l'impénétrabilité, la figurabilité et l'inertie ; toutes les autres lui sont étrangères. La pesanteur elle-même ne paroît pas inhérente à la matière, puisque cette force de gravitation qui s'accroît à proportion de la proximité des corps entre eux, diminue et devient nulle enfin à de vastes distances. Ainsi le globe terrestre, placé hors des attractions de toutes les autres sphères dans un éloignement extrême, ne peseroit plus, puisque toute sa pesanteur étant dirigée au centre de ce globe, tout tendant à ce point unique, il n'y auroit ni dessus, ni dessous, et aucune raison pour que cette sphère tombât ou se remuât en quelque sens que ce fût. Mais l'existence de toute matière nous semble contemporaine de celle de la nature, et peut-être même antérieure, car son anéantissement, comme sa création, nous paroissent des actes qu'il n'appartient qu'à Dieu seul d'opérer.

Article II. — *Des principes des choses, ou de la matière et du mouvement.*

Si nous formons une masse unique de tous les corps de l'univers, un chaos de toutes les substances et de toutes leurs propriétés ; si nous considérons abstractivement l'ensemble de tous ces principes, nous aurons l'idée de la matière. Cette idée est très-complexe, obscure, à cause de son étendue ou plutôt de notre foiblesse, et de l'innombrable variété des principes dont elle est le résultat ; de là vient que la philosophie l'a autant illustrée par ses erreurs et ses écarts que par la sublimité de ses découvertes.

La matière est ainsi un assemblage confus, un mélange hétérogène des propriétés les plus dissemblables, des élémens les plus ennemis, des objets les plus disparates, des principes de vie, et des semences de mort, enfin de toutes les contrariétés de la nature. Il est donc nécessaire de classer et de séparer ce chaos en substances similaires et homogènes entre elles, que la science humaine n'est point encore parvenue à décomposer, s'il est possible toutefois de les décomposer. Ces matières simples et homogènes sont les *élémens*, non pas ces quatre grandes classes de matières que l'ancienne physique désigna sous les noms de *terre*, d'*eau*, d'*air* et de *feu* ; car on est parvenu à découvrir que ces prétendus élémens étoient encore composés de matières plus simples qui seront peut-être décomposées à leur tour en élémens dans la suite des âges.

Il est donc impossible aujourd'hui de fixer le nombre des élémens qui composent la matière en général, et cette connoissance surpasse peut-être les forces de l'esprit humain; mais du moins nous reconnoissons quelques lois très-générales dans la nature, et qui gouvernent tous les corps de l'univers.

Les premières de toutes, celles qui semblent inhérentes à la matière, bien qu'elles soient un présent de la nature, sont les lois de l'attraction ou de la pesanteur. Tantôt agissant à de grandes distances, elles font circuler les mondes autour du soleil, et déterminent l'étendue de leurs ellipses; tantôt circonscrites dans les bornes des affinités chimiques ou des aggrégations, la masse des corps entre comme élément, et doit être évaluée dans la masse totale des forces; ainsi ces lois s'étendent généralement dans toute la matière de l'univers.

La seconde loi est celle de la raréfaction qui contrarie sans cesse la précédente en écartant les molécules des corps que l'attraction tend toujours à rapprocher. La chaleur ou le feu est le principe de cette force universellement répandue dans le monde; peut-être se lie-t-elle par des rapports inconnus aux premiers actes de la matière; peut-être devient-elle le germe secret de la vie des corps organisés. Au moins elle semble se confondre avec la lumière et le fluide électrique (1) qui jouent sans doute un très-grand rôle dans l'univers, qui allument la foudre, qui pénètrent la terre, la vivifient, et sont les principaux instrumens des métamorphoses de tous les corps. Peut-être le magnétisme dépend-il originairement des mêmes causes, mais modifiées et qui tiennent aux lois fondamentales du monde. Il se fait un échange perpétuel de lumière dans tout l'univers; car celle qu'envoie le soleil aux planetes se réfléchit sur d'autres astres, ou se disperse dans l'étendue. Rien ne pouvant se perdre dans un système où tout est soumis à l'attraction, tous les rayons que le soleil lance doivent revenir à quelques astres; car s'il en envoie jusque vers les autres soleils ou étoiles fixes, elles lui en rendent aussi tout autant. La lumière, ou pour mieux dire l'élément du feu, est donc le principe le plus abondant, le plus perméable de l'univers; il remplit tous les espaces beaucoup plus que nos yeux ne nous le font voir, puisque les animaux nocturnes trouvent beaucoup de lumière encore dans les ténèbres mêmes.

Les autres lois générales de la matière sont celles du mouvement. Par la première, *chaque corps persévere de lui-même et par sa propre inertie, dans son état de repos ou de mouvement rectiligne uniforme, à moins que des causes étrangères ne le forcent à changer de direction ou d'état de repos.* Dans la seconde loi, *tout changement qui arrive dans le mouvement est toujours proportionnel à la force qui le produit, et agit dans la direction suivant laquelle cette force opère.* Par la troisième loi, *la réaction est toujours con-*

---

(1) Le fluide galvanique n'en est qu'une modification.

traire et égale à l'action ; ou pour s'exprimer avec plus d'exactitude, *les actions de deux corps l'un sur l'autre sont mutuellement égales, et de directions contraires.* Enfin, les propriétés générales de toute matière, outre celles dont nous avons déjà parlé, sont la divisibilité, la porosité, la condensabilité, la compressibilité, l'élasticité et la dilatabilité.

Lorsque nous voulons remonter aux causes de la formation des êtres, la plupart des faits positifs ne nous sont connus que par leurs résultats et par les inductions qu'on en peut tirer, puisque nous n'avons aucun témoin contemporain de ces grands événemens. Les causes premières sont d'ailleurs obscures par elles-mêmes, quoiqu'elles soient les plus importantes de toutes. Ce n'est certainement pas l'étude d'une foule de détails minutieux qui avance l'histoire naturelle, ils la surchargent plutôt d'un luxe inutile ; mais combien sont plus dignes d'être observées les grandes lois qui ont formé cet univers ! Que nous serviroit de nous traîner sans cesse dans le même cercle de connoissances, sans chercher à sortir de cette prison terrestre, sans nous élever vers le bras tout-puissant qui donna la vie et le mouvement à la matière ! J'avoue qu'au défaut de plusieurs connoissances précises que nous ne pourrons jamais acquérir, il faut bien recourir à quelques inductions philosophiques, et admettre les principes les plus raisonnables que nous puissions découvrir par la pensée. Mais outre que ces inductions et ces principes deviennent des raisons admissibles quand il faut pénétrer par les seules voies de la méditation dans le sanctuaire mystérieux des causes premières, il n'y a point d'autre moyen pour s'élever à leur connoissance ; il faut donc en user si l'on veut hâter les progrès dans l'étude de la nature. On doit faire observer encore à ceux qui rejetteroient ce moyen, qu'ils se privent d'une ressource très-puissante pour l'avancement de la science, et qu'ils diminuent leurs forces sous prétexte de donner moins de prise aux erreurs. On ne doit prendre les hypothèses que comme des moyens approximatifs, des tâtonnemens pour parvenir à la connoissance, tout comme on n'établit des méthodes que pour tâcher de saisir la chaîne naturelle des êtres. Il ne faut pas même conclure que toutes les hypothèses soient fausses, puisqu'elles approchent plus ou moins des hautes vérités ; elles présentent aussi dans un plus grand jour la masse de nos connoissances, et les font envisager sous de nouveaux points de vue. Les vérités qu'elles offrent se prouvent d'elles-mêmes par l'impression vive et lumineuse qu'elles font sur notre âme. L'on ne doit point les juger isolément, mais considérer la chaîne qui les lie entre elles et qui en forme un édifice où tout doit se tenir, parce qu'en présentant une à une les pierres d'un bâtiment démoli, l'on ne pourroit jamais donner à l'esprit l'idée de son ensemble.

ARTICLE III. — *De l'Univers en général.*

Nous concevons deux principes dans l'univers ainsi que dans l'homme, l'*esprit* et la *matière*. De même qu'un corps d'homme n'agiroit point s'il n'avoit pas un principe intérieur de vie qui le fît mouvoir, ainsi la matière demeure inerte et passive sans cette *âme* qui lui communique son activité. Et comme c'est la force vitale qui organise l'homme ou l'animal, c'est aussi l'âme du monde qui organise l'univers. Chaque membre d'un homme ou d'un animal ayant donc sa somme de vie, de sensibilité, qui préside à sa nutrition et à sa reparation, il est nécessaire aussi que chaque partie de l'univers possède une quantité suffisante d'énergie pour la faire subsister; autrement elle seroit frappée de mort, comme un membre devenu paralytique, et se dissoudroit dans les abîmes de l'espace.

La matière, dans le principe des choses, étoit morte, comme on le peut croire, avant qu'elle eût reçu la semence de vie; ou plutôt avant qu'elle se fût imprégnée de la divinité. Elle devoit former un amas vaste d'atomes élémentaires qui remplissoient tout l'espace. C'étoit un océan infini de poussière presque invisible et de nature simple, comme la matière éparse des nébuleuses de la voie lactée, qui demeuroit dans un calme éternel, puisqu'il n'avoit encore reçu aucune propriété, et l'on n'y trouvoit sans doute ni terre, ni eau, ni air, car ces substances sont déjà des corps composés. L'esprit de vie, qui est Dieu, pénétrant dans ce chaos, put y établir l'attraction. Alors il dut se former des combinaisons entre les diverses parties de matière; elle dut se déposer autour de plusieurs centres de pesanteur, les plus grandes masses attirant à elles les plus petites. C'est ainsi que durent se former les astres, et d'abord la substance lumineuse des soleils et des étoiles fixes au sein d'une vaste mer d'atomes, ou de fluides à l'état de gaz, de vapeurs. La force de gravitation établit autour de ces centres de la matière lumineuse, ou de ces soleils, des espèces de courans circulaires, comme ces trombes électriques ou tourbillons qui agitent notre atmosphère. Alors chaque planète voyageant dans l'espace, se grossit de toutes les matières éparses qu'elle rencontroit dans sa route, de même que ces avalanches de neige qui, se détachant du sommet d'une montagne, s'attachent toute la neige qu'elles trouvent dans leur chute. Les grandes planètes ont même dû entraîner dans leur course les petites planètes, et en ont formé autant de satellites; ceux-ci paroissent être plus nombreux à mesure que l'ellipse décrite par la planète principale est plus vaste ; ainsi , la terre n'a qu'un satellite; Jupiter en a quatre; Saturne sept et un double anneau; Uranus plusieurs, etc. D'ailleurs les planètes doivent être plus grosses à mesure qu'elles décrivent de plus grands cercles , parce qu'elles ont dû trouver plus que les autres de ces matières éparses dont elles se sont augmentées; c'est en effet ce qu'on remarque dans notre système planétaire ; et comme entre Mars et Jupiter, il se trouvoit un espace double de celui qui existe entre les planètes inférieures, ou la place d'une sphère, on a découvert, au commencement de ce siecle, quatre petites planètes ou astéroïdes (Céres, Pallas, Junon et Vesta), qui tournent dans la même orbite, et même s'entrecoupent par des nœuds ; ainsi elles équivalent à une seule planète , dont elles semblent être les fragmens. Leur petitesse ne les rend visibles qu'au télescope, et l'attraction de Jupiter cause des pertubations dans leur orbe, d'ailleurs grand et excentrique.

Si l'on suppose que parmi cette atmosphère infinie d'atomes primitifs dans l'espace, et réduits en vapeur ou en gaz , le fluide électrique a établi des trombes d'une très-vaste etendue , comme on en voit de petites dans notre atmosphère , la matière aura reçu un mouvement circulaire dans la même direction , et aura formé le système planétaire. Au centre de ce système , il doit donc se trouver un foyer d'électricité , comme il en existe dans les tourbillons. Ce foyer est le soleil; car nous pouvons reconnoître , avec de célèbres physiciens et plusieurs astronomes , que cet astre est une masse énorme de feu électrique, qui a le même éclat et qui est peut-être seul capable de produire tous les effets que nous voyons opérer à l'astre du jour, tels que l'attraction et la répulsion. Cette rotation de toutes les planètes dans un même sens et dans le même plan , autour d'un soleil, annonce certainement qu'elle est le résultat d'une impulsion unique ; et si l'on veut s'en tenir aux causes physiques , nous ne connoissons guère dans toute la nature que le fluide électrique qui soit capable d'imprimer ce mouvement. Le principe de l'attraction s'introduisant ainsi dans l'atmosphère des atomes qui composent cette grande trombe solaire, agrégea ces atomes , les coagula, pour ainsi dire , en masses qui dûrent nécessairement s'arrondir par le mouvement circulaire qui leur fut imprimé. Ces globules se rencontrant en chemin, dûrent se réunir en sphères plus considérables, jusqu'à ce que leur éloignement et leur attraction propre eussent établi un équilibre entre eux.

Ainsi se groupèrent, dans l'immensité des espaces , autour de chaque centre d'une vaste trombe solaire, une multitude de planètes et de comètes , matériaux plus grossiers , s'écartant plus ou moins du foyer aux extrémités de leur tourbillon. De cette sorte, l'élément le plus subtil, tel que le feu ou la lumière, fut réuni au centre, au foyer de chaque système planétaire, en un globe étincelant et radieux, autour duquel s'étend une astmosphère de fluide, connu sous le nom de lumière zodiacale ; puis les planètes en général, deviennent d'autant plus volumineuses, soit par elles seules, soit avec leurs satellites, qu'elles décrivent des orbites plus amples et plus éloignées du foyer ardent du soleil.

Cet astre central et fixe de notre monde, tournant sur son axe dans l'espace de vingt-cinq jours et demi, présente un océan de matière éblouissante à nos yeux mortels, incapables d'en soutenir la splendeur : à sa surface, et au milieu des plus vives flammes, s'étendent souvent des taches variables, mobiles, plus ou moins passagères. Cet astre lui seul, plus volumineux que les onze sphères principales de son système, est le moyeu de la roue immense qui les entraîne à tourner autour de lui d'occident en orient, et presque dans un même plan. Les satellites roulent autour de leur planète principale, selon le même sens et presque le même plan, de sorte que dans cette effroyable machine, le soleil, ses planètes et leurs dix-huit satellites, avec l'anneau de Saturne, roulent perpétuellement dans un seul sens et à peu près dans le même plan, comme s'ils eussent tous été lancés par une projection unique, chacun à une distance proportionnelle qui les maintient dans l'équilibre.

Les orbes de ces planètes et de leurs satellites, quoique elliptiques, ne sont pas très-excentriques au foyer solaire, ni très-inclinés dans leur plan ; mais au-delà de ces astres réguliers, s'étendent, dans des orbites paraboliques immenses, des comètes dont la route très-excentrique au foyer solaire, les ramène parfois des déserts obscurs de l'empyrée, près de cet astre central qui les embrase de ses feux. La marche de ces comètes est souvent dans un autre plan que celui des planètes ; elle est même inclinée par fois jusqu'à cent degrés, de sorte que leur mouvement devient alors rétrograde ou opposé à celui qui emporte les autres astres errans, et ne subit point ainsi l'impulsion générale du système solaire. Ces comètes, dans leur course au travers de notre univers, peuvent apporter des perturbations dans le mouvement elliptique des planètes près desquelles elles passent ; peut-être sont-elles destinées à renouveler les mondes, en y versant de nouveaux élémens, au moyen de leur immense atmosphère ou de cette brillante chevelure qui les environne de son pâle éclat.

Les satellites décrivent autour de leurs planètes principales les mêmes circuits que celles-ci doivent subir, en de plus longues périodes, autour du soleil, comme si elles devenoient à leur tour ses satellites. C'est ainsi que les quatre lunes de Jupiter représentent en peu de temps toutes les variations que notre système planétaire peut éprouver dans plusieurs millions d'années. Si, comme les observations télescopiques paroissent l'indiquer, notre soleil appartient à un groupe de nébuleuses et à une constellation d'étoiles de foibles grandeurs, il doit circuler lui-même dans un orbe immense, autour d'un plus grand soleil, ou centre de gravité, à la manière des planètes, pendant une durée prodigieuse de siècles, et avec une lenteur que nous avons peine à comprendre, tant il doit décrire une orbite spacieuse. C'est ainsi que des observations commencent à nous indiquer que notre soleil est entraîné vers la constellation d'Hercule. Que de siècles prodigieux ne faudroit-il point pour qu'il achevât son cercle incalculable ! En effet, ces groupes d'étoiles si pressées, dont le nombre infini compose la lumière diffuse de la voie lactée, dans le champ d'un télescope, sont cependant si écartées entre elles, malgré la distance énorme qui semble les confondre, que leur éloignement est au moins de cent mille fois les 33 millions de lieues formant la moyenne distance du soleil à notre terre. Ainsi, tout l'orbe que nous décrivons autour de notre système planétaire ne montrant aucune variation dans l'écartement des étoiles fixes, n'est qu'un point insensible, par rapport à ces espaces incommensurables. Les étoiles fixes, loin d'être placées à des éloignemens égaux, sont plus ou moins dispersées, ou enfoncées dans les abîmes célestes, et à de si effroyables distances, que leur lumière, qui parcourt des millions de lieues par minute, emploie un grand nombre de siècles pour atteindre jusqu'à nos yeux. Il y a des milliards de ces soleils entassés dans la voie lactée surtout, et en outre, par places, de la matière lumineuse diffuse, comme des élémens de nouveaux soleils ou de mondes non encore réunis.

Parmi ces innombrables soleils qui peuvent être les centres d'autant de systèmes planétaires analogues au nôtre, on en voit qui s'éteignent et d'autres qui resplendissent tout à coup d'un éclat merveilleux; comme cette fameuse étoile, observée en 1572, dans la constellation de Cassiopée. Sans doute il existe aussi des corps opaques immenses, dont les mouvemens nous dérobent parfois des étoiles, puisque nous les revoyons ensuite; ces globes doivent décrire des orbites d'un diamètre épouvantable, auprès desquels ces comètes, dont le retour ne s'achève que dans cinq cents ans, n'est presque rien. Mais que penser encore de ces espaces ténébreux, ou d'un noir profond, que le télescope fait remarquer dans quelques régions célestes vers le pôle austral? Seroient-ce des déserts du néant, des lacunes de l'univers qui attendent des soleils et de nouvelles créations ? Qu'est-ce que notre frêle machine dans ces abîmes! Ainsi notre imagination écrasée sous le faix de cette immensité, découvrant au télescope toujours de nouveaux soleils par-delà ces lointains univers, ne peut plus y concevoir des bornes, et tombe anéantie d'épouvante devant les espaces où elle s'engloutit.

Que si nous revenons à notre monde planétaire, nous verrons ses différens astres osciller régulièrement autour du foyer ardent qui leur verse sans cesse la lumière et la vie. Mais par-delà leurs orbites, ceux des comètes, excessivement excentriques, semblent devoir errer, dans leur course hyperbolique, d'un système planétaire en d'autres voisins, soit pour faire ainsi communiquer les mondes, soit afin d'y rétablir ou d'y changer périodiquement l'équilibre à de longues époques séculaires.

A l'égard des mouvemens propres à notre globe, ils paroissent osciller dans un état moyen dont ils ne s'écartent guère; leurs inégalités séculaires se compensent et sont périodiques en telle sorte, que l'équilibre se maintient uniformément. S'il existe des causes de changemens, elles s'opèrent dans des périodes tellement lentes, qu'elles deviennent insensibles. Ainsi d'après les anciennes observations de Pythéas, à Marseille, d'Hipparque, confrontant celles de Timocharis et d'Aristillus, des Chinois, tels que Tchéou-kong, et des Arabes, Ebn-Junis et Ulug-Beig, comparées à celles des modernes, l'obliquité de l'écliptique diminue manifestement, mais non pas assez pour produire jusqu'à présent de grandes variations dans la longueur des jours solsticiaux et dans la température des saisons. Il ne paroît pas que jamais l'écliptique devienne parallèle à l'équateur, et produise, comme on l'a pensé, un printemps perpétuel sur la terre, puisque dans ce cas, au contraire, la Torride seroit sans cesse trop embrasée; les pôles n'étant plus visités du soleil, s'encroûteroient de glaces immenses; le printemps ne régneroit qu'entre les zones tempérées; l'équilibre des mers changeroit enfin, si les pôles de la terre éprouvoient d'autres ébranlemens que ceux qu'ils éprouvent insensiblement dans leur nutation.

Quel concert admirable de sphères qui célèbrent la toute-puissance du Créateur, dans leur révolution perpétuelle et immense! Pourquoi notre terre seule seroit-elle honorée des bienfaits de la divinité par l'existence de l'homme et des autres créatures vivantes? Comment la lumière et la chaleur de l'astre central ne feroient-elles pas éclore des germes d'autres organisations sur chaque planète, en rapport avec leur température, leur constitution, leurs rotations diverses et annuelles? Pourquoi n'y auroit-il pas d'autres natures propres à chaque sphère dans tous les univers possibles, répandus avec tant de profusion dans l'empyrée? La toute-puissance peut-elle être bornée dans son immensité! O existence, quelles étranges et inexplicables merveilles nous environnent dans l'abîme des espaces de l'éternité!

L'Univers a-t-il eu une origine et doit-il avoir une fin? Enfans de quelques jours sur cet atome perdu dans un recoin de l'immensité, que savons-nous et que pouvons-nous savoir? Pourquoi le monde ne seroit-il pas éternel et coexistant avec l'être qui l'organise? Si le monde éprouve des changemens dans la durée des âges, ce ne sont, sans doute, que des métamorphoses ou des passages à d'autres équilibres. Ainsi, notre terre perd sensiblement de son excentricité dans son orbe annuel, selon les anciennes observations des Arabes; l'accélération générale des mouvemens des astres autour du soleil, comme des satellites ou lunes autour de leur planète principale, est démontrée, soit par d'anciennes observations, soit par la théorie de la gravitation universelle. Donc toutes les planètes purent être, dans l'origine, très-excentriques et très-éloignées du soleil, comme des comètes à révolutions séculaires; nous nous rapprochons ainsi par une spirale immense du foyer enflammé qui paroît devoir engloutir les sphères de son système; peut-être aussi, à cause de la résistance de l'éther ou du milieu dans lequel roulent les planètes, qui ralentit leur cours ou l'oblige à se resserrer plus près du soleil. Ainsi, la constitution actuelle de notre globe ne sauroit avoir été la même de toute éternité, et ne peut pas persévérer éternellement dans un pareil état. Il y a donc eu, et il y aura donc des changemens dans l'orbe infini de la durée des mondes. Nous ne sommes que des phénomènes passagers, des instrumens momentanés d'un grand dessein dont nous ignorons le but et les causes.

Prenons la terre pour exemple. Ce fut d'abord un atome qui, s'étant réuni aux atomes circonvoisins, se grossit peu à peu en s'attachant toutes les molécules qu'il approchoit dans sa route circulaire. La force de gravitation de ce globe augmentant d'autant plus que sa masse devenoit plus considérable, les atomes se précipitoient depuis une hauteur déterminée, comme une pluie de poussière à sa surface. Après avoir attiré à elle toutes les molécules de matières solides ou les plus grossières, et en avoir balayé, épuré son orbite, la terre dut attirer les vapeurs aqueuses à sa surface, et les condenser en eaux par leur propre pesanteur; ainsi se sont formées les mers. Ensuite furent attirées les molécules d'air qui forment autour du globe terrestre un océan atmosphérique.

Article IV. — *De la Terre et des agens qui opèrent des combinaisons à sa surface.*

Si, nous détachant de ce globe par la pensée, nous le considérons dans son entier, nous verrons d'abord une enveloppe aérienne, d'autant plus dense qu'elle est plus voisine de la surface terrestre, puis une couche d'eau inégalement répandue à sa superficie, et qui en comble toutes les profondeurs; enfin nous trouverons la terre elle-même formée presque partout de couches superposées qui semblent annoncer un accroissement graduel, comme les couches de bois dans le tronc des arbres. Le cœur du globe terrestre étant comprimé par toutes les couches supérieures, doit être progressivement plus dense, comme les couches de la terre doivent être à peu de diversité près, plus poreuses successivement, à mesure qu'elles sont plus voisines de l'écorce externe. Car supposons que la force de gravitation vînt à s'affoiblir dans la terre, bientôt l'atmosphère se dissiperoit dans les cieux; les eaux cessant d'être comprimées, se répandroient en vapeurs comme sous la cloche pneumatique. Enfin la gravitation diminuant toujours, les couches supérieures du globe s'éleveroient dans l'espace céleste en atmosphère poudreuse, en vapeurs plus ou moins épaisses. Si la force de gravitation s'augmentoit dans la lune, elle pomperoit tout ce que la terre perdroit; devenue alors plus grosse que cette planète principale, elle la déplaceroit nécessairement en en faisant son satellite à son tour. Si, au contraire, la lune, la terre et toutes les autres planètes avec leurs satellites perdoient peu à peu leur force d'attraction, il est visible que toutes les matières qui les composent se répandroient une seconde fois dans l'étendue des cieux, et reformeroient un nouveau chaos; mais, pour rétablir toutes choses, il suffiroit que la main de Dieu redonnât à la matière plusieurs centres de gravitation, pour qu'elle reconstruisît de nouveaux mondes comme auparavant.

C'est peut-être ce qu'avoit soupçonné le grand Newton, lorsqu'il a dit que l'univers, perdant par le long cours des siècles ses forces de gravitation, tous ses ressorts se dérangeroient, et il faudroit que le suprême architecte y apportât une main réparatrice, *manum emendatricem.*

Autant qu'il nous est permis de conjecturer, si les mondes vieillissent et perdent leur faculté attractive, ils doivent diminuer de volume; de jeunes mondes doivent se reconstruire et s'augmenter de leurs débris. Peut-être les satellites sont-ils ces mondes nouveaux qui s'accroissent aux dépens des anciens près desquels ils vivent, et qui se grossissent des vapeurs que les comètes répandent dans les cieux.

On peut croire encore que, dans le principe des choses, la terre n'avoit pas une atmosphère aussi étendue que celle d'aujourd'hui, mais qu'elle l'augmente continuellement par sa transpiration insensible. En effet, nous savons que la terre exhale une grande quantité de vapeurs; et celles qui sont aqueuses retombent en pluie; mais les plus légères remontent dans l'atmosphère.

Lorsque les globes planétaires se *coagulèrent*, pour ainsi dire, dans le champ des cieux, ils reçurent par la rotation une figure ronde, mais d'autant plus renflée vers leur équateur, qu'ils tournoient sur leurs pôles avec plus de vitesse. La terre n'avoit probablement alors ni montagnes, ni vallées; elle étoit à peu près plane partout. Mais comme sa densité ne pouvoit point être uniforme dans toutes ses parties, la pression des eaux et de l'atmosphère dut faire enfoncer les couches les plus poreuses, et former ainsi diverses excavations que le mouvement des mers, le sillonnement des fleuves et des rivières augmenta encore davantage. Ainsi se creusa le bassin de l'Océan, ainsi fut sillonnée la surface du globe, et l'aspect des continens fut diversifié par des vallées, des collines, des plaines et des montagnes primitives. Les sommets des plus grandes élévations du globe ne sont donc que sa surface originelle; et lorsque, placés dans les vallées, nous nous imaginons que les montagnes sont des renflemens, des exhaussemens du sol, cette erreur vient de notre position. L'on conçoit au reste que les montagnes ne peuvent point être toutes de la même hauteur, parce que leurs terrains ont plus ou moins cédé à la pression des eaux et de l'atmosphère. Nous voyons arriver encore chaque jour de semblables affaissemens plus ou moins remarquables dans beaucoup de contrées.

En effet, l'écorce de la terre nous présente des terrains de diverse nature; tantôt durs et compactes, tantôt spongieux et mous; les premiers demeurent élevés, tandis que les seconds s'affaissent. Il paroît que dans la formation du globe, les matières qui s'y sont déposées se trouvoient être de diverse nature, ou du moins elles ont formé des composés de plusieurs sortes, comme nous l'expliquerons ci-après.

D'ailleurs les mers ont couvert pendant long-temps, soit successivement, soit par des balancemens de l'axe du globe, toute la surface de la terre, comme on en voit mille preuves dans ces bancs immenses de coquillages dont les continens sont jonchés, et qui se trouvent même sur les plus hautes montagnes. Ces masses d'eaux ont donc travaillé la croûte du globe, et lui ont ôté, de concert avec l'atmosphère, ses qualités et ses formes originelles. C'est à ces eaux que nous devous toutes les cristallisations, tous les sels, toutes les pierres gemmes, les quartz, les silex, les sables, etc., que nous rencontrons dans les entrailles de la terre. Les granites qui ne contiennent jamais de débris de corps organisés, ont sans doute été cristallisés au sein des eaux avant la formation des êtres vivans. Nous ne connoissons point la nature intérieure de notre terre : tout ce que nous voyons de son écorce ou de sa surface a été changé par les eaux, transformé, remué de cent manières différentes jusqu'à une grande profondeur. On conçoit en effet que les eaux venant d'abord à se repandre sur une terre dont les molécules étoient encore peu unies, dûrent la détremper, la ramollir, et former une espèce de limon épais à sa surface.

Transporté par le mouvement des mers, par les courans, les marées, entassé par couches en différens lieux, ce limon forma des collines, des montagnes secondaires, que l'Océan laissa ensuite à sec, à mesure qu'il se retira, ou que ses eaux diminuèrent sur la terre.

Comme l'atmosphère est agitée par des vents, des ouragans impétueux, ainsi la mer a ses tourmentes et ses tempêtes. La plupart des mouvemens qui s'opèrent au sein des airs ne sont produits que par des changemens d'équilibre dans la chaleur ou l'électricité. Ainsi l'air froid étant plus dense, et par conséquent plus pesant que l'air échauffé, doit le chasser et prendre sa place; ainsi l'air des pôles descend vers la zone torride, et l'air des hauteurs de l'atmosphère retombe dans les vallées. De même que la lune occasione, avec le soleil, les marées de l'Océan, l'atmosphère a pareillement des marées aériennes. Il y a des vents réguliers, tels que ceux des tropiques, les vents alizés, qui règnent constamment pendant plusieurs mois; les moussons varient ensuite. A l'époque des changemens de saison, comme vers les équinoxes, l'atmosphère est troublée parce que les températures ont varié.

Mais la principale cause de tous les mouvemens de l'atmosphère vient des révolutions d'équilibre dans l'électricité. Ainsi, à l'approche des orages, il s'élève presque toujours des vents mugissans; et l'on en voit d'assez violens pour déraciner des arbres, renverser les maisons, disperser au loin les moissons, et exciter de furieuses tempêtes sur l'Océan; mais lorsque l'électricité de l'atmosphère a repris son équilibre, tout redevient calme à l'instant. La foudre est toujours accompagnée d'un violent courant d'air, de même que l'étincelle électrique. Les typhons, les trombes, ces vents tourbillonnans si terribles, sont des phénomènes semblables, ainsi que ces bouffées brûlantes d'air qui étouffent souvent les caravanes de voyageurs au sein de l'Afrique. Les montagnes étant des pointes électriques pour la terre, établissent un échange d'électricité entre le globe terrestre et l'atmosphère; c'est pour cela qu'elles attirent les nuages sur leurs cimes, font naître des vents, et excitent souvent elles-mêmes les tempêtes qui les foudroient. Les vents irréguliers ne nous paroissent donc être rien autre chose, pour la plupart, que des masses d'air électrisées, soit en plus, soit en moins, qui cherchent à se mettre en équilibre avec un air chargé de quantité différente d'électricité; c'est pourquoi la direction des vents ne change pas seulement selon les obstacles qu'ils rencontrent, mais encore suivant l'électricité de l'air qu'ils trouvent dans leur route.

La dissolution de l'eau dans l'atmosphère, sa suspension en nuages, en brouillards, sa précipitation en pluies fécondes, en grêles dévastatrices, en neiges, en frimas, sont encore les résultats de l'électricité. Pendant l'hiver, l'atmosphère refroidie et électrisée en moins dans ses hauteurs, abandonne plus d'eau qu'elle n'en dissout; électrisée en plus pendant l'été qui la réchauffe, elle en dissout plus qu'elle n'en laisse tomber sur la terre.

Notre atmosphère est un vaste champ où la nature exerce en liberté sa toute-puissance. Quelquefois on voit dans un ciel très-pur se former peu à peu des nuages, et d'autres se fondre et disparoître par degrés dans l'atmosphère. L'air a la propriété de sécréter des nuages, de suer, pour ainsi dire, des brouillards; il peut, par une opération inverse, les absorber et les fondre. Les vapeurs aqueuses sont plus ou moins dissolubles dans l'air, selon qu'il est plus ou moins électrisé, et qu'il est plus chaud ou plus froid. La terre fournit à l'air diverses exhalaisons, comme l'air en donne aussi à la terre: de là viennent les différences qu'on remarque dans la nature de l'atmosphère en chaque pays et en chaque saison. Au printemps, en été, et sous les tropiques surtout, la terre transpire beaucoup, et exhale ainsi une grande quantité de feu électrique; en hiver et dans les contrées polaires, l'air sécrète beaucoup de brouillards et de vapeurs condensées; il ramène les exhalaisons vers la terre, et lui rend ainsi l'électricité qui féconde ses entrailles. C'est pour cela que les frimas, les neiges de l'hiver engraissent et fertilisent la terre, comme les pluies du printemps. Voyez comme les plantes abattues par les chaleurs de l'été et altérées par la sécheresse, reprennent tout à coup, après une ondée, la fraîcheur et la vie! Les pluies d'orage sont même beaucoup plus profitables aux végétaux que toutes les autres, parce qu'elles apportent avec elles un principe vivifiant et électrique qui ranime l'existence de tous les êtres.

Les variations subites de chaleur et de froid qui se remarquent dans l'air, dépendent encore en très-grande partie de l'électricité. On sait qu'elle augmente l'évaporation de l'eau, ce qui produit du froid, puisque la chaleur est employée par la vaporisation. Par une cause contraire, la diminution de l'électricité arrêtant la faculté dissolvante de l'air, la chaleur n'est point employée, et devient très-sensible; aussi un air renfermé est toujours plus chaud qu'un air agité, parce que le premier dissout moins promptement notre transpiration. C'est encore par ce moyen que la nature opère le dégel et cette fonte si rapide des glaces et des neiges de l'hiver; alors l'air, loin d'avoir la propriété de dissoudre l'eau et de produire ainsi du froid, se décharge par une pluie fine de l'eau qu'il tenoit en dissolution. Les temps de gelée sont donc plus électriques que les temps de brouillards, de pluie ou de dégel, comme on le remarque à l'électromètre. Les vents du nord, qui sont froids et secs, sont plus électriques que les vents du midi, presque toujours pluvieux et rendant les corps lourds, parce qu'ils relâchent les fibres par leur chaude humidité, et peut-être par leur défaut d'électricité : aussi les peuples de la zône torride sont en général plus foibles et plus abattus que les habitans des contrées polaires, et nous sommes même plus vifs pendant l'hiver que dans les chaleurs de l'été ou lorsque l'air n'a presque point d'électricité.

Ces révolutions électriques ne sont pas étrangères à l'empire des eaux ni même aux entrailles du globe. Ses diverses couches manifestent des capacités diverses pour l'électricité, et l'on en remarque des preuves manifestes dans les éruptions volcaniques. Celles ci sont peut-être même suscitées, ainsi que les embrasemens des terrains pyriteux et ceux de houille, par le développement de l'électricité qui a lieu dans la décomposition de l'eau, sur ces matières inflammables. Le fluide électrique agit sans doute aussi dans les tourmentes que l'océan éprouve par des volcans sous-marins. De plus, la mer a ses courans comme l'atmosphère a ses vents; car une masse d'eau recevant de l'électricité en plus, cherche à la rendre à des eaux moins électrisées. Ainsi, dans une liqueur saline, l'acide et l'alcali se recherchent pour s'unir mutuellement sans toucher à ces mêmes substances déjà combinées antérieurement.

Les phénomènes qui s'opèrent dans l'océan aérien s'exécutent aussi dans l'océan aqueux. Les poissons sont les oiseaux de la mer, comme les oiseaux sont les poissons de l'atmosphère. Les courans d'air sont représentés par des courans d'eau qu'on peut regarder comme des espèces de vents aquatiques. Le fond de l'Océan a ses vallées, ses collines,

ses montagnes peuplées d'animaux et de plantes , ainsi que le
fond de l'atmosphère. Celle-ci dissout des vapeurs aqueuses ,
se charge de nuages qu'elle transporte dans son sein et qu'elle
précipite en pluies ; de même la mer dissout l'air, s'en imprègne , et entraîne dans ses profondeurs une pluie de molécules aériennes pour porter la fertilité et la vie dans ses
abîmes. De même que nos plantes ont besoin d'eau pour végéter et nos animaux pour vivre , les habitans des mers ont
aussi besoin de rosées d'air ; celles-ci purifient l'atmosphère
aqueuse , comme les pluies purifient l'atmosphère aérienne.
La mer a ses tempêtes intérieures , comme l'air a ses orages ;
elle éprouve de soudaines agitations et semble réceler la foudre dans ses vastes eaux , comme l'atmosphère qui s'embrase
dans ses champs aériens.

Mais le fluide électrique ne se borne point à l'air et à l'eau,
il pénètre aussi dans le sein du globe. De même que l'atmosphère et l'Océan , notre planète a aussi ses tonnerres intérieurs qui la secouent jusque dans ses abîmes ; car ses tremblemens de terre et même ses éruptions volcaniques ne sont
que des ouragans souterrains , des explosions qui font frémir
le sol, qui l'ouvrent en larges cavernes, qui le crèvent en tout
sens , de même que l'éclair fend l'atmosphère et rétablit l'é-
quilibre entre le ciel et la terre. Nous voyons encore que les
tremblemens de terre sont plus fréquens en été qu'en hiver ,
et vers l'équateur que vers les pôles ; de même les volcans
sont plus nombreux près des tropiques que sous les zones glaciales. C'est par une semblable cause que les ouragans , les
tempêtes atmosphériques , les trombes , sont plus communs
entre les tropiques et pendant l'été , que vers les régions froides et pendant l'hiver. Le feu électrique tend davantage , vers
l'équateur, à s'exhaler du globe terrestre dans l'atmosphère ,
et vers les pôles à s'approcher de notre planète. Cette circulation de l'électricité est peut-être aussi la cause qui dirige le
fluide magnétique vers le nord d'une manière positive, et vers
le sud d'une manière négative ; car on sait combien l'électricité influe sur le magnétisme , qui n'en est peut-être qu'une
modification.

La puissance de la gravitation s'accroissant à mesure qu'elle
s'approche de son centre, il est probable que les matières les
plus denses et les plus pesantes sont les plus voisines du centre
du globe. La terre est, dans sa totalité, environ quatre fois et
demie plus dense que l'eau, ce qui exclut l'idée d'énormes
cavités dans son intérieur, et celle d'un feu central qui pro-
duiroit nécessairement une dilatation considérable. Il paroît
donc que toutes les substances se sont disposées autour du
noyau de la terre , suivant l'ordre de leur gravité , et peut-

être ce noyau est-il métallique et de la nature du fer, comme
le feroit soupçonner le magnétisme du globe. Nous voyons,
à la vérité, dans les couches superficielles, un arrangement
quelquefois différent : nous ne pouvons l'attribuer toutefois
qu'aux changemens opérés par les mers ou par quelque catastrophe, tantôt soudaine et tantôt lente, telle que des enfoncemens du sol, des chutes de montagnes, des transports
de terrains, des éruptions volcaniques, des tremblemens de
terre, etc. ; mais ce sont seulement des modifications très-
superficielles, puisqu'elles ont à peine quelques centaines de
toises d'épaisseur, ce qui n'est rien en comparaison du globe.

Nous observons aussi que l'atmosphère est composée d'une
matière très-rare et fort légère à son sommet, et plus comprimée à mesure que ses couches sont plus voisines du globe ;
elles sont alors bien plus chargées d'eau, de nuages, de vapeurs et de brouillards ; ensuite on trouve la zone aqueuse,
qui recouvre en grande partie la superficie de la terre. Celle-
ci est enveloppée à sa surface sèche de couches légères de terreau, de craie, de sablon mêlé d'argile, de schistes ; à mesure qu'on s'enfonce dans son sein, on rencontre des granites, des roches très-dures. Si nous pouvions pénétrer plus profondément, nous trouverions sans doute des masses encore
plus compactes, et le noyau du globe est peut-être d'une dureté et d'une gravité excessives. Il étoit sans doute nécessaire
que l'intérieur du globe fût formé de matières extrêmement
solides, parce que roulant avec rapidité sur lui-même autour
du soleil, sa masse énorme eût été sujette à se fendre jusqu'aux abîmes, si elle n'eût été affermie par des ossemens et
une charpente intérieure capables de soutenir toutes ses
parties.

Il paroît même que l'atmosphère se dépouille de plus en
plus, et à mesure que le monde vieillit, des parties les plus
grossières qu'il contient, c'est-à-dire de l'eau et des autres
vapeurs : les mers déposent lentement aussi les molécules
terreuses, salines et calcaires qui se forment dans leur sein ;
ainsi la terre s'accroît sans cesse du dépôt de l'air et de la
mer (1). Quand nous retrouvons les débris des anciennes

---

(1) Indépendamment des poussières qui tombent journellement de
l'atmosphère, seroit-il impossible qu'une certaine combinaison des
diverses espèces d'air, un épaississement des matières gazeuses pût
former, non-seulement de l'eau, mais même des corpuscules plus
denses ? Cette opinion, que nous émettions au commencement de ce
siècle, étoit en même temps développée par MM. Marschall, en
1802, à Giessen, dans leurs *recherches sur l'origine et le développement de l'ordre actuel du monde* (en allemand). Et pourquoi ces corpuscules ne pourroient-ils pas se réunir, former des concrétions,
des espèces de pluies terreuses plus ou moins considérables ? Certai-

villes, ensevelis sous des couches épaisses de terrain; quand le soc de la charrue déterre les frontispices de grands palais et les sommets de vieux temples, nous sommes étonnés; mais nous recherchons rarement pourquoi ils sont aujourd'hui cachés sous la terre. C'est cependant le dépôt des siècles qui les a recouverts; car il se précipite en tout temps de l'atmosphère une espèce de poussière imperceptible; en outre les productions végétales et animales semblent composer de la terre avec l'eau et l'air qui entrent dans leur organisation. De même que les coquillages, les vers marins composent au sein de l'océan beaucoup de terre calcaire, en forment des bancs énormes et même des îles entières, ainsi les plantes, les animaux, les hommes augmentent continuellement la surface des continens par le terreau et la multitude de leurs débris, de sorte que la superficie actuelle, la croûte du globe semble être uniquement le produit des corps organisés. Il s'opère donc une dépuration générale depuis le sommet de l'atmosphère jusqu'au centre du globe, tout retombant au sein de la terre, et devenant terre ou pierre par degrés.

ARTICLE V. — *Des eaux de notre planète, et des combinaisons minérales.*

C'est une vérité hors de doute aujourd'hui, que la mer inonda jadis tout notre globe; ce déluge fut successif sans doute par le balancement de l'axe de la terre, car rien ne montre qu'il existât dix ou même vingt fois plus d'eaux jadis

---

nement l'eau de pluie n'est pas toujours très-pure; elle dépose souvent des molécules terreuses, quoique recueillie en plein champ. Qu'on n'objecte point que ces corpuscules terreux ont été emportés par les vents et entraînés par les vapeurs; ce seroit donner une trop petite cause pour un effet très-considérable et très-général. L'atmosphère est peut-être le premier atelier dans lequel se sont engendrées toutes les choses de ce monde. Combien de germes l'air ne recèle-t-il pas dans son sein? N'est-ce point par lui que s'accroissent en grande partie les plantes, et que vivent les animaux? C'est l'élément nourricier et conservateur de tous les êtres, et ses qualités apportent les plus grands changemens dans leur constitution.

Je devrois peut-être encore rapporter à une sorte de concrétion atmosphérique, ces corps pierreux qui paroissent s'engendrer dans les airs, et qu'on affirme avoir vu tomber dans maint endroit. Telles sont les *pierres de foudre*, les aérolithes, qui tombent tout enflammées avec l'éclat du tonnerre et la promptitude de l'éclair. On sait que toutes celles qu'on a pu recueillir en différens pays, ayant été analysées par des chimistes anglais et français, ont toutes offert absolument les mêmes résultats, qui sont du fer, du nickel, du soufre, de la silice et de la magnésie. Certes, il n'est pas besoin de dire combien la nature est puissante; et il sera toujours absurde de soutenir que telle chose ne peut point arriver, parce que nous n'en concevons point la possibilité.

pour envahir les cimes des plus hautes montagnes, que dans l'Océan actuel. Les lois physiques ne permettent pas de supposer, comme on l'a fait, que ces eaux soient recélées dans des abîmes du globe et qu'elles en sortirent. Il est manifeste, à considérer la disposition des mers actuelles, que le pôle austral est généralement submergé, ou montre moins de continens que l'hémisphère boréal. Tous les caps, ou promontoires, soit d'Amérique, soit de l'Afrique, soit de la Nouvelle-Hollande, enfin de toutes les régions de la terre, sont tournés vers le midi. Rien ne paroît mieux annoncer que l'irruption des ondes, dans ces submersions antiques, s'avançoit des contrées australes. C'est aussi ce que témoignent tant d'ossemens et de cadavres d'animaux monstrueux, de grands végétaux ensevelis sous le limon des couches terrestres, et qui paroissent avoir été balayés du midi vers le nord. Ainsi les dépouilles d'innombrables éléphans et de rhinocéros, des zônes ardentes, se sont accumulées en Sibérie; ainsi, des fougères et des palmiers, des forêts entières furent couchés dans des lits schisteux suivant la direction du midi au nord; ainsi les bancs de coquillages se sont amoncelés par des courans immenses; ainsi des golfes ont été creusés par les irruptions violentes de l'océan austral, se précipitant vers le pôle boréal; elles ont percé des mers intérieures ou méditerranées, dans les grands continens. Mais qui enfla les mers méridionales de tant d'ondes mugissantes et de vagues furieuses capables d'engloutir le globe? Qui souleva d'énormes tempêtes, pour faire déborder ces effroyables marées sur des continens habités, pour envahir jusqu'au sommet des monts, et renverser les antiques barrières de la nature? L'ouragan fut-il préparé dans les entrailles du globe, par des feux sous-marins, des foyers volcaniques dont les vastes fournaises s'étendent sous les abîmes, en creusant et déchirant les rochers? En vomissant par mille éructations de leurs entrailles, des ondes bouillonnantes, leurs embrâsemens bouleversent, soulèvent des montagnes en îles fumantes et calcinées, affaissent et précipitent d'autres portions de continens, qu'ils morcèlent et envahissent, qu'ils ébranlent par leurs commotions. Sans doute, les innombrables archipels des mers de l'Inde, ces terres désolées des Moluques, des Philippines, de la Nouvelle Guinée, déchiremens informes d'un continent dévoré par les volcans et englouti par les ondes, attestent de combien de fureurs et de bouleversemens notre globe fut le théâtre. Mais il ne s'agit pas seulement de ces tortures des élémens qui se combattent, il s'agit d'une catastrophe immense; il faut comprendre l'universalité du globe, enseveli sous les flots avec les règnes vivans des animaux et des végétaux qui peuploient sa surface, pendant ces vieux âges de notre planète.

Nous pensons que rien ne peut rendre raison de tels événemens (car l'état de notre globe atteste leur réalité indubi-
table), qu'une révolution du système astronomique de notre
planète. Son équilibre actuel ne permettroit pas d'aussi étranges
bouleversemens. Que le mouvement des mers avançant lentement d'orient en occident par la rotation diurne du globe, ronge
et creuse des continens pour en laisser d'autres à sec ; que l'O-
céan rejette sur ses bords des montagnes sablonneuses, en creusant les abîmes de ses profondeurs , par l'action du flux et
reflux ; ces hypothèses , ou vraies ou fausses. n'expliquent
pas l'existence , sur nos continens , de ces immenses débris
de coquillages en bancs épais. Leurs coquilles entassées sont
encore parfaitement entières , preuve irréfragable que des
mollusques marins ont vécu (1) dans une longue suite de
siècles sur les contrées que nous habitons aujourd'hui. Des
animaux monstrueux, maintenant inconnus la plupart , ont
laissé leurs étonnantes reliques dans nos terrains ; ils peu-
plèrent un monde antérieur aux générations et aux autres
races qui leur ont succédé ; comme s'il y avoit eu dans la nature plusieurs créations successives d'espèces vivantes après
diverses alluvions. Tous ces faits n'attestent-ils pas que notre
planète dut être jadis différemment constituée que dans son
système actuel ? Des éléphans, des rhinocéros, s'ils vécurent
sur les rivages de la mer Glaciale , où l'on découvre encore
de leurs cadavres avec leurs chairs et leurs peaux, n'y dûrent-
ils pas rencontrer un climat plus doux, plus favorable à la
végétation nécessaire pour leur existence ? Il falloit donc que
ces contrées ne fussent pas alors si voisines du pôle : le globe
rouloit - il alors sur un autre axe ? Alors aussi tout l'équi-

(1) Le séjour de la mer, ou de grands lacs d'eau salée sur nos continens, pour expliquer la formation des bancs de coquillages , fut
l'opinion de beaucoup de philosophes anciens et modernes. Aristote
l'a entrevu, *Météorologie*, lib. 1, c. 14 ; Strabon, *Géogr.* l. 1. Éra-
tosthène , Straton le physicien, Xanthus de Lydie, ont jadis soutenu
ce sentiment, ainsi que Plutarque, *De Isid. et Osirid.* Dans nos temps
modernes, il a été renouvelé par Bernard de Palissy, par André
Cesalpin, Fracastor, Columna, Scilla. Boccone, Vallisneri. Leibnitz,
Bernard de Jussieu, Réaumur, Mairan, Demaillet , Bourguet, etc.
Quant à l'existence d'un ancien monde détruit par le déluge , outre
la Genèse, cette opinion a été d'abord celle des Égyptiens et de Platon (*in regno*). Elle fut suivie par François Patrizio, par Thomas
Burnet, Whiston. Nicolas Sténon, Halley, Hartsoker, Büttner,
etc. ; enfin, l'hypothèse de la dissolution d'un premier monde, par le
déluge, fut soutenue par Jean Woodward, Scheuchzer, Monti, etc.
Nous ne parlons pas ici des hypothèses qui font émaner notre globe
d'un soleil encroûté, selon Déscartes et Leibnitz, ou de la matière
du soleil, avec Buffon , ou qui établissent un feu central, avec Kir-
cher, Hutton, Playfair, Hall, etc.

libre des mers étoit autre à sa surface, et d'épouvantables déluges dûrent résulter d'une immense commotion.

Mais qui auroit pu faire pencher tout à coup le globe et dévier son axe de rotation au milieu de l'uniformité du système planétaire, depuis tant de siècles d'observation? Nous n'en trouvons pas d'autre cause, hors de notre sphère, si ce n'est par l'approche d'une comète dont l'attraction a pu déranger l'équilibre de la terre. Seroit-il improbable que s'approchant des régions australes, une ardente comète ait versé sur la terre une partie des vapeurs composant sa vaste chevelure? Celles-ci, condensées en flots d'eaux, se seront précipitées, par l'effort de la pesanteur, en un effroyable déluge, jusque vers les régions boréales; en même temps le poids énorme de cette masse d'eaux aura dû faire pencher le globe qui aura commencé de rouler sur un autre axe, en changeant ses climats et ses saisons en chaque contrée.

Si, parmi ces grands événemens de la nature, il étoit permis de s'élancer dans l'avenir par des conjectures, pourquoi le retour de ces comètes à longues périodes, descendant des abîmes de l'empyrée, ne ramèneroit-il pas de nouvelles combinaisons sur les globes qu'elles peuvent aborder dans leur course? Seroit-il hors de probabilité que, poursuivant leur immense parabole, les mêmes comètes retournassent, après plusieurs milliers d'années, autour de leur soleil; qu'elles fussent destinées, par les sublimes lois de l'éternel architecte, à renouveler les mondes, en y apportant de nouveaux équilibres? Si notre terre fut autrement jadis, et les débris qui la jonchent en offrent d'irrécusables témoignages, elle peut, elle doit devenir autre par la suite des siècles. Êtres d'un moment auprès de ces immenses durées, que pourrions-nous objecter de certain contre ces formidables révolutions qui ont dû renouveler la face de notre terre, et changer, sans doute, les différens mondes qui peuplent les cieux?

Les hommes ont conservé par tradition, dans tous les temps et tous les climats (1) le souvenir d'un ou de plusieurs déluges antiques. Des observations non moins probables nous montrent que la mer diminue de volume chaque jour, qu'elle ne couvre plus une foule de terrains qu'elle inondoit autrefois, et que le peu de contrées qu'elle a envahies de nos jours, ne répond nullement à ce qu'elle avoit jadis usurpé sur les continens. La quantité des eaux diminue donc sur notre pla nète en même temps que les terrains s'accroissent et

____

(1) Laffiteau, Charlevoix, le rapportent des différens peuples d'Amérique; les Indiens, les Egyptiens, les Chinois, le témoignent dans leurs histoires.

s'exhaussent. Nous ferons voir dans la suite que cette grande consommation d'eaux est due éminemment aux végétaux et aux animaux qui en composent, selon toute apparence, des matières plus solides. L'eau est si indispensable à la vie des corps organisés, que nul d'entre eux ne peut s'en passer. Ainsi les arides déserts de la Libye n'ont aucun habitant, au lieu que les pays fécondés par les eaux sont encombrés de végétaux de toute espèce, d'animaux et d'hommes. Ces lieux sont même d'une fertilité incroyable, et les générations s'y succèdent sans interruption. La mer est un empire bien plus fertile que la terre, et la moindre goutte d'eau fourmille souvent de plusieurs millions d'animalcules microscopiques.

A voir cette perpétuité de générations qui consomment l'eau du globe terrestre, il est permis de penser qu'ils épuiseront à la fin des siècles le bassin des mers, et que la terre deviendra entièrement aride, si elle ne reçoit pas de nouvelles eaux d'ailleurs. Lorsque la sécheresse du globe ne sera point tempérée par l'humidité, le principe de la chaleur agissant seul produira peut-être une destruction générale. Cette opinion vulgaire, *que le monde doit périr un jour par le feu*, émane des anciennes philosophies de l'Orient. Les grands hommes qui étudièrent la nature dans ces vieux âges du monde, avoient pu apercevoir la vérité; ils purent la présenter aux peuples sous le voile mystérieux des religions, ou la déguiser par des emblèmes mythologiques : coutume établie de tout temps parmi les Orientaux et les Asiatiques. Mais de quelque part qu'elle vienne, l'observation l'indique lorsqu'on étudie la nature.

Le globe terrestre, formé dans le principe de plusieurs matériaux élémentaires, présentoit un mélange hétérogène. Lorsque la main divine dona ces élémens primitifs d'affinités électives entre eux, il dut s'opérer de grands changemens dans la nature des globes. En effet, si l'on se représente une multitude de substances différentes, mises en contact entre elles et pourvues d'affinités chimiques, telles qu'on les observe aujourd'hui, on se convaincra bientôt combien dûrent s'opérer de grands changemens. D'ailleurs, les eaux détrempant la surface de la terre, dûrent faciliter les nombreuses combinaisons des corps. Là se cristallisoient les quarz, les masses granitiques; ici se combinoient les gypses, les spaths; ailleurs se déposoient les schistes, les talcs, les marnes, les albâtres, les marbres; ailleurs encore se concrétoient les silex, les agates, etc. La terre, agitée de mouvemens intérieurs jusque dans ses abîmes, étoit dans une fermentation générale, ses élémens cherchoient partout à s'unir; ainsi dans les liqueurs préparées par le chimiste, il s'élève des effervescences impétueuses qui changent la nature de ces fluides, et donnent naissance à de nouvelles compositions. Le mélange des élémens discordans occasiona donc des ébullitions effroyables dans le limon de cette terre encore virginale ; les gaz, les moffettes, les exhalaisons qui se développèrent sous les couches du globe, en soulevèrent des portions, formèrent de profondes cavernes, les rompirent en fentes, en précipices, en noirs abîmes, de même que nous voyons le levain introduit dans la pâte, la remplir bientôt de cavités, de boursouflures, et lui communiquer un bouillonnement intestin qui altère ses qualités primitives.

On ne peut pas douter que les diverses matières qui composent aujourd'hui notre terre, ne soient le résultat de ces mêmes attractions, et que celles-là même que nous trouvons simples, ne soient encore des combinaisons plus intimes, que l'art de l'homme ne peut pas détruire ; mais la nature disposant à son gré du temps, des masses, et de ses forces les plus énergiques, a dû tellement changer les matières primitives, que l'homme ne peut plus connoître aujourd'hui que des substances composées. Chaque jour la nature compose et décompose encore, comme le prouvent les volcans et les autres combinaisons minérales dans les couches terrestres, de telle sorte que nous ne pouvons point savoir où elle doit s'arrêter ; la croûte du globe étant surtout exposée aux influences de l'eau, de l'air, de la chaleur et de l'électricité, a dû se combiner d'une infinité de manières jusqu'à une certaine profondeur. Tantôt se soulevant en montagnes fumantes, la terre a vomi ces laves embrasées dont regorgent ses entrailles ; tantôt des murmures souterrains font frémir le sol sous nos pieds et renversent nos édifices ; au sein des mers on voit soudain des îles agiter au-dessus de l'onde mugissante leurs têtes volcanisées ; ici jaillissent des sources d'eaux brûlantes ; là, des monts qui se cachoient dans la nue, s'écroulent tout-à-coup sous terre et sont remplacés par des lacs profonds ; ailleurs des mers morcèlent les continens, et submergent de vastes contrées, détachent la Sicile de l'Italie, l'Angleterre de la France, Madagascar de l'Afrique, le Japon de l'Asie, etc. Quelque jour l'Océan percera peut-être les isthmes de Suez et de Panama, et changera en îles de grands continens.

D'autres combinaisons s'opèrent au sein de la terre. Des exhalaisons soulevant le sol, y produisent des fentes où sont déposés ces principes minéralisateurs qui transforment en métaux précieux les plus viles matières. Là se présentent l'or, l'argent en végétations brillantes que cherche la main avare du mineur ; ici se mûrissent l'airain et le fer que l'homme doit façonner en instrumens conservateurs ou en armes meurtrières : ailleurs, le diamant et l'arsenic, la simple pierre et le rubis, se cristallisent également. La plupart des concrétions se forment par une exsudation du suc pierreux des terres circonvoisines, et les filons métalliques sont non-seulement produits par des exhalaisons souterraines, mais par une sorte de fermentation locale. On peut croire que certaines roches sont propres à former des matières particulières, telles que des métaux, des pierres précieuses, des sels, etc. De même, les diverses humeurs du globe, si l'on peut s'exprimer ainsi, ses vapeurs ou moffettes, et tout ce qui circule dans ses entrailles, peuvent se métamorphoser en plusieurs substances, suivant la nature des terrains et le travail particulier des matières qui les constituent.

Tout nous démontre en effet que le globe terrestre a été imprégné dans toutes ses parties d'une espèce de vie intérieure par Dieu, qui est cette grande âme du monde de laquelle tout émane dans l'univers. Car ces affinités chimiques qui agitent la matière, ne sont rien autre chose que cette puissance vivifiante dont l'Être Suprême est la source. Elles laissent des traces ineffaçables de l'état ancien de notre monde. Ces archives de la nature, empreintes sur les rochers et les montagnes, sont des monumens irréfragables offerts à tous les regards, et non pas des témoignages mensongers de l'histoire humaine, puisqu'elles sont antérieures, la plupart, à l'existence de notre race. Sans doute, dans l'origine des choses, ces combinaisons du globe dûrent s'opérer avec d'extrêmes bouleversemens ; au moins il est probable que ses élémens s'associèrent dans le principe avec d'autant plus de violence qu'ils étoient plus simples. A mesure que les combinaisons se compliquent davantage, l'énergie des attractions est moindre, parce que les élémens sont plus voisins de leur saturation. C'est ainsi que toutes les fermentations s'apaisent peu à peu d'elles-mêmes, à mesure que l'équilibre des diverses attractions s'établit de plus en plus. Aujourd'hui la terre ne nous présente que rarement ces grandes scènes de discordes entre les élémens ; elle semble fatiguée de ses anciens combats, et s'avancer vers la foiblesse de la décrépitude.

Quoique nous devions accorder à la matière une sorte de vie infuse, ou des affinités particulières pour chaque genre de substances, nous sommes loin d'admettre qu'elle soit un grand animal, comme l'ont cru les philosophes pythagoriciens et stoïciens de l'antiquité. C'est parce que nous n'avons point de terme propre pour exprimer ces forces cosmiques de la matière, et ces mouvemens perpétuels qui la modifient. Nous reconnoissons bien que cette sorte de vie émane de l'Être Suprême, principe de toutes les existences ; elle ne nous paroît être qu'une portion de lui-même qui imprègne la matière ; car celle-ci n'a par elle seule aucune activité, et, comme un membre retranché du corps de l'homme, est privée de la vie lorsqu'on l'isole de la divinité.

La matière a donc été imprégnée d'un germe de vie qui communique à toutes ses parties l'activité que nous lui voyons : *Mens agitat molem et magno se corpore miscet.* Cette portion même de la divinité qui y est infusée, est ce que nous nommons LA NATURE. Ce mot est tiré du verbe *naître*, parce que la *nature* est la source commune de tout ce qui est produit dans l'univers ; c'est un des attributs de l'âme du monde ou de Dieu même, par lequel tout s'exécute suivant des lois éternelles.

La première opération de ce principe de vie dans la matière chaotique, a été la génération des mondes par l'attraction ; et lorsque les globes ont été formés, cette force vitale qui ne pouvoit pas demeurer oisive, a produit dans chaque substance une foule de combinaisons chimiques par des affinités spéciales. L'esprit de vie n'opéroit dans le principe que sur la masse en général ; mais peu à peu chaque particule de la matière s'est pénétrée d'une vitalité particulière qui émanoit de cette faculté générale. C'est ainsi que l'enfant ne jouit d'abord que d'une existence foible et végétative, et chacun de ses organes ne reçoit que graduellement son activité propre, qu'il tire du principe qui anime tout son corps. Telle fut la seconde époque de notre monde.

ARTICLE VI. — *De l'action du satellite de la terre à la surface de notre globe.*

La lune soulève chaque jour vers elle les eaux de l'Océan, comme le démontre la correspondance des marées avec les mouvemens de ce satellite. On sait pareillement que le soleil y concourt à peu près pour le quart, puisqu'on observe que dans les syzygies ou conjonctions de cet astre avec la lune, les marées deviennent plus hautes que pendant les quadratures. Cette élévation du flux est surtout plus grande aux équinoxes, lorsque le soleil se trouve dans l'équateur avec le satellite terrestre, et moindre aux solstices, par la raison de l'éloignement de ces astres l'un de l'autre.

Il y a toute apparence que la lune doit attirer de même toutes les autres substances de la surface de la terre, mais d'un mouvement imperceptible pour l'ordinaire. L'atmosphère paroît également éprouver des marées, dans ses hauteurs, comme l'Océan. Ces attractions ne s'impriment bien

sensiblement, en effet, que sur des fluides, puisque la mobilité de leurs parties se prête plus facilement à l'effort combiné
de ces astres que les molécules des corps solides, trop adhérentes entre elles.

On ne sauroit douter néanmoins, et la cause en est certaine, bien que l'effet en soit invisible pour nous, que l'a-
grégation de toutes les matières solides de la terre ne soit en
partie diminuée par l'attraction que les astres exercent sur
notre planète, et que sa masse solide n'éprouve également
ses marées, ou ses flux et reflux.

Pourquoi notre globe est-il un sphéroïde aplati vers les
pôles et renflé vers l'équateur? Si cette forme a pu résulter
du mouvement de rotation diurne de la terre, et de la force
centrifuge qui en résulte, il ne faut pas négliger d'y compter
l'attraction de son satellite, ainsi qu'on semble l'avoir oublié.
De même, si par une cause inconnue quelconque, des parties
de notre globe, encore mou dans son origine, ont été soulevées ou renflées en montagnes, l'attraction lunaire a dû favoriser cet exhaussement irrégulier, surtout entre les tropiques,
où elle s'exerce plus immédiatement, et par cette raison avec
plus d'empire; aussi toutes les plus hautes montagnes terrestres sont situées entre les tropiques. Mais parce que la
puissance de la pesanteur, ou l'attraction centripète de la terre,
est toujours prédominante, ces sortes de pustules de sa surface n'apparoissent, à l'égard de son volume, que comme de
très-légères rugosités. La lune étant beaucoup plus petite et
moins dense que notre globe, celui-ci exerce une plus forte
attraction sur son satellite que ce dernier n'est capable d'agir sur
sa planète principale; aussi les montagnes de la lune sont éva-
luées à une hauteur double de celles de la terre; hauteur
d'autant plus remarquable par rapport à ce satellite, qu'il est
quarante-neuf fois moindre que notre globe. L'élévation des
montagnes de chaque planète paroît être en rapport avec sa
densité propre, la rapidité de sa rotation, et relative à l'attraction que les astres les plus voisins exercent sur elle. Jupiter, par exemple, doit avoir non-seulement de hautes montagnes, mais même il porte des bandes exhaussées dans le
plan de son équateur, parce qu'il a une révolution diurne très-
rapide et quatre lunes. Saturne doit être hérissé de très-hautes
alpes, parce que ses sept satellites et son anneau exercent
nécessairement une attraction très-puissante sur sa masse, qui
a peu de densité d'ailleurs.

Or, si ces planètes sont peuplées, de même que la terre,
de productions vivantes, en rapport avec leur monde, la
grandeur, la conformation de toutes ces créatures doivent être
proportionnées soit à la masse de la planète, soit à l'attrac-

tion de ses satellites, lorsqu'elle en est accompagnée, soit à la rapidité de ses révolutions diurnes et annuelles, et à son éloignement du soleil. Si l'on supposoit qu'une seconde lune vînt tourner à l'entour de la terre, on pourroit aisément calculer combien les marées aériennes et celles de l'Océan deviendroient plus considérables; on évalueroit davantage les influences de ces satellites sur tous les corps terrestres; de même, si la terre avoit été jadis sans lune, comme les Arcadiens le prétendoient, d'après une tradition fabuleuse, nos mers n'auroient pas été journellement soulevées; les plus orgueilleuses cimes des Cordilières auroient été à peine d'humbles collines; probablement les végétaux ne se seroient pas plus élevés de terre que les champignons et les mousses; et les animaux, l'homme même, se seroient traînés comme des reptiles à la surface de notre globe.

En effet, l'attraction solaire d'abord est remarquable par elle-même, puisque les dissolutions salines qu'on expose à la cristallisation, dans des vases, grimpent et s'attachent particulièrement sur les parois les plus exposées à la lumière; ce qu'on ne peut attribuer qu'à son attraction exercée sur les molécules salines. De même, les plantes renfermées dans des souterrains obscurs s'élancent vers les rayons du jour qui y pénètrent; ou pour mieux dire, celui-ci les attire, car il n'est pas nécessaire de recourir à une sorte d'intelligence ou d'instinct pour diriger ces plantes, si l'attraction de la lumière suffit pour produire cet effet sur elles, comme sur des dissolutions salines.

L'attraction de la lune et des astres, en général, ne peut guère s'opérer, il est vrai, que sur de grandes masses; car s'exerçant à d'énormes distances, elle n'atteint pas les molécules intimes, comme l'affinité chimique; mais on doit considérer que le règne végétal en entier, les animaux et le genre humain en total, qui vivent à la surface du globe, présentent, par rapport aux astres, des masses sur lesquelles ceux-ci agissent d'un effort universel uniformément plutôt qu'individuellement. Tous les corps organisés, végétaux, animaux, sont non-seulement composés de beaucoup de liquides, mais même leurs parties solides ont toutes commencé par l'état fluide, qui s'est progressivement consolidé et durci. Tous ces êtres appartiennent donc plus à la portion liquide du globe terrestre, qu'à ses élémens solides ou pierreux; c'est pourquoi ils doivent participer en général, autant que leur contexture le permet, aux oscillations de leur principe originaire. Cependant ces résultats ne peuvent se manifester que sur les masses; car, de même que chaque goutte d'eau dans l'Océan n'a pas son flux et son reflux particuliers, bien qu'elle fasse partie des mers; ainsi, un homme, un arbre, étant si peu de chose dans la masse immense des êtres organisés, ils n'éprouvent des influences particulières, que comme parties aliquotes d'un grand tout.

En se considérant à part, les individus ne sauroient donc ressentir presque aucune influence spéciale de l'attraction lunaire et solaire. Néanmoins l'expérience a montré que cette action, si manifeste sur les mers, n'est point tellement obscure sur le mercure du baromètre qu'on ne l'ait entrevue. Cette force assez prodigieuse pour soulever la masse des eaux et de l'atmosphère de tout le globe, doit être bien capable de produire quelques mouvemens sur les séves et les humeurs des plantes; aussi des observations vulgaires en agriculture apprennent que la lune ne paroît nullement étrangère à l'ascension des séves dans les arbres et les herbes; que le renouvellement ou le décours de cet astre accélère ou retarde plus ou moins sensiblement la croissance des végétaux, influe sur la hauteur et la coupe des bois, qui ne doit point s'exécuter indifféremment à toutes les époques.

La seule attraction des vaisseaux capillaires, dans les végétaux, ne pourroit élever leur séve qu'à la hauteur de trente-deux pieds, qui fait équilibre à la pression de la colonne d'air atmosphérique; mais les physiciens sont embarrassés d'expliquer l'élévation de plusieurs arbres à cent, à deux cents pieds même, et davantage encore chez quelques palmiers, *euterpe*, dela zone torride. Cependant il falloit considérer que tous les corps organisés les plus exposés aux libres influences des astres, tels que les végétaux fixés sur le sol, doivent grandir par l'attraction que le soleil et la lune impriment sur leurs séves. Vers les pôles, où la lune ne passe jamais, où le soleil ne lance que très-peu de rayons obliques, les végétaux sont rapétissés, non-seulement par la froidure, mais par défaut d'attraction de ces astres; c'est tout le contraire entre les tropiques. Aussi les séves soulevées, pompées par le soleil, aidées d'ailleurs par l'impulsion vitale, par le mouvement centrifuge du globe dans sa rotation diurne, élèvent perpendiculairement la plupart des plantes, impriment à leurs cimes une attitude droite; et plus cette action est continue, plus aussi la séve attirée allonge le végétal; c'est pourquoi les arbres qui vivent plusieurs siècles, comme le cèdre, parviennent à cette procérité majestueuse qui inspire l'admiration pour ces antiques patriarches de la terre.

Soit donc que l'attraction soli-lunaire s'opère immédiatement sur les corps organisés, comme sur toute autre substance terrestre, soit qu'elle ne s'exerce sur eux que par l'intermède de l'atmosphère ou des eaux, elle influe évidemment sur leur accroissement. Comme les vapeurs sont plus attirées, par la chaleur solaire et l'influence de la lune, dans les hauteurs de l'atmosphère entre les tropiques ; comme l'air y est généralement plus humide, puisque les pluies, en chaque hivernage, y retombent par torrens plus abondamment que dans nos climats froids qui sont plus secs ; de même les séves des plantes, sous les tropiques, s'y élèvent avec plus de rapidité et moins d'efforts et d'interruptions qu'en nos contrées. Aussi leur accroissement s'opère avec une promptitude merveilleuse, et presque toutes s'élancent perpendiculairement ; au contraire, les herbes rampantes et couchées se rencontrent plutôt dans des pays situés au-delà des tropiques, où la séve n'est pas si fortement soulevée par l'attraction ; c'est pourquoi nous voyons, au contraire, tant de végétaux humbles, s'incliner et comme ramper à la surface du sol dans nos régions, et surtout vers celles des pôles où l'attraction des astres est si peu active, et la force centrifuge trop affoiblie pour contre-balancer la pesanteur.

Aussi les plantes de l'équateur, cultivées dans des serres, en Europe, avec tout le soin imaginable, dans une terre excellente, sous une température aussi chaude et plus uniforme que celle de leur pays natal, ne parviennent jamais à la même élévation de taille pour la plupart, faute de ces influences luni-solaires.

Il n'en sera pas ainsi, en général, pour les animaux ; d'abord parce qu'ils sont moins constamment exposés que les végétaux à l'influence directe des astres, à cause de leur faculté de se mouvoir et de se mettre à l'abri ; ensuite la direction de leur croissance est plutôt horizontale que perpendiculaire. Néanmoins cette influence s'exerce encore sensiblement sur eux, puisqu'on ne rencontre guère que sous les tropiques, les plus vastes quadrupèdes, tels que les éléphans, les rhinocéros, les hippopotames, les giraffes, les chameaux, ou d'énormes oiseaux, tels que les autruches, les casoars, le condor, ou des crustacés et insectes de grandes dimensions, comme le limule gigantesque, les grosses araignées, de très-grands papillons et scarabées, etc.

Sous les régions polaires, la plupart des animaux n'y sont pas moins rapetissés que les hommes, par les mêmes causes qui restreignent le développement des végétaux. L'on sait aussi, d'après les observations de Wahlenberg et de Buch, que les montagnes y sont plus basses et comme rabougries, ainsi que les productions vivantes. Ce n'est pas tant par défaut de chaleur que les Lappons, les Samoïèdes, les Esquimaux sont gênés dans leur accroissement, que par défaut de

cette attraction soli-lunaire, qui ne permet pas leur élonga-
tion. En effet, habitant presque toujours dans des cases souterraines très-échauffées, tous leurs membres deviennent
fort épais et plus volumineux à proportion que les nôtres,
parce qu'ils ramassent dans leur courte largeur, ce qui leur
manque en hauteur. Les peuples des climats chauds, dès leur
première jeunesse, au contraire, deviennent élancés, minces;
et si la puberté ne terminoit pas trop tôt, pour l'ordinaire,
la végétation de leur croissance, ils acquerroient une taille
plus haute que celle des peuples des zones tempérées qui,
plus tard pubères, croissent long-temps et mieux. L'espèce
humaine, par sa station droite, se trouve, à l'égard de
l'attraction soli-lunaire, dans un cas analogue aux végétaux.

L'expérience a même fait voir combien notre espèce étoit
assujettie à cet empire des astres, dans les mouvemens de nos
fluides. Tout le monde sait que pendant les équinoxes, temps
où s'opèrent de grandes révolutions atmosphériques, et les plus
fortes marées, il se déclare plus de maladies graves, il s'o-
père plus d'émotions d'humeurs qu'à toute autre époque,
surtout entre les tropiques, comme l'ont remarqué les médecins européens. Dans les Indes, ceci est généralement reconnu par le grand nombre de fièvres printanières et automn-
nales, mais encore par la plus grande mortalité que l'on
observe dans les tableaux comparatifs du mouvement de la
population. L'agitation des humeurs, chez les mélancoliques,
à ces époques, a paru assez remarquable aux anciens pour
qu'on ait donné le nom de *lunatiques* à ces atrabilaires, dont
l'organisation plus délicate et plus irritable que toute autre,
ressent plus vivement ces influences. Enfin, quoique l'éva-
cuation périodique des femmes ne corresponde pas régulièrement à des points fixes de la révolution lunaire, cependant le retour du même flux chaque mois, et ces menstrues
devenant plus copieuses qu'à l'ordinaire pendant les équinoxes et le solstice d'été, sous les climats intertropicaux
principalement, on doit en conclure que les mouvemens lu-
naires exercent toujours une action quelconque sur les corps
animés.

Il résulte de ces faits que notre existence est tellement
coordonnée à l'état du globe terrestre, et proportionnée à
ses relations avec les astres qui l'entourent, que le moindre
changement bouleverseroit l'économie de la nature, telle
qu'elle existe, et nous rendroit tout différens de ce que nous
sommes. Mais avant de pénétrer plus avant dans cette importante étude, revenons sur nos pas, et cherchons comment tous les êtres vivans purent prendre naissance, en admettant l'*origine* des choses et non leur *éternité*.

Article VII. — *De la Création des corps organisés, et Recherches sur l'origine de la vie de tous les êtres.*

Jusqu'alors la terre , l'air et l'eau étoient des empires stériles: aucun animal, aucune fleur , n'avoient orné le monde. La nature , occupée de la constitution des corps primitifs , n'avoit produit que des matières brutes. Il lui falloit une force de vie surabondante pour créer les corps organisés ; elle avoit besoin auparavant de prendre toute sa vigueur et d'arriver à une sorte de puberté ; car , de même que l'homme n'engendre qu'après avoir reçu le développement de ses forces , de même le monde ne dut rien produire avant d'avoir pris le complément de ses facultés. Les forces vitales de l'enfant étant occupées entièrement à faire croître et perfectionner son corps, elles ne peuvent pas être surabondantes pour engendrer de nouveaux êtres ; le globe terrestre étoit de même dans sa jeunesse. Il ne put donc rien créer à sa surface avant que d'avoir mûri et perfectionné toutes ses parties : car les matières primitives de la terre , ses montagnes granitiques, ses roches quarzeuses, ses grandes profondeurs , n'offrent aucuns débris de corps organisés , et ont dû être formées long-temps avant eux. Les masses brutes étant d'ailleurs plus simples que les végétaux et les animaux , elles ont été les premières créées , parce que la nature marche toujours du simple au composé.

De même que pendant notre enfance, nos forces vitales sont d'abord concentrées dans nos organes intérieurs pour les perfectionner, et ne s'épanouissent dans les organes extérieurs qu'à l'époque de notre puberté ; ainsi la puissance vivifiante de notre terre, ou sa force cosmique, étoit rassemblée premièrement dans son intérieur , pour y sécréter et engendrer toutes les substances minérales ; elle s'est mise ensuite en expansion à la superficie du globe. Nous voyons cette même concentration et cette dilatation de la vie dans tous les corps animés ; car l'arbre, la plante, l'insecte , le reptile, engourdis par le froid de l'hiver , ramassent en eux-mêmes toute leur vie et paroissent morts au-dehors , mais la chaleur rappelant leurs forces vers les organes extérieurs, rend tous ces êtres à la plénitude de leur existence.

Les élémens organisables sont préparés. Il falloit d'abord de l'eau, ou une substance habituellement fluide, pour être le premier moyen d'union et d'assemblage d'un corps flexible , et pour que ces parties solides s'entretinssent, se nourrissent au moyen d'un liquide propre à les pénétrer ; aussi nous verrons qu'il n'y a point de créatures vivantes sans humidité, sans liqueur, soit sève , ou sang, ou lymphe nourricières. Il

falloit, en outre, des matériaux plus solides, pour composer des membres et construire des organes. Le carbone
existoit au sein de la terre ou dans son écorce superficielle (1);
la nature y sut joindre des substances gazeuses, telles que
l'azote et l'oxygène de l'atmosphère, susceptibles de se soli-
difier en passant dans des combinaisons. Aussi ces élémens,
le carbone, l'oxygène, l'hydrogène de l'eau, constituent la
masse des substances végétales, et l'azote se joint aux combinaisons de tout le règne animal, indépendamment de
quelques autres matériaux qui paroissent servir d'auxiliaires,
tels que le phosphore, le soufre, le fer, quelques terres,
comme la craie, etc., qui entrent dans diverses créatures
plus ou moins compliquées.

Mais qui imprimera le sceau de la vie à ces substances
mortes par elles-mêmes? Quel est ce mystérieux mouvement,
cet être fugace et incompréhensible qui constitue l'existence
passagère de tant de corps organisés, végétaux et animaux?

Sans doute rien de pareil ne sauroit s'opérer spontanément, avec tant de sagesse et une si profonde science d'organisation, sans le concours spécial d'une suprême intelligence ; toutefois il est manifeste que celle-ci s'est servie des
agens naturels pour exécuter de si merveilleux ouvrages. Il
appartient donc à la philosophie naturelle d'en rechercher
les causes.

Contemplons la surface du globe sur lequel se multiplient
sans cesse tant de races vivantes d'animaux et de végétaux,
sur les continens, dans les airs et les ondes. Où leurs générations pullulent-elles avec plus d'affluence et de prodigalité,
qu'entre ces zones enflammées de la torride, sur lesquelles
le soleil verse sans cesse sa splendeur et son ardeur féconde?
Où la vie s'arrêtera-t-elle, sinon vers ces plages désertes
et glacées des pôles, derniers confins de la lumière et de la
chaleur, asiles sombres et inabordables du froid, que jamais
la témérité humaine n'osa franchir sans y rencontrer la léthargie et la mort?

Sans le soleil ou la chaleur qu'il dispense avec sa lumière
aux planètes, tous ces globes se couvriroient donc d'une
épaisse nuit, et de l'éternel silence des régions polaires ; il
n'y auroit aucune eau fluide, aucune existence possible avec
nos élémens actuels. Le soleil est donc l'astre de la vie aussi
bien que celui du jour. Voyez-le dissipant, au retour du
printemps, les glaçons qui couvroient le sol, faire éclore

---

(1) Dolomieu, dans le *Journal des Mines*, établit que l'anthracite,
le carbone, se trouvent aussi dans les terrains primitifs, quoiqu'ils
soient plus abondans parmi les terrains de transition, le Gneiss, le
Grauwacke ou Psammites, selon MM. Brochant et Héricart de
Thury.

les germes des plantes, réveiller les animaux engourdis dans leurs asiles souterrains, ouvrir le sein des fleurs, et couver, de ses douces influences, les œufs et les graines de mille créatures dont le froid suspendoit tout le développement: tant le feu imprime et soutient le mouvement de la vie!

La chaleur seroit-elle donc elle-même le principe de l'existence? Qui peut donner le premier branle à l'organisation et le perpétuer, sinon ce qui possède le mouvement autocratique? Or, nous ne connoissons rien dans l'univers qui jouisse de cette propriété, si ce n'est l'élément du feu, le calorique.

Sans nous occuper ici des moyens par lesquels la nature conserve la caloricité dans les corps vivans, en les établissant comme des foyers de combustion (car la respiration soit pulmonaire, soit branchiale, soit trachéale des animaux et des plantes, est une vraie combustion), nous observerons que la vie est une chaleur infuse. On a éprouvé que des œufs fécondés résistoient mieux, par exemple, au froid, sans se glacer, que des œufs non fécondés. Les arbres soutiennent aussi davantage la froidure des hivers, sans que la séve fasse éclater leurs vaisseaux en se gelant, que ne le font des bois morts. L'homme, bien qu'il ressente à l'extérieur les atteintes du froid et d'une chaleur supérieure à celle de son corps, a la propriété d'y résister jusqu'à certaines limites, tant la force vitale est une quantité déterminée de chaleur, qui n'admet dans son essence ni le plus ni le moins!

Les fonctions de la vie constituent un cercle qui s'entretient, et dont le mouvement subsiste perpétuellement, parce qu'il retourne sur lui-même et ne se perd pas. En effet, aucun mouvement spontané ne peut être rectiligne, car il auroit un commencement et une fin; il changeroit incessamment de lieu, comme font les corps; de là vient que cette sorte d'impulsion se communiquant et se dispersant par le choc, n'est pas inhérente aux corps, et ne sauroit donner l'organisation et la vie: il faut donc remonter à un autre mobile.

Un principe se mouvant de lui seul dans l'animal et le végétal vivant, ne peut donc être autre que celui de révolution, comme le tourbillon circulatoire; ainsi, en retournant sans cesse sur lui-même, il rentre tout en lui, et s'engendre toujours, parce qu'il possède son principe d'action, et ne disperse pas ses forces. En se maintenant dans l'équilibre en tout sens, il se rend perpétuel (*ἀετίκλητος*); émanant seulement du point central, il ne suppose aucune étendue nécessaire; il est indivisible comme le point mathématique, et tel qu'un principe immatériel, il ne présente qu'une force pure ; c'est un être unique , persistant par lui-même , privé de tout nombre ou évaluation quelconque, sans terminaison et sans fin comme le cercle. Tous ces caractères sont propres au calorique comme à la vie ; en se mouvant perpétuellement d'elle-même, pourvu qu'on lui fournisse des nourritures convenables ; elle demeure , dans son centre , indivisible , parce qu'elle n'est pas corps , mais susceptible de se propager comme le feu , seul principe du mouvement perpétuel.

La rotation centripète rentrant continuellement en elle-même , ne se fatigue donc pas , parce qu'elle se pénètre toujours. Elle centralise sans cesse les élemens qu'elle absorbe, et qui entrent dans son tourbillon. C'est ainsi que la vie tend à ramasser , par l'effort de la nutrition , de la circulation , de l'absorption , les divers matériaux , pour les appliquer au corps qui s'accroît , qui se développe et s'organise ; tout ce qui s'échappe par la tangente hors de ce tourbillon , telles que les matières excrémentitielles , sort en se désorganisant. Au contraire , la vie , ou le tourbillon centralisant , compose et mélange , tandis que la mort , ou la cessation de ce mouvement circulaire , laisse disgréger , par la putréfaction , tous les principes qu'il retenoit enchaînés. Si l'homme étoit capable de produire un mouvement perpétuel , ce ne pourroit être que celui de rotation , tendant à un centre ; il animeroit des créatures , donneroit la génération et l'immortalité. Mais nous ne pouvons communiquer, par l'ouvrage de nos mains , que des impulsions en lignes droites, ou un mouvement , par l'extérieur , sur des corps ; tout cet effort se perd par les tangentes, tout retombe , en dernier résultat , vers le centre de la terre , et s'amortit dans la sphère du monde.

Le cycle de la vie des êtres organisés , plantes et animaux , se coordonne manifestement avec celui de la terre sur laquelle ils existent. Ainsi , la révolution diurne de notre globe sur son axe , dans l'espace de vingt-quatre heures , expose tous les êtres vivans et végétans , à la lumière comme aux ténèbres ; elle détermine en eux une succession habituelle de fonctions , de veille , de sommeil et d'autres actions vitales , qui retournent chaque jour dans ce cercle régulier et nécessaire.

En effet , que l'on considère les différens états de l'air, de la chaleur , de l'humidité , de l'électricité aux diverses époques du jour et de la nuit , et l'on connoîtra les principales sources de ces influences sur la vie de toutes les créatures. D'abord , la présence ou l'absence du soleil règle, en général , l'activité et le repos chez presque tous les animaux et les végétaux, puisque ceux-ci peuvent éprouver également une sorte de sommeil.

Il s'établit ainsi, dans tous les corps doués de la vie, un mouvement du dedans au dehors pendant le jour, et un refoulement du dehors au dedans pendant la nuit. Cet état d'expansion journalière et de concentration nocturne, devient une habitude nécessaire à l'existence ; par-là, les fonctions de la vie extérieure s'exercent avec toute leur énergie dans la première circonstance, et la vie intérieure ou réparatrice dans la seconde.

Si les autres planètes sont habitées, comme il faut le présumer par analogie, tous les êtres qui vivent à leur surface, doivent nécessairement avoir aussi leur existence coordonnée avec le mouvement de ces globes. Dans Jupiter, par exemple, dont le jour et la nuit se succèdent en moins de dix heures, la vie doit être singulièrement coupée et prompte en ses cycles journaliers ; mais l'année tropique de cette planète égalant près de douze des nôtres (onze ans trois cent quinze jours quatorze heures et demie), peut rendre l'existence de ses créatures d'autant plus prolongée.

En effet, la révolution annuelle de notre globe imprime une action toute puissante sur les plantes, les insectes et d'autres animaux, en déterminant les phases et la durée de l'existence de toutes les espèces annuelles, et en mesurant les périodes des plus vivaces. Il résulte manifestement, chez les grandes races, des correspondances intimes ou des modifications profondes de leur vie par chaque saison, telles que le rut, la mue, etc., chez l'animal ; la floraison, l'effeuillaison, etc., dans le végétal.

Ainsi, le grand astre de vie promène autour du globe le réveil et la force ; son absence plonge la nature dans le repos et l'abattement. Ce puissant moteur met en jeu toutes les espèces créées, au temps, à l'heure fixée par leur structure particulière ; il excite leurs chants de joie et leurs hymnes d'amour ; ouvre et ferme tour à tour le sein des fleurs ; balance les élémens, y ordonne des oscillations diverses ou plutôt de nouvelles harmonies. Aussi les périodes de notre existence, comme celle des autres créatures, correspondent aux mouvemens sidéraux de l'astre que nous habitons, et au soleil autour duquel nous circulons. Tel est ce grand orbe du temps, qui nous entraîne dans son tourbillon rapide, qui, mesurant nos destinées, dévide continuellement les fils de notre vie autour du fuseau de la nécessité, pour s'exprimer à la manière de Platon.

Quoique les liens qui rattachent notre vie au globe et à la révolution de la terre dans son ellipse autour du soleil, soient

plutôt compris par la pensée qu'aperçus par les yeux, qui
ne voit pas les espèces annuelles de plantes et d'animaux
se succéder et mourir à chaque cercle que la terre décrit
dans son orbite ? Qui ne voit pas l'homme veiller de jour et
dormir de nuit par cette rotation journalière du globe terrestre, qui donne le branle à toutes nos fonctions successives
de vie ? Qui ne voit pas les périodes de nos âges se mesurer, d'après un certain nombre d'années ou de mois et de
jours, depuis le sein maternel jusqu'à la marche des maladies, jusqu'aux époques déterminées de la puberté, du développement et de la cessation des menstrues chez les femmes,
etc. ? Notre vie, dans son ensemble, ne compose-t-elle pas
une cycloïde ou une sorte de roue sur laquelle nous montons
insensiblement, de l'enfance à l'époque de la vigueur héroïque, puis d'où nous descendons graduellement dans la vieillesse et le tombeau ? Tous les êtres décrivent ainsi un sorte
de jet ou de parabole plus ou moins vaste, dans le cours de
leur durée ; plus l'impulsion en est rapide, plus elle est
promptement parvenue à son terme fatal, comme on l'observe sous les régions ardentes de la torride, où l'intensité
de la chaleur solaire, et sans doute aussi le mouvement
centrifuge du globe, dans sa rotation, porte bientôt toute
croissance des animaux et des plantes à leur faîte, et les use
par cette extrême énergie de vitalité. Aussi c'est sous les tropiques que s'élève la végétation la plus haute et la plus magnifique ; c'est là que s'élancent les palmiers superbes, l'é-
norme baobab, et que les simples graminées se développent
en immenses bambous. C'est entre ces plages fécondes que
de plus grands cercles de l'existence déploient des structures plus vastes chez les animaux ; et que jusqu'aux papillons,
aux scarabées et aux autres insectes, tous acquièrent des dimensions extraordinaires et un luxe de couleurs éblouissantes,
tandis que le froid et l'affoiblissement du mouvement centrifuge du globe, près des pôles, amoindrit et resserre les
membres des Lapons, des Eskimaux, comme il raccourcit
tous les arbres, rend les plantes naines et rampantes à terre,
à la manière des mousses et des lichens.

Il nous paroît donc que la même cause qui fait circuler
les astres dans les cieux, imprime également le branle de la
vie aux créatures, et nécessairement dans un rapport exact
de correspondance avec le mouvement propre de chaque
planète qu'elles habitent. Si ce mouvement changeoit, il
seroit force que la combinaison des élémens, et, par conséquent, que notre structure et notre mode d'existence chan-
geassent dans les mêmes proportions. Nous recevons l'impulsion de la vie à peu près comme la pierre, mue dans

le tour d'une fronde, acquiert une force impulsive proportionnelle à la rapidité et à l'amplitude du cercle décrit par cette fronde. De même la force expansive ou centrifuge du globe terrestre, favorise l'accroissement et la vie de toutes ses créatures à sa surface.

Elle est surtout favorisée dans cette production par la chaleur du soleil, ainsi que nous l'avons fait voir.

Article VIII. — *De la coordination des Créatures organisées, et de l'élaboration vitale.*

Pour manifester encore mieux la différence entre les substances inorganiques et les créatures organisées, considérons qu'elles reçoivent des impulsions toutes différentes de la nature. Le seul mouvement circulaire est capable de produire la nutrition, l'intus-susception, ou les formes organiques d'un corps *individuel*, parce qu'il est congrégatif; il amasse ou incorpore la plus grande quantité des matériaux divers pour les mixtionner et les unir en un individu d'ordinaire de formes arrondies. Au contraire, le mouvement en lignes droites est séparatif, il ne peut former des masses que par apposition extérieure ou juxta-position; il ne compose que des figures planes ou droites, ou angulaires.

Telle est en effet, la véritable distinction entre les minéraux et les corps vivans. Les premiers, formés par des impulsions en lignes directes, ne constituent que des cristaux anguleux par l'accession de molécules superposées suivant certaines rangées, ou lames et assises, comme sont les sels. Mais dans un corps organisé, toutes les nourritures attirées dans l'intérieur s'y digèrent, s'y mixtionnent, s'y assimilent, s'y élaborent, puis sont distribuées aux diverses parties du tout, par rapport à l'unité, au foyer central.

Aussi tous les corps organisés affectent la forme ronde, ou en dérivent généralement dans leur croissance. Tous commencent par la forme sphérique dans l'œuf, la graine, le germe, quels qu'ils soient, et en se déployant, ils forment l'ellipse, le cône, le cylindre, etc., toutes figures engendrées de la sphère.

En effet, le seul moyen d'établir l'harmonie et l'équilibre des élémens pour constituer la vie, ou l'unité, ne pouvoit être qu'un mouvement central, circulaire, centripète qui les rattachât en un corps individuel. De là vient la nécessité continuelle d'absorber ou de se nourrir, tandis que d'autres molécules, s'échappant de ce tourbillon vital, après avoir subi des décompositions qui les rendent impropres à soutenir ce concert d'action, deviennent les excrétions naturelles. Ainsi s'opère, par la continuité de ces actes, l'accroissement d'une part et le décroissement de l'autre, de telle sorte que si la révolution vitale ou centralisante est plus rapide et plus forte comme dans la jeunesse, l'animal et le végétal s'accroissent, tandis qu'ils décroissent par une raison contraire quand ce mouvement organique diminue.

Il est donc tout naturel que l'être vivant tende sans cesse à son agrandissement, car ce mouvement centripète inspire nécessairement l'amour de soi, de sa conservation, cet égoïsme natal qui est de l'essence de toute créature, le ressort sans lequel elle ne sauroit subsister. Plus ce tourbillon se resserre comme dans la vieillesse, plus on devient surtout avare, intéressé à conserver ses acquisitions, tandis qu'il est plus ample, plus libéral dans la force et la chaleur de la jeunesse, car alors il répare plus facilement ses pertes.

Et la plus grande merveille qui résulte de ce mouvement centripète est l'équilibre nécessaire des élémens, dans leur concours, de telle sorte qu'ils se balancent sans cesse : le jeu de la vie ne pouvant subsister sans ce système harmonique. Dans le minéral, tel que la pierre ou un métal, chaque molécule placée l'une à côté de l'autre, n'a pour sa voisine qu'une cohésion de juxtà-position ; elle peut subsister isolée ; elle a sa force propre ou son existence dans elle seule. Une masse brute ou minérale est ainsi une république de milliers de molécules, toutes indépendantes, qui peuvent être rapprochées ou séparées sans qu'il en résulte de changement essentiel dans leur état. Au contraire, dans le corps organisé, chaque molécule est étroitement associée au tout et y exerce un emploi quelconque ; elle fait partie intégrante du système et le soutien de sa force ; sans lui elle rentreroit dans la nullité, ou l'isolement, comme la molécule minérale. Ainsi c'est donc le concours central et uniforme d'une multitude de molécules combinées en une étroite communauté, par le moyen de ce mouvement circulaire, qui constitue l'organisme. Une partie séparée d'un corps vivant meurt et se décompose, pour l'ordinaire, tandis qu'un fragment de roche subsiste quoique séparé. Les molécules d'un corps vivant ne possèdent donc pas leur vie en propre, mais elles l'ont cédée au tout et n'obéissent plus aux attractions, aux lois de la matière brute. Elles sont tellement entrelacées, mixtionnées, rattachées au foyer vital qui les gouverne, que toute leur force est cédée à ce centre. Il en résulte unité d'action et de vouloir, comme dans un gouvernement monarchique absolu, toutes les volontés se trouvent réunies dans la personne qui tient les rênes de l'état, et chaque sujet ne reçoit son emploi et ses attributions que du gouvernement, chacun selon son rang et sa subordination.

Par ce moyen, toutes les parties du corps vivant sont retenues, comme au moyen de fils, au centre qui les meut; il s'établit une hiérarchie de fonctions, et des systèmes ou départemens coordonnés par rapport au total. Par-là, tout conspire et s'entretient l'un à l'aide de l'autre; nulle partie ne vit pour elle seule, mais rapporte son existence au centre. Le sang, la séve, ou ce qui en tient lieu, traversant sans cesse l'économie, répand partout l'unité, la vitalité; il falloit cet accord et ce consentement universel pour maintenir l'existence de l'individu.

N'est-ce pas, en effet, le résultat de cette tendance à l'unité, suite du mouvement circulaire, qui aspire nécessairement à se rétablir lorsqu'il est gêné, ou dérangé? Tout de même que des balances agitées, reviennent spontanément à l'équilibre parce que leurs plateaux se contre-pèsent également; il faut aussi que les divers systèmes d'organes du corps vivant, dérangés par quelque effort qui les rend malades, qui trouble leurs correspondances harmoniques, retournent, par leur propre tendance, à leur équilibre antérieur. C'est ce qu'on observe dans les crises des maladies, dans les directions salutaires de la vie qu'on attribue aux forces médicatrices de la nature, à un instinct conservateur.

De quelque part qu'émane le mouvement vital, on ne peut pas s'empêcher de reconnoître toutefois qu'il est produit ou assisté par une intelligence très-sage, soit pour accommoder avec tant de génie les diverses pièces de l'organisation des animaux et des plantes relativement au tout, soit pour diriger les actes de leur vie sur la terre par des instincts innés, des impulsions autocratiques très-surprenantes. Toute explication de ces phénomènes, sans une intelligence directrice, seroit non-seulement insuffisante, mais même absurde, puisqu'il faudroit faire émaner cet esprit de sagesse et de prévoyance, pour la création et la perpétuité des êtres, de matériaux bruts, insensibles. Aussi quoique la chaleur nous paroisse être le principe excitateur de la vie et de ce mouvement circulaire qui la maintient dans les corps organisés; quoique des inductions portent à penser que l'électricité joue un rôle dans le système nerveux des animaux, relativement à leur mobilité et à d'autres phénomènes (comme dans la torpille, les expériences galvaniques, etc.), il faut nécessairement reconnoître une intelligence providente, directrice de l'organisation, qui connoît les voies et les moyens pour atteindre son but, bien au-delà de ce que pourroient faire nos débiles et obscures conceptions. Elle conduit et gouverne avec une science infinie les actes vitaux en santé et en maladie, selon des voies qui nous sont inconnues. Aussi les anciens philosophes, les stoïciens par exemple, et Hippocrate suivant l'hypothèse d'Héraclite, n'hésitoient pas d'admettre *un feu intelligent*, directeur de l'économie animale et de toute organisation, comme il paroît être la source de tout mouvement dans l'univers.

Quelques opinions qu'on adopte sur la production des animaux et des plantes, elles se réduisent à deux principales. Il faut que la terre en ait développé les germes, ou qu'ils aient été apportés d'ailleurs sur le globe. Nous ne parlons point ici de la création de ces germes par la main de l'Être Suprême, car elle ne peut pas être contestée dans tous les cas. En effet, soit que la terre, l'air, l'eau, ou les cieux, etc., aient produit ces germes, leur organisation si sublime et si parfaite ne peut être que le résultat d'une puissance tout-à-fait intelligente et divine. J'en suis tellement convaincu, que rien ne me paroît plus absurde et extravagant que d'attribuer au hasard la formation des plantes et des animaux.

Il me paroît plus raisonnable de penser que tous les corps vivans ont pris naissance de la terre, plutôt que de les faire tomber soit des cieux, soit de quelque sphère, telle que la lune, le soleil, une comète, ou d'autres corps célestes; hypothèse qui n'a nul besoin d'être réfutée aujourd'hui.

Nous voyons que de l'eau exposée à une douce température, fourmille bientôt d'une multitude d'animalcules visibles au microscope; ensuite il se forme de petites végétations verdâtres qui s'agrandissent peu à peu. Ainsi cette eau qui étoit très-limpide d'abord, devient tout à coup un monde peuplé de végétaux et d'animaux. Il faut donc que la nature soit remplie de germes qui ne demandent pour pulluler que des conditions favorables, c'est-à-dire que de l'humidité et de la chaleur.

Si l'on refusoit d'admettre ces faits, nous demanderions comment pourroit s'expliquer autrement la population des végétaux et des animaux de tant de contrées, telles que les vastes solitudes de l'Amérique, de la Nouvelle-Hollande, et ces terres isolées, long-temps inconnues au sein de l'Océan; toutes sont pourtant peuplées de végétaux et d'animaux, qui étoient parfaitement ignorés du reste de l'univers. Chaque région a donc développé ses germes de vie, qui s'étoient formés sur le lieu même; car ils sont si évidemment autochthones, que plusieurs ne sauroient subsister sous d'autres climats.

Or ces germes infinis et invisibles qui sont répandus par toute la terre, ne sont que des particules de matières empreintes d'une force vivifiante, laquelle émane de la vie propre du globe terrestre. Seulement ces particules, ou germes, possèdent cette faculté vitale dans un plus haut degré que la masse brute : elles ont pour ainsi dire une existence particulière ; elles renferment sous un petit espace plus de cet esprit de vie ; de là vient que ces germes sont susceptibles d'organisation et capables de perpétuer leur durée par la reproduction, au moyen de la chaleur, de l'humidité et d'autres circonstances favorables.

Si l'on considère donc que la terre couverte d'eau, a été exposée aux rayons du soleil pendant une multitude de siècles, ses substances les plus échauffées par ses rayons et favorisées par l'humidité se seront peu à peu figurées; à l'aide de cette vie interne de la matière, elles auront donné naissance à une sorte d'écume ou de limon gélatineux qui a reçu graduellement une plus grande activité par la chaleur du soleil. Sans doute on vit paroître des ébauches informes, des êtres imparfaits que la main de la nature perfectionna lentement, en les imprégnant d'une plus grande quantité de vie. D'ailleurs la terre dans sa jeunesse, devoit avoir plus de sève et de vigueur végétative que dans nos temps actuels, où nous la voyons épuisée de productions. Le soleil et toutes les puissances actives du monde physique, avoient aussi plus d'énergie, parce qu'elles s'exerçoient pour la première fois et pour ainsi dire dans toute leur jeunesse.

Nous observons cette exaltation graduée de la vie dans les corps divers que nous présente la nature. La pierre brute passe par des nuances à la pierre cristallisée ; celle-ci remonte aux pierres fibreuses comme l'*amiante*; plus loin, nous trouvons les végétations minérales, telles que le *flos ferri*, ou les *ludus Helmontii*, les stalactites, ou même les dendrites, etc. Tout auprès, on peut placer les productions marines, telles que les madrépores, les coraux, les éponges ; ou les végétaux, tels que les champignons, les algues, etc. La nuance est donc bien prononcée, et montre une augmentation dans les facultés vitales.

Considérons, en effet, ce mouvement centralisant que nous avons dit être le principe de la vie ; il a pour objet d'agréger, de combiner, de mixtionner divers élémens, ou de les organiser intimement dans une sorte d'équilibre ou d'harmonie. Que ce mouvement centripète ou assimilateur cesse de rattacher en un corps individuel, les principes qui nous composent; aussitôt ceux-ci tendent à se disgréger, à s'écarter dans des combinaisons moins compliquées ; c'est ce qu'on observe dans la putréfaction plus ou moins rapide qui s'établit en tous les corps organisés, et cessant de vivre.

Ainsi le principe vital consiste donc dans cette force centralisante : le cœur, par exemple, rappelle à lui tout le sang des extrémités du corps, puis le renvoie ensuite à ces mêmes extrémités, pour les nourrir, les accroître, les réparer; il remplit la même fonction que le soleil, dans le système de notre monde; car cet astre dispense à toutes les sphères qui l'entourent, la chaleur et la vie; et les attirant à lui, il les retient, les attache dans leur orbite; il domine ainsi dans tout son système planétaire.

Mais nos règnes organisés sont en rapport avec les élémens de notre globe, qui étoient susceptibles de recevoir le mouvement centralisant ou vital. Il est évident que le règne végétal n'emploie guère que trois élémens, tels que le carbone, l'hydrogène et l'oxygène, ou l'*eau* et l'*anthracite* de la nature primordiale. Par l'accession d'un quatrième élément, savoir l'azote, la nature s'est élevée à la production du règne animal; de sorte que s'il n'existoit point d'azote dans notre sphère ou dans l'air qui l'environne, les animaux n'auroient pas pu être produits; mais s'il existoit un cinquième élément organisable, ou d'autres principes, nous aurions un règne de plus, des organisations plus compliquées encore qu'elles ne le sont.

Par-là, nous pouvons comprendre que la nature s'élève graduellement, du simple au plus composé, et qu'en d'autres planètes ou tout autre monde, elle emploie les élémens, et les coordonne relativement à l'astre qui les fournit.

Nous observerons encore que plus les combinaisons naturelles sont simples et formées seulement d'un ou deux principes, comme les substances minérales, les sels, etc., plus elles sont adhérentes ou fixes et déterminées, et par conséquent durables. Aussi les minéraux restent presque inaltérables pendant une longue série de siècles. Les végétaux constitués déjà de trois principes, ont une existence moins permanente, ils meurent et se désorganisent; mais les animaux composés au moins de quatre élémens, sont les plus destructibles; ils périssent aisément, et à peine sont-ils morts, qu'une prompte putréfaction sépare toutes leurs parties: ainsi le lien des combinaisons organiques est d'autant moins solide qu'il comprend un plus grand nombre d'élémens, et forme une structure plus complexe.

D'ailleurs, les fonctions vitales deviennent d'autant plus manifestes ou mieux développées, à mesure qu'elles composent une organisation plus perfectionnée. La pierre est insensible et inactive; la plante a déjà quelque activité spontanée dans sa croissance, dans les phases de sa végétation; certains végétaux manifestent même de l'irritabilité, comme la sensitive et les étamines de plusieurs fleurs; enfin l'animal devient d'autant plus sensible, plus délicat, plus susceptible d'intelli-

gence , que son organisation est plus accomplie. On en remarque d'admirables nuances de progression , depuis le polype jusqu'à l'homme.

Or, de quelle manière peut s'établir cette gradation merveilleuse qui fait sortir du sein de la terre des germes délicats de vie, pour les porter au faîte où nous voyons que la
nature est parvenue ?

Certes , il paroît bien évident que la continuité du mouvement centralisant ou vital , produit une plus haute élaboration
organique, favorisée par l'influence du soleil ou de la chaleur.

Voyez cette plante qui germe et sort de terre, elle n'offre
qu'une substance inerte et insipide ; elle n'est propre à rien
encore, mais peu à peu le travail centralisant de la vie accumule vers son extrémité des principes plus élaborés et plus
vivifians; sa substance médullaire donne naissance à des germes; il se développe une fleur et des fruits savoureux , des
semences contenant les élémens de nouvelles créations.

Pareillement dans les animaux , le faîte de leur élaboration
vitale , et leurs organes les plus empreints de la puissance active de la vie, qui sont le système nerveux, sont situés à la
partie supérieure et antérieure de leur corps , à la tête et au
dos , tout comme les organes de la fructification chez les végétaux, sont placés à leur sommet.

Qui détermine donc cette situation des organes les plus
élaborés ou les plus vivifiés, vers les parties supérieures du
végétal , et la tête de l'animal? N'est-ce point à cause qu'elles
sont les plus immédiatement exposées aux influences vivifian-
tes du soleil? Il exalte, et en effet, favorise extrêmement l'é-
laboration organique , comme il développe aussi les qualités
sapides et odorantes, comme il colore plus fortement les parties des végétaux et des animaux, qui lui sont soumises ; enfin
comme il exalte à l'excès l'imagination des hommes , sous
les climats chauds.

Or, par la continuité de ces influences , les êtres organisés
doivent aspirer à s'élaborer successivement; car toute production organique se développe par degrés. Certainement ,
l'existence des animaux suppose celle des plantes qui préparèrent dans l'origine la première nourriture à ces êtres animés , puisqu'ils avoient besoin de tirer de quelque part leur
subsistance. Pareillement l'existence du végétal présuppose
celle de la terre et de l'eau, sans laquelle rien ne végète. La
première élaboration des matériaux bruts du règne minéral
dut donc être la végétation , et celle-ci présentant ses combinaisons au règne animal , celui-ci dut porter plus haut le degré d'organisation , par la continuité du travail centralisant
et assimilateur de la vie. L'on observe même que les animaux

vivant d'autres animaux, s'élèvent à un ordre de perfectionnement supérieur à celui des races herbivores dont ils font
leur proie ; enfin, l'homme profitant de tout ce que les deux
règnes présentent de plus élaboré, soit dans les fruits et semences des végétaux, soit dans les chairs et les sucs des animaux, perfectionnés encore par l'art culinaire, devient l'être
le plus accompli de toute la nature, dans son organisation,
dans le déploiement de son système nerveux et cérébral, ou
dans sa sensibilité et son intelligence.

C'est ainsi que la nature a dû s'élever graduellement au
faîte auquel nous voyons qu'elle est parvenue depuis long-
temps ; mais comme elle ne possède point un plus grand nombre d'élémens organisables ; comme le lien circulaire de la
vie étreint à peine les principes constituans du corps humain,
lorsqu'ils acquièrent le faîte de leur élaboration organique,
il paroît que la nature, sur notre terre, ne sauroit s'élever désormais au delà de la production de l'homme, dans son espèce
blanche, surtout. En effet, il est déjà l'être le plus maladif, le
plus prompt à se détruire et à se corrompre (au moral aussi
bien qu'au physique), de toutes les créatures. Plus il se perfectionne, plus il devient délicat, frêle, susceptible de se
consumer de fièvres malignes et nerveuses, par cet excès d'é-
laboration vitale et de développement intellectuel qui en est
le résultat.

On peut donc considérer notre globe comme une sorte de
grand polypier dont les êtres vivans sont les animalcules. Nous
sommes des espèces de parasites, des cirons, de même que
nous voyons une foule de pucerons, de lichens, de mousses,
et d'autres races qui vivent aux dépens des arbres. Nous sommes formés de la fange même de la terre. Les facultés que
Dieu a données à cette matière, se sont exaltées et modifiées
successivement, jusqu'à la production terminale de l'espèce
humaine ; ainsi nous tirons notre vie et nos forces de la
terre (1).

La génération des êtres les perpétue suivant les lois de leur
formation originelle ; car, de même que la nature passe graduellement d'une ébauche imparfaite à un corps bien perfectionné, ainsi les élémens destinés à un nouveau corps, ne
sont d'abord qu'une liqueur plus ou moins épaisse, et douée
d'une certaine faculté vitale ; mais cette liqueur s'organise
peu à peu, s'enrichit de nouveaux organes, et s'empreint par
nuances successives de l'esprit vivificateur.

---

(1) Dixit quoque Deus : producat terra animam viventem in ge-
nere suo, jumenta et reptilia, et bestias terræ, secundùm species suas.
Et factum est ita. *Genes.* c. 1, vers. 24.

Article IX. *De la Formation successive des créatures vivantes.*

Tous les animaux, toutes les plantes ne sont que des modifications d'un animal, d'un végétal originaires. On peut suivre, dans la composition de leurs organes, toute la chaîne de leurs ressemblances. Prenons l'homme physique, l'arbre le plus parfait, pour exemples. Si nous dégradons le premier, couche par couche, si nous déformons peu à peu toutes ses parties, nous en tirerons toute la série des animaux, et nous le réduirons enfin au terme le plus simple, au type primitif de l'animalité. Nous en ferons de même dans le végétal. Il est donc visible que cette complication d'organes qu'on observe dans les êtres les plus parfaits, n'est produite que par une progression successive, une espèce de maturité organique, un développement continu. Le règne animal n'est, en quelque sorte, qu'un animal unique, mais varié et composé d'une multitude d'espèces, toutes dépendantes de la même origine. De même le règne végétal ne forme qu'un végétal unique, et l'on peut dire que les animaux sont tous frères, comme les plantes sont toutes sœurs (1).

Cette chaîne admirable d'organisation dans les animaux et les plantes, s'observe de même dans la génération de chaque individu. L'embryon du quadrupède, par exemple, dans

---

(1) Antoine Vallisneri ayant fait ses beaux travaux sur la génération, n'osoit pas les publier (quoique dédiés à l'empereur des Romains, et approuvés par lui); il craignoit, d'après l'exemple de Galilée, qu'on ne lui permît pas d'avancer l'idée, alors nouvelle, qu'aucune génération n'étoit spontanée, et que les plus vils insectes même étoient créés par Dieu. Bien que ce sentiment fût très-religieux en lui-même, il s'adressa à un savant théologien de Pavie, l'un de ses amis, le P. Tonti, pour qu'il lui découvrit quelque moyen d'éviter l'inquisition. Ce bon religieux lui dit qu'il trouveroit dans les Pères de l'Eglise, tout ce qu'il lui faudroit. En effet, il prit plusieurs passages de St. Augustin, dans lesquels il semble que cet éloquent évêque d'Hippone, ait reconnu la préformation originelle de tous les germes des créatures vivantes. Ainsi, ce Père écrit sur la Genèse : *Unde Deus nullam amplius creaturam instituens, sed ea, quæ omnia simul fecit, administratorio actu gubernans et movens, sine cessatione operatur, simul requiescens et operans.* De là, le P. Tonti conclut que St. Augustin a reconnu que tout avait été créé dans l'origine, et que tout ce que nous voyons depuis ce temps, n'est que le résultat du développement du plan primordial. Et le P. Tonti s'étonne même que St. Augustin, par la force de son génie, ait pu prévoir les belles découvertes de Leuwenhoëk et des autres micrographes, sans avoir l'idée du microscope; car l'évêque d'Hippone s'explique ensuite en ces termes : *Sicut enim in ipso grano invisibilia erant omnia simul, quæ per tempora, in arborem surgerent, ita et ipse mundus cogitandus est, quam Deus omnia simul creavit.*

le premier moment de la fécondation, n'est qu'une gelée vivante fort approchante de la substance des polypes, et de la glaire organisée des zoophytes. Quelques jours après, les premiers rudimens de ses membres le rendent semblable aux vers et aux autres animaux de cette famille. Bientôt il acquiert des facultés vitales analogues à celles des larves d'insectes, ou des mollusques. Il passe ensuite à un état semblable à celui d'un poisson, et il nage de même dans une liqueur. Dans les premiers momens de sa naissance, il n'a guère que la vie lente et obscure d'un reptile, et comme lui, le jeune animal se traîne à peine sur la terre; enfin, il monte au rang que lui prescrit la nature. Il en est de même des végétaux. Les jeunes animaux et les plantes nouvelles sont d'une complexion molle, humide, spongieuse; et les vieux végétaux, comme les animaux âgés, sont d'un tempérament aride et dur. De même, les animaux les plus imparfaits, tels que les polypes, les vers, les mollusques, etc., ainsi que les plantes les plus simples, comme les champignons, les mousses, les liliacées, etc., sont d'une constitution fort humide et mollasse. Au contraire, les oiseaux et les quadrupèdes, les arbres et les arbrisseaux sont d'une consistance ferme et solide. Les animaux et les végétaux les plus simples représentent ainsi la jeunesse de la nature vivante, tandis que les animaux et les végétaux les plus compliqués en représentent la vieillesse.

Chacune des classes de ces deux règnes organisés nous offre l'échelle de la vivification de la matière. En effet, la vie, si obscure dans les premiers des êtres, se développe et s'agrandit à mesure qu'on passe dans des espèces plus perfectionnées. Les plantes n'ont qu'une vie végétative, les animaux imparfaits semblent plus végéter que sentir; enfin, les races les plus parfaites vivent, sentent et connoissent. Plus la puissance vitale se concentre et ne forme qu'un tout absolu, plus elle se perfectionne, plus elle s'enrichit d'organes. Les êtres tendent tous à leur perfection vitale; ainsi chaque individu reçoit un plus grand développement de facultés, à mesure qu'il s'avance en âge. De même les êtres les plus imparfaits aspirent à une nature plus parfaite; c'est pourquoi les espèces remontent sans cesse à la chaîne des corps organisés, par une sorte de gravitation vitale. Par exemple, le polype tend à la nature du ver; celui-ci tend à l'organisation de l'insecte; l'insecte aspire à la conformation du mollusque; celui-ci tend à se rendre poisson, et ainsi de suite jusqu'à l'homme; comme on peut dire que le singe aspire par des modifications successives, à l'organisation du nègre, et le nègre tend à celle du blanc. Chez les plantes, on observe la même gravitation, parce que la nature aspire toujours à la perfection de ses œuvres.

Il paroît donc manifeste que les êtres les plus parfaits sortent les moins parfaits, et qu'ils ont dû se perfectionner par la suite des générations. Les animaux tendent tous à l'homme, les végétaux aspirent tous à l'animalité ; les minéraux cherchent à se rapprocher du végétal. Mais plus la matière devient vivante, plus elle retombe aisément dans la mort, parce qu'elle a plus d'unité, et qu'on peut la détruire d'un seul coup. Au contraire, les animaux très-imparfaits, comme les polypes, les vers, sont les plus féconds de tous. Ils ont même des forces vitales si adhérentes, qu'ils vivent encore après avoir été partagés, qu'ils reproduisent leurs parties retranchées par le fer, qu'ils se multiplient même en autant d'individus qu'on les divise, témoins les hydres, les actinies, etc. Les végétaux eux-mêmes ont une vie très-tenace, ils se reproduisent par boutures, par surgeons, par caïeux, et par une foule d'autres moyens, outre la greffe et les semences. Les espèces d'êtres les moins favorisés du côté de l'intensité de la vie, en sont dédommagés par sa fécondité. L'homme est bien plus facile à tuer que le ver de terre, toute proportion gardée. Si nous avons plus d'intelligence et de sensibilité que le poisson, il est mille fois plus prolifique et plus vivace. Les animaux imparfaits, les végétaux ont plus de vitalité physique ; nous avons plus de vie sensitive et morale. Nous usons principalement notre vie par les nerfs et le centre cérébral ; les animaux usent la leur par la génération et la nutrition.

Chaque être a donc une dose égale de vie, mais chacun la consomme à sa manière. Plus la vie s'emploie à l'extérieur par la sensibilité et l'intelligence, plus les organes intérieurs s'amortissent ; les animaux vivent beaucoup dans l'intérieur, aussi sont-ils plus robustes, plus féconds, plus exempts de maladies et d'infirmités que l'homme. A mesure que celui-ci existe davantage par la pensée, le sentiment, les affections extérieures, ses organes internes s'affoiblissent et ses forces physiques diminuent.

On observe ainsi plusieurs ordres de vie : 1.º Celle de l'intelligence qui appartient à l'homme ; 2.º celle des sensations qui est l'apanage des animaux ; 3.º celle de nutrition ou des facultés végétatives qui est particulière aux plantes, quoique les animaux en soient aussi pourvus. Mais toutes ces sortes de vies émanent d'une source commune, de l'âme du monde ou de l'esprit de Dieu ; c'est pour cela qu'on a dit qu'il remplissoit le monde, qu'il existoit en tous lieux ; que nous vivions et respirions en lui seul. Nos âmes ne sont même que des parcelles de cette âme de l'univers, qui établit partout la concorde et l'harmonie.

Il est évident que la nature ayant créé une série de plantes et d'animaux, et s'étant arrêtée à l'homme qui en forme l'extrémité supérieure, elle a rassemblé en lui seul toutes les facultés vitales qu'elle avoit distribuées aux races inférieures. L'homme possède donc l'extrait de toute la puissance organisatrice; c'est dans son cerveau que vient aboutir l'intelligence divine qui a présidé à la formation des êtres. C'est pourquoi l'homme est capable de connoître tout ce qui est au-dessous de lui; car il n'a besoin alors que de faire retourner l'intelligence sur la route qu'elle a suivie dans l'organisation des corps. Ce n'est en quelque sorte qu'une reminiscence de l'âme, puisqu'elle a passé successivement par toutes ces filières animales pour arriver jusqu'à l'homme. Nous n'avons donc besoin pour connoître, que de développer la faculté pensante qui est en nous; elle contient en elle-même tous les élémens des sciences humaines. Ce développement régulier est ce que nous nommons *raison*, qui se trouve dans tous les hommes, bien qu'elle ne se développe point également chez tous.

Si c'étoit ici le lieu, nous montrerions encore que l'âme aspirant à s'élever, le corps à se rabaisser, toutes les parties inférieures des animaux tendent principalement à la vie physique et brutale, telle que la nutrition et la génération; tandis que les parties supérieures, contenant l'arbre des nerfs, les sens et le cerveau, tendent surtout à la vie morale et intellectuelle. Je représenterois encore que les animaux l'emportent par la vie brute, et les hommes par la vie intelligente; que les animaux diminuent d'autant plus la première de ces vies, à mesure qu'ils se rapprochent davantage de l'humanité. Il seroit facile de concevoir encore que si la nature créoit un jour des êtres au-dessus de l'homme, ils auroient nécessairement plus d'énergie intellectuelle et moins de vitalité brute, de même que nous voyons l'inverse dans les êtres inférieurs à nous, en commençant même par le nègre. Il peut exister dans les pensées de la nature, de ces êtres supérieurs à l'homme, que toutes les nations du monde ont admis sous le nom de génies, de démons, d'esprits, d'anges, etc.; ce qui nous annonce que l'âme humaine aspire par toute la terre vers un état plus parfait, et cherche à remonter la longue chaîne des existences possibles jusqu'au trône de la Divinité. Nous ne sommes, en effet, que des ébauches d'un type plus parfait, tout comme les animaux ne sont que des ébauches successives des hommes imparfaits, et les plantes ne sont que des ébauches d'animaux, ou la trame première de leur organisation.

ARTICLE X. — *Des espèces créées ; si elles sont immuables ; et de leurs relations réciproques.*

Nous avons reconnu que toutes les parties de l'univers, se coordonnant nécessairement l'une par réciprocité avec l'autre, devoient composer un système qui s'enchaîne par des connexions multipliées. Notre globe, en particulier, ne possédant qu'un nombre déterminé d'élémens organisables, ne devoit donc donner naissance qu'aux seuls règnes susceptibles d'en être constitués. De plus, il ne pouvoit subsister que des formes de créatures parfaitement correspondantes avec les milieux comme l'air ou l'eau que présente la surface terrestre. Enfin, il étoit également indispensable que les créatures se proportionnassent avec les climats, les saisons et les autres influences générales qui dépendent de la constitution de notre sphère, dans ses rapports avec notre système planétaire.

On voit donc que rien ne peut être le résultat du hasard ou d'une volonté arbitraire, mais tout est l'enchaînement nécessaire de plusieurs causes, puisque la vie, la composition des êtres organisés, dépendent du nombre des élémens et de leur correspondance avec les puissances cosmiques de notre planète.

Et de plus, cette nécessité qui a déterminé les formes des créatures, manifeste tant d'intelligence et de sagesse pour leur coordination, qu'on reconnoît surtout dans elle les lois d'un suprême artisan.

Il faut comprendre, en effet, que tous les êtres vivans et végétans, ne pouvant être considérés que comme des parasites du globe, doivent se mettre en rapport avec les lieux dans lesquels ils sont placés, sous peine de périr. Or, les espèces se maintiendront constantes et dans leurs limites et leur genre de vie, tant que les circonstances où elles subsistent continueront de rester les mêmes. Nous ne parlons pas ici des petites variétés que la culture des végétaux, la domesticité des animaux, introduisent en quelques races ; nous ne traiterons pas aussi des diversités de taille, de couleurs et de quelques autres modifications superficielles résultantes d'un changement de sol et de climat. Ces légères altérations ne dénaturent pas le type originel de l'espèce, puisqu'elle retourne d'elle seule à sa forme primordiale, lorsqu'on cesse de la contrarier, comme une branche pliée qui se redresse par son propre ressort.

Il y a donc des espèces déterminées, parce qu'il existe, dans la constitution de notre globe, une série régulière et ordonnée de forces et de mouvemens entre les principes qui le composent. Mais par la même raison, si ces élémens et

leur action venoient à changer, ou s'ils ont jamais changé
dans la longue carrière des siècles, force fut ou seroit que les
espèces créées se missent en harmonie avec l'état du monde
qui les nourrissoit, et où elles ont dû s'étendre. Certes, où
trouveroit-on aujourd'hui des alimens pendant neuf mois de
rigoureux hiver, chaque année, en Sibérie, pour les éléphans
dont cette contrée recèle tant d'ossemens? Que sont devenues
ces races étranges d'énormes quadrupèdes dont on a, de nos
jours, exhumé les squelettes, et que nuls regards humains
n'ont contemplé e s vivantes dans les profonds abîmes des âges
de notre globe? Quand même l'empire de la vie n'auroit subi
aucun ravage du temps et des révolutions de notre planète,
ne pourroit-il pas recevoir des atteintes? N'avons-nous pas
montré (article Espèce) que l'homme avoit exterminé plusieurs races d'animaux; que d'autres, trop mal armées ou
trop lentes, comme l'aï ou le paresseux, étoient sur le point
de disparoître; que des irruptions de l'Océan, que des îles
englouties et submergées sous les ondes pouvoient anéantir
à jamais des espèces de plantes et d'animaux rares et inconnues partout ailleurs?

Mais si la population de la nature éprouva de formidables
catastrophes, ne pourroit-elle pas ressaisir un jour sa florissante fécondité, recréer des races pleines de vivacité, de
jeunesse pour bondir sur la terre et peupler ses solitudes, loin
de l'empire malfaisant de l'homme, leur éternel oppresseur?
C'est ainsi que les hippotames, les giraffes vont se dérober à
nos déprédations dans le cœur de l'ardente Afrique, comme
les baleines cherchent des asiles de paix entre les glaces inaccessibles des pôles.

Toutefois, nous voyons bien la possibilité des destructions, mais non pas celle de la création actuelle de nouvelles
espèces, tant que les circonstances où nous vivons ne chan-
geront pas. Il peut s'établir des races mixtes ou hybrides, à la
vérité, par le mélange des espèces voisines; mille variétés
peuvent devenir plus profondes et plus durables par la continuité des causes qui les ont produites; les modifications intermédiaires, surtout parmi de petites espèces multipares et
voisines, peuvent se diversifier indéfiniment dans la longue
course des siècles, mais toutes seront arrêtées entre certaines
limites par ce concours réglé des causes premières qui ne permet ni aux monstres de subsister, ni à la nature d'outre-
passer sa sphère d'organisation.

En s'élevant jusqu'à la production de l'homme, la nature
nous semble avoir accompli toutes ses œuvres compatibles
avec le système actuel de notre globe. Il est facile d'observer
dans l'universalité des créatures, des rapports mutuels qui

les réunissent en une sorte de confédération ou de république, de sorte qu'ils paroissent évidemment ordonnés, les uns relativement aux autres. Le règne végétal, préparateur des substances terrestres, semble les approprier à la nourriture d'êtres plus perfectionnés dans l'échelle de la vie ; il offre des alimens simples aux animaux herbivores; ceux-ci présentent une proie plus élaborée pour la subsistance des carnivores; enfin, l'homme choisit, au milieu de la création, les nourritures les plus délicates et les plus exquises pour sa sustentation ; comme étant le chef et le roi de tous les êtres, il a droit égal sur chacun d'eux.

Et d'ailleurs chaque créature s'entretient par d'autres ; l'animal qui meurt lègue ses dépouilles comme une restitution de justice, à ces mêmes herbes dont il fit sa pâture. Si l'on demande à quoi servent tant de vermisseaux rampans dans la vase des mers, nous y reconnoîtrons la nourriture inépuisable des poissons qui viennent ensuite honorer nos tables ou servir aux festins de tant d'autres êtres. Les débris putréfiés de tous les végétaux deviennent l'opulente pâture de millions d'insectes ; ceux-ci à leur tour sont la manne que la prévoyante nature multiplie pour l'existence des oiseaux ; il n'est pas une mousse, pas un chardon qui n'aient ainsi leur destination dans l'engrènement des rouages de l'univers. Tel être inférieur qui nous paroît superflu, devient ainsi l'utile élaborateur de matériaux qui, sans lui peut-être, fussent restés inactifs sur le globe ; ce qui eût été imperfection ou impuissance de la nature.

Il est donc manifeste que tel puceron destiné à pomper le superflu de la séve de telle plante, doit nourrir telle sorte de coccinelle qui sera la proie, à son tour, d'un autre animal insectivore, lequel fournira l'aliment d'une autre créature. Ainsi les êtres qui nous paroissent nuisibles sont utiles sous des rapports différens. La nature a-t-elle créé, dira-t-on, ce globe plutôt pour des ronces ou la ciguë, ou pour les serpens et les scorpions que pour l'homme ? Nous répondrons que la nature a dû se montrer équitable ou proportionnée pour tous les êtres, puisqu'elle les a tous créés également. Elle les a trouvés, sans doute, chacun nécessaires en leur genre, bien que nous ne voyions pas toujours le pourquoi ni le comment de chaque chose. Donc elle devoit veiller à l'existence de la ciguë et à celle de l'homme, chacun suivant son rang, sa destination, c'est-à-dire, selon l'intérêt du bien total auquel doivent concourir toutes les créatures.

Nous trouvons fort bon que le froid vif d'un hiver fasse périr force chenilles et hannetons qui rongent nos arbres fruitiers ; mais les animaux ne pourroient-ils pas également, et à aussi bon droit, trouver fort équitables ces famines, ces pestes, ces guerres qui retranchent cette multitude d'hommes rapaces et féroces devenus la désolation, la ruine de toutes les autres créatures qu'ils ravagent sans pitié? Notre destruction est un répit, un bénéfice pour elles; car plus la race humaine est nombreuse, plus elle fait la guerre, pour subsister elle-même, aux animaux et aux végétaux; elle les affame, les extermine, en sorte que dans cette république universelle, plus l'homme, tyran et dominateur, se multiplie, plus il est forcé que le bas peuple des autres espèces pâtisse et diminue.

Or, moissonner une grande partie du genre humain, qu'est-ce autre chose, pour la nature, que rétablir l'équilibre des droits nationaux, cette liberté originelle dont jouissoit jadis chaque citoyen du globe, dans ses asiles solitaires, avant qu'il fût opprimé sous notre empire? Jamais la hache n'avoit frappé ces vénérables géans des forêts; jamais le fer et la flamme n'avoient été portés dans le cœur des animaux pendant les premiers âges du monde. On verra donc, à bien examiner, que la ruine ou du moins la répression de notre espèce ne fait que rendre une justice distributive équitable, et par-là même, conforme aux lois éternelles du Créateur.

L'homme en murmure, on doit s'y attendre; mais la nature impassible, et équitable mère, ne devoit-elle pas avoir égard aussi aux tourmens du bœuf misérable, de la brebis innocente que nous égorgeons pour vivre? Doit-elle être toujours pour l'oppresseur contre la victime? A-t-elle donc à jamais créé tous les êtres pour nous les immoler sans cesse? Où seroit sa bonté, sa justice? N'en reconnoissons-nous que dans ce qui fait notre bien, ou que pour nos seuls intérêts?

Oui, la peste devient elle-même une sévère, mais équitable justice, une compensation manifeste, le rétablissement nécessaire des droits de tous, puisque les autres créatures sont impuissantes contre nous. Les fléaux des guerres, ces révolutions sanguinaires qui s'allument au sein des grands peuples, qui renversent les plus florissans empires, sont des événemens d'une fatalité nécessaire, comme des maladies de pléthore dans les corps trop nourris : l'homme, suprême arbitre des êtres vivans, sait bien porter le ravage sur les races qui s'accroissent trop, qui menacent d'envahir le domaine et la nourriture des races voisines; mais ce maître de la terre, qui réfrénera sa puissance, aspirant, de même que toutes les autres, au despotisme, quand elle cesse d'être contre-balancée? Il faut donc que ce soient la famine, la fuite ou la dispersion de tous les êtres destinés à notre sustentation; enfin, ce seront les maladies contagieuses, ces affections d'autant plus multipliées et plus funestes qu'elles sévissent dans les populations les plus

nombreuses , les plus entassées au milieu des villes opulentes
et policées. Que l'homme se plaigne de voir la peste même
entrer comme élément dans les desseins de la nature , qu'il
se révolte contre cette idée , en sera-t-on surpris? Les maux
le frappent ; c'est la verge qui le corrige , et comme tous les
maîtres , il ne peut supporter le châtiment; mais plus on exa-
minera ces faits, plus on les trouvera conformes à la loi universelle qui doit maintenir l'équilibre , ou une sorte de droit
proportionnel à vivre, pour tous les êtres émanés du Créateur.

Il sera facile de reconnoître , dans l'établissement des venins ou des êtres empoisonnés , encore une loi d'équilibre
qui maintient les limites entre les créatures ; ils deviennent ,
dans la république universelle, ce que les prohibitions et les
défenses de certaines consommations sont dans la plupart des
états les mieux civilisés. Nos téméraires désirs , ne considérant que nous seuls pour centre , nous font ainsi méconnoître
ces desseins profonds qui maintiennent l'harmonie de tous les
êtres par des voies que nous blâmions ; mais elles ne sont pas
moins les seules convenables à l'ordre général de la nature.

ARTICLE XI. — *Des rapports d'organisation des espèces entre
elles , ou des familles, des genres naturels ; impossibilité des générations par hasard.*

On ne peut douter que les êtres n'aient eu une commune
origine, quand on considère leurs ressemblances. Voyez toutes
les espèces de rats , de souris, de loirs , de campagnols , de
muscardins , etc. ; à quelques nuances près de grandeur , de
couleur, et d'autres caractères superficiels, ce sont absolument les mêmes animaux dans l'intérieur, et même par leur
genre de vie. On conçoit que ces légères différences ont pu
être produites par mille circonstances dans le principe de la
formation de ces animaux ; c'est ainsi que l'abondance de la
nourriture aura pu donner plus de grosseur à certaines races ;
la lumière , le froid, la chaleur, l'humidité , les climats auront pu faire varier beaucoup toutes ces générations primitives. De même le chat, le lynx, la panthère , le léopard, le
tigre , le lion , appartiennent absolument à la même tige originelle ; ils ont les mêmes caractères ; tous voient clair de
nuit ; tous ont des ongles crochus, rétractiles ; tous ont les
mêmes intestins , la même vigueur, la même souplesse
de membres , le même instinct sanguinaire et violent. Parmi
les oiseaux , on observe de pareilles analogies ; car les moineaux , les pinsons, les verdiers, les serins, les chardonnerets, etc., n'ont rien de différent entre eux que les couleurs
du plumage , la taille , et quelques habitudes particulières ; au
fond ce sont les mêmes oiseaux. Nous voyons cette ressem-

blance aussi bien prononcée parmi les végétaux : en effet les graminées, telles que les *poa*, les *briza*, les *avena*, les *hordeum*, les *aira*, les *holcus*, etc., se ressemblent si fort, que la plupart des hommes les confondent sous les noms communs *d'herbe* et de *foin*. Tous les champignons, toutes les papilionacées, tous les becs-de-grue, toutes les ombellifères, les liliacées, les composées, les labiées, offrent encore la preuve la plus complète de cette vérité : et parmi les insectes, tous les papillons, toutes les familles de punaises, de mouches, d'araignées, etc.

La nature n'a donc eu besoin que de varier un peu les diverses générations d'une même plante, d'un même animal, pour en créer une multitude d'êtres voisins que nous nommons *espèces*. Les variations les plus remarquables sont pour nous des genres, des familles, des classes, et tout cet échafaudage de méthodes inventées par l'esprit humain pour lui faciliter la connoissance des objets, mais qui ne sont nullement l'ouvrage de la nature. Avec un seul oiseau, la nature a pu créer par des modifications successives tous les autres oiseaux. Une seule graminée a pu être transformée par la puissance divine en tous les gramens possibles, dans la suite des temps et l'influence des circonstances. Nous en dirons autant pour toutes les races de plantes et d'animaux qui peuplent notre monde. La nature n'a produit d'abord qu'un animal, qu'un végétal très-simple, qu'elle a variés à l'infini, et compliqués par nuances jusqu'aux plus parfaites créatures.

Cette filiation, si bien manifestée par leurs ressemblances fraternelles, sert encore à démontrer qu'aucun animal ni aucune plante n'est créé au hasard, mais qu'ils sont tous enfans d'une même origine, coordonnés les uns par rapport aux autres, comme les diverses pièces d'un immense édifice. De là se prouve évidemment l'impossibilité des générations fortuites ou résultantes d'un hasard équivoque, sans prévoyance. Cette vérité capitale si souvent contestée, même aujourd'hui, par quelques naturalistes, n'a besoin que d'être mise en son jour ici, pour qu'elle éclate à toutes les intelligences.

Si un animal pouvoit être produit par des matières putréfiées, qu'auroit besoin la nature d'employer tant d'appareils pour l'acte de la reproduction ? Pourquoi ces deux sexes, ce merveilleux artifice de tant d'organes et de vaisseaux pour sécréter, préparer, verser des liqueurs fécondantes ? D'où viendroit la nécessité de ces méandres, de ces labyrinthes, pour élaborer, approprier, perfectionner ce liquide vivifiant, l'extraire du sang, l'imprégner du fluide nerveux afin de lui imprimer le plus haut degré d'énergie vitale ? Que sert donc toute cette pompe superflue, tous ces organes consacrés à la reproduction ? la chose se fera bien plus simplement et plus brièvement avec un peu de poussière délayée dans de l'eau, d'où naîtront des grenouilles, ou avec des débris d'une charogne, d'où pulluleront des légions d'insectes.

Quelle inutilité donc à la nature, ou, s'il est permis de le dire, à son sublime auteur même, d'avoir cherché de si longs détours sans nécessité! Rejetons ces axiomes reconnus anciennement des sages : *la nature ne fait point de détours; elle n'abonde point en choses superflues et ne manque point au nécessaire.*

D'ailleurs, considérons s'il n'est pas réellement absurde et contre la raison commune, de prétendre qu'une matière *inanimée*, ou d'un ordre inférieur et plus ignoble que la matière *animée*, puisse produire celle-ci quoique plus noble, plus perfectionnée. Comment ce qui a moins donnera-t-il plus qu'il n'a? Il faut donc que ce cadavre invente les plus sublimes combinaisons de figure, d'instinct, d'organisation, d'industrie dans l'insecte qui en sort; car ces chairs putréfiées qui se désorganisent forment de merveilleuses structures qu'elles-mêmes perdent : le fromage composera l'œil de la mite pour qu'elle aperçoive le soleil et qu'elle sache se guider sur la terre! voilà, je l'avoue, une puissance incompréhensible dans cette masse caséeuse.

Il est superflu de rapporter toutes les expériences aujourd'hui bien constatées et reconnues de Rédi, de Vallisneri, de Swammerdam, qui toutes prouvent l'existence antérieure des œufs ou des germes déposés dans ces matières putrides par d'autres insectes. Marcell. Malpighi a de même éprouvé que la terre privée de toute semence ne donnoit aucune plante. Antoine Leuwenhoeck (*Litt. ad. reg. soc. londinens.* 1686), qui le premier découvrit les animalcules infusoires, déclare qu'ayant pris de la chair de veau fraîche, et l'ayant hermétiquement renfermée dans un vase de verre, pendant quelques mois, il s'en écoula une sérosité infecte ; celle-ci, examinée maintefois au microscope, et à diverses époques, toujours en refermant exactement le vase, n'a pas montré le moindre animalcule. Depuis ce temps, Spallanzani et d'autres observateurs ont répété ces expériences, soit dans des vaisseaux clos, soit en plaçant des substances en décomposition sous des gaz privés d'oxygène. Aucun insecte n'y a pris naissance, et les molécules qu'on a pu voir n'étoient pas plus évidemment animées que ne le sont quelques particules d'un liquide en fermentation. Donc, il faut des germes primitivement.

Il nous paroît aussi impossible qu'un ciron ou une puce s'organisent parfaitement d'eux-mêmes dans des matières putrescentes, que de voir sortir un cheval ou un taureau bondissant d'un grand tas de fumier. Car mettons suffisamment de matière en décomposition, pourquoi n'en naîtroit-il pas un élé-

phant, un homme, plutôt que des mouches? Celles-ci ont
également des sexes comme nous pour se propager, et n'ont
pas moins de muscles et de nerfs dans leur contexture.

Mais pourquoi ne voyons-nous sortir de la putréfaction
que des animalcules? N'est-ce point parce que leurs germes
se dérobent à nos regards pas leur excessive ténuité? Et ne
pouvant observer comment ces germes sont apportés ou in-
sinués, soit par l'air, soit par l'eau, etc., nous imaginons que
ces animaux se composent, s'organisent habilement au moyen
de cette agitation de la fermentation putride.

Une autre preuve de la fausseté des générations équivoques, de la foiblesse, ou, s'il est permis de le dire, de la
putridité d'une telle opinion, c'est le peu de probabilité que
le hasard (qu'on dit leur présider) combine pourtant toujours des espèces bien distinctes, bien conformées. Il n'est
pas croyable que le hasard, s'il étoit le père de ces animaux,
ne formât quelquefois des ébauches imparfaites, des monstruosités, les races les plus bizarres et les plus extraordinaires, des androgynes, des hybrides ou métis; car si la
chaleur ou le soleil soulève une matière en pourriture dans
un cadavre, je ne vois nulle raison pour qu'elle se combine
plutôt de telle sorte que de telle autre, et qu'elle ne cons-
truise pas une foule de nouvelles espèces d'infusoires, de
mille vermisseaux protéiformes impossibles à décrire. Pourquoi toujours des vibrions, par exemple, dans la colle de
farine ou le vinaigre, et non pas toute autre espèce imaginable? Est-il défendu à cette matière de se constituer plutôt
en poissons, en crustacés, ou toute autre figure, puisqu'en
elle mille circonstances du hasard sont si variables? Loin de
là, ce sont toujours exactement les mêmes formes, les mêmes espèces de vers intestinaux, ou d'infusoires qui se propagent régulièrement; et tandis que nous voyons sur terre des
races se mélanger comme le cheval et l'âne, ou donner parfois naissance à des fœtus monstrueux, la putréfaction, par
le plus rare privilège, quoique soumise au hasard, est celle
qui conserve religieusement au contraire les formes d'a-
nimalcules précises, constantes, parfaites des cysticerques,
des vorticelles ou des volvox. Ainsi c'est la génération sexuelle
qui fournit des monstres, et c'est le prétendu hasard de la putréfaction qui donne les espèces les plus pures et les plus permanentes; c'est la déraison qui forme la raison, et au contraire c'est la loi de sagesse qui se détraque.

Je ne sais si un tel renversement d'idées ne prouve pas la
prodigieuse erreur d'admettre des générations équivoques.
Je n'ajouterai pas que l'athéisme et le matérialisme en ont
besoin pour étayer leurs systèmes; la plus mauvaise manière

d'argumenter est celle de jeter de l'odieux sur l'opinion des personnes que l'on combat ; c'est recourir au croc en jambes, au lieu de renverser de vive force ; c'est trahir la foiblesse de ses autres moyens, et mettre l'intérêt des hommes cherchant la vérité, du côté de ses adversaires. Otons donc toute idée théologique et ne prenons que les faits réels en eux-mêmes ; car s'il y avoit, en effet, de vraies générations par hasard, il faudroit bien les admettre avec toutes leurs conséquences, quelles qu'elles puissent être.

Mais les herbes les plus viles elles-mêmes, abandonnées au milieu de la fange impure des marécages, gardent constamment leurs formes, le nombre de leurs étamines et de leurs pétales, ou des graines de leurs capsules. D'où vient que cette semence de ményanthe élève perpetuellement ses tiges à trois feuilles et sa jolie corolle panachée d'incarnat, de ce cloaque de boue dans lequel fermentent tant de débris de végétaux ? Pourquoi dans ce même limon croupissant, éternel empire du hasard et de la destruction, les œufs du dytisque, de l'hydrophile ou de mille autres insectes, développent-ils invariablement leurs espèces de larves avec le même nombre de pieds, d'articulations et d'autres parties, toujours parfaites, et d'une régularité tellement rigoureuse qu'on ne l'a jamais vue encore se démentir ? Certes voilà une obstination d'ordre bien extraordinaire au milieu du plus étrange désordre qu'on puisse imaginer.

Les théologiens, cependant, ont jadis admis avec toute l'école péripatéticienne, les générations spontanées, et saint Thomas, dans maint endroit de la Somme théologique (*part.* 1, *qu.* 45, *art.* 8, *et qu.* 78, *art.* 3, *et qu.* 71, *art.* 1, *et qu.* 91, *art.* 2, etc.) établit que la vertu du ciel, ou ce qu'on a nommé de nos jours les forces cosmiques, suffisent pour engendrer des animaux imparfaits, tels que des insectes, non des parfaits comme les quadrupèdes ou les oiseaux. Mais la théologie n'a pas osé décider qu'il se créât par ce procédé des espèces toutes nouvelles ou des races inconnues ; car au contraire l'ange de l'école établit que ces espèces, qui sont le fruit journalier de la putréfaction, furent originairement *produites en leurs principes* dans les jours de la création du monde, par l'auteur suprême (*Summa*, *part.* 1, *qu.* 74, *art.* 1 *et* 3.) ; ce qui reviendroit à dire que leurs germes, ou leurs formes primitives, furent assignés selon des lois générales desquelles ils ne peuvent s'écarter. Voilà donc la main de Dieu placée sur les prétendues générations par hasard.

La vraie science de la nature prêtera ainsi en tout temps le plus ferme appui aux sentimens religieux sur toute la terre, en manifestant un Dieu préformateur.

Aujourd'hui la nature se borne donc à conserver, à reproduire ce qu'elle a jadis organisé. Les modifications que lui fait
éprouver la main de l'homme, ne sont que superficielles ;
lorsqu'il cesse de les maintenir, elles disparoissent et retournent à leur type originel ; ainsi le lion qui s'échappe de ses
fers, retrouve dans l'indépendance son audace et sa force
première.

Les modifications d'animaux ou de plantes que nous appelons *genres* et *familles*, me paroissent avoir aussi une progression particulière ; si, par exemple, la famille des singes ne
formoit dans le principe qu'une seule espèce ; parvenue au plus
haut point de sa force, ou pour mieux dire, à sa puberté, elle
a pu engendrer toutes les espèces de singes que nous voyons
aujourd'hui ; ces espèces devenues pubères à leur tour, ont
formé des variétés qui seront pour nos descendans de nouvelles espèces ; et cette subdivision se ramifiera de plus en
plus ; de sorte qu'à la fin des âges, les différences entre les
individus deviendront presque imperceptibles, au lieu que,
dans le principe des choses, elles ont dû être extrêmement
frappantes. C'est ainsi que les premières branches d'un arbre
sont grosses et remarquables ; mais à mesure qu'elles se divisent en rameaux plus déliés et plus nombreux, on aperçoit
moins leurs variations.

Il n'y a point d'espèces et de genres absolument invariables
dans la nature ; ce que nous regardons aujourd'hui comme
tel, ne peut pas être constant pour tous les âges du monde ;
il n'existe partout que des modifications plus ou moins constantes. Puisque la nature a changé, elle peut bien changer
encore. A la vérité, ses opérations sont graduées, insensibles pour l'homme qui vit si peu de temps ; mais elles ne se
montrent pas moins dans le long cours des siècles. Deux ou
trois mille ans sont trop peu de chose pour d'aussi grands
changemens ; car si un individu qui vit un siècle emploie
tant d'années à se former, combien de milliers d'années doivent employer les espèces, les classes des corps vivans ? Depuis quarante siècles environ que l'espèce humaine
conserve quelques annales de son existence, nous y trouvons
fort peu de changemens au physique ; il y en a pourtant au
moral : ces anciens Égyptiens, ces Grecs si célèbres, ces illustres Romains étoient d'autres hommes que nous, leur histoire est celle des géans ; auprès d'eux, la plupart des modernes ne sont que des pygmées. Je veux bien que les anciens
n'aient été ni plus robustes, ni plus grands, ni plus courageux que les hommes d'aujourd'hui, et leurs tombeaux, leurs
statues, leurs monumens nous l'attestent ; mais leurs âmes

étoient certainement plus sublimes et plus fières pour la plupart ; elles avoient une trempe plus mâle, et ce qui est le vrai caractère de la force, elles avoient plus de simplicité. S'ils n'avoient dû ces avantages qu'à leurs constitutions politiques, pourquoi nos modernes ne savent-ils plus se gouverner de même ? On ne disconviendra pas d'ailleurs que les Gaulois nos ancêtres, les Germains, les Cimbres, ne fussent des hommes plus robustes et plus vigoureux, selon le témoignage unanime des historiens, que leurs descendans. La dégénération de l'espèce est visible en plus d'un endroit de l'Europe. Qui sait si les arbres, les plantes, les animaux n'ont pas aussi dégénéré ? Certainement, si nous considérons les ossemens fossiles des éléphans, des rhinocéros, les débris des antiques baleines, les dents pétrifiées des requins ou les glossopètres, il nous sera facile de reconnoître que ces animaux étoient bien autrement gros et grands que ceux d'aujourd'hui. Nous n'avons plus que des éléphans de dix à douze pieds de haut ; mais les moindres ossemens des anciens en ont jusqu'à vingt ou vingt-deux. Les plus fortes dents de nos requins sont à peine le huitième de nos grands glossopètres. Nos pêcheurs sont étonnés lorsqu'ils rencontrent des baleines de soixante à quatre-vingts pieds de longueur ; qu'auroient-ils dit de celles de cent vingt à cent cinquante pieds qui passoient autrefois pour les plus petites ?

La dégénération se montre d'une manière très-marquée chez certaines races humaines, moins encore dans leurs qualités corporelles que dans les facultés de leur esprit ; car toutes les dégradations commencent toujours par les choses les plus délicates, avant de parvenir aux parties plus grossières. L'esprit de l'homme est bien plus sujet à se détériorer que son corps ; l'on voit même que ce dernier gagne en matière ce que le premier perd en facultés. Aussi les hommes les plus bruts, les corps les plus épais, ont bien moins d'intelligence et de sensibilité que les autres. A mesure donc que l'homme s'enfonce dans la matière, son esprit devient obtus et s'appesantit ; il se rapproche de la classe des brutes, il redescend vers la pure animalité. Tels sont les imbéciles. En même temps que les corps organisés montent par degrés jusqu'à l'homme, celui-ci retombe par nuances vers la bête, et complète ainsi le cercle des vicissitudes de la nature.

L'homme est le nœud qui unit la Divinité à la matière, qui rattache le ciel à la terre. Ce rayon de sagesse et d'intelligence qui brille dans ses pensées, se réfléchit sur toute la nature. Nous sommes la chaîne de communication entre tous les êtres, le corps intermédiaire entre Dieu et les créatu-

res (1). Nous naissons ministres et interprètes de ses volontés sur tout ce qui respire ; mais nous sommes des instrumens
qu'il brise , lorsque nous outrepassons ses lois. C'est par
les mains de l'homme que la Divinité fait régner l'ordre ,
l'harmonie entre les animaux et les plantes : le sceptre de la
terre nous a été confié. Ne voyons-nous pas que nous dispo-
sons à notre gré des générations , que nous détruisons les individus surabondans , que nous établissons un juste équilibre
entre eux? Il falloit pour cela que nous fussions composés de
deux natures ; d'esprit , pour connoître et suivre les volontés
du Maître suprême des mondes, et de matière , pour agir sur
les substances matérielles.

Il y a donc deux mondes pour l'homme , le monde physique et le monde intellectuel , puisque nous sommes de deux
substances. Nous portons le monde matériel vers Dieu, et nous
rapportons la Divinité vers le monde matériel : nous sommes
la voie d'exaltation pour les corps , et d'abaissement pour
l'esprit divin. Les matérialistes ne considèrent que la première de ces voies, les spiritualistes ne s'attachent qu'à la seconde ; d'où il suit que chacun d'eux ne connoît que la moitié
de cet univers. Pour le bien connoître il faut donc réunir ces
deux branches , parce que chacune d'elles réagit mutuellement sur son antagoniste.

ARTICLE XII. — *De la production et de la destruction perpétuelle*
des corps organisés.

Les seuls caractères permanens des animaux et des plantes , sont leur génération ou leur naissance , leur destruction
ou leur mort. Prenez pour exemples , une plante , un insecte ; toute leur vie n'est qu'une suite de changemens non
interrompus ; leur existence est même si passagère , qu'on
n'a presque pas le temps de les étudier ; à peine ont-ils paru
sur la scène du monde , qu'ils engendrent et meurent. Quoique la durée des grands animaux , des arbres , nous paroisse
fort considérable, ce n'est pourtant qu'une foible fraction de
l'éternité des âges. Si nous examinons ces vicissitudes perpétuelles de tous les êtres , en ne considérant leur durée que
comme un point dans la durée infinie du monde , nous verrons qu'il n'existe en effet qu'une matière vivante modifiée à
chaque instant, et passant tour à tour de la vie à la mort, de la
mort à la vie. Parce que nous sommes sujets à la mort, le temps

____

(1) Quis cœlum posset , nisi cœli munere , nosse?
Et reperire deum , nisi qui pars ipse deorum est?

     Manil. *astron.*, Lib. II , 115.

nous paroît tout ; mais pour la nature qui ne meurt point , le temps n'est rien. Si nous voulons remarquer combien de générations humaines sont déjà passées sur le globe , et que nous passerons bientôt comme elles , nous reconnoîtrons aisément qu'un royaume est peu dans le monde ; car , au moment où vous lisez ceci, combien de vos semblables meurent par toute la terre , et combien d'autres naissent pour périr à leur tour? S'il en est de même à chaque instant, si rien n'est stable , la puissance de génération et de destruction est la seule chose durable ; l'homme , les animaux , les plantes , ne sont donc qu'une matière que la nature pétrit sans cesse , pour créer et détruire encore ; les individus ne sont donc rien pour elle , puisqu'elle les immole tous également.

Mais, loin de l'accuser de cruauté, nous devrions peut-être la remercier de cette marche uniforme , puisqu'elle nous raméne sans cesse à la vie par le chemin de la mort. Les corps de nos aïeux ne sont pas demeurés inertes dans la terre , ils ont accru sa fécondité ; ils ont fourni aux plantes des sucs réparateurs , aux animaux des substances nourricières ; ils ont repassé à l'existence dans de nouveaux êtres. Ce cadavre infect est entré dans la fleur brillante, le papillon, l'oiseau, le robuste quadrupède ; il s'est transformé en parenchyme savoureux dans la pêche , l'orange , l'ananas , etc. Ces campagnes arrosées, dans les combats, du sang des guerriers , engraissées de leurs dépouilles , se couvrent chaque été de riches moissons. L'agriculteur mange sans répugnance la chair, le sang et la graisse des soldats , transformés en pain. Les plus vils excrémens sont eux-mêmes un excellent engrais , et tel qui savoure avec délices le suc du raisin, reporte souvent dans l'homme ce qui est sorti de l'homme.

Il s'opère donc une perpétuelle métamorphose de tous les corps vivans ; ils se résolvent les uns dans les autres par deux voies ; la *nutrition* et la *génération*. Nous ne devons point accuser la nature d'injustice, lorsqu'elle détruit tous les êtres, puisque rien ne pourroit vivre sans ce moyen. Nous ne subsistons que par la destruction des animaux et des végétaux , et ceux-ci ne peuvent nous fournir de nouvelles nourritures qu'en s'emparant de mille débris. Si l'homme ne rendoit rien à la terre, épuisée par ses déprédations, elle le laisseroit bientôt périr de faim ; si rien ne pouvoit mourir, nul être ne pourroit trouver d'alimens. Il faut que l'homme mange la mort pour conserver sa vie.

Cependant qu'on ne pense pas que cette terre soit l'affreux cloaque de tous les crimes, un repaire de monstres et de leurs fureurs. Hommes qui créez vous-mêmes toutes vos misères , si vous pouviez interroger les êtres de la nature, et entendre

leurs réponses, combien ils démentiroient vos reproches !
Voyez-la, cette terre, aux jours du printemps, brillante des
fleurs qui l'émaillent, et des animaux qui la peuplent. Quels
hymnes de joie et d'amour retentissent dans les campagnes et
au sein des forêts? Séjour délicieux où se préparent les alliances perpétuelles des fleurs, où les plus tendres harmonies appellent les sexes sur le lit nuptial, mystérieux asiles témoins
de tant d'hyménées, jusque dans le fond des abimes de
l'Océan, ou sur les âpres rochers des Alpes et du Caucase.
Amour, âme de la nature, qui exhales un parfum ravissant
sur toute la création, dans quel doux enchantement tu plon-
ges les êtres émanés de ta prodigue puissance ! Oui, la nature, en ordonnant leurs destinées, leur devoit le bonheur :
ils le trouvent dans sa source, en se confiant à ces impulsions sacrées qu'elle leur inspire pour accomplir la perpétuité de leurs espéces, jusque-là que les peines maternelles
se transforment encore en de nouvelles jouissances.

Si des matières organisées deviennent nécessaires pour réparer les organes, c'est que rien ne peut nourrir que ce qui
est le résultat de la nourriture ; ainsi, les seules substances
végétales et animales sont capables de fournir des alimens, de
soutenir l'existence. Nous assimilons en notre chair, en
notre sang, et en nos propres humeurs, le pain, la viande,
les fruits que nous mangeons ; mais les minéraux n'étant pas
organisés, et n'ayant point une vie analogue à la nôtre, sont
incapables de nourrir. En effet, la vie ne peut subsister que
par la vie ou ce qui a vécu.

Le besoin de la nourriture dans les animaux et les plantes, dépend de deux causes. La première, est que, faisant
continuellement des pertes, ils ont besoin de réparation,
puisque tous les corps vivans s'usent par les frottemens réciproques de leurs diverses pièces, de sorte que la nutrition doit
s'opérer en raison des destructions. C'est pourquoi les hommes de peine, les animaux qui travaillent beaucoup, les espéces qui se donnent de grands mouvemens, comme les bêtes
féroces, ont besoin de manger en proportion de l'affoiblissement de leurs corps, tandis que les individus qui perdent
peu, les animaux, les arbres, qui passent l'hiver dans l'en-
gourdissement, n'ont presque aucun besoin d'alimens. Il
arrive même que, par cette déperdition graduée des anciens
organes et par leur réparation continuelle au moyen des alimens, l'animal, le végétal, parviennent à renouveler entièrement le corps ; de sorte que le vieillard n'a plus la même
peau, les mêmes fibres qu'il possédoit dans son jeune âge ; il a
dépouillé sa jeunesse pour revêtir le triste habillement de la
décrépitude. Cette mue successive est très-apparente dans les

arbres, les reptiles, les insectes, qui changent plusieurs fois
de vêtemens extérieurs pendant leur vie, surtout au renouvellement des saisons.

La seconde cause qui n'est qu'une suite de la précédente,
c'est que tout corps vivant est attiré vers son aliment propre
par la faim. Celle-ci ne diffère peut-être nullement de la
puissance qui attire entre elles les molécules d'un sel lorsqu'il
se cristallise ; car c'est par une sorte d'affinité que les élémens d'un corps vivant cherchent à s'accroître, ou bien à
réparer leurs pertes. Chaque partie de l'organisation a même
une faculté attractive qui lui est propre ; ainsi l'os attire l'os,
la chair compose la chair, la membrane organise la membrane,
le nerf engendre le nerf : dans le végétal il en est de même ;
il s'opère des digestions successives dans tout corps vivant ; la
première débarrasse seulement l'aliment des parties les plus
grossières ; les digestions suivantes font subir à la matière
nutritive d'autres dépurations, et la vivifient peu à peu, afin
de la rendre capable de remplacer les parties qui se détériorent. La faim n'est donc qu'un défaut des élémens qui composent le corps, et qui tendent à se réparer. L'existence de
tout animal, de toute plante, ne se soutient même que par
un certain équilibre entre les puissances de destruction et de
réparation qui agissent pendant toute la durée de leur carrière. Dans la jeunesse, la force réparatrice est dominante,
c'est pourquoi les corps vivans s'accroissent et parviennent à
la plénitude de leur vigueur ; mais lorsqu'elle s'est épuisée par
la continuité même de son action, cette force est remplacée par celle de destruction qui agit toujours d'une manière
inverse à la précédente ; ainsi, plus un corps vivant est jeune,
plus il s'accroît rapidement, plus il lui faut de nourritures ;
à mesure qu'il vieillit il prend moins d'alimens, et ses organes récupèrent moins de forces qu'ils n'en dépensent, de
sorte que l'individu doit nécessairement s'affoiblir et périr.

Ce sont même les différences introduites par la nutrition qui caractérisent les âges. Dans leur jeunesse, les êtres
vivans sont d'une texture molle, spongieuse, dilatable ; mais
à mesure qu'ils vieillissent, leurs organes acquièrent plus
de solidité, ils deviennent même durs et rigides avec l'âge.
On conçoit facilement que les mailles d'un tissu lâche se
remplissant peu à peu par l'effet de la nourriture qui s'y
accumule, doivent en acquérir plus de dureté, et augmenter en densité. Cet endurcissement successif doit même
parvenir au point de rendre plus difficiles les mouvemens
des organes, et d'en obstruer les vaisseaux. Alors, ne pouvant plus recevoir de nourriture, et faisant toujours des pertes, il est nécessaire qu'ils périssent. Nous voyons dans

l'homme, que tous ses organes se dégradent peu à peu avec
la vieillesse ; la vue baisse, l'ouïe devient dure, le goût se
perd avec l'appétit, les dents tombent ainsi que les cheveux, les genoux fléchissent, la tête tremble, la peau se
ride ; tout meurt par degrés.

Il y a donc une gradation d'endurcissement des corps vivans, depuis leur naissance jusqu'à leur vieillesse ; et comme
nous en avons remarqué une pareille depuis les polypes jusqu'aux plus parfaites espèces d'animaux, nous trouvons que
la nature suit dans la série de ses œuvres, la même loi qu'elle
s'est imposée pour chaque individu. Le polype est au quadrupède ce qu'est l'embryon au vieillard, la plantule à un
vieux chêne. Il suit de là que les espèces naturellement humides et mollasses, doivent vivre plus long-temps, ou manger
davantage que les espèces naturellement sèches et rigides,
toute proportion gardée ; aussi les poissons vivent bien plus
long-temps que les quadrupèdes, et sont beaucoup plus voraces. Si certaines espèces d'une texture humide ne jouissent
pas d'une longue vie, c'est qu'elles sont extrêmement fécondes, et qu'elles épuisent leur propre existence pour la
transmettre toute entière à leurs descendans.

De la nécessité de se nourrir, la nature a tiré encore une
loi très-importante pour faire régner l'équilibre entre toutes
les espèces vivantes. Sans les animaux herbivores, la terre
surchargée de plantes qui s'étoufferoient entre elles par leur
nombre, n'offriroit bientôt qu'un spectacle de destruction.
Les petites espèces seroient anéanties par les plus puissantes
qui les surmonteroient, et tout s'encombreroit faute de con-
sommateurs. Il a donc été nécessaire de créer des familles
d'herbivores pour retrancher cette excessive exubérance de
la vie végétale. Mais comme les animaux herbivores auroient
pu se multiplier à l'excès à leur tour, et détruire jusque
dans ses racines tout le règne végétal, il a fallu créer des
carnivores qui détruisissent la trop grande abondance des herbivores. Enfin, pour contenir les carnivores dans de justes
limites, l'homme a été créé sur la terre, et le sceptre lui a
été confié sur tout ce qui respire. C'est par lui que le monde
se maintient en paix, et puisqu'il devoit régner sur les plantes comme sur les animaux, il lui a été donné la faculté de
se nourrir en tous lieux de ces deux règnes. C'est ainsi qu'un
sage législateur tempère également les différens ordres d'un
état les uns par les autres, établit cette hiérarchie de pouvoirs
et ces pondérations mutuelles qui font régner le calme, l'harmonie et le bonheur au sein des nations.

Le même équilibre de vie subsiste dans l'empire des eaux,
bien qu'il ne s'exécute guère qu'entre des animaux, puisqu'il

y en a beaucoup plus que de plantes dans l'Océan. C'est ainsi que plusieurs espèces de poissons étant très-carnivores, détruisent la surabondance des espèces très-fécondes; celles-ci compriment à leur tour la multiplication excessive d'une multitude de races inférieures.

En instituant une guerre mutuelle entre tous les animaux, la nature n'a cependant pas été cruelle, puisqu'elle donna la ruse au foible pour triompher à son tour de ses tyrans; puisqu'elle protégea l'innocent par des armes défensives, ou lui donna le moyen d'éviter la mort. Si elle a distribué des griffes acérées au lion, des serres puissantes à l'aigle, un bec crochu au vautour, des dents cruelles au tigre, elle a donné des jambes agiles aux cerfs, des cornes menaçantes aux taureaux, des nageoires rapides au poisson, des coquilles aux mollusques, un test plus ou moins solide aux crustacés et aux insectes les plus foibles. Elle a défendu les plantes par des épines, des crochets, ou même en a imprégné plusieurs de sucs empoisonnés. Elle a voulu que la terreur suspendît la sensibilité dans les animaux, parce que son dessein est de détruire, mais non pas de faire souffrir.

Encore cette destruction n'est-elle qu'une autre manière de vivre, parce que rien ne meurt en effet. La mort n'est qu'une vie cachée, un *minimum* d'existence qui retourne par nuances à son *maximum*, qui est seul apparent pour nous. La matière a sans doute besoin de cette pause, de ce sommeil pour se réveiller avec plus de vigueur, pour puiser dans l'âme vivifiante du monde une nouvelle énergie. C'est ainsi que le sommeil répare nos sens fatigués, et fait couler dans nos veines le feu qui nous ranime chaque matin, et nous remplit d'une exubérance de vie.

ARTICLE XIII. *De la chaleur et de l'humidité, agens nécessaires à la vie.*

Puisque tous les êtres vivans se détruisent, ils doivent en reproduire d'autres à leur place; car, comme nous l'avons vu, les matériaux des corps organisés tendent à repasser à la vie; la matière ne peut pas demeurer oisive, puisqu'elle est perpétuellement sollicitée au changement par ses diverses attractions. La procréation est donc toujours proportionnelle à la destruction. Voyez ces terres ardentes de l'équateur, où les plantes et les animaux ne vivent qu'un instant, parce qu'ils s'entre-détruisent sans cesse, où la chaleur extrême précipite leur existence, où leur corruption est si rapide et leur mort si multipliée, où l'on est déjà vieux dès la naissance: c'est là que les générations sont éternelles et se prodiguent sans interruption, parce que les nourritures ne manquent jamais aux êtres vivans. En effet, cette profusion de matières alimentaires permet à tous les germes de se développer, de s'accroître, d'engendrer avec toute la latitude possible ; et plus il naît d'animaux et de plantes, plus ils donnent lieu à de nouvelles générations, puisqu'ils leur fournissent en abondance tous les moyens de subsister. D'ailleurs la chaleur augmente l'activité de la vie, et communique aux facultés propagatrices une sorte d'impétuosité ; elle use plus rapidement l'existence. L'homme, l'animal, la plante, ressemblent par leur vie à un flambeau allumé, dont la mèche enflammée est analogue aux facultés vitales, comme la matière grasse qui alimente la flamme, ressemble au corps de ces différens êtres. Or, plus la mèche brûle fortement et rapidement, plus elle consume promptement le flambeau ; de même plus la vie est énergique, moins elle est durable.

Comme la chaleur imprime à tous les êtres une activité perpétuelle, ils vivent d'une manière plus intense, plus destructive ; ils engendrent davantage, ils s'épuisent plus tôt, et meurent au bout d'une courte carrière. Dans les climats froids des pôles, les êtres ont, au contraire, de longues intermittences de vie, des sommeils, des engourdissemens, des langueurs dans toutes les fonctions : de là vient que leur vie coule plus lentement, semblables à ces lampes-veilleuses qui ne donnent qu'une foible lumière, mais qui la prolongent beaucoup. Ils végètent plutôt qu'ils ne vivent ; de là vient encore que leur puissance reproductive est affoiblie ; et comme ils trouvent peu de nourritures sous un ciel aussi avare de productions, les générations nouvelles ont peine à s'y multiplier. C'est pour cela que nous rencontrons tant de matière vivante sous les tropiques, et si peu vers les pôles. La chaleur n'est pas seulement un grand excitant de la vie ; elle a multiplié encore la matière organisée vers l'équateur ; elle y a pour ainsi dire concentré toutes les substances de vie. On conçoit, en effet, qu'il doit s'établir un écoulement continuel de matière animée des contrées polaires vers les pays chauds qui en sont comme le grand réservoir. Tout de même que les fleuves sortant des montagnes, vont ensevelir leurs eaux dans l'Océan, ainsi les peuples du Nord descendent vers le Midi, et des bandes d'oiseaux, de poissons, de quadrupèdes émigrent souvent dans les régions chaudes. Mais comme il arriveroit bientôt un épuisement total de la matière animée vers les pôles, la nature y a refoulé des êtres vivans pour remplacer ceux qui en sortent. Ainsi l'Océan est bien plus fécond près des pôles que vers l'équateur ; il semble que les habitans des mers renaissent incessamment dans les zones froides. Nous voyons les harengs, les morues, les saumons,

les esturgeons, les baleines, et une multitude d'espèces pulluler à l'excés sous les zones glaciales; tandis que les chaudes mers des tropiques sont, à proportion, bien moins fécondes. Cet effet est peut-être produit par la diverse salure
de l'Océan, car dans les pays froids il doit tenir moins de sel
en dissolution; mais sous le brûlant équateur, ses eaux doivent en dissoudre en plus grande quantité; ce qui, joint à
leur évaporation, peut augmenter leur salure. De même que
nous fuyons un air chargé d'émanations désagréables, les
poissons doivent préférer les ondes moins amères des contrées glaciales. D'ailleurs, le fond de l'Océan conserve,
même vers les pôles, une température assez douce qui favorise la multiplication des poissons, et ils n'y sont peut-
être pas si troublés que dans les mers des tropiques, toujours peuplées de races sanguinaires, telles que les requins,
les tiburons, les dorades, etc. Si les continens sont plus stériles
dans les pays froids, les mers sont au contraire plus fécondes
vers les pôles, et plus dévastées entre les tropiques.

Ainsi les eaux réparent aux pôles ce que perd la terre. Nous
voyons même que les productions vivantes se multiplient principalement où l'eau arrose le plus la terre. Considérez ces
terrains arides de l'Arabie, ces effrayantes solitudes de l'Afrique; entièrement privées d'eaux, elles ne présentent qu'une
mer immense de sable où rien ne vit, rien ne végète. On ne
rencontre pas même une touffe de gazon dans l'espace de plusieurs lieues de circonférence; on n'y trouve aucun animal,
aucun arbre; le sol entièrement nu est couvert d'un sablon mouvant où le voyageur s'égare et périt de soif; les
vents déchaînés sur ce sol aride élèvent et détruisent mille
monticules de sable, ou transportent dans les airs d'épais
nuages d'une poussière brûlante. S'il se trouve au milieu de
ces déserts quelque foible source, quelque mare d'eau sau-
mâtre, le petit terrain qu'elles arrosent est couvert de verdure,
d'arbres, de fleurs, et peuplé d'animaux. C'est une île entourée
d'une vaste mer de sables stériles, où les caravanes viennent
se reposer et se désaltérer.

L'eau est ainsi le fondement principal de l'existence des
corps vivans, puisqu'ils ne peuvent point subsister sans elle,
et qu'ils en reçoivent l'aliment et le mouvement organique. La plupart des mousses périssent par la sécheresse;
mais il suffit de leur rendre de l'eau pour les faire reverdir
et revivre, même après plusieurs années. L'on a trouvé
quelques espèces d'animalcules que la sécheresse faisoit mourir et que l'humidité ressuscitoit tour à tour : tels sont les
rotifères, les *tardigrades* (*vibrions*), les *gordius*, etc.

Non-seulement l'eau communique aux animaux et aux

plantes le mouvement vital, mais encore il n'est aucune espèce qui ne commence son existence dans un état de liquidité, et qui ne se nourrisse par le moyen d'alimens rendus fluides, de sorte que rien ne s'opère dans les corps vivans que par le moyen de l'eau. Les humeurs, telles que le sang, la lymphe dans les animaux, la sève et les sucs dans les plantes, ne reçoivent leur fluidité que par l'eau qui tient en dissolution les matières qu'elles contiennent. La liqueur séminale qui est la quintessence vitale de toutes les parties du corps, est de même. La nutrition et la génération, ces deux genres de fonctions si importantes dans l'économie vivante, ne peuvent donc s'exécuter que par l'intervention des liquides, parce que ceux-ci tenant les molécules de matières dans un état de division et de mobilité extrême, facilitent leurs combinaisons. Des corps solides, au contraire, ne pourroient point agir (1).

Il est même visible que l'eau ne sert pas seulement d'excipient aux molécules organisées, qu'elle ne se borne pas à les charrier, à faciliter leur arrangement, mais qu'elle y entre même comme principe constituant. C'est ce que démontre l'expérience des arbres, des graines qui s'accroissent dans l'eau seule et y acquièrent un grand développement. L'eau n'est point un empire stérile, l'Océan est même beaucoup plus peuplé que la terre; son sein est rempli d'une multitude innombrable d'animaux de toute espèce. Nous voyons aussi que les contrées aquatiques et profondes sont infiniment plus fertiles en productions vivantes que les terrains arides. On remarque encore qu'un animal, un végétal, nés dans un sol bas et humide, sont beaucoup plus gros, plus grands que les mêmes espèces nées dans les lieux secs et élevés. Comparez, parmi les hommes, ces gros et gras habitans de la Hollande, avec les Arabes Bédouins, si décharnés, si secs, ou les bœufs épais de la Flandre avec le bétail maigre et nerveux des stériles montagnes.

D'ailleurs les générations sont plus fécondes et plus multipliées dans les lieux aquatiques. C'est là que fourmillent des millions d'insectes, de vers, de champignons, d'algues, de graminées, et tous ces êtres qui semblent n'exister que pour engendrer et mourir. Comme la putréfaction y est prompte et générale, la multiplication des êtres qui se nourrissent de substances corrompues y devient excessive. C'est là leur élément naturel, puisque la reproduction se met toujours en

---

(1) Corpora non agunt, nisi sint soluta.

rapport avec la corruption. Cette réunion de deux agens si contraires avoit fait admettre aux anciens l'existence des générations par la putréfaction, parce qu'ils les trouvoient toujours ensemble, et toutes deux opérées par la chaleur et l'humidité.

Rien n'est moins prouvé que ce mode de génération, comme nous l'avons montré; car, pour qu'elle soit produite, il faut qu'il existe des germes de vie, des œufs ou des embryons de nouveaux êtres, et qui aient la puissance de reconstruire ce que la putréfaction désorganise. Celle-ci n'est si favorable à la reproduction qu'à cause qu'elle divise les molécules des corps organisés et qu'elle les met dans une condition plus propre à se réunir. La chaleur et l'humidité séparant les principes constituans des animaux, des plantes, rendent à ces mêmes principes toute leur tendance naturelle à la combinaison; cette tendance n'est entièrement satisfaite que dans le corps organisé. Ainsi, les molécules vivantes conservent une attraction entre elles comme les molécules des substances brutes, et ne se reposent qu'après avoir été combinées. Nous observons cette attraction des molécules vivantes, dans la nutrition; car plus un animal ou une plante sont jeunes, plus ils appètent la nourriture; à peu près comme une molécule de sel qui se cristallise dans une liqueur, attire à elle les molécules de même nature pour s'en accroître. A la vérité, cette attraction chez les minéraux ne forme qu'une simple accumulation à l'extérieur, au lieu que chez les corps organisés cette attraction se fait dans l'intérieur des corps, et par intus-susception; mais le principe est le même. Comme en chimie l'on ne sépare les élémens d'un composé qu'en formant d'autres composés, de même un corps vivant ne se décompose que pour entrer dans de nouveaux corps. Il suit de là que ces deux agens si puissans sur les matières organisées, la corruption et la génération, reviennent au même but par deux voies opposées, puisque tout ce qui est engendré se corrompt, et tout ce qui se corrompt engendre. C'est par ces forces inverses que la nature renouvelle tout ce qui vit sur la terre.

Ces modifications de la substance animée ne s'exécutent que par l'intervention du principe aqueux. Tout être prend naissance dans l'humidité, et l'eau est la matrice générale de tous les animaux et les végétaux. La multitude des coquillages marins répandus par toute la terre, et déposés même sur les plus hautes montagnes à une élévation de quinze cents ou deux mille toises au-dessus du niveau actuel des mers, nous apprend que l'Océan a jadis couvert notre globe. Le

décroissement de cette grande masse d'eaux est même devenu
sensible depuis plusieurs siècles ; mille terrains submergés ,
et laissés à sec aujourd'hui , en fournissent la preuve ; à chaque pas nous en trouvons des témoignages dans cette foule de
débris de coquilles , dans ces pétrifications , ces dépôts , ces
lits de terre , ces cristallisations que notre sol recèle partout.

> Vidi ego quod fuerat quondam solidissima tellus
> Esse fretum ; vidi factas ex æquore terras ;
> Et procul à pelago conchæ jacuêre marinæ.

ARTICLE XIV. — *De l'organisation graduelle des germes végé-*
taux et animaux.

La terre ayant été presque toute noyée d'eau dans son origine, elle ne pouvoit donc créer et nourrir que des êtres aquatiques; et comme la nature s'élève des corps simples aux corps
composés , elle donna d'abord naissance à ces ébauches de
vie, à ces animalcules microscopiques, à ces moisissures informes que nous voyons se multiplier dans toutes les eaux
croupies. La puissance vitale essayoit ainsi ses premières
forces ; elle s'exerçoit , pour ainsi dire , par divers tâtonnemens, à de plus sublimes ouvrages. Elle ne forma dans le principe que des molécules gélatineuses, une sorte de limon glutineux que la chaleur vint animer peu à peu , et qui se résol-
voit en putrilage pour se changer bientôt en un essaim d'animalcules vivans. Nous observons encore aujourd'hui des faits
à peu près semblables dans ces mares d'eau stagnante , où
l'on rencontre mille germes de vie (1) , qui s'y développent
par l'influence d'une chaude température.

Il y a donc des agens principaux dans la génération de tous
les êtres; 1.º l'eau épaissie en mucosité et chargée d'un limon
empreint des germes de vie par la SUPRÊME INTELLIGENCE ;
2.º la chaleur solaire , ou cette puissance active et stimulante
qui communique le mouvement aux matières disposées à la vie.

Comme l'action vitale, dans ces matières simples, y développoit peu à peu de nouvelles facultés , la continuation de
cette action vitale dut y opérer des perfectionnemens succes-

----

(1) Les anciens , qui avoient observé ce fait , l'ornèrent des charmes de la poésie. Ils disoient que Vénus étoit née de l'écume de
l'Océan et des parties naturelles de Saturne , qui étoit l'allégorie du
Temps. Ils avoient aussi placé dans la mer , Protée , dieu marin qui
prenoit toutes les formes, et qui représentoit ainsi l'admirable fécondité de l'eau.

sifs. Il se forma donc des êtres plus compliqués: les ébauches d'abord imparfaites se rectifièrent insensiblement. Alors dûrent prendre naissance les polypes, les zoophytes qui composent les madrépores, les coraux, les cératophytes, les éponges, etc. Comme le règne végétal s'organisoit en même proportion, l'on vit aussi se former des algues, des conferves, et une foule d'autres plantes encore peu perfectionnées.

On doit considérer le phénomène de la procréation des êtres comme une évolution successive du principe vital que la terre a reçu de la Divinité, comme une germination sollicitée par l'eau et la chaleur du soleil; de même que nous voyons les arbres développer au printemps leurs tendres boutons, faire sortir leurs feuilles et leurs fleurs dans les beaux jours, les corps organisés sont pour la terre ce que sont les feuilles, les fleurs et les fruits pour les arbres; ils naissent et tombent de même, mais à diverses époques et non pas tous à la fois. Les corps vivans nous paroissent ainsi une production du globe terrestre, un sédiment de la mer et de l'air, animé par la chaleur du soleil.

La différence entre les molécules animales et les molécules végétales, tient à peu de chose chez les plus simples de ces corps vivans, et il y a grande apparence qu'elles étoient d'une nature presque semblable dans le principe. Nous savons même par l'expérience que les plantes les plus simples, telles que les algues, les champignons, sont formées à peu près des mêmes élémens que les zoophytes et les autres animaux primitifs, puisqu'elles fournissent également, à l'analyse chimique, des produits animaux. Il paroît que les substances végétales sont une dégénérescence de la matière animale; car lorsque la nature créa les êtres primitifs, elle les doua tous sans doute des mêmes propriétés. Peut-être que certaines circonstances ayant empêché, dans une partie de ces êtres, le développement des facultés sensitives et contractiles, il s'établit un règne secondaire au premier, qui en suivit cependant toutes les nuances. C'est ainsi que le règne végétal se rapproche par beaucoup d'analogie du règne animal, et prend dans ses diverses productions une marche parallèle.

La mer, ce grand atelier de la vie, ayant multiplié dans son sein les corps organisés primitifs ou les zoophytes, ils formèrent une grande quantité de terre calcaire. C'est ainsi que nous trouvons aujourd'hui des bancs énormes de madrépores, des montagnes, des îles entièrement calcaires qui se sont élevées au sein de l'océan dans une longue suite d'âges, et qui doivent toutes leur origine aux zoophytes. La plupart de nos terrains calcaires ne sont même que le résultat de l'animalité. On ignore par quels moyens les zoophytes et les coquillages transforment l'eau en terre calcaire; cependant, nous en sommes témoins chaque jour. C'est ainsi que le globe terrestre dut prendre de l'accroissement, et les eaux de l'O- céan durent diminuer peu à peu de volume.

Telle fut sans doute la première époque des corps vivans de notre planète. Les zoophytes en peuvent être regardés comme premiers habitans, et comme ils sont les plus simples, ils doivent être aussi les plus naturels de tous les êtres, les plus voisins des corps élémentaires.

Un degré de plus dans l'organisation produisit la famille des vers, et l'innombrable tribu des coquillages. Un seul coup d'œil sur la plus grande partie du sol que nous habitons, suffira pour nous le montrer couverts de lits immenses de co- quilles fossiles, dont les analogues vivans ne se retrouvent plus aujourd'hui que dans la profondeur des mers et sur des plages lointaines. Quand l'on envisage combien d'années il a fallu pour amasser des quantités si prodigieuses de ces coquillages, on ne peut s'empêcher de croire que la terre ne soit d'une antiquité à peine imaginable. Les pierres des py- ramides de quatre mille ans contiennent déjà des coquilles, des nummulites.

La terre ferme s'augmentant toujours aux dépens du prin- cipe aqueux, on vit naître sur les confins des deux élémens, dans la fange inabordable, cette multitude de végétaux impar- faits qui ne vivoient que pour se pourrir et se reconstruire ensuite. Telles furent les races impures des champignons, des algues, des mousses qui préparèrent un terreau fertile pour nourrir dans la suite de plus brillantes colonies de végé- taux. C'est ainsi que la terre sortant lentement des eaux et se couvrant d'un limon marécageux, se dessécha peu à peu et fournit des terrains propres à faire croître les graminées, les fou- gères et mille autres plantes d'une organisation plus composée.

A mesure que la mer laissoit à sec une partie des conti- nens, une foule d'êtres marins furent exposés pendant une longue suite d'âges à vivre sur la terre, et obligés de se passer d'eau. Il falloit donc que ces êtres périssent ou qu'ils devins- sent terrestres, en changeant leur première manière d'exister sous les eaux avec l'habitude de vivre dans l'air. Les vers dûrent se changer en larves d'insectes, et se métamorphoser en habitans de la terre. Nous voyons aussi les larves des éphé- mères, des dytisques, des hydrophiles, des libellules, et d'une foule d'autres insectes, passer leur première existence dans l'eau, et n'en sortir que sous leur dernière métamorphose. N'est-ce pas un reste de l'habitude primitive qu'avoient ces animaux de vivre dans l'eau? Il y a même beaucoup de co- quillages univalves qui vivent également bien dans l'eau et sur la terre. On voit encore des crabes sortir des eaux et y rentrer à volonté, comme pour s'essayer peu à peu à la vie terrestre.

La même modification se remarque parmi les plantes; car plusieurs familles qui furent entièrement aquatiques dans le principe, s'apprennent à vivre en partie dans l'eau et dans l'air : telles sont la *prêle*, les *nénuphars*, les *potamogetons*, le *trèfle d'eau*, etc. D'autres, plus avancées dans cette habitude, se tiennent seulement près des eaux, comme les *salicaires*, les *lysimachies*, les *scrophulaires*, les *saules*, les *renoncules*, et une foule d'herbes de nos prairies. Quelque jour, selon toute apparence, elles seront entièrement accoutumées à la vie terrestre.

Les espèces d'animaux primitifs qui avoient moins de facilité pour se mouvoir, furent les plus exposées à demeurer à sec sans pouvoir retourner dans les eaux. Elles furent donc obligées de se rendre terrestres ou de périr ; mais les animaux qui restèrent dans les eaux, y reçurent aussi des modifications successives. Les gastrobranches devinrent peu à peu des poissons, ou l'habitude de nager développa chez eux des organes, et les façonna en rames ou en nageoires. *V.* Poissons.

La nature marche ainsi de degré en degré, et par la continuité de son action perfectionne ses ouvrages. Des poissons, elle s'éleva à la classe des reptiles. Les anguilles, par exemple, sortent souvent des eaux pendant la nuit, et rampent dans les humides prairies à la manière des serpens. La nature tira sans doute de cette manière la classe des reptiles du sein des eaux. Plusieurs de ces dernières espèces, telles que les *salamandres*, quelques *tortues*, les *crocodiles* et plusieurs autres *lézards*, se ressouvenant encore de leur origine aquatique, vivent tantôt dans l'eau et tantôt sur la terre. Les grenouilles et les crapauds, dans leurs premiers âges, sont même des espèces de poissons appelés *têtards*; mais ils changent leur nature aquatique pour prendre une vie mitoyenne entre l'air et l'eau. *Voy.* Reptiles.

C'est de cette manière que les animaux se *terrestrisent* peu à peu, à mesure que la nature perfectionne davantage leurs organes et leur vie. Elle marque ainsi ses époques de vie. Si les animaux d'abord aquatiques deviennent habitans de la terre; les plantes, à plus forte raison, ne pouvant pas suivre de même qu'eux le décroissement des eaux, et se retirer avec elles, ont été obligées de s'accoutumer plutôt à la vie terrestre : de là vient que les eaux contiennent plus d'espèces d'animaux que de plantes. Cette combinaison étoit encore avan-

tageuse, en ce qu'elle présenta d'abord aux animaux qui devenoient terrestres, des nourritures végétales toutes prêtes
pour leur subsistance. Il étoit donc nécessaire que le règne
végétal fût assez multiplié pour leur fournir une quantité suffisante d'alimens.

Les animaux terrestres ont une plus grande complication
d'organes que les tribus aquatiques; car la vie aérienne est
plus difficile à supporter que l'aquatique, à cause des changemens brusques et considérables que l'atmosphère fait éprouver aux êtres dans chaque saison, et par les variations des
températures, de lumière et de ténébres qui influent beaucoup sur les corps vivans. Les eaux sont moins exposées à ces
changemens subits et profonds, tout s'y opère d'une manière
plus lente et plus graduée; il leur falloit donc des habitans
moins compliqués dans leur organisation : aussi les espèces
terrestres sont-elles plus sujettes aux maladies que les races
aquatiques.

De la classe des *reptiles*, la force organisatrice de la nature remonta aux oiseaux. De même que le règne animal entier paroît émaner d'une seule tige, chacune de ces classes
sort d'un seul être primitif, qui se modifie par nuances successives; car la nature ne s'écarte jamais de ses lois premières
et de l'unité de son plan. Une seule espèce d'oiseaux créa
toutes les autres espèces ; et de même que nous avons vu tous
les êtres tirer leur origine de l'eau, il est vraisemblable que
les oiseaux aquatiques furent aussi les premiers de cette
classe. En effet, si nous prenons les *manchots* (*aptenodytes*),
les *pingouins* pour exemple, nous verrons qu'ils ne sont encore
que des oiseaux imparfaits, à peine ébauchés, qui n'ont pour
ailes que des moignons, et au lieu de plumes qu'une sorte de
duvet court. Leurs pattes sont très-petites, leur démarche
est boiteuse, et ils vivent si constamment sur l'eau, qu'ils
semblent ne point appartenir à la terre. De ces esquisses
grossières d'oiseaux, la nature s'avance progressivement aux
races mieux conformées; ainsi, des *alques* et des *manchots* l'on
remonte à la famille entière des oiseaux *palmipèdes*, aux *pé-
licans*, aux *guillemots*, aux *plongeons*, aux *oies* et aux *canards* ;
de là aux *grèbes*, aux *poules d'eau* ; et l'on passe à la tribu des
scolopaces, tels que les *grues*, les *hérons*, les *courlis*, les *bécasses*, les *vanneaux* et les autres oiseaux de rivage. En remontant encore l'échelle de perfection, l'on arrive aux *gallinacés*,
tels que les *paons*, les *faisans*, les *perdrix*, les *pigeons* ; ceux-
ci font le passage à la famille des *petits oiseaux granivores*,
comme les *alouettes*, les *merles*, les *fauvettes*, etc. De ceux-ci
l'on entre dans l'ordre des *oiseaux demi-rapaces* par les *mésan-*

ges, les *piès grièches*, les *rolliers*, les *huppes*, les *corbeaux*, les *pics*, et l'on passe à la famille des *oiseaux de proie*, comme *milans*, *éperviers*, *faucons*, *vautours*, *aigles* et *hibous*. En suivant toujours la gradation, nous trouvons les *oiseaux grimpeurs*, tels que les *pics*, les *guêpiers*, les *toucans*, les *anis*, enfin, la belle famille des *perroquets*. *Voyez* OISEAUX.

La même marche que nous avons observée dans les oiseaux, doit être encore suivie dans la classe des animaux vivipares; tant la nature est constante dans cette loi de gradation. Ainsi, les cétacés, au premier coup d'œil, sont des animaux informes qui paroissent avoir été originairement poissons, de même que les oiseaux palmipèdes; mais ils ont reçu des développemens dans certains organes dont les vrais poissons manquent. Les cétacés sont en quelque sorte les grands embryons de la classe des *quadrupèdes;* car, de la *baleine*, du *cachalot* et des *dauphins*, qui n'ont que des rudimens informes de membres dans leurs nageoires, on passe par degrés au *lamantin*, aux *veaux marins*, chez lesquels tous les membres se développent peu à peu; de ceux-ci à l'*hippopotame*, au *rhinocéros*, à l'*éléphant*, au *tapir*, au *cochon*. De ces animaux l'on remonte à la famille des *ruminans*, tels que les *chameaux*, les *cerfs*, les *bœufs*, les *chèvres*, les *brebis*; nous entrons ensuite dans l'ordre des *édentés*, comme les *tatous*, les *fourmiliers*; et de là dans la famille des *rongeurs*, comme les *porc-épics*, les *marmottes*, les *rats*, les *castors*, les *lièvres*, les *écureuils*, etc. On passe des *hérissons* et des *taupes* à la tribu des espèces *carnivores*, tels que les *ours*, les *ichneumons*, les *martes* et *putois*, enfin les *chiens*, les *lions*, les *chats*, les *civettes*, etc. Nous remontons ensuite par les *galéopithèques* aux *chauve-souris*; de celles-ci aux *phalangers*, aux *didelphies*, qui font un passage aux *makis*, et de là aux *singes*.

On peut voir dans cet arrangement comment les oiseaux palmipèdes correspondent aux cétacés, les oiseaux de rivage aux races des quadrupèdes aquatiques, les gallinacés aux ruminans, les oiseaux de proie aux mammifères carnivores, les oiseaux granivores aux quadrupèdes rongeurs, et les perroquets aux singes. *Voyez* QUADRUPÈDES.

Il y a même une gradation de l'humidité à la sécheresse, depuis les oiseaux palmipèdes et les cétacés jusqu'aux perroquets et aux singes, qui sont à la tête de ces deux classes d'animaux. Ainsi, ces premiers ordres d'animaux sont aquatiques; viennent ensuite les mammifères et les oiseaux qui se tiennent seulement dans la boue, tels que les scolopaces et les bêtes brutes; on trouve après, les gallinaces e les ruminans, qui fréquentent les champs, les prairies; puis les quadrupèdes rongeurs et les oisillons granivores, qui aiment les terrains un peu plus élevés ; puis les oiseaux de proie, les carnassiers, qui préfèrent les lieux secs et chauds ; enfin les singes et les perroquets ne se plaisent que sur les arbres, comme s'ils fuyoient encore plus l'humidité.

ARTICLE XV. — *De l'influence de la chaleur et de la sécheresse sur les corps vivans.*

A mesure que les êtres se perfectionnent davantage, ils ont une complexion plus aride, plus maigre ; au lieu que les espèces moins parfaites sont d'une nature plus molle, plus humide et plus grasse ; d'ailleurs les facultés intellectuelles diminuent en même progression. Comparez une oie, un cochon, qui recherchent toujours la fange et l'humidité, avec l'écureuil et la fauvette, espèces grêles et délicates, qui désertent les lieux aquatiques : vous trouverez les premiers gros, lourds, stupides ; les seconds, plus maigres, vifs, sensibles et spirituels. Plus un être tient d'humidité dans sa constitution, plus il est porté aux fonctions brutes et tout animales, telles que la nutrition et la génération ; au contraire, plus un être est doué d'une complexion sèche, plus il est porté aux opérations de la sensibilité, telles que la vivacité, l'esprit, la délicatesse. Lorsqu'un genre de fonctions devient fort actif dans l'économie vivante, les autres diminuent en même proportion; il arrive de là que les fonctions génératives et nutritives contrebalancent les fonctions de la sensibilité et de l'intelligence. Dans les classes les plus simples du règne animal, telles que les zoophytes, les coquillages, les poissons, etc., les systèmes nutritif et génératif ont une grande prépondérance : de là vient que ces animaux sont tous très-voraces, très-féconds et fort peu intelligens. Dans les classes les plus compliquées, telles que les mammifères et les oiseaux, le système sensitif est au contraire le plus actif; d'où il suit qu'ils sont plus intelligens, plus sensibles, plus vifs, mais en général bien moins féconds et moins voraces.

On observe la même analogie parmi les végétaux ; car les espèces qui vivent dans les terrains humides, ont une texture molle, spongieuse, qui n'a guère qu'une saveur fade, insipide, et des propriétés presque nulles ; en revanche, les plantes nourries dans un sol aride et brûlé du soleil, ont une texture sèche, fibreuse, des saveurs très-fortes et des propriétés extrêmement actives.

Ainsi, une foible chaleur excite déjà la végétation ; la tiédeur soutient la vie tempérée des espèces à sang froid ; l'ardeur développe la sensibilité et l'amour. De même la présence de la lumière éveille, son absence fait dormir ; un peu de froid engourdit ; le grand froid tue, tandis que le soleil attire toujours vers la vie. L'homme est surtout un animal solaire; les individus les plus chauds sont aussi les plus mâles, les plus capables d'amour ; et cette ardeur de tempérament se déploie manifestement dans l'âge le plus bouillant de l'existence.

L'humidité communique aux animaux et aux plantes l'inertie, la mollesse du tissu, la simplicité dans l'organisation, avec des fonctions nutritives et reproductives fort étendues. La sécheresse ou la chaleur communiquent, au contraire, de l'activité, de l'aridité au tissu organique ; elles compliquent les fonctions vitales, développent dans les animaux la faculté sensitive et intellectuelle ; dans les végétaux, les propriétés sapides et énergiques, mais diminuent leurs forces nutritives et génératives. Les classes les plus compliquées et les plus parfaites de ces deux règnes tiennent donc plus de la sécheresse, et les classes plus simples, plus imparfaites, reçoivent davantage les influences de l'humidité : aussi voyons-nous que les quadrupèdes et les oiseaux, dans le règne animal, les arbres et les arbrisseaux, dans le règne végétal, sont terrestres ; tandis que les classes inférieures d'animaux et de plantes recherchent plus ou moins l'humidité et les lieux aquatiques.

Cette différence est la même que celle observée sur chaque individu aux deux extrémités de sa vie. Dans l'enfance de l'homme, des animaux et des plantes, l'organisation est humide, imparfaite et peu développée, comme parmi les classes inférieures des créatures vivantes ; pendant leur âge mûr, l'organisation est sèche, parfaite et entièrement développée, comme dans les classes supérieures des animaux et des végétaux. Les zoophytes et les vers sont toujours d'une nature muqueuse, comme l'enfance : les insectes et les mollusques sont glutineux, comme l'adolescence ; les poissons, les reptiles sont cartilagineux, comme la jeunesse ; enfin, les oiseaux et les quadrupèdes sont osseux, de même que l'âge mûr. Les premiers sont donc toujours jeunes, les derniers pour ainsi dire toujours vieux.

Puisque l'élément humide est par excellence le principe de la reproduction et de la nutrition, les espèces qui tiennent plus du tempérament humide que de la nature sèche, seront aussi les plus fécondes et les plus voraces. Rien n'est plus destructif qu'un insecte et plus goulu qu'un poisson ; rien aussi ne pullule davantage que ces animaux. Il en est de même des plantes les plus simples qui se multiplient à l'infini ; c'est que l'élément humide domine dans tous ces êtres.

Nous observons encore que chez les animaux, les organes

destinés à la nutrition et à la reproduction, sont plus humides que ceux qui servent aux sensations, au mouvement et à
la reproduction des idées. Ainsi le ventre et les parties génitales sont d'une complexion molle, aqueuse, au lieu que la
tête, les parties supérieures du corps sont sèches et osseuses.
Nous voyons que les plumes, les poils, la peau du ventre
des animaux sont d'une couleur plus pâle que les tégumens
de la tête, du dos et des membres. Les nuances ternes et
pâles sont l'indice de l'humidité et de la foiblesse, tandis
que les couleurs vives, foncées, sont la marque de la vigueur
et de la sécheresse; de là vient que les espèces qui dégénèrent
par la domesticité, ou que les maladies affoiblissent, ont
des teintes plus blanchâtres, plus lavées, plus ternes que les
espèces robustes ou sauvages.

Cette considération est surtout frappante dans la comparaison du sexe mâle au sexe femelle. Le premier montre un tempérament plus aride, plus musculeux, des formes plus anguleuses, une sensibilité plus ardente et plus profonde, une
intelligence plus étendue, des couleurs vives et foncées,
une force vitale plus active et plus vigoureuse que le sexe
féminin : il tient davantage du principe de la chaleur et de
la sécheresse. Au contraire, la femelle a la complexion plus
molle, des formes plus arrondies, une sensibilité plus variable et plus superficielle, une intelligence moins grande,
des couleurs lavées, fades, ternies, une puissance vitale
lente et inerte : elle tient plus du principe humide.

Comme le principe humide est surtout approprié à la génération, la nature a donc dû confier au sexe femelle la conception et la nutrition des nouveaux êtres, puisque la complexion du mâle leur eût été très-contraire. Comme le principe humide a besoin, pour être fécondé, de l'élément
chaud, la nature a ordonné que la femelle recevroit du mâle
l'impression vivifiante.

Le principe humide est tellement nécessaire à la multiplication, que les femmes d'une complexion sèche, fibreuse
et d'un caractère hommasse, sont ordinairement stériles;
tandis que celles d'un tempérament sanguin et humide sont
très-fécondes pour l'ordinaire. La fonction des mâles étant
de fournir au germe le principe de la chaleur vitale (1), ceux
qui possèdent le plus de cet élément sec et chaud sont aussi
les plus ardens. Tels sont les hommes bien membrés, d'un

---

(1) Cette chaleur vitale n'est pas seulement le degré de température du corps sensible au thermomètre, mais une certaine portion
du feu principe qui nous anime et qui est surtout mis en mouvement
par le calorique ordinaire : car nous vivons plus intensivement en été
qu'en hiver, au midi qu'au nord, etc.

tempérament aride, vigoureux, d'une peau brune, couverte
de poils, d'un caractère irascible, impétueux. Une rudesse
courageuse convient à l'homme et aux animaux mâles qu'on
destine à la propagation ; une certaine mollesse tendre, efféminée, convient à la femme et aux animaux femelles ; car
elle indique une constitution favorable à la génération.

La beauté des formes, dans la femme, n'est qu'une plus
grande proportion du principe humide. C'est celui-ci qui
donne aux membres la rondeur et la grâce, qui dessine mollement tous les contours, qui entretient la fraîcheur, la
souplesse de toutes les parties ; aussi lorsque les femmes
maigrissent et que leurs muscles et leurs os se prononcent
avec l'âge, elles perdent toute leur beauté. La beauté de
l'homme, au contraire, consiste dans la mâle âpreté de ses
traits, dans ses muscles robustes, tendus, dans les saillies
de son ossature, dans ses membres nerveux et velus, ses
épaules larges, ses cuisses fortes, sa barbe épaisse, etc. Un
homme d'une constitution efféminée n'est pas beau, et une
femme trop hommasse révolte les sens.

La femelle est donc dominée par le principe humide, et
le mâle par le principe de la chaleur. Voyez dans la femme
ce grand développement de son tissu spongieux et cellulaire,
cette ampleur de hanches, du bas-ventre, cette proéminence
des mamelles, tandis que ses parties musculaires, ses membres, sa poitrine, sa tête, sont minces et petits. Au contraire,
tout ce qui est développé chez la femme, est resserré, oblitéré dans l'homme; et tout ce qui est grêle et délicat chez la
première, est grand, robuste et prononcé dans le second.
Ainsi l'homme a la poitrine et les épaules larges, la tête et
le cou forts, à la manière du taureau, les membres fermes
et charnus. Toutes les parties supérieures de son corps sont
plus développées que les inférieures; dans la femme, au
contraire, toutes les parties inférieures sont plus étendues
que les supérieures. Il en est de même dans les sexes des
autres animaux. Les mâles vivent plus par la tête, le cœur
et les membres; les femelles par la matrice, l'abdomen, le
tissu cellulaire. Comme la femelle est d'une nature humide
et molle, toutes les forces vitales descendent vers les régions
inférieures ; comme le mâle est d'un tempérament sec et
chaud, toutes les parties remontent vers les organes supérieurs. Nous observons la même chose parmi tous les individus des pays secs et élevés, comparés aux habitans des
lieux bas et aquatiques. Un Flamand, un Hollandais, ont
les hanches larges, le ventre gros, les jambes massives,
mais leur tête est petite, leur poitrine serrée ; ils sont plus
larges en bas qu'en haut. Leur stature est comme pyrami-

dale. Un montagnard sec, un homme vivant toujours sur un terrain aride et chaud, a la tête grosse, les épaules fortes, mais un ventre rentrant, des reins secs et des jambes grêles ; il est plus gros en haut qu'en bas. C'est que le principe humide tend à tomber vers la terre, et le principe de la chaleur aspire à s'élever : de là vient que les organes secs sont supérieurs, et les parties humides sont inférieures dans tous les animaux.

Mais, comme le principe humide forme la trame première de toute organisation, le radical de toute fonction nutritive, il est donc le plus essentiel de tous les élémens du corps, animal ou végétal. Il est le fondement essentiel de toute vie, puisqu'on ne meurt dans la vieillesse que par l'entier épuisement de cet *humide radical*. La nature l'a placé dans le centre du corps vivant, comme la portion la plus précieuse de toutes. C'est aussi par ces organes humides que tous les animaux se ressemblent, parce que tous sont pourvus des fonctions de la vie nutritive et de la vie reproductive. Les organes extérieurs qui entourent comme une écorce ce système humide de vie, sont d'une nature plus sèche et plus chaude : ils sont chargés de la vie sensitive, de celle-là qui établit des communications entre tous les êtres par le mouvement, le sentiment et la pensée. Les mâles sont mieux pourvus des organes de la vie sensitive, les femelles de ceux de la vie nutritive et reproductive. Les premiers vivent davantage par l'extérieur, ou la tête : ils sont plus robustes, plus actifs, plus intelligens. Les secondes vivent davantage par l'intérieur, ou le cœur : elles sont aussi plus douces, plus aimantes, plus sédentaires, plus attachées à leurs petits.

Si tous les êtres se ressemblent par ces organes fondamentaux et intérieurs, ils diffèrent tous principalement par les organes extérieurs ou l'écorce. Nous avons même fait voir à l'article ANIMAL, que plus ces organes extérieurs se perfectionnoient et se compliquoient, plus les animaux étoient élevés dans l'échelle des corps vivans. Nous pourrions ajouter ici qu'ils tiennent encore davantage de la nature mâle, tandis que les animaux qui ont moins de cette écorce sensitive et motrice, sont aussi plus simples, plus imparfaits, et tiennent davantage de la nature femelle ; c'est pourquoi ils sont plus humides et plus féconds, au lieu que les autres sont plus secs et moins féconds, quoique plus amoureux.

Le principe femelle ou les organes nutritifs et génératifs étant donc plus importans, ils sont, pour ainsi dire, le germe de tout ce qui existe. La mère est la tige centrale de toutes les espèces, le père n'en est que le modificateur, la portion extérieure. C'est la femelle qui fournit la matière de tous les êtres qui sont engendrés ; le mâle ne donne que la forme et l'excitation vitale. Dans les animaux et les plantes cryptogames on ne découvre à l'extérieur aucun sexe ; mais il est certain que ces corps vivans sont tous, par leur tissu mou, humide, leur grande fécondité et la simplicité de leur organisation, d'une nature plus femelle que mâle. Les espèces où le principe mâle domine sont plus compliquées, plus intelligentes, plus sensibles que les espèces où domine le principe femelle. En effet, parmi les animaux et les végétaux les plus imparfaits, il y a plus de femelles que de mâles ; c'est tout le contraire parmi les êtres les plus parfaits. Nous voyons que chez les *phoques* ou *veaux marins*, les ruminans et parmi les oiseaux palmipèdes et les scolopacés, il y a beaucoup plus de femelles que de mâles ; ce qui établit la polygamie dans ces races. En revanche, dans les familles des singes, des quadrupèdes carnivores, des perroquets, des pics, des oiseaux de proie, le nombre des mâles égale ou même surpasse quelquefois celui des femelles ; ce sont aussi des espèces très-parfaites et les plus intelligentes, les plus robustes du règne animal. La même chose a lieu dans le genre humain : car les habitans polygames de la zone torride sont bien plus foibles, plus efféminés que les peuples du Nord, chez lesquels il naît plus d'hommes que de femmes. (*Consultez* l'article HOMME.) Les animaux les plus parfaits tiennent donc plus du principe mâle, et les plus imparfaits, du caractère femelle ; de sorte que la dégradation de l'échelle de vie est pour ainsi dire, une effémination graduée. En effet, les organes qui dépendent des fonctions mâles se détériorent davantage, à mesure qu'on descend l'échelle des corps organisés ; de sorte qu'il ne reste plus à la fin que les parties femelles. C'est pour cela que les sexes, toujours séparés dans les races les plus perfectionnées, commencent à s'oblitérer dans quelques espèces, telles que les *abeilles*, les *fourmis*, les *termites neutres*, ou bien à se réunir dans les familles hermaphrodites, à se confondre dans les androgynes ; enfin ils disparoissent entièrement dans les races les plus simples, telles que les zoophytes. Dans le règne végétal, on passe des dioïques aux monoïques, aux hermaphrodites, puis aux agames.

ARTICLE XVI. — *De la reproduction des corps vivans et des monstruosités.*

Il n'y a point de fonction, dans les corps organisés, où la nature ait déployé plus de grandeur et de magnificence que dans la reproduction des espèces ; quand on voit que les morues, les esturgeons prodiguent chaque année de sept à huit millions d'œufs, et que les moindres insectes pullulent avec tant d'immensité, de même que les plantes jettent un nombre infini de graines ou de semences, il paroît bien que la Divinité y imprima le caractère de sa propre immensité pour éterniser les races créées. *Voy.* GÉNÉRATION.

Toutes les fonctions des corps vivans se succèdent par une sorte d'évolution, et de transport ou métastase d'un appareil organique sur un autre système d'organes dans l'économie.

D'abord, l'animal naissant n'est qu'un sac digestif; il mange et dort beaucoup; il a les intestins très-volumineux par rapport aux autres organes; en un mot, il ne vit guère que dans son estomac. De même la larve d'insecte n'est qu'un gros tube digestif; elle dévore étonnamment. A cette époque, la chenille ou toute larve, comme tous les jeunes animaux, sont des pelotes de graisse; celle-ci est la nourriture mise en réserve, ou le résultat de la première digestion (surtout dans des épiploons, chez les animaux dormeurs en automne). Les organes génitaux sont encore oblitérés et inactifs; néanmoins, ils préexistent, même dans la chenille, comme les a vus Hérold, en germes ou petits boutons. De même, le jeune végétal ne fait encore que s'accroître avec rapidité.

La seconde digestion (ou si l'on veut la métamorphose animale, qui a lieu en effet chez les insectes), est celle du développement des organes externes, du système musculaire, locomoteur, soit dans la grenouille sortant du têtard, soit dans la chenille à l'état de chrysalide. La matière digestive a passé à la seconde filière d'élaboration vitale; l'animal devient pubère, ses humeurs sont moins gélatineuses; mais plus tôt il s'opère un développement du système fibreux, et celui des organes respiratoires chez les mammifères où la poitrine s'élargit à la puberté, chez les têtards où les branchies tombant, les poumons vésiculeux ou celluleux entrent en fonction, enfin chez les insectes, où les trachées de la larve et de la chenille, qui étoient enveloppées de paquets de graisse, s'étendent par la résorption de celle-ci dans l'économie pour servir à d'autres fonctions. Aussi, de l'enfance molle et muqueuse, on passe à la jeunesse vive, mobile, ardente, et les insectes parfaits acquièrent des membres bien plus déployés, plus agiles, des ailes pour voler, des pattes pour courir, tous organes qui étoient emmaillottés dans l'état de larve ou chenille. De plus, l'oxygénation ou respiration plus forte accroît l'énergie, soit nerveuse, soit musculaire. La plante, à pareille époque de développement, montre ses bourgeons à fleurs et son feuillage.

3.º Enfin la troisième digestion, ou le faîte de l'élaboration vitale est la production du sperme et de l'œuf chez les sexes, ou de la graine dans les fruits des plantes. Pour cet

effet, les organes digestifs ont diminué de leur activité propre. Chez les animaux à métamorphoses, le tube intestinal
se rétrécit étrangement et se raccourcit beaucoup ; ainsi,
dans la grenouille, ces circonvolutions spirales des intestins
deviennent au contraire un canal seulement replié, mais
court. Chez la plupart des larves d'insectes, leur large boyau
ou plutôt l'énorme estomac avec des cœcums, un vaste colon
et d'autres intestins, se rapetisse, se fronce, se resserre en
diverses manières, suivant les espèces, et enfin devient
un canal plus court et beaucoup plus étroit. De même,
la nourriture, à l'état de larve, étoit abondante ; les mâchoires fortes et dévorantes des chenilles et d'autres espèces, se
transforment, soit en une trompe délicate pour sucer les sucs
des fleurs, comme font les papillons et diverses mouches.
D'ailleurs beaucoup d'espèces qui vivoient, à l'état de larves, de substances végétales assez grossières, comme du bois,
des feuilles, etc., qui fournissent peu d'alimens, ne prennent plus, à l'état parfait, que des nourritures plus compliquées ou de nature plus élaborée, comme de la chair, de la
séve ou du sang, ou le parenchyme des fruits et semences,
etc. De plus, il y a des espèces d'insectes qui ne prennent
même aucune nourriture sous leur dernière forme ; tels sont
des oëstres, des éphémères, des bombyx, etc., qui n'ont
plus que des rudimens d'une bouche. Pareillement les sucs
végétaux ont été élaborés dans les feuilles et les autres parties
de la plante pour composer les fruits et les semences.

Il en résulte alors que la substance organique, d'abord di-
gérée dans l'estomac des animaux, avoit produit la gélatine,
la graisse, chez les animaux jeunes, avant leur puberté,
leur métamorphose, dans l'état de larve, parmi les insectes.

En second lieu, l'aliment de cette première élaboration a
passé au second état, qui est celui du développement des organes extérieurs, aidé concurremment par la fonction respiratoire qui s'agrandit et prête son secours à l'élaboration
vitale.

Troisièmement enfin, l'aliment passe à l'élaboration générative ou le *summum* de l'organisation ; mais alors les autres fonctions, telles que la nutritive d'abord, puis les facultés extérieures des organes, diminuent et se fanent. Ainsi, pour
la génération, la graisse est résorbée, retravaillée et reportée, sous forme de sperme, aux organes reproducteurs. On voit
cet effet manifestement chez les animaux dormeurs, les loirs,
marmottes, hérissons, etc.; car, en automne, ce sont des pelotes de graisse ; ils ont la cavité abdominale farcie d'énormes épiploons graisseux dans lesquels sont enfouis les organes génitaux, alors presque nuls ou oblitérés. Mais au prin-

temps, cette graisse, aliment de réserve, ayant été résorbée dans l'économie, a repassé à une parfaite élaboration; aussi ces animaux sont très-maigres, tandis que leurs organes génitaux, leurs testicules, canaux déférens, vésicules spermatiques sont gorgés de sperme, et les ovaires de la femelle sont turgescens d'œufs prêts à être fécondés (ou pondus chez les oiseaux, les poissons, etc.). De même, les larves d'insectes, si grasses, si voraces, deviennent, à l'état parfait, des animaux plus maigres, plus secs, plus énergiques, et tout consacrés à la fonction reproductive.

Parmi les végétaux, de même la plantule naissante n'a encore pour fonction que de s'accroître et pomper abondamment les sucs nourriciers de la terre; ensuite elle déploie son feuillage, qui est son appareil respiratoire; ces organes élaborent les sucs de la plante, et bientôt se développent les fleurs, les pistils et étamines, enfin les semences dans l'ovaire.

La graine du végétal, comme l'œuf de l'animal, sont ainsi les produits de la plus haute élaboration organique de ces deux règnes des créatures. La substance médullaire de la plante sert immédiatement à la production de ses graines, car elle aboutit au placenta ou réceptacle de la fleur. De même, chez les animaux, les fonctions génératrices sont accompagnées d'une action essentiellement nerveuse. Leurs organes sexuels reçoivent les principales extrémités des rameaux nerveux de la moelle épinière, parmi les animaux vertébrés, et des branches analogues du système nerveux abdominal dans les classes des mollusques, des crustacés, des insectes et vers. Il en résulte aussi que les fonctions nerveuses employées à l'acte de la génération, s'épuisent alors vers la tête et les autres organes des parens; elles semblent passer en grande partie dans les embryons produits et fécondés, pour les animer. Aussi plusieurs animaux meurent après le coït, ou même dans le coït. Donc le faîte de l'élaboration vitale étoit la reproduction; les parties les plus élaborées dans les êtres animés sont la moelle centrale et les germes ou graines pour les végétaux, et la pulpe nerveuse, les ovules et le sperme chez les animaux.

Ce qui démontre encore cette vérité, c'est l'analogie que l'analyse chimique a découverte entre la substance de la laite et des œufs des poissons, par exemple, et la matière médullaire du cerveau et des nerfs qui contiennent également du phosphore avec un principe albumineux particulier, tout de même que le sperme. *Voy.* ŒUF.

Comme le mâle domine par ses organes extérieurs, et la femelle par les intérieurs (1), il s'ensuit que chacun d'eux contribue davantage, dans la génération, à la formation des parties sur lesquelles ils influent le plus. Si le principe mâle est surabondant au principe femelle, il doit produire des individus mâles ; et s'il est moins abondant, on obtiendra des produits femelles. Aussi les mâles robustes unis à des femelles foibles engendrent ordinairement des individus masculins ; et dans un cas contraire, il arrive communément l'inverse. C'est pour cela que la polygamie engendre plus de femelles, parce qu'un seul mâle a plusieurs femelles ; la polyandrie produit plus de mâles, parce qu'une seule femelle a plusieurs mâles.

D'ailleurs les mâles influent davantage sur les organes extérieurs, et les femelles sur les parties centrales. L'expérience a fait voir que des beliers à belle laine accouplés avec des brebis à laine commune, ont produit des agneaux à toison longue et soyeuse ; tandis que des beliers communs avec des brebis à laine fine, n'ont donné que des agneaux à laine commune. Les individus métis retiennent plus à l'extérieur de la ressemblance paternelle, et davantage de la maternelle à l'intérieur. Les plantes hybrides, qu'on fait naître en couvrant le pistil d'une fleur avec la poussière fécondante d'une autre fleur, ressemblent surtout au père par les feuilles et par les autres parties extérieures, et à la mère par les organes internes, suivant les expériences de Kœlreuter.

Il paroît surtout remarquable que les animaux métis et les végétaux hybrides qui peuvent se reproduire, remontent insensiblement d'eux-mêmes à la tige maternelle ; ce qui prouve bien qu'elle a une plus grande influence dans la génération que la tige paternelle ; car celle-ci n'agit qu'à l'extérieur, au lieu que la première tient aux parties les plus intimes de l'organisation. Si toutefois on augmente l'influence du mâle à chaque génération, l'on parvient enfin à surmonter l'ascendant maternel. *Voy.* GÉNÉRATION.

---

(1) Les parties femelles sont toujours centrales, et les parties mâles toujours à la circonférence, dans les plantes comme dans les animaux. On observe chez toutes les fleurs, que les pistils sont placés au milieu, et entourés des étamines qui sont, comme on sait, les parties mâles. Linnæus pensoit même que l'ovaire et les semences étoient formés par la moelle, les étamines par le bois, les pétales par le liber, et le calice par l'écorce. Comme les parties centrales sont toujours les plus importantes (puisque la nature a eu soin de les soustraire aux chocs extérieurs), il s'ensuit que le principe femelle est aussi le plus nécessaire dans l'acte de la génération : les animaux et les plantes, sans sexes visibles, ou les cryptogames et agames, peuvent être considérés comme femelles plutôt que mâles, puisqu'il y a des femelles capables seules d'engendrer, tels que les pucerons.

La puissance maternelle a donc dans la génération une plus grande influence que la fonction paternelle. Il y a même des cas où elle supplée entièrement cette dernière. Par exemple, il y a des pucerons femelles qui peuvent engendrer sans le concours des mâles. Chez les arbres dioïques (c'est-à-dire, qui ont leurs sexes séparés sur deux pieds différens), l'individu femelle peut se reproduire de bouture, ce que l'individu mâle refuse parfois de faire. Enfin les animaux et les végétaux les plus simples, tels que les zoophytes, les algues, les champignons, me paroissent devoir appartenir plutôt au sexe femelle qu'au sexe mâle, quoiqu'ils n'aient aucun organe apparent de génération.

La cause pour laquelle la nature a dû placer les parties femelles au centre des corps vivans et les organes mâles vers la circonférence, c'est que les premières étant les plus nécessaires à de foibles existences, et les plus délicates, il étoit utile qu'elles fussent protégées par des organes plus robustes et moins importans. La femme est formée pour demeurer sédentaire au milieu de sa famille qu'elle échauffe dans son sein, qu'elle nourrit de son lait, qu'elle soigne avec une tendre sollicitude ; l'homme est né pour la protéger, la défendre, lui chercher au loin les choses nécessaires à sa subsistance. La mère est comme le cœur de la famille, l'homme en est la tête et le bras ; c'est pourquoi il falloit à la première une vie plus intérieure, au second une vie plus extérieure. Chez les animaux, le mâle apporte aussi à manger à la femelle qui allaite ses petits ou qui couve ses œufs. De même, dans les végétaux, le bois, l'écorce, qui sont des parties mâles et d'une nature staminale, protégent les parties centrales ou femelles, comme la moelle, et lui transmettent l'aliment ou la séve nourricière.

Dans l'acte de la génération, la mère fournit les premiers rudimens du nouvel être, ce qui est très-visible chez les espèces ovipares ; car les œufs existent déjà tout formés dans le sein maternel avant l'acte de la fécondation. C'est ainsi que la poule et les autres oiseaux ont leurs ovaires remplis d'œufs qui n'attendent plus que la fécondation du mâle. Les grenouilles mâles ne fécondent même leurs femelles qu'à l'instant de la sortie des œufs ou du frai. Les œufs des poissons ne sont vivifiés par la laite des mâles qu'après leur sortie du sein des femelles. Dans les plantes, l'ovaire renferme aussi les rudimens des semences, avant même que la poussière séminale des étamines se soit développée. On observe donc dans toutes les espèces vivantes que les femelles donnent la matière première ou l'élément corporel, que le mâle vient ensuite animer. Le nouvel animal la jeune plante, ne sont , pour ainsi dire , qu'une extension du corps maternel , une sorte de bouture qui se forme dans la matrice ou les ovaires , et à laquelle le mâle imprime le mouvement de vie.

Il existe même une foule de végétaux qui se reproduisent sans le concours des sexes , mais par rejetons , par caïeux , par surgeons, etc. Tous les zoophytes , les polypes , qui n'ont aucun sexe, se reproduisent aussi par bouture , par des espèces de bourgeons qui se forment sur le tronc maternel , et se détachent ensuite d'eux-mêmes, comme un fruit mûr qui tombe de la branche , et qui porte en lui-même les rudimens d'un nouvel être. Dans tous ces cas , le sexe mâle est , pour ainsi dire , confondu et incorporé avec le sexe femelle. On a remarqué encore que les arbres qui donnoient beaucoup de boutures ou qui se reproduisoient par rejetons , portoient souvent des fleurs stériles , ou des fruits dans lesquels les semences étoient avortées , parce que toute la force de reproduction s'étoit écoulée par une voie différente.

Puisque l'embryon d'un animal ou d'une plante ressemble surtout à la mère , il est probable qu'il est comme moulé sur elle , à l'exception des attributs extérieurs qui tiennent à l'influence du sperme mâle. Il est donc vraisemblable que tous les organes de la femelle déposent dans la matrice ou les ovaires un extrait , une essence délicate de chacune de leurs parties ; l'os fournit les rudimens de l'os , le muscle les élémens du muscle , la membrane ceux de la membrane , etc. De plus , chacun des os , des muscles , des vaisseaux , doit donner son contingent particulier pour former en petit le même organe que celui dont il sort. L'œuf de la femelle contient donc un abrégé , une miniature de toutes les parties de son corps , et qui s'arrangent par degrés dans le même ordre. En effet , les organes les plus importans sont les premiers formés , et les moins essentiels se composent ensuite. Comme ce travail n'est encore qu'une ébauche facile à modifier , le sperme du mâle vient imprimer le sceau de la vie à cette esquisse d'organisation : il opère surtout des changemens dans les parties extérieures , et s'il est plus actif que la force primordiale du germe, il produit un individu mâle. On voit ainsi pourquoi les enfans tiennent pour la plupart de la physionomie de leurs parens et de leur tempérament, surtout lorsque celui-ci est très-prononcé. C'est encore de cette manière que plusieurs maladies deviennent héréditaires.

On demandera comment il se fait que des personnes estropiées produisent cependant des individus bien conformés. C'est que la puissance vitale qui organise le fœtus , ne prend pas seulement son modèle sur la mère et le père , mais elle suit le type originel de l'espèce que les parens portent empreint dans eux-mêmes, puisqu'ils viennent d'individus bien conformés. Cela est si vrai, que si la déformation n'est pas seulement individuelle, mais remonte à plusieurs générations antérieures, elle se propage alors. C'est ainsi que les chiens auxquels on a coupé la queue pendant plusieurs générations, engendrent ensuite des chiens à queue courte ; et j'en ai actuellement sous les yeux un exemple. Mais comme la nature tend toujours à reprendre sa direction originaire, il se trouve parmi les portées de ces chiens, des individus à queue plus ou moins longue ; de sorte qu'en abandonnant ces déformations au cours ordinaire de la nature, elles finissent par disparoître à la suite de plusieurs générations. Nos chiens, nos poules, nos lapins, nos pigeons, et même nos arbres fruitiers, nos fleurs doubles, enfin tous ces êtres dont nous avons modifié la constitution, tendent toujours à rentrer dans leur forme primitive ; car nous avons contrarié leur nature (1). Nos plus belles fleurs ne sont que des monstruosités, puisqu'elles sont toutes stériles, et puisque leurs étamines se sont changées en pétales. Il arrive à ces végétaux la même chose qui survient aux hommes et aux femmes énormément gras ; ils deviennent incapables d'engendrer, toute leur semence s'étant, pour ainsi dire, tournée en graisse ; c'est pour cela que les eunuques sont fort gras, et qu'on fait subir la castration à tous les animaux qu'on veut engraisser.

Ce changement des étamines ou parties mâles en pétales, tandis que les parties femelles ou les pistils restent dans le même état, prouve encore bien, comme nous l'avons dit ci-devant, que les organes extérieurs ou mâles étoient plus modifiables que les organes internes ou femelles. Il est facile de voir encore que les eunuques prennent une nature efféminée, parce que le sexe mâle étant détruit chez eux, toute son influence est enlevée : c'est pourquoi les organes femelles dominent et apportent dans tout le corps l'humidité, la mollesse et l'affoiblissement, qui sont la suite de leur tempérament.

Les monstruosités sont des aberrations du principe organisant, des maladies de la faculté générative. On en connoît de deux sortes, car il y a des monstres par défaut et d'autres par excès. Lorsque la matière manque, ou que la nutrition de l'embryon ne s'opère pas également dans chacune des parties, par quelque empêchement que ce soit, celles-ci demeurent petites, oblitérées ; c'est ainsi qu'on voit des hommes

____

(1) Par une cause inverse, certains organes surabondans, comme les hommes à six doigts, peuvent aussi se propager, et ils disparoissent de la même manière que les autres reparoissent. *Voyez* DÉGÉNÉRATION et MONSTRES.

avoir, dès leur naissance, un bras ou une jambe moins nourris, moins grands et moins forts que l'autre. On remarque un effet à peu près semblable dans quelques poulets qu'on fait éclore par la chaleur artificielle; car si les œufs dans lesquels ils étoient n'ont pas été partout également échauffés, les parties du poulet qui l'ont été le moins demeurent imparfaites et mal développées; tandis que les plus échauffées sont devenues fort grandes, et ont attiré à elles toute la nourriture destinée aux autres organes. Le même effet se remarque dans les végétaux; ainsi certains fruits ont quelques parties plus développées que d'autres.

Plusieurs causes physiques peuvent aussi suspendre l'évolution de certains organes; ainsi la compression, l'état maladif d'un membre, dans son état d'embryon, doivent en arrêter l'accroissement; car les diverses parties d'un animal ne se forment pas dans la matrice ou dans l'œuf par une superposition de substance, mais elles s'étendent, elles grandissent par une espèce de germination. Par exemple, les bras, les jambes s'accroissent sur le corps comme des branches qui sortent du tronc d'un arbre, et ils poussent des doigts, des orteils, comme celles-ci se partagent en rameaux. L'embryon animal ressemble au bourgeon d'un arbre; il est attaché à la matrice et au cordon ombilical, comme un rejeton greffé sur un tronc. Les quatre membres d'un animal sont autant de rejets, et se développent de la même manière; aussi les branches des arbres sont des espèces de bras le plus souvent irréguliers, mais placés quelquefois symétriquement comme dans les animaux. La déformation des organes peut être produite dans la matrice par des chocs, des compressions, par l'inégalité des forces vitales de chaque partie; de là viennent plusieurs déformations monstrueuses. Il arrive encore que la position des parties est quelquefois inverse; ainsi l'on a trouvé des hommes et des animaux chez lesquels les viscères du bas-ventre étoient transposés, le foie étant porté à gauche, la rate et le cœur à droite, etc. Cette erreur peut être causée par un trouble survenu dans le temps de la structure de ces organes. Les taches de naissance, appelées *envies*, parce qu'on les croit produites par certains désirs bizarres des femmes grosses, ne sont autre chose que des maladies locales de la peau, des portions qui n'ont pas éprouvé la même impression vitale que le reste du corps. On pourroit les comparer à ces excroissances, ces rugosités, et autres inégalités qui se trouvent sur l'écorce des arbres. D'ailleurs il peut se rencontrer dans les eaux de l'amnios qui entourent le fœtus humain, des substances hétérogènes qui, s'attachant à quelques parties de sa peau encore très-molle, s'y incorporent et en détériorent le tissu ; voilà ce qui produit les taches, car il est reconnu que l'imagination de la mère n'a aucune influence sur une partie déterminée de l'embryon ; elle ne peut agir que sur l'individu entier, en troublant les humeurs nourricières qui s'y portent, et en précipitant ou modérant le cours du sang dans la matrice. Comme il n'y a de communication directe entre l'enfant et sa mère que par les humeurs, c'est le seul moyen qu'ils puissent avoir d'agir l'un sur l'autre.

Les monstres par excès sont ordinairement formés par deux embryons qui se sont collés lorsqu'ils étoient encore dans un grand état de mollesse. On trouve quelquefois aussi réunies des cerises, des prunes et autres fruits, parce que naissant très-rapprochés, ils se sont soudés ensemble. De même on voit des œufs à deux jaunes, et lorsqu'ils sont couvés, les poulets qui en sortent sont doubles et monstrueux. Quelquefois les deux germes ou embryons se sont tellement réunis, qu'un seul a pu se développer entièrement, et que l'autre n'a produit que quelques parties. C'est ce qui se remarque dans les monstruosités humaines à trois bras, à quatre pieds, etc. Les individus qui naissent avec six doigts aux mains et aux pieds, tiennent cette difformité de la surabondance du principe nutritif dans ces parties ; comme l'on voit certaines branches d'arbres pousser avec plus de vigueur que les autres, et produire un plus grand nombre de rameaux ou des pétales surnuméraires.

Certaines femelles ont contracté une habitude de créer des monstres, ce qui paroît venir d'une constitution maladive de la matrice. Ce sont surtout les espèces d'animaux les plus compliquées ou les plus parfaites. Il est assez naturel de croire que des êtres si composés sont plus sujets à se déranger que des races plus simples ; car à mesure qu'une machine est plus compliquée, elle est aussi plus facile à détraquer. C'est pour cela que l'homme qui est bien plus délicatement organisé que les animaux, est aussi exposé à un bien plus grand nombre de difformités, tandis que les espèces très-simples ne sont presque jamais monstrueuses. Ce qui arrive dans le sein maternel, peut aussi avoir lieu au dehors ; c'est donc pour cela que les quadrupèdes, les oiseaux et l'homme surtout, sont infiniment plus sujets aux maladies que les animaux des classes inférieures.

Il y a même des raisons qui font soupçonner que les organes sexuels des femelles peuvent être dans un état d'aberration vitale, tout comme l'estomac l'est dans les pâles couleurs. Les femmes hystériques, les filles chlorotiques ont le goût dépravé, et mangent des matières incapables de nourrir, telles que du charbon, des cheveux, de la cendre, du plâtre, de la cire, etc. De même la matrice de ces femmes délicates étant dans un état analogue de dépravation, doit intervertir l'action de la puissance organisante. C'est aussi ce qu'on observe chez les femmes grosses, qui ont le plus de ces envies absurdes, et c'est ce qui a donné naissance à l'opinion qu'elles influoient sur le fœtus. La matrice a donc, comme l'estomac, une espèce de *pica* ou de *malacia*, espèce de maladie qui déprave les fonctions de la sensibilité et de la vie.

Les femelles les plus sensibles, les plus délicates, sont, par cette raison, les plus exposées à toutes ces irrégularités dans les produits de la génération ; tandis que les personnes les moins sensibles, les plus robustes, n'y sont presque jamais sujettes. Telle est encore la raison pour laquelle les bêtes produisent moins de monstruosités que l'espèce humaine, et les animaux sauvages, moins que les animaux domestiques, et même les végétaux champêtres, moins que les arbres ou les herbes de nos jardins. C'est que nous détournons la puissance vitale de son objet, nous la forçons à se porter vers d'autres régions, nous troublons son action organisante, en voulant rapporter à nous-mêmes ce que nous devons commettre aux soins de la nature. L'homme détourne vers lui les animaux, les végétaux ; la femme elle-même, qui devroit s'oublier pour le nouvel être qu'elle porte dans son sein, rapporte tout à son propre individu, et néglige celui que lui a confié la nature. En reportant ainsi dans les autres organes la vie qui s'étoit concentrée dans son utérus, il est nécessaire que le travail de la génération soit interrompu, et même interverti.

Les changemens que la domesticité opère sur les animaux et les végétaux sont donc contre nature ; ce sont des maladies de dégénération que la puissance de l'homme a rendues héréditaires. Pour plier les êtres à notre domination, il a fallu les détériorer, leur ôter les qualités qui les rendoient indépendans sur la terre ; le joug de l'esclavage que nous leur avons imposé est devenu une sorte de maladie, puisqu'on ne trouve la vraie santé du corps et de l'âme qu'avec la liberté. Notre civilisation n'est qu'une maladie d'affoiblissement, car il est certain que les peuples sauvages et libres sont infiniment plus actifs, plus sains que nous ; et plus les hommes se civilisent, plus le nombre de leurs maladies se multiplie.

ARTICLE XVII. — *Recherches sur les causes premières dans la reproduction des créatures.*

Tous les germes animaux et végétaux qui ont existé ou qui existeront jamais, ont-ils été créés au commencement des choses, ou bien s'en produit-il de nouveaux de jour en jour, par la génération? Cette question se rattache nécessairement à celle de la reproduction générale, chez les êtres organisés.

Plusieurs auteurs, avant Charles Bonnet, ont soutenu l'opinion d'une création primitive et unique, de laquelle les propagations actuelles ne sont que le développement et la manifestation successive.

Jean-Conrad Peyer (*Merycologia*, l. 1, c. 5), dit, par exemple, que dans cette génération des animaux par des œufs, l'on peut soutenir qu'en chaque œuf, même avant la fécondation, il existe un nombre d'images, ou représentations, ou idées formatrices, en si grand nombre, que son espèce se puisse multiplier de là, dans toute la série des siècles.

Et cette hypothèse n'est pas si destituée de fondement, ajoute cet auteur, qu'il n'y ait les raisons les plus solides pour la maintenir; car l'organisation des animaux se montre si extraordinairement merveilleuse, qu'elle ne peut être qu'un ouvrage de la divine sagesse. C'est démence d'attribuer aux animaux eux-mêmes, dit-il, la faculté de procréer leur fœtus; c'est une insigne extravagance des atomistes ou des auteurs qui admettent l'épigénèse, de supposer je ne sais quel concours fortuit de molécules particulières qui s'assemblent, s'attirent, se cristallisent ou se concrètent aveuglément, et j'ignore, dit-il, comment, avec cet art inconcevable qui surpasse toute compréhension humaine. Il y a plus, c'est impiété criminelle à des créatures, de ne pas remonter à la Divinité pour cet acte, ou d'aller chercher plutôt des moules plastiques, d'imaginer des facultés abstruses ou occultes, des esprits formateurs, un archée, etc.

Reconnoissons sans doute que toute la structure des animaux et des plantes offre des merveilles qui décèlent l'artifice le plus sublime d'un être créateur : mais pourquoi ce suprême artisan n'auroit-il pas pu accorder à chaque individu la faculté de se représenter par des images de soi-même, dans un nouvel être né dans son propre sein? Que ce soit par une force plastique, comme l'a soutenu Radulphe Cudworth, dans son système du monde, ou par un moule intérieur, comme le dit Buffon, ou par toute autre supposition qu'on peut faire, comme du mélange des semences (1) ou

____

(1) A l'égard de ceux qui supposent, avec Leeuwenhoeck, l'existence du jeune animal dans le sperme du mâle, et qui ont décrit comment le ver spermatique s'insinuoit dans l'œuf de la femelle, il y a une foule d'expériences qui contredisent cette hypothèse. On sait que Spallanzani a fécondé des œufs de grenouilles avec du sperme des grenouilles mâles privés d'animalcules spermatiques. Ce fait a

de l'émanation des diverses parties du corps, de principes subtils, etc. : peu importe ici.

Car si l'on suppose que la Divinité soit immédiatement occupée à élaborer des organes de nouveaux êtres, dans l'utérus des femelles, il s'en suivra plusieurs choses peu probables. Ce n'est pas comme on l'a dit, toutefois, qu'il y ait peu de dignité et de *decorum* à la première cause, à s'occuper de si petits détails, qu'à former des vermisseaux et des pucerons, aussi bien que des hommes et des baleines; il n'y a, selon nous, rien d'ignoble et de bas dans la nature, et il convient au contraire, à son souverain Auteur, d'être la source de tout, αὐτουργεῖ, ἄπαντα.

Néanmoins, il paroît évident que le premier être laisse agir les causes secondes; car comme il ne pourroit rien sortir que de parfait de la source de tout ordre et de toute perfection, il n'y auroit jamais d'erreurs et de monstruosités, ainsi que nous voyons des irrégularités, ἁμαρτήματα, comme les nomme Aristote. Pourroit-on supposer que la matière est un principe revêche ou résistant et opiniâtre aux volontés suprêmes, ou que celles-ci se trompent quelquefois, ou que le grand architecte peut se troubler et s'écarter de son but? Il est donc plus probable que ces anomalies naissent des causes secondes ou de certains états contre nature.

Que chaque femelle forme en elle-même la quantité d'œufs qu'elle sera susceptible de pondre, ou de germes et semences

---

lieu pareillement chez les vivipares. On trouve dans les *Transact. philosoph.* n.° 147, sect. 4, l'histoire d'une chienne qui, portant des petits, reçut un coup violent qui les tua dans son sein; elle rendit par la vulve des matières purulentes et des débris de fœtus, ou d'autres parties charnues, assez abondamment. Quelque temps après, elle reçoit le mâle, et son ventre grossit, mais d'une manière difforme. Elle meurt, on la dissèque; à l'ouverture de l'utérus, on trouve dans les deux trompes un amas d'os, de chairs, ou muscles, avec des membranes et peaux assez solides, qui étoient les résidus, et même des squelettes encore entiers, des chairs de fœtus précédemment tués; ils fermoient si exactement les deux trompes, que non-seulement l'eau ou toute autre matière n'y pouvoit pas pénétrer; mais même une vapeur, ou *aura seminalis*, ne paroissoit pas capable de traverser ces masses charnues. Cependant il y avoit des œufs fécondés par cette seconde gestation; mais ces œufs ne trouvant pas les trompes ouvertes et libres pour descendre dans l'utérus, à l'ordinaire, furent repoussés dans la cavité de l'abdomen, où ils s'attachèrent au mésentère et aux reins; ils n'étoient séparés de l'utérus que par deux petits follicules minces qui les entouroient; ces œufs étoient au nombre de trois, et les petits embryons qu'ils contenoient ont sans doute péri, faute de nourriture, en tombant ainsi hors de l'utérus. (Voyez les détails, *Ephem. nat. cur.* an. 1, obs. 110, et *Philos. Trans.* n.° 192, p. 479.)

qu'elle pourra produire dans tout le cours de sa vie ; cela paroît très-vraisemblable , surtout chez les femelles d'oiseaux ;
on trouve dans leurs ovaires le nombre de vésicules ou d'œufs
qu'elles doivent donner pendant tout le temps de leur fécondité. Il en sera probablement de même des autres classes
d'animaux ; car si de nouveaux œufs devoient se développer
dans les ovaires , à quoi bon les former d'avance ? Ne seroit-
il pas plus à propos qu'ils prissent naissance à mesure qu'il
en seroit besoin , au lieu d'en avoir tant en réserve d'avance,
qui peut-être n'auront jamais l'occasion de se développer ,
puisque ces femelles sont exposées à tant de chances de périls ? Tous ces faits semblent établir que les germes de tous les
animaux sont sortis, dans l'origine, de la main du Créateur.

Si l'on peut présumer que les œufs ou germes soient connés
avec les femelles , comment prouver que ceux-ci recèlent les
images ou idées, ou les linéamens excessivement ténus , de
tous les fœtus à naître ? et qui sait, d'ailleurs, si l'animalcule
ne seroit pas dans le sperme mâle, qui certainement modifie
le germe dans les races mélangées ?

Sans prétendre nier ce dernier sentiment, on sait néanmoins que Malpighi observa, même dans les œufs clairs ou
non fécondés, et près du centre , un globule blanc ou cendré ,
petite masse ou môle qui représente les rudimens du poulet ,
avant le coït (*lib. de Formatione pulli in ovo*). Haller a remarqué
pareillement les chalazes, les membranes de l'œuf, appartenant au poulet; et Spallanzani observa le têtard déjà formé dans
le frai non fécondé de la grenouille. Or , cette préexistence
du germe avant la fécondation , ne peut-elle pas également
faire admettre successivement les premiers rudimens ou idées
de tous les fœtus nés et à naître , jusqu'à la consommation des
siècles? Tel est le système de l'emboîtement des germes, exposé par Charles Bonnet.

Brunner et d'autres anatomistes, en combattant ce système,
disoient qu'en ce cas les ovaires de notre grand'mère Eve
devoient être terriblement volumineux , pour contenir tous
les germes , si petits qu'on les suppose , du genre humain
alors à naître.

A la vérité , la matière, réplique-t-on, est capable d'une
division incroyable , comme Rob. Boyle en a donné divers
exemples (*de mira Subtilit. effluvior.*), puisqu'un grain de musc ,
sans perdre de son poids sensiblement , imprègne de son odeur
de vastes espaces d'air , et même pendant des années. La
finesse de l'odorat du chien sent le lièvre de loin. On ne sauroit
cependant admettre avec la plus saine partie des philosophes,
que la matière soit divisible à l'infini. S'il en étoit ainsi , chacune de ses parties seroit actuellement infinie; or , la matière

n'est pas divisible en plus de parties qu'elle n'en contient réellement en acte, comme il est facile de le prouver.

Supposons toutefois que l'emboîtement des germes soit admis, comme l'hypothèse la plus probable aujourd'hui, puisqu'il est certain que les germes préexistent à la fécondation dans les femelles ; cet emboîtement successif demande nécessairement une division de la matière, à l'infini. En effet, une morue pond jusqu'à neuf millions d'œufs chaque année ; un chêne produit bien 3oo mille glands ; un pavot, 3o à 4o mille semences ; or, chacune de ces graines, ou le moindre de ces œufs doit contenir, d'après cette hypothèse, tous les milliards de milliards de graines ou d'œufs, en germes, qui doivent éclore ou être produits dans l'espace de plusieurs siècles. Je dis que quand on mettroit des chiffres en une rangée si longue qu'elle entoureroit le globe terrestre, ils ne suffiroient pas pour dénombrer l'immensité de germes que devroit contenir un seul grain de moutarde. C'est l'infini contenu dans le fini ; c'est l'immensité de l'univers visible, ramassée dans un point imperceptible, ou plutôt, c'est la plus complète incompréhensibilité, comme l'a démontré de reste God. Ploucquet (*de corpor. organisator. Generat. disquis. philos.*, Stutgard, 1749, *in-4.°*), puisqu'après toutes les générations imaginables, celles-ci ne seroient pas plus épuisées qu'au commencement.

La plupart des philosophes, tels que Ch. Bonnet, Spallanzani, etc., effrayés des conséquences de ce système, se contentent de dire que si la matière n'est pas divisible à l'*infini*, en germes dont chacun doit contenir encore des parties hors les unes des autres, et par conséquent doit être plus compliqué que ne le seroient les atomes ou molécules insécables d'Épicure, elle peut être divisible d'une manière *indéfinie*. Si la divisibilité de la matière a des bornes, celles-ci ne sont pas assignables, selon ces philosophes, tant elles s'étendent loin. Quand on admettroit cette explication, encore faut il reconnoître des bornes à la divisibilité.

Alors il s'en suivra un singulier effet. Si Eve a contenu dans son ovaire tous les germes des hommes nés et à naître jusqu'à la consommation des siècles (s'il y a une consommation des siècles,) des blancs, des nègres, des Kalmouks, Lapons, etc., sans doute les femmes de nos jours ne contiennent plus chacune qu'un moindre nombre de ces germes qu'elles transmettent à la postérité, et déjà les femmes stériles n'en ont plus. Il sera donc naturel que la provision, à force de s'employer chaque jour, s'épuise. La fin des espèces est donc une suite nécessaire de cette hypothèse, à moins qu'on ne fasse intervenir de nouvelles créations. On pourroit,

à la vérité , s'autoriser , pour soutenir l'épuisement progres-
sif des germes et la fin du monde , de ce que rapporte Clé-
ment Alexandrin (*Stromat.* , l. 4); Jésus , dit-il , interrogé par Marie Salomé , quand le monde finiroit , répon-
dit : *quand les femmes cesseront d'être fécondes.* Il est probable ,
en effet , que la cause de la génération tient à la même cause
qui conserve l'univers (*Voy.* aussi notre *Art de perfectionner
l'homme* , t. 1 , p. 265) ; mais il faut convenir qu'en admettant seulement cinq à six mille ans de durée déjà passés , à
notre espèce et à celle des animaux et des plantes , le nombre
des générations emboîtées seroit déjà bien extraordinaire ,
sans compter que le monde peut ne pas finir de sitôt.

On voit donc à quelles bizarres conclusions nous conduisent toutes ces hypothèses , pour peu qu'on les examine , et
combien elles choquent les règles ordinaires et la raison humaine. N'est-il pas plus simple d'admettre que ces germes
préexistans s'organisent d'avance dans les femelles , par une
sécrétion particulière , comme il est probable que les germes
des feuilles se forment dans les bourgeons des arbres , chaque
printemps , pour réparer celles que l'automne précédent a
fait tomber? De même la pince cassée à un crabe ou à une
écrevisse , se reproduit; la tête coupée à un ver de terre , se
répare ; un polype divisé en morceaux , régénère les portions amputées , sans qu'il soit nécessaire de supposer en ces
créatures des germes préexistans de toute antiquité ; une
naïde (*nais proboscidea* , L.), qui pousse à son extrémité postérieure une autre naïde , comme le rejet d'un fraisier va
implanter à quelques pieds un nouveau fraisier , offre des
exemples de reproduction qui ne sont rien qu'une extension
de l'individu , par l'accroissement et la nutrition. Supposez
qu'au lieu de ces rejets , ce ne soient que de simples gemmules ,
comme les bourgeons à fruit des arbres , ou des germes plus
petits encore , ramassés ou concentrés dans des enveloppes
de l'œuf , de la graine , dans les ovaires d'animaux ou de végétaux , et qui n'attendent plus que la fécondation du mâle
pour se réveiller ; vous aurez exactement tous les élémens du
nouvel être. La génération ne sera plus qu'une conséquence
de la nutrition , dont les matériaux seront plus élaborés ,
passés dans les dernières filières , soit végétales , soit animales , de manière à en recevoir la même disposition organique.

Ce qui renverse d'ailleurs l'hypothèse de l'emboîtement à
l'infini des germes , est la difficulté invincible d'expliquer
par-là les monstres et les hybrides ou mulets nés du mélange
de diverses espèces ; car si tous les êtres sont parfaitement
formés et emboîtés par la main de l'être souverainement puissant et sage , comment arrive-t-il que des fœtus naissent avec

des membres tout transposés, déformés, une tête de veau, ou avec les organes sexuels au milieu du visage, ou telle autre monstruosité horrible, dont tant de livres renferment les descriptions? Et qu'on n'attribue pas cela à la prétendue imagination maternelle; car, bien certainement, l'imagination d'une poule n'entre pas dans les œufs qu'elle couve, et cependant on voit des poussins monstrueux: même en Egypte, où l'on fait éclore des œufs dans des fours, par milliers, on trouve également des poulets difformes, comme le disent les voyageurs. Comment, d'ailleurs, agiroit l'imagination maternelle sur celle du fœtus? La glande pinéale du fœtus, selon l'explication de Descartes, est ébranlée par les impressions que lui transmet la passion de sa mère, et de là les esprits animaux vont frapper la région du fœtus, à laquelle correspond l'idée transmise par la mère. Mais Wepfer (*Eph. nat. cur. an.* 3, *obs.* 129) et d'autres auteurs, rapportent les histoires de fœtus humains nés sans cervelle; or tous ces acéphales n'ont pu recevoir à leur glande pinéale, ni même dans les autres parties qui leur manquent, les impressions supposées de l'imagination maternelle.

Il faut donc amener sur la scène un architecte spécial du nouvel être, pour le former, l'organiser même quand l'œuf est séparé de la mère chez les ovipares, une *âme* propre à maintenir la vie du fœtus des vivipares, encore lorsque la mère est malade ou morte.

Quel sera cependant cet architecte qui se fabrique sa maison ou son corps? Est-ce, comme dans nos arts mécaniques, par le moyen de l'art ou de la science, d'une haute prévoyance, que cet être coordonne une structure si merveilleuse et tellement surprenante que toute notre intelligence n'y sauroit atteindre? car il nous seroit évidemment impossible de former les nerfs et les muscles d'un bras, de manière à le faire mouvoir spontanément: mais, d'où cet architecte a-t-il conçu cette étrange science? du suprême créateur de toutes choses, qui lui imprima les règles si sûres, si étonnantes de l'édifice animal. Or certes, toute cette science ne reste point dans nous-mêmes, puisque nous ignorons naturellement les profondeurs de l'anatomie de nos viscères les plus importans, et l'usage de la plupart des parties de notre cerveau. Seroit-ce la mère qui communiqueroit cette science à son fœtus, pour que l'âme ou le principe formateur, privé de vue, d'ouïe, au milieu de ce sang, de ces humeurs, de cette lymphe, dans l'obscurité de l'utérus, se représentât une image si nette de l'homme, en distribuât sans erreur tous les membres, les muscles, les nerfs, les moindres fibres, avec cette inconcevable industrie? Cela paroît encore plus incompréhensible que le moyen que j'ai de mouvoir précisément le gros orteil aussitôt que je le veux.

Il est donc de toute impossibilité d'expliquer la génération des corps organisés , sans recourir à l'intervention et à la présence même de la Divinité. C'est en quoi l'histoire naturelle est admirable , puisqu'elle ramène perpétuellement nos regards vers ce soleil des intelligences , sans lequel toute chose seroit incompréhensible , comme sans le soleil physique , tout l'univers nous resteroit éternellement voilé.

ARTICLE XVIII. — *De l'Harmonie des créatures organisées , par rapport à leur destination.*

Chaque espèce d'animal et de plante reçoit du principe organisateur , qui est une émanation de la Divinité , une direction particulière qui détermine son mode d'existence , ses mœurs et ses habitudes. L'*abeille* , par exemple , tient de ce principe toute son activité naturelle pour amasser son miel , toute son industrie pour fabriquer ses cellules hexagones , puisque ce même principe a pour but sa propre conservation et la multiplication de chaque espèce. Comme les êtres vivans se sont répandus dans les différentes provinces de la nature , il a fallu qu'ils fussent modifiés de manière à tirer le plus d'avantages possibles de leur position; en effet, toutes les créatures animées ayant été formées dans l'humidité , leurs corps ont dû être dans l'origine très-flexibles et très-modifiables.

Ils ont reçu le genre d'équilibre le plus convenable à leur destination naturelle , et d'ordinaire ce qui est attribué en plus à une partie , se trouve en moins dans d'autres. C'est ainsi, par exemple, que les oiseaux qui volent le mieux, ne peuvent presque pas faire usage de leurs courtes jambes, comme l'hirondelle; au contraire, l'autruche qui court si rapidement, manque de moyens pour le vol. Le lourd colimaçon, privé de défense , en est dédommagé par sa solide coquille qui le protège; et si le serpent fut abandonné sans membres et rampant sur la terre , il reçut un venin redoutable , chez plusieurs espèces , pour le venger de ses agresseurs.

Le principe organisant de toutes les créatures a donc porté ses forces et son développement vers les choses qui lui étoient les plus favorables ou les moins contraires. C'est ainsi que nous voyons les racines des arbres s'étendre dans les bonnes veines de terre , se détourner des mauvaises , éviter une muraille , un fossé , une rivière , et leurs branches chercher la lumière. Dans les animaux , cette direction de l'instinct est bien plus marquée encore , car ils sont attirés vers leur nourriture , vers leurs femelles ; ils ont une industrie particulière dans tout ce qu'ils exécutent. Les manœuvres de mille petits insectes sont extrêmement surprenantes, aussi bien que leurs diverses métamorphoses. Cependant toutes ces opérations de l'instinct s'exécutent machinalement, c'est-à-dire, sans réflexion, sans examen de la part des individus. Tous ces mouvemens organiques viennent du principe vital, ou de cette source divine qui gouverne tous les êtres. L'esprit de vie des animaux et des végétaux opère tout en eux ; c'est une lampe veilleuse qui les guide intérieurement dans les obscurs sentiers de cette vie. Ils ne sont rien pour ainsi dire par eux-mêmes, puisqu'ils ne présentent qu'une masse inanimée, inerte, lorsque la vie les a abandonnés. C'est lui seul qui raisonne pour eux, et qui met tout en mouvement dans leurs différens membres. *Voy.* INSTINCT.

Dans l'homme et les autres créatures bien organisées, la vie se subdivise même dans chaque partie, et quoiqu'elle dépende de celles de toute la machine, elle conserve cependant des fonctions particulières. Ainsi, l'estomac a sa sensibilité particulière ; les parties sexuelles ont leur volonté ; le cœur a la sienne, aussi bien que les membres, les os, les nerfs, les muscles, les membranes. Tout est vivant dans le corps animé. Ces vies particulières, qui sont des émanations de la vie générale, ont leur existence particulière, leurs fonctions déterminées ; ce sont autant d'animaux dans un seul animal, et qui correspondent tous entre eux. C'est ainsi que l'estomac est tantôt actif, affamé ; tantôt abattu, dégoûté : il sait discerner les alimens convenables, et se soulever d'horreur contre les matières empoisonnées ou contraires au corps. La matrice a de même ses fonctions bien marquées par ses menstrues, ses affections, ses divers appétits, et par des irrégularités inconcevables de sensibilité, qui dérangent tout le corps de la femme. Nous sommes composés de plusieurs individus ; il y a l'homme du système osseux, l'homme musculaire, l'homme nerveux, l'homme membraneux, sanguin, celluleux, etc. La perfection des animaux et des végétaux est d'autant plus grande, que le nombre de ces appareils se multiplie et se complique davantage. Ce qui fait la différence d'un homme à un autre homme, c'est que ces divers systèmes organiques ont plus ou moins de force, de grandeur, de puissance vitale, et forment les tempéramens. La plupart des maladies ne sont même que des inégalités de forces vitales entre les différentes parties du corps : c'est la rupture de l'équilibre de leurs fonctions ; de sorte que pour ramener la santé, il est nécessaire de rétablir cette harmonie par des secousses en sens contraire. Les tempéramens sont aussi des maladies constitutionnelles, puisqu'ils dépendent tous d'une inégalité radicale entre les différens systèmes organiques du corps ; mais comme

ils sont peu considérables, et que l'économie vivante s'y est
habituée, ces maladies sont insensibles. Les animaux et les
plantes très-simples, ayant moins d'organes, sont donc moins
exposés aux maladies, et moins sujets aux différences d'équilibre entre les forces vitales de chacune de leurs parties.

Lorsque les créatures vivantes se multiplièrent sur le globe
terrestre, elles furent organisées relativement à leurs habitudes par la suprême intelligence; car comment un animal
aquatique auroit-il pu vivre dans les airs ou sur la terre, sans
avoir reçu une conformation capable de s'y maintenir et de
s'y reproduire? Nous voyons que la grenouille garde la forme
d'un poisson (le *têtard*) tant qu'elle demeure dans l'eau; ensuite elle quitte cette forme pour habiter sur terre. Il paroît
que certaines circonstances déterminent le développement
des organes qui leur sont les plus favorables, et empêchent
celui des autres. C'est ainsi que les arbres des pays chauds qui
n'ont aucune écaille pour recouvrir leurs tendres bourgeons,
voient se développer ces écailles, dans les pays froids, pour
préserver de la gelée les rudimens délicats de leurs fleurs. De
même les quadrupèdes, les oiseaux du nord sont plus garantis
du froid par leurs chaudes fourrures ou leur épais plumage,
que les espèces du midi. L'*éléphant* ayant une tête extrêmement grosse, ne pouvoit pas avoir un long cou qui auroit été
incapable de la soutenir; mais comme sa bouche n'auroit pas
pu, avec son cou très-court, s'abaisser jusqu'à terre pour brouter l'herbe, la nature intelligente lui a donné une trompe très-
mobile pour la cueillir et la porter à sa bouche. La *chouette*,
la *chauve-souris* ayant des yeux d'une sensibilité extrême à la
lumière, sont offusquées par l'éclat du jour; et comme la délicatesse de leur vue les rend capables de s'en servir pendant
la nuit, ces animaux sont devenus nocturnes.

Dans l'organisation des espèces vivantes, la nature a eu
pour but d'établir tout ce qui étoit possible et en même temps
tout ce qui étoit nécessaire. Elle a voulu peupler toutes les
régions du globe habitable. L'Océan reçut dans ses larges
abîmes des nations innombrables de poissons, de coquillages,
de vers; l'air fut traversé par les hordes vagabondes de grues,
de cigognes, d'hirondelles et autres oiseaux de passage; mille
espèces éclatantes de volatiles animèrent les bocages de leurs
chants d'amour, des familles de quadrupèdes établirent leur
demeure sur la terre. Le *bouquetin*, léger enfant des montagnes, vécut indépendant au sommet des glaciers; le *bœuf*
pesant se promena gravement dans les humides pâturages; le
zèbre et la *gazelle*, semblables aux solitaires de l'Orient, s'é-
tablirent dans les déserts africains; l'*hippopotame*, ce patriar-
che des fleuves, chercha un asile champêtre parmi les ro-

seaux, et le sombre *chameau* partagea sa demeure avec l'Arabe-Bedouin. *V.* CREATURES.

La prévoyance de la nature, pour maintenir l'existence de ses œuvres, est surtout admirable. La *tortue* qui est si lente et si peu capable de se défendre de ses ennemis, a été cuirassée partout; la *torpille*, qui est pesante et incapable d'atteindre sa proie à la nage, reçut le don de la foudroyer. Les insectes les plus foibles ont obtenu une industrie singulière qui les met souvent à l'abri de leurs tyrans. Le *carabe fulminant* les épouvante par des explosions soudaines; une espèce de *crabe* couvre son dos d'une production marine appelée *alcyon*, comme d'un coussin propre à parer les coups de ses ennemis; le *Bernard-l'Hermite* insinuant sa queue molle dans un coquillage, ressemble au cynique Diogène dans son tonneau. Les oiseaux de rivage étant destinés à vivre dans la vase, la nature leur a donné de longues jambes nues, comme des échasses pour s'y promener; elle a proportionné aussi la longueur de leur bec et de leur cou à celle de leurs jambes, et elle a distribué un rameau nerveux à l'extrémité de ce bec afin de lui donner la faculté de sentir au fond d'une fange épaisse, les vermisseaux et les autres nourritures. Enfin, tous les êtres sont pourvus de rapports merveilleux avec leur destination naturelle. L'oiseau d'eau a été taillé pour fendre l'onde, ses pieds ont été façonnés en larges rames, son plumage serré et huilé a été rendu impénétrable à l'humidité. Le poisson a reçu une vessie pleine d'air qu'il gonfle et comprime à volonté, afin que changeant sa pesanteur spécifique, il puisse descendre, remonter à son gré dans les eaux. Le sapin obtint une vie dure, une écorce résineuse, un feuillage toujours vert pour résister au climat rigoureux du Nord, tandis que la plante délicate des Indes a des feuilles larges et humides pour mieux supporter la chaleur et abriter ses fleurs. Tel végétal est formé pour croître dans les sables arides, et tel autre pour élever ses tiges au milieu des eaux stagnantes; l'un se plaît au sommet des montagnes, l'autre dans les vallons parfumés.

Et contemplez encore comment cette sage nature réunit plus de prédilection sur les plus parfaits des êtres comme sur ses enfans chéris. Elle a mis au cœur des mères, dans l'espèce humaine, une tendresse infatigable pour leur fils; elles ne l'abandonnent pas lorsqu'il peut se passer de leur mamelle et de leur secours après l'enfance. Parmi les quadrupèdes, les petits, après l'allaitement, s'éloignent bientôt de leurs parens; les oiseaux nouveau-nés, essayant leurs petites ailes, prennent peu à peu leur essor; déjà les reptiles, les poissons, tous les êtres froids et imparfaits abandonnent souvent leur progéniture à elle-même, et si beaucoup de ces foibles orphelins sont exposés à périr, la nature compense du moins cette perte en augmentant extrêmement leur pullulation. Il en est ainsi des insectes et des graines des plantes, comme si ces êtres inférieurs, par leur organisation, méritant moins d'intérêt ou de prévoyance pour leur conservation, pouvoient être plus imprudemment prodigués; au contraire, tous les soins maternels paroissent surtout réservés et rassemblés avec amour auprès du berceau de ces créatures plus nobles et plus intelligentes, qui semblent être les chefs-d'œuvre de la Divinité sur la terre.

Pourquoi cette Providence, qui veille avec une si tendre sollicitude jusque sur la moindre plante, en effet, auroit-elle déshérité ses plus humbles créatures, comme s'il lui étoit impossible d'embrasser toutes les existences de l'univers dans le détail! Certes, une tige de blé ne sauroit supposer sans extravagance qu'une aussi étonnante machine que le soleil n'ait aucune autre fonction dans le monde, que de faire mûrir ses sucs. Mais la lumière de cet astre, également répartie sur tous les végétaux, fait monter leur séve et épanouir leurs fleurs, de telle sorte que chacun peut se croire un objet spécial de prédilection. De même les lois éternelles et infinies d'une haute Providence, répartie dans toute la nature, veillent également à déployer le papillon dans sa chrysalide, comme la rose dans son calice et le fœtus dans ses enveloppes natales. Elle n'est pas plus absorbée par les détails que la chaleur du soleil, insinuée dans les plantes, ne sauroit négliger une de leurs parties en s'occupant d'une autre. Les structures étant ordonnées dans l'origine, leurs développemens se succèdent avec la plus merveilleuse prévoyance harmonique, dans toutes les phases de leur existence, par la même puissance, et un monde à régir ne coûte pas plus, sans doute, dans l'immensité de la nature, que la production d'un moucheron. Puisque tant d'êtres inférieurs, que nous croyons si mal à propos inutiles, ont été créés comme nécessaires, la Providence leur devoit tout ce qui est indispensable à la vie.

En créant des êtres pour toutes les régions de cet univers, la Providence suprême a développé les organes qui leur étoient les plus favorables et a modifié leur vie de telle manière qu'ils préfèrent leur état à tous les autres. Il paroît même que certains milieux sont plus propres que les autres au développement de certains appareils; ainsi les lieux froids, secs et hauts, donnent aux animaux et aux plantes qu'ils nourrissent, plus de poils, de duvet, de villosités, que les lieux bas et chauds n'en communiquent aux mêmes espèces. Les oiseaux habitués à s'élever dans l'atmosphère sont plus pénétrés par l'air que les quadrupèdes ; ils ont des poumons plus vastes, une respiration plus étendue. Les poissons, toujours plongés dans l'eau, en sont perpétuellement imbibés ; aussi leur complexion est-elle fort humide ; tandis que les animaux vivant dans les lieux secs, sont plus durs, plus osseux.

Ce n'est donc point la plante, l'animal, qui donnent lieu à leur conformation par leurs habitudes, puisque ces habitudes sont le résultat de leur configuration organique. En effet, l'oiseau ne pouvoit pas se donner l'habitude de s'élever dans les airs, s'il n'avoit pas reçu des ailes. Le lion, le tigre, ne sont carnivores qu'à cause de leur organisation ; ôtez-leur ces dents terribles, ces griffes crochues, cette vigueur de muscles ; changez la figure et les fonctions de leurs intestins, de leur estomac ; vous leur ôtez ce besoin de chair et de sang ; organisez-les comme le doux agneau, la timide gazelle, vous les verrez bientôt brouter innocemment l'herbe des collines. Donnez à la souris des ailes membraneuses et la conformation interne des chauve-souris, elle en prendra sur-le-champ toutes les habitudes. Les preuves en sont bien évidentes dans les métamorphoses des insectes et d'autres espèces d'animaux, puisque l'on voit la chenille changer de goût et de genre de vie en devenant papillon ; et tel insecte qui, comme l'anthrène à l'état de larve, vivoit de charognes infectes et corrompues, devient, sous sa forme parfaite, un convive délicat qui cherche le nectar et l'ambroisie parmi les fleurs. On conçoit que nos nerfs étant ébranlés d'une certaine façon, nos muscles, et nos os disposés par un arrangement particulier, nous ne pouvons sentir et agir que conformément à la manière dont nous sommes organisés ; c'est pour cela que les uns sont d'un tempérament vif, les autres lents ; ceux-ci sensibles, ceux-là impassibles aux mêmes impressions. On auroit donc tort de prétendre que c'est l'habitude qui a présidé à la formation de tous les êtres, puisque cette habitude n'en est que le résultat nécessaire.

« L'oiseau que le besoin attire sur l'eau pour y trouver la
« proie qui le fait vivre, dit un ingénieux naturaliste (1),
« écarte les doigts de ses pieds, lorsqu'il veut frapper l'eau
« et se mouvoir à sa surface. La peau qui unit ces doigts à
« leur base, contracte par ces écartemens sans cesse répétés
« des doigts, l'habitude de s'étendre. Ainsi avec le temps,
« les larges membranes qui unissent les doigts des canards,
« des oies, etc., se sont formées telles que nous les voyons.
« Les mêmes efforts faits pour nager, c'est-à-dire, pour
« pousser l'eau afin d'avancer et de se mouvoir dans ce li-

---

(1) Lamarck, *Recherch. sur l'organisat. des corps vivans*, pag. 56.

« quide, ont étendu de même les membranes qui sont entre
« les doigts des grenouilles, des tortues de mer, etc. »

En admettant cette explication, elle nous paroît insoute-
nable dans une multitude de cas : par exemple, la plante
privée de toute volonté, n'aura pas pu modifier sa forme,
connoître la saison de développer ses fleurs, la manière d'organiser ses feuilles, de donner à ses semences tantôt des aigrettes, des ailerons pour être transportées dans les airs,
tantôt des crochets pour adhérer aux corps environnans ; elle
n'aura pas pu choisir telle exposition plutôt que telle autre,
s'élever sur les montagnes comme la plante alpine, descendre dans les eaux comme le végétal aquatique, à moins qu'on
ne prétende que tout germe végétal forme une plante alpine
sur les montagnes et sylvestre dans les bois ; ce qui seroit donner l'effet pour la cause. On est mieux fondé à prétendre,
d'accord avec l'observation, que tel végétal a été organisé
par la nature pour donner des noix plutôt que des raisins.
Quelle cause auroit pu faire naître plutôt la pomme sur le
pommier que sur le cerisier ? Quelles circonstances auroient
forcé le sexe mâle à se séparer du sexe femelle dans les animaux, dans les palmiers, etc. ? Quelle force d'instinct auroit
pu apprendre à la balsamine la manière de lancer au loin ses
graines, par le moyen des fibres élastiques de ses péricarpes ?
Comment, avec des circonstances et du temps, l'animal seroit-il parvenu à se faire venir des yeux pour apercevoir la
lumière ? L'organisation de l'oreille, des parties sexuelles,
du cœur, etc., a-t-elle pu s'opérer par le simple désir ou par
quelque habitude de l'animal ? Est-il plus difficile à la nature
de présenter une proie facile au fourmilion, que de lui enseigner l'art de creuser un trou dans le sable mouvant pour y
faire tomber la fourmi ?

Il est donc impossible de concevoir comment tant d'organes si bien disposés dans l'animal et la plante, comment
tant de science et de sagesse ont présidé à leur formation et à
leur vie, sans être forcé d'admettre pour cet effet une CAUSE
SUPRÊME INFINIMENT INTELLIGENTE. Quand j'examine le moindre brin d'herbe, le plus mince fétu, l'insecte le plus vil, je
ne les trouve pas moins étonnans dans leur petitesse que les
baleines, les éléphans, les crocodiles, et que tous les êtres
les plus prodigieux de notre univers. Certainement je serai
athée, quand on me prouvera, clair et net, que la matière
peut *d'elle-même* organiser des yeux, un cerveau pensant, des
parties de la génération, et perpétuer constamment les mêmes
êtres. Qui ne voit pas que dans l'œil, la cornée, l'iris, le cris-
tallin, l'humeur vitrée, la rétine sont en tel rapport avec la
lumière, et disposés avec un art si sublime, qu'il faudroit

avoir perdu la raison pour prétendre que tout cela est le seul produit des circonstances et du temps ? L'homme, malgré toute son intelligence, pourra-t-il jamais rendre la lumière en faisant de nouveaux yeux à celui qui a les siens crevés ? Nous observons tous les organes se développant peu à peu par l'âge et la nourriture ; mais il y a une force intelligente qui les pousse, qui les travaille, qui les arrange, autrement il ne se feroit rien du tout. Si cette force intelligente ne s'offre point elle-même à nos regards, elle se montre aux yeux de l'intelligence ; elle se dévoile toute entière dans la magnificence de ses sublimes ouvrages.

Le monde et tous les êtres qu'il nourrit dans son sein ne se maintiennent aujourd'hui dans un état constant que par les mêmes lois qui les ont jadis formés et établis. Si la nature change par nuances, elle retourne aussi par des transitions successives au même point dont elle est partie. La parfaite disposition de tous ses ouvrages annonce à tous les hommes qu'elle procède d'une puissance souveraine et intelligente.

ARTICLE XIX. — *Que toute beauté comme tout génie émaneut des œuvres de la nature et de l'observation de ses lois.*

Plus une créature est formée et développée dans toute sa naïveté naturelle, plus elle est belle et digne de notre admiration. L'homme mutile ce noble coursier qui, fier et libre, frappant du pied la terre, s'élançoit en bondissant dans la prairie, l'œil ardent, la crinière échevelée. Il le déshonore en lui enlevant ces parures simples et originelles, pour y substituer le frein et les fers qui humilient l'un des plus généreux quadrupèdes dont le Créateur avoit fait présent à la race humaine.

L'auteur de la nature est ainsi la source de toute beauté. Être admirable par excellence, tout ce qui est sublime et digne d'amour émane de tes œuvres ! La vie, qui est un mouvement selon la nature, est belle dans toute sa jeunesse et le feu de sa vigueur, de sa santé ; tandis que la mort, les plaies, les douleurs, et surtout les monstruosités, les difformités inspirent de l'horreur ou un secret déplaisir, parce qu'elles sont contre la règle de la nature. Plus une créature est conforme à son type régulier de vie et de génération, plus elle devient brillante d'attraits et de ces charmes vainqueurs qui enflamment l'amour, chacune selon son espèce. La laideur, au contraire, accompagne l'impuissance et le vice boiteux ou contrefait, lesquels viennent de foiblesse, d'inégalité, de désordre ou défaut d'harmonie des organes ; tandis que toute beauté, tout ce qui ravit d'admiration et d'amour, résulte des proportions de l'ordre ou d'une parfaite harmonie de l'organisation. Tel est le charme des êtres que la nature prépare dans ses jours de magnificence pour l'union sexuelle, pour l'éternelle reproduction des espèces; c'est ainsi qu'elle épanouit le sein des roses et des plus ravissantes fleurs; qu'elle couronne le papillon et le paon de brillantes aigrettes, comme elle déploya leurs ailes, leur plumage peint de pierreries resplendissantes, au temps de leurs noces et de leurs jouissances.

L'amour ou l'harmonie, ce principe de toute concorde, de toute symétrie, émanant ainsi de la nature et de son sublime auteur, est le créateur de toute beauté, de toute régularité. De lui résultent également et la vigueur du corps et celle de l'âme ou la vertu, parce que de lui découlent la vie et le bonheur. Au contraire, la discorde ou la haine est la cause de la laideur, de la difformité; d'elle naquit l'impuissance, la monstruosité du corps, comme le vice, l'imperfection des penchans de l'âme, parce que d'elle découlent tout mal, toute douleur, toute haine et méchanceté.

Ainsi tout principe de concorde, établi dans l'organisation des créatures, produit la beauté, la régularité des formes dans les fonctions vitales; il procure une santé, une vigueur parfaites, et dans les fonctions génératives, l'amour, la fécondité. Tout élément de discorde, au contraire, est la source de l'imperfection, de l'inégalité, de la difformité; s'il atteint les facultés vitales, il cause la maladie, la mort, disgrégation universelle de l'être organisé; s'il agit dans les fonctions génitales, il amène des dépravations, des monstres.

D'où vient qu'ayant construit cette colonnade à l'une des ailes de votre édifice, pourroit-on demander à Vitruve, vous en élevez autant à l'autre? L'architecte répondra, que c'est pour la symétrie. Pourquoi cette symétrie vous paroît-elle nécessaire? — Par la raison que cela plaît. Mais, qui êtes-vous, dit saint Augustin, pour vous ériger en arbitre de ce qui plaît ou déplaît, et d'où savez-vous que la symétrie charme? — J'en suis certain, parce que les choses ainsi disposées ont de la grâce, de la justesse, de la décence, en un mot, parce que cela est beau. — Dites-moi donc, pourquoi cela est-il beau? ou si ma question vous embarrasse, vous conviendrez sans peine que la similitude, l'égalité, la convenance des proportions et des parties de votre édifice, réduit tout à cette espèce d'unité ou d'ensemble qui satisfait l'esprit et la raison (*de verâ Relig.*, c. 30, 31).

Dans la structure de l'homme et des animaux, dans celles de ces charmantes fleurs que vous foulez sous vos pas, et jusque dans ces brillans cristaux de pierreries et de diamans ou de riches métaux que vous arrachez aux entrailles de la terre, n'y découvrez-vous pas de magnifiques symétries? De quels ornemens plus gracieux et plus délicats une jeune beauté peut-elle composer sa parure, que de ces fleurs, aimable décoration de la terre en son printemps? Que la peinture apprête l'éclat de ses couleurs, que le génie invente les formes les plus enchanteresses, encore sera-t-il surpassé par la simple nature dans sa naïveté et dans sa fraîcheur.

Quelle est donc cette mystérieuse source de tout ce qui est beau, de cette pure et sublime harmonie qui ravit notre âme dans les contemplations de la nature? Quel est le moule premier, l'archétype originel de ces étonnans modèles qui captivent notre admiration? Sans doute il est au-dessus de ce monde matériel, derrière ces voiles et ces empreintes corporelles, un type éternel d'ordre ineffable; il existe un principe constant d'harmonie, de concorde, d'unité souveraine et universelle, règle essentielle du beau et de laquelle tout émane dans ce monde; ce module primordial est un rayon de la Divinité elle-même, créatrice de tout ce qui est.

S'il existe un moyen d'élever notre intelligence ou le génie de la première des créatures, reine de toutes les autres et héritière des dons de la Divinité, n'est-ce pas d'étudier et d'imiter ces ravissans modèles, de s'imprégner des lois qui les ont formés, de s'élancer au foyer resplendissant de toute vérité et de toute lumière? La beauté morale est pour l'intelligence ce que la beauté physique est pour le corps; le vice, le crime, sont des dépravations, des monstruosités de l'âme, comme l'imperfection et la difformité font la laideur repoussante pour les organes du corps.

Notre esprit recherche et admire la beauté morale, la vertu, la concorde, l'harmonie, le bien, qui fait la force et la vie; il y trouve sa perfection et sa félicité, comme en se replongeant dans sa source et son essence.

La nature est savante elle-même dans des actes qui, pour nous, seroient art. Toutes les productions du génie humain ne sont que l'imitation de la nature. Le ver-à-soie qui se file une coque, l'abeille qui construit ses gâteaux, le fourmilion qui creuse une trémie dans le sable mobile pour y faire rouler les fourmis, le castor qui élève ses digues et ses bâtimens aquatiques, sont l'art de la nature, par l'intermédiaire d'un foible animal, instrument de l'instinct, car celui-ci est inspiré par elle. De même, nous ne pourrions rien comprendre et exécuter sur cette terre sans la haute intelligence et les mains que la nature divine nous avoit attribuées. Ce que nous appelons art, étude, ouvrage et génie de l'homme, n'est donc en réalité que l'opération même de la nature par notre ministère et selon ses lois; puisque rien, à proprement parler, ne sauroit absolument venir de nous-mêmes et de notre fonds.

Nous opérerons, au contraire, d'autant mieux que nous suivrons davantage ces dons de la nature, et que nous y mettrons moins de nous. Les différens talens qu'elle départit aux hommes se perfectionnent surtout encore par l'étude de la nature, selon l'expérience de ses œuvres ; tous les métiers, les arts que nous exerçons, ne sont pour nous qu'un développement de ces présens naturels, tout comme les divers travaux qui s'exécutent dans une ruche ; la seule différence est que l'abeille, instruite par l'instinct dès sa naissance à cause de sa courte vie, agit toujours parfaitement du premier jet, tandis que l'homme, confié à sa propre destinée et à son libre arbitre, comme fils émancipé de la nature, devient susceptible de se perfectionner par l'exercice et l'étude ; il a le mérite de mettre sa volonté dans ses œuvres, et d'imiter le bien par ses propres efforts.

Cependant tout ce que nous exécutons est d'autant plus beau et plus voisin de la perfection, que nous y mettons plus de naturel et de vérité ; nous sentons alors je ne sais quel transport d'enthousiasme qui nous élève à la source pure de l'intelligence. Cette suprême puissance qui, ayant organisé les membres des animaux, s'en sert comme d'instrumens vivans pour accomplir ses œuvres, cette lumière de raison sublime, nous guide, nous illumine dans les sentiers de la vie, quand nous voulons la suivre dans ses sages directions. Ce seroit bien en vain que l'homme prétendroit atteindre au faîte de la raison, d'après lui seul, si la puissance suprême n'avoit pas déposé en son sein un rayon d'intelligence, si nous ne cherchions pas à suivre ces voies d'unité, d'harmonie, de beauté, d'ordre et de proportions que nous observons dans les plus merveilleuses productions de la Divinité. Aussi, comme l'âme n'est jamais mieux réglée que par l'harmonie de la justice, par l'équilibre d'un jugement sain dans sa balance, la beauté, la régularité, la parfaite symétrie et les plus nobles attributs du génie sont le résultat de cette recherche du vrai, du beau dans la sublime nature.

Soit que l'univers ait été créé, soit que, dans l'origine, toutes choses fussent dans le désordre du chaos, si l'intelligence suprême le débrouilla suivant l'ordre magnifique qu'on y admire, il faut regarder l'harmonie, les proportions, toute espèce de régularité et de perfection comme un attribut et une partie de la Divinité. Notre intelligence, qui se plaît dans ce même ordre, qui s'enthousiasme de la beauté, telle qu'un rayon émané de cette source éternelle de lumière et de vérité, manifeste qu'elle participe à la nature première et organisatrice du monde. Ainsi l'esprit humain n'est pas d'un autre genre que le grand esprit qui coordonne toutes choses, puisque la raison de l'homme se montre capable de pénétrer dans cette étude, et que la nature se dirige par des voies semblables à celles qui gouvernent notre propre entendement.

GRAND ÊTRE! source ineffable de toutes les existences, commencement et fin de toutes choses, vos œuvres confondent nos foibles pensées. Depuis l'étoile du matin jusqu'à l'astre du jour, depuis l'éléphant jusqu'au ciron, et depuis le chêne jusqu'à la mousse, j'ai vu votre sagesse suprême; le monde est rempli de votre nom. Que suis-je sur cette terre? J'ai cherché à vous connoître; j'ai étudié quelques-uns de vos vestiges; je vous ai entrevu, et j'ai été frappé d'épouvante.

Jetés dans ce monde rempli de merveilles sans nombre, quels sont nos devoirs et notre fin? Pourquoi vivons-nous? Est-ce pour passer sur la terre comme les animaux, et pour nous laisser doucement charrier sur ce fleuve de vie? Je vois à chaque instant les hommes tomber autour de moi, et d'autres les remplacer sur ce théâtre du monde pour succomber à leur tour. Pourquoi cette éternelle circulation de tous les êtres? Notre vie n'est qu'un point dans l'immensité des âges, tout périt, la terre dévore toutes nos grandeurs. Devons-nous quitter l'existence sans avoir levé les yeux sur ce qui nous entoure, sur les abîmes du passé et de l'avenir entre lesquels nous sommes placés pour nous y précipiter à jamais? Dieu seul reste grand au milieu de ces ruines du monde.

Cependant les œuvres de la nature sont magnifiques et pleines de charmes pour l'homme. Les bois lui présentent leurs ombrages et leurs fleurs, les prés étendent sous ses pas des tapis de verdure, les peuples de l'air le délectent par leurs hymnes d'amour, la génisse vient lui offrir son lait et la brebis sa chaude toison, l'arbre couche jusqu'à sa main ses branches couvertes de fruits. Que lui manque-t-il sur la terre, lorsqu'il sait se contenter des bienfaits de la simple nature? Pourquoi répandre ses désirs dans tout l'univers pour tant de faux besoins qui le tourmentent? Content de son humble destinée, l'homme simple se repose dans la nature, et laisse le monde s'agiter en tumulte pour ses vaines grandeurs. Errant près des rives fleuries des ruisseaux, et dans les doux asiles des bois, il contemple en paix les beautés de cet univers, et attend tranquillement sa dernière heure. Bienheureux est celui qui recueille gaîment le fruit de sa vigne, et qui se repose au milieu de ses guérets! Plus heureux encore s'il connoît tout le prix de sa tranquillité! Elle est la récompense de quiconque aime l'étude de la nature, et préfère la vie champêtre au fracas étourdissant des cités.

Voyez surtout les mots Homme, Animal, Génération, Alimens, Corps organisés, Nutrition, Sexes, Monstre, Instinct, etc. On pourra consulter aussi les articles Atmosphère, Volcans, Filons métalliques, Mer, Géologie, Géographie naturelle, Mines ou Minéraux, etc.

Les articles Histoire naturelle, Cabinet d'Histoire naturelle, Plante, Végétal, Arbre, Graine, Semence, Quadrupèdes, Oiseaux, Créatures, Espèces, Règnes, etc., et plusieurs autres, pourront être lus avec fruit, ainsi que le discours préliminaire. (Virey.)

NATURE (la). Nom du plus grand sujet que l'homme puisse embrasser dans sa pensée, dans ses études; d'une puissance toujours active, en tout et partout bornée, qui fait les plus grandes choses, et qui, dans chaque cas particulier, agit constamment de la même manière, sans jamais varier les actes qu'elle opère alors; d'une puissance créée, inaltérable, la seule, parmi tout ce qui a eu un commencement, qui ne puisse avoir de terme à son existence, s'il plaît à son *suprême auteur* de la laisser subsister; enfin, de l'*ordre de choses* qui existe dans toutes les parties de l'univers physique.

Relativement au grand sujet dont il est question, il ne s'agira point ici de cette expression particulière que nous employons, en parlant d'un corps ou d'un objet dont nous voulons déterminer ou citer ce que nous en nommons la nature; mais de l'expression dont nous faisons usage dans un sens général, à la fois vague et absolu; de ce mot si souvent employé à cet égard, que toutes les bouches prononcent si fréquemment, que l'on rencontre presque à chaque ligne, dans les ouvrages des naturalistes, des physiciens et des moralistes; de ce mot, enfin, dont on se contente si généralement, sans s'occuper de l'idée que l'on peut et que l'on doit réellement y attacher.

« Il importe maintenant de montrer qu'il existe des puissances particulières qui ne sont point des *intelligences*, qui ne sont pas même des êtres individuels, qui n'agissent que par nécessité, et qui ne peuvent faire autre chose que ce qu'elles font. » *Introduct. à l'Hist. nat. des animaux sans vertèbres*, 6.e partie, p. 304. Or, voyons si ce qu'on nomme la *nature* ne seroit pas une de ces puissances particulières dont je viens de parler; si ce ne seroit pas la première et la plus grande des puissances de cette sorte; si ce ne seroit pas même celle qui a amené l'existence de toutes les autres; celle, enfin, qui a produit généralement tous les corps qui existent, et qui seule donne lieu à tout ce que nous pouvons observer. Nous examinerons ensuite ce que peut être cette puissance singulière, capable de donner l'existence à tant d'êtres différens , dont la plupart sont pour nous si étonnans, si admirables !

Qui osera penser qu'une puissance aveugle , sans intention, sans but, qui ne peut faire partout que ce qu'elle fait, et qui est bornée à n'exercer son pouvoir que sur les parties d'un domaine tout-à-fait circonscrit , puisse être celle qui a fait tant de choses! Montrer l'évidence de cette vérité de fait , est cependant l'objet que nous avons ici en vue. Pour y parvenir , nous croyons qu'il suffit de présenter les considérations qui vont suivre ; et , sans doute , nous serons entendu , si elles sont examinées et suffisamment approfondies. Posons d'abord la question suivante ; car c'est pour l'homme la plus importante de toutes celles qu'il puisse agiter ; et voyons si nous avons quelque moyen solide pour en obtenir la solution.

La *puissance* intelligente et sans bornes , à laquelle tout ce qui est doit réellement son existence , qui a , conséquemment , fait exister tous les êtres physiques , les seuls que nous puissions connoître positivement , a-t-elle créé ces derniers immédiatement ou sans intermédiaire, ou n'a-t-elle pas établi un *ordre de choses* , constituant une puissance particulière et dépendante, mais capable de donner lieu successivement à la production de tous les corps physiques , de quelque ordre qu'ils soient ?

Si la puissance suprême dont il s'agit a livré le monde *physique* à l'observation et aux discussions de l'homme , celui-ci peut et doit examiner cette grande question , et nous allons montrer que le résultat de cet examen peut être pour lui de la plus grande importance.

Certes , le *sublime auteur* de toutes choses a pu faire comme il lui a plu ; sa puissance est sans limites, on ne sauroit en douter. Il a donc pu, relativement aux corps physiques , employer le premier mode d'exécution cité , comme il a pu se servir du second , si telle fut sa volonté. Il ne nous convient pas de décider ce qu'il a dû faire , ni de prononcer positivement sur ce qu'il a fait. Nous devons seulement étudier , parmi celles de ses œuvres qu'il nous a permis d'observer , les faits qui peuvent nous apprendre ce qu'à leur égard il a voulu qu'il fût.

Sans doute , la pensée qui dut nous plaire davantage , lorsque nous considérâmes quelle avoit pu être l'origine de tous les êtres physiques , de tous les corps soumis à notre observation , fut celle d'attribuer la première existence de ces êtres à une puissance infinie , qui les auroit créés immédiatement, et les auroit faits , tous à la fois ou en divers temps , ce qu'ils sont chacun dans leur espèce. Cette pensée nous fut commode , en ce qu'elle nous dispensa de toute étude , de toute recherche à l'égard de ce grand sujet ; aussi fut-elle généralement admise. Elle est juste, cependant, sous un rapport ; car rien n'existe que par la volonté suprême ; mais, quant aux corps physiques, elle prononce sur le mode d'exécution de cette volonté, avant de s'être assurée des lumières que l'observation des faits peut fournir sur cet objet. Or, comme les faits observés et constatés sont plus positifs que nos raisonnemens, ces faits nous fournissent maintenant des moyens solides pour reconnoître, parmi les deux modes d'exécution présentés dans la question ci-dessus, quel est celui qu'il a plu à la suprême puissance d'employer pour faire exister tous les corps physiques.

A la vérité, nous fûmes en quelque sorte autorisés à persister dans notre première pensée, et à l'admettre à l'égard de l'origine des corps physiques ; car, quoique ces corps, vivans ou autres, soient assujettis à des altérations, des destructions et des renouvellemens successifs, tous nous parurent être toujours les mêmes.

« En effet, tous les corps que nous observons, nous offrent généralement, chacun dans leur espèce, une existence plus ou moins passagère ; mais aussi, tous ces corps se montrent ou se retrouvent constamment les mêmes à nos yeux, ou à peu près tels, dans tous les temps ; et on les voit toujours, chacun avec les mêmes qualités ou facultés, et avec la même possibilité ou la même nécessité d'éprouver des changemens. »

« D'après cela, dira-t-on, comment vouloir leur supposer une formation, pour ainsi dire, *extrasimultanée;* une formation successive et dépendante ; en un mot, une origine particulière à chacun d'eux, et dont le principe puisse être déterminable ! Pourquoi ne les regarderoit-on pas plutôt comme aussi anciens que la *nature*, comme ayant la même origine qu'elle-même, et que tout ce qui a eu un commencement ? »

« C'est, en effet, ce que l'on a pensé, et ce que pensent encore beaucoup de personnes d'ailleurs très-instruites : elles ne voient dans toutes les espèces, de quelque sorte qu'elles soient, inorganiques ou vivantes; elles ne voient, dis-je, que des corps dont l'existence leur paroît à peu près aussi ancienne que la *nature;* que des corps qui, malgré les changemens et l'existence passagère des individus, se retrouvent les mêmes dans tous les renouvellemens, etc. » *Introduct.*, p. 305 et suiv.

« Toutes ces considérations parurent et paroissent encore aux personnes dont j'ai parlé, des motifs suffisans pour penser que la *nature* n'est point la cause productrice des différens corps que nous connoissons; et que ces corps, se remontrant les mêmes (en apparence) dans tous les temps, et avec les mêmes qualités ou facultés, doivent être aussi anciens que la *nature*, et avoir pris leur existence dans la même cause qui lui a donné la sienne. »

« S'il en est ainsi, ces corps ne doivent rien à la *nature*; ils ne sont point ses productions; elle ne peut rien sur eux; elle n'opère rien à leur égard; et, dans ce cas, elle n'est point une puissance; des lois lui sont inutiles; enfin, le nom qu'on lui donne est un mot vide de sens, s'il n'exprime que l'existence des corps, et non un pouvoir particulier qui opère et agit immédiatement sur eux. » *Introd.*, p. 308.

Telle est la conséquence nécessaire de cette pensée qui attribue l'existence de chaque espèce de corps physiques, à une création particulière de chacune de ces espèces, qui leur accorde la même origine que celle de la *nature*, et les suppose aussi anciennes, aussi immutables que cette dernière l'est elle-même.

Sans doute, le puissant *auteur* de tout ce qui existe a pu vouloir que cela fût ainsi; mais, si telle fut sa volonté, qu'est-ce donc que cette *nature* qu'il a créée? qu'est-elle, si elle n'est point une puissance, si elle n'agit point, si elle n'opère rien, si elle ne produit point les corps? à quoi lui servent des lois, si elle est sans pouvoir, sans action? Cette question resteroit nécessairement sans réponse, c'est-à-dire, sans solution, si l'on étoit fondé à la faire, et si, effectivement, la *nature* n'étoit pas elle-même la cause immédiate qui donne lieu à l'existence de tous les corps physiques.

C'est assurément ce que l'observation nous montre de toutes parts; car, si nous examinons tout ce qui se passe journellement autour de nous, ainsi que ce qui nous est relatif, si nous recueillons et suivons attentivement les faits que nous pouvons observer, nous reconnoîtrons partout le pouvoir de la *nature*, et l'idée si spécieuse citée ci-dessus, concernant la création primitive et l'immutabilité des espèces, perdra de plus en plus le fondement qu'elle sembloit avoir.

A la vérité, par les suites de la foible durée de notre existence individuelle, nous ne remarquons jamais de changemens dans les circonstances de situation et d'habitation des espèces vivantes que nous observons; conséquemment, quoique nous suivions celles-ci dans les renouvellemens des individus, elles nous paroissent rester toujours les mêmes. Si nous changeons de lieu d'observation, nous rencontrons des espèces qui avoisinent les premières, qui s'en distinguent néanmoins, et qui se trouvent, effectivement, dans des circonstances différentes. Or, ces espèces nous paroissent encore rester les mêmes dans leur situation, et les renouvellemens des individus n'amener parmi elles aucune différence, sinon accidentellement. Ainsi, ne voyant point changer les espèces vivantes, en quelque lieu que nous les observions, nous leur attribuons une constance absolue, tandis qu'elles n'en ont qu'une relative ou conditionnelle. En effet, tant que les circonstances de situation, d'habitation, etc., ne varient point à l'égard des espèces vivantes, ces dernières doivent subsister les mêmes. *V.* le mot ESPÈCE.

Ne tenant aucun compte de ce qui s'opère réellement partout, avec le temps, parce que nous n'avons pas les moyens de le voir et de le constater nous-mêmes, tout nous paroît avoir une constance absolue, et cependant tout change sans cesse autour de nous. Il nous semble que la surface de notre globe reste dans le même état, que les limites des mers subsistent les mêmes, que ces immenses masses d'eau liquides se conservent dans les mêmes régions du globe, que les montagnes conservent aussi leur élévation, leur forme, que les fleuves et les rivières ne changent point leur lit, leur bassin, que les climats ne subissent aucune variation, etc., etc. Mesurant tout et jugeant tout d'après ce qu'il nous est possible de voir, tout encore nous paroît stable, parce que nous regardons les petites mutations que nous sommes à portée d'observer, comme des objets sans conséquence.

Cependant, à mesure que nous étendons nos observations, que nous considérons les monumens qui sont à la surface du globe, que nous suivons une multitude de faits de détails qui se présentent sans cesse à nous de tous côtés, nous sommes forcés de reconnoître qu'il n'y a nulle part de repos parfait : qu'une activité continuelle, variée selon les temps et les lieux, règne absolument partout ; que tous les corps, sans exception, sont *pénétrables* et pénétrés par d'autres ; que des agens de diverses sortes travaillent sans cesse à altérer, changer et détruire les corps existans ; enfin, qu'il n'est rien qui soit absolument à l'abri de ces influences constamment actives. Nous voyons, en effet, que les roches les plus dures s'exfolient peu à peu, et que les alternatives de l'action solaire, des gelées, des pluies, etc., en détachent insensiblement des parcelles, d'où résultent des changemens dans leur forme et leur masse ; que les montagnes se détériorent, s'abaissent même continuellement, les eaux pluviales les creusant, les sillonnant, et entraînant vers les lieux bas tout ce qui s'en trouve détaché ; que les fleuves, les rivières et les torrens emportent tout ce qui peut céder à l'effort de leurs eaux ; et que, çà et là, des développemens souterrains de fluides élastiques divers, suivis souvent d'inflammations considérables, tantôt excavent et soulèvent le sol, l'ébranlent, l'entr'ouvrent, le culbutent, renversant et confondant tout, et tantôt, aboutissant à certaines issues particulières, ou s'en ouvrant de

cette sorte , forment au dehors des éruptions terribles , dévastatrices , suivies de déjections qui abîment tout ce qu'elles
peuvent atteindre , et dont les cumulations élèvent des montagnes énormes.

Si nous considérons nos habitations mêmes , nous y remarquons les produits continuels , quoique presque insensibles , de l'activité des agens cités ; et , en effet , nous connoissons assez les ravages qu'à l'aide du temps ces agens peuvent leur faire subir. Les faits qui se passent sous nos yeux
étant ici des témoignages utiles à citer , qui ne sait que quelque soin que l'on prenne dans un appartement , pour y entretenir la propreté , l'on a continuellement à combattre une
poussière qui se dépose partout ! D'où provient donc cette
poussière , si ce n'est des parcelles infiniment petites que les
agens en question détachent sans cesse de toutes les parties
de l'appartement , et en constituent les atomes dont l'air est
toujours rempli. Quelque temps qui soit nécessaire , on
peut dire qu'un édifice quelconque , abandonné aux agens
dont il s'agit , sera à la fin détruit par leur action.

C'est donc un fait évident , incontestable , qu'il n'existe
nulle part , dans le monde physique , de repos absolu , d'absence de mouvement, de masse véritablement immutable ,
inaltérable , et dont la stabilité soit parfaite et sans terme ,
au lieu d'être relative , comme l'est celle de tous les corps
quels qu'ils soient.

Ainsi , nous observons des changemens lents ou prompts ,
mais réels , dans tous les corps , selon leur nature et les circonstances de leur situation ; en sorte que les uns se détériorent de plus en plus , sans jamais réparer leurs pertes , et
sont à la fin détruits ; tandis que les autres , qui subissent sans
cesse des altérations , et les réparent eux-mêmes , pendant
une durée limitée , finissent aussi par une destruction entière.

Je n'ai pas besoin de dire que si le pouvoir général qui
constitue les agens dont je viens de parler , parvient sans
cesse , par cette voie , à opérer la destruction de tous les corps
physiques individuels , le même pouvoir , par une autre voie
déjà indiquée dans mes ouvrages , parvient aussi à les renouveler perpétuellement , avec des variations relatives. Je m'é-
loignerois de mon sujet , si je m'occupois ici d'établir de nouveau cette vérité de fait.

Pouvons-nous donc méconnoître , d'après cette exposition
rapide de faits généralement connus , l'existence d'un *pouvoir
général*, toujours agissant , toujours opérant des produits manifestes en changement , selon les circonstances favorables ;
produits qui amènent sans cesse , les uns la formation des
corps, les autres leur destruction ! Ne voyons-nous pas nous-

mêmes plusieurs de ces corps se former presque sous nos
yeux, et plusieurs autres se détruire de même !

A l'égard du pouvoir dont il s'agit, nos observations, bien
constatées, nous font connoître un fait de la plus haute importance; un fait qui décide la question présentée au commencement de cet article, et qu'il est nécessaire de prendre
en considération; le voici:

« Nos observations, en effet, ne se bornent point seulement à nous convaincre de l'existence d'un grand pouvoir toujours agissant, qui change, forme, détruit et renouvelle sans
cesse les différens corps; elles nous montrent, en outre, que
ce pouvoir est limité, tout-à-fait dépendant, et qu'il ne sauroit faire autre chose que ce qu'il fait; car il est partout assujetti à des lois de différens ordres qui règlent ses opérations;
lois qu'il ne peut ni changer, ni transgresser, et qui ne lui
permettent pas de varier ses moyens dans la même circonstance. »

Certes, si les faits qui constatent la dépendance de ce pouvoir sont réellement fondés, leur découverte est bien importante; car ces faits décident de la nature de ce même pouvoir; et dès-lors, la connoissance de ce dernier, et celle des
lois qui l'assujettissent dans chaque cas particulier, sont des
objets dont l'intérêt est pour nous du premier ordre: ce que
je montrerai bientôt.

Quelque progrès que j'aie pu avoir fait faire aux sciences
naturelles, en embrassant, dans mes études, un plan général, lié dans toutes ses parties; et, dans ce plan, quelque
avantage que j'aie pu procurer à l'une de ces sciences, particulièrement en instituant l'ordre le plus naturel que l'on
puisse établir parmi les animaux sans vertèbres, et en montrant que cet ordre prend sa source dans la production successive de ces animaux; je ne crois pas avoir fait, dans tout
cela, une chose aussi utile à mes semblables, que celle d'a-
voir rassemblé les observations essentielles qui constatent
l'existence et la nature du pouvoir dont il vient d'être question. Poursuivons-en donc l'examen; essayons de montrer ce
qu'il est positivement, et le parti que nous pouvons tirer de
sa connoissance.

Le grand pouvoir dont il s'agit embrasse le monde physique, et est général à son égard. La matière est son unique
domaine; et quoiqu'il ne puisse ni en créer, ni en détruire
une seule particule, il la modifie continuellement de toutes
les manières et sous toutes les formes. Ainsi, ce pouvoir général agit sans cesse sur tous les objets que nous pouvons
apercevoir, de même que sur ceux qui sont hors de la portée
de nos observations. C'est lui qui, dans notre globe, a donné

immédiatement l'existence aux végétaux, aux animaux, ainsi qu'aux autres corps qui s'y trouvent.

Or, le pouvoir dont il s'agit, que nous avons tant de peine à reconnoître, quoiqu'il se manifeste partout ; ce pouvoir qui n'est certainement point un *être de raison*, puisque tout nous fournit des preuves de son existence (ce dont nous ne saurions douter, puisque nous observons ses actes, que nous le suivons dans ses opérations, que nous voyons qu'il ne fait rien qu'avec du temps, que nous remarquons qu'il est partout soumis à des lois, et que déjà nous sommes parvenus à connoître plusieurs de celles qui le régissent) ; ce pouvoir qui agit toujours de même dans les mêmes circonstances, et qui, sitôt que celles-ci viennent à changer, est obligé de varier ses actes ; ce pouvoir, en un mot, qui fait tant de choses et de si admirables, est précisément ce que nous nommons la Nature.

Et c'est à cette puissance aveugle, partout limitée et assujettie, qui, quelque grande qu'elle soit, ne sauroit faire autre chose que ce qu'elle fait, qui n'existe, enfin, que par la volonté du *suprême auteur* de tout ce qui est ; c'est à cette puissance, dis-je, que nous attribuons une intention, un but, une détermination, dans ses actes !

Quelle plus forte preuve de notre ignorance absolue à l'égard de la *nature*, des lois qui la concernent, de ces lois qu'il nous importeroit tant d'étudier, leur connoissance étant la seule voie qui puisse nous faire parvenir à juger convenablement des choses, et à rectifier nos idées sur tout ce qui en provient ou en dépend ! Comment qualifier notre insouciance envers cette mère commune dont néanmoins, depuis un temps immémorial, nous avons eu le sentiment de l'existence, puisque nous avons consacré un mot particulier pour la désigner ! Mais, comme si tous les actes qu'elle exécute n'aboutissoient qu'à faire exister tous les êtres physiques, sans influer sur leur durée, sur leur état, pendant cette durée, sur tout ce qui les concerne ou qui est en relation avec eux, le mot dont nous nous servons pour la désigner, nous tient lieu de tout, et nous ne nous inquiétons nullement de savoir ou de rechercher ce qu'il exprime.

Il importe assurément de fixer à la fin nos idées, s'il est possible, sur une expression dont la plupart des hommes se servent communément ; les uns par habitude, et sans y attacher aucun sens déterminé ; les autres dans un sens absolument faux.

A l'idée que l'on se forme d'une puissance, l'on est porté naturellement à y associer celle d'une *intelligence* qui dirige ses actes ; et, par suite, l'on attribue à cette puissance une intention, des vues, un but, une volonté. On doit sans doute reconnoître qu'il en est ainsi à l'égard du *pouvoir suprême*; mais il y a aussi des puissances assujetties et bornées, qui n'agissent que nécessairement, qui ne peuvent faire autre chose que ce qu'elles font, dont les moyens sont plus ou moins compliqués, et qui ne sont point des *intelligences*.

Les puissances assujetties, dont je viens de parler, ne sont à la vérité que des causes agissantes ou qui peuvent agir. Aussi, comme il y en a, parmi elles, dont les moyens extrêmement compliqués amènent des effets très-variés, tandis que d'autres, plus simples, ne produisent que des effets de même sorte ou semblables, j'ai cru devoir donner à ces dernières le nom usité de *causes*, et désigner les premières par l'expression d'*ordres de choses*: or, les ordres dont il est question sont plus communs qu'on ne pense.

Par exemple, tout ordre de choses animé par un mouvement, soit épuisable, soit inépuisable, est une véritable puissance dont les actes amènent des faits ou des phénomènes quelconques.

La *vie*, dans un corps en qui l'ordre et l'état de choses qui s'y trouvent lui permettent de se manifester, est assurément, comme je l'ai dit, une véritable puissance qui donne lieu à des phénomènes nombreux. Cette puissance cependant n'a ni but, ni intention, ne peut faire que ce qu'elle fait, et n'est elle-même qu'un ensemble de causes agissantes, et non un être particulier. J'ai établi cette vérité le premier, et dans un temps où la *vie* étoit encore signalée comme un *principe*, une *archée*, un *être* quelconque. *Voy.* Barthez, Nouv. mécanique.

J'ajouterai que la *nature* ayant institué dans certains corps un ordre de choses, qui, concurremment avec une source d'activité qu'elle y a jointe, y constitue la *vie*, celle-ci, à son tour, est parvenue à établir, dans certains animaux, différens ordres de choses distincts, qu'on nomme *systèmes d'organes*, lesquels en ont amené eux-mêmes plusieurs autres, qui donnent lieu chacun à autant d'ordres de phénomènes particuliers: d'où il résulte que, dans un corps animal, les systèmes d'organes dont il est question, quoique assujettis, par leur connexion avec les autres organes, aux influences et à la destinée générale de ces derniers, sont eux-mêmes autant de puissances particulières, qui toutes donnent lieu à des phénomènes qui leur sont propres.

Or, il s'agit de montrer que la *nature* est tout-à-fait dans le même cas que la vie; qu'elle est de même constituée par un ordre de choses entièrement dépendant et assujetti dans tous ses actes; mais qu'elle en diffère infiniment en ce que, tenant son existence de la volonté suprême, elle est inépuisable dans ses forces et ses moyens d'action, tandis que la *vie*, instituée seulement par la nature, épuise nécessairement les siens.

La justesse de ces considérations ne pouvant être solidement contestée, il nous sera facile de mettre en évidence deux sortes d'erreurs assez communes, dans lesquelles nous paroissent tomber beaucoup de personnes qui veulent attacher une idée au mot *nature*, si fréquemment employé dans leurs discours ou dans leurs écrits.

En effet, parmi les diverses confusions d'idées auxquelles le sujet que j'ai ici en vue a donné lieu, j'en citerai deux comme principales; savoir : celle qui fait penser à la plupart des hommes, que la *nature* et son SUPRÊME AUTEUR sont une seule et même chose, et celle qui leur fait regarder comme synonymes les mots *nature* et *univers*, ou le monde physique.

Je montrerai que ces deux acceptions sont l'une et l'autre absolument fausses, que les motifs sur lesquels elles se fondent ne sauroient être admis, et qu'on peut réfuter ces derniers : ce que je ferai, effectivement, en commençant par ceux de ces motifs qui ont donné lieu à la première des acceptions citées.

« On a pensé que la nature étoit DIEU même : c'est, en effet, l'opinion du plus grand nombre; et ce n'est que sous cette considération que l'on veut bien admettre les végétaux, les animaux, etc., comme ses productions.

« Chose étrange ! l'on a confondu la montre avec l'horloger, l'ouvrage avec son auteur ! Assurément, cette idée est inconséquente, et ne fut jamais approfondie. La puissance qui a créé la nature n'a, sans doute, point de bornes, ne sauroit être restreinte ou assujettie dans sa volonté, et est indépendante de toute loi. Elle seule peut changer la nature et ses lois: elle seule peut même les anéantir; et, quoique nous n'ayons pas une connoissance positive de ce grand objet, l'idée que nous nous sommes formée de cette puissance sans bornes, est au moins la plus convenable de celles que l'homme ait dû se faire de la Divinité, lorsque, par la pensée, il a su s'élever jusqu'à elle.

« Si la *nature* étoit une intelligence, elle pourroit *vouloir*, elle pourroit changer ses lois, ou plutôt elle n'auroit point de lois. Enfin, si la *nature* étoit DIEU même, sa volonté seroit indépendante, ses actes ne seroient point forcés. Mais il n'en est pas ainsi : elle est partout, au contraire, assujettie à des lois constantes sur lesquelles elle n'a aucun pouvoir; en sorte que, quoique ses moyens soient infiniment diversifiés et inépuisables, elle agit toujours de même dans chaque circonstance semblable, et ne sauroit agir autrement.

« Sans doute , toutes les lois auxquelles la nature est assujettie dans ses actes , ne sont que l'expression de la volonté suprême qui les a établies ; mais la nature n'en est pas moins un ordre de choses particulier, qui ne sauroit vouloir, qui n'agit que par nécessité , et qui ne peut exécuter que ce qu'il exécute.

« Beaucoup de personnes supposent une *âme universelle*, qui dirige vers un but qui doit être atteint , tous les mouvemens et tous les changemens qui s'exécutent dans les parties de l'*univers*.

« Cette idée , renouvelée des anciens, qui ne s'y bornoient pas , puisqu'ils attribuoient en même temps une âme particulière à chaque sorte de corps, n'est-elle pas au fond semblable à celle qui fait dire à présent que la nature n'est autre que Dieu même ? Or, je viens de montrer qu'il y a ici confusion d'idées incompatibles , et que la nature n'étant point un être, une intelligence , mais un ordre de choses partout assujetti , on ne sauroit absolument la comparer en rien à l'Être suprême , dont le pouvoir ne sauroit être limité par aucune loi.

« C'est donc une véritable erreur que d'attribuer à la nature un but , une intention quelconque dans ses opérations ; et cette erreur est des plus communes parmi les naturalistes. Je remarquerai seulement que si les résultats de ses actes paroissent présenter des fins prévues , c'est parce que , dirigée partout par des lois constantes , primitivement combinées pour le but que s'est proposé son *suprême auteur*, la diversité des circonstances que les choses existantes lui offrent sous tous les rapports , amène des produits toujours en harmonie avec les lois qui régissent tous les genres de changemens qu'elle opère ; c'est aussi parce que ses lois des derniers ordres sont dépendantes et régies elles-mêmes par celles des premiers ou des supérieurs.

« C'est surtout dans les corps vivans , et principalement dans les *animaux*, qu'on a cru apercevoir un but aux opérations de la nature. Ce but , cependant , n'est là , comme ailleurs , qu'une simple apparence et non une réalité. En effet, dans chaque organisation particulière de ces corps , un ordre de choses , préparé par les causes qui l'ont graduellement établi , ne fait qu'amener , par des développemens progressifs de parties , régis par les circonstances , ce qui nous paroît être un but, et ce qui n'est réellement qu'une nécessité. Les climats, les situations, les milieux habités, les moyens de vivre et de pourvoir à sa conservation , en un mot , les circonstances particulières dans lesquelles chaque race s'est rencontrée , ont amené leurs habitudes ; celles-ci y ont plié et approprié les organes des individus ; et il en est résulte que l'harmonie que nous remarquons partout entre l'organisation et les habitudes des animaux, nous paroît une fin prévue, tandis qu'elle n'est qu'une fin nécessairement amenée (1).

« La nature n'étant point une intelligence, n'étant pas même un être, mais un ordre de choses constituant une puissance partout assujettie à des lois, la nature, dis-je, n'est donc pas Dieu même. Elle est le produit sublime de sa volonté toute puissante ; et, pour nous, elle est celui des objets créés le plus grand et le plus admirable.

« Ainsi, la volonté de Dieu est partout exprimée par l'exécution des lois de la nature, puisque ces lois viennent de lui. Cette volonté, néanmoins, ne sauroit y être bornée, la puissance dont elle émane n'ayant point de limites. Cependant, il n'en est pas moins très-vrai que, parmi les faits physiques et moraux, jamais nous n'avons occasion d'en observer un seul qui ne soit véritablement le résultat des lois dont il s'agit. »

Passons à la seconde erreur que nous avons citée, en parlant des confusions d'idées auxquelles la considération de la nature a donné lieu ; à celle qui consiste en ce que beaucoup de personnes regardent comme synonymes, les mots *nature* et *univers*, ou monde physique ; et tâchons de la détruire.

« Ces deux mots, *nature* et *univers*, si souvent employés et confondus, auxquels on n'attache, en général, que des idées vagues, et sur lesquels la détermination précise de l'idée que l'on doit se former de chacun d'eux, paroît une folle entreprise à certaines personnes, me semblent devoir être distingués dans leur signification, car ils concernent des objets essentiellement différens. Or, cette distinction est tellement importante que, sans elle, nous nous égarerions toujours dans nos raisonnemens sur tout ce que nous observons. »

Pour moi, la définition de l'*univers* ne peut être autre que la suivante ; et la seule considération de ce qu'est la *matière*, suffira pour en montrer le fondement ; la voici :

L'*univers* est l'ensemble, sans puissance propre, de tous

____

(1) Qu'est-ce donc que ce *nisus* formateur dont on s'est servi pour expliquer, à l'égard des corps vivans, soit les faits généraux de développement et de variation de ces corps, soit les faits particuliers que présente l'histoire physique de l'*homme* dans les variétés reconnues de son espèce ; qu'est ce, dis-je, que le *nisus* formateur dont il s'agit, si ce n'est cette *puissance* même de la *nature* que je viens de signaler !

les êtres matériels, essentiellement inactifs et passifs, qui existent.

« C'est donc du monde ou de l'*univers physique* dont il s'agit uniquement dans cette définition. Ne pouvant parler que de ce qui est à la portée de nos observations, c'est seulement de celles des parties de l'univers que nous apercevons qu'il nous est possible de nous procurer quelques connoissances, tant sur ce que sont ces parties elles-mêmes, que sur ce qui les concerne.

» Là, se borne tout ce que nous pouvons raisonnablement dire de l'univers. Chercher à expliquer sa formation, à déterminer tous les objets qui entrent dans sa composition, seroit assurément une folie. Nous n'en avons pas les moyens; nous n'en connoissons que très-peu de chose; nous savons seulement que son existence est une réalité.

» Cependant, la matière faisant la base de toutes ses parties, je puis montrer qu'il est en lui-même inactif et sans puissance propre, et que ce que nous devons entendre par le mot nature, lui est tout-à-fait étranger.»

C'est une pensée incontestable, et effectivement admise par les philosophes de tous les temps, que celle qui nous fait regarder la matière comme étant inerte, incapable d'avoir en propre aucun mouvement, aucune activité, mais pouvant seulement recevoir et transmettre du mouvement, sans jamais en produire elle-même : la matière est donc un objet essentiellement passif.

Cette vérité, de toute évidence, tant qu'il ne s'agit que de la *matière*, ne paroît pas généralement applicable aux corps qui, néanmoins, en sont uniquement formés; car, parmi ces corps, qui tous ne sont que des assemblages de particules de matière, et particuliérement parmi ceux qui sont fluides, on en remarque beaucoup qui semblent jouir en propre d'une véritable activité. Mais il est facile de faire voir que si les corps fluides paroissent doués d'une activité quelconque, ils la doivent, soit à des causes hors d'eux, soit à un état accidentel qui les éloigne de celui qui leur est propre, état qu'ils reprennent, ou tendent à reprendre, dès que la possibilité de le faire se présente. Je me suis déjà convaincu du fondement de ces faits à l'égard du calorique et de quelques autres fluides, actifs accidentellement, quoique l'état passager qui leur donne cette activité nous paroisse durable, parce que les causes qui le renouvellent ou l'entretiennent, sont telles aussi relativement à nous. L'*attraction* elle-même n'est qu'un fait constaté, mais qui ne prouve rien contre l'inactivité de la matière, et conséquemment contre celle qui est naturelle à tous les corps. Elle porte seulement à penser qu'une cause, trop générale pour que nous ayons les moyens de la saisir, donne lieu à ce fait.

Ainsi, en approfondissant ce grand sujet, je crois pouvoir assurer, à l'égard de l'ensemble de matières et de corps qui constitue l'univers ou le monde physique, que cet ensemble n'est point et ne peut être une puissance; qu'il ne peut avoir aucune activité qui lui soit propre, et qu'il n'en sauroit avoir conséquemment sur ses parties, la source de toute activité lui étant tout-à-fait étrangère; enfin, je crois de même être fondé dans cette assertion, que toutes les parties de l'univers physique n'ont réellement pas par elles-mêmes plus d'activité que l'ensemble qu'elles composent; que toutes sont véritablement passives, quoique certaines d'entre elles soient circonstanciellement douées de la puissance d'agir; et que ce sont toutes ces parties qui constituent l'unique et vaste domaine de la nature.

Quant à l'ensemble dont je viens de parler, en un mot, à cet *univers physique* qui forme pour la nature un domaine si étendu, je ne doute pas qu'il ne soit indestructif, immutable, quoique toutes ses parties soient continuellement modifiées et changeantes; et je pense qu'il subsistera tel qu'il est, tant que la volonté de son SUBLIME AUTEUR le permettra.

Maintenant, je vais montrer que la nature n'est nullement dans la catégorie où se trouve l'univers physique; que si celui-ci a la matière pour base de toutes ses parties, la matière n'entre dans aucune des parties de celle-là; et qu'en effet, la nature n'est ni un corps, ni un être quelconque, ni un ensemble d'êtres, ni un composé d'objets passifs; mais qu'elle offre, au contraire, un ordre de choses particulier, constituant une puissance toujours active, laquelle est, néanmoins, assujettie dans tous ses actes.

C'est, effectivement, la nature qui fait exister, non la matière, mais tous les corps dont la matière est essentiellement la base; et, comme elle n'a de pouvoir que sur cette dernière, et que son pouvoir à cet égard ne s'étend qu'à la modifier diversement, qu'à changer et varier sans cesse ses masses particulières, ses associations, ses agrégats, ses combinaisons différentes; on peut être assuré que, relativement aux corps, c'est elle seule qui les fait ce qu'ils sont, et que c'est elle encore qui donne aux uns les propriétés, et aux autres, les facultés que nous leur observons.

Qu'est-ce donc, encore une fois, que la nature, puisque ce n'est point une intelligence? En quoi consiste cet ordre de choses qui a tant de puissance, et qui, lui-même, en établit d'autres? Et, si ce même ordre de choses est immatériel dans toutes ses parties, par quelle voie pouvons-nous parvenir à le connoître, puisque toutes nos connoissances positives proviennent originairement de nos sensations ? Par l'exposition suivante, je crois donner la solution de toutes ces questions :

Définition de la nature, et exposé des parties dont se compose l'ordre de choses qui la constitue.

La *nature* est un ordre de choses composé d'objets étrangers à la matière, lesquels sont déterminables par l'observation des corps, et dont l'ensemble constitue une puissance inaltérable dans son essence, assujettie dans tous ses actes, et constamment agissante sur toutes les parties de l'univers physique.

Si l'on oppose cette définition à celle que j'ai donnée de l'univers, qui n'est que *l'ensemble de tous les êtres physiques et passifs*, c'est-à-dire, que *l'ensemble de tous les corps et de toutes les matières qui existent*, on reconnoîtra que ces deux ordres de choses sont extrêmement différens, tout-à-fait séparés, et ne doivent pas être confondus.

En ayant eu, presque de tout temps, le sentiment intime, quoique nous ne nous en soyons jamais rendu compte, nous ne les avons pas effectivement confondus ; car, pressentant cet *ordre inaltérable* de causes sans cesse actives, et le distinguant des êtres passifs qui y sont assujettis, nous l'avons en quelque sorte personnifié, en lui donnant le nom de *nature* ; et depuis, nous nous servons habituellement de cette expression, sans nous occuper des idées précises que nous devons y attacher.

Nous allons voir que les objets, non physiques, dont l'ensemble constitue la nature, ne sont point des êtres, et conséquemment ne sont ni des corps, ni des matières ; que, cependant, nous avons pu les connoître, à l'aide de l'observation des corps ; qu'ils se sont trouvés à notre portée, par cette voie ; que ce sont même les seuls objets étrangers aux corps et aux matières dont nous puissions nous procurer une connoissance positive. Examinons donc ces objets singuliers, et considérons le grand pouvoir qui résulte de l'ensemble qu'ils composent.

Objets métaphysiques dont l'ensemble constitue la nature.

Si la définition que j'ai donnée de la nature est fondée, il en résulte que cette dernière n'est qu'un ensemble d'objets métaphysiques, tous étrangers par conséquent aux parties de l'univers ; que la source de ces objets ne sauroit nous être connue, et doit être attribuée à une création particulière, à la volonté du PUISSANT AUTEUR de toutes choses ; et que cet ensemble d'objets forme un *ordre de choses* continuellement actif et muni de moyens qui permettent et régularisent tous ses actes. Ainsi, la nature se compose :

« 1.° Du *mouvement*, que nous ne connoissons que comme la modification d'un corps qui change de lieu, qui n'est essentiel à aucune matière, à aucun corps, et qui est cependant inépuisable dans sa source, et se trouve répandu dans toutes les parties des corps ;

« 2.° De *lois* de tous les ordres, qui, constantes et immutables, régissent tous les mouvemens, tous les changemens que subissent les corps, et qui mettent dans l'univers, toujours *changeant* dans ses parties et toujours le *même* dans son ensemble, un ordre et une harmonie inaltérables. »

« La puissance assujettie qui résulte de l'ordre des causes actives que je viens de citer, a sans cesse à sa disposition :

« 1.° L'*espace*, dont nous ne nous sommes formé l'idée qu'en considérant le lieu des corps, soit réel, soit possible ; que nous savons être immobile, partout pénétrable et indéfini ; qui n'a de parties finies que celles des lieux que remplissent les corps, enfin, que celles qui résultent de nos mesures d'après les corps, et d'après les lieux que ces corps peuvent successivement occuper en se déplaçant ;

« 2.° Le *temps* ou la *durée*, qui n'est qu'une continuité, avec ou sans terme, soit du mouvement, soit de l'existence des choses, et que nous ne sommes parvenus à mesurer, d'une part, qu'en considérant la succession des déplacemens d'un corps, lorsqu'étant animé d'une force uniforme, nous avons divisé en parties la ligne qu'il a parcourue, ce qui nous a donné l'idée des durées finies et relatives ; et, de l'autre part, lorsque nous avons comparé les différentes durées d'existence de divers corps, en les rapportant à des durées finies et déjà connues. »

Ainsi, l'on peut maintenant se convaincre que l'ordre de choses qui constitue la nature, et que les moyens que cette dernière a sans cesse à sa disposition, sont des objets essentiellement distincts de l'ensemble d'êtres matériels et passifs dont se compose l'*univers physique* ; car, à l'égard de la nature, ni le mouvement, ni les lois de tous les genres qui produisent et régissent ses actes, ni le temps et l'espace dont elle dispose sans limites, ne sont le propre de la matière ; et l'on sait que la matière est la base de tous les corps physiques dont l'ensemble constitue l'*univers*.

Ce qui prouve que la nature n'est point une puissance suprême, mais un pouvoir assujetti, quoique très-grand, c'est que le temps, pour elle, est une condition de rigueur, et qu'elle ne fait rien, absolument rien, sans l'emploi de celui-ci. L'idée, au contraire, que nous avons dû nous former de la *toute-puissance* divine, est qu'elle ne peut être astreinte par aucune impossibilité. Elle crée un objet, selon sa volonté, et le fait exister sans qu'aucune durée quelconque soit nécessaire pour sa formation. Ce n'est assurément pas là le propre du pouvoir de la nature. Aussi, nous pouvons concevoir les moyens de cette dernière, et jamais notre foible intelligence ne pourra comprendre la puissance infinie qui a donné lieu à tout ce qui existe, en un mot, créé la nature elle-même.

Puisqu'à l'aide de l'observation des corps nous avons pu apercevoir ce qui constitue réellement la *nature*, et nous en former une idée; que nous avons pu de même nous en former une de l'*univers* ou du monde physique, en considérant ce que sont essentiellement ses parties; il en résulte que la définition que j'ai donnée de l'un et de l'autre de ces deux ordres de choses, étant réduite à sa plus grande simplicité, présente de chacun l'idée la plus précise et la plus exacte que nous puissions avoir. Pour la *nature*, activité, lois et moyens sans terme, mais partout assujettis; pour l'*univers*, ensemble immense d'objets passifs et essentiellement inactifs, ensemble qui constitue et borne l'unique domaine de la première.

Que l'on excepte la plus grande des pensées de l'homme, celle qui l'a élevé jusqu'à la connoissance de l'ÊTRE SUPRÊME, et qu'on me dise s'il peut exister pour lui un plus grand sujet que celui dont je viens de traiter, un sujet surtout qu'il lui importe le plus de considérer, sous tous les rapports! Loin donc qu'il puisse se réduire à un simple objet de curiosité, je pourrois prouver que de tout ce dont l'homme peut s'occuper, ce même sujet est celui qui mérite le plus son attention; que presque tous ses maux, dans ce monde, lui viennent de ce qu'il le néglige; qu'enfin, c'est uniquement de la connoissance de la nature, et de l'étude suivie de celles de ses lois qui sont relatives à son être physique, qu'il peut retirer, pour sa conservation, pour son bien-être, et pour sa conduite, dans ses relations avec ses semblables, les seuls avantages réels qu'il puisse obtenir de l'observation.

Quant à la *nature*, considérée dans ses rapports avec l'*univers*, ou avec les parties du monde physique, c'est, sans doute, un objet de curiosité, mais qui est vraiment philosophique, et digne des grandes pensées de l'homme qui seul a le pouvoir de l'embrasser. Reprenons-en donc la considération, afin d'en acquérir, s'il est possible, une juste idée; nous examinerons ensuite celles des parties de cette considération qui nous concernent immédiatement, les avantages immenses que nous pouvons obtenir de leur étude, et l'application que nous pouvons faire des lumières que cette étude nous procurera, pour diriger convenablement et utilement toutes nos actions.

« Pour l'homme qui observe et réfléchit, le spectacle de l'univers, animé par la nature, est sans doute très-imposant, propre à émouvoir, à frapper l'imagination, et à élever l'esprit à de grandes pensées. Tout ce qu'il aperçoit lui paroît pénétré de mouvement, soit effectif, soit contenu par des forces en équilibre. De tous côtés, il remarque, entre les corps, des actions réciproques et diverses, des réactions, des déplacemens, des agitations, des mutations de toutes les sortes, des altérations, des destructions, des formations nouvelles d'objets qui subissent à leur tour le sort d'autres semblables qui ont cessé d'exister; enfin, des reproductions constantes, mais assujetties aux influences des circonstances, qui en font varier les résultats; en un mot, il voit les générations passer rapidement, se succéder sans cesse, et en quelque sorte, comme on l'a dit, « *se précipiter dans l'abîme des temps.* »

« L'observateur dont je parle, bientôt ne doute plus que le domaine de la nature ne s'étende généralement à tous les corps. Il conçoit que ce domaine ne doit pas se borner aux objets qui composent le globe que nous habitons, c'est-à-dire, que la nature n'est point restreinte à former, varier, multiplier, détruire et renouveler sans cesse les *animaux*, les *végétaux* et les corps *inorganiques* de notre planète. Ce seroit, sans doute, une erreur que l'on commettroit, si l'on s'en rapportoit à cet égard à l'apparence; car le mouvement répandu partout, et ses forces agissantes, ne sont probablement nulle part dans un équilibre parfait et constant. Le domaine dont il s'agit embrasse donc toutes les parties de l'univers, quelles qu'elles soient; et, conséquemment, les corps célestes, connus ou inconnus, subissent nécessairement les effets de la puissance de la nature. Aussi, l'on est autorisé à penser que, quelque considérable que soit la lenteur des changemens qu'elle exécute, dans les grands corps de l'univers, tous, néanmoins, y sont assujettis; en sorte qu'aucun corps physique n'a nulle part une stabilité absolue.

« Ainsi, la nature, toujours agissante, toujours impassible, renouvelant et variant toute espèce de corps, n'en préservant aucun de la destruction, nous offre une scène imposante et sans terme, et nous montre en elle une puissance particulière, qui n'agit que par nécessité.

« Tel est l'ensemble de choses qui constitue la nature, et dont nous sommes assurés de l'existence par l'observation; ensemble qui n'a pu se faire exister lui-même, et qui ne peut rien sur aucune de ses parties ; ensemble qui se compose de causes ou de forces toujours actives, toujours régularisées par des lois, et de moyens essentiels à la possibilité de leurs actions ; ensemble, enfin, qui donne lieu à une *puissance* assujettie dans tous ses actes, et néanmoins admirable dans tous ses produits.

« La nature reconnue, atteste elle-même son *auteur*, et présente une garantie de la plus grande des pensées de l'homme, de celle qui le distingue si éminemment des autres êtres qui ne jouissent de l'intelligence que dans des degrés inférieurs, et qui ne sauroient jamais s'élever à une pensée aussi grande.

« Si l'on ajoute à cette vérité la suivante ; savoir : que le terme de nos connoissances positives n'emporte pas nécessairement celui de ce qui peut exister, on aura en elles les moyens de renverser les faux raisonnemens dont l'immoralité s'autorise.

« Reprenons la suite des développemens qui caractérisent la nature, et qui montrent le vrai point de vue sous lequel on doit la considérer.

« Puisque la nature est une puissance qui produit, renouvelle, change, déplace, enfin, compose et décompose les différens corps qui font partie de l'univers ; on conçoit qu'aucun changement, qu'aucune formation, qu'aucun déplacement ne s'opère que conformément à ses lois ; et quoique les circonstances fassent quelquefois varier ses produits et celles des lois qui doivent être employées, c'est encore, néanmoins, par des lois de la nature que ces variations sont dirigées. Ainsi, certaines irrégularités dans ses actes, certaines monstruosités qui semblent contrarier sa marche ordinaire, les bouleversemens dans l'ordre des objets physiques, en un mot, les suites trop souvent affligeantes des passions de l'homme, sont cependant le produit de ses propres lois et des circonstances qui y ont donné lieu. Ne sait-on pas, d'ailleurs, que le mot de *hasard* n'exprime que notre ignorance des causes ?

« A tout cela, j'ajouterai que des *désordres* sont sans réalité dans la nature, et que ce ne sont, au contraire, que des faits, dans l'ordre général, les uns peu connus de nous, et les autres relatifs aux objets particuliers dont l'intérêt de conservation se trouve nécessairement compromis par cet ordre général (*Philos. zool.*, vol. 2, p. 465). » Il résulte de la considération de ces derniers faits, que nous appelons *désordre* tout ce qui nous nuit ou peut nous nuire ; supposant présomptueusement que notre bien-être est le but pour lequel la nature fut instituée.

De la nécessité d'étudier la nature, c'est-à-dire l'ordre de choses qui la constitue, les lois qui régissent ses actes, et surtout parmi ces lois celles qui sont relatives à notre être physique.

L'homme, placé à la surface du globe qu'il habite, considérant d'abord qu'en quelque lieu qu'il soit, il est entouré d'une multitude de corps divers, dont plusieurs sont sans cesse en relation immédiate avec son être physique, que ces corps sont tous des produits de la nature, et que tous sont assujettis à ses lois dans leurs mutations variées ; ne pouvant ensuite douter que son propre corps ne fasse, ainsi que tous les autres, partie de l'univers, puisqu'il est pareillement matériel, et qu'il ne soit aussi, comme eux, soumis au pouvoir de la *nature*, aux lois qui régissent les corps vivans, et plus particulièrement à celles qui concernent le corps animal ; enfin, étant forcé de reconnoître que toutes les facultés dont il jouit sont des produits évidens de ses organes (conséquemment des phénomènes physiques) et subissent effectivement le même sort que ces derniers ; peut-il donc regarder avec indifférence la connoissance de la *nature*, de celles de ses lois qui sont relatives à son être physique, en un mot, de tant d'agens divers qui influent sans cesse sur ses organes, sur la validité ou l'affoiblissement de leurs fonctions, ainsi que sur les différentes mutations d'état qu'il éprouve continuellement ! Comment concevoir que l'homme, qui peut être infiniment supérieur, dans ses facultés d'intelligence, à ceux des autres êtres du règne dont il fait partie, qui est par conséquent bien plus capable qu'aucun d'eux de reconnoître ses véritables intérêts ; comment concevoir, dis-je, qu'il soit néanmoins tellement insouciant à l'égard de la puissance dont il dépend d'une manière si absolue, sous le rapport de son être physique, qu'il ne daigne jamais s'occuper d'elle ! Au lieu de s'appliquer constamment à l'étude de la *nature*, à celles de ses lois qui sont relatives à lui, ainsi qu'à ses intérêts dans chaque circonstance, afin de n'être jamais en contradiction avec elles dans ses actions, il préfère son ignorance à leur égard, conserve les préventions qu'on lui a inspirées, se livre à des désirs inconsidérés, s'abandonne à des penchans, à des passions qui compromettent ses plus grands intérêts, sa conservation même : en sorte que, toujours entraîné et sans guide, toujours dominé, toujours esclave et même victime, l'homme, en général, est très-misérable.

J'ose le dire : l'homme connoissant mal ce qui lui est essentiel à savoir relativement à la nature de son organisation, au pouvoir de ses organes, à leur dépendance, ainsi qu'à celle des phénomènes qu'ils peuvent produire, enfin, à la source

des facultés dont il jouit, comme aux moyens de les perfectionner graduellement; connoissant plus mal encore ce qui doit le
guider dans ses actions avec ses semblables, et la part qui appartient aux lois de la nature, soit dans ses propres actions, soit
dans celles des autres individus de son espèce : en outre, trop
souvent abusé par un *faux-savoir* qui, lui montrant sous un
faux jour quantité de sujets qu'il considère, et lui faisant
donner une confiance absolue aux jugemens qu'il porte, soit
sur ses propres actions, soit sur celles des autres, le trompe
souvent dans son attente, et sembleroit faire douter si l'usage
de ses facultés intellectuelles ne lui est pas plus funeste qu'a-
vantageux; enfin, attribuant toujours ses malheurs à un sort
contraire, à la *fatalité*, tandis qu'ils ne sont dus qu'à ses faux
calculs, qu'à son ignorance des lois de la nature, avec lesquelles il se met presque toujours en opposition; on le voit
persister dans son insouciance, relativement à la puissance
dont il est partout si dépendant, et subir les maux qui doivent
résulter de sa négligence et de son inconséquence.

Qu'il sache donc que tous les corps sans exception, soit
ceux qui sont inorganiques, soit ceux qui jouissent de la vie,
sont assujettis aux lois de la *nature* dans tout ce qui les concerne; que, conséquemment, les phénomènes que produisent ces corps ou certaines de leurs parties sont dans le
même cas : en sorte que tout ce qu'il peut observer est absolument dans la même dépendance. Alors, il concevra l'importance, pour lui, de reconnoître et d'étudier sans cesse la
puissance qui exerce sur sa durée, son état, ses penchans,
ses pensées, ses actions, un pouvoir si absolu.

Hommes qui l'emportez sur tous les autres êtres *vivans* par
une aussi grande supériorité de facultés et de moyens, mais
que la *nature* a placés, comme eux, dans un immense torrent
qui vous entraîne; considérez donc le cours de ce torrent; étu-
diez et reconnoissez les nombreux écueils qui se trouvent dans
son sein, si vous ne voulez être victimes des fausses directions
que, par votre ignorance de ces écueils, vous pouvez donner
à vos actions, en les mettant en contradiction avec l'ordre de
choses auquel vous êtes assujettis.

Montrons actuellement les principaux objets qui doivent
attirer l'attention de l'homme, dans son étude de celles des
lois de la *nature* qu'il lui importe le plus de reconnoître,
parce qu'elles sont relatives, les unes à son être physique, et
les autres à sa tranquillité et à son bonheur.

Si, distinguant, à son égard et par sa pensée, le *physique*
de ce qu'il appelle le *moral*, l'homme entend, par-là, distinguer les organes mêmes des phénomènes que leurs fonctions produisent, et applique plus particulièrement cette

distinction aux organes et aux fonctions organiques qui lui donnent des idées, le font comparer, juger et penser, alors il reconnoîtra que l'un et l'autre de ces deux objets sont entièrement du domaine de la nature. Il les trouvera effectivement régis par ses lois, et il remarquera que l'un et l'autre sont également susceptibles de développemens, d'acquérir une éminence, un perfectionnement plus ou moins considérables, enfin, de subir des altérations plus ou moins grandes dans leur intégrité, et cela, de part et d'autre, dans des rapports parfaits. Cette considération, toujours et partout constatée par les faits, lui fera sentir l'importance de régler, par l'observation des lois de la nature, d'une part, tout ce qui concerne son corps physique ou qui se trouve en relation avec lui, et, de l'autre part, ce qui est relatif aux actes de sa pensée.

Relativement à son être physique, deux ordres de considérations doivent partager l'attention de l'homme, parce qu'à l'égard de l'un et de l'autre, la connoissance des lois de la *nature* lui est d'une nécessité absolue.

Par le premier de ces deux ordres, il s'occupe de l'étude de sa propre organisation, des lois qui dirigent ses différens actes, de celles qui concernent les fonctions de ses divers organes, des causes qui peuvent troubler leur harmonie, altérer leurs facultés; et il entreprend d'y remédier, sans se mettre en opposition avec les lois de la nature. Sauf une comparaison plus étendue avec les autres organisations animales dont il peut obtenir beaucoup de lumières, je n'ai rien à lui proposer sur ce sujet important, parce qu'il ne l'a point négligé.

Par le second ordre de considérations, il doit s'appliquer à l'étude des agens extérieurs et divers qui exercent sur son corps des influences variables, souvent considérables, influences qui altèrent sa santé, lui donnent des maladies, et compromettent fréquemment sa conservation. Malgré l'importance de ce sujet, on peut lui reprocher le tort de l'avoir jusqu'à présent négligé, et j'aurois à cet égard bien des réflexions à lui présenter; mais je me bornerai à la simple indication de l'étude dont il est enfin nécessaire qu'il s'occupe.

En effet, plongé continuellement dans la base de l'atmosphère, dont il supporte le poids ainsi que la pression de toutes parts, et en outre sans cesse entouré de différens fluides actifs, qui se meuvent dans le sein de cette atmosphère, tous invisibles pour lui, les uns n'agissant sur lui qu'à l'extérieur, tandis que les autres le pénètrent plus ou moins rapidement, l'homme est de temps à autre diversement affecté, quelque-

fois même très-fortement, par les influences variables de
tant d'agens qui l'environnent; agens qui subissent, dans
leurs agitations, leurs déplacemens, leurs densités et leur
puissance d'action, des variations souvent très-considérables.

Les résultats de ces influences diverses, dont les animaux
éprouvent aussi les suites, sont, pour l'homme, tantôt d'affoiblir l'activité de ses mouvemens vitaux, ainsi que celle des
fonctions de ses organes, de faire varier en lui les sécrétions
et les excrétions, d'interrompre quelquefois le cours de certaines d'entre elles, de préparer ou de donner lieu à diverses
maladies; et tantôt de ranimer l'énergie vitale, d'accroître
le ton des solides réagissans, en un mot, d'opérer des effets
très-opposés aux premiers, mais qui, dans certaines circonstances, peuvent être encore très-nuisibles.

Les déplacemens et les agitations des fluides environnans
dont je viens de parler sont presque toujours en rapport dans
leurs variations avec celles de l'atmosphère qui les contient.
Or, comme les variations de celle-ci sont elles-mêmes excitées par différentes causes dont les principales sont recon-
noissables par l'observation, réglées dans le cours de leurs
paroxismes, déterminables dans leurs retours, il nous est donc
possible, à l'aide d'une étude convenable et suivie, d'assigner
les époques où nous serons exposés à supporter au moins les
plus grandes influences sur nous de ces causes d'action.

Ici, je ne considère que les effets immédiatement relatifs
au corps de l'homme, de la part des grandes variations de
l'atmosphère, ainsi que de celles des fluides divers qu'elle
contient; effets qu'il lui importeroit de mieux connoître sous
tous leurs rapports, parce qu'il pourroit alors leur opposer
des mesures de précaution, afin d'en être moins victime.
Mais son intérêt à cet égard ne se borne pas à s'efforcer d'y
échapper lui-même; les grandes variations de l'atmosphère
affectent et détruisent trop souvent ce qu'il a de plus précieux;
et qui ne sait que les pluies, les grêles, les orages, les ouragans et les tempêtes ravagent ses habitations, anéantissent
ses propriétés, lui causent des torts souvent incalculables, et
même exposent sa vie dans diverses circonstances?

Cependant, il reste indifférent à l'égard de causes qui
amènent pour lui des effets si dangereux, et, quoiqu'il ne
puisse douter que ces causes ne soient nécessairement régies
par des lois et qu'elles n'aient un ordre effectif, il ne fait aucun effort, ne tente aucune recherche pour parvenir à connoître les temps où il peut y être exposé. J'en ai dit un mot
à l'article MÉTÉOROLOGIE. *V.* cet article.

Je viens d'énoncer les deux ordres de considérations qui
doivent attirer l'attention de l'homme, relativement à son

être physique; savoir : la connoissance de tout ce qui concerne
sa propre organisation, et celle des causes extérieures qui
peuvent l'affecter ou en troubler l'harmonie. Il lui importe
assurément de connoître les lois de la *nature* à l'égard de tout
ce qui se rapporte à ces deux sujets. Maintenant, je vais passer à un objet moins connu encore, plus délicat, et qui, relativement à l'homme social, ne le cède nullement en intérêt aux précédens.

Il s'agit de reconnoître l'importance de considérer les *lois
de la nature* à l'égard de ce qui concerne ce qu'on nomme le
moral de l'homme, et de ce qui constitue la source de ses
actions.

Je ne me propose pas de traiter à fond ou dans son entier ce
vaste sujet; mon objet ici et surtout mes moyens ne me permettent point de l'entreprendre. Mais, convaincu de la nécessité d'en reconnoître les bases, c'est-à-dire, de signaler les
points essentiels de départ qui seuls peuvent fournir
les moyens de le développer d'une manière utile, j'ai cru
devoir exposer ici ma pensée sur cet objet important.

L'homme a reçu de la nature des *penchans* qui se développent plus ou moins, selon les circonstances de sa situation.
J'en ai fait l'exposition dans l'introduction de l'*Histoire naturelle des animaux sans vertébres* (vol. 1, p. 259), et j'y
renvoie.

Tantôt la presque totalité de ces penchans se trouve comme
anéantie, dans tel individu, par les suites d'une position
misérable, pénible et de toute part dépendante; tantôt, dans
tel autre individu, moins mal partagé, tel ou tel de ces penchans parvient à se développer, à se transformer même en
passion: enfin, souvent, dans tel autre, dont la situation sociale est plus avantageuse encore, plusieurs de ces penchans
acquièrent des développemens remarquables; mais presque
toujours l'un d'entre eux devient dominant, et, s'il se change
en passion, il affoiblit ou semble affoiblir les autres. C'est
surtout dans les hautes situations que le développement des
penchans naturels de l'homme se fait le plus fortement remarquer.

C'est assurément dans ces *penchans* développés qu'il faut
chercher les causes qui influent le plus sur la direction des
actions de l'homme. Mais cette direction reçoit des modifications plus ou moins grandes de la part du jugement de chaque individu, selon que ce jugement a plus ou moins de rectitude, c'est-à-dire, selon qu'il est le résultat de plus ou
moins de connoissances acquises et de plus ou moins d'expérience mise à profit.

Ce sont là, pour moi, les points de départ les plus pro-

près à montrer la véritable source des actions humaines qui
sont généralement si variées, si diverses, si contrastantes,
si singulières même.

La tendance continuelle de l'homme vers le *bien-être* ou
vers un *meilleur-être*, lui faisant sans cesse désirer une situation nouvelle, et toujours fonder ses espérances sur l'avenir,
rend les individus, privés de lumières, proportionnellement
plus crédules, plus amis du merveilleux, plus indifférens
pour les idées solides, pour les vérités mêmes, leur donne
un grand attrait pour des illusions qui les flattent, enfin, les
porte à des craintes et à des espérances imaginaires.

Cette manière d'être et de sentir, étant le propre de l'immense majorité des individus de toute population, a fourni
aux plus avisés qui en font partie, les moyens d'abuser et de
dominer les autres. Il leur a été facile, par-là, de changer
en pouvoir absolu, les institutions originairement établies
pour la conservation et l'avantage de la société. C'est donc
principalement à l'ignorance des choses, au très-petit cercle
d'idées dans lequel vivent les individus de cette majorité,
qu'il faut rapporter la plupart des maux moraux qui affligent
dans tant de contrées l'homme social.

Considérons maintenant comment et par quelle voie il
peut s'affranchir des *illusions* qui lui sont plus nuisibles
qu'utiles.

Si l'homme se fût appliqué à distinguer les vérités qu'il
peut parvenir à connoître, des illusions qu'il se forme, c'est-à-
dire de celles de ses pensées qui ne s'appuient sur aucune base,
ou autrement à distinguer ce qui est positif, comme les faits,
de ce qui n'est que le résultat de ses raisonnemens, même
d'après les faits ; s'il eût en outre considéré qu'il ne lui est
possible d'acquérir des idées que par la voie de l'observation,
que par les conséquences qu'il en tire ; enfin, s'il eût reconnu
que toute idée qu'il ne tiendroit pas directement de l'observation, ou qui ne seroit pas une conséquence déduite de faits
observés, doit être absolument nulle pour lui ; alors il n'eût
pas été exposé à tant de prestiges, à tant d'erreurs, qui lui
furent souvent si funestes.

L'intérêt le plus pressant de l'homme, celui qu'il lui importe le plus de considérer, doit donc lui faire reconnoître la
nécessité de circonscrire clairement, dans sa pensée, le
champ des connoissances réelles qu'il peut se procurer, et de
s'en former une idée juste, afin de ne pas s'exposer à la ten-
tation, toujours infructueuse, d'en sortir, et se mettre, par-
là, dans le cas d'être la dupe de ceux qui auroient des motifs
pour l'égarer. Or, la culture du champ dont il est question
lui apprendra que les connoissances auxquelles il peut par-

venir sont de deux ordres; savoir : 1.° les faits constatés par l'observation, qui tous sont pour lui des vérités positives ; 2.° les conséquences tirées des faits observés, lesquelles peuvent être encore des vérités, mais aussi, le plus souvent, peuvent être erronées, puisqu'elles dépendent de son *jugement*. (Voyez ce mot.) Cependant, à l'aide de l'étude et de la méditation, il peut opérer le redressement de ces dernières, et se procurer aussi, par elles, la connoissance de beaucoup de vérités. Ainsi il n'y a, pour l'homme, de vérités saisissables, de connoissances certaines, que celles des faits qu'il peut observer, et que celles qu'il peut obtenir des conséquences qu'il tire de ces mêmes faits, lorsqu'il possède tous les élémens qui doivent servir au fondement de ces conséquences. Hors de là, hors du *champ des réalités*, le seul qui soit à sa disposition, il ne peut y avoir, pour lui, que des illusions, et il lui est, en effet, facile de s'en former plusieurs qui lui soient agréables, et dans lesquelles il se plaise, mais qui peuvent avoir, pour lui, plus d'inconvéniens que d'avantages.

Néanmoins, quoiqu'il soit réduit à ne pouvoir se procurer des connoissances positives que relativement aux objets physiques qui sont à sa portée, il ne sauroit douter qu'il ne puisse exister d'autres objets qui constituent des vérités auxquelles il ne peut atteindre ; car, ne pouvant raisonnablement assigner aucune direction à la volonté du *suprême auteur* de toutes choses, dont la puissance est sans doute infinie, il ignore nécessairement ce que DIEU a voulu, ce qu'il lui a plu de faire, et, à cet égard, ne peut rien assurer, rien nier. Enfin, comme il ne lui est pas donné de pouvoir connoître aucune des vérités dont il s'agit, mettre ses suppositions à leur place, seroit évidemment une folie. Pénétré du fondement de ces considérations, et voulant lui faciliter la détermination du champ des connoissances auxquelles il peut aspirer, connoissances qui lui sont toutes utiles et la plupart très-importantes, je lui propose donc la circonscription suivante, qui renferme les sources de toutes les vérités auxquelles il peut parvenir.

Exposition des sources où l'homme a puisé les connoissances qu'il possède, et dans lesquelles il en pourra recueillir quantité d'autres; sources dont l'ensemble constitue, pour lui, le champ des réalités.

1.° La considération du monde physique, dont les parties observées, offrant partout une activité, un ordre et une harmonie inaltérables, ont élevé la pensée de l'homme jusqu'à la connoissance du *suprême auteur* de tout ce qui est ;

2.° De la nature, c'est-à-dire, de cet ordre de choses immutable, qui répand et conserve l'activité dans les parties du monde physique, y régit, par des lois, tous les mouvemens, tous les changemens qui s'y observent, et qui exerce un pouvoir absolu sur tous les corps quelconques, ainsi que sur les phénomènes qu'ils peuvent produire ;

3.° Des lois de tous les ordres qui dirigent tous les mouvemens, tous les changemens qui s'observent à l'égard des corps ;

4.° Des portions finies de l'espace, mesurées par les lieux qu'occupent les corps, par les distances qui les séparent, et par celles qu'ils parcourent, lorsqu'ils se déplacent ;

5.° Des durées limitées, mesurées par les déplacemens que subissent des corps mus par un mouvement uniforme, ou par les durées mêmes de certains de ces corps ;

6.° Du mouvement répandu partout, inépuisable dans sa source, reconnoissable par l'observation des corps, opérant les déplacemens des uns, des agitations dans les parties des autres, et des changemens divers ;

7.° De la matière dont toutes les parties de l'univers ou monde physique sont composées, et des corps qui tous en sont formés, leur ensemble constituant le domaine exclusif de la nature ;

8.° De la forme extérieure des corps, de leurs qualités, de la structure interne de ceux qui ne sauroient *vivre*, et de l'organisation de ceux qui jouissent de la vie ;

9.° Des propriétés générales des corps, de celles qui sont particulières à chacun d'eux, et des suites des relations qu'ils ont ou peuvent avoir les uns avec les autres ;

10.° De la composition des corps, distincte de l'agrégation ou de la réunion des molécules qui forment les masses, des faits qui appartiennent à la combinaison des principes dans toute molécule intégrante composée, et de l'individualité des espèces ;

11.° Des changemens, décompositions, combinaisons, renouvellemens, et reproductions qui se remarquent à l'égard de beaucoup de corps, et qui ont probablement lieu, soit les uns, soit les autres, pour tous ;

12.° Des quantités, en nombre ou en dimension, applicables aux corps, au temps fini de leur durée ou de leur changement de lieu, à l'espace limité qu'embrassent ceux qui se déplacent, enfin aux énumérations qui les concernent, ou à des quantités abstraites ;

13.° Des phénomènes qui appartiennent à l'organisation des corps vivans, soit à son ensemble, soit à des fonctions d'organes spéciaux; phénomènes parmi lesquels les plus émi-

nens, qui s'observent dans certains animaux et surtout dans
l'homme, avec une extension sans limites assignables, constituent, pour chaque individu, son sentiment intérieur, ses
penchans, sa faculté d'acquérir des idées, d'exécuter des
opérations avec ces idées, causes diverses qui entraînent ou
excitent ses actions ;

14.° Des ensembles particuliers de corps divers, distingués par des rapports qui les réunissent ; ensembles qui
constituent, parmi les corps observés, des distinctions particulières, comme celles des règnes, des classes, etc, objets,
soit des parties de l'art en histoire naturelle, soit de nos
sciences astronomiques et de physique générale ;

15.° Enfin, des résultats des penchans, des affections et
des besoins de l'homme ; résultats qui donnent lieu à ses
mœurs, variées selon les temps, les climats et ses divers
degrés de civilisation ; à ses opinions, ses croyances, ses
institutions diverses; à ses actions les plus mémorables. Delà
son histoire recueillie plus ou moins fidèlement ; les monumens de ses entreprises, de ses travaux ; ses ouvrages d'imagination, sa philosophie, ses sciences, etc.

Telle est la circonscription positive du *champ des réalités*
pour l'homme ; de ce champ qui renferme les diverses
sources où il puise toutes ses idées, même celles qui sont
du domaine de son imagination ; de ce champ qui seul lui
fournit les connoissances réelles qu'il possède, et pourra
toujours lui en procurer une infinité d'autres; de ce champ,
enfin, où il peut recueillir les seules vérités qu'il lui soit
donné de pouvoir découvrir.

Ce même champ, embrassant dans ses limites les seules
portions de l'Univers que l'homme puisse apercevoir, ainsi
que la nature qui anime et régit partout les objets qui composent ce grand ensemble, est sans doute infiniment vaste
pour lui : aussi n'en épuisera-t-il jamais la fertilité à son
égard. Peut-être, cependant, qu'il est encore fort restreint
relativement à tout ce qui est ; mais il est interdit à l'homme
d'en sortir, et de rien connoître de ce qui n'en provient pas.
Ce sont là des vérités du premier ordre et des plus importantes à considérer pour lui, parce qu'elles seules peuvent
l'empêcher de s'égarer. Ces mêmes vérités ont cependant
échappé aux philosophes de tous les temps.

Toutes les connoissances que l'homme peut se procurer
par la culture du vaste champ dont il s'agit, c'est-à-dire
par l'observation des faits qu'il lui offre, et même par les
conséquences qu'il peut tirer de ces faits, lui sont assurément utiles, soit directement, soit indirectement. Aucune
des vérités qu'il y peut recueillir, non-seulement ne sauroit

lui nuire, mais même ne peut que lui être profitable. L'erreur seule est dangereuse pour lui. Aussi, quoique, par les conséquences qu'il tire de l'observation des faits, il puisse parvenir à la découverte d'un grand nombre de vérités, il doit être très-réservé dans l'emploi de ces mêmes conséquences, qui ne sont que le résultat de son jugement, et il doit l'être d'autant plus, que ses connoissances de la nature sont moins avancées.

Or, si la matière créée est le domaine exclusif de la *nature*, et que, par suite de l'activité inépuisable qui fait essentiellement partie de cet ordre de choses, tout corps quelconque, de quelque taille, forme ou nature qu'il soit, et dans quelque lieu qu'il puisse être placé, en soit réellement le produit; si ensuite les corps lui doivent généralement, soit les mouvemens de leur masse, soit les actions de leurs parties, soit leurs changemens d'état, soit leurs destructions et leurs renouvellemens, soit les agitations que les uns exercent sur les autres, soit encore les phénomènes qui en résultent et ceux que certains d'entre eux produisent, et que partout ces différens faits soient dirigés par ses lois; si enfin le corps humain lui est entièrement assujetti comme les autres, et que tout ce qui appartient à ce corps, ainsi que ce qui en provient, lui soit pareillement soumis, et qu'il le soit particulièrement à celles de ses lois qui régissent ses développemens, ses changemens d'état, les phénomènes de son organisation, son sentiment intérieur, ses penchans, la direction des pensées qu'il exécute, de quelle importance ne doit donc pas être, pour l'homme, l'étude ou la connoissance de cette même *nature*, dont il est si dépendant!

Quelle autre science pourroit lui être plus directement utile, en effet, que celle que constitue l'*histoire naturelle*, que cette science, qui a pour objet la connoissance de la nature, de ses lois, de ses opérations, de ses produits; que cette science, qui considère non-seulement les corps perceptibles, de quelque règne et dans quelque situation qu'ils soient, mais, en outre, les mouvemens qu'on observe dans beaucoup d'entre eux, les agitations qu'ils éprouvent dans leurs parties, les résultats des relations qu'ils ont les uns avec les autres, les changemens lents ou prompts qu'ils subissent, les phénomènes produits, soit hors d'eux, soit en eux-mêmes, par les suites des relations citées, enfin, les lois qui dirigent ces mouvemens, ces agitations, ces changemens, en un mot, ces phénomènes, dans tous les cas!

Si c'est là l'objet de l'*histoire naturelle*, l'homme est forcé de reconnoître que la science dont il s'agit est assurément la plus grande et la plus importante de toutes celles dont il puisse à s'occuper; car, sous le rapport de son être physique, se trouvant, comme les autres corps, tout-à-fait dépendant des actions qui résultent de ses relations avec un si grand nombre de ces derniers, ainsi que des diverses agitations excitées dans ses parties, des changemens qui s'y produisent, et des lois qui régissent, soit les phénomènes de son organisation, soit ce qu'il éprouve sous quantité de considérations, il a le plus grand intérêt d'étudier et de connoître ces différens objets, afin de ne point se mettre en contradiction, par ses actions, avec un ordre et une force de choses auxquels il est entièrement assujetti.

Que l'homme, le plus éminemment distingué, par ses facultés, de tous les êtres qui comme lui habitent ce globe, ne dédaigne donc pas d'étudier les lois de la nature, même à l'égard de son *sentiment intérieur*, des *penchans* qu'il en reçoit généralement, et de son *intelligence*; les faits observés devant lui montrer jusqu'à l'évidence que ces phénomènes, qui lui paroissent si singuliers, si merveilleux, sont parfaitement organiques, toujours en rapport avec l'état de ses organes, nécessairement soumis au pouvoir et aux lois de la nature, et que, par conséquent, la connoissance de celles de ces mêmes lois qui donnent lieu à ses penchans, qui provoquent le développement des uns ou des autres, selon les circonstances de sa situation, lesquelles influent si fortement sur ses actions, lui est devenue d'une nécessité absolue, dans son état actuel de civilisation.

En vain les moralistes ont fait de grands efforts pour remonter à la source des actions de l'homme, dans l'immense diversité de circonstances où il se trouve dans la société qu'il forme avec ses semblables, surtout si la civilisation du pays dans lequel il habite est fort avancée; n'ayant pas suffisamment étudié la nature, ni ce qui appartient à ses lois dans ces mêmes actions, qui étoient l'objet de leurs recherches, ni les modifications qu'ont dû y apporter les circonstances particulières à chaque individu, ils les ont trouvées très-souvent inexplicables, et n'ont pu donner les lumières propres à les diriger dans le véritable intérêt de ceux qui les exécutent.

Pour de plus amples développemens à ce sujet, et afin de saisir l'enchaînement des causes qui dirigent constamment les actions de l'homme et leur donnent tant de diversité, à raison des circonstances dans lesquelles se rencontrent les individus, je renvoie de nouveau mes lecteurs à l'*Histoire naturelle des animaux sans vertèbres* (introd., vol. 1, p 259), où j'ai exposé les penchans naturels de l'homme, penchans où ses actions prennent généralement leur source, ainsi que la force qui les excite.

Ici j'ajouterai seulement qu'il me semble que le plus grand service que l'on puisse rendre à l'homme social, seroit de lui offrir trois règles, sous la forme de principes : la première, pour l'aider à rectifier sa pensée, en lui faisant distinguer ce qui n'est que préjugé ou prévention, de ce qui est ou peut-être, pour lui, connoissance solide ; la seconde, pour le diriger, dans ses relations avec ses semblables, conformément à ses véritables intérêts ; la troisième, pour borner utilement les affections que son *sentiment intérieur* et l'intérêt personnel qui en provient peuvent lui inspirer. Or, les règles dont il s'agit, et que je lui propose, résident dans les trois principes suivans.

Premier principe. Toute connoissance qui n'est pas le produit réel de l'observation ou de conséquences tirées de l'observation, est tout-à-fait sans fondement et véritablement illusoire.

Second principe. Dans les relations qui existent, soit entre les individus, soit entre les diverses sociétés que forment ces individus, soit encore entre les peuples et leurs gouvernemens, la *concordance* entre les intérêts réciproques est le principe du bien, comme la *discordance* entre ces mêmes intérêts est celui du mal.

Troisième principe. Relativement aux affections de l'homme social, outre celles que lui donne la nature pour sa famille, pour les objets qui l'ont entouré ou qui ont eu des rapports avec lui dans sa jeunesse, et quelles que soient celles qu'il ait pour tout autre objet, ces affections ne doivent jamais être en opposition avec l'intérêt public, en un mot, avec celui de la nation dont il fait partie.

Je suis bien trompé, ou je crois qu'il sera difficile de remplacer ces trois principes par d'autres qui soient plus utiles, plus fondés et plus moraux que ceux que je viens de présenter pour régler la pensée, le jugement, les sentimens et les actions de l'homme civilisé. Je suis même très-persuadé que plus ce dernier s'écartera, par sa pensée, ses sentimens et ses actions, des trois principes exposés ci-dessus, plus aussi il contribuera à aggraver la situation, en général malheureuse, où il se trouve dans l'état de société ; les actions qui sont en opposition avec ces principes donnant lieu à des vexations, des perfidies, des injustices et des oppressions de toutes les sortes, qui occasionent des maux nombreux dans le corps social, et y font naître quelquefois des désordres incalculables.

Aux causes des maux que je viens de signaler , il me paroît nécessaire d'en ajouter d'autres , qui sont plus grandes encore ; savoir :

1.º L'*ignorance* des principes , de l'ordre et de la nature des choses. J'en ai déjà dit un mot, et j'ai montré que dans les individus très-nombreux qui sont dans ce cas, parmi toute population , elle donnoit lieu à une crédulité presque sans limites , dont savent habilement tirer parti , pour maintenir la multitude dans leur dépendance , des hommes qui , par la nature de leur position , sont intéressés à favoriser cette crédulité et à en profiter ;

2.º Le *faux-savoir* , lequel est un produit de demi-connoissances et de conséquences erronées qui résultent de jugemens sans profondeur et sans rectitude ; qui est le propre , particulièrement , d'un assez grand nombre de personnes qui se croient en état de raisonner sur tels ou tels sujets avant de les avoir suffisamment approfondis , avant même d'avoir reconnu quelle pouvoit être leur identité avec les principes ou la nature des choses énoncés plus haut ; qui , en un mot, en rave continuellement le progrès des connoissances humaines , et apporte des obstacles presque insurmontables à la découverte de la vérité , en mettant à sa place de spécieuses erreurs qu'il lui oppose toujours. Par lui, la philosophie des sciences perd de plus en plus la simplicité qui lui est si essentielle , ses connexions intimes avec les lois de la nature disparoissent insensiblement , et les théories de ces mêmes sciences , encombrées par une immensité de détails dans lesquels elles continuent de s'enfoncer , obscurcies par les fausses vues dont elles sont remplies , deviennent de jour en jour plus défectueuses. Aussi est-ce un fait incontestable que le *faux-savoir* dont il est question , en introduisant , par suite de son influence malheureusement trop puissante , une multitude d'erreurs de tout genre, et de vains aperçus , lesquels nuisent à l'étude de la nature , et empêchent de parvenir à la connoissance des vérités les plus utiles , prive l'homme social de lumières qui , par leur acquisition , pourroient diminuer bien des maux que celui-ci éprouve ;

3.º L'*abus* du pouvoir que commettent , en général , ceux qui sont les dépositaires de l'autorité ; abus qu'il n'est guère possible d'éviter , les hommes ayant tous les mêmes penchans et ne pouvant que difficilement se soustraire à celui qui les porte à tout sacrifier à leurs passions particulières , si l'occasion s'en présente. Cette cause me paroît avoir le plus contribué aux maux qui pèsent sur l'humanité , en ce que , par la raison que je viens d'indiquer , les institutions publiques qui , dans leur origine , n'avoient d'autre objet que le bien de tous , n'ont servi le plus souvent qu'à assurer celui d'un petit nombre , au préjudice ou au détriment de la majorité , pour l'intérêt de laquelle , cependant , ces mêmes institutions avoient été créées.

En effet , il est maintenant reconnu que , dans tout pays civilisé , des lois ayant été nécessaires pour la conservation de l'ordre établi , et ces lois ayant exigé l'institution d'autorités protectrices , munies de moyens pour assurer et surveiller leur exécution , il est reconnu , dis-je , que le bien de la société entière dut être le but unique de l'institution dont il s'agit. Si donc une institution si salutaire , dans son principe , manque ce but; si , dans ses effets , l'influence de l'arbitraire se fait trop souvent ressentir , à quoi faut-il l'attribuer, si ce n'est à la cause même que je viens de citer? Sans cette cause toujours agissante, sans les penchans que l'homme a reçus de la nature , parmi lesquels le plus remarquable est sans contredit celui qui le porte à *dominer* , à ne considérer que son intérêt particulier , exclusivement à tout autre , les diverses autorités qu'il a établies , toujours bienveillantes et tutélaires , ne perdroient jamais de vue l'objet pour lequel elles furent instituées ; ce même objet , bien loin de tomber en oubli , seroit partout reconnu ; enfin , la sûreté et le bien-être des membres qui composent la société , ainsi que l'ordre qui en résulte , ne seroient jamais compromis.

La recherche continuelle des *vérités* auxquelles l'homme social peut espérer de parvenir, lui fournira seule les moyens d'améliorer sa situation , et de se procurer la jouissance des avantages qu'il est en droit d'attendre de son état de civilisation. Plusieurs de ces vérités sont déjà reconnues. Les lumières , malgré les nombreux obstacles que leur opposent sans cesse l'ignorance et particulièrement le *faux-savoir* , se répandent peu à peu , et font de jour en jour des progrès remarquables. Tôt ou tard , en effet , le temps amène inévitablement la destruction de l'erreur ; tandis que la *vérité* , immuable et indestructible , perce les ténèbres qui l'environnent , dissipe insensiblement les illusions , les prestiges , et finit par triompher de l'ignorance et de la barbarie. Aussi voyons-nous la *raison publique* , éclairée par l'expérience , se rectifier graduellement ; et les principes d'une saine philosophie qu'ont reconnus et consacrés tant d'illustres écrivains , se propager jusque dans les contrées les plus lointaines , influer puissamment sur les destinées des nations , et préparer la seule voie qui puisse , par la suite des temps , affranchir l'humanité de nombre de maux qui l'accablent, autant , du moins , que peut le permettre l'ordre de choses qu'a établi le SUPRÊME AUTEUR de tout ce qui existe,

Parmi les vérités que l'homme a pu apercevoir, l'une des plus importantes est, sans doute, celle qui lui a fait reconnoître, ainsi qu'on l'a vu plus haut, que le premier et le principal objet de toute *institution publique* devoit être le bien de la totalité des membres de la société, et non uniquement celui d'une portion d'entre eux; l'intérêt de la minorité étant en discordance avec celui de la majorité, de même que l'intérêt individuel l'emporte ordinairement sur tous les autres. Mais il y a encore une vérité qu'il ne lui importe pas moins de reconnoître, s'il ne doit même la placer au-dessus de celles qu'il a pu découvrir, par l'extrême utilité dont elle peut être pour lui. C'est celle qui, une fois reconnue, lui montrera la nécessité de se renfermer, par sa pensée, dans le cercle des objets que lui présente la nature, et de ne jamais en sortir, s'il ne veut s'exposer à tomber dans l'erreur, et à en subir toutes les conséquences. Certainement, il ne seroit pas difficile de lui prouver que, hors du cercle des objets dont il vient d'être question, objets qui tous lui attestent la puissance infinie qui les a fait exister, et qui seuls constituent pour lui ce que j'ai nommé le *champ des réalités*, il ne peut acquérir aucune connoissance solide, ne peut que se former des illusions qui, quelque agréables qu'elles lui soient, lui sont presque toujours nuisibles, et qu'enfin, faire reposer l'intérêt général ou particulier sur des objets autres que ceux qui viennent d'être cités, c'est, de sa part, risquer de le compromettre gravement.

Nous avons dit précédemment que les *vérités* à la connoissance desquelles l'homme pouvoit atteindre, par le moyen de l'observation, devoient être partagées en deux ordres bien distincts, savoir: les faits observés, qui sont toujours des vérités positives lorsqu'ils ont été constatés; et les conséquences déduites de ces faits, lesquelles peuvent être considérées encore comme des vérités, si, dans les jugemens qui les ont établies, l'on a employé tous les élémens qui y devoient entrer, et suivi une marche convenable; mais qui, dans le cas contraire, ne peuvent que se trouver absolument fausses.

Maintenant, nous allons faire remarquer que le nombre des vérités dont la connoissance nous est indispensable, s'accroît considérablement à mesure que la civilisation devient plus ancienne et fait plus de progrès.

En considérant chaque société humaine dans son degré de civilisation, on peut dire que la somme des vérités dont la connoissance est nécessaire au bonheur des individus, doit être proportionnelle au nombre des besoins que l'on s'y est formés. Dans les temps et les lieux où régnoit une grande simplicité dans les besoins, ainsi que dans les jouissances, un petit nombre de vérités bien connues pouvoit suffire au bonheur ; mais dans ceux où l'avancement de la civilisation a multiplié considérablement ces besoins et ces jouissances, la connoissance d'un plus grand nombre de vérités devient nécessaire pour prévenir des abus et des supercheries de tout genre, dans l'état social. Or, dans l'état de civilisation dont il s'agit, si le nombre des vérités dont la connoissance est nécessaire, est resté inférieur aux besoins, ou n'a pu se répandre ; si ce qui passe pour connoissance solide dans l'opinion n'est qu'erreur, ou n'est qu'un *faux-savoir* ; le bonheur individuel y deviendra proportionnellement plus difficile et plus rare. Alors on dira que les lumières sont plus nuisibles qu'utiles à l'homme, tandis que ce ne sont réellement que l'erreur et le faux-savoir qui lui nuisent.

Un homme célèbre prenant en considération les maux nombreux qui affligent l'humanité, s'est persuadé que le bonheur ne pouvoit se rencontrer que dans un état très-borné de l'intelligence, et que le savoir étoit plus nuisible qu'utile à l'homme. Le sens absolu de cette opinion, est, selon moi, une véritable erreur, quoique jusqu'à un certain point l'apparence lui soit favorable.

C'est assurément l'ignorance qui est la première et la principale source de la plupart de nos maux, depuis surtout que nous vivons en société ; c'est aussi l'extrême inégalité d'intelligence, de rectitude de jugement et de connoissances acquises, qui s'observe entre les individus d'une population quelconque, qui concourt sans cesse à la production de ces maux. Ce n'est en effet que relativement que certaines vérités peuvent paroître dangereuses ; car elles ne le sont point par elles-mêmes. Elles nuisent seulement à ceux qui sont en situation de se faire un profit de leur ignorance.

Ainsi, quant à l'opinion qui considère les lumières comme plus nuisibles qu'utiles à l'homme, l'apparence de fondement qu'elle semble avoir ne provient que de ce que ces lumières ne sont pas assez généralement répandues, et que de ce que l'on confond le *faux-savoir* avec la connoissance de la vérité, au moins à l'égard des sujets qui sont pour l'homme d'une grande importance.

Il résulte de ces considérations que si ce que nous appelons notre *savoir*, n'est pas toujours un savoir réel, ou n'est borné qu'à un petit nombre d'individus dans une population nombreuse, il n'y a rien d'étonnant qu'il nous soit si peu utile. *Rousseau* s'est douté de l'état de nos sciences ; mais il les a condamnées et en quelque sorte proscrites d'une manière trop absolue. Cet auteur, justement célèbre, revient souvent à la *nature* dans ses ouvrages, et l'on voit qu'il avoit le sentiment de l'importance de son étude, ainsi que celui des inconveniens, des dangers même de se mettre en contradiction avec ses lois. Plus passionné pour la *nature* qu'aucune des personnes qui me soient connues, les circonstances de sa vie ne lui permirent pas de la suivre dans sa marche, de bien saisir ses lois, de s'en instruire suffisamment. C'est là sans doute ce qui a donné lieu à la seule partie foible de son *Emile*; mais les résultats où il tendoit partout, quoiqu'en indiquant des voies impropres, quelquefois contradictoires, sont toujours bons, justes et utiles à considérer.

Partageant donc le sentiment de l'homme célèbre que je viens de citer, du plus profond de nos moralistes, j'ose dire que, de toutes nos connoissances, la plus utile pour nous est celle de la *nature*, celle de ses lois, en un mot, de sa marche dans chaque sorte de circonstances. Aussi peut-on assurer que chaque individu de l'espèce humaine fournit sa carrière plus ou moins complétement, plus ou moins heureusement, selon que la direction qu'il donne à ses actions se trouve plus ou moins conforme aux lois de la nature, selon qu'il s'en éloigne plus ou moins et selon qu'il tire un parti plus ou moins avantageux de tous les objets qui sont en relation avec lui, ou qui peuvent le servir. Ce sont là, je crois, les vérités les plus importantes pour nous, celles qui doivent, plus que toute autre, attirer notre attention et même la fixer.

D'après les considérations qui viennent d'être exposées, et les réflexions qui les accompagnent, je conclus:

1.° Que, pour l'homme, la plus utile des connoissances est celle de la *nature*, considérée sous tous ses rapports;

2.° Que, conséquemment, la plus importante de ses études est celle qui a pour but l'acquisition entière de cette connoissance; que cette étude ne doit pas se borner à l'art de distinguer et de classer les productions de la nature, mais qu'elle doit conduire à reconnoître ce qu'est la *nature* elle-même, quel est son pouvoir, quelles sont ses lois dans tout ce qu'elle fait, dans tous les changemens qu'elle exécute, et quelle est la marche constante qu'elle suit dans tout ce qu'elle opère;

3.° Que, parmi les sujets de cette grande étude, celles des lois de la *nature* qui régissent les faits et les phénomènes de l'organisation de l'homme, son sentiment intérieur, ses penchans, etc., et celles aussi auxquelles sont soumis les agens extérieurs qui l'affectent, ou ceux qui peuvent compromettre tout ce qui l'intéresse directement, doivent attirer son attention et exciter ses recherches avant les autres;

4.° Qu'à l'aide des connoissances qu'il peut obtenir par

ces études, il se conformera plus aisément aux lois de la *nature*, dans toutes ses actions ; il pourra se soustraire à des maux de tout genre ; enfin, il en retirera les plus grands avantages.

Voyez nos articles Homme, Idée, Intelligence, Instinct, Imagination, etc. (LAM.).

NATURE DE BALEINE. Dénomination improprement appliquée au *blanc de baleine*, qui n'est point le sperme de cet animal, quoiqu'on l'ait aussi appelé en latin *sperma ceti. Voy.* les articles Blanc de Baleine et Cachalot. (S.)

NAU. Fruit de la Cochinchine, qui se mange et qui sert à la teinture des étoffes en brun rouge. L'arbre qui le porte grimpe comme le lierre. On ignore à quel genre il se rapporte. (B.)

NAUCLÉE, *Nauclea.* Genre de plantes de la pentandrie monogynie, et de la famille des rubiacées, qui ne diffère presque des Céphalantes que par le nombre de ses étamines et des divisions de sa corolle. Il a pour caractères : un calice très-petit à cinq dents ; une corolle monopétale infundibuliforme, à tube long et grêle, et à limbe divisé en cinq parties ; cinq étamines ; un ovaire inférieur, surmonté par un style plus long que la corolle, et terminé par un stigmate en tête ; une petite capsule oblongue, presque à quatre côtés, à deux loges, et qui contient une ou deux semences oblongues dans chaque loge.

Ce genre renferme une douzaine d'espèces connues, en y comprenant celles qui avoient été décrites par Willdenow, sous le nom générique d'Uncarie, et par Aublet, sous celui d'Ourouparie. Ce sont des arbres ou des arbrisseaux dont les feuilles sont simples et opposées ; les fleurs réunies en tête, et dont les plus connues sont :

La Nauclée d'Orient, dont les feuilles sont écartées, et les pédoncules très longs. Elle croit aux Indes et à la Chine. Son bois est jaune, très-beau et très-solide. On en fait fréquemment des meubles dans les pays où il se trouve ; mais il ne peut être employé en construction, car il pourrit promptement à l'air.

La Nauclée a feuilles de citronnier, qui a les feuilles rapprochées, presque terminales, et le pédoncule court. Il se trouve dans l'Inde, où ses fruits sont employés pour apaiser les coliques.

La Nauclée de la Guyane, qui est garnie d'épines recourbées, et dont les têtes de fleurs sont ternées. C'est l'Ourouparie d'Aublet, et l'Uncaire épineuse de Willdenow. Elle se trouve à Cayenne.

La Nauclée gambier dont les feuilles sont peu écartées, et les pédoncules courts. C'est le *funis uncatus daun galla gambir* de Rumphius. On en voit une belle figure dans le neuvième volume des Transactions de la Société linnéenne de Londres.

C'est des feuilles et des jeunes pousses de cette plante que s'obtient par décoction ce qu'on appelle *gambir*, fécule très-employée comme astringente, dans les maladies de la gorge, dans les dyssenteries et dans les arts de la tannerie et de la teinture, enfin dans tous les cas où le cachou est employé. Il passe pour beaucoup plus riche en tannin que ce dernier.

(n.)

NAUCORE, *Naucoris*. Genre d'insectes, de l'ordre des hémiptères, section des hétéroptères, famille des hydrocorises, tribu des ravisseurs, ayant pour caractères : antennes très-courtes, cachées sous les yeux, de quatre articles simples, dont les trois derniers presque cylindriques, et dont le terminal un peu plus grêle ; jambes et tarses des pieds antérieurs réunis, formant un grand crochet, se repliant sous les cuisses ; les quatre autres pieds ciliés et natatoires ; leurs tarses à deux articles distincts ; bec très-court, conique, à trois articles ; labre saillant, grand, triangulaire ; corps ovale, déprimé.

Linnæus avoit placé ces insectes parmi les *nepa*. Geoffroy les en a séparés et avec fondement.

Les *naucores* ont le corps ovale, déprimé ; la tête appliquée exactement contre le corselet, arrondie, concave en dessous ; les yeux allongés ; un écusson triangulaire ; les quatre pattes postérieures, allongées, frangées, agissant en forme de rames ; les antérieures courtes, appliquées sous la tête avec les cuisses renflées ; les bords de l'abdomen ordinairement dentés.

Ces insectes, qui sont aquatiques, ont beaucoup de rapports avec les *corises* et les *notonectes* ; mais leurs pattes antérieures les en distinguent ; elles ressemblent en quelque sorte aux serres que les *aranéides* ont au-devant de la tête ; ils s'en servent comme de pinces pour saisir et retenir les insectes dont ils se nourrissent pendant qu'ils les sucent. Ce caractère est commun, il est vrai, aux autres *nèpes* de Linnæus ; mais les naucores en diffèrent soit parce que leurs tarses antérieurs n'ont qu'un seul article, soit parce que les autres pieds sont propres à la natation. Le labre des nèpes proprement dites et des *ranatres* n'est point, en outre, découvert. Les naucores sont très-agiles et nagent avec beaucoup de vitesse, au moyen de leurs pattes postérieures qui font l'office d'avirons ; souvent elles sortent de l'eau pendant la nuit pour voler dans la

campagne. Elles sont très-voraces : de tous les insectes aquatiques, ce sont ceux qui font le plus grand carnage dans les
eaux. La larve et la nymphe ne diffèrent de l'insecte parfait
que parce qu'elles n'ont pas d'ailes. Les larves ont seulement
sur la poitrine deux pièces très-plates, qui sont les fourreaux
renfermant les élytres et les ailes, qui se développent après
la première mue. Ces larves et ces nymphes sont aussi carnassières que l'insecte parfait. Ce genre est peu nombreux en
espèces.

NAUCORE CIMICOÏDE, *Naucoris cimicoïdes*, Geoffr., Fab. ;
pl. G 33 2 de cet ouvrage ; *Nepa*, Linn. Elle est de couleur
verdâtre, avec des taches brunes sur la tête et sur le corselet ;
elle a la tête large, aplatie ; le corselet large ; l'écusson grand ;
l'abdomen en scie sur les bords ; les élytres croisées, recouvrant les ailes. On la trouve en Europe dans les eaux stagnantes.

NAUCORE ESTIVALE, *Naucoris estivalis*, Fab. ; Coqueb., *Illust. icon. insect.*, déc. 1, tab. 10, fig. 4. Elle ressemble à la
précédente par la forme, mais elle est de beaucoup plus petite ; sa tête et son corselet sont blancs, sans taches. On la
trouve aux environs de Paris.

Remarq. On lit au même article, dans le *Dictionnaire d'Histoire naturelle* de Bomare, NAUCORE ou MOUCHE-SCORPION,
panorpa, *musca-scorpiura* : on déduit de là que ces noms appartiennent au même insecte ; ce qui est une erreur. Les naucores sont des insectes de l'ordre des HÉMIPTÈRES, et vivant dans
les eaux ; la *mouche-scorpion* ou *panorpa*, est un insecte de l'ordre des NÉVROPTÈRES, et bien différent des naucores.

La description de la naucore, que Bomare donne d'après
M. Cayeu de Valernod, ne doit s'appliquer, à ce qu'il me
paroît, qu'à la *notonecte glauque*. (L.)

NAUCRATES. Genre de poissons établi par Rafinesque
Smaltz, en 1810, renfermant le centronote conducteur de
M.ʳ de Lacépède, et une espèce des mers de Sicile, appe-
lée par les pêcheurs des rivages de cette île, *pesce fanfaro*.

Ce genre a pour caractères : corps allongé, un peu comprimé, anguleux sur les côtés, près de la queue ; une nageoire dorsale, avec des rayons séparés en avant ; nageoires
pectorales réunies à leur base.

M. Rafinesque est le seul ichthyologiste qui ait remarqué la
réunion des nageoires thoraciques du centronote conducteur ;
et ce caractère est le principal, qui distingue le genre *naucrate* de celui des CENTRONOTES.

Le NAUCRATE FANFARO, *Naucrates fanfarus*, Rafin. *Car.
di alc. nuov. gen. e nuov. sp. di anim. e piant. della Sicilia*, p. 44,

Tav. XII, f. 1., a trois rayons séparés en avant de la nageoire dorsale. Sa mâchoire inférieure est plus longue que la supérieure. Sa ligne latérale est courbée dans le milieu. Son iris est dorée. Sa longueur est d'un pied environ.

Ce poisson, qui est peut-être le centronote conducteur de la Méditerranée, de certains auteurs, a, comme l'espèce décrite sous ce nom par M. Lacépède, le corps marqué de fascies brunes et transverses. Celle-ci en diffère cependant en ce qu'elle a quatre rayons séparés à la dorsale, les mâchoires égales et la ligne latérale droite.

Le *Fanfaro* se trouve abondamment en automne dans la mer de Sicile; et il y a lieu de penser qu'on le pêche aussi sur les côtes d'Espagne. (DESM.)

NAUENBURGIE, *Nauenburgia*. Plante annuelle de l'Amérique méridionale, à tiges tétragones, à feuilles opposées, et à fleurs solitaires dans les aisselles de feuilles, qui forme seule, dans la syngénésie agregée, un genre appelé BROTÈRE par quelques botanistes.

Les caractères de ce genre sont: calice commun foliacé; calice propre de deux folioles; réceptacle garni de soies; semences non aigrettées. (B.)

NAUFAR. Nom égyptien du NÉNUPHAR LOTUS, *nymphæa lotus*, (Linn.), (LN.)

NAUPLIE, *Nauplius*. Genre de crustacés établi par Muller, mais que Degéer anciennement, et Jurine dans ces derniers temps, ont prouvé n'être composé que des individus naissans du genre CYCLOPE. (B.)

NAUPLIUS. L'un des noms des ARGONAUTES chez les anciens. (DESM.)

NAUR. Nom de l'ÉRABLE CHAMPÊTRE en Dauemarck. (LN.)

NAURIS. Nom de la RABIOULE (*brassica rapa*, L.), en Finlande. La même racine est appelée *naura* dans la Laponie suédoise. (LN.)

NAUTARIUS. *V.* NAUTILIER. (DESM.)

NAUTES. L'un des noms latins des coquilles du genre ARGONAUTE. (DESM.)

NAUTILE, *Nautilus*. Genre de testacés de la classe des UNIVALVES, qui offre pour caractères: une coquille en spirale, presque discoïde, dont le dernier tour enveloppe les autres, dont les parois sont simples, et qui est partagée en loges nombreuses, formées par des cloisons transverses, simples, perforées par un tube.

Ce genre est très-remarquable, tant par sa disposition intérieure que parce que le dernier tour de spire enveloppe

les autres, de manière à les laisser plutôt deviner que voir ;
ce qui donne, aux coquilles qui le composent, un aspect particulier qu'on peut difficilement décrire.

La coquille des *nautiles* est beaucoup plus épaisse que celle
des *argonautes*, avec laquelle on peut la comparer. Elle est
toujours nacrée à l'intérieur. Les cloisons sont transversales
et voûtées, et leur partie concave est tournée vers l'ouverture. Le nombre de ces cloisons varie dans la même espèce
(depuis trente jusqu'à quarante et plus, dans le *nautile flambé*). Toutes laissent entre elles des chambres vides, régulières,
diminuant proportionnellement jusqu'à l'extrémité de la spire,
placée ici au centre de la coquille. Ces cloisons sont trans-
percées par un petit tuyau cylindrique, épais, creux, imper-
foré latéralement, qui paroît composé de petits tuyaux plus
évasés d'un côté, implantés les uns dans les autres, grossissant avec les cloisons, et quelquefois liés par une simple
membrane. Il n'y a pas de doute que ce tuyau ne serve à
conduire la queue de l'animal à l'origine de la spire où elle
s'attache. Ce tuyau, qu'on appelle *siphon*, ne communique
point avec les chambres qui sont fermées à des époques réglées, probablement une fois chaque année, lorsque le corps
de l'animal est devenu trop gros pour celle dont il remplit la
capacité. Nous n'avons, au reste, aucune donnée sur le mode
de sa formation.

On ne connoissoit l'animal de la plus grande espèce de ce
genre, que par la description et une figure informe de Rumphius ; mais Denys de Montfort, dans son *Hist. des Mollusques*,
faisant suite au Buffon de l'édition de Sonnini, nous fournit,
à son égard, des notions très-précieuses. Il résulte du texte
de l'ouvrage et des figures qui l'accompagnent, que cet animal est fort voisin des SÈCHES ou mieux POULPES, mais qu'il
en diffère par des caractères très-tranchés.

Son corps est arrondi comme celui des *poulpes*, et renfermé dans un sac musculeux, qui n'a pas d'autre ouverture
que celle du canal excréteur. La peau dorsale se prolonge
par derrière la tête, en un large capuchon qui sert de voile.
Des bras très-nombreux et digités à leur extrémité, sont
placés autour de la bouche ; et ils sont d'autant plus longs
qu'ils s'éloignent du bec crochu et corné dont elle est armée.
La tête est enfoncée dans les chairs, et n'est indiquée que
par la bouche et les yeux, qui sont inférieurs aux bras et latéraux. Le corps est terminé à sa base par un (quelquefois
plusieurs) filet nerveux très-allongé, qui passe par la (ou
les) tubulure de la coquille, pour aller s'attacher au sommet de la spire.

On voit par-là que l'habitant du nautile a quelques rapports à celui du *madrépore ramé* (Voyez au mot MADRÉPORE), et qu'il est disposé pour saisir sa proie , qui consiste en petits poissons, en crustacés, en mollusques, etc., à la maniere des *actinies.* Ses bras, en effet, sont susceptibles de s'allonger plus ou moins , selon sa volonté ; et les digitations qui les terminent sont d'autant plus nombreuses , qu'ils sont plus longs.

Lorsque la mer est calme , le nautile fait sortir sa tête et ses bras hors de sa coquille ; il élève et étend perpendiculairement la peau de la partie postérieure de son manteau , et il vogue sur la surface des eaux , sans employer les moyens de direction que fournissent aux ARGONAUTES (*Voyez* ce mot et celui SÈCHE), les longs bras dont ils sont pourvus. Dans les temps ordinaires , il se tient au fond de la mer , où il marche sur le sable avec assez de vitesse , dans une position renversée.

Il paroît , par le dire de Rumphius , que ce nautile est très-abondant dans la mer des Indes, qu'il vit en troupes, qu'on en mange la chair, et qu'on fait un grand usage de sa coquille dans l'économie domestique , soit comme vase à boire , soit pour ornement , etc.

Autrefois , on recherchoit de même cette coquille en Europe. On sculptoit , on gravoit sa surface ; on la montoit sur des pieds d'or ou d'argent ciselés ; on la garnissoit de pierres précieuses , et elle faisoit l'ornement des buffets de nos pères , dans les jours d'apparat. Aujourd'hui , on n'en voit plus guère que dans les cabinets des curieux.

On trouve très-fréquemment des nautiles fossiles et très-bien conservés , dans les sables de Courtagnon, de Grignon et autres lieux de France , ainsi qu'en Italie , en Angleterre , etc. Quelquefois ils sont changés en silex , en mine de fer, etc.

Linnæus avoit divisé ce genre en trois sections, savoir : les *nautiles à tours contigus* , les *nautiles à tours écartés* , et les *nautiles presque droits.*

Lamarck l'a divisé en trois genres , d'après les mêmes motifs : ce sont , outre celui des *nautiles* proprement dits, ceux des SPIRULES et des ORTHOCÈRES.

Denys de Montfort, plus hardi, a depuis établi, aux dépens de ces trois genres, ceux qu'il a appelés ANGULITHE , ORÉADE , PHONÈME , HÉLÉNIDE , ELPHIDE , ARCHIDIE , FLORILIE , GÉOPONE , CANCRIDE , CHRYSOLE , LAMPADIE , AGANIDE , LINTHURIE , PHARAME , CELLULIE , ANDROMÈDE , NONIONE , SPORULIE , LICOPHRE , BELLÉROPHE , THÉMÉONE , BISIPHITE , POLIXÈNE , OCÉANIE , ILOTE , PÉLAGUSE , PÉNÉROPLE ,

Mélonie, Anténore, Éponide, Pélore, Canthrope, Tinopore et Astacole. Ce qui a fourni moyen à ce naturaliste d'augmenter aussi considérablement le nombre de ces genres, c'est qu'il a pris en considération toutes les espèces microscopiques, soit marines, soit fossiles, qui ont été décrites par Plancus, Gualtieri, Leder, Muller, Soldani, Schroëter, Wan-Moll, Faujas, etc., coquilles plus abondantes que les grosses, et présentant des organisations fort remarquables.

Cuvier regarde la Spirule comme un sous-genre de celui-ci.

La plus commune des sept à huit espèces de nautiles, est le Nautile flambé, *Nautilus pompilius*, Linn., dont l'ouverture est cordiforme, et qui a des fascies brunes, en forme de flammes, à l'extérieur. Il se trouve dans les mers des Indes et de l'Afrique. Il a ordinairement un demi-pied de diamètre dans sa largeur, et deux à trois pouces dans son épaisseur. (*V*. pl. G 30 où il est figuré. (B.)

NAUTILE-CORNET-DE-POSTILLON. *Voy.* Spirule. (DESM.)

NAUTILE DÉPRIMÉ. Denys de Montfort, dans l'édition de Buffon, dite de Sonnini, avoit appelé de ce nom un fossile assez rare, de l'Eiffel, qu'il a nommé depuis Bellérophe, *Bellerophon*. (DESM.)

NAUTILE A DEUX SIPHONS. Denys de Montfort avoit d'abord décrit sous ce nom une coquille fossile qu'on trouve en Bourgogne, aux environs de Bruxelles, et dans le marbre noir de Barbançon. Le même naturaliste, dans sa *Conchyliologie systématique*, en a formé depuis un genre nouveau, sous le nom de Bisiphite. (DESM.)

NAUTILE ENCAPUCHONNÉ. Coquille fossile des roches calcaires, noires, fétides, des environs de Namur, d'abord décrite sous ce nom par Denys de Montfort, et ensuite distinguée par le même, comme devant former un genre particulier, sous les noms d'Aganide, *Aganides*. (DESM.)

NAUTILE OMBILIQUÉ (Petit), de Favanes. Cette coquille d'Amboine forme le genre Océanie, *Oceanus* de Denys de Montfort, dans sa *Conchyliologie systématique*. (DESM.)

NAUTILE DE PAPIER ou NAUTILE PAPYRACÉ. *V*. l'article Argonaute. (DESM.)

NAUTILE A SPIRE (Grand). Cette belle coquille des mers de la Chine forme maintenant le genre Ammonie de Denys de Montfort. (DESM.)

NAUTILIER. Animal des Nautiles. Il a des tentacules étalés, et un capuchon membraneux. (B.)

NAUTILITE ONDULÉ. *Voyez* Nautilite persillé. (DESM.)

NAUTILITE PERSILLÉ des Vaches Noires, en Normandie. Cette pétrification est le type du genre PÉLAGUSE, *Pelagus* de Denys de Montfort. Il y réunit aussi le *nautilite ondulé* de son *Histoire des mollusques*. (DESM.)

NAUTILITE TRIANGULAIRE. Fossile des environs du Hâvre, décrit d'abord par Denys de Montfort, sous ce nom, et ensuite sous celui d'ANGULITHE, *angulithes*. (DESM.)

NAVARRETIE, *Navarretia*. Plante à feuilles pinnées et multifides, qui se trouve au Chili, et qui forme un genre dans la pentandrie monogynie.

Ce genre présente pour caractères : une corolle infundibuliforme ; cinq étamines ; un ovaire à style terminé par un stigmate bifide ; une capsule membraneuse, à une loge et bivalve. (B.)

NAVAU. Synonyme de NAVET. (B.)

NAVAU BOURGE. Nom vulgaire de la BRYONE, aux environs d'Angers. (B.)

NAVET. On donne vulgairement ce nom à plusieurs coquilles univalves de genres différens ; ce sont : le *bulla rapa*, ou PYRULE, le *voluta pyrum*, etc. , L. (LN.)

NAVET. Coquille du genre CÔNE, *Conus miles* de Linnæus. (B.)

NAVET. Espèce de *chou*, dont la racine est fort grosse, et qui se cultive pour la nourriture de l'homme ou des bestiaux. *V.* aux articles CHOU et RAVE. (B.)

NAVET A LONGUE QUEUE. Le ROCHER CANALICULE, *Murex canaliculatus*, a reçu ce nom. (DESM.)

NAVET DU DIABLE. C'est la racine de la BRYONE. (B.)

NAVET SAUVAGE. *V.* NAVETTE. (S.)

NAVETTE, *Radius*. Genre de COQUILLES établi par Denys de Montfort, aux dépens des BULLES de Linnæus. Ses caractères sont : coquille libre, univalve, à spire intérieure et voûtée ; ouverture allongée, étirée ; columelle lisse, ainsi que la lèvre extérieure ; canal de la base plus long que celui du sommet.

L'espèce qui sert de type à ce genre, est la BULLE VOLVE de Linnæus, connue des marchands sous le nom de *navette de tisserand*, qui vit à quinze brasses de profondeur, dans la mer des Antilles. Elle est très-blanche ; sa longueur est quelquefois de six à sept pouces. L'animal qui la forme a deux tentacules qui portent les yeux à leur base antérieure ; un pied long et étroit ; un manteau qui recouvre toute la coquille, et qui de plus se prolonge en tube au sommet et à la base. (B.)

NAVETTE. Espèce de Chou que l'on cultive pour la graine, dont on retire une huile propre à brûler et à être employée dans plusieurs arts.

La navette grosse est le Colsa. (B.)

NAVETTE DES SERINS. C'est le Sénevé des champs, *Sinapis arvensis*, L. (LN.)

NAVETTE DE TISSERAND. Nom de la *voluta spelta* de Linnæus, et de la Bulle volve. *V*. aux mots Volute, Bulle et Navette. (B.)

NAVETTE TUILÉE. On donne ce nom à une Pholade: *Pholas costata*. (DESM.)

NAVEW. Nom anglais du Navet. (LN.)

NAVIA. Nom imposé à la Foulque. (V.)

NAVIARSOAK. Nom générique du Plongeon, au Groënland. (S.)

NAVIAT. Nom vulgaire des *goëlands* et des *mouettes*. (V.)

NAVICELLE. Synonyme de Ciember et de Septaire. *Voyez* Cambry. (B.)

NAVICULARIA, d'Heister. Ce genre, adopté par Adanson, est fondé sur le *stachys glutinosa*, Linn. Ses caractères sont: calice tubuleux, long, à cinq dents égales; corolle labiée, à lèvre supérieure fendue; étamines médiocres; quatre graines ovoïdes; fleurs en verticilles sessiles, triflores; feuilles florales en nacelle. Il n'a pas été adopté. (LN.)

NAVONE. Nom du Navet en Italie. (LN.)

NAVUCE ROUGE. La Moutarde noire porte ce nom aux environs d'Angers. (B.)

NAWA-SIRO-GOMI des Japonais. C'est une espèce de Chalef (*elæagnus macrophylla*, Thunb.). (LN.)

NAWAGA. Nom de pays du Gade callarias. (B.)

NAXIUM et NIXIA, ou PIERRE DE NAXOS. Les anciens, au rapport de Pline, se servoient, pour polir le marbre et façonner les pierres précieuses, du *naxium*, préférablement à toute autre pierre à aiguiser. Le *naxium* se préparoit à Naxos. On lui préféra ensuite une autre pierre qu'on tiroit d'Arménie. C'est encore aujourd'hui de l'île de Naxos que nous tirons, par la voie de Marseille, l'émeril qui est employé pour user et polir les pierres dures. On sait que cette pierre est une roche micacée remplie de petits cristaux ou grains de fer oxydulé et de corindon, substances qui sont la cause de sa grande dureté. *V*. Corindon granulaire, à l'article Corindon. (LN.)

NAYADE. Vers annélides. *V*. Naïade. (DESM.)

NAYADE, plante. *V*. Naïades. (DESM.)

NAYAS. *V.* NAÏAS. (LN.)

NAY-LELLI. C'est, à Ceylan, l'*Ophioxilium serpenti-
num*, L., arbrisseau décrit au mot OPHIOSE. (LN.)

NA'YM-EL-SALYB, *Gramen crucis.* C'est le nom arabe
de la CRETELLE D'ÉGYPTE, *Cynosurus ægyptius*, L. *V.* ÉLEU-
SINE. (LN.)

NAYOURIVI. On donne ce nom, dans l'Inde, à une
plante très-commune, employée à la teinture en rouge. Il
paroît, par la description incomplète qu'on en trouve dans les
Lettres édifiantes, qu'elle appartient au genre IRÉSINÉ ou au
genre CADELARI. (B.)

NAZAMONITIS. Cette pierre avoit la couleur rouge du
sang, et étoit veinée de noir. Pline la classe avec les pierres
précieuses, et ne s'explique pas davantage. Ne seroit-ce pas
un jaspe rouge veiné de noir, qui probablement se trouvoit
chez les Nazamons, peuple d'Afrique? (LN.)

NAZIA. Adanson donne ce nom à un genre de graminée
qui comprend le *cenchrus racemosus*, L. On l'a nommé depuis
tragus et *lappago.* (LN.)

NAZIQUE. *V.* NASIQUE. (DESM.)

NÉANTHE. Calice tubuleux, à cinq dents; corolle à
trois pétales, dont un, deux fois plus grand, enveloppe les
deux autres; étamines diadelphes; un style subulé, à un stigmate; fleurs en panicules terminales; feuilles ailées avec impaire. Une seule espèce de plante rentre dans ce genre,
établi par Pierre Brown, et adopté par Adanson. C'est un
arbre dont P. Brown n'a observé qu'un seul individu à la
Jamaïque, près le Port Saint-Antoine. Il appartient à la famille des légumineuses. (LN.)

NEBBE HAUL ou BEAKED WHALE, *Pontoppi-
dam*, Norw. 1, pag. 133. M. de Lacépède rapporte cette ci-
tation à son hypéroodon butskopf, que nous avons fait connoître à l'article DAUPHIN, tome 9, pag. 176. (DESM.)

NEBBE MUUS et MUSESKIAER. Noms norwégiens
des MUSARAIGNES. (DESM.)

NEBBEK. *Voyez* NABQAH. (LN.)

NEBEI. Nom d'un *faucon noir d'Amérique*, à pieds et bec
roux, selon Hernandez. (V.)

NEBKA et NEBBEK. *V.* NABQAH. (LN.)

NÉBRIE, *Nebria*, Latr., Clairv, Oliv.; *Carabus*, Linn.,
Fab. Genre d'insectes de l'ordre des coléoptères, section des
pentamères, famille des carnassiers, tribu des carabiques.

Très-rapprochées des carabes proprement dits, à raison
de leur port, de leurs jambes antérieures non échancrées,
et de quelques rapports dans les parties de la bouche, les
nébries en sont cependant distinguées par plusieurs carac-

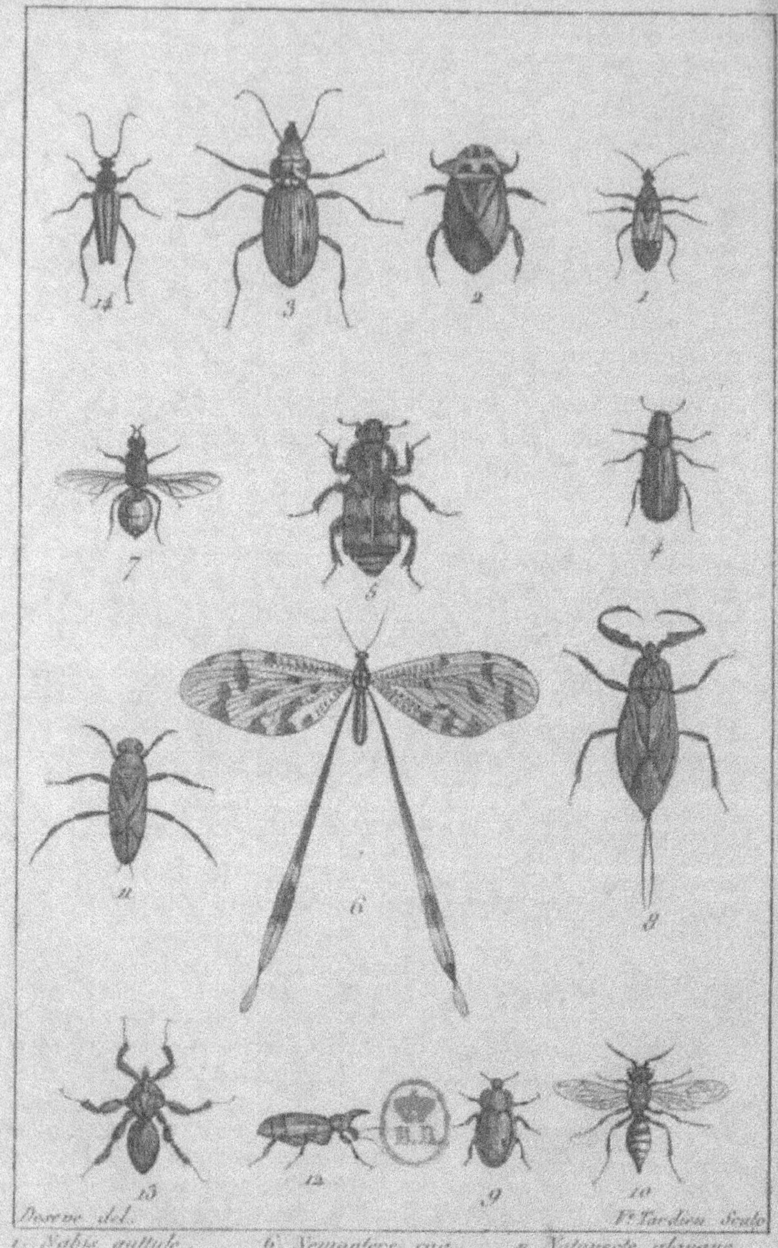

Deseve del.   F.e Tardieu Sculp.

1. Nabis guttule.
2. Nonvaire nomvaide.
3. Nabris nomvare.
4. Acrodie violette.
5. Nemaptere fumeuse in Nomale de St. Ambroir.
6. Nemaptere coa.
7. Nemobele elegidence.
8. Nepe cendre.
9. Nibulale bigauntevr.
10. Notonecte glauque.
11. Notare monocerar.
12. Cyclorhir pedoulaire.
13. Nocidale filme.

tères : leur corps est très-aplati ; leur labre est entier ou légèrement sinué ; les palpes extérieurs sont filiformes et terminés par un article en forme de cône renversé, mais allongé ; celui qui termine les palpes labiaux est surtout très-remarquable sous ce rapport ; sa longueur égale presque celle de l'article précédent, qui est lui-même fort long ; le bord extérieur et inférieur des mandibules est avancé et très-aigu près de leur base ; le côté extérieur des mâchoires est dilaté et barbu, près de son origine. Les nébries diffèrent d'ailleurs des *pogonophores*, genre très-voisin, en ce que leur languette est courte, presque carrée, et simplement unidentée ou avancée en manière d'angle au milieu de son extrémité supérieure ; que leurs palpes sont beaucoup plus courts, et que la dilatation extérieure de leurs mandibules est bien moins prononcée.

Les nébries sont des carabiques de moyenne taille, dont le corps est ovale-oblong et aplati, avec les antennes filiformes ou sétacées ; la tête un peu plus étroite que le corselet ; le corselet transversal, en forme de cœur, de la largeur de l'abdomen, en devant ; plus étroit et largement tronqué à sa partie postérieure ; l'écusson petit ; les élytres entières et souvent striées, et les pattes assez longues et grêles. Leurs mandibules n'ont point de dentelures, et la dent située au milieu du bord supérieur de l'échancrure du menton est bifide.

Ces insectes n'offrent point les couleurs métalliques et brillantes qui distinguent la plupart des carabes ; ils sont, pour la plupart, noirs ou bruns ; les autres ont le fond jaunâtre et plus ou moins varié de noir. Le plus grand nombre des espèces habite les lieux froids et élevés, et en général humides. Leurs métamorphoses sont inconnues.

Les uns sont ailés et forment seuls, dans la classification de cette sous-famille qu'a donnée M. Bonelli, le genre *nebria*. Tels sont les suivans :

La NÉBRIE ARÉNAIRE, *Nebria arenaria*, pl. G. 33, fig. 3 de cet ouvrage ; *Carabus complanatus*, Linn. ; *Carabus arenarius*, Fab. Son corps est long de huit lignes, jaunâtre ou roussâtre, avec les élytres striées et traversées par deux bandes noires, formées de plusieurs taches, plus ou moins grandes. On la trouve sur nos côtes maritimes : les individus qui habitent celles de la Méditerranée ont, en général, les taches plus grandes et plus nombreuses, et sur un fond d'un roussâtre plus vif.

La NÉBRIE LIVIDE, *Nebria livida* ; *Carabus lividus*, Linn. ; *Carabus sabulosus*, Fab. ; Clairv. *Entom. helv.*, tab. 22, fig. *a*, est noire, avec le corselet, le limbe extérieur des élytres, les antennes et les pattes d'un jaunâtre roussâtre. On la trouve au nord de l'Europe et en Allemagne.

La NÉBRIE PSAMMODE, *Nebria psammodes; Carabus psam-modes*, Ross., est noire, avec la tête, le corselet et le bord extérieur des élytres, d'un fauve pâle. Elle habite l'Italie.

La NÉBRIE BRÉVICOLLE, *Nebria brevicollis*, Clairv, *ibid.*, tab. 22, fig. B 6, est d'un noir luisant, avec les antennes, les jambes et les tarses d'un brun ferrugineux ; ses élytres ont des stries pointillées. C'est la seule espèce de ce genre que l'on trouve aux environs de Paris.

Les autres espèces sont aptères ou sans ailes, et composent le genre ALPÉE, *Alpeus* de M. Bonelli.

La plus connue de toutes est la NÉBRIE de HELWIG, *Nebria Helwigii*, Panz., *Faun. insect. Germ.*, fasc. 87, fig. 4. Elle est d'un noir luisant, avec les antennes, les palpes et les pattes, et quelquefois même la suture, d'un fauve obscur ; le corselet a, en devant, une ligne enfoncée, transverse, courbe, qui s'unit avec une autre placée au milieu et longitudinale ; les élytres ont des stries simples ou foiblement ponctuées. Elle se trouve en Allemagne.

Voyez, pour les autres espèces de ces deux divisions, les *observations entomologiques* de M. Bonelli, faisant partie des Mémoires de l'Académie des sciences de Turin, et l'article NÉBRIE de l'Encyclopédie méthodique. Le *carabe multiponctué*, qu'Olivier range avec les nébries, est plutôt un *élaphre*. (L.)

NEBRINA. Nom des BAIES DU GENÉVRIER, en Espagne. (LN.)

NÉBRION de Dioscoride, est rapporté aux PANAIS par Adanson. (LN.)

NÉBRITES. Nom d'une pierre citée par Pline, et qui étoit consacrée à Bacchus, parce qu'elle avoit la couleur de la peau de biche dont ce dieu étoit revêtu. Pline ajoute qu'il y avoit des *nébrites noires*. Cette pierre nous est inconnue. (LN.)

NÉBULEUSE. On nomme ainsi une COULEUVRE. (B.)

NÉBULEUSE. On a donné ce nom à une coquille du genre CONE, le *conus magus*. (DESM.)

NÉBULEUX. *V.* l'article PROMEROPS. (V.)

NÉBULEUX. Poisson du genre LABRE. (B.)

NÉBU NOKI ou NÉMU NOCKI et NÉBURA WOCKI. Ces trois noms appartiennent à l'ACACIE EN ARBRE, *Mimosa arborea*, au Japon. (LN.)

NECBOUG. Sorte de PALMIER qui croît à Sumatra, et avec le bois duquel on fabrique les arcs. J'ignore le genre auquel ce palmier doit être rapporté. (B.)

NECKER, *Neckera*. Genre de plantes établi par Hedwig

dans la famille des mousses, et dont les caractères consistent à avoir un péristome externe à seize dents; un péristome interne muni d'un nombre égal de dents semblables, libres à la base, très-entières. Il a pour type la FONTINALE PENNÉE, la SPHAIGNE DES ARBRES, et l'HYPNE VÉSICULEUX. *V.* ELEUTÉRIE. (B.)

NECKÉRIE, *Neckeria.* Nom donné par Gmelin au genre établi par Aiton sous celui de POLLICHE. (B.)

NECKSTEIN. Les mineurs saxons désignent, par *neck-stin*, un minerai d'étain, riche en apparence, mais qui rend peu à la fonte. (LN.)

NÉCROBIE *Necrobia*, Latr., Oliv.; *Corynetes*, Payk. Fabr. Genre d'insectes, de l'ordre des coléoptères, section des pentamères, famille des clavicornes, tribu des clairones.

Presque tous les insectes qui attaquent les substances animales, ainsi que la plupart de ceux qui vivent dans le bois mort, ou qui détruisent nos meubles et nos provisions, ont été pendant long-temps désignés sous le nom générique de *dermestes*. Linnæus, qui créa, pour ainsi dire, la science entomologique, n'ayant à nous présenter qu'un petit nombre d'insectes, crut devoir les réunir dans des cadres peu nombreux, faciles à distinguer. Les genres que ce célèbre naturaliste établit, étant clairs et précis, suffirent pendant quelque temps aux recherches qu'on avoit à faire; mais, depuis que cette science est plus généralement cultivée, depuis que les mœurs et la manière de vivre des insectes nous ont offert une infinité de merveilles qu'on ne soupçonnoit pas auparavant; depuis qu'on a eu le bon esprit de voir que l'étude de ces petits animaux avoit ses applications dans les arts et dans la médecine, et qu'elle se lioit à l'économie végétale et animale; depuis sur tout que leur nombre surpasse dans nos collections celui des plantes, on a été obligé de former de temps en temps de nouvelles subdivisions, et de multiplier les genres en raison des découvertes que l'on a faites.

Geoffroy avoit bien saisi les rapports naturels des insectes dont il s'agit ici, en plaçant une de nos espèces indigènes, et la plus commune, le *dermeste violet* de Linnæus, dans un nouveau genre, celui des *clairons*, qui se compose, en majeure partie, de plusieurs *attelabes* du naturaliste suédois; mais cette espèce et quelques autres analogues offrant néanmoins quelques caractères particuliers, je les ai réunies dans une autre coupe générique, que j'ai appelée NÉCROBIE, nom formé du mot grec *necros*, qui signifie un mort, un cadavre, et *bios*, vie, parce qu'on trouve ordinairement ces insectes dans les charognes. M. Paykull ne connoissant point l'ouvrage (*Préc. des caract. génér. des insect.*), où je l'avois établi, a fait la même distinction, mais en désignant ce genre sous le nom de *corynetes*, que Fabricius et les entomologistes étrangers ont adopté. Olivier, dans son beau travail sur les coléoptères et dans l'Encyclopédie méthodique, a conservé ma dénomination.

Les nécrobies ne paroissent avoir que quatre articles aux tarses; et l'avant dernier même, plus petit que le précédent, et entier, est caché entre les lobes de celui-ci. Elles sont, avec les *énoplies*, les seuls insectes de cette tribu qui offrent ce dernier caractère; mais, dans les nécrobies, les trois derniers articles des antennes sont transversaux et se réunissent pour former une massue qui a la forme d'un triangle renversé; le dernier article de leurs quatre palpes est en massue obconique, traits qui distinguent ce genre du précédent. Les nécrobies ressemblent d'ailleurs aux autres insectes de la même tribu. (Voyez CLAIRONES.)

Les nécrobies sont ornées de couleurs assez belles; leur démarche est lente et leur vol est peu rapide. On les trouve quelquefois sur les fleurs et sur les feuilles des plantes; mais elles fréquentent plus particulièrement les charognes et les dépouilles desséchées d'animaux. La larve qui se nourrit de ces dernières substances, a le corps allongé, mou, formé de plusieurs anneaux; elle a six pattes écailleuses et deux crochets vers l'anus, également écailleux. Elle prend son accroissement assez vite, et subit sa métamorphose dans les mêmes lieux où elle a vécu.

La NÉCROBIE VIOLETTE. *Necrobia violacea*, pl. G, 23. 4, de cet ouvrage, est bleue, luisante, velue; ses antennes et ses pattes sont noires. Elle se trouve en Europe, et ne diffère de la NÉCROBIE RUFIPÈDE, *Necrobia rufipes*, qu'en ce que celle-ci a les pattes et la base des antennes rougeâtres. Elle se trouve au midi de la France, au Sénégal, au Cap de Bonne Espérance. La NÉCROBIE RUFICOLLE, *Necrobia ruficollis*, est violette et a le corselet et la base des élytres fauves. Elle se trouve en Afrique et aux Indes orientales.

Voyez les Coléoptères d'Olivier, tome 4, genre NÉCROBIE, n.° 76 bis, et le même article de l'encyclopédie méthodique.

(O. L.)

NÉCRODE, *Necrodes*. Genre d'insectes coléoptères, établi par M. Wilkin, et qui comprend les boucliers ou *silpha* dont le corps est en ovale allongé, avec le corselet orbiculaire, les élytres tronquées obliquement à leur extrémité, et dont les antennes vont graduellement en grossissant. C'est ce que l'on observe dans le *bouclier littoral* (*Silpha littoralis*,

Linn.). J'avois indiqué cette coupe dans le second volume de mon *Genera Crust.* et *Insect.* Elle est la première du genre *silpha;* ces insectes semblent le lier avec celui des *nécrophores. Voyez* Léach, *Mélang. de zool.*, tom. 3, pag. 74. (L.)

NÉCROPHAGES, *Necrophagi.* Nom que j'avois donné, dans mes ouvrages précédens sur les insectes, à une famille de coléoptères pentamères, composée de ceux qui forment, dans la méthode que je suis ici, la tribu des PELTOÏDES et celle des DERMESTINS, de la famille des CLAVICORNES. *Voyez* ces mots. (L.)

NÉCROPHORE, *Necrophorus.* Genre d'insectes de l'ordre des coléoptères, section des pentamères, famille des clavicornes, tribu des peltoïdes.

Les *nécrophores* ont été placés, par Linnæus et la plupart des entomologistes, parmi les *boucliers.* Scopoli et Geoffroy les ont rangés parmi les *dermestes.* Gleditsch avoit donné à un de ces insectes le nom latin *vespillo*, qui signifie *fossoyeur,* parce qu'il l'avoit trouvé occupé à cacher dans la terre les cadavres des petits animaux qu'il destine à sa nourriture; et Fabricius ayant trouvé des caractères propres à établir un genre, lui a donné le nom de *nécrophore*, d'un mot grec qui signifie aussi *fossoyeur*, et qui se rapporte de même aux habitudes de ces insectes.

Des palpes filiformes et très-apparens; des mandibules avancées, fortes, triangulaires et terminées en pointe, sans échancrure; des mâchoires dépourvues d'onglets écailleux; une languette profondément échancrée; des antennes guère plus longues que la tête, terminées brusquement en un bouton perfolié; un corps en forme de carré long, avec la tête inclinée; le corselet presque orbiculaire; les élytres tronquées; les jambes fortes, et les trochanters des cuisses postérieures terminés en forme d'épine, sont des caractères propres aux nécrophores, et dont la réunion les distingue des genres avec lesquels ils ont le plus d'affinité.

Ces coléoptères sont assez grands. Ils ont le corps oblong, ordinairement velu, avec la tête grande, inclinée et distincte du corselet; les antennes sont composées de onze articles, dont les quatre derniers forment une masse assez grosse, presque arrondie, perfoliée; les yeux sont oblongs et point du tout saillans. Le corselet est un peu aplati, rebordé tout autour, plus ou moins échancré antérieurement. Les élytres sont ordinairement plus courtes que l'abdomen, et cachent deux ailes membraneuses repliées, dont l'insecte fait quelquefois usage. L'écusson est assez grand, triangulaire. Les pattes sont grosses et assez fortes; les cuisses postérieures sont un peu renflées; les jambes antérieures ont une forte

dent latérale, et sont terminées par deux épines assez fortes;
les tarses sont filiformes, composés de cinq articles.

Les *nécrophores* sont des insectes dont l'odeur forte et désagréable annonce les lieux qu'ils habitent et les matières dont
ils se nourrissent. Ils servent, comme bien d'autres insectes,
à absorber les chairs pourries, les substances excrémentitielles dont l'air pourroit être infecté. L'instinct, toujours
d'accord avec l'organisation, leur fait rechercher avec em-
pressement les corps morts des petits animaux, pour en faire
leur curée; et un spectacle vraiment intéressant, c'est de
les voir attirés d'assez loin par une odeur cadavéreuse;
s'associer dans leur entreprise, combiner leurs efforts, et
jouir paisiblement du fruit de leurs travaux. Ainsi, à peine
la corruption d'une taupe ou d'une souris se fait sentir, qu'ils
accourent en plus ou moins grand nombre, et creusent avec
beaucoup d'activité la terre en rond sous l'animal, qui s'enfonce insensiblement; et sans voir les ouvriers, on voit l'ouvrage s'achever, et tout disparoître. Quatre ou cinq de ces
insectes peuvent ensevelir, de cette manière, une taupe dans
l'espace de vingt-quatre heures. C'est alors qu'à l'abri de
toute espèce de crainte, ils entrent dans le corps qu'ils ont
enterré, et s'en repaissent à loisir. C'est aussi dans ces
cadavres qu'ils déposent leurs œufs et que leurs larves doivent vivre.

Les larves des *nécrophores* sont longues, d'un blanc grisâtre,
avec la tête brune. Leur corps est composé de douze anneaux
garnis antérieurement, à leur partie supérieure, d'une petite
plaque écailleuse d'un brun ferrugineux; les plaques des
derniers anneaux sont munies de petites pointes élevées.
Leur tête est dure, écailleuse, armée de mandibules assez
fortes et tranchantes. Elles ont six pattes écailleuses, très-
courtes, attachées aux trois premiers anneaux du corps. Parvenues à toute leur croissance, elles s'enfoncent dans la
terre à plus d'un pied de profondeur, se forment une loge
ovale, qu'elles enduisent d'une matière gluante pour en consolider les parois, et s'y changent en nymphe. L'insecte
parfait en sort au bout de trois ou quatre semaines.

Ce genre est composé de huit espèces, dont quatre se
trouvent aux environs de Paris. Ce sont:

Le NÉCROPHORE FOSSOYEUR, *Necrophorus vespillo*, pl. G.
33. 5, de cet ouvrage. Il est noir; ses élytres sont courtes,
avec deux bandes ondées ferrugineuses; la masse de ses antennes est d'un roux ferrugineux. Quelques auteurs distinguent spécifiquement les individus dont les jambes postérieures sont arquées, au lieu d'être droites.

Le NÉCROPHORE DES MORTS, *Necrophorus mortuorum*. Il est

plus petit que le précédent, et n'en diffère que par la masse des antennes qui est noire ; il se trouve dans les champignons gâtés.

Le Nécrophore germanique. *Necrophorus germanicus.* C'est le plus grand de tous ; il a souvent plus d'un pouce de longueur ; il est noir, avec le bord extérieur des élytres et une tache triangulaire sur le front, d'un jaune ferrugineux.

Le Nécrophore inhumeur, *Necrophorus humator.* Il ressemble beaucoup au précédent, mais il est une fois plus petit et entièrement noir ; ses élytres présentent trois lignes longitudinales élevées.

Les autres espèces sont exotiques, et se trouvent pour la plupart en Amérique. (ol.)

NECTAIRE. *Nectarium.* Nom donné par Linnæus à certaines productions renfermées dans la fleur, étrangères à la corolle, ou en faisant partie, et destinées à contenir une liqueur visqueuse plus ou moins douce, dont les abeilles composent leur miel. La plupart de ces productions n'ont aucun rapport entre elles, et varient beaucoup par leur forme et leur situation dans les différentes fleurs. Tantôt ce sont des cornets, des écailles, des glandes ou des espèces de poils ; tantôt des enfoncemens, des fossettes, des sillons ou rainures ; quelquefois c'est une protubérance de la corolle, ou un prolongement d'une de ses parties en corne ou en éperon. Cette diversité de figures dans ces organes, placés les uns sur les pétales, les autres sur le réceptacle ou ailleurs, ne permet pas qu'on leur donne le même nom. Aussi, à l'exemple des botanistes modernes, avons-nous, dans ce Dictionnaire, désigné chacun d'eux par un nom conforme à la chose qu'il représente. *Voyez* FLEUR. (d.)

NECTANDRA. Il y a deux genres de plantes établis sous ce nom ; mais ils n'ont pas été adoptés. Le premier est le *nectandra* de Bergius, Burmann et Jussieu. Ses quatre espèces sont disséminées dans les genres *gnidia* et *struthiola.* Ses caractères sont : corolle infundibuliforme, divisée en six parties intérieurement velues ; point de calice ; neuf écailles presque ovales, situées au fond de la corolle, et donnant attache à autant de faisceaux de quatre étamines ; un ovaire surmonté d'un style simple ; un drupe turbiné et tronqué.

Le second *nectandra* est celui de Rottbœl ; il est le même que l'*ocotea* d'Aublet, ou *porostoma* de Schreiber, réuni au *laurus. V.* LAURIER et OCOTE. (ln.)

NECTAR. Nom que les anciens donnoient à la liqueur dont s'abreuvoient les dieux. Aujourd'hui on l'applique à un suc mielleux que distille l'intérieur de la fleur de beaucoup de végétaux, par un organe que l'on a appelé NECTAIRE. *V.* ce mot et le mot PLANTE. (b.)

NECTARINIA. Genre des oiseaux du *Prodromus* d'Illiger, lequel se compose des Souimangas, des Guit-guit, etc.
(v.)

NECTARION. L'un des noms donnés, chez les Grecs, à
l'Helenium. *V*. ce mot. (ln.)

NECTOPODES ou **RÉMIPÉDES.** M. Duméril désigne ainsi (*Zool. anal.*) une famille d'insectes coléoptères,
correspondante à notre division des coléoptères carnassiers
aquatiques, ou à notre tribu des Hydrocanthares et à
celle des Tourniquets. Il la compose des genres suivans :
tourniquet, *hyphydre*, *haliple* et *dytisque*. (L.)

NECTRIS. C'est ainsi que Schreber, Willdenow,
Persoon, nomment le genre Cabomba d'Aublet. *V*. Cabombe.
(ln.)

NÉCYDALE, *Necydalis.* Genre d'insectes de l'ordre des
coléoptères, section des tétramères, famille des longicornes,
tribu des cérambycins.

Dans les *Actes* d'Upsal, le nom de nécydale fut appliqué
vaguement à des insectes de plusieurs genres très-différens
les uns des autres. Le célèbre Linnæus en restreignit la dénomination ; et si l'on en excepte un seul insecte, notre *téléphore nain* (*V*. Malthine), ses nécydales furent d'abord les
mêmes que les nôtres ; mais, trompé par quelques ressemblances dans les élytres et dans la forme du corps, il joignit
aux vraies nécydales des insectes d'un autre genre, ceux que
nous avons décrits sous le nom d'*œdémères*. Ses nécydales furent divisées en deux sections : 1.º *élytres beaucoup plus courtes
que les ailes et l'abdomen* ; 2.º *élytres subulées de la longueur de
l'abdomen :* c'est à celle-ci qu'appartiennent les *œdémères*, notre
nécydale fauve, ainsi qu'un autre coléoptère (*brevicornis*) formant un genre propre, celui d'*atractocère*.

Geoffroy ne connut des nécydales de Linnæus que deux
espèces : le *téléphore*, dont nous avons parlé ci-dessus, et la
nécydale fauve, qu'il avoit placée parmi les *leptures*.

Les nécydales de la seconde division de Linnæus furent,
aux yeux de Fabricius, les seules nécydales ; et les véritables,
celles dont Linnæus avoit d'abord formé son genre, trou-
vèrent leur place parmi les *leptures*. Cette réunion disparate
a cessé d'avoir lieu dans la dernière édition de son *Systema
entomologiæ*, où ces nécydales à élytres très-courtes forment
le genre *molorchus*. Il n'a d'ailleurs rien changé à celui qu'il
avoit désigné sous la première de ces deux dénominations.

Mais pourquoi appelle-t-il *molorchus* ce que Linnæus nomme
nécydale ? Pourquoi ne pas respecter l'autorité de ce grand
naturaliste ? Pourquoi se permettre de changer, sans nécessité, les noms qu'il a employés ? Quant à nous, fidèles au
principe de conserver religieusement les dénominations des

premiers entomologistes, nous avons appelé nécydales les insectes que Linnæus a fait connoître comme tels, ou ceux qu'il a eu particulièrement en vue.

Le corps des nécydales est étroit, allongé; la tête est un peu plus étroite que le corselet, pointue et inclinée en devant; les antennes sont filiformes, un peu plus courtes que le corps; elles sont insérées sur une échancrure ou entaille formée en avant des yeux; les mandibules sont cornées, courtes, déprimées, triangulaires; la lèvre inférieure est courte, membraneuse, très-évasée au bord supérieur; son support est coriace, large, arrondi postérieurement; les antennules, au nombre de quatre, sont courtes, égales, filiformes; les yeux sont en forme de reins. Le corselet est arrondi, presque cylindrique, inégal, un peu moins large que la base de l'abdomen. Les élytres sont ou très-courtes et arrondies, ou rétrécies et terminées en pointes divergentes. Dans quelques espèces, les ailes sont presque à nu et légèrement plissées à leur extrémité; dans les autres, elles ne sont découvertes que vers le bout et dans l'entre-deux des élytres; la poitrine est forte; l'abdomen est allongé, rétréci à son origine, quelquefois presque en fuseau ou en massue.

Les pattes ont leurs cuisses allongées, portées sur un long pédicule, et terminées par un renflement arrondi et très-sensible; les pattes postérieures sont plus grandes, avec la massue des cuisses plus allongée; les tarses ont quatre articles, dont le premier est allongé, le troisième bifide, et le dernier muni de deux crochets de grandeur moyenne.

Nous n'avons point d'observations sur les métamorphoses des nécydales; nous présumons cependant qu'elles s'opèrent dans l'intérieur du bois. Le tuyau conique que Degéer a remarqué à l'anus d'une espèce, rend plus vraisemblable l'induction que l'on peut tirer de l'analogie.

On trouve ces insectes en été sur les fleurs; ils forment un genre composé de dix espèces, dont deux se trouvent aux environs de Paris.

La NÉCYDALE MAJEURE, *Necydalis major*, pl. G 23, 15, de cet ouvrage; *Molorchus abbreviatus*, Fab., est noire; ses élytres sont très-courtes, roussâtres; ses antennes et ses pattes sont de la même couleur; l'extrémité des cuisses postérieures est noire.

La NÉCYDALE FAUVE, *Necydalis rufa*, Linn., Fab., a été décrite par Geoffroy sous le nom de *lepture étranglée*. Cet insecte est beaucoup plus petit que le précédent; son corps est noir, couvert d'un duvet obscur; ses élytres sont fauves, subulées;

les côtés de l'abdomen et de la poitrine sont tachetés de blanc. (o. l.)

NEDEL-AMBEL. Le Ményanthe de l'Inde (*menyanthes indica*) porte ce nom dans Rhéede. *V.* Villarsie. (l.n.)

NEDERLASDCHE (petit roi). Nom hollandais du Friquet. (v.)

NEDOSOBOL. Nom russe de la Marte zibeline. (desm.)

NEDUM SCHETTI ou **PUA SCHETTI** des habitans de la côte Malabare, ou *punda-pada-gulli* des Brames. Suivant Adanson, cet arbre seroit le Santal (*santalum album*, Linn.). (l.n.)

NÉEA, *Neea.* Genre de plantes de l'octandrie monogynie, de la famille des nyctaginées, qui offre pour caractères : un calice formé par deux ou trois écailles ; une corolle tubuleuse, allongée, à limbe garni de quatre à cinq dents ; huit étamines alternativement grandes et petites ; un ovaire inférieur à style courbé à son sommet et à stigmate simple ; un drupe oblong, monosperme, couronné par la corolle, les étamines et le style qui persistent, et contenant une noix striée dont l'amande est enveloppée de trois tuniques.

Les deux arbustes qui constituent ce genre croissent au Pérou. Ils se rapprochent beaucoup du Bougainville et du Tricycle. (b.)

NEEDHAME, *Needhamia.* Petit arbuste à feuilles opposées, à fleurs disposées en épi terminal, qui, selon R. Brown, constitue un genre dans la pentandrie monogynie et dans la famille des épacridées.

Les caractères de ce genre sont : calice accompagné de deux bractées ; corolle hypocratériforme, à limbe à cinq divisions dont les angles sont saillans ; étamines incluses ; drupe sec. (b.)

NEEDLE FURZE des Anglais. C'est le Genet anglais (*genista anglica*, Linn.), arbuste hérissé d'épines aiguës comme des aiguilles. (l.n.)

NEEMAH. Nom arabe de l'Autruche. (v.)

NEFEBACH. Nom arabe des Boucages (*pimpinella*). (l.n.)

NEFFACH. Nom arabe d'un limon à chair spongieuse et à écorce raboteuse (Ferrar., tab. 301). *Voy.* Oranger. (l.n.)

NEFL. Ce nom arabe appartient, selon Forskaël, à la Luzerne polymorphe (*medicago polymorpha*, Linn.). (l.n.)

NEFLE. C'est, en France, le fruit du Néflier, et à l'Ile-de-France, celui du Parinari, (b.)

NEFLE D'INDE. C'est le fruit de la STRAMOINE MÉTEL (*datura metel*). (LN.)

NEFLIER, *Mespilus*, Linn. (*Icosandrie pentagynie.*) Genre de plantes de la famille des ROSACÉES, dont les caractères sont d'avoir: un calice persistant et à cinq découpures; cinq pétales arrondis, insérés sur le calice; environ vingt étamines et un ovaire supérieur surmontés de deux styles. Cet ovaire, après sa fécondation, devient une baie presque ronde, couronnée par le limbe du calice, et dans laquelle sont contenues deux à cinq semences osseuses, un peu allongées.

Les *néfliers* ont de très-grands rapports avec les POIRIERS, les SORBIERS et les ALIZIERS. Cependant leurs semences osseuses, et les épines dont la plupart des espèces sont pourvues, les séparent de ces trois genres, qui ne sont point épineux, et qui ont les graines cartilagineuses. D'ailleurs, dans les *néfliers*, le nombre des styles varie de deux à cinq, tandis qu'il est constamment de trois dans les sorbiers, et de cinq dans les poiriers.

Ce genre comprend un grand nombre d'espèces, tant indigènes qu'exotiques, dont les plus communes et les plus intéressantes à connoître sont:

Le NÉFLIER COMMUN, le NÉFLIER DES BOIS, le MESLIER, *Mespilus germanica*, Linn. Cet arbre, de grandeur médiocre, croît en France et en Allemagne, dans les haies et dans les bois. Il n'a point d'épines, et se garnit de grandes feuilles alternes, lancéolées, entières, cotonneuses en dessous. Ses fleurs, sessiles et solitaires, naissent à l'extrémité des rameaux. Le fruit qui leur succède est plus gros que dans les autres espèces, et bon à manger.

Cette espèce est cultivée dans les jardins. Il en existe deux variétés principales; l'une, dont parle Miller, connue en Angleterre sous le nom de *néflier de Nottingham*, à fruit très-gros, ayant une saveur plus forte et plus piquante que le fruit de notre *néflier commun*; l'autre à fruit sans noyau. Ce sont celles qu'on doit cultiver de préférence. On les perpétue et les multiplie par la greffe en fente et en écusson, sur le poirier, le coignassier ou le *néflier sauvage*. Les autres variétés sont le *néflier à fruit précoce et à chair délicate*, *à petit fruit*, *à petit fruit un peu allongé*.

Les graines du *néflier commun* restent deux ans en terre avant de lever. On peut en accélérer la germination en les faisant macérer dans une terre humide. On peut aussi multiplier cet arbre de marcottes. La greffe du pommier sur un *néflier* réussit très-bien.

Le fruit du *néflier* est astringent. Avant sa maturité, il a une saveur acerbe et austère. Il est assez doux quand il est mûr, mais indigeste pour les estomacs délicats.

« Le bois du néflier est très-dur, le grain en est fin et égal; il est susceptible d'un beau poli, et résiste aussi bien que le sorbier aux frottemens répétés.

Le NÉFLIER DU JAPON, *Mespilus japonica*, Thunb., Linn. C'est un des plus beaux de ce genre. Il est sans épines, et plus élevé que les autres néfliers. Il croît en Chine et au Japon. Lorsqu'il est en fleurs, il répand au loin une odeur très-agréable. Son fruit se mange : il a une saveur douce et acide.

Le NÉFLIER ARDENT ou BUISSON ARDENT, *Mespilus pyracantha*, Linn. C'est un arbrisseau presque toujours vert, qui croît naturellement dans les haies au midi de l'Europe. Il a des tiges très-épineuses, des feuilles petites, alternes, allongées et crénelées, et des fleurs d'un rouge pâle, disposées en gros bouquets au sommet des rameaux. Il est cultivé dans les jardins, et recherché surtout pour l'éclat de ses fruits, qui sont d'une belle couleur de feu. On se sert avec avantage du buisson ardent pour garnir les murs : on en fait aussi des haies. Il se multiplie par semences, par marcottes et par boutures.

Le NÉFLIER DE VIRGINIE ou l'AZEROLIER DE VIRGINIE, *Mespilus crus galli*, Lam.; *Cratægus crus galli*, Linn. On l'appelle aussi *épine luisante*. Il s'élève environ à quinze pieds. Ses branches sont irrégulières et armées d'épines très-longues; ses feuilles sont luisantes, étroites à leur base, larges à leur extrémité, et profondément dentées en scie sur leurs bords; ses fleurs blanches et larges; ses fruits gros et de couleur écarlate. C'est un arbrisseau d'ornement, originaire de l'Amérique septentrionale. Il fleurit en mai.

Le NÉFLIER AUBÉPINE, *Mespilus oxyacantha* : Lam., *Cratægus oxyacantha*, Linn. Grand arbrisseau d'Europe, à feuilles obtuses, dentées en scie, découpées profondément, et deux fois divisées en trois. Il varie dans ses feuilles, dans ses fleurs et dans son fruit. *V.* AUBÉPINE.

Le NÉFLIER AZEROLE, *Mespilus azarolus*, Lam.; *Cratægus azarolus*, Linn. Quelques auteurs en ont fait une variété du précédent, auquel il ressemble beaucoup. Cependant on peut l'en distinguer à ses feuilles découpées en trois ou cinq lobes, profondément dentées, assez épaisses, plus grandes que celles de *l'aubépine*, et d'une couleur pâle. *V.* AZEROLIER.

Le NÉFLIER A FRUITS ÉCARLATES, *Mespilus coccinea*, Lam.; *Cratægus coccinea*, Linn. Arbre de vingt pieds de hauteur, qui a le port de nos arbres fruitiers, et qu'on cultive dans

les bosquets, à cause de la belle couleur écarlate de ses
fruits. Il est indigène du Canada et de la Virginie, et fleurit
en mai. Ses feuilles sont lisses, larges, ovales, anguleuses
et dentées.

Le Néflier cotonnier, *Mespilus cotoneaster*, Linn. On
trouve ce *néflier* dans les Alpes, dans les Pyrénées, au Puy-
de-Dôme, et sur les montagnes un peu élevées de l'Europe;
quelquefois il croît dans les fentes des rochers. C'est un
arbrisseau non épineux, très-peu élevé; ses feuilles sont
blanchâtres et cotonneuses en dessous; leur disque est entier,
leur forme ovale, arrondie, et leur surface supérieure lisse
et verte. On donne quelquefois à ce *néflier* le nom de *cognas-
sier nain*. (D.)

J'avois entrepris, pendant que j'étois à la tête des pépinières de Versailles, d'y réunir toutes les espèces de néfliers
qui se cultivent dans les jardins des environs de Paris; et
outre celles indiquées plus haut, on y voyoit les suivantes,
décrites par Willdenow et par d'autres botanistes :

Néflier elliptique,	*Néflier* odorant,
glanduleux,	linéaire,
jaunâtre,	à feuilles de prunier,
à petites feuilles,	de Caroline,
ponctué,	à fruits velus,
ergot de coq,	hétérophylle,
spathulé,	noir.
à feuilles de tanaisie,	

Et celles encore non décrites, que j'ai nommées :

Néflier à feuilles fendues,	*Néflier* bège,
à feuilles en éventail,	à feuilles de prune-
à feuilles lobées,	lier,
à feuilles obovales,	purpurin,
d'Olivier,	à cinq lobes,
d'Orient,	à trois feuilles.

Toutes ces espèces étoient multipliées par la greffe sur
l'aubépine, et tous les ans il en étoit distribué des collections aux établissemens d'instruction et aux amateurs, de
sorte qu'elles sont très-répandues.

Le projet que j'avois formé de rédiger une monographie
de ce genre intéressant, n'a pu s'exécuter par suite des
événemens. (B.)

NÉFLIER DES BOIS. *V.* Néflier commun.

NÉFLIER DES CRÉOLES. C'est, à la Guyane, l'arbre Parinari (*V.* ce mot), décrit par Aublet. (LN.)

NÉFLIER DE NOTTINGHAM. *V.* l'article NÉFLIER COMMUN. (B.)

NÉFLIER PETIT CORAIL. *V.* AUBÉPINE CORAIL. (B.)

NEFRIN. Nom arabe du SUREAU SAUVAGE, selon Avicenne. (LN.)

NEGA. C'est le CERISIER RAGOUMIER. (B.)

NEGABELHA et NEYABELHA. Noms portugais du *Cochlearia coronopus*, appelé vulgairement CORNE DE CERF. (LN.)

NEGDEH. Nom arabe du CHALET D'ORIENT (*Elæagnus orientalis*, L.). (LN.)

NEGEN, NEGIL. Noms hébreu et arabe, qui désignent les roseaux et les graminées en général. (LN.)

NEGEFAR des Egyptiens. C'étoit la plante ARTEMISIA. (LN.)

NEGERKOORN. Nom hollandais du SORGHO. (LN.)

NEGHOBARRA, pl. G 34, fig. 1 de ce Dictionnaire. Tel est le nom qu'un HÉOROTAIRE porte à la Nouvelle-Zélande. *V.* HÉOROTAIRE NEGHOBARRA. (V.)

NEGLIKA et NEGLIKEROS. Noms suédois de l'OEILLET. (LN.)

NEGRAL. *V.* LINOTTE TOBAQUE, article FRINGILLE. (V.)

NÈGRE, *Nigrita*, *Æthiops*, αἰθίοψ. C'est, comme on sait, une race, ou plutôt une espèce distincte d'hommes de couleur noire, à cheveux frisés, à nez épaté, à grosses lèvres, avec des mâchoires prolongées en museau, et qui habite dans la plus grande partie de l'Afrique, de la Nouvelle-Guinée, et dans quelques autres lieux de la terre, où elle a été transportée. Nous avons exposé, à l'article HOMME, les principaux caractères de cette espèce, et nous avons détaillé ses diverses familles : elle compose à peine le quart du genre humain. Nous allons examiner ici la constitution propre du *nègre*, la cause de sa couleur, la nature de l'esprit, des mœurs de ses diverses races, et nous le comparerons à l'espèce blanche d'Europe.

L'explication de la couleur des nègres, la plus généralement admise dès le temps de Boyle, est celle qui l'attribue à la lumière et à la chaleur des climats. On a dit que les habitans de la terre prenoient une couleur d'autant plus basanée et plus brune, qu'ils se rapprochoient davantage de la ligne équatoriale. On nous a montré l'Allemand plus coloré que le Danois et le Suédois, le Français plus hâlé que l'Allemand ou l'Anglais, l'Italien et l'Espagnol encore plus basanés que le Français, le Marocain plus brun que l'Espagnol ; enfin le

Maure, l'Abyssin, se rapprochant par nuances de la couleur noire des habitans de la Guinée.

Mais, quelque concluante que paroisse cette observation, elle n'est certainement pas suffisante, et d'autres viennent la contredire. Cette gradation de couleurs se remarque aussi chez d'autres peuples dans un ordre tout différent ; car, suivant l'explication, il faudroit que tous les peuples de la zone torride fussent noirs, tous ceux des zones tempérées, de couleur plus ou moins brunie, et tous ceux des zones froides, très-blancs : c'est ce qui n'existe pas. En effet, les peuples voisins du pôle arctique, tels que les Lapons, les Samoïèdes, les Esquimaux, les Groenlandais, les Tschutchis, etc., sont fort bruns, tandis que des peuples plus voisins des tropiques, comme les Anglais, les Français, les Italiens, etc., sont beaucoup plus blancs. En outre, tous les hommes n'ont point la même couleur sous le même parallèle, et dans le même degré de chaleur. Par exemple, le Norwégien, l'Islandais sont très-blancs, tandis que le Labradorien, l'Iroquois en Amérique, les Tartares Kirguis, les Baskirks, les Burættes, les Kamtschadales, sont bien plus basanés. Auprès des blanches Circassiennes et des belles Mingréliennes, on rencontre les bruns et hideux Kalmouks, et les Tartares Nogaïs au teint basané. Les Japonais sont bien plus colorés que les Espagnols, quoique leurs pays soient situés à peu près sous la même latitude, et jouissent d'une chaleur assez semblable. Quoiqu'il fasse peut être aussi froid au détroit de Magellan que dans la mer Baltique, les Patagons ne sont pas blancs comme les Danois. On trouve à la terre de Diémen, vers le Cap méridional de la Nouvelle-Hollande, des hommes d'une couleur aussi foncée que les Hottentots ; cependant le climat y est aussi froid pour le moins qu'en Angleterre. La Nouvelle-Zélande, placée à peu près dans la même latitude méridionale, est peuplée d'hommes basanés. Les habitans de la Haute-Asie, situés sous le même parallèle que les Européens, et exposés à la même température, sont beaucoup plus foncés en couleur. Si la chaleur du climat déterminoit les nuances de la peau, pourquoi verrions-nous les habitans des îles de la Sonde, les Malais, les peuples des Maldives, ceux des Moluques, enfin les habitans de la Guyane, et tant d'autres de la zone torride, beaucoup moins colorés que les nègres ? Et cependant il existe des nègres hors de la zone torride, comme les Hottentots du Cap de Bonne-Espérance. Comment pourroit-il se rencontrer à Madagascar une race d'hommes olivâtres et une race de nègres ? Comment se trouveroit-il des peuples blancs entourés de peuples noirs, au sein même de l'Afrique, comme le témoignent les voyagenre (1)? Pourquoi les uns demeurent-ils blancs ou seulement olivâtres, sur la même terre que les nègres habitent, et au même degré de chaleur? Si le climat noircit le nègre, pourquoi ne noircit-il pas également les animaux, par exemple, les singes, les quadrupèdes, etc.? Pourquoi la même température colore-t-elle différemment les hommes du même parallèle terrestre?

Il y a plus: nous voyons parmi nous, dans la même famille, des bruns et des blonds, des personnes à peau très-blanche, et d'autres plus basanées, quoique vivant ensemble d'une manière uniforme et sous le même toit. Les nègres se reproduisent dans nos climats, dans les colonies américaines, sans perdre leur couleur noire. Les colons hollandais établis au Cap de Bonne-Espérance, et vivant presque à la manière des Hottentots, mais sans s'allier avec eux, conservent leur teint blanc depuis plus de deux cents ans. Ceux qui ont écrit que les Portugais établis depuis le xv.ᵉ siècle près de la Gambie et aux îles du Cap-Vert, y étoient devenus noirs, ne peuvent attribuer ce changement qu'aux mariages de ces Européens avec les négresses. On sait, en effet, que les Portugaises périssent presque toutes en Guinée, à cause de l'extrême chaleur qui leur cause des pertes de sang très-dangereuses; et leur grossesse est souvent terminée par des avortemens funestes, ou leurs accouchemens sont suivis d'hémorragies utérines mortelles. Les Portugais n'ont donc pu se propager en ce climat qu'en s'alliant aux femmes du pays; telle est la cause qui les a rendus presque nègres.

Les *négrillons* naissans sont d'une couleur blanche, ou seulement un peu jaunâtre. Quelques parties seulement, telles que le tour des ongles aux pieds et aux mains, et les parties génitales, tirent sur le brunâtre. Peu à peu ils noircissent entièrement au bout de quelques semaines, soit dans les pays froids, soit dans les climats chauds, soit qu'on les expose à la lumière, soit qu'on les renferme dans un lieu sombre. Pourquoi ne restent-ils pas blancs dans les pays froids, et lorsqu'ils sont soustraits à l'éclat du jour? Si la noirceur de leur peau étoit l'effet d'une cause purement occasionelle et extérieure, pourquoi seroit-elle donc héréditaire en tous lieux, et constante dans toutes les générations?

Mais cette couleur noire ne se borne point à la peau du

___

(1) Voyez Adanson, *Hist. nat. du Senegal*, Paris, 1757, in-4.° Les Mahométans établis parmi les nègres depuis plusieurs siècles, mais sans mêler leur sang, ne deviennent pas nègres: les Portugais non plus, selon Demanet, *Afriq. française*, etc., tant qu'ils ne s'allient pas au sang éthiopien.

nègre. Les anatomistes ont observé, et nous l'avons vu nous-mêmes, que le sang de cette espèce d'hommes étoit plus foncé que celui du blanc, que ses muscles ou sa chair étoient d'un rouge tirant sur le brun. La cervelle, qui est grise ou cendrée à l'extérieur dans l'homme blanc, est noirâtre dans les nègres. (Meckel, *Mém. acad. de Berlin*, tom. XIII, p. 69). Des observateurs ont même assuré que ces derniers avoient le sperme noirâtre, dès le temps d'Hérodote (*Histor. Thal.* n.° 101). Toutefois, Aristote a reconnu formellement qu'il étoit de couleur blanche (*lib. 2*, *Gener. animal. c. 2.*) Leur bile est aussi d'une teinte plus foncée que celle du blanc. Ainsi, le nègre n'est donc pas seulement nègre à l'extérieur, mais encore dans toutes ses parties, et jusque dans celles qui sont les plus intérieures, comme nous le prouverons plus en détail dans la suite de cet article.

Ce qui le démontre mieux encore, c'est que sa conformation s'éloigne de la nôtre par des caractères très-essentiels. Sans parler des cheveux crépus et comme laineux des nègres, sans détailler tout ce qui distingue leur physionomie de la nôtre, comme leurs yeux ronds, leur front bombé et couché en arrière, leur nez écaché, leurs grosses lèvres, leur espèce de museau, leur allure éreintée, leurs jambes cambrées, ils présentent surtout dans leur intérieur des singularités frappantes. Sœmmering, Ebel, savans anatomistes allemands, ont fait voir que le cerveau du nègre étoit comparativement plus étroit que celui du blanc, et que les nerfs qui en sortoient étoient plus gros dans le premier que dans le second. Plusieurs autres observateurs ont remarqué, en outre, que la face du nègre se développoit d'autant plus que son crâne se rapetissoit (*V.* Crâne et Cerveau); ce qui donne une différence d'un neuvième de plus, entre la capacité de la tête d'un blanc et celle d'un nègre, comme nous en avons fait l'expérience. M. le baron Palisot de Beauvois, qui a voyagé en Afrique, et moi, en comparant les quantités de liquides que peuvent contenir les crânes des blancs et ceux des nègres, nous avons observé que, chez ces derniers, il se trouvoit jusqu'à neuf onces de moins que dans les crânes des Européens. Consultez l'art. Homme.

Ces remarques sur les proportions entre le crâne et la face du nègre, entre la grosseur comparative de son cerveau et de ses nerfs, nous offrent des considérations très-importantes. En effet, plus un organe se développe, plus il obtient d'activité et de puissance; de même, à mesure qu'il perd de son étendue, cette puissance est diminuée. On voit donc que si le cerveau se rapetisse, et si les nerfs qui en sortent grossissent, le nègre sera moins porté à faire usage de sa pensée, qu'à se livrer, à ses appétits physiques, tandis qu'il en sera tout autrement dans le blanc. Le nègre a les organes de l'odorat et du goût plus développés que le blanc ; ces sens auront donc une plus grande influence sur son moral, qu'ils n'en ont sur le nôtre ; le nègre sera donc plus adonné aux plaisirs physiques, nous à ceux de l'esprit. Chez nous, le front avance et la bouche semble se rappetisser, se reculer, comme si nous étions destinés à penser plutôt qu'à manger ; chez le nègre, le front se recule et la bouche s'avance, comme s'il étoit plutôt fait pour manger que pour réfléchir. Ceci se remarque à plus forte raison dans les bêtes : leur museau s'avance, comme pour aller au-devant de la nourriture ; leur bouche s'agrandit comme si elles n'étoient nées que pour la gloutonnerie ; leur cervelle diminue de volume, et se retire en arrière; la pensée n'est plus qu'en second ordre. Nous voyons à peu près la même chose ailleurs. Ces personnes si adonnées au plaisir de la table, ces énormes mangeurs, ces gourmands crapuleux qui semblent ne vivre que par la bouche, sont comme hébêtés ; ils ne connoissent que la bonne chère, et digérant toujours, ils deviennent presque incapables de réfléchir. Caton l'ancien disoit : A quoi peut être bon un homme qui est tout ventre depuis la bouche jusqu'aux parties naturelles ? Il est certain que les organes de la pensée s'affoiblissent d'autant plus que les organes de la nutrition se fortifient davantage ; aussi les hommes d'esprit ont tous un estomac foible.

De même, les membres et les sens ne se perfectionnent beaucoup à l'extérieur qu'aux dépens des facultés intellectuelles. Il semble que le cerveau du nègre se soit écoulé en grande partie dans ses nerfs, tant il a les sens actifs et les fibres mobiles : il est tout en sensations. Chacun sait que ces hommes ont une vue perçante, un odorat extrêmement fin, une ouïe très-sensible à la musique ; leur goût est sensuel, et ils sont presque tous gourmands ; ils ressentent l'amour avec de violens transports ; enfin, par leur agilité, leur dextérité, leur souplesse et leurs facultés imitatives dans tout ce qui dépend du corps, ils surpassent tous les autres hommes de la terre. Ils excellent principalement dans la danse, l'escrime, la natation, l'équitation ; ils font des tours d'adresse surprenans ; ils grimpent, sautent sur la corde, voltigent avec une facilité merveilleuse et qui n'est égalée que par les singes, leurs compatriotes et peut-être leurs anciens frères, selon l'ordre de la nature. Dans leurs danses, on les voit remuer à la fois toutes les parties de leur corps ; ils y sont infatigables. Ils distingueroient un homme, un vaisseau en mer, dans un tel éloignement, que les Européens pourroient à peine les apercevoir avec des lunettes à longue vue. Ils sentent de très-loin un serpent, et suivent souvent à la piste, comme les chiens, les animaux qu'ils chassent. Le moindre bruit n'échappe point à leur oreille : aussi les nègres marrons ou fugitifs savent très-bien sentir de loin et entendre les blancs qui les poursuivent. Leur tact est d'une finesse étonnante ; mais parce qu'ils sentent beaucoup, ils réfléchissent peu ; ils sont tout entiers dans leurs sensations, et s'y abandonnent avec une espèce de fureur. La crainte des plus cruels châtimens, de la mort même, ne les empêche pas de se livrer à leurs passions. On en a vu s'exposer aux plus grands périls, supporter les plus étranges punitions, pour voir un instant leur maîtresse. Sortant d'être déchirés sous les fouets de leur maître, le son du *tam-tam*, le bruit de quelque mauvaise musique les fait tressaillir de volupté. Une chanson monotone, fabriquée sur-le-champ de quelques mots pris au hasard, les amuse pendant des journées, sans qu'ils se lassent de la répéter. Elle les empêche même de s'apercevoir de la fatigue ; le rhythme du chant les soulage dans leurs travaux et leur inspire de nouvelles forces. Un moment de plaisir les dédommage d'une année de peines. Tout en proie aux sensations actuelles, le passé et l'avenir ne sont rien à leurs yeux ; aussi leurs chagrins sont passagers, et ils s'accoutument à leur misère, la trouvant même supportable quand ils ont un instant d'agrément. Comme ils suivent plutôt leurs sens et leurs passions que la raison, ils sont extrêmes en toutes choses ; agneaux quand on les opprime, tigres quand ils sont maîtres. Leur esprit va sans cesse, selon l'expression de Montaigne, de la cave au grenier. Capables d'immoler leur vie pour ceux qu'ils aiment (et on en a vu plusieurs se sacrifier pour leurs maîtres), ils peuvent, dans leur vengeance, massacrer leur maîtresse, éventrer leurs femmes et écraser leurs enfans sous les pierres. Rien de plus terrible que leur désespoir, rien de plus sublime que leur amitié. Ces excès sont d'autant plus passagers qu'ils sont portés plus loin : de là vient la facilité qu'ont les nègres de changer rapidement de sensations, leur violence s'opposant à leur durée. Pour ces hommes, il n'y a pas d'autre frein que la nécessité, et d'autre loi que la force ; ainsi l'ordonnent leur constitution et la nature de leur climat.

Si les nègres ont entre eux moins de rapports moraux, tels que ceux de l'esprit, des pensées, des connoissances, des opinions religieuses et politiques ; en revanche ils ont plus de rapports physiques, ils se communiquent davantage leurs affections, ils se pénètrent mieux d'une même âme : plus facilement émus entre eux, ils partagent en un instant les sentimens de leurs semblables, et épousent leur parti sur-le-champ. Ce qui frappe leurs sens les subjugue, tandis que ce qui frappe leur raison la trouve indifférente : aussi les négresses s'abandonnent à l'amour avec des transports inconnus partout ailleurs : elles ont des organes sexuels larges, et ceux des nègres sont gros proportionnellement : car les parties de la génération acquièrent autant d'activité dans les hommes, pour l'ordinaire, que leurs facultés intellectuelles perdent de leur énergie. (*Voyez* Jefferson, *notes sur la Virginie*, etc.)

Comme la foiblesse de l'âme est la suite d'une semblable complexion, le nègre a dû être naturellement timide ; et la petitesse de l'esprit engendre la fourberie, le mensonge, la trahison, vices ordinaires des esclaves et des caractères pusillanimes. Ne pouvant pas agir par la force, ils se dédommagent par de ténébreuses machinations et par des complots. Ils volent, parce qu'ils n'ont pas le droit de jouir de beaucoup de choses ; ils sont envieux, jaloux et orgueilleux, rampans dans l'adversité, insolens dans la prospérité : c'est une suite de l'esprit de servitude. Ils aiment aussi le faste, la dépense, le jeu, la bonne chère ; ils recherchent surtout les vêtemens les plus brillans, et poussent le luxe à l'excès quand la fortune les a émancipés. Ces vices sont communs à la plupart des méridionaux et aux esprits foibles. Ce qui le témoigne encore mieux, c'est que les Africains sont très-superstitieux ; ils n'ont, dans le vrai, aucune religion, si ce n'est une crainte puérile des *mauvais esprits*, des sorciers, des devins ; et un culte ridicule de quelques marmousets, appelés *fétiches*, *gri-gris*, ou l'adoration de certains animaux, tels que des serpens, des crocodiles, des lézards, des oiseaux, etc. Quelques peuplades nègres ont reçu la circoncision des Arabes, et se croient de la religion mahométane sans la connoître. Pour une bouteille d'eau-de-vie, on va faire embrasser toute religion possible à un habitant du Sénégal, sauf à l'en faire dédire le lendemain pour la même rétribution : ils ne connoissent pas de plus sûr argument. On ne prouve rien à un nègre de ce qui ne le frappe pas immédiatement ; il répétera tout ce que vous voudrez. Son esprit a trop peu de portée pour songer à l'avenir, et trop d'indolence pour s'en inquiéter.

Cette insouciance naturelle est encore une suite de la constitution du nègre ; car, bien qu'elle se trouve chez tous les hommes peu civilisés, elle est cependant plus frappante dans celui-ci. C'est en effet la civilisation qui, avivant nos désirs et multipliant nos besoins, nous inspire cette éternelle inquiétude, cette démangeaison de l'ambition qui nous pousse à nous surpasser tous les uns les autres, et qui nous rend toujours mécontens de notre destinée présente. Le sauvage, au contraire, désire très-peu, et borne ses besoins au seul nécessaire. L'Africain pousse encore plus loin l'apathie et l'imprévoyance de l'avenir. Les vaisseaux négriers qui font la traite des esclaves ont toujours quelques musiciens à bord, pour faire oublier aux nègres toute la misère de leur état. Certainement, qu'un Européen songe si la musique pourroit lui plaire lorsqu'il se verroit enchaîné à fond de cale, maltraité, mal nourri, et exposé à finir ses jours dans l'esclavage et la misère. Il y a plus, c'est que les nègres qu'on emmène sont très-persuadés que les blancs les doivent manger; et cependant ils s'y résignent. L'avenir n'est rien pour eux, ils ne voient que le présent, et pourvu qu'ils ne soient pas réduits au désespoir, ils supportent leurs maux : heureuse insouciance, qui ôte aux misérables les tristes pensées de leur malheur! C'est ainsi que le vin, l'eau-de-vie, et quelques nourritures, font oublier à nos pauvres la plupart de leurs infortunes, tandis qu'il faut de grands efforts de courage aux riches et aux puissans du monde pour soutenir le poids de leurs adversités.

On a beaucoup agité, dans ces derniers temps, la question du degré d'intelligence des nègres; il nous paroît que quelques auteurs l'ont trop exagérée, et d'autres trop dépréciée dans le système que chacun d'eux avoit embrassé. Pour mieux découvrir, à cet égard, la vérité, détachons cette question de tout rapport avec l'esclavage ou la liberté des noirs; et en effet, fussent-ils nés stupides, il ne s'ensuivroit aucunement qu'on dût les asservir, puisque les rangs des sociétés humaines ne sont pas relatifs au degré d'intelligence de chaque individu, et puisqu'un prince peut tomber dans l'idiotisme ou la démence sans perdre ses titres et ses droits héréditaires. Combien de grands deviendroient petits, si l'on devoit classer chacun d'après son esprit ou ses mérites!

Les amis des noirs, par des sentimens philanthropiques qui honorent leur cœur, ont pris à tâche de rehausser le génie du nègre; ils soutiennent qu'il est d'une capacité égale à celui des blancs, mais que le défaut d'éducation et l'état d'abrutissement dans lequel croupissent de malheureux esclaves sous le fouet des colons, compriment nécessairement le développement de leur intelligence. Placez de jeunes nègres, disent-ils, dans nos colléges avec tous les secours qu'une fortune et une éducation libérale prodiguent à nos enfans, et vous jugerez ensuite. En attendant, divers auteurs ont recueilli les exemples des nègres qu'un talent naturel avoit créés poëtes, philosophes, musiciens, artistes plus ou moins distingués. Blumenbach assure avoir lu des poésies latines et anglaises dues à des nègres, et que des littérateurs européens eussent été jaloux d'avoir produites (*Magaz. für. physik. und nat. hist.*, Gotha, tom. IV, Band. III, p. 5 et 8; et *Gotting. Magaz.*, tom. IV, p. 421.)

Brissot a vu dans l'Amérique septentrionale des nègres libres, exerçant avec succès des professions qui réclament beaucoup d'intelligence et de savoir, telles que la médecine; un noir faisoit sur-le-champ, de force de tête seule, des calculs prodigieux. Le célèbre évêque Grégoire a composé un *Traité sur la littérature des nègres*, et parmi les preuves multipliées qu'il offre de leurs travaux dans toutes les carrières du savoir, il cite aussi plusieurs négresses; on remarque surtout dans ce nombre Philis Weathley, qui, transportée dès l'âge de sept ans de l'Afrique en Amérique, puis en Angleterre, y apprit bientôt les langues anglaise et latine. A l'âge de dix-neuf ans, elle publia un recueil de poésies anglaises estimées. Le docteur Beattie (*Essay on truth*, etc.), ne trouve le nègre inférieur en rien aux blancs, ainsi que Clarkson. Le Suédois Wadstrom, qui les observa sur les côtes d'Afrique, les reconnut susceptibles de diriger des manufactures d'indigo, de sel, de savon, de fer, etc. Leurs vertus sociales, ajoute le docteur Trotter, sont au moins égales aux nôtres; on les voit constamment hospitaliers et sensibles pour ces mêmes blancs qui les tyrannisent.

Quoiqu'il paroisse toujours quelque air d'injustice à poser la limite de l'esprit, surtout à l'égard d'infortunés que l'on s'autorise à condamner à l'esclavage, sous prétexte de cette infériorité d'intelligence, le devoir du naturaliste lui impose cependant l'obligation de discuter une question aussi importante. Hume (*Essays*, XXI, p. 222, note M), Meiners et beaucoup d'autres ont soutenu que la race nègre étoit fort inférieure à la race blanche par rapport aux facultés intellectuelles. Ils sont en cela d'accord avec les observations des anatomistes déjà cités (Sœmmering, et aussi MM. Cuvier, Gall et Spurzheim), comme avec les nôtres, puisque la capacité du cerveau, chez tous les nègres qu'on a pu examiner, se trouve généralement moins considérable que chez les blancs. Blumenbach a reconnu que les crânes de la race kalmouke ou mongole, et ceux des Américains, quoique déjà plus étroits que ceux des Européens (*Voyez ses Decad. cranior. divers. gent.*), étoient encore plus étendus que ceux des Africains.

Mais, indépendamment de ce fait constaté, dont l'empreinte est même manifeste sur le front abaissé du nègre, consultons l'histoire de son espèce sur tout le globe.

Quelles sont les idées religieuses auxquelles il a pu s'élever de lui-même sur la nature des choses? Elles sont l'un des plus sûrs moyens d'évaluer la capacité intellectuelle. Nous le voyons partout prosterné devant de grossiers fétiches, adorant tantôt un serpent, une pierre, un coquillage, une plume, etc., sans s'élever même aux idées théologiques des anciens Egyptiens ou d'autres peuples adorateurs des animaux, comme emblèmes de la Divinité.

Dans les institutions politiques, les nègres n'ont rien imaginé, en Afrique, au-delà du gouvernement de la famille et de l'autorité absolue, ce qui n'annonce aucune combinaison.

Par rapport à l'industrie sociale, ils n'y ont jamais fait d'eux seuls les moindres progrès; ils n'ont pas bâti de villes, de grands édifices, comme l'ont exécuté les Egyptiens, même pour se soustraire aux ardeurs du soleil; ils ne s'en garantissent nullement par des tissus légers, comme sont les Indiens; ils se contentent de cabanes et de l'ombrage des palmiers. Ils n'ont donc point d'arts, point d'inventions qui charment les ennuis de leurs loisirs sur un sol si riche. Ils n'ont pas même les jeux ingénieux des échecs inventés par les Indiens, ni ces contes amusans des Arabes, fruits d'une imagination féconde et spirituelle. Placés à côté des Maures, des Abyssins, peuples de race originairement blanche, les nègres en sont méprisés, comme stupides et incapables; aussi les trompe-t-on toujours dans les échanges commerciaux; on les dompte, on les soumet en présence de leurs compatriotes même, sans qu'ils aient l'esprit de s'organiser en grandes masses, pour résister, et de se discipliner en armée; aussi sont-ils toujours vaincus, obligés de céder le terrain aux Maures. Ils ne savent point se fabriquer d'armes autres que la zagaie et la flèche, foibles défenses contre le fer, le bronze et le salpêtre.

Leurs langages très-bornés manquent de termes pour les abstractions. Ils ne peuvent rien concevoir que des objets matériels et visibles; aussi ne pensent-ils guère loin dans l'avenir, comme ils oublient bientôt le passé; sans histoires, ils n'avoient pas même une écriture de signes ou d'hiéroglyphes; les Arabes mahométans ont enseigné à plusieurs l'alphabet; cependant leurs langues n'ont presque point de combinaisons grammaticales.

Leur musique est sans harmonie, et quoiqu'ils y soient très-sensibles, elle se borne à quelques intonations bruyantes, sans former une série de modulations expressives. Avec des sens très-parfaits, ils manquent de cette attention qui les emploie, de cette réflexion qui porte à comparer les objets, pour en tirer des rapports, en observer les proportions.

Des faits particuliers d'intelligence remarquable chez des nègres (comme tous ceux cités par les auteurs), ne prouveront que des exceptions, tant que des nations nègres ne se ci-

viliseront pas d'elles seules, comme l'a fait d'elle-même la
race blanche. Le temps et l'espace ne manquent point à
l'Africain; cependant il est resté brut et sauvage, lorsque les
autres peuples de la terre se sont plus ou moins élancés dans
la noble carrière de la perfection sociale. Aucune cause politique ou morale ne retient l'essor du nègre en Afrique,
comme celles qui enchaînent l'esprit du Chinois; le climat
de l'Afrique a permis un assez grand développement intellectuel aux anciens Egyptiens; il faut donc conclure que la
médiocrité perpétuelle de l'esprit, chez les nègres, résulte de
leur conformation seule; car dans les îles de la mer du Sud,
où ils se trouvent avec la race malaie, également sauvage,
ils lui restent encore inférieurs, sans en être asservis. (*Voyez*
Forster, *Obs. sur l'espèce hum.*, dans les *Voy.* de Cook.)

Les auteurs qui veulent expliquer cette infériorité par une
prétendue dégénération que l'espèce humaine auroit subie
en Afrique d'un excès de chaleur, et par des nourritures grossières, peuvent contempler des nègres très-robustes, très-
bien constitués, soit en Afrique, soit dans les colonies ou
partout ailleurs, sans que la dimension de leur cerveau et
leurs facultés y gagnent davantage.

Tout annonce donc que les nègres forment non-seulement
une race, mais sans doute une espèce distincte de tout temps,
comme la nature en a créé parmi les autres genres d'êtres vivans. On a élevé avec soin des nègres, on leur a donné la
même éducation dans des écoles et des colléges, qu'aux
blancs, et ils n'ont pas pu cependant pénétrer dans les connoissances humaines au même degré que ceux-ci.

Les nègres sont de grands enfans : parmi eux il n'y a point
de lois, point de gouvernement fixe. Chacun vit à peu près
à sa manière; celui qui paroît le plus intelligent ou qui est le
plus riche, devient juge des différends, et souvent il se fait
roi; mais sa royauté n'est rien, car bien qu'il puisse quelquefois opprimer ses sujets, les faire esclaves, les vendre,
les tuer, ils n'ont pour lui aucun attachement, ils ne lui
obéissent que par force, ils ne forment aucun état, ils ne se
doivent rien entre eux. Seulement, comme ils sont glorieux,
ils aiment à se distinguer par la parure; ils créent entre eux
des rangs, ils recherchent les fêtes, les cérémonies, ils veulent briller, paroître avec éclat; ils sont jaloux de leurs ordres, et ravis d'attirer sur eux les regards de la multitude.
C'est la marque ordinaire des esprits qui n'ont pas d'autre
mérite que celui conféré par la richesse ou le pouvoir. Les petites guerres qu'ils se font en Afrique se réduisent à quelques
batteries à coups de bâtons, de piques et de flèches; et souvent la campagne commencée le matin, est terminée le soir

par la paix. Les nègres aiment les appareils guerriers, ils sont
fanfarons ; mais quand il en faut venir à l'effet, ils sont les
plus timides des hommes, à moins qu'on ne les réduise au
désespoir, ou que la vengeance ne les rende furieux; alors ils
se font hacher plutôt que de céder; ils poussent la férocité à
une rage effrénée et inconnue dans nos climats plus temperés; heureusement c'est un feu de courte durée. Au reste,
ils attachent peu de gloire aux conquêtes, parce que le vainqueur est aussi simple, aussi ignorant que le vaincu, et qu'ils
restent toujours dans la même sottise qu'auparavant.

Un nègre, courtier d'esclaves pendant sa jeunesse, avoit
fait, dans un âge plus mûr, un voyage en Portugal. «Ce qu'il
« voyoit, dit Raynal, ce qu'il entendoit dire, enflamma son
« imagination, et lui apprit qu'on se faisoit souvent un grand
« nom en occasionant de grands malheurs. De retour dans
« sa patrie, il se sentit humilié d'obéir à des gens moins
« éclairés que lui. Ses intrigues l'élevèrent à la dignité de
« chef des Akanis, et il vint à bout de les armer contre leurs
« voisins. Rien ne put résister à sa valeur, et sa domination
« s'étendit sur plus de cent lieues de côtes, dont Anamabou
« étoit le centre. Il mourut, personne n'osa lui succéder,
« et tous les ressorts de son autorité se relâchant à la fois,
« chaque chose reprit sa place. » *Hist. philos.*, l. XI.

Ces peuples des côtes d'Afrique, chez lesquels se faisoit
la traite, ont divers gouvernemens. On y voit tantôt une monarchie absolue, tantôt une sorte d'aristocratie. Le pouvoir
illimité des chefs a droit sur la vie même; mais dans l'exercice des jugemens au criminel, les condamnations alloient
plutôt à l'esclavage qu'à la mort, par commutation de peine,
à cause du profit qu'ils tiroient des ventes d'esclaves aux
Européens (Edwards, *History of the west Indies*, t. 2). Si
l'imperfection des nègres empêche l'établissement d'un despotisme durable parmi eux, comme chez les Indiens, c'est
encore un avantage qu'ils tiennent de la nature, puisque la
science et la plus grande capacité d'esprit des autres hommes
sont employées si souvent à fonder des institutions tyranni-
ques et à ourdir un réseau de lois multipliées, pour enlacer
plus habilement les peuples.

On ne peut agir sur les nègres qu'en captivant leurs sens
par les plaisirs, ou en les frappant par la crainte : ils ne travaillent que par besoin ou par force. Se contentant de peu
de chose, leur industrie est bornée et leur génie reste sans
action, parce que rien ne les tente que ce qui peut satisfaire
leurs sens et leurs appétits physiques. Comme leur caractère a
plutôt de l'indolence que de l'activité, ils paroissent plus propres à être conduits qu'à conduire les autres, et plutôt nés

pour l'obéissance que pour la domination. Il est rare d'ailleurs qu'ils sachent bien commander, et l'on a remarqué qu'ils se montroient alors despotes capricieux, et d'autant plus jaloux de l'autorité, qu'ils étoient plus esclaves. Ce dernier caractère n'est point exclusif aux nègres, car il est reconnu par expérience que les meilleurs esclaves deviennent toujours les plus mauvais maîtres en tout pays, parce qu'ils veulent se dédommager en quelque sorte sur les autres de tout le mal qu'ils ont souffert. C'est ainsi qu'on a dit de Caligula, empereur romain, qu'il avoit été le meilleur des valets et le pire des maîtres. Ce caractère est donc surtout l'effet de leur esclavage, et non pas celui d'un mauvais naturel ; le propre de la servitude est de dégrader les âmes. Les misérables sont sensibles, généreux, hospitaliers entre eux, mais durs et impitoyables envers les heureux qu'ils regardent comme autant d'ennemis. Un pauvre nègre partagera son pain, son lit avec son semblable ; il s'exposera aux plus grands périls pour sauver la vie à un esclave fugitif ; il défendra jusqu'à la mort un inconnu dont l'infortune l'aura touché : mais ce nègre si sensible sera peut-être cruel, impitoyable envers son maître ; c'est l'instinct de tous les malheureux ; il leur semble que le bonheur des autres soit fait à leurs dépens. Au reste, le nègre, lorsqu'il n'est point soumis à cet odieux et avilissant esclavage qui le dégrade, a le cœur excellent ; rempli de générosité, d'attachement sincère et de sensibilité : ses chaînes ne lui ôtent pas toutes ses vertus. Quand il aime, il ne se borne point à des démonstrations extérieures, il le prouve par les effets ; il est capable de donner son sang pour ceux qu'il chérit. Rarement il est avare ; au contraire, il partage le fruit de ses travaux avec ses amis ; il a toutes les vertus des âmes simples. Naturellement doux, prévenant, fidèle, quand on ne le révolte point par d'infâmes traitemens, il s'attache à ses maîtres, il les soigne, il prend leurs intérêts ; rien ne le rebute, il chérit leurs enfans comme les siens propres ; il s'exposeroit au feu et à l'eau pour les préserver du danger. On a vu des exemples héroïques de leur attachement ; plusieurs ont donné leur vie pour sauver celle de leurs maîtres ; plusieurs n'ont pas voulu leur survivre. Quiconque est aimé des nègres peut tout attendre d'eux : il en est même qui ont pratiqué le plus difficile précepte de la morale, celui de faire du bien à ses ennemis, de confondre l'ingrat par de nouveaux bienfaits. Combien n'en a-t-on pas vu qui, déchirés sous le fouet de leur barbare maître, venoient encore lui offrir le reste de leur sang et de leur vie pour garantir ses jours ? Combien d'eux n'ont-ils pas payé les tourmens qu'on leur fait subir, par des preuves d'un dévouement intrépide ? Ils savoient pardonner l'offense et répondre à la dureté du cœur par la magnanimité. Dans la dernière des conditions, ils donnoient aux puissans l'exemple des plus sublimes vertus ; ils montroient que si la fortune les avoit privés de ses dons, ils étoient dignes de les obtenir. Contens d'avoir pratiqué le bien sur la terre, ils mouroient pauvres et sans gloire, mais fiers de leur destinée, et ne laissant à leurs enfans que l'exemple de leur vie, au lieu du pain qu'ils ne pouvoient leur donner.

Tels sont les hommes que les Européens ont opprimés, et qu'ils calomnient, aujourd'hui même encore, que les progrès universels de la vraie philanthropie ont fait abolir chez plusieurs nations la traite de ces malheureux. Ils sont paresseux, dit-on : et de quel droit les forcez-vous à des travaux dont ils n'obtiennent pour profit que des coups ? Ils sont intempérans, débauchés, soit ; mais quel mal en résulte pour vous ? Ils n'ont point de religion, point de lois chez eux : est-ce un motif pour les asservir, pour les aller dérober au sein de leur patrie, les arracher des bras de leur famille, pour les enchaîner, et les traînant dans de lointains climats, les forcer à se courber sous le fouet menaçant, à engraisser de leurs sueurs une terre brûlante, et y multiplier, sans récompense, la canne à sucre, le café, le coton, l'indigo, qui ne sont pas pour eux ? Vous abusez de la force pour tyranniser le foible, et l'intérêt invente des sophismes pour justifier cet abus du pouvoir. A peine est-il permis d'élever la voix en faveur du misérable, et c'est devenir presque criminel que de réclamer pour le nègre un peu d'humanité. Sans doute, il n'est pas né pour être entièrement libre, son caractère physique et moral l'a suffisamment démontré ; sans doute, en demandant l'adoucissement de sa misère, on est loin de vouloir justifier les crimes horribles qu'une licence effrénée lui a fait commettre, quoiqu'ils n'aient été peut-être que les représailles de ce qu'il avoit souffert ; mais, du moins, pourquoi ne pas rendre supportable la destinée de ces infortunés ? Quelle idée nous donnent de leur cœur ces hommes si sensibles en apparence, qui remplissent le monde de leurs cris quand on les égratigne, et qui ferment les yeux quand on massacre des milliers d'Africains ?

De l'esclavage de l'espèce humaine en général.

Puisque par toute la terre et chez tous les hommes, il existe une telle différence de rang et de pouvoir que les uns sont maîtres et les autres plus ou moins assujettis ou esclaves ; puisque l'espèce nègre en particulier s'est constamment soumise aux races blanches partout où elle s'est trouvée en relation avec elles, cherchons si la servitude des hommes et celle des animaux peut être conforme à la nature. Une telle question n'appartient pas moins à la zoologie qu'à la politique, si l'on veut l'envisager philosophiquement.

Les partisans de l'esclavage soutiennent, avec Aristote, *Polit., l.* 1, *ch.* 1, qu'il y a des *esclaves par nature*, des êtres inférieurs en intelligence ou incapables de se gouverner, comme sont les enfans, et par cette raison, condamnés naturellement à la subordination envers leurs parens ou leurs tuteurs. Solon à Athènes, Romulus, à Rome, avoient même donné aux pères droit de vie et de mort sur leurs enfans ; il en fut ainsi chez les Perses, bien qu'Aristote flétrisse cette coutume du nom de tyrannie (*Moral. nicom.* l. VIII, c. 12). Il en étoit encore ainsi chez d'autres peuples dont la législation fut estimée. (Dion. Prosæus, *orat.* XV.)

A quel titre, ajouteront des naturalistes, posséderions-nous l'empire sur des animaux, si ce n'étoit par cette supériorité d'intelligence et d'adresse que nous accorda la nature manifestement, comme à des maîtres pour gouverner toutes les créatures ? si notre empire est légitime, si l'ordre éternel a voulu que les foibles, les incapables d'esprit se soumissent aux plus forts et aux plus intelligens, leurs protecteurs nés, la femme à l'homme, le jeune au plus âgé ; de même le nègre moins intelligent que le blanc, doit se courber sous celui-ci, tout comme le bœuf ou le cheval, malgré leur force, deviennent les sujets de l'homme : ainsi l'a prescrit la destinée.

Et ne voyez-vous point, parmi diverses espèces d'animaux, les mâles se faire obéir des femelles et de leurs petits ? Mais de plus, chez diverses petites républiques d'insectes, n'y trouvez-vous pas des guerriers, des défenseurs, et en même temps des maîtres, comme chez les termites (*termes fatale*), et les fourmis amazones, dont M. Huber a décrit les conquêtes, les victoires ? Leurs nombreux ilotes ou les prisonnières de guerre ne sont-elles pas condamnées à nourrir leurs dominateurs, à leur élever des édifices, ainsi qu'à prendre soin de leur progéniture ? La nature admet donc, ou plutôt elle établit même l'inégalité des races et des espèces ; elle soumet la brebis au loup, comme elle place au-dessus du chien et d'autres animaux, l'homme, leur modérateur suprême. Le monde est une vaste république où les rangs de chacun sont assignés ; les êtres finissent nécessairement par s'y caser et s'y coordonner d'après leur valeur relative, leur puissance réciproque ; comme dans un mélange d'élémens de pesanteurs diverses, chacun d'eux tombe ou s'élève au degré qui lui appartient.

Que prétendent donc, poursuivront ces mêmes philoso-

phes, les défenseurs d'une égalité chimérique? Que si elle
existoit, le monde même ne pourroit pas subsister. Otez-nous
tout empire sur les animaux, voilà l'agriculture détruite ;
voilà l'homme réduit à vivre dans les bois, de racines sauvages. Otez toute différence entre les individus, partagez également tous les biens, personne ne voudra plus travailler l'un
pour l'autre ; tout demeure anéanti, faute de mobile, soit
de richesse, soit de distinction ; car qui voudroit exceller,
s'il n'est pas possible de jouir des avantages que procure la
supériorité de l'industrie et du travail? Ainsi une parfaite et
constante égalité est impossible, ou ne promet que l'inertie
du tombeau. La nature, plus sage, a donc voulu qu'il y eût
des foibles et des forts, afin que ceux-ci protégeassent les
premiers, ou s'en servissent pour l'utilité commune. Dites-
nous si aucun peuple, si aucun homme pourroit s'élever à
un degré de perfection et de civilisation fort avancées, sans
le secours de ces instrumens animés tels que les bestiaux, et
la domesticité des hommes ou leur esclavage? Ces merveilleux
monumens des Égyptiens, des Romains et d'autres grands
peuples, étoient-ils exécutables, sans des milliers de bras esclaves? et l'Europe ne doit-elle pas la splendeur et l'étendue
de sa puissance moderne à ces colonies, à ces travaux de
tant de nations exploitées par nous dans les diverses parties
du monde, pour que le citadin riche de Paris ou de Londres jouisse de toutes les délices de la vie civilisée?

Qu'un tel arrangement semble injuste, cela se peut ; mais
est-il moins injuste au lion de dévorer l'innocente gazelle, et
à l'homme d'immoler le bœuf laborieux après tant de fatigues pour cultiver nos campagnes? Cependant la nature n'a-
t-elle pas sanctionné pour ainsi dire ces atrocités?

On voit que nous n'affoiblissons pas les objections qu'on
peut élever contre la liberté de l'homme.

Nous devons répliquer que quoique la nature ait dû établir
une hiérarchie d'animaux, l'homme ou la créature supérieure,
étant la première, la maîtresse d'elle et des autres, se
trouve essentiellement libre et souveraine de ses volontés. Elle
ne peut relever que de la Divinité ; elle a tout empire sur
les brutes, sans doute ; mais par cela seul que rien n'est
au-dessus de nous que Dieu, l'homme ne peut naître absolument subordonné ou esclave, comme l'est l'animal.

Ce n'est en effet que par une fiction, ou par une absurde
concession, qu'on a osé dire *servi nascuntur*, ou que des enfans
naissent esclaves, leurs parens fussent-ils esclaves de leur
propre gré. Quelle contrée barbare que celle où le sein maternel est frappé de servitude! Rien au monde peut-il justifier l'attentat de donner des fers à cet innocent qui en sort?

Grotius dit qu'il doit le salaire de la nourriture à son maître, et qu'il ne peut du moins s'y soustraire à l'avenir, sans le rembourser (*De jure pacis ac belli*, l. 2, c. 5); mais quelle transaction cet enfant avoit-il faite? et doit-il aussi le prix du sang et du lait empruntés à sa mère? car enfin c'est une partie de la possession du maître. Jeune infortuné, aviez-vous demandé la vie? Payez, s'il le faut, par le travail, votre nourriture; mais quelles lois divines et humaines peuvent ensuite vous retenir dans les chaînes?

La guerre, ou la misère, dira-t-on, vont réduire bientôt à la condition servile cet être indépendant, s'il veut conserver sa vie. N'y a-t-il donc pas d'autre loi entre les hommes que la force? Mais alors la force lui répond et la parité des périls et des chances exclut toute puissance de droits civils. Le Spartiate, prisonnier de guerre, se dit *captif* et non pas *esclave*; vaincu aujourd'hui, il peut triompher demain; or l'abus de la force n'imprime aucune validité aux transactions obligées: elles sont cassables par la même violence qui les impose. Ce droit d'esclavage que tous les anciens faisoient dériver de la guerre, n'a donc aucune autorité légale, comme l'ont remarqué Montesquieu (*Esprit des Lois*, liv. xv, ch. 2, sq.) et Blackstone (*Comment.*, Book 1, c. 14, etc.).

Mais enfin vous naissez sans fortune, il n'y a point pour vous d'existence possible sans travail. J'y consens; le sort de l'homme est de s'occuper. L'on peut louer ses bras: cette servitude est du moins volontaire; c'est l'état de domesticité des modernes; toutefois un maître injuste ne peut me retenir. Chez les Juifs, on s'engageoit pour sept ans, ou le jubilé délivroit; un œil crevé, une dent cassée par un maître brutal, valoit l'affranchissement à l'esclave.

Il y a des inégalités naturelles entre les hommes; et il en faut d'artificielles dans la société: qui le nie? mais elles se compensent les unes par les autres: l'homme fort a été un enfant, et la nature lui dicte d'en respecter la foiblesse; il a été ou peut être malheureux; et la fortune est-elle si constante qu'on doive, en toute sûreté, être insolent dans la prospérité? Quelle que soit la haute naissance, n'est-ce pas le hasard qui nous y place et qui doit empêcher de s'y enorgueillir? Que l'esclave Tamas-Kouli-Khan, élevé sur le trône de Perse, nous apprenne s'il fut plus heureux et plus libre au milieu des conspirations et des embûches; que Sixte-Quint nous dise s'il n'a point acheté assez la tiare pontificale par quarante années d'hypocrisie et de contrainte: pour moi, je trouve préférable le sort de l'esclave Epictète à celui de Néron sur un trône, regorgeant d'or et de pouvoir, mais souillé des crimes les plus noirs et les plus infâmes, qui font sa honte éternelle dans la postérité.

L'esclave et le maître sont dans un état d'ailleurs si peu conforme à la nature, qu'ils se corrompent mutuellement, l'un par l'abus de toutes ses volontés, l'autre par sa bassesse, pour captiver les passions de son dominateur. Au contraire, une plus grande égalité retient les actions ou les prétentions des autres hommes dans de justes limites.

Le christianisme, à cet égard, d'accord avec la philosophie (Paul, *Epist. ad Coloss.* IV, 1; et *Ephes.* VI, 9) présente la Divinité comme égale pour tous les hommes, et comme dit Sénèque, *Epist.* XLVII : *Servi sunt, imò homines; servi sunt, imò contubernales; servi sunt, imò amici; servi sunt, imò conservi.* Ne sommes-nous pas tous plus ou moins co-serviteurs les uns des autres sur la terre ?

Le terme d'*esclave* vient, parmi les modernes, de *slavus*, esclavon, peuples originaires de Tartarie ou ancienne Scythie que Charlemagne, leur vainqueur, condamna à un perpétuel emprisonnement, disent Vossius et Ménage. De même les *servi* des Romains n'étoient que des prisonniers de guerre conservés (*servus*, de *servare*); on les nommoit aussi *mancipia* (*quasi manu capti*) pris à la main. *Jure gentium servi nostri sunt qui ab hostibus capiuntur*, dit Justinien, l. 1, tit. 5, 5, 1, et Institut., l. 3, 4. L'origine de l'esclavage parmi les hommes émane ainsi de la captivité dans la guerre; l'Écriture la fait remonter à Nemrod; Abraham avoit de nombreux serviteurs; les Hébreux devinrent un peuple asservi par les Égyptiens (*Genes.*, c. 47, et *Levitic.*, c. 25), et le trafic d'esclaves étoit si commun, que Joseph fut vendu par ses frères.

Chez les Grecs et les autres nations maritimes de la Méditerranée, la piraterie fut toujours le principal moyen de se procurer des esclaves (Thucydid., l. 1); la fameuse guerre de Troie en donna un grand nombre qu'on vendoit en Chypre et en Égypte (Homère, *Odyss.*, l. XVII, vers. 448, et l. XXVI). Chez les Grecs, tout étranger étoit appelé barbare et considéré comme esclave ou digne de l'être; aussi ce commerce étoit habituel, et l'on voit, dans une comédie d'Aristophane (*Plutus*, act. II, sc. 5), des marchands de Thessalie qui viennent vendre leurs esclaves. Rien n'étoit plus dur que l'asservissement des ilotes chez les Spartiates, tandis que la condition des esclaves à Athènes, étoit souvent plus heureuse que celle des citoyens en d'autres contrées, selon Démosthène (*Philippiq.* 2).

Les conquêtes des Romains durent multiplier à l'excès les esclaves dans leur immense empire, comme s'ils avoient pris à tâche d'asservir tout l'univers; aussi eurent-ils besoin de les contenir par les lois les plus atroces; ils les punissoient de mort à volonté, et se jouoient de la vie des hommes. De là ces soulèvemens redoutables et ces guerres *serviles* qui mirent en péril leur république, au temps de Spartacus.

Plus les nations sont opulentes et corrompues par le luxe, plus elles ont d'esclaves, et les traitent avec une barbarie atroce; il en est de même de plusieurs peuples conquérans, tels que les Spartiates, les Romains, et parmi les modernes, les Anglais. Au contraire, les Athéniens étoient humains envers leurs esclaves; d'après des recensemens cités par les historiens, il y avoit, à Athènes, trois esclaves pour une personne libre; dans les colonies européennes, le nombre des nègres, par rapport à celui des blancs, est bien plus considérable; il est de six au moins sur un, et parfois de huit ou même douze sur un; mais ces disproportions deviennent d'autant plus dangereuses que les esclaves peuvent mieux connoître le nombre et la force des hommes de leur couleur. Les esclaves blancs, ne pouvant pas autant se distinguer de leurs oppresseurs parmi les anciens, ne se sont pas soulevés autant de fois que leur nombre auroit pu leur donner la victoire.

Outre la servitude par le fait de la guerre et de la violence, il y avoit aussi la servitude volontaire. Ainsi les anciens Germains étoient si passionnés pour le jeu, dit Tacite, qu'après avoir tout perdu, ils alloient jusqu'à jouer leur liberté et leur personne. La servitude volontaire fut aussi autorisée à Rome par décret du sénat, sous l'empereur Claude, mais abrogée ensuite par Léon.

Cependant, à l'établissement du christianisme, les mœurs s'adoucirent; car cette nouvelle loi considérant tous les hommes, comme égaux devant la Divinité, tempéra l'esclavage, dont la sévérité avoit été déjà bien modérée par l'empereur Adrien: toutefois les vieux Romains croyoient voir dans cette nouvelle religion, embrassée en foule par les esclaves qu'elle appeloit à un meilleur sort, la ruine de leur empire et le déchaînement de l'anarchie. Ce ne fut point le système féodal qui eut l'honneur d'abolir l'esclavage, comme on l'a supposé. Sans doute après que les Barbares du Nord eurent déchiré l'empire romain, eurent soumis les habitans de tant de provinces à la servitude de la glèbe, la soif des rapines et de la nouveauté, non moins que le fanatisme religieux, entraîna de nobles barons à la conquête de la Terre-Sainte. Pour ce grand voyage d'outre-mer, il leur fallut de l'argent; ils cédèrent de leurs terres à leurs serfs, qui se libérèrent ainsi au moyen de quelques sommes: mais la servitude de main-morte fut surtout abolie peu à peu par le clergé qui s'assuroit ainsi tout l'appui de la masse des nations.

C'étoit un acte de piété que d'affranchir des serfs, *pro amore Dei et mercede animæ*, à l'article de la mort; et le pape Alexandre III surtout déclara que la nature n'avoit pas créé d'esclaves (Voyez *Hist. Anglicanæ scriptores*, de Raoul de Diceton, Lond. 1652, in-fol., tom. 1ᵉʳ, pag. 580). Si nous voulons toutefois scruter un point si important de l'histoire de notre espèce, nous verrons que les prêtres tiroient tellement parti de ces affranchissemens, que l'Eglise lançoit ses anathèmes contre les maîtres qui ne permettoient pas à leurs esclaves de disposer de leur pécule, par testament, pour des legs pieux (Potgiesser, *De statu servorum*, l. 2, c. XI, § 2); et ce qui démontre surtout que l'intention du clergé n'étoit pas si généreuse qu'on l'a proclamé, ce sont les différens décrets des conciles, et les réglemens ecclésiastiques, en France et en Allemagne, qui prescrivent à tout évêque ou prêtre, voulant affranchir un esclave du domaine des églises, d'en acheter deux autres d'une valeur égale, pour les substituer à sa place. (*Voy.* les preuves et documens tirés des conciles par Potgiesser, *Stat. servor.*, l. IV, cap. 2), § 4, 5.)

L'affoiblissement du Bas-Empire, par les guerres et le luxe, avoit déjà porté Constantin à rendre trois édits célèbres pour l'affranchissement des esclaves; en quoi il fut imité par Justinien et Théodose. Il falloit repeupler l'empire de citoyens *ingénus* avec les *manumissi*; mais le christianisme, auquel on a souvent attribué la cause de l'affranchissement de l'ancien esclavage, parce que cette religion regarde tous les hommes originairement comme égaux et comme frères, ne s'est point proposé de l'abolir. Saint Paul veut qu'Onésime, malgré sa conversion, reste esclave de Philémon, aussi chrétien. *Voy.* son *épître à Philémon* et *l'épître aux Romains*, ch. XIII, *aux Ephésiens*, ch. VI, *aux Colossiens*, ch. III, § 22 et 1, *à Timoth.* ch. VI, *à Tite*, ch. II; la première aux *Corinth.* ch. VII, § 1, etc.). Enfin l'esclavage subsista sous la loi du christianisme durant tout le moyen âge.

Mais il étoit dans les destinées que la race humaine blanche sortît peu à peu de ses fers, tandis que l'antique anathème prononcé sur la tête des descendans de Cham (selon l'Ecriture) ne leur promettoit qu'un esclavage éternel.

De la traite des nègres et de son abolition.

Dès le temps des Carthaginois, et même long-temps auparavant, les nègres ont été achetés, réduits en esclavage et chargés des travaux les plus pénibles. Il paroît en effet que les anciens Egyptiens avoient des ennuques à leur service, ainsi que les Assyriens et les Perses; Tyr et Sidon trafiquoient aussi d'esclaves, selon le témoignage du prophète Joel, ch. III, § 3 et 6. Mais les Carthaginois les employèrent sur-tout dans les travaux du commerce qu'ils entretenoient avec tout l'univers connu, et les firent exploiter leurs mines. Le fameux Périple d'Hannon, navigateur carthaginois chargé de faire des découvertes au sud de l'Afrique, nous apprend que les nègres étoient, dans ces époques reculées, ce qu'ils sont encore aujourd'hui, de misérables peuplades vivant sans lois sous des cabanes, trouvant difficilement leur nourriture, élevant quelques bestiaux, cultivant à peine quelques champs de mil, et soumises à de petits despotes.

Les conquêtes des Grecs, ensuite celles des Romains, en Afrique, rapportèrent, en Europe, de l'or et des esclaves, instrumens de luxe et de la perte des peuples. Les *Nègres* ou *Éthiopiens* furent fréquens à Rome sous les empereurs, et à Constantinople, au tems même du Bas-Empire. Les conquêtes des Sarrasins, les irruptions des Maures et des Arabes, au sein de l'Afrique, à la naissance du mahométisme, disséminèrent dans tous les lieux de la domination musulmane les peuples brûlés de l'Éthiopie ; mais on n'en tiroit qu'un service domestique, soit comme eunuques, soit comme hommes de peine. Il paroît que dès la fin du quatorzième, au commencement du quinzième siècle, les navires portugais ayant découvert quelques îles vers les côtes d'Afrique, en rapportèrent des esclaves qu'on employa ensuite à la culture des terres, soit sur le continent, soit aux îles Canaries. En 1481, les Portugais bâtirent le fort d'Elmina sur la côte d'Afrique, et quarante ans après, Alonzo Gonzalès fit, l'un des premiers, le commerce régulier de sang humain, qui a subsisté jusqu'à nos jours. Ce fut en 1508 que les premiers nègres esclaves furent transportés d'Afrique à Saint-Domingue par les Espagnols, dit Anderson (*History of commerce*, tom. 1.er, p. 336), de sorte que l'exploitation du sucre et la traite, ou ce qu'il y a de plus doux et de plus amer au monde, commença l'un avec l'autre. La découverte de l'Amérique, vers la fin du quinzième siècle, ouvrit donc ce nouveau champ de spéculations ; et la canne à sucre, le coton, transportés dans ces climats lointains, y furent bientôt cultivés par les malheureux nègres, qu'on arracha de leur patrie pour engraisser leurs oppresseurs, et pour fertiliser un sol brûlant auquel les corps des Européens ne pouvoient pas travailler ; car l'habitant du Niger et du Sénégal soutient bien mieux la chaleur que les peuples des autres contrées de la terre, parce qu'il y est habitué dès l'enfance, et surtout parce que sa constitution s'y prête facilement.

On sent combien les peuples d'Europe, se trouvant supérieurs aux nègres, purent aisément les soumettre au joug de la servitude. Les blancs sont naturellement plus courageux, plus entreprenans, et surtout plus habiles, plus industrieux que les noirs: ils conçoivent leurs projets d'avance, prévoient les obstacles, parent aux accidens, exécutent avec prudence leurs desseins, les poursuivent avec persévérance, savent miner peu à peu ce qu'ils ne peuvent entreprendre de force, emploient la violence et la ruse, et profitent enfin des foiblesses de ceux qu'ils veulent soumettre. Le nègre, au contraire, n'a que de l'imprévoyance; il ne forme aucun projet pour l'avenir, ne considère que le présent, s'endort sur les projets de ses ennemis, se laisse conduire par les sens, et maîtriser par la crainte. S'il a l'esprit de ruse et de tromperie, il manque d'audace, d'habileté, de persévérance pour venir à bout de ses desseins. Par toute la terre, la race des tyrans est plus habile à opprimer que la race des foibles pour leur résister; et nous voyons même parmi les animaux, que les carnivores sont plus actifs, plus robustes et plus industrieux que les doux et simples herbivores qui deviennent leur proie. Le nègre n'est qu'un enfant timide près du blanc; lorsqu'il s'agit de combattre, il cherche le plaisir; l'esclavage et la tranquillité lui paroissent préférables à une liberté achetée par la vigilance et le courage, bien qu'elle ne se trouve qu'à ce prix par toute la terre. C'est pour cela que les hommes sensuels, les peuples adonnés aux plaisirs ne peuvent pas être libres; aussi tous les méridionaux, voluptueux et délicats, vivent sous le despotisme, tandis que les hommes austères des pays froids sont plus portés à l'indépendance.

Les Européens ont fait la traite en Afrique, au nord, au sud de la ligne équatoriale, à la côte d'Angole qui a trois points principaux, Cabinde, Loango, Malimbe, S. Paul-de-Loando et S. Philippe de Benguela. « Ces parages, dit Raynal, four-« nissent à peu près un tiers des noirs qui sont portés en Amé-« rique; ce ne sont ni les plus intelligens, ni les plus labo-« rieux, ni les plus robustes. » Parmi les peuplades des nègres jadis exploitées dans la traite, on avoit remarqué que les Mandingues étoient les meilleurs, c'est-à-dire, les plus dociles. On trouvoit aussi les Papaus très patiens au travail. Les Eboés sont les plus stupides, et d'une timidité ou d'une lâcheté extrême de caractère; ils se dégoûtent tellement de la vie, par un fonds de mélancolie, qu'ils se tuent la plupart à la moindre contrariété qu'ils éprouvent. Au contraire, les nègres, nommés Koromantyns, du royaume de Juida, sont fiers, sauvages et rebelles.

La Côte-d'Or fournit les meilleurs esclaves, et en plus grande quantité. On les achète par échanges, en donnant du fer en barre, de l'eau-de-vie, du tabac, de la poudre à canon, des fusils, des sabres, des quincailleries, telles que couteaux, haches, serpes, scies, clous, etc., et surtout des étoffes de laine rayées et bariolées de diverses couleurs; les nègres aiment beaucoup aussi les toiles de coton des Indes, d'Europe, teintes en rouge, les mouchoirs, etc. Au Congo, un père fait argent de ses enfans; il les cède à l'instigation des Européens, pour un collier de corail ou pour quelques bouteilles d'eau-de-vie. Les nègres de certains cantons reçoivent comme monnaie des *cauris*, sorte de coquillage appelé vulgairement *pucelage* (*cypræa moneta*, Linn.), et qui se trouve aux îles Maldives; sur d'autres côtes on donne en échange des espèces de *pagnes*, ou des tissus de paille larges d'un pied, et longs d'un pied et demi. Quarante de ces pagnes valent une *pièce* qui coûte ordinairement une pistole; toutes ces marchandises s'évaluant par pièces ou par pistoles. Un nègre coûtoit de trente-six à trente-huit pièces, ou 400 fr., en y comprenant les présens et les droits qui sont d'usage sur les côtes, et les rétributions exigées par les rois du pays, les courtiers d'esclaves, les comptoirs européens, etc. On porte à soixante mille au moins le nombre des esclaves que les Européens enlevoient chaque année des côtes d'Afrique, ce qui coûte à peu près vingt-quatre millions à l'Europe. Quelquefois on en exportoit un bien plus grand nombre; ainsi, en 1768, on tira d'Afrique 104,100 esclaves, dont les Anglais seuls prirent plus de la moitié pour leurs îles, et pour revendre avec profit aux autres peuples, les plus mauvais et tous ceux dont ils ne pouvoient pas tirer grand parti. En 1786, la traite enleva 100,000 nègres, car la guerre d'Amérique l'avoit fait diminuer; les Anglais seuls en avoient enlevé 42,000, sur cent trente bâtimens, cette même année.

Il est certain que les colonies dévorent les nègres et que ceux-ci ne s'y reproduisent pas suffisamment pour remplacer ceux qui périssent; soit que le climat s'oppose à leur multiplication, soit plutôt que la servitude, la misère et les peines dont ils sont accablés, les minent insensiblement.

La traite fut légalement autorisée pour l'Espagne, d'abord à l'époque du ministère du cardinal Ximenès et de l'empereur Charles-Quint, sous le pontificat de Léon X; et sous le règne d'Elisabeth, en Angleterre; de Louis XIII, en France. Tous ces princes l'adoptèrent, sous le prétexte que les Noirs n'étant pas chrétiens, ils ne pouvoient prétendre à la liberté d'homme. Les étranges barbaries dont on use dans ce commerce, n'ont été dévoilées que de notre temps, et l'on en trouve l'extrait dans l'*Essai* de Thomas Clarkson, *sur l'esclavage et le commerce de l'espèce humaine* (*Essay on the slavery and commerce on the human species*). Les détails en font frémir.

Que l'on se représente des compagnies de bourreaux débarquant, avec des armes, des chaînes et quelques marchandises, sur les côtes de la Gambie, ou au Sénégal, à Gorée, à Sierra-Léone et autres stations. L'on avance, par caravanes, chez des peuples simples, généreux, qui ouvrent leurs cabanes, et offrent des alimens avec l'hospitalité à ces étrangers. Cependant ceux-ci engagent des querelles entre les chefs de tribus ; ils excitent de petits rois à faire des prisonniers de guerre à leurs voisins, et à les livrer pour l'appât de quelques aunes de toile, de quelques colliers de verroterie, ou de mousquets ou de barils d'eau-de-vie. On pénètre jusqu'à douze cent milles dans les terres ; on enivre quelques malheureux qu'on enchaîne, on surprend des enfans, des individus écartés et sans défiance ; on séduit des femmes, ce sont des esclaves de plus ; on attaque, on pille de petits hameaux trop foibles pour résister à des armes à feu ; on attise mille disputes, pour acheter à peu de frais les captifs ; on enlève tantôt une mère pour attirer son fils, tantôt un fils pour avoir sa mère. A-t-on fait une bonne chasse ? a-t-on subtilement extorqué des pauvres innocens à leur famille ? on les attache à une chaîne, ou leur saisit le cou dans une fourche dont la queue, longue et pesante, les empêche de fuir avec rapidité. Ces bandes, semblables à celles des galériens, sont ramenées de deux à trois cents lieues de l'intérieur des terres, aux négocians qui les attendent ; elles traversent d'affreux déserts en portant l'eau, la farine, les graines ou racines nécessaires pour subsister.

Arrivés sur la côte, ces malheureux sont entassés, par bandes ou chaînes, dans les vaisseaux négriers ; ils sont jetés à fond de cale, chacun sur des cadres si étroits, qu'il leur est impossible de se retourner avec leurs liens, et qu'ils se touchent. On en accumule jusqu'à quinze cents sur un étroit bâtiment. Qu'on juge de la vapeur épaisse de transpiration et d'odeur infecte qui s'exhale bientôt de tant de corps échauffés dans l'air méphitique de ces *soutes*, surtout pendant la nuit, et lorsqu'on ferme les écoutilles ! Aussi ces malheureux hurlent, de toutes parts, qu'ils étouffent ; les femmes se trouvent mal à chaque instant, et il périt sans cesse des individus faute d'air, outre le chagrin, la terreur et la nourriture insalubre qu'on leur donne.

En effet, on ne leur distribue qu'avec parcimonie des haricots, des ignames, du riz et de l'eau ; bientôt la plupart sont saisis d'une diarrhée et d'une dyssenterie, et, pour comble de misère, chaque fois qu'ils ont besoin d'aller à la garde-robe, il faut que toute la chaîne de leurs compagnons d'infortune se lève avec eux, de sorte que nuit et jour ces nègres n'ont point de repos ; continuellement occupés à se lever, à se coucher, l'appareil lugubre de leurs fers et de ces marches de galériens dans leurs étroites demeures, empêche tout sommeil. Joignez-y les cris effrayans des souffrances, et qu'on pense ce qui résulte des retards, des besoins pressans de ces malheureux, dont les déjections infectes salissent et leurs voisins et ceux placés au-dessous d'eux ! Bientôt le mal se communique, la fièvre s'allume, et la contagion accrue par le croupissement de l'air, des malpropretés, des excrémens putrides, produit une sorte de peste qui moissonne en peu de jours une multitude de ces nègres. Un pauvre moribond, gisant à côté d'un compagnon de sa misère, demande en vain quelques gouttes d'eau pour se rafraîchir ; il faut qu'il se lève avec la chaîne ; ne pouvant marcher, on le force, on le frappe, il périt sur la place, ou de maladie ou de mauvais traitemens.

Qu'on ne croie pas que les auteurs, en citant ces faits, les exagèrent ; leurs résultats en font foi. Un vaisseau négrier qui a chargé douze à quinze cents esclaves sur la côte d'Afrique, met quarante-cinq jours ou deux mois au plus pour le trajet aux colonies d'Amérique. Dans cet espace si court, il perd plus des deux tiers, et n'amène guère que trois à quatre cents nègres, tant il en meurt en peu de temps à son bord. Aussi est-il plus avantageux de charger moins d'esclaves à la fois : on peut mieux les soigner ; ils ont plus d'air et de liberté, et il en périt beaucoup moins.

Frappée, en effet, de ces pertes d'hommes, qui renchérissoient trop les esclaves, la cupidité des négocians de chair humaine a senti qu'il valoit mieux prendre moins de nègres à la fois, et les traiter plus doucement, quoique ce procédé coûte plus. On n'a pas trouvé de moyens plus efficaces pour leur faire oublier leur malheur, que de les conduire respirer sur le pont un air plus pur, et de les régaler de temps en temps d'une mauvaise musique, en les faisant quelquefois danser avec les négresses. Mais ces malheureux, séparés pour l'éternité de leurs femmes, de leurs enfans, de leur patrie ; persuadés, en outre, que les blancs les achètent pour les dévorer, tombent dans une noire mélancolie, que redoublent encore les mauvais traitemens qu'ils essuient, les fers dont ils sont chargés. Aussi, lorsque le désespoir les saisit, et si l'on n'y prend garde, ceux qui le peuvent se précipitent à la mer. On les tient donc soigneusement enchaînés, soit dans la crainte des révoltes, soit pour les empêcher de se détruire. Ceux qui montrent la moindre résistance sont atta-

chés à des barres de fer; enfin, on distrait le plus qu'on peut,
par des exercices violens, ces malheureux; ceux qui refusent
sont frappés impitoyablement; aussi la plupart, écorchés
par leurs fers, poussent des cris lamentables, des hurlemens
de douleur qui se répètent sur le vaisseau, et qui remplissent pendant la nuit, surtout en pleine mer, l'âme de leurs
bourreaux eux-mêmes, de la plus affligeante mélancolie sur
la perversité humaine.

On a prétendu excuser l'esclavage des nègres en disant que
leurs rois les tyrannisoient, et qu'ils vivoient d'une manière
si précaire et si misérable chez eux, qu'il leur étoit avantageux d'être réduits en servitude : mais qui ne sait pas que
le bonheur et le malheur sont relatifs, et que l'on peut être
heureux dans la pauvreté et le dénuement? Ce ne sont pas
les biens qui font le bonheur, mais c'est le contentement du
cœur, et il n'en est point sans l'indépendance. Quoique le
nègre nous paroisse misérable en son pays, il s'y trouve heureux, comme le Lapon dans sa froide patrie, le Suisse dans
ses montagnes.

Arrivés dans les colonies, les nègres sont examinés par
les colons, marchandés, troqués, vendus comme les bestiaux
dans les foires. On considère leur langue, leur bouche, leurs
parties naturelles, pour connoître s'ils sont sains; on remarque la couleur de leur teint, la fermeté de la chair de leurs
gencives, qui dénote qu'ils n'ont pas de mal d'estomac, ou
d'autre cachexie interne; on les fait courir, sauter, lever
des fardeaux, pour estimer leur agilité, leur force. Les négresses, nues, sont examinées dans le plus grand détail : leur
jeunesse, leurs charmes, sont mis à l'enchère. Mais telles
sont la consternation et la terreur qui règnent dans ces affreux marchés de chair humaine, que les nègres se croient à
une boucherie, et qu'on doit les dévorer : on a vu des négresses mourir sur la place, tant elles sont glacées de frayeur.
Le prix de ces esclaves augmente de plus en plus, parce que
l'Afrique n'en fournit plus en aussi grand nombre, et profite
de la concurrence des Européens pour faire des ventes plus
lucratives, de sorte que les colons ne pouvant pas avoir des
esclaves sans de grands frais, doivent renchérir peu à peu
les denrées coloniales.

Il existe entre le colon et le nègre une distance immense.
Tout blanc est regardé dans les Indes comme d'une race infiniment supérieure aux noirs; à lui seul appartiennent les
biens, l'autorité, l'indépendance, et les nègres ont adopté
ce préjugé : les lois l'ont consacré dans le *code noir* et le *code
blanc*, sorte de contrat civil imposé par les colons à leurs
esclaves. Ceux-ci sont obligés d'exécuter tous les travaux

qu'on leur impose, et forcés par des châtimens lorsqu'ils s'y refusent; ils n'ont qu'un jour pour eux dans la semaine, afin de se procurer leur nourriture et celle de leur famille, s'ils sont mariés; mais comme ils ont trop de peine à faire subsister leurs enfans, ils se marient rarement; de là vient que l'espèce ne se reproduit pas suffisamment. Si les colons facilitoient les mariages, en rendant la vie de leurs esclaves plus commode, ils ne seroient pas obligés d'acheter de nouveaux nègres; et comme les négresses sont très-fécondes, ils deviendroient plus riches; mais une avarice mal entendue, et qui se ruine elle-même, est toujours compagne de l'inhumanité.

Chaque nègre rapporte à son maître environ un écu par jour; et les nègres charpentiers, serruriers, cuisiniers, etc., lui rapportent bien davantage : aussi sont-ils les plus ménagés et les mieux traités. On a coutume de baptiser les nègres qu'on amène d'Afrique, et de leur enseigner les principaux dogmes de la religion chrétienne, en leur recommandant surtout l'obéissance et en les menaçant de l'enfer. Les protestans aiment mieux les laisser vivre dans leur religion, parce qu'en les rendant chrétiens ils n'oseroient tenir leurs *frères en Jésus-Christ* dans l'esclavage. Le Français tient le nègre moins éloigné de lui que l'Anglais; aussi en est-il moins haï et peut-être moins craint; d'ailleurs, les mulâtres, qui résultent du mélange des races blanche et nègre, semblent les rapprocher entre elles par des alliances. *V.* MULÂTRE et MÉTIS, relativement à ces mélanges de races.

Depuis long-temps les hommes les plus recommandables par leur amour de l'humanité manifestoient leur horreur pour l'esclavage des nègres et pour les infamies de la traite. Il faut convenir que les Quakers censurèrent les premiers ce commerce, à Londres, dès 1727, et les premiers ils l'abolirent dans la Pensylvanie, en 1774, par les plus honorables motifs du christianisme. Ce fut une grande victoire de la religion sur l'intérêt privé, mais qui n'est pas due au catholicisme, s'il est vrai qu'il tienne le plus à maintenir encore aujourd'hui, chez les Espagnols et les Portugais, l'esclavage et l'inquisition. Une foule d'hommes éminens par leur génie, se déclarèrent hautement contre l'odieux marché des nègres; il faut placer parmi ces auteurs surtout les noms de Montesquieu, de Voltaire, de J.-J. Rousseau, en France; et dans des temps voisins du nôtre, Necker, Condorcet, Mirabeau, MM. Larochefoucauld, Lafayette, Grégoire et plusieurs autres véritables amis de l'humanité. En Angleterre, on compte les Pope, Thompson, Shenstson, Cowper, Hutchinson, Wallis, Edmond Burke, Thomas Newton,

Dillwyn, Hartley, Beattie, le révérend Baxter, l'évêque Warburton, Millar, Wakefield, etc.

C'est surtout dans ce parlement britannique, qu'on pourroit appeler la tribune du genre humain, que furent débattus, de notre âge, ces grands intérêts. Le célèbre Wilberforce s'illustra le premier dans cette noble lutte, qu'il soutint avec tant de persévérance et pendant tant d'années.

D'abord les tentatives en furent faites l'année 1787; mais l'abolition entière du commerce des nègres ne fut obtenue qu'en 1807, où la majorité se trouva de cent votes contre trente-six. Elle fut plus complète encore en 1808, car il y eut deux cent quatre-vingt-cinq votes contre seize seulement. C'est dans le cours de ces mémorables débats pour l'émancipation de la grande famille du genre humain, que se signalèrent les talens et la brillante éloquence des Pitt, des Fox, des Burke, Grey, Shéridan, Wyndham, Whitbread, Francis, Courtnay, Rider, Thornton, W. Smith, etc. Quel hommage éternel n'est pas dû à ces hommes généreux qui, dédaignant les calculs vulgaires de l'intérêt privé, stipulèrent pour les droits immuables des nations et de l'humanité! Combien se réjouiroient l'ombre du respectable Franklin et celle de ce premier des philanthropes modernes, Las Casas, qui défendit avec tant de périls et d'ardeur la cause des Américains! En vain les calomnies de ses détracteurs lui ont imputé d'avoir introduit l'esclavage des nègres dans les colonies, pour garantir les malheureux Américains; cet échange du joug de l'oppression sur d'autres têtes pouvoit-il venir à la pensée d'un ami de l'humanité? Non, sans doute; et rien ne démontre la vérité d'une pareille imputation, de laquelle M. Grégoire a vengé la mémoire de l'illustre évêque de Chiapa.

L'abolition de la traite des nègres fut consacrée par la France en 1815. Elle avoit eu lieu de fait long-temps pendant la révolution, ainsi que l'émancipation des nègres dans les colonies; en sorte que la nation française devança long-temps l'Angleterre en générosité, plus même que ne l'auroit prescrit la prudence. En effet, il étoit naturel que les noirs opprimés eussent à venger d'anciennes injures de leurs maîtres, qu'ils ne pouvoient considérer que comme d'injustes tyrans. Aussi, dès-lors qu'on eut fait tomber le joug odieux de dessus leurs épaules, tel qu'un ressort qui se détend avec force, ils réagirent contre les blancs avec toute la rage qu'un climat brûlant inspire aux passions de haine et de vengeance. Ces mêmes hommes, humiliés par l'avilissement de l'esclavage, ne purent s'élever à la dignité qu'inspire la liberté. Ils s'enivrèrent de barbarie et du sang des massacres; le fer et la flamme à la main, on les vit insatiables de carnage, par la crainte même de rentrer sous le joug des blancs justement exaspérés à leur tour de tant de fureurs. On va même jusqu'à douter que le nègre ait l'âme assez ferme et assez élevée pour être jamais capable d'une vraie liberté; car celle-ci exige, pour être conservée, cette force de caractère qui sait immoler ses passions à l'intérêt public et à sa patrie.

Le nègre, dit-on, est trop apathique pour conserver son indépendance, et cependant trop furieux dans les transports de ses passions, pour se modérer dans l'exercice du pouvoir. Il n'est jamais en un juste milieu : *s'il ne craint, il opprime ; et s'il n'opprime, il craint.* Trop bas dans l'adversité, il s'enivre d'insolence dans la prospérité; aussi, chez les peuplades africaines, ne le voit-on jamais libre, quoique la foible capacité d'esprit de ses rois le garantisse heureusement d'un trop lourd despotisme.

Sans nier ces observations fondées, nous ne désespérons pas toutefois de cette race d'hommes que la nature n'a pu frapper d'un malheur irremédiable. S'ils ne sont pas nos égaux, sans doute, pourquoi de plus heureuses circonstances dans leur état politique et leurs moyens d'éducation, n'allumeroient-elles pas chez eux le flambeau de la civilisation jusqu'au degré de lumières et de félicité auquel ils peuvent prétendre ? Ne déshéritons aucun membre de la grande famille du genre humain, de ces nobles et glorieuses espérances; tendons plutôt au foible un main protectrice, pour l'aider à s'élever à un rang honorable dans l'échelle de la civilisation. C'est par ces mutuels services que tous les peuples de la terre, échangeant leurs productions et les objets de leur industrie, cimenteront de plus en plus leur bonheur; ils multiplieront les gages réciproques de leur amitié, au lieu de s'entre-déchirer par des guerres, ou de s'opprimer l'un l'autre par des violences qui perpétuent les querelles et les motifs de vengeances.

De la conformation particulière du Nègre, des causes de sa couleur; sa comparaison avec l'homme blanc et l'orang-outang.

Nous avons considéré le nègre sous les rapports moraux. Si sa couleur ne dépend pas de la chaleur et de la lumière de son climat, comme on l'avoit prétendu, il convient d'en rechercher ici les causes.

Le docteur Mitchill, de Virginie (*Phil. Trans.* n.° 476), établit d'abord que le degré de noirceur de la peau des nègres correspond aux degrés de densité et d'opacité que la chaleur produit sur ses tégumens. Selon Barrère, l'ardeur du climat épaissit et concentre la bile, laquelle, en s'épanchant dans les tissus comme par la jaunisse, rend les méridionaux de plus en plus bruns, hâlés et noirs; cette bile colore même en jaune la tunique albuginée des yeux; enfin, les nègres ont, selon lui, les capsules atrabilaires plus volumineuses, plus gonflées que les blancs. Cette hypothèse a été défendue aussi par Lecat.

L'antique opinion que la couleur noire est due surtout au climat et au genre de vie des nègres, a été suivie par Buffon, Robertson, de Paw, Zimmermann, etc., d'après les anciens philosophes, mais combattue avec de forts argumens et des faits par d'autres auteurs, et surtout par R. Forster, qui a voyagé avec Cook (*Remarq. à la trad. allem. de l'Hist. nat. de Buffon*, etc.); car les Maures, depuis un temps immémorial sur le terrain de l'Afrique, ne sont pas devenus noirs; et des nègres placés hors de l'Afrique et des tropiques depuis des temps qui se perdent dans la nuit des siècles, ne sont point redevenus plus blancs; de même les Banians, les bramines de l'Inde, sous un climat aussi brûlant que celui de l'Afrique, restent essentiellement blancs, quoique hâlés; c'est qu'ils ne s'allient jamais en mariage avec des nègres, tandis que les Portugais de Goa et des Indes noircissent par suite de ces alliances (Niebuhr, *Voyage en Arabie*, t. 1. p. 558). Sous tous les climats d'Amérique, les originels de cette partie du globe conservent également leur teint cuivré (lord Kaimes, *Sketches of the history on man.*, t. 1, p. 13). Il y a dans les îles de la mer du Sud des hommes de race basanée et des nègres qui se perpétuent séparément.

Blumenbach établit pour cause de la teinte des nègres, que leurs humeurs abondant en carbone, celui-ci est sécrété avec l'hydrogène dans le tissu de Malpighi; l'oxygène atmosphérique se combine à l'hydrogène pour former de l'eau, laquelle se dissipe par la transpiration, tandis que le carbone reste seul déposé sous le derme (*de Gener. hum. variet. nat.*, édit. 3).

Il est évident que les raisons tirées du climat ou de la chaleur et de la lumière ne suffisent pas, puisque ces agens n'opèrent pas de même sur beaucoup d'autres animaux qui restent blancs, ou de nuances peu foncées, en Afrique.

A la vérité, Will. Hunter, Stanhope Smith, Zimmermann, après Buffon, soutiennent qu'une atmosphère toujours brûlante, un soleil toujours ardent, dessèchent, concentrent, brunissent toutes les substances végétales et animales, en dissipant la lymphe qui humectoit et délayoit tous les organes. Le froid, au contraire, empêchant la transpiration, accroît l'humidité des corps, laquelle rend la peau, les poils plus blancs, plus lisses et longs. Ainsi, les Danois les Allemands et les Anglais sont blonds ; ainsi, les lièvres , les renards , les ours et plusieurs oiseaux , prennent des couvertures blanches dans le nord, ou blanchissent dans l'hiver , mais se colorent en été. L'on peut donc conclure , ajoutent ces auteurs, que les peuples septentrionaux à grande stature , à cheveux blonds et lisses , aux yeux bleus, sont diamétralement opposés aux habitans de la zone torride , à courte taille , à complexion sèche , brune , aux cheveux crépus , noirs comme leur teint. Les habitans des régions intermédiaires formeront la nuance mitoyenne. Voilà donc les septentrionaux placés à une extrémité , comme les nègres le seront à l'autre dans les races humaines (Aristot. *l. 2. et Meteor. c. 2. comm.* Averroës). Aussi nous remarquerons que les nations brunissent successivement en se rapprochant de l'équateur ; que leurs cheveux desséchés, comme s'ils étoient soumis à la vive chaleur, se crispent ainsi que la laine (notons cependant que la laine des moutons , en Afrique , devient dure et presque roide comme le crin). Il n'est pas surprenant , poursuit-on, que les nègres, abandonnés dès l'enfance, nus et perpetuellement exposés sous un ardent soleil , à l'air libre, n'étant presque jamais protégés par des habitations, aient acquis , par la suite des siècles , cette couleur foncée. De même les moutons , les chiens , en Afrique, deviennent bruns et noirs. De là résulte aussi cette disposition aux épanchemens bilieux, comme dans l'ictère , les fièvres bilieuses et surtout la fièvre jaune ou typhus ictérode , qui attaque si violemment les habitans des climats chauds. Toutefois les nègres ne sont pas sujets à cette dernière maladie.

Il est impossible de contester ces faits ; les auteurs qui dissertent avec les raisonnemens les plus spécieux à cet égard , nous peignent ces nègres tout desséchés , avec des cheveux qui se tordent et se crispent par l'excès de l'aridité ; enfin , brûlés et carbonisés dans leur constitution , par un climat qu'ils comparent à une ardente fournaise. Ainsi , les Troglodytes, au rapport des anciens, étoient de petits hommes noirs , tout racornis et à moitié brûlés , qui , détestant les ardeurs du soleil , fuyoient ses rayons en se cachant dans des cavernes , tandis que

> L'astre poursuivant sa carrière,
> Verse des torrens de lumière
> Sur ses obscurs blasphémateurs.

Mais on se fait de fausses idées sur la constitution du climat qu'habitent la plupart des nègres. Les déserts arides de l'Afrique sont inhabitables , et l'on ne trouve des nations que dans les terres fertilisées par les eaux, surtout le long du cours des fleuves, tels que le Sénégal, la Gambie, le Niger, le Zaïre, etc., dans le voisinage des bois et des marais; on conçoit toute l'évaporation que la chaleur du climat doit produire sans cesse sur les terrains bas, humides, marécageux, tandis que toute région élevée est constamment stérile et incapable de productions, comme sont les Karrous, les solitudes sablonneuses de Barca, du Biledulgérid, etc.

Les nègres les plus noirs, ceux des côtes occidentales d'Afrique, plus chaudes que les orientales (parce que les vents alisés des tropiques traversent le continent d'Afrique d'orient à l'occident, et s'échauffent en passant sur des terrains ardens); les peuples d'Angola et du Bénin; aucun, enfin, ne doit sa couleur noire à une dessiccation extrême, comme on suppose qu'elle y concourt. Au contraire, l'humidité excessive que la plupart éprouvent, détrempe, relâche sans cesse leur complexion, au point que tous les nègres sont plus ou moins d'un tempérament lymphatique, inerte, mollasse, que plusieurs ont des glandes engorgées (Mungo Park en a vu porter des strumes ou goîtres, comme les crétins des gorges du Valais). Il ont souvent aussi les jambes infiltrées d'eaux, le scrotum gonflé par des hydrocèles; des femmes deviennent hydropiques, leurs mamelles, toutes leurs parties, s'affaissent étrangement par cette humidité prédominante.

C'est même cette humidité chaude qui rend le nègre si paresseux, si indolent, et qui, favorisant sans cesse une végétation riche et abondante, n'oblige ces peuples à aucun travail pour vivre. De là vient que les nègres ne s'évertuent en rien et passeront des milliers de siècles sans se perfectionner, accroupis ou sommeillant sous un ajoupa de feuillages, tandis que croissent auprès d'eux les ignames et le bananier.

Il ne faut donc point admettre la sécheresse comme une cause de la coloration du nègre. La chaleur et l'éclat du soleil, quoiqu'on ne puisse nier leur influence, ne suffisent point pour expliquer toute son économie particulière; car sa structure interne et externe le rapproche évidemment de l'orang-outang, ainsi que l'avancement de son museau, le rétrécissement de son crâne. Il a pareillement des muscles crotaphites plus robustes, à cause du prolongement plus considérable de ses mâchoires, que celles du blanc (d'après Sœmmering, *ueber körperliche die negers*, etc. Meiners, *Magasin hist. Gottüngische*, Band. VI, part. 3). M. Volney met en question si le gonflement que la chaleur détermine dans les parties de la face, en y attirant le sang et les humeurs, n'a pas pu contribuer à produire cette moue des nègres et leurs grosses lèvres; mais, quand cette explication seroit admise, il faudroit dire comment les os propres du nez sont si peu développés chez ces peuples, et pourquoi leur trou occipital est reculé.

« Nos paysans, ajoute Stanhope Smith, n'ont-ils pas une figure ignoble et basse, en comparaison de nos citadins, élevés et nourris d'une manière plus libérale? On peut voir, en Irlande et en Ecosse, l'énorme différence entre les nobles et les serfs des clans; cette distinction de figure n'existe-t-elle pas partout entre le plèbe et les chefs des nations? Pourquoi donc les nègres, si abrutis, si mal nourris, et sans éducation, ne seroient-ils pas encore plus déformés dans leur figure, surtout lorsque abandonnés à l'état sauvage, ils se livrent à toutes sortes de grimaces et de contorsions? Ceux, au contraire, qu'on élève pour le service intérieur des maisons dans les colonies, mieux nourris et disciplinés, prennent une figure plus distinguée. Mais si cette raison étoit fondée, elle auroit également lieu pour les autres sauvages; ils n'ont cependant pas la conformation du nègre, lors même que les uns et les autres habitent les mêmes contrées, comme les iles de la mer du Sud, et vivent de la même manière.

On sait que cette teinte brune foncée du nègre réside dans le tissu muqueux et réticulaire de Malpighi, placé sous l'épiderme. (*V.* le mot Peau.) Cette couleur n'est encore, dans le négrillon naissant, qu'une nuance jaunâtre qui brunit peu à peu au bout de quelques semaines, qui se fonce à mesure que le nègre grandit, qui devient d'un beau noir luisant dans l'âge de la force, enfin qui se ternit et pâlit lorsqu'il devient fort vieux et que ses cheveux grisonnent. Dans ses maladies, le nègre se décolore, devient livide, de même que l'homme blanc pâlit lorsqu'il est incommodé. Quoique toutes les races nègres ne soient pas également noires, les individus de chacune d'elles qui deviennent plus noirs que leurs compatriotes, sont aussi les plus robustes, les plus actifs et les plus mâles. Ceux qui sont brunâtres ou couleur de marron sont dégénérés. Les négresses ont aussi une couleur moins foncée que les nègres. Les colons européens savent fort bien reconnoître à la couleur si un nègre est sain et vigoureux, puisque la moindre maladie altère l'éclat et la pureté de son teint. Les cicatrices de sa peau ne reprennent jamais la couleur noire du reste du corps; elles demeurent grises.

« Lorsque les nègres sont échauffés, leur peau se couvre d'une sueur huileuse et noirâtre, qui tache le linge et qui exhale, pour l'ordinaire, une odeur de poireau fort désagréable. Les Cafres ne répandent pas cette odeur, comme les Joloffes, les Foules, etc. Ceux-ci puent quelquefois si fort, que les endroits où ils ont passé restent imprégnés de cette odeur pendant plus d'un quart d'heure; les femmes rendent beaucoup moins d'odeur, et les nègres les plus robustes sont même ceux qui puent davantage; car les enfans et les vieillards de la même race n'exhalent presque point cette odeur. Il y a des hommes blancs qui répandent aussi des exhalaisons assez fortes; tels sont les roux lorsqu'ils suent. Les hommes les plus mâles ont une odeur ammoniacale, et qui saisit surtout les femmes dont le genre nerveux est très-sensible, jusqu'à leur causer des affections hystériques. Cette odeur de bouquin se dissipe lorsque l'homme se livre beaucoup aux femmes, parce qu'elle dépend surtout de la résorption de la semence dans l'économie animale. Aussi les animaux ont une chair fort désagréable au goût à l'époque de leur rut; elle soulève même l'estomac, comme on peut s'en assurer en mangeant de la vache, de la brebis, de la chèvre, au temps de la chaleur de ces animaux. La chair du taureau, du belier, du bouc, du verrat, etc., est même fort mauvaise en tout temps; elle est empreinte d'une saveur sauvage et insupportable. Les femmes ont aussi leur odeur de femme, qui agit plus qu'on ne pense sur les hommes qui les approchent. On a rapporté qu'un religieux de Prague avoit l'odorat si subtil et si exercé, qu'il distinguoit à l'odorat une femme chaste de celle qui ne l'étoit pas. L'extrême propreté des hommes et des femmes, l'habitude de se baigner et de changer souvent de linge, diminuent ou même font disparoître ces odeurs génitales; mais il faut avoner aussi que ces soins affoiblissent l'activité des organes de la génération et effeminent beaucoup; c'est pour cela que nos petits-maîtres, nos hommes délicats, ne sont jamais aussi vigoureux en amour que la plupart des gens du bas peuple, qui prennent moins de soin d'eux-mêmes. On doit aussi remarquer que la haire des cénobites, la robe dure des capucins, le froc des moines, les vêtemens rudes et assez malpropres de diverses corporations religieuses, exposoient ceux qui les portoient à de fortes tentations, à cause de la qualité stimulante et de la sueur âcre dont étoient bientôt empreintes toutes ces sortes d'habillemens. Ces religieux ayant d'ailleurs fait vœu de chasteté, répandoient une odeur d'homme d'autant plus excitante, qu'il leur étoit défendu expressément d'être hommes.

Au reste, la vieilité et la négligence de la propreté ne sont pas les seules causes des odeurs qu'exhalent les hommes et les animaux. Le genre de nourriture y contribue beaucoup; car les espèces qui vivent de chair répandent des exhalaisons plus fortes et plus désagréables que les frugivores. On observe surtout que les tempéramens chauds et bilieux transpirent des vapeurs très-virulentes; ceux qui sont attaqués de maladies bilieuses en offrent de si remarquables , qu'ils en remplissent les chambres où ils restent. Comme les habitans de plusieurs pays chauds se nourrissent d'alimens très-échauffans, par exemple l'ail, l'ognon, les poireaux et autres herbes très-odorantes, leur transpiration en prend l'odeur; tel est le bas peuple du Languedoc, de la Gascogne et de la Provence; tels sont en général les Juifs , les Bohémiens , etc.

Les peuples sauvages ont presque tous une odeur forte, principalement dans les pays chauds. Les Caraïbes exhalent une odeur de *chenil;* les Hottentots , celle de l'*assa-fœtida* mêlée de celle de chair morte ; les Samoïèdes , les Ostiaques qui vivent de poissons , de lard rance de baleines et de veaux marins , exhalent la même odeur que leur nourriture.

Il paroît que la même cause qui colore les Éthiopiens, leur communique aussi cette odeur forte qu'ils répandent. On doit surtout l'attribuer à l'âcreté de leur bile ; car il est certain que les humeurs des hommes sont plus douces , plus aqueuses dans les pays du Nord que sous les cieux brûlans de l'équateur. Nous trouvons au Nord , comme en Suède , en Islande, en Danemarck, des hommes d'un tempérement flegmatique et humide , d'un teint très-blanc ; dans les pays tempérés , tels que la France , l'Italie , les hommes y sont d'une complexion sanguine , d'un teint rouge , animé. Plus on s'approche des tropiques , plus les hommes deviennent d'une constitution bilieuse et d'un teint naturellement jaune. La même transition s'observe dans les saisons de l'année : ainsi l'hiver , qui correspond aux froides contrées du Nord, donne lieu à des fluxions humorales , à des catarrhes qui annoncent la surabondance de la pituite ; le printemps, qui ressemble aux pays tempérés , développe des hémorragies et des péripneumonies qui dépendent souvent d'une pléthore de sang ; l'été , semblable aux pays chauds , produit des fièvres ardentes , des hépatitis, etc. , qui viennent d'un excès d'humeur bilieuse. C'est par la même progression que les maladies d'hiver attaquent principalement la tête, et donnent un teint mat ou fort blanc ; celles du printemps se portent sur la poitrine, et produisent un teint rouge , enflammé ; celles de l'été descendent dans le bas-ventre, et donnent une couleur jaune , livide.

Les septentrionaux vivent sous l'empire du flegme comme les enfans, les Européens tempérés sous celui du sang comme les jeunes gens, les méridionaux sous celui de la bile comme les adultes. Le caractère bilieux domine donc chez les peuples des pays chauds et secs; aussi sont-ils impétueux, irascibles , actifs , comme les Maures , les Abyssins , les Arabes , les

Marocains, les Barbaresques ; c'est encore pour cela qu'ils sont féroces, implacables, adonnés à la vengeance.

Quoique les noirs soient une autre espèce d'hommes que nous, et que leur tempérament soit naturellement flegmatique, ils n'en éprouvent pas moins vivement l'influence du climat. Aussi leur système biliaire et hépatique est extrêmement développé. L'exaltation de l'humeur bilieuse est donc la principale cause de leur mauvaise odeur, et se répand dans toute leur économie.

Chez tous les peuples de la zone torride, le système biliaire à cause de cet état particulier d'exaltation, communique à toutes leurs passions, à toutes leurs maladies, une énergie extraordinaire. Les regards ardens de l'Africain, sa figure sombre, son aspect ténébreux et farouche, annoncent la férocité de son âme ; et son sein est dévoré du feu des passions. L'atrocité des Marocains, des Maures, est connue ; ils portent des mains sanguinaires jusque dans le cœur de leurs maîtresses, de leurs enfans et de tout ce qu'ils ont de plus cher sur la terre. Chez eux la vengeance est la plus douce des voluptés ; ils aiment le sang et la cruauté jusque dans les plaisirs de l'amour ; avec cela leur fierté, leur orgueil, vont jusqu'à l'extravagance ; ils déploient au suprême degré le caractère bilieux ; aussi leur peau est d'un jaune brûlé, leurs yeux sont teints de bile ; leurs amours, leurs haines sont furieuses, et ils se montrent jaloux jusqu'à l'emportement. Les femmes elles-mêmes sont dévorées des plus ardentes passions ; l'amour excite chez elles des transports inconnus partout ailleurs, et elles poussent l'audace du plaisir jusqu'à la rage la plus effrénée.

Un pareil état d'exaspération ne pouvoit pas s'élever au-delà sans détruire l'économie vivante ; aussi les nègres, placés dans un climat encore plus ardent que les Maures et les Marocains, n'auroient pas pu subsister si la nature n'avoit amolli leur tempérament en le rendant flegmatique, indolent et apathique. Ce n'est pas toutefois que les nègres ne soient d'un naturel fort ardent et extrêmement passionné ; mais il est mitigé par la mollesse de leur constitution. Ils ont l'âme ardente d'un Maure dans le corps insensible d'un paysan russe : de là viennent les étonnantes contradictions du caractère de l'Éthiopien, tant de paresse de corps et d'ardeur dans les passions, tant d'insensibilité et d'impétuosité, d'insouciance et de désespoir ; il touche ainsi aux deux extrêmes parce qu'il est pétri d'élémens discordans.

Le tempérament flegmatique l'emporte dans le nègre sur le tempérament bilieux ; le premier est placé à l'extérieur du corps, pour soustraire l'intérieur à ces secousses trop vives, qui le détruiroient en le portant continuellement aux excès. C'est encore un bienfait de la nature, surtout dans ces climats brûlans où toutes les affections sont extrêmes.

C'est sans doute encore pour la même cause que la nature a empreint tous les organes du *nègre*, soit intérieurs soit extérieurs, d'une humeur noire et huileuse, qui semble garantir toutes les parties et ralentir leur activité. On remarque en effet que le foyer de cette sécrétion noire n'existe pas seulement dans la peau de l'Éthiopien, mais plutôt vers le foie, et de là elle se répand par toute l'économie du corps ; c'est pour cela que la chair du nègre est, comme nous l'avons dit, d'un rouge noir, qui est encore plus remarquable dans son sang. Ses membranes, ses tendons, ses aponévroses, dont le tissu est blanc et brillant dans l'Européen, sont ici d'une nuance livide ; c'est ce que n'ont pas suffisamment démontré, avant Soemmering, les auteurs qui ont écrit sur l'anatomie des nègres, tels que Mic. Pechlin, *de Cute Æthiop.* Albinus, et *Dissert. de sede et causâ coloris Æthiopum*, etc. Les os du nègre paroissent aussi plus blancs que ceux de l'Européen, parce qu'ils sont plus chargés de phosphate calcaire, plus compactes, et parce que leur portion gélatineuse est d'une couleur grise qui réhausse la blancheur de la terre calcaire : mais dans les Européens, au contraire, les os, moins chargés de phosphate de chaux, contiennent plus de gélatine qui jaunit à l'air.

Toutes les humeurs du nègre ont des couleurs plus foncées que les nôtres ; il s'y trouve de cette teinture noirâtre qui empreint tout leur corps, et qui se remarque même jusque dans leur liqueur séminale. Tous les alimens dont ils se nourrissent sont métamorphosés en chyle brunâtre, tandis que l'homme blanc a un chyle blanchâtre ; ainsi le nègre crée lui-même le noir qui le colore ; il ne lui vient pas du dehors, puisque son cerveau, ses nerfs en sont même empreints dans leur intérieur, comme l'anatomie le démontre.

On a donc eu tort de prétendre que cette couleur lui venoit de l'influence de la lumière et de la chaleur ; car, bien que celles-ci puissent brunir une peau blanche, comment pourront-elles noircir aussi le dedans du corps, les muscles, le sang, le chyle, le cerveau, les nerfs, enfin toutes les humeurs et tous les organes ? Il faut donc que cette qualité soit innée et radicale.

Ne voyons-nous pas parmi nous des hommes de race blanche, être cependant plus bruns que d'autres, et avoir des cheveux et des yeux très-noirs ? Lorsqu'on dissèque ces individus, toutes leurs parties intérieures sont d'une nuance plus foncée que celle des hommes pourvus d'un tempérament plus blanc, comme les blonds, les roux, etc. On observe que les filles brunes ont la membrane de l'hymen d'une couleur plus foncée que les blondes, chez lesquelles cette membrane a une couleur de chair. Certainement ce n'est pas l'influence de la lumière qui établit ces différences, mais bien plutôt la nature propre de chaque corps.

Il en est de même dans les autres races humaines; car les Mongols, les Kalmouks, placés dans des contrées encore plus froides que les nôtres, sont cependant bien plus bruns que nous, et leur tempérament est plus bilieux; de même qu'un homme flegmatique est plus blanc que le mélancolique, soit à l'extérieur, soit à l'intérieur, quoique dans le même pays, et quoique exposés également à la chaleur, à la lumière, et vivant des mêmes nourritures: le nègre est donc radicalement différent de l'Européen.

Ce n'est pas qu'il ne se trouve aussi parmi les nègres des tempéramens différens entre eux, comme parmi la race blanche; car les nègres les plus flegmatiques sont aussi moins noirs que les bilieux; de sorte que l'espèce noire se comporte comme l'espèce blanche dans toutes ses constitutions organiques.

Il y a beaucoup de considérations qui démontrent que cette espèce est fort différente de la nôtre, indépendamment de cette couleur noire de la peau et des parties intérieures de son corps, car sa configuration n'est pas la même que celle de l'espèce blanche. Supposons même que, par une dégénération particulière qui se remarque quelquefois, un nègre soit blanc, ou de cette couleur de lait ordinaire aux *Dondos*, aux *Kakerlaks*, aux *Albinos*, enfin à tous les blafards; certainement la conformation du visage du nègre, son museau prolongé, ses grosses lèvres, son nez épaté, ses cheveux laineux, le reculement du trou occipital de sa tête, son allure déhanchée, et, plus que tout cela, son caractère prononcé d'animalité, ses penchans tout physiques, la supériorité de ses sens brutaux sur son sens intellectuel, tout cela, dis-je, contribuera à caractériser son espèce. De plus, il faut observer que plusieurs maladies dans le nègre ne sont nullement semblables à celles du blanc, ce qui nous indique certainement une différence radicale. Tout de même que les maladies contagieuses d'une espèce d'animal ne se communiquent pas à une autre espèce, quoique voisine, parce que leur complexion est fort différente, de même le *pian* des nègres, sorte de maladie contagieuse entre eux, n'attaque point les blancs qui les fréquentent. On voit souvent des négresses attaquées de ce mal, alaiter des enfans de blancs sans le leur communiquer; cependant le *pian* se contracte de *nègre* à *nègre* par la seule transpiration ou l'attouchement, comme la petite vérole parmi nous (1). Une autre maladie propre aux seuls noirs, surtout aux îles d'Amérique, est le *mal d'estomac*. Il jaunit la peau du nègre; on dit alors qu'il a le visage *patate*; sa langue paraît blanche, chargée; il devient d'une langueur, d'une apathie insurmontables, et tombe dans une espèce de torpeur ou de sommeil qui l'affaisse entièrement. Il prend en dégoût tous les alimens sains et doux, et recherche avec une sorte de fureur toutes les nourritures âcres, échauffantes, salées, acides, ou même une espèce de terre argileuse; enfin les jambes enflent, le ventre se gonfle, la poitrine s'emplit, et presque tous meurent au bout de quelques mois. C'est une espèce d'adynamie viscérale ou cachexie, et de prostration nerveuse des forces vitales. (*Voyez* Georg. Albert Stubner, *de Nigritarum Adfectionibus*, Wittemb., 1699, in-4.°, et dans les *Miscellanea physico-medica ex acad. Germ.*, an 1748, in-4.°, tom. 1, n.° 2). Les autres maladies communes chez les *nègres*, sont les abcès, les furoncles, les fluxions, les engorgemens des glandes, l'érysipèle, la fausse péripneumonie, les vers, l'œdème, les fièvres inflammatoires, comme les gastriques bilieuses, l'hépatite, la dyssenterie et les obstructions viscérales. Cependant ils n'éprouvent pas, ou du moins très-rarement, le typhus ictérodes, cette funeste fièvre jaune qui dévore tant de blancs dans les colonies; mais leurs autres maladies sont plus fortes et plus compliquées que les nôtres, selon Dazille, *Obs. sur les malad. des nègres*, Paris, 1776, in-8.°; et Pouppé Desportes, *Hist. des malad. de Saint-Domingue*, Paris, 1770, 2 vol. in-12. Galien avoit aussi remarqué que le pouls des nègres est presque toujours accéléré; que leur peau est fort échauffée naturellement; que leurs fièvres s'allument avec plus de violence que celles des hommes blancs. Leurs moindres blessures donnent souvent lieu aux accidens spasmodiques les plus graves, tels que le tétanos. En général, comme l'a fait voir Meiners, d'après une foule de témoignages, les nègres montrent une extrême disposition aux désordres convulsifs; la moindre provocation suscite chez eux une rage épileptique, ou une fureur de désespoir si inconcevable, qu'ils se tuent pour de foibles motifs de contrariété. Dans la plupart de leurs mala-

---

(1) Le pian est une sorte de maladie éruptive ou cutanée, qui a quelque ressemblance avec la maladie vénérienne, par les gales purulentes dont il couvre la peau; cependant les nègres ne l'éprouvent guère qu'une fois en leur vie, de même que la petite vérole; c'est même une espèce de *gourme* qu'ils jettent, surtout dans leur première jeunesse.

dies, les poumons sont sujets à des congestions particulières.
(Dazille, p. 115 et 132.) Leurs dyssenteries se transforment
en fièvres adynamiques, bien qu'ils soient moins sujets aux
maladies inflammatoires que les blancs, qu'ils aient des crises
plus difficiles, etc.

Voilà donc des caractères physiques, des maladies et des
penchans moraux bien différens de ceux des hommes blancs ;
et à considérer tous ces faits, il me semble naturel de croire
que le nègre forme une espèce bien distincte de la nôtre ;
mais aucune induction tirée de la seule histoire naturelle ne
peut nous apprendre qu'il dérive originairement de l'espèce
blanche. A cet égard, nous ne pouvons nous en rapporter
qu'aux traditions primitives de l'histoire du genre humain,
ou bien à de simples conjectures qui n'équivaudront jamais à
une entière certitude.

La dégénération des *albinos* ou *nègres blancs*, dont nous avons
déjà parlé (art. de l'HOMME et DÉGÉNÉRATION), n'est point
particulière à l'espèce noire ; et l'on trouve également des
blafards dans toutes les autres races humaines, aussi bien que
chez une foule de quadrupèdes et d'oiseaux. Les *nègres-pies*
ou tachés de blanc sur diverses parties de leur corps, ressemblent à ces panachures des feuilles et des pétales de certains végétaux cultivés. Cette blancheur contre nature est toujours maladive et innée, quoiqu'elle ne se propage point ordinairement, parce que les individus *blafards* sont d'une constitution foible, efféminée, qui se reproduit rarement. Dans
l'examen anatomique qu'on a fait de ces *albinos*, on a remarqué que le réseau muqueux et sous-cutané de Malpighi,
siége de la coloration de la peau, n'existoit nullement, de
sorte que le derme et l'épiderme n'avoient que cette blancheur terne et mate qui leur est propre. Ces individus sont,
par la même raison, privés de cette teinture noire qui peint
la membrane choroïde de l'œil, et qui communique sa nuance
à l'iris ; aussi les *albinos* ou *blafards*, ont des yeux rouges
comme les lapins blancs, les pigeons blancs, qui sont dans le
même cas. Cette rougeur dépend du lacis des vaisseaux sanguins, qui, se ramifiant sur la choroïde, paroît à nu ; mais
comme le défaut de cette peinture noire laisse pénétrer trop
de lumière dans les yeux pendant le jour, il arrive que tous
les *blafards*, les *dondos*, les *albinos*, etc., ne peuvent point soutenir le grand éclat du jour, et voient beaucoup mieux pendant le crépuscule et même la nuit, lorsqu'elle n'est pas trop
obscure ; ils sont ainsi tous nyctalopes, ou clairvoyans de nuit :
de là est venue la fable des hommes nocturnes ou *kakerlaks*.
Linnæus, qui n'avoit pas reçu de son temps des renseignemens assez exacts, les avoit regardés comme formant une

espèce particulière d'hommes ; il assuroit qu'ils avoient un
sifflement au lieu de voix articulée ; qu'ils ne sortoient que
de nuit, cherchant leur nourriture, pillant à la manière des
voleurs, se retirant de jour dans des cavernes ténébreuses ;
n'ayant qu'une étendue de conception très-bornée, etc. Il
les croyoit des animaux intermédiaires entre le singe et
l'homme, à peu près tels que ces faunes, ces satyres et ces
lutins fantastiques que l'imagination vive des anciens se plai-
soit à créer, et dont elle faisoit des divinités champêtres.
Voy. ORANG et NOCTURNES.

Nous remarquons que les hommes dont l'iris est bleuâtre
et cendré, tiennent un peu de la nature des *blafards* par la
grande blancheur de leur peau ; et, comme eux, la lumière
trop vive les offusque, mais dans un moindre degré. Il n'en
est pas de même des hommes à iris noir et à peau brune. Au
reste, lorsque les hommes vieillissent, leur iris se décolore,
et leurs yeux ne supportent plus aussi bien l'éclat des rayons
du soleil. Les nègres sont destinés par la nature à soutenir
le grand éclat du soleil ; aussi leur iris est toujours imprégné
d'une couleur brune foncée, et même leur conjonctive est
plus brunâtre que celle des Européens. Ils ont le champ de la
vue moins large en étendue que celui du blanc, et leurs yeux
se rapprochent beaucoup de la conformation de ceux des
singes. En effet, la membrane clignotante, ou *plica lunaris*
du grand angle de l'œil, est déjà avancée comme celle de l'o-
rang-outang (Samuel Thom. Sœmmering, *Icones oculi humani*,
Francof. ad Moen. 1804. fol. p. 5).

Une autre particularité naturelle aux *blafards*, c'est que
leurs cheveux sont extrêmement fins, soyeux, blancs et
comme argentés. Leur peau est aussi d'une mollesse et d'une
douceur singulières au toucher ; elle est d'ailleurs recouverte
d'une espèce de duvet très-léger et très-délicat. Ces caractères se remarquent en partie chez les individus très-blonds,
à peau pâle et blanche, comme nous en voyons plusieurs
dans nos contrées ; mais ils paroissent surtout plus fréquens
dans les pays froids du Nord, ou parmi les habitans des hautes montagnes. Ce sont au reste des individus très-foibles,
petits, maigres et sédentaires, que le moindre mouvement
fatigue et fait suer ; ils sont aussi très-timides, sujets à des
affections spasmodiques, presque incapables de penser, de réfléchir, et n'ont que foiblement les qualités nécessaires pour se
reproduire ; aussi la plupart sont-ils incapables d'engendrer.

On observe, au contraire, que les individus les plus colorés, les hommes bruns à cheveux noirs, ont le tempérament plus chaud, plus amoureux que ces corps blancs et
mous, dont le caractère impuissant, fade, efféminé, tient

de la nature des blafards. Les nègres sont, pour la plupart, très-ardens en amour, et les négresses portent la volupté jusqu'à des lascivetés ignorées dans nos climats. Leurs organes sexuels sont aussi plus développés que ceux des blancs. Cette lubricité des négresses les fait rechercher de la plupart des blancs, aux Indes ; la répugnance que ceux-ci éprouvent d'abord à l'approche d'une négresse, se détruit bientôt par l'habitude, et celle-ci est toujours flattée de conquérir l'amour de ses maîtres, quoiqu'elle soit, au reste, fidèle et chaste dans le mariage. « Ceux-qui ont cherché, dit Raynal, les causes de ce « goût pour les négresses, qui paroît si dépravé dans les Eu- « ropéens, en ont trouvé la source dans la nature du climat, « qui, sous la zone torride, entraîne invinciblement à l'a- « mour; dans la facilité de satisfaire sans contrainte et sans « assiduité ce penchant insurmontable ; dans un certain at- « trait piquant de beauté qu'on trouve bientôt dans les né- « gresses, lorsque l'habitude a familiarisé les yeux avec leur « couleur, surtout dans une ardeur de tempérament qui leur « donne le pouvoir d'inspirer et de sentir les plus brûlans « transports. Aussi se vengent-elles, pour ainsi dire, de la « dépendance humiliante de leur condition, par les passions « désordonnées qu'elles excitent dans leurs maîtres ; et nos « courtisanes en Europe n'ont pas mieux que les esclaves « négresses, l'art de consumer et de renverser de grandes « fortunes. Mais les Africaines l'emportent sur les Euro- « péennes en véritable passion pour les hommes qui les achè- « tent, etc. » *Hist. philos.* l. XI, c. 29.

Les *négresses* sont très-fécondes ; cet effet doit peut-être s'attribuer à leur tempérament flegmatique, bien que l'influence nerveuse y soit aussi fort considérable ; mais comme leur constitution tient beaucoup d'humidité, elle tempère ce que leur sensibilité sexuelle a de trop violent. (*Consultez* la fin de l'article NATURE à ce sujet.) Toutefois l'impétuosité de leur genre nerveux causant de vives secousses à l'organe utérin, surtout lorsqu'elles éprouvent quelque chagrin, quelque passion immodérée, elles avortent assez fréquemment. D'ailleurs la chaleur de leur climat qui précipite le cours du sang, les travaux pénibles qu'elles supportent, font souvent décoller le fœtus; et c'est faute d'avoir considéré ces causes, qu'on les a souvent accusées de se faire avorter elles-mêmes. Je sais que le malheur d'être surchargée d'une nombreuse famille qu'on ne peut nourrir, la haine pour des maîtres cruels, la jalousie des nègres et la crainte de dégrader sa beauté naturelle, portent plusieurs négresses à se faire avorter. Elles connoissent pour cet effet une foule de moyens, et usent surtout de plantes fortement emménagogues. Mademoiselle

Mérian prétend qu'elles se servent à cet effet de la belle fleur de *poincillade* (1), dans la colonie de Surinam.

Si les négresses cherchent à conserver par des moyens aussi criminels la beauté qui les rend chères à leurs maîtres, elles savent quelquefois aussi se venger d'eux cruellement, lorsqu'ils les méprisent ou les abandonnent. Comme l'Africain est extrêmement jaloux, son maître doit se défier de celui dont il a corrompu la femme; car tous savent l'art d'empoisonner avec la plus grande adresse, et les plus cruels tourmens ne leur arrachent point l'aveu de leur crime. Ils connoissent les propriétés d'une foule de plantes vénéneuses, et pour n'être pas soupçonnés, ils font souvent l'essai de ces poisons sur leurs femmes et leurs enfans, tant est violent le désir de se venger de leur maître. On les livre aux flammes pour ce crime.

Bien que la lubricité, qui est extrême dans la plupart des négresses, soit contraire, en général, à la multiplication de l'espèce, cependant leur fécondité est favorisée sans doute par leur genre de vie simple et presque animal; car on observe que plus les hommes et les femmes se civilisent, perfectionnent leur esprit et développent leurs facultés intellectuelles ou sensitives, moins ils sont propres à la propagation, parce que toutes les forces de la vie sont détournées vers le cerveau et les sens, aux dépens des parties sexuelles. Les nègres peuplent donc beaucoup lorsqu'ils ne sont pas chagrinés et tourmentés par l'esclavage; et ceci est très-visible, si l'on considère que l'Afrique cédant chaque année une multitude de ses habitans qui vont périr dans les Deux-Indes, elle n'en paroît pas moins peuplée, quoique la traite y soit établie depuis près de quatre siècles. D'ailleurs beaucoup de peuplades de nègres sont polygames, et les chefs peuvent prendre autant de femmes qu'ils en désirent. La plupart des noirs, en Afrique, peuvent à volonté répudier leurs femmes et prendre des concubines selon leur gré. C'est à la vérité un crime à la femme de commettre un adultère, et si elle est surprise en flagrant délit, elle peut être punie de mort; mais, hors de ce cas, il paroît que tout s'accommode à l'amiable; la plupart des femmes sont même fidèles à leurs époux et peu jalouses entre elles.

Les négresses menant une vie laborieuse et travaillant comme les hommes, accouchent très-facilement. Il est vrai que les os de leur bassin sont naturellement plus écartés que chez les Européennes, et qu'ils tirent sur la conformation de ceux de la brute; de là vient la grande largeur de leurs parties sexuelles. Deux principales causes contribuent à faciliter l'accouche-

---

(1) *Poinciana pulcherrima*, Linn.

ment des négresses ; 1.° l'élargissement de leurs hanches et l'ouverture de leur bassin ; 2.° la moindre grosseur de la tête du
négrillon que celle de l'enfant blanc. Parmi les Européennes, l'accouchement est devenu difficile et dangereux par des
causes contraires. On ne sait peut-être pas combien notre
éducation, notre perfection sociale et l'exaltation du système
nerveux et cérébral de la femme, s'opposent au libre travail
de la nature dans les organes sexuels, et à l'entier développement de son bassin ; car nos paysannes, simples, igno-
rantes et grossières, enfantent avec la plus grande facilité ;
tandis que les dangers de l'accouchement se multiplient dans
les villes à mesure que les femmes s'y livrent davantage à
des occupations qui exaltent leur sensibilité et développent
leurs facultés pensantes aux dépens des fonctions que la nature leur avoit attribuées. En second lieu, les enfans blancs
ont naturellement la tête plus grosse que les jeunes nègres;
aussi l'Auteur de la nature a laissé ouverte la partie qu'on
nomme la *fontanelle*, afin que le cerveau pût se rétrécir en
sortant de la cavité du bassin ; mais dans le *négrillon*, la fontanelle est bien plus petite et plus tôt fermée ; enfin dans les
quadrupèdes elle ne se trouve pas. C'est un fait incontestable que la vie purement animale est plus favorable à la multiplication des hommes, et plus capable de faciliter l'accouchement que la vie policée ; aussi les naissances sont proportionnellement moins nombreuses dans les grandes villes que
dans les villages.

On sait que les négresses ont toutes de longues et grosses
mamelles ; c'est pourquoi elles peuvent allaiter assez long-
temps leurs enfans ; ceux-ci se cramponnent sur leur mère de
telle manière, qu'elle peut travailler sans avoir le soin de les
tenir. Cette habitude est commune à tous les singes; ils savent
de même s'attacher sur le dos et aux hanches de leur mère,
et ne l'empêchent point de grimper sur les arbres. Les négresses rejettent quelquefois leurs mamelles par-dessus leurs
épaules, pour les offrir à leur nourrisson placé sur leur dos.

En Éthiopie, plusieurs nègres font subir la castration à
leurs enfans dans le jeune âge, et les vendent aux Turcs, aux
Marocains, aux Persans, pour servir d'eunuques et garder les
sérails ; on estime surtout les plus laids dans ces pays, afin
que les femmes ne soient pas tentées de les séduire. D'ailleurs
ces eunuques noirs sont extrêmement attachés à leur maître,
et deviennent de vigilans et sévères argus pour leurs femmes,
sur lesquelles ils ont beaucoup de pouvoir, jusqu'à les frapper
et même les fouetter. Les eunuques qui n'ont été privés que
des testicules, éprouvent encore quelquefois des irritations
amoureuses et entrent en érection ; aussi les Turcs ne veu-

lent que des eunuques entièrement privés de tout organe extérieur de génération. *V.* EUNUQUE.

Les nègres vivant presque toujours nus, exposés sans cesse à l'ardeur brûlante du soleil, aux intempéries de l'atmosphère, ont aussi la peau plus épaisse et plus huileuse que la nôtre; c'est pourquoi les maladies éruptives ou cutanées leur sont fatales, parce qu'elles ne se développent qu'avec peine. La petite vérole, par exemple, enlève chaque année une multitude de nègres, soit en Afrique, soit dans les colonies européennes, et fait des ravages extraordinaires chez tous les peuples sauvages, ou les habitans du Nord dont la peau est compacte, parce que la maladie ne pouvant pas prendre son cours au dehors, se refoule dans les organes intérieurs les plus importans. Il est remarquable que la petite vérole, chez les nègres placés au nord de la ligne, en Afrique, ne se déclare pas, comme on l'assure, avant l'âge de puberté ou environ quatorze ans; il faut probablement que le corps soit dans un certain état d'irritabilité pour faire développer le germe de cette maladie comme celui de plusieurs autres. De même que les yeux du hibou sont assez sensibles à quelques rayons de lumière pour voir clair pendant la nuit, tandis que nous ne pouvons voir clair que pendant le jour; ainsi les Européens sont assez sensibles au virus de la petite vérole pour le développer chez eux dès l'enfance, au lieu que ces nègres ne peuvent le faire sortir qu'à l'âge de puberté. Les nègres qui naissent en Afrique au sud de la ligne équatoriale, n'éprouvent, dit-on, jamais de petite vérole; mais ils sont sujets à une sorte d'ulcère virulent et très-malin, de nature scorbutique, dont le caractère devient encore plus funeste sur mer, et qui ne se guérit jamais complétement. Si cet effet est général parmi ces sortes de nègres, il annonce que leur tempérament est atrabilaire ou mélancolique; car il est de l'essence de ce tempérament de se refuser, en général, aux maladies inflammatoires et éruptives, mais d'être sujet aux affections chroniques, telles que les ulcères, le scorbut, etc.

De même que tous les peuples qui vont nus, les nègres ont la bizarre coutume de se ciseler la peau, d'y faire des entailles, des gravures, et d'y empreindre diverses lignes colorées par le *tatouage*. On appelle ainsi l'art de pointiller la peau et d'y graver différentes figures. Il est vrai que la chaleur et l'extrême sécheresse font quelquefois gercer leur peau dans les endroits les plus épais, et la couvrent de petites fentes en tout sens, comme l'écorce raboteuse des arbres; aussi, pour prévenir cet inconvénient, les nègres ont soin de se frotter d'huile ou de graisse pour ramollir leur épiderme. Les animaux à peau presque nue, qui habitent les contrées ardentes des

tropiques, tels que les *éléphans*, les *rhinocéros*, les *hippopota-*
mes, ont coutume de se baigner et de se vautrer souvent dans
la boue pour entretenir cette souplesse de l'organe cutané ;
et l'on est obligé d'oindre avec de l'huile, de temps à autre,
la peau des éléphans domestiques.

Il paroît que l'usage de ces gravures ou de ces stigmates sur
la peau, usage si général parmi toutes les nations sauvages de
la terre, est un moyen de distinguer les qualités des hommes
entre eux. Parmi nous, les tatouages des rangs, des fortunes, se marquent par des vêtemens, des décorations extérieures, des ornemens de diverses natures, ou de couleurs
particulières ; les sauvages qui n'ont point d'habillemens, et
que la chaleur du climat oblige à rester nus, ont besoin pour
se reconnoître de porter des distinctions sur leur peau. Les
chefs, les guerriers n'ont, pour se faire remarquer parmi
leurs compatriotes, que ces ciselures sur la peau ; elles sont
le témoignage, soit de leur sagesse dans les conseils, soit de
leur valeur dans les combats ; elles annoncent le rang qu'ils
tiennent dans leur petite société ; ce sont leurs livrées, leurs
uniformes, leurs titres de noblesse. Nos caractères distinctifs
ne sont point inhérens à la personne : le roi, le berger, le
prince, le laboureur, dans l'état de nudité, sont les mêmes
hommes ; les seuls habits établissent nos différences sociales.
Habillez le berger comme un roi, avec tout le faste qui l'environne, et un roi comme nos simples laboureurs ; le vulgaire, c'est-à-dire le plus grand nombre, adressera ses hom-
mages au gardien de troupeaux, et négligera la majesté devenue rustique. Comme les hommes regardent plus à l'habit
qu'à la personne, chacun s'efforce de briller à l'extérieur,
se souciant fort peu du reste, auquel on ne prend pas garde ;
aussi la plupart des hommes n'ont de mérite que par leur habillement ; ils ne valent précisément que l'argent qu'ils portent, et lorsqu'on les en dépouille, ils ne sont plus rien. De
là vient encore que ceux qui n'ont aucun mérite par eux-
mêmes, sont précisément ceux qui recherchent le plus avi-
dement les ornemens extérieurs, et les mauvais peintres mettent à leurs tableaux de superbes bordures. Henri IV, ce
grand roi, vêtu d'un petit habit de laine grise, disoit qu'*il
étoit tout gris au-dehors, mais tout d'or au-dedans*, et un père
de l'Église se plaignoit que quand les calices étoient d'or,
les prêtres étoient de bois ; tandis que dans les anciens temps,
les calices étoient de bois et les prêtres d'or.

Moins les hommes ont de décorations extérieures, plus ils
ont besoin, pour se distinguer, de ces qualités intérieures
qu'on n'acquiert que par les talens, le courage ou les vertus.
Combien de pauvres ne payent point de figure et d'ostenta-

tion, mais d'effet; s'ils savent mal parler, ils agissent bien; et s'ils ne sont pas beaux, ils cherchent à être bons; les grands hommes sont simples; les hommes de peu d'esprit tiennent le plus aux choses extérieures. Dans les empires despotiques de l'Asie, c'est usurper la puissance du souverain que de se vêtir comme lui; c'est ainsi qu'on a vu des hommes devenir princes tout à coup, et renverser du trône le souverain qui le possédoit. L'empire étoit dans l'habit et non dans la personne. Ceci n'est nullement une exagération, puisqu'on lit dans toutes les histoires du Bas-Empire romain, que quiconque prenoit la pourpre étoit aussitôt salué empereur; c'est pourquoi ceux-ci défendirent, sous des peines très-sévères, de teindre des vêtemens en couleur pourpre autre part que dans leurs seuls palais et sous leurs yeux, tant ils craignoient que le moindre teinturier ne vînt à créer de nouveaux empereurs. Lorsque les croisés s'emparèrent de Constantinople, et eurent mis en fuite l'empereur grec, Alexis IV, un de ses valets surnommé *Murtzuphle*, ayant chaussé les brodequins et mis le manteau impérial, fut aussitôt salué empereur. Lorsqu'il n'est plus besoin de mérite pour se tirer du néant, il suffit de l'habit. Beaucoup d'hommes n'ont pas fait autrement en plusieurs pays; car enfin, si nous jugions chacun d'après ses seules qualités intrinsèques, combien d'hommes puissans seroient inférieurs au plus misérable paysan?

Le nègre, comme nous l'avons dit ci-devant, est plein de vanité pour l'ordinaire, et très-porté à se targuer de ces attributs superficiels qui annoncent l'impuissance et la nullité du caractère. (*V.* l'article BRACELET.) Si la femme aspire naturellement au même but, si elle est plus disposée que l'homme à se parer, à s'embellir; c'est qu'elle est destinée à plaire et à séduire les cœurs. La nature ou son suprême Auteur a voulu lui donner cet art de coquetterie, ce désir inné de captiver par les plus doux sentimens tous ceux qui l'entourent; il a moins fait pour la force du corps et de l'esprit de la femme, que pour ses grâces et pour ses charmes mystérieux. S'il a diminué ses qualités intellectuelles, c'étoit pour rendre son cœur plus aimant et son âme plus tendre; ce qu'il lui ôta en force, il le mit en agrément et en touchantes frivolités. *Voy.* FEMME.

Mais la nature, en rabaissant le nègre au-dessous du blanc, le dédommagea d'une autre manière. Sans doute nous jouissons plus par l'esprit, mais le nègre jouit plus par les sens; nous trouvons nos plus douces voluptés en nous élevant par la pensée à la connoissance des choses, et en nous livrant aux charmes de la vie sociale: les nègres trouvent leurs plus vifs plaisirs en se rabaissant entièrement vers les objets matériels. Si nous recherchons la gloire, les grandeurs, la fortune, les noirs préfèrent l'indolence, la vie obscure ; ils croient les richesses trop chèrement achetées au prix de leur paresse naturelle. Le travail leur est encore plus insupportable que la misère, et ils ne se mettent à l'ouvrage qu'à la dernière extrémité. Il faut à un Européen des biens, de la considération, mille objets de luxe et de commodité particulière ; il cherche toute sa vie à jouir, et jamais il n'est satisfait : le nègre, au contraire, reste comme il se trouve, aime mieux se passer d'un avantage que de le poursuivre, et au lieu de chercher ce qu'il n'a pas, il jouit de ce qu'il possède. Nous avons besoin de mouvement, le nègre de repos ; nos plaisirs sont pour lui des peines, et l'apathie, qui est un malheur pour nous, fait toutes ses délices. Si l'Européen étudie les cieux, mesure le cours des astres, parcourt la terre, rapporte l'or, le diamant et les épiceries de l'Inde, le sucre d'Amérique, le flegmatique Hottentot se couche à terre, fume sa pipe, mange et s'endort ; notre agitation lui paroît une folie et un état de misère excessive ; il nous croit poursuivis en tous lieux par le démon de la nécessité. Ce qui fait le plus de bruit et d'éclat en Europe, est le plus estimé des hommes ; au contraire, ce qu'on prise le plus sur les plages africaines est la tranquillité, l'insouciance dans toutes les choses de la vie. Si cette différence tient à la diversité de l'organisation de la race blanche et de la race nègre, elle dépend aussi de la nature des climats, puisque nous voyons que la chaleur, abattant excessivement toutes les forces du corps et de l'esprit, nous fait aspirer au repos ; tandis que le froid, augmentent la vigueur des fibres et exaltant l'audace, porte les hommes à un éternel mouvement : c'est ainsi que l'emprisonnement, qui est une grande peine pour un Européen, n'est pour le nègre qu'un asile de paix, où il goûte en toute liberté le plaisir de ne rien faire.

On voit donc très-clairement que l'intelligence du nègre a moins d'activité que la nôtre ; à cause de la diminution de ses fonctions cérébrales. D'ailleurs, le nègre s'abandonne brutalement aux excès les plus crapuleux ; son âme est, pour ainsi dire, plus enfoncée dans la matière, plus encroûtée dans l'animalité, plus entraînée par des appétits tout physiques, comme nous l'avons montré. Si l'homme consiste principalement dans les facultés spirituelles, il est incontestable que le nègre sera moins homme à cet égard ; il se rapprochera davantage de la vie des bêtes brutes, puisque nous le voyons obéir plutôt à son ventre, à ses parties sexuelles, enfin à tous ses sens, qu'à la raison. Cette dégradation est encore plus visible dans le Hottentot ; car il n'est sur terre aucun homme aussi stupide, aussi brut, aussi apathique que

lui. Si nous le comparons aux plus parfaits des singes, certainement la distance entre eux sera bien peu considérable, et il
est même très-reconnoissable que son organisation s'en rapproche ; témoin le museau du Hottentot, le rétrécissement de son cerveau, le reculement du trou occipital, la
courbure de son épine dorsale, la position déjà oblique de
son bassin, les genoux à demi-fléchis, l'écartement des
doigts du pied, et la position oblique de la plante (1),
comme chez les singes. Déjà le Hottentot ne parle qu'avec
difficulté, et il glousse presque comme les coqs-d'Inde, ce
qui offre un rapport manifeste avec l'*orang-outang*, qui jette
des gloussemens sourds, à cause des sacs membraneux de
son larynx où sa voix s'engouffre. Les nègres peuvent bien reconnoître cette espèce de parenté, si l'on peut ainsi parler,
qui se trouve entre eux et les singes, puisqu'ils les prennent
pour autant d'hommes sauvages et paresseux, au rapport de
tous les voyageurs. Quand on considère, en effet, les extrêmes ressemblances des *singes* avec les *Hottentots* et les *nègres*,
ressemblances telles que Galien donna l'anatomie du *pithè-
que* pour celle de l'homme ; quand on remarque combien
l'*orang-outang* donne de signes d'intelligence, combien ses
mœurs, ses actions, ses habitudes, sont semblables à celles
des nègres, combien il est susceptible d'éducation, il me
semble qu'on ne peut pas disconvenir que le plus imparfait
des *noirs* ne soit très-voisin du premier des *singes*. Je suis
très-loin de prétendre, au reste, qu'ils soient de même
genre, quoique les femelles d'*orang-outang* éprouvent des
évacuations menstruelles, portent sept à neuf mois leur petit
dans leur sein, comme dans notre espèce, et qu'elles aiment
autant les hommes que les *singes* sont amoureux des femmes.
Il y a sans doute beaucoup de distance entre le singe et le
Hottentot. Celle qui existe entre le Hottentot et le Cafre,
entre celui-ci et le Malais, le Malais et l'Européen, est bien
moindre ; mais la transition est incontestable. Tous les naturalistes l'ont reconnue et admise, puisqu'ils ont classé le
singe immédiatement après l'espèce humaine, et le sage Linnæus lui-même en a montré l'exemple.

L'espèce humaine est-elle sortie de la race des singes, ou
l'homme s'est-il dégradé peu à peu pour redescendre dans la
classe des brutes ? Ce seroit, il nous semble, une grande

____

(1) Les Hottentots eux-mêmes reconnoissent que leur pied est
différent de celui des hommes blancs ; car, au rapport de Barrow,
ils devinent au vestige d'un pied d'homme sur le sable, si c'est celui
d'un Européen ou d'un Hottentot. Il faut donc que cette différence
soit bien sensible.

témérité de borner la puissance divine, en assurant qu'elle n'a pu faire un *homme* d'un *singe*, ou un *singe* d'un *homme*. Dieu a voulu que le *singe* nous ressemblât par le corps ; mais il nous a rendus bien supérieurs à lui par l'esprit ; il nous en a surtout séparés par le don d'une âme raisonnable, immortelle ; il nous a rendus participans de cette lumière de suprême intelligence dont il est la source ; il nous a élevés jusqu'à lui par la pensée. Nous sommes le lien qui unit la Divinité à toutes les créatures ; nous rattachons la terre au ciel : c'est par notre communication que le grand esprit se dissémine par toute la nature ; nous le transmettons au *nègre*, le *nègre* au *singe*, celui-ci aux autres animaux, les animaux aux plantes, et les plantes à la terre ; c'est nous qui rétablissons l'équilibre dans toute la nature, et le sceptre du monde nous a été donné sur toutes les créatures. *Voyez* surtout l'article Homme, celui de l'Orang – outang, des Singes, etc.

(VIREY.)

NÈGRE. Poisson du genre des Scombres, *Scomber niger.*

(B.)

NÈGRE BLANC. *V.* Albinos et Kakurlako. (VIREY.)

NÈGRE, *Cercopithecus maurus.* C'est le nom d'un Singe de Java, qui appartient au genre des Guenons. (DESM.)

NÈGRE (sajou). Espèce de singe d'Amérique, du genre Sapajou. (DESM.)

NÈGRE (tamarin). Autre singe d'Amérique, beaucoup plus petit et du genre Ouistiti. *V.* ce mot. (DESM.)

NÈGRES. Engramelle désigne ainsi plusieurs papillons de Linnæus, qui appartiennent à notre genre Satyre. *Voy.* ce mot. (L.)

NÈGRES-CARTES ou MORILLONS. On donne ce nom à des émeraudes de rebut ou de peu de valeur, qu'on laisse au profit des nègres qui font, dans le royaume de la Nouvelle-Grenade, la recherche de ces pierres précieuses. Le débit de ces émeraudes rebutées étoit assez considérable autrefois; alors la pharmacie croyoit que les pierres précieuses pouvoient servir en médecine. C'étoit par Carthagène que l'Amérique versoit, en Europe, les *nègres-cartes*, et c'est là qu'on mêloit aux émeraudes, pour augmenter le poids, des cristaux octaèdres épointés de chaux fluatée bleu verdâtre. L'on dit que ces cristaux se trouvent au Mexique. Maintenant ce genre de commerce est très-peu de chose, et l'on taille presque toutes les émeraudes qui peuvent avoir de la transparence ou de la couleur; on rejette les mauvaises. *Voy.* Émeraude et Morillons. Les nègres-cartes se vendoient à l'once et à la livre. Les belles émeraudes se vendent au karat qui, comme on sait, ne vaut que quatre grains; une très-belle émeraude parfaite de six karats (24 grains) peut valoir jusqu'à deux mille quatre cents francs. (LN.)

NÉGRESSE. *V.* aux mots VOLUTE et OLIVE. (B.)

NÉGRESSE. C'est aussi le nom d'un CÔNE , *Conus fumigatus.* (DESM.)

NÉGRETIE , *Negretia.* Genre de plantes établi dans la *Flore du Pérou*, pour placer quelques espèces du genre DOLIC de Linnæus , entre autres le DOLIC A POILS CUISANS et le DOLIC TRÈS-ÉLEVÉ. Il offre pour caractères différentiels : un étendard ovale , sagitté , plus court que les ailes ; des anthères difformes ; des semences orbiculaires entourées jusqu'au-delà de la moitié d'une saillie dentelée.

Ce genre a aussi été appelé STIZOLOBION. (B.)

NÉGRILLA. Sorte de RAISIN très-doux dont on fait , en Espagne , un bon vin. (LN.)

NÉGRILLO et NIGRILLO. Les Espagnols désignent ainsi l'argent antimonié sulfuré noir et terreux, *silberschwarze* des Allemands , qui est commun dans les mines d'argent du Mexique et du Pérou. Les Espagnols donnent aussi ces noms et celui de *negritias* au FAHLERZ des Allemands , c'est-à-dire , au cuivre gris argentifère. (LN.)

NÉGRILLON. C'est le nom du jeune NÈGRE. *Voyez* ce dernier mot. (VIREY.)

NEGRITA. Nom portugais des MÉLAMPYRES , plantes qui noircissent en se desséchant. (LN.)

NÉGRITE. Nom vulgaire , aux environs d'Alby , de l'AL-TISE qui mange les feuilles du PASTEL. (B.)

NEGRO. Nom que les Hollandais , qui habitoient autrefois le Brésil , ont donné au JABIRU proprement dit. *V.* ce mot. (V.)

NEGROFISH. C'est l'HOLOCENTRE NÉGRILLON et la SCOMBRE NOIR. (B.)

NEGUILLA. Nom espagnol des NIELLES et des NIGELLES. (LN.)

NEGUNDIUM. *V.* NÉGUNDO. (LN.)

NÉGUNDO. Garzias, Acosta, Fragose , etc., ont décrit les premiers sous ce nom malabare de petites graines de l'Inde , de la grosseur du poivre , striées et âcres. Elles sont produites par deux espèces d'arbrisseaux : l'un , le *negundo mâle* , a , de loin , le port du sureau ; l'autre , le *negundo femelle* , a des feuilles semblables à celles du peuplier blanc. Les Brames de l'Inde , au rapport de Rhéede , nomment ce negundo le GATILIER DÉCOUPÉ (*vitex negundo*) , dont les fleurs , les feuilles et les fruits passent pour propres à guérir beaucoup de maux et pour rendre apte à la conception , lorsqu'on se lave avec leur décoction. Ce negundo est le *hermuosi* (*nosi blanc*) des habitans de la côte malabare, et très probablement le *negundo mâle* de Garzias. Il y a encore le *vitex trifolia*, que l'on nomme au Malabar, *caranosi* (*nosi noir*) dont les propriétés sont analogues. Il ne paroît pas douteux que ce ne soit le *negundo femelle*. Le fruit appelé *hærnia* par Sérapion, est le même que celui de ce negundo.

Les botanistes modernes ont donné ce même nom de negundo à une espèce d'érable qui diffère de toutes les autres espèces par l'absence de la corolle, le nombre des étamines (4-5) et les feuilles ailées. Moënch en fait un genre qu'il nomme *negundo*, et que Rafinesque-Schmaltz appelle *negundium*. C'est un bel arbre très-cultivé, originaire des Etats-Unis, et communément désigné par le nom d'ÉRABLE A FEUILLES DE FRÊNE. *V.* ÉRABLE. (LN.)

NEGUNDO. *V.* au mot GATILIER. (B.)

NEGYL. Nom arabe d'une graminée que nous appelons CHIENDENT PIED DE POULE (*panicum dactylon*, Linn.). *V.* DIGITAIRE. (LN.)

NEÏDE, *Neides*, Latr., Oliv. Genre d'insectes de l'ordre des hémiptères, section des hétéroptères, famille des géocorises, tribu des longilabres.

Ce genre, que j'avois établi dans mon Histoire générale des crustacés et des insectes, sous le nom qu'il porte ici, et que Fabricius a changé en celui de *berytus*, dans son Système des rhyngotes, est composé de petits hémiptères, très-voisins de ses *corés* et de ses *lygées*. Leur corps est menu, filiforme, avec les antennes longues, insérées au-dessus d'une ligne allant des yeux à l'origine du labre, coudées vers leur milieu, de quatre articles, dont le premier très-long, en massue à son extrémité, et dont le dernier, un peu plus épais que les précédens, est ovoïde, ou en ovale allongé. Ils ont la tête presque conique ; l'écusson étroit, presque linéaire et terminé en pointe ; et les pattes allongées, avec les cuisses en massue.

Ils s'éloignent des genres précédens, par leurs antennes coudées, et des *ploières*, ainsi que des *zélus*, dont ils se rapprochent encore, par la manière dont se terminent ces organes, la forme de la tête et la direction droite du bec.

On trouve les neïdes sur les feuilles des plantes, le tronc des arbres, etc. On n'en connoît encore qu'un petit nombre d'espèces. La plus commune est la NEÏDE TIPULAIRE, *Neides tipularia*; *cimex tipularius*, Linn. Elle est d'un gris roussâtre, avec les antennes de la longueur du corps, noirâtres à leur extrémité; le chaperon est avancé en pointe; trois lignes élevées dont deux marginales se remarquent sur le corselet, les élytres sont chargées de nervures, et ponctuées de noirâtre.

On la trouve dans toute l'Europe. *Voyez* Schellenberg, *Cim.*, tab. 4, fam. D, fig. 1. (L.)

NEIGE. Eau congelée, qui, dans certaines circonstances, tombe du sein de l'atmosphère sur la surface de la terre, sous la forme d'une multitude de flocons séparés les uns des autres pendant leur chute, qui ont tous une blancheur éblouissante.

La neige affecte dans sa cristallisation la forme de petites étoiles hexagonales qui se terminent en pointes très-aiguës, et qui, se groupant les unes sur les autres, forment un grand nombre de figures régulières. S'il arrive quelquefois que la neige n'offre aucune trace de sa cristallisation primitive, il faut en attribuer la cause, ou à la vitesse de sa chute ou à l'abondance avec laquelle elle tombe, ou enfin à une température trop élevée dans les couches atmosphériques qu'elle traverse. Ces circonstances réunies ou isolées doivent nécessairement faire éprouver une altération sensible aux cristaux dont la neige se compose, et alors leur réunion ne doit présenter que des masses floconneuses.

La neige est beaucoup plus légère que la glace ordinaire. Le volume de la glace ne surpasse que d'environ un neuvième celui de l'eau qui a servi à la former, tandis que la neige qui vient de tomber a dix ou douze fois plus de volume que l'eau qu'elle fournit étant fondue. Mussembroëk prétend avoir mesuré avec exactitude de la neige qui étoit en forme d'étoiles, et l'avoir trouvée vingt-quatre fois plus rare que l'eau.

Lorsqu'il n'est tombé qu'un ou deux pouces de neige, on la voit disparoître en moins de deux jours par un vent sec, et au plus fort de la gelée : d'où il résulte que l'évaporation de la neige est très-considérable ; et cela vient sans doute de ce qu'étant composée d'un grand nombre de particules de glace assez désunies, elle présente à l'air une infinité de surfaces.

La neige cède facilement à la compression, et lorsqu'elle est fortement comprimée, elle perd en partie son opacité et sa blancheur. Ce phénomène n'a rien qui puisse exciter de la surprise, car aux yeux d'un observateur attentif, chacun des petits glaçons dont la neige se compose, jouit de la transparence : d'ailleurs dans une masse de neige, tous les petits glaçons sont séparés par des intervalles remplis d'air dont la réfrangibilité diffère beaucoup de celle de la neige. La lumière doit donc éprouver un grand nombre de réfractions

qui doivent donner à la neige l'opacité et la blancheur. Mais
par une forte compression on rapproche beaucoup les particules de la neige, on chasse l'air qui, avant la compression,
se trouvoit interposé entre les petits cristaux. Les milieux que
la lumière a à traverser diffèrent donc moins en réfrangibilité, ce qui fait qu'elle souffre beaucoup moins de réflexions,
et que la neige perd en partie sa blancheur et son opacité.

Puisque la neige réfléchit fortement la lumière, son aspect
long-temps soutenu doit blesser des yeux foibles et délicats;
ne soyons donc point surpris que l'armée de Cyrus ayant
marché quelques jours à travers des montagnes couvertes de
neige, plusieurs soldats aient perdu entièrement la vue, et
que beaucoup d'autres aient éprouvé dans cet organe une
dangereuse inflammation.

Lorsque la neige paroît après quelques jours de forte gelée,
on observe que le froid, quoique toujours voisin de la congélation, éprouve une diminution sensible; c'est que d'une
part le temps doit être sombre et couvert pour qu'il neige,
et que de l'autre les vents du sud, d'ouest, etc., qui couvrent le ciel de nuages, diminuent presque toujours l'activité
du froid. J'ai dit presque toujours, car personne n'ignore
qu'il neige quelquefois par un froid très-vif et très-piquant,
qui augmente ensuite après la chute de la neige. Mussem-
broek a observé que la neige qui tombe sous la forme d'aiguilles est toujours suivie d'un froid excessif. Celle qui tombe
par un temps doux, et qui est mêlée de pluie, prend la
forme de gros flocons.

La neige a une influence marquée sur la constitution de
l'atmosphère. Les vents qui ont passé sur des montagnes couvertes de neige refroidissent toujours les plaines voisines où
ils se font sentir. Les neiges qui couvrent sans cesse les sommets des montagnes des Cordilières tempèrent beaucoup les
ardeurs brûlantes du Pérou. Il en est de même de plusieurs
autres contrées situées dans la zone torride, ou hors de cette
zone, au voisinage des tropiques.

La neige n'étant que de l'eau congelée, il est visible qu'elle
ne peut se former que lorsque l'air abandonne l'eau dans des
couches atmosphériques refroidies au degré de la congélation
ou au-delà. Si la neige traverse dans sa chute des couches
d'air chaud, il est clair qu'elle sera fondue avant de parvenir
à la surface de la terre. De là vient sans doute qu'on ne voit
jamais de la neige dans la zone torride, ni, pendant les ardeurs de l'été, dans les contrées que nous habitons, si ce
n'est sur le sommet des hautes montagnes.

Il y a sur toutes les hautes montagnes du monde des neiges
qui ne fondent jamais dans aucun temps de l'année. Nous en

avons parlé spécialement aux articles GLACIER et BAROMÈTRE.
V. ces mots. (LIB.)

NEIGEUSE. On trouve sous ce nom, chez les marchands, une coquille du genre PORCELAINE (*cypræa guttata*, Linn.). (B.)

NEINEL. C'est, au Paraguay, le nom de la BÉCARDE A VENTRE JAUNE de Buffon. (V.)

NEINSCHENA. Plante figurée par Rhéede, et qui paroît être le GOUET DIVARIQUÉ. (B.)

NEIPSE, pour NEMS. L'on trouve le nom arabe de la MANGOUSTE écrit de cette manière dans quelques livres de voyages. (S.)

NEIT-SEK. *V.* NEIT-SOAK. (S.)

NEITSERSOAK. Nom groënlandais du *phoque à capuchon.* (DESM.)

NEITSIK-SIAK. *V.* NEIT-SOAK. (S.)

NEIT-SOAK (*phoca hispida*), Erxleben. Espèce de quadrupède carnassier de la famille des AMPHIBIES et du genre des PHOQUES. (DESM.)

NEKLENN. L'un des noms russes de l'ERABLE DE TATARIE (*acer tataricum*, L.). (LN.)

NEKO-NO-SANSIN. Nom japonais de la BOURSE A PASTEUR, plante du genre THLASPI (*th. bursa pastoris*). (LN.)

NELA NAREGAM. Arbrisseau de la côte Malabare, qui, selon Adanson, doit faire un genre particulier intermédiaire entre le *mahagoni* et le *trichilia.* Ses caractères sont : calice à cinq dents ; corolle à cinq pétales ; dix étamines réunies ; un style à un stigmate ; capsule à trois ou quatre loges, avec autant de valves et de graines ovoïdes ; fleurs solitaires ; feuilles ternées. *V.* NAREGAM. (LN.)

NELA-TSJERA. Petite plante de la côte Malabare (*V.* Rhéede 10, tab. 31), qui paroît être l'*oldenlandia depressa*, Willd. (LN.)

NELAM-MARI (Rhéed., Mal., 9, t. 82). Plante annuelle herbacée du genre des SAINFOINS ; c'est une variété de l'*hedysarum diphyllum*, dont les folioles sont seulement au nombre de deux sur chaque pétiole. Ce caractère se retrouve dans une autre espèce de sainfoin (*h. conjugatum*, W.) figurée dans l'ouvrage de J. Burmann (Zeyl., tab. 50, f. 1), mais qui en diffère par ses folioles ovales et la gousse glabre. Linnæus en avoit fait une variété de son *hedysarum diphyllum*, que Sloane, P. Brown et Swartz ont observé aussi aux Antilles et qui a été retrouvé en Cochinchine par Loureiro. (LN.)

NELAM-PACA. Selon J. Burmann, cette plante, figurée

dans l'ouvrage de Rhéede, vol. 10, pl. 49, est la même que l'*artemisia maderaspatana*, Linn., et que celle qui est figurée dans Burmann, Ind. 177, t. 58, f. 3, et qui est l'*artemisia minima*, Linn. Ces deux plantes sont en effet très-voisines ; Willdenow les rapporte au genre *cotula*, et Lamarck au genre *grangea*. (L.N.)

NÉLAM-PARENDA (Rhéede, Mal. 9, t. 60). Jolie espèce de VIOLETTE, qui croît dans l'Inde : sa tige, très-rameuse du bas, est garnie de feuilles étroites ; ses fleurs sont bleues, avec un calice sans bosse ; ses fruits sont des capsules à huit ou neuf graines. Cette herbe vivace est le *viola enneasperma*, Linn. (L.N.)

NÉLÉA. Plante citée par Théophraste, et qu'Adanson rapporte à la HERSE (*tribulus*). (L.N.)

NÉLEN-TSJUNDA (Rhéed. Mal. 10, t. 73). C'est une espèce de MORELLE, qui a des rapports avec la MORELLE NOIRE (*solanum nigrum*), mais qui est une espèce différente, selon M. Dunal, qui la nomme *solanum incertum*. Les baies de cette plante ont une saveur assez agréable ; elle a été décrite par Loureiro dans sa Flore de Cochinchine. (L.N.)

NÉLESCHENA. Une espèce de GOUET (*arum minutum*, W.) qui croît dans les Indes orientales, est figurée sous ce nom par Rhéede (Hort. Mal. 11, tab. 17). (L.N.)

NÉLI. C'est, dans l'Inde, le RIZ non encore dépouillé de ses BALLES. C'est aussi le nom de la BALLE FLORALE du RIZ, dont on se sert pour entretenir le feu. (B.)

NÉLICOURVI. *V.* l'article TISSERIN. (V.)

NÉLIFRICON. Nom arabe du MILLEPERTUIS, dans Averrhoës. (L.N.)

NÉLI-POLI ou NÉLI-POULI. Arbrisseau des Indes orientales, ainsi nommé au Malabar. C'est le *cheramela* de Rumphius, l'*averrhoa arida*, Linn., le *phyllanthus longifolius* de Jacquin, le carambolier à fruits ronds, le *cicca disticha* de Linnæus, Lamarck, Willdenow, etc. (L.N.)

NÉLIPU. L'UTRICULAIRE A FLEURS BLEUES (*utricularia cærulea*), porte ce nom au Malabar. (L.N.)

NÉLI-TALI. Nom malabare de l'AGATI ou NÉLITE DES INDES (*æschynomene indica*, Linn.), figuré dans Rhéede (Mal. 9, t. 8). C'est le *nalabi* des Brames et le *gajati* des habitans de l'île de Java. *V.* GAJATI. (L.N.)

NÉLITRE, *Nelitris*. Genre de plantes établi par Gærtner pour séparer des GOYAVIERS une espèce que Forster avoit déjà regardée comme en devant former un particulier. C'est le *goyavier décasperme*. Il paroît que ce genre sera adopté sous le nom de DECASPERME. (B.)

NÉLITTE , *Æschinomene*. Genre de plantes de la diadelphie décandrie , et de la famille des légumineuses , dont les caractères sont : un calice campanulé , bilabié , à lèvre supérieure bifide , à lèvre inférieure bidentée , dix étamines , dont neuf réunies à leur base ; un ovaire supérieur velu, à style relevé , à stigmate simple. Le fruit est un légume oblong , comprimé , lobé ou crénelé sur un de ses côtés.

Ce genre , appelé *agaty* par quelques auteurs , renferme une trentaine de plantes dont les feuilles sont ailées avec une impaire , et ont des stipules fort petites ; leurs fleurs sont pédonculées , axillaires ou terminales , et leurs légumes souvent rudes.

Gærtner pense qu'il doit être supprimé , et que ses espèces doivent être réunies, les unes aux SAINFOINS et les autres aux GALEGAS et aux CORONILLES.

Les espèces les plus remarquables de ce genre sont :

La NÉLITTE A GRANDES FLEURS. C'est un arbre de l'Inde dont les fleurs sont extrêmement grandes et les légumes très-longs , mais filiformes. On mange ses fèves sous le nom d'*agaty* , et on tire de son tronc une liqueur gommeuse dont on fait usage dans les arts.

La NÉLITTE SESBAN , grande herbe qui croît en Egypte , et dont on emploie les semences pour fortifier l'estomac , et rétablir le flux menstruel. On en a fait un genre sous le nom de SESBAN.

La NÉLITTE CHANVREUSE , qui a la tige herbacée , les folioles obtuses , aiguës , les pédoncules solitaires et les légumes aplatis. Elle est annuelle et se trouve dans les Indes , où on tire de ses tiges une filasse semblable à celle du *chanvre* , et propre aux mêmes usages.

La NÉLITTE GOURDE est herbacée , a plusieurs paires de folioles obtuses , et les légumes épineux. Elle se trouve dans les marais de la Cochinchine. Sa tige est spongieuse et élastique. On l'emploie habituellement pour faire des bouchons.

La NÉLITTE POLYCARPE est une plante annuelle de six pieds de haut , dont l'aspect est fort différent de celui des espèces précédentes. Elle croît en Caroline, où je l'ai observée, placée mal à propos parmi les DALBERGES. Desvaux en a fait un genre sous le nom de GLOTIDION. (B.)

NELKE. Nom allemand des OEILLETS. (LN.)

NELKENVIOLE. C'est, en Allemagne, la Giroflée jaune (*cheiranthus cheiri*). (LN.)

NELKENWURZ et **NELKENKRAUT** des Allemands. C'est la Benoîte. (LN.)

NELLA-MEKA (Rhéede, Mal., vol. 8, tab. 19). C'est selon J. Burmann, la Bryone laciniée (*bryonia laciniata*); mais c'est plutôt une espèce différente, encore trop peu connue pour lui assigner des caractères spécifiques. (LN.)

NELLA-TANDALE-COTTI. C'est, au Malabar, d'après Rhéede (Mal. 9, tab. 127), le nom d'une plante herbacée annuelle. Linnæus en a fait une espèce de Crotalaire (*crotalaria laburnifolia*). (LN.)

NELLI-CAMARUM. Nom malabare de l'Emblic, espèce du genre *phyllanthus*, qui porte, à Java, le nom de *myrobolan*, et à Amboine celui de *boa malacca nilikai*. C'est le Nellika de Zanoni (Hist. 159, tab. 61). (LN.)

NELLIKA. C'est encore la plante précédente. (B.)

NELLIKE. Nom de l'Œillet, en Danemarck. (LN.)

NELLUMULLA. Nom malabare d'un arbrisseau de la famille des jasminées, qui est très-voisin du Sambac (*mogorium sambac*, Lk.), et peut-être une variété de ce joli arbrisseau auquel il ne le cède pas pour l'odeur suave qu'exhalent ses fleurs. (LN.)

NELMA. Saumon qui se pêche dans les rivières de la Sibérie. Il pèse quelquefois soixante livres. Sa couleur est blanche. (B.)

NELSONIE, *Nelsonia.* Genre établi par R. Brown, dans la décandrie monandrie et dans la famille des acanthes, pour placer deux plantes vivaces de la Nouvelle-Hollande, fort voisines des Élytraires et des Carmantines. Ses caractères sont : calice à quatre divisions inégales ; corolle à cinq lobes légèrement inégaux ; les deux étamines fertiles, à anthères divariquées ; capsule sessile, aiguë, à loges polyspermes. (B.)

NEL-TENDALE-COTTI. C'est, dans l'Inde, la Crotalaire à feuilles d'aubours. (B.)

NELUMBO, *Nelumbium.* Genre de plantes de la polyandrie polygynie, et de la famille des renonculacées, que Jussieu a séparé des Nénuphars, avec lesquels Linnæus l'avoit mal à propos confondu.

Il a pour caractères : un calice coloré, de quatre à cinq grandes folioles persistantes ; une corolle d'environ quinze pétales, sur plusieurs rangs ; un grand nombre d'étamines (plus de soixante) dont les filamens sont hypogynes, planes, courbés et courts, et les anthères adnées et terminées par un appendice foliacé ; un réceptacle creusé à son sommet, de plusieurs fossettes qui contiennent chacune un ovaire dépourvu de style et muni d'un stigmate simple ; un réceptacle commun, alvéolé, tronque, où sont renfermées à moitié, de quinze à trente semences en forme de noix évalves, terminées par un style persistant, qui contiennent une seule semence dont le germe est formé de deux lobes et muni d'une enveloppe.

La fleur et le fruit du *nelumbo* a donné lieu à de grandes discussions parmi les botanistes, chacun en considérant les diverses parties sous un point de vue différent. Il est hors de mon plan, à raison de leur étendue, de rapporter ici ces discussions, auxquelles ont principalement pris part, MM. sieurs Ventenat, Corréa, Decandolle, Poiteau et Mirbel.

Smith a appelé ce genre, CYAME.

J'ai observé en Amérique, que les semences du nélumbo et d'autres plantes aquatiques, telles que l'*oronce*, germoient dans leurs péricarpes, qu'elles brisoient par leur gonflement, pour ne tomber au fond de l'eau que lorsqu'elles avoient une radicule de plusieurs lignes de longueur, et des cotylédons très-pesans.

Les *nelumbo*, comme les *nénuphars*, ont de très-grosses racines vivaces, charnues, rampantes au fond des lacs et des rivières dont le cours est tranquille ; des feuilles radicales, ombiliquées, entières, pourvues de très-longs pétioles, et flottantes sur la surface de l'eau ; des fleurs grandes, solitaires, épanouissant hors de l'eau, portées sur des pédoncules semblables aux pétioles.

On en compte six espèces dont les plus connues sont :

Le NÉLUMBO DES INDES, *Nelumbium speciosum*, qui a les feuilles orbiculaires, très-entières, et les pédoncules hérissés, ainsi que les pétioles. (*Voyez* sa figure, pl. G 35.) Il croît dans l'Inde, la Chine et la Perse. Il étoit autrefois très-abondant dans le Nil ; mais il ne s'y trouve plus, au rapport de Delisle. Cette plante, par ses grandes fleurs rouges et ses larges feuilles, orne beaucoup les eaux. On en mange les semences, qui sont blanches, tendres, et aussi bonnes que les amandes. On en mange aussi les feuilles et les racines. Si on coupe ses pédoncules ou ses pétioles, il en découle une liqueur qui s'épaissit à l'air, et qu'on ordonne dans les diarrhées, les vomissemens, et dans les cas où il s'agit de rafraîchir.

Plusieurs auteurs ont regardé cette plante comme la COLOCASE des anciens ; mais il est reconnu que cette dernière est un GOUET. Cependant le *nelumbo* étoit connu des anciens. Son fruit, qui a la forme d'une coupe, en portoit le nom chez les Grecs, et servoit d'emblême dans plusieurs cas. On le voit souvent sur les médailles et les pierres gravées, servant de siége à un enfant que Plutarque dit être le Crépuscule, et couronnant la tête des dieux et des rois.

Le NELUMBO JAUNE a les feuilles orbiculaires, très-entières, et les pédoncules, ainsi que les pétioles, glabres. Il se trouve très-abondamment dans les eaux stagnantes de la Caroline et de la Virginie, ou je l'ai observé. Il est fort distinct du précédent, quoiqu'il n'ait été regardé que comme une variété par la plupart des auteurs. Sa corolle est jaune et peu différente de celle du NENUPHAR COMMUN (B.)

NÉLY, Nom brame de l'INDIGOTIER. (LN.)

NÉMASPÈRE, *Nemaspora*. Genre de la famille des HYPOXYLONS, établi par Persoon, et qui rentre dans les variolaires du même botaniste. (B.)

NÉMATE, *Nematus*. Nom donné par M. Jurine, à un genre d'insectes, de l'ordre des hyménoptères, de la tribu des tenthrédines, et qui comprend les *mouches à scie* ou *tenthrèdes* de Linnæus, ayant pour caractères: une cellule radiale très-grande; quatre cellules cubitales, dont la première, petite, presque ronde; la seconde, grande, recevant les deux nervures récurrentes; la troisieme moindre et carrée; la quatrième atteignant le bout de l'aile; mandibules échancrées; antennes longues, sétacées simples, de neuf articles.

Ce genre est composé de plusieurs *tenthrèdes* de Fabricius, à antennes presque sétacées ou filiformes, telles que les suivantes: *capreæ*, *flava*, *salicis*, *septentrionalis*, etc. M. Jurine cite aussi quelques autres espèces représentées par Panzer, dans sa *Faune des insectes d'Allemagne*.

Je n'avois d'abord formé de ce genre qu'une division, dans celui des *tenthrèdes*; mais je l'ai ensuite adopté, soit parce que l'étude des insectes de cette sous-famille en devient plus facile, soit parce que les nemates considérées aussi dans leur premier état, paroissent avoir plusieurs caractères communs. Leurs larves ou leurs fausses chenilles ont le corps allongé, cylindrique, ras ou peu velu, souvent de couleur verte, et muni de vingt-deux pattes. Elles vivent en société sur différens arbres, particulièrement sur les saules, le bouleau, l'aune, etc., dont elles mangent les feuilles, en les entamant par leurs bords, et quelquefois aussi par leur milieu. La plupart courbent ou redressent, en manière d'arc, l'extrémité de leur corps, ne se tenant cramponnées qu'avec leurs pattes écailleuses, ou les six premières. Elles entrent en terre pour passer à l'état de nymphe et terminer leur métamorphose.

Elles s'y renferment dans des coques de soie , quelquefois doubles , et dont l'intérieure est plus épaisse et plus forte.

La fausse chenille de la NÉMATE MAMELONNÉE, *Nematus papillosus*, et que Degéer (*Insect.* tom. 2, pag. 988) nomme *mouche à scie à larve à mamelons*, fait sortir, lorsqu'on la touche , d'entre les cinq premières paires de pattes membraneuses, cinq mamelons charnus, d'un jaune orangé, et qui rentrent dans l'intérieur de son corps, quand l'attouchement cesse. Cette larve est d'un vert clair et livide, rayée de noir, avec les deux extrémités jaunes. Elle répand une odeur nauséabonde, et qui reste long-temps aux doigts lorsqu'on l'a touchée. Les mamelons sont divisés longitudinalement en deux parties égales, étroitement unies et terminées chacune par une espèce de tête arrondie et criblée de trous, en manière de tête d'arrosoir. Degéer pense qu'ils donnent issue au fluide qui répand cette mauvaise odeur. On voit à l'extrémité postérieure du corps deux pointes cylindriques, écailleuses et d'un noir luisant.

La larve entre en terre vers la fin du mois d'août, s'y enfonce bien avant et se fait une coque ovale, lisse, très-noire et luisante. L'insecte parfait ne paroît au jour que l'été suivant. Il est noir, avec les antennes brunes ; le dessous de la tête, une raie de chaque côté du corselet, l'abdomen et les pattes jaunes ; le long du milieu du dos de l'abdomen a une raie brune, formée par une suite de taches de cette couleur.

Le même naturaliste a trouvé, aux mois de juillet et d'août, sur le saule à feuilles lisses, les fausses chenilles d'une autre némate, celle du SAULE, *salicis* (Deg., *ibid.*, pag. 991), qui y vivent en société. Ces larves sont longues de près d'un pouce, sur une ligne de diamètre, d'un vert céladon, avec de grandes taches jaunes et des points noirs sur les côtés. Elles se tiennent le long des bords des feuilles qu'elles rongent continuellement, et ont souvent le derrière de leur corps courbé en arc, de sorte qu'il repose sur le plat de la feuille ; tandis que les pattes écailleuses et quelques paires des membraneuses sont accrochées à son bord. Quand on les touche, elles se débattent avec cette partie du corps, l'élèvent en haut et la remuent de côté et d'autre, mais sans lâcher prise des premières pattes, avec lesquelles elles sont fortement cramponnées. Lorsqu'elles ont dévoré les feuilles d'une jeune branche, elles passent à une autre et l'en dépouillent pareillement. Elles entrent en terre au mois d'août, et s'y filent des coques ovales, d'une soie d'un brun obscur et presque noir. On y trouve, en les ouvrant, une seconde coque, entièrement détachée de l'extérieure ; celle-ci est mince, très-flexible, et paroît, vue au grand jour, percée de petits trous ; tandis que

l'autre ou l'intérieure est plus épaisse et plus forte ; elle est
très-lisse et luisante, surtout en dedans. L'une et l'autre sont
élastiques. Ces insectes n'achèvent pas leurs transformations
en même temps. Plusieurs individus (tous femelles) naissent
au bout de trois semaines, tandis que les autres n'éclosent
qu'au printemps de l'année suivante. Les femelles sont d'un
jaune d'ocre, avec les antennes, la tête, la bouche excep-
tée, le milieu du dessus du corselet, les tarses postérieurs et
deux taches entre la première paire de pattes et la seconde,
noirs ; le stigmate des ailes supérieures et leurs nervures sont
bruns. Le noir domine davantage dans le mâle, la partie
supérieure de son corps est presque entièrement de cette
couleur; on voit simplement sur son abdomen quelques raies
jaunâtres. Il est en outre plus petit.

La NÉMATE DU SAULE MARCEAU, *Nematus capreæ*, Deg.,
ibid., pag. 44, se nourrit encore, dans son premier état, sur
le saule. Les larves de cette espèce y sont réunies en compa-
gnie nombreuse, et y font un grand dégât, en mangeant les
feuilles, à l'exception des grosses nervures ; elles tiennent ordinairement le derrière courbé en dessous. Leur corps est
d'un vert céladon, avec la tête noire, les trois premiers anneaux et les deux derniers fauves, et six rangées de points
noirs, en relief. On l'a nommée la *bedeaude du saule*. Réaumur l'a trouvée sur le groseillier épineux. Il dit que dans sa
dernière mue, elle perd tous les tubercules noirs ; que sa
peau devient lisse, d'un blanc jaunâtre, avec les deux premiers et les deux derniers anneaux d'un jaune citron. L'insecte parfait est jaune, avec les yeux, le vertex de la tête, le
dessus du corselet et de l'abdomen noirs; le stigmate des ailes
supérieures est jaune. La femelle dépose ses œufs à la file les
uns des autres, le long des nervures des feuilles du groseillier.

Une espèce de némate très-singulière par la forme de ses
pattes postérieures, est celle qu'on a nommée SEPTENTRIO-
NALE, *septentrionalis*; la *mouche à scie à larges pattes* de Degéer
(*ibid.*, pag. 995) : son corps est noir, avec le milieu de l'abdomen fauve : les pieds postérieurs sont longs, avec les jambes déliées et blanches à leur origine, fort larges et très-apla-
ties ensuite ; le premier article de leurs tarses est fort grand
et a la figure d'une palette ovale. Ces caractères sont communs aux deux sexes; mais les mâles ont les cuisses fauves, et
les jambes intermédiaires moitié blanches et moitié noires.
Toutes les cuisses sont noires dans les femelles, et leurs pieds
intermédiaires sont de cette couleur ou d'un brun obscur. La fausse chenille vit en société sur le bouleau et sur
l'aune. Elle est d'un vert céladon, à grandes taches noires,
avec les extrémités du corps jaunes. Elle recourbe jusque sur

sa tête l'extrémité postérieure de son corps, et fait sortir, lorsqu'on l'inquiète, d'entre ses pattes membraneuses, des tubercules charnus et coniques, qui rentrent dans l'intérieur de son corps, comme le font les cornes des limaçons dans sa tête. Elle se cache dans la terre au mois d'août, et y file une coque ovale, allongée, entièrement noire, mais simple. L'insecte éclôt au mois de mai de l'année suivante.

Une fausse chenille de l'aune, toute verte, avec quelques points noirs sur les côtés, a donné à Degéer une némate entièrement semblable à celle que nous venons de décrire, mais dont les cuisses étoient rousses, dans les deux sexes.

Voyez, pour les autres espèces que M. Jurine rapporte à ce genre, l'article NÉMATE de l'Encyclopédie méthodique. (L.)

NÉMATE, Haüy. *V.* OBSIDIENNE PERLÉE. (LN.)

NÉMATOCÈRES ou FILICORNES, Dum. Famille d'insectes, de l'ordre des lépidoptères, qui embrasse nos deux tribus des BOMBYCITES et des FAUX BOMBYX, famille des NOCTURNES. M. Duméril y rapporte les genres : *hépiale, bombyx* et *cossus.* (L.)

NÉMATOÏDÉE, *Nematoïdea.* Genre de vers intestins établi par Rudolphi pour placer la FILAIRE de MÉDINE. Si, comme je l'ai rapporté, ce prétendu ver est le bourbillon d'un furoncle, ce genre ne peut être adopté. (B.)

NÉMATOÏDES. Ordre établi par Rudolphi dans la classe des vers intestinaux. Il renferme les espèces dont le corps est élastique, cylindrique, allongé. *V.* HELMINTHOLOGIE. (B.)

NÉMATOSPERME, *Nematosperma.* Genre de plantes établi par Richard. Il rentre dans celui appelé LACISTÈME. (B.

NÉMATOURES ou SÉTICAUDES. Dénomination donnée par M. Duméril à une famille d'insectes aptères, composant notre ordre des THYSANOURES. *V.* ce mot. (L.)

NÉMEN. L'un des noms arabes du *sisymbrium aquaticum*, Linn., qui constitue le genre *roripa* d'Adanson. (LN.)

NÉMER. Nom arabe de la PANTHÈRE, espèce de CHAT. (DESM.)

NÉMERTE, *Nemertes.* Genre de vers intestinaux établi par Cuvier, dans son important ouvrage intitulé : *le règne animal distribué d'après son organisation* Il est constitué par un ver très-grêle, c'est-à-dire de quatre pieds de long, qu'on trouve dans nos mers, dont Borlasse avoit fait mention, et qui insinue son extrémité antérieure dans les ANOMIES qu'il suce; cette extrémité antérieure n'a pour bouche qu'un simple trou. La postérieure, par laquelle il se fixe, est évasée et offre l'anus à sa base. (B.)

NEMERTÉSIE, *Nemertesia*. Genre établi par Lamouroux aux dépens des SERTULAIRES. Il offre pour caractères : un polypier phytoïde, corné, garni dans toute son étendue de petits cils polypifères recourbés du côté de la tige et verticillés ; verticilles nombreux et rapprochés ; cellules situées sur la partie interne des cils.

Le naturaliste précité rapporte seulement trois espèces à ce genre. La plus commune est la NEMERTÉSIE ANTENNINE (*sertularia antennina*, Linn.), qui a la tige ordinairement simple, et les ramifications verticillées, simples et sétacées. Elle est figurée dans Ellis, pl. 9 a A. On la trouve dans les mers de l'Europe. La plus rare est la NEMERTÉSIE DE JANIN, qui est figurée pl. 4 de l'ouvrage de Lamouroux sur les polypiers coralligènes flexibles. On l'a pêchée dans la baie de Cadix. (B.)

NÉMÉSIE, *Nemesia*. Genre de plantes de la didynamie angiospermie, et de la famille des SCROPHULAIRES, établi par Ventenat, (Jardin de la Malmaison), qui rassemble cinq espèces, toutes du Cap de Bonne-Espérance, et dont une se cultive dans nos écoles de botanique. Il se distingue à peine des MUFLIERS.

Les caractères de ce genre sont : calice divisé en cinq parties ; corolle pourvue d'un éperon et d'un palais saillant ; capsule comprimée, tronquée, à deux loges, à deux valves, et contenant un grand nombre de semences linéaires. (B.)

NÉMÉSIS de Dioscoride. C'est la même plante que l'*antirrhinon*, suivant Adanson. Il paroît que chez les Grecs on nommoit aussi *nemesium* la plante désignée par Dioscoride sous le nom d'*ocymoïdes*, et qu'on croit être le *lychnis dioïca*.

(LN.)

NÉMÉSITE. Selon Louis Dulcis, c'étoit le nom de la pierre dont étoit construit l'autel de la déesse Némésis et dont les Athéniens enlevoient des fragmens pour se rendre sans doute la déesse favorable. Cette pierre nous est inconnue. (LN.)

NEMESTRINA. C'est, dans Linnæus, la dénomination spécifique du MACAQUE MAIMON. *V.* ce mot. (S.)

NÉMESTRINE, *Nemestrina*, Latr., Oliv. Genre d'insectes, de l'ordre des diptères, famille des tanystomes, tribu des anthraciens.

Les némestrines, par la forme générale du corps, leurs ailes grandes et écartées, leurs antennes très-distantes l'une de l'autre, le nombre quatre des pièces du suçoir de leur trompe, l'agilité de leur vol, ressemblent beaucoup aux *anthrax*, genre principal de la même tribu. Mais leur trompe est longue et avancée, et l'on voit à sa base deux palpes filiformes, qui se recourbent au-dessus d'elle ; leur tête est au niveau du corselet, de sa largeur, et les antennes sont écartées ; caractères qui distinguent ces diptères des *bombyliers*. Enfin, les ailes de la plupart des némestrines ont cela de particulier, que leur extrémité est chargée de nervures très-fines et très-nombreuses, composant un réseau, tandis que le reste de leur surface est simplement veiné, comme dans les autres diptères de la même famille. Les antennes sont beaucoup plus courtes que la tête, et insérées fort près des yeux. Olivier dit qu'elles sont composées de six articles ; mais il y comprend l'appendice en stylet, celui qui est analogue à la soie ou à l'aigrette de la palette des *mouches*, et autres athéricères. Le corps de l'antenne n'est composé que de trois articles, dont le dernier plus grand, ovoïdo-conique, ou en poire, se termine par le stylet, qui a paru à Olivier divisé en trois articles. La gaîne de la trompe est bifide au bout. Le dernier article des tarses offre, à son extrémité, trois palettes assez longues et égales, et deux crochets assez forts.

Les némestrines volent avec la plus grande légèreté, se transportent à de grandes distances, et ne se reposent pas long-temps sur les mêmes fleurs. Elles en retirent, avec promptitude, au moyen de leur longue trompe, les sucs mielleux dont elles se nourrissent, et passent brusquement d'une fleur à une autre. Elles ne se reposent que sur celles dont le nectar n'a pas été épuisé par un autre insecte. Ces diptères sont propres aux contrées méridionales de l'Europe, de l'Asie et à l'Egypte.

Dans les Mémoires de la Société d'histoire naturelle de Moscou, ce genre a été établi sous le nom de RHYNCHOCÉPHALE, sur une espèce qui se trouve sur les bords de la mer Caspienne, la *némestrine anale* d'Olivier. Ce naturaliste (*Encyclop. méth.*) en décrit sept autres, dont une de Java, et les six dernières du Levant. Parmi celles-ci, je citerai la NÉMESTRINE RÉTICULÉE, *nemestrina reticulata*, Latr., *Gen. crust. et insect.*, tom. I, tab. 15, fig. 5–6. Elle est longue de sept lignes, noire, mais couverte d'un duvet cendré, avec quelques lignes plus claires sur le corselet. L'abdomen est noir, avec le premier anneau, le bord postérieur des autres, une tache au milieu du second anneau et une autre sur le troisième, mais manquant quelquefois, grisâtres. Les deux tiers de la longueur des ailes sont obscurs ; le reste est vitré et réticulé.

Dans les îles de l'Archipel, en Egypte et en Syrie.

M. Hippolyte Boyer de Fon-Colombe a découvert aux environs d'Aix, en Provence, une nouvelle espèce. (L.)

NE-ME-TOUCHEZ-PAS. C'est la BALSAMINE des bois (*impatiens noli me tangere*). (LN.)

NEMEYCHEL. Nom arabe d'une espèce de FRANQUÈNE (*frankenia revoluta*, Forsk.). (LN.)

NÉMIE. Genre de plante que d'autres botanistes ont appelé MANULE. (B.)

NEMNICA. Nom de la BELLADONE (*atropa belladona*) en Bohême. (LN.)

NÉMOCÈRES, *Nemocera.* Famille d'insectes, de l'ordre des diptères, et dont les caractères sont : antennes composées de plusieurs articles (jamais moins de six, et de quatorze à seize le plus souvent).

Les insectes de cette famille, qui se compose des genres *culex* et *tipula* de Linnæus, ont le corps allongé : la tête petite et arrondie ; les yeux grands ; les antennes filiformes ou sétacées, plus longues que la tête, souvent velues ; la trompe saillante, soit prolongée en forme de siphon ou de bec, soit, et le plus souvent, courte et terminée par deux grandes levres ; deux palpes extérieurs, filiformes ou sétacés, composés ordinairement de quatre à cinq articles ; le corselet gros, élevé et comme bossu ; les ailes oblongues ; les balanciers découverts ; les cuillerons nuls ou très-petits ; l'abdomen allongé, formé communément de neuf anneaux, terminé en pointe dans les femelles, plus gros au bout, et muni de pinces et de crochets, dans les mâles ; enfin les pieds longs, très-déliés, servant à un grand nombre de ces insectes à se balancer.

Plusieurs, surtout les petits, se rassemblent par troupes nombreuses dans les airs, et y forment, en volant, des sortes de danses. On en trouve dans presque toutes les saisons de l'année. Ils sont placés bout à bout dans l'accouplement, et volent souvent dans cette situation. Plusieurs femelles pondent leurs œufs dans l'eau, séjour de leurs larves et de leurs nymphes ; les autres les placent dans la terre, le tan, ou sur les plantes.

Les larves sont toujours allongées, semblables à des vers, avec une tête écailleuse, de figure constante, et dont la bouche offre des parties analogues aux mâchoires et aux levres. Elles changent toutes de peau, pour devenir nymphes. Ces nymphes sont tantôt nues, tantôt renfermées dans des coques que leurs larves ont construites, se rapprochent, par leur figure, de l'insecte parfait, en présentent les organes extérieurs, et achèvent leurs métamorphoses à la manière ordinaire.

On leur voit souvent, sur la partie antérieure du corselet, deux organes respiratoires, en forme de tubes, de cornes ou d'oreillettes.

Cette famille est divisée en deux tribus, celle des CULI-CIDES, qui comprend le genre des *cousins* (*culex*) de Linnæus, et celle des TIPULAIRES, formée de son genre des *tipules* (*tipula*). (L.)

NEMOCTE, *Nemoctus*. Genre établi par M. Rafinesque, dans la classe des vers. Il offre pour caractère : un corps fili-forme en collier; une tête nue, obtuse; une queue à plusieurs filets en pinceaux.

Ce genre ne renferme qu'une espèce qui vit dans les eaux douces de la Sicile. (B.)

NEMOGLOSSATES. Nom que j'avois donné à une division d'insectes, de l'ordre des hyménoptères, qui répond au genre des *abeilles* (*apis*), de M. Kirby, ou à ma tribu des APIAIRES. *Voyez* ce mot. (L.)

NEMOGNATHE, *Nemognata*, Illig., Latr., Oliv.; *Zo-nitis*, Fab. Genre d'insectes, de l'ordre des coléoptères, sec-tion des hétéromères, famille des trachélides, tribu des can-tharidies.

Illiger a distingué ces hétéromères, des *zonitis* avec lesquels Fabricius les réunit, et avec lesquels ils ont, en effet, les plus grands rapports; mais les mâchoires des némognathes, ainsi que l'indique l'étymologie du nom (*mâchoires en forme de soie*), sont très prolongées, étroites et sétiformes, du moins, dans l'un des sexes, les mâles probablement. Ce carac-tère est surtout très-apparent dans une espèce que M. Bosc a recueillie en Caroline, le *zonitis rayé* de Fabricius. Les mâchoires y forment une sorte de trompe qui se courbe et se prolonge sous la poitrine. Le second article des antennes est presque aussi grand que les suivans, autre caractère qui dis-tingue les némognathes des *zonitis*.

Outre le NEMOGNATHE ROSTRÉ (*zonitis rostrata*, Fab.), et le NEMOGNATHE RAYÉ (*zonitis vittata*, Fab.), cités par Oli-vier, il faut encore y comprendre le *zonitis chrysoméline* de Fabricius. Il est fauve ou jaunâtre, avec les antennes, la poi-trine, une tache ronde au milieu du corselet, une sur cha-que élytre, et leur extrémité, noires; l'abdomen est aussi de cette couleur dans l'un des sexes. M. Dufour a trouvé cette espèce en Espagne. (L.)

NEMOLAPATHUM. C'est le nom qu'on donne à une espèce de PATIENCE qui croît dans les bois (*rumex nemolapa-thum*, Linn.). (LN.)

NEMOLITES. PIERRES ARBORISÉES, dont les dendrites figurent des forêts et des bocages. (LN.)

NEMOPTÈRE, *Nemoptera*, Latr., Dum., Oliv.; *dipita*, Hoffmann; *nemopterix*, Léach; *panorpa*, Linn. Genre d'insectes, de l'ordre des névroptères, famille des planipennes, tribu des panorpates, ayant pour caractères : cinq articles à tous les tarses, dont les trois intermédiaires fort courts ; bouche située à l'extrémité d'un museau presque membraneux, conique, et incliné ; six palpes filiformes ; antennes filiformes ou sétacées, composées d'articles très-nombreux ; ailes très réticulées, les premières presque ovales, les secondes très-longues, linéaires, et contournées à leur bout ; point d'yeux lisses distincts ; jambes sans épines à leur extrémité.

Si les némoptères se rapprochent des *panorpes* par le prolongement antérieur de leur tête, ils s'en éloignent beaucoup à raison de leurs ailes inférieures longues et linéaires ; ce caractère les fait même aisément distinguer de tous les autres insectes. Je n'entrerai point dans d'autres détails sur leur organisation extérieure ; on les trouvera, soit dans le troisième volume de mon *Genera*, soit à l'article NÉMOPTÈRE de l'Encyclopédie méthodique. Olivier y a décrit plusieurs espèces nouvelles qu'il avoit apportées de son voyage au Levant et en Perse. C'est à ces contrées, au midi de l'Europe et au nord de l'Afrique, que ce genre paroît être, jusqu'ici, restreint.

« Ces insectes, dit Olivier, dont nous ne connoissons point les métamorphoses et la manière de vivre, volent fort mal, se transportent lentement et en agitant péniblement leurs ailes, à de petites distances, de sorte qu'on peut les saisir avec la plus grande facilité. Je les ai vus infiniment multipliés, et ils m'ont paru avoir une existence fort courte. Huit jours après leur apparition, je n'en trouvois plus, si ce n'est lorsque j'ai été de Bagdad en Perse : comme j'allois d'un pays brûlant, vers une région plus tempérée, j'ai vu, pendant plus de vingt jours de suite, presque toujours aussi abondamment, la quatrième espèce (*étendue*), que je décris. »

Il a pris celle qu'il nomme *blanche*, le soir, dans les maisons de Bagdad. Le nombre des némoptères décrit par cet auteur est de six ; mais il faut y en ajouter une de plus, celle que l'on trouve en Espagne et en Portugal, et qu'on a confondue avec la NÉMOPTÈRE coa des îles de l'Archipel, et représentée ici pl. G, 33, 6. Linnæus (*panorpa coa*) ne les distingue pas, à en juger d'après l'indication des pays d'habitation. L'une et l'autre ont les ailes supérieures jaunes, avec des points et des taches noirs ; la plupart de ces taches forment trois bandes transverses et en zigzag ; les ailes inférieures sont blanches, avec une bonne partie de leur étendue supérieure obscure ou noirâtre, et deux grandes taches noi-

res, transverses, entre leur milieu et leur extrémité, qui s'é-
largit un peu et s'agrandit.

Dans les *némoptères coa*, le jaune des ailes supérieures est
plus pâle, et tire sur le blanc; la côte a deux taches noires;
immédiatement au-dessous sont deux rangées longitudinales
de points noirs, et l'on en voit deux autres, mais plus courtes,
à leur base, près du bord interne. Dans la némoptère d'Espagne (*nemopteryx lusitanica*, Léach, *Zool. miscell.*, tab 85),
le jaune est plus foncé et plus vif; près de la côte, jusqu'aux
deux tiers de la longueur de l'aile, sont trois rangées de points
noirs; on voit aussi trois autres rangées de points noirs, et
dont ceux de la dernière ligne allongés presque en forme de
petites lignes, près du bord interne des mêmes ailes; la troisième bande, formée par les taches, est coupée par le prolongement des rangées supérieures de points. La partie obscure du haut des ailes inférieures est moins prononcée, ou
se fond insensiblement.

On trouve en Barbarie et en Egypte la NÉMOPTÈRE A BA-
LANCIERS, *nemoptera hallerata* d'Olivier. Forskaël et M. Léach
l'ont représentée : c'est la *panorpe à balanciers* du premier,
et la *nemopteryx africaine* du second. Ses ailes supérieures sont
transparentes, avec une raie jaunâtre près de la côte; les inférieures sont brunes depuis leur base jusqu'au-delà de leur
milieu, blanchâtres ensuite, avec une bande obscure.

La NÉMOPTÈRE ÉTENDUE, *nemoptera extensa* d'Olivier,
est remarquable par les deux larges dilatations qui terminent
ses ailes inférieures. (L.)

NEMOSIE, *Nemosia*, Vieill.; *tanagra*, Lath. Genre de
l'ordre des OISEAUX SYLVAINS, et de la famille des PÉRICAL-
LES. *V.* ces mots. *Caractères* : bec court, formant à sa base un
petit angle dans les plumes du front, peu robuste, conico-
convexe, effilé, un peu comprimé latéralement, pointu; mandibule supérieure couvrant les bords de l'inférieure, un peu
arquée du milieu à la pointe, légèrement entaillée vers le
bout; narines arrondies, situées vers la base du bec; langue
cartilagineuse, étroite, pointue; les premières rémiges à peu
près égales, les plus longues de toutes; quatre doigts, trois
devant, un derrière, les extérieurs réunis à leur origine. La
plupart des espèces dont se compose ce groupe, se tiennent
dans les bois.

Quoique j'aie décrit particulièrement sous la dénomination
de *bec-en-poinçon*, plusieurs *picos de punzon* de M. de Azara,
je soupçonne qu'ils ne seroient pas déplacés à la suite de ce
genre : tels sont les *becs-en-poinçon*, *bleu et roux*, *bleu et bleud-
tre*, *roux cendré*, *bleu et blanc*.

La NÉMOSIE A COIFFE NOIRE, *Nemosia pileata*, Vieill.; *ta-*

1. Nemoste à coëffé noire. 2. Pigeon de Nicobar.
3. Pie bleu de-ciel.

nagra pileata, Lath.; Desm.; pl. G 38, f. 1 de ce Dict. Le mâle de cette espèce a cinq pouces environ de longueur totale; les joues, le *lorum*, la gorge et toutes les parties postérieures, d'un blanc pur; le sommet et les côtés de la tête, d'un beau noir qui se prolonge sur les côtés du cou, jusque près de la naissance de l'aile; cette couleur domine encore sur les petites couvertures du bord extérieur des ailes; sur leurs pennes, et celles de la queue, qui sont bordées en dehors, du même cendré bleuâtre qui couvre l'occiput, le dessus du cou et toutes les parties supérieures; le bec est noir; l'iris, d'un jaune foncé; le tarse, d'un jaune de cire. La femelle, dont Buffon fait une espèce particulière sous la dénomination de *tangara cendré du Brésil*, et Gmelin une variété du mâle, en diffère principalement en ce que la couleur noire est remplacée, sur la tête et sur les côtés du cou, par du gris bleuâtre clair, et par son bec brun en dessus et jaunâtre en dessous.

On trouve cette espèce à la Guyane et au Brésil. M. de Azara l'appelle *pico de punzon nigro*, *azuli blanco*. Il paroît qu'elle est fort rare au Paraguay, car ce naturaliste n'a vu qu'un seul individu dans un bois de cette contrée.

La NÉMOSIE A GORGE JAUNE, *Nemosia flavicollis*, Vieill., se trouve dans l'Amérique méridionale. Elle a la tête, le dessus du cou et du corps, les ailes et la queue noirs; la gorge et les couvertures inférieures de la queue, d'un beau jaune; la poitrine et le ventre blancs; le bec brun en dessus, blanc en dessous, si ce n'est à sa pointe; les pieds noirs et la taille de la *némosie à coiffe noire*.

La NÉMOSIE A GORGE NOIRE, *Nemosia nigricollis*, Vieill.; *tanagra nigricollis*, Lath.; pl. enl. de Buffon, n.° 720, f. 1, sous la dénomination de *tangara olive*. Elle a la tête, le dessus du corps d'un vert olive; la gorge noire; la poitrine orangée; les côtés du cou et tout le dessous du corps, d'un beau jaune; les couvertures supérieures des ailes, leurs pennes et celles de la queue brunes, et bordées d'olivâtre; le bec noir en dessus, gris en dessous, et les pieds noirâtres. On la trouve à la Guyane.

Sonnini rapproche de cet oiseau le *pico de punzon amarilla y barba nigra* de M. de Azara (le bec-en-poinçon jaune, à barbe noire). En effet, celui-ci en diffère peu. Sa longueur est de cinq pouces deux lignes; le dessus de la tête et du cou, la moitié du dos, les couvertures supérieures des ailes et le bord des pennes alaires et caudales sont d'un jaune verdâtre; un trait d'un jaune très-vif part du front, passe sur l'œil et descend, en s'élargissant, sur les côtés du cou; les couvertures inférieures de la queue sont de cette même couleur; les côtés de la tête et la gorge, noirs; le devant du cou, la poitrine et le bas du dos, d'un orangé vif; le dessous du corps est d'un jaune qui prend une nuance plombée sur les flancs; les couvertures inférieures des ailes paroissent argentées; l'iris est brun; le bec noirâtre en dessus, orangé en dessous et sur les bords; les pieds sont couleur de plomb.

La femelle a la gorge tachée de noirâtre, sur un fond jaune; le devant du cou et le croupion (de ce même jaune), quelquefois variés de couleur de safran, et sans mélange sur les côtés et sur le reste du dessous du corps; les couvertures inférieures et le bord des pennes alaires, blancs; la tête, la nuque, le dos, les petites couvertures supérieures de l'aile, le bord des pennes et de celles de la queue, d'un jaune verdâtre un peu rembruni. Les jeunes mâles ressemblent aux femelles. Ces oiseaux sont très-nombreux au Paraguay. Je crois qu'on doit encore rapprocher de cette espèce le *guira beraba*, *sylvia guira*, Lath.

La NÉMOSIE GUIRA BERABA. *V.* NÉMOSIE A GORGE NOIRE.

La NÉMOSIE ROUGE-CAP, *Nem gularis*, Vieill.; *tanagra gularis*, Lath.; Desm.; pl. enl. de Buff., n.º 155, f. 2. Cet oiseau a la tête, le haut de la gorge d'un rouge vif; le bas de la gorge d'un pourpre obscur; le derrière de la tête, le dessus du cou et du corps, les plumes scapulaires et les couvertures supérieures de la queue, d'un noir brillant; les côtés et le devant du cou, la poitrine et les parties postérieures, d'un très-beau blanc; les ailes et la queue noirâtres; le bec orangé en dessous, brun en dessus et à sa pointe; les pieds gris : six pouces et demi de longueur totale. Des individus ont le dessus du corps brun; d'autres l'ont mélangé de brun et de noir. Dans le grand nombre de sujets observés par M. de Azara, une couleur orangée remplaçoit sur quelques-uns le rouge carmin, et ils avoient la tête brune; d'autres avoient du brun au lieu de rouge, et leur tête étoit rougeâtre; enfin, les jeunes qu'il a vus prêts à quitter le nid, avoient la moitié supérieure du cou rousse, et la tête noirâtre. Le jeune figuré par M. Desmarest, dans son *Hist. des Tangaras*, a la gorge d'un jaune fauve. On les trouve dans l'Amérique méridionale.

Ces oiseaux que de Azara a décrits sous le nom de *capita* (tête rouge), ne sont pas rares au Paraguay ni à la rivière de la Plata, et se tiennent plus volontiers sur les bords des ruisseaux et des étangs; ils ne pénètrent point dans les bois, et ne fréquentent pas les campagnes découvertes; leur vol est court, leur instinct peu farouche, et leur démarche par saut; le mâle et la femelle sont pareils, ils se tiennent par petites bandes pendant l'hiver, et approchent des habitations champêtres. On les nourrit en cage, de toutes sortes de petites graines et d'insectes. Ils placent leur nid vers le milieu d'un grand buisson, le construisent d'herbes séches, en dehors, et de crins bien arrangés, en dedans. Leur ponte est de quatre œufs.

La Nemosie a tête et gorge rousses, *Nemosia ruficapilla*, Vieill. Une belle couleur de cannelle couvre la tête et la gorge ; une grande tache d'un jaune jonquille est sur les côtés du cou ; cette belle couleur se trouve encore sur le croupion et les couvertures inférieures de la queue ; mais elle est très-foncée sur le devant du cou et le haut de la poitrine, dont le bas est, dans le milieu, d'un jaune très-pâle, de même que le milieu du ventre ; les côtés du corps sont gris ; le dessous du cou, le dos, les scapulaires, les couvertures supérieures et le bord extérieur des pennes alaires et caudales, d'un vert olive très-vif ; les pennes primaires brunes en dedans ; le bec est de cette teinte en dessus, et jaune en dessous. Taille de la *némosie à coiffe noire*. Cet oiseau a été apporté du Brésil par M. de Lalande fils, et est déposé au Muséum d'histoire naturelle. (V.)

NÉMOSOME, *Nemosoma*, Latr., Oliv. ; *colydium*, Herbst., Panz. Genre d'insectes, de l'ordre des coléoptères, section des tétramères, famille des xylophages, tribu des troglossitaires, ayant pour caractères : quatre articles à tous les tarses, et tous entiers ; corps long et cylindrique ou presque linéaire ; corselet et tête allongés ; antennes à peine plus longues que cette dernière partie, de dix articles, dont les trois derniers forment une massue perfoliée ; mandibules fortes, avancées, dentées sous l'extrémité ; palpes filiformes, presque égaux, dont le dernier article beaucoup plus long ; mâchoires et lèvres membraneuses ; mâchoires à un seul lobe ; languette courte, presque carrée, échancrée.

On ne connoît encore qu'une seule espèce, qui se trouve en France et en Allemagne, sous les écorces des vieux ormes ; c'est le Némosome allongé, *nemosoma elongatum*. Son corps est long de deux lignes, d'un noir luisant, pointillé, avec la base des élytres, une tache à leur extrémité ; et les pieds fauves ; la tête a dans son milieu un sillon longitudinal. *Voyez* la figure que j'ai donnée de cet insecte, *Gen. crust. et insect.*, tom. 1, tab. 11, fig. 4 ; et celle de Panzer, *Faun. insect. Germ.*, fasc. 31, tab. 22. (L.)

NÉMOTELLE, *Nemotelus*, Geoff., Fab., Lat. Genre d'insectes, de l'ordre des diptères, famille des notacanthes, tribu des stratiomides, ayant pour caractères : suçoir de deux soies, reçues dans une trompe rétractile, coudée à sa base et logée dans une espèce de bec ; antennes insérées sur le bec, de trois pièces, dont la dernière en masse, articulée, terminée en pointe,

Nous devons l'établissement de ce genre à Geoffroy, qui l'avoit ainsi nommé de la forme des antennes de ces insectes. *Némotèle* signifie *terminé par un fil*. Degéer a depuis appliqué cette dénomination à d'autres diptères. Fabricius les réunit dans ses premiers ouvrages aux *stratiomes*; mais il a ensuite adopté ce genre.

Olivier, qui avoit d'abord désigné sous le nom de némotèles les diptères que celui-ci appelle *anthrax*, a fini par suivre (*Encycl. méth.*) sa nomenclature et la mienne.

Les *némotèles* ont le port des *stratiomes*; mais leur écusson n'est pas armé de pointes. Elles en diffèrent d'ailleurs par l'insertion de leurs antennes et leur trompe allongée, à lèvres très-petites, ayant ainsi de la conformité avec celle des *conops*. Si on retranchoit la saillie antérieure de la tête ou le bec, cette trompe seroit même en dehors. Les antennes des némotèles sont courtes, de trois pièces principales, dont la dernière est composée elle-même de quatre articles, et forme une sorte de masse ovale, surmontée d'une pointe droite, grosse, courte et conique; le suçoir renfermé dans la trompe est de deux soies; les deux antennules sont très-courtes; la tête est hémisphérique, occupée presque entièrement par les deux yeux à réseau dans les mâles, et a trois petits yeux lisses, disposés en triangle, sur une élévation du vertex; le corselet est presque cylindrique; les ailes sont horizontales, couchées l'une sur l'autre, et débordent le corps postérieurement; les balanciers sont découverts; l'abdomen est arrondi, terminé par une pointe dans l'un des sexes; les tarses sont terminés par deux crochets et deux pelotes.

Ces insectes sont lents. On les trouve sur les plantes qui croissent dans les lieux aquatiques, en France, en Suède, en Allemagne, en Barbarie.

NÉMOTÈLE ULIGINEUSE, *Nemotelus uliginosus*, Fab., pl. G. 33, 7, de cet ouvrage, le mâle; *Némotèle à bande*, Geoff.; *Musca uliginosa*, Linn. Elle a environ deux lignes; les yeux grands, d'un brun noirâtre; le corselet d'un noir lisse; l'abdomen blanc en dessus, avec la base du premier anneau, et le bord inférieur du troisième et du quatrième, noirs; tout le dessous du corps noir; les pattes de la même couleur. On la trouve aux environs de Paris sur les fleurs.

La *Némotèle bordée* (*nemotelus marginatus*) de Fabricius, n'est qu'une variété de sexe: la femelle.

Le professeur Desfontaines a rapporté de Barbarie l'espèce appelée PONCTUÉE, parce qu'elle a trois rangées de points jaunes sur l'abdomen. Elle est représentée dans la troisième décade des illustrations iconographiques des insectes de M. Coquebert, tab. 3, fig. 5. (L.)

NÉMOURE, *Nemoura*, Latr., Oliv.; *Phryganea*, Linn.; *Perla*, Geoff.; *Semblis*, Fab. Genre d'insectes, de l'ordre des névroptères, famille des planipennes, tribu des perlides.

Les *némoures* ne paroissent pas, au premier coup d'œil, différens des névroptères, avec lesquels Geoffroy a composé le genre *perle*, ou celui des *fausses friganes*, de Degéer. Là, comme ici, le corps est étroit, allongé et déprimé, avec les antennes sétacées, le corselet carré, les ailes couchées horizontalement les unes sur les autres, et les tarses à trois articles. Mais les némoures ont le labre très-apparent et presque demi-circulaire; les mandibules carrées et dentelées; les palpes filiformes; le premier et le dernier article des tarses allongés; les deux soies qui terminent l'abdomen très-courtes ou même peu distinctes; ces caractères distinguent les némoures des *perles*.

On trouve ces insectes dans les lieux aquatiques ou humides, au printemps ou au commencement de l'été. Leurs larves sont inconnues; mais elles doivent être aquatiques, et ressembler beaucoup à celles des perles. Olivier en a décrit cinq espèces: 1.º La NÉMOURE NÉBULEUSE, *nemoura nebulosa*; *semblis nebulosa*, Fab. Elle est longue de sept lignes, noire, pubescente, avec les ailes grises ou cendrées, et dont les nervures sont, ainsi que les pattes, d'un brun obscur; 2.º la NÉMOURE CENDRÉE, *nemoura cinerea*; *phryganea nebulosa*, Linn.; elle est environ d'un tiers plus courte que la précédente, noirâtre, avec les pattes d'un brun livide, les ailes d'un gris obscur, et à nervures noires; 3.º la NÉMOURE BIGARRÉE, *nemoura variegata*; elle a la tête et le corselet mélangés de noir et de jaune, et les ailes grises, avec les nervures noires; 4.º la NÉMOURE CYLINDRIQUE, *nemoura cylindrica*; *perla cylindrica*, Deg.; elle a le corps noir, avec le dessus de l'abdomen pâle, ponctué de noir latéralement, et les ailes obscures, à nervures noires; 5.º la NÉMOURE NOIRE, *nemoura nigra*; elle n'a que trois lignes de long. Son corps est d'un noir luisant, avec les ailes d'un gris foncé, irisé, et les pattes livides; son corselet est plus étroit que dans les autres espèces. Olivier avoit trouvé cette espèce dans des prés aquatiques des environs de Versailles. (L.)

NEMS. Nom égyptien de la MANGOUSTE D'ÉGYPTE. (DESM.)

NEMU NOCKI. *V.* NEBU NOCKI. (LN.)

NENASI-KUSA. Nom que l'on donne au Japon au GAILLET JAUNE (*galium verum*), selon Thunberg. (LN.)

NENAX, *Nenax*. Genre établi par Gœrtner pour séparer des CLIFFORTES une espèce qui a le calice divisé en cinq parties, et dont le fruit est une baie sèche, creuse dans son milieu. C'est le *cliffortia filifolia* de Linnæus. (B.)

NENII-HOA-DO. Nom de pays d'un Psoralier (*psoralea rubescens*, Lour.) qui croît dans les forêts de la Cochinchine. (LN.)

NENOK. Au Groënland, c'est l'Ours blanc de mer.
(DESM.

NÉNUPHAR, *Nymphæa*. Genre de plante de la polyandrie monogynie et de la famille des renonculacées, qui présente pour caractères : un calice à quatre ou cinq folioles persistantes, colorées, très-grandes ; une corolle composée d'environ quinze pétales placés sur plusieurs rangs ; des étamines nombreuses à filamens élargis et attachés autour de l'ovaire, et à anthères adnées ; un ovaire ovale, presque supérieur, sans style, couronné par un stigmate sessile en forme de chapeau, à quatorze rayons, et persistant ; une baie sèche, ovale, multiloculaire, renfermant un grand nombre de semences nichées dans une pulpe. Ces semences sont ovales, et composées d'un très-gros périsperme et d'un petit germe muni d'une enveloppe propre, et composé de deux cotylédons et d'une plumule.

Ce genre avoit été placé par Jussieu, Gærtner et autres, parmi les *monocotylédons*. Ventenat, le premier, a soupçonné qu'il étoit *dicotylédon* (*V.* l'article NELUMBO), et Decandolle l'a confirmé par des observations positives.

Les *nénuphars* sont des plantes à racines charnues, très-épaisses et très-longues ; à feuilles radicales alternes, larges, et flottantes sur la surface des eaux ; portées sur des pétioles très-longs, à fleurs radicales, solitaires, portées sur des pédoncules semblables aux pétioles, et s'épanouissant hors de l'eau, y rentrant pendant la nuit dans le temps de la fécondation, et n'en sortant plus après qu'elle est terminée. On en compte une quinzaine d'espèces, dont les plus communes ou les plus célèbres sont ;

Le Nénuphar jaune, qui a les feuilles en cœur, très-entières, à lobes rapprochés, et le calice de cinq folioles plus longues que les pétales. On le trouve très-communément et très-abondamment dans les étangs et les rivières peu rapides. On emploie sa racine dans les tisanes rafraîchissantes qui conviennent dans les inflammations des reins et de la vessie, dans les fièvres ardentes, les insomnies ; enfin, dans tous les cas où il est nécessaire de tempérer l'impétuosité du sang et des esprits vitaux. Cette racine passe surtout pour amortir les besoins physiques de l'amour, et en conséquence les religieuses en avoient toujours pour l'usage de leurs jeunes novices ; mais, comme elle agit comme narcotique, son usage trop fréquent use les facultés de l'estomac, et produit des maux irréparables. Combien de malheureuses qui auroient fait le bonheur d'un époux, sont mortes par suite de l'abus de ce remède! Elle contient une assez grande quantité de fécule qu'on en retire en Suède, dans les temps de disette, pour la nourriture des hommes. Chez les apothicaires, on tient une eau distillée, une conserve, un miel, un sirop et une huile préparés avec ses fleurs. Cette plante sert de type au genre CASTALIE.

Le NÉNUPHAR BLANC a les feuilles en cœur, très-entières, et le calice de quatre folioles. Cette espèce a les fleurs plus grandes et beaucoup plus belles que celles de la précédente. On l'emploie pour l'ornement des étangs et des pièces d'eau, sous le nom de *lis d'eau*. On la trouve dans les mêmes endroits, et sa racine a les mêmes propriétés que celles de la précédente.

Le NÉNUPHAR LOTUS a les feuilles en cœur et dentées. Il se trouve en Egypte et dans l'Inde. C'est le fameux *lotos*, dont les fleurs jouoient un si grand rôle dans la mythologie des anciens, et qu'on trouve si fréquemment employé dans leurs emblêmes. Il ne faut pas le confondre avec le *lotus*, qui est un JUJUBIER, *rhamnus lotus*, Linn.

Cette espèce ressemble beaucoup à la précédente par les fleurs, mais elle a les feuilles dentées dans sa vieillesse; ses racines sont oblongues, charnues, spongieuses, de la grosseur d'un œuf de poule, et d'une saveur douce un peu astringente. On les mange en Egypte pendant trois mois de l'année, quoique leur saveur soit fade, terreuse, et peu agréable, au rapport de Savigny. On fait du pain avec les semences de ce *nénuphar*.

Les anciens Egyptiens, pour qui tous les phénomènes de la nature étoient importans, avoient remarqué que la fleur du *nénuphar*, jusqu'après sa fécondation, sortoit de dessous l'eau au lever du soleil, et y rentroit à son coucher. De là ils conclurent qu'il y avoit des rapports entre elle et l'astre du jour, et ils la lui consacrèrent. C'est pourquoi on voit presque toujours dans les hiéroglyphes le petit Horus assis sur une fleur de *lotos*, la tête d'Osiris couronnée de cette fleur, etc. C'est pourquoi aussi elle est fréquemment figurée sur les monumens, sur les monnoies, etc.

Le NÉNUPHAR ODORANT a les feuilles entières, en cœur, les lobes écartés et un peu aigus, et le calice de quatre folioles. Il se trouve en Caroline, où je l'ai observé; il ressemble pour la fleur au *nénuphar blanc*, et il répand une odeur suave, forte, et qui, en conséquence, n'est agréable que de loin.

Le NÉNUPHAR BLEU a les feuilles bordées de sinuosités, arrondies, et les anthères terminées par un filet pétaloïde. On le trouve dans l'Inde, au Cap de Bonne-Espérance et en

Égypte, d'où il a été apporté par Delisle. Il a fleuri au jardin du Muséum d'Histoire naturelle de Paris, et Savigny en a donné une superbe figure, dans les *Annales* de cet établissement. On mange sa racine comme celle du *nenuphar lotus*. On faisoit anciennement des couronnes avec sa fleur, qui est d'un bleu tendre.

J'ai observé en Caroline plusieurs *nénuphars* nouveaux, entre autres deux, dont l'un a la feuille veloutée en dessous, et l'autre la feuille rouge en dessous ; mais les circonstances ne m'ont pas permis de les étudier d'une manière convenable. (B.)

NEOMERIS, *Neomeris*. Lamouroux, dans son important ouvrage sur les polypiers coralligènes flexibles, a donné ce nom à un genre qu'il a établi dans la famille des TUBULARIÉES, pour placer une espèce qui est originaire de la mer des Antilles, où elle vit en société et où elle s'élève à deux ou trois centimètres, et qu'il a figurée pl. 7 du même ouvrage.

Les caractères de ce genre sont : polypier simple, encroûté ; encroûtement celluleux dans la partie supérieure, bulleux dans la moyenne, écailleux dans l'inférieure. (B.)

NEONIA. La PAQUERETTE (*Bellis perennis*) porte ce nom en Cornouailles. (L.N.)

NEOPHRON. Nom du troisième genre des VAUTOURS de M. Savigny.

Le NEOPHRON PERCNOPTÈRE du même auteur est le PETIT VAUTOUR de Buffon. (V.)

NEOPETRE ou PÉTROSILEX SECONDAIRE de Saussure. *V.* HORNSTEIN et PÉTROSILEX. (L.N.)

NEOPS. Nom composé du grec et imposé au genre SITTINE. *V.* ce mot. (V.)

NEOTTIA. Nom donné par Dodonée à une orchidée qui constitue le genre *neottia* de Linnæus (Flor. de Suède), que ce naturaliste a placée ensuite dans le genre *ophrys*, sous le nom d'*ophrys nidus-avis*, et que Swartz rapporte à son genre *epipactis* (*V.* ce mot). Linnæus avoit rapporté aussi à ce genre *neottia*, l'*ophrys spiralis*. Cette plante et plusieurs autres espèces d'*ophrys* ou du genre *satyrium*, forment le genre *neottia* de Swartz (*V.* NEOTTIE). Le *neottia* d'Adanson ne comprend que l'*ophrys nidus-avis* ; il est caractérisé par la lèvre inférieure de la corolle divisée en deux, caractère de la seconde division du genre *neottia* de Swartz. Quelques botanistes rapportent à ce genre le GOODYERA de R. Brown, *Voy.* ci-après. (L.N.)

NEOTTIE, *Neottia*. Genre de plantes de la gynandrie diandrie et de la famille des ORCHIDÉES, établi par Jacquin et adopté par Swartz. Il offre pour caractères : une corolle en gueule, à pétales extérieurs latéraux réunis en devant autour

de la base ventrue du nectaire du sixième pétale ; une anthère parallèle au style et insérée par derrière.

Dans ce genre sont placées l'OPHRIDE SPIRALE de Linnæus,
le SATYRION RAMPANT du même auteur ; il renferme quinze
espèces dans Willdenow.

On soupçonne que l'ARISTOTÉLÉE de Loureiro doit lui être
réunie. Les genres GOODYÈRE, PONTHIÈVE et TUSSAC ont été
établis à ses dépens par R. Brown, et ceux SPIRANTHE, PLE-
XIE et STÉNORYNQUE par Richard.

Une nouvelle espèce de ce genre est figurée dans le bel
ouvrage de MM. Humboldt, Bonpland et Kunth, sur les plantes de l'Amérique méridionale. (B.)

NEOTTOCRYPTES ou ABDITOLARVES. Famille
d'insectes hyménoptères à abdomen pédiculé, aplati ou renflé ; à lèvre inférieure de la longueur des mandibules ; à antennes non brisées, de treize articles au plus ; à cuisses souvent renflées.

Cette famille, établie par M. Duméril (*Zoologie analytique*),
correspond aux familles des DIPLOLÉPAIRES, des CYNIPSÈRES
et des PROCTROTRUPIENS de M. Latreille, et renferme les
genres CHALCIDE, DIPLOLÈPE, CYNIPS, DIAPRIE, LEUCOS-
PIS et EULOPHE. *V.* ces mots. (DESM.)

NEOU. Arbre fruitier du Sénégal, cité par Adanson, mais
dont ce botaniste n'indique pas le nom générique. (B.)

NEOUMATOS. L'un des noms donnés par les Grecs à
leur *leontopodium*, rapporté à l'ALCHIMILLE par Adanson. (LN.)

NEP. *V.* NAEQAH. (LN.)

NEPA, Théophraste. Cette plante mentionnée par Théophraste est la même que celle nommée *ulex* par Pline, et probablement celle que nous appelons AJONC, *Ulex europæus*,
Linn. (LN.)

NEPAPANTOTOTL. CANARD du Mexique, dont la description incomplète dans Fernandès (*Hist. nov. Hisp.*, *pag.* 36,
cap. 18) ne permet pas de décider si c'est une espèce connue
ailleurs. Elle y est sauvage, et on l'y rencontre fréquemment
dans les marais. Son bec se termine presque en pointe ; toutes les couleurs dont le plumage des autres *canards* est orné,
se trouvent réunies sur celui-ci, et en font un très-bel oiseau :
c'est ce que signifie le mot mexicain *nepapantototl*. (S.)

NÉPE, *Nepa*. Genre d'insectes, de l'ordre des hémiptères, section des hétéroptères, famille des hydrocorises, ou
des *punaises aquatiques*.

Linnæus nomme ainsi les hydrocorises dont les deux pieds
antérieurs font l'office de pince, ou ma tribu des hydrocorises
ravisseuses. Son genre *notonecta* comprend celles que j'appelle
platydactyles. Par l'établissement que fit Geoffroy de deux nou-

velles coupes génériques, celles des *naucores* et des *corises*, le genre des nèpes de Linnæus devint plus simple et plus naturel. Geoffroy, qui les désigna sous le nom de *scorpions aquatiques*, n'ayant pas découvert les antennes de ces insectes, prit pour ces organes, les deux pieds antérieurs, et d'après cette erreur, ne leur donna que quatre pieds. Fabricius a, depuis, séparé des nèpes celles qui ont une forme linéaire, et qui constituent son genre *ranatre*.

Mais le genre nèpe, quoique plus restreint, étoit cependant susceptible d'être encore réduit. Ainsi la nèpe *cendrée* et d'autres espèces à forme ovale-oblongue, et toutes remarquables par la longueur de leur queue, n'ont que trois articles bien distincts à leurs antennes, et dont le second offre seul une saillie latérale, en forme de dent; leurs tarses n'ont qu'un article, ainsi que Geoffroy l'avoit déjà observé. Les autres espèces, presque toutes exotiques, à formes plus larges, à queue très-courte ou presque nulle, ont leurs antennes composées de quatre articles distincts, et dont les trois derniers se prolongent extérieurement en manière de dent de peigne; tous leurs tarses sont formés de deux articles et presque semblables. C'est avec ces espèces que j'ai établi le genre BÉLOSTOME.

Celui des nèpes est composé, dans ma méthode, des espèces suivantes de Fabricius : *cinerea*, *fusca*, *grossa*, *rubra* et *nigra*. Olivier a suivi, dans l'Encyclopédie méthodique, ce naturaliste.

Les nèpes ressemblent aux *naucores* et aux *ranatres* par la forme de leurs pattes antérieures, dont les jambes et les tarses se réunissent pour composer un grand crochet qui se replie sous les cuisses. Elles s'éloignent des *naucores* en ce que leurs tarses ne sont composés que d'un seul article; que leurs quatre pieds postérieurs ne sont point ou ne sont que très-peu natatoires; que leur corps est oblong et terminé par une queue de deux filets. Les nèpes diffèrent maintenant des *ranatres* par la forme elliptique de leur corps, leur bec courbé et la brièveté des hanches; les dents antérieures sont longues dans les *ranatres*.

Les nèpes ont le corps elliptique, très-déprimé; la tête petite, logée en partie dans une échancrure du corselet, avec les yeux assez saillans, sans petits yeux lisses; l'écusson fort grand; l'abdomen terminé par deux filets sétacés, qui sont des tubes, que des auteurs prennent pour des conduits d'air; les quatre tarses postérieurs propres pour nager, et les cuisses antérieures ovales, grandes, ayant un sillon en dessous pour recevoir les jambes et le tarse.

Les nèpes sont des insectes aquatiques, dont les pattes antérieures sont en forme de pinces ; elles sont lourdes, nagent lentement, se tiennent ordinairement au fond des eaux dans la vase, mais volent très-bien, surtout le soir. Elles sont carnassières, ainsi que leurs larves, et se nourrissent de petits insectes, qu'elles percent et déchirent avec leur trompe.

Les femelles pondent des œufs qui, vus au microscope, ressemblent à une semence couronnée de sept petits filets, dont les extrémités sont rongées ; elles les enfoncent dans la tige de quelque plante aquatique. Les larves en sortent vers le milieu de l'été. Elles diffèrent de l'insecte parfait, en ce qu'elles sont dépourvues d'ailes et d'élytres, et qu'elles n'ont point de filets à l'abdomen ; elles nagent fort lentement, et marchent au fond des eaux sur les plantes aquatiques. La nymphe porte ses ailes enveloppées dans des fourreaux placés de chaque côté du corps.

Ces insectes sont tourmentés par des *hydrachnes* de Muller. On trouve souvent sur eux des œufs rouges, qui y tiennent par un pédicule ou un bec servant de suçoir, et qui y croissent.

NÈPE CENDRÉE, *Nepa cinerea*, Linn., Fab.; pl. G 33, 8 de cet ouvrage ; *Scorpion aquatique*, Geoff. Elle a huit à neuf lignes de longueur ; le corps et les élytres d'un brun noirâtre ou jaunâtre ; l'abdomen large, ovale, très-plat, rouge en dessus ; l'écusson grand, triangulaire ; les pattes antérieures dirigées en devant. On la trouve en Europe, dans les eaux stagnantes. (L.)

NÉPENTE, *Nepenthes*. Genre de plantes de la dioécie polyandrie, qui a pour caractères : un calice d'une seule pièce, divisé profondément en quatre parties très-ouvertes, planes et persistantes ; point de corolle ; dans les fleurs mâles, un pivot central droit, recouvert à son sommet d'environ douze anthères sessiles et rapprochées en tête ; dans les fleurs femelles, un ovaire tronqué au sommet, sans style, et à stigmate pelté, sessile et persistant ; une capsule oblongue, à quatre côtés, à quatre valves, à quatre loges, renfermant un grand nombre de semences oblongues attachées aux cloisons, ayant un périsperme charnu, un embryon monocotylédon filiforme, droit, et une radicule inférieure.

Ce genre renferme des plantes herbacées de l'Inde, à racines épaisses, à tiges simples, feuillées à leur base, et florifères à leur partie supérieure ; leurs feuilles sont alternes, semi-amplexicaules, surmontées par la nervure moyenne qui s'allonge en forme de vrille, et qui porte une urne membraneuse, oblongue, creuse, fermée à son orifice par une valve en forme d'opercule. Leurs fleurs sont disposées en grappes terminales. Elles semblent se rapprocher de la fa-

mille des HYDROCHARIDÉES et de celle des ORCHIDÉES; mais
leurs rapports ne sont pas encore suffisamment connus.

On connoît trois espèces de ce genre, dont une vient de
l'Inde, et la seconde de Ceylan; la troisième enfin, est celle
qu'a fait dessiner Flacourt dans son *Histoire de Madagascar.*
Elles sont fort peu différentes l'une de l'autre. On doit sans
doute regarder également comme distincte celle que Loureiro a décrite sous le nom de PHYLLAMPHORE, dans sa
Flore de la Cochinchine. Voyez la figure de celle de l'Inde, pl.
G 35.

Ces plantes peuvent, sans exagération, être mises au nombre des merveilles de la nature; elles ont toujours fait l'admiration de ceux qui les ont observées. L'urne qu'on remarque à l'extrémité de leurs feuilles, est certainement un phénomène rare parmi les végétaux; mais les fonctions auxquelles
cette urne est destinée, sont bien plus remarquables. Cette
urne est creuse, comme on l'a dit, et ordinairement pleine
d'une eau douce et limpide; et alors l'opercule est fermé. Il
s'ouvre pendant la chaleur du jour, et l'eau diminue de plus
de moitié; mais cette perte se répare pendant la nuit, de
sorte que chaque matin l'urne est pleine et l'opercule fermé.

Les habitans de Madagascar, au rapport de Flacourt,
croient que si l'on renverse l'eau d'une de ces urnes, il ne
manquera pas de pleuvoir dans la journée; et par une superstition contraire, ils regardent cette même eau comme
spécifique dans les rétentions d'urine.

Au reste, il est sans doute bien agréable, dans des climats
aussi chauds que ceux où croissent les népentes, pour des
voyageurs altérés, de trouver ainsi sous leurs pas des moyens
de rafraîchissemens sains et abondans; car chaque urne contient environ un demi-verre d'eau.

Népente est le nom qu'a donné Homère à un breuvage narcotique que formoit Hélène pour dissiper les soucis de Télé-
maque. Linnæus, en l'appliquant à cette plante, s'écrie : «Si
elle n'est pas le népente d'Hélène, elle le sera certainement de
tous les botanistes; car quel est celui d'entre eux qui, venant à
la rencontrer dans une de ses herborisations, ne seroit pas
ravi d'admiration, et n'oublieroit pas les fatigues qu'il a es-
suyées! » *V.* SARRACÈNE.

Les racines des népentes passent pour astringentes, et leurs
feuilles pour rafraîchissantes. (B.)

NEPETA. Pline ne fait, pour ainsi dire, que citer cette
plante. Selon lui, elle croît partout, et est utile contre la
morsure des serpens. Il paroît qu'elle portoit le nom d'une
ville d'Italie, autour de laquelle elle se trouvoit en abondance.
Dioscoride place le *nepeta* des Latins au nombre de ses ca-

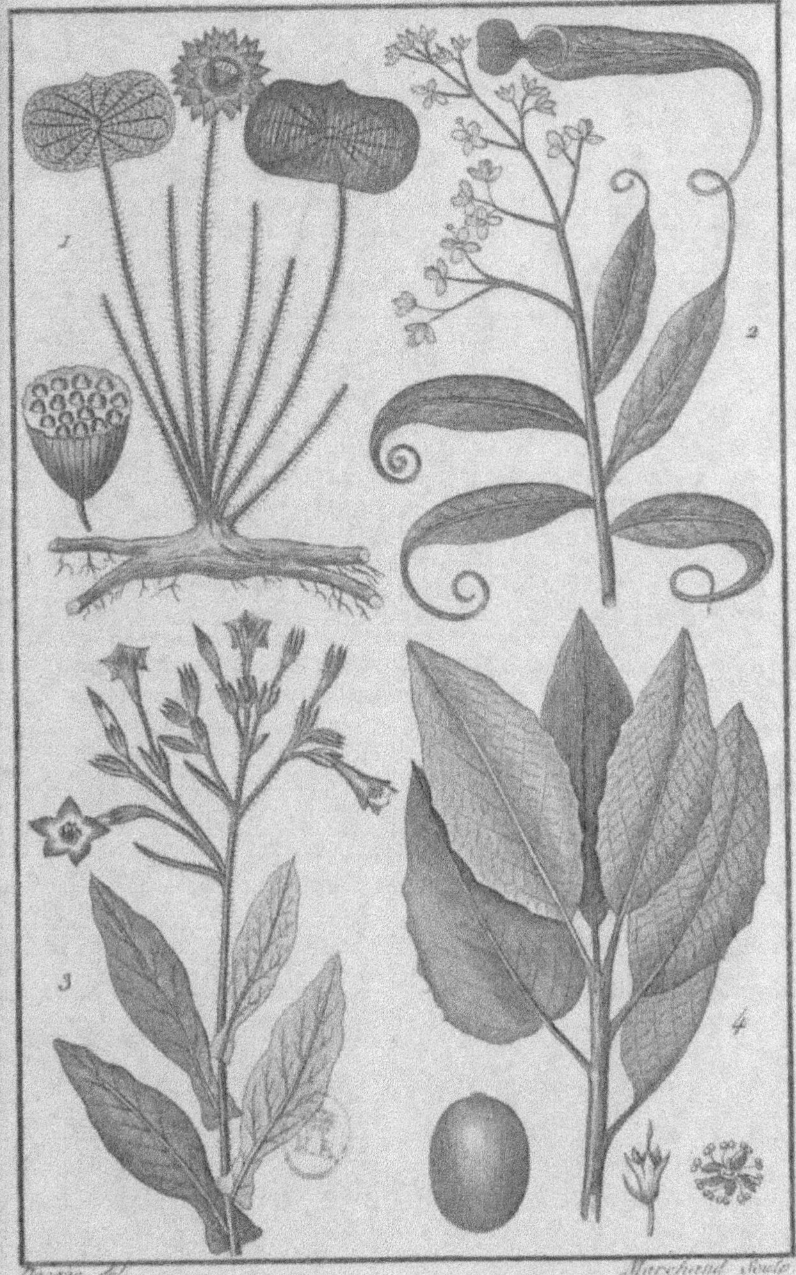

Dacere del
Marchand Sculp
1. Nelombo des Indes.
2. Nepenthe distillatoire.
3. Nicobane tabac.
4. Nissa aquatique.

lamens. Des espèces de MENTHES, quelques MÉLISSES (*M. calamintha*, *nepeta*, etc.), la CHATAIRE COMMUNE, ont été regardées comme le *nepeta* de Pline. C. Bauhin, dans son *Pinax*, ne fixe ce nom à aucune plante spécialement, et les espèces de *nepeta* de Linnæus, connues de son temps, sont placées avec ses *mentha sylvestris* et *cattaria*. Le genre NEPETA de Linnæus est le même que le *cataria* de Tournefort. Moënch a fait à ses dépens le genre *saussuria*; et quelques espèces font maintenant partie des genres *bistropogon* et *dracocephalum*. *V.* CHATAIRE. (LN.)

NEPETELLA. Linnæus donne ce nom spécifique à une espèce de CHATAIRE; mais depuis, les naturalistes paroissent avoir confondu sous ce nom plusieurs plantes différentes. Besler a introduit le premier ce nom en botanique, pour une plante labiée du même genre, *nepeta italica*, L. (LN.)

NÉPHÉLINE, Haüy, Werner, James; *Schorl blanc hexagonal du Vésuve*, Ferber; *Sommite*, Laméth., Karst.; *Weicher-smaragd*, Ocken. Cette espèce minérale est placée par M. Haüy entre l'analcime et l'harmatome. Jameson la rapproche de la *méionite*; cependant la néphéline est très-distincte de toutes ces substances. La néphéline ne se trouve que mélangée avec d'autres substances primitives ou volcaniques : elle y est en petites masses ou veines grano-lamellaires, et en cristaux hexaèdres diversement modifiés par des facettes additionnelles. Elle est blanche ou jaunâtre, rarement verdâtre. Sa cassure longitudinale est lamelleuse; elle est vitreuse dans le sens transversal. Elle est assez dure pour rayer le verre. Elle se fond très-difficilement au chalumeau en un verre transparent et homogène. Mise dans l'acide nitrique, elle perd sa transparence et devient nébuleuse; mais si l'on chauffe l'acide, elle se résout en gelée. Sa pesanteur spécifique est de 3,27, selon Vauquelin. Ce savant chimiste a trouvé que la néphéline est composée de

Silice. . . . 46.
Alumine . . 49.
Chaux. . . 2.
Fer oxydé. 1.
Perte. . . . 2.
____
100.

La forme primitive de la néphéline est, selon M. Haüy, l'hexaèdre régulier, dont la hauteur est à l'un des côtés de la base, comme 7 est à 15. L'on connoît les formes suivantes :

1. *Primitive*, Haüy. — L'hexaèdre ci-dessus.

2. *Annulaire*, Haüy. — La précédente, dont les arêtes des bases sont remplacées chacune par une facette.

3. *Bisannulaire*, Nob. — Chaque arête des bases remplacée par deux facettes plus inclinées sur la base que sur le prisme.

4. *Péridodécaèdre*, Nob. — Prisme à douze pans, avec les facettes de l'annulaire.

5. *Surcomposée*, Nob. — Prisme à douze pans; bords des bases répondant aux faces primitives du prisme, chacune remplacée par cinq facettes parallèles plus inclinées sur les bases. Ce cristal complet auroit 74 faces ou facettes. Il en existoit un semblable dans la collection de M. de Drée. Il avoit environ cinq lignes de longueur.

6. *Raccourcie*, Nob. — Les formes précédentes, dont le prisme est tellement court qu'il est à peine sensible.

Parmi les formes indéterminables, il faut noter la néphéline:

7. *Granulaire* ou *granuliforme*. — En petites masses granulaires ou en petits grains arrondis; commune au Vésuve.

8. *Lamellaire*. — Composée de petites lames entrelacées, qui ne sont que des cristaux de la forme raccourcie. Cette néphéline nous semble être une variété de l'*eisspath* de Werner. Elle est commune au Vésuve.

9. *Capillaire*. — En petits filamens capillaires, ou en petits prismes filiformes et couchés, d'un gris blanchâtre. Se trouve dans la lave de Capo di Bove, dite *selce-romano*.

Parmi les variétés données par la transparence, il faut distinguer les néphélines :

10. *Limpide*. — Au Vésuve, à Albano.

11. *Demi-transparente*. — Au Vésuve.

12. *Nébuleuse*. — A Capo di Bove,

13. *Opaque et d'un blanc de lait*. — A l'île Ponce.

La néphéline a été découverte au Vésuve, parmi les blocs rejetés par l'ancien volcan de la Somma. Ces blocs ne sont point des matières fondues. La néphéline y est associée au grenat, à la méionite, à l'idocrase, au pyroxène, au mica, à la haüyne, à la chaux carbonatée, au spinelle, etc. Il paroît que c'est à Ferber qu'on doit cette découverte.

Dolomieu reconnut ensuite cette substance en cristaux limpides dans les blocs volcaniques qu'on trouve dans le Peperino à Albano. Ces blocs sont dans le même cas que ceux du Vésuve, c'est-à-dire, qu'ils n'ont pas été fondus.

Dolomieu avoit observé également la néphéline de la lave de Capo-di-Bove; mais comme à cette époque on ne connoissoit pas bien cette espèce minérale, il se contenta, sur les étiquettes de sa collection, de signaler cette substance comme digne d'être étudiée. C'est à M. Fleuriau de Bellevue qu'il étoit réservé de nous faire connoître la néphéline de Capo-di-Bove. Cet habile géologue saisit les rapports de cette néphéline avec celle du Vésuve ; mais il crut y observer une différence assez importante pour l'en séparer ; c'est celle de faire gelée à froid avec l'acide nitrique, lorsqu'on la projette en poudre dans cet acide. En conséquence, il la nomma *pseudo-sommite* ou *pseudo-néphéline*.

Comme l'on a reconnu depuis que la néphéline du Vésuve faisoit gelée, il n'y a plus de raison de séparer la pseudo-néphéline de la néphéline, et l'on doit, avec Delamétherie, les réunir en une seule espèce. La néphéline de Capo-di-Bove est en très-petits cristaux primitifs et annulaires, d'un gris sale, translucides, implantés et couchés confusément à la surface des fissures et des cavités de la lave très-curieuse de Capo-di-Bove, aux portes de Rome, et employée au pavage de cette ville, sous le nom de *selce romano*. Dans ces mêmes cavités, se trouve la MÉLILITE, (autre substance dont nous devons la connoissance à M. Fleuriau de Bellevue), des cristaux de pyroxène, de néphéline capillaire, du mica, du péridot cristallisé, etc. Cette lave, qui nous paroît devoir constituer une espèce distincte entre les laves trapéennes et les laves pétro-siliceuses, forme une coulée. La néphéline appartiendroit donc aussi à des matières volcaniques fondues ; et, à ce sujet, nous oserons avancer qu'il se pourroit bien faire que certaines laves qu'on dit être à base de feldspath, fussent à base de néphéline ; par exemple, la lave sortie du Vésuve en 1794. On peut citer aussi des laves avec néphéline aux îles Ponces. J'ai vu parmi les laves lithoïdes pétro-siliceuses de ces îles, rapportées par Dolomieu, une lave gris-rougeâtre, de la nature de celle qu'on nomme klingstein, dont les cellules et les petites fentes contenoient de petits cristaux hexaèdres d'un blanc de lait, aisément fusibles en verre blanc, et faisant un peu de gelée dans l'acide nitrique.

La néphéline est encore indiquée dans les laves de l'île de Bourbon. On avoit cru l'avoir trouvée parmi les matières volcaniques des bords du lac Lach, près d'Andernach. Un échantillon que j'avois reçu sous ce nom, m'a présenté un grand nombre de cristaux hexaèdres très-petits, enlacés dans de l'amphibole. Ces cristaux sont absolument infusibles au chalumeau, et se dissolvent lentement dans l'acide nitrique. A ces caractères, on ne sauroit méconnoître la chaux phosphatée. A leur aide, on pourra distinguer cette substance saline de la néphéline, qui du reste ressemble beaucoup à la

chaux phosphatée, mais qui n'est point phosphorescente par
la chaleur.

Le nom de *sommite*, donné par Delamétherie à cette
pierre, rappelle le mont Somma, où on l'a d'abord trouvée;
et celui de néphéline, imposé par M. Haüy, fait allusion à la
propriété qu'a cette substance, lorsqu'elle est transparente,
de devenir nébuleuse dans l'acide nitrique. Ce nom dérive
du grec, *néphélé*, nuage. (LN.)

NÉPHÉLION, *Nephelium*. Arbrisseau à feuilles alternes,
pinnées, sans impaire, et à quatre folioles opposées, ovales,
aiguës, entières et lisses, à fleurs disposées en grappes
courtes, qui forme un genre que Labillardière a depuis peu
réuni au LITCHI.

Ce genre, qui avoit été placé par erreur d'observation dans
la monoécie pentandrie, offre pour caractères, selon Labillardière : un calice de quatre à cinq dents; point de corolle;
cinq à six étamines; deux ovaires supérieurs, chargés chacun de
deux styles bifurqués; deux baies rouges, uniloculaires, monospermes, dont une avorte souvent, couvertes en dehors
de longues épines flexibles, et s'ouvrant par leur bord interne.

Cet arbrisseau vient de l'Inde. La pulpe de son fruit est
un peu acide, et sert, dans les Moluques, à apaiser la
soif des malades attaqués de fievres malignes. On l'a employé
avec succès contre les dyssenteries. (B.)

NEPHRANDRA. Arbrisseau de la Jamaïque, à feuilles
quinées, entières, et à fleurs en grappes rameuses, axillaires,
dont Cothénius a fait un genre que Swartz a réuni aux GA-
TELIERS (*vitex umbrosa*), ce qui est aussi le sentiment de
Willdenow. (LN.)

NEPHRETIQUE (*bois*). C'est celui du BEN. (B.)

NEPHRETITE. M. Delamétherie comprend sous ce
nom la *stéatite verte translucide*, et quelques variétés de la *serpentine noble*, *V*. TALC, STÉATITE et SERPENTINE. (LN.)

NEPHRIT. C'est le nom que Werner donne au JADE
NÉPHRÉTIQUE, qu'on nommoit anciennement *pierre néphrétique*. Ocken a étendu ce même nom au *jade axcien*, qui est
son néphrite de la Nouvelle-Zélande et le *bielstein* de Werner.
V. à l'article JADE, vol. XVI, pag. 471 et 472. (LN.)

NEPHRODION, *Nephrodium*. Genre de plantes de la
famille des FOUGÈRES, établi par Richard aux dépens des
POLYPODES de Linnæus, et mentionné dans la *Flore de l'Amérique septentrionale* de Michaux.

Son caractère consiste en des points épars ou régulièce-
ment distribués sous les expansions des feuilles, d'abord cou-

verts d'une membrane en forme de croissant, et ensuite nus.

Les *polypodes marginal*, *en crête*, *fragile*, *dryoptère*, *fougère femelle*, et plusieurs autres, font partie de ce genre que Swartz a nommé ASPIDION, qui rentre dans ceux appelés CÉTÉRAC par Décandolle, et WOODSIE par R. Brown. (B.)

NEPHROJE, *Nephroja*. Arbrisseau grimpant, sans vrilles, velu, à feuilles ovales, planes, glabres, marginées, à fleurs blanches, qui forme, selon Loureiro, un genre dans la monoécie hexandrie, et dans la famille des ménispermes.

Ce genre offre pour caractères: un calice de cinq folioles ovales-aiguës, colorées, dont deux alternes plus petites; une corolle de trois pétales subulés, courbés; six écailles pétaliformes, fendues; six étamines dans les fleurs mâles; un germe supérieur, ovale, sillonné, surmonté de six stigmates oblongs, presque sessiles, dans les fleurs femelles; six petits drupes, presque réniformes, renfermant chacun une petite noix hérissée et monosperme.

Le néphroje se trouve dans les forêts de la Cochinchine. Ses fleurs mâles sont portées sur des grappes oblongues, et ses fleurs femelles sur des pédoncules triflores placés sur des rameaux différens. (B.)

Ce genre, très-voisin de l'*épibaterium* de Forster, est réuni, ainsi que ce dernier, au *cocculus*, par Decandolle, qui, sous le nom de *cocculus*, a compris presque toutes les espèces de *menispermum* des botanistes. (L.N.)

NEPHROME, *Nephroma*. Genre de LICHEN établi par Achard, et qui rentre dans ceux appelés PELTIDE, PELTIGÈRE et SOLORINE. (B.)

NEPHROPS, *Nephrops*. Genre de crustacés établi par M. Léach, et qui est un démembrement de celui des *écrevisses* (*astari*) de Fabricius. Il en diffère: 1.º en ce que les yeux sont en forme de rein et brusquement beaucoup plus gros que leur pédicule; 2.º en ce que l'écaille de la base des antennes latérales s'avance au-delà de l'extrémité de ce pédoncule. Ce genre a pour type l'*écrevisse de Norwége* (*cancer norwegicus*, Linn.). *V.* l'ouvrage de M. Léach, ayant pour titre : *Malacostraca podophthalma Britanniæ*, *fasc.* 7, tab. 26. (L.)

NEPHROSTE, *Nephrosta*. Nom donné par Necker à l'enveloppe des poussières des lycopodes. *V.* ce mot. (P.-B.)

NEPHROTOME, *Nephrotoma*, Meig., Latr., Oliv.; *tipula*, Linn., Fab. M. Meigen nomme ainsi un genre d'insectes à deux ailes, formé avec une *tipule* de Fabricius, qui ayant d'ailleurs, ainsi que les grandes espèces, les ailes écartées, les yeux ovales entiers, la trompe courte et terminée par deux lèvres grandes et relevées, et le dernier article des palpes très-long et noduleux, a les antennes presque sétacées, simples, avec le premier et le troisième article cylindriques, et la plupart des autres arqués ou comme réniformes.

La tipule qui a servi de type à l'établissement de ce genre est celle que Fabricius nomme *dorsale* (*dorsalis*). Elle est jaunâtre, avec le dos obscur, les ailes vitrées et ayant au bord extérieur une tache noire. Son corps est long de cinq lignes et demie. M. Meigen l'a représentée dans son ouvrage sur les diptères d'Europe, 1.re part., tab. 4, fig. 6-9. Il ne cite que cette espèce. Olivier, *Encyclop. méth.*, article *néphrotome*, comprend dans ce genre plusieurs autres espèces qui, par leurs caractères, me paroissent s'en éloigner. *Voyez* l'article TIPULAIRES. (L.)

NEPHTYS, *Nephtys*. Genre de vers annelides voisin des néréïdes, établi par M. de Lamarck, sur les notes manuscrites que lui a communiquées M. Savigny, et ainsi caractérisé: trompe amincie à la base, partagée en deux anneaux: l'inférieur long, claviforme, hérissé à son sommet de petits tentacules pointus; le supérieur très-court, ouvert longitudinalement, à orifice garni de deux rangs de tentacules; mâchoires renfermées, petites, cornées, courbées, très-poilues; quatre antennes petites, à deux articles; l'impaire nulle. Les yeux peu distincts; les trois premières paires de pieds ou mamelons sans branchies, les autres pourvues de branchies qui consistent en une seule languette attachée au sommet de chaque rame dorsale.

Le NEPHTYS DE HOMBERG, *Nephtys Hombergii*, a été trouvé au Hâvre. Son corps est tétraèdre, formé de cent vingt-cinq à cent trente-un segmens sillonnés des deux côtés en dessus. Ses soies sont jaunes, longues et fines; son ventre est marqué d'une bandelette longitudinale brillante. (DESM.)

NEPTUNIE, *Neptunia*. Plante aquatique, vivace, à tige longue, flexueuse, radicale, garnie de distance en distance de saillies spongieuses, blanches, à feuilles sessiles, bipinnées, à folioles oblongues, obtuses, entières, glabres, à fleurs jaunes réunies sur un pédoncule commun, filiforme, laquelle forme, selon Loureiro, un genre dans la polygamie monoécie.

Ce genre, qui fait partie de celui des ACACIES de Linnæus, offre pour caractères: un calice divisé en cinq parties; point de corolle dans les fleurs hermaphrodites, mais une de dix pétales linéaires dans les mâles; dix étamines; un ovaire su-

périeur oblong, à style filiforme et à stigmate allongé; une sili-
que presque cylindrique, bivalve et polysperme.

La neptunie se trouve dans les eaux dormantes de la Cochinchine. Elle a les plus grands rapports avec les Acacies.
On mange habituellement ses feuilles en salade, quoiqu'elles soient de difficile digestion. Leur saveur est douce
et agréable.

Willdenow a conservé ce genre sous le nom de Desman-
the, et lui a réuni neuf autres espèces. (E.)

NEPTUNIENS. On donne ce nom aux naturalistes qui
regardent la plupart des basaltes et quelques autres espèces
de pierres, comme produites uniquement par la voie humide.
On appelle Vulcanistes, ceux qui soutiennent que ces
mêmes pierres sont des produits volcaniques. *V.* Amygda-
loïdes et Basalte. (PAT.)

NEQUAMETL. Marcgrave désigne, sous ce nom brasilien, une espèce d'*agave* qui croît dans l'île de Cuba (*agave
cubensis*, Jacq. Amér., tab. 175, fig. 28). (LN.)

NER, en Perse, désigne un Chameau métis, provenant
d'un chameau à deux bosses, et d'une femelle à une seule
bosse. (DESM.)

NEREGIL. Nom arabe du fruit du Cocotier, selon
Matthiole. (LN.)

NEREIDE, *Nereis*. Genre de vers marins qui présente
pour caractères: un corps allongé, articulé, à anneaux nombreux, garnis de chaque côté d'une ou deux rangées de
houppes de soie, avec des mamelons courts, et en outre des
branchies latérales en houppes et en pinnules; des mâchoires
solides, et par paires à la bouche; deux à huit filets simples
à l'extrémité antérieure du corps.

Les espèces de ce genre ont été appelées *scolopendres marines*
par les anciens naturalistes français, et elles peuvent en effet
être comparées à des *scolopendres*; car elles sont longues et
aplaties, composées d'un grand nombre d'anneaux, accompagnés, chacun, d'un, deux ou trois pieds de chaque côté. Comme
les *scolopendres*, elles se contournent de toutes manières lorsqu'on les prend à la main, et courent ou nagent avec une
grande vélocité. Comme elles enfin, elles se cachent habituellement, et saisissent leur proie au passage. Mais les *né-
reides* font plus que les *scolopendres*. Elles se filent un léger tissu
de soie dans les inégalités des rochers, des madrépores, des
coquilles à surface raboteuse, ou se font des trous dans la
terre qu'elles garnissent de même, et qu'elles prolongent
quelquefois, au-dessus de la surface, en agglutinant à leur
réseau des corps étrangers. C'est de ces retraites que les né-

réides arrêtent leur proie, en faisant rapidement sortir, par élancement, la partie antérieure de leur corps qui étoit contractée. J'ai eu souvent occasion d'observer leur manœuvre.

Il y a tout lieu de croire que les anneaux des néréides augmentent en nombre à mesure qu'elles avancent en âge; car j'ai remarqué de grandes variétés à cet égard dans la même espéce; et presque toujours les plus grosses en avoient le plus.

Lorsqu'on coupe une néréide en trois ou quatre morceaux, les fragmens continuent de se mouvoir pendant quelque tems, mais meurent ensuite, excepté la tête qui est restée assez long-temps en action sous mes yeux, pour que je sois fondé à croire qu'elle peut se conserver et reproduire un animal complet.

Linnæus a divisé ce genre en deux sections: la première comprend les néréides qui ont des mâchoires; ce sont les véritables néréides, celles dont j'entends traiter dans cet article: la seconde, les néréides qui ont une trompe. Cette division, portant sur des parties essentielles, semble commander l'établissement d'un second genre; mais les espèces en sont si imparfaitement connues, que les efforts de Pallas, Bruguières et Lamarck, pour le former ont été infructueux. Ce dernier, en conservant les TÉRÉBELLES de Linnæus, que le second avoit réunies aux *néréides*, a cru satisfaire aux vues des naturalistes; mais j'ai fait, sur le vivant, des observations qui ne me permettent pas de croire que les deux espèces citées comme type de ce genre puissent être séparées des NÉRÉIDES. *Voyez* TÉRÉBELLE, POLYDORE, ou SPIO et EUNICE, genre fort voisin des *néréides* que j'ai établi dans l'*Hist. nat. des Vers*, faisant suite au Buffon de Deterville.

Le genre *néréide*, en y comprenant les espèces dont la bouche n'a pas de mâchoires, renferme trente-deux espèces connues, dont les principales sont:

La NÉRÉIDE CUIVRÉE, qui a les pédoncules antérieurs en panache, et cinq tentacules presque égaux. Elle est figurée dans l'*Hist. nat. des Vers*, faisant suite au Buffon, édition de Deterville, p. 5, fig. 1—5. *Voy.* pl. G 18. Cuvier la place dans son nouveau genre EUNICE. La NÉRÉIDE SANGUINE, figurée par Montagu, pl. 3 du onzième volume des transactions de la Société Linnéenne de Londres, et qui vit sur les côtes d'Angleterre, s'en rapproche infiniment.

Je l'ai trouvée sur les côtes d'Amérique. Elle fait dans la terre un trou garni d'un tube cartilagineux. Sa longueur est d'un pied, et sa couleur d'un bleu cuivré très-brillant.

La NÉRÉIDE PHOSPHORIQUE est transparente, à peine visible. Elle se trouve dans toutes les mers, et est phosphorique pendant la nuit. Je l'ai fréquemment observée.

La Néréide pélasgienne est convexe en dessus, et ses pédoncules sont couverts de verrues. Elle se trouve dans toutes les mers, et est phosphorique comme la précédente, ainsi que je m'en suis assuré plusieurs fois.

La Néréide frangée est aplatie; elle a les pédoncules filiformes, portant des tentacules en forme de lentilles. Elle se trouve dans la mer du Nord.

La Néréide norwégienne est convexe, et ses pédoncules portent une plumule. Elle se trouve dans la mer du Nord.

La Néréide pinnée est convexe, et ses pédoncules portent deux plumules. Elle se trouve dans la mer du Nord (1).

La Néréide fasciée, est cylindrique, blanchâtre, fasciée de rouge, et a sept tentacules simples. Elle est figurée pl. G, 18.

La Néréide frontale est aplatie, pâle, ponctuée de brun, avec une grande tache sur la tête et huit pédoncules simples et pétalifères. Elle est figurée sur la même planche.

J'ai observé ces deux espèces dans la baie de Charleston, Caroline du Sud. Elles se forment un léger fourreau dans les cavités des pierres, des coquilles, du bois. Je les ai décrites dans la partie des vers, faisant suite au Buffon, édition de Deterville.

La Néréide cincinnate est figurée dans le troisième volume des nouveaux Mémoires de la Société de Copenhague.

La Néréide des Lacs, de Linnæus, constitue aujourd'hui le genre Stylaire. (b.)

NÉRÉIDEE, *Néréidea*. Genre de plantes établi par Stackhouse, *Néréide Britannique*, aux dépens des Varecs de Linnæus. Ses caractères sont : fronde cartilagineuse, très-rameuse, aplatie ; rameaux sétacés à leur extrémité ; fructification inconnue.

Ce genre renferme trois espèces, dont une est figurée pl. 12 du grand ouvrage sur les varecs, du même auteur. (b.)

NÉRÉIS. Nom latin des Néréides. Ce nom a été appliqué à quelques animaux qui ne font plus partie de ce genre. Ainsi le *nereis cylindraria* de Pallas est une Térébelle, et le *nereis conchylega* est une Amphitrite. (desm.)

NÉRÉMIR. Avicenne donne ce nom arabe à la fleur et à la fane de la Pivoine. (ln.)

---

(1) Une très-belle figure de cette espèce se voit pl. 6, vol. 9 et pl. 3, vol. 11, des Transactions de la Société Linnéenne de Londres.

NERFS (et Sensibilité, Sympathie, Passions),
Νεῦρα, *Nervi.* Ce sont des cordons ronds, blanchâtres, enveloppés d'une gaîne ou tunique membraneuse commune à tous, appelée *névrilème* par Reil, laquelle paroît émaner de la pie-mère, méninge qui recouvre le cerveau et enveloppe la moelle épinière. Ces cordons nerveux sont composés de plusieurs rameaux fibreux, chacun dans sa gaîne, contenant dans leur intérieur une pulpe médullaire ; ils se rendent, la plupart, de toutes les régions du corps, soit à la moelle épinière, soit au cerveau, chez les animaux vertébrés, soit enfin à des ganglions ou des centres nerveux plus ou moins considérables, situés en diverses parties internes chez les animaux invertébrés (1).

Cet ensemble de ramifications composant le ou les systèmes nerveux, est le premier ressort de la sensibilité, de l'activité des animaux, ou le principe excitateur de leur vie. Réservoir des sensations, il devient, surtout chez les espèces des classes supérieures, l'organe de l'intelligence, et mérite, à ces titres, un intérêt capital dans son étude ; il offre même la base la plus essentielle pour leur classification naturelle.

Que seroient les êtres sans cette faculté de sentir, de connoître les corps extérieurs, ou de sortir par la vue, par l'ouïe et surtout par la pensée, hors de la simple existence du végétal, de ce sommeil de la vie? Comment agirions-nous sans ce principe d'énergie qui fait contracter nos muscles à volonté, qui nous transporte à notre gré par toute la terre, comme il élève l'oiseau dans les champs de l'air? Il falloit donc une source de vigueur, de sentiment, de passion qui nous rendît capables de jouir comme de souffrir; c'est cette faculté merveilleuse, encore plus que celle de l'aimant dans le fer, qui distingue un corps animé de son cadavre. Elle réside manifestement dans la pulpe médullaire des cordons nerveux, et dans la moelle épinière, avec le cerveau, qui deviennent les centres de la sensibilité, des sensations et des idées. Ainsi le système nerveux est le gouvernement de la machine animale, ἐγκεφάλου; les corps vivans ne sont plus ou moins perfectionnés ou développés dans toutes leurs facultés que par ce système. Le foyer principal, situé à la tête, comme dans une citadelle, imprime de là ses volontés suprêmes à tout le reste de l'organisation, ainsi qu'un roi dans son palais envoie ses ordres jusqu'aux extrémités de son empire. Quel pouvoir

---

(1) Les anciens, comme encore le vulgaire aujourd'hui, confondent les tendons, les ligamens, les aponévroses et autres tissus blancs fibreux, avec les nerfs. Mais ceux-ci ne sont pas contractiles par les stimulans, même par le galvanisme, quoique très-sensibles, tandis que les tissus fibreux et musculaires sont éminemment contractiles.

étonnant fait sur-le-champ mouvoir notre orteil par une simple idée !

Regis ad exemplar totus componitur orbis !

Cependant le nerf lui-même n'est aucunement contractile sous quelque stimulant que ce soit, pas même par les irritations du galvanisme, tandis qu'elles excitent des crispations spasmodiques si énergiques sur la fibre musculaire vivante. Par-là se distingue le nerf de la fibre musculaire; il est pour elle l'agent excitateur; il semble lui transmettre l'électricité galvanique. Cet effet paroît manifeste surtout dans la torpille et les autres poissons électriques; car leur batterie composée d'aponévroses et de divers tissus fibreux qui se frottent, n'est chargée d'électricité qu'à l'aide des nerfs qui s'y rendent. Si l'on coupe ceux-ci, quand même tout le reste conserveroit son intégrité, la commotion électrique n'a plus lieu; et, au contraire, si l'on circonscrit par une incision toute la batterie électrique, excepté les nerfs qui s'y rendent, la commotion continue parfaitement. (*Voyez* Todd, *Philos. trans*, 1817, *partie I, article IV.*) La substance nerveuse paroît donc la conductrice d'un agent excitateur des autres organes de l'économie animale, dans l'état vivant.

Les Corps organisés (*Voyez* cet article,) végétaux et animaux, se composent de trois principales substances similaires; savoir : la *cellulosité*, la *fibre*, la *pulpe médullaire*, qui entrent plus ou moins généralement dans les divers tissus de leurs organes.

La cellulosité domine dans l'enfance et compose la trame première de toute l'organisation végétale ou animale. Les tissus fibreux sont la partie ligneuse chez les végétaux, ou musculaire, tendineuse, etc., chez les animaux. La substance médullaire envoie des prolongemens du centre vers la circonférence, ou de la circonférence au centre, chez les végétaux les plus complétement organisés, comme chez les animaux les plus accomplis dans leur structure; cette substance est l'élément le plus précieux ou le plus vital de toutes ces créatures, et destinée au gouvernement de la machine organisée.

Mais le végétal est distinct de l'Animal (*Voyez* cet article), surtout parce qu'enraciné et immobile sur le sol, la sensibilité ne lui fut pas accordée, du moins à un degré bien manifeste. Quoiqu'on ait soutenu que le resserrement du feuillage de la sensitive au moindre attouchement étoit l'effet de la *sensibilité*, on le rapportera tout aussi bien à cette contraction que la fibre vivante est susceptible d'éprouver, sans le concours du nerf, et sans la sensation proprement dite. C'est par

le jeu de ce mécanisme inconnu qu'on désigne sous le nom
d'*irritabilité*, lequel s'opère dans des parties dépourvues de
nerfs chez les animaux, et ne transmet aucun témoignage de
plaisir ni de douleur; il s'y exerce même par fois à l'insu de
la volonté et de la conscience.

A la vérité, Robert Whytt et les autres antagonistes des
Hallériens ont multiplié les expériences pour prouver que la
sensation et l'irritation émanent de la même force nerveuse;
que ces deux forces se trouvent réunies et inséparables dans
la fibre musculaire; qu'enfin, si celle-ci est insensible, elle
demeure inactive sous les excitans les plus énergiques. Néanmoins la séparation de ces deux propriétés, quoique rare chez
les animaux, est remarquable dans plusieurs circonstances de
paralysie, où tantôt les seuls nerfs du mouvement cessent leur
action, et tantôt ce sont, au contraire, les seuls nerfs du
sentiment; ainsi l'on voit des régions musculaires privées de
sensibilité et non de contractilité volontaire; et d'autres pa-
ralysées dans leurs mouvemens, quoique conservant la sensibilité. Chez les plantes, où l'on ne peut guère supposer raisonnablement le sentiment (à moins de se servir du privilége
des poëtes, qui placent des dryades dans les troncs des chênes,
ou qui transforment Narcisse en fleur), il faut bien reconnoître l'existence de l'irritabilité jusque dans des parties qui
n'en paroissent guère susceptibles. Ainsi, la piqûre d'un insecte et le venin âcre qu'il y répand, déterminent, dans les
feuilles ou les tiges, des gonflemens, des excroissances, fort
analogues à celles que cause une piqûre de guêpe sur nous.
Mais si les plantes sont en effet irritables, rien n'y démontre
la présence des nerfs comme chez l'animal; et il seroit cruel
à la nature d'avoir donné la douleur à des créatures inno-
centes, incapables de la fuir, à cause de leur immobilité et
de leur implantation par des racines.

Au contraire, les animaux possèdent un ordre particulier
de facultés qui leur attribue les sentimens de douleur ou de
plaisir à l'occasion du choc ou de l'application des substances
extérieures, ou non incorporées à leur organisation. C'est
par ce moyen qu'ils discernent si ces substances leur sont
utiles ou nuisibles, qu'ils peuvent s'approcher ou fuir, et se
gouverner à leur volonté. Or, cette source de sentiment et de
connoissance réside uniquement dans le système nerveux.

Bien qu'on ne connoisse guère les fonctions du canal médullaire, et de ses utricules réparties en rayons du centre vers la
circonférence de la tige des végétaux, il concourt évidemment
à la formation soit des feuilles, soit des bourgeons, et surtout des organes de la fructification. Et ceux-ci étant les plus
éminemment irritables chez un grand nombre de plantes, il

paroît donc que cette substance médullaire, qui abonde surtout pendant la jeunesse, est l'élément le plus vital ou dominateur du végétal, comme la pulpe nerveuse l'est pareillement chez les animaux. Si l'on objecte que des troncs de saules et d'autres arbres peuvent vivre sans moelle, du moins celle-ci subsiste nécessairement dans leurs rameaux pour leurs fleurs ou leurs fruits.

Toutefois, en laissant à part ce qui concerne le végétal, dans lequel on ne trouve pas de nerfs proprement dits, ni de sensibilité bien évidente, puisque nous en distinguons leur contractilité (que Haller et d'autres physiologistes nomment *irritabilité*), venons au système nerveux qui dirige la vie et les fonctions du corps animal.

§ I. *Des formes du Système nerveux simple ou composé des animaux.*

Le règne animal, dans toute son étendue et la variété presque infinie de ses espèces, présente trois principales divisions dans la forme du système nerveux ; ce qui établit trois modes généraux de la vie de ses créatures. Les plus simples, les plus imparfaits des animaux, suivant l'ordre de l'organisation, n'ont point, à proprement parler, de système nerveux, visiblement au moins ; mais la prompte contractilité qu'ils manifestent, le sens du tact qu'ils exercent pour saisir leur nourriture, et sans doute aussi le goût qu'on leur doit supposer, puisqu'ils savent rejeter ce qui ne peut les alimenter, tout annonce en eux des lueurs de sensibilité qu'on ne sauroit méconnoître, quoiqu'un célèbre naturaliste ait cru devoir les désigner sous le nom d'animaux apathiques ; qualification injurieuse plutôt que vraie.

1.º *Considérations sur l'existence probable de l'élément nerveux chez les zoophytes.* L'observation la plus attentive de la structure interne de ces animaux de forme rayonnante, tels que les méduses ou acalèphes, les actinies et porpites, et surtout les échinodermes, comme les astéries, les oursins et les holothuries, présente en eux différens viscères, des sacs intestinaux ou des cavités creusées dans une chair plus ou moins glaireuse, demi-transparente comme de la gélatine, et dont les fibres sont peu apparentes. Il y a des sortes de granulations un peu plus opaques dans ces masses charnues. M. Tiedemann, qui a publié une anatomie des astéries, couronnée par l'Institut de France, est porté à croire que des lignes ou cordons blanchâtres, rayonnans, qui, partant d'autour de la bouche, parcourent l'étendue de chacun des cinq bras des étoiles de mer et des divisions des holothuries, sont une sorte de système nerveux, pulpeux ou peu consistant, de même que les chairs de ces zoophytes. En effet, si dans l'embryon humain, jusqu'à trois ou quatre mois, l'intérieur du cerveau est rempli, au lieu de la pulpe cérébrale, d'une humeur gélatineuse ou albumineuse comme du blanc d'œuf, lequel deviendra plus opaque et plus épais ensuite (Harvey, *de Generat.*, p. 234), tout comme la noix verte est gélatineuse avant d'acquérir l'état d'amande, pareillement la matière médullaire sera plus liquide chez des animaux si gélatineux, et plus solide chez les races de constitution plus sèche.

Les polypes, les hydres montrent aussi dans leurs chairs transparentes de petites granulations, qu'on peut considérer comme des molécules nerveuses, de très-petits ganglions ou centres de sensibilité et de vie, répartis, ou plutôt mélangés et comme fondus dans la substance même de ces animaux, pour l'imprégner de sensibilité et de vie. On doit remarquer aussi que ces êtres sont non-seulement sensibles au moindre contact des corps, mais même à la lumière qu'ils recherchent, quoique privés d'yeux. De plus, chacune de ces granulations semble être tellement un germe de vie, un centre de vitalité, qu'elle bourgeonne souvent, qu'elle répare les parties de l'animal qu'on ampute, et que l'animal divisé reforme un tout, de même qu'une racine contenant divers germes ou bourgeons (une pomme-de-terre, par exemple), incisée en un grand nombre de portions, reproduit de nouvelles plantes entières, comme par boutures.

Il paroît donc très-probable que les zoophytes ne sont nullement dépourvus de l'élément nerveux, lequel, disséminé dans toute la masse de leur corps, le rend partout sensible, reproductible. Mais il n'y établit pas un centre unique, par cette disposition même, comme le fait le système nerveux coordonné des animaux dont l'organisation a plus d'unité, d'individualité, et présente des fonctions spéciales dans ses diverses branches, lesquelles se correspondent entre elles, ou se nouent l'une à l'autre, comme nous le verrons.

Et s'il semble difficile de comprendre comment des molécules nerveuses, sans être contiguës dans le corps animal, peuvent cependant agir de concert, nous en verrons des exemples dans des parties d'animaux bien plus compliqués, même dans le corps humain ; les dernières ramifications nerveuses qui se distribuent aux muscles et à la peau, quelque déliées qu'on les suppose, puisqu'on ne peut plus les suivre même au microscope, ne sont pas sans doute tellement voisines qu'elles enveloppent tous les points du corps, tel qu'un réseau ; cependant toutes ces parties sont ou deviennent sensibles ; ce qui a fait penser à Reil que les nerfs avoient une sorte d'atmosphère de sensibilité qui s'étendoit à quelque distance d'eux (Joann. Christiani Reil, *Exercitationum anatom. fascic.* 1, *de Structurâ nervorum*, Halæ Saxon, 1796, fol. pag. 28 ; et du même : *Archiv. für physiol.* B. VI, pag. 267 ; opinion soutenue aussi par M. Humboldt), tout comme l'électricité galvanique de la torpille ou du gymnote agit jusqu'à certain éloignement.

Le tour de la bouche ou des orifices par lesquels les zoophytes prennent leur nourriture, paroît être surtout la région la plus sensible : nous verrons, en effet, que c'est toujours vers l'origine du canal digestif que le système nerveux se développe davantage parmi tous les animaux, parce qu'ils doivent se diriger par-là pour chercher leurs moyens d'existence.

3.° *Des formes du Système nerveux chez les vers, les insectes, les crustacés, les mollusques.* Tous ces êtres si variés et si nombreux ont un système nerveux ou directeur de leur économie, assez diversifié sans doute, mais qui présente un caractère commun à tous ; celui de porter des ganglions, de petits nœuds, ou centres, ou renforcemens nerveux, auxquels viennent aboutir divers rameaux, et d'où repartent d'autres branches pour entretenir la communication harmonique ou les sympathies, et l'unité dans le corps animal. De là vient que nous désignons ces créatures en général sous le nom d'*animaux à système nerveux ganglionique*, qualité commune à tous ceux qui sont plus élevés dans l'échelle de l'organisation que les zoophytes, jusqu'aux vertébrés, chez lesquels nous verrons en outre un second système nerveux plus compliqué encore.

Ainsi, tous les animaux sans vertèbres, supérieurs aux zoophytes, ont des nerfs visibles, rattachés en un système unique par divers ganglions ; ce qui fait que les individus ne sont plus multipliables (à peu d'exceptions près) par bouture ou division, comme les zoophytes à molécules nerveuses dispersées dans leur économie. Il y a déjà des sexes séparés dans la plupart, et ainsi des accouplemens ; par cette raison, il faut quelques sens pour reconnoître d'autres individus de leur espèce, et une tête. Il y a manifestement des instincts plus ou moins développés, c'est-à-dire, des impulsions spontanées de l'organisation vers un but salutaire à la vie et à la propagation de ces créatures. (*V.* INSTINCT).

Mais, quoique ce système nerveux compose un tout unique par le moyen des ganglions ou nœuds qui rattachent les divers rameaux de ces nerfs distribués à toutes les parties du corps, ses forces vitales sont disséminées dans les organes : ceux-ci opèrent leurs fonctions sans être dirigés par la volonté, ni une intelligence, à proprement parler. C'est ainsi que, pendant notre sommeil, le cœur, les poumons, nos viscères digestifs ou élaborateurs, exécutent des opérations très-compliquées, sans l'intervention de nos facultés volontaires, mais par le moyen de notre système nerveux ganglionique, approprié à ces fonctions involontaires. (Elles composent la *Vie organique* de Bichat).

Ainsi, les animaux invertébrés ne possédant que ce système ganglionique, ne jouissent que d'une vie involontaire, spontanée. Ils sont régis par le seul instinct, et manquent de toute intelligence ou de faculté d'apprendre; aussi sont-ils *savans* dès leur naissance; la nature les ayant construits de manière que leur système nerveux recèle toutes les directions des mouvemens que doit déployer leur économie dans le cours de leur existence et dans les diverses phases de leurs métamorphoses. Mais comme ils ne sont ni libres, ni capables d'apprendre, ils ne changent jamais rien à leurs actes; ils ne peuvent pas être instruits; c'est parce qu'ils manquent d'un véritable cerveau, bien qu'ils aient un ganglion principal qui en tient lieu, et qu'ils possèdent une tête; ce qu'on n'observe en aucun des zoophytes.

Ce qui prouve, de plus, que toutes les facultés vitales des invertébrés sont encore foiblement unies, ou se trouvent, au contraire, répandues entre les divers centres ganglioniques, c'est que l'amputation de quelques-uns de ces centres ne détruit pas l'organisme; ainsi l'on enlève la tête à des lombrics terrestres, à des naïdes, et ces vers en reproduisent d'autres; les colimaçons réparent également les diverses parties qu'on leur ampute. Des mouches volent ou des sauterelles s'accouplent même sans tête, etc.; preuve que le ganglion antérieur n'est pas le siége principal d'où émanent des volontés et une intelligence directrice de l'économie, mais que la force vitale réside dans l'ensemble des ganglions ou du système nerveux réparti dans tout leur corps.

Chez les plus simples des vers, tels que les intestinaux, le système nerveux, chez les espèces où l'on a pu l'apercevoir, consiste en deux cordons latéraux le long du corps, et s'attachant près de la bouche à une sorte de ganglion circulaire qui environne l'œsophage comme un anneau. (*Voy.* INTESTINAUX.)

Ces deux cordons et ce collier œsophagien sont des dispositions communes à toute la série des animaux mollusques et articulés, avec cette différence que des ganglions ou nœuds plus ou moins rapprochés entre eux, réunissent les deux cordons en un seul, qui s'étend le long de l'abdomen, et non pas du dos, chez les articulés.

Ainsi, dans la sangsue, le ver de terre, il y a d'abord un

double ganglion tenant lieu de cerveau placé sur l'œsophage ;
puis une branche nerveuse descend de chaque côté comme
un collier, se rattache en-dessous de cet œsophage par un
second ganglion, descend le long du ventre ; et à chaque autre
ganglion que porte ce double cordon de distance en distance,
il en sort, pour l'ordinaire, deux ou quatre petits filets nerveux, qui se distribuent soit aux trachées respiratoires de
l'animal, soit à ses viscères, à ses organes génitaux, ou bien
aux muscles de ses anneaux. En effet, il y a, pour l'ordinaire,
autant de ganglions que de divisions ou de segmens particuliers chez les insectes et les vers ; de sorte que chaque articulation de ces espèces est vivifiée par son centre nerveux.
Aussi le ver de terre porte un très-grand nombre de ganglions
le long de son double cordon abdominal ; la sangsue en offre
environ vingt-trois plus écartés, etc. Les aphrodites et am-
phinomes ont une distribution analogue de leurs nerfs.

Chez les insectes à métamorphoses plus ou moins complètes, le système nerveux subit souvent des déploiemens ou
des resserremens particuliers. Ainsi, chez la larve du scarabée
nasicorne, qui vit dans le tan, les ganglions de son double
cordon nerveux abdominal sont tellement rapprochés, qu'ils
composent une sorte de tige noueuse qui ne s'étend pas à la
moitié de la longueur de cette larve ; néanmoins ils envoient,
en rayonnant, des rameaux nerveux à toutes les régions inférieures et latérales, comme aux trachées, aux intestins, aux
parties destinées à former les organes génitaux. Il y a de plus
un nerf particulier, récurrent, qui se porte à l'estomac, et
qui vient du collier œsophagien. Lorsque l'insecte a subi sa dernière forme et déployé ses organes sexuels avec ses ailes, etc.,
les ganglions de son double cordon nerveux se sont éloignés
et répartis plus également à chacun des anneaux du corps de
ce scarabée. L'on peut conclure de ces changemens intérieurs,
que le système nerveux (qui recèle, dans tous les animaux,
les causes de leurs mouvemens, ou de leur autocratie) peut
suggérer aux insectes leurs divers instincts si merveilleux, soit
dans leur état de larve, de chrysalide, soit dans l'état parfait
ou déclaré. De même que le cylindre noté d'un des orgues
portatifs (ou *turelutaines*) présente différens airs aux touches
des tuyaux d'orgue, selon qu'il est avancé ou reculé de quelques crans ; l'on peut présumer de même, que le système
nerveux ganglionique de ces petits animaux est susceptible
d'indiquer différentes manœuvres à chaque individu, selon
qu'il se trouve disposé à l'état de chenille ou de papillon.
(*Voyez* en outre les travaux de Swammerdam, de Lyonnet,
de M. Cuvier, etc., pour les distributions des différens nerfs
dans les insectes.)

Les crustacés, tels que les écrevisses, crabes, et les cirrhipèdes, ces singuliers animaux qui habitent dans les balanites, les conques anatifères, présentent également un système nerveux muni de ganglions, avec un double cordon longitudinal, ainsi que les insectes, à quelques variétés près. Néanmoins, Willis et d'autres anatomistes ont remarqué que le ganglion cérébral des écrevisses étoit le plus gros, et formé de quatre lobes ou tubercules. Il envoie aussi des cordons de nerfs aux yeux, de même que chez les insectes, et aux antennes, aux mandibules, aux autres organes des sens; par là il se rapproche de la nature du cerveau des animaux plus composés. Les crustacés ayant des branchies, et par conséquent un cœur, un système de circulation, un foie et d'autres viscères plus compliqués que les insectes à métamorphoses, ont aussi leur système nerveux plus développé, et leurs ganglions émettent un plus grand nombre de rameaux de nerfs. Chez les crabes, par exemple, il y a, vers le milieu de leur abdomen, un anneau nerveux duquel partent divers rameaux pour animer les pattes, les pinces et autres organes extérieurs.

Dans les mollusques, le système nerveux prend les formes les plus variées de toutes, pour sa distribution, à cause des singulières conformations de ces espèces; néanmoins il présente les caractères communs au système des ganglions, ou sympathique, qui rattache ensemble les divers centres de vitalité. Toute la différence entre ces animaux mollasses et les articulés, consiste en ce que leurs nerfs et leurs ganglions ne se disposent pas le long d'un cordon comme chez les insectes, les vers et d'autres animaux à segmens, parce que les mollusques, en effet, ne sont point articulés comme ceux-ci. Mais, à cette différence près qui a motivé la distinction établie par M. Cuvier, entre les animaux articulés (crustacés, insectes, vers) et les mollusques, le système nerveux n'offre pas une plus grande perfection. Au contraire, il nous paroît évident que la série de ganglions le long d'un double cordon nerveux, chez les insectes et les crustacés, et les diverses ramifications qui émanent de cette sorte de moelle épinière, pour animer les membres et les organes des sens de ces animaux articulés, offrent plus d'unité et d'ensemble harmonique que des ganglions dispersés dans l'économie des mollusques. Aussi les insectes, en particulier, jouissent-ils d'instincts très-surprenans et exercent-ils des actions très-compliquées, tandis que les stupides et baveux mollusques végètent tristement, soit renfermés dans leurs coquilles, soit en rampant ou flottant dans la vase des marécages. Il est donc entièrement contraire à la hiérarchie des êtres, de subordonner des créatures aussi perfectionnées que le sont les insectes et les crustacés, à la classe des mollusques, surtout de l'ordre des acéphales ou sans tête, comme le font la plupart des zoologistes actuels, d'après l'autorité du célèbre M. Cuvier.

Et pour preuve, il est certain que les ascidies, les biphores, *salpa*, etc., n'ont point de tête, point d'yeux, ni de moyens d'odorat et d'ouïe, ni même de membres, comme en ont les crustacés et les insectes. Ces mollusques n'offrent que quelques ramifications nerveuses fort imparfaites, avec un ou deux ganglions épars entre leurs deux ouvertures intestinales (*Mémoires du Mus. d'hist. nat.*, t. 1, par M. Cuvier); car le ganglion supérieur auquel on a la bonté d'accorder le nom de cerveau, ne présente aucun des caractères qui justifient cette dénomination; aussi l'animal ne manifeste nul degré de sentiment ou d'instinct supérieur à ceux de l'huître.

Celle-ci a bien, comme tous les animaux à système nerveux sympathique, un ganglion situé au-dessus de la bouche, et un autre placé derrière la masse des intestins; les rameaux nerveux qui sortent de l'un et de l'autre se distribuent dans le manteau ou les branchies, et dans les viscères. Les autres mollusques acéphales de l'ordre des bivalves ou testacés, ont pareillement deux ganglions; l'un sur la bouche tient lieu de cerveau, l'autre est situé à l'extrémité opposée du corps. Entre ces deux centres de vitalité, des branches nerveuses établissent une communication, et d'autres filets se ramifient dans les différentes parties du corps; l'estomac, le foie, le cœur, sont ordinairement placés entre les deux ganglions, ou dans l'espace qu'entourent leurs deux branches communicantes.

Parmi les mollusques rampans sur le ventre (gastéropodes, soit nus, soit testacés, univalves), l'œsophage est toujours surmonté d'un ganglion en demi-lune, dont les cornes se lient en-dessous du col comme un collier; là, se forme un autre ganglion plus gros que ce cerveau semi-lunaire. De ces deux centres partent plusieurs rameaux nerveux, soit pour les tentacules, soit pour se distribuer aux différens viscères, à l'appareil génital et aux feuillets branchiaux. D'autres mollusques possèdent, en outre, des ganglions plus petits, mais toujours correspondans avec les principaux, par des rameaux nerveux intermédiaires.

Chez les céphalopodes, comme les sèches, mollusques sans contredit les plus perfectionnés de tous, le système des nerfs se rapproche insensiblement de celui des animaux vertébrés; car il y a déjà une partie analogue au crâne. Ainsi, un cartilage creux de la forme d'un anneau large, contient un ganglion cérébral double; il en sort, comme chez les autres invertébrés, deux cordons latéraux qui entourent l'œsophage et viennent en-dessous de la gorge; mais ce collier médullaire jette quatre à cinq branches de chaque côté, pour se rendre dans les bras ou tentacules qui couronnent la tête de ces poulpes, seches et calmars. En outre, ce double ganglion cérébral envoie des prolongemens nerveux aux yeux et aux organes de l'ouïe; car on sait que ces mollusques en sont pourvus, ainsi que les crustacés, d'après les recherches de Comparetti et Scarpa. Les nerfs optiques traversent le cartilage du crâne, et vont former un ganglion réniforme dans la sclérotique; les canaux semi-circulaires des oreilles sont placés vers la partie antérieure de ce cartilage, que les nerfs acoustiques traversent également.

Une autre paire de nerfs sort près de l'origine du collier, et se rend au manteau ou sac qui enveloppe les céphalopodes; elle descend obliquement de chaque côté, entre les viscères et les branchies, puis se divise en deux rameaux, dont l'un pénètre jusqu'au fond du sac, et l'autre se renfle en un ganglion rond, duquel sortent des rayons nerveux en grand nombre, et qui se rendent aux muscles du sac et des nageoires.

Au-dessous des canaux acoustiques sort une autre paire de nerfs qui, pénétrant dans la cavité péritonéale contenant les intestins, va se ramifier en un plexus remarquable près du cœur; puis les nerfs émanés de ce plexus se dispersent dans les viscères jusqu'au fond du sac.

A l'égard des bras ou pieds de la tête de ces mollusques, un rameau nerveux pénètre dans chacun d'eux, en son axe; il se renfle, d'espace en espace, en petits ganglions, desquels sortent des filets nerveux qui se rendent aux ventouses dont ces bras sont munis.

Ainsi, en jetant les yeux sur toute la série des systèmes nerveux chez les mollusques, et les articulés (crustacés, insectes, vers), on y trouvera plusieurs centres ou ganglions, desquels émanent des nerfs, ou auxquels se rattachent diverses fonctions vitales des départemens organiques. Le gouvernement de la machine, ou leur archée, semble être une république fédérative de plusieurs états concourant à un but total, mais possédant chacun néanmoins une activité spéciale, et à quelques égards indépendante. On voit bien chez eux le ganglion antérieur, tenant lieu de cerveau, affecter la suprématie, pour l'ordinaire; toutefois il est des cas où l'animal peut se passer de lui, comme dans les circonstances d'amputation chez les vers, ou dans les individus naturellement acéphales (les ascidies, *salpa*, etc.). Par-là, l'on comprend que ces animaux devoient être gouvernés selon des ins-

tinets innés , et ne pouvoient pas se diriger d'après leur expérience, leur volonté raisonnée, leur autocratie. Ils n'ont
point de temps ni de moyens suffisans pour acquérir des connoissances ; la nature y supplée par les déterminations instinctives qu'elle trace d'avance dans leur système nerveux
tout entier.

Chaque ganglion, en effet, étant l'aboutissant d'un grand
nombre de rameaux nerveux, doit recevoir les impressions
de toutes les parties d'où partent ces rameaux : le voilà donc
constitué petit cerveau, centre de sentiment et de sensations ;
mais n'ayant pas assez de développement et des relations
assez variées pour combiner un grand nombre d'idées, il se
borne aux fonctions plus modestes de faire correspondre les
différentes parties du corps, d'associer les organes aux mêmes
actes, de concourir, avec les viscères sous sa dépendance ,
à une synergie harmonique, pour mettre en jeu la machine
animale simultanément. Mais nous allons voir le gouvernement de l'économie animale bien plus centralisé chez les
animaux vertébrés, ou formant une vraie monarchie dans
chaque individu.

§ II. *Distribution des deux Systèmes nerveux chez les animaux
doués d'un squelette osseux à l'intérieur.*

L'homme, les mammifères, les oiseaux, les reptiles et les
poissons forment, comme on sait, l'élite du règne animal ;
ce sont, si l'on veut, les princes ou les classes supérieures de
la grande république des corps organisés.

Ils doivent cette souveraineté qu'ils exercent, en général ,
sur les créatures inférieures, non-seulement à leur charpente
osseuse qui rassemble et affermit leurs membres, leur donne
des moyens de progression et d'action si puissans, mais à un
appareil nerveux, source de vigueur qui met en jeu tous ces
membres, qui fait bondir la monstrueuse baleine sur les flots,
soulève l'énorme masse des éléphans et des rhinocéros, élève
l'aigle dans les nues, et fait courir d'immenses crocodiles sur
les rivages marécageux du Sénégal.

On comprend que des mollusques ou des vers, animés
seulement par des branches nerveuses foiblement associées,
dans leurs opérations, par des nœuds ou ganglions, ne pouvoient pas développer un corps bien volumineux, capable de
se mouvoir simultanément et avec harmonie ; mais comme
dans les grands empires il faut attribuer plus de vigueur et de
centralisation aux forces du gouvernement, pour que son
action s'étende rapidement jusqu'aux extrémités les plus éloignées ; de même les animaux supérieurs ont un système nerveux prédominant : aussi les invertébrés restent tous de petite

taille : car les plus grands sont ceux qui possèdent déjà un système nerveux plus développé, comme les céphalopodes entre les mollusques, les crustacés parmi les espèces articulées.

Mais il ne suffisoit pas à la nature d'accumuler une plus grande puissance nerveuse pour composer des animaux de plus fortes dimensions ; elle devoit faciliter ou soutenir l'action de ces animaux à l'aide de leviers solides ; c'est pourquoi elle leur attribua un squelette osseux à l'intérieur ; et comme leur activité prend sa source la plus précieuse dans le système nerveux, il falloit garantir celui-ci avec un soin particulier. Aussi la pulpe médullaire et cérébrale, foyer de sensibilité, d'ardeur et de vie, a été renfermée dans les cavités les plus solides des vertèbres et du crâne. Ce n'est donc point parce que les animaux sont *vertébrés* qu'ils sont plus parfaits que les *invertébrés*, comme on l'a cru, mais parce qu'ils possèdent un système nerveux médullaire plus étendu, que la nature a dû garantir sous ces fortes enveloppes osseuses.

Tous les animaux vertébrés possèdent deux ordres de systèmes nerveux : 1.º le *sympathique* ou *ganglionique intestinal*, commun aux mollusques et aux articulés, quoique plus compliqué ; et 2.º le *cérébro-spinal*, qui n'appartient qu'aux seuls vertébrés, comme nous l'avons fait voir le premier (article ANIMAL, dès la 1.ʳᵉ édition, en 1803).

1.º *Du Système nerveux intercostal* ou *tri-splanchnique des vertébrés*. Si l'on suppose, en effet, un mammifère, un oiseau, un reptile ou un poisson dépouillés, par la pensée, de leur cerveau et de leur moelle épinière, avec toutes leurs annexes, telles que les membres extérieurs, il restera le tube intestinal, avec les différens viscères, joints au système circulatoire et à l'appareil de la respiration. Ainsi, la digestion, les sécrétions et la nutrition peuvent s'opérer indépendamment des organes externes des sens, du cerveau, des membres et autres parties symétriques ou doubles placées à la circonférence du corps.

Mais ce qui gouverne ces fonctions intérieures est un système de nerfs particuliers nommés *tri-splanchniques*, ou des trois cavités viscérales, ou *intercostal*, ou *grand sympathique.* Ce n'est point un nerf unique, mais une suite de centres nerveux anastomosés ou réunis. Chaque renflement ou ganglion devient le point central de plusieurs cordons nerveux qui s'y entrelacent ; il y a, de plus, d'autres lacis moins serrés, composant des réseaux ou plexus fort irréguliers en diverses régions ; il en part des prolongemens divers ou des branches qui, donnant des rameaux à divers nœuds ou ganglions, communiquent et rattachent ainsi, par une correspondance d'affections et de sensibilité, tous les viscères intestinaux; par ce moyen d'entretien, ce qui en blesse un seul fait compatir en même temps tous les autres; et, par exemple, une matière âcre ou empoisonnante descendue dans l'estomac, qui est placé sous l'empire du plexus solaire ou opisto-gastrique, entraîne tout le reste de l'économie en *consensus*, par le moyen des communications nerveuses. (*Voyez* la suite de cet article où nous traitons des *sympathies*.)

Le système nerveux sympathique de l'homme et des vertébrés n'est point, comme l'ont pensé la plupart des physiologistes jusqu'à Bichat, une dépendance du système nerveux cérébro-spinal, quoiqu'il s'anastomose par des ganglions, soit avec les trente paires de nerfs spinaux, soit avec la cinquième et la sixième paires de l'encéphale, avec le glosso-pharyngien et le pneumo-gastrique, ou la paire vague. Il possède une existence tellement indépendante, qu'il conserve son action non interrompue dans le sommeil et la veille; qu'il n'est même pas susceptible de paralysie, comme le système cérébro-spinal; qu'enfin il agit sans le concours de la volonté, tandis que l'autre est exclusivement subordonné au libre arbitre.

Considéré par rapport au système cérébro-spinal et à l'arbre circulatoire, l'appareil nerveux ganglionique n'offre que de petits rameaux extrêmement entremêlés dans les intestins et autour des gros troncs artériels et veineux; tandis que les nerfs cérébro-spinaux, en général, sont plus volumineux, ont des trajets plus réguliers, plus symétriques dans les membres où ils se distribuent, et se trouvent en relation avec des vaisseaux sanguins d'un très-petit diamètre. Ils sont ainsi appropriés davantage au système de la circulation capillaire des extrémités vasculaires; tandis que l'appareil nerveux sympathique préside plutôt aux gros vaisseaux intérieurs, dont ils modifient peut-être le calibre et font varier l'écoulement. C'est ainsi que peuvent s'expliquer les troubles de la circulation dans les passions.

Ce système sympathique, si irrégulier dans sa distribution, est associé à tous les organes non symétriques des animaux, et le moteur premier de la vie interne, nutritive ou réparative. Il est si indifférent aux relations extérieures, qu'il ne manifeste pas même de douleur vive quand on coupe ses filets ou qu'on arrache ses ganglions; nulle irritation des nerfs du cœur, du tube alimentaire, quelle qu'elle soit, sinon par divers poisons, n'accroît le mouvement naturel de ces organes; ce sont plutôt les passions ou des matériaux alimentaires plus ou moins excitans (Caldani, *Instit. anatom.*, tom. 2, art. 347) qui mettent en action ce système nerveux; c'est ainsi qu'il se montre violemment affecté dans les coliques, les empoisonnemens et autres irritations du tube intestinal.

Allons plus loin, le système nerveux sympathique nous paroît imprimer le branle de la vie au système nerveux cérébro-spinal lui-même, quoique celui-ci soit plus volumineux. En effet, l'action persiste dans nos viscères, non-seulement pendant le sommeil, l'apoplexie (bien que le système cérébro-spinal ait cessé d'agir), mais même quelque temps après la mort, au point que la contractilité intestinale subsiste encore, et que la digestion s'achève. De plus, l'arbre artériel ou circulatoire est placé spécialement sous la dépendance du système nerveux sympathique, de telle sorte que les ramifications artérielles en sont accompagnées jusqu'aux extrémités, et conduites jusque dans le cerveau, dans le centre des masses médullaires du second système nerveux ; mais jamais le sympathique ne pénètre dans les muscles volontaires. Puisque ce sympathique modère ou excite la circulation du sang, il régit en quelque manière l'activité du système nerveux cérébro-spinal, qui ne reçoit sa vie que du sang artériel ou oxygéné transmis par la circulation : le cerveau tombe, en effet, en léthargie ou en collapsus, quand il reçoit du sang noir ou veineux. Une autre preuve en existe dans les passions, telles que la colère, la joie excessive, la terreur, etc. (*Voyez* Rahn, *De miro inter caput et viscera abdominis commercio* ; Gotting. 1771 ; et dans Ludwig, *Scriptores neurol. minores*, etc. ; Wrisberg, *De Nervo phrenico ;* Walther, *Nervi thor. et abdominis*, etc.) ; elles troublent sur-le-champ la pensée et la volonté, accroissent ou abattent l'influence des nerfs cérébro-spinaux sur les muscles de la vie extérieure ; de plus, l'opium, les spiritueux dans l'estomac, transmettent au cerveau, par ces nerfs du grand sympathique, soit le sommeil, soit l'exaltation de l'ivresse : toutes preuves de son influence manifeste.

C'est donc, selon nous, l'appareil des nerfs tri-splanchniques qui excite l'arbre nerveux cérébro-spinal dans le reveil ; et au contraire, si cette influence cesse, l'animal dort. Néanmoins, par une réciprocité d'action chez les animaux vertébrés, les nerfs de l'arbre cérébro-spinal réagissent sur les viscères intérieurs, et se rattachent aux tri-splanchniques, comme les nerfs cardiaques et pelviens, les phréniques et surtout les pneumo-gastriques (ou paire vague, 8.ᵉ paire), avec ses rameaux pharyngiens et pulmonaires, puis les trente paires de nerfs de l'épine ; en sorte que l'action du cœur, des poumons, et sans doute de plusieurs viscères abdominaux, selon les expériences de Legallois, est entretenue aussi par celle de la moelle allongée et épinière. Ainsi s'établit le cercle de la vie, ainsi se communiquent les deux systèmes nerveux pour l'harmonie de toutes les fonctions. »

Dans l'homme et les autres vertébrés, le système nerveux ganglionique, considéré en général, se compose de deux principaux cordons, l'un à droite, l'autre à gauche, s'étendant de chaque côté des vertèbres, dans les cavités thorachique, intestinale et pelvienne, depuis la base du crâne jusqu'à l'extrémité du sacrum. Ces cordons sont tantôt grêles ou minces, ou plus renflés et subdivisés, et parsemés d'espace en espace de tubercules ou nodosités appelés GANGLIONS (*V.* ce mot), qui reçoivent le plus ordinairement des rameaux de nerfs spinaux ou encéphaliques, et transmettent à leur tour des filets ramifiés, et souvent divisés en lacis ou plexus, aux différens viscères de la poitrine, de l'abdomen et du bassin. Ce système très-compliqué embrasse non-seulement les viscères et les assujettit à des relations sympathiques très-intimes, mais encore il suit les troncs artériels et leurs divisions, pour modifier probablement la contractilité de ces canaux et le cours du sang, comme on l'observe dans les troubles des passions. A la base du crâne est placé d'abord le ganglion cervical supérieur, plus gros que les autres; c'est lui qui tient lieu du cerveau chez les animaux invertébrés. Au bas du col se trouve le ganglion cervical inférieur, qui souvent est double; ces centres nerveux reçoivent beaucoup de filets des parties environnantes, et ce sont, à leur égard, de petits cerveaux.

Cette opinion sur les fonctions des ganglions a été soutenue, surtout par Johnstone (*Essay on the use of the ganglions*, Lond., 1771, 8.°), et remonte à Willis; elle a été défendue par Lecat (*Traité de l'existence de la nature et des propriétés du fluide nerveux*, Berlin, 1765, 8.°), par Soemmering et d'autres auteurs, jusqu'à Barthez. Ces ganglions paroissent uniquement appartenir au grand sympathique de la vie végétative ou interne des animaux (Reil, *Archiv. für physiol.*, Band. VII, part. 2, p. 210), et reçoivent, comme autant de centres, l'action nerveuse; ils soustraient tout ce système organique à la sensibilité ordinaire dont on a la perception. Par la même cause, les ganglions défendent les nerfs qui y aboutissent de l'action de la volonté; aussi ces nerfs ne se rendent ils point aux organes volontaires. Les plexus ne sont que des ganglions à mailles très-lâches ou dilatées; car le lacis nerveux, en se resserrant ou se pelotonnant, compose un nœud ou vrai ganglion, avec des vaisseaux sanguins et du tissu cellulaire.

Toutefois cette structure interne du ganglion en fait surtout un centre de renforcement, duquel émanent de nouveaux rameaux nerveux, plutôt qu'un foyer cérébral proprement dit, comme l'observe Scarpa (*De Nervorum gangliis et plexibus*, Mutinæ, 1779, et Pfeffinger, *De Structurâ nerv.*, Argentor., 1782). Et, en effet, il y a des ganglions dans les nerfs de la moelle épinière et des seus, appartenant ainsi aux organes volontaires et au système des nerfs dont la sensibilité est très-perceptible au *moi*. Il existe pareillement des nerfs cérébraux qui n'excitent aucun mouvement volontaire, comme l'acoustique, l'optique, l'olfactif, etc., bien qu'ils n'appartiennent point au système des ganglions. Mais nous ne parlons ici que de l'embranchement général, connu sous le nom de *grand sympathique*.

Parvenu dans le thorax, le cordon intercostal reçoit des rameaux anastomosés de chacune des paires des nerfs spinaux, par autant de ganglions. Du sixième au douzième, on les voit fournir successivement chacun un rameau pour composer deux cordons qui passent à travers le diaphragme pour pénétrer dans l'abdomen. Le premier de ces cordons forme le grand splanchnique qui, derrière l'estomac et sous le diaphragme, donne le ganglion semi-lunaire ou surrénal. De celui-ci partent, en rayonnant, une multitude de rameaux qui se subdivisent et s'anastomosent diversement en formant de plus petits ganglions rougeâtres pour répartir des rameaux vers le mésentère, le diaphragme et les reins. Enfin, il en résulte sur l'aorte et les piliers du diaphragme un grand lacis ou plexus, centre nerveux remarquable, nommé *solaire* à cause de sa forme un peu rayonnante, par Willis (le *plexus médian* ou *opisto-gastrique* de Chaussier), duquel partent encore des trousseaux inférieurs pour des plexus secondaires.

Ce centre nerveux, situé près du cardia ou l'orifice supérieur de l'estomac, qui traverse le diaphragme, a été considéré comme l'un des principaux ressorts de la machine animale, et le siège de toutes les affections que l'on rapporte au cœur. C'est au cardia et à ce centre phrénique (au creux de l'estomac), que Vanhelmont plaçoit son archée directeur de toute l'économie, que Buffon et Lacaze établissoient le foyer de la vie et l'âme, comme les anciens :

> Idque situm mediâ regione in pectoris hæret ;
> Hic exsultat enim pavor ac metus, hæc loca circum
> Lætitiæ mulcent.
>
> LUCRÈCE, *Rer. nat. lib.* III.

En effet, on éprouve en cette région précordiale le contre-coup des passions : toutefois les oiseaux, les reptiles et les poissons manquant de diaphragme, leurs plexus nerveux sont un peu différemment disposés que ceux des mammifères, et ils y doivent autrement ressentir l'effet des passions.

M. Gall prétend, au contraire, que les passions résident dans le cerveau, et non dans le système des ganglions, qui existe déjà très développé chez les animaux sans cerveau, dans lesquels il seroit difficile, dit cet auteur, de supposer des passions (*Anatom. et Physiol. du Système nerveux*, Paris, 1810, fol. tom. I); cependant qui ne sait que les moindres zoophytes, les vers, les insectes, ressentent la crainte, le désir, l'amour, etc.? Il y a donc des passions chez les êtres les moins capables même d'idées et de réflexions : car les passions appartiennent à l'instinct et non à la volonté.

Après le grand plexus du cardia, se rencontre le petit splanchnique, ou l'accessoire de Walther ; il émane de rameaux tirant leur origine des dixième et onzième ganglions thorachiques.

Dans la région abdominale, le grand sympathique y devient moins complexe ; il reçoit des rameaux des paires de nerfs lombaires et sacrés : de là naissent divers plexus, l'aortique, les deux sous-diaphragmatiques, le coronaire stomachique, ceux de l'artère hépatique et de la splénique, enfin les mésentériques supérieur et inférieur ou colique, les rénaux et surrénaux ; les testiculaires dans le sexe mâle, ou ceux de l'ovaire chez les femelles ; les hypogastriques ou pelviens, etc. Cette distribution, quoique se dégradant successivement jusqu'aux poissons, existe chez tous les vertébrés.

2.° *Du Système nerveux cérébro-spinal des vertébrés.* Ce grand appareil, presque uniquement destiné à mettre l'animal en rapport avec l'univers ou les corps extérieurs, a pour fonctions spéciales les sensations et les mouvemens volontaires des membres, ainsi que l'exercice des facultés intellectuelles propres à les diriger.

Il se compose donc du cerveau, du cervelet, de la moelle allongée et spinale dans le canal des vertèbres, puis des nombreux rameaux de nerfs sortant soit de l'encéphale, pour se rendre aux organes des sens, soit de la moelle spinale, soit de l'un et de l'autre en même temps, afin d'animer toutes les parties extérieures du corps, et surtout les muscles volontaires.

Nous ne décrirons pas ici en détail les parties de l'encéphale (*Voyez* CERVEAU); il suffit de considérer qu'il est essentiellement formé, dans les plus simples des poissons, de tubercules placés l'un après l'autre comme des grains par s de chapelet, hors le cervelet qui est toujours impair. Ainsi, on voit en avant deux nœuds ou renflemens formés par les nerfs olfactifs à leur origine, si volumineux quelquefois qu'on a pu les prendre pour le vrai cerveau chez les chondroptérygiens. Il y a constamment deux hémisphères, mais très-petits et sans circonvolutions à leur surface ; le ventricule de chacun d'eux montre, dans son plancher, l'analogue des corps cannelés ; les couches optiques sont également situées au-dessous des hémisphères. Derrière le cervelet, à l'origine de la moelle allongée, apparoissent deux ou quatre tubercules donnant naissance à plusieurs paires de nerfs ; ces tuber-cules, et les nœuds du nerf olfactif, distinguent le cerveau des poissons, ainsi que la position des couches optiques vers sa base.

Celui des reptiles offre un cervelet qui ne contient point l'arbre de vie, non plus que celui des poissons ; il ne présente aussi des circonvolutions en aucune de ses parties. Les hémi-sphères ne recouvrent point les couches optiques placées der-rière eux, les tubercules quadrijumeaux manquent.

Dans les oiseaux, l'encéphale se compose de six proémi-nences principales : le cervelet, qui n'est point caché sous les hémisphères, a des stries transversales et un arbre de vie, mais moins composé que celui des mammifères ; en arrière, se voit la moelle allongée ; en avant, sont deux hémisphères très-renflés, en forme de cœur, dont la pointe est vers le bec. On n'y voit point de circonvolutions ; les deux couches placées sous les hémisphères, n'en sont point en-veloppées ; il n'y a ni corps calleux, comme dans les ovi-pares précédens, ni voûte, ni cloison transparente, mais les *nates* agrandis et de petites éminences arrondies existent entre les corps cannelés et les couches optiques, comme chez les poissons.

Les mammifères ont des hémisphères volumineux, avec des circonvolutions ; leur cerveau contient des parties qui ne se rencontrent point chez les ovipares (oiseaux, reptiles, poissons), tels que les corps calleux ou mésolobe, la voûte, les cornes d'Ammon, le pont de Varole. Les couches optiques placées en dedans des hémisphères, manquent de ventricules ; il y a des tubercules *nates* et *testes* entre ces couches et le cervelet.

Ce qui distingue les animaux vertébrés de toutes les autres classes, par rapport au cerveau, est la division constante en deux hémisphères, deux couches optiques et un cervelet. Les appendices des corps cannelés en forme de voûte, com-posent ces deux hémisphères dont le renflement ou le dé-ploiement plus ou moins considérable, attribue à l'animal plus ou moins de développement intellectuel ; aussi l'homme en possède de plus vastes que tous les autres animaux, et à mesure que ces hémisphères diminuent d'étendue, en des-cendant l'échelle de l'organisation, les autres tubercules ou

lobes de l'encéphale, apparoissent plus distincts et plus séparés au premier aspect.

Dans l'homme et les animaux vertébrés, le système nerveux cérébro-spinal est symétrique de chaque côté. Il sort
du cerveau une moelle allongée, cylindrique, laquelle descend le long du canal pratiqué dans les vertèbres, en s'amin-
cissant jusqu'au sacrum. Elle transmet, ainsi que l'encéphale,
un grand nombre de paires de nerfs à tous les organes du
mouvement volontaire ou des membres, de manière qu'en
considérant dans son ensemble cet appareil, il semble composer une sorte d'arbre, dont le bulbe radical est le cerveau,
dont le tronc est représenté par la moelle rachidienne ou
spinale, imitant une queue de cheval, et dont les nerfs qui
vont s'implanter de toutes parts dans le corps, en se ramifiant, composent les branches, mais dans une situation renversée.

Tout cet appareil est enveloppé sous une tunique qui lui
est propre, la pie-mère, et le névrilème, qui suit les ramifications des nerfs, jusque vers l'extrémité de leurs plus
petits filets, et qui entoure les moindres de ces filets, dont
les faisceaux composent les gros troncs nerveux. Ainsi, le
système entier est isolé dans le corps de l'animal au moyen
de cette enveloppe spéciale; elle ne permet à la pulpe nerveuse de communiquer avec les autres parties, que par l'extrémité de chaque nerf qui s'épanouit, soit sur la rétine pour
la vue, soit sur la membrane muqueuse des cornets ethmoï-
daux pour l'olfaction, soit dans le liquide des canaux semi-circulaires de l'oreille pour l'ouïe, ou se divise en houppes dans
la membrane de la langue pour le goût, et dans la peau pour
le tact; enfin qui se répartit à chaque muscle, pour le mettre
en jeu par la volonté. Le névrilème paroît donc avoir une
propriété coercitive; il empêche que le principe sentant, dont
la moelle nerveuse est le siége, ne se dissipe autrement que
par les extrémités des nerfs. C'est ainsi que les corps rési-
neux ou vitreux étant idio-électriques, retiennent l'électricité dans les corps.

La nature de la pulpe médullaire est identique dans toutes
les parties du système nerveux; elle paroît, au microscope,
composée d'une multitude de petits globules agglomérés et
juxta-posés. M. Vauquelin l'a trouvée composée d'eau, 80
parties; d'albumine dans un état de demi-coagulation, 7,0;
de phosphore, 1,50; d'osmazone, 1,12; de matière grasse,
blanche et cristalline, 4,53; d'une semblable matière grasse,
mais rouge, 0,75; d'un peu de soufre et de quelques sels,
comme des phosphates de chaux, de potasse, de magnésie
et de muriate de soude, donnant ensemble 5,15. La moelle

allongée et spinale est formée des mêmes principes , ainsi que le cervelet , quoique celui-ci donne beaucoup plus de matière grasse, mais moins d'albumine, d'osmazone et d'eau; il présente aussi du phosphore et du phosphate de potasse. Les nerfs , composés des mêmes élémens que le cerveau , montrent moins de matière grasse et plus d'albumine ; ils ont très-peu de la substance bleue ou verdâtre , qui teint la partie corticale du cerveau , et contiennent de la graisse ordinaire, qui n'existe pas au cerveau (*Annal. du Muséum d'Hist. nat.* , tom. XVIII, p. 212, 237 , et *Annal. de Chimie* , tom. 81 , janvier 1812).

Cette substance médullaire ne se dissout bien que par les alcalis ; ainsi le névrilème ou l'enveloppe des nerfs est mis à nu , et celui-ci n'est dissoluble que par les acides , parce qu'il est de nature gélatineuse, comme les autres membranes; la pulpe nerveuse et l'enveloppe qui la contient sont donc de nature très-différente ; la première jouit seule de la faculté de sentir, comme l'ont prouvé Zinn et Heuermann , contre l'ancienne hypothèse de Vanhelmont , de Pacchioni et de Baglivi , qui plaçoient le sentiment dans les méninges du cerveau et les prolongemens de la pie-mère (*Voyez* aussi Lancisi et Fréd. Hoffmann).

Cette unité de l'élément nerveux , dans toutes les régions du système , fait qu'il possède partout les mêmes facultés de sensibilité ; car même si l'on coupe un nerf , il ne reçoit plus du cerveau ou de la moelle spinale , les déterminations de la volonté ; néanmoins si l'on irrite encore ce nerf séparé du grand centre de la vie , il communique inférieurement l'excitation aux muscles dans lesquels se rendent ses rameaux , ainsi que l'ont démontré Reil, et Prochaska (*Opera minora* , Vienn. 1800, in-8.°, 2 vol.). La même substance médullaire du cerveau se remarque si manifestement dans les nerfs , qu'on peut l'en exprimer dans le nerf optique , par exemple , ainsi que l'a fait Fallope ; ils sont donc le *cerveau continué* , comme disoit un ancien (Nemesius), ou plutôt le cerveau n'est que le nerf énormément développé. Les nerfs ne grossissent pas tous en s'approchant du cerveau , et l'intercostal , par exemple , offre des cordons plus renflés en descendant au thorax (Monro , *on nerves* , p. 395).

Le grand arbre nerveux, centre de la volonté et des sensations, est composé de deux moitiés symétriques ou doubles, comme les organes des sens et les membres auxquels il préside; ces moitiés viennent se souder , ou plutôt s'entre croiser à la ligne moyenne, qui rapproche les deux hémisphères du cerveau et les deux jambes de la moelle épinière. On distingue non-seulement le lieu de réunion de ces masses médullaires par un sillon, mais même l'entre-croisement peut s'apercevoir en plusieurs cas : il est évident pour les nerfs optiques , surtout chez les poissons. Cet entre-croisement se manifeste encore dans la plupart des phénomènes pathologiques ; ainsi un coup, une lésion quelconque , un épanchement à l'un des hémisphères du cerveau, produisent leur contre-coup, la paralysie dans les nerfs du côté opposé. (Winslow , *mém. ac. sc.* 1739, p. 22 , Lieutaud , Petit , etc.)

Jusqu'ici nous avons considéré cet arbre nerveux comme étant renversé , ou comme descendant du cerveau ou de la moelle épinière dans toutes les parties extérieures ; mais , dans la vérité , les filets nerveux sont les racines qui viennent, au contraire , composer les troncs ; ceux-ci , la moelle épinière , dont le cerveau est comme la fleur plus ou moins volumineuse, selon le rang de l'animal. Par exemple, chez les poissons, la moelle épinière est bien plus considérable que le cerveau, et ce n'est pas sans fondement que jadis Praxagoras et Plistonicus , au rapport de Galien, considéroient l'encéphale comme un appendice de cette moelle. Le cerveau forme à peine un trente-sept millième du poids du corps dans le thon, et un douze millième dans les squales. Il est encore extrêmement petit chez les reptiles, même dans les grands crocodiles (*Obs. phys. et mathém. des Jésuites à Siam*, p. 44). En général, ce viscère développe plus d'étendue, à mesure que l'on remonte jusqu'à l'homme. Il semble néanmoins être en raison inverse de la masse du corps. Ainsi on trouve plus de capacité encéphalique chez les petits quadrupèdes, tels que les souris, les rats, ou les petits oiseaux, comme les moineaux, les serins, qu'au bœuf et à l'éléphant, et qu'aux oies, aux autruches. Elle est aussi plus considérable dans les jeunes individus, les fœtus surtout, que chez les mêmes êtres adultes ; mais il faut remarquer, toutefois, que la pulpe cérébrale, de même que les autres organes, devenant plus sèche ou plus friable à mesure qu'on l'examine chez les individus plus âgés , elle contient alors plus de matière médullaire sous le même volume. La masse du cervelet ne diminue pas autant chez les animaux , que celle du cerveau lui-même.

L'encéphale reçoit une grande quantité de sang artériel , que l'on évalue , chez l'homme , au sixième de la masse totale de ce liquide ; il en est partout abreuvé et nourri, s'il est vrai que sa substance cendrée ou corticale , dans laquelle se ramifient tant de vaisseaux sanguins , soit la matrice de la pulpe médullaire proprement dite. Cette matière cendrée entoure la moelle du cerveau de tous les animaux , même chez les insectes ; d'ailleurs, le sang artériel est l'excitant unique et nécessaire du cerveau, puisque le sang veineux ou noir le plonge,

comme nous l'avons dit, dans la torpeur et le sommeil. De
même le système nerveux accompagnant dans tout le corps
l'arbre artériel, et se subdivisant perpétuellement de même
que lui, jusque dans les plus petits rameaux capillaires, il reçoit
un assez grand nombre de fines artérioles, qui se ramifient
dans le tissu fibreux du névrilème, qui paraissent y déposer
ou bien y sécréter la matière médullaire, en tous les points
de ces innombrables rameaux de nerfs. Chaque nerf vit
donc de lui-même en toute région du corps; il s'y nourrit et
s'y accroît; il jouit, par lui seul, de sa propre énergie, et
répare les pertes de cette faculté sensitive et irritable, avec
laquelle il remplit les fonctions que lui assigna la nature.

Comment comprendre, en effet, que des monstres acéphales, et ceux même qui sont privés de moelle épinière,
aient pû exister quelque temps, si les rameaux nerveux ne
vivoient point par eux-mêmes? Des tortues et d'autres
animaux à sang froid, peuvent exister pendant plusieurs
semaines après qu'on leur a enlevé le cerveau; ils exercent
encore beaucoup de mouvemens volontaires en cet état, et
leurs fibres musculaires se contractent pendant long temps;
elles conservent leur excitabilité ou une sensibilité locale,
lorsqu'on les stimule, quoique séparées du corps de l'animal
et hors de l'influence cérébrale ou spinale. Leur circulation
capillaire persévère quelque temps aussi, quoique le cœur
soit arraché avec ses gros troncs artériels. Il paroît donc
s'établir un commerce intime entre l'arbre de la circulation
et celui de la sensibilité, puisque tous deux se divisent et
s'accompagnent jusque dans leurs moindres subdivisions,
par une société perpétuelle (Reil, *Exercit. anatom. fascic.* 1,
p. 19. Scarpa, *Tabulæ neurologic. ad illustr. histor. nervor. cardia-
cor., etc.*, Ticini, 1794, § XIII et XIV). On observe aisément chez les fœtus et les enfans nouveau-nés, les veines
qui rapportent le sang des nerfs (Pfeffinger, *de Structurâ nervor.*
dans C. F. Ludwig, *Scriptor. neurol. minor.* Lips. 1791, tom. 1,
p. 17).

Plus les nerfs auront d'énergie, plus ils exciteront le cœur
et le mouvement circulatoire, lequel, à son tour, envoyant
plus de sang oxygéné à l'arbre nerveux, le nourrira, l'agran-
dira davantage. Aussi remarquons-nous que les animaux à
sang chaud, à respiration vaste, à système circulatoire très-
complet ou double, comme les oiseaux et les mammifères,
ont un système nerveux bien plus développé et plus énergique que les classes à sang froid, à respiration et circulation lentes, imparfaites, comme chez les reptiles et les
poissons (*Voyez* CIRCULATION et POUMONS).

Mais si l'arbre nerveux prend racine en toutes les régions

du corps par ses rameaux; s'ils s'y enrichissent de la matière médullaire, ils paroissent donc recueillir celle-ci et la transmetre au grand tronc de l'épine dorsale et au cerveau, plutôt que de la recevoir de ces centres. Tel est le sentiment des plus célèbres anatomistes et physiologistes modernes (Reil, *archio. für die physiologie*, Halle, 1795; *Band.* 1, p. 104; et *Exercit. anat. de struct. nerv.* fascic. 1, p. 7; aussi Alex. Monro, *Observ. on the structure and functions of the nervous system.*, Edinburgh, 1783, p. 26; Scarpa, *Tabulæ neurolog.* § XXII; Flower, *ueber die thierische electricitæt.* Leipzig, 1796, p. 11; MM. Gall, Cuvier, etc.).

Il est manifeste que les animaux présentent des troncs nerveux d'autant plus considérables à mesure que leur cerveau est moins volumineux. Ainsi les poissons n'ayant qu'un très-petit cerveau, leur moelle épinière se montre plus forte, et les cordons nerveux qui y aboutissent sont fort gros à proportion. Chez les reptiles, l'encéphale est un peu plus épais que le diamètre de leur moelle spinale; enfin, parmi les oiseaux, les mammifères, et surtout chez l'homme, le cerveau s'accroît, déploie une vaste étendue, d'autant plus que la moelle rachidienne et les nerfs, soit encéphaliques, soit spinaux, sont plus minces ou plus grêles, selon les belles remarques de Soëmmering et Ebel.

Or, cette disposition explique merveilleusement plusieurs phénomènes vitaux de ces classes; car les poissons, les reptiles survivent long-temps à la décapitation, à l'enlèvement du cerveau et d'autres masses de nerfs; l'irritation de leurs parties persévère plusieurs jours, même dans les tronçons de leur corps que l'on a mutilé. C'est que toutes les fonctions nerveuses et sensitives sont beaucoup mieux dispersées dans leurs organes, que chez les races plus perfectionnées des oiseaux et des mammifères. Dans ceux-ci, l'élément nerveux refoulé, accumulé vers le cerveau, pour l'enrichir, et à la moelle spinale pour les mouvemens volontaires, laisse moins persister d'irritabilité, d'énergie vitale en toutes les parties du corps. Aussi ces animaux vivent davantage par le cerveau et la moelle spinale, au point qu'ils périssent lorsqu'on tranche ces centres nerveux, et toute l'énergie vitale s'éteint bientôt dans les organes auxquels se dispersent leurs rameaux.

Ainsi, à mesure qu'un animal est plus accompli dans son organisation, l'élément nerveux se centralise davantage, se ramasse vers la moelle spinale et le cerveau, y déploie plus de sensibilité, de moyens d'intelligence, mais laisse moins d'énergie dans le reste du corps. La brute vit plus par ses membres que l'homme; ses fonctions animales de sensibilité, d'irritabilité, s'y trouvent mieux réparties et équilibrées;

l'homme, au contraire, existe davantage dans son cerveau, pour la pensée et la direction intellectuelle de ses mouvemens extérieurs. La brute avoit, en effet, besoin de résister davantage, par la vigueur corporelle, à l'intempérie des saisons, aux chocs extérieurs pour son existence rude et sauvage; mais elle avoit moins de nécessité de réfléchir, de combiner ses actions, puisque l'instinct la guide suffisamment dans tout ce qui lui convient; l'homme seul est capable de recueillir de vastes acquisitions de science dans son cerveau, et de combiner une suite immense d'opérations pour la vie civilisée. Il n'a pas la vue, l'ouïe, l'odorat, le goût si développés et si intenses que beaucoup d'autres animaux; sa force musculaire est bien moindre que celle des carnivores; mais il a plus qu'eux une sensibilité très-exquise et très-profonde, une source inépuisable d'intelligence, qui le rend maître de toutes les créatures de cet univers. Aussi est-il le seul être susceptible de concentration cérébrale de la sensibilité, pour la méditation, au cerveau; il peut s'isoler de telle sorte qu'il n'aperçoit plus le monde extérieur. Il ramasse toute son existence en lui, jusque-là même qu'il ne sent plus alors ce qui le frappe ou le blesse avec douleur dans tout autre moment que celui de l'extase. On verra qu'en même-temps la nature a dû lui attribuer une station droite, et qu'elle a raccourci successivement le museau chez les animaux, à proportion qu'elle amplifie leur cerveau et déploie leurs facultés intellectuelles. *V.* QUADRUPÈDE.

Distribution des principaux troncs des nerfs encéphalo-rachidiens, destinés aux sensations et aux mouvemens volontaires de la vie extérieure.

On les a divisés en trois genres : 1.° des nerfs appartenans au cerveau, et sortans par différens trous de la base du crâne: ils sont au nombre de douze paires chez l'homme; 2.° des nerfs qui émanent de la moelle épinière ou du rachis: leur nombre est de trente paires chez l'homme et les mammifères, mais varie beaucoup chez les oiseaux, les reptiles et les poissons, à cause du nombre varié de leurs vertèbres, et de l'absence des os du bassin chez les serpens et les poissons; ce qui fait que les nerfs du sacrum et de la queue ne sont pas distincts dans ces derniers; 3.° les nerfs composés sont ceux qui, ne naissant immédiatement ni du cerveau, ni de la moelle épinière, sont cependant formés de branches accolées de ces cordons primitifs, lesquelles s'unissent intimement pour donner un nouveau tronc de nerfs. Celui-ci tantôt est unique, tantôt il présente un entre-croisement, un plexus, ou des mailles anastomosées de différens rameaux, associés, ou un renflement en forme de ganglion, composé de fibrilles de plusieurs origines, qui s'enlacent ou se tissent; puis elles distribuent des branches aux organes du mouvement volontaire, tels que les membres, et aux appareils de la respiration, de la voix, de la génération, etc. Dans ces derniers cas, ces nerfs se marient souvent à des filamens du système du grand sympathique, pour concourir aux mêmes fonctions.

Les nerfs encéphaliques émanent uniquement du cerveau ou de sa prolongation, mais non du cervelet. Ce sont, 1.º la paire *olfactive* ou ethmoïdale, qui se distribue dans la membrane pituitaire étendue sur les cornets du nez et le vomer. Chez les cétacés, le nerf olfactif, extrêmement petit, se ramifie près de l'oreille interne et non de leur ethmoïde, qui n'a point de trous: aussi leur nez, servant de canal pour expulser l'eau salée, n'est pas propre à l'odorat. Tous les autres vertébrés possèdent ces nerfs. 2.º L'*optique* ou oculaire s'entre croise chez tous, et ce croisement se manifeste surtout chez les poissons où l'on peut en opérer la séparation. 3.º L'*oculo-musculaire* ou moteur commun. 4.º Le *pathétique* ou l'oculo-musculaire interne, et l'abducteur ou *l'oculo-musculaire externe*, formant la sixième paire, se distribuent à peu près de même que dans l'homme, chez les vertébrés. Il n'en est pas ainsi des trois branches de la cinquième paire, du *trifacial* ou *trijumeau*, qui prend racine vers les jambes du cervelet; sa branche ophthalmique ou orbito-frontale, envoie un rameau qui forme le ganglion lenticulaire avec un rameau de la troisième paire, et donne naissance aux nerfs ciliaires; il s'y joint un filet du nerf trisplanchnique. La branche moyenne du trifacial ou le sus-maxillaire produit aussi le ganglion sphéno-palatin, remarquable chez les ruminans et les carnivores; et ses rameaux palatins contribuent peut-être à aiguiser leur goût et leurs appétits. La branche maxillaire inférieure, plus considérable, sert puissamment au goût, par ses rameaux qui se distribuent à la langue et s'épanouissent dans ses papilles, d'autres se répartissent aux racines des dents. Chez les oiseaux, ces branches maxillaires supérieures et inférieures distribuent des rameaux aux parties latérales du bec, de telle sorte que les canards, les bécasses et autres espèces qui fouillent dans la vase des marais, y sentent fort bien, par l'extrémité de leur bec, les vermisseaux et d'autres substances nutritives. Les reptiles et les poissons conservent des distributions analogues du nerf trifacial; mais sa branche ophthalmique a, chez les derniers, la fonction particulière d'exciter une sécrétion muqueuse au front. Ainsi le poisson, en nageant, fait glisser sur tout son corps une couche de mucosité qui suinte des pores de son front.

Le nerf *facial* ou *petit sympathique*, de Winslow, est la septième paire, qui se répartit sur divers points de l'os temporal, à la conque de l'oreille, à la glande parotide, et compose une sorte de réseau, embrassant presque la totalité du visage; on l'observe aussi chez les autres vertébrés, quoique bien moins ramifié ; car aucun d'eux n'a cette mobilité de physionomie que possède le seul visage de l'homme, pour peindre toutes ses passions. Aussi les oiseaux, les reptiles, ne peuvent manifester aucune affection, et n'ont point, à proprement parler, de face. *V.* FACE.

L'*acoustique*, que l'on a long-temps confondu avec le précédent à son origine, sous le nom de la portion molle, forme la huitième paire aujourd'hui; il se distribue à l'oreille interne ou aux canaux semi-circulaires, au limaçon et au vestibule, ce qui forme le labyrinthe. Chez les poissons, ce nerf paroît être une branche de la cinquième paire.

Un petit cordon formé de divers filamens séparés et se répartissant sous la langue, aux muscles de sa base, est la 9.ᵉ paire de nerfs, désignée sous le nom de *pharyngo-glossien*, maintenant.

Le nerf *pneumo-gastrique* ou la paire vague, comptée pour la 10.ᵉ (jadis la 8.ᵉ), est l'une des plus importantes par sa ramification à l'organe respiratoire et à l'estomac. Dans son trajet, ce long et épais cordon, émanant du cerveau par plusieurs filamens, distribue des branches sur le cou, au larynx et au pharynx, puis dans la poitrine, plusieurs filets pour les plexus supérieur et inférieur du cœur. En outre, une branche récurrente à la trachée artère va se ramifiant sur le larynx ; c'est ce nerf qui concourt à la production de la voix, sa section rend muet ; d'autres rameaux se propagent à l'œsophage, se contournent diversement en lacis qui l'embrassent ainsi que l'estomac, par plusieurs anastomoses, avec des filets du grand sympathique. Un autre cordon cylindrique récurrent, du canal vertébral, est composé de plusieurs filets qui se répartissent aux muscles du cou. Ce nerf appelé *spinal* ou *trachélo-dorsal*, distinct du nerf vague avec lequel on l'a long-temps confondu, comme accessoire, forme la 11.ᵉ paire. Les mammifères, les oiseaux, les reptiles, ont une distribution à peu près analogue du pneumo-gastrique et du spinal ; mais il n'en est pas ainsi chez les poissons, qui n'ont plus de poumons. Ainsi la paire vague, aussitôt qu'elle sort du crâne, se répartit à leurs branchies, par quatre rameaux de chaque côté, puis envoie des filets aux muscles de la langue ; une autre branche plus considérable fournit un gros nerf, unique de chaque côté, qui parcourt toute la longueur du poisson, au-dessous de la ligne latérale de ses flancs, sans doute afin d'exciter les mouvemens de flexion pour la natation. La branche œsophagienne du nerf vague descend aussi jusqu'à l'estomac, chez les poissons.

Enfin, la 12.e paire ou le nerf *gustatif-hypoglosse*, après avoir fourni des rameaux vers l'os hyoïde, s'enfonce par plusieurs autres filets, dans les muscles de la langue ; on ne l'a point rencontré chez les poissons, qui, du reste, paroissent peu jouir du sens du goût.

Les nerfs de la moelle épinière exigent moins de détails pour suivre leur distribution. Tous en naissent par plusieurs filets, se partageant en deux faisceaux dont le postérieur forme un ganglion ; les deux branches envoient des filets postérieurement aux muscles spinaux et à ceux des membres, antérieurement, par une anse qui s'anastomose au nerf trisplanchnique ou grand sympathique.

Les nerfs cervicaux, au nombre de 8 paires, chez l'homme et les autres mammifères, sont plus nombreux chez les oiseaux qui ont beaucoup de vertèbres cervicales : il y en a bien moins dans les poissons, puisqu'ils manquent de cou à proprement parler. Les nerfs dorsaux et lombaires se distribuent à peu près de même dans les muscles du dos et du prolongement coccygien, chez les divers animaux vertébrés, pourvus d'une queue. Les nerfs sacrés et caudaux ne sont pas fort distincts entr'eux dans les reptiles et les poissons.

A l'égard des nerfs composés, les *diaphragmatiques* naissent des 4, 5 et 6.e paires cervicales, avec des filamens du grand sympathique et du pneumo-gastrique, chez tous les mammifères, où ils se distribuent par irradiation dans le diaphragme ; ces nerfs *phréniques* ne se trouvent pas chez les autres vertébrés qui manquent de véritable diaphragme ; au reste, il y a des branches nerveuses analogues, soit dans les muscles de la gorge des batraciens qui remplissent la fonction de diaphragme, soit dans la membrane musculeuse, qui sépare les branchies des poissons, de leur cavité abdominale.

Les nerfs *hyoïdiens* et ceux qui forment le *plexus cervical*, émanant des 2, 3 et 4.e paires cervicales, sont distribués à peu près de même chez tous les mammifères.

Dans l'homme, le concours des quatre dernières paires de nerfs cervicaux et la première dorsale forment le *plexus brachial*, dont les faisceaux donnant neuf séries principales, se distribuent au bras et aux muscles circonvoisins. Chez les autres mammifères, la cinquième paire cervicale ne concourt point à former ce plexus, et dans les oiseaux, il n'y a plus que la dernière paire cervicale et deux dorsales qui compo-

sent cet entrelacement en un seul faisceau pour l'aile. Chez
les reptiles et les poissons, le bras et la nageoire pectorale
reçoivent également des paires de nerfs vertébraux qui se ramifient fort diversement, selon le jeu de ces membres auxquels ils se répartissent, et par exemple, chez les raies, qui
ont des sortes d'ailes cartilagineuses, quarante paires de nerfs
vertébraux concourent à former de gros cordons qui dispersent autant de filets qu'il y a de rayons dans leurs vastes nageoires.

Les nerfs *cruraux*, dans les mammifères, proviennent d'un
plexus né du concours des quatre dernières paires lombaires
et des quatre premières du sacrum, comme chez l'homme;
ils forment deux faisceaux; la portion supérieure est la lom-
baire, l'inférieure est la sacrée; chacune fournit quatre séries de rameaux qui se répartissent à tout le membre abdominal ou la cuisse et le pied. Quoique un peu moins compliqué, le plexus crural des oiseaux suit une distribution analogue; leur nerf sciatique, ordinairement le plus gros du corps,
dans tous les vertébrés, vient aussi des paires pelviennes, et
suit la direction du fémur. Dans la grenouille qui a de fortes
cuisses, trois paires lombaires et pelviennes forment le plexus
fémoral. Les poissons reçoivent, à leur nageoire ventrale,
qui représente leur pied, des nerfs provenant aussi des paires
vertébrales, et qui se partagent selon le nombre des rayons.

Il devient peu important ici de poursuivre les détails de
répartition d'une foule de rameaux nerveux, dans les muscles
et les autres parties du corps, pour les animer selon la volonté. Nous parlerons seulement plus loin de ceux qui concourent aux sympathies.

§ III. De la Sensibilité, ou *du Système nerveux considéré
en action.*

Pour que le corps animal exerce sa sensibilité, il faut plusieurs conditions nécessaires :

D'abord, son ou ses systèmes nerveux doivent jouir de l'intégrité de leurs parties, au moins dans l'organe qui éprouve
l'impression, dans le nerf qui la transmet, et dans le cerveau; ou, chez les espèces invertébrées, dans le centre qui la
reçoit. En effet, toutes les expériences prouvent que la sensation remonte vers le cerveau ou la moelle épinière, tandis
que le mouvement de la volonté en descend, au moyen des
cordons nerveux. On voit, dans plusieurs cas, les douleurs
suivre le trajet ascendant d'un nerf, et l'irritation convulsive,
dans l'épilepsie, se propager d'une extrémité jusqu'au cerveau; ainsi la douleur hémorroïdaire ou celle d'une fistule à
l'anus remonte par le grand sympathique vers la tête, et les

affections de l'utérus causent des resserremens spasmodiques à la gorge, etc. Le contraire n'a pas lieu.

Mais si l'on tranche le nerf, si seulement on le comprime par une ligature, s'il est pressé de quelque nodosité ou tumeur, par un épanchement de liquides entre ses enveloppes, comme dans les névralgies sciatiques, il n'envoie plus au cerveau l'impression. Quand le nerf cubital a été comprimé par un choc, nos doigts peuvent à peine sentir et se remuer, jusqu'à ce que l'influence nerveuse se soit rétablie par des fourmillemens incommodes. De même la cécité peut être due à la compression des nerfs optiques. Pareillement, la moelle épinière gênée par quelque collection de sang ou de lymphe, rend insensibles et paralytiques toutes les parties inférieures au point de la compression. La ligature des nerfs récurrens, qui se distribuent au larynx, rend les animaux muets, parce que les muscles de leur glotte en sont paralysés; la voix renaît si cette ligature est ôtée.

Quelquefois le nerf perd la faculté de sentir, en conservant celle de mouvoir qui semble être moins délicate. Ainsi, des paralytiques agitent encore quelque peu un membre qui déjà ne sent plus (Deidier, *Anatomie*, p. 232, Senac, *Traité du cœur*, tom. 2, p. 292). Quand tout mouvement a cessé, la paralysie paroît plus incurable que si elle est bornée à l'extinction du sentiment. De même, dans l'action du froid, qui est l'ennemi des nerfs, comme le remarque Hippocrate, le sentiment commence par s'engourdir; puis, le mouvement qui survivoit ne s'arrête que quand le froid devient excessif. On sait que les nerfs, non-seulement comprimés, mais même coupés, se ressoudent comme des autres parties; alors le mouvement seul peut se rétablir quoiqu'ils ne puissent plus transmettre le sentiment (Haigton, *Philos. trans.*, an 1795); ceci a fait soupçonner que le mouvement se propageoit par le névrilème ou l'enveloppe nerveuse, et le sentiment, par la pulpe médullaire intérieure, interrompue en ce cas par la cicatrice. On sait d'ailleurs que cette pulpe est la seule substance qui jouisse de la sensibilité. (C'est ainsi que cette pulpe comprimée par l'infiltration d'un suc animal, entre le tissu cellulaire de ses enveloppes, ou par une sorte d'hydropisie, éprouve une douleur vive comme dans la sciatique, Cotunni, *de Ischiade nervosâ*, *Commentar.*, Vienne, 1770). En d'autres cas de paralysie, le sentiment survit encore à la faculté motrice qui est abolie. Il faut remarquer aussi que la circulation diminue beaucoup dans les membres paralysés, qu'ils maigrissent, qu'on y ressent un froid morbide, tant la puissance nerveuse est le principal excitateur de la vie et des fonctions réparatrices.

Divers physiologistes ont pensé toutefois qu'il y avoit des nerfs uniquement consacrés au sentiment, et d'autres, au seul mouvement ; si les nerfs optique, olfactif et acoustique n'ont que la fonction spéciale de sentir, beaucoup d'autres sentent et font mouvoir en même temps : tels sont ceux du bras, qui se distribuent aux doigts ; tel est le rameau de la cinquième paire qui sert au goût et au mouvement de plusieurs muscles. Ces nerfs du mouvement ne tirent point les muscles eux-mêmes, car jamais nerf ne se contracte, et d'ailleurs les mêmes troncs envoient souvent des rameaux à des muscles antagonistes. Tous ceux qui transmettent les sensations ne se rendent pas également au cerveau directement, puisque ceux du tact de la peau, émanent la plupart de la moëlle spinale, laquelle envoie ensuite ces sensations à ce grand foyer de l'intelligence.

On sait que l'homme et tous les vertébrés ont cinq sens ou portes extérieures ouvertes sur les objets de l'univers. Plusieurs mollusques sont privés de l'odorat, quoique quelques-uns conservent encore la vue et l'ouïe, avec les autres sens. Les crustacés paroissent les avoir tous, mais l'ouïe n'a point d'organe connu chez les insectes à métamorphose, quoique plusieurs en jouissent manifestement. Enfin les plus imparfaits des animaux ne possèdent plus que le goût et le tact qui ne manquent à aucun, ces sens étant les gardiens les plus indispensables à l'existence. (*Voyez* SENS.)

Le *tact* est spécialement approprié aux corps solides ; le *goût*, aux substances humides ou liquides ; l'*odorat*, aux vapeurs ou exhalaisons ; l'*ouïe*, aux ébranlemens de l'air ; la *vue*, à la lumière : ainsi se fait une progression successive de plus en plus délicate d'objets apercevables à nos sens. Il en résulte que le tact et le goût n'aperçoivent que des substances en contact immédiat, quoique le goût démêle déjà des molécules plus fines ; l'odorat juge ensuite des corps plus éloignés ; l'oreille en aperçoit par les bruits ou les sons, de plus écartés encore ; et la vue enfin, s'étend à la distance immense des étoiles fixes, et par ce moyen agrandit infiniment la sphère de toutes nos idées. Ainsi, plus les sens deviennent subtils et relevés, plus ils ont d'étendue dans leur action, surtout la vue et l'ouïe qui s'exercent au moyen d'ébranlemens ; mais les sens qui ne s'opèrent que par des contacts sur des membranes, l'odorat, le goût et le tact, ont un champ plus resserré ; et même l'odorat, le goût appartenant plus spécialement aux fonctions internes de nutrition, ne concourent pas autant à la production de l'intelligence que les autres sens. De là vient que le goût, surtout, prédomine chez les brutes et les hommes qui leur ressem-

blent. Il en est de même pour le tact vénérien. Les autres
sens qui ont des rapports si immédiats avec le cerveau,
comme la vue, l'ouïe, ou des relations variées et très-éten-
dues, comme le tact, offrent les matériaux les plus précieux
et les plus abondans à l'intelligence ; ils affectent davantage
la sensibilité morale.

Parvenues au cerveau, les impressions n'y sont reçues et
l'animal n'en a la *conscience* dans son *moi*, qu'autant que ce
centre jouit de toute son intégrité et de son énergie. En effet,
pendant le sommeil, les sens extérieurs seroient en vain frappés ; il faut un état particulier d'activité dans ce centre ; il
lui faut entière liberté dans ses fonctions. Ainsi lorsqu'il est
comprimé par une trop étroite capacité du crâne, comme
chez les idiots, les stupides crétins, dont Malacarne a trouvé
les os de la base du crâne très-resserrés, de même que l'occiput (*Opuscoli scelti*, Milano 1789, *in-4.°*, tom. 12, part. 3,
p. 148, sq.) ; lorsqu'il existe des concrétions de phosphate
de chaux, soit à la glande pinéale, soit à d'autres éminences,
ou des hydatides, ou un épanchement de sérosités comme chez
les hydrocéphales ; s'il s'y rencontre une collection de pus ou
de sang ; si ce dernier liquide est injecté soit dans les plexus
choroïdes, soit ailleurs, comme dans les apoplexies foudroyantes ; s'il y a quelque épine osseuse ou esquille qui déchire ou irrite sans cesse les méninges, ainsi qu'on l'a remarqué chez des épileptiques ; si le cerveau est détruit par
quelque érosion, s'il s'y forme un squirrhe, un abcès par
suite d'un coup, d'une commotion vive, il est impossible que
les sensations y soient nettement aperçues. Ces causes mor-
bides rendent plus ou moins raison de l'état de stupidité,
des délires maniaques et frénétiques, ou des divers degrés
d'aberration mentale et d'hallucinations singulières qu'offrent
beaucoup d'individus.

On a souvent expérimenté que la compression du cerveau
plongeoit dans l'affaissement, la stupeur, le coma, et même
jetoit dans l'apoplexie ; puis le réveil et la faculté de penser
renaissent quand la compression cesse. La paralysie peut
être également le résultat d'un épanchement de sang ou de
sérosité vers l'origine des nerfs, ce qui les empêche de transmettre l'activité aux membres. Les spasmes seront l'effet de
quelque irritation, d'un tiraillement ou déchirement, soit des
nerfs à leur origine cérébrale ou spinale, soit de leur enveloppe pie-mère ou névrilème.

La condition de veille ou d'excitation du cerveau et de la
moelle spinale paroît être d'abord le résultat de l'influence
du système nerveux ganglionique, comme nous le dirons plus
loin ; mais cet état d'excitation s'entretient surtout au moyen

d'un sang artériel ou oxygéné. En effet, si l'on ne laisse arriver au cerveau que du sang noir ou veineux, dépouillé de son oxygène, l'animal tombe dans l'asphyxie, le *collapsus*, l'anaisthésie la plus complète. Il est ravivé, au contraire, par du sang rutilant ou enrichi d'oxygène. Ce principe semble donc être l'excitateur le plus éminent de la puissance nerveuse ou sensitive. On remarque, en confirmation de cette opinion, que les animaux doués de poumons et d'une vaste respiration, les mammifères, les oiseaux qui ont le sang chaud, jouissent d'une sensibilité plus énergique, d'une capacité cérébrale plus étendue que les espèces à sang froid, dont les poumons celluleux ne reçoivent qu'une petite partie de sang, tels sont les reptiles, ou dont les branchies ne séparent que peu d'oxygène au milieu de l'eau, tels sont les poissons. Enfin les animaux invertébrés n'étant arrosés que d'une lymphe blanchâtre, peu oxygénée dans leurs branchies ou leurs trachées, ne peuvent communiquer, par ce fluide, qu'une foible excitation à leur système nerveux.

Mais est-ce, au contraire, parce que ce système est naturellement imparfait, que les fonctions de ces animaux languissent et que leur chaleur vitale est si foible ; car celle-ci devient plus élevée chez les espèces à système nerveux très-développé. En preuve de ce sentiment, on représente que la compression d'un nerf produit du froid dans les parties sous-jacentes auxquelles il se distribue ; la circulation, la nutrition s'y ralentissent beaucoup, ainsi qu'on l'observe dans les membres paralysés qui s'atrophient. Cependant on ne doit pas conclure, comme on a cru pouvoir le faire, que les nerfs étoient les conducteurs de la chaleur et du suc nourricier dans toutes les parties ; car il faudroit que les plus nerveuses fussent les plus échauffées et les mieux nourries, ce qui n'est pas ; les plantes se nourrissent bien sans nerfs, ainsi que les zoophytes qui n'en montrent guère ; enfin la chaleur animale paroît être surtout en rapport avec la quantité de respiration ; mais l'activité nerveuse accrue dans une région quelconque du corps, y augmente la chaleur, l'afflux des humeurs, la quantité des frottemens, comme l'augmentation du sang artériel avive à son tour le système nerveux. Ainsi s'entretient le cercle réciproque de la vie.

D'ailleurs, la chaleur favorise autant le développement de la sensibilité générale, que le froid l'éteint au contraire. Aussi les animaux à vaste respiration, ayant plus de trente-deux degrés de température, comme les oiseaux, sont-ils très-sensibles, très-vivaces, très-amoureux : ils jouissent de beaucoup d'activité cérébrale et nerveuse. Les mammifères, favorisés en outre par une structure encéphalique, plus com-

venable au déploiement de l'intelligence , manifestent des
facultés supérieures à toutes les autres classes. Ainsi , lorsque
l'activité de la respiration et de la circulation est considérable , comme dans la jeunesse , cette fièvre de la vie , la sensibilité est extrêmement exaltée. Partout où le sang s'accumule
comme en une partie enflammée , par exemple , l'œil dans
l'ophthalmie , l'oreille dans l'otalgie , le doigt dans le pana-
ris , les organes génitaux par l'érection , la sensibilité s'y
avive excessivement , et les moindres contacts y paroissent
ou très-vifs , ou même douloureux. Il n'y auroit pas sensation si les extrémités nerveuses n'étoient pas tendues , et
comme attentives à l'impression. C'est ce qu'on remarque
pour les papilles de la langue qui se dressent ; elles ne trans-
mettoient pas les saveurs , par exemple , chez un somnambule occupé d'autres objets que des dragées qu'on mettoit en
sa bouche et qu'il rejetoit. Ainsi le système nerveux est susceptible d'érection (Hebenstreit , *De turgore vitali* , Leipz. ,
1795 , p. 7 ; Zollikofer , *De sensu externo* , Hall. 1794 , p. 48 ,
et surtout Bordeu , dans son *Traité des glandes*.

Pareillement le cerveau peut être excité avec violence par
une inflammation, comme dans la frénésie. On a vu des sots
devenir alors hommes d'esprit (Robinson , *Of the spleen* , p. 71).
Aussi les habitans des climats méridionaux voient beaucoup
de fous parmi eux ; ils ont l'esprit plus exalté que ceux des
climats froids , et l'on observe que les Européens voyageant
sous les tropiques , deviennent plus spirituels , lorsque le soleil violent de la torride frappe à plomb sur leur tête. Les
Crétins mêmes , si stupides, si indolens en tout temps , deviennent furieux dans les gorges des Alpes où les rayons solaires
se concentrent, en été , comme dans une fournaise. Enfin ce
qui prouve que la chaleur, par elle-même , indépendamment
du sang artériel , devient nécessaire pour maintenir l'activité
nerveuse , c'est que le froid vif plonge beaucoup d'animaux
dans la torpeur, en hiver, comme les loirs , les marmottes , etc. *V.* HIVERNATION. Cependant leur respiration n'est
nullement interceptée , mais elle se ralentit excessivement ,
ainsi que la circulation, parce que les fonctions nerveuses
qui y présidoient sont abattues par la froidure.

Cette chaleur, néanmoins , si elle est trop considérable
ou trop continue , dissipe la sensibilité. On en a la preuve
chez ces individus paresseux ou presque incapables de travail pendant les grandes chaleurs , et sous les climats les plus
ardens ; les habitans y font la sieste. De même il y a des animaux qui s'engourdissent par accablement de chaleur , comme
les tenrecs de Madagascar (*erinaceus* , Linn.). Ce n'est pas
uniquement leur puissance motrice qui est affaissée , mais

aussi leur sensibilité propre ; car les méridionaux , par exemple , recherchent par besoin des saveurs , des odeurs , des impressions extrêmement énergiques , qui seroient douloureuses et insupportables pour nous. Aussi sont-ils blâsés , épuisés , vieux de bonne heure.

La qualité de la sensation varie encore suivant la délicatesse des tissus qui reçoivent l'impression. Il est évident que les individus encroûtés d'une peau épaisse , tels que les animaux pachydermes , ont le tact fort obtus ; de même , les personnes trop grasses , celles à fibres musculaires grossières et comme racornies , telles que chez les forts de halle , ont des sensations obscures ; leurs nerfs sont , pour ainsi dire , ensevelis sous des chairs et du lard , ou détrempés dans des liquides trop abondans pour que les contacts soient immédiats. Voilà pourquoi les gros animaux ont , en général , moins de sensibilité , de vivacité que les petites espèces (outre que des petits membres sont plus agiles et qu'il y a plus d'unité de vie) ; les géans , et particulièrement les individus à cou allongé , comme chez les oies , les autruches , ont une petite tête , le sang n'est pas envoyé abondamment , ni très-échauffé au cerveau ; ils sont plus ou moins lents à s'émouvoir et souvent stupides , tandis que les personnes de courte taille et à cou presque nul ont *la tête chaude* , selon l'expression vulgaire , ou une irritabilité prompte à s'émouvoir. C'est particulièrement à chaque expiration que le sang est retenu le plus abondamment au cerveau ; on le voit se gonfler alors dans les fortes expirations et les efforts de la toux qui accumulent le sang dans les carotides.

On observe encore que la sensibilité est plus vive sur les parties où les houppes nerveuses s'épanouissent presqu'à nu , comme à la langue , à la membrane nasale , à l'urèthre et au pénis , ou au clitoris , au mamelon , aux lèvres , etc. Il est vrai qu'il s'y ramifie un grand nombre de nerfs et de vaisseaux sanguins. Les parties les moins sensibles en l'état de santé , telles que les os , les tendons et ligamens capsulaires , deviennent impressionnables quand elles sont enflammées. En effet , partout où le sang artériel afflue , y cause chaleur , rougeur , tension , là s'accroît l'énergie nerveuse , au point que les yeux très-enflammés peuvent voir clair dans l'obscurité. Les dents elles-mêmes sont impressionnables , puisqu'elles s'agacent.

Quoique tout le corps soit sensible , plus ou moins dans tout ce qui n'est point appendice de la peau , tels que les poils et cheveux , ou l'extrémité des ongles , des cornes , etc. Cependant il n'est pas tout nerveux , comme le disoient Wepfer et Boerhaave. Il est certain qu'on n'a trouvé aucun nerf au placenta, au chorion, à toutes les autres enveloppes du fœtus, bien qu'un auteur en ait supposé l'existence (Schœffler, *De præsentiâ nervor. in secundis*, etc.); les méninges, telles que la dure-mère et l'arachnoïde n'en montrent pas; mais quoique insensibles dans l'état naturel, on doit croire qu'elles ne le sont nullement dans l'état maladif, pendant les migraines, les céphalalgies violentes. Enfin les organes n'ont pas toujours une sensibilité correspondante à la quantité de leurs nerfs; car les viscères, le mésentère, le tube intestinal, quoique embrassés de toutes parts d'une multitude de nerfs, sentent fort peu; il est vrai que ce sont ceux des ganglions, les moins soumis à l'influence cérébrale, ou au foyer des impressions ressenties.

D'ailleurs, si les nerfs sont, comme nous l'avons dit, susceptibles d'érection pour mieux sentir, l'attention, la volonté, l'imagination peuvent plus ou moins diriger l'influence sensitive sur tel ou tel organe. Par exemple, un homme affamé voit un mets appétissant, *l'eau lui vient à la bouche*, c'est-à-dire, que ses glandes salivaires entrent en jeu, les papilles du goût se redressent et appellent la saveur. De même le mammelon maternel se dresse et fait quelquefois jaillir le lait dans la bouche du nourrisson qui s'en approche. L'habitude, le travail, l'exercice appellent encore plus ou moins un grand degré de finesse soit dans l'ouïe du musicien, l'œil du peintre, la main de l'artisan habile, etc.

De plus, les extrémités nerveuses ne sentent point de la même manière tous les agens; chaque tissu organique jouit d'une modification de sensibilité qui lui est propre. Pourquoi la vessie qui ne peut supporter sans douleur une collection de sang, quoique ce liquide n'ait rien d'âcre, garde-t-elle sans peine l'urine la plus chargée de sels irritans? Pourquoi la bile qui déplaît tant sur la langue, convient-elle au duodenum? L'eau la plus pure irrite excessivement la trachée-artère, tandis qu'elle glisse sans action dans l'œsophage à côté. L'émétique qui soulève l'estomac, se place impunément sur la conjonctive de l'œil, quoiqu'il y rencontre un même genre de membrane, et l'œil ne supporte pas le suc de l'ognon, qui descend dans nos viscères, sans inconvénient. Si l'ipécacuanha opère sur l'estomac, le séné agit sur les intestins grêles; tel remède se porte aux reins et à la vessie comme les cantharides, tel stimule spécialement le foie ou tout autre viscère, ou les vaisseaux hémorrhoïdaux, comme l'aloès. Il y a des saveurs qui prennent à la gorge; d'autres ne piquent que l'extrémité de la langue. Chaque nerf, ou chaque partie a donc une aptitude, un département spécial de sensibilité, pour tel ou tel objet; et qui dira pourquoi les mercuriaux affectent les vaisseaux lymphatiques et les glandes salivaires? pourquoi l'opium engourdit l'arbre nerveux cérébro-spinal, et non les nerfs du grand sympathique? Il y a donc dans toutes les parties du corps diverses susceptibilités à recevoir tel ou tel genre de douleurs, de plaisirs, d'irritations, ou d'impressions quelconques, avec le même arbre nerveux. Pareillement, il y a des venins, des maladies qui ne peuvent agir spécialement que sur les organes qui leur conviennent; toute autre partie y seroit presque invulnérable.

En outre, telle espèce d'animal résiste à un poison qui en feroit périr beaucoup d'autres; comme le chien ou le loup sont seulement purgés et mis en appétit par une dose d'arsenic capable de faire périr plus de vingt hommes (*V.* Poisons). Combien d'animaux recherchent avec délices telle nourriture, qui seroit un affreux venin pour nous, comme des charognes pestilentielles, des plantes caustiques et escarrotiques, telles que l'euphorbe, etc.

Et pareillement, combien les impressions des sens sont diverses! Cet assa-fœtida qui nous paroît d'une puanteur si détestable, n'est-il pas le *mets des dieux* pour les Persans, comme l'était chez les anciens Romains le *laser* cyrénaïque? L'horrible putrilage de poissons corrompus dans la saumure ou le garum n'offrait-il pas une saveur délicieuse au palais des Apicius et des Nomentanus? Combien de personnes délicates ne supportent pas le fromage passé qui plaît si fort à d'autres? Ne cite-t-on pas des hommes d'un goût assez dépravé pour rechercher même les excrémens humains? Nous passons sous silence les délires d'un autre genre, et nous verrons plus loin à quoi tiennent plusieurs idiosyncrasies bizarres de la sensibilité.

De l'habitude et des diverses quantités de la sensibilité.

Celle-ci jouit de la singulière propriété de se mettre en rapport avec les objets qui la consomment régulièrement. Prenons l'exemple de cet homme renfermé dans un obscur cachot pendant vingt années; d'abord sa santé souffrit beaucoup d'un changement de vie libre en cet état d'incarcération, mais peu à peu sa faculté de sentir se proportionna avec ce nouvel état; ses yeux consommant moins de faculté visuelle s'enrichirent tellement de cette puissance, qu'ils apercevoient au travers de la sombre lueur les insectes, les plus petits animaux de ce souterrain. Ses poumons et son corps se façonnèrent à un air humide, mais toujours uniforme et égal dans sa température; des alimens toujours les mêmes; une vie aussi sédentaire, une solitude aussi continue, le repos, le sommeil et l'apathie qui viennent enfin au secours de la constance dans les longs malheurs, tout avoit concouru à exercer très-peu la faculté sensitive de ce prisonnier; rendu enfin à la liberté, se sentant soudainement ébloui du grand jour, ébranlé par un air vif, assailli par des sons devenus trop assourdissans pour son oreille, agité de la présence et des questions de tant de personnes, rappelé trop brusquement à l'usage d'autres alimens, le voilà tout-à-coup épuisé, malade; son système nerveux ne peut plus suffire à tant de secousses; il faut reporter désormais ce malheureux dans sa prison, pour qu'il y retrouve sa santé ou le rhythme des dépenses journalières de sa faculté de sentir. Au contraire, tel voyageur ou marin, bouillant de l'agitation des voyages et des révolutions atmosphériques, toujours bravant la mort au travers de l'océan ou des contrées barbares, tantôt élevé au comble de ses désirs par l'acquisition d'immenses richesses, tantôt précipité dans l'abime de l'infortune, jeté nu et naufragé sur un rocher désert ou peuplé de cannibales, quelle vigueur de caractère, quelle insensibilité ne doit pas déployer ce nouvel Ulysse au milieu de ces tempêtes de l'existence? Cependant, arrivé au port, deja l'uniformité d'une vie casanière le fatigue d'ennui; de fortes émotions lui sont devenues nécessaires, et il se rengage sur des flots mille fois maudits dans le travail de ses misères.

Voilà donc des proportions de sensibilité acquises et déterminées par l'effet d'une longue habitude, au point qu'à l'heure fixée par une action constamment journalière, comme celle de manger ou de se mettre à l'ouvrage, un besoin nous recherche, nous oblige à dépenser régulièrement la portion de sensibilité accoutumée. Tout autre moment devient moins favorable; l'on voit des gens si parfaitement réglés, qu'ils ne sont amoureux qu'à certaine heure, comme ils n'ont de l'esprit au travail de tête qu'à telle autre; passé ces époques, ils ne sont plus bons à rien. Tout cela montre que nous possédons, en général, une quantité quelconque de sensibilité que nous sommes maîtres de dépenser habituellement à telle ou telle action, et qui, comme le rouage d'une horloge, revient à temps fixe.

Pour preuve de cette somme, c'est que l'action en moins d'un sens, se reverse en plus sur l'autre. Tous les aveugles, par exemple, ont l'ouïe plus fine et plus délicate; l'attention s'y porte pour suppléer à la perte des yeux; ils exercent aussi plus habilement le tact. Un homme peut ainsi se spécialiser et cultiver une branche de son organisation, aux dépens des autres, comme on voit des membres très-exercés se fortifier et grossir à côté d'autres desséchés de langueur et d'atrophie, faute d'emploi. Qui doute que l'exercice continuel de la réflexion ne développe mieux le cerveau du philosophe que celui de l'idiot ou du misérable sauvage, qui passe son temps à dormir sous sa hutte! Mais cet idiot, ce sauvage, ont en revanche d'autres prépondérances, telles que la vigueur, soit musculaire, soit génitale, qui dépense le surcroît de leur sensibilité, qualités dans lesquelles notre philosophe pourra se trouver fort peu vaillant.

Enfin, quelle que soit la sensation éprouvée, la puissance de sentir s'use et se consomme par la continuité de son action; elle renaît ou se répare après une intermission ou un sommeil. Ce fait est non-seulement évident pour les organes des sens, mais même pour des douleurs internes, puisque le gravier des reins ou un corps étranger dans notre économie devroient, par leur présence, irriter continuellement les parties voisines; cependant ces douleurs ont leur lassitude, elles s'endorment et se réveillent par divers momens. On a vu des malheureux criminels s'assoupir au milieu des longues tortures, et des canonniers s'endormir profondément près des batteries les plus foudroyantes, par excès de fatigue.

Ceci nous découvre donc le secret des accoutumances et de l'insensibilité à laquelle on parvient pour les maux de la vie, comme pour les plaisirs dans la vieillesse; puisqu'on va même jusqu'à s'habituer aux poisons. En effet, l'enfant est neuf aux impressions; la sensibilité de la jeunesse n'est si impétueuse que parce qu'elle est encore pleine, florissante; elle déborde sur tout avec profusion. Les sentimens d'amour, par exemple, s'exaltent alors jusqu'à la fureur; mais tout s'épuise par la durée, et l'on ne ressentira que trop ensuite les désirs survivre au pouvoir des jouissances. Enfin l'indifférence, l'insensibilité arrivent, de tristes dégoûts remplacent les délices; mais par une équitable compensation, les souffrances et les misères elles-mêmes s'amortissent, leurs épines les plus déchirantes s'émoussent, et l'homme s'approche de la tombe, également désenchanté des prestiges de la vie, et inattaquable désormais à ces profondes passions qui poignardaient l'âme et le corps en même temps.

Comment se produit ce grand changement? Qui fait ressusciter et mourir tour-à-tour nos facultés de sentir? Nous traitons ailleurs du SOMMEIL (*V.* cet article), qui est le résultat de l'épuisement de la sensibilité animale, et le temps nécessaire à sa réparation. Mais il est une expérience commune qui montre comment les sens se blasent. Un enfant auquel on fait boire pour la première fois du vin, y trouve une saveur forte et enivrante; plus on s'habitue ensuite à cette boisson, moins elle semble agir; alors l'homme recourt à l'eau-de-vie, qui gratte d'abord plus agréablement son palais;

bientôt celle-ci ne suffisant plus, et les fibres se racornissant, il faut ajouter des aromates piquans, un alcool plus concentré, plus brûlant; mais l'organe se durcit davantage encore, et l'on a vu des orientaux blasés par des épiceries, chercher à dégourdir l'inertie de leur palais en mâchant jusqu'à du sublimé corrosif et de la chaux vive, tant leurs nerfs étoient crispés, oblitérés! Le moyen de mieux sentir seroit, au contraire, de cesser l'usage des impressions fortes, de revenir aux objets insipides afin que la faculté nerveuse ait le temps de se réparer. Le secret de rester sensible est donc celui de ne pas beaucoup ni souvent sentir; d'être avare d'une si précieuse faculté, pour s'en ménager davantage au vieil âge.

D'où pense-t-on que vienne quelquefois ce profond ennui, ce besoin de s'occuper et d'éprouver des émotions fortes au spectacle ou ailleurs, qui se remarque chez les personnes oisives? C'est, au contraire, de la trop grande accumulation de sensibilité chez elle. Une femmelette délicate, tout le jour mollement étendue sur des coussins, ne dépensant aucune de ses forces, rassemble en elle les élémens de toutes les passions; bientôt la plus petite contrariété va lui causer une explosion vive de sensibilité. Dans son désœuvrement, il s'engendre en elle mille caprices divers, mille volontés bizarres, pour consumer cet excès de faculté sentante qui agite ses nerfs, la distend de spasmes, suscite des *vapeurs*, des migraines et tout le cortége des maladies nerveuses des gens du monde. Mais que cette femme si délicate soit plongée dans la misère, réduite au sort rigoureux des villageoises, et obligée dès le matin de saisir la pioche ou la houe : vous la verrez bientôt guérie de ses maux, revêtir les formes masculines avec les fibres dures et insensibles des laborieux habitans des campagnes.

Ainsi, quelque nature qu'on suppose au principe sentant, il s'use et se reproduit comme les corps matériels; un exemple le prouve bien manifestement. Fixez la vue sur un objet très-éclatant environné d'obscurité, et portez ensuite vos regards sur une surface uniformément éclairée; la partie de votre rétine qui étoit frappée d'un grand éclat, ne pourra plus voir qu'une image noire, tandis que les régions de la rétine, qui n'ont pas dépensé leur faculté visuelle en regardant l'obscurité, verront en plus alors. Donc la sensibilité visuelle s'use plus ou moins; donc les impressions épuisent la puissance de sentir. Voilà pourquoi la vieillesse n'en conserve plus que les débris. Elle se consomme principalement par les jouissances non moins que par les douleurs. En effet, les plaisirs de l'amour causent surtout une extrême déperdition de sensibilité, au physique comme au moral. Rien ne devient plus apathique que l'animal épuisé par le coït répété, puisque plusieurs y perdent la vie. De même, les grandes émissions de sang ou des fluides nourriciers affoiblissent extrêmement la sensibilité. L'on conçoit que de trop longs jeûnes empêchent aussi la réparation du système nerveux, et, par exemple, des hommes violens et criminels deviennent fort temperés, ou même inertes, par un régime végétal et une diète d'alimens peu substantiels à laquelle on les astreint dans les prisons, aux États-Unis d'Amérique. Les complexions flasques et humides des lymphatiques sont, en général, moins sensibles que les tempéramens secs, sveltes, tendus et nerveux, dont la fibre paroît constamment mobile et agacée. Les femelles étant plus communément grêles, ayant des fibres plus minces, plus excitables par les moindres stimulans, sont presque toujours agitées de quelque impression : tout ébranle leurs nerfs; de là vient qu'elles paroissent plus passionnées, qu'elles sont plus craintives, plus affectueuses, ou plus aisément touchées que les individus masculins chez toutes les espèces d'animaux. En effet, la foiblesse rend beaucoup plus impressionnable encore que la force, parce que la première expose le système nerveux à toutes les causes d'émotion. Dès lors, l'individu n'est occupé qu'à sentir sans cesse; il faut qu'il plie et s'assouplisse à tout, tandis que l'être robuste, apercevant peu ou point les foibles impressions, se trouve monté et préparé pour les chocs vigoureux; ses explosions sont plus rares, mais volcaniques et foudroyantes. Il en est de même pour les maladies; la femme éprouve mille incommodités passagères; l'homme mâle, moins attaquable, conçoit aussi les plus funestes maladies.

De l'activité spéciale du cerveau comme centre de la sensibilité, et foyer intellectuel.

Les rapports de l'encéphale avec le reste du système nerveux, chez les animaux vertébrés principalement, deviennent de la plus haute importance, puisque le cerveau dirige leurs actions volontaires, et mesure leur intelligence.

Les qualités nécessaires à l'exercice de ses fonctions, outre l'intégrité de ses parties, sont : d'avoir aussi ses deux hemisphères égaux, ce qui n'a pas toujours lieu (Gunz, *Mém. des savans étrang.*, pag. 288); car de même qu'un œil ou une oreille, plus forts que l'autre, rendent la vue louche ou l'ouïe fausse, il paroît aussi que les opérations intellectuelles ont besoin d'une parfaite symétrie dans les organes où elles s'exécutent. À la vérité, on ne sait pas s'il existe un siège spécial dans la masse encéphalique, pour l'âme ou l'esprit qui pense en nous. Tout le monde sait que, ni la glande pinéale qui est souvent encroûtée de calculs de phosphate calcaire, ni le corps calleux qui n'existe que chez les mammifères, ni le centre ovale de Vieussens, etc., ne peuvent en être spécialement le siége à l'exclusion d'autres parties. La portion corticale ne sent pas les blessures, et on peut en enlever d'assez grandes portions, sans que la faculté intellectuelle en soit troublée ordinairement. Ce sont seulement les parties profondes dont les blessures deviennent très-périlleuses. Le plus ou le moins de sécheresse, de friabilité de la moelle cérébrale, quelques granulations ou concrétions, et même l'hydrocéphale ne dérangent pas toujours l'intelligence. Néanmoins, la trop grande mollesse du cerveau paroît disposer à l'hébétation, à la stupidité, l'enfance surtout pendant laquelle l'encéphale est si humide qu'il contient plus de huit dixièmes de parties aqueuses ou susceptibles d'être évaporées par dessiccation. Chez les vieillards, il est plus sec : il l'est aussi beaucoup dans la plupart des maniaques, des *cerveaux brûlés*. Le nombre des lamelles du cervelet ou des circonvolutions des hémisphères a paru moindre chez les idiots que chez les hommes plus intelligens. On a dit, sans preuve, que le cervelet étoit consacré aux mouvemens spontanés et aux affections instinctives des brutes, comme aux fonctions involontaires de respiration, de digestion, de circulation pendant le sommeil ; d'autres auteurs ont placé l'instinct dans les tubercules, *nates*, de l'encéphale, et ils croient les avoir trouvés plus petits chez les animaux pourvus de beaucoup de sagacité, comme l'éléphant, que chez les brutes les plus stupides (Willis, *anima brutorum*, pag. 222). D'autres admettent que chaque région du cerveau qui reçoit un nerf, a son département propre ; par exemple, les couches optiques pour la vue, les éminences mammillaires pour l'odorat, le cervelet pour l'ouïe, selon Varole. Cette opinion a été développée par M. Gall, qui suppose en chaque proéminence cérébrale, une faculté ou disposition naturelle et innée (1). Selon Sœmmerring et Éverard Home, le liquide séreux qui se remarque dans les ventricules du cerveau est l'organe propre de l'âme, tout comme la vue s'exerce par un liquide, et l'ouïe par l'humeur des canaux semi-circulaires de l'oreille ; cependant il ne pa-

---

(1) De même, M. Cuvier et d'autres auteurs trouvent les *nates* du cerveau plus grosses chez les animaux herbivores que parmi les carnivores ; ils pensent qu'on peut découvrir ainsi plusieurs usages des parties de l'encéphale. Cependant les insectes qui ont des instincts si étonnans et si variés, jouissent-ils d'un cerveau, d'un nervelet, ou de proéminences telles qu'on en observe chez les animaux vertébrés ?

roît pas qu'il existe de sérosité épanchée dans les ventricules cérébraux naturellement, car l'on n'en a point trouvé chez un homme qui venoit d'être décapité (Verduc , *Usag. des parties* , tom. 2 , pag. 65.)

Toutefois , on a douté que le siége de l'âme fût uniquement dans le cerveau , puisque des animaux décapités manifestent encore des volontés et ressentent des impressions , comme les tortues , les lézards , les insectes; aussi Hartley suppose que l'âme s'étend dans la moelle épinière; on voit cependant des hommes conserver leur raison intacte malgré la compression de cette moelle ; car les rachitiques , les bossus chez lesquels cette moelle est fort amincie , tandis que le cerveau est plus considérable et les carotides plus larges à proportion que chez les autres hommes , ont d'ordinaire de l'esprit. Mais nous avons vu qu'il falloit bien distinguer les actes qui viennent de l'instinct , et qui tiennent à l'appareil nerveux sympathique , de ce qui émane du cerveau ou de l'intelligence proprement dite.

L'encéphale, et sans doute aussi la moelle épinière , perçoivent les impressions reçues à l'extrémité des nerfs , pourvu que la communication soit libre. On demande toutefois , comment des individus , privés d'une partie , se plaignent pourtant de douleurs , qu'à certaines époques , ils éprouvent, comme s'ils l'avoient encore. Mais il faut comprendre que l'extrémité du moignon d'un bras ou d'un pied amputés contient le nerf qui se rendoit à ce membre ; or ce nerf peut se sentir affecté , par les changemens de temps , de là même manière qu'il l'étoit chez le membre alors subsistant ; il n'est donc pas surprenant qu'il transmette au cerveau l'impression douloureuse qui fait dire à un manchot , *mon bras me fait mal.* De même l'aveugle , en frottant ses yeux et comprimant ainsi le nerf optique , peut apercevoir des étincelles , des lueurs comme l'homme qui voit clair ; l'impression paroît donc être un ébranlement nerveux.

Ajoutons encore que l'animal ne reçoit au cerveau des sensations que conformément à l'état de son organisation ; tel objet agréable au goût et à l'odorat de l'un , sera nuisible ou déplaisant pour l'autre. Ainsi nous pouvons ne point apercevoir la nature des choses telle qu'elle est en réalité , mais suivant la modification de notre structure ; rien ne démontre que telle couleur paroisse la même absolument aux yeux si différens de toutes les créatures; ne voit-on pas des hommes pour lesquels la musique la plus suave est insupportable et que des sons foibles agacent plus que des forts ?

De plus , le centre cérébral peut apercevoir des impressions qui ne sont nullement ressenties aux extrémités nerveuses, quoiqu'il les y rapporte. Les effets des songes appartiennent à cet ordre de phénomènes ; ainsi les rêves voluptueux présentent des images qui réagissent sur les organes sexuels comme dans la réalité. D'autres faits analogues s'exécutent même pendant la veille chez des fous qui se voient sans cesse obsédés par une idée fixe dans le cerveau; tel étoit Oreste poursuivi par les Furies. La crainte, l'amour impriment surtout des images persistantes. On peut les comparer à ce qui se passe dans les organes de la vue ou de l'ouïe frappés long-temps ou fortement d'une lumière ou d'un son très-éclatans; l'ébranlement se perpétue plus ou moins après l'impression elle même. Ces profondes images, chez les maniaques, leur dérobent même le sentiment des objets réels ; car celui qui croyoit avoir des jambes de paille, les voyoit très-bien pourtant en chair et en os.

Dans les phénomènes intellectuels, tantôt l'action des sens extérieurs prédomine, tantôt le centre cérébral réagit principalement. De là sont nés deux modes d'existence philosophique pour l'homme : la vie, soit active, soit contemplative, le péripatétisme ou le platonisme chez les anciens ; et parmi les modernes, la doctrine de Locke, de Condillac, qui fait émaner des sensations extérieures tout le système intellectuel, et la philosophie de Leibnitz, de Kant qui tire tout notre être moral du dedans et des formes propres de la pensée abstraite, par des spéculations transcendantes. Locke procède par analyse et décomposition ; il reconnoît, avec Aristote, que rien n'existe dans l'esprit, qui ne soit entré par les organes extérieurs, et qu'à la naissance, le cerveau, privé de toute idée innée, est comme une table rase. Les platoniciens de l'antiquité et les idéalistes modernes, se concentrant dans la contemplation, et fermant, au contraire, tous leurs sens extérieurs dans l'abstraction absolue et l'isolement, cherchent à reconnoître, *à priori*, les formes essentielles de l'entendement, ses directions primitives, l'existence indépendante du *moi*, sans le corps, dans l'espace et le temps. Par là sont entraînés à l'illuminisme, à l'exaltation de l'enthousiasme, les philosophes qui suivent ce mode de contemplation ; comme il arrive aux Orientaux, dont la vie indolente, sous leur climat chaud, favorise extrêmement cet état de concentration cérébrale, au point qu'ils se plongent dans des extases ou des ravissemens d'esprit pendant lesquels ils cessent de sentir les chocs extérieurs. Au contraire, la philosophie analytique ou qui procède à l'aide des sensations et des expériences, exerçant les mouvemens corporels, et jugeant d'après les rapports des objets extérieurs qui nous frappent, constitue le *réalisme*, philosophie plus matérielle qui peut souvent conduire à nier tout ce qui ne tombe point sous les sens, tandis que l'*idéalisme* finit par dédaigner le monde physique pour n'en reconnoître qu'un purement intellectuel.

Ainsi l'homme peut ne pas accepter au cerveau les impressions actuelles des sens ; il peut, au contraire, ne vivre que par elles et sans la réflexion, comme les individus réduits à un rôle uniquement passif. Si notre corps est un instrument dont les cordes sensitives sont diversement ébranlées selon la nature des objets qui nous affectent, nous résonnons à l'unisson de ces impressions, nous nous réglons, pour ainsi parler, sur le même rhythme et la même mélodie ; notre intelligence est donc toute formée par le concours de ces sensations, disent Locke, Condillac et les autres réalistes. Cependant, répliquent les idéalistes, c'est l'âme, le principe intelligent du cerveau qui reçoit ces sensations, qui les arrange et les combine, car l'impression qui se passe dans l'organe du sens ne seroit rien sans un *intellect agent* et intérieur qui la convertit en pensée ; il tire de son propre fonds toute la série des raisonnemens et des jugemens qui construisent l'édifice de la raison humaine avec ces matériaux bruts, arrivés du dehors. Supposez même l'absence de ceux-ci, l'âme active par elle-même, s'étend dans le temps et l'espace ; elle a ses attributs propres dans chaque animal, puisqu'elle le dirige par des instincts bien antérieurs à toute connoissance du dehors ou acquise par les sensations. Enfin, l'âme modifie en nous par l'imagination ces impressions extérieures, de sorte qu'elle peut transformer celle de l'absinthe en celle du sucre. Ainsi, quoique nos sens nous donnent une connoissance des objets extérieurs, c'est l'architecte interne qui les dispose à sa manière, de sorte que nous pourrions vivre dans un monde enchanté, comme en songe, ou croire éprouver des sensations qui n'auroient rien de réel ; ainsi la vie peut n'être qu'une illusion. Il n'y a de réel que notre âme ou les substances spirituelles, indépendantes et essentielles dans leur existence.

Il faut un état de concentration cérébrale pour s'élancer à des vérités intellectuelles d'un ordre très-élevé, ou pour combiner leurs élémens épars en un seul corps de doctrine ; en cet état, on cesse d'apercevoir les corps extérieurs. Le soldat de Marcellus immola ainsi Archimède. Il existe un état inverse, c'est celui des individus très-évaporés, très-mobiles à toutes les impressions actuelles les plus fugaces, et qui n'en conservent, n'en réfléchissent aucune ; *pluribus intentus minor est ad singula sensus;* elles se succèdent au cerveau avec la rapidité des représentations qui glissent devant un miroir ; ce vice qui tient à une excessive sensibilité externe, se remarque surtout chez les individus grêles, très-excitables qui effleurent toute chose sans réfléchir. Les oiseaux paroissent également tenir de cet état de mobilité, aussine peut-on rien leur apprendre, sans les fixer dans des cages, et quelquefois on les prive de la vue pour empêcher leurs distractions perpétuelles. L'*attention* est donc nécessaire.

Dans l'état régulier, l'*impression* reçue au cerveau y forme une *image* qui peut s'y conserver par la *mémoire* pendant plus ou moins long-temps, et se représenter par un acte de la volonté. Les impressions du jeune âge plus vives, plus simples, se conservent le plus longuement, ainsi que celles qui pénètrent fortement à l'aide des passions, comme la rancune : *Manet altâ mente repostum.*

Les images analogues entre elles ou reçues simultanément, ont coutume de se rapprocher, comme de se réveiller l'une l'autre par une *association* naturelle. Souvent les mêmes se confondent, et les plus rebattues se reproduisent d'elles seules par l'effet de l'habitude. Cette connexion des idées fait que les moins enchaînées tombent les premières hors de la mémoire, comme les substantifs qui ne se rattachent à rien ; aussi, après une attaque d'apoplexie ou une maladie grave qui a suspendu l'action cérébrale, les adjectifs se rappellent plus aisément à l'esprit que les noms propres, et l'on a vu des hommes oublier ainsi jusqu'à leur nom, tandis qu'ils désignoient fort bien les objets par leurs qualités, au moyen de ces affinités des idées.

Quand les *images* ou les *idées* reçues sont différentes l'une de l'autre, l'organe pensant les discerne, les compare, et distingue plus ou moins exactement leurs rapports ou leurs diversités. Cette puissance de juger et combiner, constitue le *raisonnement* ou le *jugement*, qualité très-importante qui rend l'homme infiniment supérieur aux animaux, et même tel homme plus intelligent que tel autre. Aussi cette faculté est la première qui s'altère, soit par les passions, ou par l'ivresse, la folie ; elle manque dans les idiots.

En outre, la sensibilité cérébrale a le pouvoir de reproduire des images, des impressions vives par l'*imagination*, et sans la présence des objets ; elle jouit de la faculté de séparer certains attributs de ces impressions ou de ces images simples, pour les combiner avec d'autres ou pour les abstraire. Si le jugement ou l'intelligence choisit, abstrait les qualités communes à plusieurs objets différens, et les rattache à un signe ou une idée, celle-ci devient complexe, et plus ou moins générale. C'est par cette précieuse faculté aussi que l'homme s'élève bien au-dessus des brutes. Il a reçu l'avantage d'un langage articulé, et d'attacher à chacun des sons convenus qu'il forme pour lui-même ou pour communiquer avec ses semblables, une image, une idée plus ou moins abstraite. Par cet heureux privilége, il sait coordonner plusieurs séries d'idées, selon les lois du raisonnement, et s'élancer à toutes les vérités les plus générales. Il embrasre donc, par ce moyen, le plus vaste horizon intellectuel ; il en dessine les proportions et l'étendue, il en trace l'immense tableau par l'écriture, traits hiéroglyphiques convenus, dont la permanence fixe le langage et la pensée fugitive.

Les animaux ne peuvent guère transmettre leurs idées, d'un individu à l'autre, que par des signes ou gestes naturels, des cris résultans de leurs impressions, et des passions qu'ils ressentent. Ils ne paroissent point capables de généraliser leurs idées par l'abstraction, ni de former une chaîne de raisonnemens un peu compliqués. Cependant les animaux d'ordres supérieurs, tels que les mammifères surtout et les oiseaux, savent acquérir plusieurs connoissances, et sont susceptibles d'éducation ; ils se gouvernent avec un certain degré de prudence, surtout les vieux, plus mûris par l'expérience que les jeunes. Cependant, comme ils n'ont que des idées très-limitées et peu de signes auxquels ils puissent les attacher, toute leur instruction acquise périt avec eux. Les pères ne transmettent nullement, chez les chiens, les perroquets, par exemple, ce qu'ils ont recueilli de la société de l'homme, à leurs enfans. Ces animaux ne peuvent donc pas s'avancer dans une carrière de civilisation de même que nous, qui héritons de la riche expérience de nos ancêtres, et nous élevons à une noblesse intellectuelle, bien supérieure à celle de la simple nature.

Les impressions que nous recevons et les idées qui en résultent, causant du plaisir ou de la douleur, et nous montrant soit du dommage, soit du bien-être dans nos actions ; le jugement nous porte à nous gouverner avec prudence, pour chercher le bien et fuir le mal. Il en est ainsi des animaux les plus intelligens ; toutefois ceux auxquels la nature n'avoit pas accordé assez d'étendue d'intelligence, auroient bientôt cessé d'exister faute de prévoyance, pour éviter les causes de destruction, s'ils n'avoient pas hérité, de tout temps, d'un ordre prédisposé d'actions savamment coordonnées, dès leur naissance, pour leur conservation et leur reproduction. Voilà pourquoi les animaux jouissent de l'*instinct* ; ils l'ont d'autant plus parfait ou mieux développé, qu'ils sont plus foibles, plus incapables d'apprendre ou d'une vie plus courte : tels sont les insectes : aussi les animaux supérieurs ont moins d'instinct à mesure qu'ils acquièrent plus d'intelligence, et si l'enfant manifeste encore quelques directions instinctives , ainsi que le malade , l'homme intelligent et fort n'éprouve presque plus ces impulsions internes.

Aussi les êtres intelligens se déterminent par la *volonté* , résultat d'un jugement libre , même quand il s'agit de sacrifices douloureux , comme celui de la vie , dans Régulus, retournant à Carthage mourir dans les supplices pour sa patrie ; ou Caton d'Utique , se tuant pour ne pas survivre à la liberté. Mais l'animal se détermine , soit par l'impression externe de volupté ou de peine , soit par ses impulsions intérieures , comme la mère qui s'expose au danger pour sauver sa famille. L'homme veut , parce qu'il sait ou croit savoir ce qui convient ; la brute est mûe par un besoin , une passion quelconque ; cela est si manifeste , que l'homme, sans l'activité du cerveau , ne peut nullement agir , tandis qu'on a vu des animaux décapités , comme des souris et des lapins , surtout des reptiles , des insectes , se mouvoir encore avec instinct. Donc notre vouloir émane de notre penser ; mais chez la brute , l'action précède même la réflexion. Ce n'est que dans certaines impressions subites et imprévues, telles qu'une chute ou un coup , que notre instinct déploie les moyens de défense avant le temps nécessaire pour la volonté réfléchie. Voilà ce qui se passe habituellement chez la brute (*Voyes* INSTINCT , IMAGINATION , JUGEMENT).

Heureusement pour elle, l'instinct est un domaine inaliénable, inhérent à la forme et à la constitution de chaque espèce, et qui , aussi développé dès la naissance jusqu'à la mort, n'est susceptible ni de diminution , ni d'accroissement, parce qu'il est complet et parfaitement approprié à chaque créature.

Par la plus merveilleuse prévoyance , il n'y a nulle imitation chez des êtres naissant orphelins et solitaires , tels que les insectes ; mûs comme des instrumens de la nature, plutôt qu'ils n'agissent par le libre arbitre de la volonté , ils n'inventent et n'imaginent rien , et pourtant ils ne sont pas copistes ; mais leur machine joue spontanément par l'influence de leur système nerveux ganglionique, tout de même que chez l'homme endormi ou somnambule. Voyons les influences de cet appareil nerveux dans d'autres phénomènes.

§ IV. — *De l'influence du système nerveux ganglionique sur le cerveau , et des* PASSIONS , *des* SYMPATHIES.

Nous avons vu que la sensibilité du cerveau , des sens et des membres se fatiguoit , s'usoit , se consommoit par son emploi , et que les organes extérieurs doubles et symétriques , tomboient alors dans le sommeil. Il n'en est pas ainsi du domaine intérieur des nerfs trisplanchniques ; ils ne cessent jamais de présider à l'action du cœur pour la circulation du sang, à la respiration, aux fonctions digestives, et continuent toujours à réparer les pertes de l'économie ; aussi tandis que le système nerveux cérébro-spinal a suspendu ses actes pendant le temps du repos, il a reçu une nouvelle somme de forces, par le concours des nerfs trisplanchniques ou du travail de la nutrition, résultant de leur activité.

Si l'on en veut des preuves encore plus évidentes, on les trouve dans ce qui se passe sur-le-champ en diverses occasions. Un homme tombe de foiblesse et d'épuisement ; on lui fait avaler un verre de vin ou d'eau-de-vie, aussitôt il se ranime avant même que le torrent de la circulation ait pu envoyer à l'encéphale un nouveau sang réparateur ; mais soudain les nerfs trisplanchniques suscités par cette boisson, transmettent une nouvelle énergie vitale soit à la moelle épinière, soit aux autres parties du système cérébro-spinal avec lesquelles ils ont des communications si multipliées. Qu'un individu prenne intérieurement un poison, aussitôt toute l'économie est bouleversée pareillement.

Il est donc vrai de considérer le système ganglionique (ou trisplanchnique), comme le régulateur de toutes les autres fonctions sensitives extérieures ; il leur envoie ou leur retire la vie, en quelque sorte à sa volonté ; il les anime, les ébranle par sympathie, au moyen de nombreux filets de correspondance, qui se nouent et s'anastomosent avec l'arbre cérébro-spinal ; il leur transmet ce qu'il éprouve, et ici nous allons voir combien les métaphysiciens, qui ne tirent que de nos sens extérieurs tous les élémens composant l'intelligence, connoissent peu l'homme.

Un Hollandais se farcit de laitage et de pâtes parmi les marécages du Zuyderzée ; ces pesantes nourritures, au milieu d'un air épais et des humides brouillards, qui d'ailleurs amortissoient sa sensibilité, ne lui inspiroient que des goûts simples, des idées bornées. Mais si, déblayant ces amas de mucosités qui gorgent ses viscères intestinaux, qui enveloppent, engourdissent ses extrémités nerveuses, vous soumettez ce bon Batave à un régime plus stimulant ; si vous remplacez sa fade bierre par des vins généreux de Porto ou de Xérès ; si les épices de l'Orient sont substituées au beurre ; si le café, les liqueurs alcooliques et les plus ardens aromates, viennent secouer, agacer cette inertie du système nerveux, vous verrez bientôt cet homme, d'abord si humble et si flegmatique, relever fièrement sa tête, ses yeux bleus étincelleront d'un feu plus brillant, ses membres se déploieront avec plus de vivacité et de grâce ; enfin, son esprit s'élevant dans son essor, planera au-dessus de la sombre atmosphère dans laquelle il croupissoit.

Qui donc a dissipé les nuages de son intelligence et avivé tous ses sens? Une simple excitation du système nerveux ganglionique, tandis que des impressions fortes de l'extérieur consommeroient, épuiseroient les facultés sensitives. Les effets des alimens et des boissons se remarquent tellement chaque jour, soit par l'ivresse, l'emploi du café et du thé, soit dans la pesanteur d'esprit qui accompagne les pénibles digestions après un grand repas, qui appelle à l'estomac toutes les forces, etc., qu'il est inutile de s'arrêter sur ce sujet. Aussi, les peuples ne diffèrent pas seulement dans leur sensibilité, par l'effet de la chaleur ou de la froidure des climats, comme on le répète d'après Montesquieu ou Hippocrate, mais surtout encore par le régime et la nature des alimens que le sol leur fournit, ou que les échanges commerciaux leur apportent.

Qu'on nous dise pourquoi, d'ailleurs, l'ellébore chez les anciens, ou une purgation forte nettoyant le canal intestinal de certaines matières dont la présence stimuloit vicieusement le système nerveux ganglionique, rappelle l'ordre, la netteté du jugement au cerveau de plusieurs maniaques et mélancoliques? d'où venoient donc ces idées bizarres qui troubloient leur intelligence? Comment une bile noire et épaissie inspire-t-elle ces pensées tristes et sombres, ces goûts misanthropiques, cette haine profonde de la société, ou ces terreurs de la mort, ces désirs affreux du suicide? Des fous n'ont présenté à leur mort aucune lésion des organes encéphaliques, mais tantôt des calculs biliaires, des squirrhes, un abcès au foie ou à la rate, tantôt des varices au mésentère, une accumulation d'un sang épais et stagnant dans les rameaux de la veine porte, etc. (*Voyez* Bonnet, *Sepulchretum*; Morgagni, *Sedib. et caus. morb.*; Lieutaud, Prost, *Ouvert. des cadavres*, et les observations de Robert Whytt, *on nervous disorders*, pag. 203; Lorry, *de Melancholiâ*, tom. 2, p. 164. sq., etc.)

Les agacemens particuliers des nerfs intestinaux peuvent porter le délire au cerveau ou des convulsions dans les membres: le fait est évident chez des femmes chlorotiques à goûts dépravés, chez des enfans remplis de vers, puisqu'aussitôt qu'on les en débarrasse, leur système nerveux reprend son état de santé; et tel enfant à qui l'irritation vermineuse avivoit beaucoup l'intelligence, retomba dans son état de médiocrité primitive lorsqu'on expulsa ses vers (Van Phelsum, *Hist. verm. ascarid. pathol*, p. 208, sq.).

En règle générale, la délicatesse des organes intestinaux

est un accroissement de vigueur pour le système cérébro-spinal. Tous les hommes de grand esprit ont l'estomac foible: *Imbecilli stomacho, penè omnes cupidi litterarum sunt*, dit Celse; l'homme qui a besoin de cuire et de choisir ses nourritures est plus délicat, plus sensible que les autres animaux; les êtres voraces et grands mangeurs, les herbivores à large panse sont plus stupides que les espèces sobres. Enfin, les hypochondriaques, toutes les personnes à viscères debiles ou facilement irritées, sont plus intelligentes que toute autre. Il en est de même pour l'organe utérin des femmes, puisque sa foiblesse, dans l'hystérie, reporte une activité surabondante au cerveau, d'où naissent cette vivacité d'esprit, cette lucidité des idées, avec des anomalies incompréhensibles et soudaines qu'on observe chez les hystériques. La transmission des affections utérines, soit au cerveau, soit aux autres organes, est évidente par les nombreuses sympathies qui se manifestent alors, comme des gonflemens, des spasmes, des resserremens à la gorge, à l'abdomen, etc. Tout ce qu'un organe perd en sensibilité se reporte nécessairement sur quelque autre partie: au contraire, si l'estomac, après le repas, et l'utérus, dans la gestation, concentrent les facultés sensitives à ces viscères, le système cérébral en conservera moins.

Qu'au lieu de se faire ressentir sur le trajet intestinal, ces irritations du système nerveux ganglionique ne s'opèrent que dans une région plus bornée, aux vaisseaux hémorroïdaux, par exemple, la transmission au cerveau ne s'en fera pas moins. On a vu des manies à la suite de la rétention du flux hémorroïdal, cesser par son rétablissement (Hippocrate, *Epidem.*, l. IV, texte 51, et *Aphor. sect.* VI, *Aph.* 21, ou par des varices ouvertes aux jambes, selon Van-Swieten, *Aphor. Boerhaœ.*, tom. III, p. 509; Schenekius, *Observ.*, l. 1, p. 142, etc.). Combien de femmes deviennent non-seulement capricieuses et bizarres, mais même folles au temps menstruel, si leurs règles coulent mal (*Eph. nat. cur.*, et *Journal de médec.*, etc.)! Il en est de même de beaucoup de personnes dans leur grossesse.

Quelles modifications n'impriment pas les organes sexuels sur le cerveau, par le concours des nerfs sympathiques? Cet adolescent, rempli de légèreté et d'insouciance, arrive à l'époque de la puberté; bientôt ses organes génitaux se développent, s'ombragent de poils; une liqueur stimulante, nouvellement sécrétée, élance un feu inconnu dans toute l'économie; mais c'est surtout le cerveau, l'arbre nerveux qui reçoit les plus violentes secousses.

> Ce n'est plus une ardeur dans ses veines cachée;
> C'est Vénus toute entière à sa proie attachée.

Le jour, la nuit, au sein des forêts comme au milieu des bruyantes cités, mille pensées d'amour s'élèvent sans relâche dans l'esprit, agitent le sommeil de leurs voluptueuses images.

En vain on occupe, on détourne un amant par tout autre objet, la sensation interne du sperme surabondant vient à tout instant renouveler les idées et les désirs de la jouissance; ce liquide stimulant agace, échauffe, avive étonnamment le système nerveux, et lui imprime une énergie héroïque. C'est alors que s'inspirent toutes les hautes pensées, les sentimens généreux, un courage à toute épreuve, le génie le plus sublime. Ce qui le prouve, est l'état de foiblesse physique et morale, de détente, ou d'abjection pusillanime, de stupidité, dans lequel retombent les individus épuisés par d'extrêmes jouissances, ou privés d'humeur fécondante par la castration, comme on l'observe dans les eunuques.

Pour bien connoître encore l'influence du système nerveux ganglionique, il faut le considérer dans le jeu des émotions qu'on attribue au cœur.

Des passions *et affections internes et morales.*

Excepté certaines modifications de l'attention suscitées par la présence d'objets extraordinaires, les affections et les passions proprement dites appartiennent au système nerveux sympathique ou tri-splanchnique.

Nous en séparerons donc les dispositions du cerveau qui ne ressent aucune passion proprement dite; car la *curiosité* est une sorte d'*appétit* de l'organe pensant, analogue à ceux que ressentent l'organe sexuel ou l'estomac, pour accomplir leurs fonctions naturelles; ainsi, elle n'est pas plus passion que la faim, la soif, l'appétit vénérien, qui sont des *besoins* plus ou moins pressans et qui mettent en jeu le *désir*, manifestation commune de tous les appétits et les besoins.

De même, la vue ou le sentiment d'un objet peut produire dans notre cerveau l'*admiration*, élever cet état jusqu'à l'*enthousiasme*, à l'*engouement*, ou se borner à l'*estime*, ou au contraire, descendre au *mépris* qu'inspire le *ridicule*; tous ces états appartiennent plus à l'organe pensant qu'au domaine du cœur. Aussi l'admiration est froide, ou même fatigue bientôt, parce qu'elle ne remue pas le cœur. Les animaux peuvent être surpris, étonnés, éblouis; mais ils ne paroissent point susceptibles d'éprouver l'admiration, de ressentir de l'estime, de l'enthousiasme, ou de connoître le ridicule: eussent-ils la faculté de rire, ils n'en connoîtroient pas les motifs. Il faut aussi dans l'homme, l'idée du noble et du sublime, pour comprendre l'inverse, qui est l'abject et le risible; tous ces états concernent donc principalement l'esprit.

Les passions proprement dites appartiennent aux animaux aussi bien qu'à l'homme, parce qu'elles résident plus spécialement dans le système nerveux ganglionique, ou émeuvent le cœur. Nous en compterons six principales, dont les unes n'étant que des états inverses des autres, se combattent par leur contraire: telles sont l'*amour* et la *haine*, la *colère* et la *crainte*, la *joie* et la *tristesse*. Elles offrent deux dispositions générales dans l'organisation: ainsi l'amour, la colère, la joie, déploient un excès de vie et de sensibilité à l'extérieur; aussi la faculté contractile des muscles, l'énergie des mouvemens, sont prodigieusement excitées, au point que la colère, par exemple, a rendu l'activité à des paralytiques; que l'encéphale et les nerfs ne tombent point dans le sommeil tant que ces émotions sont vives et flagrantes. Au contraire, on voit la tristesse, la crainte, la haine, amortir le jeu de la puissance nerveuse, cérébro-spinale surtout. Il semble que la vie se refoule à l'intérieur pour la conservation de l'individu, dans les maux qui le menacent; ces affections vont même jusqu'à rendre immobile et à plonger dans la stupeur, le sommeil, l'insensibilité, bienfait de la nature dans les extrêmes infortunes, avant-courrières de la destruction.

Le besoin du plaisir inspire de l'amour, comme la douleur excite la haine. On entre en colère contre quiconque veut blesser notre amour-propre ou nos intérêts; mais on éprouve de la crainte d'un danger imminent. La joie résulte de la possession d'un bien ou de son attente sûre et prochaine; comme la tristesse, au contraire, s'aggrave par une perte ou par la menace d'un mal inévitable. Or, toutes les impressions n'affectent pas seulement le cerveau comme feroient des sensations des nombres mathématiques, mais descendent au cœur, parce qu'il s'agit de notre existence. Si nous nous détachions de tous ces intérêts, comme l'essayoit la philosophie stoïcienne, nous serions exempts des passions; mais peu d'hommes sont parvenus à cet état parfait d'ataraxie, qui permettroit de juger impartialement de toutes choses.

1.º Dans l'AMOUR, la sensibilité semble s'exhaler vers l'objet désiré; elle l'aspire avec ardeur et s'élance au-devant de lui; aussi le sein semble s'entr'ouvrir, comme les bras s'étendent pour embrasser un objet chéri; le cœur palpite; un feu léger erre dans les regards, sur la bouche à demi-ouverte; on languit, on brûle tour à tour, la vie semble s'épuiser et renaître. Tous les sentimens tendres et généreux concourant à cette ardente et délicieuse passion; elle entraîne le délire et l'extase dans ses ravissemens, et s'élance jusqu'aux espaces célestes en imagination. C'est la seule passion que l'on ait crue digne de la Divinité. L'amant meurt dans lui pour revivre dans ce qu'il adore; son bonheur est de s'immoler, il fait sa gloire des périls auxquels il se dévoue pour l'objet de ses transports; aveugle sur tous les défauts de la personne idolâtrée, il y trouve toutes les perfections. Par lui, l'avare devient prodigue, le timide, audacieux, le superbe s'humilie. La chaleur d'amour porte à toutes les actions grandes et hautes; elle allume le génie de l'éloquence, de la poésie et de la musique. L'égoïsme est contraire à l'amour. On est porté à aimer les foibles, les jeunes, les êtres doux, faciles, et ceux qui acceptent nos bienfaits, plus que ces derniers n'aiment en retour. Les enfans, les femmes, tout être délicat, désire d'être aimé et protégé; tout généreux et fort aime davantage, parce que l'amour est un don de soi, et qu'il émane d'une chaleur de vie abondante.

2.º La HAINE présente un état opposé, et rend aussi misérable que l'amour rend heureux. Haïr est souffrir, c'est souvent le partage du méchant; et naissant de froideur, la haine se trouve surtout dans les lâches, les craintifs et soupçonneux qui frappent tout, parce qu'ils redoutent tout. De là vient la férocité extraordinaire des tyrans. La haine est froide et durable, tandis que la colère est chaude et peut s'exhaler. La haine n'a point de compassion, elle s'irrite des bienfaits qui l'humilient encore plus; elle est souvent dissimulée et hypocrite; d'autant plus dangereuse alors qu'elle se concentre et s'accumule comme un abcès de malignité qui s'agrandit en rongeant le cœur. Aussi les envieux, les avares, les mélancoliques, les humiliés, ou les hommes trop pauvres et trop malheureux, deviennent haineux. L'envie, la jalousie, la malveillance cruelle, les noirceurs de la calomnie, la cruauté inflexible sont le funeste cortége de cette maladie morale. On comprend qu'elle appartient aussi aux eunuques, à tous les êtres disgraciés plus ou moins et qui se croient méprisés. La haine s'attache aussi à ceux qu'on redoute, à l'orgueilleux, à l'insolent, à quiconque le paroît être dans une fortune fastueuse et insultante à la misère, et dans la supériorité d'un rang qu'on affecte. On doit haïr à juste titre le méchant ou son injustice; car les philosophes qui prétendent que rien n'est bien ni mal sur la terre, se voient condamnés par ce sentiment inné du cœur de l'homme et des animaux qui se soulève de détestation et d'horreur contre le mal et l'injure; ce n'est que le vœu de l'équité.

3.º L'explosion de la COLÈRE est aussi un sentiment conservateur ; c'est pourquoi l'influence du système ganglionique envoie dans l'arbre nerveux cérébro-spinal un surcroît subit d'énergie, d'où vient que les yeux étincellent, la gorge s'enfle, la voix s'élève, les dents se grincent, les muscles se roidissent, se tordent, le sang bouillonne : il peut causer l'apoplexie ou un anévrisme ; la fureur se peint en traits allumés et effrayans sur la face, donne au corps une attitude menaçante, une vigueur formidable. La colère peut s'exalter jusqu'à la rage, imprimer des qualités funestes à la salive chez les animaux, et même à l'homme ; elle détériore subitement aussi les humeurs les plus douces, telles que le lait dans la mamelle, au point qu'il devient vénéneux pour le nourrisson. Les complexions sèches, maigres, tendues, vives, les individus fatigués ou affamés, ceux qui souffrent, sont en général irascibles ; il en est de même des personnes trop louées, ou trop accoutumées à leurs volontés, qui ne supportent plus la contrariété. Il y a des courroux concentrés qui crèvent le cœur, comme le dépit, et qui conservent plus long-temps le ressentiment de la vengeance ou la rancune. Les colères vives ou explosives se dissipent plus tôt, disposent à la témérité et à l'audace, animent le courage, chez les mâles surtout, et à l'époque de l'amour, d'où naissent les principales querelles entre les animaux. Le système hépatique est particulièrement affecté dans cette passion, et produit des évacuations bilieuses, ou quelquefois la jaunisse.

4.° La Crainte, conservatrice des foibles, agit en sens inverse de la passion précédente ; car elle porte ses effets vers les organes inférieurs, et refoule, comme dit Homère, l'âme dans les jambes pour fuir ; aussi le ventre se lâche, ainsi que l'urine et même le sperme ; un froid glacial couvre le front et la poitrine, le visage pâlit, les yeux s'éteignent, la lèvre inférieure tremble ; l'extrême terreur stupéfie même, fait manquer le pouls et la voix, les sens restent perclus ; les poils se dressent par le resserrement de la peau, dans l'horreur, et peuvent blanchir bientôt faute de nourriture, par la rétropulsion des humeurs à la suite d'une vive frayeur. L'épouvante est commune chez tous les êtres débiles, les enfans, les vieillards, les femelles surtout, les tempéramens humides ; elle gagne aisément aussi les gens trop prudens ou défians ; elle est plus grande à jeun et dans l'obscurité ou l'ignorance. La timidité et la douceur des animaux herbivores, mal armés, les rend et plus vites à la course et susceptibles d'être domptés ou apprivoisés, comme on voit aussi les individus énervés et peureux devenir les plus serviles adulateurs ; les plus lâches sont pareillement les plus hypocrites, et la même timidité rend superstitieux, avare, parcequ'on cherche des soutiens dans la fortune et les croyances aux puissances surnaturelles. Si l'appréhension modérée aide à la prudence, la consternation abat extrêmement les facultés intellectuelles. Les animaux timides ont d'ordinaire de fortes jambes de derrière pour mieux fuir; ils sont aussi plus prolifiques que les courageux et les colériques ; ceux-ci sont mieux armés pour l'attaque, et présentent des armes redoutables soit à la tête soit aux organes antérieurs du corps. (*V*. la différence entre les MÂLES et les FEMELLES, à leurs articles.)

5.° La JOIE, affection familière à la jeunesse, à la santé florissante ou à la croissance, tend en effet à déployer la vie et l'organisme ; elle cause une expansion favorable à la transpiration, à l'exhalation ; le visage s'étale et rayonne de contentement, la bouche s'ouvre du rire, dilatation spasmodique du diaphragme chez l'espèce humaine seule ; une agréable rougeur coloré et échauffe modérément la surface du corps, qui devient pléthorique et gras par cet état de délectation ; la vive allégresse fait même trépigner de plaisir ; elle épanouit le sang vers la circonférence, avec tant de force quelquefois, que retournant avec peine vers le cœur, on se pâme, on peut mourir de joie. Aussi cette passion est babillarde, elle excite au chant, à la danse, aux jeux ; elle inspire de la franchise, une cordialité ouverte, une pleine insouciance ; elle dore l'avenir des plus riches espérances, rend libéral, prodigue, sociable, et quelquefois vain d'ostentation, de bonne opinion de soi. Rien aussi de plus favorable que cette passion aux fonctions digestives ; mais elle détend et diminue l'esprit ou le rend imprudent.

6.° Au contraire, la TRISTESSE, sévère apanage de la vieillesse et des douleurs, rétrécit la vie ou la concentre au dedans, amoindrit, dessèche, use et vieillit l'organisation. On se sent comme suffoqué d'un poids énorme qui contraint de soupirer souvent ; le teint se fane et devient blême, la peau resserre ses pores et n'exhale presque rien ; la puissance musculaire ralentie, tombe en langueur ; les afflictions portent à la retraite, à l'obscurité des solitudes ; les fonctions intellectuelles, ou tombent découragées dans le sommeil et l'abandon de la résignation, ou se rongent de nouveaux soucis. On se déplaît à soi-même dans cette morosité inquiète, au milieu des alarmes et de continuelles sollicitudes, qui font aspirer quelquefois à la mort de désespoir. Devenu âpre et taciturne, ou même farouche et impitoyable, on ne peut supporter la joie d'autrui : *Oderunt hilarem tristes, tristemque jocosi.* Le corps s'affaisse dans le marasme, tandis que l'esprit s'aiguise en creusant et méditant sans cesse. Si le chagrin gagne des personnes à fibres

molles, comme les enfans, les femelles chez tous les animaux, il peut se détendre par l'attendrissement et les larmes qui ramènent la sensibilité à l'extérieur.

Toutes les affections se peuvent ainsi ranger sous ces pas-
sions-mères, et se composer des unes avec les autres. La
pudeur naît de crainte et d'amour; la *jalousie* comprend plus
d'envie, espèce de haine, que d'amour; l'*espérance* née de la
joie, se balançant par la crainte, donne l'*irrésolution*; l'*orgueil* paroît sortir de cette *vanité* née du contentement de soi-
même, avec une teinte d'*arrogance* qui résulte de la disposition colérique, etc.

On peut dire seulement que l'*ennui*, le plus insupportable
peut-être des états de la sensibilité, naît de l'absence d'impressions nouvelles, soit que l'on se rassasie de dégoût de
tout, soit que rien de piquant ne vienne dégager de l'apathie
insipide dans laquelle on se trouve plongé. Nous avons montré ci-devant qu'il résultoit d'une accumulation du principe
sentant qui éprouve un besoin irrésistible de s'exhaler, fût-ce
même dans les périls et les douleurs. Tant d'oisifs riches et
blasés, sont poussés à des extravagances et à des fureurs par
cet état, et parsèment l'univers de leur *spleen*, faute de savoir occuper leur vie! Ils gagnent à se suicider.

DES SYMPATHIES ou *correspondances nerveuses du corps, et de ses
relations extérieures avec d'autres individus.*

Comme l'association ou plutôt la république des organes
ne pourroient pas jouer de concert, dans leurs fonctions, sans
un principe unique de gouvernement établissant entre eux
une relation d'harmonie, le système nerveux, au moyen de
ses ramifications, est destiné à les faire communiquer.

C'est surtout par ces embranchemens variés des nerfs tri-
splanchniques, par leurs lacis ou plexus et les nœuds ou ganglions qui rattachent tant de fils presque inextricables, que
s'opère cette corrélation générale dans l'économie animale.

Les principaux centres de tous ces ressorts sont situés vers
l'estomac; ils s'étendent dans les méandres des viscères et les
parties adjacentes; aussi presque tous ces organes forment un
vaste appareil dont le jeu devient simultané ou successif, selon les besoins de l'individu, sans qu'il soit nécessaire que sa
volonté y coopère.

De là vient que si l'animal a faim ou soif, s'il a reçu un
poison dans l'estomac, s'il existe quelque saburre dans ses
premières voies, toute l'économie en est affectée; la langue,
la bouche, les organes des sens, les mouvemens des membres
se coordonnent selon l'état de l'intérieur, par cette sympathie. Les frissonnemens des fièvres, la cause des nombreux

symptômes hystériques qui remontent, comme une boule, de l'utérus jusqu'à la gorge, et suffoquent; les vomissemens qui accompagnent les violens accès de la néphrite, résultent de cet ébranlement du système nerveux intercostal, dans ses diverses ramifications.

Nous avons vu cet appareil nerveux accompagnant presque tout le trajet des artères abdominales et entourant leurs troncs de tant de rameaux ou de liens, qu'il peut exciter diversement la contraction ou la dilatation des tuniques musculaires de ces artères, et par-là fermer et ouvrir plus ou moins les passages du sang, d'où résulteront tous les troubles de la circulation, toutes les nuances du pouls qu'on observe dans les passions et les maladies. Les ganglions de ce système nerveux sous la tête, à la gorge, à la poitrine, à l'abdomen, au bassin, établissent des centres de communication pour chaque appareil de ces régions.

Que le nerf sympathique soit coupé au col, la pupille se contracte et l'œil s'affoiblit (Petit, *Mém. acad. sc.* 1727). Un rameau du sympathique qui se rend aux nerfs de la cinquième paire fait que la pupille se dilate, le nez démange, et les dents sont agacées chez les enfans dont les vers se remuent dans leurs intestins.

Les connexions du sympathique avec le nerf diaphragmatique produisent l'éternuement quand le nez picote; et les communications de l'intercostal avec les nerfs de l'œil et du diaphragme sollicitent aussi l'éternuement lorsqu'on regarde le soleil.

Si le hoquet s'arrête par l'éternuement, si la toux excite le vomissement et si l'envie de vomir fait tousser, si la réplétion extrême de l'estomac produit le même effet, tous ces actes s'expliquent par les anastomoses des nerfs grands sympathiques avec les rameaux de la paire pneumo-gastrique, ou vague. Les animaux, les idiots sont plus inertes à toutes ces sympathies.

Par les autres connexions de l'intercostal avec le nerf vague, avec ceux de la cinquième paire, ou ceux de l'épine dorsale, on explique les divers symptômes résultans soit de l'épilepsie originelle du bas-ventre, soit de la colique de plomb, comme la raucité de la voix, la surdité, la cécité, les contractions ou résolutions des membres inférieurs, l'affaissement du rectum, ou les débordemens de bile par haut et bas après une violente colère, ou le vomissement qu'excite la titillation de la luette, ou les hoquets et vomissemens qui surviennent à une douleur aiguë du foie, de la rate, ou du colon, ou par un calcul de la vésicule du fiel, etc.

C'est encore par ces connexions des nerfs que les convulsions peuvent remonter ou gagner de bas en haut vers le cerveau dans l'épilepsie, par une irritation des nerfs de la jambe, par exemple, ou une blessure. Le chatouillement vif des aisselles ou de la plante des pieds peut entraîner encore des spasmes universels, et on a fait périr ainsi des personnes dans l'excès des chatouillemens; ils vont aisément jusqu'à la syncope. La compression des testicules abat soudain l'homme le plus féroce; et il semble que la nature indique ce secret aux animaux, car les chiens qui attaquent un taureau furibond, le mordent aux testicules pour le faire évanouir. Enfin les convulsions ou la roideur du trismus, de l'emprosthotonos et autres spasmes tétaniques si fréquens sous les climats ardens des tropiques, résultent de l'entraînement simultané des nerfs spinaux qui se distribuent aux muscles volontaires. Ce consensus commence souvent par une douleur aiguë au scrobicule du cœur ou au lieu par lequel le diaphragme s'unit avec la plèvre et le péritoine; de là il se répand comme une vapeur glaciale dans les muscles (Hillary, *Diseas. of Barbod.*, p. 238). et remonte l'épine dorsale. Combien de fois n'a-t-on pas vu une simple épine fichée dans un doigt, causer une vive douleur sur le trajet des nerfs brachiaux, gagner le col et la tête, puis faire tomber l'homme en lipothymie, sous ces régions où la chaleur développe tant la sensibilité? Un durillon placé sur un rameau nerveux de la jambe, au bas des muscles gastrocnémiens, faisoit remonter une sorte de vapeur qui entraînoit des convulsions épileptiques générales. On enleva ce durillon et le mal cessa. (Boerhaav., *Morb. nervor.*, p. 845.)

On voit donc que l'arbre nerveux interne et externe ne formant qu'un immense système, peut être ébranlé universellement, même par une simple idée frappant fortement l'imagination, comme la vue d'un précipice où l'on va tomber, l'appareil d'un supplice menaçant, qui fait trembler tous les membres. La seule pensée d'un objet dégoûtant ou hideux soulève l'estomac ou bouleverse tous les viscères par sympathie. Tel est aussi le coup d'une nouvelle désastreuse, qui fait couler une sueur froide, présage de défaillance.

Comme les nerfs des reins correspondent avec des troncs du sympathique, et les nerfs splanchniques avec la paire vague, on voit que, dans la névralgie, ou le gravier des reins, les douleurs lombaires, la rétraction des testicules, le spasme des jambes, les nausées et les vomissemens accompagnent cette maladie. S'il existe, au contraire, un calcul dans la vessie seulement, ces effets n'ont pas lieu, parce qu'elle ne reçoit pas des nerfs splanchniques, mais d'autres rameaux du sympathique.

Pourquoi le froid aux pieds peut-il causer la colique avec
ténesme et la dysurie ? c'est par les correspondances du sympathique avec le nerf sciatique. Ce sont les anastomoses de ces
sympathiques entre eux qui excitent ces nausées et ces vomissemens des femmes enceintes , de celles qui accouchent , ou
après l'extraction du calcul vésical. Par la même cause , les
menstrues supprimées resserrent l'œsophage et produisent des
étouffemens: les femmes qui accouchent, éprouvent des convulsions et l'horreur de l'eau , parfois , au moyen de ces correspondances ; comme on voit les mélancoliques atrabilieux
sentir des constrictions à la gorge , un désir violent de la solitude, verser des pleurs ou jeter des regards languissans, par
les émotions de leur système nerveux intercostal.

Pour quiconque n'ignore pas ces connexions, l'utilité des
vésicatoires placés à la nuque pour enlever une toux nerveuse spasmodique , ou entre les épaules, contre le hoquet,
les palpitations, ou sur l'abdomen dans une inflammation des
intestins, est bien appréciée.

Les odeurs vives raniment les personnes tombées en syncope , ou ébranlent puissamment l'économie , parce que les
nerfs sympathiques s'unissent avec ceux du nez ; aussi des
poudres âcres placées sur la membrane pituitaire excitent l'é-
ternuement par cette raison. La paire des nerfs vagues ayant
des alliances avec les nerfs sympathiques , il en résulte que
la colère et les autres passions excitent divers trémoussemens
dans le cœur. La jaunisse dépendant quelquefois du spasme
des nerfs du foie près du canal cholédoque , elle cède à l'o-
pium qui les engourdit.

Mais il y a bien d'autres correspondances entre nos organes , par divers intermédiaires ; ainsi les parties sexuelles sym-
pathisent avec la gorge , de sorte que le gonflement , les irritations de l'une peuvent se transporter à l'autre , comme on
l'observe dans la maladie vénérienne, dans les oreillons, dans
l'état de la voix par la puberté , par la castration , etc.

Les organes dont les fonctions sont analogues , sympathi-
sent entre eux , sans que leurs relations nerveuses soient
pourtant immédiates ; ainsi le tissu érectile et spongieux du
mamelon et ceux du clitoris ou du gland tendent à se gonfler simultanément , par la titillation de l'un d'eux ; aussi les
lèvres jouissant d'une sensibilité analogue , la propagent à ces
organes dans les baisers voluptueux.

De même , les mamelles correspondent avec l'utérus, se
gonflent dans la grossesse et l'aménorrhée ; par l'allaitement,
au contraire , les règles sont suspendues , comme on arrête
les ménorrhagies , au moyen de ventouses appliquées aux mamelles.

Aucune raison physique n'a démontré parfaitement pourquoi un coup reçu à la tête détermine un abcès au foie, ni pourquoi les affections du foie troublent l'action du cerveau.

C'est sans doute par l'analogie des tissus que la peau sympathise avec l'estomac, ou celui-ci avec la peau ; ainsi certains poisons pris intérieurement font tomber l'épiderme, et même les cheveux ; si l'on mange des moules malsaines au temps du frai, la peau se couvre souvent de rougeurs sur-le-champ. La similitude des tissus est sans doute aussi la cause pour laquelle l'orifice des viscères creux sympathise avec leur intérieur ; ainsi la titillation du gland excite l'envie d'uriner, comme l'agacement de la gorge cause des nausées ; par la raison inverse, la titillation de l'estomac par des vers, picote le nez, agace le bout de la langue, comme l'irritation de la vessie par des calculs cause une démangeaison à l'extrémité du gland, en se propageant le long de la même membrane muqueuse.

Il suffit d'une condition toute pareille des tissus pour que la sympathie se puisse communiquer ; ainsi l'inflammation de la conjonctive d'un œil passe souvent à l'autre, à cause de leur égalité de fonctions. C'est ainsi que dans les mouvemens spasmodiques d'un bras ou d'une jambe, son antagoniste l'imite involontairement. Les deux bras ou les deux jambes feront bien les mêmes actions, mais très-difficilement des actions différentes en même temps. Cette imitation naît du seul consensus et spontanément.

De même, les douleurs trouvant des organes analogues pour la structure et pour l'état de leur sensibilité, elles peuvent passer avec la rapidité de l'éclair d'un bras à l'autre, ou ceux-ci aux cuisses, etc. ; comme on l'éprouve dans les rhumatismes vagues, les douleurs vénériennes nocturnes, etc.

Cette similitude de structure et de sensibilité conduit à l'examen de la transmission des sympathies et des affections d'un individu à un autre, dans les mêmes organes surtout.

En effet, pour que celles-ci puissent se communiquer, de même que les contagions et les maladies, il faut un rapport d'égalité, tel que celui de l'âge, de la complexion, du genre de vie et des autres habitudes. C'est par cette sympathie des organes que nous éprouvons du mal aux yeux, en regardant des yeux enflammés d'une ophthalmie, ou que nous sommes entraînés à bâiller, à vomir, par l'imitation forcée qu'excitent ces actes d'autrui. C'est par ce même *consensus* que les convulsions, l'enthousiasme, le jeu des passions vives, se propagent dans les grandes assemblées, surtout entre les individus les plus sensibles et les plus mobiles, tels que des personnes maigres et grêles, des enfans, des jeunes personnes. Rien n'est plus contagieux, à cet égard, que les scènes lubriques qui suscitent des passions faciles à s'enflammer. Telles sont aussi ces danses tourbillonnantes où l'agitation, la chaleur, l'ébranlement simultané que produit le rhythme musical, entraînent les sens, et font perdre la raison. De là vient quelquefois l'impossibilité de résister à des séductions auxquelles la nature conspire de tout son effort, et dont on ne se garantit qu'en se dérobant à ces causes de sympathie.

Plus il y aura d'égalité ou d'analogie entre les corps, et de concert de sensibilité entre leurs organes, plus l'unisson sympathique sera prompt et facile; de là naissent l'accord soudain, les liaisons secrètes entre des personnes qu'une pareille manière de voir, d'être affecté, rapprochent dans la société comme par instinct; de là se nouent les amitiés les plus durables par la conformité des sentimens, des mœurs, des habitudes. *Similis simili gaudet.* Cet effet est si général, qu'il s'opère même entre les corps non sensibles. Ainsi, les cordes tendues à l'unisson, frémissent toutes dans le voisinage de celle qu'on fait vibrer. Voilà pourquoi les habiles législateurs, pour former une association compacte d'une nation, la soumettent à des rites et des habitudes uniformes, distinctes de celles des autres peuples; et c'est ainsi que les Juifs se conservent, malgré leur dispersion, ou s'entendent d'un bout de l'univers à l'autre, dans leurs relations.

Les systèmes nerveux de divers individus sont donc capables de s'établir en rapports directs pour que le plus fort transmette au plus délicat son influence et son harmonie. C'est ainsi que s'opèrent les prestiges du fanatisme, ou les transmissions de prétendus fluides magnétique, sympathique, etc. Dans ces circonstances, ce sont presque toujours des hommes à imagination forte ou exaltée, qui agissent sur des personnes foibles, sur l'enfance, le sexe féminin, la vieillesse débile, et tout ce qui succombe facilement aux impressions. L'analogie de la communication magnétique au fer, a dû conduire à supposer un effet semblable, quoique rien ne démontre le passage d'un fluide réel (quelque subtil qu'on le suppose) entre les individus. Cette communication s'exerce principalement par l'influence de l'imagination, même à la distance de plusieurs lieues, sans intermédiaire, et malgré l'interposition d'une multitude de corps. Ce n'est donc qu'en élevant le système nerveux cérébro-spinal d'autres personnes à un certain degré d'excitation, que l'*homme puissant en œuvres et en paroles*, sait leur imprimer telle ou telle commotion morale. C'est de même aussi qu'on peut exorciser les prétendus démoniaques, et que d'habiles fripons abusent des dupes.

§ V. *De l'origine et de la formation primitive de l'élément nerveux ou sensitif.*

La substance nerveuse est, chez les êtres animés, la portion la plus élaborée, le principe souverainement animalisé; aussi, plus un animal est perfectionné dans l'échelle de l'organisation, plus il déploie son système nerveux, et toutes les richesses de la sensibilité. Cette vérité se manifeste pleinement en parcourant toute la série du règne animal, depuis les zoophytes ayant à peine quelques molécules nerveuses éparses, jusqu'à l'homme, qui recueille dans son cerveau un trésor immense de sensibilité et de pensée.

Chez les végétaux pareillement, le *summum* d'élaboration de leur organisme est leur fructification; c'est à ces parties que se rassemble la substance médullaire, la nourriture la plus délicate et la mieux préparée, pour former les fruits et les semences. C'est à diverses parties de la fleur que se déploie le plus de vie, d'irritabilité dans les étamines, ou de chaleur organique, comme dans la fécondation de plusieurs *arum*, enfin que se manifestent les signes les plus évidens de la vie.

Dans les animaux, quoique l'élément nerveux soit principalement rassemblé vers la tête, pour diriger les sens et les fonctions de l'individu, cet élément si vital et si élaboré, n'est pas moins destiné à la fonction la plus importante, la plus auguste pour la nature, la reproduction des espèces. Les preuves en sont faciles, car rien n'affoiblit et n'*énerve* plus spécialement l'animal que l'abus du coït, au point que plusieurs en périssent, même sur-le-champ, comme les insectes à métamorphose, mâles; les autres espèces languissent et muent, comme pour recommencer une nouvelle carrière de vie, en mettant une longue intermission entre les époques du rut. Les êtres qui font le plus usage de leurs facultés intellectuelles et sensitives extérieures, sont les moins capables de coït fréquent, tandis que les individus les plus brutes, tels que des idiots, des crétins, l'exercent bien davantage; et les animaux à petit cerveau sont très-féconds comme les poissons. Enfin, il existe un antagonisme complet entre les facultés génitales et les cérébrales, comme entre les deux pôles d'une pile galvanique. La substance nerveuse aboutit à ces deux extrémités de l'organisme animal, plus elle se consomme par l'une, moins il en reste à l'autre. Par le cerveau, elle sent et pense; par l'organe sexuel, elle engendre ou féconde. Le mâle domine par la tête ou les régions antérieures, parce qu'il est destiné à la supériorité; la femelle, par le bassin et les organes éducateurs; aussi elle survit d'ordinaire au mâle, car elle dépense moins d'élément nerveux dans l'acte de la reproduction.

L'énergie du cerveau et du système nerveux est donc fortifiée, accrue par la conservation du sperme, et détruite au contraire par son émission, quand elle est surtout excessive. La résorption du sperme et sa recohobation, pour ainsi dire, augmente, agrandit héroïquement toutes les forces vitales, puisqu'elle conduit même à l'exaltation et à la fureur. L'abus du coït affoiblit la vue, fane le cerveau ; ce qui faisoit penser aux anciens philosophes et médecins que la semence étoit un écoulement de l'encéphale par la moelle épinière, *stilla cerebri.*

Il est présumable, en effet, que le don de la vie, qui diminue la nôtre, ne s'opère qu'aux dépens de cet élément si élaboré qui nous anime ; qu'il s'en détache des molécules pour présider à la vie de l'individu naissant. Le principe nerveux est l'élément générateur, si l'on s'en réfère même à l'analogie que la chimie découvre entre la substance médullaire cérébrale et le sperme, la laite de poissons, par exemple. L'une et l'autre de ces matières animales contient du phosphore et une sorte d'albumine dans un état particulier. Les œufs de toutes les femelles sont formés aussi de principes à peu près uniformes chez toutes les espèces, d'après les analyses chimiques.

Nous sommes donc induits nécessairement à considérer les organes sexuels comme les antagonistes du cerveau ; la semence de celui-ci est la pensée ou la sensibilité, comme la sensibilité voluptueuse de ceux-ci sécrète l'œuf ou le sperme. Ainsi, l'élément nerveux exerce nécessairement ces deux hautes fonctions, les plus impénétrables et les plus sublimes dans les mystères de la vie.

En effet, comment ce qui nous anime ne se transmettroit-il pas pour animer un nouvel être ? Pourquoi cet œuf qui se putréfieroit, s'il étoit couvé sans être fécondé, donne-t-il le jour à un jeune animal agissant et sensible, par cela seul qu'il a reçu un atome d'un liquide du mâle ? Ce principe si vivifiant sera-t-il autre qu'un extrait de la même substance nerveuse ou vivifiante de ce mâle ?

Considérons d'ailleurs ce fœtus naissant, ou l'embryon du poulet dans l'œuf. Qu'aperçoit-on dès les premiers jours ? Une tête, une carène dorsale, même avant que le cœur, le *punctum saliens* se soit parfaitement développé. (*V.* l'article GÉNÉRATION.) Ainsi, l'organisation du système nerveux est apparente dès les premiers temps du développement du fœtus, chez les animaux vertébrés principalement. Ce système nerveux est même beaucoup plus considérable, relativement aux autres organes, qu'il ne le sera par la suite ; tous les fœtus ont une tête, une épine dorsale énormes ; et les enfans ont proportionnellement la tête bien plus grosse que l'homme. La raison nous en paroît évidente ; le système nerveux étant l'élément excitateur de la vie, il faut qu'il prédomine pour faire accroître et développer le jeune animal ; à mesure que ce principe nerveux s'épuise, dans le cours de la vie et de la génération, il se fane, se dessèche, l'animal vieillit et meurt.

Or, plus l'embryon sera petit, plus la proportion de son système nerveux sera considérable ; elle le sera, dans l'origine, au point de composer presque toute l'essence du germe animal. Il nous paroît ainsi très-probable que le principe vivifiant, communiqué à l'œuf par le mâle, n'est qu'un extrait fort élaboré de son système nerveux, lequel emploie les humeurs nourricières de l'œuf et de la mère, pour s'accroître. Il y auroit encore bien d'autres inductions à tirer de cette sensibilité voluptueuse si vive qui accompagne la copulation chez les animaux, et qui agite si violemment tout l'arbre nerveux de ses secousses, comme pour en exprimer la plus pure essence. Nous pourrions demander encore avec Vanhelmont et Stahl, si l'âme, ou si des *fibres structrices* ne passent pas ainsi dans le sperme pour la formation ou le développement du jeune animal, soit que son organisation se trouve prédisposée naturellement dans le germe de la femelle, soit que la puissance organisante émane du mâle. Mais ces suppositions paroissent trop hypothétiques ou trop difficiles à vérifier : il suffit de reconnoître que c'est le système nerveux qui transmet le principe vivifiant à l'embryon, et qu'il agit le premier dans le nouvel être.

C'est ainsi que pourroient du moins s'expliquer les transmissions héréditaires des instincts chez les animaux, et de certains penchans violens chez l'homme, comme des tempéramens ; mais nous nous contentons de ce complément au tableau général des fonctions et de la distribution du système nerveux, ou vital et fondamental des animaux. C'est par lui seul que se déploient ces prodiges de l'intelligence, du sentiment et des actions qui embellissent la scène de l'univers. Par lui, l'homme pense, et dès-lors il est supérieur à la terre, au soleil même qui l'éclaire ; il s'élève jusqu'au trône de la Divinité. *V.* NATURE et VIE. (VIREY.)

NERF DE BOEUF. On nomme ainsi les tendons de cet animal que les bouchers font sécher pour servir de forte courroie. On prend ordinairement pour cela les tendons de la jambe et du calcanéum, qui correspondent au tendon d'Achille dans l'homme. Ces parties sont extrêmement fortes. En général, le vulgaire appelle *nerfs*, les tendons, les ligamens et les aponévroses des animaux. Les anciens confondent aussi les *tendons* avec les *nerfs*. (VIREY.)

NERF. Nom que l'on donne, dans les mines de houille du département de l'Allier, aux masses et veines de pyrites (*fer sulfuré*) qui se rencontrent dans la houille. (LN.)

NERIAM-PULLI. Plante figurée par Rheede, et qui paroît être l'ACHIT RAMPANT (*cissus repens*). (B.)

NÉRIETTE. Nom qu'on donne aux ÉPILOBES. (B.)

NÉRION ET RHODODENDRON ou RHODODAPHNÉ. Les Grecs donnoient ces noms à un arbrisseau qui, suivant Dioscoride, croissoit dans les lieux humides : il a les feuilles semblables à celles de l'amandier, mais plus longues et plus épaisses ; les fleurs roses, et des fruits assez voisins de ceux de l'amandier, qui sont remplis d'une espèce de duvet qui rappelle les aigrettes de l'*acanthion*, espèce de chardon. Pline ajoute que le *nerium* est toujours vert, semblable à la rose, et à tiges frutiqueuses. Apulée l'appelle *rosa laurea*, et nous lui donnons vulgairement le nom de *laurier rose* ou de *laurose*, à cause de ses feuilles coriaces comme celles du laurier et de ses fleurs couleur de rose. Selon Pline, le *nerium* ou *rhododendron* (arbre à roses) des Grecs, est l'*oleander* et l'*herba sabina* des Latins, bien qu'ailleurs il dise que cette plante des Grecs n'avoit point de nom en Italie. Il nous apprend que c'étoit un poison pour les bestiaux qui en mangeoient, etc. On ne peut méconnoître ici notre *laurier rose*; aussi tous les botanistes anciens l'ont nommé *nerion* ou *nerium*, (humide, en grec), *rhododendron* et *rhododaphne* (LAURIER ROSE, en grec) et *oleander*. Tournefort a conservé au genre de cette plante le nom latin de *nerium*, adopté par les botanistes. Linnæus augmenta ce genre de quelques espèces exotiques. Brown, dans son *Histoire naturelle de la Jamaique*, rapportoit au *nerium* trois plantes qui sont des ÉCHITES. Sloane (*Hist. de la Jam.*) avoit placé avec les *nerium* les *plumiera rubra* et *alba*, et le *tabernæmontana laurifolia*, L. Cupani désignoit l'aspérule de Calabre, par *nerium suffrutex*.

Quant au genre *nerium* de Linnæus, M. R. Brown n'y rapporte que les *nerium oleander* et *odorum*. Il croit que les *nerium coronarium* et *divaricatum* sont des espèces de *tabernæmontana*, et que le *nerium obesum* de Forskaël doit former un genre. Les N. *antidysentericum* et *zeylanicum* forment son genre *Wrightia*. *V.* LAUROSE, RHODODENDRON et WRIGTHIE.

(LN.)

NERITARIUS. *V.* NÉRITIER. (DESM.)

NÉRITE, *Nerita.* Genre de testacés de la classe des UNIVALVES, qui est composé de coquilles demi-globuleuses, aplaties en dessous, non ombiliquées, à ouverture entière, demi-ronde, et à columelle subtransverse tranchante et souvent dentée.

Ce genre, dans les ouvrages de Linnæus, étoit composé de coquilles ombiliquées et non ombiliquées. Lamarck en a séparé les premières, et les a réunies sous un nouveau genre qu'il a appelé NATICE d'après Adanson, Gualtiéri, Favanne et autres. Ainsi, il n'est plus question ici que des *nérites imperforées*, qui comprennent les *fausses nérites* de Favanne.

Les *nérites* sont ovales et voûtées, et d'une contexture très-solide. Le nombre des spires varie selon l'âge, de trois à cinq, et elles vont toujours de gauche à droite. Leurs tours sont plus ou moins bombés, suivant les espèces. Le premier tour qui constitue le corps de la coquille est d'un volume très-considérable, si on le compare aux autres, qui sont des plus petits parmi les coquilles.

Non-seulement les nérites n'ont point d'ombilic, mais même de véritable columelle. Une simple cloison en tient lieu. Cette cloison est aplatie, mince, longitudinale. Elle prend naissance sous le sillon de la première spire, et s'étend obliquement vers la partie opposée. On a donné le nom de *palais* à la partie visible de cette cloison, qui est toujours lisse, luisante, et plus épaisse que le reste, tantôt plane, tantôt un peu concave, tantôt un peu convexe, plus ou moins oblique, plus ou moins ridée, plus ou moins dentée à son bord.

L'ouverture de la bouche forme presque toujours un demi-cercle avec une lèvre cintrée, lisse ou dentelée. Un renflement souvent fort saillant suit la direction de cette lèvre à une certaine distance du bord interne, et ses extrémités finissent en un petit appendice sous lequel s'adapte l'opercule. Un peu au-dessous du renflement est un talus pourvu de dents, communément assez nombreuses, plus ou moins grosses, mais toujours plus remarquables dans l'angle supérieur.

Toutes les nérites sont operculées ; leurs opercules sont ou testacés ou cartilagineux, plus ou moins approchant de la forme semi-lunaire, toujours entaillés ou crénelés. L'intérieur est lisse, luisant, peu aplati, l'extérieur lisse ou granuleux, décrivant un tour de spire peu prononcé.

La robe des nérites est ordinairement blanche, mélangée de gris, de verdâtre, d'orangé, de citron, de violet, de rose, et fasciée de brun, de noir ou de fauve, etc. ; elle est quelquefois entièrement noire, verdâtre ou grisâtre.

L'animal des nérites a une tête fort aplatie, faite en demi-lune, un peu échancrée aux deux extrémités, de la base de laquelle sortent, de chaque côté, deux cornes coniques, fort minces, une fois plus longues qu'elle. Les yeux sont deux petits points noirs placés sur un tubercule trièdre à la base extérieure des cornes. La bouche est placée à la partie inférieure de la tête, et formée par une lèvre épaisse et ridée. Le manteau couvre entièrement l'intérieur de la coquille, et est légèrement crénelé sur ses bords. Le pied est presque rond, aplati en dessous, convexe en dessus, et de moitié plus court que la coquille.

Les nérites sont répandues en très-grand nombre sur toutes les côtes pierreuses de l'ancien et du nouveau continent. Elles s'attachent aux rochers, et restent souvent hors de l'eau aux basses marées, sans inconvénient pour elles. Il y en a aussi plusieurs espèces qui vivent dans l'eau douce. Leur petitesse et la dureté de leur test les rendent peu propres à la nourriture de l'homme ; aussi n'en mange-t-on que faute d'autres alimens.

On en trouve de fossiles à Courtagnon, Grignon et autres lieux de la France, en Italie, en Allemagne, etc.

Ce genre se divise en deux sections, renfermant en tout environ cinquante espèces, dont les plus remarquables ou les plus communes sont :

Parmi les *nérites sans dents* :

La Nérite FLUVIATILE, qui est rugueuse et variée de blanc, de brun, de rouge et de jaune. Elle se trouve dans la plupart des grandes rivières de l'Europe, et varie extrêmement dans ses couleurs. Elle est très-commune dans la Seine. Pendant l'hiver, elle s'enfonce très-profondément dans la vase. Elle constitue aujourd'hui le genre THÉODOXE.

La Nérite LITTORALE est unie, et a le sommet rongé ou carié. Elle se trouve très-abondamment sur les côtes de l'Océan, et varie extrêmement dans ses couleurs.

Parmi les *nérites à lèvres dentées* :

La Nérite VERTE, qui est unie, et dont la lèvre n'est crénelée que dans son milieu. Elle se trouve dans la Méditerranée et aux Antilles.

La Nérite POLIE, qui est unie, dont le sommet est oblitéré, et l'une et l'autre lèvres dentées. Elle se trouve dans la mer des Indes.

La Nérite CAMÉLÉON est sillonnée de vingt stries profondes, et ses lèvres sont dentées, l'inférieure est rugueuse et tuberculeuse. On la trouve dans la mer des Indes.

La Nérite PERVERSE a la spire tournée à gauche, et huit

dents aux lèvres. Elle se trouve fossile à Courtagnon et ailleurs. Elle constitue aujourd'hui le genre VELATE.

La NÉRITE TOUR est alternativement fasciée de blanc et de noir; son sommet très-saillant; sa lèvre aiguë, et son intérieur blanc. Elle se trouve dans les eaux douces, aux Antilles.

La NÉRITE DUNAR est ovale, obtuse, solide, noire, fasciée de blanc et striée; ses lèvres sont dentées des deux côtés. Elle se trouve sur la côte d'Afrique. *V*. pl. G 3o, où elle est figurée.

La NÉRITE ÉPINEUSE est noire, striée transversalement; les stries sont épineuses; la lèvre est aplatie, unie, peu dentée. Elle se trouve dans les fleuves de l'Inde. Elle forme aujourd'hui le genre CLITHON. (B.)

La NÉRITE MAMILLÉE constitue aujourd'hui le genre POLINICE. (B.)

NÉRITIER. Animal des NÉRITES. Il a deux tentacules à yeux pédiculés, et son opercule est en croissant. (B.)

NERIUM. *V*. NÉRION et LAUROSE. (LN.)

NERIUM DES ALPES, *Nerium alpinum*, Gesner. C'est le ROSAGE VELU (*Rhododendrum hirsutum*, Linn.). (LN.)

NERO-DI-PRATO. Sorte de SERPENTINE d'un vert noir, bariolée de jaunâtre, qui s'exploite à Prato, en Toscane.
(LN.)

NEROLI. Les parfumeurs donnent ce nom à *l'huile essentielle d'orange* qui leur vient d'Orient. *Voy*. au mot ORANGER.
(B).

NERPA. En Sibérie, c'est le PHOQUE A CRINIÈRE (*phoca jubata*). (DESM.)

NERPISKI. Poissons des rivières de Sibérie, dont le genre n'est pas connu. (B.)

NERPRUN, BOURGÈNE, *Rhamnus*. (*Pentandrie monogynie*.) Genre de plante de la famille des rhamnoïdes, fort voisin des CÉANOTHES, dont les caractères sont d'avoir: un calice à quatre ou cinq divisions; une corolle formée de quatre à cinq pétales écailleux, très-petits, plus étroits, et plus longs que les divisions du calice; quatre à cinq étamines à anthères arrondies; un ovaire supérieur; un style; un stigmate divisé en deux, trois ou quatre parties; une baie charnue, contenant un nombre de loges égal à celui des stigmates, et dans chacune desquelles est nichée une semence cartilagineuse.

Linnœus avoit compris dans ce genre, non-seulement les

genres BOURGÈNE et ALATERNE de Tournefort, mais encore le JUJUBIER et le PALIURE du même auteur. Depuis, ces deux derniers genres ont été, avec raison, rétablis par Jussieu, et le genre ŒNOPLIE a été constitué pour placer le NERPRUN VOLUBLE, qui a la fleur des véritables *nerpruns* et les fruits des JUJUBIERS.

Malgré cette division, le genre *nerprun*, tel qu'il existe dans les auteurs les plus modernes, est mal déterminé, et demanderoit à être encore réduit ; 1.º parce que les parties de la fructification varient dans les espèces ; 2.º parce qu'il y a plusieurs espèces dioïques ; telles sont le *nerprun purgatif*, ceux *des teinturiers*, *des Alpes*, *de Ténériffe*, celui *à bois rouge*, le *nerprun daourien*. Enfin, le *nerprun hybride* est simplement monoïque. Comment peut-on réunir dans un même groupe, et regarder comme congénères des plantes qui diffèrent aussi essentiellement, malgré la ressemblance qu'elles peuvent avoir d'ailleurs ? Rien ne prouve mieux le vice des méthodes. Pendant que l'homme classe à sa manière les objets naturels, la nature se joue de ses systèmes, en lui présentant chaque jour un objet nouveau qui en dérange l'ordre et les combinaisons.

Les *nerpruns* sont des arbres de moyenne grandeur ou des arbrisseaux à feuilles simples et alternes, et à fleurs axillaires. Ils comprennent environ cinquante espèces de tous les pays. Je ne présente ici que les plus intéressantes, et dont les caractères sont reconnus ; ce sont :

Le NERPRUN PURGATIF, *Rhamnus catharticus*, Linn. Déjà cette espèce forme comme une exception au genre, puisqu'elle est le plus souvent dioïque, et qu'au lieu d'avoir, comme la plupart des autres, les parties de la fructification au nombre de cinq, elle a quatre pétales, quatre étamines, quatre divisions au calice et au stigmate, et par conséquent quatre semences. Ces caractères spécifiques suffisent pour la faire reconnoître. C'est un arbrisseau qui croît en Europe dans les haies, les bois et les lieux incultes. Son écorce teint en jaune, et ses baies avant leur maturité donnent la même couleur ; mais lorsqu'elles sont mûres, elles fournissent une couleur verte, appelée *vert de vessie*, parce que c'est dans des vessies qu'elle est mise pour être livrée au commerce. Les peintres en font un grand usage surtout en miniature. Son fruit est fréquemment employé en médecine, comme attérant et comme purgatif.

Le NERPRUN DES TEINTURIERS, *Rhamnus infectorius*, Linn. Il ressemble beaucoup au précédent, a comme lui des fleurs dioïques, quadrifides, et des rameaux terminés en épine ;

mais il en diffère par son port, et parce qu'il est plus petit dans toutes ses parties.

Les baies de ce *nerprun* sont aussi purgatives ; elles portent le nom de *graine d'Avignon* ; pulvérisées avant leur maturité, elles donnent une assez belle couleur jaune, appelée *stil de grain*, dont les teinturiers et les peintres font un grand usage, et qu'on emploie surtout pour teindre la soie.

Cette espèce croît en abondance aux environs d'Avignon et dans tout le Comtat Venaissin : on la trouve aussi en Languedoc, en Provence et en Dauphiné.

Le Nerprun bourdainier, *Rhamnus frangula*, Linn., vulgairement *bourdaine* ou *bourgène*. C'est un grand arbrisseau de l'Europe tempérée, qui croît dans les fonds humides. Il a une tige unie, des feuilles très-entières, ovales et veinées, des fleurs hermaphrodites, de couleur verdâtre, et des baies sphériques, long-temps rouges, et qui ne noircissent que dans leur parfaite maturité.

Son bois donne le charbon le plus léger, employé dans la composition de la poudre à canon. On n'a sur un quintal de bois que douze livres de charbon. L'écorce donne une teinture jaune.

Les Nerpruns des Alpes, Saxatile, Nain et de Bourgogne, sont des arbrisseaux à peine de deux pieds de hauteur, qui croissent abondamment sur les montagnes de l'est de l'Europe, et qu'on cultive dans les écoles de botanique. Ils jouissent des propriétés des espèces précédentes.

Le Nerprun de la Chine, *Rhamnus theezans*, Linn., arbrisseau sarmenteux, dont les rameaux sont écartés et terminés en pointe épineuse, les feuilles ovales et finement dentées, et les fleurs composées de cinq pétales, de cinq étamines, et d'un court style à trois stigmates. Cette plante croît en Chine, où les pauvres habitans, au rapport des voyageurs, font usage de ses feuilles en guise et en place de thé.

Le Nerprun a feuilles glauques, *Rhamnus cassinoïde*, Lam. ; arbrisseau tout-à-fait joli, qui croît à Saint Domingue, remarquable par ses feuilles glauques, d'un blanc tirant sur le bleu.

Le Nerprun a vrilles, *Rhamnus mystacinus* Ait. Il est originaire de l'Afrique, d'où il a été apporté en Angleterre par Bruce, en 1775. Il croît jusqu'à dix pieds, ne se soutient que par ses vrilles, a des feuilles en cœur et des fleurs hermaphrodites, blanches, dont le stigmate est divisé en trois.

Le Nerprun hybride, *Rhamnus hybridus*, l'Hér. On lui

donne pour père le *nerprun alaterne* mâle, et pour mère le *nerprun des Alpes* femelle. Ses feuilles participent de celles des deux espèces auxquelles on attribue son origine. Il y a lieu de croire cependant qu'il a été apporté du Canada à la pépinière du Roule. Ses fleurs sont dioïques.

Les *nerpruns* se multiplient de semences et par marcottes. Quelques espèces étrangères exigent l'orangerie et la serre.

Les deux premiers et le dernier se placent souvent dans les jardins paysages, qu'ils ornent par leur feuillage d'un vert foncé. (B.)

NERSE JENDARU. C'est, dans Avicenne, le nom arabe de la CARDÈRE. (LN.)

NERTÈRE, *Nerteria*. Nom donné par Gærtner et Smith au genre établi par Linnæus sous celui de GOMOZIE. (B.)

NERVULES. Vaisseaux du PISTIL. Ils varient en nombre. Il y en a six dans le LIS, et un seul dans le FROMENT. *V.* ces mots et celui de FLEUR. (B.)

NERVURES. Saillies ou creux qui se remarquent sur les feuilles. Le plus souvent elles partent de la côte ou nervure principale, d'autres fois elles sortent, comme cette côte, en plus ou moins grand nombre, directement du PÉTIOLE, et restent parallèles entre-elles. *V.* FEUILLE. (B.)

NESARNAK. Cétacé du genre des DAUPHINS. *Voyez* ce mot. (DESM.)

NESBER, NESCHBER ou NESCABERG et NESPERIG. Selon M. Beurard, ces noms allemands indiquent la baryte sulfatée compacte, qui contient du minerai de fer disséminé. (LN.)

NESCHASCH. *V.* MUNIS. (LN.)

NESE. L'un des noms allemands du NÉFLIER. (LG.)

NESÉE, *Nesæa*. Genre de polypiers établi aux dépens des CORALLINES, par Lamouroux. Ses caractères sont : polypier en forme de pinceau; tige simple, terminée par des rameaux articulés, cylindriques, dichotomes, réunis en tête.

Ce genre ne diffère pas de celui appelé PINCEAU par Lamarck. Il renferme six espèces :

La plus commune est la NÉSÉE PINCEAU, dont la tige est cylindrique; les rameaux filiformes, nombreux et réunis en tête. Sol. et Ell. l'ont figurée pl. 25, n.º 4. On la trouve dans les mers d'Amérique.

La plus rare est la NESÉE EN BUISSON, que Lamouroux a figurée pl. 8 de l'ouvrage qu'il a publié sur les polypiers coralligènes flexibles. Elle provient de la même mer. (B.)

NESÉE, *Nesæa*. Genre de Commerson qui rentre dans

celui des Salicaires. La Salicaire a trois fleurs lui sert de type. (b.)

NÉSER. Nom hébreu de l'Aigle. (v.)

NESLIE, *Neslia*. Genre établi par Desvaux, pour une plante qui avoit été placée par Linnæus parmi les Myagres (*myagrum paniculatum*) et successivement parmi les Crambés, les Cressons, les Buniades et les Alysses. Il ne diffère pas du Vogelie de Médicus. Ses caractères sont : silicule sphéroïde un peu déprimée dans le sens de la cloison, indéhiscente, un peu brodée, chagrinée et à loges monospermes.
(b.)

NESNAKI. Espèce de Salmone qui se trouve dans les rivières de Sibérie. (b.)

NESPEREIRO et NESPERA. Noms portugais du Néflier et de la Néfle. (ln.)

NESPOULIE. Nom languedocien du Néflier. *V.* Mespilus. (ln.)

NESR. Nom égyptien et arabe du Vautour fauve. *V.* ce mot. (v.)

NESSATUS (Rumph. Amb. 3, tab. 25). Arbrisseau des Indes orientales, que Loureiro croit être une espèce de Cephalante. (ln.)

NESSEL et NETTEL. Noms allemands des Orties.
(ln.)

NESSELBAUM. Le Micocoulier reçoit ce nom en Allemagne. (ln.)

NESULA. A Brescia, en Italie, c'est le nom du Noisetier. (ln.)

NESUSAGI. L'un des noms du Genévrier commun, au Japon. (ln.)

NESWI. Nom géorgien du Melon. (ln.)

NETECH. *V.* Forreich. (ln.)

NETHER. Nom donné par les historiens juifs au Natron d'Egypte. (ln.)

NETIL et NOJAN-BURA. Noms que les Kalmoucks donnent à la Viorne (*viburnum lantana*). (ln.)

NET-NET. Les Nègres du Sénégal donnent ce nom au Vanneau armé de leur pays. (s.)

NETOPYR. Nom russe des Chauve-souris. (desm.)

NETRESKA. Nom de la Joubarbe des toits (*sempervivum tectorum*, Linn.), en Bohème. (ln.)

NETTA. Nom grec du Canard. (v.)

NETTASTOME, *Nettastoma*. Genre de poissons malacoptérygiens apodes, très-voisin de celui des anguilles, établi par M. Rafinesque-Smaltz et ainsi caractérisé :

Corps allongé, presque cylindrique; ouvertures branchiales situées sous le cou, transversales, allongées, garnies d'une membrane sans rayons et sans opercule; deux arcs branchiaux; mâchoires allongées, déprimées, dentées, la supérieure étant plus longue que l'inférieure; anus plus rapproché de la tête que de la queue; une nageoire dorsale, une anale et une caudale réunies; point de pectorales ou de ventrales.

Par ce dernier caractère, les nettastomes se placent naturellement auprès des ANGUILLES proprement dites et des CONGRES que M. Rafinesque nomme *echelus*, et la longueur considérable de leur dorsale les rapproche particulièrement des premières; d'un autre côté, la situation des ouvertures branchiales sous la gorge et le manque de nageoires pectorales les font surtout ressembler aux SPHAGEBRANCHES de Bloch.

Ce genre peut donc être considéré comme formant un chaînon de plus, destiné à lier entre eux les genres de la famille des poissons anguilliformes.

Une seule espèce le compose: c'est le NETTASTOME MÉLANURE, *Nettastoma melanura*. Il est long de deux pieds; ses mâchoires sont obtuses, garnies chacune de trois rangées de petites dents aiguës; son corps est d'une couleur fauve olivâtre, ses nageoires dorsales et anales, noires postérieurement, la caudale allongée, obtuse et noire. La ligne latérale commence derrière l'ouverture branchiale. (DESM.)

NETTLE. Nom anglais des ORTIES. (LN.)

NEUDORFIE, *Neudorfia*. Genre établi par Adanson sur la NOLANE COUCHÉE. Il n'a pas été adopté. C'est le même que le *Walkeria* d'Ehret, le *zwingera* (*Acta helvetica*), le *teganium* de Schmidel, et enfin le *nolana* de Linnæus. *V.* NOLANE. (LN.)

NEUMANNSKRAST. La MOLÈNE LYCHNITE (*verbascum lychnitis*) reçoit ce nom en Allemagne. (LN.)

NEURACHNE, *Neurachne*. Genre de graminées établi par R. Brown. Ses caractères sont: balle calicinale de deux valves coriaces, aiguës, nerveuses, hérissées, renfermant deux fleurs dont l'inférieure est neutre et pourvue de deux balles florales, et dont la supérieure est hermaphrodite et pourvue de deux écailles.

Une seule espèce originaire de la Nouvelle-Hollande constitue ce genre. (B.)

NEURADE, *Neurada*. Plante annuelle, tomenteuse, dont les tiges sont diffuses, couchées, un peu ligneuses à leur base; les feuilles simples, alternes, pétiolées, ovales, ron-

gées, sinuées en leurs bords, munies de stipules subulées
les fleurs solitaires, axillaires et pédonculées.

Cette plante forme dans la décandrie décagynie et dans
la famille des rosacées un genre qui a pour caractères : un calice très-petit et divisé en cinq parties persistantes, avec dix
folioles intérieures ; une corolle de cinq pétales ; dix étamines
insérées sur le limbe du calice ; dix ovaires renfermés dans
les fossettes du calice, chacun surmonté d'un style court et
d'un stigmate arrondi ; une capsule formée par le calice,
déprimée, orbiculaire, évalve, à dix loges, muriquée sur sa
partie supérieure, inerme sur la surface inférieure, à loges
monospermes, à semences ovales et presque osseuses.

La neurade croît en Égypte et dans l'Arabie. Lorsqu'on
sème une de ses capsules, il n'y a ordinairement qu'une
seule semence qui lève ; et la jeune plante entraîne avec elle
sa capsule, qui reste quelque temps à sa base sous la forme
d'anneau. (B.)

NEURAS et **NEURADA.** D'un mot grec qui signifie
nerf. Il a été donné à plusieurs plantes qu'on employoit pour
la guérison des maladies nerveuses et pour cicatriser les nerfs
coupés. Le neuras ou poterium de Dioscoride et de Pline est
une de ces plantes. C'est un arbrisseau, et par conséquent ce ne
peut être la plante herbacée à feuilles fortement nerveuses,
nommée *neurada* par Linnæus, comme le dit Adanson. Le *paronychia* a reçu aussi le nom de neuras. *V.* NEURADE, PARO-
NYCHIA et POTERIUM. (LN.)

NEURMELLE. Nom picard du MERLE. (S.)

NEUROCARPE, *Neurocarpum.* Genre établi par Desvaux pour placer la CROTALAIRE DE LA GUYANE, qui n'a pas
rigoureusement les caractères des autres. (B.)

NEURODES de Dioscoride, est rapporté au *limonium* des
Latins, c'est-à-dire, à un *statice*. (LN.)

NEUROLÈNE, *Neurolæna.* Genre de plantes établi
par R. Brown (Transactions de la Société linnéenne de
Londres) pour placer les CALÉES DE LA JAMAÏQUE ET A FEUIL-
LES LOBÉES. Ses caractères sont : calice commun, composé
de folioles imbriquées ; réceptacle aplati, couvert de paillettes ; fleurons tubuleux, hermaphrodite ; anthères incluses à
base mutique ; stigmate aigu, recourbé ; aigrette capillaire,
denticulée, persistante. (B.)

NEUROPTÈRES. *V.* NÉVROPTÈRES (DESM.)

NEUROS ou **NÉVROSBATOS.** Ce nom et ceux de
cynosbatus et de *rubus canis*, cités par Pline, semblent indiquer
la RONCE DES CHAMPS (*rubus cæsius*) ou toute autre espèce de
ce genre, mais non pas un rosier, comme on l'a également
avancé. (LN.)

NEUTA. Nom hottentot de la FABAGELLE HERBACÉE qui
est un poison pour les moutons. (B.)

NEUTRE. Se dit des animaux qui ne peuvent pas se re—produire faute de sexe. Quoiqu'on n'aperçoive pas d'organes sexuels à une foule de zoophytes et de plantes cryptogames, ces êtres ne sont pas *neutres*; ils se reproduisent soit par bouture, soit par gemmules, ou par des ovules; mais on appelle *neutres* les animaux tels que les fourmis ouvrières, les abeilles travailleuses, les termites maçonnes, des mutilles, etc., qui n'exercent aucune fonction sexuelle. On n'en connoît pas d'autres exemples chez les diverses classes des animaux; car les hermaphrodites, loin d'être *neutres*, ont les deux sexes: tous les mulets formés de deux espèces différentes, quoique hors d'état d'engendrer, pour l'ordinaire, n'en sont pas moins pourvus de sexes.

Les *neutres* parmi ces insectes sont reconnus aujourd'hui pour de véritables femelles dont les organes sexuels seulement ne sont pas développés, faute de nourriture appropriée à leur premier état, celui de larve. C'est ce dont on a la preuve chez les *abeilles* (*V.* leur article). Nous croyons aussi toutefois qu'il pourroit y avoir également des mâles avortés. Ces animaux, quoique dépourvus de sexe, n'en conservent pas moins l'instinct de la maternité; de là vient que ces abeilles, ces fourmis, ces termites manifestent un si tendre soin pour les larves produites par les vraies femelles ou reines. De même les eunuques artificiels, et les chapons, conservent la *philopédie*, ou l'amour des petits, des jeunes, des enfans, de manière à remplacer souvent les véritables mères. *V.* SEXES.

Parmi les plantes il y a des fleurs *neutres*, c'est-à-dire, dans lesquelles avortent les étamines et les pistils, ou bien lorsque ces parties se changent en pétales, par excès de nutrition, comme dans les fleurs doubles. Il y a dans la syngénésie frustranée des fleurons à parties sexuelles avortées naturellement, faute peut-être d'espace pour se développer. Linnæus compare les abeilles *neutres* dans les cellules de leurs rayons aux fleurs avortées de la syngénésie frustranée; cette comparaison est fort ingénieuse et paroît fort juste. (VIREY.)

NEVADILLA. C'est, en Espagne, le nom de la PARONIQUE (*illecebrum paronychia*). (LN.)

NEVEDA. Nom portugais qui signifie *nepeta* ou CHATAIRE. *V.* ce mot. (LN.)

NEVRAPHOENICOS. L'un des noms donnés par les Grecs à l'*abrotanum* ou l'AURONE, espèce d'ARMOISE (LN.)

NEVROPORE, *Nevropora.* Genre de plante établi par Commerson, mais qui rentre dans celui appelé ANTIDESME par Linnæus. (B.)

NEVROPTÈRES ou NEUROPTÈRES, *Neuroptera,*

Linn. Ordre huitième de notre classe des insectes, et qui a pour caractères : quatre ailes nues ; bouche propre à la mastication ; mâchoires et lèvres droites, étendues, point valvulaires ou tubulaires, et ne formant jamais une espèce de trompe ; ailes le plus souvent réticulées et égales ; les inférieures simplement plus étroites et plus longues, ou plus larges dans quelques-uns ; jamais d'aiguillon et rarement de tarière dans les femelles ; nombre d'articles des tarses varié.

Linnæus, qui a établi cet ordre, le caractérise d'une manière beaucoup plus simple : *quatre ailes membraneuses, anus sans armes*, ou privé d'aiguillon. Il ne distingue cet ordre de celui des *hyménoptères* que par l'absence de ce dernier organe. Mais comme il désigne sous le nom d'aiguillon aussi bien la tarière des *tenthrèdes*, des *ichneumons*, etc., que l'arme offensive dont les *guêpes*, les *abeilles*, etc., sont pourvues, et que les femelles de quelques névroptères ont aussi, pour enfoncer leurs œufs, un instrument analogue à cette tarière ; ces caractères distinctifs ne sont point absolus. Il en est de même de celui que Linnæus avoit employé dans les premières éditions de son *Systema naturæ*, et qui est tiré de la réticulation des ailes ; car celles des *friganes* et de quelques autres névroptères sont simplement veinées, ainsi que celles des hyménoptères.

Ici les inférieures ou les secondes sont constamment plus petites que les supérieures ou les premières ; ce qui semble distinguer cet ordre du précédent ; mais ce caractère souffre lui-même des exceptions parmi les névroptères. Ces motifs ont déterminé Geoffroy à réunir ces deux ordres en un, sous les noms de *tétraptères à ailes nues*. M. Kirby a pensé qu'en détachant le genre *phryganea* de Linnæus, pour en former un ordre particulier, et qu'il appelle *trichoptères*, celui des névroptères seroit plus nettement terminé ; mais ce n'est qu'une exception de moins ; et sous le rapport des ailes, les *éphémères*, les *némoptères*, les *psoques*, lui offciront encore des contrariétés ; de sorte que pour épurer rigoureusement l'ordre des névroptères de Linnæus, il faudroit singulièrement le restreindre, et former avec lui plusieurs autres coupes premières. Cette idée s'étoit présentée depuis long-temps à mon esprit ; mais je l'ai repoussée, dans l'appréhension que ce bouleversement ne devint plus nuisible qu'utile à la science. Par l'ensemble des caractères que j'ai exposés, on ne pourra jamais se méprendre, dans les cas même où les anomalies ont lieu.

L'ordre des névroptères se compose, dans le système de

Fabricius, de sa classe des *odonates* et de la majeure partie de celle des *synistates*.

Les ailes de la plupart de ces insectes sont nues, réticulées, transparentes, et servent toutes au vol ; elles sont claires, transparentes, et présentent souvent des reflets très-vifs ; la plupart des *hémérobes*, des *friganes*, des *myrméléons*, des *panorpes* et des *ascalaphes*, les ont cependant chargées de différentes taches colorées, peu transparentes ; elles sont ordinairement posées en toit sur l'abdomen comme dans les *perles*, les *friganes*, les *psoques*, les *hémérobes* ; assez souvent elles sont écartées du corps, et étendues horizontalement comme dans les *libellules*, ou rapprochées verticalement l'une à côté de l'autre, ainsi que cela se voit dans les *agrions*. Ces ailes sont presque égales entre elles, excepté dans les *némoptères*, chez lesquels les deux dernières sont quelquefois allongées en forme de languette, et dans les *éphémères*, où ces deux ailes n'existent pour ainsi dire pas.

Les *névroptères* ont la tête plus ou moins grosse ; les antennes placées à sa partie antérieure ; elles sont filiformes ou sétacées dans le plus grand nombre, en masse allongée dans les *myrméléons* ; terminées par un bouton comme celles des papillons, dans les *ascalaphes*. Les *libellules* les ont très-courtes et en forme de soie. Les yeux à réseau sont placés sur les côtés de la tête ; ils couvrent presque toute cette partie dans *libellules* et les *aeshnes* ; dans les *agrions*, ils sont globuleux et écartés. Il y a ordinairement trois petits yeux lisses sur le front ; mais ils manquent aux *myrméléons*, aux *hémérobes*, etc.

La bouche de ces insectes est armée de deux mandibules, et de deux mâchoires très-aiguës dans les *libellules*, qui font la guerre aux autres insectes ; tandis que ces parties sont très-petites et presque imperceptibles dans les *éphémères*, qui ne prennent aucune nourriture, qui ne passent à leur dernier état que pour s'accoupler, se reproduire et périr. Les palpes des *libellules* sont très-courts, tandis qu'ils sont assez longs dans le *myrméléon*. Le corselet est lisse, renflé, comprimé et tronqué dans le plus grand nombre ; les ailes sont attachées à chacun de ses côtés ou à sa partie supérieure. L'abdomen est très-souvent allongé, grêle, cylindrique, composé de plusieurs anneaux ordinairement distincts : celui de quelques mâles est terminé par deux crochets qui servent à saisir la femelle pendant l'accouplement (les *libellules*) ; dans d'autres espèces il est terminé par deux ou trois soies dans les deux sexes, ou par un appendice long et sétacé (la *raphidie*).

Les pattes sont au nombre de six ; elles sont ordinairement de moyenne longueur ; elles sont composées de quatre pièces.

qui sont la hanche, la cuisse, la jambe et le tarse. Les tarses sont formés eux-mêmes d'un plus ou moins grand nombre d'articles ; ainsi les *libellules* n'en ont que trois, la *raphidie* en a quatre, et les *hémérobes*, les *myrméléons*, les *perles*, les *éphémères*, etc., en ont cinq.

Les larves de ces insectes sont munies de six pattes ; plusieurs d'entre elles vivent dans l'eau, et n'en sortent que sous l'état d'insecte parfait (*libellule*, *frigane*, *éphémère*) ; les autres sont terrestres ; parmi celles-ci, les unes habitent sous les écorces des arbres (*raphidie*) ; les autres font la guerre aux pucerons (*hémérobe*) ; d'autres cachées dans le sable sont occupées à tendre des piéges aux fourmis (*myrméléon*). Ces larves sont généralement carnassières, et vivent uniquement d'autres insectes. Il en est d'omnivores, et telles sont celles des *termès*. Leur métamorphose n'est pas la même dans toutes les espèces. Quelques nymphes sont immobiles, et les autres sont mobiles et se nourrissent, comme leurs larves, d'insectes qu'elles attrapent par différens moyens.

Les larves qui vivent dans l'eau ont des organes qui paroissent d'abord analogues aux ouïes des poissons, mais qui ne sont que des appendices extérieurs et trachéens ; je les désigne sous le nom de *fausses branchies*. Quelques-unes se construisent des fourreaux à la manière des *teignes*, avec différentes espèces de matériaux, et les transportent partout avec elles ; elles y ménagent deux ouvertures qu'elles bouchent avant de se changer en nymphe, et n'en sortent que sous leur dernière forme.

Quelques névroptères en état parfait, comme les *éphémères*, les *friganes* et les *perles*, ne prennent point ou presque pas de nourriture, et ne vivent même que très-peu de temps ; mais les autres ne sont pas moins carnassiers que leurs larves. On voit souvent les *libellules* planer dans les lieux où elles peuvent espérer de trouver leur proie, et dès qu'elles l'ont aperçue, fondre dessus avec rapidité et s'en emparer.

Je partage cet ordre en trois grandes familles : les Sublicornes, les Planipennes et les Plicipennes. *Voyez* ces articles. (L.)

NEWALGANG. Nom imposé par les naturels de la Nouvelle-Hollande à un *oie* de cette contrée. *V.* Oie newalgang. (v.)

NEXHOITZILLIN. Colibri du Mexique, indiqué et non décrit par Fernandès. (s.)

NEXPAYAN, NEXTALPE, NEXTLACOTLYYACAPICHTLENSIS et NEXXIHUITL. Hernandez indique sous ces noms autant de plantes du Mexique, qu'il décrit très-imparfaitement, et que nous ne saurions rapporter précisément à des plantes connues. (LN.)

NEYBT. Nom arabe de la CHARAIGNE COMMUNE (*chara vulgaris*). (LN.)

NEZ, *Nasus*. C'est, comme on sait, le double canal par lequel l'air pénètre dans la trachée-artère de la plupart des animaux vertébrés, pourvus de poumons ; et c'est sur la membrane muqueuse et vasculaire qui tapisse les narines et les cornets internes du *nez*, ainsi que les sinus ou anfractuosités pratiqués, soit dans l'os frontal, soit dans le sphénoïde et l'ethmoïde, soit dans les os maxillaires supérieurs, ou antres d'Higmor, que réside éminemment le sens de l'olfaction. *V.* ODORAT.

Entre les deux os maxillaires supérieurs et leurs apophyses montantes ou nasales, sont situés les os *nasaux*, os carrés et propres au *nez*, destinés à former sa voûte. En dessous, et toujours entre les maxillaires, est placé l'os ethmoïde qui sert en même temps par sa lame criblée à fermer l'os frontal, entre les deux orbites des yeux. Entre les apophyses nasales des os maxillaires se trouve, vers le grand angle de chaque œil, un os mince, appelé *unguis* ou lacrymal. Dans le plafond de la cavité nasale, au milieu, s'élève le *vomer*, ainsi appelé parce qu'il ressemble à un soc de charrue ; il divise en parties égales le *nez* en deux narines ou naseaux, et il est continué à son extrémité par un cartilage formant l'extrémité du *nez*.

Le fond des narines est terminé par l'os sphénoïde, par ses deux apophyses en forme d'ailes ou *pterygoïdes*.

Le *nez*, chez l'homme, offre des narines plus ouvertes à leur extrémité qu'à leur fond ; ce caractère est plus manifeste encore chez les singes, et surtout les sapajous, singes d'Amérique à narines ouvertes sur les côtés du *nez*. Chez les rongeurs, le nez est comme tronqué, et ces animaux peuvent mouvoir son extrémité. Le cochon a un nez très-avancé et finissant verticalement pour former le groin ; on trouve deux petits os, outre les intermaxillaires, pour renforcer, à cette extrémité, le boutoir, parce que ces animaux doivent fouiller la terre. Les taupes ont aussi des cartilages solides au bout du nez. Dans les rhinocéros, portant une corne sur le nez, les os propres sont très-forts et solides, ou épais pour la supporter ; il y a en outre six petits os vers l'extrémité du nez, pour soutenir cette partie qui avance, soit chez les rhinocéros, soit chez les tapirs, qui ont déjà comme une petite trompe. Dans l'éléphant, dont le nez s'allonge en proboscide (*voyez* ELÉPHANT), les fosses nasales s'ouvrent très-haut sur le crâne, et à plat sur les os maxillaires, où vient s'im-

planter la *proboscide*, dont nous avons donné la description
en traitant de l'éléphant.

Chez les mammifères aquatiques, les morses et lamantins, l'ouverture des narines ne descend déjà plus si près de
la bouche; car ces animaux nageurs auroient eu trop de
peine à respirer, et il leur auroit fallu relever sans cesse la
tête hors de l'eau, comme le fait l'homme qui nage (aussi
l'homme nage-t-il plus commodément sur le dos que sur le
ventre, à cause de la situation de ses narines). Mais la nature a relevé vers le sommet de la tête l'ouverture des narines
de ces amphibies, et surtout des cétacés ; de là vient que
ceux-ci soufflent l'eau et la rejettent. (*Voyez* CÉTACÉS ;
POISSONS SOUFFLEURS.) Leurs os du nez sont donc très-
petits. En outre, le nerf olfactif des cétacés ne se rend point
dans leurs narines. *V.* ODORAT.

Le nez des oiseaux est dans la mandibule supérieure du bec
où viennent aboutir les deux fentes des narines, entourées
en quelques espèces, comme chez les rapaces, d'une peau
nue, appelée *cire*. Chez les reptiles, comme les tortues, les
crocodiles, les serpens, le nez s'ouvre plus ou moins près
de l'extrémité du museau. Les mammifères portent souvent
quelques poils à l'entrée des naseaux, et il y a quelques
petites plumes chez des oiseaux.

Les poissons ont aussi des naseaux, mais qui ne communiquent jamais à l'arrière-bouche, comme les narines des animaux à poumons, puisqu'ils ne respirent pas l'air. Ainsi, les
sélaciens ou cartilagineux, poissons des genres des squales et
des raies, ont des cavités nasales creusées dans les os maxillaires supérieurs.

Après les animaux vertébrés, on ne sauroit dire que les
invertébrés soient pourvus de nez, bien que plusieurs espèces, comme les crustacés et les insectes, jouissent manifestement de l'odorat, ainsi que les mollusques céphalopodes.

Les sinus du nez, chez les vertébrés, sont plus ou moins
étendus dans les cavités des os frontal, sphénoïdal et les
maxillaires. Les sinus frontaux sont considérables, surtout
dans les quadrupèdes carnivores, comme le chien et le loup;
mais ils manquent chez les civettes, et à quelques rongeurs,
comme les rats et les lièvres. La plupart des ruminans, au
contraire, en ont de si vastes, qu'ils s'étendent jusque dans
les chevilles osseuses des cornes des bœufs et des béliers.
Dans le cochon, ces sinus s'étendent jusqu'au derrière de la
tête, ou à l'occiput. Enfin, l'éléphant en a de si considérables, qu'ils pénètrent entre toutes les deux tables des os de
leur crâne. On en pourroit dire autant des chats-huans, si

ces cavités du diploë du crâne ne communiquoient pas plutôt avec leur oreille interne.

Mais ce sont surtout les cornets intérieurs du nez qui multiplient les surfaces de la membrane olfactive. Ces cornets, sortes de lames osseuses, diversement repliées, sont de trois sortes ; les supérieurs sont un épanouissement de l'os ethmoïde, les inférieurs sont des os particuliers, tantôt roulés en spirale, tantôt d'une autre forme ; les différentes lames cribleuses de l'ethmoïde donnent aussi des cellules ou anfractuosités qui multiplient beaucoup les surfaces de la membrane mucoso-vasculaire où se ramifient les nerfs olfactifs. Ces lames osseuses des cornets sont parfois percées de trous, principalement chez les ruminans. Chez les poissons, les lames ou cornets du nez sont membraneux comme chez les reptiles ; mais ces lames sont très-nombreuses et disposées régulièrement en forme de rameaux chez ces animaux aquatiques, afin que les molécules odorantes charriées par l'eau agissent plus fortement. Chez les baudroies les cornets sont portés sur des sortes de pédicules, et prennent la figure de petites coupes. Les esturgeons les portent en forme de branches d'arbres ; les autres espèces en ont d'une structure encore plus variée.

Le membrane pituitaire qui tapisse toutes ces surfaces est extrêmement enlacée d'une infinité de vaisseaux sanguins qui la mettent dans une sorte de phlogose ou d'inflammation perpétuelle pour accroître sa sensibilité aux impressions, puisque d'ailleurs une foule de rameaux nerveux de la première paire de nerfs s'y ramifient, ainsi que quelques-uns de la cinquième paire. Mais sa surface est humectée d'une humeur muqueuse, sécrétée par des cryptes qui enduisent continuellement cette membrane, afin de la soustraire aux impressions trop immédiates des corps odorans. Aussi cette membrane, quoique très-irritable et susceptible d'hémorragie, devient moins impressionnable par ce moyen. Nous exposons à l'article de l'ODORAT, les autres considérations sur cet organe. (VIREY.)

NEZ. Poisson du genre des SQUALES. (B.)

NEZ. Nom hébreu de l'AUTOUR. (V.)

NEZ DE CHAT. Nom vulgaire de l'AGARIC ÉLEVÉ ou COULEMELLE, qu'on mange dans beaucoup de lieux. (B.)

NEZ COUPÉ. On appelle ainsi le STAPHYLIER. (B.)

NGAI-GÊ. Nom qu'on donne, en Chine, à une ARMOISE naturelle à cette contrée, et qu'on y cultive. Suivant Loureiro, ce seroit l'ARMOISE VULGAIRE (*Artemisia vulgaris*, L.) ; mais il convient qu'elle tient le milieu entre cette armoise et l'absinthe , et que son odeur est balsamique : c'est l'*artemisia indica*, Willd. (L.N.)

NGAI-HOANG. Nom donné , en Cochinchine , au BALISIER DES INDES (*Canna indica*, L.), qui y croît spontanément. (L.N.)

NGAI—MIO. Nom Cochinchinois d'une espèce de CURCUMA (*Curcuma rotunda*) dont les vertus sont les mêmes que celles du NGE (*Curcuma longa*), mais beaucoup plus exaltées. On ne mange point sa racine. (L.N.)

NGAI-XANH et **NGAI—MAT—TLOI.** Noms que l'on donne, en Cochinchine, au ZÉRUMBET, espèce de gingembre (*Amomum zerumbet*) que l'on y cultive pour sa racine qu'on emploie en médecine , et qui n'entre pas dans l'assaisonnement des mets. (L.N.)

NGANGE. Nom de l'INDIGOTIER , au Sénégal. (L.N.)

NGAOC-DIEP. Nom donné , en Cochinchine , à une espèce de CARMANTINE (*Justicia picta*, L.), dont on emploie les feuilles en cataplasmes émolliens et résolutifs pour calmer l'inflammation des mamelles. C'est le *folium bracteatum*, Rumph. , Amb. 6 , t. 3o. (L.N.)

NGAOC-PHU-DUONG des Cochinchinois et **NGAAC FU YONG** des Chinois. Deux noms d'une espèce d'*armoise* qui croît en Chine et en Cochinchine , et dont les feuilles et les graines sont en usage comme stomachiques , toniques , anthelmintiques , etc. Loureiro l'a prise pour l'*artemisia judaïca*, Linn. ; mais c'est une espèce différente. (L.N.)

NGAOC-TRAM-HOA. Les Cochinchinois donnent ce nom à une espèce de PRIMEVÈRE , *Primula sinensis*, Lour. (L.N.)

NGE et **KUONG-HUYNH.** Noms donnés , en Cochinchine , au CURCUMA (*Curcuma longa*, L.). Il est sauvage et cultivé dans ce royaume et en Chine. Le NGE-HOANG est une autre espèce du même genre (*Curcuma pallida*, Lour. ; *Curcuma agrestis* de Rumphius. *V.* KIAM—HOAM. (L.N.)

NGO-CHAU-DUN. Nom que porte le SUREAU (*Sambucus nigra*) en Cochinchine. (L.N.)

NGO-KIAO ou **HOKI-HAO.** Nom chinois de la colle de peau d'ANE. (S.)

NGU-GIA-BI. Nom qu'on donne, en Cochinchine, à une espèce d'ARALIE , *Aralia palmata*, Lour. (L.N.)

NGUU BANG. Nom de la LAMPOURDE (*Xanthium strumarium*) en Cochinchine , suivant Loureiro. (L.N.)

NGUYET-QUI-TAU. Petit arbre cultivé en Cochinchine , haut de huit pieds , à feuilles ailées avec impaire , ovales oblongues, entières, à fleurs blanches, odorantes, portées sur des pédoncules multiflores terminaux. Chaque fleur

offre un calice à cinq divisions ; une corolle campanulée à
cinq pétales ; dix étamines, dont cinq alternes plus longues :
le fruit est une baie rouge, ovale pointue et mono-sperme. Cet
arbre est nommé *chalcas japonensis* par Loureir. Il y rapporte le *camunium japonense* de Rumphius (Amb., vol. 5,
pag. 39, t. 18, fig. 2), arbrisseau qui est le *murraya exotica*,
Linn ; ce qui est conforme à la vérité et à l'opinion la plus
généralement admise que ces deux genres *chalcas* et *murraya*
n'en doivent former qu'un. On ne doit pas confondre ce *camunium* de Rumphius avec deux autres *camunium* du même auteur. L'un, le *camunium* ou *camuneng*, tab. 17, est le *chalcas
paniculata*, Linn., appelé, en Cochinchine, CAY NGUYET-
QUIO, et en Chine, GAO LI YONG. Le second est le *camunium
sinense* qui s'appelle *rambang-tsiuland* à Ceylan ; il a beaucoup
d'affinité avec l'*aglaia* de Loureiro, et annonce un genre très-
distinct, qu'on propose de nommer *camunium*. (L.N.)

NHAMBU GUACU. Nom donné, par les Brasiliens,
au RICIN (*Ricinus communis*), suivant Pison. (L.N.)

NHAMDIU. Nom sous lequel les habitans du Brésil désignent, au rapport de Pison, diverses aranéides. Le *nhamdiu*
1 de cet auteur est une grande espèce de *mygale* (*V.* ce mot.) ;
son *nhamdiu* 2 est notre *thomise chasseur*, et le *nhamdiu* 3 est
l'*epéïre argentée*, *aranea argentata*, Fab. (L.)

NHANDIROBA. Fruit de la FEUILLÉE A FEUILLE EN
CŒUR. (B.)

NHANDU de Pison. Pierre Brown rapporte cette plante
brasilienne au *piper amalago*, Linn., qu'il a retrouvé en quantité à la Jamaïque. Le même naturaliste s'est servi pendant
plusieurs mois des graines de ce poivre en place du poivre
des Indes, et il n'y a reconnu aucune différence. (L.N.)

NHANDU APOA. Nom toupinamboux du JABIRU. (V.)

NHANDU GUACU. Nom brasilien de l'*autruche de Magellan*. *V.* NANDU. (V.)

NHANH-GOI-LON. Nom qu'on donne, en Cochin-
chine, à une orchidée remarquable par ses fleurs agréables.
C'est le *callista amabilis* de Loureiro. *V.* CALLISTE. (L.N.)

NHANH-GOI-NHON-LA. Nom d'une plante parasite
(*Loranthus cochinchinensis*, Lour.), qui croît sur les arbres des
jardins de la Cochinchine. (L.N.)

NHANH-GOI-RIT. Nom qu'on donne, en Cochin-
chine, à une plante parasite. C'est le *thrixspermum centipeda*
de Loureiro. (L.N.)

NHA TAO et TAO GIAC. Noms Cochinchinois donnés
à une espèce de *mimosa* particulière au pays, et dont on
fait des haies impénétrables par la quantité d'épines dont

elles sont hérissées. Cette plante est le *mimosa fera*, Lour. Elle forme aussi un très-grand arbre. (LN.)

NHIT-BIEN-TUNG. C'est, en Cochinchine, le nom d'un Genevrier qu'on y cultive et qui est originaire de Chine. Il s'élève à dix pieds; ses feuilles d'un vert bleuâtre sont disposées sur quatre rangées; les plus jeunes sont ovales et les anciennes pointues. Ce Genevrier est, ou une variété du *genévrier* de Chine (*Juniperus chinensis*, L.), ou une espèce nouvelle; mais il ne paroît pas être le *genévrier* des Barbades, comme le dit Loureiro. (LN.)

NHON-CUT-DEE et TROUNG-KHE. Noms de pays d'une espèce d'Erable qui croît en Cochinchine. C'est l'*acer pinnatum*, Lour. (LN.)

NHON-CUT-DEE. Nom que les naturels de la Cochinchine donnent à un arbre que Loureiro appelle *dimocarpus informis*, et qui seroit par conséquent une espèce de Litchi, *Euphoria. V.* Dimocarpe. (LN.)

NHON-FAM-PHU-YEN. On appéle ainsi, en Cochinchine, un petit arbrisseau que Loureiro nomme *axia cochinchinensis. V.* au mot Axie. (LN.)

NHO-RUNG CHIA-LA. Noms qu'on donne, dans les provinces australes de la Cochinchine, à une espèce de vigne (*Vitis labrusca*, L.) dont le raisin, ainsi que celui du *vitis indica*, L., qui est le Nhorung et le Nhon-la des habitans de la même contrée, donne, après la fermentation, un esprit-de-vin assez bon. La vigne proprement dite (*vitis vinifera*, L.) est rarement cultivée en Cochinchine; le climat ne lui paroît pas favorable. (LN.)

NHUC MOI et NUN MUEI. Noms chinois d'une espèce de Daphné (*Daphne odora*, Thunb.) cultivée avec grand soin dans les jardins de Canton, à cause de l'odeur agréable de ses fleurs. (LN.)

NIA. A Othaïti, c'est le nom des jeunes Noix du Cocotier des Indes (*Cocos nucifera*). Ce palmier y est appelé *ari* selon Forster, et *éurée* suivant Parkinson. (LN.)

NIAAMEL. Nom lapon du Lièvre. (DESM.)

NIACHUR. Nom arménien et géorgien du Persil. (LN.)

NIAIS (*Fauconnerie*). L'oiseau *niais* est celui que l'on prend au *nid*. (S.)

NIAL. Nom lapon de l'Isatis. (DESM.)

NIALCA. Nom de la Cynoglosse officinale dans le nord de l'Italie. (LN.)

NIALEL. Nom malabare d'un arbrisseau figuré par Rhéede (Mal. 4, tom. 16), et qui selon Adanson doit faire un genre caractérisé ainsi : calice monophylle à cinq divisions et caduc;

corolle à cinq pétales ; cinq étamines à un style et à un stigmate sphérique ; une baie à deux loges monospermes ; fleurs en grappes ; feuilles opposées. Quelques botanistes pensent que le *niulel* est une espèce de vigne. (L.N.)

NIARA. Nom malabare d'une espèce de JAMBOSIER (*Eugenia corymbosa*, Lk.). Le *perin-niara* est le JAMLONGUE (*Eug. caryophyllifolia*, Lk.). (L.N.)

NIBORE, *Nibora*. Plante aquatique du Mississipi, à feuilles opposées, sessiles, ovales, légerement dentées, à fleurs axillaires, solitaires, pédonculées, accompagnées de bractées, qui seule, selon Rafinesque, *Florule de la Louisiane*, forme seule un genre dans la famille des acanthes.

Les caractéres de ce genre sont : calice à quatre divisions persistantes ; corolle à tube courbé, velu en dedans, a limbe à quatre divisions dont la supérieure est plus large ; deux étamines à anthéres presque sessiles ; un ovaire supérieur à un seul style ; une capsule globuleuse, sillonnée, uniloculaire, à quatre valves et à semences nombreuses, fixées à un axe central. (B.)

NIBUN. Nom malais du CARYOTE A FRUITS BRULANS (*Caryota urens*, L.), palmier qui porte, sur la côte Malabare, le nom de *schunda-panna*. (L.N.)

NICANDRE, *Nicandra*. Genre de plantes établi par Adanson, et rappelé par Jussieu. Il est formé par la *belladone physaloïde*, qui diffère en effet des autres *belladones* par son calice, dont les divisions sont en cœur hasté, et recouvrent le fruit, et par le fruit qui est une baie desséchée à cinq loges. *V.* au mot BELLADONE.

La nicandre est une plante annuelle dont la tige est épaisse, très-rameuse, anguleuse, et haute de trois ou quatre pieds. Ses feuilles sont alternes, glabres, oblongues, décurrentes sur le pétiole, et obtusément sinueuses. Ses fleurs sont extra-axillaires, solitaires, et portées sur de courts pédoncules. Elle vient du Pérou, et se cultive dans les jardins de Paris. C'est une très-belle plante, mais qui doit être suspecte comme toutes celles de sa famille.

Schreber a donné le même nom à la POTALIE d'Aublet. (B.)

Ce genre est consacré à la mémoire de Nicander, célèbre grammairien et poëte grec, fréquemment cité par Pline, qui s'acquit une grande réputation par ses ouvrages, dont il ne nous reste que deux, intitulés, *Theriaca* et *Alexipharmaca*. (L.N.)

NICARAGUA. C'est, en Espagne, la BALSAMINE DES JARDINS, *Impatiens balsamina*, L. (L.N.)

NICCOLANE, *Niccolanum*. Richter avoit annoncé sous ce nom l'existence d'un nouveau métal magnétique. Mais Hisinger et Gehlen ont reconnu que c'étoit un composé de *nickel* et de *cobalt* avec une trace de *fer* et d'*arsenic*. (LN.)

NICCOLO. Nom que l'on donne, en Italie, aux AGATHES ONYX à deux couches, l'une blanche et l'autre noire à l'aspect, mais d'un rouge foncé ou brun à la transparence. Les frères Nicolo, célèbres graveurs italiens, se plaisoient à graver sur ce genre d'onyx auquel on a donné depuis leur nom. On parvient, en Italie, à l'aide de divers procédés, à donner à certains onyx les qualités et les couleurs du *niccolo* ; on les nomme aussi *pierres brûlées*. Les *niccolo* antiques, c'est-à-dire, les onyx noirs et blancs antiques sont les plus estimés. Les *niccolo* sont généralement gravés en creux. (LN.)

NICCOLUM. Nom latin du NICKEL. (LN.)

NICHÉE (*Ornithologie*). Nom appliqué aux petits oiseaux d'une même couvée qui sont encore dans le nid. (V.)

NICHET (*Ornithologie*). On appelle ainsi l'œuf qu'on met dans les nids préparés pour la ponte des poules. (V.)

NICHOIR (*Ornithologie*). On appelle ainsi une cage propre à mettre couver des SERINS. (V.)

NICHOULO. Nom languedocien des CHOUETTES. (DESM.)

NICKEL, *Niccolum*. C'est un métal difficile à obtenir à l'état pur, et qui, comme le fer, jouit de la propriété magnétique, mais à un moindre degré.

Le nickel est d'un blanc argentin : lorsqu'il n'est point parfaitement pur il a une légère teinte rougeâtre. Il est très ductile et peut se réduire en lames et en fil ; il est, après le fer, celui des métaux qui se lamine le plus aisément, et après le plomb, celui qui passe à la filière avec le plus de facilité. Il se coupe sans se briser. Quand on le rompt, il présente un tissu grenu comme celui de l'acier. Sa pesanteur est de 8,279 lorsqu'il n'a été que fondu ; mais elle est de 8,666 lorsqu'il est forgé. En ayant égard à cette pesanteur spécifique, et à la ductilité du nickel, ce métal se trouve placé près du cuivre.

L'on n'a pas obtenu encore le régule de *nickel cristallisé* ; le *nickel natif* est en prismes capillaires qui m'ont paru des prismes à base rhombe, ce qui seroit assez remarquable, si le *nickel natif* étoit réellement pur ; mais il contient un peu de cobalt. M. de Bournon présume que ces prismes sont des parallélipipède rectangulaires très-allongés.

Lorsqu'on opère la réduction du nickel, ce qui n'a lieu qu'à une chaleur rouge de 160 degrés centigrades, il s'en volatilise une petite quantité qui s'attache sous forme de petits grains au couvercle du creuset.

Le nickel, quoiqu'aussi difficile à fondre que le manganèse, a l'avantage sur lui qu'on peut le réduire ; néanmoins il paroît qu'on n'est pas encore parvenu à le priver complètement du fer qu'il contient toujours. M. Laugier a entrepris dans ce but une foule d'expériences qu'il se propose de publier incessamment. Elles feront connoître les moyens qu'on doit employer pour obtenir le nickel parfaitement pur. Le nickel exposé à l'air sec ou à l'oxygène sec, à la température ordinaire, ne subit aucune altération ; à la température rouge il s'oxyde rapidement en vert et en laissant dégager de la chaleur. Si cet oxyde vert contient une certaine quantité d'eau en combinaison comme l'oxyde vert natif, il doit être considéré comme un *hydrate de nickel*.

De Born a remarqué que le nickel arsenical (*kupfer nickel*), poussé au feu, donne des végétations vertes qui deviennent à la fin brunes. Ces végétations, observées également par Patrin dans la fusion du *kupfer nickel* de Daourie, ne sont point de l'oxyde vert de nickel, parce que ce n'est qu'en perdant l'eau qui y est combinée qu'il passe à l'état de *nickel protoxydé* ou *brun*.

Les oxydes de nickel sont de deux espèces : le *protoxyde* qui est brun et difficile à fondre, et le *deutoxide* qui est noir. On les obtient dans les laboratoires.

« On obtient le *protoxyde*, dit M. Thénard, en décomposant le proto-nitrate de nickel par la potasse ou la soude ; il se précipite d'abord sous la forme de flocons verts, *parce qu'il tient de l'eau en combinaison* ; mais par la dessiccation il perd cette couleur pour prendre celle qui lui est naturelle ».

La dissolution de l'hydrate de nickel dans l'acide nitrique donne une belle couleur verte qui ne tarde pas à former un précipité de la même couleur.

L'ammoniaque est colorée en bleu pâle par l'hydrate de nickel.

Les oxydes de nickel communiquent au verre une couleur d'un brun-hyacinthe.

Le nickel s'allie au bismuth, à l'arsenic, à l'antimoine, au cobalt, au molybdène ; l'on ignore dans quelles proportions on peut allier le nickel avec l'un quelconque des métaux cassans pour obtenir un alliage ductile. Le nickel s'allie aussi avec les métaux ductiles. Il a la propriété remarquable d'augmenter la ductilité du fer avec lequel il se trouve combiné. Proust a reconnu que le fer natif d'Amérique, dont il a fait l'analyse, contenoit un quantité notable de nickel, et qu'il étoit aussi ductile que le meilleur fer forgé. Bergmann avoit pareillement observé que la fonte de fer qui est ordinairement fragile, avoit de la ductilité lorsqu'elle contenoit du nickel ;

onze parties d'or et une de nickel donnent un alliage cassant. L'on connoît encore des alliages de nickel avec le cuivre, le zinc et le plomb.

Le régule de nickel n'a été connu que vers le milieu du siècle dernier par les travaux de Cronstedt et de Bergmann, quoique le minerai qui le contient fût très-anciennement connu sous le nom de *kupfer-nickel* (*V.* Nickel arsenical). C'est un mélange plus ou moins intime de fer, de cobalt, d'arsenic et de nickel. Vauquelin, Proust, Bucholz et surtout Richter et Tupputi, se sont beaucoup occupés de recherches sur le nickel. Le nickel est sans utilité dans nos arts; quelques personnes ont proposé de s'en servir pour faire des aiguilles aimantées; mais, outre que la vertu magnétique du nickel est beaucoup plus foible que celle du fer, ce métal est extrêmement difficile à réduire; on préférera donc toujours l'acier. La vertu magnétique du nickel est à celle du fer dans le rapport de 1 à 4.

On ne peut pas dire cependant que le nickel soit sans usage; car les Chinois, qui emploient un grand nombre d'alliages métalliques dont nous ne connoissons pas la composition, y font entrer le nickel. Ils donnent les noms de *pakfong* et de *pe-tong* à un métal sonore qui ressemble assez à l'argent: ces noms signifient *cuivre blanc*; le cuivre rouge ordinaire s'appelle *ton-fong*. Le cuivre uni intimement au nickel, se rencontre en abondance dans quelques mines de la Chine, et notamment de la province de Yun-Nan, d'où on l'exporte en petits pains ronds pesant trois livres. En faisant fondre ce minerai on obtient un *pak-fong* rouge brut; c'est à cet état qu'on l'apporte à Canton, sous la forme d'anneaux triangulaires de huit à neuf pouces de diamètre en dehors et d'un pouce et demi d'épaisseur. Une seconde fusion et l'addition du zinc, lui donnent sa blancheur et l'éclat argentin.

Le *pak-tong* brut est composé, d'après Engstrœm, de cuivre rouge et de nickel, uni à un peu de cobalt, sans un atome d'arsenic; le nickel et le cuivre y sont dans la proportion de 13 à 14. La quantité de zinc qu'on ajoute varie selon le degré et la valeur de l'alliage que l'on veut obtenir. Elle peut aller, à Canton, à la moitié du poids total. Il n'y a pas d'alliage plus utile et même plus agréable; on en fait des ustensiles de toutes espèces, cuillers, vases à boire, tabatières, chandeliers; il sert à décorer les meubles, mais il s'oxyde en vert-pâle par l'action des sels et des acides.

Les minerais de nickel ne sont pas très-répandus dans la nature; ils accompagnent ordinairement les mines d'argent et de cobalt. On n'en connoît point d'analyse exacte; ils méri-

teroient d'attirer l'attention des chimistes à cet égard. Son
oxyde colore la chrysoprase en vert pomme, et communique
la même couleur à la pimélite, substance terreuse qui accompagne la chrysoprase. Les minéralogistes admettent les espèces suivantes de nickel :

NICKEL NATIF.
NICKEL FERRIFÈRE.
NICKEL ARSENICAL.
NICKEL OXYDÉ.
NICKEL HYDRATÉ.

Nous allons considérer ces diverses espèces dans l'ordre
alphabétique adopté dans ce Dictionnaire. Nous ferons observer ici seulement que le nickel antimonial de M. Allan est
le minerai décrit dans ce Dictionnaire à l'article *antimoine
sulfuré nickelifère*, dans lequel Klaproth a trouvé par l'analyse : antimoine, 47,75 ; nickel, 25,25 ; arsenic, 11,75 ;
soufre 15.25 = 100.

NICKEL ARSENICAL, *Cuprum niccoli*, Wall. ; *mine
de cobalt arsenicale rougeâtre*, Sage ; *kupfer-nickel*, Romé-de-
l'Isle, Wern. ; *sulphurated nickel*, Kirw. ; *nickelerz*, Suck ;
copper nickel, Aik., James. On le reconnoît aisément à sa couleur rouge de cuivre plus ou moins éclatante, qui lui a fait donner le nom de *kupfer nikel* (*nickel cuivre*). Sa cassure est gre-
nue et d'un grand éclat lorsqu'elle est récente ; elle est inégale ou partiellement conchoïde, et ses esquilles ou fractures
angulaires ordinairement compactes et comme concrétion-
nées. Il est aussi en très-petits grains disséminés ou agglomérés en veines inégales, quelquefois réticulaires ou dendri-
tiques. Fourcroy en cite de cubiques ; mais n'aura-t-il pas
pris pour tel du cobalt arsenical nickelifère ? On ne l'a point
encore trouvé cristallisé dans la nature ; cependant on en cite
des cristaux en petites tables hexagones ; mais est-il certain
que ce soient des cristaux de *nickel arsenical* ? M. de Bournon
possède des fragmens de nickel-arsenical cristallisés artificiellement en petits cristaux octaèdres rectangulaires, dont
les faces se rencontrent au sommet, sous l'angle de 40°, et
à la base, sous celui de 140°. Il a observé encore l'octaèdre,
dont l'angle solide du sommet est remplacé par un seul plan,
ou bien par quatre plans, situés en opposition des faces de
l'octaèdre, avec lesquelles ils font un angle d'environ 170.°

On raye difficilement ce minerai avec une pointe d'acier ;
il donne des étincelles sous le choc du briquet, et répand alors
l'odeur d'ail : il se casse sous le marteau, ce qui le fait distinguer facilement du cuivre.

Sa pesanteur spécifique varie entre 6,64 et 7,56. Un fragment exposé à la flamme produite par le chalumeau, laisse

dégager des vapeurs blanches arsenicales, puis fond en une scorie mêlée de petits grains métalliques. Le *nickel arsenical* est soluble dans l'acide nitro-muriatique qu'il colore en un beau vert; puis il se dépose en poussière verdâtre.

Le *nickel arsenical* est essentiellement composé de nickel et d'arsenic; il contient toujours une petite quantité de fer dont il est fort difficile de le débarrasser; il est aussi fréquemment uni à du soufre, au cobalt arsenical, au cuivre gris, et quelquefois à l'argent ou au bismuth. D'après cela on voit, que c'est un minéral très mélangé. Il n'en existe point d'analyse.

De tous les minerais de *nickel*, celui-ci est le plus abondant; il se trouve dans les filons métallifères des terrains primitifs et dans ceux de transition; il accompagne le plomb, l'argent, le cuivre et les minerais de cobalt et d'arsenic. Ses gangues sont habituellement la chaux carbonatée lamelleuse, la chaux carbonatée ferrifère, la baryte sulfatée et le quarz.

Les localités où se rencontre le *nickel arsenical* sont assez nombreuses et assez variées.

Il existe, mais en petite quantité, dans les mines de plomb sulfuré de Lead-Hills et Wanlocklead en Écosse. Il forme des veines accompagnées de nickel hydraté, de plomb sulfuré, de zinc sulfuré et de baryte sulfatée, dans une couche de calcaire compacte appartenant à la formation de la houille, à Linlithgowshire.

Le gneiss et le schiste micacé de la Saxe présentent ce nickel dans leurs filons métallifères, à Schneeberg, Annaberg, Freyberg, Hohenstein et Johanngeorgenstadt. Il y en a également à Joachim-Stahl en Bohème et à Schladming dans la Haute-Styrie. Il gîte dans une syénite porphyritique à Orawicza dans le Bannat; l'or natif et des minerais de cuivre et de cobalt se rencontrent dans la même roche. A Andreasberg, au Hartz, il est en veines dans les roches de transition. Dans le comté de Mansfeld, il forme des veines dans un schiste marno-bitumineux. Il est dans le granite à Wittichin en Souabe. Il se trouve également à Riegelsdorf en Hesse, à Salzbourg en Tyrol, dans le pays de Nassau-Siégen et à Biber près de Hanau en Wettéravie, où il accompagne le cuivre et l'argent natif dans de la baryte sulfatée. A Saalfeld en Thuringe, le nickel arsenical est uni au cuivre gris et au cobalt gris. Dans cette même mine, il est associé au cuivre carbonaté vert, au cobalt oxydé brun, dans une gangue de baryte sulfatée lamellaire. C'est sur le *nickel arsenical* de Normarck (Wermelande) et de Loos (Helsingellande) en Suède, que Cronstedt a reconnu le premier, en 1751, l'existence du nouveau métal nickel. Cronstedt fait observer qu'il est fréquemment uni au bismuth ; bien avant lui cependant, le nickel arsenical s'appeloit *kupfer nickel.*

En France, on trouve du nickel arsenical à Sainte-Marie-aux-Mines dans les Vosges ; en Dauphiné, dans la mine d'argent d'Allemont, et à Riemau, dans la vallée de Barège ; il est en petites veines dans le spath calcaire. A Gistain, dans les Pyrénées espagnoles, il y est allié au cobalt, et s'y trouve en gros morceaux.

Les mines de cuivre du Kolywan et de la Daourie offrent aussi ce minéral. Il paroît très-abondant en Chine ; on en fait la base de l'alliage dit *pak fong*, cuivre blanc.

Il est peu de minerais qui aient plus excité de discussions entre les savans. On s'est long-temps obstiné à ne pas vouloir y reconnoître l'alliage naturel d'un métal nouveau avec le cobalt et l'arsenic : on penchoit pour le cuivre. La chimie a fait disparoître toutes les objections, et l'on ne doute plus de l'existence du nickel.

NICKEL HYDRATE (*nickel oxydé*, Haüy ; *nickel terreux et ocre de nickel*, Deb. ; *carbonate de nickel*, Daub. ; *nickelocker*, Wern. ; *nickelochre*, James.). Il est en efflorescence, en croûtes minces et en petites masses terreuses. Sa couleur est le vert-pomme passant au vert d'herbe, et quelquefois au grisâtre ; ce qui lui arrive assez ordinairement lorsqu'on l'expose long-temps à l'air sec. Son aspect est généralement terreux ; quelquefois cependant il est compacte ; alors sa cassure est écailleuse, et ses écailles sont translucides sur les bords ; lorsqu'il est massif, il happe à la langue. Il est infusible sans addition, mais devient gris ou ; quelquefois il laisse dégager une très-légère vapeur arsenicale ; fondu avec le borax, il le colore en rouge hyacinthe.

L'analyse donnée par Lampadius, d'un nikelocker, indique :

Nickel. . . . . 67.
Fer . . . . 23,20.
Eau . . . . 1,50.
Perte . . . . 8,30.

Mais on ne doit considérer cette analyse que comme celle d'un nickel hydraté impur. Elle nous prouve seulement que ce minerai contient de l'eau.

Quelques personnes pensent, d'après la manière dont ce nickel se comporte au chalumeau, que ce peut être, soit du *nickel hydraté*, soit du *nickel arseniaté*. Ces deux opinions peuvent être appuyées par des observations faites sur d'autres minéraux. Par exemple, le cuivre hydraté naturellement vert, perd au chalumeau son eau, et sa couleur devient brun-noire; caractère de l'oxyde de cuivre, qui est une de ses bases. D'un autre côté, tous les arséniates métalliques natifs sont verts; ce seroit une présomption en faveur du *nickel arséniaté*.

Le *nickel hydraté* accompagne toujours le *nickel arsenical*; il est dans le minerai d'argent dit *argent merdoie*; il en colore la partie verte. Il est fréquemment associé avec le *nickel oxydé* proprement dit.

On le rencontre principalement à Riegelsdorf en Hesse; à Schneeberg en Saxe; avec le bismuth oxydé, à Joachimstahl en Bohême; à Wittichin en Souabe; avec le cobalt oxydé noir, l'argent sulfuré et l'argent natif capillaire; à Schemnitz en Hongrie, et à Allemont dans le département de l'Isère. Dans cette dernière localité, on en trouve des veines de plus de quatre lignes d'épaisseur. Le nickel sulfuré se trouve aussi à Barège et dans la vallée de Gistain (Pyrénées espagnoles).

« J'en ai trouvé dans quelques mines de cuivre de la Daourie, voisines du fleuve Amour; et j'ai remarqué que son mélange avec le minerai de cuivre sain produisoit à la fonte un effet fort singulier. Quand on retire la *matte noire* du fourneau, et qu'on la verse sur l'aire de la fonderie, à peine commence-t-elle à se figer, qu'on voit, d'espace en espace, s'élever sur sa surface des végétations de la grosseur du petit doigt qui ont la forme de branches de corail, et qui sont du plus beau vert d'émeraude (PATRIN, 1ᵉʳ édit.). »

Il existoit dans le cabinet de M. de Drée, à Paris, une matte de nickel arsenical imparfaitement fondue, garnie de semblables efflorescences. Elle provenoit de Wittichin en Souabe.

NICKEL NATIF (*Gediegen nickel*, Klap.; *Haarkies*, Var., W.). On le reconnoît aisément à sa forme capillaire et à sa couleur d'un jaune de bronze ou de laiton, qui ressemble assez à celle du fer sulfuré pour qu'on ait confondu le fer sulfuré et le nickel natif, sous le nom de *pyrite capillaire*. Néanmoins il y a du *nickel natif* d'un gris d'acier, qui a été pris pour du bismuth sulfuré.

Le *nickel natif* est tellement délicat, que le souffle brise et détache aisément ses nombreux filamens. Ceux-ci sont des prismes qui, comme je l'ai dit, m'ont paru avoir une base rhombe. Ils sont opaques, à surface brillante, pas trop dure, se brisent aisément, et jouissent d'une légère flexibilité. Au chalumeau, ce nickel se fond sur le charbon, et se réduit en un petit globule métallique, sans laisser dégager même une très-légère odeur de soufre ou d'arsenic, selon Jameson;

mais selon M. Lelièvre, lorsqu'on le p ace au bout d'une pince de platine, il devient noirâtre et ne se fond pas. Il colore légèrement en bleu le verre de borax. Il se dissout complètement dans l'acide sulfurique, et n'éprouve aucun changement dans l'acide nitrique.

L'on n'a pas d'analyse de ce minerai, seulement on sait qu'il contient une très petite quantité de cobalt, et quelquefois d'arsenic, qui lui font perdre sans doute la vertu magnétique du nickel pur.

Le *nickel natif* se trouve à Annaberg, Schnéeberg, et dans la mine dite Adolphe, à Johanngeorgenstadt, en Saxe ; à Joachimstahl, en Bohème, et à Andreasberg, au Hartz. Sa gangue ordinaire est le *hornstein* infusible (quarz agathe grossier, H). Au Hartz, il se trouve dans un fer sulfuré mélangé de plomb, et il forme, dans les fissures et les cavités de ces gangues, des houppes à filamens entrelacés.

NICKEL OXYDÉ, Nob. ; *nickelschwarze*, Haussmann ; — *Black ore of nickel*, James.

Je ne connois qu'Haussmann qui nous ait fait connoître cet oxyde de *nickel natif.* Cet habile minéralogiste pense que l'oxyde noir de nickel qu'il décrit, est une décomposition du nickel arsenical. Il est plus naturel de croire que c'est le *nickel hydraté vert* qui a perdu son eau, et qui est devenu ainsi un simple oxyde de nickel, comme cela a lieu dans nos laboratoires, lorsqu'on fait dessécher le *nickel hydraté.*

Le *nickel oxydé natif* est terreux, d'un gris ou d'un brunnoir ; sa raclure est luisante ; il est léger et tendre. Il forme de petites croûtes et de petits nids, dans un schiste marneux et bitumineux, qui contient aussi du *nickel arsenical* et du *nickel hydraté*, à Riegelsdorf, dans la mine dite Friedrich-Wilhelm en Hesse ; le *nickel oxydé noir* colore l'acide nitrique en vert pomme, en laissant déposer de l'acide arsenique ; d'où l'on peut conclure qu'il est composé de *nickel oxydé* et d'arsenic oxydé ; mais on ne connoît point la proportion de ces deux principes.

NICKEL NATIF FERRIFÈRE. Je crois devoir rappeler ici les fers météoriques qui contiennent tous, sans exception, une petite quantité de nickel en combinaison. Les chimistes ont également reconnu que ce métal se trouve allié au fer, dans toutes les masses pierreuses métalliques qui tombent de l'atmosphère, à la suite de météores enflammés. Cette circonstance ajoute à la probabilité d'une identité d'origine de toutes les pierres. *Voy.* Fer natif et Pierres météoriques.

NICKEL ARSENIATÉ de Berzelius. *V.* Nickel hydraté, *nickelblume* et *nickel bluthe* des Allemands. (ln.)

NICKEL-KALK et NICKEL-OCKER. *V.* Nickel
hydraté. (ln.)

NICKEL SILICIATÉ de Berzelius. *V.* Pimélite. (ln.)

NICKEL VITRIOL (*Nickel sulfaté*, en allemand). Vel-
theim donne ce nom au Nickel hydraté. *V.* ce mot. (ln.)

NICKELERS des Allemands. *V.* Nickel arsenical. (ln.)

NICK-CORONDE. Sorte de cannelle de Ceylan , qui
n'a ni odeur ni saveur. On s'en sert en médecine. L'arbre
qui la produit ne paroît pas être connu des botanistes. (b.)

NICKISK. Nom all. d'une Laiche (*carex acuta*, L.). (ln.)

NICOTIANA. Du nom d'un habitant de Nismes , Jean
Nicot , ambassadeur de France à la cour de Portugal , qui,
en 1559 ou 1560 , fit passer en France les graines du *tabac
commun* qu'un Flamand avoit apportées de la Floride. Cette
plante étoit appelée , en Amérique , *tabacka* , *tabak* ou *tabac*
et *petum* ; et en Virginie , *uppowoc*. Lonicerus , Daléchamp
et Tabernæ-Montanus furent les premiers botanistes qui men-
tionnèrent le *tabac* sous le nom de *nicotiana* , que C. Bauhin
a rendu ensuite générique en y rapportant le *nicotiana rustica*
(*nicotiana minor*, C. B.), et plusieurs plantes qui semblent être
le tabac et des espèces voisines. Tournefort , Linnæus et
tous les botanistes , ont laissé à ce genre son nom de *nicotiana*.
L'une des espèces dites *nicotiana glutinosa* est le type du genre
tabacus de Moench. *V.* ce mot et Nicotiane. (ln.)

NICOTIANE , *Nicotiana*, Linn. (*pentandrie monogynie*).
Genre de plantes de la famille des solanées, dont les caractères sont : un calice en tube , persistant , découpé en cinq
parties ; une corolle en entonnoir , avec un tube beaucoup
plus long que le calice , et un limbe à cinq divisions et à
cinq plis ; cinq étamines à anthères oblongues ; un ovaire
supérieur surmonté d'un style mince que termine un stigmate
échancré ; une capsule ovoïde , marquée de quatre stries ,
à deux loges et à deux valves , s'ouvrant au sommet , et
remplies de petites graines reniformes , ridées et noirâtres.

Ce genre a des rapports avec les Molènes et les Jusquia-
mes. Il comprend une vingtaine d'espèces, les unes vivaces,
les autres annuelles , toutes originaires de l'Amérique , à
l'exception d'une seule (la *nicotiane frutiqueuse*) qu'on trouve
en Chine et au Cap de Bonne-Espérance.

Parmi ces espèces , il en est une très-connue , et dont
on fait usage dans les quatre parties du monde , sous le nom
de Tabac. *Voyez* ce mot , et la pl. G 35 de ce Dictionnaire.

Les autres *nicotianes* qui méritent d'être citées , sont :

La Nicotiane frutiqueuse , *Nicotiana fruticosa*, Linn. ,
dont je viens de parler ; elle a de si grands rapports avec la
nicotiane-tabac , qu'elle pourroit bien n'en être qu'une va-

riété. Cependant elle en diffère par sa tige vivace, par ses feuilles plus aiguës, plus étroites et plus légèrement velues, par ses fleurs disposées en une panicule plus lâche, à calices plus serrés, découpés plus profondément, et à corolle d'un rouge approchant de la couleur de chair.

La NICOTIANE RUSTIQUE, *Nicotiana rustica*, Linn. Ses feuilles, au lieu d'être sessiles comme dans la précédente, sont pétiolées, ovales, obtuses, très-entières, lisses et glutineuses; ses fleurs sont obtuses et de couleur herbacée; elles paroissent en juillet, et produisent des capsules rondes. Elle est une des plus acclimatées parmi nous. Elle se multiplie sans le moindre soin, partout où ses semences se répandent; de sorte que dans quelques endroits elle semble devenue indigène. Elle est annuelle. On croit que c'est la première espèce qui a été apportée en Europe.

La NICOTIANE PANICULÉE. Ses feuilles sont pétiolées, en cœur, très-entières; ses fleurs petites et disposées à panicule penchée; elle est originaire du Pérou. C'est celle que l'on cultive le plus dans la Turquie d'Asie et en Egypte, pour l'usage de la pipe, parce que ses feuilles sont moins âcres.

LA NICOTIANE A PETITES FEUILLES, *Nicotiana minima*. Molina, *Voy. du Chili*, pag. 153, cultivée au Brésil, et remarquable par ses feuilles très-petites, pas plus grandes que celles du *dictame de Crète*, auxquelles elles ressemblent; elles sont ovales et sessiles, et les fleurs obtuses. (D.)

La NICOTIANE A QUATRE VULVES, se caractérise par son nom. Elle est originaire de l'Amérique septentrionale. Le tabac qu'elle fournit a été préconisé sous le nom de *tabac de Missouri*. (D.)

NICOU. Nom spécifique d'une espèce de ROBINIER, qui, à la Guyane, sert à enivrer le poisson. Pour cela, il suffit de battre l'eau avec ses branches nouvellement coupées et fendues, pendant quelques instans; le poisson monte bientôt à la surface et se laisse prendre à la main. (B.)

NICTAGE et NICTAGINÉES. *V*. NYCTAGE et NYCTAGINÉES. (LN.)

NICTANTE. *Voyez* NYCTANTHE. (B.)

NICTERE. *Voyez* NYCTERE. (DESM.)

NICTERION. *Voyez* NYCTERION. (B.)

NID (*Ornith.*). Espèce de petit logement que les oiseaux préparent pour y pondre, pour y faire éclore leurs petits et pour les y élever. On appelle *aire* le nid des oiseaux de proie.

Si l'ornithologiste n'a pour guide que la dépouille d'un oiseau, il ne peut avoir que des idées superficielles et conjecturales sur son genre de vie, sur son naturel et même sur la race d'où il sort: il lui faut donc d'autres erremens pour asseoir son jugement : ceux que donnent les nids et les œufs, ne sont pas les moins importans ; car, combien d'erreurs en ornithologie n'eût-on pas évitées ; combien d'espèces, combien de variétés faites avec des mâles, des femelles et des jeunes de la même espèce, n'existeroient pas, si on eût connu leur berceau ; si on les eût suivis dès leur premier âge ? Cette étude facilite le naturaliste observateur dans ses recherches, lui procure les moyens de distinguer le mâle de la femelle, et ceux-ci du jeune, dont la robe est presque toujours très-dissemblable de celle du père, et très-souvent de celle de la mère ; elle l'aide à reconnoître le mâle dans les espèces où il ne porte que momentanément son habit de noces ; elle le met à portée d'entendre les divers cris, la variété du chant, de distinguer les habitudes et les mœurs. La connoissance des nids est pour l'ornithologiste de la plus grande utilité, puisqu'un nid autrement conformé, composé de matériaux qui diffèrent plus ou moins, posé sur un arbre ou dans un buisson, dans l'herbe, ou sur le sol à nu, construit dans un trou ou attaché contre un rocher ; puisqu'un œuf d'une forme plus ou moins disparate, de teintes plus ou moins dissemblables, seront pour lui des guides certains qui l'empêcheront de former des alliances, de réunir des oiseaux, parce qu'ils ont, outre les caractères du bec et des pieds, la même taille et presque le même plumage, mais qui sont très-distincts les uns des autres par leur langage et leur naturel ; de séparer les mâles des femelles, les jeunes de ceux-ci, parce que leurs couleurs n'auroient aucune analogie. Une pareille recherche exige beaucoup de zèle, de la persévérance et de la patience, puisque des espèces d'oiseaux choisissent des lieux et des forêts presque inaccessibles, les déserts et les contrées les moins habitées, pour procurer à leur famille un asile impénétrable à leurs ennemis. Il est encore des oiseaux d'Europe dont le berceau est inconnu ; mais combien est grand le nombre de ceux des pays étrangers habités par les Européens, que l'on trouveroit facilement et que l'on ne connoît pas ! Peut-être a-t-on été arrêté dans ces recherches par le peu d'intérêt que l'objet inspire au premier abord ; mais leur utilité pour les progrès de la science doit être un aiguillon assez puissant pour décider le vrai naturaliste à s'en occuper.

Tous les oiseaux ne construisent point de nid ; il en est qui profitent de ceux qui sont abandonnés ; d'autres déposent leurs œufs dans des trous d'arbre, de mur, de rocher, dans des trous en terre ou sur le sol nu ; les vrais coucous pondent dans un nid étranger, et laissent à une mère étrangère les soins de faire éclore et d'élever leurs petits. Wilson nous a fait connoître depuis peu un oiseau de l'Amérique septentrionale (la *passerine des pâturages*) qui se conduit de même que ceux-ci ; ce sont les seuls qu'on connoisse jusqu'à présent pour déroger à la loi générale.

Le soin de construire le nid est plus souvent l'occupation de la femelle que celle du mâle, qui ne fait guère que de ramasser les matériaux et les apporter, afin que celle-ci les mette en œuvre. D'autres ne s'en occupent nullement : c'est elle qui en pliant et entrelaçant avec son bec les brins de plantes desséchées, donne la première forme et la solidité au nid, et qui, à mesure qu'elle le garnit, en pesant sur les matériaux qu'elle a accumulés, en les écartant et les arrangeant par les mouvemens de son corps, leur fait prendre la forme convenable.

L'*autruche*, dit-on, laisse pendant le jour ses œufs exposés à l'ardeur du soleil, après les avoir couverts de sable. Les oiseaux qui ne se perchent pas ou qui se tiennent le plus souvent à terre, y construisent aussi leur nid, qu'ils cachent au pied d'un arbre, d'un buisson, dans les halliers, et le plus souvent dans une touffe d'herbe. Les *vautours*, les *aigles*, font choix de la fente d'un rocher escarpé des plus hautes montagnes ; et quelquefois ces derniers préferent la cime des arbres les plus élevés pour y construire un nid vaste, entrelacé de petites branches, et dont l'intérieur est tapissé d'un gramen posé sans art. Les oiseaux de proie nocturnes, auxquels la nature a refusé les moyens qu'exige la construction d'un nid, pondent dans des trous d'arbre ou de rocher, ou s'emparent d'un nid abandonné par des oiseaux de leur taille. Les *pics*, les *grimpereaux*, les *sittelles*, les *huppes*, plusieurs *mésanges*, quelques *gobe-mouches*, etc., pondent dans des trous d'arbre et de muraille, sur des matériaux entassés sans art. Les *guêpiers*, les *martin-pêcheurs*, se conduisent de même dans un trou en terre ; les *rolliers*, les *corneilles*, les *geais*, les *pies* construisent leur nid sur les arbres, lui donnent de la solidité avec un tissu de racines, de fibres d'herbes et de mousse, et en garnissent l'intérieur avec de la laine et du poil en abondance. Notre *pie* fait du sien un fort inaccessible, en l'entourant et le couvrant de branches épineuses.

Il semble que l'industrie est le partage de la foiblesse ; car c'est parmi les petits oiseaux que se trouvent les plus adroits. Qui n'admire les nids élégans et très-solides de nos *pinsons*, de nos *chardonnerets* ; les petits fours que construisent nos *pouillots* ; l'espèce de cornemuse du *remiz*, construite avec la bourre du peuplier, du saule, du tremble, et dont l'oiseau forme un tissu épais et serré, semblable à une étoffe de laine, clos par en haut, suspendu à l'extrémité des rameaux les plus foibles, les plus mobiles et penchés sur l'eau ; dont l'entrée est sur les flancs, tantôt plus haut, tantôt plus bas, et toujours tournée du côté de cet élément ! On ne voit pas, dans le nid de la *mésange à longue queue*, un travail aussi fini ; mais elle l'attache solidement sur les branches des arbrisseaux, lui donne une forme ovale et presque cylindrique, le ferme par-dessus, laisse une entrée dans le côté, et se ménage quelquefois deux issues qui se répondent. C'est aussi parmi les *sylvains* ou *passereaux* que se trouvent les oiseaux étrangers les plus remarquables. Qui ne voit avec surprise le nid des *nélicourvis*, composé de paille et de joncs artistement entrelacés, présentant par en haut la forme d'une poche, à laquelle est adaptée, sur l'un de ses côtés, un long tuyau dirigé en en bas, à l'extrémité duquel se trouve l'entrée du nid ! tel est celui de la première année ; mais à la suivante ces oiseaux en construisent un nouveau au bout de l'ancien, et l'on en voit ainsi jusqu'à sept ou huit attachés l'un à l'autre ; c'est de même que se comportent encore les *cap-mores*.

Le *guit guit sucrier* donne au sien la forme d'un petit melon, suspendu à une branche, place l'entrée en dessous, et le divise à l'intérieur en deux compartimens séparés par une cloison : l'un sert de corridor, et c'est au fond de l'autre que la femelle dépose ses œufs. Combien d'autres oiseaux exotiques qui ne montrent pas moins d'industrie que ceux-ci.

Le *carouge de la Martinique* confie ce qu'il a de plus cher à une feuille de bananier : une des tranches d'un globe creux coupé en quatre parts égales, présente la forme de son nid ; et cet oiseau sait le coudre sous une feuille de bananier qui lui sert d'abri et qui en fait elle-même partie. Le *figuier taïti* se comporte à peu près de même ; car il choisit une feuille de l'extrémité d'une branche, et après s'être assuré de la solidité du pétiole, il apporte une autre feuille qu'il a l'adresse de coudre à la première, avec des filamens déliés et flexibles tirés du jonc. Parlerai-je encore de la cucurbite étroite, surmontée de son alambic du *carique yapou* ; de la bourse ouverte, large et profonde du *baltimore*, suspendue aux rameaux par quatre cordons d'un tissu très-solide, et garnie sur le côté d'une petite fenêtre à claire-voie, par où la femelle voit sans être vue ce qui se passe dans les environs ? Le *fournier* construit son nid avec de la terre, lui donne la forme d'un four à cuire du pain, partage l'intérieur en deux parties par une cloison circulaire à laquelle il laisse une ouverture pour pénétrer dans celle où sont déposés les œufs. Les *gros-becs sociaux* se réunissent en troupes très-nombreuses pour construire une habitation commune à tous, et divisée en autant de cellules que de nids.

Si nous jetons un coup d'œil sur le nid de certaines *hirondelles*, nous voyons l'ouvrage d'un vannier dans celui de *l'hirondelle acutipenne de la Louisiane*: elle construit d'abord une espèce de plate-forme avec des petits rameaux secs et des broussailles, liés avec le styrax du liquidambar, sur laquelle elle pose un nid composé de petites bûchettes collées ensemble avec la même gomme, et disposées à peu près comme les osiers d'un panier: elle donne à ce petit chef-d'œuvre, la forme d'un tiers de cercle, et le fixe par ses extrémités aux parois d'une cheminée. Qui ne reconnoît un maçon adroit et intelligent dans notre *hirondelle de fenêtre?* Enfin, parmi les oiseaux de rivage, la *marouette* construit un nid digne de remarque: ce nid a la forme d'une barque, flotte sur l'eau, et est attaché par une de ses extrémités à une tige de roseau. Quant à la conservation des nids pour les collections, *V.* l'article TAXIDERMIE. (V.)

NID DE FOURMIS. Nom qu'on donne, à Cayenne, à un arbrisseau grimpant que les naturels appellent TACHI. (*V.* ce mot.) C'est le *myrmecia scandens*, Willd. (LN.)

NID D'OISEAU. Nom spécifique d'un OPHRYDE. (B.)

NID DE DRUSEN. *V.* GÎTE DES MINÉRAUX. (PAT.)

NIDULAIRE, *Nidularia.* Genre de plantes de la famille des CHAMPIGNONS, que Bulliard a établi aux dépens des PÉZIZES de Linnæus. L'expression de ses caractères est : substance coriace en forme de calice ou de cupule ; semences pédiculées, fort larges, entourées d'un suc glaireux, et situées au fond du calice.

Les *nidulaires*, appelées CYATHES par plusieurs botanistes, ne diffèrent pas beaucoup des *pézizes* par leur forme ; mais leurs bourgeons séminiformes sont renfermés dans l'intérieur de leur substance au fond de leur calice, au lieu que les pézizes offrent les leurs, à la surface supérieure de leur chapeau.

C'est Bulliard qu'il faut consulter toutes les fois qu'il s'agit des champignons de France; voici ce qu'il dit :

Toutes les nidulaires sont remplies, dans leur jeunesse, d'un suc glaireux et limpide, et leur orifice est alors fermé par une membrane ; à une certaine époque, cette membrane se déchire, la liqueur qu'elle recouvroit s'évapore, se dessèche en partie, et les graines restent à nu. Ces graines avortent lorsqu'on crève la membrane qui recouvre le fluide où elles sont noyées avant l'époque fixée par la nature, ou lorsque des chaleurs excessives dessèchent ce fluide. Elles n'ont pas, comme les autres champignons, des vésicules spermatiques distinctes ; aussi ces prétendues graines ne sont-elles que de petites nidulaires qui croissent tant qu'elles trouvent suffisamment de nourriture dans la cavité de leur mère, mais qui ne prennent un développement complet que lorsqu'elles sont sorties de cette cavité, qu'elles ont été jetées sur la terre par l'effort des vents ou par quelques autres circonstances. *Voyez* aux mots CHAMPIGNON ou TRUFFE.

On trouve huit ou dix nidulaires décrites dans les auteurs; mais il n'y en a que trois qui croissent dans les environs de Paris, savoir :

La NIDULAIRE VERNISSÉE, qui a sa surface extérieure veloutée, d'un jaune-brun, et l'interne lisse, luisante, blanchâtre dans sa jeunesse et plombée dans un âge avancé; ses bourgeons séminiformes sont larges, grisâtres et glabres. Elle se trouve sur la terre et quelquefois sur le bois mort. Dans sa vieillesse, ses bords sont très-renversés en dehors.

La NIDULAIRE LISSE, qui est d'un jaune foncé, unie, mais non-luisante en dedans, dont le bord est droit et les bourgeons séminiformes noirâtres. Elle se trouve exclusivement sur le bois mort.

La NIDULAIRE STRIÉE est d'un brun clair, constamment laineuse en dehors, et creusée de stries longitudinales en dedans. Ses bords ne se recourbent pas. Ses semences sont lisses en dessus, et tomenteuses en dessous. On la trouve sur la terre et sur le bois pourri.

C'est principalement dans les terrains sablonneux et au commencement du printemps, qu'il faut chercher les nidulaires. (B.)

NIDUS AVIS. Lobel, et après lui Dodonée, Dalechamp et Rivin, ont donné ce nom à l'*ophride nid-d'oiseau* (*ophrys nidus avis*, Linn.), dont Tournefort fit son genre *nidus avis*, que Linnæus n'a pas conservé. *V.* au mot NEOTTIA. (LN.)

NIDUS AVIUM (Nid des oiseaux). C'est le PANAIS SAUVAGE. (LN.)

NIÉBÉ. Nom qu'on donne, au Sénégal, à une espèce de DOLIC, suivant Adanson. (LN.)

NIEBUHRGIA. Nom proposé par Scopoli, pour désigner le genre *Baltimora* de Linnæus. Il est dédié à C. Niebuhrg, Danois, qui voyagea en Egypte et en Arabie. (LN.)

NIECKE CORONDE. Nom de pays de l'écorce du *laurier-cassie*, dont on se sert comme de celle du *cannellier*, pour les assaisonnemens. *V.* au mot CANNELLIER. (B.)

NIEIRO. Nom de la PUCE, en Languedocien. (DESM.)

NIELE. L'un des noms allemands de la VIORNE. (*viburnum lantana*, Linn.). (LN.)

NIELLE. Nom vulgaire de la NIGELLE. *V.* ce mot. (B.)

NIELLE DES BLÉS. C'est aussi l'AGROSTEMMA GITHAGO, de Linnæus, ou GITHAGE de Desfontaines. (LN.)

On appelle aussi de ce nom, la CARIE, le CHARBON, la ROUILLE, l'ERGOT et le BLANC, maladies des plantes, dues à des CHAMPIGNONS PARASITES. (B.)

NIELLE DE VIRGINIE. Espèce de MÉLANTHE (*melanthium virginicum*, Linn.). (LN.)

NIENGALA. *V.* NIENGHALA. (LN.)

NIENGHALA. Les habitans de l'île de Ceylan désignent par ce nom le MÉTHONICA des Malabares (*gloriosa superba*, Linn.). *V.* les mots MÉTHONIQUE et MENDONI. (LN.)

NIEN-SI. Nom chinois d'une racine qui, au rapport de Cleyer, a une saveur acide, corrigée par un goût douceâtre. C'est, sans doute, une racine d'ombellifère. (LN.)

NIEREMBERGE, *Nierembergia.* Plante annuelle à tige rampante, filiforme, noueuse, à feuilles pétiolées, ovales, oblongues, entières, velues, au nombre de cinq à six à chaque nœud, à fleurs blanches, solitaires, sessiles sur les nœuds, qui forme un genre dans la pentandrie monogynie.

Ce genre offre pour caractères : un calice à cinq divisions ovales et persistantes ; une corolle hypocratériforme, à tube cylindrique très-long, un peu courbé, à limbe à cinq divisions ovales, striées, plissées ; cinq étamines inégales ; un ovaire supérieur à style filiforme et à stigmate bilobé ; une capsule ovale, biloculaire, bivalve, renfermant plusieurs semences anguleuses. (B.)

NIERENSTEIN et **NIERENHELFER.** Synonymes allemands de *néphrite. V.* GADE. (LN.)

NIESEKRAUT. La gratiole officinale, le muguet, quelques ochridées, l'achillée ptarmica et l'orpin brûlant reçoivent ce nom dans diverses parties de l'Allemagne. (LN.)

NIESKRUID. C'est, en Hollande, l'HERBE A ÉTERNUER (*achillea ptarmica*, Linn.). (LN.)

NIESWURZ. Les hellébores, les varaires, les sérépias, l'adonis printannier, l'herbe Saint-Christophe, portent ce nom en Allemagne. (LN.)

NIESWURZEL. Nom de la mâche, *valeriana locusta*, Linn., en Allemagne. (LN.)

NIETOPERSZ. Les Polonais donnent ce nom aux *chauve-souris.* (DESM.)

NIEU-LI-SOI. Espèce de LAITRON qui croît en Chine, différent du *sonchus floridanus*, L., pour lequel Loureiro l'a pris. (LN.)

NIEU-SI. Nom qu'on donne, à la Chine, à cette petite

plante que Loureiro appelle *cyathula geniculata*. *V.* Cyathule
et Cadelari. (LN.)

NIFAT. C'est le *murex pusio* de Linnæus. *V.* au mot Rocher. (B.)

NIGAUD. Nom appliqué à un *cormoran*, parce qu'on
a remarqué qu'il étoit encore plus niais que les autres. *Voy.*
pour tous les oiseaux décrits sous ce nom, l'article Cormoran. (V.)

NIGELLA. Il dérive du mot latin *niger*, noir. Plante ainsi
nommée par Pline et les Latins, à cause de ses graines noires.
C'est la nigelle de Crète (*nigella sativa*, Linn.) *V.* Melan-
thion.

Les espèces du genre *nigella* et l'Agrostemme des blés
ont été appelés *nigella* par les botanistes qui ont précédé
Linnæus. Le genre *nigella* créé par Tournefort, adopté par
les naturalistes, comprend, d'après M. Decandolle, onze espèces. Moench a fait à leurs dépens son genre *nigellastrum*,
conservé comme sous-genre par M. Decandolle. *V.* Nigellastrum (LN.)

NIGELLASTRUM. Nom donné, par Dodonée, à l'a-
grostemme des blés; puis, par Magnol, à la plante qui
constitue le genre *garidella* de Tournefort, consacré à la
mémoire de Garidelle, auteur de la Flore d'Aix, qui a figuré cette plante sous son nom, pl. 39 de cette Flore. Linnæus
nomme cette plante *garidella nigellastrum*. Sa fleur a en effet
beaucoup de ressemblance avec celle des nigelles. Decandolle
a fait connoître une seconde espèce de ce genre (*garidella un-
guicularis*). Elle croit aux environs d'Alep.

Le genre *nigellastrum* de Moench est différent; il a pour
type le *nigella orientalis*, Linn., dont la fleur est jaunâtre, et
munie d'étamines sur un seul rang. Les graines sont plates.
V. Nigella. (LN.)

NIGELLE, *Nigella*. Genre de plantes de la polyandrie
pentagynie et de la famille des renonculacées, qui a pour
caractères : un calice de cinq grandes folioles ovales, rétrécies à leur base, très-ouvertes et colorées; une corolle de
cinq à huit pétales bilabiés en cornets courbés à leur base,
dont la lèvre supérieure est plus courte et forme une fossette
qui se trouve entre les deux divisions de l'inférieure; un grand
nombre d'étamines; cinq à dix ovaires supérieurs, oblongs,
convexes, comprimés, droits, terminés par de très-longs
styles subulés, persistans, à stigmate aigu; cinq à dix capsules oblongues, pointues, comprimées sur les côtés, distinctes ou réunies en une seule, à plusieurs loges, renfermant
des semences anguleuses et fort petites.

Ce genre renferme des plantes annuelles, à feuilles linéaires, une ou deux fois ailées, et à fleurs terminales quelquefois enveloppées d'un involucre de cinq folioles multifides.

On en compte onze espèces presque toutes, propres aux parties méridionales de l'Europe.

La NIGELLE DE DAMAS, *Nigella damascena*, a cinq pistils, et les fleurs entourées d'un involucre feuillé. Elle croît en Europe et en Asie. On la cultive dans les parterres, sous les noms de *nielle*, *barbiche*, *barbe de capucin*, *toute-épice* et *cheveux de Vénus*, à raison de la beauté de ses fleurs, qui varient du bleu, qui est leur couleur naturelle, au rouge et au blanc, et qui doublent facilement.

La culture de cette plante n'est point difficile, puisqu'il ne s'agit que de la semer au printemps, en place et à la volée, et éclaircir les endroits où les plants seroient trop serrés. Elle se ressème toujours d'elle-même ; ainsi, une fois qu'il y en a eu dans un parterre, il ne s'agit plus que de ménager les pieds aux labours du printemps.

En Egypte, au rapport d'Olivier, on cultive cette plante en grand, sous le nom d'*absodé*, pour en mettre la graine dans le pain, pour en faire des conserves, pour en tirer de l'huile, etc.

Les semences de cette plante passent pour fortifiantes, carminatives et céphaliques : on s'en sert en infusion dans les affections catarrhales, l'asthme pituiteux et la céphalalgie ; elles augmentent le cours des urines, et rétablissent les règles des femmes ; elles entrent dans la composition du sirop d'armoise, dans l'electuaire des baies de laurier, dans les trochisques de câpres, etc.

La NIGELLE DE CRÈTE, *Nigella sativa*, a cinq pistils : les capsules arrondies, épineuses, et les feuilles un peu velues. On la cultive comme la précédente ; mais elle lui cède de beaucoup en beauté.

La NIGELLE DES CHAMPS a cinq pistils : les folioles du calice longuement onguiculées, et les capsules turbinées ; sa fleur est petite, mais très-jolie.

La NIGELLE D'ESPAGNE a dix pistils égaux en longueur à la corolle. Elle se trouve en Espagne.

La NIGELLE D'ORIENT a dix pistils plus longs que la corolle, et les semences ailées et aplaties. On la trouve aux environs d'Alep. (B.)

NIGHT-JARR. Un des noms anglais de l'ENGOULEVENT, à cause du cri qu'il fait entendre le soir. (V.)

NIGHSTHADE. Synonyme anglais de la MORELLE et du mot allemand *nachtschatten*. (LN.)

NIGHTINGALE. Nom anglais du ROSSIGNOL. (V.)

NIGRETA. Le Pavot cornu (*chelidonium glaucium*; Linn., porte ce nom en Portugal. (LN.)

NIGRETTE. Un des noms vulgaire du Merle. (v.)

NIGRICA, *Schistus nigrica*, Wall. C'est le *Zeichenschiefer* des Allemands, et ce que nous appelons *crayon noir*, et *schiste à dessiner*, que M. Haüy désigne par *argile schisteuse graphique*; M. Brongniart, par *ampelite graphique*, et de Lamétherie, avant eux, par *melantherite*. *V.* ces divers noms, et Schiste. (LN.)

NIGRILLO. Nom que les Espagnols donnent à l'Argent sulfuré noir terreux et au Cuivre gris argentifère décomposé. (LN.)

NIGRIN de Werner. C'est une variété du Titane oxydé ferrifère (*V.* ce mot), qui se trouve en petits grains noirs, dans les roches granitiques et les gneiss. Son caractère essentiel est dans sa cassure très-inégale. L'*iserin*, qui est aussi une variété de Titane oxydé ferrifère, jouit d'une cassure conchoïde éclatante; dans la *menakanite*, elle est un peu lamelleuse; ces trois variétés passent de l'une à l'autre. Les minéralogistes étrangers persistent à les regarder comme des espèces distinctes. Les Allemands nomment aussi le *nigrin*, Eisentitan. Aikin et Jameson le décrivent sous le nom de *nigrine*.

Le nom de *nigrin* ou *nigrine* a été aussi appliqué au Titane siliceo-calcaire que Werner a désigné par *braun mænakerz*. (LN.)

NIGRINA. Il y a deux genres de plantes sous ce nom. L'un est le *nigrina* de Linnæus ou *melasma* de Bergius, que Linnæus fils a rapporté ensuite au genre *gerardia*, en nommant la seule espèce qui en fit partie, *gerardia nigrina*. Le second genre *nigrina* est décrit dans ce Dictionnaire au mot Nigrine. (LN.)

NIGRINE. *V.* Nigrin. (LN.)

NIGRINE, *Chloranthus.* Genre de plantes de la tétrandrie monogynie, qui a pour caractères : un calice entier en son limbe, muni d'une dent sur le côté extérieur et d'une bractée à peine visible à sa base; un seul pétale, inséré au côté extérieur de l'ovaire, squamiforme, ovale, arrondi, concave, trilobé, à lobes latéraux monandres, et à lobe moyen plus allongé et diandre; des anthères adnées au pétale; un ovaire semi-inférieur sans style, à stigmate capité, presque bilobé. Le fruit est une baie ovoïde, marquée vers son sommet d'une cicatrice formée par la chute du pétale et de la dent calicinale. Cette baie est transparente à sa base, uniloculaire et monosperme.

Ce genre est composé d'une seule espèce, qui est un sous-arbrisseau glabre, stolonifère, à rameaux opposés et noueux, poussant des racines dans les nœuds inférieurs; à feuilles opposées, amplexicaules, et munies de stipules; à fleurs disposées en épis paniculés et terminaux, munies chacune d'une bractée qui persiste.

La nigrine est originaire de la Chine et du Japon. Elle se multiplie très-aisément dans nos serres, par marcottes ou boutures. On assure que les Chinois, pour donner aux feuilles de thé l'odeur agréable qu'elles exhalent, sont dans l'usage de les mêler avec celles de cet arbrisseau.

Le genre CREODE de Loureiro rentre complétement dans celui-ci.

La NIGRINE de Linnæus se nomme actuellement MÉLAS-ME. (B.)

NIGRITELLE, *Nigritella*. Genre de plantes établi par Richard, aux dépens des ORCHIS de Linnæus, et des HABENAIRES de R. Brown. Ses caractères sont : calice ouvert; labelle (nectaire, Linn.) postérieure, en éperon arrondi et entier; bursicule à deux demi-loges.

L'ORCHIS NOIRE sert de type à ce genre. (B.)

NIGROIL. C'est le *spare oblade*. *V*. au mot SPARE. (B.)

NIGUAS. *V*. NINGAS. (L.)

NIGUNDA. *V*. NEGONDO. (LN.)

NIHIALHINEM. Nom que les Hébreux donnoient à la FUMETERRE. (LN.)

NIHIL-ALBUM. On a donné ce nom aux excrémens de rats, qu'on employoit autrefois dans les pharmacies. (DESM.)

NIHIL-ALBUM et POMPHOLIX. Noms donnés autrefois au ZINC OXYDÉ. *V*. cet article. (LN.)

NIIR PONGELION (Rheed., *Mal*. 6, t. 29). Très-grand arbre du genre des BIGNONES. C'est le *bignonia spathacea* de Linnæus fils. Dans la langue tamoule, il se nomme WILL-PADRI. (LN.)

NIIRVALA. C'est le nom qu'on donne, au Malabar, (*V*. Rheed., *Mal*. 3, t. 42), à un bel arbre qui appartient au genre TAPIER. C'est le *cratœva religiosa*, Forst. (LN.)

NIKKEL. *V*. NICKEL. (LN.)

NIKYLION. Nom tartare-koriak de l'AUNE. (LN.)

NIL ou NILE et ANIL. Divers noms arabes de l'INDIGOTIER DES INDES, *indigofera tinctoria*. La racine de ces noms paroît être le mot *nila* qui signifie bleu, dans les langues cinghalienne et malabare. (LN.)

NILA BARUDENA. Nom que l'on donne à l'AUBERGINE (*solanum melongena*) au Malabar, selon Rhéede, qui en a donné une excellente figure (Mal. 10, tab. 74). (LN.)

NILA-HUMMATU (*hummatu bleu de saphir*). Nom malabare d'une espèce de DATURA A FLEURS BLEUES, qui paroît voisine du *datura mètel*. (LN.)

NILBEDOUSI. Petit arbre figuré tab. 28 du cinquième volume de l'*Hortus malabaricus* de Rhéede. Ses feuilles sont alternes, ovales-obtuses, épaisses, toujours vertes. Ses fleurs sont disposées en panicules à l'extrémité des rameaux, et composées chacune d'une corolle de cinq pétales oblongs, aigus, charnus, rougeâtres; de cinq étamines; d'un ovaire supérieur ovale, terminé par un stigmate sessile. Le fruits sont des baies oblongues, noires quand elles sont mûres, remplies d'une pulpe douce, dans laquelle est plongé un osselet blanc, rond et un peu plane.

Cet arbre croît dans l'Inde. Le suc exprimé de ses feuilles, mêlé avec le suc laiteux de la noix d'Inde, tue les vers intestinaux. (B.)

NILE et **NILEM.** Noms malabares du SAPHIR. *Nila-candi* est le nom de la TOPAZE ORIENTALE. *V.* à l'article CORINDON VITREUX. (LN.)

NIL-GAUT ou **NYL-GHAUT**, *Antilope albipes*, Erxl., *Antilope picta*, Gmel. Quadrupède ruminant du genre des ANTILOPES, figuré pl. G 32 de ce Dictionnaire. *V.* ANTILOPE. (DESM.)

NILHA des Portugais de l'Inde. C'est le *rumphia amboïnensis.* (LN.)

NILICA D'INFERNO. C'est le nom que les Portugais de l'Inde donnent à un arbrisseau qui paroît être une espèce de GLUTIER (*sapium*), parce que son fruit, plein d'un lait âcre, cause une inflammation douloureuse à la bouche, lorsqu'on a eu l'imprudence d'en manger. Les Malabares nomment cette plante euphorbiacée, *carenotti* et *bengiri*. (LN.)

NILIKAI (*Boa malacca*, Rumph. Amb. Auct., tab. 1). Nom malais de l'EMBLIC, espèce de PHYLLANTHE (*phyllanthus emblica*, Linn.). (LN.)

NILIKIESEL et **NILSTEIN.** Noms allemands du *caillou d'Egypte.* *V.* JASPE EGYPTIEN. (LN.)